中国清洁发展机制基金赠款项目“我国应对气候变化科技发展战略研究(1213006)”资助

中国重点领域应对气候变化技术研究与汇编

葛全胜　陈春阳　王　芳　张九天
方修琦　何霄嘉　马翠梅　钱凤魁　编著

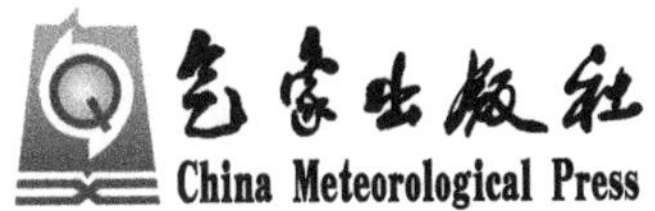

内容简介

本书由中国清洁发展机制基金赠款项目“我国应对气候变化科技发展战略研究”项目组组织，中国科学院地理科学与资源研究所主持编写。主要内容包括中国重点领域应对气候变化技术分析、案例研究——气候变化对中国农业领域的影响及其适应技术研究、我国重点领域应对气候变化技术清单三大部分，共15章。全书反映了我国重点领域减缓与适应气候变化的技术研究现状，可为我国相关领域未来技术发展方向提供科技支撑。

本书可供中央、地方和国家各部委决策部门，以及农林牧、水文、地理、气象气候、海洋、健康、能源等领域的科研与教学人员参考使用。

图书在版编目(CIP)数据

中国重点领域应对气候变化技术研究与汇编/葛全胜等编著.
—北京：气象出版社，2015.12
ISBN 978-7-5029-5770-4

Ⅰ.①中… Ⅱ.①葛… Ⅲ.①气候变化-技术-研究报告-中国 Ⅳ.①P467

中国版本图书馆CIP数据核字(2015)第285250号

出版发行：气象出版社
地　　址：北京市海淀区中关村南大街46号　　**邮政编码**：100081
总 编 室：010-68407112　　**发 行 部**：010-68406961
网　　址：http://www.qxcbs.com　　**E-mail**：qxcbs@cma.gov.cn
责任编辑：蔺学东　刘　畅　　**终　　审**：彭淑凡
封面设计：易普锐　　**责任技编**：赵相宁
印　　刷：北京京华虎彩印刷有限公司
开　　本：787 mm×1092 mm　1/16　　**印　　张**：46.5
字　　数：1230千字　　**彩　　插**：1
版　　次：2015年12月第1版　　**印　　次**：2015年12月第1次印刷
定　　价：168.00元

前　言

气候变化深刻影响着人类社会的生存与发展，是世界各国共同面临的重大挑战。作为一个发展中国家，我国人口众多、经济发展水平低、气候条件复杂、生态环境脆弱，尤其易受气候变化的不利影响。研究表明，气候变化已对我国农业、林业、水资源、生态系统、海岸带、人体健康、能源及城镇化和区域发展等诸多领域产生了广泛影响。

减缓与适应技术是应对气候变化的重要手段。目前，我国已在多个领域研发了一批减缓与适应气候变化较为成熟的适用技术，形成了较完备的技术体系。这些技术的应用不仅在我国应对气候变化工作中显示了明显成效，还将在节能减排和改善民生中发挥重要作用。

本书旨在全面收集我国若干重点领域减缓与适应气候变化的相关技术，以适应技术为主，减缓技术为辅；并对技术现状进行了系统的分析评述，包括现有技术的适用领域、薄弱环节以及未来发展方向。本书主要包括 3 个部分：第 1 部分为重点领域应对气候变化的技术分析；第 2 部分为农业领域应对气候变化技术的案例研究；第 3 部分为七个重点领域应对气候变化的技术清单。本书将为我国相关领域选择合适的应对气候变化技术提供决策参考，并对技术的未来发展提供借鉴。

本书各部分主要作者为：第 1 部分，葛全胜、陈春阳、王芳；第 2 部分，钱凤魁、王芳、张九天、何霄嘉；第 3 部分，陈春阳、马翠梅、刘东、孔钦钦等。全书由王芳、方修琦负责统稿，最后由葛全胜定稿。

受作者水平和此项研究的阶段性所限，书中难免有错漏之处，恳请广大读者批评指正。

葛全胜

2015 年 9 月

前　言

目　录

第3部分 中国重点领域应对气候变化技术清单

第1部分

中国重点领域应对气候变化技术分析

气候变化关乎全人类的生存与发展。已有研究表明，气候变化已对我国诸多领域产生了广泛影响。减缓与适应作为应对气候变化的两种主要方式，减缓能够降低气候变化的影响，而适应能够降低对气候变化的脆弱性和敏感性。

当前减缓与适应主要通过科技手段来实现。本部分全面收集了减缓与适应相关技术，以适应技术为主，减缓技术为辅，并对技术现状进行分析评述，包括现有技术的适用领域、适用范围以及不足之处。报告内容将为我国相关领域选择合适技术提供决策参考，并对未来技术的发展方向提供一些信息借鉴。

第1章 气候变化对重点领域的影响与技术需求

观测与研究都表明，气候变化已经对我国各领域产生了广泛影响，主要体现在农业、林业、水资源、生态系统、海岸带、人体健康、能源七大领域。

1.1 农业领域

气候变化对农业的直接作用体现在农业气候资源和生产潜力的变化，以及农业气象灾害的变化上，带来的影响主要反映在种植制度、农作物产量、农作物品质及农业病虫害等方面。具体包括以下三点。

(1)气候变化对农业种植模式和种植区域有显著影响。随着我国年平均气温上升、积温增加、作物生长期延长，从而导致种植区成片北移，有研究表明，平均气温每升高1℃，年平均气温等值线将北移1.76°N，种植制度分界线将北移2.44°N。如东北地区喜温喜湿作物水稻的种植北界已经移至大约52°N的呼玛县等地区；玉米的栽培北界向北扩展到黑龙江呼玛县，向东扩展到辽宁东部山区；小麦作为喜凉作物，在温度、经济和技术等多重因素影响下呈现出显著的北退现象[1-4]。

(2)农作物受极端气候事件影响的风险加大。在全球气候变化背景下，天气和气候极端事件发生的频率和强度都在加大，我国农作物由于极端气候事件的影响受灾、成灾面积日益扩大[5,6]。

(3)农业病虫害风险受气候的暖湿变化进一步增大。气候增暖有利于害虫和病原体安全过冬，作物病虫害的发生世代、越冬北界及分布范围发生变化，病虫害发生面积、危害程度和发生频率均呈逐年增长的趋势[7]。这些都为我国的粮食安全带来了不稳定因素。

1.2 林业领域

气候变化对林业领域产生的影响主要体现在对森林物候期、空间分布、生产力及森林灾害的发生频率与强度上。具体包括以下三个方面。

(1)气候变化会影响森林分布与组成结构。观测显示，黑龙江省1961—2003年因气温升高造成分布在大兴安岭的兴安落叶松及小兴安岭及东部山地的云杉、冷杉和红杉等树种的可能分布范围和最适分布范围均发生了北移。长期气候变化导致一些地区林线海拔升高。如祁连山山地森林区森林面积减少16.5%、林带下限由1900 m上升到2300 m，森林覆盖度减少10%[8-10]。

(2)受气候变化影响，森林火灾风险加剧。气候变化引起干旱天气的强度和频率增加，森林可燃物积累多。2000年以来，东北林区夏季火严重，森林火险期明显延长，夏季火对森林造成的危害更大[11]。

(3)在气候变化的背景下，森林病虫害的危害也将加大。气候变暖和极端气候事件的增加，使我国森林病虫害分布区向北扩大，森林病虫害发生期提前，世代数增加，发生周期缩短，发生范围和危害程度加大，并促进了外来入侵病虫害的扩展和危害[12]。

1.3 水资源领域

气候变化对水资源的影响主要体现在以下两个方面。

(1)由于气温升高或降水增减而引起的河流径流量、冰川面积、湖泊蓄水量的变化。对中国 6 大江河(长江、黄河、珠江、松花江、海河、淮河)的观测表明，近 40 年来 6 大江河的地表实测径流量均呈下降趋势。气候变化还导致中国冰川普遍退缩、湖泊萎缩，尤其以青藏高原边缘山地退缩冰川所占比例最大，冰川面积平均缩小了 7.4%。中国有 142 个大于 10 km^2 的湖泊萎缩，萎缩面积占萎缩前湖泊总面积的 12%，减少蓄水量占湖泊总蓄水量的 6.5%[13]。

(2)气候变化加剧了中国南涝北旱的趋势。过去 50 年，中国北方地区干旱受灾面积扩大，南方地区洪涝加重，局地强暴雨、超强台风、高温干旱、雨雪冰冻等极端天气事件呈多发、并发的趋势。特别是近 20 年，长江、珠江、松花江、淮河、太湖、黄河均连续发生多次流域或区域性大洪水，而东北西部、华北大部、西北东部等地具有干旱历时增长、强度增大、范围增加的显著干旱化趋势[14,15]。

1.4 生态系统领域

气候变化对森林、草原、湿地等陆地生态系统的影响显著，部分森林、草地、湿地等生态系统出现退化。部分树种分布界限北移、林线上升、物候提前、林火和病虫害加剧等，如在人为干扰较少的祁连山地区，森林面积减少 16.5%，林带下限由 1900 m 上升到 2300 m，且覆盖率减少 10%[16]。草地退化明显，青藏高原江河源区的草地生态系统出现草甸演化为荒漠，高寒沼泽化草甸草场演变为高寒草原和高寒草甸化草场等现象[17]。青南和甘南牧区、内蒙古地区、祁连山海北州等地，由于气温普遍升高、降水减少，导致牧草产量普遍下降[18,19]。降水补给型湿地和湖泊明显萎缩，如黄河上游的若尔盖湿地面积大幅减少，许多大中型湖泊水位下降，大量的小型湖泊逐渐消失[20]。

1.5 海岸带领域

近年来，气候变化带来的海平面持续上升，及沿海地区海洋灾害和自然生态环境的进一步恶化，对海岸带及近海生态系统产生了重要影响。具体包括以下三个方面。

(1)气候变化引起海平面持续上升，威胁沿海地区经济社会发展。1980—2014 年中国沿海海平面上升速率为 3 mm/a[21]。海平面上升是一种缓发性灾害，其长期的累积效应会淹没滨海低地、破坏生态环境，给沿海地区的经济社会发展带来严重影响[22]。

(2)海平面上升使风暴潮灾害加剧，海岸受到侵蚀，岸线变迁，沿海地区的咸潮、海水入侵与土壤盐渍化程度加重。2012 年，中国共发生 138 次风暴潮、海浪和赤潮过程，各类海洋灾害

(含海冰、绿潮等)造成直接经济损失155.25亿元,死亡(含失踪)68人[21]。

(3)海平面上升导致的海水入侵和海岸侵蚀,影响了近海生态系统,造成土地资源退化减少,植物群落逆向演变,沿海滩涂湿地面积大幅减少,红树林大面积萎缩,珊瑚礁大范围退化,生物多样性受到威胁[21]。

1.6 人体健康领域

气候变化对人体健康造成的影响可分为直接影响和间接影响。直接影响主要体现在极端高温和极端低温引起的人群发病率和死亡率增加。婴幼儿和老年人以及呼吸系统、心脑血管疾病等慢性病患者均是受极端高温影响的高危人群。间接影响是多方面的,不仅包括热浪等区域天气变化造成的心脑血管及呼吸系统疾病的发病率和死亡率的增加,还包括洪涝干旱等极端气候事件造成的霍乱、痢疾等传染病的暴发流行。除此之外,气候变化可通过使虫媒的地理分布范围发生变化、提高繁殖速度、增加叮咬率及缩短病原体潜伏期而加速虫媒疾病(疟疾、登革热及病毒性脑炎等)的传播,或通过改变宿主的栖息地造成自然疫源性传染病(血吸虫病、鼠疫等)流行区域的扩展[23]。

1.7 能源领域

气候变化对能源领域的影响主要体现在以下两个方面。

(1)随着气候变化,能源需求可能进一步增加。极端高温和极端低温发生日数的增多,将直接导致居民用于制冷和采暖的生活能源消费需求增大。而旱涝、雪灾、地震、泥石流等灾害发生频率的增加,也需要在救灾工作中产生更多的能源消耗,这些都将进一步加剧能源供需矛盾。

(2)我国在气候变化谈判上面临的压力更大。当今世界绝大多数国家就化石燃料燃烧产生温室气体带来全球升温的问题基本达成共识,这就使得国际气候变化谈判中,对未来碳排放空间的争夺愈加剧烈。对我国而言,未来的碳排放空间就意味着未来的发展空间,而我国以煤炭为主的能源消费特点又使得节能减排困难重重。今后在碳排放问题上,我国遭遇的国际压力只会日益增加,这给我国的能源安全和经济发展都将带来严峻挑战。

将上述内容总结如表1.1所示。

表1.1 气候变化对重点领域的影响及面临的主要问题

领域	气候变化产生的影响	面临的主要问题
农业	影响中国的种植模式和种植区域	区域的种植模式和种植品种选择面临挑战
	农作物因极端气候事件的影响受灾成灾范围扩大	生产能力下降,威胁粮食安全
	农作物病虫害范围和强度扩大	农药投入增加,食品安全问题
林业	影响森林植被和树种分布	林业种植结构面临改变,生物多样性受到威胁,固碳潜力受到影响
	森林受极端气候事件的影响风险加剧	森林火灾风险加剧
	森林病虫害危害加大	森林生产力受到影响

续表

领域	气候变化产生的影响	面临的主要问题
水资源	河流径流量、冰川面积、湖泊蓄水量的变化	水资源供求矛盾加剧，影响水资源安全
	旱涝灾害的发生频率和强度加大	旱涝灾害损失增多，南涝北旱的局面进一步加剧
生态系统	影响植被分布	部分森林、草地、湿地等生态系统出现退化，生态脆弱性进一步加剧
海岸带	海平面上升	沿海地区社会经济发展受到威胁
	海洋灾害发生频率和严重程度增大	风暴潮、咸潮入侵、海岸侵蚀等海洋灾害频发，危害程度加重
	沿海生态环境恶化	沿海滩涂湿地退化，土地资源退化减少，植物群落继续退化
人体健康	极端气候影响人群死亡率和发病率	极端高温和极端低温引起人群死亡率和发病率增加，旱涝灾害频发可能引起霍乱、疟疾等疾病暴发流行
	影响媒传疾病传播的强度和范围	气候变暖使血吸虫病、疟疾等传染性疾病的传播强度和范围进一步扩大，环境污染引起相关疾病传播
能源	影响能源需求	极端高温和极端低温引起生活能源消费需求的增大，城市化和人口增长使能源供需矛盾进一步加大
	引发全球碳排放空间争夺	气候变化谈判中遭受的国际压力进一步增大

第2章 现有应对气候变化技术分析

2.1 技术收集

技术收集包括以下几个步骤。

(1)通过文献搜集、专家访谈等形式,了解当前重点领域应对气候变化的主要技术热点。根据了解的情况,尽可能全面地整理出各领域相关技术热点。

(2)将技术热点提交专利机构进行查询。提交查询的技术热点主要来自两个部分,第一部分以《南南科技合作应对气候变化适用技术手册》[24]为基础,涉及12个大类139个技术热点;第二部分以本书提供的补充技术热点为基础,涉及10大类43个技术热点(表2.1)。以上数据委托北京国之专利预警咨询中心进行查询,获取原始专利技术信息数据6万余条。原始专利技术数据包含"专题名称"、"申请号"、"申请日"、"发明名称"、"摘要"、"权利要求"、"公开号"、"公开日"、"公告号"、"授权公告日"、"申请人"、"国省"、"地址"、"发明人"、"专利代理机构"、"代理人"、"邮编"、"代理机构地址"、"审批历史"、"主分类号"、"分类号"等信息。

(3)对获取的专利技术信息按照如下原则进行筛选:①去重。首先删除这些专利中重复的部分,对于一条专利出现在两种技术类型下的情况,将其归入关系最为密切的技术类型。②专利申请时间。剔除申请时间在1995年之前的专利数据,由于专利保护期限最长20年,因此1995年之前的专利数据已超出保护期限,故不作保留。③专利有效性。根据专利咨询中心建议,从中剔除公告号为0或空白的专利技术(即最终未被授权),以及审批历史有"视撤"、"放弃"、"终止"等字样的专利技术(即由于未能按期续费等原因而撤销专利保护),以确保筛选后的专利技术的有效性。④申请人。鉴于国内以单位名义申请的专利技术在实践性和创新性上通常优于以个人名义申请的专利,剔除申请人信息为个人的专利技术,保留以大学、研究机构、公司等单位名义申请的专利技术,确保筛选后的技术具有可应用性。按照上述原则筛选,最终获取的有效数据为17000余条。对这些筛选后保留的专利技术,按照七大领域不同技术类型进行分类整理,形成应对气候变化适应技术清单。

表2.1 提交查询的技术热点分布

来源	分类	技术热点数量
《南南手册》	可再生能源	24
	农业技术	35
	林业技术	9
	废弃物利用技术	9

续表

来源	分类	技术热点数量
《南南手册》	水资源利用技术	16
	资源环境技术	7
	防沙治沙技术	4
	建筑节能减排技术	3
	工业节能减排技术	9
	商业和民用节能减排技术	9
	防灾减灾技术	8
	卫生健康技术	6
	合计	139
补充技术热点	农业领域	6
	水资源领域	5
	林业领域	4
	海岸带	6
	人体健康	4
	重大工程	3
	灾害影响与风险评估领域	12
	人工影响天气技术	1
	气候变化预警技术	1
	适应技术行业标准与规范	1
	合计	43
	总计	182

2.2 现有技术的分类统计

2.2.1 重点领域专利技术分布

经筛选获取的有效专利技术信息共 17177 余条。通过对这些信息的全面了解，我们将所得数据划分为农业、林业、水资源、生态系统、海岸带、人体健康、能源七大领域，各领域下共 32 个一级技术类型。原则上，各领域下首先划分一级技术类型，一级技术类型下再划分二级技术类型(尽量一步落实到各个技术热点上，但根据内容差异，存在个别二级技术类型包含若干个技术热点的情况)。所得结果见表 2.2，据此整理应对气候变化技术清单。

总体上看，能源领域的技术数量最多，达 5163 条，占所有领域数据的 30%左右。其次为水资源领域，达 4599 条，占比近 27%。这两大领域的专利数量已占总数近 60%。第三为农业领域，达 4388 条，占比超 11%。第四为人体健康领域，达 1990 条，占比超 11%。第五为生态系统领域，达 464 条，占比近 3%。第六为林业领域，仅 311 条，占比近 2%。数量最少的是海岸带领域的专利技术，仅 263 条，占比仅 1.5%。可见各领域应对气候变化专利技术研究差距较大。

农业领域应对气候变化的专利技术主要集中在作物品种选育、改良、栽培技术，机械耕作设备技术，作物病虫害防治技术三个方面。其中，病虫防治技术专利数量占比最大，在农业领域专利技术中占近50%。而施肥技术、人工影响天气技术、农田监测评估技术数量较少。

林业领域的专利技术总体较少，仅311条，主要集中在森林病虫害防治技术方面，占林业领域专利技术的50%以上。而林业种植技术、可持续管理方法及森林火灾监测和预警技术方面的专利技术均不到100条，这与该技术类型本身的内容属性有关，如森林的可持续管理主要是一种方式方法和理念的推广，涉及技术创新的部分较少，但也说明该领域技术研究存在一定不足，需要进一步加强。

水资源领域的专利技术主要集中在污水处理与回用技术和水利工程技术两方面。其中水利工程技术数量最多，达2266条，占水资源领域专利数量总数近50%。而海水淡化技术，安全饮用水技术，开发非传统水源技术，水环境监测、水资源安全技术，水位监测与旱涝灾害预警技术数量较少。

生态系统领域的专利技术主要集中在生态系统监测技术、地质灾害监测与预警技术上，这几个方面的专利技术占整个生态系统领域专利技术的50%以上。而与保护自然生态系统实践方面紧密相关的防风治沙技术、植被恢复与保护技术数量则相对较少。

海岸带领域应对气候变化专利技术总数仅为263条，在海平面监测与应对海平面上升技术，海洋灾害监测与预警技术和海洋环境监测与保护技术等三种一级技术类型上的专利都比较缺乏。

人体健康领域应对气候变化的专利技术主要集中在过敏、哮喘和呼吸道疾病治疗技术及其他相关疾病的防治技术上，主要包括疟疾、血吸虫病防治技术，重组蛋白药物制备技术，水污染导致的痢疾等感染防治技术，其中又以水污染导致的痢疾等感染防治技术数目最多，达1118条。

能源领域的可再生能源技术，商业和民用节能减排技术，工业节能减排技术专利数量较为可观，均超过1000条。而建筑部门的节能减排技术数量较小，比较缺乏，仅不到200条。

表2.2 各领域下的主要技术类型及有效专利数量

领域	一级技术类型	二级技术类型	技术热点数目	有效专利数量		
				二级技术类型	一级技术类型	领域
农业	作物品种选育、改良、栽培技术	优质水稻品种选育及种植技术	5	168	672	4388
		优质小麦品种选育及种植技术		47		
		优质玉米品种选育及种植技术		67		
		耐盐碱棉花等优良品种选育种植技术		54		
		优良蔬菜瓜果品种选育及栽培技术		336		
	机械耕作设备技术	水稻直播机	6	57	1112	
		机耕船、插秧机		229		
		多功能平模制粒机		17		
		饲料膨化机		68		
		太阳能灌溉等大型灌溉设备技术		16		
		其他农用设备技术		725		
	节水旱作农业技术	滴灌技术	2	98	273	
		其他节水农业技术		175		

续表

领域	一级技术类型	二级技术类型	技术热点数目	有效专利数量		
				二级技术类型	一级技术类型	领域
农业	环保施肥及精准施肥技术	环保施肥及精准施肥技术	1	23	23	4388
	农产品储存加工技术	薯类加工技术	1	84	84	
	天气气候技术	人工影响天气技术	1	55	55	
	农田监测评估技术	粮食种植面积遥感测量与估产技术	2	5	21	
		土壤墒情监测技术		16		
	作物病虫害防治技术	真菌杀虫(螨)剂的制备与田间应用配套技术	3	96	2148	
		防治农林害虫的微生物制剂		41		
		其他病虫害防治技术		2011		
林业	林业种植技术及可持续管理方法	林业种植技术及可持续管理方法	1	83	83	311
	森林火灾监测和预警技术	森林灭火系统	2	35	57	
		其他森林火灾监测预警技术		22		
	森林病虫害防治和预警技术	无公害粘虫胶及其应用技术	2	15	171	
		其他森林病虫害防治技术		156		
水资源	雨洪资源化利用技术	雨水集蓄利用技术	2	316	363	4599
		低温膜蒸馏技术		47		
	海水淡化技术	海水或苦咸水淡化膜技术	2	11	168	
		反渗透与低温多效海水淡化技术		157		
	安全饮用水技术	水处理剂聚氯化铝、聚合硫酸铁	2	182	207	
		饮用水安全评价与保障技术		25		
	污水处理与回用技术	膜生物反应器应用技术	6	458	1432	
		生活污水处理一体化技术		90		
		复合流人工湿地净化污水技术		275		
		中水回用处理技术及设备		105		
		处理分散生活污水腐殖填料滤池工艺		172		
		高浓度有机废水处理		332		
	开发非传统水源技术	开发非传统水源技术	1	36	36	
	水环境监测、水资源安全技术	水环境监测技术	2	72	88	
		水资源安全技术		16		
	水利工程	橡胶坝技术	10	87	2266	
		跨流域调水技术		101		
		拦河坝或堰		642		
		露天水面的清理		260		
		排水灌溉沟渠		133		
		人工岛水上平台		245		
		人工水道		72		
		水力发电站		76		
		溪流、河道控制技术		592		
		其他水利工程技术		58		

续表

领域	一级技术类型	二级技术类型	技术热点数目	有效专利数量		
				二级技术类型	一级技术类型	领域
水资源	水位监测与旱涝灾害预警技术	冰川积雪融水监测、预警技术	2	5	39	4599
		旱涝监测与预警技术		34		
生态系统	防风治沙技术	粘土沙障设置技术	3	2	114	464
		砂田种植技术		42		
		沙漠工程绿化技术		70		
	森林、草场、湿地保护与恢复技术	森林、草场、湿地保护与恢复技术	1	62	62	
	生态系统监测技术、地质灾害监测与预警技术	生态系统监测技术	2	89	288	
		自然灾害监测与预警技术		199		
海岸带	海防工程(应对海平面上升技术)	海防工程(应对海平面上升技术)	1	75	75	263
	海洋灾害监测与预警技术	海洋灾害监测与预警技术	1	42	42	
	海洋环境监测与保护技术	沿海滩涂保护技术	2	6	146	
		海洋环境监测技术		140		
人体健康	热浪预警与防护技术	热浪预警与防护技术	1	10	10	1990
	过敏、哮喘和呼吸道疾病防治技术	过敏、哮喘和呼吸道疾病防治技术	1	690	690	
	其他相关疾病预防治疗技术	疟疾、血吸虫病防治技术	3	51	1290	
		重组蛋白药物制备技术		121		
		水污染等导致的痢疾等感染防治技术		1118		
能源	可再生能源技术	太阳能利用与开发技术	11	1003	1564	5162
		小水电利用与开发技术		14		
		小型风力发电技术		40		
		沼气等生物质能利用与开发技术		463		
		热电联产		44		
	商业民用节能减排技术	LED路灯	5	1544	2035	
		热水器、空调、冰箱节能技术		129		
		彩电节能技术		209		
		浪潮高效能服务器		125		
		内燃式燃气灶		28		
	工业节能减排技术	改良型和替代型生产技术	9	805	1398	
		能效提高技术		593		
	建筑节能减排技术	烧结砖生产技术及其成套装备	3	93	165	
		蒸压砖生产线成套技术		23		
		膨胀玻化微珠保温防火砂浆及应用技术		49		

2.2.2 重点领域专利技术特点分析

(1)技术发展情况

在过去20年,大部分领域的适应技术发展迅速。图2.1(见文后彩插)反映出1996—2011年各重点领域适应技术发明的时间分布。由图可见,技术数量随时间发展经历了一个快速上升的时期。本书中检索的专利技术日期截至2012年8月,由于专利申请存在一定的时间周期,2010年、2011年开始申请的专利技术,其授权时间可能晚于2012年8月,故而图中出现了2010年、2011年专利技术发明量下降的情况,这并不一定符合实际情况,须至少将数据更新至授权时间为2014年底以前,才能判断是否出现真实的下降趋势。

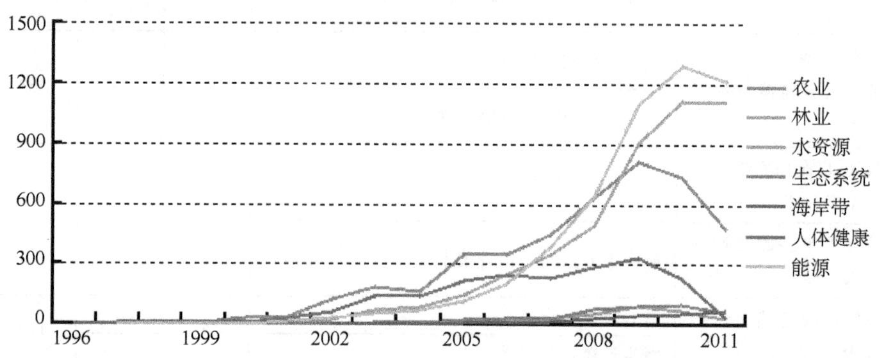

图2.1 各领域专利技术发明数量时间分布图(专利检索时间截至2012年8月)

(2)技术分布区域

综合所有领域的专利技术发现,技术发明多来源于北京、上海、广东、江苏、浙江、山东等这些高校、科研机构、大型公司集中的地区,与各省(区、市)的科研能力联系紧密,而与其所在地对应的适应需求并非完全匹配。从所有领域来看,专利技术发明集中地排名前五的分别是北京、江苏、广东、浙江、上海,仅这五个省(市)的专利技术数量已占总量的51%,可见不同区域的技术创新能力差异巨大。

表2.3 各领域专利技术发明集中地分布

排名		1	2	3	4	5
农业	省(市)	北京	江苏	广东	浙江	山东
	数量	561	542	390	371	271
林业	省(市)	北京	江苏	广东	陕西	浙江
	数量	45	42	29	28	27
水资源	省(市)	北京	江苏	浙江	上海	广东
	数量	673	656	448	422	304
生态系统	省(市)	北京	江苏	四川	广东	湖北
	数量	123	39	36	30	26
海岸带	省(市)	山东	北京	浙江	天津	上海
	数量	43	36	31	31	23
人体健康	省(市)	北京	山东	上海	广东	江苏
	数量	243	210	208	189	154

续表

排名		1	2	3	4	5
能源	省(市)	广东	江苏	北京	山东	上海
	数量	957	638	440	385	379
总计	省(市)	北京	江苏	广东	浙江	上海
	数量	2121	2092	1915	1390	1273

(3)专利技术研究合作情况

从专利的研发机构看(图2.2,见文后彩插),由单个大学、单个研究机构、单个公司独立申请的专利技术占据绝对优势,而由多个大学、多个机构、多个公司,以及三者联合申请的专利技术只占其中很少一部分。如能源领域由单个公司独立申请的技术占比超过75%,体现出公司在节能减排技术创新方面的生产带动研发的突出优势。在人体健康领域和水资源领域,由单个公司独立申请的技术占比也分别达到57%和50%左右。

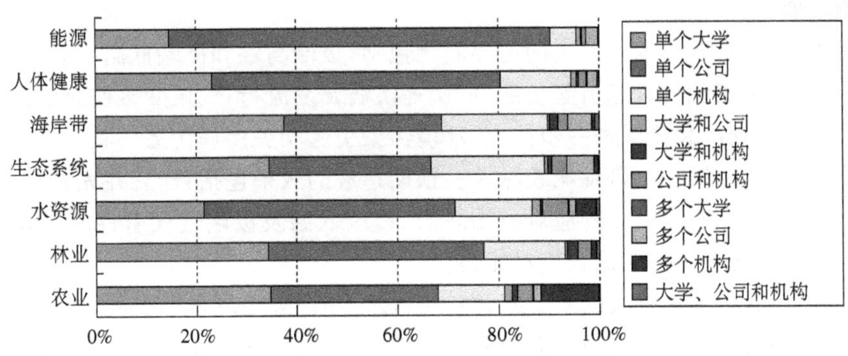

图2.2 各领域专利技术申请单位分布

2.3 现有技术可解决的问题

根据表1.1和表2.2的内容,将现有技术中,可解决同类型问题的技术类型进行整理,并将现有技术中专利技术较多,研究较为成熟的技术类型加下划线标注,得到表2.4。从表中可以看出,当前重点领域所面临的主要问题,均有已研发的专利技术与之对应,并不存在完全的技术空白区域。

农业领域,现有技术可解决的主要问题包括:区域的种植模式和种植品种选择面临挑战;气象灾害和病虫害的频发带来的生产能力下降,农药投入增加,食品安全等问题。其中,作物品种选育、改良、栽培技术,机械耕作设备技术,作物病虫害防治技术专利数量较多,研发较为深入。预期达成的效果包括:改善区域的种植模式,优化种植品种;降低农作物因极端气候事件的影响受灾成灾的范围;提升作物种植自动化水平,提高生产能力;降低农作物病虫害损失,保障粮食安全。

林业领域,现有技术可解决的主要问题包括:林业种植结构面临改变,生物多样性受到威胁,固碳潜力受到影响;森林火灾和病虫害风险加剧,森林生产力受到影响。其中,林业种植及植被恢复技术专利数量较多。预期达成的效果包括:优化林业种植结构和树种分布;保护和恢复森林植被,维护生物多样性,增强固碳潜力;提升森林应对火灾和病虫害的能力,保证林业生产力不受或少受影响。

水资源领域，现有技术可解决的主要问题包括：水资源供需矛盾加剧，影响水资源安全；旱涝灾害损失增多，南涝北旱的局面进一步加剧。其中，污水处理与回用技术，水利技术专利数量较为可观，研发比较深入。预期达成的效果包括：增强水资源的可持续利用水平，实现多种水源综合配置，保障水资源安全；提升水利基础设施建设水平，增强应对旱涝灾害的能力。

生态系统领域，现有技术可解决的主要问题包括：部分森林、草地、湿地等生态系统出现退化，生态脆弱性进一步加剧。其中，资源回收利用与环境保护技术专利数量较多，研发比较广泛。预期达成的效果包括：保护和恢复植被，减轻生态系统脆弱性。

海岸带领域，现有技术可解决的主要问题包括：风暴潮、咸潮入侵、海岸侵蚀等海洋灾害频发，沿海地区社会经济发展受到威胁；沿海滩涂湿地退化，土地资源退化减少，植物群落继续退化；沿海生态环境恶化。现有专利技术总量不多。预期达成的效果包括：提升应对海平面上升、海洋灾害频发的能力，降低灾害损失；保护和恢复沿海生态环境，保障沿海城市经济和社会可持续健康发展。

人体健康领域，现有技术可解决的主要问题包括：极端高温和极端低温引起人群死亡率和发病率增加；旱涝灾害频发可能引起霍乱、疟疾等疾病暴发流行；气候变暖使血吸虫病、疟疾等传染性疾病的传播强度和范围进一步扩大，环境污染引起相关疾病传播。其中，疟疾等相关疾病的防治技术专利数量较多，研发比较深入。预期达成的效果包括：建立并完善气候变化对人体健康影响的监测预警系统，提升应对极端高温、极端低温及极端气候事件引发疾病的能力，加强应对卫生健康突发事件的综合应对能力。

能源领域，现有技术可解决的主要问题包括：极端高温和极端低温引起生活能源消费需求的增大，城市化和人口增长使能源供需矛盾进一步加大；气候变化谈判中遭受的国际压力进一步增大。其中，可再生能源技术，商业和民用节能减排技术，工业节能减排技术的专利数量较多，涉及的技术热点也较多，研发较为成熟。预期达成的效果包括：通过开发可再生能源和实施节能减排技术，全面建设低碳型社会，缓解能源供需矛盾，并为我国在国际气候谈判中争取有利地位。

表 2.4　现有技术可解决的主要问题

领域	现有技术类型	可解决的主要问题
农业	作物品种选育、改良、栽培技术；机械耕作设备技术；节水旱作农业技术；施肥技术；农产品储存加工技术	区域的种植模式和种植品种选择面临挑战
	极端事件监测和预警技术，人工影响天气技术；农田监测评估技术	生产能力下降，威胁粮食安全
	作物病虫害防治技术	农药投入增加，食品安全问题
林业	林业种植及植被恢复技术；森林可持续管理方法	林业种植结构面临改变，生物多样性受到威胁，固碳潜力受到影响
	森林火灾监测和预警技术	森林火灾风险加剧
	森林病虫害防治和预警技术	森林生产力受到影响

续表

领域	现有技术类型	可解决的主要问题
水资源	雨洪资源化利用技术;海水淡化技术;安全饮用水技术;污水处理与回用技术;开发非传统水源技术;水环境监测、水资源安全技术	水资源供需矛盾加剧,影响水资源安全
	水利工程;水位监测与旱涝灾害预警技术	旱涝灾害损失增多,南涝北旱的局面进一步加剧
生态系统	防风治沙技术;植被保护与恢复技术;资源回收利用与环境保护技术;生态系统监测技术、地质灾害监测与预警技术	部分森林、草地、湿地等生态系统出现退化,生态脆弱性进一步加剧
海岸带	海平面监测与应对海平面上升技术	沿海地区社会经济发展受到威胁
	海洋灾害监测与预警技术	风暴潮、咸潮入侵、海岸侵蚀等海洋灾害频发,危害程度加重
	海洋环境监测与保护技术	沿海滩涂湿地退化,土地资源退化减少,植物群落继续退化
人体健康	极端低温和高温热浪预警与防护技术;过敏、哮喘和呼吸道疾病治疗技术	极端高温和极端低温引起人群死亡率和发病率增加;旱涝灾害频发可能引起霍乱、疟疾等疾病暴发流行
	相关疾病治疗技术	气候变暖使血吸虫病、疟疾等传染性疾病的传播强度和范围进一步扩大,环境污染引起相关疾病传播
能源	可再生能源技术;商业和民用节能减排技术	极端高温和极端低温引起生活能源消费需求的增大,城市化和人口增长使能源供需矛盾进一步加大
	工业部门节能减排技术;建筑部门节能减排技术	气候变化谈判中遭受的国际压力进一步增大

2.4 现有技术的主要不足

2.4.1 主要薄弱环节

通过表2.2不难发现,现有技术的研发水平差异较大,在各领域各技术类型的分布十分不均衡。根据表1.1,2.2和2.4,可以得出当前应对气候变化专利技术研发的薄弱环节及未得到较好解决的主要问题,如表2.5所示。

表2.5 各领域技术薄弱环节和待解决的主要问题

领域	薄弱环节	待解决的主要问题
农业	极端事件监测和预警技术	气象灾害频发导致的作物生产能力下降,威胁粮食安全
	人工影响天气技术	
	农田监测评估技术	
林业	森林可持续管理方法	林业种植结构面临改变,生物多样性受到威胁,固碳潜力受到影响
	森林火灾监测和预警技术	森林火灾风险加剧
	森林病虫害防治和预警技术	森林生产力受到影响

续表

领域	薄弱环节	待解决的主要问题
水资源	海水淡化技术	水资源供求矛盾加剧，影响水资源安全
	安全饮用水技术	
	开发非传统水源技术	
	水环境监测、水资源安全技术	
	水位监测与旱涝灾害预警技术	旱涝灾害损失增多，南涝北旱的局面进一步加剧
生态系统	防风治沙技术	部分森林、草地、湿地等生态系统出现退化，生态脆弱性进一步加剧
	植被保护与恢复技术	
	生态系统监测技术、地质灾害监测与预警技术	
海岸带	海平面监测与应对海平面上升技术	沿海地区社会经济发展受到威胁
	海洋灾害监测与预警技术	风暴潮、咸潮入侵、海岸侵蚀等海洋灾害频发，损失程度加重
	海洋环境监测与保护技术	沿海滩涂湿地退化，土地资源退化减少，植物群落继续退化
人体健康	极端低温预警与防护技术	极端低温引起人群死亡率和发病率增加
	疟疾、血吸虫病防治技术，海产品致病菌导致的疾病防治技术	气候变暖使血吸虫病、疟疾等传染性疾病的传播强度和范围进一步扩大，环境污染引起相关疾病传播
能源	建筑等部门节能减排技术	气候变化谈判中遭受的国际压力进一步增大

2.4.2 研究的不确定性

（1）数据的不确定性

本书使用数据专业跨度较大，限于研究的局限性，在对适应技术进行分类梳理时难免有所遗漏，部分技术类型只选取其中具有代表性的某些技术热点进行研究，而并没有将所有技术热点纳入，带来了一定的不确定性。未来研究可继续完善应对气候变化技术分类框架，获取更多、更新的专利技术，对各领域进行专门研究，以得出更为细致、更具针对性的结论和建议。

（2）应对气候变化技术的适用范围问题

尽管获取的应对气候变化专利技术数据库中包含专利研发地的信息，但不能完全代表该技术的适用范围，因此，限于数据的局限性，本书并未对技术的适用范围进行分析。未来研究可在获取更为完善的信息基础上展开我国各区域应对气候变化技术的情况分析。

第3章 未来技术研发的重点

未来在应对气候变化专利技术的研发上，还有不少技术热点亟待更为广泛深入的研发。

(1)农业领域

还应继续加强对极端气候事件监测和预警技术，人工影响天气技术，农田监测评估技术的研发和利用，以更大程度减小气象灾害频发导致的农业损失。

(2)林业领域

还应继续加强森林可持续管理方法、森林火灾监测和预警技术及森林病虫害防治和预警技术的研发和利用，以增强森林火灾、病虫害的防灾减灾能力，提高林业生产力水平，维护生物多样性，增大固碳潜力。

(3)水资源领域

还应继续加强海水淡化技术，安全饮用水技术，开发非传统水源技术，水环境监测、水资源安全技术，水位监测与旱涝灾害预警技术的研发，以减缓水资源供需矛盾，提升应对旱涝灾害的能力。

(4)生态系统领域

还应继续加强防风治沙技术，植被保护与恢复技术，生态系统监测技术，地质灾害监测与预警技术的研发，以减缓生态环境恶化，降低生态系统脆弱性。

(5)海岸带领域

应全面加强海平面监测与应对海平面上升技术，海洋灾害监测与预警技术，海洋环境监测与保护技术的研发，以提升应对海平面上升、海洋灾害频发的能力，维护沿海生态环境，保障沿海城市经济社会发展。

(6)人体健康领域

还应继续加强极端低温预警与防护技术，疟疾、血吸虫病防治技术，海产品致病菌导致的疾病防治技术等技术的研发，以提升应对气候变化影响下的疾病防治能力。

(7)能源领域

还应继续加强建筑等部门节能减排技术的研发，以全面建设低碳型社会，缓解我国在国际气候谈判中的压力，树立良好的国际形象。

参考文献

[1] 章秀福，王丹英. 我国稻—麦两熟种植制度的创新与发展. 中国稻米，2003，**9**(2)：3-5.

[2] 郝志新，郑景云，陶向新. 北京气候增暖背景下的冬小麦种植北界研究. 地理科学进展，2001，**20**(3)：254-261.

[3] 王馥棠，赵宗慈，王石立，等. 气候变化对农业生态的影响. 北京：气象出版社，2003.

[4] Liu Z，Yang X，Chen F，*et al*. The effects of past climate change on the northern limits of maize planting in Northeast China. *Climate Change*，2013，**117**(4)：891-902.

[5] 丁一汇，张锦，宋亚芳. 天气和气候极端事件的变化及其与全球变暖的联系. 气象，2002，**28**(3)：3-7.

[6] 周京平，王卫丹. 极端气候因素对中国农业经济影响初探. 现代经济，2009，**8**(7)：142-145.

[7] 叶彩玲，霍治国，丁胜利，等. 农作物病虫害气象环境成因研究进展. 自然灾害学报，2005，**14**(1)：90-97.

[8] 王根绪，程国栋，沈永平. 近 50 年来河西走廊区域生态环境变化特征与综合防治对策. 自然资源学报，2002，**17**(1)：78-86.

[9] 戴君虎，潘嫄，崔海亭，等. 五台山高山带植被对气候变化的响应. 第四纪研究，2005，**25**(2)：216-223.

[10] 刘丹，那继海，杜春英，等. 1961—2003 年黑龙江省主要树种的生态地理分布变化. 气候变化研究进展，2007，**3**(2)：100-105.

[11] 赵凤君，王明玉，舒立福，等. 气候变化对林火动态的影响研究进展. 气候变化研究进展. 2009，**5**(1)：50-55.

[12] 赵铁良，耿海东，张旭东，等. 气温变化对我国森林病虫害的影响. 中国森林病虫. 2003，**22**(3)：29-32.

[13]《气候变化国家评估报告》编写委员会. 第二次气候变化国家评估报告. 北京：科学出版社，2011.

[14] 国家发展和改革委员会应对气候变化司. 中华人民共和国气候变化第二次国家信息通报. 北京：中国经济出版社，2013.

[15] 任国玉. 气候变化与中国水资源. 北京：气象出版社，2007.

[16] 王根绪，沈永平，钱鞠，等. 高寒草地植被覆盖变化对土壤水分循环影响研究. 冰川冻土，2003，**25**(6)：653-659.

[17] 严作良，等. 江河源区草地退化状况及原因. 中国草地，2003，**25**(1)：73-78.

[18] 吕晓荣，吕胜利. 青藏高原青南和甘南牧区气候变化趋势及对环境和牧草生长的影响. 开发研究，2002，**18**(2)：30-33.

[19] 莱晓布. 西藏中部草地及农田生态系统的退化及其机制. 2003，**12**(2)：203-207.

[20] 王江山，等. 青海天气气候. 北京：气象出版社，2004.

[21] 国家海洋局. 2014 年中国海平面公报. 2015.（http://www.coi.gov.cn/gongbao/haipingmian/201503/t20150326_32297.html.）

[22] 杜碧兰，等. 海平面上升对中国沿海主要脆弱区的影响及对策. 北京：海洋出版社，1997.

[23] 钱颖骏，等. 气候变化对人体健康影响的研究进展. 气候变化研究进展，2010，**6**(4)：241-247.

[24] 中国科学技术交流中心. 南南科技合作应对气候变化适用技术手册. 2010.

第2部分

案例研究——气候变化对中国农业领域的影响及其适应技术研究

农业是对气候变化较为敏感和脆弱的产业部门。已有观测显示，气候变化对农业领域产生了重要影响，且负面影响日渐增大。国内已研发出大量的适应技术可用于应对气候变化对农业的影响，但仍存在许多问题。本部分拟从当前我国农业领域的适应技术的现状出发，结合气候变化对农业领域的整体影响和区域影响，系统评述了农业领域适应技术的优缺点，并对未来农业适应技术的发展战略和方向提供一些建议。

第4章 气候变化对农业领域的影响评估

4.1 气候变化对农业领域的整体影响

中国地域辽阔，各区域之间自然资源条件、经济社会发展条件等差异较大，因此受气候变化影响的农业领域区域差异特征尤为显著[1]。东北区气温呈显著升高趋势，干旱趋势增大，农作物生长季延长，水稻产量减少，病虫害出现，次要病虫害发展为主要病虫害。华北区随着气温升高和降水减少，水资源短缺加剧，粮食产量降低，积温增加，作物生长季缩短，可能复种指数增加，晚熟品种种植增加。华中区气温呈显著升高趋势，双季稻和春性小麦种植区域增加，水稻生育期缩短，气候变暖病虫害发育速度加快。华南区主要植物、动物的春季物候期提前，秋季物候期推迟，气候带有加速北移趋势，双季稻中高适宜种植区面积增加，水稻生育期缩短，产量波动增大。华东区增温速率呈加快趋势，区域旱涝事件趋多趋强，双季早稻和夏粮种植面积呈减少趋势。西北区无霜期显著延长，提早了春播作物播种期，推后了秋播作物播种期，加快了作物生长发育速度，种植区域向北和高海拔区域扩展，干旱加剧，种植结构改变，病虫害增多。西南区主要表现在气候带向高海拔和高纬度位移和作物产量和品质上，山区水稻和玉米等中晚熟品种产量会提高，春旱尤为突出，大田作物产量受影响。

总之，气候变化对农业生产的影响有利有弊，不同区域之间存在很大差别。如何趋利避害，科学地应对气候变化是当前农业领域需要迫切解决的问题。

4.1.1 气候变化对农业气候资源的影响

农业气候资源直接影响农业的生产与布局，光、热、水资源是农业气候资源的重要组成部分。气候变化已对农业气候资源产生了重要影响。气候变暖使我国年平均气温上升，农业生产所需的热量资源有不同程度的增加，延长了气候生长季，研究表明[2]，当年平均温度增加1℃时，≥10℃积温的持续日数在全国平均可延长15 d左右。如东北地区近50年平均气温上升1.5℃，热量资源满足，而水分则成为决定农业发展和产量水平的主要因素。然而气候变暖使土壤水分蒸发量增大，热量资源增加的有利因素可能会因水资源的匮乏而得不到充分利用，使作物产量波动的气候风险增加，如华北平原地区作物生育期内的自然降水和底墒水只能满足冬小麦全生育期需水的1/3～2/3，如果没有灌溉，冬小麦全生育期缺水率20%以上出现的概率几乎在80%以上，缺水率30%～40%的重旱年出现的概率高达30%[3,4]。

4.1.2 气候变化对农作物种植制度和布局的影响

气候变化使我国的种植制度和农业布局发生改变。气候变化使我国年平均气温上升、积温增加、作物生长期延长，从而导致种植区成片北移，有研究表明，平均气温每升高1℃，年平均气温等值线将北移1.76°N，种植制度分界线将北移2.44°N，相当于复种指数提高7.2%。据估计，在品种和生产水平不变的前提下，到2050年，气候变暖将使目前中国大部分两熟制地区有可能成为三熟制适宜种植区；两熟制北界将北移至目前一熟制地区的中部，一熟制地区的南界将北移250～500 km，一熟制地区的面积将减少23%[5]。如东北地区随着气温的升高，喜温喜湿作物水稻的种植北界已经移至大约52°N的呼玛县等地区；玉米的栽培北界向北扩展到黑龙江呼玛县，向东扩展到辽宁东部山区；小麦作为喜凉作物，在温度、经济和技术等多重因素的影响下呈现出显著的北退现象[6-9]。

4.1.3 气候变化对农作物产量和品质的影响

气候变化可能导致农作物产量和品质受到影响。研究表明，华北平原区域在夜间冠层增温2.5℃，冬小麦生育期提前、生长期缩短，产量下降26.6%[10]。1991—2000年，华北平原耕地生产潜力平均减少1.1%，约52.7 kg/hm²[11]。研究估计，如果不采取气候变化适应对策，到2030年全国粮食综合生产能力可能下降5%～10%[12,13]。气候变化同时也会对农作物品质产生影响，CO_2浓度升高对品质的影响因作物品种而异。在CO_2浓度加倍的条件下，大豆、冬小麦和玉米的氨基酸和粗蛋白质含量均呈下降趋势[14]。当温度和CO_2浓度均增加时，水稻籽粒蛋白含量降低，对人体很重要的铁、锌元素以及稻米籽粒营养品质（蛋白质与氨基酸含量）显著下降，直链淀粉含量将会增加[15]。

4.1.4 气候变化对农业旱涝及病虫害等气候灾害的影响

随着气候变化，高温、洪涝、干旱、台风、寒害等极端天气事件发生的频率有可能增加。其中干旱和洪涝灾害发生概率较大，其导致的灾害损失占气象灾害损失的70%～85%。气候变化会加剧农作物病虫害的流行和杂草蔓延，病虫害出现范围也可能向高纬度地区延伸。研究表明，生长季变暖可使大部病虫害发育期缩短、危害期延长，害虫种群增长力增加、世代增加，病虫害发生界限北移、海拔界限高度增加，危害面积和程度不断加大加重，尤其是水稻病虫害早发和向北扩张趋势突出[16,17]。

4.1.5 气候变化对粮食安全和农产品贸易的影响

气候变化影响粮食安全，全球粮食总产量因严重自然灾害而降低，到2030年，我国种植业产量总体上因全球变暖可能会减少5%～10%，其中小麦、水稻和玉米三大作物均以减产为主。而当前世界主要粮食价格波动呈放大趋势，粮食安全问题已成为一个不容忽视的重要问题。气候变化还间接影响农产品价格和贸易活动，相关研究认为，中国的气温升高降低了粮食贸易量[18,19]。

4.2 气候变化对区域农业的影响与适应需求

不同区域农业对气候变化的敏感性具有较大差异。黄土高原地区是我国粮食生产最脆弱的地区，表现为多种粮食作物对温度升高的负敏感性，该地区由于气温升高而导致粮食作物产量减少幅度达15%左右。长江流域和东北地区的小麦、西南地区的玉米也表现出对气候变化的敏感性。而华北平原，特别是黄淮海等粮食主产区，虽然该地区的作物生产对气温升高负敏感，但近 30 年来采取了大量与气温升高相应的适应措施，如“玉米品种逐步向中晚熟品种调整”、“冬小麦—夏玉米的晚收晚播”等技术的推广，粮食生产反而表现出随气温升高而产量提高的趋势。

4.2.1 东北区域

4.2.1.1 气候变化对东北区域农业的影响

东北地区在过去 50 年呈明显的增温趋势。1961—2012 年，年平均气温升高趋势为 0.31℃/10a。四季气温也呈升高趋势，其中冬季气温增幅最大，达到 0.36℃/10a，夏季气温增幅最小，只有 0.19℃/10a。东北地区增暖幅度随纬度的升高而增大，大兴安岭北部和小兴安岭地区是增温最明显的地区，增暖幅度较小的地区为辽河平原、辽东半岛和长白山南部地区。此外，降水量在近 50 年来呈弱减少趋势，减少速率为 4.7 mm/10a，降水减少主要发生在夏秋两季，夏季减少尤为明显，减少速率为 4.6 mm/10a，而春季以 3.4 mm/10a 的速率增加，冬季变化则不明显。

气候变化对东北农业的影响主要体现在作物生长季的气候资源和气象灾害的变化。①过去 50 年生长季开始日期提前，结束日期延后，生长季长度变长。如 1971—2007 年玉米适播期提前 3～9 d(水分条件适宜时)，可种植带北推近 1 个纬度，水稻适宜生长期平均增加 8～11 d；②气温升高导致无霜期延长，作物生产潜力提高，作物栽培区域北移，粮食播种面积增加，玉米、水稻、大豆等粮食作物总产量呈增加趋势，对农业生产具有正面影响；③但升温也给农业带来了负面影响，主要体现在气候变暖导致病虫害面积扩大，危害加重，新病虫害出现，次要病虫害上升为主要病虫害，害虫发生代数增加；④生长季降水量减少使得作物生长水分条件变差[20]。

4.2.1.2 东北区域农业应对气候变化的适应需求

按照不同作物的生长规律采取农业适应对策是东北区域农业适应气候变化的重要需求。主要适应需求包括：①应科学调整种植布局和品种搭配，如向高纬度扩展，适当扩大种植面积，扩大玉米晚熟、中晚熟品种的比例；②选育抗旱、抗逆性强的品种，如选育总生育期长、营养生长期短但生殖生长期长、耐密植的高产东北春玉米，高产抗低温水稻品种和抗旱大豆品种；③采用农业节水技术措施，推进抗旱保墒种植模式及节水灌溉设施建设和技术推广[20]。

4.2.2 华北区域

4.2.2.1 气候变化对华北区域农业的影响

过去 50 年华北区域全区均呈增温趋势，平均增温幅度为 0.31℃/10a。其中，内蒙古中部和东部、河北南部的部分地区升温最为明显，超过 0.4℃/10a。此外，华北区域的降水呈减少趋势，减少幅度为 4.7 mm/10a。250 mm 降水分界线有较大波动，主要集中在内蒙古东北部锡林郭勒至呼伦贝尔地区，近 10 年降水等值线东移最为明显。

华北地区气候变化对农业生产造成了显著的影响。①气候变暖影响本区冬小麦籽粒灌浆和作物产量。区域年高温日数呈微弱增加趋势，在高温胁迫下，小麦淀粉粒会受到伤害。当干热风出现时，往往导致小麦灌浆不足，危害轻的年份一般减产 10%左右，重则减产 20%以上。

②气候变暖使得积温增加，作物生长周期缩短，有可能导致农业复种指数增加、晚熟品种种植增加，促进种植结构调整等。一年二熟制的北界在华北平原北部向北移动，两年三熟和一年一熟制的区域缩小。③20 世纪 90 年代后期，华北发生了连续数年的大范围严重干旱，使农业生产遭受了严重的损失。④尽管低温冷害的发生频次和强度有所降低，但作物种植北界北移也增大了出现冷害的风险，区域性和阶段性的低温冷害仍时有发生[21]。

4.2.2.2 华北区域农业应对气候变化的适应需求

主要适应需求包括：①适当改变种植布局，气候变暖对冬小麦和喜温作物的种植比较有利，可以向高纬度、高海拔地区扩展，适当扩大种植面积；对于喜凉作物春小麦，可适当减少种植面积。②大力发展节水农业，水资源短缺仍是农业发展的主要障碍，尽管未来华北地区的降水有增加趋势，但这种增加趋势尚难满足农业及其他经济活动对水资源日益增加的需求。③加强农业气象灾害的监测、预测和预警体系建设，提高抗御气象灾害的能力，推广农业保险，有效分散农业自然灾害风险。④加强农业基础设施建设，提高水资源利用效率，防治土壤次生盐碱化，改善生态环境，如完善水库、沟渠等排灌系统的灌溉配套，大力推广节水灌溉项目，改造中低产田，水土保持等。

4.2.3 华南区域

4.2.3.1 气候变化对华南区域农业的影响

华南地区自 20 世纪 80 年代后期开始升温明显，1961—2012 年全区年平均升温速率为 0.16℃/10a，冬季平均升温趋势最为显著，增温速率为 0.22℃/10a，秋季增温速率为 0.18℃/10a，春、夏季增温速率分别为 0.10℃/10a 和 0.13℃/10a。1961—2012 年华南年平均降水量为 1845 mm，呈微弱减少趋势，汛期降水没有显著变化。

气候变化已经对华南区域的农业造成了一定影响，主要表现为：①作物生长期间的气候资源和气象灾害发生了变化。1961—2008 年，华南区域≥10℃积温显著上升，早稻生长季的降水量增加，日照时数减少，影响水稻生产的低温灾害有所减轻，但是，20 世纪 90 年代的 4 次低温和 2008 年的低温雨雪冰冻灾害，造成果树和鱼类大量死亡，农业损失巨大。②主要植物、动物的春季物候期提前，秋季物候期推迟，气候带有加速北移趋向。③华南区域龙眼、柑橘气候适宜度下降，双季稻中高适宜种植区面积增加，水稻生育期缩短，产量波动增大。日平均气温每升高 1℃，水稻生育期平均缩短 3～6 d，气候因素对广西粮食单产波动的影响占 57%～67%。④复种指数增加。从 20 世纪 80 年代初至 90 年代末，华南区域复种指数增加了 5.6%，但进入 21 世纪后增速减缓，广东甚至明显下降。⑤病虫害影响加重。1981—2007 年，广东稻飞虱危害面积不断增大；海南病虫害发生面积平均每年以 3.16 万 hm^2 的速率上升；广西南宁市蔬菜主要病虫害种类增加了近 1 倍[22]。

4.2.3.2 华南区域农业应对气候变化的适应需求

主要适应需求包括：①充分利用气候变化带来的增温条件，提高复种指数，优化农业区域布局，合理统筹粮食作物、经济作物种植，促进优势农产品向优势产区集中；②制定适应气候变化的农业发展规划；③加强农业气象灾害的监测预警，提高抗御气象灾害的能力。

4.2.4 西北区域

4.2.4.1 气候变化对西北区域农业的影响

西北地区在过去50年平均气温呈显著的增加趋势，1961—2012年升温速率约为0.32℃/10a，高于同期全国平均增温幅度。四季平均气温也呈一致上升趋势，冬季升温趋势最明显，升温速率达0.42℃/10a，秋季次之，夏季最弱。西北地区年降水量变化趋势不明显，呈弱上升趋势，但空间差异较大。大致以黄河沿线(河源至巴音淖尔段)为界，黄河以西降水量呈增多趋势，以东呈减少趋势。

气候变化对西北区域农业的影响主要包括：①由于初霜日显著推迟，终霜日提前，无霜期显著延长，提早了春播作物播种期，推后了秋播作物的播种期。气候变暖还加快了作物生长发育速度，使小麦、玉米等有限生长习性作物发育期缩短，棉花、马铃薯等无限生长习性作物发育期延长。②变暖对棉花、水稻等喜温作物气候产量的提高起到了促进作用，但不利于春小麦、马铃薯等喜凉作物气候产量的增加。③随着气温上升，作物适生种植区域向北和高海拔地区扩展，如新疆棉花种植北界由莫索湾(45°01′N)北推到184团(46°23′N)，适宜种植海拔高度提高了200 m左右。④气候变化使西北作物种植结构发生了较大变化，干旱灌溉区作物从以春小麦为主转变为以玉米和棉花为主，半干旱旱作区以春小麦为主转变为以冬小麦、春小麦、马铃薯为主。⑤农作物病虫害种类增多，影响范围扩大，受害程度加重。此外，高原牧区劣等牧草、杂草和毒草的比例增大，草原鼠害加重，草场产草量和质量下降，导致载畜能力下降[23]。

4.2.4.2 西北区域农业应对气候变化的适应需求

主要适应需求包括：①推进农业结构和种植制度调整，适当扩大越冬作物和喜温作物种植面积与比例，压缩喜凉作物的种植面积，提前春播作物播种期，推迟秋播作物播种期，提高作物复种指数。②加强农业基础设施建设，发展高效节水灌溉工程，培育抗旱作物新品种。③加强农业气象灾害的监测、预测和预警体系建设，提高抗御气象灾害的能力，推广农业保险，有效分散农业自然灾害风险。

第5章 当前我国农业领域主要适应技术类型

5.1 作物品种选育、改良、栽培技术

该类型技术可提高农作物品种的稳产性、适应性和抗逆性、抗灾性，丰富当前农作物品种。具体技术包括优质水稻品种选育及种植、优质小麦品种选育及种植、优质玉米品种选育及种植、耐盐碱棉花等优良品种选育种植、马铃薯新品种选育种植、优良蔬菜瓜果品种选育及栽培、设施蔬菜肥水气一体化施用、其他农作物品种改良及种植技术等。

5.2 机械耕作设备技术

该类型技术可提升农业的种植自动化水平，进而提高农业生产效率。具体技术热点包括水稻直播机、机耕船/插秧机、多功能平模制粒机、饲料膨化机、太阳能灌溉等大型灌溉设备技术、其他农用设备技术等。

5.3 节水旱作农业技术

该类型技术可节约农业水资源，提高干旱区域农业水资源利用效率。一般而言，节水旱作农业技术包括工程节水技术(如节水灌溉技术等)，农艺节水技术(如保护性耕作技术等)，生物节水技术(如选育抗旱耐寒品种等)。在本节的清单划分中，将抗旱耐寒品种选育归入作物品种选育、改良、栽培技术下，而当前节水旱作农业重工程技术轻农艺技术，因而该类型技术重点考虑工程技术。在该类型技术下包括滴灌技术、其他节水农业技术等技术热点。

5.4 施肥技术

该类型技术除了可以提高肥料利用率和施肥经济效率，使作物达到高产，也可在一定程度上减少传统化肥使用量，降低温室气体排放。在该类型技术下包括植物菌根育苗技术、有机无机复合保水剂、精准施肥技术等技术热点。

5.5 农产品储存加工技术

该类型技术可以延长农产品的保鲜时间，保障农产品质量和营养价值，避免因储存加工不当造成的损失。该类型技术涉及广泛，包含粮、油、糖、果、蔬、棉、麻、茶等大量农作物的储存加

工技术。在该类型技术下，以薯类加工技术为代表技术热点进行考察分析。

5.6 天气气候技术

该类型技术涉及宏观尺度和微观尺度。宏观尺度的技术主要指针对区域开展的调节气候、应对极端气候事件的大型工程技术，如通过造林等方式改善区域气候，监测旱涝等灾害并及时采取应对措施。微观尺度的技术则主要指通过人工影响天气，缓解局地旱情，如人工降雨、增雨技术。前者中对自然灾害的监测与预警的部分，本书制定的清单将其划入生态系统领域（详见第 3 部分），在此为避免重复不再赘述。其他大型工程在专利技术中难以体现，因而在该类型技术下主要考察人工影响天气技术这一技术热点。

5.7 农田监测评估技术

该类型技术有助于了解农田关键信息的变化，及时采取应对策略。在该类型技术下包括粮食种植面积遥感测量与估产技术、土壤墒情监测技术等技术热点。

5.8 作物病虫害防治技术

该类型技术有助于提升应对农业病虫害的防灾减灾能力，降低因病虫害带来的经济损失。在该类型技术下包括真菌杀虫（螨）剂的制备与田间应用配套技术、防治农林害虫的微生物制剂、其他病虫害防治技术等技术热点。

第6章　农业领域适应技术的典型案例分析

6.1　宏观尺度农业领域适应技术

6.1.1　北方地区——冬麦北移适应技术

由于冬小麦能够更好地利用冬季光热资源，且冬小麦套种玉米的净效益高于春小麦套种玉米，因此，在北方地区建议采用冬麦北移适应技术，但是冬小麦的品质需要进一步改进，目前冬麦品质比春麦稍差，收购价格低。

此外，北方冬季易产生小麦冬前积温不足和越冬期负积温过大，为了保证冬小麦安全越冬，可以采取越冬前充分灌溉，降低冬小麦发生越冬冻害的概率；为了保证冬小麦与春小麦产量相当，可以加大北移冬麦的播种量，水肥管理上以保主穗、促单株生长为主；冬小麦收割后增加复种或套种作物，提高种植效益[24]。

6.1.2　华北地区——双晚栽培技术

华北地区气候变暖，导致冬季积温增加，暖冬现象加剧。因此，需要推迟冬小麦播种期，延长玉米灌浆期，保证在完全成熟期收获，提高玉米产量并保证小麦生产正常进行。具体适应措施包括：①适当推迟玉米收获期和小麦播种期，充分发挥小麦—玉米作物系统的节水、高产、高效生产潜力，小麦的播种期以10月5—10日为宜；②农业生产上广泛种植的玉米品种由中早熟品种逐渐向中晚熟、晚熟品种转变，采用“双晚”栽培体系中，玉米晚收5～10 d，可有效延长玉米灌浆期，充分利用光热资源，提高玉米产量[24]。

6.1.3　东北和西北地区——节水灌溉技术

东北地区是国家商品粮基地，该区农业适应气候变化的主要目标是发展节水灌溉技术，以保证东北国家商品粮基地的粮食生产能力的稳定和提高。西北地区农业适应气候变化的主要目标是提高农业灌溉用水的利用效率，深挖农业节水潜力。具体适应措施包括：①品种适应技术，要求主栽品种具有高产特性，能够充分利用增加的热量资源，具有良好的抗病性、耐低温能力、较长生育期等特点；②渠道防漏技术，使用渠道内衬膜防漏可以提高灌溉效率，减少输水损失30%～50%，是井灌稻作区重要的发展方向；③建设灌区渠道防渗工程，减少灌溉蒸发损失，膜下滴灌技术是一项新的农业节水技术，通过滴灌枢纽系统将水、肥和农药按作物各生育期的需水和需肥量加以混合，借助管道系统实现定时、定量滴灌作物根区。

6.1.4　适应气候变化农业开发项目

国家财政部向全球环境基金(GEF)申请了500万美元赠款，在我国六省(区)实施了“利用全球环境基金适应气候变化农业开发项目”。项目的主要目标是:通过对适应气候变化新技术、新品种的示范、研究、推广,以及对适应气候变化新理念的宣传培训,提高农业对气候变化的适应能力。该项目将与目前正在实施的利用世界银行贷款加强灌溉农业三期项目配套实施。项目内容主要包括:①向广大的决策者、管理者及基层干部群众宣传适应气候变化的理念,提高他们主动适应气候变化的意识;②进行技术与技能培训,提高决策者与农民适应气候变化的能力;③开展专题研究,探索气候变化条件下农业生产方式应做哪些调整,包括不同区域农业种植结构调整、粮食作物生产技术的改进、病虫害综合防治和综合节水技术的改进等。

江苏省开展的 GEF 项目共投入 1200 万美元,项目区包括徐州、淮安、盐城、连云港和宿迁,其中,徐州市的新沂市、宿迁市的宿豫区为全省 GEF 项目示范区县。一些研究分析和评估了江苏实施 GEF 项目的成效,研究表明,GEF 项目的实施显著提高了项目区粮食单产水平,尤其是水稻的单产水平,适应性措施对水稻单产的净效应为 42.41 公斤/亩*,对小麦单产的净效应为 5.96 公斤/亩。GEF 项目的适应性措施体系可以为全国未来适应气候变化农业综合开发项目提供参考[25]。

6.2 微观尺度农业领域适应技术

6.2.1 覆盖技术

覆盖技术在我国北方地区应用面积最大,覆盖的材料包括地膜覆盖和秸秆覆盖,覆盖的主要功能是减少土壤水分蒸发损失,改善土壤蓄水状况。以山西长治为例,秸秆覆盖后,玉米生长各关键期的土壤含水量可提高 2%～6%,土壤对降水的利用量增加了 4.6～12 m^3/hm^2。秸秆覆盖还可以改良土壤、减缓地表径流、增加土壤蓄水。

地膜覆盖技术既可以应用在旱作区,也可以应用在灌区,从 20 世纪 70 年代开始推广应用,达到约 667 万 hm^2/a。地膜覆盖具有显著的增产效果,如甘肃省中部的榆中县降雨量较少,通过实施地膜覆盖,采用半膜平铺、半膜垄沟覆盖及双垄全膜覆盖等多种模式,导致产量比露地种植显著增高,有的地区增产率达到 100%～400%。

秸秆覆盖降水相对丰富的地区应用较普遍。以山西为例,在长治、晋城等地区推广玉米秸秆整秆覆盖,即玉米收获后,秸秆不切碎,整秆覆盖在土壤表面。当地采用玉米秸秆整秆覆盖,或者玉米秸秆整秆加地膜覆盖,在年降水量 550 mm 的条件下,秸秆覆盖的玉米产量显著高于常规种植的玉米产量,两地增产量分别达到 636 kg/hm^2 和1155 kg/hm^2。

6.2.2 保护性耕作技术

保护性耕作与传统耕作的主要区别是尽可能减少对土壤的翻动,并用作物秸秆来保护土壤,防止土壤被风蚀,减少土壤水分蒸发和降雨径流。如在山西省寿阳县的试验表明,玉米地实施保护性耕作后,土壤有机质含量显著增加,玉米秸秆的吸水量为自身干质量的 2.5～4 倍,对增加土壤吸收自然降水有很好的效果。在播种期,实施保护性耕作的农田土壤含水量显著高于翻耕的农田,对于播种和出苗十分有利,为作物增产奠定良好基础[26]。

---

* 1 公斤=1 千克(kg);1 亩=666.67 m^2,下同。

6.2.3 现代灌溉技术

现代灌溉技术包括喷灌、滴灌等，是借助专用灌溉设备，定时定量地控制灌溉时间和灌水量，从而防止过量灌溉，实现增产增收。如应用微灌设备，结合新型灌溉系统，在灌溉时将肥料配兑成肥液一起输入作物根部土壤，将水和肥精确地结合，也称为水肥一体化。现代灌溉技术可实现节水25%～35%、节肥20%～30%、增产10%～12%，使种植成本显著下降[27]。

6.2.4 集雨补灌技术

在丘陵山区的田间地头修建蓄水窖(池)、旱井等小型设施，通过拦截、集存夏秋季节降水和地表径流，用于干旱少雨季节有限补充灌溉，是雨养农业区增强农田抗旱能力的有效措施之一。南方多修建集雨池，由于南方降水量大，主要是季节性缺水，平均每0.067 hm^2 大约有10 m^3的蓄水容积，就可满足短期干旱的补充灌溉需求。北方干旱少雨，多修建集雨窖；由于北方主要是夏季集雨，平均每0.067 hm^2 大约需要30～50 m^3 的蓄水容积。有了一定的集雨量，在作物生长遇到中小程度的干旱时，通过少量根补滴灌方式，延长作物抗旱时间，可以使产量提高10%～80%[28]。

6.3 农业领域适应技术清单

表6.1列出农业领域适应技术清单基本情况，具体技术清单参见第3部分。

表6.1 农业领域适应技术清单一览表

一级技术类型	二级技术类型	技术热点数目	有效专利数量		
			二级技术类型	一级技术类型	总计
作物品种选育、改良、栽培技术	优质水稻品种选育及种植技术	5	168	672	4388
	优质小麦品种选育及种植技术		47		
	优质玉米品种选育及种植技术		67		
	耐盐碱棉花等优良品种选育种植技术		54		
	优良蔬菜瓜果品种选育及栽培技术		336		
机械耕作设备技术	水稻直播机	6	57	1112	
	机耕船、插秧机		229		
	多功能平模制粒机		17		
	饲料膨化机		68		
	太阳能灌溉等大型灌溉设备技术		16		
	其他农用设备技术		725		
节水旱作农业技术	滴灌技术	2	98	273	
	其他节水农业技术		175		
环保施肥及精准施肥技术	环保施肥及精准施肥技术	1	23	23	
农产品储存加工技术	薯类加工技术	1	84	84	
天气气候技术	人工影响天气技术	1	55	55	

续表

<table>
<tr><th rowspan="2">一级技术类型</th><th rowspan="2">二级技术类型</th><th rowspan="2">技术热点数目</th><th colspan="3">有效专利数量</th></tr>
<tr><th>二级技术类型</th><th>一级技术类型</th><th>总计</th></tr>
<tr><td rowspan="2">农田监测评估技术</td><td>粮食种植面积遥感测量与估产技术</td><td rowspan="2">2</td><td>5</td><td rowspan="2">21</td><td rowspan="5">4388</td></tr>
<tr><td>土壤墒情监测技术</td><td>16</td></tr>
<tr><td rowspan="3">作物病虫害防治技术</td><td>真菌杀虫(螨)剂的制备与田间应用配套技术</td><td rowspan="3">3</td><td>96</td><td rowspan="3">2148</td></tr>
<tr><td>防治农林害虫的微生物制剂</td><td>41</td></tr>
<tr><td>其他病虫害防治技术</td><td>2011</td></tr>
</table>

第7章　农业领域适应技术评价

7.1　农业领域适应技术与国外对比差距

7.1.1　作物品种选育技术相对滞后

通过发展农业生物科学技术，我国在植物品种选育方面发展和培养了一批产量潜力高、内在品质优良、综合抗性突出、适应性广的优良动植物新品种，对强化农业适应气候变化的能力具有显著的作用。如西北农林科技大学与中国农科院作物科学研究所合作，系统研究了渭北旱塬的气候和生态特点，确定了抗旱节水、高产优质抗病的小麦育种目标，选用抗旱抗病的品系作母本，以晋麦 47 为父本，通过水旱交替多点选育的方法，成功培育出具有抗旱、高产、稳产、抗病、优质等特点的节水型"普冰 9946"小麦新品种，具有较强的抗条锈病、中感白粉病、中感赤霉病优势，是适合渭北旱塬特点的优良品种。然而与先进国家相比，仍存在差距，如种质资源收集保存数量多，抗旱性精细鉴定评价少；抗旱性鉴定评价方法指标多，缺乏快速、高效的抗旱性鉴定评价方法指标；抗旱性鉴定评价的设施落后，鉴定评价体系不完善；抗旱种质资源利用效率低，种质创新工作亟须加强[29]。

7.1.2　节水农业技术不够完善

我国的节水农业技术近年来有了一定的发展和进步，一些滴水灌溉和喷灌技术得到不断的开发和推广，对提高水分利用率、节约用水、改善农田土壤环境和提高作物产量起到了重要的作用，但同现代高效的国外节水技术体系相比仍存在诸多重要不足，如缺乏农业节水综合技术体系和应用模式，节水技术的标准化、定量化和集成化程度较低；在研发层面缺少顶层设计，对农业用水需求的定量化监测和管理措施不足；节水技术发展的信息化程度较低，尤其是 3S 技术的应用推广能力较弱[27]。因此，加快发展现代节水高效农业技术，建立中国特色的节水高效农业技术体系，是满足未来促进农业可持续发展的重大战略，意义重大。尤其是应向农业节水技术体系发达的国家和地区学习，例如在以色列，滴灌和喷灌等现代节水灌溉技术已经完全取代了传统的沟渠漫灌方法。最现代化的滴灌和喷灌系统都装有电子传感器和测定水、肥需求的计算机，在办公室就可以遥控，而且施肥和灌溉可同时进行。滴灌系统是通过塑料管道和滴头将水直接送到植物最需要水的根部，这样农民可以用少量的水，达到最佳的效果。以色列也根据不同作物和栽培方法设计了不同类型的喷灌设备。这种封闭的输水和配水灌溉系统有效地减少了田间灌溉过程中的渗漏和蒸发损失，使水、肥的利用率达到80%～90%，使农业用水减少 30%以上，节省肥料 30%～50%，同时也节约了传统灌溉的沟渠占地，使农田单位面积产量成倍增长。

7.1.3 病虫害防治技术相对不足

我国现有的作物病虫害综合防治技术在很大程度上依赖的是化学农药，病虫害综合防治技术对农药的品牌及剂型的选择、配比浓度及使用方法等方面还是单凭经验来判断，做不到准确、及时。与国外先进的技术相比，我国在病虫害防治的生态调控技术上严重不足。而欧美等发达国家和国际研究机构在以往病虫害综合防治的基础上，提出了以自然控制、生态控制等为主要手段的病虫害可持续控制技术，甚至发展完全不施用化学农药（化肥）的生态农业或有机农业。因此，未来依靠科技进步加强新技术的研究和开发是减缓温室气体排放、提高气候变化适应能力的有效途径。发展包括生物技术在内的新技术，培育产量潜力高、品质优良、综合抗性突出和适应性广的优良动植物新品种。力争在光合作用、生物固氮、生物技术、病虫害防治、抗御逆境、设施农业和精准农业等方面取得重大进展[29]。

7.2 气候变化对农业领域适应技术面临的挑战

7.2.1 农业领域适应技术薄弱分散，尚未形成和建立适应技术清单和适应技术集成体系

农业领域适应气候变化技术还处于发展的初步阶段，各类技术分散于不同部门，其应用领域、影响范围和成熟度均有不同，限制了适应气候变化技术的发展，农业领域适应技术主要集中在农作物品种改良、农业气候灾害防控和基础设施条件建设上，适应技术的自主研发能力较弱，适应技术之间相互联系和依赖性相对较差，适应技术缺少典型区域示范，有效的适应技术薄弱，如在西北、高纬度和高海拔地区适应温度升高的农业生产技术，目前仍在试验中，尚未形成配套和示范规模[17]。部分适应技术措施可操作性不强，尚未形成和建立可操作性的适应技术清单和适应技术集成体系。

7.2.2 农业领域适应技术评估方法中缺少对适应技术的成本效益分析

选择适应技术和措施是存在风险和成本的，目前我国对气候变化适应的农业技术尚停留在对现有可用技术的分析筛选，基于气候变化影响的风险分析，采取有效性的针对适应技术措施以及对各可行农业适应技术的评估研究还很缺乏，对适应技术的表达方式和适应效果分析比较薄弱，目前对适应成本效益分析的全面评估仍然非常缺乏，应推进相关研究，以便为制定和实施适应对策提供科学依据。

7.2.3 农业领域适应技术研发和推广的资金和政策保障体制薄弱

适应气候变化是一个系统工程，需要巨大的资金支持，特别是发展中国家，由于适应的基线较低，在适应行动中需要投入的资金更大[29]。目前我国农业领域尚未构建完善和成熟的适应技术推广体系，尚无行业可操作性的适应技术清单，在技术研发和引进以及适应技术措施示范方面缺乏稳定的资金和政策保障。

7.2.4 缺少对农业领域适应技术推广的国家战略规划与国际合作

目前农业领域适应气候变化的技术措施开发和应用水平很不平衡，理论研究较多，实践信

息不足。对适应技术研究的科学基础薄弱，目前科学认识水平尚不足以满足制订科学的适应规划的需要。因此，在采取应对气候变化的适应行动中，缺少国家适应战略规划的指导，导致农业领域应对气候变化适应行动分散、针对性不强。由于缺乏有效的国际合作制度，发达国家和发展中国家在适应问题上一直存在着很大的分歧和矛盾，不能公平和及时掌握农业领域适应技术研究与创新的最新动态，导致在引进、吸收和转化先进技术方面的国际合作基础薄弱。

7.2.5 对农业领域适应技术的公众关注程度不高

虽然国内外对适应气候变化作为应对气候变化的主要途径达成一致。但是气候变化的适应问题却没有得到真正的重视，对如何提高公众适应气候变化的意识与管理水平，增强适应气候变化的能力做得很少。当前我国农业以家庭为单位的分散经营为主，小规模的农业生产经营方式同农业现代化的矛盾突出，相关政策推行、技术普及成本高昂，可操作性难度大。因此，应进一步利用现代信息传播技术，加强适应气候变化的先进农业技术的普及、推广及应用培训，提高公众对气候变化影响认识的深刻性和行动的自觉性。

第8章 农业领域应对气候变化适应技术发展对策与方向

8.1 农业领域应对气候变化适应技术发展对策

8.1.1 加强气候变化对农业领域影响的科学系统研究，减少不确定性，提升农业在全球气候谈判中的地位

农业领域温室气体排放增长快、减排潜力大以及较高的生态脆弱性等决定了其在全球气候谈判中的地位随着国际应对气候变化努力的发展而日渐提升。农业在气候谈判中地位的变化对气候谈判产生了重大而深远的影响。然而由于气候变化事实研究的不确定性，农业生产的不稳定性增加，产量波动加大。因此，加强气候变化对农业领域影响的科学系统研究，开展适应技术的成本效益分析，农业适应技术选择与评价既要考虑区域之间的差异性，还要考虑区域内部的相对一致性和可操作性，减少农业生产的不确定性，进一步提升农业在全球气候谈判中的地位。

8.1.2 建立区域性和综合性的农业适应技术清单和技术集成体系，并示范推广

在充分收集和总结现有农业适应技术基础上，根据不同区域气候变化对农业领域的影响和响应特征，构建应对气候变化的农业适应技术清单，并选择典型区域进行示范，全面推广成熟的农业适应技术。建立农业适应技术集成体系，对各种适应技术进行选择、优化、配置，形成一个由适宜要素组成的、优势互补的、匹配的有机体系，当前阶段，我国适应气候变化技术体系整合集成亟须开展的关键工作包括：国家适应气候变化技术体系构建与技术清单编制；优选现有比较成熟的适应技术，吸收最新适应技术研发成果，评估其综合效益与适用范围，构建我国适应气候变化的基本理论与技术体系框架。同时为避免人类无序适应活动所可能产生的不利影响，须开展相应的科学研究，并在此基础上协调不同部门以形成有序适应，从而实现科学应对气候变化，达到“有序适应、整体最优、长期受益”。

8.1.3 建立农业领域适应技术选择的方法步骤

在建立应对气候变化的农业适应技术清单与技术集成框架体系基础上，选择和分析农业适应技术应包括四个方法步骤：一是全面分析农业领域受气候变化的影响及其脆弱性和敏感性；二是正确表达农业领域应对气候变化的响应和优先考虑选择的适应技术和措施；三是科学评估应对气候变化的农业适应技术成本与效益；四是有效选择区域性农业适应技术并示范推广应用。

8.2 农业领域应对气候变化适应技术发展方向

结合农业领域应对气候适应技术清单的分布，本书认为应从如下几个方面加强相关技术的研发，并构建相应的适应气候变化技术体系：

8.2.1 提升极端气候事件监测和预警技术的研发

提高现有数值模式对极端天气气候事件的预警能力，建立高效的极端气候事件动态监测、定量化影响评估、预警系统等综合技术系统，为防御极端气候灾害对农业的不利影响提供必要的技术支撑。

8.2.2 加强人工影响天气技术的研发与应用

加强利用卫星、雷达、飞机等现代探测手段，研究开发多尺度云降水监测技术，完善不同降水云的催化作业条件和实时识别技术，为预防和减轻农业气象灾害提供实时有效的技术手段。

8.2.3 加强农田监测—评估—预警技术的研发

建立完善的农田监测、评估和预警技术，特别是针对一些重点农产区，在实时监测土壤墒情和农作物长势的基础上，建立评估和预警机制，以期为农业部门提供及时准确的反馈信息以及相关预警建议。

8.2.4 构建具有中国特色的农业适应技术体系和行动方案

总结各地现有农业适应技术与成功经验，根据未来气候变化情景，针对农业领域适应气候变化的总体目标和重点任务，提出了该领域适应气候变化的行动方案，具体行动方案的内容见表 8.1。

表 8.1 农业适应气候变化行动方案[24]

行动方案	目的	主要内容
农田基本建设工程	控制水土流失、提高土壤肥力和抗旱涝等灾害能力	坡耕地除退化外全部改造为梯田或实行水平耕作；平原农田平整土地实现园田化；实施沃土工程，遏制东北黑土带肥力下降趋势
农田水利工程	提高区域农业抗旱排涝能力和水资源利用率	全面检修配套完善现有农田水利工程；在干旱缺水山区普及集雨设施与补灌技术；全面普及农田节水灌溉设施与技术
农业基础设施建设	提高农业抗御各种自然灾害的能力、提高农产品的商品率与附加值，促进农业产业化	根据气候变化情景修订粮库、温室、畜舍等设施的隔热保温和防风荷载设计标准；牧区普遍建立饲草储备和饮水点；实现所有乡镇通公路，所有村庄通电
作物品种选育、改良技术	保存适应未来气候变化的物种资源	收集保存各类抗逆丰产植物品种与有害生物天敌资源，建设国际先进的基因库与种质库
调整种植与品种结构及布局	充分利用生物自身适应能力，空间上规避不利条件	确定气候变化情景下不同熟制合理界限；主要作物适宜种植区域调整方案；主要农区作物品种调整与备选名录

续表

行动方案	目的	主要内容
农业灾害检测预警与防控	提高对极端天气事件的预警和防控能力	建成覆盖全国的农田自动检测网络；建立主要极端事件与重大生物灾害预警系统；初步构建农业减灾理论技术体系框架，特别是干旱、洪涝、低温灾害、重大植物病虫害和动物疫病的防控减灾体系
区域农业适应技术体系与技术清单	提高区域农业系统适应气候变化的能力，增强适应技术的可操作性	总结现有农业适应技术，结合最新科研成果，构建主要农区不同气候变化情景下的适应技术系统并编制实用和可操作的农业适应技术清单
农业适应气候变化与低碳循环农业综合示范区建设	通过示范区的实践使适应技术推广辐射到周边地区，实现更大效益并完善适应技术	全面贯彻适应补偿政策，推广区域性适应技术与低碳循环农业技术，使示范区在气候变化情景下单产与经济效益比对照区高10%以上，如东北适应气候变暖商品粮规模生产综合示范区、华北平原适应气候暖干化节水农业综合示范区、长江中下游适应暖湿气候粮棉油高产综合示范区等

8.2.5 建立区域性农业领域适应技术需求清单

我国农业的地域性差异非常显著，需要因地制宜采取不同对策。刘巽浩等在对我国农作制度的研究中，将我国分为10个区域[30]。本书在此基础上，综合气候变化趋势相似性及其对农业生产主要影响因子的一致性，分为以下10区综述气候变化对农业的影响，探讨相应的适应对策和技术。

(1)东北平原山区适应技术需求

①冬小麦种植界限北移；②采用生育期更长的品种；③采用粮食、经济和饲料作物的三元结构；④推广施肥技术；⑤旱作农业技术。

(2)黄淮海平原

①农业节水技术；②推广集水和保水工程措施。

(3)长江中下游及沿海平原丘陵

①保护和发展防护林、水源涵养林；②引进和培育耐高温耐旱涝的新品种；③适当调整播期。

(4)江南丘陵

①压缩小麦，扩种耐湿作物，双季稻区可结合早播早插和选择较迟熟品种；②植树造林，设施防护林；③冬种可由马铃薯、绿肥、反季节瓜果、蔬菜、蚕豆、紫云英等进行年际间的轮作。

(5)华南地区

①兴建海堤、海闸和大型的排洪泄洪系统；②培育抗病、抗虫、耐高温的作物品种；③热带、亚热带作物北移，甘蔗西移。

(6)北部低中高原

①在农牧交错带，提高林草覆盖率；②发展和推广旱地集水、保墒耕作等节水技术；③培育和引进抗旱品种。

(7)西北干旱区

①棉花主产区西移新疆，西部发展优质瓜果生产，河西走廊发展夏淡季蔬菜生产，甘南、宁

南地区发展药材生产；②节水技术；③建设渠道防渗工程；④人工增雪；⑤开发风能、太阳能，秸秆还田。

(8)四川盆地

①调整播期；②兴修水利，合理灌溉；③平整土地，深耕改土；④耕作保墒，覆盖保墒等；⑤防涝栽培；⑥压缩双季稻，发展旱三熟。

(9)西南中高原

①推广防御霜冻和冷害的技术；②建设植物基因库和中药材基地，发展花卉生产；③增加梯田；④采用秸秆还田等措施提高地力；⑤水土保持技术。

(10)青藏高原

①退耕还林还草；②建设防护林，水源涵养林等；③节水技术；④发展转光膜温室生产。

8.3 应对气候变化的适应技术体系框架构建

8.3.1 适应技术体系构建原则

(1)遵循国际和国家相关技术规范、规程；

(2)适应技术表达方式要方向明确；

(3)适应技术应用措施要切实可行和可操作；

(4)适应技术要易于检索和选择。

8.3.2 适应技术体系框架的表达

各领域应对气候变化的适应技术种类丰富，为了有效地选择和描述适应技术，需要有一个分门别类对适应技术的表达方式。通过对各领域适应技术表达方式的界定，才能更好地构建适应技术框架体系，为各领域应对气候变化做出适应和科学的技术选择。对所收集的上万例应对气候变化的技术成果进行综合分析，将各领域适应技术门类归纳为 11 项表达方式。

(1)预警方向技术体系

各领域应对气候变化的影响中，预警技术是应对气候变化的重要适应技术之一，预警技术主要是在对气候灾害风险评估和预测基础上创建的，属于规划适应技术范畴。

(2)工程方向技术体系(研发)

各领域应对气候变化的工程技术种类最为丰富，具有多方向性特点，是在气候变化过程中所研发和实施的具体工程技术措施，具有较强的可操作性和实用性。

(3)动态监测方向技术体系

各领域应对气候变化的动态监测技术主要是对气候变化影响在时间和空间的响应和反馈，是基于“3S”技术手段的一种技术体系表达方式。

(4)评估方向技术体系

各领域应对气候变化的评估技术主要是灾害评估，即包括灾害预测评估和灾后评估，应对气候变化灾害评估体系的科学建立可以为更大可能地减缓灾害影响和建立有针对性的预警技术提供服务保障。

(5)灾害防控方向技术体系

各领域应对气候变化的灾害防控技术主要针对各类频发灾害所做的具体研发技术，灾害防控适应技术体系的主要目的是降低灾害所产生的风险和影响程度。

(6)适应空间方向技术体系

各领域应对气候变化的适应空间方向技术主要针对气候变化所带来的影响，具有不同地域性的空间分布特征，因此适应技术具有特定空间的适应性，应对气候变化的适应技术选择要因地制宜。

(7)适应长效性方向技术体系

各领域应对气候变化的适应长效性方向技术主要针对气候变化所带来的影响，具有不同的时效性特征，因此适应技术具有特定时间阶段的适应性，应对气候变化的适应技术选择要因时制宜。

(8)模型分析方向技术体系

各领域应对气候变化的计量模型应用领域较为广泛，主要表达在相关性分析、各种预测、评估以及动态监测等方面，模型表达方式主要以丰富的数据和科学理论为支撑。

(9)重大工程方向

各领域应对气候变化的重大工程设计属于国家战略规划范畴，投资规模较大、设计标准较高，对气候变化的响应和影响较为长远。

(10)各领域行业标准和规范体系

各领域应对气候变化的行业标准和规范体系主要是政府部门所出台的技术规程、标准、法规以及政策，从行政管理和立法角度建立适应技术应对气候变化的保障机制。

(11)社会影响和舆论宣传体系

各领域应对气候变化的社会影响和舆论宣传体系主要包括提高人们认识和使用适应技术的思想意识，提醒人们改变破坏气候资源的不良行为，降低气候变化对人类社会的负面影响。

8.3.3 适应技术体系框架的构建

应对气候变化适应技术体系框架构建包括两方面表述内容，一方面是明确表述哪些重点领域应对气候变化影响中主要采用适应技术措施，另一面明确表述各领域适应技术的表达方式，以便于归类和选择。综合相关文献分析，本书共划分七大重点领域和十一种类型的适应技术表达方式，并对专利检索的上万条技术数据进行归类表达，具体如表8.2所示。

8.3.4 重点领域应对气候变化的适应技术清单选择

在建立应对气候变化的适应技术体系框架基础上，根据适应技术应用领域以及表达方式，如何选择和应用适应技术是一个需要考虑的重要问题，依据相关文献分析，本书提出选择和分析适应技术通常包括四个步骤。

第一，充分分析各领域受气候变化的影响以及脆弱性和敏感性；

第二，正确表达各领域应对气候变化的响应和优先考虑选择的适应对策和措施；

第三，科学评估应对气候变化的适应技术成本效益；

第四，有效选择适应技术并示范及推广应用。

表 8.2　应对气候变化的适应技术体系框架

适应 影响	预警方向	工程技术(研发)方向	动态监测方向	评估方向	灾害防控方向	适应空间方向	适应长效性方向	模型分析方向	重大工程方向	行业标准和规范	社会影响和舆论宣传方向
农业领域	育种预警、病虫害预警、干旱风险预警	播种技术，精准施肥技术，滴灌、微喷灌节水技术，抗旱节水栽培技术，水旱耕作装备技术，品种选育技术(抗旱杂交基因)，保水剂、地膜技术	旱情监测、土壤墒情监测、耕地肥力监测	产量评估、损失评估、灾情评估、影响范围和影响程度评估	病虫害防治技术(农药制剂)，防旱智能系统	种植界线变动、栽培作物品种选择、干旱区域和半干旱区域种植、灌溉和施肥技术	作物生长周期改变调整、灌溉周期改变调整、品种选育方法	图像模型、作物蒸散量模型、估产模型、损益模型	配方施肥工程、节水灌溉工程	农作物种植方法，病虫害防治规范良种培育、繁育技术标准，节水灌溉技术标准，配方施肥技术标准，农业管理标准	政府引导种植结构、增加农业投入、农业风险保障
林业领域	森林防火预警、病虫害预警	灭火剂、灭火装备技术，转基因抗旱林业技术，干热河谷旱坡地雨养造林方法，抗旱种子技术，沙地抗旱造林技术，荒漠林生态保育与恢复、无灌溉造林技术	森林火灾监测与防控系统、红外光谱跟踪系统、林业(类型、长势、产能)调查监测	林业碳汇评估、产能评估、灾情评估	火灾防控设备、林业杀虫剂、杀虫灯、害虫诱捕器	林业种植界线变动、林种选育区域	林业生长周期、林种选育周期	高光谱遥感估算模型、神经网络模型、多元线性回归模型	防护林工程、退耕还林工程、林业自然保护区工程	育苗技术规程、火灾扑救和监测技术规程、林业调查规程、林业安全技术、病虫害防治规范	林业公益宣传、林权改革
水资源领域	水资源安全预警、冰川积雪融水预警、防洪防汛预警、水污染预警	人工增雨技术、防洪技术、雨水集蓄利用技术、污水处理技术、海水淡化技术	水质监测、流量监测、洪涝监测、冰川积雪融水监测	水资源持续利用评价、水资源安全评价、水环境承载力评价	洪涝灾害防治、污水防治	干旱区和洪涝区水资源利用与防治技术	季节性水资源利用与防治技术	灰色模型、综合模拟法、神经网络模型	水利普查、跨区域调水、防洪大堤大坝	水利调查规程、污水处理技术标准、防洪涝技术标准、雨水集蓄规范	水利普查、节水宣传

续表

适应 影响	预警方向	工程技术(研发)方向	动态监测方向	评估方向	灾害防控方向	适应空间方向	适应长效性方向	模型分析方向	重大工程方向	行业标准和规范	社会影响和舆论宣传方向
生态系统领域	生态安全预警、生物多样性保育监测与预警、生态系统功能经济社会影响监测与预警	生态系统恢复治理技术方法、生态系统保护技术	林地生态系统、草地生态系统及海洋生态系统等生物物种多样性监测、外来物种侵入监测、灾毁监测	生态安全评价、生态健康评价	对外来物种侵入防控、灾毁防控	不同区域类型生态系统建立与恢复关键技术	生物迁徙周期	模拟模型、能量流动模型、生态价值估算模型	自然保护区工程	生态系统监测技术规程、自然保护区政策法规	生态功能区划定位、保护奖励机制
人体健康领域	潜在疾病流行区监测预警	气候变化敏感性疾病治疗技术、健康环境污染治理技术	亚人群(老人儿童)健康监测、疾病监测网络和预警体系	疾病传播范围和潜力评估	预防疾病流行范围扩散	不同区域影响人体健康的疾病谱及其影响机制、改善区域居住环境和生活条件	极端气候高发季节预防	统计预测模型、统计分析模型		疾病防控规程、卫生安全法规政策	公共卫生安全教育、健康预警预案
海岸带领域	海啸预警、赤潮预警、风暴潮预警、海洋灾害预警、海水侵蚀预警	海洋赤潮及湖泊蓝绿藻遥测系统、海浪和潮汐发电技术、利用 MODIS 图像反演海岸带气溶胶光学特性的方法、海冰厚度测量技术、沿海堤防工程、滩涂开发保护技术	海洋环境监测、远程海洋监测、海洋赤潮遥感监测、海洋台站自动观测、海冰监测、海平面升高监测	海岸带功能价值评估、脆弱性评估、污染损害评估	海岸带生物修复技术、地质灾害防控			侵蚀模型	海岸带规划	海岸带调查技术规程与保护规范	海岸带规划、旅游

参考文献

[1] 科学技术部社会发展科技司，中国 21 世纪议程管理中心. 适应气候变化国家战略研究. 北京：科学出版社，2011.

[2] 赵秀兰. 近 50 年中国东北地区气候变化对农业的影响. 东北农业大学学报(社会科学版)，2010，**41**(9)：144-149.

[3] 薛昌颖，霍治国，李世奎，等. 灌溉降低华北冬小麦干旱减产的风险评估研究. 自然灾害学报，2003，**12**(3)：131-136.

[4] 钱凤魁，王文涛，刘燕华. 农业领域应对气候变化的适应措施与对策. 中国人口·资源与环境，2014，**24**(5)：19-24.

[5]《气候变化国家评估报告》编写委员会. 第二次气候变化国家评估报告. 北京：科学出版社，2011.

[6] 贾建英，郭建平. 东北地区近 46 年玉米气候资源变化研究. 中国农业气象，2009，**30**(3)：302-307.

[7] 赵春雨，王颖，张玉书，等. 近 50 年辽宁省作物生长季气候条件变化及对农业生产的影响. 灾害学，2009，**24**(4)：102-106.

[8] 张德奇，廖允成，贾志宽. 旱区地膜覆盖技术的研究进展及发展前景. 干旱地区农业研究，2005，**23**(1)：208-213.

[9] 云雅如，方修琦，王媛，等. 黑龙江省过去 20 年粮食作物种植格局变化及其气候背景. 自然资源学报，2005，**20**(5)：697-705.

[10] 房世波，谭凯炎，任三学. 夜间增温对冬小麦生长和产量影响实验研究. 中国农业科学，2010，**43**(15)：3251-3258.

[11] 蒋群鸥，邓祥征，战金艳，等. 黄淮海平原气候变化及其对耕地生产潜力的影响. 地理与地理信息科学，2007，**23**(5)：82-85.

[12] 林而达，张厚瑄，王京华，等. 全球气候变化对中国农业影响的模拟. 北京：中国农业出版社，1997：54-87.

[13] 王馥堂. 近十年来我国气候变暖影响研究的若干进展. 应用气象学报，2002，**13**(6)：754-766.

[14] 高素华，王春乙. CO_2 对冬小麦和大豆籽粒成分的影响. 环境科学，1994，**15**(5)：65-66.

[15] 高明超，杨伟光. 气候变化及其对农作物的影响. 现代农业科技，2010，(1)：292-293.

[16] 霍治国，李茂松，王丽，等. 气候变暖对中国农作物病虫害的影响. 中国农业科学，2012，**45**(10)：1926-1934.

[17] 潘根兴，高民，胡国华，等. 应对气候变化对未来中国农业生产影响的问题和挑战. 农业环境科学学报，2011，**30**(9)：1707-1712.

[18] 任晓娜，孙东升. 气候变化对中国粮食贸易的影响研究. 生态经济，2012，**25**(3)：99-101.

[19] FAO. The State of Food Insecurity in the Word：How Dose International Price Volatility After Domestic Economies and Food Security. 2011，Rome，Italy.

[20]《东北区域气候变化评估报告》编写委员会. 东北区域气候变化评估报告决策者摘要及执行摘要(2012). 北京：气象出版社，2013.

[21]《华北区域气候变化评估报告》编写委员会. 华北区域气候变化评估报告决策者摘要及执行摘要(2012). 北京：气象出版社，2013.

[22]《华南区域气候变化评估报告》编写委员会. 华南区域气候变化评估报告决策者摘要及执行摘要(2012). 北京：气象出版社，2013.

[23]《西北区域气候变化评估报告》编写委员会. 西北区域气候变化评估报告决策者摘要及执行摘要(2012). 北京：气象出版社，2013.

[24] 科学技术部社会发展科技司，中国 21 世纪议程管理中心. 应对气候变化国家研究进展报告. 北京：科学

出版社,2013.

[25] 张兵,张宁,张轶凡.农业适应气候变化措施绩效评价——基于苏北GEF项目区300户农户的调查.农业技术经济,2011,**30**(7):43-49.

[26] 高焕文,李问盈,李洪文.中国特色保护性耕作技术.农业工程学报,2003,**19**(5):1-4.

[27] 陶永霞,曹明伟.国内外农业节水发展现状对比.水利科技与经济,2007,**13**(9):663-664.

[28] 孙惠民,程满金,郑大玮,等.北方半干旱集雨补灌旱作区节水农业发展模式.应用生态学报,2005,**16**(6):1072-1076.

[29] 李虎,邱建军,王立刚,等.适应气候变化:中国农业面临的新挑战.中国农业资源与区划,2012,**33**(6):23-28.

[30] 刘巽浩,陈阜,高旺盛.我国东中西片农作制特征与战略优先序.农业现代化研究,2004,**25**(5):321-329.

第3部分

中国重点领域应对气候变化技术清单

重点领域应对气候变化主要技术类型

领域	一级技术类型	二级技术类型
农业	作物品种选育、改良、栽培技术	优质水稻品种选育及种植技术；优质小麦品种选育及种植技术；优质玉米品种选育及种植技术；耐盐碱棉花等优良品种选育种植技术；优良蔬菜瓜果品种选育及栽培技术；
	机械耕作设备技术	水稻直播机；机耕船、插秧机；多功能平模制粒机；饲料膨化机；太阳能灌溉等大型灌溉设备技术；其他农用设备技术
	节水旱作农业技术	滴灌技术；其他节水农业技术
	环保施肥及精准施肥技术	环保施肥及精准施肥技术
	农产品储存加工技术	薯类加工技术
	天气气候技术	人工影响天气技术
	农田监测评估技术	粮食种植面积遥感测量与估产技术；土壤墒情监测技术
	作物病虫害防治技术	真菌杀虫(螨)剂的制备与田间应用配套技术；防治农林害虫的微生物制剂；其他病虫害防治技术
林业	林业种植技术及可持续管理方法	林业种植技术及可持续管理方法
	森林火灾监测和预警技术	森林灭火系统；其他森林火灾监测预警技术
	森林病虫害防治和预警技术	无公害粘虫胶及其应用技术；其他森林病虫害防治技术
水资源	雨洪资源化利用技术	雨水集蓄利用技术；低温膜蒸馏技术
	海水淡化技术	海水或苦咸水淡化膜技术；反渗透与低温多效海水淡化技术
	安全饮用水技术	水处理剂聚氯化铝、聚合硫酸铁；饮用水安全评价与保障技术
	污水处理与回用技术	膜生物反应器应用技术；生活污水处理一体化技术；复合流人工湿地净化污水技术；中水回用处理技术及设备；处理分散生活污水腐殖填料滤池工艺；高浓度有机废水处理
	开发非传统水源技术	开发非传统水源技术
	水环境监测、水资源安全技术	水环境监测技术；水资源安全技术
	水利工程	橡胶坝技术；跨流域调水技术；拦河坝或堰；露天水面的清理；排水灌溉沟渠；人工岛水上平台；人工水道；水力发电站；溪流、河道控制技术；其他水利工程技术
	水位监测与旱涝灾害预警技术	冰川积雪融水监测、预警技术；旱涝监测与预警技术
生态系统	防风治沙技术	粘土沙障设置技术；砂田种植技术；沙漠工程绿化；沙漠固沙植生技术
	森林、草场、湿地保护与恢复技术	森林、草场、湿地保护与恢复技术
	生态系统监测技术、地质灾害监测与预警技术	生态系统监测技术；自然灾害监测与预警技术
海岸带	海防工程(应对海平面上升技术)	海防工程(应对海平面上升技术)
	海洋灾害监测与预警技术	海洋灾害监测与预警技术
	海洋环境监测与保护技术	沿海滩涂保护技术；海洋环境监测技术
人体健康	热浪预警与防护技术	热浪预警与防护技术
	过敏、哮喘和呼吸道疾病防治技术	过敏、哮喘和呼吸道疾病防治技术
	其他相关疾病预防治疗技术	疟疾、血吸虫病防治技术；重组蛋白药物制备技术；水污染导致的痢疾等感染防治技术

续表

领域	一级技术类型	二级技术类型
能源	可再生能源技术	太阳能利用与开发技术;小水电利用与开发技术;小型风力发电技术;沼气等生物质能利用与开发技术;热电联产
	商业和民用节能减排技术	LED路灯;热水器、空调、冰箱节能技术;彩电节能技术;浪潮高效能服务器;内燃式燃气灶
	工业节能减排技术	改良型和替代型生产技术;能效提高技术
	建筑节能减排技术	烧结砖生产技术及其成套装备;蒸压砖生产线成套技术;膨胀玻化微珠保温防火砂浆及应用技术

第9章 农业领域应对气候变化技术清单

9.1 作物品种选育、改良、栽培技术

9.1.1 优质水稻品种选育及种植技术

申请号	名称	申请单位	发明人
00113552	浸种型多功能水稻种衣剂	湖南宏力农业科技开发有限公司，湖南农业大学水稻研究所	熊远福，唐启源，等
00116700	水稻种子直链淀粉含量低的水稻植株的筛选方法	中国科学院上海植物生理研究所，扬州大学	王宗阳，蔡秀玲，等
00132248	耐储藏水稻的筛选方法	南京农业大学	万建民，沈文飚，等
02107429	一种利用双 T-DNA 载体培育无选择标记转基因水稻的方法	中国科学院遗传研究所	朱祯，李旭刚
02110534	产生小穗数目增多的转基因水稻的方法	中国科学院上海植物生理研究所，复旦大学	罗达，张淑红，等
02129196	水稻分蘖控制基因 *MOC1* 及其应用	中国科学院遗传与发育生物学研究所	李家洋，钱前，等
02131417	水稻脆秆控制基因 *BC1* 及其应用	中国科学院遗传与发育生物学研究所	李家洋，钱前，等
02133770	同源四倍体杂交水稻制种方法	中国科学院成都生物研究所	孔繁伦，涂升斌，等
02137544	苗期携带转绿型叶色标记杂交水稻的选育方法	浙江大学	舒庆尧，吴殿星
02138064	一种水稻新不育系的培育方法	安徽省农业科学院水稻研究所	王守海，王德正，等
02145367	一种选育强耐冷水稻新品种的筛选方法	江西省农业科学院水稻研究所	陈大洲，肖叶青
03123913	一种水稻耐低温相关转录因子及其编码基因与应用	中国科学院遗传与发育生物学研究所	陈受宜，张劲松，等
03125167	一种负调控植物程序性细胞死亡和促进转基因愈伤组织生长分化的水稻锌指蛋白基因	中国科学院微生物研究所	何朝族，王丽娟，等
03129003	生产蛋白质含量提高的水稻种子的新方法	上海师范大学	李建粤，范士靖，等
03129329	水稻茎杆伸长基因及其编码蛋白和用途	中国科学院上海生命科学研究院	何祖华，李群，等
03131697	具有隐性标记杂交水稻亲本及品种的选育方法	安徽荃银农业高科技研究所	张从合，陈金节
03154254	旱稻宿根法栽培技术	福建农大菌草技术开发公司	林占熺，林跃鑫，等

续表

申请号	名称	申请单位	发明人
03160062	一种水稻减数分裂基因及其编码蛋白与应用	中国科学院植物研究所	王台，丁兆军
03160091	水稻减数分裂基因及其编码蛋白与应用	中国科学院植物研究所	王台，丁兆军
200310108211	一种受水稻系统获得性抗性诱导剂诱导的启动子	复旦大学	蒯本科，赵慧芳，等
200310108681	水稻钾、钠离子转运基因及其应用	中国科学院上海生命科学研究院	林鸿宣，任仲海，等
200310110534	一种提高杂交水稻产量潜力的方法	湖南杂交水稻研究中心	邓启云，袁隆平，等
200410002369	一种杂交水稻排假方法	北京大北农农业科技研究院	舒庆尧，吴殿星
200410009452	水稻抗病相关基因 *OsDR3*	华中农业大学	王石平，邱德运，等
200410009453	水稻抗病相关基因 *OsDR2*	华中农业大学	王石平，丁新华，等
200410014323	一种耐贮藏水稻品种的选育方法	南京农业大学	万建民，江玲，等
200410060786	具有多倍体减数分裂稳定性基因的多倍体水稻选育及鉴测方法	湖北大学	蔡得田，陈冬玲，等
200410071562	三系法杂交稻的恢复系定向育种方法	福建农林大学	王乃元，陈爱媚，等
200410078137	水稻叶夹角相关基因及其编码蛋白与应用	中国科学院植物研究所	种康，王雷，等
200410089381	水稻抗逆相关基因——锚定序列重复蛋白基因及其应用	中国科学院上海生命科学研究院	林鸿宣，晁代印，等
200510006770	水稻胚乳甜质控制基因 *SU1* 及其应用	中国科学院遗传与发育生物学研究所	李家洋，钱前，等
200510019597	利用水稻核蛋白基因 *OsSKIP1* 促进植物在逆境条件下的生长	华中农业大学	熊立仲，侯昕
200510020541	一种通过特异性 DNA 片段识别水稻糯性基因的分子标记方法	中国科学院成都生物研究所	罗科，田洁，等
200510024101	水稻铁营养不足症状的发生及发光二极管增进铁营养方法	中国科学院上海生命科学研究院	李止正，陈金星
200510030642	水稻叶片内卷基因及其应用	中国科学院上海生命科学研究院，上海市农业科学院	张景六，王江，等
200510036935	一种具有诱导耐盐性的杂交稻种子生产方法	广东海洋大学	方良俊，王正超，等
200510048451	水稻抛植苗原床泥质露天育秧法	信阳市农业科学研究所	宋世枝，段斌，等
200510059808	水稻分蘖相关蛋白及其编码基因与应用	中国科学院遗传与发育生物学研究所	朱立煌，邹军煌，等
200510062980	转基因水稻的培育方法	浙江大学，华中农业大学	凃巨民，张启发，等
200510088978	水稻胚乳直链淀粉含量控制基因 *DU1* 及其应用	中国科学院遗传与发育生物学研究所	李家洋，钱前，等
200510104410	水稻广保型细胞质雄性不育系及恢复系定向育种方法	福建农林大学	王乃元，陈爱媚
200510105005	一种培育高产水稻的方法及专用分子标记	中国农业大学	孙传清，罗小金，等
200510116948	水稻矮秆基因	厦门大学	陈亮，张红心，等
200510130886	粳型杂交水稻高产制种方法	辽宁省稻作研究所	张忠旭，华泽田，等

续表

申请号	名称	申请单位	发明人
200610011976	一种水稻杂种育性基因及其应用	华南农业大学	刘耀光,杨绍华,等
200610018104	一种控制水稻抽穗期基因及其应用	华中农业大学	张启发,陈志辉,等
200610018484	一种具有红莲型细胞质的光温敏水稻雄性核不育系选育方法	湖北大学	居超明,周勇,等
200610018575	一种控制水稻花粉育性基因及应用	华中农业大学	吴昌银,袁文雅,等
200610019719	水稻种纸复合体及其种植方法	湖北省种子集团公司	袁国保
200610032028	超微粉型多功能水稻种衣剂	湖南农业大学	熊远福,邹应斌,等
200610032548	一种杂交水稻育种方法	国家杂交水稻工程技术研究中心,湖南隆平种业有限公司	李新奇,廖翠猛
200610034047	水稻稻瘟病抗性基因 *Pi37* 及其应用	华南农业大学	潘庆华,王玲,等
200610036705	一种籼型食用优质稻米的快速半粒鉴评方法	华中农业大学,广东省农业科学院农业生物技术研究所	彭仲明,张名位,等
200610046439	粳型杂交水稻恢复系快速定向选育方法	辽宁省稻作研究所	华泽田,郝宪彬,等
200610065945	低温或短日低温不育水稻光温敏雄性不育系的制种方法	湖南杂交水稻研究中心,北京杂交小麦工程技术研究中心	李新奇,赵昌平,等
200610066893	高温或长日高温不育型水稻光温敏雄性不育系的制种方法	湖南杂交水稻研究中心,北京杂交小麦工程技术研究中心	李新奇,赵昌平,等
200610076032	杂交水稻种衣剂及其包衣方法	海南神农大丰种业科技股份有限公司	黄培劲,熊军,等
200610097816	一种抗条纹叶枯病水稻品种的鉴定方法	江苏省农业科学院	周彤,周益军,等
200610117113	水稻大粒基因及其应用	中国科学院上海生命科学研究院	林鸿宣,宋献军,等
200610117929	一种水稻高效表达启动子及其应用	上海师范大学	杨仲南,钟晓丽,等
200610129308	提高栽培稻与不同基因组型野生稻杂交幼胚成苗率的方法	天津天隆农业科技有限公司	邓华凤,张武汉,等
200610161649	融合高光效和抗早衰性状的水稻育种方法	江苏省农业科学院	李霞,周月兰,等
200710050621	一种分子标记辅助选择培育抗穗发芽杂交稻不育系的方法	四川省农业科学院作物研究所	高方远,任光俊,等
200710052003	同源异源多倍体水稻的选育	湖北大学	蔡得田,侯明辉,等
200710053381	耐高温抗倒伏红莲型细胞质雄性不育系的选育方法	武汉大学	丁毅,余金洪
200710056394	一种提高水稻光能利用率的栽培方法	中国科学院东北地理与农业生态研究所	王洋,齐晓宁,等
200710070955	利用双粒突变体提高杂交水稻繁种、制种效率的方法	浙江省农业科学院	张小明,叶胜海,等
200710111156	水稻 *RDB1* 抗旱基因	上海市农业生物基因中心	余舜武,吴金红,等
200710175914	一组与 ABA 合成相关的提高水稻耐旱性基因的克隆和应用	北京未名凯拓农业生物技术有限公司	王喜萍,孟秀萍,等
200710301003	水稻两用核不育系一季加再生冷水串灌繁种技术	湖南农业大学	陈立云,肖应辉,等
200720105923	水稻秧苗育秧盘	中国水稻研究所	徐一成,朱德峰,等
200810018800	一种抗条纹叶枯病水稻的育种方法	江苏省农业科学院	王才林,张亚东,等

续表

申请号	名称	申请单位	发明人
200810035714	改变稻米贮藏蛋白分布的表达载体及其制法和用途	上海师范大学	李建粤，王幻予，等
200810037042	水稻株型基因及其应用	中国科学院上海生命科学研究院	林鸿宣，金键，等
200810045280	杂交水稻亲本三系保纯繁殖方法	四川省农业科学院作物研究所	曾宪平，李勤修，等
200810046989	一个控制水稻成花转换及抽穗期基因 *RID1* 的克隆及应用	华中农业大学	吴昌银，游常军，等
200810047235	水稻抗病相关基因 *OsDR9* 及其在改良水稻抗病性中的应用	华中农业大学	王石平，丁新华
200810047788	利用水稻转录因子 *OsbZIP23* 提高植物耐逆境能力	华中农业大学	向勇，熊立仲
200810048734	水稻叶片衰老特异性启动子的鉴定及应用	华中农业大学	林拥军，刘莉
200810048767	一种水稻组蛋白去甲基化酶基因 *Os-JMJ706* 及其编码蛋白与应用	华中农业大学	周道绣，孙前文
200810052071	拱棚打孔炼苗进行水稻旱育秧的方法	天津市原种场	于福安，刘文政
200810052241	一种粳稻不育系快速转育方法	天津天隆种业科技有限公司	荆彦辉，杨飞，等
200810056041	一个与耐逆相关的水稻海藻糖合酶基因的克隆及应用	未名兴旺系统作物设计前沿实验室(北京)有限公司	邓兴旺，王喜萍
200810056556	一个与耐盐性相关的水稻蛋白质激酶基因的克隆及应用	北京未名凯拓作物设计中心有限公司	王喜萍
200810056827	水稻 bZIP 及其基因在提高植物耐逆性能上的应用	北京未名凯拓作物设计中心有限公司	王喜萍
200810056828	水稻 HAP3 及其基因在提高植物耐逆性能上的应用	未名兴旺系统作物设计前沿实验室(北京)有限公司	邓兴旺，王喜萍
200810060505	应用转基因技术提高水稻植株对稻纵卷叶螟抗性的方法	浙江省农业科学院	张小明，祁永斌，等
200810101298	“三层穗法”生产水稻温敏不育系核心种子的方法	湖南隆平种业有限公司	刘爱民，肖层林，等
200810102797	控制水稻株高和粒形基因 *TUD1* 及其应用	中国科学院遗传与发育生物学研究所，中国水稻研究所	薛勇彪，钱前，等
200810104743	与水稻株型和穗粒数相关的锌指蛋白及其编码基因与应用	中国农业大学	孙传清，谭禄宾，等
200810115352	一种水稻矮化相关蛋白及其编码基因与应用	中国科学院遗传与发育生物学研究所	程祝宽，黄健，等
200810115895	水稻株高相关蛋白及其编码基因与应用	中国科学院遗传与发育生物学研究所	程祝宽，李明，等
200810118445	一种与水稻抽穗期相关的蛋白及其编码基因与应用	中国科学院遗传与发育生物学研究所	朱立煌，李德军，等
200810124531	一种聚合低谷蛋白和抗条纹叶枯病的水稻品种的选育方法	南京农业大学	万建民，江玲，等
200810132341	水稻杂种花粉育性基因及其应用	华南农业大学	刘耀光，龙云铭，等

续表

申请号	名称	申请单位	发明人
200810134439	长江中下游稻区籼型水稻理想株型的田间选择方法	江苏里下河地区农业科学研究所	张洪熙，戴正元，等
200810143272	一种培育和利用孢子体型水稻不育系的方法	湖南杂交水稻研究中心	赵炳然，袁智成，等
200810163815	水稻蛋白 *OsSRM* 及其编码基因与应用	杭州市农业科学研究院	阮松林，马华升，等
200810163816	水稻蛋白 *OsOEE3-1* 及其编码基因与应用	杭州市农业科学研究院	阮松林，马华升，等
200810163817	水稻蛋白 *OsCSP1* 及其编码基因与应用	杭州市农业科学研究院	阮松林，马华升，等
200810167024	一种水稻细胞质雄性不育基因及其应用	华南农业大学	刘耀光，刘振兰，等
200810172204	水稻分蘖相关蛋白及其编码基因与应用	中国科学院遗传与发育生物学研究所	朱立煌，邹军煌，等
200810197030	基因 *ECAAT* 在控制水稻谷粒品质中的用途	华中农业大学	练兴明，张启发，等
200810197309	水稻抗病相关基因 *OsWRKY45-2* 和它在改良水稻抗病性中的应用	华中农业大学	王石平，陶增
200810227873	一种干旱诱导的水稻花特异性启动子及其应用	北京凯拓迪恩生物技术研发中心有限责任公司	刘敏，翟晨光，等
200810228961	一种沙地水稻节水栽培方法	中国科学院沈阳应用生态研究所	于占源，曾德慧，等
200810233344	一种水稻的种植方法	重庆市南川区富民科技推广中心	罗孝华
200810234983	水稻高亲和硝酸盐运输蛋白基因 *OsNAR2.1*	南京农业大学	范晓荣，徐国华，等
200810235032	接种水稻黑条矮缩病毒专用灰飞虱的获得方法	江苏省农业科学院	周彤，周益军，等
200810236959	组蛋白乙酰化酶基因 *OsELP3* 作为调控水稻开花期的应用	华中农业大学	周道绣，李晨
200810237277	一种提高杂交水稻育种选择效率的方法	重庆市农业科学院生物技术研究中心，重庆师范大学	赵正武，李贤勇，等
200910025780	一种在同一生态稻区内通过单年单点筛选广适型水稻的方法	江苏省农业科学院	李霞，孙志伟，等
200910029469	栽培水稻成熟胚高频植株再生方法	江苏省农业科学院	李霞，阎丽娜，等
200910042200	一种用于水稻直播的抗冷型浸种剂及其制备方法和应用	华南农业大学	黎国喜，唐湘如，等
200910042465	水稻抗旱性 *OsSINAT5* 基因及其编码蛋白与应用	湖南农业大学	宁约瑟，王国梁，等
200910044682	高频隐性雌不育水稻恢复系的应用及培育方法	湖南杂交水稻研究中心	赵炳然，黄志远，等
200910045492	一种利用基因转化改善水稻产量性状的方法	复旦大学	杨金水，何光明，等
200910058555	分子标记辅助选择快速培育稻米直链淀粉含量中等的水稻品系的方法	四川省农业科学院作物研究所	任光俊，李治华，等

续表

申请号	名称	申请单位	发明人
200910061261	水稻抗病相关基因 *OsEDR1* 和它在改良水稻抗病性中的应用	华中农业大学	王石平,沈祥陵,等
200910062963	一种对水稻光合能力高温稳定性的检测方法	华中农业大学	曾汉来,吴艳洪,等
200910076514	水稻抗褐飞虱基因及其应用	武汉大学	何光存,杜波,等
200910091548	一种培育叶夹角改变的转基因水稻的方法及其专用重组载体	中国科学院植物研究所	种康,李丹,等
200910094988	雌性不育基因 *FST* 用于杂交水稻育种的方法	云南农业大学	陈丽娟,李东宣,等
200910112964	利用三明显性核不育为载体转导水稻目的基因的育种方法	福建省三明市农业科学研究所	黄显波,邓则勤,等
200910117088	一种具有抑草功能的水稻选育方法	安徽省农业科学院水稻研究所	张瑛,吴跃进,等
200910155836	水稻蛋白 *OsCPN1* 及其编码基因与应用	杭州市农业科学研究院	阮松林,马华升,等
200910220318	北方旱区减缓和适应气候变化增效种植技术	中国农业科学院农业环境与可持续发展研究所	林而达,丁素荣,等
200910262020	水稻叶形调控基因 *NRL1* 及其用途	中国水稻研究所	钱前,胡江,等
200910272552	油茬中稻固定厢沟免耕抛秧全程好气栽培方法	华中农业大学	曹凑贵,汪金平,等
200910272569	一种水稻混播种植方法	华中农业大学	蔡明历,曹凑贵,等
200910273241	水稻 GT 转录因子家族基因 *OsGTγ-1* 在控制水稻耐盐性中的应用	华中农业大学	熊立仲,方玉洁
200920142609	泥鳅与水稻共生性新型生态稻田	安徽农业大学	祖国掌,杨清远,等
201010018297	水稻生长素运输蛋白基因 *OsPIN2* 的基因工程应用	南京农业大学	范晓荣,徐国华,等
201010100552	一种培育抗条纹叶枯病的优良食味高产水稻品种的聚合育种方法	江苏省农业科学院	王才林,姚姝,等
201010108264	一种水稻 *SNARE* 蛋白基因的抗病性基因工程应用	南京农业大学	鲍永美,张红生,等
201010109101	一种提高水稻螟虫试验准确性的接虫方法	江苏省农业科学院	顾中言,徐德进,等
201010122399	水稻冷诱导启动子 p-LTT7 及其应用	中国农业大学	孙传清,刘凤霞,等
201010122413	水稻颖壳发育基因启动子 p-TRI1 及其应用	中国农业大学	孙传清,李晓娇,等
201010125934	药用野生稻抗白叶枯病主效基因 *Xa3*/*Xa26-2* 和它在改良水稻抗病性中的应用	华中农业大学	王石平,李弘婧
201010127223	水稻根长发育控制基因 *OsSPR1* 编码的基因及蛋白质	浙江大学	吴平,毛传澡,等

续表

申请号	名称	申请单位	发明人
201010139793	小粒野生稻抗白叶枯病主效基因 *Xa3*/*Xa26-3* 和它在改良水稻抗病性中的应用	华中农业大学	王石平,李弘婧
201010141029	一种水稻根毛发育控制基因 *OsRHL1* 的启动子及其应用	浙江大学	吴平,丁沃娜,等
201010141782	调控水稻开花的光周期钝感突变体 *HD1-3* 基因及其应用	天津师范大学	栾维江,孙宗修
201010146054	一个水稻胚乳特异表达基因的启动子区域的分离克隆及表达模式鉴定	华中农业大学	林拥军,叶荣建,等
201010147648	一种水稻不定根突出控制基因 *OsDARE1* 及其用途	浙江大学	吴平,王晓飞,等
201010151033	水稻胚乳特异表达基因的启动子及表达模式鉴定	华中农业大学	林拥军,叶荣建,等
201010162757	一种田间评价水稻抗稻飞虱特性的方法	浙江省农业科学院	徐红星,吕仲贤,等
201010178141	水稻钾、铵双功能转运分子及应用	首都师范大学	李乐攻,张鹏,等
201010185406	微纳气泡水灌溉水稻的增氧栽培法	中国水稻研究所	金千瑜,朱练峰,等
201010187987	一种水稻超干种子的生产方法	福建农林大学	王经源,陈鸿飞,等
201010188458	一种控制水稻谷粒粒宽和粒重的主效基因 *GS5* 的克隆与应用	华中农业大学	何予卿,李一博,等
201010189504	一种杂交水稻制种方法	四川得月科技种业有限公司	钟定旭,郭锦,等
201010194553	分离的水稻雌性育性相关蛋白、其编码基因及其应用	四川农业大学	李双成,李平,等
201010194752	水稻 *OsWRKY45-2* 基因在改良植物抵抗非生物逆境胁迫中的应用	华中农业大学	王石平,陶增
201010208969	水稻 *OsEATB* 基因在改良水稻产量性状方面的应用	复旦大学	祁巍巍,孙凡,等
201010212022	基因 *PHYB* 在控制水稻干旱胁迫耐性中的用途	山东省农业科学院高新技术研究中心	谢先芝,刘婧,等
201010223067	水稻 *OsAPI5* 基因在育性控制中的应用	华中农业大学	吴昌银,李兴旺,等
201010230151	水稻 *RR17* 启动子及其应用	中国科学院遗传与发育生物学研究所	梁岩,张健,等
201010231586	β-胡萝卜素羟化酶基因 *DSM2* 在控制水稻抗旱性中的应用	华中农业大学	熊立仲,都浩
201010237988	一种优质多抗水稻光温敏核不育系的快速培育方法	湖北省农业科学院粮食作物研究所	游艾青,胡刚,等
201010248830	水稻乳苗的制备及直播成苗的方法	河北省农林科学院滨海农业研究所,中国科学院遗传与发育生物学研究所农业资源研究中心	周汉良,刘小京,等
201010267633	水稻叶片倾角控制基因 *SAL1* 的应用	浙江省农业科学院	汪得凯,陶跃之
201010276066	水稻条纹病毒 RNA 干涉载体、构建方法及应用	中国农业科学院植物保护研究所	李莉,李红伟,等

续表

申请号	名称	申请单位	发明人
201010301104	一种少量杂交水稻种子的简易制种方法	湖南省水稻研究所	黎用朝，闵军，等
201010515705	水稻 *OsPSK3* 基因在改良水稻农艺性状方面的应用	复旦大学	黄霁月，王玉锋，等
201010528319	水稻细条斑病菌 *HpaGXooc* 基因片段 *hpaG28-126* 的应用	南京农业大学	董汉松，刘昌来，等
201010529261	一种克隆水稻抗稻瘟病基因的方法	中国科学院遗传与发育生物学研究所	朱立煌，吕启明，等
201010547138	一种快速鉴定水稻苗期纹枯病抗性的方法	淮阴工学院	张国良
201010556655	一种提高水稻稻瘟病接种诱发率的方法	浙江省农业科学院	陶荣祥，王连平，等
201010565994	一个水稻基因 *KT479* 在提高植物耐逆性能上的应用	北京未名凯拓作物设计中心有限公司	刘春霞，刘雨，等
201010566046	一个水稻 *KT471* 基因在提高植物耐逆性能上的应用	北京未名凯拓作物设计中心有限公司	刘雨，刘春霞，等
201020566031	寒地水稻螺旋叶片板齿组合式轴流脱粒滚筒	黑龙江八一农垦大学	陶桂香，毛欣，等
97107703	一种杂交水稻育种及制种技术	中国科学院成都生物研究所	吴伯骥，涂升斌
98123566	一种从水稻杂交种中除去母本自交种苗的方法	湖北省农业科学院农业现代化研究所	张集文，武晓智

9.1.2 优质小麦品种选育及种植技术

申请号	名称	申请单位	发明人
200410035621	一种小麦拌种剂的制备方法	中国海洋大学	单俊伟，许加超
200410098747	小麦 *WRAB19* 基因启动子及其应用	北京北方杰士生物科技有限责任公司	陈蕾，徐建勇
200410098748	小麦 *WCOR726* 基因启动子及其应用	北京北方杰士生物科技有限责任公司	陈蕾，徐建勇
200510002391	一种培育矮败小麦的方法	中国农业科学院作物育种栽培研究所	刘秉华，杨丽，等
200510010931	小麦遗传多样性控制条锈病的方法	云南农业大学农业生物多样性应用技术国家工程研究中心	朱有勇，李成云，等
200510028584	发光二极管在根系环境中增强小麦耐铵态氮能力的方法	中国科学院上海生命科学研究院	陈金星，李止正
200510053484	一种选育小麦新品种的方法	中国农业科学院作物育种栽培研究所	刘秉华，王山荭，等
200510104827	中间偃麦草 ERF 转录因子及其编码基因与应用	中国农业科学院作物科学研究所	张增艳，姚乌兰，等
200510108032	一种小麦杂交种制种方法	北京杂交小麦工程技术研究中心	赵昌平，叶志杰，等
200510108033	一种光温敏二系杂交小麦盖膜制种方法	北京杂交小麦工程技术研究中心	赵昌平，张风廷，等
200610019482	一种非抗生素筛选小麦转基因植物的方法	华中农业大学	廖玉才，李和平，等
200610020440	小麦常规育种株穗选择法	西南科技大学	邢国风，杨仕雷，等
200610042629	一种以蓝粒为标记性状的两系法杂交小麦的选育方法	西北农林科技大学	李中安

续表

申请号	名称	申请单位	发明人
200610076216	一种培育抗病小麦的方法及其专用基因	中国农业科学院作物科学研究所	张增艳,辛志勇,等
200710048217	一种产生未减数配子的小麦基因型的简便筛选方法	四川农业大学	刘登才,张连全,等
200710062947	一种利用花药培养快速选育新小麦光温敏不育系的方法	北京市农林科学院	赵昌平,张风廷,等
200710113909	长穗偃麦草在创制低乳糜泻抗原编码DNA小麦中的应用	山东大学	陈凡国,夏光敏,等
200710192352	一种小麦赤霉病新抗源的选育及鉴定方法	南京大学	张旭,臧宇辉,等
200810015803	小麦花生两熟制一垄两作节水增产栽培方法	山东省花生研究所	王才斌,王法宏,等
200810022415	二磷酸尿核甘葡萄糖基转移酶基因及其所编码的蛋白质	南京农业大学	刘大钧,马璐琳,等
200810101619	一种抗病相关的小麦 MYB 蛋白及其编码基因与应用	中国农业科学院作物科学研究所	张增艳,董娜,等
200810106257	克服根癌农杆菌介导小麦幼胚褐化的转化方法及其专用培养基	中国农业科学院作物科学研究所	叶兴国,陶丽莉,等
200810106258	一种提高小麦成熟胚再生率的培养基及其根癌农杆菌转化方法	中国农业科学院作物科学研究所	叶兴国,殷桂香,等
200810113256	一种小麦黄色素含量性状相关蛋白及其编码基因与应用	中国农业科学院作物科学研究所	夏先春,何中虎,等
200810139344	一种促进小麦种子快速发芽的引发剂及其应用方法	山东省农业科学院作物研究所	孔令安,王法宏,等
200810139345	一种提高小麦抗盐性的抗盐制剂及其应用方法	山东省农业科学院作物研究所	孔令安,王法宏,等
200810195487	一种硫氢化钠促进重金属胁迫下小麦种子萌发的新用途	合肥工业大学	张华,焦浩,等
200810196380	小麦纹枯病抗性苗期鉴定的方法	江苏省农业科学院	任丽娟,周淼平,等
200810233231	小麦生态遗传型雄性不育杂交种育性稳定性鉴定方法	西南大学	张建奎,宗学凤,等
200810236361	一种硫化氢供体硫氢化钠诱导小麦种子抗盐促芽的新用途	合肥工业大学	张华,窦伟,等
200810243901	一个小麦 PDR 型的 ABC 转运蛋白基因及其所编码的蛋白质	南京农业大学	刘大钧,尚毅,等
200910022443	小麦花药一步成苗培养方法	西北农林科技大学	陈耀锋,李春莲,等
200910022805	小麦抗条锈多基因聚合的花培育种新方法	西北农林科技大学	陈耀锋,陈鑫,等
200910064096	小麦用高效低毒多功能悬浮种衣剂	河南省农业科学院	王汉芳,季书琴
200910079898	一种防治小麦全蚀病的复配杀菌剂	中国农业大学	刘西莉,王岩,等
200910080159	小麦肉桂醇脱氢酶及其编码基因与应用	中国科学院植物研究所	马庆虎

续表

申请号	名称	申请单位	发明人
200910083980	一种辅助筛选抗白粉病小麦的方法及其专用引物	中国农业科学院作物科学研究所	夏先春,何中虎,等
200910085236	一种农杆菌介导的四倍体硬粒小麦STEWART的遗传转化方法	中国农业科学院作物科学研究所	夏兰琴,何翼,等
200910086133	鉴别小麦为携带哪种 *Glu-A3* 蛋白亚基品种的专用引物及其应用	中国农业科学院作物科学研究所	何中虎,王林海,等
200910210538	一种提高小麦纹枯病抗性的方法	江苏省农业科学院	周淼平,任丽娟,等
200910230815	一种小麦试管苗叶片反复再生的方法	山东大学	侯丙凯,王文超,等
200910234385	普通小麦—百萨偃麦草小片段易位系的选育方法及其分子标记	南京农业大学	亓增军,杜培,等
200910237362	一种小麦组织培养的方法	中国农业科学院作物科学研究所	叶兴国,般桂香,等
200910263084	一种提高小麦种子中蛋白质和结合态赖氨酸含量的方法	江苏省农业科学院	孙晓波,房瑞,等
201010033991	一种辅助筛选不同千粒重小麦的方法及其专用标记	中国农业科学院作物科学研究所	宿振起,郝晨阳,等
201010100814	小麦花药愈伤组织基因枪遗传转化方法	西北农林科技大学	陈耀锋,史勇,等
201010170487	小麦渐渗系应答非生物胁迫调控基因 *TaZF13* 及其应用	山东大学	夏光敏,朱馨蕾
201010175150	小麦幼胚培养结合标记选择快速转育抗赤霉病主效 QTL 的方法	江苏省农业科学院	张鹏,马鸿翔,等
201010207792	小麦渐渗系抗非生物胁迫基因 *Tamyb31* 及其应用	山东大学	夏光敏,吕建
201010226821	一种小麦凝集素类蛋白 TAJRL1 及其编码基因与应用	南京农业大学	马正强,向阳,等
201010579837	温光敏两用系小麦的繁殖方法	重庆市农业科学院	余国东,李伯群,等
201010593767	小麦菠菜花生大葱四熟复种间套作垄畦结构节水增产栽培方法	青岛农业大学	姜德锋,林琪,等
201110112768	一种培育籽粒中铁含量提高的转基因小麦的方法	中国农业大学	梁荣奇,孙其信,等
201110131466	表达抑制小麦 SBEIIA 的发卡 RNA 的 DNA 分子及其应用	中国农业大学	梁荣奇,孙其信,等

9.1.3 优质玉米品种选育及种植技术

申请号	名称	申请单位	发明人
01105367	玉米植株再生方法以及用于该方法的培养基	中国科学院上海植物生理研究所	吴敏生,卫志明
02127187	一个玉米 *bZIP* 类转录因子及其编码基因与应用	中国农业科学院生物技术研究所	赵军,王磊,等

续表

申请号	名称	申请单位	发明人
02146510	一种玉米杂交种的制种方法	北京奥瑞金种业股份有限公司,河南农业大学	陈伟程,汤继华,等
02158113	玉米萌发类似蛋白基因启动子及其应用	北京大学	瞿礼嘉,范战民
03135870	一种快速高效的玉米穿梭系谱育种法	四川农大正红种业有限责任公司,四川大学	柯永培,袁继超,等
200310110054	一种防治玉米丝黑穗病的种衣剂	吉林省农业科学院植物保护研究所	晋齐鸣,沙洪林,等
200310110792	魔芋与玉米多样性种植控制魔芋软腐病的方法	云南农业大学农业生物多样性应用技术国家工程研究中心	朱有勇,周惠萍,等
200310110793	玉米马铃薯多样性种植控制玉米大、小斑病的方法	云南农业大学农业生物多样性应用技术国家工程研究中心	朱有勇,何霞红,等
200410053949	一种可监控的杂交玉米生产方法	浙江大学	吴殿星,舒庆尧
200410065610	转基因提高玉米籽粒淀粉中直链淀粉比例和籽粒总淀粉含量的方法	安徽农业大学	程备久,朱苏文,等
200510044791	通过转基因聚合 *betA*、*NHX1*、*PPase* 基因提高玉米、小麦耐盐耐旱性的方法	山东大学	张举仁,杨爱芳,等
200510048763	玉米与甘薯多样性种植控制玉米大小斑病的方法	云南农业大学	朱有勇,孙雁,等
200510053677	一个玉米抗逆转录调控因子及其编码基因与应用	中国农业科学院生物技术研究所	王磊,范云六,等
200610012812	高产鸳鸯玉米的种植及杂交种的选育配制方法	河北省农林科学院粮油作物研究所	张文英,郑积德,等
200610112995	一种辅助选育玉米自交系的方法及其应用	中国农业大学	王建华,王国英,等
200610155114	用于提高超甜玉米种子抗寒性的种子包衣剂	浙江大学	胡晋,高灿红,等
200610169640	一种绿色糯玉米的选育方法	山东登海种业股份有限公司	张学信,王均邦,等
200710002627	一种低植酸玉米品种的育种方法	河北农业大学	刘国振,陈景堂,等
200710016309	利用分子标记选育抗粗缩病的玉米自交系	山东大学	张举仁,杨爱芳,等
200710063649	玉米成熟胚途径的愈伤组织诱导及植株再生方法	华中农业大学	王世玉,张小波,等
200710064036	一种利用玉米芯配制的仙客来栽培基质	北京林业大学	张启翔,潘会堂,等
200710088075	玉米间作蔬菜的种植方法	阿布都喀迪尔·克日木	阿布都喀迪尔·克日木
200710176258	一种获得转基因玉米的方法	北京市农林科学院	张晓东,杨凤萍,等
200710176943	玉米“四穴成方”定量集成栽培方法	中国农业科学院作物科学研究所	赵明,王晓波,等
200710178370	一种利用高油型诱导系诱导玉米单倍体和多胚体的方法	中国农业大学	陈绍江,宋同明,等
200810011129	一种玉米种植方法	沈阳农业大学	史振声,李凤海,等
200810072884	抗旱耐盐碱玉米种衣剂	新疆绿洲科技开发公司	张云生,常晓春,等

续表

申请号	名称	申请单位	发明人
200810079948	鲜食玉米一年两种多收栽培技术	河北省农林科学院粮油作物研究所	马瑞昆,张全国,等
200810137382	提高玉米产量的方法	中国科学院东北地理与农业生态研究所	周道玮,王敏玲,等
200810147825	农杆菌介导的高效玉米遗传转化方法	四川农业大学	张志明,沈亚欧,等
200810224421	一种玉米抗低温增产调节剂及其制备方法	中国农业科学院作物科学研究所	董志强,赵明,等
200810227596	一种玉米 *ZmPti1* 基因启动子及其应用	北京市农林科学院	吴忠义,黄丛林,等
200810231883	一种新鲜玉米须的细胞质雄性不育生产方法	西北农林科技大学	吴权明,南文华,等
200910053864	玉米基因 *OPAQUE1* 的分子标记及其应用	上海大学	宋任涛,王桂凤,等
200910064094	一种复合型玉米种衣剂	河南省农业科学院	季书琴,王汉芳
200910065496	潮土区高产夏玉米的氮肥施用方法	河南农业大学	李潮海,王宜伦,等
200910065518	夏玉米高产的土壤物理结构调控方法	河南农业大学	李潮海,王群,等
200910065519	一种玉米自交系交替选择的改良方法	河南农业大学	李潮海,马俊峰,等
200910144387	玉米 *ae* 基因的分子标记及其获得方法和应用	安徽农业大学	程备久,陈枫,等
200910218123	一种供玉米萌芽期和苗期水培试验的用具及用法	中国科学院东北地理与农业生态研究所	刘胜群
200910219549	陕单 8806 玉米杂交种的田间除杂保纯方法	西北农林科技大学	吴权明,薛吉全,等
200910230076	小麦玉米两熟作物秸秆全还田条件下一体化施肥法	山东省农业科学院土壤肥料研究所	谭德水,刘兆辉,等
200910233447	基于聚类—决策树的玉米良种选育方法	南通大学	邱建林,季丹,等
200920032806	一种玉米杂交袋	西北农林科技大学	安成立,岳秀琴,等
201010033395	一种建立优良玉米自交系农系 531 再生体系的方法	河北省农林科学院谷子研究所	王永芳,刁现民,等
201010110406	一种抗丝黑穗病玉米的辅助育种方法	吉林省农业科学院	檀国庆,邢跃先,等
201010110417	利用胞质不育玉米杂交种作隔离带繁制玉米种子的方法	吉林省农业科学院	檀国庆,闫加利,等
201010139732	玉米单倍体胚芽鞘节组织培养的方法及其专用培养基	中国农业大学	李建生,杜何为,等
201010173444	利用玉米 *lc* 基因培育抗棉铃虫植物的方法	中国科学院遗传与发育生物学研究所	杨维才,范小平,等
201010195719	一种饲草玉米的杂交制种方法	四川农业大学	周树峰,唐祈林,等
201010237646	玉米种子单倍体分拣系统	中国农业大学	李伟,宋鹏,等
201010239339	魔芋与玉米交互换带栽培技术	云南省农科院富源魔芋研究所	卢俊,董坤,等
201010248490	一种诱导玉米小孢子形成胚状体的方法	武汉大学	李立家,何世斌,等
201010264012	一种改良玉米或大豆吸收重金属锌的方法	四川农业大学	邵继荣,朱雪梅,等

续表

申请号	名称	申请单位	发明人
201010284678	玉米耐渍性相关的转录因子基因 *zm-bRLZ* 及分子标记与应用	华中农业大学	张祖新,邹锡玲,等
201010296891	一种小麦、玉米轮作周年简化施肥方法	山东省农业科学院土壤肥料研究所	谭德水,江丽华,等
201010500388	玉米磷酸烯醇式丙酮酸羧激酶基因启动子克隆和应用	山东大学	张举仁,李朝霞,等
201010597888	一种氮高效玉米的杂交制种方法	中国农业大学	陈范骏,米国华,等
201020272932	玉米种子单倍体分拣系统	中国农业大学	李伟,宋鹏,等
201110004224	玉米干旱诱导型基因启动子及活性分析	吉林大学	潘洪玉,胡瑞学,等
201110076791	小麦、玉米轮作中缓/控释氮肥施肥方法	山东省农业科学院农业资源与环境研究所	杨力,于淑芳,等
97103863	一种玉米杂交种的选育方法	中国农业大学	许启凤
97112175	玉米单交种的制种方法	四川省雅安地区农业科学研究所	胡学爱
98124039	玉米杂交种成单22及其亲本273的繁殖制种技术	四川省农业科学院作物研究所	陈宛秋,康继伟
98126367	一种玉米杂交制种方法	山东登海种业股份有限公司	李登海,张永慧,等
99111355	一种玉米杂交制种的方法	山东登海种业股份有限公司	李登海,姜伟娟,等
99111739	一种培育玉米新品种的方法	广西大学	吴子恺
99120656	一种甜糯杂交玉米的育种方法	南京农业大学	徐勇,钱虎君

9.1.4 耐盐碱棉花等优良品种选育种植技术

申请号	名称	申请单位	发明人
02110038	棉花无土育苗及其无钵移栽方法	河南省农业科学院棉花油料作物研究所	杨铁钢,黄树梅,等
02116967	一种转基因抗棉铃虫棉花杂交种的选育方法	南京农业大学	张天真,朱协飞,等
03149367	一种棉花无土育苗基质及其应用	中国农业科学院棉花研究所,毛树春	毛树春,王国平,等
200310107907	棉花漆酶转基因植物及其应用	中国科学院上海生命科学研究院	陈晓亚,王国栋
200310108076	棉花黄萎病菌分泌型激发子基因及其应用	中国科学院上海生命科学研究院	陈晓亚,王建营,等
200410022563	一种抗棉花枯萎病和黄萎病的种衣剂	中国科学院成都生物研究所	谭红,周金燕,等
200410090105	海岛棉花粉管通道法转基因技术	新疆溢达农业科技有限公司	张玉高,万旭中,等
200410098986	棉花显性无腺体基因的分子标记	中国农业科学院棉花研究所	王坤波,宋国立,等
200510031883	棉花水培漂浮育苗方法	湖南农业大学	陈金湘,李瑞莲,等
200510033727	利用子叶柄作为外植体的棉花组织培养方法	新疆溢达农业科技有限公司	张玉高,王冬梅,等
200510068188	棉花纤维的一种特异表达启动子及其应用	中国科学院遗传与发育生物学研究所	普莉,索金凤,等
200510088631	棉花中草甘膦诱导表达的 *ag2* 启动子	中国农业科学院生物技术研究所,郭三堆	郭三堆,尉万聪,等
200510088963	棉花再生苗生根培养方法及其专用培养基	中国农业科学院棉花研究所	李付广,张朝军,等

续表

申请号	名称	申请单位	发明人
200610088967	一种棉花工厂化育苗方法	中国农业科学院棉花研究所	毛树春,王国平,等
200610089439	棉花叶柄组织培养与高分化率材料选育方法	中国农业科学院棉花研究所	张朝军,李付广,等
200610149143	一种棉花上胚轴离体培养直接多芽发生再生植株的培养方法	新疆农业科学院微生物应用研究所	郝秀英,孙立军,等
200610171572	一种非胚转基因法制备转基因棉花的方法	中国农业科学院棉花研究所	王坤波,宋国立,等
200610172198	一种抗旱耐盐碱多功能棉花种衣剂	新疆绿洲科技开发公司	张云生,白灯莎,等
200710024879	棉花子叶离体培养不定芽诱导植株再生的方法	江苏省农业科学院	倪万潮,张保龙,等
200710049656	利用宿根进行棉花核不育两用系、恢复系及普通品系的无性繁殖方法	四川诺亚生物科技有限公司	张相琼,张小军,等
200710049842	棉花核雄性不育两用系在宿根条件下的昆虫传粉制种方法	四川省农业科学院经济作物育种栽培研究所,四川诺亚生物科技有限公司	张小军,牟方生,等
200710049843	利用棉花雄性不育系和恢复系进行宿根再生的杂交制种方法	四川省农业科学院经济作物育种栽培研究所,四川诺亚生物科技有限公司	牟方生,张小军,等
200710063650	超声波辅助农杆菌转化棉花胚芽的方法	华中农业大学	张献龙,金双侠,等
200710086690	一种耐高温棉花杂交种的选育方法	湖南农业大学	刘志,袁小玲,等
200710099574	逆境鉴定筛选抗性作物的育种方法	中国农业科学院棉花研究所	郭香墨,张永山,等
200710177138	棉花优质棕色纤维新品种的选育方法	中国农业科学院棉花研究所	杜雄明,孙君灵,等
200710177139	棉花抗虫绿色纤维新品种的选育方法	中国农业科学院棉花研究所	杜雄明,孙君灵,等
200710177140	棉花抗虫深棕色纤维新品种的选育方法	中国农业科学院棉花研究所	杜雄明,孙君灵,等
200810015823	滨海盐碱地棉花经济施肥法	山东棉花研究中心	董合忠,辛承松,等
200810021984	一种棉花育苗苗床免通风简化管理方法	江苏省农业科学院	张培通,刘瑞显,等
200810072923	温水滴灌播种棉花的方法	中国科学院新疆生态与地理研究所	王积强,赵成义
200810116308	一种改良棉花纤维品质的培育方法	清华大学	刘进元,秦永华,等
200810139291	一种促进盐碱地棉花成苗的种衣剂及其制备方法	山东棉花研究中心	董合忠,李维江,等
200810142518	表达生长素合成相关基因的植物表达载体及其在棉花纤维性状改良的应用	西南大学	裴炎,侯磊,等
200810222492	抗黄萎病性棉花的育种方法	中国农业科学院植物保护研究所	张永军,李修立,等
200910017363	一种利用聚合抗逆基因提高棉花耐盐耐旱性的方法	山东大学	张可炜,张举仁,等
200910022694	环塔里木盆地杏棉间作棉花高产栽培方法	西北农林科技大学,新疆轮台县农业技术推广中心	陈耀锋,刘春惊,等
200910078287	棉花嫁接防治土传病害的方法	广西大学	周瑞阳
200910078288	一种棉花斜切嫁接方法	广西大学	周瑞阳
200910078532	一年生棉花的多年生栽培方法	广西大学	周瑞阳
200910078533	一年生棉花的多年生杂交制种方法	广西大学	周瑞阳
200910081304	棉花南繁干子播种方法	中国农业科学院棉花研究所	张西岭,王坤波,等

续表

申请号	名称	申请单位	发明人
200910189552	一种棉花 NAC 转录因子基因及其应用	创世纪转基因技术有限公司	孙超,陈文华,等
200910190967	一种利用基因的协同作用培育抗黄萎病棉花的方法及其应用	西南大学	李先碧,裴炎,等
200910198938	一种塑杯直播棉花播种育苗方法	江苏沿海地区农业科学研究所	陈建平
200910230309	棉花抗真菌病害相关基因 *GhMPK7* 及其应用	山东农业大学	郭兴启,张良,等
200910230310	一种棉花生长点特异性启动子及其克隆和应用	山东农业大学	郭兴启,于菲菲,等
201010002688	海南棉花露天无叶扦插方法	中国农业科学院棉花研究所	张香娣,王坤波,等
201010103941	一种转基因棉花再生株移植法	山西省农业科学院棉花研究所	李燕娥,上官小霞,等
201010146639	培育抗黄萎病转基因棉花的方法及其专用表达载体	中国科学院遗传与发育生物学研究所	王义琴,储成才,等
201010168557	一种获得转基因棉花的方法	中国农业大学	华金平,刘正杰,等
201010190429	一种棉花嫁接分根方法	山东棉花研究中心	董合忠,孔祥强,等
201010190461	棉花绿色组织高效表达的 *GhPsbP* 启动子	中国农业科学院生物技术研究所,郭三堆	郭三堆,周焘,等
201010190474	一个棉花体细胞胚发生受体类激酶基因及其应用	中国农业科学院生物技术研究所,郭三堆	郭三堆,石雅丽,等
201010273316	棉花 *GbSTK* 基因、其编码蛋白及在植物抗黄萎病中的应用	河北农业大学	马峙英,王省芬,等
201010284011	一种抗蚜性转基因棉花的鉴定方法	中国农业科学院棉花研究所	雒珺瑜,崔金杰,等
201010534818	棉花诱导长柱头制种方法	江苏省农业科学院	张香桂,倪万潮,等
201110041866	一个棉花根部高效表达的启动子及其应用	江苏省农业科学院	杨郁文,王坤波,等

9.1.5 优良蔬菜瓜果品种选育及栽培技术

申请号	名称	申请单位	发明人
00128916	植物直播托盘浅水育苗技术	福建省龙岩市农业科学研究所	郭生国
01114272	一种油菜生态型波里马细胞质雄性不育两系杂种种子生产方法	华中农业大学	杨光圣,傅廷栋
01114273	提高油菜波里马胞质雄性不育系制种产量和纯度的方法	华中农业大学	杨光圣,傅廷栋
02128886	调控大豆抗逆性的转录因子及其编码基因与应用	清华大学,中国科学院遗传与发育生物学研究所	程宪国,侯玉霞,等
02131125	一种高效生产马铃薯试管薯的方法及其培养盒	华中农业大学	柳俊,谢从华
02134703	一种生产株性稳定的番木瓜组培苗的方法	广州市果树科学研究所,中国科学院华南植物研究所	陈健,陈国华,等

续表

申请号	名称	申请单位	发明人
02135296	大豆杂交种制种方法	山西省农业科学院农作物品种资源研究所	卫保国，畅建武，等
02139330	一种用于抗病无核葡萄胚挽救培养及成苗培养的培养液	西北农林科技大学	王跃进，潘学军，等
02144661	一种姬松茸栽培种培养基配方及制作方法	中国科学院长春地理研究所	邵庆春，陈国双
02148594	一种蔬菜育苗基质的生产方法	南京市蔬菜花卉科学研究所	唐懋华，常义军，等
02158574	利用辣椒杂交种的花药培育近似杂交种的方法	北京市海淀区植物组织培养技术实验室	李春玲，邢永萍，等
03129618	用于油菜种子的种子包衣剂	浙江大学	胡晋，邱军，等
03134934	大豆光敏雄性不育系的选育方法	山西省农业科学院农作物品种资源研究所	卫保国，王兴玲
200310102540	一种快速获得大量转基因植物新品种的分子育种方法	中国农业大学	王涛，张万军
200310110786	大麦与蚕豆多样性种植控制大麦、蚕豆病虫害的方法	云南农业大学农业生物多样性应用技术国家工程研究中心	朱有勇，杨静，等
200310110787	小麦与蚕豆多样性种植控制小麦、蚕豆病虫害的方法	云南农业大学农业生物多样性应用技术国家工程研究中心	朱有勇，蔡红，等
200310112625	一种不结球白菜的品质育种方法	南京农业大学	侯喜林，曹寿椿，等
200310114602	黄瓜种子薄膜包衣工艺	山东省农业科学院蔬菜研究所	孙小镭，曹齐卫，等
200410009907	一种甜瓜杂交种的生产方法	中国农业大学	沈火林
200410024393	一种利用深井海水进行海带育苗的生产方法	山东东方海洋科技股份有限公司	车轼，赵玉山，等
200410024416	一种海带育苗工艺流程的改进方法	山东东方海洋科技股份有限公司	车轼，曲善村，等
200410060610	红菜薹单倍体育种的方法	湖北鄂蔬农业科技有限公司	梅时勇，邱正明，等
200410060611	小白菜单倍体育种的方法	湖北鄂蔬农业科技有限公司	梅时勇，邱正明，等
200510005206	一种大豆 WRKY 类转录因子 GmWRKY6 及其编码基因与应用	中国科学院遗传与发育生物学研究所	陈受宜，张劲松，等
200510008755	一种大豆热激转录因子及其编码基因与应用	中国科学院遗传与发育生物学研究所	朱保葛，吕慧颖，等
200510011406	一种甘蓝细胞质雄性不育系转育及制种方法	中国农业科学院蔬菜花卉研究所	方智远，刘玉梅，等
200510018546	豇豆的化学调控栽培方法	江汉大学	曾长立，陈禅友，等
200510018547	辣椒的化学调控栽培方法	江汉大学	曾长立，陈禅友，等
200510030226	棕色蟹味菇的栽培方法	上海丰科生物科技股份有限公司	贲伟东，程继红
200510030227	白色蟹味菇的栽培方法	上海丰科生物科技股份有限公司	程继红，贲伟东
200510033303	草菇层架式栽培方法	广东省微生物研究所	杨小兵
200510052226	一种白灵菇品种及菌种生产和栽培方法	中国农业科学院农业资源与农业区划研究所，阜新华农食用菌科技发展有限公司	张金霞，黄晨阳，等

续表

申请号	名称	申请单位	发明人
200510053238	天山野生蘑菇人工栽培菌种及其栽培方法	新疆维吾尔自治区哈密农校	刘延安,姚忠明,等
200510057070	一种利用基因工程技术培育抗褐化甘薯的方法	西南师范大学	廖志华,陈敏,等
200510060342	创建高番茄红素转基因番茄新种质的方法	浙江大学	卢钢,丁淑丽,等
200510066435	一种生产向日葵芽苗菜的方法	中国科学院植物研究所	刘公社,董贵俊,等
200510074412	以两性花系作为桥梁工具种进行黄瓜育种的方法	新疆石河子蔬菜研究所	李树贤,陈远良,等
200510076654	番茄RNA病毒寄主因子及其编码基因与应用	广西大学	陈保善,蒙姣荣
200510076655	一种培育抗病毒番茄的方法	广西大学	陈保善,程海荣,等
200510086557	一种芹菜杂交种生产和苗期纯度鉴定方法	中国农业大学	沈火林
200510086942	一种油菜细胞质雄性不育系的选育方法	华中农业大学	傅廷栋,涂金星,等
200610003478	辣椒核雄性不育两用系和核质雄性不育恢复系的选育方法	北京市海淀区植物组织培养技术实验室	邢永萍,张树根,等
200610010884	一种云南高原花魔芋优良品种的配套高效栽培方法	云南农业大学	谢世清,谢庆华,等
200610011017	甘蔗宽行双芽横栽全膜覆盖栽培法	云南省红河哈尼族彝族自治州农业机械研究所	戴峥嵘
200610012103	一种榨菜细胞质雄性不育系的选育方法	华中农业大学	傅廷栋,万正杰,等
200610012105	一种大白菜细胞质雄性不育系的选育方法	华中农业大学	傅廷栋,万正杰,等
200610012106	一种包心芥菜细胞质雄性不育系的选育方法	华中农业大学	傅廷栋,万正杰,等
200610017711	一种植物半芽或一叶快繁培育方法	河南省红枫实业有限公司	张丹,张家勋,等
200610019467	甘蓝型油菜C染色体组定向转基因的方法	中国农业科学院油料作物研究所	方小平,李均,等
200610020450	用双保持系去除杂交油菜制种群体中存留保持株的方法	成都市第二农业科学研究所	莫鉴国,李万渠,等
200610040591	温室中多茬水芹的栽培方法	扬州大学	江解增,曹之富,等
200610040592	一种促进秋季茭白早熟的方法	扬州大学	江解增,房艳,等
200610042264	一种海带配子体克隆育苗方法	山东东方海洋科技股份有限公司	车轼,丛义周,等
200610045572	一种姬松茸的高产栽培方法	福建省农业科学院土壤肥料研究所	江枝和,翁伯琦,等
200610050575	一种紫菜快速育种的方法	宁波大学	杨锐
200610085592	一种提高大豆抗虫性的转基因方法	南京农业大学	喻德跃,张曼,等
200610105245	一种西瓜多倍体选育的方法	西北农林科技大学	张显,徐道娜,等
200610112464	一种黄背木耳的栽培方法	北京市通州区林业局	张春华,张书利,等

续表

申请号	名称	申请单位	发明人
200610137800	一种采用根瘤菌防治大豆根部病害的新方法	沈阳农业大学	段玉玺,王媛媛,等
200610155618	一种高效优质南瓜离体快速繁殖的方法	中国计量学院	邹克琴,张拥军,等
200610160053	用萝卜过氧化物酶提高蔬菜品质的方法	河南师范大学	王林嵩,王琳,等
200710018339	一种马铃薯试管苗集群式切段繁殖方法	青海省农林科学院	杨永智,王舰,等
200710020044	一种基于PCR技术的番茄杂交种纯度检测方法	南京农业大学	柳李旺,王燕,等
200710020045	一种甘蓝种子遗传纯度的快速鉴定方法	南京农业大学	柳李旺,刘广,等
200710021451	淡水蔬菜海水化无土营养液栽培方法	江苏晶隆海洋产业发展有限公司	蔡金龙,周祥,等
200710026644	一种辣椒品种选育的方法	广东省农业科学院蔬菜研究所	王得元,李颖,等
200710036091	南方冬枣丰产栽培方法	湖南农业大学,衡阳玉泉生态农业发展有限公司	王仁才,藏新民,等
200710040337	白色蟹味菇的一种高产栽培方法	上海丰科生物科技股份有限公司	贲伟东,程继红,等
200710044453	甘薯离体培养不定根生芽方法及其应用	中国科学院上海生命科学研究院	张鹏,李海霞,等
200710049752	一种提高木薯产量的栽培方法	广西亚热带作物研究所	陈显双,田益农,等
200710051475	一种同步改良杂交油菜双亲的方法	江西省农业科学院旱作物研究所	宋来强,邹晓芬,等
200710052080	利用野芥不育细胞质制备油菜及十字花科蔬菜杂种的方法	中国农业科学院油料作物研究所	胡琼,李云昌,等
200710052841	具有高类胡萝卜素的油料作物的培育方法	中国农业科学院油料作物研究所	伍晓明,高桂珍,等
200710053585	花生转基因的方法	中国科学院亚热带农业生态研究所,邓向阳	邓向阳
200710056131	真空渗透辅助大豆未成熟子叶再生体系的遗传转化方法	吉林省农业科学院	赵桂兰,郭东全,等
200710061891	一种提高马铃薯对PVX病毒和PVY病毒双抗性的基因的构建方法	山西省农业科学院作物遗传研究所	白云凤,张维锋,等
200710062760	培育抗根结线虫番茄的方法	中国农业大学	曹志平,王秀徽,等
200710062761	培育抗根结线虫番茄的一种方法	中国农业大学	曹志平,董道峰,等
200710062762	一种培育抗根结线虫番茄的方法	中国农业大学	曹志平,董道峰,等
200710066294	丽江山慈菇种子育苗方法	云南省农业科学院高山经济植物研究所	袁理春,吕丽芬,等
200710066494	柠檬栽培方法	云南省农业科学院红瑞柠檬研究所	杨恩聪,岳建强
200710070957	一种甘蔗脱毒组培快繁的方法	浙江省农业科学院	徐刚,汪一婷,等
200710098718	一种利用海水无土栽培耐盐叶菜的方法	中国科学院植物研究所	李银心,周祥
200710099113	一种栽培真盐生海水蔬菜的方法	中国科学院植物研究所	李银心,周祥
200710114645	一种使金针菇基部褐色变浅的栽培方法	山东省农业科学院土壤肥料研究所	李国生,曲玲,等
200710121383	一种胡萝卜去雄方法	中国农业科学院蔬菜花卉研究所	庄飞云,赵志伟,等
200710122589	甘薯吸收根-块根功能分离栽培方法	中国农业科学院农业环境与可持续发展研究所	杨其长,汪晓云,等
200710132600	甘薯丛生芽诱导的培养基	江苏徐淮地区徐州农业科学研究所	张允刚,唐君,等
200710145394	马铃薯种衣剂	甘肃省农业科学院植物保护研究所	刘永刚,郭建国,等

续表

申请号	名称	申请单位	发明人
200710149874	一种用生物组织培养法制备厚叶岩白菜的方法	中国科学院新疆理化技术研究所	刘敏,郝秀英,等
200710156565	一种西兰花的工厂化半自动育苗方法	慈溪市蔬菜开发有限公司	陆东青,徐军迪
200710178692	快速脱除百合三种病毒的方法	中国农业科学院蔬菜花卉研究所	明军,徐榕雪,等
200710185702	大豆钼肥包衣剂	山西省地质调查院	周继华,王建武,等
200710193073	一种黄瓜高频率植株再生方法	河南农业大学	李建吾,胡建斌,等
200710201436	苦瓜高位嫁靠技术	双流县永安苦瓜协会	游鹏飞
200810009776	栽培菇类的培养基配方	大叶大学	梁志钦
200810011872	黄瓜高位嫁接法	海城市三星生态农业有限公司	张青
200810017838	一种黄瓜的种衣剂	西北农林科技大学	孟焕文,程智慧
200810017851	一种茄子种子的包衣剂及制备方法	西北农林科技大学	孟焕文,程智慧
200810018277	利用胚挽救获得三倍体葡萄及倍性早期鉴定的育种方法	西北农林科技大学	王跃进,石艳,等
200810034529	黄瓜侧枝抑制基因 cls 的蛋白编码序列	上海交通大学	原丽华,蔡润,等
200810035824	在黄瓜雌性株系生长中后期的诱雄留种方法	上海交通大学	蒋苏,何欢乐,等
200810043507	工厂化真姬菇速生栽培方法	上海浦东天厨菇业有限公司	张引芳,王桂金,等
200810044691	一种马铃薯种薯的调控及处理方法	四川省农业科学院作物研究所	何卫,胡建军,等
200810046824	一种抗虫转基因油菜的培育方法	中国农业科学院油料作物研究所	伍晓明,陆光远,等
200810049352	一种粘质土壤基质嫩枝扦插育苗方法	河南省濮阳林业科学研究所	杨合廷,李应华,等
200810058487	一种花椰菜杂交制种的花期综合调控方法	云南省农业科学院热区生态农业研究所,云南思农蔬菜种业发展有限责任公司	木万福,杨长楷,等
200810058853	甘蔗和茄子套种的立体栽培方法	云南省农业科学院甘蔗研究所	吴正焜,杨洪昌,等
200810058992	一种甘蔗健康种苗高效繁育方法	云南省农业科学院甘蔗研究所	侯朝祥,陈学宽,等
200810059528	一种可降解、四周出菇的食用菌栽培袋	浙江省农业科学院	范雷法,吴慧芳,等
200810060271	一种用农杆菌生产瓜类转基因植物的方法	浙江省农业科学院	方丽,王汉荣,等
200810060604	一种提高大棚蔬菜产量和品质的方法	浙江大学	金崇伟,章永松,等
200810064636	一种扁豆和青贮玉米混种的方法	黑龙江省农业科学院大豆研究所	王树林,刘丽君,等
200810069713	植物基因作为番茄转化安全标记基因的方法及应用	重庆大学	李正国,符勇耀,等
200810070367	魔芋一年两熟的栽培方法	西南大学	张盛林,刘海利,等
200810072903	薄皮核桃的组培快繁方法	中国科学院新疆理化技术研究所	王晓军,胡石开,等
200810073594	提高妃子笑荔枝坐果率的方法	广西大学	薛进军,陈建红,等
200810103207	一种防止根系腐烂和叶片黄化的番茄树式栽培方法	中国农业大学	宋卫堂,曲明山,等
200810103208	番茄树式栽培营养生长与生殖生长的调控方法	中国农业大学	宋卫堂,黄之栋,等
200810105957	大豆疫霉菌接种大豆的一种方法	东北农业大学	文景芝,李永刚,等

续表

申请号	名称	申请单位	发明人
200810115941	保护地番茄耐弱光品种冀东216的培育方法	河北科技师范学院	毛秀杰
200810116694	一种获得大白菜雄性不育系的方法	北京市农林科学院	张德双，张凤兰，等
200810119236	番茄雌核发育培养方法	中国农业科学院蔬菜花卉研究所	王孝宣
200810123895	一种获得萝卜单倍体的育种方法	南京农业大学	龚义勤，赵艳玲，等
200810124205	优质双低、抗病、高产、抗倒油菜的育种方法	江苏丘陵地区镇江农业科学研究所	顾炳朝，岳旭国，等
200810138494	黑籽南瓜离体培养获得再生植株的方法	山东省农业科学院蔬菜研究所	何启伟，霍雨猛
200810138770	一种真空渗透辅助农杆菌介导转化苜蓿的方法	山东省林业科学研究院	夏阳，梁慧敏，等
200810139160	一种提高平菇生长速度及产量的方法	山东省农业科学院土壤肥料研究所	宫志远，李瑾，等
200810150294	大白菜温度敏感不育系和温度钝感不育系的选育方法	西北农林科技大学	张鲁刚，董美云，等
200810181391	以菇渣为原料的育苗基质及其制作方法	新疆农业科学院土壤肥料与农业节水研究所	张云舒，徐万里，等
200810181514	一种以大豆子叶节为受体不依赖组织培养的大豆遗传转化新方法	吉林师范大学	程云清，刘剑锋，等
200810197648	西南喀斯特峰丛洼地避涝作物栽培方法	中国科学院亚热带农业生态研究所	苏以荣，何寻阳，等
200810198634	去除甘蔗宿根矮化病菌、快速繁殖健康甘蔗种苗的方法	广州甘蔗糖业研究所	沈万宽，陈仲华，等
200810203368	一种来源于不结球白菜的抗逆NAC转录因子基因	上海市农业科学院	朱波，姚泉洪，等
200810203446	生菜HPPD蛋白编码序列	上海交通大学	唐克轩，任薇薇，等
200810203447	生菜HPT蛋白编码序列	上海交通大学	唐克轩，任薇薇，等
200810203448	生菜MPBQ MT蛋白编码序列	上海交通大学	唐岳立，唐克轩，等
200810203535	一种来源于甘蓝型油菜的抗逆ERF转录因子基因	上海市农业科学院	熊爱生，姚泉洪，等
200810207247	棕色蟹味菇的栽培方法	上海丰科生物科技股份有限公司	贲伟东，杨仁智，等
200810209578	一种克服黄瓜连作障碍的伴生栽培方法	东北农业大学	吴凤芝，王玉彦，等
200810218882	热带季风气候地区甘蔗截茎杂交制种方法	广州甘蔗糖业研究所	邓海华，李奇伟，等
200810218883	甘蔗组培一次成苗快速繁殖方法	广州甘蔗糖业研究所	樊丽娜，何慧怡，等
200810231609	浓橘红色、圆柱形三红胡萝卜杂种的选育方法	陕西省华县辛辣蔬菜研究所	同延龄
200810231885	一种甘蓝型油菜双重不育系的选育方法	西北农林科技大学	于澄宇，胡胜武
200810232067	一种以橙色大白菜子叶段为外植体的离体组织培养方法	西北农林科技大学	张鲁刚，范爱丽，等
200810232568	一种提高三倍体西瓜种子发芽率和成苗率的方法	西北农林科技大学	张显，顾桂兰，等

续表

申请号	名称	申请单位	发明人
200810236719	一种繁殖甘蓝型油菜自交不亲和系的方法	华中农业大学	马朝芝,高长斌,等
200810236960	一种甘蓝型油菜自交不亲和两系杂交种的选育方法	华中农业大学	马朝芝,傅廷栋,等
200810239409	一种紫红色大白菜的选育方法	中国农业科学院蔬菜花卉研究所	孙日飞,李菲,等
200810301398	油菜苔茎段组培快繁雄性核不育系制种方法	贵州省生物技术研究所	黄先群,杨业正,等
200910013054	黑丝菇栽培方法	辽宁佳和谷物产业有限公司	石太渊,齐洪明,等
200910013955	番茄树侧蔓压蔓栽培方法	寿光市蔬菜高科技示范园管理处	隋申利,王海鹏,等
200910014510	一种海带育苗方法	中国水产科学研究院黄海水产研究所	汪文俊,王飞久,等
200910018647	一种甜菜碱合成途径中的甲基转移酶基因及其修饰和利用	山东大学	张举仁,何影,等
200910021103	一种春结球甘蓝育种保持自交系春性的繁殖方法	西北农林科技大学	张恩慧,许忠民,等
200910021165	一种紫心大白菜新种质的选育方法	西北农林科技大学	张鲁刚,张明科,等
200910021547	一种甘蓝种子种衣剂及制备方法	西北农林科技大学	张恩慧,杨安平,等
200910021892	线辣椒杂交后代的一种快速纯化、选择方法	西北农林科技大学	赵尊练,吴庆强,等
200910022814	一种保持甘蓝 RGMS 雄性不育系的繁殖方法	西北农林科技大学	张恩慧,程永安,等
200910023163	带有自交不亲和特性的油菜环境敏感核不育系的选育及应用	西北农林科技大学	于澄宇,胡胜武
200910029120	一种大豆 HKT 类蛋白及其编码基因与应用	南京农业大学	喻德跃,陈华涛
200910034793	一种设施蔬菜合理照光剂量的确定方法	江苏大学	吴沿友,李萍萍,等
200910036465	基因 AtPAP15 在提高大豆植株有机磷吸收利用方面的应用	华南农业大学	王秀荣,廖红,等
200910036501	番木瓜全光照快速扦插繁殖方法	中国科学院华南植物园	吴坤林,邓福斌,等
200910039331	防控香蕉枯萎病的栽培方法	广东省农业科学院果树研究所,广州市南沙区万顷沙镇农业技术推广中心	易干军,李春雨,等
200910040234	一种草菇二次栽培方法	广东省农业科学院蔬菜研究所	何焕清,肖自添
200910040514	一种提高丝瓜抗美洲斑潜蝇侵害的方法	华南农业大学	凌冰,张茂新,等
200910041416	促进夏植豇豆开花结荚的方法	广东省农业科学院蔬菜研究所	陈琼贤,高惠楠,等
200910042011	提高甘蔗组培苗假植成活率的方法	广州甘蔗糖业研究所	敖俊华,李奇伟,等
200910051133	一种杏鲍菇工厂化栽培培养料预处理工艺	上海市农业科学院	王瑞娟,郭倩,等
200910054983	一种荞麦麦芽苗菜及其生产方法	上海应用技术学院	周一鸣,周小理,等
200910061447	一种油菜抗旱浸种剂及其制备方法	中国农业科学院油料作物研究所	张学昆,邹崇顺,等
200910064055	一种黄瓜嫁接方法	河南科技大学	吴正景,郭大龙,等
200910066051	一种山药离体繁殖方法	河南师范大学	李明军,赵喜亭,等

续表

申请号	名称	申请单位	发明人
200910071742	一种控制大豆胞囊线虫病的混播方法	中国科学院东北地理与农业生态研究所	许艳丽,李春杰
200910072411	一种克服西瓜连作障碍的生态栽培方法	东北农业大学	潘凯,吴凤芝,等
200910072895	外源脱落酸调控大豆籽粒粒重的微注射法	中国科学院东北地理与农业生态研究所	刘兵,王程,等
200910073169	一种采用西瓜子叶节直接再生植株的方法	东北农业大学	刘宏宇,陈磊,等
200910076246	一种促进黄瓜生长的方法及其专用培养基	中国科学院植物研究所	张文浩,李银心,等
200910087552	鉴别可溶性酸性转化酶基因,等位变异的甜高粱材料的分子标记	中国农业科学院作物科学研究所	李桂英,刘洋,等
200910090318	辅助鉴定大豆百粒重相关位点的一对专用引物及其方法	中国科学院遗传与发育生物学研究所	朱保葛,田苗苗,等
200910090319	辅助鉴定大豆籽粒含油量位点的一对专用引物及其方法	中国科学院遗传与发育生物学研究所	朱保葛,田苗苗,等
200910091268	促进盐胁迫条件下黄瓜种子萌发的方法及专用浸种液	中国科学院植物研究所	张文浩,李银心,等
200910091353	一种白灵菇的栽培方法	山西山宝食用菌生物有限公司	李秋娥,任志昌,等
200910094390	暗褐网柄牛肝菌人工栽培方法	云南省热带作物科学研究所	纪开萍,曹旸,等
200910101722	青花菜高二倍体率小孢子再生植株的培养方法	浙江省农业科学院	顾宏辉,虞慧芳,等
200910101723	花椰菜高二倍体率小孢子再生植株的培养方法	浙江省农业科学院	顾宏辉,朱丹华,等
200910103551	一种人工创制新型甘蓝型油菜的方法	西南大学	周清元,李加纳,等
200910110987	一种能提高大杯香菇子实体产量和申请人 SOD 酶活量的栽培料组合物	福建省农业科学院土壤肥料研究所	江枝和,翁伯琦,等
200910111230	人工改造合成的抗草甘膦基因与应用	创世纪转基因技术有限公司,浙江大学	崔洪志,王建胜,等
200910111735	马铃薯晚疫病菌分子检测引物及其用法	福建省农业科学院植物保护研究所	李本金,翁启勇,等
200910111896	一种提高甘蔗愈伤组织繁殖系数的方法	福建农林大学	陈平华,陈舜彬,等
200910114601	一种甘蔗组培苗裸苗大田移栽的方法	广西壮族自治区甘蔗研究所	李松,余坤兴,等
200910114602	一种甘蔗组培苗袋装室外生根培养的方法	广西壮族自治区甘蔗研究所	李松,刘丽敏,等
200910130172	甜菜上胚轴离体培养直接多芽发生再生植株的培养方法	新疆农业科学院微生物应用研究所	郝秀英,孙立军,等
200910155405	外来无花果嫁接培育方法	杭州秀山美地农业科技有限公司	余向东,孙科,等
200910155406	亚热带哈密瓜的嫁接方法	杭州秀山美地农业科技有限公司	余向东,孙科,等
200910163214	一种滇重楼的生态复合种植方法	云南省农业科学院药用植物研究所	张金渝,金航,等
200910175370	一种北方高杆植物间作栽培魔芋的方法	中国科学院遗传与发育生物学研究所	王玉珍,史印山,等
200910184966	一种快速筛选鉴定番茄耐寒性的方法	合肥工业大学	曹树青,孙佳佳,等
200910191952	利用基因工程技术获得高抗病毒马铃薯植株的方法	重庆大学	胡宗利,陈国平,等

续表

申请号	名称	申请单位	发明人
200910192455	一种用于根系原位动态观察和测定的植物栽培方法	华南农业大学	方素琴,廖红,等
200910192785	草菇栽培方法	广州市白云区农业科学试验中心,永春园食用菌(惠州)有限公司	曹学文,胡泽生,等
200910193430	一种适合亚热带地区秋植花生的地膜覆盖栽培方法	广东省农业科学院作物研究所	曹干,张剑亮,等
200910193942	缩短芒果产期的方法	广州甘蔗糖业研究所	刘少谋,黄忠兴,等
200910194215	番茄植株地上部人工接种根结线虫的方法	华南农业大学	王新荣,朱孝伟,等
200910200256	一种液体栽培真姬菇的方法	上海市农业科学院	冯志勇,陈辉,等
200910201250	甘蓝型油菜隐性核不育近,等基因系的构建与单交种生产技术	上海市农业科学院,上海农科种子种苗有限公司	孙超才,杨立勇,等
200910213285	一种甘薯远缘杂交育种方法	徐州市农业科学院	曹清河,马代夫,等
200910214530	甘蔗离地栽培方法	广州甘蔗糖业研究所	刘少谋,符成,等
200910218385	甘蔗新台糖 10 号组织培养快速繁殖方法	昆明理工大学	李昆志,郝永生,等
200910220262	裙带菜与海带杂交育种方法	大连水产学院	张泽宇,李晓丽,等
200910229765	一种杏鲍菇栽培方法及其培养料	山东芳绿农业科技有限公司	寇玉芳,张振水,等
200910229768	一种黑木耳栽培方法及其培养料	山东芳绿农业科技有限公司	寇玉芳,张振水,等
200910232524	一种野生大豆 AP1 类蛋白及其编码基因与应用	南京农业大学	喻德跃,郭文雅,等
200910232740	一种蔬菜墙式无土栽培方法	江苏省农业科学院	羊杏平,孟力力,等
200910234229	滨梅根插育苗方法	金陵科技学院	宰学明,朱丽梅,等
200910244634	甜高粱组织培养的方法及其专用培养基	中国科学院植物研究所	刘宣雨,赵利铭,等
200910262845	全雌华北型黄瓜南雌 1 号的培育方法及应用	南京农业大学	陈劲枫,娄群峰,等
200910273083	一种无籽西瓜苗的生产方法	武汉市农业科学研究所	孙玉宏,童正富,等
200910273294	适用于油菜苗齐苗壮的种子处理剂	华中农业大学	胡立勇,张静,等
200910273315	一种含苎麻骨粉的秀珍菇培养基及秀珍菇栽培方法	武汉纺织大学	曾庆福,崔永明,等
200910273435	甘蓝型油菜高油酸分子标记及制备方法与应用	华中农业大学	周永明,傅廷栋,等
200910273437	甘蓝型油菜低亚麻酸分子标记及其制备方法与应用	华中农业大学	周永明,傅廷栋,等
201010017672	全雌华北型黄瓜华北全雌 2 号的培育及应用	南京农业大学	陈劲枫,娄群峰,等
201010017673	全雌华北型黄瓜华北全雌 3 号的培育及应用	南京农业大学	陈劲枫,张淑霞,等
201010017674	全雌美国切片型黄瓜美雌 09 的培育及应用	南京农业大学	陈劲枫,娄群峰,等

续表

申请号	名称	申请单位	发明人
201010017675	全雌加工型黄瓜优加全雌09的培育及应用	南京农业大学	陈劲枫，张淑霞，等
201010017676	全雌华南型黄瓜华南全雌09的培育及应用	南京农业大学	陈劲枫，张淑霞，等
201010018236	一种结球甘蓝游离小孢子培养获得再生植株的方法	江苏省农业科学院	宋立晓，曾爱松，等
201010018299	一种大豆AOC类酶及其编码基因与应用	南京农业大学	喻德跃，吴倩
201010100826	一种杏、麦复合栽培模式下的小麦栽培方法	西北农林科技大学	陈耀锋，刘春惊，等
201010103749	一种西红柿的嫁接方法	山东省蔬菜工程技术研究中心	贾梅玉，国家进，等
201010104481	利用甘蓝型油菜小孢子培养技术选育隐性核不育临保系的方法	上海市农业科学院，上海农科种子种苗有限公司	杨立勇，孙超才，等
201010106046	大豆玉米时空错位利用栽培方法	四川农业大学	杨文钰，雍太文，等
201010110668	一种高效快速的甘蔗转基因方法	中国热带农业科学院热带生物技术研究所	张树珍，王文治，等
201010116154	一种西藏亚东野生黑木耳人工栽培的培养料	上海市农业科学院，上海国森生物科技有限公司	于海龙，李玉，等
201010120952	一种降低树仔菜产品中镉含量的生产方法	中国热带农业科学院分析测试中心	周聪，罗金辉，等
201010125939	一种快速培育纯合抗虫兼抗除草剂转基因观赏羽衣甘蓝的方法	北京市农林科学院	刘凡，赵秀枢，等
201010139758	辣椒漂浮育苗基质的制作方法	贵州省辣椒研究所	杨红，姜虹，等
201010140092	马铃薯离体培养一步成苗培养基及其优化方法及成苗方法	四川农业大学	王西瑶，倪苏，等
201010148543	番茄谷氧还蛋白基因SlGRX1及其克隆方法和用途	浙江大学	周雪平，郭玉双，等
201010148911	一种山药种植方法	利川市汇川现代农业有限公司	邹祖才，冉龙渊，等
201010154990	一种马铃薯套大豆补偿栽培方法	四川农业大学	杨文钰，雍太文，等
201010155044	一种油菜光周期敏感细胞核雄性不育系的选育方法及应用	西北农林科技大学	于澄宇
201010156250	大豆TLP蛋白编码基因GmTLP1的抗病性基因工程应用	南京农业大学	喻德跃，黄燕平，等
201010159693	食用菌培养棒的制备方法	天津紫荆能源技术有限责任公司	马云生，孙宝明，等
201010162847	林地高棚栽培食用菌的方法	北京市农林科学院	刘宇，王守现，等
201010163118	油茶组培继代芽嫁接育苗方法	广西壮族自治区林业科学研究院	蔡玲，王以红，等
201010164136	一种春兰杂交和种子无菌播种育苗方法	浙江大学	李方，黄焱，等
201010164455	一种促进无土栽培蔬菜体内硝酸盐同化的方法	中国农业科学院农业环境与可持续发展研究所	刘文科，杨其长

续表

申请号	名称	申请单位	发明人
201010164780	一种利用细胞质雄性不育系配制杂交甘蓝的简化育种方法	镇江瑞繁农艺有限公司，江苏丘陵地区镇江农业科学研究所	戴忠良，秦文斌，等
201010167890	甘蓝型油菜高芥酸材料的创制方法	西南大学	李加纳，王瑞，等
201010167927	甘蓝型油菜黄籽性状遗传不稳定性的克服方法	西南大学	李加纳，谌利，等
201010173202	海带多茬育苗的方法	山东海之宝海洋科技有限公司	张启信，董永阳，等
201010185473	一种库尔勒香梨授粉用花粉质量检测方法	新疆农业大学	何天明，吴玉霞，等
201010197380	青花菜的增殖方法	中国农业大学	郭仰东，杨鹏，等
201010197940	一种贮藏黄瓜秧苗的方法	中国农业大学	郭仰东，赵冰，等
201010198902	番茄磷酸烯醇式丙酮酸羧化酶及其编码基因和应用	中国农业大学	郭仰东，温常龙，等
201010199987	一种育苗基质、制备方法及其在蔬菜穴盘育苗中的应用	河北农业大学	高洪波，高志奎，等
201010200853	一种马铃薯种薯贮藏方法	四川农业大学	王西瑶，刘帆，等
201010205795	一种叶菜用甘薯的生产及应用	福建农林大学	陈选阳，张招娟
201010205824	甘薯实生苗一年两代选种方法	福建农林大学	陈选阳，张招娟
201010207022	西瓜细菌性果斑病菌分子检测引物及其应用	福建省农业科学院作物研究所	邱思鑫，陈新凯
201010211969	一种羽衣甘蓝细胞质雄性不育近，等基因系的构建方法	沈阳农业大学	祝朋芳，魏毓棠，等
201010212600	一种紫马铃薯根尖脱毒与快繁技术	浙江省农业科学院	严成其，陈剑平，等
201010216154	一种用灵发素诱导甘蔗胚状体的方法	广西壮族自治区甘蔗研究所	李松，许鸿源，等
201010216180	一种用灵发素诱导甘蔗愈伤组织的方法	广西壮族自治区甘蔗研究所	蓝桃菊，许鸿源，等
201010216192	一种用灵发素进行甘蔗组织培养快速繁殖的方法	广西壮族自治区甘蔗研究所	李松，许鸿源，等
201010223264	大豆萌动胚真空渗透辅助的外源基因转化方法	山东大学	向凤宁，姬丹丹，等
201010224189	茶树菇的袋料高产栽培方法	巫溪县万统野生资源开发有限责任公司	廖国林
201010230380	甘蓝型油菜抗病相关基因 BnERF56 及其应用	中国农业科学院油料作物研究所	刘胜毅，汪承刚，等
201010232607	抗咪唑啉酮类除草剂的甘蓝型油菜突变基因及其应用	江苏省农业科学院	胡茂龙，浦惠明，等
201010235459	杂交大豆制种高异交率父本的选育方法	山西省农业科学院农作物品种资源研究所	卫保国，张瑞军，等
201010241037	大豆开花调节基因 GmCIB6、其编码蛋白及应用	中国农业科学院作物科学研究所	林辰涛，李宏宇，等
201010241041	大豆开花调节基因 GmCIB5、其编码蛋白及应用	中国农业科学院作物科学研究所	林辰涛，李宏宇，等

续表

申请号	名称	申请单位	发明人
201010241045	大豆开花调节基因 GmCIB4、其编码蛋白及应用	中国农业科学院作物科学研究所	林辰涛,李宏宇,等
201010241053	大豆开花调节基因 GmCIB3、其编码蛋白及应用	中国农业科学院作物科学研究所	林辰涛,李宏宇,等
201010261937	甜高粱幼穗愈伤组织再生体系建立的方法	中国农业科学院生物技术研究所	黄大昉,朱莉,等
201010261941	一种以甜高粱幼穗或幼穗诱导愈伤组织为外植体遗传转化方法	中国农业科学院生物技术研究所	黄大昉,朱莉,等
201010261947	一种以甜高粱幼穗或幼穗诱导愈伤组织为外植体遗传转化方法	中国农业科学院生物技术研究所	黄大昉,朱莉,等
201010263562	甜菜素代谢植物酪氨酸酶蛋白及其编码基因与应用	中国农业大学	肖兴国,高兆建,等
201010266162	一种设施番茄越冬长季节栽培的施肥方法	山东省农业科学院土壤肥料研究所	高新昊,刘兆辉,等
201010268810	一种辣椒嫁接方法	青海省农林科学院	咸文荣,郭青云,等
201010270559	大豆非组织培养植株再生方法及其应用	中国农业科学院油料作物研究所	单志慧,沙爱华,等
201010277636	一种用于姬松茸播种和覆土阶段管理的栽培方法	福建省农业科学院土壤肥料研究所	江枝和,翁伯琦,等
201010279823	一种克服茄子连作障碍的栽培方法	沈阳农业大学	周宝利,李宁毅,等
201010280847	甜菜高产糖量品种的选育方法	哈尔滨工业大学	程大友,鲁兆新,等
201010281910	甘蓝型油菜 TT10 基因家族及其应用	西南大学	柴友荣,李加纳,等
201010288457	一种亚热带地区人工湿地暖季与冷季植物套种配置方法	中南林业科技大学	吴晓芙,陈永华,等
201010295781	一种利用豆秸秆工厂化栽培金针菇的方法	江苏江南生物科技有限公司	姜建新,姜小红,等
201010297415	露天菜地次生盐渍化的防治方法	广东省生态环境与土壤研究所	柳勇,徐润生,等
201010300387	诱导分蘖洋葱抽薹开花的方法	东北农业大学	陈典,王勇
201010300528	一种红菇娘种苗繁育方法	东北农业大学	王勇,张晶晶,等
201010300772	芹菜隐性核基因雄性不育系繁殖和杂交制种的方法	天津科润农业科技股份有限公司蔬菜研究所	高国训,靳力争,等
201010502325	一种降低重金属在蔬菜中累积量的方法	西北农林科技大学	吕金印,刘晓婷
201010504869	马铃薯与玉米的套种高产栽培方法	巫溪县农业技术推广中心	舒进康,刘少华
201010508370	一种获得甜辣椒双单倍体植株的方法	北京市农林科学院	张晓芬,耿三省,等
201010512634	一种维持设施菜地土壤可持续生产能力的方法	山东省农业科学院土壤肥料研究所	刘兆辉,高新昊,等
201010519876	利用香蕉泥促进甘蔗壮苗的组培方法	福建农林大学	陈如凯,林庆良,等
201010521349	一种樱桃番茄的栽培方法	镇江市京口区瑞京农业科技示范园	刘卫红,瞿峰,等
201010526255	一种大豆叶片特异性启动子 SRS4 及其应用	吉林农业大学	李海燕,崔喜艳,等
201010534835	大豆根瘤固氮量的检测方法	中国科学院东北地理与农业生态研究所	苗淑杰,刘晓冰

续表

申请号	名称	申请单位	发明人
201010539401	樱桃嫩尖嫁接方法	大连东芳果菜专业合作社	张涛,张爱东,等
201010560329	一株具诱导大豆抗逆的巨大芽孢杆菌及应用	沈阳农业大学	段玉玺,黄姗姗,等
201010572937	瓜类双砧木嫁接方法	天津大学	刘莉
201010578865	利用甘蔗汁促进甘蔗壮苗的组培方法	福建农林大学	林庆良,许莉萍,等
201010582544	一种分离马铃薯晚疫病菌的改进方法	福建省农业科学院植物保护研究所	李本金,陈庆河,等
201010586900	一种提高三倍体无子西瓜种子萌发率的方法	湖南农业大学	戴思慧,孙小武,等
201010603448	一种杨梅组织培养的方法	浙江省农业科学院	谢小波,戚行江,等
201110003835	一种大豆中分离的种子特异性启动子及其应用	吉林大学	王庆钰,张庆林,等
201110007754	用于枯萎病生物测定的黄瓜幼苗的培育方法	福建省农业科学院农业生物资源研究所	刘波,肖荣凤,等
201110023511	一种老压砂地西瓜移栽苗种植方法	宁夏大学	谭军利,田军仓,等
201110039342	采用育苗箱培育木苗的方法	云南省农业科学院蚕桑蜜蜂研究所,中国农业科学院蚕业研究所	黄平,程嘉翎,等
201110045595	一种大白菜真叶离体再生培养方法	西北农林科技大学	张鲁刚,刘学成,等
201110050829	一种抗旱型马铃薯专用控释肥及其制备与应用	菏泽金正大生态工程有限公司	颜明霄,周涛,等
201110051588	一种高效诱导枣树 2n 花粉的方法	河北农业大学	刘孟军,刘平,等
201110051847	一种杂色竹荪子实体的栽培生产方法	广东省微生物研究所	邹方伦,宋斌,等
201110053609	一种软枣猕猴桃的工厂化育苗方法	沈阳农业大学	刘长江,孙晓荣,等
201110067478	一种西瓜育苗基质及其应用	南京市蔬菜科学研究所	毛久庚,唐懋华,等
201110071157	一种紫红豇豆的选育方法	江苏沿海地区农业科学研究所	祖艳侠,郭军,等
201110076861	一种杏鲍菇的种植工艺	福建绿宝食品集团有限公司	郑松辉
201110078685	一种短日照地区早熟马铃薯开花结实诱导方法	贵州省生物技术研究所	邓宽平
201110080369	高效蚕豆杂交育种方法	重庆市农业科学院	张继君,杜成章,等
201110088055	一种检测大豆耐荫性的方法	四川农业大学	刘卫国,杨文钰,等
201110099531	一种甘蔗黑穗病抗性鉴定方法	广州甘蔗糖业研究所,华南农业大学	沈万宽,姜子德,等
201110101223	一种高块根产量和含糖率的甜菜栽培方法	中国科学院东北地理与农业生态研究所	王建国,李兆林
201110181629	一种辣椒自交隔离方法	杭州市农业科学研究院	柴伟国,李戌清,等
201120364795	新型马铃薯种植地基模块	江苏农林职业技术学院	王永平,解振强,等
96120785	甘蓝显性核基因雄性不育系选育及其制种方法	中国农业科学院蔬菜花卉研究所	方智远,孙培田,等
97112173	质核互作雄性不育大豆及生产大豆杂交种的方法	吉林省农业科学院	孙寰,赵丽梅,等
97125803	甘蓝型油菜隐性核不育制种方法	安徽省农业科学院作物研究所	陈凤祥,胡宝成,等

续表

申请号	名称	申请单位	发明人
97125830	山菠菜甜菜碱醛脱氢酶基因以及提高植物耐盐性的方法	中国科学院遗传研究所	陈受宜,肖岗,等
98102772	繁殖韭菜母本和杂交种的方法	北京市海淀区植物组织培养技术实验室	李春玲,蒋钟仁,等
98123565	一种抗病、早熟西瓜的选育方法	山西省运城地区种子公司	王生有,赵福兴,等
99118778	德日系列萝卜的育种方法	河南省民权县蔬菜研究所	张怀魁,张勇,等

9.2 机械耕作设备技术

9.2.1 水稻直播机

申请号	名称	申请单位	发明人
02126718	水稻直播机专用播种器	浙江大学	王俊,陆秋君,等
200610035507	内部清种型孔轮式稻种排种器	华南农业大学	罗锡文,蒋恩臣,等
200620059074	型孔轮式稻种排种器的内部清种装置	华南农业大学	罗锡文,蒋恩臣,等
200620076617	播种机用播量调节装置	昆山市农业机械化技术推广站	徐嘉梁,顾永勤,等
200620141126	轻便型手动水稻直播机	金华职业技术学院	马广,戴欣平
200710067321	水稻播种振动排序装置	浙江理工大学	赵匀,张斌,等
200710067678	气吹式水稻精准播种器	浙江理工大学	俞亚新,赵匀
200710070631	水稻盘播育秧系统种子自动补给与刮平装置	浙江大学,浙江省农业机械管理局,台州市科丰农机设备制造厂,台州市路桥区农机总站	舒伟军,王永维,等
200710070632	气吸式水稻工厂化育秧盘播装置	浙江大学,浙江省农业机械管理局,台州市科丰农机设备制造厂,台州市路桥区农机总站	马礼良,王俊,等
200710190968	一种水稻直播用精播绳制造设备	南京农业大学	周俊,姬长英,等
200720037972	气吸式小播量水稻毯状苗盘育秧精密播种机	农业部南京农业机械化研究所	闵启超,吴崇友,等
200720037973	气吸式水稻钵体苗盘育秧精密播种机	农业部南京农业机械化研究所	闵启超,吴崇友,等
200720117660	水稻直播排种器	东北农业大学	王金武,王金峰
200810027686	一种振动流动式播种器	华南农业大学	马旭,周海波,等
200810030080	水稻秧盘育秧精密播种机	华南农业大学	马旭,周海波,等
200810060902	水稻穴盘育秧中幅宽可调播种装置	浙江大学	王永维,王俊,等
200810062574	气吸气吹滚筒式水稻工厂化育秧播种装置	台州市科丰农机设备制造厂	李法清
200810137167	高精度水稻钵育秧盘播种装置	黑龙江八一农垦大学	汪春,郭占斌,等
200810220181	水稻直播机排种器排种状态红外监测传感器	华南农业大学	罗锡文,可欣荣,等
200820050035	一种气力式精密播种器	华南农业大学	马旭,王朝辉,等
200820110232	基于链传动水稻穴盘精密播种机	中国农业大学	宋建农,王冲,等

续表

申请号	名称	申请单位	发明人
200820124433	水稻直播机	现代农装北方(北京)农业机械有限公司	梁宝忠,杨军太,等
200820162160	水稻秧苗育秧播种器	中国水稻研究所	徐一成,朱德峰,等
200820200507	气力式水稻单粒精密播种机	广州城市职业学院	李庆荣,李俊松,等
200910041630	水田同步开沟起垄施肥播种机	华南农业大学	罗锡文,张国忠,等
200910192401	一种遥控水稻直播机	广东省农业科学院水稻研究所	黄庆,刘怀珍,等
200910206774	水稻秧盘育秧播种机	东北农业大学	韩豹,申建英,等
200920002126	播量无级调节水稻育苗播种机	吉林省农业科学院	卢景忠,邱贵春,等
200920053022	一种水稻田间育秧播种机	华南农业大学	马旭,吕恩利,等
200920061773	一种水田同步开沟起垄施肥播种机	华南农业大学	罗锡文,张国忠,等
200920068712	水稻播种机的播种量调节机构	上海青育农机服务有限公司,王雪龙	王雪龙
200920068713	水稻播种机的点穴播种机构	上海青育农机服务有限公司,王雪龙	王雪龙
200920122463	田间机插秧盘高速精量播种机	象山县农业机械管理总站,顾光耀	仇伟传,顾光耀,等
200920187810	水稻直播机播种量手动调节器	安徽鲁班集团神牛机械有限公司	张东火
200920194926	一种小型多功能水稻直播机	广东省农业科学院水稻研究所	黄庆,刘怀珍,等
200920353233	水稻秧盘育秧播种机	东北农业大学	韩豹,申建英,等
201010127011	宽窄行水稻插秧机	中国水稻研究所	徐一成,朱德峰,等
201010507258	风氢新能源应用在水稻直播机上的动力装置	无锡同春新能源科技有限公司	缪同春
201010507276	太阳氢新能源应用在水稻直播机上的动力装置	无锡同春新能源科技有限公司	缪同春
201010603157	气吸振动盘式谷物田间精密播种机	江苏大学	李耀明,赵湛,等
201020134476	宽窄行水稻插秧机	中国水稻研究所	徐一成,朱德峰,等
201020144866	新型全幅、条幅旋耕埋茬施肥播种机	海安县永久工贸有限公司,江苏省农业机械技术推广站	唐余圩,杨铂,等
201020172416	稻茬田小麦免耕施肥播种机的开沟灭茬一体化机构	德阳市金阳农机物资有限责任公司,四川省农业科学院作物研究所	解立胜,汤永禄
201020240334	水稻乳芽直播机	唐山贺祥集团有限公司	赵祥启,常青
201020293443	水稻钵盘播种机	吉林鑫华裕农业装备有限公司	潘显武,包洪昌
201020530152	双滚筒式水稻育秧播种装置	南京诚翔机械化育苗设备工程有限公司	程三六,程文,等
201020561654	风氢新能源应用在水稻直播机上的动力装置	无锡同春新能源科技有限公司	缪同春
201020561672	太阳氢新能源应用在水稻直播机上的动力装置	无锡同春新能源科技有限公司	缪同春
201020561759	锂离子电池新能源应用在水稻直播机上的动力装置	无锡同春新能源科技有限公司	缪同春
201020576288	水稻精量铺土撒种覆土一体机	东北林业大学	陈哲光,马大国,等
201020677490	气吸振动盘式谷物田间精密播种机	江苏大学	赵湛,李耀明,等
201120009197	育秧盘播种器	中国农业大学	宋建农,李永磊,等
201120113770	水稻芽种播种机	广西大学	杨坚,黄亦其,等
201120114308	秧盘育秧智能播种器	佳木斯大学	周海波,马旭,等

续表

申请号	名称	申请单位	发明人
201120139949	一种水稻田间育秧播种器	中国水稻研究所	徐一成,朱德峰,等
201120210283	水稻精量穴直播机种子滚压装置	华南农业大学	罗锡文,何锐敏,等
201120285712	一种手推水稻播种机	宁波市快播农业机械有限公司	高崎道生

9.2.2 机耕船、插秧机

申请号	名称	申请单位	发明人
01108965	水稻插秧机	洋马农机株式会社	中尾敏夫,竹田裕一,等
03131526	旱育机插秧的辅垫材料	淮安市农业科学研究院	陈川,张山泉,等
03278084	带有分离机构的插秧机拉线	江苏东洋插秧机有限公司	沈昌辅,孙呈显,等
200420065671	水稻插秧机的秧船装置	福建省农业科学院稻麦研究所	张琳,吴华聪
200520022977	水稻插秧机的插植机构	中国农业机械化科学研究院	林金天,赵亮,等
200520099738	船式旋耕埋草机	华中农业大学	许绮川,夏俊芳,等
200530129348	插秧机船体	井关农机株式会社	神谷寿,根田满夫
200610053981	步行式插秧机的差速传动分插机构	浙江理工大学	赵匀,张国凤,等
200610068684	改进的插秧机	福田雷沃国际重工股份有限公司	王金富,杜晓平,等
200620009680	插秧机横向送秧装置	福田雷沃国际重工股份有限公司	张桂萍,焦中元,等
200620009681	插秧机防陷装置	福田雷沃国际重工股份有限公司	王金富,焦中元,等
200620088077	插秧机助力转向装置	福田雷沃国际重工股份有限公司	武崇道,焦中元,等
200620088078	插秧机储秧架装置	福田雷沃国际重工股份有限公司	焦中元,王乐刚,等
200620108973	一种步行式插秧机的旋转式分插机构	浙江理工大学	赵匀,俞高红,等
200620172895	步行式插秧机	浙江小精农机制造有限公司	徐岳平
200710034874	多功能船式耕作机械	湖南农业大学	孙松林,蒋蘋,等
200710111779	步行式插秧机的非圆齿轮后插旋转式分插机构	浙江理工大学	赵匀,俞高红,等
200710111781	步行式插秧机的偏心齿轮—非圆齿轮后插旋转式分插机构	浙江理工大学	俞高红,赵匀,等
200710111782	步行式插秧机的椭圆—圆柱齿轮后插旋转式分插机构	浙江理工大学	赵匀,俞高红,等
200710126119	步行式插秧机的偏置椭圆齿轮后插旋转式分插机构	浙江理工大学	赵匀,孙良,等
200720018501	一种水稻插秧机秧爪	福田雷沃国际重工股份有限公司	徐文彦,焦中元
200720022883	新型秧箱护栏装置	福田雷沃国际重工股份有限公司	韩新华,焦中元,等
200720028080	一种液压操纵插秧机	山东福尔沃农业装备有限公司	于建国,杜立明,等
200720045972	乘用插秧机的划印器控制装置	江苏东洋机械有限公司	辛仲华,罗汉亚,等
200720106011	步行式插秧机的椭圆齿轮旋转分插机构	浙江理工大学	赵匀,孙良,等
200720131802	手扶式插秧机的推秧器	江苏常发实业集团有限公司	吴景德,胡建华
200720131807	插秧机的皮带张紧机构	江苏常发实业集团有限公司	姜宇,陈国斌
200720131808	手扶式插秧机的压苗装置	江苏常发实业集团有限公司	吴景德,郭瑞苗

续表

申请号	名称	申请单位	发明人
200720131809	手扶式插秧机的载苗装置	江苏常发实业集团有限公司	薛彦强,王秀侠
200810022224	插秧机行距调节机构	扬州大学	张洪程,张瑞宏,等
200810022225	一种与行距可调插秧机配套的苗箱装置	扬州大学	张洪程,张瑞宏,等
200810059806	插秧机用于钵毯状苗的送秧装置	浙江理工大学	赵匀,张国凤,等
200810090703	步行式插秧机	株式会社久保田	小林鉴明,久保下竹男,等
200810092918	一种培育健壮水稻机插秧苗的浸种剂及其生产工艺	中国水稻研究所	王熹,陶龙兴,等
200810161545	一种插秧机自动平衡装置	中机南方机械股份有限公司	朱建平,曾联,等
200820023286	插秧机移箱装置	福田雷沃国际重工股份有限公司	王乐刚,张丽艳,等
200820025088	一种插秧机栽植臂	山东福尔沃农业装备有限公司	于建国,杜立明,等
200820088016	一种手扶式插秧机	中机南方机械股份有限公司	曾联,朱建平,等
200820167591	一种手扶式插秧机的液压控制装置	杭州精工液压机电制造有限公司	吴学英,朱勤聪,等
200820217356	手扶式插秧机	江苏常发实业集团有限公司	时厚玉
200910026936	柴油发电与风光发电互补应用在插秧机上的混合动力装置	无锡市新区梅村镇同春太阳能光伏农业种植园	缪同春
200910095939	共轭凸轮式的插秧机强制推秧方法的栽植臂	浙江理工大学	陈建能,胡连军,等
200910095940	等径凸轮式的插秧机强制推秧栽植臂	浙江理工大学	陈建能,林万换,等
200910096722	一种手扶式插秧机栽植变速机构	中机南方机械股份有限公司	朱建平,曾联
200910096723	一种插秧机的纵向送秧机构	中机南方机械股份有限公司	朱建平,曾联
200910097418	深泥田耕作机驱动轮位置无级调节机构	金华职业技术学院	马广,王志明,等
200910099513	手扶乘坐式两轮驱动插秧机	浙江理工大学	李革,舒伟军,等
200910101760	一种乘坐式两轮驱动插秧机	浙江理工大学	李革,舒伟军,等
200910177044	插秧机	浙江小精农机制造有限公司	徐岳平,石田伊佐男
200910177047	插秧机	浙江小精农机制造有限公司	徐岳平,石田伊佐男
200910261021	一种与行距可调插秧机配套的移箱机构	扬州大学	张瑞宏,张洪程,等
200920020603	一种自走式插秧机	山东奥泰机械有限公司	尹晴
200920044851	柴油发电与风光发电互补应用在插秧机上的混合动力装置	无锡市新区梅村镇同春太阳能光伏农业种植园	缪同春
200920045183	柴油发电与锂离子电池互补用在插秧机上的混合动力装置	无锡求新专利技术应用有限公司	缪同春
200920045395	柴油发电与光伏发电互补应用在插秧机上的混合动力装置	无锡市新区梅村镇同春太阳能光伏农业种植园	缪同春
200920045400	柴油发电与风电互补应用在插秧机上的混合动力装置	无锡市新区梅村镇同春太阳能光伏农业种植园	缪同春
200920100804	手扶式机动插秧机	黑龙江省农业机械工程科学研究院,黑龙江省桦联机械制造有限公司	申承均,唐艳颖,等

续表

申请号	名称	申请单位	发明人
200920115468	一种插秧机转向机构	中机南方机械股份有限公司	朱建平,曾联,等
200920115469	一种手扶式插秧机栽植变速机构	中机南方机械股份有限公司	朱建平,曾联,等
200920116986	深泥田耕作机驱动轮位置无级调节机构	金华职业技术学院	马广,戴欣平,等
200920127795	单轮两行插秧机的动力传动链盒	重庆众全农机连锁有限公司	何昌城
200920138669	一种独轮插秧机	福建省农业科学院水稻研究所	张琳,张数标,等
200920138670	插秧机苗距观测基准件	福建省农业科学院水稻研究所	张琳,吴华聪,等
200920180072	4 行 7 寸带开沟功能插秧机	安徽省天马泵阀集团有限公司	王成华,王显涛,等
200920180696	水稻基肥喷射均匀穴施装置	金坛市土壤肥料技术指导站	邓九胜,李勇,等
200920186452	插秧机用水田开沟机构	安徽省天马泵阀集团有限公司	王成华,王显涛,等
200920186453	插秧机用水田化肥深施机构	安徽省天马泵阀集团有限公司	王成华,王显涛,等
200920186455	插秧机用多挡调速模块化工作箱机构	安徽省天马泵阀集团有限公司	王成华,王显涛,等
200920187117	4 行 7 寸插秧机	安徽省天马泵阀集团有限公司	王成华,王显涛,等
200920187118	4 行宽窄插秧机	安徽省天马泵阀集团有限公司	王成华,王显涛,等
200920187119	6 行宽窄插秧机	安徽省天马泵阀集团有限公司	王成华,王显涛,等
200920187120	6 行 7 寸插秧机	安徽省天马泵阀集团有限公司	王成华,王显涛,等
200920191248	一种设有喷洒装置的手扶式插秧机	中机南方机械股份有限公司	曾联,朱建平,等
200920210655	一种可调式直播机	上海向明机械有限公司	陈飞荣,顾东海
200920239179	一种插秧机用便捷式株距调节装置	山东宁联机械制造有限公司	李晶,许兴攀,等
200920255800	插秧机动力输出装置	常州东风农机集团有限公司	王仲章,金涛,等
200920267828	船板式插秧机行走装置	潍坊泰山拖拉机厂	刘胜,荆茂刚
200920272628	一种与行距可调插秧机配套的移箱机构	扬州大学	张瑞宏,张洪程,等
200920280677	水稻插秧机船板	山东奥泰机械有限公司	刘维礼,尹晴
200920280678	插秧机插秧深度调整装置	山东奥泰机械有限公司	刘维礼,尹晴,等
200920280679	多功能秧田作业机	山东奥泰机械有限公司	刘维礼,毕树林,等
200920280680	插秧机压秧调整装置	山东奥泰机械有限公司	刘维礼,尹晴,等
200920299563	6 行 9 寸插秧机	安徽天马集团新型机械设备有限公司	王成华,王显涛,等
200920299564	4 行 9 寸插秧机	安徽天马集团新型机械设备有限公司	王成华,王显涛,等
200920303182	插秧机之插秧箱的动力输出装置	柳州五菱柳机动力有限公司	廖进昌,陈明钢,等
200930344462	水稻插秧机船板	山东奥泰机械有限公司	刘维礼,尹晴
201010127745	苗箱隔板不等距的宽窄行手扶插秧机	浙江理工大学	李革,朱德峰,等
201010143779	万向节驱动倾斜式宽窄行插秧机分插机构	浙江理工大学;东北农业大学	孙良,迟立军,等
201010143797	齿轮驱动倾斜式宽窄行插秧机分插机构	浙江理工大学	赵匀,孙良,等
201010156816	插秧机的纵向传送机构	天津内燃机研究所	刘建军,时强,等
201010168199	一种磁动式插秧机强制推秧栽植臂	南京农业大学	周永清,朱思洪,等
201010168236	一种气动的插秧机强制推秧栽植臂	南京农业大学	周永清,朱思洪,等
201010177617	枕轨式田间机插秧盘精量播种成套设备	宁波市镇海区精量农业科技开发有限公司	顾光耀
201010225969	步行式插秧机的变形椭圆—圆柱齿轮后插旋转式分插机构	浙江理工大学	赵匀,黄巨明,等

续表

申请号	名称	申请单位	发明人
201010251589	摆动式宽窄行插秧机分插机构	浙江理工大学	赵匀,张玮炜,等
201010251592	斜齿轮传动宽窄行插秧机分插机构	浙江理工大学	俞高红,孙良,等
201010288670	宽窄行水稻插秧机齿轮一链传动分插机构	浙江理工大学	赵匀,孙良,等
201010500747	双轴锥齿轮传动斜置式宽窄行插秧机分插机构	东北农业大学	蒋恩臣,赵匀,等
201010500777	单轴锥齿轮传动斜置式宽窄行插秧机分插机构	东北农业大学	赵匀,张玮炜,等
201010545453	圆柱凸轮-空间双摇杆摆动式宽窄行插秧机分插机构	浙江理工大学	赵匀,张允慧
201010577544	步行式插秧机旋转式分插机构强制推秧装置	浙江理工大学	陈建能,李吉业,等
201010578315	步行水稻插秧机前置式方向调整装置	浙江理工大学	武传宇,赵匀,等
201010602004	滑道式宽窄行插秧机分插机构	东北农业大学	赵匀,王金武,等
201010602035	滑移式宽窄行插秧机分插机构	浙江理工大学	赵匀,徐洪广,等
201010602178	自动插秧深度控制装置	潍坊同方机械有限公司	郭保可
201020115670	手扶式乘座插秧机	南通富来威农业装备有限公司	杨永涛,樊杰伟,等
201020121130	插秧机的动力装置	久保田农业机械(苏州)有限公司,株式会社久保田	小林鑑明,山下启介,等
201020121133	插秧机前护盖装置	久保田农业机械(苏州)有限公司,株式会社久保田	小林鉴明,池田修平,等
201020121134	插秧机预备载秧台	久保田农业机械(苏州)有限公司,株式会社久保田	小林鑑明
201020121165	插秧机浮舟联结装置	久保田农业机械(苏州)有限公司,株式会社久保田	小林鑑明,奥山幹夫,等
201020135597	一种有宽隔板苗箱的宽窄行手扶插秧机	南通富来威农业装备有限公司	吴亦鹏,杨永涛,等
201020135600	一种不等距隔板苗箱的宽窄行手扶插秧机	浙江理工大学	李革,朱德峰,等
201020155132	一种万向节驱动倾斜式宽窄行插秧机分插机构	浙江理工大学	孙良,赵匀,等
201020155142	一种齿轮驱动倾斜式宽窄行插秧机分插机构	浙江理工大学	赵匀,孙良,等
201020171529	用于插秧机的预备秧架	天津内燃机研究所	刘建军,张国莹,等
201020171546	用于插秧机的变速箱	天津内燃机研究所	史春涛,张国莹,等
201020171549	用于手扶式插秧机的摆动装置	天津内燃机研究所	刘建军,张帆,等
201020184219	水稻插秧机耐磨空心推秧杆	南京农业大学	周永清,朱思洪,等
201020185328	一种磁动的插秧机强制推秧栽植臂	南京农业大学	周永清,朱思洪,等
201020185337	一种气动的插秧机强制推秧栽植臂	南京农业大学	周永清,朱思洪,等
201020199903	一种插秧机拖泥浮板平装支杆	枣阳市正天插秧机有限公司	章巍,龚自军,等

续表

申请号	名称	申请单位	发明人
201020211427	倒立运输时无需放油插秧机	浙江小精农机制造有限公司	徐岳平，石田伊佐男
201020211430	插秧机升降油缸泄压装置	浙江小精农机制造有限公司	徐岳平，石田伊佐男
201020218961	一种八行插秧机的插植机构	浙江小精农机制造有限公司	徐岳平，石田伊佐男
201020218971	一种八行插秧机的插植装置	浙江小精农机制造有限公司	徐岳平，石田伊佐男
201020218974	一种八行水稻插秧机的插植机构	浙江小精农机制造有限公司	徐岳平，石田伊佐男
201020218985	一种插秧机的侧浮板	浙江小精农机制造有限公司	徐岳平，石田伊佐男
201020218995	一种插秧机载苗板的移动机构	浙江小精农机制造有限公司	徐岳平，石田伊佐男
201020219005	一种密植步行式插秧机	浙江小精农机制造有限公司	徐岳平，石田伊佐男
201020236593	六行密植步行式插秧机	浙江小精农机制造有限公司	徐岳平，石田伊佐男
201020236602	密植步行式插秧机	浙江小精农机制造有限公司	徐岳平，石田伊佐男
201020258057	插秧机船板装置	宁波协力机电制造有限公司	周亚伦
201020269945	泼肥船	大连太平洋海宝食品有限公司	韩建升，林波，等
201020278150	一种新型机耕船	武汉市法泗机耕船制造有限公司	吴华林
201020284214	一种手扶式插秧机两侧栽植臂的传动机构	中机南方机械股份有限公司	曾联，朱建平，等
201020284215	一种插秧机的差速装置	中机南方机械股份有限公司	曾联，朱建平，等
201020289453	一种摆动式宽窄行插秧机分插机构	浙江理工大学	赵匀，张玮炜，等
201020289455	一种斜齿轮传动行星系宽窄行插秧机分插机构	浙江理工大学	俞高红，孙良，等
201020291442	用于水稻插秧机的株距无级调节装置	中国农业机械化科学研究院	高希文，林金天，等
201020292563	一种水稻宽窄行密植手扶插秧机	浙江理工大学，中国水稻研究所	李革，朱德峰，等
201020294906	一种将太阳氢新能源作为动力装置的插秧机	无锡同春新能源科技有限公司	缪同春
201020294913	一种将氢燃料电池新能源作为动力装置的插秧机	无锡同春新能源科技有限公司	缪同春
201020501121	一种将风氢新能源作为动力装置的插秧机	无锡同春新能源科技有限公司	缪同春
201020501946	一种乘坐式插秧机	大同农机(安徽)有限公司	金星起
201020519765	新型控制插秧机插秧深度的液压装置	湖州生力液压有限公司	沈振嗣，陆跃德，等
201020520349	一种插秧机用可调式转向器	山东宁联机械制造有限公司	李晶，翟勋河，等

续表

申请号	名称	申请单位	发明人
201020529790	滚装船下铰链式轻型液压水密门	武汉金鼎船舶工程设计有限公司	张波
201020538223	一种宽窄行水稻插秧机齿轮传动分插机构	浙江理工大学	赵匀,张玮炜,等
201020538225	一种宽窄行水稻插秧机齿轮-链传动分插机构	浙江理工大学	赵匀,孙良,等
201020543678	一种改良的插秧机驱动轮	安徽天时插秧机制造有限公司	朱云宽
201020543680	一种插秧机密封驱动链轮箱	安徽天时插秧机制造有限公司	朱云宽
201020589698	遥控自动插秧机	四川师范大学	蔡黎明
201020607741	一种圆柱凸轮-空间双摇杆摆动式宽窄行插秧机分插机构	浙江理工大学	赵匀,张允慧
201020644907	单轴锥齿轮传动斜置式宽窄行插秧机分插机构	东北农业大学	赵匀,张玮炜,等
201020644951	双轴锥齿轮传动斜置式宽窄行插秧机分插机构	东北农业大学	蒋恩臣,赵匀,等
201020646689	一种步行式插秧机旋转式分插机构强制推秧装置	浙江理工大学	陈建能,王英,等
201020647274	步行水稻插秧机后置式方向调整装置	浙江理工大学	武传宇,赵匀,等
201020647331	步行水稻插秧机前置式方向调整装置	浙江理工大学	武传宇,赵匀,等
201020676540	一种滑道式宽窄行插秧机分插机构	东北农业大学	赵匀,王金武,等
201020676558	一种滑移式宽窄行插秧机分插机构	浙江理工大学	赵匀,徐洪广,等
201020676655	自动插秧深度控制装置	潍坊同方机械有限公司	郭保可
201020681017	插秧机的电控方向盘	宁波市鄞州麦谷农业科技有限公司	张方明
201110052718	步行式插秧机斜齿行星轮系宽窄行分插机构	浙江理工大学	俞高红,赵匀,等
201120011256	开沟栽植机	石河子贵航农机装备有限责任公司	齐伟,梅卫江,等
201120032836	电动插秧机	重庆博沃发动机配件制造有限公司,重庆市农业机械鉴定站	孙克坚,李祥,等
201120032840	机动两行插秧机	重庆博沃发动机配件制造有限公司,重庆市农业机械鉴定站	孙克坚,李祥,等
201120048952	一种不同行距插秧机的车轮	浙江小精农机制造有限公司	徐岳平,石田伊佐男,等
201120056087	一种步行式插秧机斜齿行星轮系宽窄行分插机构	浙江理工大学	俞高红,赵匀,等
201120075677	一种新型轮胎式移动装船机	江苏万宝机械有限公司	郭永平
201120102661	两行步行式独轮插秧机驱动地轮	黑龙江八一农垦大学	刘天祥,董晓威,等
201120109429	软轴传动插秧机	南通富来威农业装备有限公司;扬州大学	吴亦鹏,张瑞宏,等
201120132449	一种乘坐式高速插秧机前机盖的开启结构	芜湖瑞创投资股份有限公司	褚云青
201120132454	高速乘坐式插秧机后退保护装置	芜湖瑞创投资股份有限公司	褚云青

续表

申请号	名称	申请单位	发明人
201120141689	一种插秧机的挡水护苗装置	莱恩农业装备有限公司	杨仲雄,高福强
201120142002	一种插秧机的供苗装置	莱恩农业装备有限公司	杨仲雄,高福强
201120154311	一种插秧机株距变速传动装置	芜湖瑞创投资股份有限公司	褚云青
201120163421	用于手扶式插秧机的车轮调整机构	天津内燃机研究所	刘建军,史春涛,等
201120163422	农用插秧机的横向传送机构	天津内燃机研究所	刘建军,张琦,等
201120187515	一种可调行距水稻高速插秧机分插机构	安徽农业大学	朱德泉,朱梅,等
201120187542	一种可调行距水稻高速插秧机移箱机构	安徽农业大学	朱德泉,朱梅,等
201120187545	一种可调行距高速插秧机的调节机构	安徽农业大学	朱德泉,朱梅,等
201120187565	一种可调行距的高速插秧机的秧箱机构	安徽农业大学	朱德泉,朱梅,等
201120193607	乘用插秧机	大同农机(安徽)有限公司	金星起
201120193609	手扶插秧机的株间变速装置	大同农机(安徽)有限公司	金星起
201120204243	乘坐式插秧机的变形偏心圆-非圆齿轮旋转式分插机构	浙江理工大学	赵匀,高林弟,等
201120209675	内锥齿轮与锥齿轮驱动倾斜式宽窄行插秧机分插机构	东北农业大学	赵匀,蒋恩臣,等
201120247186	手扶插秧机	大同农机(安徽)有限公司	金星起
201120247188	带苗箱延伸板位置调节结构的手扶插秧机	大同农机(安徽)有限公司	金星起
201120247189	高速插秧机	大同农机(安徽)有限公司	金星起
201120254847	一种高速插秧机椭圆锥齿轮-椭圆齿轮宽窄行分插机构	浙江理工大学	赵匀,孙良,等
201120254884	一种高速插秧机圆柱齿轮-椭圆锥齿轮宽窄行分插机构	浙江理工大学	孙良,赵匀,等
201120255050	一种高速插秧机椭圆锥齿轮-圆柱齿轮宽窄行分插机构	浙江理工大学	杜小强,赵匀,等
201120255091	一种高速插秧机椭圆齿轮-椭圆锥齿轮宽窄行分插机构	浙江理工大学	孙良,赵雄,等
201120255092	一种高速宽窄行插秧机椭圆锥齿轮行星系分插机构	浙江理工大学	孙良,赵匀,等
201120266404	手扶式插秧机的辅助液压系统	浙江理工大学	张林伟,陈巧红,等
201120273284	插秧机塑料浮板	潍坊金福塑胶有限公司	杨光福
201120282495	插秧机船板	延吉插秧机制造有限公司	张斌,高宇,等
201120297126	一种电动气动结合式机耕船施肥装置	武汉市法泗机耕船制造有限公司	鲍和平
201120297127	一种电动抛撒式机耕船施肥装置	武汉市法泗机耕船制造有限公司	鲍和平
201120297128	一种自落式机耕船施肥装置	武汉市法泗机耕船制造有限公司	鲍和平
201120315227	插秧机前轮转向角的测量装置	宁波市鄞州麦谷农业科技有限公司	张方明,支炜杰,等
201120318471	插秧机用秧盘	常州亚美柯机械设备有限公司,实产业株式会社,永福贸易株式会社	史步云,生本实,等
201120339201	插秧机的送秧装置	柳州五菱柳机动力有限公司	黄新周,郑长鹏,等

续表

申请号	名称	申请单位	发明人
201120343772	一种带有原位松土破茬刀组的插秧机	姜堰市农机化技术推广服务站,农业部南京农业机械化研究所	缪冬平,张礼钢,等
201120345940	水稻钵形毯状秧苗插秧机	柳州五菱柳机动力有限公司	郑长鹏,陈明钢,等
201120356577	一种插秧机载秧台的移动装置	江苏常发农业装备股份有限公司	朱崇云,王建设,等
201120357945	一种将风光发电与锂离子电池互补作为动力装置的插秧机	无锡同春新能源科技有限公司	缪同春
201120357958	一种将风力发电与锂离子电池互补作为动力装置的插秧机	无锡同春新能源科技有限公司	缪同春
201120357979	一种将光伏发电与锂离子电池互补作为动力装置的插秧机	无锡同春新能源科技有限公司	缪同春
201120364129	钵苗插秧机的苗载台	常州亚美柯机械设备有限公司,实产业株式会社,永福贸易株式会社	史步云,生本实
201120378717	钵苗插秧机上的旋转种植爪	常州亚美柯机械设备有限公司,实产业株式会社,永福贸易株式会社	史步云,生本实
201120389832	一种带风力发电系统向图像传感器供电的智能插秧机	无锡同春新能源科技有限公司	缪同春
201120389834	一种带太阳能光伏发电向图像传感器供电的智能插秧机	无锡同春新能源科技有限公司	缪同春
201120426185	船形无土栽培种植系统	北京金福腾科技有限公司	李谟军
201120427586	一种四轮驱动多功能机耕船	湖北金驰机器有限公司	杨太平,周勇,等
201120432672	一种由水稻插秧机改进的蔬菜移栽机	黑龙江八一农垦大学	万霖,汪春,等
201120448993	插秧机行星轮系传动装置	一拖(黑龙江)东方红工业园有限公司	石成仁,吴金峰
201120453607	可作机架升降运动的步行式水稻插秧机行走机构	浙江理工大学	武传宇,唐泽华,等
201120483172	乘坐式插秧机	常州亚美柯机械设备有限公司,实产业株式会社,永福贸易株式会社	史步云,数内正俊,等
201120485147	插秧机用苗框供给导向板	常州亚美柯机械设备有限公司,实产业株式会社,永福贸易株式会社	史步云,生本实
201120486972	插秧机直臂状栽植臂机构	宁波协力机电制造有限公司	周亚伦
201120490049	插秧机直臂状插秧机构	宁波协力机电制造有限公司	周亚伦
201120496197	插秧机后轮传动装置	一拖(黑龙江)东方红工业园有限公司	石成仁
201120496248	插秧机变速箱变挡装置	一拖(黑龙江)东方红工业园有限公司	石成仁
201120498715	一种高速插秧机的行走与插秧变速传动路线	淮阴工学院	朱为国,胡晓明
201120517181	小马力插秧机变速箱	湖州联达变速箱有限公司	江耀忠
201120545189	联合机耕船	湖南润田农机装备科技股份有限公司	贺胜浩,朱贤勇
201120547653	六驱动联合机耕船	湖南润田农机装备科技股份有限公司	贺胜浩

9.2.3 多功能平模制粒机

申请号	名称	申请单位	发明人
200720173882	一种平模造粒机	中国农业机械化科学研究院	吴德胜,秦田,等
200920257768	平模制粒机的颗粒成型装置	安阳吉姆克能源机械有限公司	马雷,何治国
201020127337	垃圾衍生燃料平模造粒机	四川雷鸣生物环保工程有限公司	雷建国
201020201871	平模颗粒机上的导料装置	安徽鼎梁生物能源科技开发有限公司	梁念喜,崔明鑫
201020678282	压辊支架过载安全保护装置	济宁市田农机械有限公司	田中武
201120006135	自动生物质燃料制粒设备	聊城华诚环保设备科技有限公司	周炳涛,林继胜,等
201120041393	用高湿混合城市生活垃圾生产衍生颗粒燃料的成套设备	四川雷鸣生物环保工程有限公司	雷建国
201120043492	一种生物质制粒机	山东鸿亿生物燃料有限公司	李守泉,李平
201120047726	带过载保护的平模制粒机	安阳吉姆克能源机械有限公司	段军,何治国,等
201120276354	平模颗粒机分料装置	安徽鼎梁生物能源科技开发有限公司	梁念喜
201120276358	一种生物质平模颗粒机	安徽鼎梁生物能源科技开发有限公司	梁念喜
201120276361	平模颗粒机压辊自锁装置	安徽鼎梁生物能源科技开发有限公司	梁念喜
201120276365	平模颗粒机喂料装置	安徽鼎梁生物能源科技开发有限公司	梁念喜
201120318028	平模颗粒机的循环水冷却系统	安徽鼎梁生物能源科技开发有限公司	梁念喜
201120318046	平模颗粒机内具有甩油功能的齿轮组	安徽鼎梁生物能源科技开发有限公司	梁念喜
201120363635	一种挤压式制粒装置	安徽欣盛饲料科技股份有限公司	唐胜,唐军,等
201120501813	低碳环保的两排多辊造粒机的压辊装置	福建省南安市海特机械有限公司	刘海滨,何其双

9.2.4 饲料膨化机

申请号	名称	申请单位	发明人
200420024092	膨化机切割装置	江苏牧羊集团有限公司	胡晓军,马亮,等
200420024176	一种膨化机	江苏牧羊集团有限公司	胡晓军,马亮,等
200720037724	一种用于高淀粉类原料膨化的膨化机	江苏牧羊集团有限公司	马亮,刘雄伟,等
200720045497	一种膨化机旁通	江苏牧羊集团有限公司	张贵阳
200720186932	一种膨化机切刀调节机构	江苏正昌粮机股份有限公司	郝波,高志伟,等
200820032611	膨化机切刀装置	布勒(常州)机械有限公司	乌尔斯·乌斯特,安德斯·芬来路朴,等
200820042886	膨化机	湛江市恒润机械有限公司	林尤汉,刘万渊,等
200820131649	一种组合式膨化机膨化腔	江苏正昌粮机股份有限公司	郝波,高志伟,等
200820176215	膨化机出料模	江苏正昌粮机股份有限公司	郝波,高志伟,等
200820192429	高效单螺杆膨化机	武汉明博机电设备有限公司	吴龙兵,李金成,等
200820192431	实现蒸汽回收再利用的膨化机	武汉明博机电设备有限公司	吴龙兵,李金成,等
200820207437	一种膨化机剪切锁	江苏正昌粮机股份有限公司	郝波,高志伟,等
200910040686	一种膨化机	湛江市恒润机械有限公司	吴千茂,陈祝琴,等
200920027316	节能型高温热风循环膨化机	济南赛信机械有限公司	王育鲁,张德成,等
200920059440	一种膨化机	湛江市恒润机械有限公司	吴千茂,陈祝琴,等

续表

申请号	名称	申请单位	发明人
200920059767	一种饲料膨化机的螺缸机构	佛山市顺德区全兴水产饲料有限公司	林立纬
200920082270	用于膨化机的切刀装置	通威股份有限公司	刘汉元,邓卫平
200920082271	一种用于膨化机内的切刀	通威股份有限公司	刘汉元,邓卫平
200920082273	一种用于膨化机的负压出料装置	通威股份有限公司	刘汉元,邓卫平
200920121829	一种膨化机	浙江金大地饲料有限公司	陈国艺
200920121830	一种膨化机	浙江金大地饲料有限公司	陈国艺
200920227824	传动箱精确定位的膨化机	国营万峰无线电厂	朱加云,陈林,等
200920227874	螺套可快速拆卸的膨化机	国营万峰无线电厂	朱加云,陈林,等
200920227875	可防止耐磨衬套转动的膨化机	国营万峰无线电厂	朱加云,陈林,等
200920229768	自动换模膨化机	武汉明博机电设备有限公司	吴龙兵,李金成,等
200920231634	一种生产高熟化挤压产品的膨化机	江苏牧羊集团有限公司	马亮
200920242631	自动膨化机	四川米老头食品工业有限公司	杨晓勇
200920289629	一种气流膨化机	武汉智强机械设备有限公司	徐时祥,周元亨,等
201010142602	一种适用于小颗粒物料的挤压膨化机	江苏牧羊集团有限公司	程亮
201010153937	挤压膨化机	江苏牧羊集团有限公司	马亮
201010183676	一种鲜秸秆膨化机	中国水产科学研究院渔业机械仪器研究所	蔡淑君,虞宗敢,等
201010209701	一种多出料通道挤压膨化机	江苏牧羊集团有限公司	程亮,马亮
201010558654	挤压膨化机螺头和膨化腔的拆卸工装	江苏牧羊集团有限公司	糜长雨
201020133665	一种用于饲料膨化机械进料口的改进装置	阜阳市大北农饲料有限责任公司	臧春云
201020150775	膨化机调质器水份与温度在线检测和实时控制装置	国营万峰无线电厂	朱加云,曹铭晖,等
201020154055	适用于小颗粒物料的挤压膨化机	江苏牧羊集团有限公司	程亮
201020155265	一种应用于膨化机的双层调质器	漳州日高饲料有限公司	张鹤翔
201020155294	一种挤压式膨化机的新型气、液添加系统	漳州日高饲料有限公司	张鹤翔
201020168317	一种挤压膨化机	江苏牧羊集团有限公司	马亮,王婷
201020168396	双出料装置的挤压膨化机	江苏牧羊集团有限公司	马亮,王婷
201020171268	膨化机的切刀定位结构	四川大北农农牧科技有限责任公司	胡勇军
201020238640	挤压膨化机的热水回用系统	江苏牧羊集团有限公司	糜长雨
201020238694	多出料通道挤压膨化机	江苏牧羊集团有限公司	程亮,马亮
201020511360	膨化机切刀装置	溧阳市裕达机械有限公司	刘定龙,高强俊,等
201020544678	一种新型膨化机进料装置	广州市海维饲料有限公司	徐帆
201020544744	膨化机出口的吸料装置	广州市海维饲料有限公司	金骁斌
201020621863	一种双螺旋杆的饲料膨化机	广东粤佳饲料有限公司	徐焕宇
201020624195	一种膨化机出料模	江苏牧羊集团有限公司	张猛,糜长雨
201020624222	一种挤压膨化机螺头和膨化腔的拆卸工装	江苏牧羊集团有限公司	糜长雨
201020673492	膨化机挤压螺旋体及膨化机	佛罗斯机械设备技术(北京)有限公司	王化祥,邢捷

续表

申请号	名称	申请单位	发明人
201020676296	膨化机出料系统及膨化机	佛罗斯机械设备技术(北京)有限公司	王化祥,邢捷
201020699734	饲料膨化机	山东珠峰生物科技有限公司	付殿亮,孟维光
201120017487	一种膨化机的物料切割装置	江苏牧羊集团有限公司	朱滨峰,李红军,等
201120026792	食品膨化机	上海金杉粮油食品有限公司	顾国荣
201120026798	食品膨化机的出料口结构	上海金杉粮油食品有限公司	顾国荣
201120036178	低温食品膨化机	山东省农业科学院农产品研究所	张奇志,杜方岭,等
201120074426	膨化机双模板出料装置	江苏牧羊集团有限公司	张贵阳,糜长雨,等
201120138700	一种带改进的膨化机	成都三旺农牧股份有限公司	伍建强
201120139882	一种膨化机的压力环机构	江苏牧羊集团有限公司	武维贺,武若琳
201120193155	一种膨化机切割装置	江苏牧羊集团有限公司	彭君建,张贵阳,等
201120239984	新型单螺杆水产饲料膨化机	北京现代洋工机械科技发展有限公司	羊维强,李芝银
201120239985	新型单螺杆原料膨化机	北京现代洋工机械科技发展有限公司	羊维强,李芝银
201120240002	新型双螺杆水产饲料膨化机	北京现代洋工机械科技发展有限公司	羊维强,李芝银
201120288908	一种膨化机切刀快速更换装置	武汉明博机电设备有限公司	吴龙兵,李金成,等
201120312685	干法膨化机的螺杆	溧阳市振和机械制造有限公司	潘琛
201120312731	干法膨化机的阻力圈	溧阳市振和机械制造有限公司	潘琛
201120326457	一种水产饲料膨化机的模板装置	揭阳通威饲料有限公司	祝明
201120490590	一种膨化机冷却水循环利用装置	珠海海一水产饲料有限公司	黄文锋,庄之印,等

9.2.5 太阳能灌溉等大型灌溉设备

申请号	名称	申请单位	发明人
200410009502	一种大型喷灌机的喷灌作业系统及其控制方法	中国农业机械化科学研究院	张小超,任继平,等
200420009268	一种大型喷灌机桁架同步控制角传感装置	中国农业机械化科学研究院	张小超,胡小安
200710062907	一种喷灌机喷洒雨量分布信息动态测试方法及系统	中国农业机械化科学研究院	张小超,胡小安
200810226265	一种大型平移式喷灌机的虚拟试验方法及其系统	中国农业机械化科学研究院	张小超,苑严伟
200910196384	一种灌溉装置	中置新能源科技发展(上海)有限公司	童东华
200920164540	多功能饮水车	克孜勒苏柯尔克孜自治州农牧机械管理局	阿塔吾拉·伊布拉音,马俊贵,等
200920278528	太阳能自动提水装置	中国水电建设集团路桥工程有限公司	刘奂东,杨玉明,等
201020183202	太阳能全自动灌溉装置	江苏大学	夏振静
201020650659	具有喷雾装置的自动悬臂式喷灌机	宜昌市科力生实业有限公司	邓国文,曹丽
201020694425	一种新型光伏扬水装置	福建省鼎日光电科技有限公司	郭锦,李彦霖
201120050847	自动控制太阳能提水系统	内蒙古华泽新能源开发有限公司	徐俊义
201120141089	新型卷盘式喷灌机	大庆晟凯塑料制品有限公司	孙志晗,林永阁,等
201120175592	一种太阳能抽水灌溉装置	中国农业科学院农田灌溉研究所	温季,宰松梅,等
201120262754	一种自动灌溉系统	苏州中研纺织科技有限公司	黄文汉
201120370309	一种太阳能远程自动灌溉系统	杭州电子科技大学	赵伟杰,吴开华,等

9.2.6 其他农用设备

申请号	名称	申请单位	发明人
02158000	玉米秸秆覆盖地小麦对行免耕播种机	中国农业大学	李洪文,高焕文,等
02235945	大蒜栽植机	现代农装科技股份有限公司,河北省永年县南沿村棉花加工厂	刘赟东,白玉成,等
02241669	钉轮组合式排种器	内蒙古农业大学农业工程成套设备研究所	赵满全,窦卫国,等
02264080	带式播种器	昆山市农业机械化技术推广站	徐嘉梁,顾永勤,等
02275119	气吸式双苗带链条传动精密播种机	瓦房店市精量播种机制造有限公司	郭兆富,周洪基,等
02281310	气吹轮式排种器	佳木斯佳联收获机械有限公司	王东林,柏祝海,等
03234900	手扶式机动旋耕机	重庆宗申技术开发研究有限公司	江伟
03241100	甘蔗割铺机	南宁手扶拖拉机厂	张春宇,孔树平,等
03266816	施肥播种开沟器	中国农业机械化科学研究院	刘殿生,李长荣,等
03272362	沙障建植播种机	中国农业科学院草原研究所	保平
200320104976	一种气吸式精量播种机	瓦房店市精量播种机制造有限公司	逄国安,赵正才
200320104978	气吸式精量播种机	瓦房店市精量播种机制造有限公司	周洪基,郭启波
200320111303	玉米整秸覆盖小麦全免耕播种机组	中国科学院遗传与发育生物学研究所	胡春胜,陈素英,等
200320115661	全天候多功能喷播机	武汉东海机械研发制造厂	张勇捷
200410046059	插入式玉米免耕精密播种机	河北农业大学	史智兴,张晋国
200410081285	种植绳专用一体化免耕种植机	成都正光生态工程有限公司	梁玉祥,薛合伦,等
200410090690	营养钵苗嫁接机	中国农业大学	张铁中
200420008021	一种滚筒式精量穴播器	阿克苏市利农机械制造有限责任公司	崔付德,吕西广
200420018635	全面耕耘机	黑龙江省农业机械工程科学研究院,哈尔滨沃尔科技有限公司	刘国平,徐涛,等
200420018636	气吸式单双条通用排种器	黑龙江省农业机械工程科学研究院,哈尔滨沃尔科技有限公司	谢宇峰,何堤,等
200420045428	多功能施肥机	广东省国营友好农场	李朝荣
200420085814	玉米施肥沟播机	西安大洋农林科技有限公司	魏洋,杭永春,等
200510031882	偏心顶杆精量变量排种器	湖南农业大学	谢方平,孙松林,等
200510060435	气流振动式有序抛秧机	浙江大学	李建平,陈江春,等
200520009664	一种水田轮	重庆宗申技术开发研究有限公司	吴磊,万敬国
200520023056	滚筒气力式蔬菜播种机	华南农业大学	李志伟,郑丁科,等
200520024233	等离子体作物种子激活处理设备	山西省农业科学院旱地农业研究中心	马步洲,黄明镜,等
200520025067	动力圆盘式播种机	河北农哈哈机械有限公司	张焕民,李万福,等
200520043624	镶嵌组合式排种器	上海市农业机械研究所	刘建政,吴福良,等
200520069750	气吸式棉花育苗播种机	农业部南京农业机械化研究所	闵启超,涂安富,等
200520085838	一种拖拉机用提升器	山东福田重工股份有限公司	李建启,李建香,等
200520103523	大垄双行玉米免耕播种机	中国农业大学	李洪文,王庆杰,等
200520112489	改进的谷物播种机	热合曼·买买提	热合曼·买买提
200520122552	棉种脱绒磨擦机滚筒	石河子市海特机械制造有限公司	茹文军,马仁杰
200520127368	一种水平圆盘式播种器	北京银华春翔农机有限公司	刘圣伟

续表

申请号	名称	申请单位	发明人
200520127932	落种均匀器	河北农业大学	张晋国,张小丽,等
200610036397	一种复合纳米催芽剂及其制造的活水器件	华南农业大学	廖宗文,薛文啸,等
200610050748	钵苗移分机	浙江大学	王永维,王俊,等
200610053021	种植掘坑机	浙江工业大学	欧长劲
200610078126	一种双臂嫁接机中使用的固定块	中国农业大学	张铁中,杨丽,等
200610085342	油菜播种器	盐城恒昌汽车配件有限公司	季顺中,季自海
200620001279	一种种子包衣丸化机	中国农业机械化科学研究院	黄卫平,王正平,等
200620020240	高速翻转犁	哈尔滨沃尔科技有限公司	郝剑英,刘国平,等
200620021436	马铃薯种植机	黑龙江省农业机械工程科学研究院	李国民,吕金庆,等
200620022720	半自动裸苗移栽机	中国农业科学院棉花研究所	毛树春,李小新,等
200620022973	一种悬挂式马铃薯种植机	中国农业机械化科学研究院	刘汉武,郝新明,等
200620036405	马铃薯起垄播种机	乐都县光明农机制造有限公司	赵建青,许振林,等
200620068538	与拖拉机配套的条耕条播机	扬州大学	张瑞宏,沈辉,等
200620071886	卧式碾米机	江苏牧羊集团有限公司	刘英,王飞飞,等
200620074182	链板式精密播种排种器	农业部南京农业机械化研究所	张文毅,肖体琼
200620074183	水平圆盘式精密播种排种器	农业部南京农业机械化研究所	张文毅,肖体琼
200620117337	多功能机引马铃薯种植机	西吉县农业机械化技术推广服务中心	马兴华,姬兴明,等
200620117972	机械式精量穴播器	新疆天诚农机具制造有限公司	于永良,卢登明,等
200620119938	手动播种器	吾买尔江·西热甫	吾买尔江·西热甫
200620137089	栽植机	石河子天重实业有限责任公司	亢新军,梁和平,等
200620144492	护芽器	中国热带农业科学院橡胶研究所	林位夫,曹建华,等
200620147960	电子监控精量排种器	新疆科神农业装备科技开发有限公司	温浩军,王振龙,等
200620165186	油菜苗移栽机	溧阳正昌干燥设备有限公司,徐建华	徐建华,吴崇友,等
200620167458	分体式小麦少耕播种机	中国农业大学	李洪文,李海建,等
200620172781	一种正负气压组合式油菜籽精量排种器	华中农业大学	廖庆喜,吴福通,等
200710004595	超窄行点播器及其所构成的播种机	新疆科神农业装备科技开发有限公司	陈学庚,温浩军,等
200710050398	稻田水自动加色器	四川大学	梁德富
200710053108	一种正负气压组合式油菜籽精量联合直播机	华中农业大学	廖庆喜,田波平,等
200710055189	小麦起垄成形板和小麦起垄播种机	河南省农业科学院小麦研究中心	郑飞,邵运辉,等
200710061407	棉籽壳装输液瓶机	河北省农林科学院遗传生理研究所	王朝江,高春燕,等
200710067322	电磁振动式精密播种器	浙江理工大学	赵匀,俞亚新,等
200710099449	播种、施肥分开实施的开沟器	现代农装北方(北京)农业机械有限公司	唐遵峰,刘汉武,等
200710108090	气吸式全自动制钵点种机	安徽农业大学	江家伍,夏萍
200710191906	小粒种子排种器	农业部南京农业机械化研究所	吴崇友,金诚谦,等
200720006091	水稻育秧地膜打孔器	福建省农业科学院水稻研究所	张琳,吴华聪,等
200720035047	一种夹持式油菜裸苗移栽机	农业部南京农业机械化研究所	金诚谦,吴崇友,等
200720051397	气力板式穴盘对靶播种机	华南农业大学	夏红梅,李志伟,等
200720082531	单行马铃薯点播机	乐都县光明农机制造有限公司	李鸿雁,朱申强,等

续表

申请号	名称	申请单位	发明人
200720082532	封闭筛链式马铃薯收获机	乐都县光明农机制造有限公司	李鸿雁,朱申强,等
200720094466	水稻钵苗移栽机	龙井市利丰机械厂	张魁胜,刘志明,等
200720103072	一种滚切式小麦少耕施肥播种机	中国科学院遗传与发育生物学研究所	胡春胜,张西群,等
200720103298	棉花播种浇水分水器	中国农业科学院棉花研究所	王坤波,宋国立,等
200720125640	播种机排种器试验台	新疆科神农业装备科技开发有限公司	温浩军,陈学庚,等
200720141993	机械式多功能精量穴播器	奥盾巴土文明	奥盾巴土文明
200720147166	移动式节水型旱作机械增压补水器	宁夏农林科学院	王峰,左忠,等
200720148900	番茄授粉器	黄瑞清,北京市农业技术推广站	黄瑞清
200720148937	液压驱动整杆式甘蔗联合种植机	现代农装北方(北京)农业机械有限公司	唐遵峰,陈超平,等
200720149236	一种铺地膜机	现代农装北方(北京)农业机械有限公司	唐遵峰,陈超平,等
200720149607	免耕播种机驱动地轮仿形支架	中国农业大学	高焕文,姚宗路,等
200720153115	组合复式高效棉籽脱绒机	新疆天合种业有限责任公司,陆永平,新疆天谷农业科技研究所	李新亚,陆永平,等
200720173995	排种器万能安装架	中国农业大学	王继承,周淑贤,等
200720182124	冲铲式灌木平茬机	中国农业机械化科学研究院呼和浩特分院	刘志刚,刘贵林
200720183126	吸盘抛振式穴盘育苗半自动精量播种机	石河子大学	胡斌,李明志,等
200720183182	精量穴播器可更换种窝的排种轮	新疆天诚农机具制造有限公司	于永良,卢登明,等
200720183183	精量穴播器种盒可更换挡帘	新疆天诚农机具制造有限公司	于永良,卢登明,等
200720187281	同步柔性皮带护种器	中国农业大学	宋建农,王冲,等
200720188549	小麦无障碍精量播种器	西南大学,四川省农业科学院作物研究所	朱自均,刘永红,等
200720190614	主动式玉米垄作免耕播种机	中国农业大学	李洪文,王庆杰,等
200720200782	精量取种器	新疆生产建设兵团农一师七团农机修造厂	孔凡松,雷长军,等
200810011384	花生覆膜播种机	辽宁省风沙地改良利用研究所,阜新蒙古族自治县科学技术开发中心	吴占鹏,潘德成,等
200810072875	一种夹持式精量排种器	石河子大学	李树峰,曹卫彬,等
200810079673	环槽式高频振动排种器	山西农业大学	崔清亮,郭玉明,等
200810079822	小麦旋耕撒播联合播种机	河北省农业机械化研究所有限公司	刘焕新,吴海岩,等
200810080279	一种连续制钵播种的播种机	中国科学院遗传与发育生物学研究所	胡春胜,张西群,等
200810110084	气力式免耕播种机	中国农业机械化科学研究院呼和浩特分院,国家草原畜牧业装备工程技术研究中心	王振华,刘贵林,等
200810111672	穴苗移植机夹持器	北京工业大学	高国华,眘威,等
200810143991	一种排种器	湖南农业大学	罗海峰,汤楚宙,等
200810150293	一种带式排种器	西北农林科技大学	薛少平,朱瑞祥,等
200810169658	一种甘蔗收割机	华南农业大学	区颖刚,宋春华,等
200810197524	一种与手拖拉扶机配套的油菜籽精量旋播机	华中农业大学	舒彩霞,廖庆喜,等

续表

申请号	名称	申请单位	发明人
200810230239	免耕播种施肥复式作业机具	辽宁现代农机装备有限公司	赵墨林,王奎彪,等
200810236132	免耕播种机的排种排肥器	常州东风农机集团有限公司,农业部农业机械试验鉴定总站	李民,焦刚,等
200810236217	间歇推土移栽机	农业部南京农业机械化研究所	吴崇友,袁文胜,等
200810244092	秸秆粉碎旋耕、施肥播种复式作业机	徐州市农机技术推广站	石荣玲,张园,等
200810305511	免耕联合精播机	锦州市新立农机制造有限公司	陈立新,张继民,等
200820000166	Mini 单行精播机	常青树农机制品(北京)有限公司	王斐
200820000167	电动播撒机	常青树农机制品(北京)有限公司	王斐
200820000665	一种多功能液态地膜喷施机具	山东科技大学	乔英云,田原宇,等
200820013645	机械式精密排种器	辽宁省农业机械化研究所	张旭东,尤晓东,等
200820016188	宽幅精量小麦播种机	山东农业大学,郓城县工力有限公司	董庆裕,李留年,等
200820027933	气吸式精密播种机	山东宁联机械制造有限公司	李晶,张超,等
200820036334	多功能组合式油菜移栽机	南通柴油机股份有限公司	尹文庆,陈建华,等
200820072528	深松坐水气吸式精播机	镇赉县宏达农机修配厂	张景军,姜天鹏,等
200820072573	一种犁用耕位调节器	吉林农喜机械有限责任公司	姜钟久,林玉松,等
200820081797	高温消毒剪叶机	云南省烟草公司玉溪市公司	邓小刚,李春明,等
200820081798	台架拉压式播种机	云南省烟草公司玉溪市公司	邓小刚,李春明,等
200820089294	侧深施肥免耕播种机	东北农业大学	杨悦乾,龚振平,等
200820090784	悬挂式马铃薯种植机	黑龙江省农业机械工程科学研究院,哈尔滨沃尔科技有限公司	李国民,杨金砖,等
200820090786	圆盘耙片弹性单体组件	黑龙江省农业机械工程科学研究院	许剑平,谢宇峰,等
200820100210	半自动移栽机	重庆北卡农业科技有限公司	王永泉,陈亮,等
200820103497	手动播种器	艾木拉江·阿布都热西提	艾木拉江·阿布都热西提
200820103621	播种机排种器	新疆科神农业装备科技开发有限公司	陈学庚,周敦兴,等
200820103892	育苗移栽机	伊犁双新机械厂	赵世平,张家修,等
200820103916	多用电瓶玉米精量播种机	阿塔吾拉·依布拉音	阿塔吾拉·依布拉音,刘建军,等
200820104278	小型丘陵整杆式甘蔗联合收割机	广西大学	李尚平,梁式,等
200820106044	气吸式精密播种机刮种器	河北农哈哈机械集团有限公司	吴运涛
200820106543	一种播种机	武乡县小金牛微型耕作机有限责任公司	雷岗
200820109576	小麦单行单粒,等距播种器	中国农业机械化科学研究院	杨学军,刘立晶,等
200820109814	一种排肥器	中国农业机械化科学研究院	杨学军,刘立晶,等
200820111081	新型手摇播撒机	常青树农机制品(北京)有限公司	王斐
200820123865	葱苗移栽机栽植器	中国农业大学	曾爱军,蔡国华,等
200820123942	一种裸苗自动分苗器	中国农业科学院棉花研究所	毛树春,刘广瑞,等
200820128292	多功能播种机	青岛万农达花生机械有限公司	华伟,李世臣,等
200820128383	浸果器	四川国光农化有限公司	颜昌绪
200820135110	双垄沟施肥覆膜机	陇西县渭河福利机械制造有限责任公司	李世全

续表

申请号	名称	申请单位	发明人
200820139924	旋耕起垄施肥机	山东临沂烟草有限公司沂水分公司，临沂源泉烘烤机械设备有限公司	赵兵，田福海，等
200820160876	小麦均匀摆播机	江苏省农业科学院农业资源与环境研究所	杨四军，顾克军，等
200820178559	电动接穗切削机	承德医学院	宋永学，高玉军，等
200820180444	切根施肥机	河北农业大学	刘俊峰，孙建设，等
200820181753	一种系列新型水稻钵育摆栽机	黑龙江省农垦科学院农业工程研究所	马守义，王艳丰，等
200820183518	幼苗移栽器	北京师范大学	张国明，张峰，等
200820193566	一种气力式油菜籽精量联合旋播机	华中农业大学	舒彩霞，黄海东，等
200820193567	一种气力式油菜籽少耕精量联合直播机	华中农业大学	舒彩霞，廖庆喜，等
200820199839	漂浮育苗装盘播种机	云南省烟草公司楚雄州公司，云南名泽烟草机械有限公司	庄宝玉，冯柱安
200820203860	移栽机具	云南省烟草公司曲靖市公司，曲靖市农业机械技术推广站	杨荣生，夏开宝，等
200820214631	通用精量播种器	江苏云马农机制造有限公司	罗汉亚，吴崇友，等
200820216079	双圆盘开沟器	常州东风农机集团有限公司，农业部农业机械试验鉴定总站	李民，焦刚，等
200820216082	免耕播种机的机械式无级变速器	常州东风农机集团有限公司，农业部农业机械试验鉴定总站	李民，李博强，等
200820216083	免耕播种机	常州东风农机集团有限公司，农业部农业机械试验鉴定总站	李民，李博强，等
200820226883	轮吸式棉花精量播种机	山东棉花研究中心	董合忠，李维江，等
200820226884	棉种精选包衣机	山东棉花研究中心	董合忠，李维江，等
200820227810	气吸式精量播种机	河北金博士种业有限公司	顿运河
200820228879	柔性棉种磨光机	石河子开发区天佐种子机械有限责任公司	王国峰，李景彬，等
200820230353	正负气压组合式排种器气室	华中农业大学	段宏兵，廖庆喜，等
200820231106	马铃薯分层施肥播种机	甘肃洮河拖拉机制造有限公司	樊青山，马海军，等
200820231108	马铃薯挖掘机	甘肃洮河拖拉机制造有限公司	樊青山，马海军，等
200820231877	大蒜排种器	辽宁省农业机械化研究所	高占文，聂影，等
200820232894	气流式一阶集排式排种器	山东农业大学	张晓辉，常金丽，等
200820233948	三圆盘式种肥分施开沟器	中国农业机械化科学研究院	杨学军，刘立晶，等
200820240877	一种连续制钵播种的播种机	中国科学院遗传与发育生物学研究所	胡春胜，陈素英，等
200820300141	窝孔式精量穴播器	新疆生产建设兵团农一师七团农机修造厂	孔凡松，雷长军，等
200910015505	型孔深度可变式精密排种器	山东理工大学	宋井玲，杨自栋，等
200910017662	土壤团粒发生器	青岛高次团粒生态技术有限公司	李春林，许剑平，等
200910020816	用于作物育种和栽培精密试验的点播器	西北农林科技大学	王成社，陈光斗
200910022250	一种气喷式高速免耕精密播种机用排种和喷种器	河南科技大学	周志立，赵伟，等

续表

申请号	名称	申请单位	发明人
200910022411	一种播种机	西北农林科技大学	薛少平,党小选,等
200910022858	旱地玉米全膜覆盖双垄沟播精密播种机	甘肃农业大学	赵武云,吴建民,等
200910025147	全秸秆覆埋耕整施播机	姜堰市新科机械制造有限公司	钱树培,史孝华,等
200910029443	一种永磁体磁吸式精密排种器	江苏大学	胡建平,王奇瑞
200910033004	旱地穴盘苗移栽机末端执行器	南京农业大学	尹文庆,张敏,等
200910036344	挖拓机	常州汉森机械有限公司	李小春,顾国平,等
200910042886	播量可调式排种器	湖南农业大学	汤楚宙,罗海峰,等
200910061087	一种气力式试管马铃薯种薯精量播种机	华中农业大学	廖庆喜,张猛,等
200910061088	一种集中式气力精量排种器	华中农业大学	廖庆喜,张猛,等
200910063787	一种与正负气压组合式气力排种器配套的副机架	华中农业大学	廖庆喜,田波平,等
200910071460	大型横向分段仿形组合式农具机架	东北农业大学	刘宏新,廉光赫,等
200910073246	插装式排种器	东北农业大学	陈海涛,王业成,等
200910073984	一种窄行密植的播种机	中国科学院遗传与发育生物学研究所	张喜英,张西群,等
200910079450	鳞茎类种球定向栽种器和具有该栽种器的栽植机	中国农业机械化科学研究院,北京金轮坤天特种机械有限公司	刘赟东,狄明利,等
200910081394	一种钵苗栽植器和具有该栽植器的钵苗移栽机	现代农装科技股份有限公司,中国农业机械化科学研究院	杨学军,陈达
200910082175	一种牵引式地轮传动水稻钵苗摆栽机	中国农业大学	宋建农,王冲,等
200910085893	一种自动嫁接机	北京市农林科学院	姜凯,辜松,等
200910097818	气动穴苗夹持器	浙江理工大学	武传宇,项伟灿,等
200910097819	穴苗夹持器	浙江理工大学	武传宇,项伟灿,等
200910113375	棉种加工酸溶液处理设备	石河子市华农种子机械制造有限公司	马明銮,马仁杰
200910113494	育苗精量播种机	新疆科神农业装备科技开发有限公司	陈学庚,温浩军,等
200910187621	一种穴盘苗自动移栽机	沈阳农业大学	邱立春,田素博,等
200910209886	内置搅拌刷的种子丸化机	贵州省烟草科学研究所	陈尧,冯勇刚,等
200910209910	盐碱地棉种精播机	山东棉花研究中心	董合忠,辛承松,等
200910216669	微型快装式水旱两用稻麦收割机	成都天齐金属制品有限公司	黄开义,黄建明,等
200910237345	一种带式分苗器	中国农业科学院棉花研究所	毛树春,董春旺,等
200910246076	一种油菜带式精量排种器	华中农业大学	廖庆喜,刘光,等
200910253217	自走式双轨道果园运输机	华中农业大学	张衍林,樊启洲,等
200910307336	多功能移栽栽植器	湖南农业大学,中国烟草中南农业试验站	孙松林,蒋蘋,等
200920005559	一种水稻栽植机械新型总安全离合器	黑龙江省农垦科学院农业工程研究所,黑龙江垦区北方农业工程有限公司	柳春柱,任世虎,等
200920014101	轮输式精准排种器	沈阳市实丰农业机械厂	王洪财,徐江波,等
200920015758	施肥机	庄河市农业机械化技术推广站	胡显东,卢成海,等
200920018137	免耕施肥播种机	山东庆云颐元农机制造有限公司	张道林,张书辉,等
200920021268	播种机精密排种器	山东理工大学	耿端阳,王相友,等
200920021269	播种机防滑地轮	山东理工大学	耿端阳,王相友,等

续表

申请号	名称	申请单位	发明人
200920023531	播种机通用排种器	聊城大学	丁述举
200920026617	植物声频发生器	青岛高鑫物理农业科技有限公司	滕军,王军强,等
200920032305	棉花两用防水授粉器	中棉种业科技股份有限公司	黄殿成,蔡忠民,等
200920032306	棉花防落去雄器	中棉种业科技股份有限公司	黄殿成,蔡忠民,等
200920032307	棉花电动采粉器	中棉种业科技股份有限公司	黄殿成,蔡忠民,等
200920032832	一种气喷式高速免耕精密播种机用排种/喷种器	河南科技大学	赵伟,周志立,等
200920032833	一种气喷式高速免耕精密播种机用排种器	河南科技大学	赵伟,周志立,等
200920033438	一种玉米播种机	甘肃农业大学	赵武云,吴建民,等
200920036467	全秸秆覆埋耕整施播机	姜堰市新科机械制造有限公司	钱树培,史孝华,等
200920036885	旋耕秸秆还田施肥播种机	江苏沃野机械制造有限公司	张建平,胡建平,等
200920038226	农作物移苗器	淮安信息职业技术学院	张锦萍,朱明超
200920045338	水田埋茬起浆旋耕机刀轴总成	连云港市连发机械有限公司	张晓兵,贾劲松,等
200920045340	水田埋茬起浆旋耕机	连云港市连发机械有限公司	张二兵,贾劲松,等
200920045544	免少耕复式开沟播种机	农业部南京农业机械化研究所	吴崇友,张敏,等
200920064747	盘式拖拉机配套旋耕机作业的机组	湖南省农业机械鉴定站	吴文科,王志军,等
200920079604	坡耕地田间铺膜机	四川省农业机械研究设计院	赵帮泰,曾祥平,等
200920079664	双轮微耕机用玉米小麦多功能播种施肥机	四川省农业机械研究设计院	刘小谭,刘永红,等
200920084108	一种适用于试管马铃薯种薯的集中式气力精量排种器	华中农业大学	廖庆喜,张猛,等
200920084109	一种自走式试管马铃薯种薯精量播种机	华中农业大学	廖庆喜,张猛,等
200920084250	气力式精量排种器	东风汽车股份有限公司	吴杰民,王建东,等
200920084251	联合精量播种机	东风汽车股份有限公司	吴杰民,王建东,等
200920085343	大蒜播种机	湖北省当阳市养蜂研究所,刘孝芳	刘孝芳
200920087030	一种用于小型耕作机的种子点播机	武汉黄鹤拖拉机制造有限公司	陈绪赡,严华卿,等
200920087825	种子消毒机	武汉维尔福种苗有限公司	付文瑾,丁永辉,等
200920089263	秸秆粉碎玉米免耕施肥精播机	河南豪丰机械制造有限公司	田其禄,卢伟杰,等
200920092814	变量深施肥精密播种机	吉林农业大学	田耘,潘世强,等
200920093091	调温式自动干燥机	吉林长城机械制造有限公司	范建武,范建军
200920093125	组合式深松机	长春谷田农机装配有限公司	庄会田
200920093467	仿生深松变量施肥机	吉林大学	贾洪雷,孙裕晶,等
200920093565	一种整地播种机	长春谷田农机装配有限公司	庄会田
200920093581	电力气吸排种器	吉林省农业机械研究院	韩国靖,孙吉兴,等
200920093774	一种行间深松机	吉林省农业机械研究院	杜新,吴尚华,等
200920093841	圆弧铲式破茬深松机	吉林农业大学	王景立,郭颖杰,等
200920093843	旱田水田两用整地机	长春谷田农机装配有限公司	庄会田
200920093847	组合式多功能深松机	吉林农业大学	潘世强,王景立,等
200920094063	多功能播种机	松原市兴原机械铸造有限责任公司	周永义

续表

申请号	名称	申请单位	发明人
200920099209	深松碎土联合整地机	黑龙江省农业机械工程科学研究院，哈尔滨沃尔科技有限公司	许剑平，谢宇峰，等
200920099994	一种自动移栽机用链式纸钵	东北农业大学	陈海涛，任珂珂，等
200920100266	贮水式可调水位供水器	东北农业大学	杨国慧，曲娟娟
200920100267	新型多功能行间覆膜播种机	东北农业大学	刘庆华，张忠学
200920100960	牵引式马铃薯种植机	黑龙江省农业机械工程科学研究院，哈尔滨沃尔科技有限公司	杨金砖，兰海涛，等
200920101133	感应式排种器	沈阳军区空军后勤部克山农副业基地	顾海滨，王明岐，等
200920101134	带风机的排种器械	沈阳军区空军后勤部克山农副业基地	顾海滨，王明岐，等
200920101591	旱地中耕多功能作业机	长治市郊区珍发农业机械修理厂	李珍发
200920102012	一种窄行密植的播种机	中国科学院遗传与发育生物学研究所	陈素英，张喜英，等
200920102227	定点定量植物病害接种器	河北农业大学	曹克强，王晓燕，等
200920103684	播种机复合圆盘开沟器	山西省农业机械化科学研究院	韩广森
200920103685	旋耕播种机复合开沟器	山西中天石机械制造有限公司	韩广森，孟德胜，等
200920104314	一种播种机用排种器	河北农哈哈机械集团有限公司	张三茂
200920106121	鳞茎类种球定向栽种器和具有该栽种器的栽植机	中国农业机械化科学研究院，北京金轮坤天特种机械有限公司	刘赟东，狄明利，等
200920106841	木薯种茎棒联合种植机	中国农业机械化科学研究院，现代农装科技股份有限公司	杨学军，刘立晶，等
200920108660	一种物料输流器及具有该物料输流器的播种机	现代农装科技股份有限公司，中国农业机械化科学研究院	杨学军，李长荣，等
200920109782	四行牵引式马铃薯播种施肥联合作业机	中机美诺科技股份有限公司	杨德秋，郝新明，等
200920110025	一种多功能植物音频器	北京联农国际农业科学研究院	徐文川
200920110411	一种宽幅喷杆喷雾机	中国农业机械化科学研究院，现代农装科技股份有限公司	周海燕，杨学军，等
200920111514	理墒施肥机	云南省烟草公司昆明市公司	郭生云，韩智强，等
200920111557	计数式小粒种置种器	玉溪中烟种子有限责任公司	马文广，陈云松，等
200920117889	气动穴苗夹持器	浙江理工大学	武传宇，项伟灿，等
200920117890	穴苗夹持器	浙江理工大学	武传宇，项伟灿，等
200920122577	一种蔬菜菜苗移栽机	通宇控股集团股份有限公司	张辉，崔伟达
200920139501	一种新型旋耕培土机	福建省烟草公司南平市公司，福建省松溪县永顺机械有限公司	张培坤，黄宗淦，等
200920140288	膜上裸根棉苗移栽机	新疆农垦科学院	李亚雄，李斌，等
200920140293	棉种酸液脱绒酸籽脱液分离机	石河子市华农种子机械制造有限公司	马明銮，马仁杰
200920140296	棉种酸溶液脱绒酸籽反应器	石河子市华农种子机械制造有限公司	马明銮，马仁杰
200920140365	棉花便捷去雄采粉器	石河子农业科技开发研究中心	高波
200920140783	一种可用于甘蔗中耕培土的培土机	南宁五菱桂花车辆有限公司	黄相山，孔树平，等
200920140916	半切式小型丘陵甘蔗收割机	广西大学	李尚平，梁式，等
200920141048	微型培土机	广西汽牛农业机械有限公司	全开
200920144215	一种整体式侧深施肥开沟器	民乐县开源农机修造厂	孙平，张兴林

续表

申请号	名称	申请单位	发明人
200920144223	压轮式免耕播种机	甘肃奇正藏药有限公司,甘肃农业大学	陈垣,张炜,等
200920147339	多功能联合整地起垄机	王洪良,王银帅,陈英心,李立新	王洪良,王银帅,等
200920148068	一种肥料喷洒机	奇台县新伦农机机械厂	陶志伦
200920151303	联合去翅精选机	国家林业局哈尔滨林业机械研究所	吴晓峰,徐克生,等
200920155448	一种系列新型水稻钵育快速摆栽机	黑龙江省农垦科学院农业工程研究所	马守义,王艳丰,等
200920159545	农家肥撒肥机	都曼・麦扎提汗	都曼・麦扎提汗
200920162105	起垄、开沟刀具	重庆华世丹机械制造有限公司	刘大明
200920164122	气升式生物反应器	深圳市每人康生物科技有限公司,北京富天民国防科技成果技术开发中心	龚建华,原玉全
200920164671	种子包衣机	石河子市华农种子机械制造有限公司	马明銮,马仁杰,等
200920167677	洋葱精量膜上点播机	新疆生产建设兵团农业建设第十三师红星二场	梁京云,张保华,等
200920168540	2BM棉花抗旱节水精量播种机	白城市农牧机械化研究院	陈树涛,王建国,等
200920173013	一种自动分苗机	中国农业科学院棉花研究所	毛树春,董春旺,等
200920175499	小麦免耕播种机	青岛万农达花生机械有限公司	陶贤成,李世臣,等
200920177098	一种起垄施肥铺膜机	青海林丰农牧机械制造有限公司	林建智,董世彦,等
200920203610	一种穴盘苗自动移栽机	沈阳农业大学	邱立春,田素博,等
200920219287	大豆、玉米通用气力排种器	吉林大学	孙裕晶,马成林,等
200920224083	一种新型玉米播种机	河南科海廷机械有限公司	王峰,梁文静,等
200920224949	土壤团粒发生器	青岛高次团粒生态技术有限公司	李春林,许剑平,等
200920225828	振动深松施肥机	山东农业大学,高密市益丰机械有限公司	张敬国,张成福,等
200920226572	全自动棉花营养钵种植机	济南大学泉城学院	王杰,赵东,等
200920230012	一种复式旋耕机刀轴总成	公安县通用机械厂	赵元刚
200920231156	杂交棉锥型涡轮式负压采粉器	江苏省农业科学院	张香桂,林家彬,等
200920232473	挖拓机	常州汉森机械有限公司	李小春,顾国平,等
200920240477	葡萄嫁接机	烟台市农业机械科学研究所	李雪山,孙奎军,等
200920244175	插装式育种播种机	东北农业大学	陈海涛,王业成,等
200920244249	坡耕地中耕开沟筑垱联合作业机	东北农业大学	董欣,李紫辉,等
200920244721	自动化大蒜播种机	湖北当阳市安诚化工有限公司	赵昌军
200920246557	针状气吸式精量排种器柔性护盘	中国农业大学	宋建农,李永磊,等
200920255183	秸秆粉碎喷药玉米免耕播种机	中国农业大学	王志敏,吴海岩,等
200920257184	种子丸化机的外置搅拌器	贵州省烟草科学研究所	陈尧,冯勇刚,等
200920262780	管式防风仿形开沟漏秧器	河源职业技术学院	于景福,李大成,等
200920264529	一种自行式客土喷播车	广东如春园林工程有限公司	陈振雄,陈友光
200920268639	大豆双条播种开沟器	东北农业大学	杨悦乾,赵艳忠,等
200920269565	盐碱地棉种精播机	山东棉花研究中心	董合忠,辛承松,等
200920271679	一种集中型槽孔轮式油菜精量排种器	华中农业大学	廖庆喜,黄吉星,等
200920273101	一种油菜小区育种带式精量排种器	华中农业大学	廖庆喜,刘光,等
200920274927	育苗点种机	西安圣华电子工程有限责任公司	张同庆,肖吉林,等

续表

申请号	名称	申请单位	发明人
200920276372	自落式排种器	经纬纺织机械股份有限公司	马继忠,秦荣,等
200920276752	一种新型施肥机	平顶山市奇力王农机有限公司	李小勇,白俊锋,等
200920277302	精量播种器	石河子大学	马蓉,李树峰,等
200920279625	内置搅拌刷的种子丸化机	贵州省烟草科学研究所	陈尧,冯勇刚,等
200920281727	一种通过齿轮转换调整株距的气吸式播种机	山东宁联机械制造有限公司	解锡军,翟勋河,等
200920281728	一种通过链轮转换调整株距的气吸式播种机	山东宁联机械制造有限公司	翟勋河,李晶,等
200920281729	一种拉杆调节驱动轮的气吸式精密播种机	山东宁联机械制造有限公司	李晶,张超,等
200920285489	一种少耕深施肥播种机	扬州大学	张瑞宏,张洪程,等
200920288477	一种坐水精量播种施肥机	辽宁省农业科学院耕作栽培研究所	侯志研,刘洋,等
200920296234	手扶拖拉机悬挂式脱粒机	仁化县长江农业服务中心	蒙明华,郭兰招,等
200920302642	起垄铺膜播种机	艾买提尼牙孜·艾沙	艾买提尼牙孜·艾沙
200920303137	甘蔗中耕施肥培土机	柳州市鹿山机械配件厂	周义军,庞光明
200920350563	小型自动施肥机	和原生态控股股份有限公司	黄培钊,胡沈阳
200920352507	棉花小区试验划行器	杨中旭,李秋芝,尹会会,王士红,李海涛,高东玉	杨中旭,李秋芝,等
201010018382	印刷播种机	淮安信息职业技术学院,江苏徐淮地区淮阴农业科学研究所	张锦萍,朱明超,等
201010032446	高速精密排种器	东北农业大学	王业成,雷溥,等
201010044844	独轮花生播种机	厦门理工学院	刘建春,何志坚,等
201010106846	压缩基质育苗播种机	沧州临港福财农业机械有限公司	刘福才
201010111344	小麦覆膜施肥播种镇压一体机	山西省农业科学院旱地农业研究中心	王娟玲,崔欢虎,等
201010135375	自走式高秆作物喷药施肥机	吉林省农业科学院	卢景忠,薛飞,等
201010136638	苗床固体肥料定量施肥机	北京林业大学	李国雷,陈忠加,等
201010153377	一种集中气力式蔬菜精量播种机	华中农业大学,武汉黄鹤拖拉机制造有限公司	廖庆喜,田波平,等
201010155067	耕拖机	大连虎跃农业机械科研所	刘信,王治静
201010168401	精量点种机	西安圣华电子工程有限责任公司	肖吉林,张同庆,等
201010173590	一种自清式排肥器	西北农林科技大学,中国烟草总公司陕西省公司	朱瑞祥,朱新华,等
201010183999	玉米种下条状补水多功能播种机	山西省农业科学院旱地农业研究中心	王娟玲,黄学芳,等
201010191514	一种气力组合盘式单粒精量排种器	中国农业大学	张东兴,刘佳,等
201010194836	温室自动化穴苗移植机	北京工业大学	高国华,张硕,等
201010195805	栽植、覆土一体化栽植器	石河子大学	罗昕,胡斌,等
201010206318	带式精量排种器	山东理工大学	耿端阳,张庆峰,等
201010228433	一种水力自动冲根机	中国农业科学院棉花研究所	毛树春,李亚兵,等
201010247796	小区播种机	青岛农业大学	尚书旗,杨然兵,等

续表

申请号	名称	申请单位	发明人
201010247801	自走式株行条播机	青岛农业大学	尚书旗,杨然兵,等
201010247833	播种机的分种头	青岛农业大学	尚书旗,杨然兵,等
201010254214	棉种脱绒酸搅拌烘干一体机	石河子开发区天佐种子机械有限责任公司	王国峰,王天佐
201010265134	圆筒刷绒机	上海酷顿机电科技有限公司	张工,宋根江,等
201010270570	一种具有防堵功能的玉米免耕播种机	中国农业大学	张东兴,高娜娜,等
201010294672	苗木嫁接机	国家林业局哈尔滨林业机械研究所	吴晓峰,曹曦明,等
201010516011	上下往复式排种器	中国农业大学	王庆杰,李洪文,等
201010533175	旱田钵苗移栽机用育秧盘	东北农业大学	赵匀,尹大庆,等
201010537544	一种辽东楤木采种机	中国科学院东北地理与农业生态研究所	赵恒田,黄福山,等
201010556338	一种包膜缓控释肥辅用的保水保温组合物及其制备和应用	菏泽金正大生态工程有限公司	解玉洪,高义武,等
201010584802	一种苗木自动劈接嫁接机	聊城大学	孙群,赵栋杰,等
201010603644	自平衡喷杆喷雾机	江苏大学	邱白晶,杨宁,等
201020004050	手摇拌种器	甘肃省植保植检站,山东卫士植保机械有限公司	蒲崇建,殷希华,等
201020014938	棉花小区试验种子量化器	李秋芝,杨中旭,王士红,尹会会,李海涛	李秋芝,杨中旭,等
201020022582	印刷播种机	淮安信息职业技术学院	张锦萍,孙业明,等
201020044749	高速精密排种器	东北农业大学	王业成,雷溥,等
201020046026	气吸式精密播种机风机滑动座	河北农哈哈机械集团有限公司	裴彦民,肖胜远
201020059365	可调种子数花生播种机	厦门理工学院	刘建春,何志坚,等
201020060610	自动控制栽植器	新疆农业大学	张学军,韩长杰,等
201020060611	直列式移栽机	新疆农业大学	张学军,韩长杰,等
201020060671	精量穴播器的取种部件	石河子精博利科技有限公司	孙智敏,马永平
201020101104	多功能旋耕灭茬施肥播种机	淮安市农业机械试验鉴定推广站,淮安市清淮机械有限公司	孟海兵,许飞鸣,等
201020103707	深层土壤疏松犁	东营金川水土环境工程有限公司	彭成山,林国华
201020104337	大蒜播种机	中国农业大学	宋建农,杨帅,等
201020108236	智能控温水浸式种子催芽设备	黑龙江垦诚智能网络工程有限公司	徐大伟,石景峰,等
201020108707	旱地作物移栽定植器	中国烟草总公司重庆市公司奉节分公司	唐永志,樊尚权,等
201020109147	一种新型整杆式甘蔗联合种植机	中机美诺科技股份有限公司	华荣江,贾晶霞,等
201020109860	压缩基质育苗播种机	沧州临港福财农业机械有限公司	刘福才
201020110273	耕地深层土壤水库设置机	东北农业大学	孔德刚,常晓慧,等
201020110386	太阳能有机作物自动化节能生产线	洛阳福达美农业生产有限公司	杨永庆
201020115522	小麦覆膜施肥播种镇压一体机	山西省农业科学院旱地农业研究中心	王娟玲,崔欢虎,等
201020116506	一种可调式深松施肥一体机	中国科学院遗传与发育生物学研究所	胡春胜,张西群,等
201020116711	免耕指夹式精量施肥播种机	吉林省康达农业机械有限公司	关义新,洪立华,等
201020119151	水平开启悬杯式蔬菜栽植机	沈阳农业大学	张祖立,王君玲,等
201020121409	马铃薯施肥机	江门市新会区新农机械有限公司	何敦清,钟柏活,等
201020121410	马铃薯播种机	江门市新会区新农机械有限公司	叶湾大,彭毛玷,等

续表

申请号	名称	申请单位	发明人
201020124305	一种山地谷物联合收割机	重庆犇牛机械有限公司	叶丰
201020127291	便携式多用点种器	黄河水土保持西峰治理监督局	朱鹏岗，叶跃年
201020132878	注射式大芸播种机	艾力江·买色地克	艾力江·买色地克
201020132886	多功能大芸播种机	艾白都拉·阿布拉	艾白都拉·阿布拉
201020138872	种子滚动制丸设备	中国农业机械化科学研究院呼和浩特分院，内蒙古华德新技术公司	王全喜，刘志刚，等
201020143992	小区单行播种机	黑龙江省农业科学院经济作物研究所	关凤芝，吴广文，等
201020144638	自走式高秆作物喷药施肥机	吉林省农业科学院	卢景忠，薛飞，等
201020150197	适合各种农作物的快捷点种器	艾木拉江·阿布都热西提	艾木拉江·阿布都热西提
201020156952	深松起垄机	乌鲁木齐亿能达机械制造有限公司	张炜，宋国原，等
201020160631	一种滚动气力式播种机	临海市万宏机电配件厂	陈英强，陈英平
201020165716	全秸秆覆盖免耕追肥机	吉林省康达农业机械有限公司	刘玉梅，洪立华，等
201020166208	联合式秸秆压捆免耕播种机	中国农业大学	李洪文，李慧，等
201020166815	一种半自动间歇式海带苗种植机	福建农林大学	吴传宇，林玲，等
201020168982	一种油菜精量联合直播机	华中农业大学，武汉黄鹤拖拉机制造有限公司	廖庆喜，田波平，等
201020168984	一种气力式蔬菜精量播种机	华中农业大学，武汉黄鹤拖拉机制造有限公司	廖庆喜，田波平，等
201020169789	新型耕拖机	大连虎跃农业机械科研所	刘信，王治静
201020169794	耕拖机	大连虎跃农业机械科研所	刘信，王治静
201020177321	播种机	大连虎跃农业机械科研所	刘信，王治静
201020184328	精量点种机	西安圣华电子工程有限责任公司	肖吉林，张同庆，等
201020189823	开沟施肥机	酒泉市铸陇机械制造有限责任公司	王生，辛兵帮，等
201020190845	植物育种装盘播种机	湖南省烟草公司长沙市公司，河南农业大学	谢鹏飞，杨永锋，等
201020191365	秧苗移栽机	江苏久泰农业装备科技有限公司	马铁兵，周法闯，等
201020192295	一种自清式排肥器	中国烟草总公司陕西省公司，西北农林科技大学	朱瑞祥，朱新华，等
201020192858	一种整播联合作业设备	芜湖瑞创投资股份有限公司	褚云青
201020192915	一种犁耕播种联合作业设备	芜湖瑞创投资股份有限公司	褚云青
201020193051	一种播种设备	芜湖瑞创投资股份有限公司	褚云青
201020193166	一种播种机	芜湖瑞创投资股份有限公司	褚云青
201020193223	一种耕作播种作业机械	芜湖瑞创投资股份有限公司	褚云青
201020194107	复合型刀具中耕机	广西贵港动力有限公司	陈晓，黄伟群，等
201020194108	可前后置旋耕滚刀中耕机	广西贵港动力有限公司	陈晓，黄伟群，等
201020200706	一种大田棉花膜面破板结的滚筒	中国科学院新疆生态与地理研究所	靳正忠，李生宇，等
201020204653	玉米种下条状补水多功能播种机	山西省农业科学院旱地农业研究中心	王娟玲，黄学芳，等
201020204702	旱地玉米探墒施肥播种机	山西省农业科学院旱地农业研究中心，山西省农业科学院谷子研究所	黄学芳，刘永忠，等

续表

申请号	名称	申请单位	发明人
201020218149	温室自动化穴苗移植机	北京工业大学	高国华,张硕,等
201020220034	气力式排种器	江苏省农业机械技术推广站	王珏,张璐,等
201020222837	种子精选用种子包衣机	辽宁联达种业有限责任公司	许云岱
201020222859	智能化立体布置种子加工设备	辽宁联达种业有限责任公司	许云岱
201020224805	种子包衣机	石家庄三立谷物精选机械有限公司	邢建平,党大凤
201020239710	整体仿形式秧苗栽植机	石河子贵航农机装备有限责任公司	齐伟,梅卫江,等
201020241239	一种磁吸板式穴盘播种机	河南农业大学	何玉静,王万章,等
201020242881	一种甜菜移栽机	黑龙江北大荒众荣农机有限公司	赵清建
201020247821	基于微耕机驱动的小型小麦播种机	四川省农业科学院作物研究所,中江县泽丰小型农机制造有限公司,德阳市小麦专家大院	汤永禄,舒泽刚,等
201020247860	油菜精量播种器	四川省农业科学院作物研究所,广汉市农机化技术推广站,德阳市小麦专家大院	汤永禄,林世友,等
201020249518	温棚育苗专用精量穴播器	石河子大学	曹卫彬,李树峰,等
201020256863	一种自走式喷杆喷雾机	现代农装科技股份有限公司,中国农业机械化科学研究院	周海燕,杨学军,等
201020264262	一种手动马铃薯点播器	郭志乾,张小川,孟树新,张京开,张国辉,徐玉明,吴林科	郭志乾,张小川,等
201020265892	一种人畜力牵引马铃薯种植机	郭志乾,吴林科,孟树新,张京开,徐玉明,王效瑜,王收良	郭志乾,吴林科,等
201020267573	一种雾培控制器	郭志乾,董凤林,杨桂琴,张京开,丁明亚,贺超兴,孟树新,谢开云	郭志乾,董凤林,等
201020268890	钢辊预压捡拾圆捆机	中国农业机械化科学研究院呼和浩特分院	王春光,马卫民,等
201020270306	牵引式液压升降播种机	高台县农业机械制造厂	杨永林
201020270880	一种自走式喷杆喷雾机	中国农业机械化科学研究院,现代农装科技股份有限公司	周海燕,杨学军,等
201020284664	小区播种机	青岛农业大学	尚书旗,杨然兵,等
201020284673	自走式株行条播机	青岛农业大学	尚书旗,杨然兵,等
201020284675	播种机的分种头	青岛农业大学	尚书旗,杨然兵,等
201020284793	一种瓜果大棚机械手	上海电机学院	杜浩明,何佳雁,等
201020289060	行走式膜上苗带打眼器	吉林省农业科学院	高玉山,刘慧涛,等
201020289899	幼苗移栽机	新疆天振农牧机械制造厂	陈雪峰,贾立波,等
201020293003	棉种摩擦脱绒机	石河子开发区天佐种子机械有限责任公司	王国峰,王天佐
201020294644	层叠式盆栽种植器的换气结构	上海极佳生物科技有限公司	蒋伟
201020295828	履带式油茶垦复机	国家林业局哈尔滨林业机械研究所	郭克君,杜鹏东,等
201020296988	大蒜种植机	山东五征集团有限公司	李瑞川,李政平,等
201020296989	大蒜种植机用排种器	山东五征集团有限公司	李瑞川,李政平,等

续表

申请号	名称	申请单位	发明人
201020296990	大蒜种植机用种植器	山东五征集团有限公司	李瑞川,李政平,等
201020298069	一种旱田秸秆还田施肥播种机	镇江市万金农机有限公司	王森豹
201020298312	一种适合盐碱地的棉花沟播覆膜机	中国科学院遗传与发育生物学研究所	陈素英,张喜英,等
201020298324	一种棉花精量播种机	河北省农业机械化研究所有限公司	张西群,范国昌,等
201020500374	一种振动深松施肥多用机	河南豪丰机械制造有限公司	刘俊峰,曹庆春,等
201020500410	一种多功能精量排种器	河南豪丰机械制造有限公司	刘俊峰,白雪,等
201020502417	播种机行距调节器	辽宁省农业机械化研究所	张旭东,尤晓东,等
201020503619	低温贮能式棉花授粉器	江苏省农业科学院	张香桂,林家彬,等
201020505955	甜叶菊播种机	新疆生产建设兵团农一师七团农机修造厂	赵卫军,雷长军,等
201020506781	一种排种器	长沙市农旺工程机械有限公司,湖南农业大学	胡建明,罗海峰,等
201020513007	一种简耕施肥宽行播种机	河南省农业科学院	王汉芳,季书琴,等
201020514309	多点同步接种器	宁波江东轻舟机械科技有限公司	何文仙
201020515702	小茴香播种机	新疆生产建设兵团农一师七团农机修造厂	赵卫军,雷长军,等
201020521043	一种小麦点播器	西北农林科技大学	安成立,岳秀琴,等
201020521123	一种用于装载苗木的拖拉机	棕榈园林股份有限公司	刘春陵,骆文仲,等
201020522297	一种两栖式多功能工作机	江苏省水利机械制造有限公司	张立明,韦力生,等
201020525801	林果采摘机	南通市广益机电有限责任公司	崔华,周宏平,等
201020534611	一种猕猴桃授粉器	西北农林科技大学	安成立,刘旭峰,等
201020536756	移苗器	江苏省常熟职业教育中心校	卜海斌,金波
201020537511	方便犁架装拆的轻型双轮耕整机	耒阳市三牛机械制造有限公司	张心华,刘桂生,等
201020537516	可调节犁耕深浅的轻型双轮耕整机	耒阳市三牛机械制造有限公司	张心华,刘桂生,等
201020541398	免耕施肥播种机	潍坊道成机电科技有限公司	孙永
201020542279	基于微耕机驱动的小麦播种施肥一体机	四川省农业科学院作物研究所,中江县泽丰小型农机制造有限公司,德阳市小麦专家大院	舒泽刚,李朝苏,等
201020544853	一种甘蔗联合种植机	广西壮族自治区农业机械研究院	曾伯胜,鲁华,等
201020544997	微型联合收割机	上海市浦东新区张江镇创新五金机械加工场	周志刚
201020547418	一种点籽移土器	当阳市草埠湖镇农业服务中心	邰青桃,郑承桥
201020551174	一种木薯联合种植机	广西壮族自治区农业机械研究院	曾伯胜,叶才学,等
201020554828	联合式播种机	阜阳市胡庙荣华机械厂	刘贺良
201020559511	变地隙隧道宽度可调式喷雾机	扬州大学	张瑞宏,缪宏,等
201020559846	侧置隧道宽度可调式自走施药车	扬州大学	张瑞宏,王高鹏,等
201020569902	植物育种自动化播种机	河南农业大学	陈红丽,杨永锋,等
201020570227	山药种植收获机	焦作市合鑫机械有限公司	岳明理,李海群,等
201020571347	埋茬耕整机旱作导流栅板	姜堰市新科机械制造有限公司	钱树培,史孝华,等
201020573288	多功能小麦机动播种机	安岳县金龙机械制造有限公司	蔡明根

续表

申请号	名称	申请单位	发明人
201020575558	水旱两用喷杆喷雾机	临沂三禾永佳动力有限公司	陈煜林，李广瑞，等
201020578524	分蘖洋葱一体化播种机	东北农业大学	王勇，陈典，等
201020591138	手爪式播种机	大连海事大学	熊亮
201020592099	水平圆盘式多行排种器	黑龙江省畜牧机械化研究所	张多利，董德军，等
201020601440	旱田播种液态施肥组合机	黑龙江八一农垦大学	毛欣，张昆，等
201020606887	挖沟播种机	南通生达化工有限公司	仲伟春
201020606904	高效率挖沟播种机	南通生达化工有限公司	仲伟春
201020608623	育苗盘播种器	玉溪中烟种子有限责任公司	李永平，马文广，等
201020608655	一种棉花导苗管式移栽机	中国农业大学	郝晋珉，牛灵安，等
201020608726	种子包裹机	海安县华发有色金属材料厂	王树慧
201020610056	蔬菜保鲜器	青岛山海家居用品有限公司	尚劲松
201020614679	多功能自动化一体化籽种装盘播种机	云南省烟草公司曲靖市公司，云南模三机械有限责任公司	杨荣生，夏开宝，等
201020614858	微型耕耘机	重庆耀虎动力机械有限公司	陈凤，刘伟，等
201020621427	盐碱地残留地膜清理机	山东棉花研究中心	董合忠，李维江，等
201020621451	盐碱地棉花秸秆还田机	山东棉花研究中心	董合忠，辛承松，等
201020625070	棉花种子加工酸籽反应器	石河子市华农种子机械制造有限公司	马明銮，马仁杰
201020625086	一种棉花去雄器	江苏省农业科学院	林家彬，韦金河，等
201020626004	倾斜式纳种孔排种器	黑龙江省大豆技术开发研究中心	王绍东，王浩，等
201020628184	寒地冬麦套播机	黑龙江省黑土大森林山产品开发有限公司	岳喜行，高峰，等
201020628408	电气式自动扎口机	随州市经济开发区群胜食用菌机械厂	姜金群
201020630522	大棚全自动滚筒式穴盘精量播种育苗机	克拉玛依五五机械制造有限责任公司	刘云，徐正太
201020640412	凸轮压入式排种器	河北农业大学	马洪亮，魏淑艳，等
201020645840	定量播种器	四川西金地农业开发有限公司	吴珊
201020646501	一种小麦沟播机	河北省农业机械化研究所有限公司	彭发智，刘铮，等
201020647190	新型全自动制麦设备	山东中德设备有限公司	高振瑞，张芳，等
201020649899	播种机播量显示器	兖州市农机化技术推广服务站	刘新强，孙少华
201020654198	一种水生植物生物量取样器	中国科学院寒区旱区环境与工程研究所	张志山，李新荣，等
201020658270	小型播撒机	厦门豪盛塑料制品有限公司	施森生，王茂盛
201020663856	气压机动移栽机	昆明理工大学	王成，王猷，等
201020666064	气吸式播种引风机	浙江金盾风机风冷设备有限公司，徐意根，戴美军，陈建生，王洪厅	徐意根，戴美军，等
201020675876	一种脚踩式种子拌匀机	浙江师范大学	张媚佳，徐根娣，等
201020676143	气力式蔬菜播种机排种器	黑龙江德沃科技开发有限公司	杨华，杜木军，等
201020683343	硒砂瓜种植覆膜一体机	中卫市天元锋农业机械制造有限责任公司	段亚莉，王建锋，等
201020688797	气力式蔬菜播种机	黑龙江德沃科技开发有限公司	韩宏宇，杨华，等
201020692312	一种双环射流搅拌喷播机	北京林丰源生态科技有限公司	赵平
201020697449	田园管理机	山东常发工贸有限公司	王旗胜，王渊，等

续表

申请号	名称	申请单位	发明人
201110003358	一种多用途精密播种机	淮海工学院	张石平，陈书法，等
201110003418	穴盘育苗精密排种器	淮海工学院	张石平，陈书法，等
201110034784	一种机械化收获冬油菜的方法	中国农业科学院油料作物研究所	马霓，张春雷，等
201110043267	幼苗移栽机底盘	湖南农业大学，中国烟草中南农业试验站	孙松林，肖明涛，等
201110051583	播种机用开沟器	山东理工大学	耿端阳，樊光彬，等
201110086304	种子发芽器及其稻谷发芽工艺	嵊州市科灵机械有限公司	马科林
201110120538	水冷电磁生物种子处理机	湖南岳磁高新科技有限公司	吴伯武，贺开洋，等
201120005511	改进结构的农作物秸秆收获打捆机	江苏锋陵动力有限公司	丁馨明，钱厚军，等
201120006143	红枣直播机	新疆农业科学院农业机械化研究所	李忠新，邵艳英，等
201120006421	一种小麦断根机	西北农林科技大学	李卫，张军昌，等
201120006685	用于穴播器上的取种部件	石河子精博利科技有限公司	马永平，胡新利，等
201120008877	单株高棵农作物生长中后期间歇施肥机	长春理工大学	王彤宇，张帅，等
201120012233	充气浮式多功能微型耕作机	乐山职业技术学院	蒋易强，甘小兰
201120020216	嫁接机	北京农业智能装备技术研究中心	姜凯，辜松，等
201120021502	根茎药材移栽机	吉林省农业机械研究院，白城市农牧机械化研究院	闫洪余，吕明东，等
201120022285	旱地土表下注水施肥施药设备	云南省农业机械研究所，大理州烟草公司弥渡县分公司	孙有祥，李志明，等
201120023862	硒砂瓜种植覆膜一体机	宁夏大学，中卫市天元锋农业机械制造有限责任公司	田军仓，段亚莉，等
201120024250	一种气吸式播种机用风机	山东宁联机械制造有限公司	解鸿儒，翟勋河，等
201120029071	播种机及其型孔式排种轮	中国农业大学	宋建农，张军奎，等
201120029087	一种手提式播种器	山东棉花研究中心	张晓洁，李浩，等
201120031073	花种播种机	德州学院	庞海青
201120037212	机制抗旱保水栏	中国热带农业科学院橡胶研究所	曹建华，谢贵水，等
201120039456	新型通用营养钵苗嫁接机	江苏金秆农业装备有限公司	唐存干
201120042685	小麦均播机用下种管	国家半干旱农业工程技术研究中心	马洪彬，翟学军，等
201120044069	一种与手扶拖拉机式旋耕机匹配的玉米播种器	泗洪锦煜机械制造有限公司	王斌
201120045241	一种幼苗移栽机底盘	湖南农业大学，中国烟草中南农业试验站	孙松林，肖明涛，等
201120046287	一种多功能旋耕机	常州思马德动力设备制造有限公司	管政宪
201120046289	直流旋耕机	常州思马德动力设备制造有限公司	管政宪
201120047209	一种钵苗移栽机	现代农装科技股份有限公司	邵合勇，宋寅东，等
201120047526	玉米精量播种机用排种器	中国科学院地理科学与资源研究所	王春晶，蔡晓光，等
201120047927	玉米精量播种机	中国科学院地理科学与资源研究所	王春晶，蔡晓光，等
201120048114	棉花精量播种施肥器	江西省棉花研究所	柯兴盛，孙亮庆，等
201120049244	菠萝除芽器	中国热带农业科学院南亚热带作物研究所	陆新华，孙德权，等

续表

申请号	名称	申请单位	发明人
201120051597	一种微耕机用起垄机	青海林丰农牧机械制造有限公司	李全宇,魏学庆,等
201120054577	播种机用开沟器	山东理工大学	耿端阳,樊光彬,等
201120055671	一种种子小型分拣机	河南省农业科学院	杨铁钢,郝西,等
201120055674	一种全自动播种机	河南省农业科学院	杨铁钢,郭红霞,等
201120058346	一种钵苗播种机	现代农装科技股份有限公司	邵合勇,兰宁,等
201120058634	一种手持移苗器	广西亚热带作物研究所试验站	王文林,韦持章,等
201120062826	多功能薯类起垄铺膜播种机	临洮县中兴轻工机械有限责任公司	张颖
201120064957	越障式播种机划行器	东北农业大学	李紫辉,吕金庆,等
201120068605	育苗盘式播种机专用刀具	上海矢崎机械贸易有限公司,铃木锻工株式会社	岛本讲平,石川浩一
201120071665	油菜精量直播机	武汉市天牧机械设备制造有限公司	谢水波
201120075207	一种打滚整田机	湖北虹发农业机械制造有限公司	程和全,麻克庆,等
201120077082	自走式四驱动水田播种机	佳木斯三江水田机械制造有限公司	翟书良,霍占山,等
201120077180	行株距可调盘式施肥点播一体化复合作业多功能播种机	安徽农业大学	陈黎卿,伍德林,等
201120082830	悬挂式电动播撒机	嘉善雪帕尔工具有限公司	吕玉新
201120082987	手推式播撒机	嘉善雪帕尔工具有限公司	吕玉新
201120083521	外槽轴式变量有机肥撒肥车	北京市农业机械试验鉴定推广站	张艳红,禹振军,等
201120093872	高适应性自走式气压动力高密度膜上移栽机	云南烟草保山香料烟有限责任公司	杨志吉,李廷睦,等
201120095299	一种用于茄类蔬菜嫁接的砧木切削器	广州实凯机电科技有限公司	杨艳丽,刘凯,等
201120096320	由机动喷雾机改造的播种机	慈溪市农业技术推广中心	许开华,王宗飞,等
201120096336	由喷雾机改造的机动播种机	慈溪市农业技术推广中心	许开华,胡嗣渊,等
201120097122	一种旱地全覆膜覆土机	甘肃农业大学,通渭县惠农农业机械制造有限公司,甘肃省农业技术推广总站	柴守玺,李福,等
201120099171	种子发芽器	嵊州市科灵机械有限公司	马科林
201120102062	带搅拌器的喷播机	铜陵市绿岩生态科技有限公司	潘荣兵,伍红执
201120102664	马铃薯微形整薯排种器	黑龙江八一农垦大学	刘天祥,董晓威,等
201120108032	一种带振动筛的喷播机复合泵	铜陵市绿岩生态科技有限公司	潘荣兵,伍红执
201120108044	带筛网的喷播机搅拌器	铜陵市绿岩生态科技有限公司	潘荣兵,伍红执
201120108061	一种带粉碎机的喷播机	铜陵市绿岩生态科技有限公司	潘荣兵,伍红执
201120108071	一种简易喷播机	铜陵市绿岩生态科技有限公司	潘荣兵,伍红执
201120108085	多功能自动喷播机	铜陵市绿岩生态科技有限公司	潘荣兵,伍红执
201120115148	背负式气动伐条机	四川南充首创科技开发有限公司	杜文生,李学齐,等
201120115612	精量播种机	新疆科神农业装备科技开发有限公司	陈学庚,王士国,等
201120116464	直流电机驱动的农机	曲靖宏程工贸有限公司	吴自德
201120123592	复合式种苗移栽机	锠钰科技实业有限公司	郑学隆
201120127413	一种燕麦种子的育种设备	内蒙古三主粮天然燕麦产业股份有限公司	孙治
201120136730	果树病害防控机	西安德润生物技术有限责任公司	吕金殿,韩明玉,等

续表

申请号	名称	申请单位	发明人
201120140541	设施农业综合防控机	西安德润生物技术有限责任公司	吕金殿，韩明玉，等
201120144041	一种连续喷丝机	深圳市如茵生态环境建设有限公司	章梦涛，陈振峰，等
201120147546	水冷电磁生物种子处理机	湖南岳磁高新科技有限公司	吴伯武，贺开洋，等
201120154367	马铃薯同步施药种植机	黑龙江省农业机械工程科学研究院	陶继哲，汪永英，等
201120158145	保墒抗旱可加重式镇压器	长拖农业机械装备集团有限公司	李树峰，邹兆波，等
201120158673	一种定量抑芽剂喷施器	中国烟草总公司黑龙江省公司牡丹江烟草科学研究所	孙剑萍，孙宏伟，等
201120159178	膜上移栽机	新疆农垦科学院	李亚雄，刘洋，等
201120159772	一种柔性表面的外槽轮式播种器	中国水稻研究所	徐一成，朱德峰，等
201120160299	一种全自动取喂钵苗移栽机	农二师茂林工贸有限责任公司	万建林，冯康健，等
201120169766	一种带变速箱的勺轮式排种器	开原市勃农机械有限公司	庞喜泉，王德娟，等
201120174702	番茄翻秧机的分秧器	石河子大学	彭霞，徐为民，等
201120176046	一种新型精量穴播器	新疆利农机械制造有限责任公司	崔付德
201120176137	一种菜籽播种机	浙江海洋学院	郭建平
201120176179	种籽播种机	浙江海洋学院	郭建平
201120176180	一种播种机	浙江海洋学院	郭建平
201120179746	撒肥机	中国农业大学	宋建农，张军奎，等
201120180510	一种离合器	昌吉州晨新伟业农业机械制造有限责任公司	佟秋成，张国荣
201120184568	一种打瓜机离合器	新疆玛纳斯县双丰农牧机械有限公司	毛剑峰，周长友
201120190404	分层侧深施肥播种机	昌吉州晨新伟业农业机械制造有限责任公司	佟秋成，张国荣
201120191002	马铃薯播种机	仲恺农业工程学院	王毅，张文峰，等
201120193153	澳洲坚果播种器	中国热带农业科学院南亚热带作物研究所	杨为海，陆超忠，等
201120200488	简易快速播种器	山东科技大学	郭衍哲
201120207170	播种滚筒用免拆可调式精量穴播器	库尔班·麦麦提	库尔班·麦麦提，沙得尔·木沙
201120209527	微型播种机	农业部南京农业机械化研究所	陈长林，梁苏宁，等
201120214455	多功能花生播种机	阜新阜龙农机装备有限公司	徐海龙，徐浩岩，等
201120216136	一种空心轴齿轮变速铺膜精量穴播排种器	吉林省蒙龙机械制造有限责任公司	许文，张占旺
201120216137	一种铺膜穴播机点播器	吉林省蒙龙机械制造有限责任公司	许文，张占旺
201120222986	一种无线操控液压控制播种施肥机	泗洪县恒吉机械制造有限责任公司	李维举，谢培富，等
201120223906	一种无线操控液压控制播种机	泗洪县恒吉机械制造有限责任公司	李维举，谢培富，等
201120228239	真空吸附式穴盘育苗精量播种机	云南省机械研究设计院	胡睿，林琳，等
201120228555	种膜机	石家庄轴设机电设备有限公司	纪山，马占元，等
201120229360	基于微耕机驱动的微型小麦播种机	四川省农业科学院作物研究所，中江县泽丰小型农机制造有限公司	汤永禄，李朝苏，等

续表

申请号	名称	申请单位	发明人
201120230241	一种播种施肥一体化小麦播种机	四川省农业科学院作物研究所，中江县泽丰小型农机制造有限公司	汤永禄，李朝苏，等
201120231760	一种快速播种器	山东科技大学	郭衍哲
201120239257	气动夹爪式取苗机械手	新疆农业大学	韩长杰，郭辉，等
201120241772	一种挖瓶机	重庆市明宇生态林业发展有限责任公司	周小玲
201120242335	筒式花生播种机	厦门理工学院	刘建春，杨文成，等
201120255127	一种可抚土修垄的甘薯高垄起垄犁	农业部南京农业机械化研究所	胡良龙，胡志超，等
201120261754	一种阶梯式自动喂料机	句容市大毛畜禽养殖专业合作社	蒋家森
201120265347	离心式籽肥撒播机	安徽金丰机械有限公司	贾广超，韩向群
201120266707	一种气吸式排种器种子室	河北农哈哈机械集团有限公司	肖胜远
201120266734	施肥旋耕播种机	老河口市忠涛播种机厂	邵明香
201120271198	一种用于播种机的苗盘填土机	常州春秋农业机械有限公司	刘祖朋，肖银峰
201120271372	一种数控穴盘播种机	常州春秋农业机械有限公司	刘祖朋，肖银峰
201120271793	一种二氧化碳气体肥料的计量施放器	宁波中一石化科技有限公司	聂通元，祁永生，等
201120272071	一种适用于作物小区试验的划行器	新疆康地种业科技股份有限公司	董国蛟，蒋建华
201120272561	一种膜上马铃薯穴播机	西北农林科技大学	杨福增，朱瑞祥，等
201120272799	一种秸秆分行旋耕播种机	镇江市万金农机有限公司	王森豹
201120274687	一种中耕培土器	河南银丰机械制造有限公司	赵承浩，赵继周，等
201120274707	一种多功能移栽机	河南银丰机械制造有限公司	赵承浩，赵继周，等
201120274957	多动力小麦拌种机	鹤壁佳多科工贸有限责任公司	赵中华，陈万权，等
201120275018	一种宽垄双行马铃薯播种、施肥、覆膜联合作业机	中机美诺科技股份有限公司	杨德秋，高波，等
201120276065	新型耘锄	青格勒图	青格勒图
201120276897	种子加工专用成套设备	北京金色农华种业科技有限公司	顾建成，阳庆华，等
201120277695	可调旋耕幅宽的旋耕刀组件	云南力帆骏马车辆有限公司	刘刚，杨清华，等
201120279663	一种可调式排种器	现代农装株洲联合收割机有限公司	罗曜，冯振科，等
201120279911	宽幅折叠式水直播机	上海海丰现代农业有限公司	孙小明，常用旺，等
201120279916	宽幅折叠式多功能水直播机	上海海丰现代农业有限公司	孙小明，常用旺，等
201120283340	手动式种苗移栽器	山东省农业科学院农产品研究所	宋康，张锋，等
201120286822	手提式竹蔸旋切机	安徽理工大学高科技中心	王成军，沈豫浙，等
201120288508	鸭嘴式精密排种器	山西省农业机械化科学研究院	韩广森，赵旭志
201120294237	高效、且可防止栽植孔周围浮土下滑的栽苗器	贵州省烟草公司遵义市公司	张长华，陈晓明，等
201120298810	通用型育苗盘式播种机	上海矢崎机械贸易有限公司	岛本讲平，河野靖司
201120299005	一种种子包衣电加热烘干机	泸州金土地种业有限公司	梁光铭，刘龙清
201120299260	杂交油菜制种专用播种机	青海互丰农业科技集团有限公司	蔡有华，王发忠，等
201120300325	具有花洒结构的包衣机	四川种都种业有限公司	刘光基，李胜林
201120300331	具有进药管道搅拌棒的包衣机	四川种都种业有限公司	刘光基，李胜林
201120305407	扦插打孔器	浙江滕头园林股份有限公司	于海武，洪忠庆，等

续表

申请号	名称	申请单位	发明人
201120310475	定轴刚齿式茬地免耕清秸覆秸施肥精量播种机	东北农业大学	陈海涛,纪文义,等
201120313203	自走式麦稻割晒铺放机	甘肃洮河拖拉机制造有限公司	樊青山,赵新平,等
201120314142	一种用于播种机的排种器	烟台市农业机械科学研究所	李雪山,孙奎军,等
201120317458	可倾式茶园管理机	中外合资镇江古田农业环境工程有限公司	古田成广,李传德
201120320734	一种种子消毒催芽器	北京市农林科学院	周明,许勇,等
201120320796	种子纸及其生产设备	北京市农林科学院	周明,许勇,等
201120322313	施肥播种机	南通市双隆农业发展有限公司	张爱华
201120324606	气吸式点播机排种器	黑龙江北大荒众荣农机有限公司	赵清建
201120326161	一种红柳大芸接种机	新疆博远欣绿生物科技有限公司	孙庆学
201120326436	一种对称凸轮传动振动深松机	徐州龙华农业机械科技发展有限公司	唐余圩,樊家志
201120328820	多功能免耕播种施肥与起垄机	抚顺县洪良农业机械专业合作社	王洪良,黄文忠,等
201120329346	一种移苗器	山西省农业科学院经济作物研究所	刘文萍,任果香,等
201120335852	作物混合型营养基生产设备	上海弥多丽环境科技有限公司	吴忠伟,吴冬辉
201120338795	一种条播机	沅江市利佳科技有限公司	肖晓平,祁建民,等
201120347897	一种便于整机打包包装的双轮多功能耕整机	湖南春燕机械制造有限公司	彭进先,彭世勋,等
201120350628	具有调节丝杆调整行距的甘蔗种植机	广西钦州力顺机械有限公司	何峰,黄军强,等
201120357093	带有苗带清理器的播种机	山东理工大学,山东庆云颐元农机制造有限公司	杜瑞成,蔡善儒,等
201120361294	甜菜抗旱补水栽秧器	河北农业大学	张立峰,刘玉华,等
201120368184	滚筒播种机的挂籽分配器	长子县五一特种农业机械科技开发有限公司	姚慧敏,姚晨光
201120368864	小型育秧机	重庆市农业科学院	佘小明,周玉华,等
201120370493	免耕精量播种施肥机	抚顺县洪良农业机械专业合作社	王洪良,黄文忠,等
201120372553	便携式农业试验展示田划行器	山西省农业科学院高粱研究所	景小兰,白文斌,等
201120375201	马铃薯起垄施肥播种机	黑龙江八一农垦大学	焦峰,吴金花,等
201120378910	农田作业机	常州亚美柯机械设备有限公司,实产业株式会社,永福贸易株式会社	史步云,冈本善嗣,等
201120382235	一种温室秧苗移栽机	广州实凯机电科技有限公司	刘凯,辜松,等
201120382551	水旱两用多功能耕耘机座耕	广州军区工程机械修造厂	王增新
201120384568	一种手动移栽机	昆明理工大学	王成,杜奕,等
201120384574	一种电动移栽机	昆明理工大学	王成,王猷,等
201120389193	一种挖穴机	华南农业大学	朱余清,洪添胜,等
201120389764	一种便携可移动的太阳能全自动声波助长器	浙江科技学院	姜仕仁
201120391948	油菜单行精量穴播机	甘肃农业大学	胡靖明,岳子信,等
201120394709	一种播种机	四川农业大学	吴维雄,杨文钰,等
201120396053	智能监控气吸式精量排种器	内蒙古民族大学	毕晓伟,陈勇

续表

申请号	名称	申请单位	发明人
201120396724	沙盘育苗精量播种机	郑州市双丰机械制造有限公司	刘雪平，周华，等
201120397942	便调式小麦宽幅防堵免耕联合播种机	山东理工大学	李其昀，魏元振
201120402119	一种播种施肥器	金华职业技术学院	方勇，朱森林，等
201120402141	一种播种器	金华职业技术学院	邢承华，赵华，等
201120402163	一种种子催芽机	金华职业技术学院	傅春泉，王燕丽，等
201120407948	开沟施肥双旋耕宽幅播种机	上海市上海农场	张绪清，邵斌，等
201120412663	立体式种子加工成套设备	酒泉奥凯种子机械股份有限公司	刘民军，王广万，等
201120412685	批次式包衣机	酒泉奥凯种子机械股份有限公司	贾生活，何刚，等
201120420377	小麦双排全幅匀播机	郝德有，衡水金丰农用机械科技有限公司	郝德有，许万勇，等
201120420381	小麦双排全幅联合匀播机	郝德有，衡水金丰农用机械科技有限公司	郝德有，许万勇，等
201120438460	中药材多功能播种机	五寨县金达实业有限责任公司	贾宗达，贾培琳，等
201120446607	气力式集中排种器	黑龙江省农业机械工程科学研究院	郝剑英，刘国平，等
201120448428	覆膜式精量播种机	四平禾丰农机制造有限公司	邸吉龙，孙彦波，等
201120449568	一种施肥抛撒机	北京农业信息技术研究中心	王秀，张睿，等
201120455464	水生湿生植物栽植器	大千生态景观股份有限公司	陈晓萱，仲从珠，等
201120457686	卧式手摇拌种机	西安邮电学院	沈建冬，魏秋月，等
201120457687	立式手摇拌种机	长安大学	霍亚光，刘海明，等
201120462613	一种免耕播种机	青海林丰农牧机械制造有限公司	杜生钰，汪文，等
201120465584	悬挂式旋耕起垄覆膜机	青海林丰农牧机械制造有限公司	王育海，祁顺，等
201120466409	幼苗施肥移栽一体机	四川省烟草公司宜宾市公司	张吉亚，向金友，等
201120469957	开沟施肥一体式施肥器	黑龙江省农业机械工程科学研究院	迟宏伟，张庆柱，等
201120478720	一种小型气吸式精量播种机	成都市农林科学院	史志明，郑述东，等
201120487734	一种辊筒气力式播种机	临海市万宏机电配件厂	陈英强
201120489839	一种播种机用的排肥器	黑龙江垦区北方农业工程有限公司，黑龙江省农垦科学院农业工程研究所	钱海峰，牛文祥，等
201120491525	一种新型苗木起挖机	北京林大林业科技股份有限公司	乔转运，张庆，等
201120496164	种子预清机	石河子市华农种子机械制造有限公司	马明銮，马仁杰，等
201120497724	转基因棉花再生株移植器	山西省农业科学院棉花研究所	吴霞，马燕斌，等
201120500555	流体播种定量成穴器	沈阳农业大学	辛明金，宋玉秋，等
201120505119	一种丘陵旱地带式套作小麦免耕播种施肥机及其开沟器	四川农业大学	樊高琼，陈溢，等
201120506552	排种排肥通畅的丘陵旱地带式套作小麦免耕播种施肥机	四川农业大学	樊高琼，郑亭，等
201120511308	一种与微耕机配套的可调节小粒种子精量直播机	武汉黄鹤拖拉机制造有限公司	何维刚，吴宗秋
201120513523	自走式中耕追肥机	宁夏鸿景农机科技有限公司	白文胜，田建民，等
201120517995	地膜平铺穴播机	太原理工大学	姚宪华，张存先，等
201120518020	一种手持式精量播种器	西安文理学院	徐伟君，张九东，等

续表

申请号	名称	申请单位	发明人
201120524657	马铃薯收获机	黑龙江八一农垦大学	王鹏,刘春梅
201120528702	一种具有自清洁吸嘴的穴盘播种机	北京京鹏环球科技股份有限公司	卓杰强,周增产,等
201120528720	水种同穴同施坐水播种机	中国农业大学	王光辉,余永,等
201120550519	甜菜秧苗移栽机	黑龙江省农业机械工程科学研究院	石铁,徐涛,等
201120552836	一种播种覆膜机	山东澳星工矿设备有限公司	申培君,彭彪,等
201120552997	推轮式花生点播机	山东省农业科学院农产品研究所	刘丽娜,杜方岭,等
201120565960	一种用于播种机上的气吸式排种器	黑龙江省农垦科学院农业工程研究所,黑龙江垦区北方农业工程有限公司	牛文祥,柳春柱,等
201120566736	玉米种子加工成套设备	河南金苑种业有限公司	康广华,允学坤,等
201120571861	灭茬深松整地机	河北永发鸿田农机制造有限公司	杜凤永
201220001393	手推式蔬菜播种机	黑龙江德沃科技开发有限公司	王晋,杜木军,等
96111345	棉种直热干燥脱绒设备	石河子市华农种子机械制造有限公司	马明銮,葛华,等

9.3 节水旱作农业技术

9.3.1 滴灌技术

申请号	名称	申请单位	发明人
02117519	一种滴灌灌水器	中国农业大学	杨培岭,雷显龙,等
02128363	自压式节水灌溉系统	新疆天业节水灌溉股份有限公司	李双全,张励杰
200420013514	移动式过滤器	石河子天露节水设备有限责任公司	成玉彪,胡九英,等
200420050124	迷宫式微灌滴头	新疆天业(集团)有限公司	李双全,贾世疆,等
200510024937	大斜度地形下将生活污水转化为植物营养液的滴灌装置	上海交通大学	何圣兵,吴德意,等
200610048383	地埋防堵塞渗灌复合管及其成型工艺方法	太原理工大学	魏丽乔,戎文华,等
200620149869	粗陶微孔地埋式渗灌装置	新疆昌吉职业技术学院	陈绎,田怀智,等
200710018040	调压式作物根区水肥灌溉控制系统	西北农林科技大学	蔡焕杰,陈新明,等
200710063794	一种抗堵塞滴灌灌水器设计方法	中国农业大学	杨培岭,闫大壮,等
200710137417	旱地移动式增压补水器	宁夏农林科学院	王峰,左忠,等
200710139471	一种防鼠咬滴灌元件	中国科学院遗传与发育生物学研究所,中国农业大学	崔建伟,李光永
200710179350	地下滴灌水、肥、药一体化自动控制方法	中国水利水电科学研究院	于颖多,龚时宏,等
200720031287	一种重力滴灌装置	天津奥特思达灌溉科技有限公司	尹凤琴
200720147167	移动式节水型旱作人力增压补水器	宁夏农林科学院	王峰,左忠,等
200810018086	一种毛管水流扰动区及孔口处理的方法	西北农林科技大学	李援农,王宏,等
200810043188	一种高垄、营养液滴灌栽培技术	太仓戈林农业科技有限公司	卜崇兴,张艳苓
200810056841	箱型低压大流量压力调节器	中国农业大学	李光永,边新洋
200810056842	低压大流量压力调节器	中国农业大学	李光永,边新洋

续表

申请号	名称	申请单位	发明人
200810074000	滴喷双效灌水器及其灌溉系统	广西壮族自治区水力机械研究所	关意昭,郑厚贵
200810150395	一种适用于树木的地下涌泉根灌方法	西北农林科技大学	吴普特,汪有科,等
200810150397	一种适用于树木的地下环形涌泉渗灌方法	西北农林科技大学	汪有科,杨荣慧,等
200810236179	三角绕流滴灌灌水器流道	江苏大学	王新坤
200820081119	小区绿化节水自动灌溉装置	昆明理工大学	罗小林,施卫省,等
200820113694	滴喷双效灌水器及其灌溉系统	广西壮族自治区水力机械研究所	关意昭,郑厚贵
200820122075	灌溉针	宁波中直农业科技有限公司	余利平
200820163103	一种用于滴灌、渗灌的灌溉器	宁波中直农业科技有限公司	余利平
200820230055	地埋式日光温室滴灌装置	郭文忠;宁夏农林科学院	郭文忠,曲继松,等
200910019536	一种间接地下滴灌系统	鲁东大学	张振华,杨润亚,等
200910022023	干旱地区果树节水灌溉装置及使用方法	西北农林科技大学	万怡震,赵彦军,等
200910113377	一种基于小管出流的地下滴灌方法	中国科学院新疆生态与地理研究所	李生宇,雷加强,等
200910113576	多支管供水节水灌溉方法	中国科学院新疆生态与地理研究所	常青,徐新文,等
200910263925	一种滨海盐碱地滴灌绿化造林方法	中国科学院地理科学与资源研究所,北京奥特思达科技有限公司	康跃虎,万书勤,等
200920008185	一种节水灌溉系统	无锡职业技术学院	张豪,王芳琴,等
200920144204	一种滴灌灌溉系统	甘肃大禹节水股份有限公司	王栋,王冲,等
200920245179	储水式稳压节能滴灌施肥联用控制器	西北农林科技大学	王增红,朱崇辉,等
200920250270	温室旋转式吊挂植物滴灌系统	天津滨海国际花卉科技园区股份有限公司	杨铁顺
201010261064	多沙机井滴灌首部自动排沙控制装置及方法	甘肃农业大学	安进强,张仁陟,等
201020183245	太阳能自动滴灌装置	上海石根环境设计工程有限公司	张伟
201020218403	精量补水控制装置	宁夏农林科学院	王世荣,王长军,等
201020225776	一种双紊流流道的内镶式扁平滴头	甘肃大禹节水股份有限公司	王栋,田小红,等
201020230682	一种滴灌营养液自控灌溉施肥系统	宁夏大学	李建设,高艳明
201020260247	多层共挤超薄耐压塑料滴灌带	喀什宏邦节水灌溉设备工程有限公司	李富成,林一波,等
201020501659	井渠自动控制灌溉系统	水利部牧区水利科学研究所	郭克贞,刘越东,等
201020668608	一种悬挂式可控流量多头滴灌器	甘肃大禹节水集团股份有限公司	闫卫东
201020675811	滴水灌溉前置过滤器	喀什宏邦节水灌溉设备工程有限公司	李富成
201020676605	基于作物蒸散量模型的智能化滴灌控制系统	南京农业大学	汪小昆,张祎
201110074154	脉冲滴灌系统	中国农业科学院农田灌溉研究所	高胜国,黄修桥
201120010470	具有自主意识的精准滴灌系统	吉林省农机装备科技创新中心	罗罡,王瑛彤,等
201120033871	一种新型微灌带	广东达华节水科技股份有限公司	潘怀伟
201120035885	滴灌网式过滤器	中国农业机械化科学研究院呼和浩特分院	王全喜,张平,等
201120038005	移动式滴灌供水设备	中国农业机械化科学研究院呼和浩特分院	王全喜,杨世昆,等

续表

申请号	名称	申请单位	发明人
201120056576	一种滴灌用三通管件	广东联塑科技实业有限公司	但新桥
201120060659	蓄能式风力提灌装置	中国农业科学院农田灌溉研究所	高胜国,黄修桥,等
201120083704	脉冲滴灌系统	中国农业科学院农田灌溉研究所	高胜国,黄修桥
201120107187	复式滴灌过滤施肥设备	中国农业机械化科学研究院呼和浩特分院	王全喜,卞一丁,等
201120108570	一种虹吸灌溉管道	南京邮电大学	董义,吴昊,等
201120138968	一种吹膜式真空热封滴灌带的加工设备	中国科学院遗传与发育生物学研究所	崔建伟,王贺辉
201120172432	抗堵塞滴灌灌水器	中国农业科学院农田灌溉研究所	高胜国,高任翔
201120180979	一种具有收卷清洗滴灌带功能的移动灌溉设备	中国农业科学院农田灌溉研究所	温季,宰松梅,等
201120275800	滴灌系统抗生物堵塞装置	中国农业科学院农田灌溉研究所	高胜国,高任翔
201120296579	滴灌管道Y型过滤装置	喀什宏邦节水灌溉设备工程有限公司	李富成
201120323903	一种适用于分散农户使用的滴灌施肥系统	华南农业大学,广东省农业科学院作物研究所	张承林,邓兰生,等
201120340722	基于单片机的自动滴灌系统	甘肃大禹节水集团股份有限公司	王栋,谢永生,等
201120340724	静态混合加氧滴灌装置	甘肃大禹节水集团股份有限公司	王栋,门旗,等
201120340862	移动式滴灌系统	甘肃大禹节水集团股份有限公司	王栋,薛瑞清,等
201120340864	温室滴灌自动控制系统	甘肃大禹节水集团股份有限公司	王栋,王冲,等
201120340865	田间滴灌的ZigBee无线控制系统	甘肃大禹节水集团股份有限公司	王栋,门旗,等
201120340911	水胁迫声发射自动滴灌系统	甘肃大禹节水集团股份有限公司	王栋,薛瑞清,等
201120364869	一种农作物节水滴灌装置	浙江师范大学	蔡妙珍,王芳妹,等
201120364902	一种移动式滴灌供水设备	金华职业技术学院	梅忠,方勇,等
201120367263	多级分布式恒压灌溉系统	中国农业科学院农田灌溉研究所	高胜国,黄修桥
201120370071	一种连续旋流滴灌管	甘肃大禹节水集团股份有限公司	王栋,王冲,等
201120370072	一种滴灌、喷灌共用装置	甘肃大禹节水集团股份有限公司	王栋,谢永生,等
201120388793	太阳能滴灌装置	辽宁朝阳太阳能科技有限公司,辽宁朝阳光伏科技有限公司,辽宁朝阳新能源科技有限公司,中能国电(北京)国际能源投资有限公司	王成林,贾锐
201120392660	带施肥器的滴灌带管接头	山东银塑管业有限公司	杨峰,刘钢,等
201120467152	零能耗风光互补全自动精准节水灌溉系统	宁夏大学	孙兆军,何俊,等
201120481069	定向悬吊喷液管	成都传化现代农业科技有限公司	王奇文
201120493614	适合农业机械作业的地下滴灌系统管网	甘肃大禹节水集团股份有限公司	门旗,王栋,等
201120552764	人行道自灌树池	江西中联建设集团有限公司	王朝华,邓国良,等
200920289329	带有储水循环系统的种植槽连接一体绿化装置	武汉市安友科技有限公司	李晓东
200910033410	一种无泵恒定流低压滴灌装置	河海大学	刘孝洋
201020675883	滴灌节水控制器	喀什宏邦节水灌溉设备工程有限公司	李富成
201020101321	智能滴灌系统	山东华野机械科技有限公司	闫春高,扈存玉,等

续表

申请号	名称	申请单位	发明人
201020216858	一种设施农业膜面集雨重力滴灌系统	北京市农业技术推广站	王克武
201010288515	果树膜下滴灌与根域微环境调控集成方法	新疆农业大学	董新光，王茂兴，等
201120007923	农用喷、滴灌系统	新疆联塑节水设备有限公司	周嵘锴
201120018865	一种用于斜坡屋面绿化滴灌的智能全自动控制系统	深圳市博艺建筑工程设计有限公司	陈勇
201120042566	箱式滴灌成套设备	中国农业机械化科学研究院呼和浩特分院	王全喜，杨世昆，等
201120340805	针式家用盆景滴灌装置	甘肃大禹节水集团股份有限公司	王栋，王冲，等
200910074072	一种重度盐碱地滴灌树木栽植方法	中国科学院地理科学与资源研究所，北京奥特思达科技有限公司	康跃虎，万书勤，等
201020276859	一种玉米膜下滴灌播种机	黑龙江省水利科学研究院	郎景波，于兰发，等
201010159864	咸水滴灌人工种植荒漠肉苁蓉的方法	中国科学院新疆生态与地理研究所	李丙文，徐新文，等
201120049290	膜下滴灌玉米多功能精量播种机	吉林省农业资源与区划研究所	朱凤文，赵炳南，等
201120189926	膜下滴灌多功能玉米精量播种机上的开穴鸭嘴	吉林省农业广播电视学校	赵炳南，朱凤文，等
201120216110	一种膜下滴灌铺膜精量播种机	吉林省蒙龙机械制造有限责任公司	许文，张占旺
201120522330	一种膜下铺设滴灌带的覆膜施肥播种机	盐池县农业技术推广服务中心，宁夏农林科学院	胡建军，温学飞，等
201120216109	气吸式膜下滴灌铺膜精量播种机	吉林省蒙龙机械制造有限责任公司	许文，张占旺
201020225777	地下滴灌自动控制系统	甘肃大禹节水股份有限公司	王栋，薛瑞清，等

9.3.2 其他节水农业

申请号	名称	申请单位	发明人
00123766	一种冲击压实稻田土体节约稻田用水的方法	蓝派冲击压实技术开发(北京)有限公司	艾瑞科
02123968	地—气热交换水蒸气回收装置	北京师范大学	顾卫，刘杨
02157926	多功能保水营养缓释剂	北京绿色奇点科技发展有限公司	袁克文，张旭东，等
02247909	抗堵塞压力补偿式节水灌溉装置	新疆天业(集团)有限公司	李双全
02280709	水稻全植物纤维地膜纸	黑龙江省造纸工业研究所	王连科，杨金玲，等
03150690	基于植物器官微尺寸变化检测的智能节水灌溉系统	中国计量学院	李东升
03216035	一种土壤保湿袋	福建省亚热带植物研究所	林杰
03219004	双流道抗堵自清洗压力补偿灌水器	西安交通大学	魏正英，赵万华，等
200310106073	密实土壤水稻节水灌溉方法	水利部科技推广中心，江苏省水利科学研究所	张金宏，黄俊友，等
200310111268	一种插杆式灌水器	华中科技大学	史玉升，董文楚，等
200410026027	一种节水灌水器的整体化结构	西安交通大学	卢秉恒，魏正英，等

续表

申请号	名称	申请单位	发明人
200410065687	实现种水同位的中耕作物免耕施肥坐水播种机	农业部南京农业机械化研究所	吴崇友,金诚谦,等
200410066136	自吸式射流喷头反向装置	江苏大学	李红,袁寿其,等
200410101790	智能节水阀门	北京林业大学	俞国胜,刘静,等
200420006721	一种微孔渗漏管	谢志伟,陈广平,朱伟华,曾志生	谢志伟,陈广平,等
200420028899	流量调节器	天津英特泰克灌溉技术有限公司	葛津一,王巍
200420093293	自动调水器	深圳市大竹叠翠屋顶花园技术开发有限公司	胡训隆
200510012400	垄作小麦的灌溉方法及装置	中国科学院遗传与发育生物学研究所	胡春胜,陈素英,等
200510041045	基于计算机视觉的作物需水信息检测新方法	南京航空航天大学	徐贵力,谷銮
200510050189	一种作物灌溉自动控制器	浙江省农业科学院	陈喜靖,奚辉
200520023622	垄作小麦灌溉管	中国科学院遗传与发育生物学研究所	陈素英,胡春胜,等
200520111758	一种压力补偿式滴头及其构成的灌水器	新疆天业节水灌溉股份有限公司	李双全,杨铭,等
200620005288	双旋转臂平移自走式微喷灌机	包头市兴龙水利科学技术研究所,张亮	张亮
200620023644	一种自走式小麦旱作灌溉车	中国科学院遗传与发育生物学研究所	胡春胜,张西群,等
200620027331	稳流环状灌水器	天津英特泰克灌溉技术有限公司	邹苏云,哈培勇
200620046918	自动灌溉装置	上海艾美克电子有限公司	柯智勇
200620054205	固坡节水型种植容器	仲恺农业技术学院	高丽霞
200710123014	农作物节水栽培方法	依马尔·白克力	依马尔·白克力
200710176297	多功能抗蒸腾剂及其制备方法	北京绿色奇点科技发展有限公司	张旭东,袁克文
200710178192	一种在线式作物冠气温差灌溉决策监测系统	中国水利水电科学研究院	刘钰,蔡甲冰,等
200720036813	基于无线传感器网络的节水灌溉控制器	河海大学常州校区	张学武,胡钢,等
200720147164	旋转式穴状旱作节水增压注水器	宁夏农林科学院	左忠,王峰,等
200720148970	适合宽垄沟灌的浅松除草割刀	中国农业大学	李洪文,何进,等
200720173521	移动式变量精准施肥机	北京农业信息技术研究中心	王秀,马伟,等
200810007286	一种智能灌溉施肥决策控制系统	中国农业大学	杨培岭,李仙岳,等
200810010134	微润灌吸力式灌水器	辽宁省水利水电科学研究院	王保泽,李春龙,等
200810017247	一种网格式流道节水灌水器	西安交通大学	魏正英,倪径达,等
200810019601	变量喷洒全射流喷头	江苏大学	袁寿其,朱兴业,等
200810033992	多层潮汐灌溉育苗装置	上海交通大学	黄丹枫,蔡向忠,等
200810034526	节水防堵精准渗灌装置及其连接件	上海交通大学	刘成良,曾庆兵,等
200810055462	大田小定额灌溉系统	中国科学院遗传与发育生物学研究所	张喜英,崔建伟,等
200810071668	铁观音茶树灌溉控制装置	福建农林大学	何华勤
200810094410	农田排涝防旱的自动排灌方法及系统	东莞市农业种子研究所	叶榛华,王燕君,等
200810103922	一种亏缺灌溉番茄的方法	中国科学院植物研究所	李银心,贺希格都愣
200810103923	一种盐水灌溉番茄的方法	中国科学院植物研究所	李银心,贺希格都愣

续表

申请号	名称	申请单位	发明人
200810105517	一种果树和蔬菜的全面节水调控方法	中国农业大学	杨培岭,任树梅,等
200810112192	一种灌溉装置及其灌溉方法	中国农业大学	杜太生,康绍忠,等
200810228961	一种沙地水稻节水栽培方法	中国科学院沈阳应用生态研究所	于占源,曾德慧,等
200810301739	一种灌溉方法及系统	贵州大学	程剑平,严俊,等
200820014533	水田灌溉水位自动控制装置	盘锦市工业研究所	钱华,马健羽,等
200820014534	水田灌溉水位自动控制装置	盘锦市工业研究所	钱华,马健羽,等
200820039799	一种加湿装置	江苏科技大学	周根明,郭霆
200820066216	双灌溉管微量渗灌装置	武汉钢铁(集团)公司	魏宁,李小春,等
200820073917	稳流集束式滴箭组	天津英特泰克灌溉技术有限公司,北京天卉苑花卉研究所	邹苏云,王巍,等
200820078008	一种大田小定额喷灌装置	中国科学院遗传与发育生物学研究所	张喜英,崔建伟,等
200820110990	低压节水灌溉系统	东莞市农业种子研究所	王燕君,叶榛华,等
200820137902	灌区闸站自动化测控装置	南昌工程学院	樊棠怀,刘有珠,等
200820148718	一种单穴注灌设备	河南万科科技有限公司	王宗山
200820300856	润灌装置	贵州大学	程剑平,严俊,等
200910074650	负压管道式渗灌装置	河北省农林科学院遗传生理研究所	崔四平,贾银锁,等
200910085350	一种智能式作物局部根区交替灌溉控制方法及系统	中国农业大学	杜太生,康绍忠,等
200910113378	一种咸水灌溉土壤表层积盐和降雨盐害的覆膜防治方法	中国科学院新疆生态与地理研究所	李生宇,雷加强,等
200910180766	一种自吸式局部灌溉系统	中国水利水电科学研究院	赵伟霞,李久生,等
200910305071	润湿灌溉埋藏式持水种植装置	贵州大学	程剑平,严俊,等
200910306311	一种自动调流式滴水器	西安理工大学	费良军,冯俊杰,等
200920009809	节水灌溉软带装置	新疆新发展塑业有限公司	许孝龙
200920018937	一种手推式微灌机	山东华泰保尔灌溉设备工程有限公司	解小彬,张伟红
200920033305	手持式节水灌溉装置	西安圣华电子工程有限责任公司	肖吉林,卢俊,等
200920074236	一种植物循环灌溉节水装置	上海赋民农业科技有限公司	李付忠
200920083669	一种保肥节水育苗盘	湖北省烟草科研所	杨春雷,杨锦鹏,等
200920122330	智能自动灌溉系统	徐州工程学院	胡志强,程琴,等
200920144144	压砂地软体水囊水肥一体化补给装置	宁夏大学	田军仓,闫新房,等
200920144244	连栋温室屋面雨水汇集装置	武威市林业综合服务中心	富远年,冯祥元,等
200920204929	使用接力调节杆调节水位的蛋白质分离器	深圳市兴日生实业有限公司	谈关裕
200920240001	一种工厂化穴盘育苗底面灌溉装置	山东农业大学	魏珉,杨凤娟,等
200920306801	喷灌机故障监测装置	宁波维蒙圣菲农业机械有限公司	王志潮,汪明华
200920308255	一种节水灌溉远程自动控制系统	遵义群建塑胶制品有限公司	宋大海,陈良富
200920315854	一种模糊灌溉控制系统	常州工学院	张兵
201010225053	水肥自吸式栽培容器及其制作方法	北京桑德环保集团有限公司	蔡红,文一波,等
201010278865	一种新疆库尔勒香梨植株的灌溉方法	中国农业大学	王伟,武阳,等

续表

申请号	名称	申请单位	发明人
201010296242	滩涂盐碱地种植作物的营养型土壤控盐节水方法	中国科学院南京土壤研究所	杨劲松，姚荣江，等
201010543999	一种利用膜下滴灌技术防治棉铃虫蛹的方法	中国科学院新疆生态与地理研究所	王林霞，田长彦，等
201010586460	自动灌溉施肥机工作状态监测装置及监测方法	江苏大学	魏新华，毛罕平，等
201010617375	一种盐碱地灌排生态改良方法	天津泰达园林建设有限公司	张金龙，张清，等
201020001470	垄作沟灌起垄施肥播种机可调式排种器	甘肃省农业机械化技术推广总站	王赟，张勇，等
201020014935	节水灌溉管道出水口保护构件	平原县水务局	柯强，石俊汇，等
201020015253	果园浸灌器	山东省果树研究所	路超，薛晓敏，等
201020100349	饲养场用节水饮水装置	重庆市畜牧科学院，重庆市养猪工程研究技术中心	刘良，欧秀琼，等
201020103695	一种新型便于种植的养护盆	北京东霖广环保材料有限公司	赵品畯
201020137064	一种农林节水保水片材	长沙圣华科技发展有限公司	刘晓剑，唐冬汉，等
201020142297	农田自动定量节水灌溉装置	福建农林大学	陈家豪
201020152785	分层育苗装置	中国农业科学院棉花研究所	毛树春，董春旺，等
201020172766	一种农田灌溉出水口	唐山明禹节水科技有限公司	孟德玉
201020173923	一种植物增水装置	鲁东大学	朱建军
201020193639	一种新型家用种植盆	惠州强雳日常用品制造有限公司	林铭贤
201020195807	一种新型日光温室墙体结构	中国农业科学院农业环境与可持续发展研究所	杨其长，方慧，等
201020236947	一种六边形拼装式树盆	西北农林科技大学	王剑，车银伟，等
201020248503	一种用于露天矿区排土场的毛细渗灌装置	中国神华能源股份有限公司，神华准格尔能源有限责任公司	郭昭华，王平亮，等
201020254058	一种温室甜瓜灌溉决策系统	西北农林科技大学	李建明，张智，等
201020256784	水肥自吸式栽培容器	北京桑德环保集团有限公司	蔡红，文一波，等
201020282182	多功能智能浇灌控制器	建德市农科开发服务有限公司	陈新年
201020294650	自走式风送果园喷雾机	河北农业大学	刘俊峰，李建平，等
201020297057	压片式微喷带	辽宁省水利水电科学研究院	王保泽，李春龙，等
201020507716	一种节水分压圆面喷灌器	河海大学	张欢明，蔡冯，等
201020512099	组合式田埂	庆安县东泉水稻种植专业合作社	刘兴彦
201020523472	气压蓄水渗透式节水花台	宁波江东轻舟机械科技有限公司	许廷彬
201020547601	一种农田低压管道浮球定额给水栓	扬州大学	周明耀，张振，等
201020547741	一种农田低压管道浮球定额给水装置	扬州大学	周明耀，王苏胜，等
201020559884	多功能自走式移动喷灌机	广东省农业机械研究所	许楚荣，陈育辉，等
201020573102	自动施肥灌溉系统	北京金福腾科技有限公司	李谟军
201020574754	自适应节能节水灌溉设备	贵州大学	李家春，涂文特，等
201020574771	喀斯特坡地节水灌溉装置	贵州大学	李家春，涂文特，等
201020574908	平铺式节水喷灌装置	杭州中艺园林工程有限公司	吕勤，赵小牛，等
201020576502	刚性支架网箱	浙江海洋学院	吴常文，李继姬，等

续表

申请号	名称	申请单位	发明人
201020582747	一种抗风喷灌节水喷头机器人	广州大学	刘晓初,向建化,等
201020589189	新型园林节水微灌装置	天津市北方园林生态科学技术研究所	苏亚勋,魏剑,等
201020628227	肥药混合注入节水灌溉设备	黑龙江省黑土大森林山产品开发有限公司	岳喜行,高峰,等
201020632831	高抗堵压力补偿式滴头	新疆天业(集团)有限公司	李双全,冯永军,等
201020632834	压力补偿式按扣滴头	新疆天业(集团)有限公司	李双全,冯永军,等
201020655725	根部灌溉毯	北京市蓝德环能科技开发有限责任公司	魏洪生
201020662967	一种坡地节水喷灌装置	福州市晋安区宦溪黄田钱村生态农场	刘必超
201020667834	流量调节器	河北农业大学,国家北方山区农业工程技术研究中心	李保国,杨素苗,等
201020694706	一种预付费智能排灌装置	石家庄百盛源电力科技咨询有限公司	潘旭,黄顺忠,等
201110103974	灌排两用地下节水灌溉系统灌、排水控制阀	中国农业科学院农田灌溉研究所	高胜国,段爱旺,等
201110142112	阵列式土壤湿度自动反馈滴灌控制装置及其控制方法	华南农业大学	徐兴,洪添胜,等
201120001197	增氧式无土栽培灌溉装置	中国农业科学院农田灌溉研究所	肖俊夫,宋毅夫,等
201120001645	无土栽培喷滴加气式灌溉装置	中国农业科学院农田灌溉研究所	肖俊夫,宋毅夫,等
201120032516	水产养殖专用生物膜净水棚	集美大学	江兴龙
201120043052	基于PLC的温室育苗节水喷灌装置	昆明理工大学	罗小林,袁明利
201120056484	一种单出口雾化喷头	广东联塑科技实业有限公司	张文
201120058311	水稻田地面节水灌溉装置	江苏省水利科学研究院	吴玉柏,纪建中,等
201120074887	一种农户级实用标准微灌系统	武汉大学	罗金耀,李小平
201120108057	一种农业大棚自动灌溉系统	南京邮电大学	吴昊,董义,等
201120124330	灌排两用地下节水灌溉系统灌、排水控制阀	中国农业科学院农田灌溉研究所	高胜国,段爱旺,等
201120134778	一种田间集水与贮水的灌溉装置	山东省果树研究所	苑克俊,王长君,等
201120145680	果树吸灌系统	天津农学院	王仰仁,金建华,等
201120168964	一种负压自动灌溉装置	太原理工大学	肖娟,雷廷武,等
201120184026	一种加压式施肥罐	广东联塑科技实业有限公司	罗超
201120184030	一种树根灌溉器	广东联塑科技实业有限公司	罗超
201120191120	串联式多株苗木栽植节水灌溉装置	天津市绿源环境景观工程有限公司	刘海崇,刘贞姬
201120191134	苗木栽植节水灌溉装置	天津市绿源环境景观工程有限公司	刘海崇,刘贞姬
201120202821	降温节水型温室大棚	天津豪美生态农业发展有限公司	张旭,于凤山,等
201120214944	城市绿地绿化节水自动浇灌系统	厦门市思明区青少年宫	邱思豪
201120231060	一种沙漠助植器	浙江工商职业技术学院	侯冠华,金娅婕
201120246836	节水喷灌车	济南华阳炭素有限公司	王军,祝存
201120251825	一种育苗箱	嘉应学院	刁俊明
201120252336	节水灌溉阀	江苏常盛管业有限公司	吴卫明,林志忠

续表

申请号	名称	申请单位	发明人
201120262858	一种生态节水型多功能树盘	北京林丰源生态园林绿化工程有限公司,北京林丰源生态科技有限公司,北京丰林源生态园林设计研究院	赵方莹,赵平,等
201120297632	根部毛细管渗透灌水的芽苗培育装置	杭州远山食品科技有限公司	宣伯民
201120302497	一种单站节水自动喷灌控制装置	联塑科技发展(武汉)有限公司	赵波,谭伟澎,等
201120302498	一种多站式节水自动喷灌控制装置	联塑科技发展(武汉)有限公司	赵波,谭伟澎,等
201120319833	灌水覆膜机	四川农业大学	杨文钰,张黎骅,等
201120340803	插杆式新型螺纹灌水器	甘肃大禹节水集团股份有限公司	王栋,薛瑞清,等
201120364880	一种混合注入节水灌溉设备	浙江师范大学	王宁,蔡妙珍,等
201120368661	一种节水型的农田灌溉系统	中国科学院新疆生态与地理研究所	李海峰,曾凡江,等
201120369734	悬挂灌水装置	甘肃大禹节水集团股份有限公司	王栋,薛瑞清,等
201120369825	一种地下节水灌水装置	甘肃大禹节水集团股份有限公司	王栋,门旗,等
201120400235	蔬菜、水果种植定向节水灌溉器	龙里县农村工作局	龙沿成,杨朝慧,等
201120451256	垄作沟灌全铺膜覆土点播施肥联合作业机	甘肃武威兴旺农机制造有限公司	高延炯,张中锋,等
201120456391	一种埋设洇灌管的装置	河南省四达仙龙实业有限公司	李献本,宋建恩
201120456669	新型行走式注水补灌机	宁夏农林科学院,北京市园林学校	左忠,桂林国,等
201120459802	一种用于自动灌溉系统的分布式控制装置	浙江环球光伏科技有限公司	吴星亮,张明,等
201120481004	一种具有储水功能的自动浇灌栽培装置	湖南省核农学与航天育种研究所	李宏告,邹朝晖,等
201120481041	微滴节水灌溉装置	成都传化现代农业科技有限公司	王奇文
201120505030	一种农作物节水灌溉系统	泉州市益力金钢石工具厂	陈国平
201120526557	植物幕墙自动水肥供应控制装置	浙江农林大学	赖齐贤,唐斌
201120537119	农田灌溉自动控水系统	鸡西市天合科技有限公司	宋士合,刘传贵,等
201120548806	园林节水灌溉器	山东胜伟园林科技有限公司	王胜
201120552137	绿色能源式节水灌溉系统	吉林大学	王成,李冰怡
201120555969	寒地水稻远程灌溉控制装置	黑龙江八一农垦大学	高军,马铁民,等
201120563262	节水灌溉装置	山东胜伟园林科技有限公司	王胜
201220002770	一种玉米小定额灌溉专用设施	中国科学院遗传与发育生物学研究所	陈素英,张喜英,等
201220035166	非接触 IC 卡式节水灌溉控制设备和系统	深圳市华盈泰科技有限公司	郑才二,冯祖洪
201220087005	自控浇灌装置	桂林电子科技大学信息科技学院	韩剑,韩笑,等
99257311	波涌灌溉设备	中国水利水电科学研究院水利研究所	谢崇宝,黄斌,等

9.4 环保施肥及精准施肥技术

申请号	名称	申请单位	发明人
03128532	一种高效抗旱、耐高磷营养丛枝菌根真菌及其生产方法	北京市农林科学院植物营养与资源研究所,中国农业大学资源与环境学院	王幼珊,陈宁,等

续表

申请号	名称	申请单位	发明人
03152884	一种用于农业施肥的数据处理方法	中国科学院合肥智能机械研究所	熊范伦,杨柄儒,等
03153814	一种对作物施肥量进行推荐的方法	中国农业科学院土壤肥料研究所	张维理,李志宏,等
200410009368	计算作物各施肥期施肥量的方法和装置	中国农业科学院土壤肥料研究所	张维理,岳现录,等
200420000878	精密施肥机	北京市农业机械研究所	王纲,田真,等
200610130881	农用有机—无机复合营养型保水剂的制备方法	中国科学院长春应用化学研究所	白福臣,张志成,等
200820081417	一种步进电机控制的自动变量施肥器	昆明理工大学	杨晓京,田小龙,等
200910075195	一种灌溉系统自动补肥装置	中国科学院地理科学与资源研究所,北京奥特思达科技有限公司	康跃虎,蒋树芳,等
200910079875	用于马铃薯的复合保水剂及其制备方法	中国矿业大学(北京)	黄占斌,锅圆,等
200920006918	一种精准水肥一体机	宁夏大学	孙兆军,田军仓,等
200920101132	具有传感监视器的风力排肥器	沈阳军区空军后勤部克山农副业基地	顾海滨,王明岐,等
200920102369	一种压差式滴灌施肥装置	中国科学院地理科学与资源研究所,北京奥特思达科技有限公司	康跃虎,张超,等
201010017129	一种水稻智能变量施肥机及其变量施肥方法	淮海工学院	陈书法,李宗岭,等
201020225414	灌溉施肥自动控制系统	甘肃大禹节水股份有限公司	王栋,李文多,等
201020237366	一种可控制三个变量施肥器工作的控制装置	昆明理工大学	杨晓京,张金娣
201020257412	一种农用多功能变量控制器	南京工业职业技术学院	张书慧,王丽霞,等
201020566101	液体肥施肥试验台	黑龙江八一农垦大学	衣淑娟,马永财,等
201020628746	一种水肥一体化智能精准控制装置	华中农业大学	贺立源,尤兰婷,等
201020683745	自动施肥灌溉系统	河南大学	李小丽,陈花竹,等
201110025871	基于远程控制的智能注肥系统	西安瑞特快速制造工程研究有限公司,西安交通大学	魏正英,卢秉恒,等
201120227494	液态肥变量施用控制器	黑龙江八一农垦大学	梁春英,怀宝付,等
201120263090	环闭群流滴灌配制施肥系统	天津市水利科学研究院	刘春来,杨万龙,等
201120481549	肥量配比全变量施肥装置	山东农业大学	苑进,刘雪美

9.5 农产品储存加工技术

9.5.1 薯类加工技术

申请号	名称	申请单位	发明人
00129613	一种马铃薯全粉的制作方法及设备	中国农业机械化科学研究院	吴刚,王彦忠,等
200320109068	马铃薯片吹吸风沥干装置	上海奉贤食品饮料成套设备总厂	钟云才
200320109416	马铃薯片漂洗滤屑筒	上海奉贤食品饮料成套设备总厂	钟云才
200320109417	砂辊式马铃薯去皮机	上海奉贤食品饮料成套设备总厂	钟云才
200410068964	甘薯蛋白及其生产技术	中国农业科学院农产品加工研究所	木泰华,孙艳丽,等

续表

申请号	名称	申请单位	发明人
200420011056	锉磨机	郑州精华淀粉工程技术开发有限公司	王彦波，耿卫国，等
200510031837	一种马铃薯淀粉虾片及其加工方法	湖南农业大学	张喻，熊兴耀，等
200510031838	一种利用微波加工的马铃薯脆片及其加工方法	湖南农业大学	谭兴和，熊兴耀，等
200510031839	一种挤压膨化马铃薯全粉食品及其加工方法	湖南农业大学	吴卫国，熊兴耀，等
200510031840	一种非油炸型速冻马铃薯的加工方法	湖南农业大学	熊兴耀，谭兴和，等
200510038920	一种抑制冷冻调理红薯片酶促褐变的方法	海通食品集团股份有限公司	孙金才，张憨，等
200510059622	一种利用马铃薯资源进行深加工的方法	华中科技大学，孙敏	张晓昱，孙敏
200510066005	方便粉条的加工方法	中国农业大学，泗水利丰食品有限公司	廖小军，张辉，等
200510107559	营养小甘薯及其生产方法	北京御食园食品有限公司	曹振兴
200610021316	一种工业用红薯原料的保藏方法	中国科学院成都生物研究所	赵海，戚天胜
200610035466	一种可完全生物降解塑料树脂及其薄膜类制品的生产方法	广东上九生物降解塑料有限公司	祝光富，毛光辉，等
200610059321	一种凝胶红薯淀粉制备方法	南昌大学	王水兴，李燕平，等
200610065633	甘薯果胶及其制备方法	中国农业科学院农产品加工研究所	木泰华，魏海香，等
200610105265	一种甘薯茎叶制备的功能饮料	西北农林科技大学	付增光，张莉，等
200610156091	小杂粮营养均衡食品及其加工方法	甘肃省商业科技研究所	翟丹云，郭天力，等
200620060841	复合薯片生产线的原料供给装置	汕头市华兴机械厂有限公司	黄汉坤
200710011735	甘薯果酱及其制作技术	辽宁省微生物科学研究院	孙翠焕，王艳华，等
200710038695	含甘薯抗性淀粉的甘薯膳食纤维的制备方法	上海大学	顾建明，赵明
200710053815	红薯叶酱油及其制备方法	南阳理工学院	岳春
200710118232	车载式马铃薯淀粉加工系统及方法	北京瑞德华机电设备有限公司	胡东，刘山红，等
200710131771	一种高温稳定型慢消化淀粉的生产方法及其应用	江南大学	江波，张涛，等
200710160355	鲜马铃薯烘烤加工方法	浙江省农业科学院	龚启明，张春荣，等
200710160356	甘薯倒蒸薯加工方法	浙江省农业科学院	龚启明，张春荣，等
200810031186	红薯淀粉生产及其薯渣处理工艺	湖南天圣有机农业有限公司	李拥军，陈爱林
200810044902	薯渣脱水方法及设备	四川省农业机械研究设计院	曾祥平，郭曦，等
200810056175	一种紫甘薯酒及其生产工艺	南京农业大学	范龚健，顾振新，等
200810079783	一种高膳食纤维保健板栗超微粉及其加工工艺	河北科技师范学院	常学东，高海生，等
200810116671	一种从甘薯渣中提取果胶的新方法	中国农业科学院农产品加工研究所	木泰华，韩俊娟，等
200810116766	防止甘薯颗粒全粉细胞破壁的加工方法	中国农业大学	薛文通，米谷
200810116897	一种无营养流失非油炸红薯薯条的加工方法	中国农业大学	高振江，肖红伟，等
200810120626	一种甘薯糖化薯泥及其系列即食产品的加工方法	浙江省农业科学院	吴列洪，沈升法，等

续表

申请号	名称	申请单位	发明人
200810143215	一种红薯保健粉丝	湖南天圣有机农业有限公司	李拥军,陈爱林
200810143216	一种不含食品添加剂的红薯营养幼儿粉	湖南天圣有机农业有限公司	李拥军,陈爱林
200810183365	苦荞挂面配方及其制作方法	会宁县三利土特产有限公司	张玉珊
200810233943	一种无矾葛粉和薯粉制作的粉条或粉丝	合肥工业大学	陈从贵,方红美,等
200810234538	一种从甘薯中连续提取甘薯淀粉、甘薯蛋白、膳食纤维的工艺	江苏省农业科学院	周剑忠,单成俊,等
200910019773	一种抑制鲜切马铃薯褐变的方法	山东农业大学	王庆国,张兵兵,等
200910026115	一种紫心甘薯原汁的生产方法及其产品	江苏省农业科学院	闫征,李春阳,等
200910040040	一种荸荠粉皮的生产方法	华南农业大学	赵力超,刘欣,等
200910043530	风味红薯薯泥的加工方法	湖南农业大学	李宗军,罗教孟,等
200910064034	从薯类细胞组织中提取β-淀粉酶的方法	郑州金土地能源科技有限公司	吴得治
200910075723	一种真空冷冻干燥西瓜片制作方法	山西师范大学	张少颖
200910099539	一种发酵-酶解耦联脱除柑橘橘片囊衣的方法	浙江省农业科学院	张俊,夏其乐,等
200910157247	一种纯天然甘薯甜红酒的制备方法	安徽博维紫薯生物科技有限公司	申琳,生吉萍
200910193606	再造型膨化雪莲果甘薯混合果蔬脆片的制备方法	华南理工大学	王娟,黄惠华
200910232357	一种甘薯叶抗氧化活性提取物的制备方法	江苏省农业科学院	宋江峰,章英,等
200910236962	一种生产变性淀粉的方法	广西武鸣县安宁淀粉有限责任公司	刘族安,古碧,等
200920232510	马铃薯制泥机	东台市食品机械厂有限公司	何贤用,杨松
200920254716	马铃薯全粉干燥设备	山西三来食品有限公司	王世才,薛保国,等
201010109434	一种薯类淀粉加工废水降污处理并回收有机质的方法	贵州大学	秦礼康
201010141007	紫红薯饮料的制备方法	吉林省奈奇生态食品有限公司	郭庆江,王雅珍,等
201010148994	马铃薯淀粉废水中蛋白质的提取方法	兰州大学	武小莉,石辉文,等
201010173591	一种紫甘薯澄清汁的生产方法	中国农业大学	高彦祥,彭强,等
201010178185	一种阳离子变性淀粉及其制备方法	广西大学,中国热带农业科学院热带作物品种资源研究所	古碧,李开绵,等
201010227775	一种酸解变性淀粉及其制备方法	广西大学,中国热带农业科学院热带作物品种资源研究所	古碧,李开绵
201010243638	利用生产紫薯淀粉的副产物生产具有降压作用冲剂的方法	天津商业大学	胡志和,庞广昌,等
201010252909	一种再成形小紫薯的加工方法	北京红螺食品有限公司	李效华,房刚,等
201010278923	一种利用木薯淀粉加工废渣制备生物饲料的方法	桂林理工大学	成官文
201010285302	一种高糖蛋白浓缩红薯清汁加工方法	国投中鲁果汁股份有限公司,天津科技大学,天津农科食品生物科技有限公司	王思新,李伟丽,等

续表

申请号	名称	申请单位	发明人
201010288517	一种降低油炸马铃薯饼脂肪含量的加工方法	福建省新润食品有限公司	何顺昌,何顺强
201020125039	紫薯全粉生产系统	成都市金堂县绿山农业发展有限公司	彭西北,谢江,等
201020128376	干薯类原料清杂装置	河南天冠企业集团有限公司	李策,李华珺,等
201020137126	一种马铃薯收获机上的挖掘铲	齐齐哈尔和平工业(集团)有限责任公司	张成伦,杜根柱,等
201020556528	马铃薯蒸熟干燥加工装置	黑龙江八一农垦大学	于海明,谢秋菊,等
201020584908	一种薯类原料旋流去石机	无锡捷尔机械有限公司	杨松
201020622951	薯条成形装置	南通顶点科技服务有限公司	顾丽,宋宏彬
201020661236	一种搅拌式螺旋清洗提升机	武汉绿孚生物工程有限责任公司	罗明勇,罗向阳,等
201120107552	一种薯豆类淀粉加工分离机	临洮县宏丰机械制造有限公司	祁云峰,祁九松,等
201120107555	一种精淀粉加工成套设备	临洮县宏丰机械制造有限公司	祁云峰,祁九松,等
201120129895	手握土豆切片切丝器	大连工业大学	王立新,张坚
201120157191	一种马铃薯厢式漂烫机	中国农业机械化科学研究院	吴刚,程跃胜,等
201120229243	紫甘薯综合加工装置	桂林梁华生物科技有限公司	胡道顺,蒋春
201120326112	木薯粉碎装置系统	重庆晴点农业开发有限公司	胡桂饶
201120348975	薯类清洗机	诸暨绿康生物科技有限公司	冯永才
201120348983	红薯切料机	诸暨绿康生物科技有限公司	冯永才
201120350156	一种果蔬月牙瓣切割器	江苏徐州甘薯研究中心	钮福祥,徐飞,等
201120351887	一种果蔬定向切片装置	江苏徐州甘薯研究中心	钮福祥,徐飞,等
201120357755	红薯粉丝加工装置	广西宾阳县雄源食品厂	韦智建,韦旺才
201120457581	一种红薯切块后的水洗设备	安徽华祥食品有限公司	云川
201120457627	一种油炸红薯食品的风冷设备	安徽华祥食品有限公司	云川
201120477445	薯类粉渣脱水装置	甘肃农业大学	张锋伟,王关平,等
201120495471	用于马铃薯挖掘机的挖掘铲	古浪县兴陇农业机械有限公司,甘肃省农业机械化技术推广总站	张陆海,王赟,等
201120501734	薯类深加工渣浆分离装置	山东水晶生物科技有限公司	孔峰
201120501763	薯类初加工清洗过滤装置	山东水晶生物科技有限公司	孔峰

9.6 天气气候技术

9.6.1 人工影响天气技术

申请号	名称	申请单位	发明人
01134618	抑制雷电流电磁感应的方法及装置	华为技术有限公司	徐建中
03156146	碘化银丙酮溶液地面燃烧装置及其燃烧方法	北京市人工影响天气办公室	张蔷,韩光,等
03272204	一种机载播撒增雨催化系统	内蒙古北方保安民爆器材有限公司	侯保通,王广和,等
03280577	地面增雨催化剂焰剂发生器	内蒙古北方保安民爆器材有限公司	侯保通,张蔷,等
200310122633	超视距自主飞行无人驾驶直升机系统	上海雏鹰科技有限公司	滕伟,蒋新桐,等

续表

申请号	名称	申请单位	发明人
200410039457	可连续提供过冷雾的移动式混合云室	中国气象科学研究院	杨绍忠,郑国光,等
200410039462	一种用于三七型人雨弹的催化剂	中国气象科学研究院	楼小凤,杨绍忠,等
200420003595	一种移动式混合云室装置	中国气象科学研究院	杨绍忠,郑国光,等
200420007575	一种造雪机的造雪装置	哈尔滨飞机工业(集团)有限责任公司	王永江,佟宇新,等
200420009916	一种用于人工模拟降雨装置的槽式箱体	北京交通大学	李平康,杜秀霞,等
200520078290	人工引发雷电火箭发射拖线装置	中国科学院寒区旱区环境与工程研究所	肖庆复,刘欣生,等
200610042404	人工增雨作业决策方法	山东省气象科学研究所	王以琳
200610095035	全保险型人雨弹引信	长安汽车(集团)有限责任公司	陈训华,李小军,等
200610138242	地面人造雨器无线网络控制系统	财团法人工业技术研究院	刘治中,廖子毅,等
200620009192	人工影响天气火箭自动化作业信息中转器	山东省气象科学研究所	王以琳,李昌义,等
200620009194	远程控制人工影响天气火箭自动化作业系统	山东省气象科学研究所	王以琳,王建国,等
200620200858	多功能人工防雹增雨火箭发射架及其发射控制器	新疆维吾尔自治区人工影响天气办公室	杨炳华,付家模,等
200710011229	沙地疏林草地生态系统水分环境变化的模拟方法及设施	中国科学院沈阳应用生态研究所	范志平,邓东周,等
200710121867	一种人工引雷装置及其引雷方法	中国气象科学研究院	王道洪,吕伟涛,等
200710121871	一种引发雷电的装置及其方法	中国气象科学研究院	王道洪,张义军,等
200710169117	一种模拟降雨条件下生态岩土力学护坡试验装置	中国科学院武汉岩土力学研究所	薛强,盛谦,等
200720026082	一种人工影响天气通信指挥装置	济南卓信智能科技有限公司	邢建平,胡晓健,等
200720070851	一种沙漠治理装置	嘉兴学院	万尤宝,黄学军,等
200720080266	车载发射装置	成都航天万欣科技有限公司	宋伦汉,饶栋,等
200820123239	电晕笼模拟降雨降雾系统	中国电力科学研究院,北京国电华北电力工程有限公司	陆家榆,郭剑,等
200820193444	车载摆动下喷式降雨器	长江水利委员会长江科学院	师哲,赵健,等
200820300002	多种弹型防雹增水火箭发射控制器	新疆维吾尔自治区人工影响天气办公室	杨炳华,阿地里,等
200910133222	人工影响天气作业烟炉	内蒙古北方保安民爆器材有限公司	侯保通,任宜勇,等
200910157412	透水地面综合透水能力测试装置	北京市水利科学研究所	张书函,陈建刚,等
200910157414	透水铺装地面综合透水能力测试方法	北京市水利科学研究所	张书函,陈建刚,等
200910219309	多元播撒燃烧爆炸式增雨防雹火箭	陕西中天火箭技术有限责任公司	李惠芳,武玉忠,等
200920005616	人工影响天气作业烟炉	内蒙古北方保安民爆器材有限公司	侯保通,任宜勇,等
200920141786	冷云催化烟条	江西钢丝厂	周建中,刘文生,等
200920141787	远程控制碘化银地面发生装置	江西钢丝厂	王雪霖,刘文生,等
200920158838	草地截留降雨的测量装置	兰州大学	李春杰,王根绪,等
200920210672	一种能收集淡水的扫雾车	上海市育才初级中学	季皓珺,刘志强,等
200920216006	小区降雨装置	王力集团有限公司	章国荣
200920245602	一种地面焰条播撒装置	陕西中天火箭技术有限责任公司	樊艳萍,武玉忠,等
200920307552	人工影响天气作业高炮数据实时采集器	北京盛泰达科技有限公司	陈跃,靳瑞军,等

续表

申请号	名称	申请单位	发明人
201010296874	BL-1 型火箭人工增雨作业方法	山东省气象科学研究所	王以琳,刘诗军
201020102638	往复式人工降雨实验装置	合肥工业大学	方达宪,徐得潜,等
201020143386	人工降雨条件下生物滞留元水质水量模拟研究的实验装置	北京师范大学	杨晓华,美英,等
201020159156	一种摄像机避雷装置	深圳中西霓虹数码视频有限公司	李军,邓岿
201020232723	风能加倍沙水滤聚暴风减速器	北京华夏高新国际科学医学研究院	余国富
201020250921	一种人工模拟降雨实验装置中的降雨器支架	贵州师范大学	王济,蔡雄飞,等
201020250922	一种人工模拟降雨实验装置	贵州师范大学	王济,蔡雄飞,等
201020250923	一种人工降雨实验装置用的降雨器	贵州师范大学	王济,蔡雄飞,等
201020260069	一种超高压自耦有载调压变压器	江苏上能变压器有限公司	张中,江建清
201020671329	一种低频声波消雾装置	北京维埃特新技术发展有限责任公司	席葆树,席伟
201020683999	一种防雹增雨体播撒催化剂播撒器	国营第一〇四厂	李建兵,王云峰,等
201110123845	一种柔性喷嘴的降雨模拟变量喷头	西北农林科技大学	韩文霆,吴普特,等
201120031147	一种民用防雹增雨火箭发动机	晋西工业集团有限责任公司	张全秀,渠振江,等
201120037033	增加电厂发电量的装置	白山发电厂	李继功,辛峰,等
201120058983	化学消雾装置	山东科技职业学院	谷有利
201120189542	可移动式人工影响天气作业指挥装置	江西钢丝厂	金卫平,石汉青,等
201120212721	人工降雨径流小区水沙集流槽	北京师范大学	舒安平,杨凯
201120272745	一种野外持续模拟降雨装置	河海大学	刘金涛,王文君,等
201120333825	一种气象火箭弹发射器控制箱	齐齐哈尔北方机器有限责任公司	韩淑文,张春兰,等

9.7 农田监测评估技术

9.7.1 作物粮食种植面积遥感测量与估产

申请号	名称	申请单位	发明人
200410046261	用不同尺度遥感数据估计面积变化的对称系统抽样技术	中国人民大学	王汶,赵彦云,等
200510036567	一种大面积作物种植面积及其产量的遥感检测估算方法	广州地理研究所	陈水森,柳钦火,等
200510094761	一种农作物轮作周期的卫星遥感估算方法	江苏省农业科学院	朱泽生,孙玲
200910236520	一种作物长势均匀度的监测装置和方法	北京农业信息技术研究中心	王纪华,宋晓宇,等
201010260112	一种基于地理信息系统的水稻生产潜力动态预测方法	湖南大学	李忠武,任平,等

9.7.2 土壤墒情监测技术

申请号	名称	申请单位	发明人
200620128137	便携式自动防霜报警仪	山西省农业科学院园艺研究所	王保明,吴润明,等
200720090099	无线智能土壤水分自动监测仪	河南省气象科学研究所,中国电子科技集团公司第二十七研究所	冶林茂,吴志刚,等
200810124756	一种菊花耐涝性的评价鉴定方法	南京农业大学	陈发棣,尹冬梅,等
200810235421	水旱轮作稻田土壤气体原位采集系统及采集方法	南京农业大学	熊正琴,黄太庆,等
200820078442	土壤墒情监测终端及由该终端组成的监测系统	北京农业信息技术研究中心	赵春江,郑文刚,等
201020589798	埋置式土壤含水量传感器	合肥工业大学	金菊良,郦建强,等
201020610598	基于GPRS传输通道的土壤墒情监测系统	福建植桐电子科技有限公司	张涛
201020627138	一种旱地硝化反硝化田间原位测定装置	中国科学院南京土壤研究所	黄平,张佳宝
201020668870	一种用于土壤墒情现场数据采集装置	西安迅腾科技有限责任公司	蒙海军,吴晓华,等
201020669079	一种多层土壤墒情同步监测系统	西安联友电子科技有限公司	杨金铭,蒙海英
201020669374	一种用于实时测量不同土层土壤墒情的设备	西安迅腾科技有限责任公司	蒙海军,高涛,等
201120067259	农田墒情信息自动采集系统	北京农业智能装备技术研究中心	申长军,郑文刚,等
201120119728	土壤墒情检测仪	黑龙江八一农垦大学	张有利,于立红,等
201120180248	一种土壤墒情自动监测系统	河南根茂肥业有限公司	牛森林,吴胜超
201120201561	无人值守农田水利墒情远程综合监控系统	山东康威通信技术股份有限公司	王亚盛,吴建冬,等
201120255656	一种用于低温干旱潮湿及冻融交替频发的土壤气体采集器	敦煌研究院,中国科学院寒区旱区环境与工程研究所	汪万福,赵爱国,等

9.8 作物病虫害防治技术

9.8.1 真菌杀虫(螨)剂的制备与田间应用配套技术

申请号	名称	申请单位	发明人
00110358	一种用于防治植物真菌病和促进植物生长发育的生物制剂	中国科学院大连化学物理研究所	白雪芳,杜昱光,等
02134002	真菌农药稀释剂	重庆大学,重庆重大生物技术发展有限公司	夏玉先,王中康,等
02138653	金龟子绿僵菌无纺布菌条生产工艺方法	安徽林苑虫草研究所	李增智,樊美珍,等
02138668	球孢白僵菌无纺布菌条生产工艺方法	安徽林苑虫草研究所	李增智,樊美珍,等
03113319	白僵菌油剂及生产工艺方法	安徽农业大学	李农昌,李增智,等
03133668	具有杀真菌、杀虫活性的不饱和肟醚类化合物	沈阳化工研究院	吕良忠,孙克,等

续表

申请号	名称	申请单位	发明人
200310110901	一株杀蝗真菌菌株	重庆大学,重庆重大生物技术发展有限公司	王中康,殷幼平,等
200310111116	真菌油孢子混剂	重庆大学,重庆重大生物技术发展有限公司	彭国雄,夏玉先,等
200410090872	3,4-二氢-8-羟基-1-氢-2-苯并吡喃-1-衍生物在抑制植物病原真菌中的应用	中国农业科学院农业环境与可持续发展研究所	杨秀芬,杨怀文,等
200510011457	一种制备微粉真菌杀虫剂的方法	中国科学院过程工程研究所	陈洪章,梁小文,等
200510012140	一种具噻吩和炔烯键的化合物、其制备方法和其用途	华南农业大学	徐汉虹,田永清,等
200510018623	一种真菌半乳糖凝集素蛋白活性的多肽、其编码序列及制备方法和应用	武汉大学	孙慧,齐义鹏,等
200510031417	具杀虫、杀螨、杀真菌生物活性的芳基吡咯类化合物及其制备方法	湖南化工研究院	王晓光,柳爱平,等
200510031418	具生物活性的含双三氟甲基苯基的甲氧丙烯酸酯类化合物及其制备方法	湖南化工研究院	柳爱平,黄明智,等
200510057468	绿僵菌与菊酯类农药复配杀虫剂及其制备方法	重庆大学,重庆重大生物技术发展有限公司	彭国雄,夏玉先,等
200510060449	防治刺吸式口器害虫的菌株及其制剂	浙江大学	冯明光,应盛华
200510062338	银杏内生真菌代谢产物在防治植物真菌病害中的应用	中国计量学院	申屠旭萍,陈列忠,等
200510080659	一种真菌孢子可湿性粉剂	西南大学	张永军,罗志兵,等
200510089087	一种真菌孢子可湿性粉剂	中国农业科学院农业环境与可持续发展研究所	张拥华,李世东,等
200510109445	真菌中一种控制侵染钉形成效率的基因 *MgPPF5* 及其用途	中国农业大学	彭友良,时涛,等
200510134362	一种具有杀线虫活性的真菌及其制备方法和应用	沈阳农业大学	段玉玺,刘霆,等
200610011311	一种杀虫杀菌的水分散颗粒剂	武汉绿世纪生物工程有限责任公司	林开春,谢九皋,等
200610011591	一种防治小麦真菌病害的复配杀菌剂及其应用	河北省农林科学院植物保护研究所	王文桥,张小风,等
200610013185	[1,2,3]噻二唑衍生物及其合成方法和用途	南开大学	范志金,石祖贵,等
200610050443	基于沼渣的作物促生诱抗异源真菌蛋白农药的生产方法	中国水稻研究所	黄世文,王玲,等
200610051831	用于防治杂草和水稻病害的真菌代谢物提取工艺及其用途	中国水稻研究所	张建萍,余柳青,等
200610088339	一种防治植物真菌病害的生防菌及其制备方法	南京大学	刘常宏,陈欣,等
200610137799	一株具杀线虫活力的青霉属真菌及其制备方法和应用	沈阳农业大学	段玉玺,马希斌,等

续表

申请号	名称	申请单位	发明人
200710031511	一种玫烟色拟青霉菌菌株及其应用	华南农业大学	任顺祥,黄振
200710031513	玫烟色拟青霉与吡虫啉的复配杀虫剂	华南农业大学	任顺祥,黄振,等
200710031516	一种粉虱座壳孢菌菌株及其应用	华南农业大学	黄振,任顺祥
200710049042	抑杀植物病原真菌的郁金活性成分及其制备与应用	四川大学	龙章富,尉研,等
200710066928	一种防治蔬菜真菌病害微生物农药的制备方法	中国计量学院	申屠旭萍,俞晓平
200710106904	抗真菌蛋白与其用途	财团法人食品工业发展研究所	涂景瑜,廖丽玲
200710110980	噻二唑衍生物及其合成方法和用途	南开大学	范志金,石祖贵,等
200710156460	链霉菌 S1-5 及其应用	浙江工业大学	吴石金
200710156834	一种防治蔬菜真菌病害的微生物农药的制备方法	中国计量学院	俞晓平,申屠旭萍,等
200710158025	一株具杀线虫活性的木霉属真菌及其制备方法和应用	沈阳农业大学	段玉玺,靳莹莹,等
200710175628	一种杀真菌组合物	中国中化股份有限公司,沈阳化工研究院有限公司	司乃国,陈亮,等
200810010015	抗植物真菌活性补骨脂二氢黄酮	沈阳化工学院	关丽杰,邵红,等
200810010016	用补骨脂定防治植物真菌病害的生物农药	沈阳化工学院	关丽杰,邵红,等
200810026137	一株广谱抗真菌地衣芽胞杆菌及其应用	珠海市农业科学研究中心	程萍,喻国辉,等
200810027585	玫烟色拟青霉与啶虫脒的复配杀虫剂	华南农业大学	任顺祥,黄振
200810027690	真菌 Xylaria sp. FDYS-1 及其制备的生物制剂与在防治松材线虫中的应用	仲恺农业技术学院	向梅梅,姜子德,等
200810029158	一种爪哇拟青霉菌株及其应用	华南农业大学	黄振,任顺祥
200810029163	一种蜡蚧轮枝菌菌株及其应用	华南农业大学	任顺祥,黄振
200810054334	三唑并噻二唑类化合物及其制备方法和用途	南开大学	范志金,杨知昆,等
200810054335	1,2,3-噻二唑类衍生物及其合成方法和用途	南开大学	范志金,杨知昆,等
200810061575	金龟子绿僵菌杀螨制剂	浙江大学	施卫兵,冯明光
200810069704	一种真菌孢子油悬浮剂	重庆大学	夏玉先,彭国雄,等
200810073988	一种防治松突圆蚧的虫生真菌粉剂及其生产方法和用途	广西大学	黄宝灵,方丽英,等
200810100963	防治植物真菌病害的多粘类芽孢杆菌及其生产方法	中国科学院生态环境研究中心	白志辉,谷立坤,等
200810101270	一株可产生铁载体的植物病原真菌拮抗菌及其应用	中国热带农业科学院环境与植物保护研究所	黄贵修,刘先宝,等
200810101271	一株植物病原真菌拮抗菌及其在防治植物病害中的应用	中国热带农业科学院环境与植物保护研究所	黄贵修,付业勤,等

续表

申请号	名称	申请单位	发明人
200810101272	一株植物内生真菌及其应用	中国热带农业科学院环境与植物保护研究所	黄贵修,郭志凯,等
200810145581	具杀虫、杀螨、杀真菌生物活性的肟醚芳基吡咯类化合物及其制备方法	湖南化工研究院	王晓光,柳爱平,等
200810162535	一种真菌菌株及其用途	浙江大学	章初龙,林福呈,等
200810188266	一株毒杀植物寄生线虫的黑曲霉真菌及其制备方法和应用	北京市农林科学院	刘霆,刘伟成,等
200810197403	一株产促真菌凋亡脂肽的解淀粉芽胞杆菌及由该菌制备的脂肽与应用	华中农业大学	祁高富,赵秀云,等
200810219403	爪哇棒束孢霉菌株及其在防治斜纹夜蛾方面的应用	华南农业大学	任顺祥,胡琼波
200810219404	绿僵菌菌株及其在防治椰心叶甲方面的应用	华南农业大学	任顺祥,胡琼波
200810219998	一种绿僵菌素与高效氯氰菊酯复配的杀虫主剂及杀虫剂	华南农业大学	胡琼波,任顺祥
200810219999	一种绿僵菌素与辛硫磷复配的杀虫主剂及杀虫剂	华南农业大学	胡琼波,任顺祥
200810220001	一种绿僵菌素与毒死蜱复配的杀虫主剂及杀虫剂	华南农业大学	胡琼波,任顺祥
200810220002	一种球孢白僵菌真菌与绿僵菌素混配杀虫剂及其制备方法	华南农业大学	胡琼波,任顺祥
200810220004	绿僵菌素与玫烟色拟青霉真菌混配的杀虫剂及其制备方法	华南农业大学	胡琼波,任顺祥
200910009793	一种防治植物土传真菌病害的微生物制剂及其应用	中国热带农业科学院热带生物技术研究所,海南正维尔生物科技有限公司	鲍时翔,朱军,等
200910018321	喹啉酮生物碱衍生物的脱水甲基化产物及制备方法与应用	中国海洋大学	林永成,邵长伦,等
200910037750	蜡蚧轮枝菌与印楝素复配的杀虫主剂及杀虫剂	华南农业大学	黄振,任顺祥
200910039894	一种炔基噻吩酮类化合物及其制备方法和应用	华南农业大学	徐汉虹,宋德寿,等
200910068027	一种凝结芽孢杆菌抗真菌活性物质的培养发酵方法	天津科技大学	戚薇,王海宽,等
200910068453	一种乳杆菌产抗植物致病真菌发酵液的制备方法	天津科技大学	戚薇,王海宽,等
200910068659	噻二唑类杂环化合物及其合成方法和用途	南开大学	范志金,左翔,等
200910068660	一类1,2,3-噻二唑甲酰胺衍生物的制备和用途	南开大学	范志金,郑琴香,等
200910074825	一种抗真菌蛋白及其制备方法和应用	山西大学	王转花,白承之,等

续表

申请号	名称	申请单位	发明人
200910076240	一种防治苹果真菌病害并促增产的菌剂及其专用菌株与应用	中国农业大学	王琦,付学池,等
200910076957	植物病原真菌串珠镰刀菌天然拮抗剂	中国科学院微生物研究所	车永胜,郭良栋,等
200910094285	防治烟草土传真菌病害的木霉固体颗粒剂及其制备方法	云南省烟草科学研究所	方敦煌,王革,等
200910103977	杀虫真菌可乳粉剂	重庆大学	殷幼平,王中康,等
200910119703	一种防治害虫的真菌颗粒剂的制造方法	中国农业科学院植物保护研究所	农向群,张泽华,等
200910153511	Muscodor 属植物内生真菌 ZJLQ070 及其用途和杀菌剂	浙江大洋化工股份有限公司	章初龙,王国平,等
200910153512	Muscodor sp. 属植物内生真菌 ZJLQ024 及其用途和杀菌剂	浙江大洋生物科技集团股份有限公司	林福呈,王国平,等
200910153513	Muscodor 属植物内生真菌及其用途和杀菌剂	浙江大洋生物科技集团股份有限公司	王国平,章初龙,等
200910214430	一株广谱抗真菌植物内生枯草芽胞杆菌及其应用	珠海市农业科学研究中心	喻国辉,黎永坚,等
200910218312	一种诱导捕食线虫真菌同步产生捕食器官的方法	云南大学	杨金奎,张克勤,等
200910242394	从枝菌根真菌菌株及其在抗根结线虫中的应用	北京市农林科学院	王幼珊,张淑彬,等
201010000237	一种真菌代谢产物及其作为除草剂的用途	中国农业科学院农业资源与农业区划研究所	邓晖,牛永春
201010107074	防治番茄青枯病的真菌菌剂及其制备方法	浙江省农业科学院	薛智勇,朱凤香,等
201010152027	三唑并噻二唑类化合物及其制备方法和用途	南开大学	范志金,杨知昆,等
201010181181	一种食线虫真菌及其制备方法与应用	华南农业大学	廖金铃,李玉中,等
201010301119	蜡蚧霉黄色无纺布菌剂及制备方法	福建农林大学	王联德,尤民生,等
201010301132	粉虱座壳孢黄色无纺布菌剂及制备方法	福建农林大学	王联德,尤民生,等
201010538328	一种高效杀虫真菌及其用途	中国农业科学院植物保护研究所	农向群,刘春琴,等
201110099493	一种单一型黑色素及其制备方法和应用	南京大学	谭仁祥,汪伟,等
201110133539	一种莱氏野村菌菌株及其应用	重庆大学	夏玉先,彭国雄,等
98113756	不饱和肟醚类杀虫、杀真菌剂	化工部沈阳化工研究院,美国罗门哈斯公司	李宗成,张立新,等

9.8.2 防治农林害虫的微生物制剂

申请号	名称	申请单位	发明人
00119018	施氏假单胞菌 Zh9944 和防治青枯病的微生物制剂	常州兰陵制药有限公司,张春明	杨仲华,张春明,等
00119757	全合成苏云金杆菌杀虫晶体蛋白基因	上海市农业科学院生物技术研究中心	姚泉洪,彭日荷,等

续表

申请号	名称	申请单位	发明人
01103749	微生物媒介的诱蚊方法及装置	生物镓科技股份有限公司	林浩然，林易弘，等
01114592	一种双效工程菌生物杀虫剂及其生产方法	湖南师范大学	夏立秋，梁宋平，等
01124163	苏云金芽孢杆菌 *cryl* 基因、基因组合及表达载体	中国农业科学院植物保护研究所	宋福平，张杰，等
01124164	对鳞翅目与鞘翅目昆虫高毒力的 Bt 基因、表达载体和工程菌	中国农业科学院植物保护研究所	张杰，黄大昉，等
02135876	一种以蜡状芽孢杆菌（Bacillus cereus）98-I 菌株制备微生物杀菌剂的生产方法	山西省农业科学院植物保护研究所	乔雄梧，马利平，等
02138379	一种用于防治水稻纹枯病和稻曲病的微生物复配农药	江苏省农业科学院	陈志谊，刘永锋
02151019	防治植物细菌性青枯病的微生物制剂和方法及其用途	上海泽元海洋生物技术有限公司	李元广，王伟，等
03113555	灭蚊制剂的制备方法及灭蚊制剂的应用	深圳市水务（集团）有限公司	张金松，周令，等
03116435	一种微生物农药及其制备方法	浙江省农业科学院	施跃峰，竺利红，等
03135663	一种用于作物防病增产的微生物制剂及其制备方法	四川省农业科学院经济作物育种栽培研究所	曾华兰，李琼芳，等
200310100197	苏云金芽孢杆菌工程菌 G033A 及其制备方法	中国农业科学院植物保护研究所	王广君，张杰，等
200310112436	利用微生物防治白蚁的方法	广东省昆虫研究所	韩日畴，曹莉，等
200510030318	一种微生物源除草剂、及其制备方法和应用	上海市农药研究所	陶黎明，徐文平，等
200510062132	鳞翅目害虫核型多角体病毒的改造方法	浙江大学	陆建良，林晨，等
200510114684	蛇床子素苏云金杆菌复配杀虫剂	江苏省农业科学院	范永坚，石志琦，等
200510122898	一种能防除连作作物枯萎病的拮抗菌及其微生物有机肥料	南京农业大学	沈其荣，杨兴明，等
200610000898	黄姜水解废液制备苏云金杆菌微生物杀虫剂的方法	北京大学	周顺桂，常明，等
200610027131	保参菌的制备和修复海参养殖池环境的方法	上海泓宝绿色水产科技发展有限公司	邹国忠
200610037548	一种利用城市污泥制备的微生物灭蚊剂及其制备方法	广东省生态环境与土壤研究所	周顺桂，雷发懋，等
200610037551	一种利用淀粉废水制备的微生物灭蚊剂及其制备方法	广东省生态环境与土壤研究所	周顺桂，雷发懋，等
200610068973	一种基因重组核多角体病毒杀虫剂的制备方法及应用	山东大学	赵小凡，王金星
200710034428	一种微生物杀线虫剂及其应用	湖南省植物保护研究所	成飞雪，刘勇，等
200710066058	一种广谱、高效的微生物杀灭剂	艾硕特生物科技（昆明）有限公司	陆可望，宁琼功，等
200810026813	一种利用城市污泥固态发酵生产的微生物杀虫剂及其制备方法	广东省生态环境与土壤研究所	周顺桂，王跃强，等

续表

申请号	名称	申请单位	发明人
200810070035	具有抗微生物活性的三唑酮、三唑醇类化合物及其盐、合成方法及用途	西南大学	周成合,罗燕
200810195704	一种复合生物杀虫剂	苏州大学,昆山工研院华科生物高分子材料研究所有限公司	浦冠勤,朱江,等
200810231406	解淀粉芽孢杆菌和微生物制剂及其制备方法	河南省农业科学院	刘玉霞,杨丽荣,等
200910029205	一种混合微生物接菌剂的生产方法	南京师范大学	陈双林,闫淑珍,等
200910042275	一种消除水产品革兰氏阳性致病菌的蛭弧菌菌株及其应用	华南理工大学	蔡俊鹏,张敏
200910042278	控制和消除乳腺炎致病菌的微生物制剂及其应用	华南理工大学	蔡俊鹏,鲁锋
200910055029	荧光假单胞菌微生物农药的制备方法	上海师范大学	肖明,李慧
200910072092	枯草芽孢杆菌制剂的制作方法	黑龙江强尔生化技术开发有限公司	孙新宇,李宏园,等
200910115498	EM原露及其生产方法	江西省天意生物技术开发有限公司	刘晓宇
200910176492	游离细胞或固定化细胞微生物转化生产L-鸟氨酸的方法	北京化工大学	陈畅,张骁,等
200910218307	一种微生物菌株及其应用	云南大学	刘亚君,张克勤,等
201010138221	防治辣椒青枯病的拮抗菌及其微生物有机肥料	南京农业大学	沈其荣,江欢欢,等
201010207968	一种微生物菌剂及其应用	云南大学	刘亚君,张克勤,等
201010209276	能够提高功能性水稻遗传稳定性的复合微生物菌剂及其制备方法	上海创博生态工程有限公司,上海创博生物技术有限公司	江瀚,张玉辉
201010247720	一种微生物复合菌剂707及其制备方法与应用	大连三科生物工程有限公司	崔国臣,崔国亮,等
201010513140	一种促进龙葵去除水中微量镉污染的微生物及其去除镉污染的方法	湖南大学	罗胜联,陈觉梁,等
99117391	一种微生物及其生产生物杀线虫制剂的方法	云南大学	张克勤

9.8.3 其他病虫害防治技术

申请号	名称	申请单位	发明人
00104469	含氟取代的二苯胺衍生物	浙江省化工研究院	孔小林,王松尧,等
00105685	水不溶性杀菌剂及其制备方法	中国石油化工集团公司,中国石化集团石油化工科学研究院	李凤艳,汪燮卿,等
00106234	牛心朴子草提取液及其应用	南开大学,内蒙古工业大学	李广仁,安天英,等
00110225	杀菌剂组合物	沈阳化工研究院	刘长令,刘武成,等
00110657	苯噻酰·甲·苄水稻田除草剂	丹东市红泽农化有限公司	王洪顺,冯凌志,等
00110823	一种杀虫、杀螨的农药混剂	山东华阳科技股份有限公司	张金田,孔斌,等
00110825	一种复合杀虫、杀螨农药混剂	山东华阳科技股份有限公司	梁孝生,薛维家,等

续表

申请号	名称	申请单位	发明人
00116351	噁二唑基哒嗪酮衍生物及其制备方法与应用	华东理工大学	钱旭红，曹松，等
00119857	生物农药促生拮抗菌M18及其制备方法	上海交通大学，上海农乐生物制品股份有限公司	许煜泉，冯镇泰
00120990	新型烟剂及其制备方法	北京天擎化工有限责任公司，北京天擎绿保农业技术有限公司	林耀文，庞延娟，等
00124997	一种季铵盐阳离子表面活性剂及其制备方法以及用途	中国石油化工股份有限公司，中国石油化工股份有限公司北京化工研究院	梁泽生，张英，等
00126579	纳米载银抗菌剂的制备方法	舟山明日纳米材料有限公司	黄海，方燕，等
00129820	雷公藤杀虫剂及其制造方法	西北农林科技大学无公害农药研究服务中心	罗都强，陈安良，等
00130736	嘧啶氧基水杨酸衍生物	浙江省化工研究院	彭伟立，陈杰，等
00131149	具有除草活性的取代苯氧乙酰氧基烃基次膦酸酯及制备	华中师范大学	贺红武，刘钊杰，等
00132045	以氟氯氰菊酯为原料的一组农用杀虫剂及其配制方法	贵州大学	宋宝安，宋中伦，等
00132119	噻二唑类金属络合物及其制备方法和用途	浙江新农化工有限公司	徐月星，方勇军，等
00135817	埃玛菌素杀虫微乳剂组合物	温沛宏，马韵升，王培德，徐波勇，杨靖华，赵传华，王丽娟	杨靖华，温沛宏，等
00136384	2,6-二嘧啶氧基苯甲酸季铵盐化合物	浙江省化工研究院；浙江省农业科学研究院	孔小林，陈杰，等
01103759	一个具有双抗虫基因的植物表达载体及其应用	中国科学院微生物研究所	田颖川，郭洪年，等
01105440	一种液体蚊香药液	中国科学院上海昆虫研究所	潘家复，朱汯侃，等
01107545	鱼藤酮的混配制剂	华南农业大学	徐汉虹，黄继光
01108161	作为杀虫剂的二酰基肼类化合物及制备此种化合物的中间体以及它们的制备方法	江苏省农药研究所	张湘宁，李玉峰，等
01112689	2-嘧啶氧基苄基取代萘基胺类衍生物，合成方法和用途	中国科学院上海有机化学研究所，浙江省化工研究院	吴军，吕龙，等
01113522	具有协合作用的麦田除草剂组合物	江苏龙灯化学有限公司	孔建，刘传奎，等
01114186	立枯病复配杀菌剂及其制备方法	黑龙江企达农药开发有限公司	高树林
01115594	2,4-取代基苯氧丙酰胺类化合物及其制备方法和应用	江苏省农药研究所	朱大顺，粟寒，等
01118007	N-(4,6-二甲基嘧啶-2-基)苯胺杀菌组合物	马韵升，史庆领，徐波勇，王培德，温沛宏，门振，杨靖华	马韵升，史庆领，等
01118399	哌嗪基二硫代甲酸酯类化合物，它们的制备方法和在抗肿瘤药物中的应用	北京大学	李润涛，程铁明，等
01119394	印楝素与鱼藤酮混配的农药制剂	华南农业大学	徐汉虹

续表

申请号	名称	申请单位	发明人
01119493	杀虫剂二苯甲酮腙衍生物	浙江省化工研究院	夏旭建，王松尧，等
01119905	用于稻田的复配型除草剂	浙江乐吉化工股份有限公司	吴元林
01123751	虫酰肼杀虫组合物	马韵升，史庆领，王培德，徐波勇，赵重峰	马韵升，史庆领，等
01123801	一种除草剂	江苏辉丰农化股份有限公司	仲汉根，陈晓东，等
01127127	玉米播后苗前苗后除草剂	陈义忠，赵邦斌，吴永虎，方江升	陈义忠，赵邦斌，等
01127524	阔叶作物田禾本科杂草除草剂	淄博新农基农药化工有限公司	邵长禄，车路
01127810	聚维酮碘的制备方法	广东庆发药业有限公司	张京维
01128060	具有抑菌功效的胶原-DNA-Ag复合物及其制备方法	阜新橡胶有限责任公司	周久才，刘占龙，等
01128145	恶霉灵原药水相合成方法	黑龙江企达农药开发有限公司	高树林，苏显军
01128417	生物化学复合杀虫剂	武汉东湖高新集团股份有限公司	谢天健，阮芸玮，等
01129126	二氧化碳低温萃取除虫菊素的方法	泸西森达生物科技开发中心	王怀勇
01129170	杀菌灭蚊药片	成都彩虹电器(集团)股份有限公司	张洪金，张冲
01129925	闹羊花素杀虫剂	华南农业大学	胡美英，钟国华
01133470	含多菌灵活性成分的高分子型化学缓释杀菌剂	沈阳化工研究院	刘冬雪，台立民，等
01133471	含恶霉灵活性成分的高分子型化学缓释杀菌剂	沈阳化工研究院	刘冬雪，台立民，等
01136788	蛇床子提取物在农用杀虫剂生产上的应用	武汉绿世纪生物工程有限责任公司	林开春
01138053	小麦田除草剂组合物	安徽华星化工股份有限公司	庆祖森，谢平，等
01144334	双烷基季铵盐杀菌灭藻剂、其制备方法及其应用	北京燕山石油化工公司研究院	郦和生，王岽，等
01144335	一种含双烷基季铵盐的复合杀菌剂及其应用	北京燕山石油化工公司研究院	郦和生，张春原，等
01144357	耐高温抗变色无机抗菌防霉剂及其制备方法	北京有色金属研究总院	赵月红，林乐耘，等
01144613	3,5-取代噁唑烷酮衍生物及其制备方法和应用	中国医学科学院医药生物技术研究所	刘浚，孟庆国，等
01145597	天然除虫菊素乳油制剂	泸西森达生物科技开发中心	王怀勇，张夏亭
01145598	精制天然除虫菊素原药的制备方法	泸西森达生物科技开发中心	王怀勇
02100059	氯硝柳胺水基悬浮剂	珠海市侨基海外贸易有限公司	曹昌银
02102183	一种纳米硅酸盐抗菌组合物及其制备方法	太原理工大学	魏丽乔，许并社，等
02102186	一种纳米磷酸盐抗菌组合物及其制备方法	太原理工大学	魏丽乔，许并社，等
02102975	用稗草基质生产稗草生防菌孢子的方法	中国水稻研究所	黄世文，余柳青，等
02107234	一种复配扑·仲丁乳油除草组合剂及工艺	江西盾牌化工有限责任公司	余振华，张海华

续表

申请号	名称	申请单位	发明人
02108849	苯噻草胺·苄嘧磺隆干悬浮剂及其制造方法	公主岭市瑞泽农药有限责任公司	王正权,姜军,等
02109547	一种杀菌剂组合物及其用途	沈阳化工研究院	张宗俭,李志念,等
02109548	一种杀菌剂组合物及其用途	沈阳化工研究院	李志念,张宗俭,等
02109644	杀铃脲制剂及复配制剂	通化农药化工股份有限公司	蒋维平,曹述生
02109903	苦豆子提取物与阿维菌素组合物	山东农业大学	罗万春
02110581	重组东亚马氏钳蝎毒 rBmKaIT1 的基因工程	中国科学院上海有机化学研究所	陈海宝,黄昊
02111332	二溴二甲基乙内酰脲作为消毒剂的应用	上海海金消毒技术有限公司	薛广波
02112336	取代苯乙酮肟衍生物及其制备方法和应用	上海市农药研究所	袁莉萍,陈亮,等
02112646	具有杀虫杀螨活性的组合物	江苏省农药研究所	倪珏萍,徐尚成,等
02114095	一种片烟仓储防霉的方法	常德卷烟厂	钟科军,钟德义,等
02114480	具杀菌活性化合物用于制备防治植物病杀菌剂的应用	西北农林科技大学无公害农药研究服务中心	张兴
02114856	一种高效杀虫、灭鼠、消毒剂的配制及使用方法	深圳彩虹气雾剂制造有限公司,上海艾洛索化工技术研究所	陈永弟,蒋国民,等
02115110	一种防治荔枝霜霉病的杀菌剂	广东省昆虫研究所	毛润乾,王海峰,等
02115111	一种防治水稻稻瘟病的杀菌剂	广东省昆虫研究所	毛润乾,王海峰,等
02115522	一类抗氧化拟酶化合物及其制备和应用	华中师范大学	廖展如,向道风,等
02115933	有机磷酰胺盐酸盐	武汉化工学院	陈中,金继前,等
02116018	化学键合植物生长调节剂的保水剂的制备方法	合肥新峰建材有限责任公司	刘瑾,马友华,等
02116782	布氏白僵菌杀虫剂的生产方法及其用途	中国农业科学院生物防治研究所	邓春生,张燕荣,等
02116858	邻一取代苯(烷)硫基苯甲酸植物生长调节剂	南开大学	赵国锋,陈波,等
02117262	一种具有抗旱作用的植物生长调节组合物	四川龙蟒福生科技有限责任公司,中国科学院成都生物研究所	孙炳耀,陈虎保,等
02117267	用于促进果实增大的植物生长调节组合物	四川龙蟒福生科技有限责任公司,中国科学院成都生物研究所	陈虎保,范先国,等
02117268	一种具有改良果实品质的植物生长调节组合物	四川龙蟒福生科技有限责任公司,中国科学院成都生物研究所	范先国,陈虎保,等
02117269	具有抗病、助长作用的农药组合物	四川龙蟒福生科技有限责任公司,中国科学院成都生物研究所	范先国,李大祥,等
02117271	一种具有抗寒作用的植物生长调节组合物	四川龙蟒福生科技有限责任公司,中国科学院成都生物研究所	范先国,谭红,等
02117491	微介孔二氧化硅异质复合体及其制备方法和用途	中国科学院理化技术研究所	唐芳琼,孟宪伟
02119304	具有高杀菌光活性介孔二氧化钛薄膜的制备方法	香港中文大学	余济美

续表

申请号	名称	申请单位	发明人
02119480	草甘膦酸盐可溶性固体剂型	浙江新安化工集团股份有限公司	任不凡,周曙光,等
02122988	一种以二氢沉香呋喃多元酯为有效成分的植物杀虫粉剂及其制造方法	西北农林科技大学农药研究所	吴文君,姬志勤,等
02123720	含有大黄提取物的杀菌剂及其组合物	河北农业大学植物保护学院,河北宣化农药有限责任公司	曹克强,李正先,等
02127950	草甘膦可溶性固体制剂	四川贝尔实业有限责任公司	王国成,梁晓禽,等
02130761	含有氟虫腈与杀虫双的杀虫组合物	江苏省苏化集团新沂农化有限公司	梁华中
02132787	一种除草剂组合物	沈阳化工研究院	安伟良,张宗俭,等
02133828	印楝素水分散粒剂	成都绿金生物科技有限责任公司	吴成奎
02134160	用于卫生杀虫剂的除虫菊素浓缩液	红河森菊生物有限责任公司	王怀勇
02134190	草甘膦异丙胺盐水剂的制备方法	四川贝尔实业有限责任公司	王国成,梁晓禽,等
02134871	苯甲酰基脲类与拟除虫菊酯类混配农药制剂	华南农业大学	徐汉虹,田永清
02134872	印楝素与苯甲酰基脲类混配杀虫剂	华南农业大学	徐汉虹
02134906	印楝素与新烟碱类杀虫剂混配农药制剂	华南农业大学	徐汉虹,田永清
02134907	印楝素与噻嗪酮混配农药制剂	华南农业大学	徐汉虹
02134908	印楝素与灭蝇胺混配农药制剂	华南农业大学	徐汉虹
02134909	印楝素与抗生素杀虫剂混配农药制剂	华南农业大学	徐汉虹,田永清
02134910	印楝素与抗生素杀菌剂混配农药制剂	华南农业大学	徐汉虹,田永清
02134912	印楝素与抑食肼混配农药制剂	华南农业大学	徐汉虹
02134915	印楝素与噁二唑虫混配农药制剂	华南农业大学	徐汉虹
02134917	印楝素与吡蚜酮混配农药制剂	华南农业大学	徐汉虹
02134918	印楝素与丁醚脲混配农药制剂	华南农业大学	徐汉虹
02134919	印楝素与依普菌素混配农药制剂	华南农业大学	徐汉虹
02135594	海蛰毒素源杀虫剂	中国科学院海洋研究所	李鹏程,于华华
02137243	一种杀菌制剂和杀菌湿巾及其制备方法和应用	上海高科联合生物技术研发有限公司	黄青山,陆婉英
02137401	一种消毒制剂和消毒湿巾及其制备方法和应用	上海高科联合生物技术研发有限公司	黄青山
02137902	苄嘧磺隆在麦田除草剂制备中的应用	安徽华星化工股份有限公司	庆祖森,刘桂华,等
02137903	小麦田用磺酰脲类除草剂组合物	安徽华星化工股份有限公司	吴江鹰,洪宗阳,等
02138107	酰胺类除草水乳剂及其生产方法	江苏省农药研究所,江苏绿利来股份有限公司	徐年凤,朱学林,等
02138577	一种杀灭养殖水体中有害细菌颗粒型溴氯海因的制造方法	无锡中顺生物技术有限公司	黄忠平
02138679	敌百虫原药造粒制片工艺	南京三普造粒装备有限公司	张伟,吴友涛,等
02139000	改造合成的苏云金芽胞杆菌杀虫晶体蛋白基因 *Cry2A*	华中农业大学	林拥军,张启发
02139035	含昆虫病毒增效蛋白的化学农药组合物	武汉大学	孟小林,徐进平,等
02139104	一种提高昆虫病毒增殖效率的方法	环球生物农药有限公司	孟小林,徐进平,等

续表

申请号	名称	申请单位	发明人
02139349	孜然杀菌剂及其制备方法	西北农林科技大学无公害农药研究服务中心	陈安良,冯俊涛,等
02139566	苯磺酰脲除草剂原药及其制剂的制备方法	王彰九,何锐锋,王宏斌,王宏轶,梁芳群,何莉,何书勤,邢桂月	王彰九,何锐锋,等
02139609	一种具有生物活性的杂环取代的稠杂环衍生物	湖南化工研究院	侯仲轲,王晓光,等
02139610	具有杀菌活性的含硫不饱和肟醚类化合物及其制备方法	湖南化工研究院	毛春晖,王晓光,等
02139612	具有杀虫、杀菌、除草活性的含烷硫烷基脒类衍生物及其制备方法	湖南化工研究院	黄明智,王晓光,等
02141788	气-液-固三相反应及溶剂萃取制备草甘膦酸铵	浙江新安化工集团股份有限公司	周曙光,鲍敏,等
02144510	宁南霉素粉剂	黑龙江强尔生化技术开发有限公司	于中赤,张洁岩,等
02145428	工业防霉剂10,10-氧联吩噁吡的制备方法	上海试四赫维化工有限公司,上海玻林顿保护性化学品有限公司	顾榴根,荣志忍,等
02146519	一种杀虫剂的组合物及其使用方法	南通江山农药化工股份有限公司	施永兵,戴宝江,等
02147378	一种合成异丙隆除草剂的方法	中国科学院大连化学物理研究所	梅建庭,陆世维
02147835	一种水稻抗倒伏制剂	湖北移栽灵农业科技股份有限公司	张军
02148621	用于控制鼠类生育数量的诱饵及其用途	中国科学院动物研究所	张知彬
02149735	α-三联噻吩环糊精或环糊精衍生物包合物及制备方法	华南农业大学	徐汉虹,胡林
02149736	光活化杀虫剂氨基甲酸多联噻吩酯	华南农业大学	徐汉虹,胡林
02149737	鱼藤酮环糊精或环糊精衍生物的包合物及制备方法	华南农业大学	徐汉虹,胡林
02149739	光活化杀虫剂氨基甲酸多炔苯基酯	华南农业大学	徐汉虹,胡林
02152644	用于植物栽培的防草纸卡	永丰馀生技股份有限公司	黄睿志,周俊吉
02153338	复合杀菌剂	中国石油天然气股份有限公司	魏存发,梁宝锋,等
02153630	促根剂及其制备方法和应用	中国农业科学院棉花研究所,毛树春	毛树春,韩迎春,等
02153910	氯硝柳胺乙醇胺盐悬浮剂	珠海市侨基海外贸易有限公司	曹昌银
02154431	一种纳米光触媒抗菌组合物及其制备方法	山西至诚科技有限公司	魏丽乔,许并社
02156615	防治土传病害的广谱杀菌剂混合制剂	中国农业科学院植物保护研究所	郭美霞,张向才,等
02159666	含有烯酰吗啉的杀菌组合物	江苏苏化集团新沂农化有限公司	梁华中,徐西之,等
02284611	香樟防虫包	广东省土产进出口(集团)公司	陈雄
03100705	一种杀虫剂母液及其应用	江苏扬农化工股份有限公司	赵建伟
03101945	一种赤松毛虫性信息素诱芯及其用途	中国科学院动物研究所	赵成华,张钟宁,等
03102807	一种氟虫腈复配农药	安万特杭州作物科学有限公司	胡国文,平霄飞,等
03104097	用于防除水域杂草水葫芦的制剂	浙江新安化工集团股份有限公司	王伟,陈志明,等
03108048	一种微灌灌水器抗菌材料的制备工艺	西安交通大学	赵万华,魏正英,等

续表

申请号	名称	申请单位	发明人
03110861	一种除草剂-解毒剂组合物及其使用方法和用途	沈阳化工研究院	周惠中,林长福,等
03111034	具有除草活性的 2-(硫代)-4,5-咪唑啉三酮类化合物	沈阳化工研究院	李斌,徐基东,等
03112415	缓释药物防治海带虫害的方法	中国水产科学研究院黄海水产研究所	王飞久
03112617	电热蚊香原纸片	江阴比图特种纸板有限公司	冯永
03113110	杀虫单颗粒剂及其制备方法	安徽华星化工股份有限公司	庆祖森,谢平,等
03113111	苯氧菌酯水分散粒剂、水悬浮剂	安徽华星化工股份有限公司	庆祖森,谢平,等
03114169	一种空气消毒喷雾剂及制造方法	广州九天绿实业有限公司	黄添友
03115270	毒死蜱的生产方法	浙江工业大学	徐振元,许丹倩,等
03115276	含壳寡糖的农药组合物及应用	中国科学院上海生命科学研究院	何祖华,宁伟,等
03116512	杀虫组合物及其用途	浙江新安化工集团股份有限公司	季诚建,周曙光,等
03116700	中草药空气消毒剂	上海家化联合股份有限公司	胡国胜,何学民
03116720	一种制取过氧乙酸的固体发生剂	浙江金科化工股份有限公司	张英娜,章金龙,等
03116784	杀虫剂醚菊酯的制备方法	上海市农药研究所	唐炎森,涂海兰,等
03117027	碘酸盐类组合物及其在环境消毒中的应用	中国科学院上海有机化学研究所	姜标,储惠兰
03117502	氧化锌晶须复合抗菌剂组合物	西南交通大学,成都交大晶宇科技有限公司	周祚万,楚珑晟,等
03117808	除虫菊素缓释剂及其制备方法	红河森菊生物有限责任公司	王怀勇
03117933	具有调控作用的叶面肥料	昆明祥源生态工程有限公司,敖尔美	敖尔美,杨庆林
03117945	提高过氧化氢杀菌活性的消毒剂及其制备工艺	拉萨绿能科技实业有限公司	戴允民
03117957	辛硫磷颗粒剂的制备方法	四川贝尔实业有限责任公司	王国成,梁晓禽
03117995	一种农药增效剂	云南印楝研究院有限公司	马德岭,于建垒,等
03118006	一种混合酰胺的制造工艺	长沙矿冶研究院,岳阳长炼兴长企业集团公司	肖国光,马国琪,等
03118226	一种具有生物活性的杂环取代苯并噁嗪环类化合物	湖南化工研究院	侯仲轲,任叶果,等
03118724	植物生长调节剂	福建浩伦生物工程技术有限公司	李召虎,吴少宁,等
03118725	植物生长调节剂	福建浩伦生物工程技术有限公司	段留生,吴少宁,等
03120882	甲氧基丙烯酸甲酯类化合物杀菌剂	浙江省化工研究院	许天明,陈定花,等
03122177	丁硫克百威水乳剂及其制备方法	苏州富美实植物保护剂有限公司	王志东,刘燕菁,等
03122178	含有丁硫克百威与吡虫啉的杀虫组合物	苏州富美实植物保护剂有限公司	刘燕菁,张石新,等
03124232	一种适用于金花茶绿枝扦插育苗的生根剂	广西富新科技股份有限公司	秦绪雄
03124703	含杀虫有效成分的纳米粉体组合物及其制备方法	湖南化工研究院	王晓光,王跃龙,等
03124704	含杀虫有效成分的纳米农药水悬浮液及其制备方法	湖南化工研究院	王晓光,王跃龙,等

续表

申请号	名称	申请单位	发明人
03124715	一种早籼稻米垩白改良剂	湖南农业大学	肖浪涛，蔺万煌
03124795	具有杀菌活性的N-取代苯基氨基甲酸酯类化合物及其制备方法	湖南化工研究院	刘卫东，王晓光，等
03125443	解淀粉芽胞杆菌CH-2菌株的制备方法和应用	中国科学院武汉病毒研究所	陈士云，杨宝玉，等
03127010	一种具有杀灭病毒作用的中药制剂及生产工艺	东北师范大学遗传与细胞研究所	李玉新，张舵，等
03129130	一种消毒凝胶及其制备方法和应用	上海高科联合生物技术研发有限公司	黄青山
03129464	壳寡糖植物生长剂及其制备方法	华东理工大学	张文清，夏玮，等
03129466	茉莉酮酸酯衍生物及其在植物细胞中的应用	华东理工大学，大连理工大学	钱旭红，钟建江，等
03130584	一种纯中药抗病毒杀菌喷雾剂及其制备方法	天津药物研究院	张铁军，许浚，等
03131050	一种含有灭草松、氟磺胺草醚和精喹禾灵的除草组合物	山东滨州农药厂	张玉瑞
03132005	一种食品防腐用菌株及其抗菌产物	南京农业大学	陆兆新，别小妹，等
03132322	一种大批量生产生物除草剂的方法	南京农业大学，南通江山农药化工股份有限公司	强胜，朱秦，等
03132336	蛇床子素作为昆虫病毒增效剂在生物防治中的应用	江苏省农业科学院	方继朝，郭慧芳，等
03133376	具有除草活性的2，6-二溴-4-氰基苯酯类化合物	沈阳化工研究院	李斌，相东，等
03133377	具有除草活性的苯甲酰基环己酮胺类化合物	沈阳化工研究院	李斌，王世辉，等
03133378	具有除草活性的二苯并环辛烷基羧酸酯类化合物	沈阳化工研究院	李斌，相东，等
03133379	具有除草活性的芳氧苯氧羧酸酯类化合物	沈阳化工研究院	李斌，刘振龙，等
03133419	氟吗啉与烯肟菌酯及含有增效剂的杀菌组合物	沈阳化工研究院	刘君丽，张宗俭，等
03133420	烯肟菌酯与硫代氨基甲酸盐的杀菌组合物	沈阳化工研究院	张宗俭，司乃国，等
03133421	烯肟菌酯与霜脲氰的杀菌组合物	沈阳化工研究院	司乃国，刘君丽，等
03133719	一种杀菌组合物及其应用	沈阳化工研究院	杨春河，张国生，等
03134024	一种光稳定的除草制剂	沈阳化工研究院	张国生，李斌，等
03134025	含烯肟菌胺与三唑类的杀菌组合物	沈阳化工研究院	司乃国，刘君丽，等
03134560	一种腈菌唑水分散性粒剂	西安克胜新依达农药有限公司	郑敏敏，魏振魁
03135100	三氯异氰尿酸可湿性粉剂	江苏北方氯碱集团有限公司	卓立，张尊锋，等
03135386	除虫菊酯的制备方法	中国科学院昆明植物研究所	邱明华，李忠荣

续表

申请号	名称	申请单位	发明人
03135402	2-N,N-二甲氨基-1,3-丙二黄原酸酯及其合成方法	贵州大学	张长庚,卢玉振
03135403	5-N,N-二甲氨基-2-硫酮-1,3-二噻烷及合成方法	贵州大学	卢玉振,张长庚
03135659	草甘膦铵盐固体制剂及其制备方法	四川迪美特生物科技有限公司	王国成,宿其,等
03137418	一种中低产田专用肥	北京盛丰特科技发展有限公司	岑其元,余建林
03139242	免活化纯二氧化氯消毒剂的配制方法	淄博市淄川华润科贸有限责任公司	高润泽,张增禄,等
03140079	柠檬苦素化合物-木果楝内酯及其用途	中国科学院南海海洋研究所	吴军,张偲,等
03141415	2-嘧啶氧基-N-脲基苯基苄胺类化合物、制备方法及其用途	中国科学院上海有机化学研究所,浙江化工科技集团有限公司	吕龙,陈杰,等
03141419	白蚁毒杀乳剂	德清县白蚁防治研究所	郭建强,雷阿桂,等
03141420	白蚁毒杀粉剂	德清县白蚁防治研究所	郭建强,雷阿桂,等
03142467	纳米抗菌材料及其制备方法	香港理工大学	李毅,胡军岩,等
03143374	取代酰胺类除草剂	沈阳化工研究院	刘长令,刘晓楠,等
03143375	羧酸酯类除草剂	沈阳化工研究院	刘长令,聂开晟,等
03146559	具有抗病毒活性的化合物	财团法人工业技术研究院	罗立清,何文岳,等
03147312	一种含有毒死蜱的颗粒剂	浙江新安化工集团股份有限公司	王伟,周曙光,等
03147791	一种稳定的甲氨基阿维菌素水分散粒剂	北京绿色农华生物工程技术有限公司	刘克红
03148340	4-[3-(吡啶-4-基)-3-取代苯基丙烯酰]吗啉——一类新型杀菌剂	中国农业大学	覃兆海,慕长炜,等
03150266	甲氨基阿维菌素苯甲酸盐-氟铃脲混合杀虫剂	福建新农大正生物工程有限公司	陈章艳,游文莉
03150442	一种昆虫多角体病毒繁殖中的收集方法	中国农业科学院茶叶研究所	殷坤山,肖强,等
03150713	一种消炎抑菌药物组合物及制备方法	深圳太太药业有限公司	张薇,冯开东
03152773	一种防治小麦腥黑穗病的种衣剂及其制备方法	新疆绿洲科技开发公司	黄乐平,雷斌,等
03152775	一种棉花脱叶剂	新疆绿洲科技开发公司	黄乐平,雷斌,等
03154061	含丙酯草醚或异丙酯草醚的油菜田除草剂组合物	浙江化工科技集团有限公司,中国科学院上海有机化学研究所	陈杰,吕龙,等
200310103235	含三唑磷和氟虫腈复配杀虫微乳剂及其制备方法	浙江新农化工有限公司	魏方林,童贤明,等
200310103513	一种抗生素农药可湿性粉剂及其制备方法	中国农业科学院生物防治研究所,苏州凯立生物制品有限公司	朱昌雄,蒋细良,等
200310104181	水产用双长链季铵络合碘异噻唑啉酮复合消毒剂	成都柯邦药业有限公司	李扬根,肖兰
200310104182	印楝素复合植物源微乳剂杀虫剂及其制作方法和在水产养殖中的用途	成都柯邦药业有限公司	李扬根,肖兰
200310104923	含啶菌恶唑的杀菌组合物	沈阳化工研究院	兰杰,司乃国,等
200310104924	啶菌恶唑与硫代氨基甲酸盐的杀菌组合物	沈阳化工研究院	张冬明,张宗俭,等

续表

申请号	名称	申请单位	发明人
200310104925	一种除草组合物	沈阳化工研究院	徐妍,孔宪滨,等
200310104926	含烯肟菌酯的杀菌组合物	沈阳化工研究院	陈亮,司乃国,等
200310105079	具有杀虫、杀菌活性的苯并吡喃酮类化合物及制备与应用	沈阳化工研究院	刘长令,关爱莹,等
200310105869	松油烯-4-醇衍生物及其应用	西北农林科技大学无公害农药研究服务中心	马志卿,陈安良,等
200310105878	一种含高价银磷酸盐无机抗菌剂及其制备方法	西安康旺抗菌科技股份有限公司	张文钲,王广文,等
200310106038	一种防治稻纵卷叶螟和水稻螟虫的复合杀虫剂	江苏省农业科学院	方继朝,郭慧芳,等
200310106039	一种复合仿生性杀虫剂	江苏省农业科学院	方继朝,郭慧芳,等
200310106087	一类含抑太保的复合杀虫剂	江苏省农业科学院	郭慧芳,方继朝,等
200310106176	毒死蜱和辛硫磷复配杀虫颗粒剂	江苏神农化工有限责任公司	孟宪民,仇是胜,等
200310106307	一种用于农作物病虫害监测及农药处方生成装置	中国科学院合肥智能机械研究所	康南生,王儒敬,等
200310107983	一种用于足部消毒的生物制剂	上海高科生物工程有限公司	陆婉英
200310107984	一种足部消毒剂	上海高科生物工程有限公司	陆婉英
200310108478	含硒三唑酰胺类化合物及其制备和应用	华东理工大学	李忠,宋恭华,等
200310108822	雷公藤杀虫活性物质的提取和分离方法	浙江省农业科学院	俞晓平,吕仲贤,等
200310109106	多元体协同增效多功能广谱消毒剂及其应用	洪麟;上海麟翔生物技术有限公司	洪麟,洪传沪
200310109535	草坪除草剂	浙江省农业科学院	吴长兴,王强,等
200310109619	防治棉花黄萎病的菌株及其菌剂的制备方法	河北省农林科学院植物保护研究所	马平,李社增,等
200310110093	埃银纳米孔复合材料及在吸附、杀死细菌和病毒中的应用	长春吉大高科技股份有限公司	朱广山,裘式纶
200310110647	杀虫、杀菌的含硫、氧肟醚类化合物	湖南化工研究院	柳爱平,王晓光,等
200310110649	水溶性复合过硫酸氢钾粉消毒剂	韶山大北农动物药业有限公司	莫云,刘彤,等
200310111003	一种蟑螂毒诱饵	红河森菊生物有限责任公司	闫秀琴,王耀生,等
200310111213	氯羟久效磷及其制备和用途	武汉化工学院	李坚
200310111416	利用苏云金芽胞杆菌 S-层蛋白为载体在细胞表面展示目标蛋白的方法及应用	华中农业大学	孙明,喻子牛,等
200310111536	复合凝胶抗菌膜及其制备方法	福建农林大学	庞杰,徐秋兰,等
200310112437	白蚁的生物防治方法	广东省昆虫研究所	韩日畴,曹莉,等
200310112844	控释型丹皮酚防霉防蛀剂	铜陵天时制药厂,合肥工业大学	杨瞬琪,姚日生,等
200310113737	一种微生态制剂及其制备方法与专用菌株	中国农业大学	王琦,梅汝鸿
200310114330	用于产生植物细胞分裂素的地衣芽孢杆菌及植物生长调节剂	神州汉邦(北京)生物技术有限公司	龙厚茹,周玖付,等
200310115037	植物病毒病防治剂	齐齐哈尔四友化工有限公司	刘景军,白索柱,等

续表

申请号	名称	申请单位	发明人
200310115535	一种地衣芽孢杆菌菌株(B-0A12)及其制剂	中国农业科学院植物保护研究所	郭荣君,李世东,等
200310116880	一种编码肽基脯氨酰顺反异构酶的基因	广西大学	唐纪良,何勇强,等
200310118226	一种补肾壮阳玫参补肾中药制剂及制备方法	吉林省辽源亚东药业股份有限公司	赵玉龙
200310119040	具有杀菌活性的α-(吡唑甲酸基)乙酰苯胺类化合物	沈阳化工研究院	李斌,张珂良,等
200310119041	具有除草活性的二苯并-1,3-二氧杂-环辛烷-2-酰胺类化合物	沈阳化工研究院	李斌,相东,等
200310119042	具有除草活性的二苯并-1,3-二氧杂-环辛烷-2-羧酸胺酯类化合物	沈阳化工研究院	李斌,相东,等
200310119043	具有除草活性的α,β和β,γ不饱和羧酸酯类化合物	沈阳化工研究院	李斌,相东,等
200310121196	一种提高生物农药抗太阳光照射的方法	北京科技大学	弓爱军,邱丽娜,等
200310122461	一种高分子杀菌剂及其制备方法	中国石油化工股份有限公司,中国石油化工股份有限公司石油化工科学研究院	刘杰,李本高,等
200310122665	毒死蜱—杀虫双水乳剂及其制备方法	上海农乐生物制品股份有限公司	冯镇泰
200310122666	功夫菊酯—多杀菌素水乳剂及其制备方法	上海农乐生物制品股份有限公司	冯镇泰
200310124153	铜三唑木材防腐剂	中国林业科学研究院木材工业研究所	蒋明亮,刘君良,等
200410000824	一种制备层状磷酸锆载银粉末的方法	中国科学院过程工程研究所	陈运法,李自强,等
200410002174	含有丁醚脲和阿维菌素的杀虫杀螨的组合物	深圳市诺普信农化有限公司	罗才宏,刘新兆,等
200410002175	一种具有协同增效作用的杀虫杀螨的组合物	深圳市诺普信农化有限公司	罗才宏,刘新兆,等
200410003422	一种用于抗菌除臭防霉的活性炭制剂的制备方法	中国皮革和制鞋工业研究院	李东英,刘旗
200410006970	二氧化硅包覆电气石与二氧化钛颗粒的复合抗菌材料及其制备方法和用途	中国科学院理化技术研究所	唐芳琼,孟宪伟,等
200410006971	表面包覆有微介孔二氧化硅的电气石与二氧化钛颗粒的复合体及其制法和用途	中国科学院理化技术研究所	唐芳琼,孟宪伟,等
200410009246	一种除草组合物及其用途和使用方法	北京颖新泰康科技有限公司	詹福康,李生学,等
200410009361	一种含有烟嘧磺隆和氟唑草酮的除草组合物	河北宣化农药有限责任公司	李正先,肖富生
200410009639	阿维菌素高产高分泌率生产菌种及AVM提取新方法	武汉绿世纪生物工程有限责任公司,武汉天惠生物工程有限公司	林开春,朱时炎,等
200410009652	一种除草组合物、其用途和其使用方法	北京颖新泰康科技有限公司	詹福康,李生学,等
200410009824	沙棘木蠹蛾性诱剂	北京林业大学,山西农业大学,水利部沙棘开发管理中心	张金桐,骆有庆,等
200410009872	一种苏云金芽孢杆菌生物农药泡腾片剂	北京科技大学	弓爱君,邱丽娜

续表

申请号	名称	申请单位	发明人
200410009911	一种苏云金芽孢杆菌生物农药易粉碎固态培养基生产工艺	北京科技大学	弓爱君,孙翠霞,等
200410010006	用于防除玉米田杂草的复合除草剂	河南省农业科学院植物保护研究所农药实验厂	王恒亮,鲁传涛,等
200410010782	硅酸盐基氧化锌离子纳米孔复合材料及广谱抑菌、杀菌	吉林大学	朱广山,裘式纶
200410011628	含2甲4氯异辛酯的蔗田除草剂	广西壮族自治区化工研究院	莫友彬,罗桂新,等
200410012618	一种黄果茄果实提取化合物和提取方法及应用	华中师范大学	李文新,赵利琴,等
200410012773	具有除草活性的氟取代苯氧乙酰氧基烃基膦酸酯和盐及制备	华中师范大学	贺红武,陈婷,等
200410013823	优良的稻田除草组合物	江苏天容集团股份有限公司,江苏瑞禾化学有限公司,江苏中意化学有限公司	许网保,虞国新,等
200410013889	优良的麦田一次性除草剂	江苏天容集团股份有限公司,江苏瑞禾化学有限公司,江苏中意化学有限公司	虞国新
200410014097	含有化合物2-氰基-3-氨基-3-苯基丙烯酸乙酯的杀菌组合物	江苏省农药研究所有限公司	王凤云,徐尚成,等
200410014169	干雾杀虫气雾剂	江苏同大有限公司	刘军伍
200410014880	防治温室蔬菜疫病的复合菌剂	南京农业大学	郭坚华,蒋志强
200410014881	防治温室蔬菜根结线虫病害的复合菌剂	南京农业大学	郭坚华,丁国春
200410015252	由双甘膦制备草甘膦的方法	广东珙田农药化工有限公司	马锡洪,庄明儒
200410015418	一种生产农药微乳剂的方法	深圳诺普信农化股份有限公司	罗才宏,刘新兆,等
200410015475	开口箭提取杀菌剂、保鲜剂的方法及应用	华南农业大学,长江大学	吴光旭,陈维信,等
200410015484	甘蔗条螟性引诱剂的制备方法及其应用	广州甘蔗糖业研究所	黎教良,管楚雄,等
200410016471	一种雷公藤提取物的制备方法	浙江医药股份有限公司新昌制药厂	许新德,金一平,等
200410016946	一种氟虫腈复配农药	中国水稻研究所	胡国文
200410018712	一种植物生长调节剂的应用	南开大学	陈永正,金桂玉,等
200410018791	大豆田的田间除草方法	南开大学	李正名,马宁,等
200410019223	磺酰胺类化合物及其制备方法和用途	南开大学	席真,程晓峰,等
200410019224	磺酰脲类化合物及其制备方法和用途	南开大学	席真,班树荣,等
200410020099	含有酵母细胞提取物的植物抗病诱导剂	天津市农业生物技术研究中心	岳东霞,张要武,等
200410020467	用作杀菌剂的芳基取代的异噁唑啉类化合物	沈阳化工研究院	程春生,李志念,等
200410020883	含烯唑醇生物活性组分的高分子型化学缓释杀菌剂	沈阳化工研究院	刘冬雪,台立民,等
200410020924	有机硒生物剂及制法及用该产品生产富硒蔬菜的方法	吴敦虎,吴敦富,大连绿晨园艺有限公司	吴敦虎,吴敦富
200410020976	氟吗啉水分散片剂	沈阳化工研究院	孔宪斌,王勇,等
200410021172	取代唑类化合物及其制备与应用	沈阳化工研究院	刘长令,李林,等

续表

申请号	名称	申请单位	发明人
200410021173	硫醚类杀菌剂	沈阳化工研究院	刘长令，张明星，等
200410022142	抗菌膜的制备方法	贵州工业大学	邱树毅，王广莉，等
200410022677	一种无机抗菌剂及其应用	云南大学	吴兴惠，柳清菊，等
200410023314	复合氨基酸壳聚糖肥料	株洲市湘东氨基酸有限公司	谭锐志，谭灿文，等
200410025503	一种丁硫克百威微乳剂	浙江禾田化工有限公司	黄松其，斯晓帆，等
200410026344	一种甲基硫菌灵水分散性粒剂	陕西上格之路生物科学有限公司	郑敬敏，王同斌
200410026450	漏芦杀虫剂及其制造方法	中山大学	何道航，庞义
200410026870	防治椰心叶甲的农药主剂及用其制成的制剂和使用方法	华南农业大学，南海市绿宝生化技术研究所	徐汉虹，张志祥，等
200410026928	桔小实蝇缓释型引诱剂	广东省昆虫研究所	黄鸿，吴华，等
200410026929	瓜实蝇缓释型引诱剂	广东省昆虫研究所	吴华，黄鸿，等
200410027013	水葫芦灭杀制剂	广东琪田农药化工有限公司	马锡洪，庄明儒
200410029556	农药微乳剂	北京华京五方实用纳米科技开发有限公司	米鹤都，高志钢，等
200410031167	一种含有异丙甲草胺和特丁净的除草组合物	山东中农民昌化学工业有限公司	黄延昌
200410031168	一种含有乙草胺和仲丁灵的除草组合物	山东中禾化学有限公司	黄延昌
200410031194	一种防治土壤病虫害的复合菌剂与有机菌肥的发酵与制备	北京天地绿园农业科学研究院	任承才，荀云端，等
200410035619	甲壳低聚糖锌硼镁肥的制备方法	中国海洋大学	单俊伟，许加超
200410035990	烷氧基丙基异噻唑啉酮作为杀菌剂的应用	中国海洋大学	于良民，姜晓辉，等
200410036011	武夷菌素杀菌剂的提取浓缩方法	潍坊万胜生物农药有限公司	付守书，李泉永
200410036474	波尔多液营养保护剂	山东农业大学	张民，杨越超，等
200410037505	转Bt基因抗虫棉调节剂及其应用	中国农业科学院作物育种栽培研究所	董志强，舒文华，等
200410040350	氰基丙烯酸酯衍生物及制备方法和生物活性	贵州大学	杨松，金林红，等
200410040470	一种杀虫微乳剂组合物及其制备方法	云南省化工研究院	浦恩堂，杨云松，等
200410043313	一种农药组合物及其制备方法	北京化工大学	陈建峰，文利雄，等
200410045524	用于阻碍植物乙烯反应的新颖层合物、其制法或使用方法	利统股份有限公司	张天鸿，陈禧莹
200410048092	防治黄瓜霜霉病或炭疽病的杀菌农药和应用	江苏辉丰农化股份有限公司	仲汉根，陈晓东，等
200410050480	一种新型低毒农作物杀菌剂的制备方法	中国科学院海洋研究所	李鹏程，刘松，等
200410051713	新型生物农药——松刚霉素生产方法	深圳市绿微康生物工程有限公司	吴松刚，刘波，等
200410052644	一种复合型无机抗菌剂的制备方法	上海大学，上海上惠纳米科技有限公司	张剑平，马寒冰，等
200410052993	水葫芦生物抑制剂及其制备方法	中国科学院上海生命科学研究院	郑慧琼，王六发，等
200410058017	一种培养蜡蚧轮枝菌的方法	中国农业大学	张龙
200410058520	复配除草剂	浙江天一农化有限公司	吴应多
200410060738	自养黄色杆菌及其杀螨剂	湖北大学	杨建明

续表

申请号	名称	申请单位	发明人
200410061380	避蚊剂	武汉鑫利来针织有限公司,武汉科技学院	陆必泰,朱义,等
200410061481	一种防霉变药剂及其应用	华中科技大学同济医学院	吴志刚
200410062295	含银杀菌剂 $H_xAg_xO_x$ 的新用途及其制备的药物	深圳市清华源兴生物医药科技有限公司	郑荣宇,罗小明,等
200410065018	一种氯硝柳胺乙醇胺盐粉剂及其制备方法	江苏省血吸虫病防治研究所	黄轶昕,孙乐平,等
200410065145	防治水稻恶苗病的农药组合物	江苏省农药研究所有限公司	王龙根,王凤云,等
200410065251	优良的麦田茎叶除草剂	江苏天容集团股份有限公司,常州市仿生农药工程技术研究中心,江苏瑞禾化学有限公司	许网保,虞国新,等
200410065252	优良的稻田茎叶除草剂	江苏天容集团股份有限公司,江苏中意化学有限公司,江苏瑞禾化学有限公司	许网保,虞国新,等
200410065403	农用杀菌剂 N-(4,6-二甲基嘧啶-2-基)苯胺的制备方法	江苏耕耘化学有限公司	李泽方,于康平,等
200410066225	具有触杀、胃毒和杀卵作用的杀灭有害节肢动物的组合物	上海生农生化制品有限公司	施顺发,张振国,等
200410067041	一种含竹醋液的植物营养保护剂及其制备方法	浙江林学院	马建义,张齐生,等
200410067240	一种纳米层状磷酸锆载银无机抗菌粉体及其制备新方法	上海维来新材料科技有限公司	朱伟员,赵斌,等
200410068135	一种低氯味的含氯泡腾消毒片、颗粒或粉剂及其制备方法	上海利康消毒高科技有限公司	卞雪莲
200410069127	蛇床子素及其复配组合物防治作物白粉病	江苏省农业科学院	石志琦,范永坚,等
200410073128	2-羰基丙酸水杨酰腙稀土配合物及其制备方法和用途	西北大学	何水样,曹文凯,等
200410073362	一种农药水分散软颗粒的制备方法	西北农林科技大学无公害农药研究服务中心	罗延红,李广泽,等
200410075754	一种具有杀松材线虫活性的紫苏提取物的制备方法	青岛大学	郭道森,李荣贵,等
200410077608	一种灭螺剂原药氯硝柳胺的制备方法	仲恺农业技术学院	崔英德,尹国强,等
200410077725	一种消毒剂	广州泰成生化科技有限公司	曾宪洲,段家贵,等
200410084457	硝基亚甲基衍生物及其用途	华东理工大学	钱旭红,李忠,等
200410089140	一种草甘膦制剂及其制备方法	浙江新安化工集团股份有限公司	王伟,任不凡,等
200410090830	一种含碘代丙炔基化合物的防腐剂组合物	北京桑普生物化学技术有限公司	冯士清,岳智勇,等
200410093330	N-烃氧羰基-2-噻唑烷酮衍生物、制备方法及其用途	浙江工业大学	翁建全,沈德隆,等

续表

申请号	名称	申请单位	发明人
200410093331	一种含吡唑双杂环化合物、制备方法及其应用	浙江工业大学	谭成侠,沈德隆,等
200410096848	磺酰脲类除草剂水分散粒剂及其制备方法	辽宁奥克化学集团有限公司	朱建民,刘兆滨,等
200410098439	一种昆虫杆状病毒杀虫剂及其制备方法	中国科学院动物研究所,河南省济源白云实业有限公司	秦启联,程清泉,等
200410099089	一种含吡唑和苯并咪唑双杂环化合物、制备方法及其用途	浙江工业大学	谭成侠,沈德隆,等
200410099225	一种装载功能性有机小分子纳米中空微球的制备方法	上海杰事杰新材料股份有限公司	杨桂生,沈征武,等
200410099227	二氧化钛/无机碳复合纳米中空微球及其制备方法和应用	上海杰事杰新材料股份有限公司	杨桂生,沈征武,等
200410103563	新的α-芋螺毒素肽,其编码多核苷酸及用途	海南大学	罗素兰,长孙东亭,等
200410103987	一种防治禽流感的药物及其制备方法	中国医学科学院药用植物研究所	陈迪华,高微微,等
200420102549	一种抗菌BOPP薄膜	广东德冠包装材料有限公司	徐文树,罗启扬,等
200510003041	N-取代苯并噻唑基-1-取代苯基-O,O-二烷基-α-氨基膦酸酯类衍生物及制备方法和用途	贵州大学	宋宝安,张国平,等
200510010677	一种防治三七根腐病的制剂及使用方法	文山壮族苗族自治州三七科学技术研究所	陈昱君,王勇,等
200510010739	天然除虫菊素乳油制剂的应用	红河森菊生物有限责任公司	范洁茹,彭辛辉,等
200510010802	一种抗植物白粉病的药物及其制备方法和应用	中国科学院昆明植物研究所,云南省农业科学院生物技术与种质资源研究所	郝小江,李艳梅,等
200510011016	天然除虫菊素蚊虫驱避液	红河森菊生物有限责任公司	彭辛辉
200510011485	一种水基农药及其制备方法	北京华京五方实用纳米科技开发有限公司	米鹤都,高志钢
200510011580	一种促进植物生长和提高植物抗病性蛋白的应用	中国农业科学院农业环境与可持续发展研究所	邱德文,刘峥,等
200510011673	一种皂荚皂素的制备工艺及其应用	北京林业大学	蒋建新,朱莉伟,等
200510012085	无毒可生物降解的杀虫剂	北京瑞雪环球科技有限公司	黄瑞清,安白度,等
200510012261	一种作物根系复壮剂	中国农业科学院蔬菜花卉研究所	蒋卫杰,余宏军
200510012288	对羟基苯甲酸及其类似物在制备预防和治疗皮肤黏膜病毒性感染药物中的应用	盛华(广州)医药科技有限公司	张庆民,秦卫华
200510012841	一种草甘膦的制备工艺	四川省乐山市福华通达农药科技有限公司	王雪峰
200510012994	含有阿维菌素的杀虫水乳剂	河北威远生物化工股份有限公司	柴方堃,张惠芳,等
200510013223	磺酰脲化合物水溶盐的除草剂组合物	南开大学	李正名,寇俊杰,等
200510013913	磺酰脲化合物及除草活性	南开大学	李正名,穆小丽,等

续表

申请号	名称	申请单位	发明人
200510014385	芳基吡咯 N-草酸酯类衍生物及制备和作为杀虫剂的应用	南开大学	汪清民,毛春晖,等
200510014387	N-硫代氨基苯甲酰基苯基脲类化合物的制备和应用	南开大学	汪清民,陈莉,等
200510014748	一种酰亚胺类化合物及其制备方法	南开大学	席真,班树荣,等
200510015167	1,2,3,6-四氢酞酰亚胺类化合物及其制备和用途	南开大学	席真,班树荣,等
200510015168	六氢酞酰亚胺类化合物及其制备和用途	南开大学	席真,班树荣,等
200510016986	一种诱导植物生根的生长调节剂组合物	中国科学院长春应用化学研究所	魏春华,杨宇明,等
200510016987	提前君子兰花期植物生长素组合物	中国科学院长春应用化学研究所	魏春华,杨宇明,等
200510018549	具有杀菌杀虫活性的取代苯氧乙酰氧基烃基次膦酸酯和膦酸酯盐	华中师范大学	贺红武,王涛,等
200510018556	具有杀菌除草活性的取代苯氧乙酰氧基芳杂环基烃基膦酸酯盐及制备	华中师范大学	贺红武,王涛,等
200510018611	具有杀菌除草活性的取代苯氧乙酰氧基芳杂环基烃基次膦酸酯及其制备	华中师范大学	贺红武,王涛
200510018650	枇杷单性结实诱导剂及其使用方法	福州市农业科学研究所	林永高,胡章琼
200510018678	氯胺磷的制备方法	武汉工程大学	李坚,巨修练,等
200510018929	一种消灭血吸虫的药物组合物及其制备方法	华中科技大学,武汉华中科大纳米药业有限公司	杨祥良,陈宏杰,等
200510019153	具有杀菌活性的取代噻吩并[3′,2′:5,6]吡啶并[4,3-d]嘧啶-4(3H)-酮及制备	华中师范大学	贺红武,丁明武,等
200510019573	防治番茄灰霉病的杀菌剂组合物	华中师范大学	杨光富,刘祖明,等
200510019576	一类具有杀菌除草活性的多取代吡啶并[4,3-d]嘧啶及制备	华中师范大学	贺红武,王涛,等
200510019596	苏云金芽胞杆菌的杀虫晶体蛋白基因 *cry7Bal*	华中农业大学	孙明,喻子牛,等
200510020600	黄连农药增效剂	西南农业大学	李学刚,吴光权,等
200510021116	C、D型肉毒杀鼠素冻干剂及其加工方法	青海生物药品厂	陈友信,王如兴,等
200510021730	硝虫硫磷复配杀虫杀螨剂	四川省化学工业研究设计院	李绢超,万积秋,等
200510022274	无机纳米抗菌粉体的制备方法	四川大学	李玉宝,李吉东,等
200510024189	具有杀灭B型烟粉虱和有害节肢动物的组合物	上海生农生化制品有限公司	施顺发,张振国,等
200510024521	纳米复合氧化高银杀菌粉体及其制备方法	上海多佳水处理科技有限公司	周国光,肖雪松,等
200510025284	醛类复合高效杀生剂	上海久安水质稳定剂厂,上海市军天湖精细化工厂	李希东,仇家陶,等
200510025726	层状银系无机抗菌材料及其制备方法	上海润河纳米材料科技有限公司	贡友余,陈运法,等
200510025889	精氟吡甲禾灵微乳剂及其制备方法和应用	上海市农药研究所	张一宾,钱振官,等

续表

申请号	名称	申请单位	发明人
200510026040	一种复合杀虫剂	上海市农业科学院	蒋杰贤,季香云
200510026100	一种水稻田除草组合物及其应用	上海师范大学	薛思佳,张雅凤
200510026692	2,4-二氯苯氧乙酰胺嘧啶衍生物及其制备方法和农药组合物	上海师范大学	薛思佳,阎琳
200510027334	用合欢提取物制备控制黄瓜和番茄病害水剂的方法	上海交通大学	代光辉,赵杰,等
200510027609	具有疏水核心、亲水表面的纳米粒及其制备方法和应用	复旦大学	印春华,钱锋,等
200510028204	消弧线圈阻尼电阻可控硅保护装置	上海思源电气股份有限公司	杨小强,王建忠
200510029382	[N-(2-嘧啶氧基)苄氨基苯基]磺酰胺类化合物、制备方法及其用途	中国科学院上海有机化学研究所,浙江化工科技集团有限公司,上海中科侨昌作物保护科技有限公司	吕龙,陈杰,等
200510029384	2-嘧啶氧基苯甲酸[2-(嘧啶氨基甲基)]苯酯类化合物、制备方法及其用途	中国科学院上海有机化学研究所,浙江化工科技集团有限公司,上海中科侨昌作物保护科技有限公司	吕龙,陈杰,等
200510029385	2-嘧啶氧基-N-芳基-7-腈基或磷酸酯基苄胺类化合物、制备方法及其用途	中国科学院上海有机化学研究所,浙江化工科技集团有限公司,上海中科侨昌作物保护科技有限公司	吕龙,陈杰,等
200510029386	苄胺类化合物、制备方法及其用途	浙江化工科技集团有限公司,中国科学院上海有机化学研究所	王国超,唐庆红,等
200510029387	N-2-嘧啶氧基苄基取代的环胺类化合物,制备方法及其用途	浙江化工科技集团有限公司,中国科学院上海有机化学研究所	彭伟立,唐庆红,等
200510029404	一种鱼藤酮复配杀虫剂及其制备方法	上海三友生物科技开发有限公司	刘哲鹏
200510029519	一种淡紫色链霉菌及其应用	上海市农药研究所	陶黎明,徐文平,等
200510029520	一种放线链霉菌及其应用	上海市农药研究所	陶黎明,徐文平,等
200510029595	稀土激活载银系无机抗菌剂及其制备方法	上海大学	施利毅,邹冬梅,等
200510030317	一种大分子化合物、其制备方法及应用	上海市农药研究所	陶黎明,徐文平,等
200510031365	杀虫双氟虫腈复配微乳剂杀虫剂	湖南大方农化有限公司	刘松,李旭君
200510031724	具有除草活性的N-羧酸衍生物取代的苯并噁嗪类化合物	湖南化工研究院	黄明智,任叶果,等
200510031843	一种缓解水稻免遭异丙甲草胺毒害的方法	湖南农业大学	柏连阳,刘国华,等
200510031844	一种缓解乙草胺对水稻伤害的方法	湖南农业大学	柏连阳,刘承兰,等
200510031845	一种保护水稻免遭乙草胺毒害的方法	湖南农业大学	柏连阳,刘承兰,等
200510032425	具有除草活性的N-异吲哚二酮取代苯基脲类化合物	湖南化工研究院	王晓光,黄明智,等
200510032426	具有除草活性的N-异吲哚二酮取代苯基酰胺类化合物	湖南化工研究院	任叶果,黄明智,等
200510034579	一种灭杀红火蚁的药剂和方法	广东省昆虫研究所	田伟金,庄天勇,等

续表

申请号	名称	申请单位	发明人
200510035119	杀灭摇蚊幼虫的缓释生物制剂及其制备方法和应用方法	深圳市水务(集团)有限公司	张金松,刘丽君,等
200510036375	液态纳米单质银抗菌剂及制备方法	深圳清华大学研究院	陈丽琼,李荣先
200510037300	一种氨基酸配合物叶面肥的配制方法	广东省农业科学院土壤肥料研究所	彭智平,杨少海,等
200510037723	吡啶类鬼臼毒素化合物及其制备方法和在制备杀虫剂中的应用	南京医科大学	高蓉,肖杭,等
200510038350	优良的油菜田茎叶除草剂	江苏天容集团股份有限公司,江苏瑞禾化学有限公司,江苏中意化学有限公司	许网保,虞国新,等
200510038351	沙蚕毒素类仿生农药清洁生产工艺	江苏天容集团股份有限公司,江苏中意化学有限公司,江苏瑞禾化学有限公司	许网保,魏明阳,等
200510038353	氯溴异氰脲酸的一种生产工艺及其用途	江苏东宝农药化工有限公司	宋国庆,童振祥
200510038593	一种杀菌灭藻防霉剂的制备方法	南京台硝化工有限公司	吴淮民
200510038852	具有协合作用的杀菌剂组合物	江苏龙灯化学有限公司	罗昌炎,杨世超,等
200510038853	具有杀菌活性的组合物	江苏龙灯化学有限公司	罗昌炎,杨世超,等
200510038979	一种青霉在植物土传病害防治上的应用	江苏省农业科学院	马艳,常志州
200510038983	油菜田除草组合物	通州市宝成农业技术开发有限公司	张建明,杨燕涛,等
200510039128	一种抗灰霉病的生物杀菌剂及其制备方法	安徽农业大学	蒋立科,岳永德,等
200510040383	联苯菊酯水乳剂及其制备工艺	南京第一农药有限公司	杨寿海,孙小琴,等
200510040384	顺式氯氰菊酯水乳剂及其制备工艺	南京第一农药有限公司	杨寿海,齐武,等
200510040398	S-氰戊菊酯水乳剂及其制备工艺	南京第一农药有限公司	杨寿海,齐武,等
200510041431	一种含氟虫脲的增效杀虫组合物	南京第一农药有限公司	杨寿海,王琼林,等
200510041436	一种含氟虫脲和三唑磷的增效杀虫组合物	南京第一农药有限公司	杨寿海,刘奎涛,等
200510041437	一种含高效氯氟氰菊酯和氟虫脲的增效杀虫组合物	南京第一农药有限公司	杨寿海,刘立新,等
200510041438	一种含哒螨灵和氟螨脲的增效杀虫组合物及其应用	南京第一农药有限公司	杨寿海,李建兵,等
200510041439	一种杀虫组合物及其应用	南京第一农药有限公司	杨寿海,王泉水,等
200510041440	一种含嘧螨酯和S-氰戊菊酯的增效杀虫组合物及其应用	南京第一农药有限公司	杨寿海,王小平,等
200510041441	一种组合物及其应用	南京第一农药有限公司	杨寿海,齐武,等
200510041442	含嘧螨酯和高效氯氟氰菊酯的增效杀虫组合物及应用	南京第一农药有限公司	杨寿海,邢平,等
200510041443	一种含高效氯氰菊酯和嘧螨酯的增效杀虫组合物及其应用	南京第一农药有限公司	杨寿海,王小平,等
200510041444	一种含哒螨灵和嘧螨酯的增效杀虫组合物及其应用	南京第一农药有限公司	杨寿海,王小平,等

续表

申请号	名称	申请单位	发明人
200510041445	一种含虱螨脲和吡虫啉的杀虫组合物及其应用	南京第一农药有限公司	杨寿海,周典海,等
200510041446	一种含高效氯氰菊酯和虱螨脲的增效杀虫组合物及其应用	南京第一农药有限公司	杨寿海,邢平,等
200510041447	一种含虱螨脲和啶虫脒的杀虫组合物及其应用	南京第一农药有限公司	杨寿海,张兰平,等
200510041448	一种含虱螨脲和毒死蜱的增效杀虫组合物及其应用	南京第一农药有限公司	杨寿海,徐盈,等
200510041449	一种含高效氯氟氰菊酯和虱螨脲的增效杀虫组合物及应用	南京第一农药有限公司	杨寿海,王小平,等
200510041450	一种杀虫组合物及其应用	南京第一农药有限公司	杨寿海,齐武,等
200510041453	一种含高效氯氰菊酯和氟虫脲的增效杀虫组合物	南京第一农药有限公司	杨寿海,车文元,等
200510041626	一种超细复合无机抗菌剂的制备方法	西北大学	黄岳元,仪建华,等
200510041687	含咪鲜胺的杀菌微乳剂及其制备方法	西北农林科技大学无公害农药研究服务中心	何军,周一万,等
200510041930	β-环糊精对氯苯氧乙酸固体包结物及其制备和应用	西北师范大学	张有明,魏太保,等
200510042141	一种淡紫拟青霉新菌株及其利用虾壳制备杀线虫剂的方法	福建农林大学	张绍升
200510042822	昆虫病原线虫共生菌的分段供氧发酵工艺及其发酵物用途	西北农林科技大学无公害农药研究服务中心	王永宏,何军,等
200510042902	一种复方过氧酸消毒剂及其加工工艺	兰州益生化工有限公司	苏立宏
200510043921	具有氧化锌晶须活性剂涂层的翅片及其加工方法	海信集团有限公司,青岛海信空调有限公司	黄聿川,杜建伟,等
200510044250	间苯三酚乙酰基衍生物及其合成方法与应用	山东省科学院生物研究所	高永超,孔学,等
200510044251	间苯三酚丙酰基衍生物及其合成方法与应用	山东省科学院生物研究所	孔学,高永超,等
200510044307	N-取代羧甲基壳聚糖及其制备方法	中国科学院海洋研究所	李鹏程,郭占勇,等
200510044527	生物、生化制剂及其配制方法和用途	山东靠山生物科技有限公司	陈靠山,刘景和,等
200510044546	一类羧甲基壳聚糖季铵盐及其制备方法	中国科学院海洋研究所	李鹏程,郭占勇,等
200510045005	环丙烯复合保鲜剂及其制作方法	济南营养源食品科技有限公司	王庆国,高风霜,等
200510045006	固体二氧化氯缓释剂	山东营养源食品科技有限公司	王庆国,高风霜,等
200510045399	一种强抗菌多功能海洋生物农用制剂的制备方法	青岛大学	李群
200510045856	N-(2-取代苯基)-N-甲氧基氨基甲酸酯类化合物及其制备与应用	沈阳化工研究院	杨春河,耿丽文,等
200510046126	异喹啉酮类化合物及其应用	沈阳化工研究院	李斌,吴鸿飞,等
200510046127	吡唑并嘧啶酮类化合物及其应用	沈阳化工研究院	李斌,王世辉,等

续表

申请号	名称	申请单位	发明人
200510046465	一种低成本抗菌材料及其制造方法	东北大学	薛向欣，杨合，等
200510046515	一种芳基醚类化合物及其制备与应用	沈阳化工研究院	刘长令，李淼，等
200510046765	取代的对三氟甲基苯醚类化合物及其制备与应用	沈阳化工研究院	刘长令，迟会伟，等
200510047057	一种甲基磺草酮油悬剂	沈阳化工研究院	张国生，高爽，等
200510047098	一种啶菌噁唑杀菌水剂	沈阳化工研究院	孔宪滨，兰杰，等
200510047100	一种杀菌、杀虫组合物	沈阳化工研究院	司乃国，张国生，等
200510047150	N-(取代的吡啶)酰胺类化合物及其制备与应用	沈阳化工研究院	刘长令，迟会伟，等
200510047151	取代的噁二唑或三唑硫酮类化合物及其制备与应用	沈阳化工研究院	刘长令，迟会伟，等
200510047152	异噁唑类化合物作为杀菌剂的应用	沈阳化工研究院	刘长令，李淼，等
200510047154	一种2-苯甲酸基丙烯酸酯类化合物及其应用	沈阳化工研究院	李斌，白丽萍，等
200510047155	一种4-苯甲酸基丁烯酸酯类化合物及其应用	沈阳化工研究院	李斌，于海波，等
200510047156	一种1-苯基-1-甲基环丙烷类化合物及其应用	沈阳化工研究院	李斌，相东，等
200510047157	一种2-取代烷基丙烯酸酯类化合物及其应用	沈阳化工研究院	李斌，于春睿，等
200510047158	一种1-(多取代)苯基环丙烷类化合物及其应用	沈阳化工研究院	相东，李志念，等
200510047349	植物生长调节剂烯丙异噻唑水分散片剂及其制备方法	鞍山科技大学	王勇，张志强，等
200510047446	一种农业杀菌剂	中国科学院海洋研究所	李鹏程，郭占勇，等
200510048182	一步两段连续式生产三氯异氰尿酸的方法	河北冀衡化学股份有限公司	柴如行，韩伯睿，等
200510048714	天然除虫菊素水乳剂及其制备方法	红河森菊生物有限责任公司	王怀勇
200510048737	天然除虫菊素水乳剂及其制备方法	云南南宝植化有限责任公司	李定中
200510048759	紫茎泽兰提取物用于植物病害防治	云南农业大学	叶敏，朱有勇，等
200510048935	一种含吡唑氨基脲化合物、制备方法及其应用	浙江工业大学	谭成侠，沈德隆，等
200510049079	井冈羟胺A-4,7,4′,7′-二缩醛或酮类化合物及其制备与应用	浙江工业大学	杜晓华，徐振元，等
200510049258	以高聚物为稳定剂的纳米银溶液和纳米银粉体的制备方法	浙江大学	计剑，付金红，等
200510049359	多环含磷井冈羟胺A化合物及其制备与应用	浙江工业大学	吴庆安，郑辉，等

续表

申请号	名称	申请单位	发明人
200510055374	牛膝多糖硫酸酯的抗艾滋病和免疫调节新用途	中国医学科学院医药生物技术研究所，中国科学院上海有机化学研究所，浙江京新药业股份有限公司	陈鸿珊，田庚元，等
200510060416	杀菌剂组合物	浙江化工科技集团有限公司	陈定花，胡伟群，等
200510060752	纳米抗菌粉体及其制备方法	浙江大学	刘芙，张孝彬，等
200510060777	一种硫代磷酸酯或磷酸酯衍生物及其制备与应用	浙江工业大学	刘运奎，许丹倩，等
200510065421	用于杀菌抑菌抗菌的组合物及其用途	浙江裕晟生物科技有限公司	徐克信，成德荣，等
200510068207	驱虫纱网及其制法	清展科技股份有限公司	周国忠
200510071329	基于醚菌酯的复配杀菌组合物	安徽华星化工股份有限公司	吴秀华，吴江鹰，等
200510074543	纯二氧化氯消毒液制备器	淄博华润科贸有限责任公司	高润泽，王东生，等
200510078417	丙硫克百威微乳剂	浙江禾田化工有限公司	黄松其，斯晓帆，等
200510080277	杀菌组合物	浙江威尔达化工有限公司	吴明龙
200510081252	含除草剂O,O-二甲基-1-(2,4-二氯苯氧乙酰氧基)乙基膦酸酯的除草组合物	华中师范大学	贺红武，谭孝松，等
200510081634	一种农药助剂	福建省泉州德盛农药有限公司	颜禧凯
200510084293	弱紫外光多功能杀菌材料研制方法	中国科学院生态环境研究中心	胡春，路国忠，等
200510085407	13-氮杂-1,15-十五内酯，其制备方法和作为杀菌剂的用途	中国农业大学	王道全，董燕红，等
200510085408	2-氧代环烷基磺酰胺，其制备方法和作为杀菌剂的用途	中国农业大学	王道全，李兴海，等
200510085409	α-甲硫基环十二酮肟酯类化合物，其制备方法及作为除草剂的用途	中国农业大学	王明安，王道全，等
200510086654	一个用于防治作物病害的编码胞嘧啶脱氨酶的基因	广西大学	唐纪良，姜伯乐，等
200510086692	一种缓释农药颗粒剂	北京市农业技术推广站	周春江，李松林，等
200510086748	一种药物隔离膜防治蔬菜根部病虫害的方法	中国农业科学院蔬菜花卉研究所	李宝聚，王满意，等
200510090044	一种植物生长调节剂组合微乳剂及其制备方法和用途	中国农业大学	段留生，李召虎，等
200510092869	蛇床子素复配组合物	江苏省农业科学院	石志琦，范永坚，等
200510094104	一种植物克生素(楝素)软农药及制法	南京九康科技发展有限公司	闵九康，周卫兵，等
200510094281	一种丙酸酯类化合物、中间体及其制备方法和含有该化合物的除草剂	江苏省农药研究所股份有限公司	王凤云，刁亚梅，等

续表

申请号	名称	申请单位	发明人
200510094282	吡唑酰胺类化合物及其中间体和以该类化合物为活性成分的有害生物防治剂	国家南方农药创制中心江苏基地	徐尚成，倪珏萍，等
200510094378	一种含丙环唑和福美双的杀菌组合物及其应用	南京第一农药有限公司	杨寿海，齐武，等
200510094379	一种含丙烷脒和甲基硫菌灵的杀菌组合物及其应用	南京第一农药有限公司	杨寿海，齐武，等
200510094380	一种含水杨菌胺和三环唑的杀菌组合物及其应用	南京第一农药有限公司	杨寿海，刘奎涛，等
200510094381	一种含唑菌胺酯和百菌清的杀菌组合物及其应用	南京第一农药有限公司	杨寿海，王小平，等
200510094382	一种含唑菌胺酯和代森锰锌的杀菌组合物及其应用	南京第一农药有限公司	杨寿海，徐强，等
200510094383	一种含唑菌胺酯和多菌灵的杀菌组合物及其用途	南京第一农药有限公司	杨寿海，吴焘，等
200510094384	一种含水杨菌胺和甲基硫菌灵的杀菌组合物及其应用	南京第一农药有限公司	杨寿海，刘立新，等
200510094385	一种含水杨菌胺和丙环唑的杀菌组合物及其应用	南京第一农药有限公司	杨寿海，张兰平，等
200510094386	一种含嘧菌酯和异稻瘟净的杀菌组合物及其应用	南京第一农药有限公司	杨寿海，芮中南，等
200510094387	一种含嘧菌酯和甲基硫菌灵的杀菌组合物及其应用	南京第一农药有限公司	杨寿海，齐武，等
200510094388	一种含嘧菌酯和稻瘟灵的杀菌组合物及其应用	南京第一农药有限公司	杨寿海，车文元，等
200510094389	一种含嘧菌酯和春雷霉素的杀菌组合物及其应用	南京第一农药有限公司	杨寿海，王红明，等
200510094390	一种含丙烷脒和腈菌唑的杀菌组合物及其应用	南京第一农药有限公司	杨寿海，袁祝庆，等
200510094391	一种含咪鲜胺或其锰盐和丙环唑的杀菌组合物及其应用	南京第一农药有限公司	杨寿海，车文元，等
200510094392	一种含醚菌酯和稻瘟灵的杀菌组合物及其应用	南京第一农药有限公司	杨寿海，王泉水，等
200510094394	一种含嘧菌酯和百菌清的杀菌组合物及其应用	南京第一农药有限公司	杨寿海，祁超，等
200510094395	一种含咪鲜胺或其锰盐和菌核净的高效杀菌组合物及其应用	南京第一农药有限公司	杨寿海，陈新春，等
200510094396	一种含咪鲜胺或其锰盐和芸苔素的增效杀菌组合物及其应用	南京第一农药有限公司	杨寿海，胡明华，等
200510094397	一种含醚菌酯和异稻瘟净的高效杀菌组合物	南京第一农药有限公司	杨寿海，汤辉荣，等

续表

申请号	名称	申请单位	发明人
200510094398	一种含醚菌酯和丙环唑的增效杀菌组合物	南京第一农药有限公司	杨寿海，王小平，等
200510094690	二嗪磷杀虫剂	安徽省国家农药剂型工程技术中心	陈慰林，郑彩华
200510094919	除草组合物的制备方法	江苏瑞禾化学有限公司，江苏中意化学有限公司，江苏天容集团股份有限公司	许网保，刘文新，等
200510095077	制备α-型百菌清的方法	江苏工业学院	席海涛，朱方平，等
200510095817	一种含有纳米材料的杆状病毒杀虫悬浮剂及其制备方法	中国科学院动物研究所，江苏太湖地区农业科学研究所	秦启联，张青，等
200510096338	斑蝥素与有机磷杀虫剂的增效组合物	杨凌农林科大昆虫资源研究发展中心	张雅林，郑胜礼，等
200510096339	一种含斑蝥素杀虫剂组合物	杨凌农林科大昆虫资源研究发展中心	张雅林，郑胜礼，等
200510097757	一种高含量三唑锡乳油及其制备方法	福建省泉州德盛农药有限公司	颜禧凯
200510100863	一种灭杀蚂蚁的植物药剂	广东省昆虫研究所	田伟金，庄天勇，等
200510101977	一种农用喷洒油的乳化剂	广东省昆虫研究所	毛润乾，郭明昉，等
200510102210	杀灭红火蚁的杀虫药主剂及其制成的饵剂	佛山市南海区绿宝生化技术研究所，华南农业大学	叶宝鑑，徐汉虹，等
200510102211	防治刺桐姬小蜂的农药主剂及其制成的制剂	佛山市南海区绿宝生化技术研究所，华南农业大学	叶宝鑑，徐汉虹，等
200510102214	防治刺桐姬小蜂虫害的农药主剂及其制成的制剂	佛山市南海区绿宝生化技术研究所，华南农业大学	徐汉虹，叶宝鑑，等
200510102724	一种防治农作物土传病害的生物制剂及制备方法	秦皇岛领先科技发展有限公司	曹克强，董轶博，等
200510104387	吡喃酮抗生素及其制备方法与应用	山东省科学院中日友好生物技术研究中心	杨合同，陈凯，等
200510105695	甘氨酸法制备草甘膦新工艺	重庆三峡英力化工有限公司	谢增勇，查正炯，等
200510109118	抗棉花枯、黄萎病蛋白质BS2的分离纯化及其基因*BS2*的克隆	中国农业科学院生物技术研究所，郭三堆	郭三堆，白玮，等
200510109442	一种复合除草剂	北京绿色农华植保科技有限责任公司	林梅根，郑德瓒，等
200510109447	一个来源于梨孢菌的分生孢子产生必需的新基因及其用途	中国农业大学	彭友良，张裕君，等
200510111018	用番茄茎叶提取物制备控制黄瓜霜霉病水剂的方法	上海交通大学	代光辉，赵杰，等
200510111599	一种油菜田除草剂、制备方法及其用途	中国科学院上海有机化学研究所，上海市农业科学院植物保护研究所	吕龙，沈国辉，等
200510112690	甲基丁香酚在植物病害防治上的应用	中国医学科学院药用植物研究所	高微微，樊瑛，等
200510112691	一种植物源农用杀菌剂及其制备方法	中国医学科学院药用植物研究所	高微微，樊瑛，等
200510112916	一种具有杀虫、抗菌活性的新化合物	中国农业科学院植物保护研究所，北京师范大学	何兰，曹坳程，等
200510112981	一种仲丁灵水乳剂型除草剂及生产工艺	张掖市大弓农化有限公司	刘锋
200510115039	氧化锌晶格载银无机抗菌剂及其制备方法	西南交通大学，成都交大晶宇科技有限公司	周祚万，罗雁冰，等

续表

申请号	名称	申请单位	发明人
200510115346	啶虫脒与吡蚜酮杀虫组合物	中国农业科学院植物保护研究所	陈福良，曹坳程，等
200510115789	绿色缓释型杀蜂螨剂	中国农业科学院蜜蜂研究所	周婷，王强，等
200510115790	绿色缓释杀蜂螨剂	中国农业科学院蜜蜂研究所	王强，周婷，等
200510115909	甘氨酸法制备草甘膦的后处理新工艺	重庆三峡英力化工有限公司	谢增勇，查正炯，等
200510117421	一种生物杀菌剂及其制备方法	河北农业大学	刘大群，赤国彤，等
200510117474	纳米复合抗菌剂	深圳清华大学研究院，青岛科技大学	李镇江，郭锋，等
200510117621	三唑磷水乳剂及其制备方法	浙江新农化工有限公司	魏方林，朱国念，等
200510120504	无诱导表达基因工程菌株及构建方法和应用	武汉大学	孟小林，徐进平，等
200510120767	一种无机抗菌剂及其制备方法	深圳市海川实业股份有限公司	关有俊，何唯平
200510120999	一种瓜实蝇引诱剂	广东省昆虫研究所	韩日畴，陈镜华，等
200510121274	巨大合叶珊瑚粘液抗菌物质的提取方法	中国科学院南海海洋研究所	陈国华，黄良民，等
200510122239	一种羧酰胺类化合物及其制备方法和用途	南开大学	席真，程晓峰，等
200510122353	非天然异香豆素衍生物的制备和用途	南开大学	范志金，瓜勒姆．瓜弟尔，等
200510122734	2.6-二氯苯腈的工业化生产方法	扬州天辰精细化工有限公司	陈国云，潘明生，等
200510123045	防治水稻恶苗病的农药及方法	江苏丘陵地区镇江农业科学研究所	汪智渊，杨红福
200510123142	一种杀菌消毒剂及其应用	南京工业大学	崔群，秦娟，等
200510125241	钙法生产高效漂粉精	江苏索普(集团)有限公司	宋勤华，陆锡峰，等
200510125242	钙法生产高效漂粉精	江苏索普(集团)有限公司	宋勤华，陆锡峰，等
200510126292	一种除草剂组合物	江西正邦化工有限公司	肖富生，林印孙，等
200510126414	印楝油微胶囊及其制备方法	华南农业大学	谷文祥，莫莉萍
200510126496	一种与致病力相关的稻瘟菌基因及其应用	中国科学院微生物研究所	何朝族，李桂华
200510128056	驱避剂及其制备方法及驱避剂的用途	鄂尔多斯市碧森种业有限责任公司，张永智	吕荣，刘新前，等
200510129205	呋喃虫酰肼类杀虫悬浮剂及其制备方法	江苏省农药研究所股份有限公司	徐年凤，张瑶，等
200510129848	一种可食性耐水耐高温复合凝胶抗菌膜及其制备方法	福建农林大学	庞杰，徐秋兰，等
200510129937	一种降有机磷农药残留促生长生物制剂的制备方法	中国海洋大学	汪东风，罗轶，等
200510136302	吡虫啉油剂及其用途	河北省农林科学院植物保护研究所	高占林，潘文亮，等
200510136304	氰戊菊酯油剂及其用途	河北省农林科学院植物保护研究所	党志红，高占林，等
200510136305	阿维菌素和噻嗪酮的杀虫组合物及其用途	河北省农林科学院植物保护研究所	李耀发，潘文亮，等
200510136658	一种用于农作物含有咪鲜胺锰盐和乙酸铜的杀菌组合物	湖南万家丰科技有限公司	黄安辉，陶英，等
200510136659	一种用于农作物的杀菌组合物	湖南万家丰科技有限公司	陶英，黄迪辉，等
200510136810	双氯敌鼠及铵盐或钠盐的制备和应用	大连实验化工有限公司	叶定岳，刘文良，等

续表

申请号	名称	申请单位	发明人
200510200460	一种砂生槐提取物抑菌、杀虫剂及其制备方法	兰州大学	李红玉，马兴铭，等
200610000162	从黄姜加工到废水处理的一体化工艺	北京大学	倪晋仁，王志民，等
200610005247	α-氯氰菊酯防污剂	厦门大学	柯才焕，冯丹青
200610006559	一种离子-氧化物型/有机蒙脱石抗菌剂及其制备方法	宁夏大学	马玉龙，郭彤，等
200610008081	一种环状氟硼酸内盐衍生物及其制备方法与应用	中国科学院化学研究所	俞初一，严胜骄，等
200610009137	三取代二氢沉香呋喃醚类化合物及其杀虫活性	西北农林科技大学农药研究所	吴文君，张继文，等
200610009729	2甲4氯胺微肥除草剂	黑龙江科润生物科技有限公司	常明
200610009802	生物降解除草剂氯嘧磺隆菌剂的制备方法	东北农业大学	陶波，滕春红，等
200610009912	蔬菜田中防治害虫的生物源杀虫复配剂	东北农业大学	赵奎军，于洪春，等
200610010054	米尔贝霉素和米尔贝肟微乳剂、水乳剂、悬浮剂制备方法	东北农业大学	向文胜，高爱丽，等
200610010055	多拉菌素、塞拉菌素水乳剂及其制备方法	东北农业大学	向文胜，王丽，等
200610010056	尼莫克汀、莫西克汀水乳剂、微乳剂、悬浮剂的制备	东北农业大学	王相晶，孙丽鹏，等
200610010429	天然多组分抗菌蛋白发酵液的制备方法	黑龙江大学	平文祥，杜春梅，等
200610010722	印楝种子中印楝油和印楝素原药的快速连续提取方法	中国林业科学研究院资源昆虫研究所	段琼芬，王有琼，等
200610010741	一种用来防治三七根腐病的制剂及使用方法	文山壮族苗族自治州三七科学技术研究所	陈昱君，王勇，等
200610010742	一种防治三七根腐病的制剂及使用方法	文山壮族苗族自治州三七科学技术研究所	陈昱君，王勇，等
200610010821	天然除虫菊素超低容量喷雾剂	红河森菊生物有限责任公司	王怀勇，唐国平
200610011087	木霉生物农药的制备工艺	云南生物制药有限公司，云南农业大学，浙江大学	武宽，刘云龙，等
200610011129	一种防治植物白粉病的复配杀菌剂	河北省农林科学院植物保护研究所	马志强，张小风，等
200610011130	一种防治果蔬炭疽病的复配杀菌剂	河北省农林科学院植物保护研究所	韩秀英，张小风，等
200610011131	一种复配杀菌剂	河北省农林科学院植物保护研究所	李红霞，张小风，等
200610011155	一种以剩饭菜为原料制备苏云金芽孢杆菌生物农药的方法	北京科技大学	弓爱君，宋晓春，等
200610011215	用于诱集扩散型松材线虫的化学诱剂	中国科学院动物研究所	孙江华，韦卫，等
200610011375	一种炔基噻吩类化合物及其制备和应用	华南农业大学	徐汉虹，吴仁海
200610011594	一种含天然除虫菊素和吡虫啉的农药组合物及其应用	云南省农业科学院农业环境资源研究所	吴文伟，李顺林，等
200610012179	一株作物青枯病生防枯草芽孢杆菌菌株	中国农业科学院植物保护研究所	赵廷昌，王静，等

续表

申请号	名称	申请单位	发明人
200610012554	含量为93%～96%的炔螨特原药的制法	青岛瀚生生物科技股份有限公司	李树柏,郭前玉,等
200610013029	氟硅唑与醚菌酯杀菌组合物及其制备方法	天津久日化学工业有限公司	解敏雨
200610013325	一种反渗透膜用杀菌剂及其制备方法	天津化工研究设计院	周伟生
200610014393	N-次磺酸酯基二芳酰肼类衍生物及制备和应用	南开大学	汪清民,尚坚,等
200610017156	次氯酸无机层状双金属氢氧化物插层消毒杀菌复合材料	吉林大学	朱广山,裘式纶,等
200610017841	一种用于脱有机磷农药的植物提取物	河南农业大学	孙治强,赵卫星,等
200610017843	一种防治蔬菜根结线虫病有机改良剂	河南农业大学	李洪连,孙炳剑,等
200610017845	防病增产杀菌剂	河南农业大学	孙炳剑,李洪连,等
200610019345	一类2-取代苯并噻唑-1,2,4-三唑啉酮衍生物的合成及除草活性	华中师范大学	杨光富,骆焱平,等
200610019564	一种抗蝗虫的苏云金芽孢杆菌及Bt杀蝗剂的制备方法	中国科学院武汉病毒研究所	高梅影,戴顺英,等
200610019609	制备苏云金芽孢杆菌的后处理工艺	湖北省生物农药工程研究中心	吴继星,陈在佴,等
200610019747	一类8-(4,6-二甲氧基嘧啶氧基)-2-取代苯并哒嗪-1-酮衍生物的合成及除草活性	华中师范大学	杨光富,李元祥,等
200610022178	绣线菊杀菌剂及其制备方法和用途	四川大学	侯太平,周丽
200610023382	阿维菌素水乳剂及其制备方法	上海农乐生物制品股份有限公司	冯镇泰
200610023383	三唑磷水乳剂及其制备方法	上海农乐生物制品股份有限公司	冯镇泰
200610023384	甲氨基阿维菌素苯甲酸盐水乳剂及其制备方法	上海农乐生物制品股份有限公司	冯镇泰
200610023459	利用促生拮抗菌M18衍生菌株制备杀菌剂的方法	上海交通大学	许煜泉
200610023567	有机磷杀线虫剂颗粒剂	苏州富美实植物保护剂有限公司	王厚文,刘燕菁,等
200610023650	一种水葫芦生物防治菌株及其用途	上海市农业科学院植物保护研究所,中国科学院上海生命科学研究院	戴富明,何祖华,等
200610024040	银杏酸在制备杀灭钉螺、防止血吸虫病的生物农药中的用途	复旦大学,上海杏灵科技药业股份有限公司	潘家祜,谢德隆,等
200610024773	纳米介孔载银抗菌剂及其制备方法	上海师范大学	李和兴,张蝶青
200610025138	一类具有高杀虫活性化合物的制备方法及用途	华东理工大学,江苏克胜集团股份有限公司	李忠,钱旭红,等
200610025544	银纳米粒子的制备方法及制得的银纳米粒子	中国科学院上海应用物理研究所	龙德武,吴国忠
200610027132	养参菌的制备和修复海参养殖池环境的方法	上海泓宝绿色水产科技发展有限公司	邹国忠

续表

申请号	名称	申请单位	发明人
200610027133	肥参菌的制备和修复海参养殖池环境的方法	上海泓宝绿色水产科技发展有限公司	邹国忠
200610027183	肥海菌的制备和修复水产养殖环境的方法	上海泓宝绿色水产科技发展有限公司	邹国忠
200610027189	宝贝菌的制备和修复贝类养殖环境的方法	上海泓宝绿色水产科技发展有限公司	邹国忠
200610027494	氧杂氟烷基磺酰胺类化合物、制备方法及其用途	中国科学院上海有机化学研究所	吕龙，唐庆红，等
200610027601	一种含银杏酸的复合杀螺剂及其制备方法	复旦大学	潘家祜，毛佐华，等
200610027833	苯并噻二唑衍生物在植物抗病激活剂的应用	华东理工大学	钱旭红，徐玉芳，等
200610028031	多元体协同增效多功能广谱消毒止痛剂及其应用	上海麟翔生物技术有限公司	洪麟
200610028435	一种氟代芳香烃化合物的制备方法	上海万溯化学有限公司	唐运宏，张显飞
200610028436	一种3-氟-5-硝基三氟甲苯的制备方法	上海万溯化学有限公司，上海康鹏化学有限公司	唐运宏，张显飞
200610028832	防鼠防白蚁无卤低烟阻燃环保型电梯控制随动电缆	上海新时达电线电缆有限公司	孔善祥，王朝凡
200610029737	一类3-硒代吲哚的合成对植物生长促进和富硒作用	华东理工大学	李忠，钱旭红，等
200610029744	一种胶体蜚蠊诱饵	上海家宝医学保健科技有限公司	徐明
200610031144	一种生物药肥	长沙普绿通生物科技有限公司	邱德文，刘小玲，等
200610031469	含乙烯基肟醚基的氨基甲酸酯类杀菌化合物	湖南化工研究院	刘卫东，杜升华，等
200610031846	玉米叶提取物的制备方法	长沙世唯科技有限公司，湖南九汇现代中药有限公司	曾建国，罗琪，等
200610032425	除草的N3-取代苯基脲嘧啶类化合物	湖南化工研究院	黄明智，任叶果，等
200610032880	无机复合抗菌剂及其制备方法和应用	暨南大学	谭绍早，谢瑜珊，等
200610034963	一种植物油基杀虫杀螨剂	华南农业大学	曾鑫年，熊忠华
200610035912	西松烷型二萜及其制备方法和用途	中国科学院南海海洋研究所	漆淑华，张偲
200610036933	生长素与农药的藕合物及其制备方法与作为农药的应用	华南农业大学	徐汉虹，李俊凯，等
200610036936	氨基酸与农药的藕合物及其制备方法与作为农药的应用	华南农业大学	徐汉虹，李俊凯，等
200610036994	一种可抑制水稻吸收重金属的稀土复合硅溶胶	广东省生态环境与土壤研究所	李芳柏，刘新铭，等
200610037490	一种桔小实蝇引诱剂	广东省昆虫研究所	黄鸿，吴华，等
200610037535	一种芥酸苄酯杀虫剂	广东省昆虫研究所	吴华，黄鸿，等

续表

申请号	名称	申请单位	发明人
200610038100	一种植物源生长调节剂及其在农作物促生长方面的应用	南京信息工程大学	高桂枝,陈敏东,等
200610039287	防治稻曲病的杀菌剂	江苏丘陵地区镇江农业科学研究所	束兆林,缪康,等
200610039576	1-(6-氯-3-吡啶甲基)-N-硝基咪唑-2-亚胺的合成方法	江苏长青农化股份有限公司	吉志扬,王建荣
200610040284	烯酰吗啉水分散粒剂及其生产方法	江苏耕耘化学有限公司	李泽方,刘慕兰,等
200610041300	防治油菜菌核病的农药及方法	江苏丘陵地区镇江农业科学研究所	汪智渊,杨红福
200610041634	葡萄无籽化早熟多效剂及其处理方法	西北大学	杨旭武,高胜利,等
200610041635	葡萄无籽化早熟多效剂(膏剂)及其处理方法	西北大学	杨旭武,高胜利,等
200610042868	植物型皮肤黏膜消毒剂	西安格润森生物制药股份有限公司	宋凯
200610042869	植物型抗菌剂	西安格润森生物制药股份有限公司	宋凯
200610043806	生物农药组合物及其制备方法和用途	山东泽禾农用生物制品有限公司	张顺忠,赵廷发
200610047058	一种苯甲酸酯类化合物及其应用	中国中化股份有限公司,沈阳化工研究院有限公司	李斌,于春睿,等
200610047059	2-苯甲酰基-2-烷基甲酰基乙酸酯类化合物及其应用	沈阳化工研究院	李斌,于海波,等
200610047060	3-苯甲酸基丙烯酸酯类化合物及其应用	沈阳化工研究院	李斌,于海波,等
200610048482	螟蛾引诱剂	河南农业大学	郭线茹,原国辉,等
200610048484	烟夜蛾成虫引诱剂	河南农业大学	罗梅浩,郭线茹,等
200610048485	金龟甲类成虫广谱引诱剂	河南农业大学	原国辉,罗梅浩,等
200610048613	一种从除虫菊中提取的活性物及应用	云南大学	张克勤,王兴彪,等
200610048614	一种化合物和厚朴酚的应用	云南大学	张克勤,洪林军,等
200610048783	一种低六氯苯含量百菌清的生产方法	云南省化工研究院	梁雪松,吴立群,等
200610049125	氟虫腈复配农药	浙江升华拜克生物股份有限公司	胡国文,沈德堂,等
200610049126	一种氟虫腈复配农药	浙江升华拜克生物股份有限公司	胡国文,沈德堂,等
200610049195	一种二氯喹啉酸固体制剂	浙江新安化工集团股份有限公司	王伟,周曙光,等
200610049234	一种含生物质气化焦油的杀螨剂	浙江富来森中竹科技股份有限公司	马建义,王正郁
200610049780	一种杀虫基因及其用途	浙江大学	沈志成,李春雨
200610049967	杀虫组合物	浙江新安化工集团股份有限公司	王伟,周曙光,等
200610050238	一种雷公藤生物碱复配微乳剂农药	浙江省农业科学院	陈列忠,俞晓平,等
200610050239	一种雷公藤生物碱复配杀虫剂	浙江省农业科学院	俞晓平,陈列忠,等
200610050243	膜技术分离提浓草甘膦母液中草甘膦的方法	捷马化工股份有限公司	周良,王文,等
200610050245	载锌硅酸盐抗菌剂的制备方法和用途	浙江大学	胡彩虹,夏枚生,等
200610051022	对根癌农杆菌有抑制作用的黑曲霉菌株及其用途	贵州大学	李祝,宋宝安,等
200610051032	纯天然活性植物生长强化剂	贵州黔龙生态有机农业发展有限责任公司	许光森,青辉栋

续表

申请号	名称	申请单位	发明人
200610051832	蟋蟀草平脐蠕孢菌粗毒素提取工艺及其制剂	中国水稻研究所	张建萍,余柳青,等
200610053116	负载型超细活性单质砷及制备方法和用途	浙江大学	夏枚生,靳明建,等
200610053648	一种草甘膦铵盐固体制剂的生产方法	捷马化工股份有限公司	王文,周良,等
200610053858	一种防治蔗田杂草的除草剂	浙江省长兴第一化工有限公司	徐梅英
200610057339	木霉菌液体深层发酵生产厚垣孢子的方法	中国农业科学院农业环境与可持续发展研究所	蒋细良,孙连壮,等
200610062164	一种农药组合物	深圳诺普信农化股份有限公司	王兴林,罗才宏,等
200610065584	1,2-二氢吡啶衍生物、碳苷中间体及其制备方法与应用	中国科学院化学研究所	俞初一,严胜骄,等
200610065620	一株利迪链霉菌及其在植物病害生物防治中的应用	北京市农林科学院	刘伟成,裘季燕,等
200610066981	一株成团泛菌及其发酵培养方法与应用	西北农林科技大学	薛梦林
200610067283	含丙酯草醚或异丙酯草醚和氯代酰胺类除草剂的油菜田除草剂组合物	中国科学院上海有机化学研究所,浙江化工科技集团有限公司	吕龙,陈杰,等
200610067284	含丙酯草醚或异丙酯草醚和乙酰辅酶A羧化酶抑制剂的油菜田除草剂组合物	中国科学院上海有机化学研究所,浙江化工科技集团有限公司	吕龙,陈杰,等
200610067285	含丙酯草醚或异丙酯草醚和草除灵的油菜田除草剂组合物	浙江化工科技集团有限公司,中国科学院上海有机化学研究所	陈杰,吕龙,等
200610069339	高产耐高温蛋白酶的苏云金芽孢杆菌筛选及培养方法	福建农林大学	关雄,郑毅,等
200610069365	一种抗变色壳聚糖络合银抗菌剂的制备方法	青岛大学	李群,李子超
200610069692	一种植物油杀虫剂及其应用方法	聊城大学农学院,杜学林,田世珍	杜学林,田世珍,等
200610069990	一种瓶装农药及其生产方法	山东寿光双星农药有限公司	李云,孙风泉,等
200610070048	无致病性双核丝核菌*BNR-1*的农用制剂与应用	山东省科学院生物研究所	李纪顺,陈凯,等
200610071337	杀螟丹和阿维菌素复配农药	浙江升华拜克生物股份有限公司	胡国文,张重骅,等
200610072820	储粮害虫生物防治剂	广东省粮食科学研究所	李文辉,陈嘉东,等
200610072838	麦田除草剂组合物	上海泰禾(集团)有限公司	田晓宏
200610072839	一种玉米田除草剂组合物	上海泰禾(集团)有限公司	田晓宏
200610075673	玉米抗倒伏增产调节剂及其制备方法和应用	中国农业科学院作物科学研究所	董志强,赵明,等
200610084989	一种甾体皂甙元化合物作杀菌剂的用途	华南农业大学,长江大学,中国科学院华南植物园	吴光旭,陈维信,等
200610084990	一种甾体皂甙元化合物作杀菌剂的用途	华南农业大学,长江大学,中国科学院华南植物园	吴光旭,陈维信,等
200610085245	胰蛋白酶作为有机杀虫剂降解剂的应用	南京医科大学	马磊,朱昌亮,等
200610085246	糜蛋白酶作为有机杀虫剂降解剂的应用	南京医科大学	朱昌亮,孙艳,等

续表

申请号	名称	申请单位	发明人
200610085981	用草甘膦二、三价盐生产草甘膦一价盐的方法	江苏好收成韦恩农药化工有限公司	刘卫伟
200610093374	含有醚菌酯和腈菌唑的具有杀菌作用的组合物	深圳诺普信农化股份有限公司	罗才宏,朱卫锋,等
200610096394	丙环唑金属配合物及其制备方法和用途	南京农业大学	杨春龙,罗金香,等
200610096729	一类防治水稻害虫的复合杀虫剂	江苏省农业科学院	郭慧芳,方继朝,等
200610096854	一种农药水分散粒剂及其制备方法	新沂市中港农用化工有限公司	王金华,梁龙华,等
200610097240	一种含有氯化血红素的植物生长调节剂	南京农业大学	沈文飚,黄丽琴,等
200610098286	蛇床子素及其复配物在制备防治水稻稻曲病农药中的应用	江苏省农业科学院	石志琦,王春梅,等
200610098368	含有甲基硫菌灵和咪鲜胺的杀菌剂	江苏丘陵地区镇江农业科学研究所	吉沐祥,束兆林,等
200610098939	氨基甲酸酯类除草剂	西安近代化学研究所	丁秀丽,王列平,等
200610104352	一种除草剂	江苏辉丰农化股份有限公司	仲汉根,韦广权,等
200610104710	一种纳米 Ag(Ⅰ)/Ag(Ⅲ)/TiO_2 复合材料的制备方法	陕西科技大学	杨辉,张林
200610104711	一种纳米 Ag/TiO_2 复合材料的制备方法	陕西科技大学	杨辉,张林
200610104803	一种代森锌水分散粒剂	陕西上格之路生物科学有限公司	郑敬敏,王同斌,等
200610104826	一种高含量嘧啶核苷类抗菌素可湿性粉剂及其制备方法	陕西绿盾生物制品有限责任公司	杨宏勃,李蒲民
200610104867	从大花金挖耳分离的具杀菌活性的卡拉布烷型倍半萜内酯化合物及其用途	西北农林科技大学无公害农药研究服务中心	冯俊涛,马志卿,等
200610104885	从大花金挖耳提取的具杀菌活性的桉烷型倍半萜内酯化合物及其用途	西北农林科技大学无公害农药研究服务中心	冯俊涛,王俊儒,等
200610106513	粉末、颗粒和片状溴氯海因消毒剂的工业生产方法	河北亚光精细化工有限公司	李武成,娄献之,等
200610106588	含有五倍子提取物的杀菌剂及其组合物	河北农业大学	曹克强,胡同乐,等
200610110557	具有杀菌除草活性的取代苯氧乙酰氧基芳杂环基烃基次膦酸酯盐及其制备	华中师范大学	贺红武,王涛
200610111626	农药组合物	中国农业大学	王成菊,李学锋,等
200610112747	以烯丙基异硫氰酸酯为活性成份的防虫防霉熏蒸产品及其应用	武汉绿世纪生物工程有限责任公司	林开春,吴华,等
200610112826	碳纳米管/纳米氧化物的纳米复合材料的纤维结构及其制备方法和用途	中国科学院化学研究所	阳明书,胡广君,等
200610113736	功能性聚合物纳米复合材料及其制备方法和用途	中国科学院化学研究所	阳明书,孟祥福,等
200610114441	一种用于建筑物表面抗菌防霉剂的制备方法	北京化工大学	苏海佳,黄安娜,等
200610114634	一种无机/有机纳米复合抗菌剂及其纤维制品应用	北京崇高纳米科技有限公司	李毕忠,李默,等

续表

申请号	名称	申请单位	发明人
200610116309	铜离子和苯甲酸复合改性NaA纳米分子筛杀菌材料的制备方法	上海交通大学	徐芳,王德举,等
200610116821	羟酰胺缩合酯类化合物、制备方法及其用途	中国科学院上海有机化学研究所	吕龙,吕强,等
200610118966	乙氰菊酯的光活异构体的制备方法	中国科学院上海有机化学研究所	姜标,汪桦
200610119065	一种鱼藤酮水乳剂的制备方法	上海农乐生物制品股份有限公司,上海师范大学	杨仕平,冯镇泰
200610122122	水葫芦发酵液复配防治作物害虫小菜蛾的杀虫剂	广东琪田农药化工有限公司	庄明儒,庄梦月
200610123017	一类甲胺基阿维菌素有机酸盐及其制备方法与应用	华南农业大学	徐汉虹,胡林,等
200610123410	一种德国小蠊毒饵	广东省昆虫研究所	吴华,黄鸿,等
200610123411	一种红火蚁杀灭剂	广东省昆虫研究所	黄鸿,吴华,等
200610123523	醚菌酯杀菌微乳剂及其制备方法	华南理工大学	何道航,周立新
200610123524	鱼藤酮与呋虫胺混配杀虫微乳剂及其制备方法	华南理工大学	何道航
200610123526	醚菌酯与印楝素混配杀菌微乳剂及其制备方法	华南理工大学	何道航
200610123621	一种防治椰心叶甲的药物组合物及其使用方法	珠海旺世有限公司	丁文华,王祖劳,等
200610123738	醚菌酯与井冈霉素混配微乳剂及其制备方法	华南理工大学	何道航,胡艾希,等
200610123740	醚菌酯与多菌灵混配微乳剂及其制备方法	华南理工大学	何道航,胡艾希,等
200610124804	敌敌畏连续化生产的制备方法	沙隆达集团公司	何福春,殷宏,等
200610124861	一种三唑磷微乳剂及其制备方法	沙隆达集团公司	王成,陈林,等
200610124894	壳聚糖胍盐衍生物和壳聚糖胍盐抗菌剂的制备方法	武汉大学	杜予民,胡瑛,等
200610124933	高产Zwittermicin A和晶体蛋白的高毒力苏云金芽胞杆菌突变株D1-23及应用	华中农业大学	陈守文,喻子牛,等
200610125238	一种防治植物病害的农药组合物及应用	湖北省农业科学院植保土肥研究所	喻大昭,杨小军,等
200610125855	硝虫硫磷/阿维菌素复配杀虫杀螨剂	四川省化学工业研究设计院	李缉超,万积秋,等
200610125921	2-氰基-3-氨基-3-苯基丙烯酸乙酯防治农作物病害的应用	江苏省农药研究所有限公司	王凤云,徐尚成,等
200610126094	硝虫硫磷/哒嗪酮类杀螨剂复配杀虫杀螨剂	四川省化学工业研究设计院	李缉超,万积秋,等
200610126839	一种含有苯丁锡和丙溴磷的复配型杀虫杀螨组合物	青岛奥迪斯生物科技有限公司	王联庆,徐征红,等
200610126840	一种含有苯丁锡的复配型杀螨组合物	青岛海利尔药业有限公司	王联庆,徐征红,等

续表

申请号	名称	申请单位	发明人
200610127684	一种变色革杀菌防霉剂组合物、制备方法及使用方法	温州医学院	周铁丽,曹建明,等
200610128382	防病增产杀菌剂	河南农业大学	孙炳剑,李洪连,等
200610128445	激活植物免疫促进生长阻隔昆虫传毒的功能性保健药肥	河南农业大学	蒋士君
200610128465	杀根结线虫生物制剂及其应用方法	河南农业大学	孙治强,赵卫星,等
200610128493	植物生长调节剂组合物	河南农业大学	郑先福,孙炳剑
200610128498	杀菌组合物	河南农业大学	袁虹霞,孙炳剑,等
200610129554	N-(2,3-二氢-2,4-二甲基苯并呋喃-5-酰基)-N′-叔丁基-N′-(取代苯甲酰基)肼类杀虫剂的制备及应用	南开大学	汪清民,黄治强,等
200610129555	菲并吲哚里西啶和菲并喹喏里西啶衍生物及其盐在农药上的应用	南开大学	汪清民,王开亮,等
200610130710	硫醚类化合物植物生长调节剂	南开大学	赵国锋,曾泽兵,等
200610132313	绿僵菌素与吡虫啉的复配杀虫剂	华南农业大学	任顺祥,胡琼波
200610132314	绿僵菌素与阿维菌素的复配杀虫剂	华南农业大学	任顺祥,胡琼波
200610132478	漏芦水分散粒剂杀虫剂	华南理工大学	何道航,李润华
200610132479	蔗糖酯微乳剂杀虫剂及其制备方法	华南理工大学	何道航
200610134973	取代苯基脲类化合物及其制备与应用	中国中化股份有限公司,沈阳化工研究院有限公司	刘长令,李淼,等
200610134974	取代芳基醚类化合物及其制备与应用	中国中化股份有限公司;沈阳化工研究院有限公司	刘长令,迟会伟,等
200610135287	一种以茶粕为原料制备茶皂素清塘剂的方法	福州大学	陈剑锋
200610135288	一种茶皂素毒鱼剂的制备方法与用途	福州大学	陈剑锋
200610135328	一种用于鼠害防治的茶皂素不育剂的制备方法	福州大学	陈剑锋
200610135330	一种植物性灭螺剂的制备方法	福州大学	陈剑锋
200610138655	增进作物、植物或种子生长和土壤更新的方法	东海生物科技股份有限公司	何观辉,杨头雄,等
200610140416	1-硫杂-2-烃亚氨基-3,4-二氮杂-9-氧(氮)杂-10-氧代螺[4.15]-3-二十烯,其制备方法和作为杀菌剂的用途	中国农业大学	王道全,李建军,等
200610140417	12-磺酰氨基-(15-甲基)-1,15-十五内酯,其制备方法和作为杀菌剂的用途	中国农业大学	王道全,朱伟娟,等
200610140836	含芳醚双三氮唑类化合物及其用途	杭州宇龙化工有限公司	许良忠,吴华龙,等
200610143062	一种生产草甘膦酸铵盐的改进方法	浙江新安化工集团股份有限公司	王伟,周曙光,等
200610146002	含有吡螨胺和阿维菌素的具有协同增效作用的杀螨剂	深圳诺普信农化股份有限公司	罗才宏,朱卫锋,等

续表

申请号	名称	申请单位	发明人
200610147122	含有苯醚甲环唑和甲基硫菌灵的具有杀菌作用的组合物	深圳诺普信农化股份有限公司	王新军,罗才宏,等
200610148309	一种核壳结构的稀土纳米抗菌剂及其制备方法和应用	上海师范大学	何其庄,周美锋,等
200610149114	天然除虫菊素乳油制剂的应用	红河森菊生物有限责任公司	范洁茹,彭幸辉,等
200610149115	天然除虫菊素乳油制剂的应用	红河森菊生物有限责任公司	范洁茹,彭幸辉,等
200610149116	天然除虫菊素乳油制剂的应用	红河森菊生物有限责任公司	范洁茹,彭幸辉,等
200610149117	天然除虫菊素乳油制剂的应用	红河森菊生物有限责任公司	范洁茹,彭幸辉,等
200610151902	硝虫硫磷/除虫菊酯复配杀虫杀螨剂	四川省化学工业研究设计院	李缉超,万积秋,等
200610152019	一种枯草芽孢杆菌及其菌剂和应用	河北省农林科学院植物保护研究所	马平,李社增,等
200610152032	载银铵改性纳米沸石抗菌剂及其制备方法	厦门大学	熊兆贤,苏炳煌
200610152746	一种防治香蕉病的农药及其使用方法	宁夏大荣化工冶金有限公司	朱振林,樊小林
200610154809	种子引发剂	杭州市农业科学研究院	马华升,阮松林,等
200610154956	三唑并嘧啶硫代乙酰胺类化合物、制备方法及其应用	浙江工业大学	孙国香,沈德隆,等
200610155062	用于果蔬采后病害生物防治的海洋酵母及其制备方法和用途	浙江大学	郑晓冬,王一非,等
200610155222	含氮五元杂环酮的功夫菊酰胺化合物、制备方法及其应用	浙江工业大学	孙娜波,沈德隆,等
200610155358	一种抗菌聚酰胺6纤维及其制作方法	义乌华鼎锦纶股份有限公司	宁佐龙,缪国华
200610155406	蟋蟀草平脐蠕孢菌的培养方法及其用途	中国水稻研究所	张建萍,余柳青
200610155473	一种生物除草剂及其制备方法	浙江省农业科学院	杜新法,邱海萍,等
200610155590	一种杀蜂螨药物及花椒水提取物、辣茄水提取物、良姜水提取物在制备杀蜂螨药物中的应用	杭州日出蜂业科技有限公司	叶达华,林巧彬,等
200610156173	除草组合物	江苏辉丰农化股份有限公司	仲汉根
200610156925	一种吡虫啉制剂	深圳诺普信农化股份有限公司	罗才宏,朱卫锋,等
200610156926	一种复配农药	深圳诺普信农化股份有限公司	罗才宏,朱卫锋,等
200610159480	一种含斑蝥素杀虫剂组合物	杨凌农林科大昆虫资源研究发展中心	张雅林,郑胜礼,等
200610159481	一种含斑蝥素杀虫剂组合物	杨凌农林科大昆虫资源研究发展中心	张雅林,郑胜礼,等
200610160001	一种复合生物杀虫剂	河南农业大学	梁振普,张小霞
200610160010	一种植物性杀虫剂的制备方法	河南农业大学	韩富根,赵铭钦
200610160025	杀虫杀螨组合物	河南农业大学	郑先福,孙炳剑
200610161387	一种芦苇化感物质生产方法及其在控制互花米草中的应用	南京大学	赵福庚,周军,等
200610161577	一种缓蚀杀菌剂及其制备方法	南京工业大学	陈洪龄,王洪军
200610161919	诱杀美国白蛾的引诱剂	沧县正大环保科技有限公司	王玉亭
200610165278	并环碳苷类化合物、碳苷中间体化合物以及它们的制备方法与应用	中国科学院化学研究所	俞初一,张提,等

续表

申请号	名称	申请单位	发明人
200610165802	一种“生物学营养制剂-T”的制备方法	北京天地绿园农业科学研究院	任承才，纪宏生，等
200610166471	具有增效作用的杀菌剂组合物	江苏东宝农药化工有限公司	宋国庆，孙红军，等
200610166600	海棠抗病毒药物的制备方法及其应用	三峡大学	汪鋆植，邹坤，等
200610200228	茚取代肟醚类杀菌、杀虫剂	大连理工大学	吐松，徐龙鹤，等
200710000309	一种咪鲜胺衍生物及其作为杀菌剂的应用	江苏辉丰农化股份有限公司	仲汉根
200710002604	一种含有丁醚脲的杀虫组合物	青岛凯源祥化工有限公司	葛尧伦
200710002617	一种含有氟铃脲杀虫组合物	青岛凯源祥化工有限公司	葛尧伦
200710002618	一种含有虫螨腈与氟铃脲的杀虫组合物	青岛海利尔药业有限公司	葛尧伦
200710003648	香草兰果荚防落剂	中国热带农业科学院香料饮料研究所	王庆煌，刘爱芳，等
200710006465	甲嘧磺隆在木薯和剑麻作物田中的使用方法	陕西九天精细化工发展有限公司	王彰九，王宏斌，等
200710006817	氟节胺和二甲戊乐灵烟草抑芽复配制剂	浙江禾田化工有限公司	黄松其，吴引儿，等
200710008942	茶园专用粘虫胶及其制备方法	厦门大学	胡宏友，李雄
200710009044	棉粕水解物及其制备方法与应用	深圳职业技术学院	杨剑，丁立忠，等
200710009048	一种除草剂的制备方法及应用	深圳职业技术学院	杨剑，杨少华，等
200710009662	一种可见光下光催化杀菌抗菌剂的制备方法	厦门大学	贾立山，李清彪，等
200710010717	一种增加番茄产量的复合制剂	沈阳农业大学	陈凤玉，郝建军，等
200710010719	一种复配型杀虫剂	沈阳农业大学	忻亦芬，王洪平，等
200710010857	2-嘧啶氧(硫)基苯甲酸基乙酰胺类化合物及其应用	中国中化股份有限公司，沈阳化工研究院有限公司	李斌，冀海英，等
200710010858	2-嘧啶氧(硫)基苯甲酸基烯酸酯类化合物及其应用	中国中化股份有限公司，沈阳化工研究院有限公司	李斌，冀海英，等
200710011130	防治鱼类寄生虫病的复方中草药制剂	大连水产学院	赵文，邢跃楠，等
200710011178	邻甲酰氨基苯甲酰胺类化合物及其应用	中国中化股份有限公司，沈阳化工研究院有限公司	刘长令，柴宝山，等
200710011434	取代嘧啶醚类化合物及其应用	中国中化股份有限公司，沈阳化工研究院有限公司	刘长令，柴宝山，等
200710013126	牛蒡低聚果糖在农业上作为抗病诱导子的应用	山东应天生物科技有限公司	陈靠山，张宗席
200710013631	阿维菌素·杀虫双杀虫剂组合物及其微乳剂制备方法	山东省烟台市农业科学研究院	王英姿，王继秋，等
200710013632	含有克菌丹的具有协和作用的杀菌剂组合物	山东省烟台市农业科学研究院	王英姿，王继秋，等
200710014340	番茄灰霉病拮抗菌株 B-04-GLU	山东理工大学	马汇泉，李桂霞
200710014654	一种防螨抗菌纤维素纤维的制备方法	山东海龙股份有限公司	田素峰，王乐军，等
200710015752	植物病害防治剂	山东省农业科学院植物保护研究所	齐军山，徐作珽，等
200710016278	伯克氏菌多功能工程菌株及其构建方法	山东省科学院中日友好生物技术研究中心	杨合同，黄玉杰，等

续表

申请号	名称	申请单位	发明人
200710016508	空调风扇用抗菌防尘材料及其制作方法	海信(山东)空调有限公司	黄聿川,康月,等
200710017213	血根碱在制备水产动物药物中的应用及其制剂的制备方法	西北农林科技大学	王高学,王建福,等
200710017247	一种防治套袋水果病害的药剂及其制备方法	西北农林科技大学	郭云忠,孙广宇,等
200710017493	细辛醚用于防治由植物病原菌引起的植物病害的杀菌用途	西北农林科技大学无公害农药研究服务中心	马志卿,何军,等
200710017494	一种植物源抗病毒剂及其制备方法	西北农林科技大学无公害农药研究服务中心	马志卿,冯俊涛,等
200710019573	含氟虫腈和异丙威的杀虫组合物	江苏太湖地区农业科学研究所	陆长婴,沈明星,等
200710019679	蚕用复合消毒剂	中国农业科学院蚕业研究所	黄可威,王玉华,等
200710019715	一种有机硅农药增效剂及其制备方法	张家港市骏博化工有限公司	刘玉龙,陈惠明
200710020277	含2-氰基-3-氨基-3-苯基丙烯酸乙酯与丙环唑的杀菌组合物及其用途	江苏省农药研究所股份有限公司	郎玉成,倪珏萍,等
200710020305	第二代新烟碱类杀虫剂JT-L001及其化学合成方法	江苏天容集团股份有限公司	许网保,魏明阳,等
200710020616	用于有效防治水稻稻曲病的杀菌剂组合物	江苏辉丰农化股份有限公司	仲汉根
200710020617	一种具有增效作用的杀菌剂组合物	江苏辉丰农化股份有限公司	仲汉根
200710021051	稀土-氨基酸-维生素三元配合物植物生长调节剂及其制备方法	南京师范大学	黄晓华,周青,等
200710021284	防治温室蔬菜疫病的菌株PX35	南京农业大学	郭坚华,徐刘平
200710021411	一种用于麦田灰飞虱防治的颗粒剂	江苏省农业科学院	顾中言,徐德进
200710021509	短短小芽孢杆菌TW及防治水稻稻瘟病的活菌制剂	江苏丘陵地区镇江农业科学研究所	杨敬辉,朱桂梅,等
200710021724	丁香酚、蛇床子素复配生物杀菌剂	江苏省农业科学院	王春梅,石志琦,等
200710021725	丁香酚微乳剂	江苏省农业科学院	石志琦,王春梅,等
200710022625	航空器杀虫气雾剂及其制备方法	江苏同大有限公司	刘军伍,金宪扬,等
200710022704	粉剂农药的颗粒表面活性改良的方法	淮阴师范学院	徐建明,汪鑫,等
200710023610	氯菊酯敌敌畏复配杀虫剂	江苏省农业科学院	刘贤金,张志勇,等
200710024472	一种非化学处理防治储粮害虫的方法	南京农业大学	屠康,肖洪美,等
200710024512	IPP悬浮剂及其制备方法	江苏克胜集团股份有限公司	吴重言,孙琴
200710024513	吡蚜酮悬浮剂及其制备方法	江苏克胜集团股份有限公司	吴重言,孙琴
200710024601	一种防治稻飞虱的杀虫组合物	盐城双宁农化有限公司	冯成,何伟
200710024881	植物生长调节抗菌剂	连云港师范高等专科学校	郑典元,邵世光
200710025236	杀菌剂组合物	安徽华星化工股份有限公司	谢平,李文明,等
200710025237	含氟虫腈的杀虫剂组合物	安徽华星化工股份有限公司	汪贵艳,刘兴武,等
200710025321	杀螟丹的制备方法	江苏天容集团股份有限公司	周国平,毛建平,等
200710025430	防治稻飞虱的复合杀虫剂	江苏丘陵地区镇江农业科学研究所	束兆林,缪康,等
200710025467	棉花网底塑料穴盘育苗的出苗保护剂	扬州大学	陈德华,张祥,等

续表

申请号	名称	申请单位	发明人
200710025659	一种高效的农药悬浮剂分散剂及其制备方法	江苏钟山化工有限公司	秦敦忠，王星星，等
200710025688	一种含三环唑和戊唑醇的增效杀菌组合物	江苏龙灯化学有限公司	罗昌炎，吴一凡，等
200710025694	一种含甲基硫菌灵和三环唑的杀菌剂组合物	江苏龙灯化学有限公司	罗昌炎，陈醇熙，等
200710025752	一种游泳池杀菌灭藻剂的制备方法	飞翔化工(张家港)有限公司	李胜兵，陈军，等
200710026975	一种杀灭红火蚁的饵胶剂型及其制备方法	广东省昆虫研究所	韩日畴，陈镜华
200710027027	可反应性高分子抗菌剂及其制备方法和应用	中山大学	鹿桂乾，董卫民，等
200710027847	一种灭杀红火蚁的饵剂	珠海经济特区瑞农植保技术有限公司	陈长贵，谢忠，等
200710029520	一种载铜累托石抑菌与杀菌剂及其制备方法	广州市博仕奥生化技术研究有限公司	邓岳松，钟世强，等
200710029850	转基因阴沟肠杆菌 GEI-A 及其构建方法和用途	广东省昆虫研究所	韩日畴，林惠娇，等
200710030227	改性木质素磺酸盐农药分散剂及其制备方法	华南理工大学	邱学青，庞煜霞，等
200710030365	闹羊花素Ⅲ与茶皂素的杀虫组合物	华南农业大学	胡美英，钟国华，等
200710030376	含闹羊花素Ⅲ和毒死蜱的杀虫组合物	华南农业大学	钟国华，胡美英，等
200710031415	一种分离的大肠杆菌噬菌体及其作为生物杀菌剂在食品和抗感染中的应用	珠海市晋平科技有限公司	张智英，刘磊
200710031416	一种分离的李斯特单核增生菌噬菌体及其应用	珠海市晋平科技有限公司	张智英，刘磊
200710031489	具有驱蚊作用的塑料圈及其生产工艺	中山圣磐五金塑料有限公司	曹瑞玲
200710031515	玫烟色拟青霉与抗蚜威的复配杀虫剂	华南农业大学	黄振，任顺祥，等
200710031518	粉虱座壳孢与吡虫啉的复配杀虫剂	华南农业大学	任顺祥，黄振，等
200710031568	一种造纸白水的高效杀菌剂	广东迪美生物技术有限公司	欧阳友生，黄小茉，等
200710031749	含锌-稀土的无机复合抗菌剂及其制备方法和应用	暨南大学	谭绍早，谢瑜珊，等
200710032269	一种根瘤固氮菌株系 BXYD3 及其应用	华南农业大学	曹桂芹，廖红，等
200710032270	一种根瘤固氮菌株系 BXBL9 及其应用	华南农业大学	曹桂芹，廖红，等
200710032271	一种根瘤固氮菌株系 BDYD1 及其应用	华南农业大学	曹桂芹，廖红，等
200710032505	鱼藤酮与乙虫清的混配农药制剂	华南农业大学	徐汉虹，江定心
200710032677	鱼藤酮与丁醚脲混配农药制剂	华南农业大学	徐汉虹，江定心
200710032678	鱼藤酮与吡蚜酮混配农药制剂	华南农业大学	徐汉虹，江定心
200710032682	鱼藤酮与抗生素杀虫剂混配农药制剂	华南农业大学	徐汉虹，江定心
200710032746	鱼藤酮与抗生素杀菌剂混配农药制剂	华南农业大学	徐汉虹，江定心
200710032943	鱼藤酮与嘧螨酯混配农药制剂	华南农业大学	徐汉虹，江定心

续表

申请号	名称	申请单位	发明人
200710032945	鱼藤酮与灭蝇胺混配农药制剂	华南农业大学	徐汉虹,江定心
200710032946	鱼藤酮与噻嗪酮混配农药制剂	华南农业大学	徐汉虹,江定心
200710032947	鱼藤酮与杀螨剂混配农药制剂	华南农业大学	徐汉虹,江定心
200710032966	鱼藤酮与茚虫威混配农药制剂	华南农业大学	徐汉虹,江定心
200710032970	鱼藤酮与抑食肼混配农药制剂	华南农业大学	徐汉虹,江定心
200710032971	鱼藤酮与新烟碱类杀虫剂混配农药制剂	华南农业大学	徐汉虹,江定心
200710032983	转基因阴沟肠杆菌 GEI-TCDA1B1 及其构建方法和用途	广东省昆虫研究所	韩日畴,赵瑞华,等
200710034255	一种含有二甲基二硫醚的农用杀螨杀虫组合物	湖南万家丰科技有限公司	黄安辉,石世雄,等
200710035344	一种含有咪鲜胺锰盐和铜素杀菌剂的组合物	湖南万家丰科技有限公司	黄安辉,陶英
200710035345	一种含有苯醚甲环唑和铜素杀菌剂的杀菌组合物	湖南万家丰科技有限公司	黄安辉,陶英
200710035776	一种用于农作物的多用途杀菌组合物	湖南万家丰科技有限公司	黄安辉,陶英,等
200710036829	以艾叶和苍术提取物为活性组分的杀虫剂	华东理工大学	袁慧慧,蓝闽波,等
200710037060	脱羧 FR-008 衍生聚酮抗生素及其应用	华东理工大学,上海交通大学	沈亚领,魏东芝,等
200710037200	单组分活化戊二醛消毒剂及其制备方法	上海利康消毒高科技有限公司	张万国,黄春明,等
200710037435	具有抗菌功能的多糖类纳米材料及其制备方法和应用	东华大学	孙宾,朱美芳,等
200710038803	多粘类芽孢杆菌可湿性粉剂、及其制备和应用	上海泽元海洋生物技术有限公司	李元广,魏鸿刚,等
200710039444	纯中药抗禽流感空气消毒剂及其制备方法	上海利康消毒高科技有限公司	黄春明
200710039866	N-苄基-α,α-二苯基-2-吡咯烷甲醇在制备杀虫剂方面的应用	上海师范大学	薛思佳,李学飞
200710040996	一种灰色产色链霉菌及其应用	上海市农药研究所,上海南方农药研究中心	顾学斌,陶黎明,等
200710044355	N-取代苄基-α,α-二取代苯基-2-吡咯烷甲醇衍生物及其制备方法和农用组合物	上海师范大学	薛思佳,李学飞
200710044542	偏卤菊酸α-氰基-4-氟-3-苯醚苄酯、其制备方法和所述化合物的用途	华东师范大学	邹新琢,高树绪,等
200710045344	臭氧消毒水的制备方法及装置	上海布康医疗器械有限公司	勇浩良,蔡洪生,等
200710045661	哌嗪衍生物及其用途	华东理工大学	李忠,宋恭华,等
200710046277	具有抑菌功效的明胶-AG 纳米复合物及其制备方法	东华大学	汪山献松,杜卫平,等
200710046578	一种纳米介孔氧化铈载银抗菌剂的制备方法	上海师范大学	李和兴,陆斌,等

续表

申请号	名称	申请单位	发明人
200710048057	一种多孔淀粉小蠹虫引诱剂缓释丸粒制剂的制备方法	东华大学	罗艳，张艳，等
200710048245	一种防治长足大竹象的复配农药及其制备方法和应用	乐山师范学院	杨瑶君，向清祥，等
200710048246	防治长足大竹象复配农药的生产制备方法和该复配农药的应用	乐山师范学院	杨瑶君，向清祥，等
200710048663	防除狼毒复配除草剂	青海省畜牧兽医科学院	王宏生，周青平，等
200710049243	水葫芦专用杀灭剂	四川鑫穗生物科技有限公司	涂登明
200710049245	瑞香狼毒微乳剂及其制备方法	四川大学	侯太平，唐孝荣
200710049321	藻酸盐印模用消毒喷雾剂及其制备方法	四川大学	于海洋，江帆
200710049874	含复合金属离子的海泡石广谱无机抗菌剂及其制备方法	成都理工大学	刘菁，张玉，等
200710050307	特丁噻草隆的制备方法	利尔化学股份有限公司	刘惠华，范谦，等
200710050614	杀螨组合物	利尔化学股份有限公司	邱丰，殷勇，等
200710051554	防治棉苗病虫害的药物底肥颗粒剂	湖北农本化工有限公司	陈明德，吴胜雄
200710051810	具有除草活性的取代2,3-二氢噻唑并[4,5-d]嘧啶-7(6H)-酮(亚胺)及其制备	华中师范大学	贺红武，梁英
200710051957	壳聚糖双胍盐酸盐及其制备方法和用途	武汉大学	杜予民，胡瑛
200710052016	一种两亲聚合物的制备方法	武汉大学	洪昕林，胡志标，等
200710052688	一种苏云金芽孢杆菌杀虫晶体蛋白质基因及应用	中国科学院武汉病毒研究所	高梅影，宋玲莉，等
200710052829	具有除草活性的1,4-二氧噻喔啉甲醛双腙及制备方法与应用	华中农业大学	马敬中，占升卫，等
200710052958	艾叶油复合型盘式蚊香及其制备方法	江西山峰日化有限公司	晏希贤
200710053282	具有防霉和霉菌毒素吸附双重功效的防霉剂及制备方法	成都枫澜科技有限公司	李巍，李剑锋，等
200710053427	对胡萝卜软腐欧文氏菌具有抑菌活性的枯草芽胞杆菌BSN5及抑菌蛋白APN5	华中农业大学	孙明，喻子牛，等
200710054159	敌百虫啶虫脒乳油复配农药	河南省农业科学院植物保护研究所	邱峰，封洪强，等
200710054540	西瓜增甜促进剂及其喷施方法	河南师范大学	李景原，王太霞
200710054541	小麦抗干热风保护剂及其喷施方法	河南师范大学	李景原，王太霞
200710054780	硝普钠盐在作物抗旱上的应用	河南大学	张骁，闻玉，等
200710055362	一种植物助长剂及其用途	延边长白绿宝活性炭有限公司	李宗铁，全顺子，等
200710056433	噻二唑甲酰胺衍生物及其合成方法和生物活性	南开大学	范志金，石祖贵，等
200710056434	杂环杀菌剂及其组合物	南开大学	范志金，刘秀峰，等
200710056435	含噁二唑环的噻二唑衍生物及其合成方法和生物活性	南开大学	范志金，石祖贵，等
200710056935	氰基丙烯酸酯类化合物及在农药上的应用	南开大学	汪清民，刘玉秀，等

续表

申请号	名称	申请单位	发明人
200710057465	一种含烯酰吗啉的杀菌剂组合物	天津市东方农药有限公司	张宝发,李树正,等
200710057564	具有除草活性的3-取代氨基呔嗪类衍生物及其制备方法	南开大学	杨华铮,许寒,等
200710057565	具有除草活性的3-取代氧基呔嗪类衍生物及制备方法	南开大学	杨华铮,许寒,等
200710059740	一种水基农药增效剂	天津市慧珍科技有限公司	武长安,武晶晶
200710060094	一种硫化氢抑制剂及其治理油田硫化氢的方法	天津亿利科石油技术发展有限公司	付瑞琴,赵秀兰
200710061859	黄顶菊提取物除草剂乳油及其制备工艺	河北农业大学	张金林,刘颖超,等
200710061863	黄顶菊提取物在除草剂中的应用	河北农业大学	刘颖超,张金林,等
200710062503	一种枯草芽孢杆菌及其应用	河北师范大学	王立安,成丽霞,等
200710063519	皱褶假单胞菌P94及其应用	中国农业大学	王慧敏,郭岩彬,等
200710063520	水生拉恩氏菌HX2及其应用	中国农业大学	王慧敏,陈凡,等
200710063831	含高效氯氰菊酯和氟铃脲的农药组合物	中国农业大学	王成菊,李学锋,等
200710065016	武夷菌素高产菌株F64及发酵方法	中国农业科学院植物保护研究所	张克诚,石义萍,等
200710065093	实用杀菌剂13-氮杂-1,15-十五内酯氟硼酸盐	中国农业大学	王道全,梁晓梅,等
200710065235	一种水分散粒剂剂型昆虫杆状病毒杀虫剂及制备方法	中国科学院动物研究所,中国农业大学,河南省济源白云实业有限公司	吴学民,秦启联,等
200710065264	一种甘蓝枯萎病的生防制剂及其制备方法和专用菌株	北京市农林科学院	裘季燕,刘伟成,等
200710065721	化学激活剂,其制备方法和其应用	中国科学院昆明植物研究所,云南省农业科学院生物技术与种质资源研究所	郝小江,李艳梅,等
200710065895	天然除虫菊素微乳剂杀虫剂及制备方法	红河森菊生物有限责任公司	罗怀仲,马红令,等
200710066037	一种诱导植物产生系统抗病性的有机活性诱导剂及其应用	云南大学	陈穗云,沈霏,等
200710066382	天然除虫菊素花粉剂及制备方法	红河森菊生物有限责任公司	王维维,骆怀仲
200710066471	一种甘蔗叶面药肥配方	云南省农业科学院甘蔗研究所	罗志明,郭家文,等
200710066752	一种含硫脲的功夫菊酰胺化合物及其制备和应用	浙江工业大学	孙娜波,沈德隆,等
200710066753	一种含苯基的功夫菊酰胺化合物及其制备和应用	浙江工业大学	孙娜波,沈德隆,等
200710066754	一种含哌啶的功夫菊酰胺化合物及其制备和应用	浙江工业大学	孙娜波,沈德隆,等
200710066847	Trichothec-9-en-4-ol, 12, 13-epoxy-, acetate,(4β)-(8CI,9CI)在防治番茄早疫病或菜豆?	中国计量学院	俞晓平,申屠旭萍
200710067345	一种三唑并嘧啶磺酸酯类化合物及其制备方法和应用	浙江工业大学	孙国香,沈德隆,等

续表

申请号	名称	申请单位	发明人
200710067488	氯胺磷与环糊精或环糊精衍生物形成的包结物及其制备方法	浙江工业大学	刘维屏,周珊珊,等
200710069192	复配杀菌剂	杭州市农业科学研究院	张传清,张雅
200710069671	一种用于滨海盐碱地的林木生长促进剂	浙江省林业科学研究院	袁位高,江波,等
200710070220	氟虫腈与杀螟腈的杀虫组合物	浙江省农业科学院	吕仲贤,徐红星
200710070221	一种防治水稻害虫的杀虫剂组合物	浙江省农业科学院	吕仲贤,徐红星
200710070245	山核桃外果皮杀菌剂及其生产方法	浙江林学院	马良进,张立钦,等
200710070246	杨梅枝叶提取物杀菌剂及其生产方法	浙江林学院	陈安良,张立钦,等
200710070956	一种用于蚕业生产的烟熏消毒剂及其制备方法	浙江省农业科学院	曾建,何丽华,等
200710071273	一种提高药剂防治鳞翅目害虫效果的方法	浙江省农业科学院	赵学平,王强,等
200710071651	大环内酯类化合物的制备方法	东北农业大学	向文胜,王相晶,等
200710071652	用冰城链霉菌制备化合物的方法	东北农业大学	向文胜,王相晶,等
200710071774	抑制油田地面水中硫酸盐还原菌活性的方法及所使用的抑制药剂	大庆油田有限责任公司,大庆油田工程有限公司	刘广民,陈忠喜,等
200710072762	抑制硫酸盐还原的电气石载铬粉剂及其制备方法	哈尔滨工业大学	马放,魏利,等
200710072764	采用电气石载钼的无机抑制硫酸盐还原菌粉剂及制备方法	哈尔滨工业大学	魏利,马放,等
200710072768	采用电气石载锰抑制硫酸盐还原菌的无机粉剂的制备方法	哈尔滨工业大学	魏利,马放,等
200710072848	飞机草微乳剂及其制备方法	深圳职业技术学院	江世宏,杨长龙
200710077655	一种抗旱、抗紫外线、耐贮藏的蝉拟青霉菌株及应用	贵州大学	刘爱英,邹晓,等
200710077660	花溪掷孢酵母及其用途	贵州大学	刘爱英,邹晓,等
200710080231	小麦除草专用肥料	甘肃省农业科学院	车宗贤,王文丽,等
200710084556	盐酸聚六亚甲基胍及其制备方法	铜陵高聚生物科技有限公司	余刚
200710088857	用于处理含油污水的灭菌剂	新疆德蓝股份有限公司	曾凡付,王刚
200710090542	对鞘翅目害虫高效的 *cry8F* 基因、其表达蛋白及其应用	中国农业科学院植物保护研究所	宋福平,张杰,等
200710090738	一种白僵菌杀虫剂悬浮剂及其制备方法	江西天人生态工业有限责任公司	吴学民,熊绍员,等
200710097739	苯乙烯或取代苯乙烯聚合物型季铵盐抗静电剂或杀菌剂及其制备方法	常州鼎蓝绿色化学研究院有限公司	徐俊伟,薛奇,等
200710097807	一种除草组合物及其应用	江苏辉丰农化股份有限公司	仲汉根
200710097808	一种除草组合物及其应用	江苏辉丰农化股份有限公司	仲汉根
200710097818	一种除草组合物及其应用	江苏辉丰农化股份有限公司	仲汉根
200710098095	一种含有吡氟草胺的麦田除草剂组合物	江苏辉丰农化股份有限公司	仲汉根
200710098096	一种含有肟草酮的麦田除草剂组合物	江苏辉丰农化股份有限公司	仲汉根
200710100022	一种武夷菌素可溶性粉剂及其制备方法	中国农业科学院植物保护研究所	袁会珠,张克诚,等

续表

申请号	名称	申请单位	发明人
200710102723	无毒灭鼠颗粒剂及其制备方法以及该颗粒剂的用途	居马哈力·艾那皮亚	居马哈力·艾那皮亚
200710106010	适合配制倍半萜类化合物微乳剂的复合助剂组合物	北京农学院	张志勇,李明全,等
200710106183	噻唑锌悬浮剂及其制备方法	浙江新农化工股份有限公司,浙江大学农药与环境毒理研究所	魏方林,朱国念,等
200710107215	0.1%斑蝥素微乳剂复合组合物	北京农学院	张志勇,李明全,等
200710108361	一种农用杀菌剂	西北农林科技大学农药研究所	姬志勤,吴文君,等
200710110471	一种除草组合物及其制备方法	江西盾牌化工有限责任公司	张海华,余振华
200710112971	一种消毒剂的生产方法	菏泽华意化工有限公司	苏华,解金生
200710113162	一种含戊唑醇的麦田杀菌除草组合物及其制备方法	山东华阳科技股份有限公司	孙景文,孙绪兵,等
200710114174	一种环境友好型可控缓释灭虫剂及其制备方法	济南大学	孔祥正,顾相伶,等
200710115810	一种水基质杀菌剂及其制备方法	山东亿嘉农化有限公司	李云,杨丙芹,等
200710116303	吡虫啉/类水滑石纳米杂化物及其制备方法	山东大学	侯万国,仇德朋
200710116350	乙酰甲胺磷合成新工艺	山东华阳科技股份有限公司	刘自友,孔斌,等
200710117977	农药乳油制剂	中国农业大学	王成菊,武辉,等
200710117982	含溴虫腈和辛硫磷的农药组合物	中国农业大学	王成菊,李学锋,等
200710118289	对鞘翅目害虫高效的苏云金芽孢杆菌 *cry8G* 基因、蛋白及其应用	中国农业科学院植物保护研究所,河北省农林科学院植物保护研究所	束长龙,宋福平,等
200710118684	杀虫剂醚菊酯的制备方法	北京金源化学集团有限公司	姚加,陈朝晖,等
200710119688	一种防治红火蚁的杀虫剂	广西玉林祥和源化工药业有限公司	杨礼中,罗礼智,等
200710120020	对鞘翅目害虫高效的苏云金芽孢杆菌 *cry8H* 基因、蛋白及其应用	中国农业科学院植物保护研究所	束长龙,宋福平,等
200710120158	棕榈酸甲酯的新用途	北京农学院	王有年,师光禄,等
200710120886	一种抑菌护理用品	北京海利安生物科技有限公司	潘学理
200710121274	一种坚强芽孢杆菌及其菌剂和应用	河北省农林科学院植物保护研究所	马平,李社增,等
200710121275	一种枯草芽孢杆菌及其菌剂和应用	河北省农林科学院植物保护研究所	马平,李社增,等
200710121334	[反]-β-法尼烯类似物及其制备方法与应用	中国农业大学	杨新玲,康铁牛,等
200710121488	一种植物养分吸收促进剂及其制备方法和应用	北京巨泰科技有限公司	赵云建,安保军,等
200710129352	一种新的抗旱剂和植物生长调节剂	沈阳药科大学	裴月湖
200710130652	2-羟基-4-甲基苯磺酸在制备药物中的应用	北京华睿鼎信科技有限公司	安明,常珍
200710130838	防治温室蔬菜青枯病的菌株 XY21	南京农业大学	郭坚华,薛庆云,等
200710130845	联苯菊酯敌敌畏复配杀虫剂	江苏省农业科学院	余向阳,张志勇,等

续表

申请号	名称	申请单位	发明人
200710130858	杀菌剂中间体(E)-2-(2′-氯甲基)苯基-2-甲氧亚胺基乙酸甲酯的制备方法	江苏耕耘化学有限公司	于康平,李泽方,等
200710131439	氰虫腈抑食肼复配杀虫剂	江苏省农业科学院	王冬兰,刘贤金,等
200710132006	银杏杀钉螺微乳剂及其制备方法	江苏大学	杨小明,陈盛霞,等
200710132400	一种沸石基复合抗菌材料及其制备方法	苏州科技学院	徐孝文,杨静
200710132680	一种链霉菌抗菌产物及其生产方法	南京农业大学	陆兆新,刘姝,等
200710133317	抗菌性高分子聚合物及其制备方法	东南大学	付国东,姚芳,等
200710133319	一种抗菌性高分子聚合物及其制备方法	东南大学	姚芳,付国东,等
200710135177	一种新型缓蚀杀菌剂及其制备方法	南京工业大学,江苏海翔化工有限公司	陈洪龄,高阳,等
200710135317	一种含氟虫腈和乐果复配农药组合物及其制备方法	江苏东宝农药化工有限公司	宋国庆,孙红军
200710135405	高含量水分散粒剂及制备方法	联合国南通农药剂型开发中心	仲苏林,章东生,等
200710139558	烟嘧磺隆·特丁津复配玉米田除草剂	河北省农林科学院粮油作物研究所	王贵启,许贤,等
200710143194	一种防治瓜菜土传性病害的颗粒剂	甘肃省农业科学院植物保护研究所	刘永刚,吕和平,等
200710147467	一种含斑蝥素杀虫剂组合物	杨凌农林科大昆虫资源研究发展中心	张雅林,郑胜礼,等
200710147470	一种含斑蝥素杀虫剂组合物	杨凌农林科大昆虫资源研究发展中心	张雅林,郑胜礼,等
200710150519	单嘧磺酯类化合物的复配除草剂组合物	南开大学	李正名,寇俊杰,等
200710151155	新结构磺酰脲化合物水溶盐的除草剂组合物	南开大学	李正名,郑占英,等
200710156223	一种磷酰胺类有机磷化合物	浙江工业大学,李水清	刘维屏,周珊珊,等
200710156393	发酵生产木霉菌酯素所用的发酵培养基	建德市大洋化工有限公司	王国平,郑必强,等
200710157026	生物源除草剂的生产方法	浙江林学院	马建义,鲍滨福,等
200710157027	一种络氨铜农用杀菌剂生产方法及其产品的用途	浙江林学院	鲍滨福,马建义,等
200710157028	一种生物源农用杀菌剂及其用途	浙江林学院	马建义,鲍滨福,等
200710157432	一种防治农作物土传病害的生防菌复配剂及制备方法	沈阳农业大学	纪明山,王英姿,等
200710158026	一株对多菌灵具有高抗活性的黑曲霉菌株及其应用	沈阳农业大学	段玉玺,陈立杰,等
200710158478	一株具有广谱抗菌活性的海洋链霉菌 S187	大连理工大学	赵心清,娇文策,等
200710158854	一种纳米复合杀菌剂	沈阳大学	胡晓钧,刘金库,等
200710162556	6-苄氧基吲哚-2-甲酸糠醇酯衍生物及其制备方法和用途	复旦大学	闻韧,李林,等
200710168348	烯丙基异硫氰酸酯和拟除虫菊酯的农药组合物的乳剂及制备方法与应用	华中农业大学	谢九皋,张国安
200710168349	烯丙基异硫氰酸酯和拟除虫菊酯的农药组合物的泡腾粒剂及制备方法与应用	华中农业大学	谢九皋,张国安
200710168528	一种用替代宿主生产的广谱杆状病毒杀虫剂	中国科学院武汉病毒研究所	张忠信,姚立,等

续表

申请号	名称	申请单位	发明人
200710168626	一种固体诱鼠剂以及具有诱鼠作用的粘鼠胶板	柳州市六合春生物科技有限公司	陈正林，陈咸建，等
200710170819	一种聚维酮碘药物制剂及其制备方法	中国人民解放军海军医学研究所	刘玉明，巴剑波，等
200710170863	2-(5-邻氯苯基-2-呋喃甲酰氨基)乙酰胺嘧啶衍生物及制备和应用	上海师范大学	薛思佳，卞王东
200710173706	一类含氟苯并噻唑磺酰类化合物、制备及应用	中国科学院上海有机化学研究所	肖吉昌，张忠，等
200710175625	2-烷基丙烯酸酯类化合物及其应用	中国中化股份有限公司，沈阳化工研究院有限公司	李斌，于海波，等
200710175626	3-苯甲酸基丙烯酸酯类化合物及其应用	中国中化股份有限公司，沈阳化工研究院有限公司	李斌，张勇，等
200710175627	二苯醚类化合物及其应用	中国中化股份有限公司，沈阳化工研究院有限公司	李斌，于海波，等
200710175629	异吲哚类化合物及其应用	中国中化股份有限公司，沈阳化工研究院有限公司	李斌，张勇，等
200710176680	一种复合杀生剂	中国石油天然气股份有限公司	杨岳，陈际帆，等
200710177187	白前提取物及其制备方法与应用	中国农业大学，北京卉林园景绿化工程有限公司	石旺鹏，王燕燕，等
200710177191	一种有机硫杀菌灭藻剂及其制备方法	中国海洋石油总公司，天津化工研究设计院	滕厚开，姚光源，等
200710177385	一种除草剂组合物	中国中化集团公司，沈阳化工研究院	杨玉廷，郭桂文，等
200710177748	沙蒿木蠹蛾性诱剂	北京林业大学，山西农业大学，灵武市林木检疫站，宁夏回族自治区森林病虫防治检疫总站	张金桐，骆有庆，等
200710178575	除草剂组合物及其应用	北京颖泰嘉和分析技术有限公司	詹福康，占玉萍，等
200710179651	一种水处理用二氧化氯的制备方法	中国铝业股份有限公司	韦坡，王华，等
200710179847	一种喹硫磷和氟铃脲的复配农药	海南利蒙特生物农药有限公司	刘国忠，刘勇，等
200710186894	一种防治水稻稻瘟病的杀菌组合物	江苏辉丰农化股份有限公司	仲汉根
200710187288	大豆抗旱增产调节剂制备方法和应用	吉林师范大学	刘剑锋，陈智文，等
200710187293	一种复配农药	广西田园生化股份有限公司	徐博，韦志军，等
200710187294	一种复配农药	广西田园生化股份有限公司	徐博，韦志军，等
200710187295	一种复配农药	广西田园生化股份有限公司	徐博，韦志军，等
200710188014	一种含有菇类蛋白多糖的杀菌剂组合物	北京燕化永乐农药有限公司	蒋勤军，王明康，等
200710189652	一种烤烟烟叶促黄剂	河南农业大学	刘华山，韩锦峰
200710190998	一株防治植物病害的生防细菌菌株	南京农业大学	刘凤权，钱国良，等
200710191226	一种高效皮鞋防霉抗菌缓释药剂及其制备方法	浙江温州轻工研究院	陈均志，王映俊，等
200710191543	植物源饲用抗菌剂及其制备方法和应用	江苏省农业科学院	王冉，魏瑞成，等
200710191566	一种利用斑痣悬茧蜂提高甜菜夜蛾核型多角体病毒侵染力的方法	江苏省农业科学院	郭慧芳，方继朝，等

续表

申请号	名称	申请单位	发明人
200710198531	一种含甲氨基阿维菌素苯甲酸盐的病毒杀虫悬浮剂	海南利蒙特生物农药有限公司	刘国忠,刘勇,等
200710200777	一种纳米复合农药新剂型及其制备方法	贵州大学	王明力,刘晶,等
200710203580	一种植物型烟剂及其制备方法	贵州省无公害植物保护工程技术研究中心	袁洁,左锐,等
200710300087	一种防治烟草黑胫病的菌株及其菌剂	中国烟草总公司郑州烟草研究院	奚家勤,尹启生,等
200710300224	一种农用杀菌剂	西北农林科技大学农药研究所	姬志勤,吴文君,等
200710300235	含有中生菌素和代森锌的具有增效作用的组合物	东莞市瑞德丰生物科技有限公司	罗才宏,孔建,等
200710300237	含有虫螨腈和多杀霉素的具有协同增效作用的杀虫组合物	东莞市瑞德丰生物科技有限公司	毕湘黔,李谱超,等
200710300242	含有炔螨特和丙溴磷的具有协同增效作用的杀螨剂	东莞市瑞德丰生物科技有限公司	王文忠,罗才宏,等
200710300252	含有氟虫脲和阿维菌素的具有协同增效作用的杀虫组合物	深圳诺普信农化股份有限公司	罗才宏,朱卫锋,等
200710303422	一种增强土著根瘤菌固氮能力的生物源激活剂	湖南省植物保护研究所	梁志怀,魏林,等
200710303669	一种取代苯甲酰胺基甲酸甲酯类化合物及其制备方法与应用	中国农业大学	杨新玲,李映,等
200710306594	一种除草剂组合物	浙江林学院	马建义
200710306595	一种杀螨杀菌农药组合物及其用途	浙江林学院	马建义
200710307246	一种2-噻唑基丙烯腈类化合物及其合成方法与应用	浙江工业大学	沈德隆,杨鹏,等
200810000854	二甲基二硫作为土壤熏蒸剂的应用技术	中国农业科学院植物保护研究所	曹坳程,宋兆欣,等
200810000896	一种含有甲氧虫酰肼的杀虫剂组合物	北京燕化永乐农药有限公司	蒋勤军,王明康,等
200810003288	蛇床子素复配物在制备防治水稻稻曲病农药中的应用	江苏省农业科学院	石志琦,王春梅,等
200810006938	提高甘草毛状根次生代谢产物合成量的方法	北京未名凯拓作物设计中心有限公司	周骅,刘敬梅,等
200810010224	补骨脂酚用于防治植物病害的用途	沈阳化工学院	关丽杰,邵红,等
200810010433	用于高压配电站和/或高压配电室的驱鼠剂	辽宁大学	梁雷,王娇月,等
200810010465	具毒杀植物线虫活力的链霉菌的制备方法及其应用	沈阳农业大学	陈立杰,陈井生,等
200810010555	植物生长调节剂调环酸钙水分散滴丸及其制备方法	辽宁科技大学	王勇,张志强,等
200810011338	一种除草剂及其制备方法	大连理工大学	周宇涵,曲景平,等

续表

申请号	名称	申请单位	发明人
200810011437	苯并噁唑类除草剂及其制备方法	大连理工大学	周宇涵,曲景平,等
200810011943	木醋液土壤消毒剂及其制备方法	中国科学院沈阳应用生态研究所	张玉革,姜勇,等
200810012503	生物农药梧宁霉素的制备方法及应用	辽宁省微生物科学研究院	李莉,陈飞,等
200810012770	一种用于玉米田防治杂草的复合增效除草剂	大连松辽化工有限公司	王丕业,白殿奎,等
200810015057	一种界面分子膜光效杀菌养殖大棚膜用喷涂液及生产方法	聊城华塑工业有限公司	武庆东,陈晓俊
200810015090	噻二唑均三嗪衍生物及其制备方法	山东轻工业学院	孟霞,王利振,等
200810016398	食品添加剂与中药复配的水剂农药及其制备方法	山东美罗福农化有限公司	李杜,李红云,等
200810016399	一种提取植物源农药苦参总碱的方法	山东美罗福农化有限公司	李杜,李刚,等
200810017019	阿维菌素/类水滑石纳米杂化物及其制备方法	山东大学	侯万国,仇德朋,等
200810018312	纳米载银凹凸棒抗菌剂及其制备方法	兰州大学	刘斌,王建荣
200810019316	羟基香茅醛丙酸酯用作昆虫驱避剂和拒食剂的应用	中国人民解放军南京军区军事医学研究所	韩招久,王宗德,等
200810019537	防治水稻纹枯病的多粘类芽孢杆菌与井冈霉素组合物	安徽省农业科学院植物保护研究所	李昌春,周子燕,等
200810020439	用于蚕体蚕座消毒的蚕用复合消毒剂	中国农业科学院蚕业研究所	黄可威,王玉华,等
200810020721	一种环氧丙烷/环氧乙烷嵌段共聚醚及其制法和用途	江苏钟山化工有限公司	戚莉,孙红霞,等
200810021459	表达 HARPIN 蛋白的重组载体 *PM43HF* 及其工程菌	南京农业大学	高学文,伍辉军,等
200810023393	水不溶性季鏻盐型杀菌剂及其制备方法	南京工业大学	金栋,吕效平,等
200810023843	2-氰基-3-氨基-3-苯基丙烯酸甲酯防治农作物病害的应用	江苏中旗化工有限公司	王凤云,吴耀军,等
200810023853	氯啶菌酯、咪鲜胺杀菌组合物	江苏宝灵化工股份有限公司	朱文新,俞建平,等
200810023855	氯啶菌酯、唑类杀菌剂的组合物及用途	江苏宝灵化工股份有限公司	朱文新,俞建平,等
200810023856	氯啶菌酯、保护性杀菌剂组合物及用途	江苏宝灵化工股份有限公司	朱文新,俞建平,等
200810023857	氯啶菌酯、霜霉威杀菌组合物	江苏宝灵化工股份有限公司	朱文新,俞建平,等
200810023867	啶虫脒水分散粒剂及其制备方法	江苏瑞禾化学有限公司,江苏天容集团股份有限公司,江苏中意化学有限公司	许网保,臧伟新,等
200810024650	铜络合物除藻剂的制备方法	常州胜杰化工有限公司	苏衡,李小平
200810024866	吡唑氧乙酸类化合物、制备方法及用途	南京工业大学	朱红军,施红,等
200810025194	一种组合式氟虫腈、噻嗪酮杀虫剂	江苏剑牌农药化工有限公司	张志辉,乔正富,等
200810025903	一种狭叶金粟兰提取物的制备方法和应用	华南农业大学	徐汉虹,杜晓英,等
200810026195	黄曲条跳甲成虫取食抑制剂及其制备方法	华南农业大学	张茂新,董易之,等
200810026198	小菜蛾产卵抑制剂及其制备方法	华南农业大学	张茂新,董易之,等

续表

申请号	名称	申请单位	发明人
200810027132	蛭弧菌在消除海产品及其养殖水体中致病性弧菌的应用	华南理工大学	蔡俊鹏,李春霞,等
200810027397	大环单端孢霉烯化合物作为植物杀菌剂的应用	中国科学院南海海洋研究所	谢练武,李翔,等
200810027583	粉虱座壳孢与啶虫脒的复配杀虫剂	华南农业大学	黄振,任顺祥
200810027584	粉虱座壳孢与印楝素的复配杀虫剂	华南农业大学	任顺祥,黄振
200810027586	玫烟色拟青霉与印楝素的复配杀虫剂	华南农业大学	黄振,任顺祥
200810028644	一种阻止台湾乳白蚁工蚁取食的方法	广东省昆虫研究所	田伟金,庄天勇,等
200810029250	粉虱座壳孢与阿维菌素的复配杀虫剂	华南农业大学	任顺祥,黄振
200810029251	粉虱座壳孢与高效氯氰菊酯的复配杀虫剂	华南农业大学	黄振,任顺祥
200810029252	玫烟色拟青霉与高效氯氰菊酯的复配杀虫剂	华南农业大学	任顺祥,黄振
200810029253	玫烟色拟青霉与阿维菌素的复配杀虫剂	华南农业大学	黄振,任顺祥
200810029281	用于杀灭水稻有害软体动物的药肥颗粒剂及其制造方法	惠州市中迅化工有限公司	李志超
200810029472	一种纳米银/葡聚糖凝胶杂化材料及其制备方法和应用	中山大学	马玉倩,潘玉萍,等
200810029740	爪哇拟青霉与阿维菌素的复配杀虫剂	华南农业大学	黄振,任顺祥
200810029743	爪哇拟青霉与啶虫脒的复配杀虫剂	华南农业大学	任顺祥,黄振
200810029744	爪哇拟青霉与高效氯氰菊酯的复配杀虫剂	华南农业大学	任顺祥,黄振
200810029745	爪哇拟青霉与印楝素的复配杀虫剂	华南农业大学	黄振,任顺祥
200810030158	一种蛭弧菌在消除禽蛋及肉类携带的常见致病菌的应用	华南理工大学	蔡俊鹏,马小花
200810030281	一种农药专用高分子乳化剂及其制备方法与应用	广东省石油化工研究院	李莉,卢志毅
200810030344	鼠类处方诱饵的应用	广东省农业科学院植物保护研究所	高志祥,姚丹丹,等
200810031046	具有杀虫及杀菌活性的苄氧甲酰基氨基酸芳基酯	湖南科技大学	唐子龙,许栋梁,等
200810031232	一种无农药成分的植物性鼠类驱避剂	湖南省粮油科学研究设计院	邓树华,陈渠玲,等
200810031247	含氯虫酰胺和杀虫单的杀虫组合物	国家农药创制工程技术研究中心	欧晓明,裴晖,等
200810031441	鱼藤酮肟醚及其制备方法与应用	湖南大学	胡艾希,王超,等
200810031725	氨基甲酸鱼藤酮肟酯及其制备方法与应用	湖南大学	胡艾希,王超,等
200810031745	一种增效农药组合物	湖南农业大学	周小毛,黄雄英,等
200810032035	4-乙酰氨基-3-(4-芳基噻唑-2-氨基)苯甲酸酯及其制备方法与应用	湖南大学	胡艾希,夏林
200810032057	具有杀虫活性的 N-苯基-5-取代氨基吡唑类化合物	国家农药创制工程技术研究中心	柳爱平,陈灿,等

续表

申请号	名称	申请单位	发明人
200810032058	具杀虫活性的含氮杂环二氯烯丙醚类化合物	国家农药创制工程技术研究中心	柳爱平,刘兴平,等
200810032059	具有杀虫活性的邻氨基N-氧基苯甲酰胺类化合物	国家农药创制工程技术研究中心	柳爱平,胡志彬,等
200810032165	杀虫剂硫氟肟醚的杀虫组合物	国家农药创制工程技术研究中心	梁骥,聂思桥,等
200810032173	羧酸鱼藤酮肟酯及其制备方法与应用	湖南大学	胡艾希,叶姣,等
200810032949	具有杀虫活性的含氮杂环化合物、其制备及用途	华东理工大学	李忠,钱旭红,等
200810033298	超支化聚酰胺胺与金属纳米复合物及制备方法和应用	上海交通大学	张永文,黄卫,等
200810033968	N-取代甲酰基甘氨酰肼衍生物及其制备和应用	上海师范大学	薛思佳,吁松瑞
200810033969	N-取代芳酰氨基-N′-取代苯氧乙酰硫脲衍生物及其制备和应用	上海师范大学	薛思佳,卞王东
200810034171	脂肪酸组合物	上海龙蟒生物科技有限公司	汪悦,邵家华
200810034794	含七氟异丙基苯甲酰脲类化合物及其用途	华东理工大学	曹松,钱旭红,等
200810041548	对甲氧基肉桂醛在防治植物病害中的应用	上海市农业科学院	张穗,温广月,等
200810043853	含农药增效助剂的莠去津除草剂组合物	上海工程技术大学	陈思浩,徐子成,等
200810043855	具有农药增效功能的助剂组合物	上海工程技术大学	陈思浩,徐子成,等
200810044726	呋喃甲基芳酰胺类化合物作为农用杀菌剂的新用途	四川大学	侯太平,李世洪,等
200810044727	氮杂查尔酮类化合物作为农用杀菌剂的新用途	四川大学	侯太平,周国萍,等
200810044729	1,5-二呋喃基戊二烯酮类化合物及其制备方法和杀菌活性	四川大学	侯太平,金洪,等
200810044730	呋喃甲基芳氧乙酰胺类化合物作为农用杀菌剂的新用途	四川大学	侯太平,赵飞虎,等
200810044841	查尔酮类化合物在农药中的用途	四川大学	侯太平,金洪,等
200810045513	活性多孔矿物掺杂TiO_2复合催化抗菌材料制备及使用方法	西南科技大学	董发勤,冯启明,等
200810045996	丙烯酰双季铵盐及其制备方法	四川大学	谭鸿,李洁华,等
200810046856	一类4-取代甲氧基丙烯酸酯类-1,2,4-三唑啉酮衍生物的合成及除草活性	华中师范大学	杨光富,骆焱平,等
200810046874	一种类石膏超分子胶凝材料及其制备方法和用途	武汉大学	袁良杰,陈硕平,等
200810047215	千层纸素A作为生物农药在防治农作物病害中的应用	湖北省农业科学院植保土肥研究所	喻大昭,杨立军,等
200810047269	一种调环酸钙泡腾片及其制备方法	湖北移栽灵农业科技股份有限公司	牟立明,张军,等

续表

申请号	名称	申请单位	发明人
200810047477	一种杀菌消毒剂及制备方法	武汉岑晟超氧医药科技有限公司	邓心萍,闵新民,等
200810047642	一种甲氧基丙烯酸酯类杀菌剂、制备方法及用途	华中师范大学,浙江博仕达作物科技有限公司	杨光富,赵培亮,等
200810047655	防治油菜菌核病的枯草芽胞杆菌及抗菌物质分离	华中农业大学	喻子牛,张吉斌,等
200810047941	具有杀菌、除草活性的2,3,5,6-四取代-4-氨基吡啶及制备	华中师范大学	贺红武,莫文妍,等
200810048060	人工合成的1,2-双亚油酰基-3-硬脂酰基甘油脂及应用	华中农业大学	江洪,杨长举,等
200810048161	一种植物小桐子杀虫剂的制备方法	中国科学院武汉植物园	袁晓,袁萍
200810048290	具有杀菌活性的2,3,4,7-多取代吡啶并[4,3-D]嘧啶衍生物及制备	华中师范大学	贺红武,莫文妍,等
200810048291	具有除草活性的1-(2,4-二取代苯氧乙酰氧基)烃基膦酸酯盐及制备	华中师范大学	贺红武,彭浩,等
200810048438	4-烃基-3-氰基双环笼状磷酸酯类及其制备和应用	武汉工程大学	巨修练,吴有斌,等
200810048529	菜青虫颗粒体病毒苏云金杆菌杀虫可湿性粉剂	武汉武大绿洲生物技术有限公司	邬开朗,胡家鑫,等
200810049362	兼控苹果绵蚜和黄蚜的啶虫脒·抗蚜威农药组合物	中国农业科学院郑州果树研究所	张金勇,陈汉杰,等
200810049405	一种天然化合物熊果酸在抗菌方面的应用	河南大学	康文艺,宋艳丽,等
200810049880	一种麦田除草组合物	河南省农业科学院	吴仁海,王恒亮,等
200810052546	噻二唑甲酰胺衍生物及其合成方法和用途	南开大学	范志金,吴琼,等
200810052547	含噻二唑的杂环化合物及其合成方法和用途	南开大学	范志金,左翔,等
200810052553	噻二唑亚胺衍生物及其合成方法和用途	南开大学	范志金,吴琼,等
200810053717	三唑类化合物及其制备与应用	南开大学	范志金,张海科,等
200810054171	防治水产养殖顽固性细菌及病毒的中药消毒剂、制备方法及应用	天津瑞贝特科技发展有限公司	陈庆忠,安同伟
200810054571	一元固体二氧化氯泡腾片及其制备方法	河北科技大学	王奎涛,张炳烛,等
200810054702	一种噻苯隆·乙烯利复配棉花生长调节剂	河北省农林科学院粮油作物研究所,河北博嘉农业有限公司	王贵启,樊翠芹,等
200810055052	手性-2-(咪唑-1-基)脂肪酰胺及其制备方法	晋中学院	郭生金,江春,等
200810055286	一种载银二氧化硅-壳聚糖复合抗菌剂的制备方法	太原理工大学	刘旭光,牛梅,等
200810055369	一种植物源杀菌剂及其人工合成方法	山西农业大学	王金胜,范志宏,等
200810055370	一种植物源杀菌剂及其人工合成方法	山西农业大学	郭春绒,范志宏,等

续表

申请号	名称	申请单位	发明人
200810056514	一种瑞香狼毒提取物制剂及其新用途	北京农学院	王有年,师光禄,等
200810056515	一种核桃青皮提取物及其新用途	北京农学院	王有年,师光禄,等
200810056560	一种唑螨酯悬浮剂的制备方法	北京绿色农华植保科技有限责任公司	李鹏,吴家全,等
200810056925	一种苯醚甲环唑悬浮种衣剂及其制备方法	北京绿色农华植保科技有限责任公司	李凤明,吴家全,等
200810057127	一种牛皮消提取物及其新用途	北京农学院	王有年,刘素琪,等
200810057128	一种升麻提取物及其新用途	北京农学院	王有年,刘素琪,等
200810057129	一种地肤子提取物及其新用途	北京农学院	王有年,师光禄,等
200810057402	一种微电解杀菌消毒剂及其制备方法	中国农业大学	曹薇,李保明,等
200810057567	一类多环杂环化合物及其制备方法与应用	中国科学院化学研究所	俞初一,穆罕默德雅库,等
200810058144	一种蜡蚧轮枝菌杀虫剂及其应用	云南农业大学	周天雄,杨美林,等
200810058150	一种促进番茄植株生长、防治番茄晚疫病的生物制剂及其制备方法与应用	云南省农业科学院农业环境资源研究所	尚慧,杨佩文,等
200810058919	防治十字花科根肿病的生物制剂及其应用	云南农业大学	何月秋,熊国如,等
200810059053	一种有机酸除草剂组合物	浙江林学院	马建义,鲍滨福,等
200810059093	噻菌铜代森锰锌复配剂	浙江龙湾化工有限公司	张学郎,王一风,等
200810060254	一种螺甲螨酯的制备方法	浙江大学	赵金浩,徐旭辉,等
200810060324	螺螨酯衍生物及其合成方法和用途	浙江大学	赵金浩,周勇,等
200810060325	螺甲螨酯衍生物及其合成方法和用途	浙江大学	赵金浩,余海明,等
200810060603	含三唑磷的杀虫固体微乳剂及其制备方法	浙江大学	魏方林,朱国念,等
200810060627	含4-噻唑烷酮和嘧啶双杂环化合物及其合成方法和应用	浙江工业大学	沈振陆,傅荣幸,等
200810060754	一种飞虫引诱剂	浙江大学	莫建初
200810060808	一种抗生素生物农药及其制备方法	浙江省农业科学院	施跃峰,吴吉安,等
200810061085	一种含植醋液的消毒保鲜剂及其用途	浙江林学院	马建义,童森淼,等
200810061086	一种快速防治恶性水草和水藻的药剂及其用途	浙江林学院	马建义
200810061501	一种多效农药制剂的生产方法	浙江林学院	马建义,鲍滨福,等
200810061502	一种含植醋液的农药解毒剂	浙江林学院	马建义,童森淼,等
200810061503	一种多效农药制剂及其用途	浙江林学院	马建义
200810062214	草乙水悬浮剂	浙江新安化工集团股份有限公司	王伟,鲍敏,等
200810063120	一种氟虫腈微胶囊悬浮卫生杀虫剂及其制备方法	浙江省农业科学院	陈列忠,王世贵,等
200810064618	亚麻专用除草剂及其制备方法	黑龙江省科学院大庆分院	潘冬梅,韩喜财,等
200810066634	哒螨灵·四螨嗪水分散粒剂及其制备方法	深圳市朗钛生物科技有限公司	张荣胜,马冬
200810069028	一种诱虫带菌迁飞方法	贵州大学,贵州中烟工业有限责任公司	刘爱英,邹晓,等

续表

申请号	名称	申请单位	发明人
200810070483	复方木荷抗稻瘟病制剂及其制备方法	江西农业大学	霍光华，詹五根，等
200810070639	一种具有抗污损活性的化合物及其提取方法与应用	厦门大学	王湛昌，林鹏，等
200810071583	人工合成的豆荚螟性信息素	漳州市英格尔农业科技有限公司	林志平
200810072406	齐墩果酸在制备海洋环保防污剂中的应用	厦门大学	冯丹青，柯才焕，等
200810072902	药食两用植物莳萝子精油及其制备方法和用途	中国科学院新疆理化技术研究所	阿布力米提·伊力，高彦华，等
200810073777	一种植物源杀虫剂增效剂	广西壮族自治区农业科学院植物保护研究所	廖世纯，曾涛，等
200810073843	一种以高效氟吡甲禾灵为有效成分的木薯田苗后除草剂	广西田园生化股份有限公司	迟海军，韦志军，等
200810073844	一种以精吡氟禾草灵为有效成分的木薯田苗后除草剂	广西田园生化股份有限公司	迟海军，韦志军，等
200810073845	一种含有阿维菌素与茚虫威的杀虫剂组合物	广西田园生化股份有限公司	陈一铭，韦志军，等
200810073846	含虫螨腈的水乳剂及其制备方法	广西田园生化股份有限公司	卢镇，韦志军，等
200810079345	稀禾啶的环糊精或其亲水衍生物包合物及其制备方法	河北科技大学	葛艳蕊，冯薇，等
200810079468	一种酒红土褐链霉菌、筛选方法及应用	河北省农林科学院遗传生理研究所	王占武，李晓芝，等
200810079472	用于棉花作物的除草组合物	河北博嘉农业有限公司	王迎春，王斌
200810079654	一种植物源农药及其制备方法	山西振远生物科技有限公司	第五思军，李振业，等
200810079789	一种对光稳定的甲胺基阿维菌素聚丙烯酸酯的制备方法	河北科技大学	尚青，史磊，等
200810080137	除草剂稀禾定的微胶囊水悬剂及其制备方法	河北科技大学	冯薇，葛艳蕊，等
200810080138	除草剂异恶草酮的微胶囊水悬剂及其制备方法	河北科技大学	葛艳蕊，冯薇，等
200810081836	印楝油微胶囊及其制备方法	华南农业大学	谷文祥，莫莉萍
200810088388	防治蔬菜土传病害的 AR156 合剂	南京农大生物源农药创制有限公司	刘红霞，李师默，等
200810097409	一种水稻直播田复配除草剂	北京燕化永乐农药有限公司	蒋勤军，王明康，等
200810097823	一种拟除虫菊酯化合物及其制备方法和应用	江苏扬农化工股份有限公司，江苏优士化学有限公司	董兆云，赵建伟，等
200810100813	一种可持续产生高氧化还原电位的消毒泡腾片	中国检验检疫科学研究院	张维，陈春田，等
200810101128	一种嘧菌酯水分散粒剂及其制备方法	北京绿色农华植保科技有限责任公司	李鹏，张士耀，等
200810101134	一种有效成分为哒螨灵的水乳剂及其制备方法	北京绿色农华植保科技有限责任公司	李鹏，张士耀，等
200810101135	一种戊唑醇水分散粒剂及其制备方法	北京绿色农华植保科技有限责任公司	杨玉红，吴俊玲，等

续表

申请号	名称	申请单位	发明人
200810101676	一种问荆提取物及其新用途	北京农学院	王有年,师光禄,等
200810101677	一种冻绿提取物及其新用途	北京农学院	王有年,师光禄,等
200810101678	一种商陆提取物及其新用途	北京农学院	王有年,师光禄,等
200810101783	污泥复合杀生剂	中国石油天然气股份有限公司	杨岳,李常青,等
200810101922	一种哒螨灵微乳剂的制备方法	北京绿色农华植保科技有限责任公司	吴俊玲,李鹏,等
200810101925	一种嘧菌酯与苯醚甲环唑混配微乳剂及其制备方法	北京绿色农华植保科技有限责任公司	李鹏,吴俊玲,等
200810101927	一种含有乙草胺的水乳剂	北京绿色农华植保科技有限责任公司	李鹏,吴俊玲,等
200810101957	一种啶虫脒水分散粒剂的制备方法	北京绿色农华植保科技有限责任公司	李鹏,吴俊玲,等
200810102108	一种多抗霉素水剂的制备方法	北京绿色农华植保科技有限责任公司	李凤明,吴家全,等
200810102916	含多杀菌素与氨基甲酸酯类杀虫剂的农药组合物	中国农业大学	王成菊,李学锋,等
200810102917	含代森锰锌和甲氧基丙烯酸酯类杀菌剂的杀菌组合物	中国农业大学	王成菊,李学锋,等
200810103210	一种除草剂组合物	中国中化股份有限公司,沈阳化工研究院有限公司	张国生,马宏娟,等
200810103212	除草剂组合物	中国中化股份有限公司,沈阳化工研究院有限公司	马宏娟,张国生,等
200810103827	一种甲维盐·灭多威微乳剂及其制备方法	北京达世丰生物科技有限公司,北京绿色农华植保科技有限责任公司,绩溪农华生物科技有限公司,北京绿色农华进出口有限公司	李鹏,徐踪跃,等
200810104850	2,4-二取代噻唑啉衍生物及其制备方法与应用	中国农业大学	傅滨,程学明,等
200810106524	含氮杂环化合物及其制备与应用	中国中化股份有限公司,沈阳化工研究院有限公司	刘长令,李洋,等
200810106924	一种杀虫组合物	江西正邦化工有限公司	林印孙,邹喜明,等
200810107528	1-氮唑基-2-芳基丙-2-醇及其制备方法与应用	湖南大学	胡艾希,陈平,等
200810107597	微量元素添加剂碱式硫酸铜的制备方法	长沙兴嘉生物工程股份有限公司	黄逸强
200810111897	防治根蛆的药用有机肥及其施用方法	中国农业大学	李国学,汤灿,等
200810111898	一种防治根蛆的药用有机肥及其施用方法	中国农业大学	李国学,汤灿,等
200810112401	一种水稻除草药肥复合粒剂及其制备、使用方法	北京依科曼生物技术有限公司	谢九皋,张国安
200810113242	一种抑制烟曲霉活性的新化合物及其制备方法和应用	中国科学院微生物研究所	车永胜,刘杏忠,等
200810115464	杀灭芽孢杆菌芽孢的复合制剂	中国人民解放军军事医学科学院微生物流行病研究所	陈薇,李曼,等
200810115604	微孢子株系及其用途	北京万农兴科技有限公司	王继朋

续表

申请号	名称	申请单位	发明人
200810115994	二氧化硅在制备杀虫剂中的应用	国家粮食局科学研究院	曹阳,李燕羽,等
200810116194	一种生产乳酸的方法及其专用植物乳杆菌	中国科学院微生物研究所	徐洪涛,张延平,等
200810116198	1-取代吡啶基-吡唑酰胺类化合物及其应用	中国中化股份有限公司,沈阳化工研究院有限公司	李斌,杨辉斌,等
200810116936	杀虫活性化合物	江苏克胜集团股份有限公司	吴重言
200810116937	一种杀虫活性化合物	江苏克胜集团股份有限公司	吴重言
200810117886	一种防止硫酸盐还原菌腐蚀的抑制剂	中国石油天然气股份有限公司	付亚荣,周晓俊,等
200810117983	一种牛肝菌提取物及其制备方法和应用	北京市农林科学院	严红,李兴红,等
200810119482	一种用于防治小麦白粉病及小麦蚜虫的农药组合物、其水乳剂及该水乳剂的制备方法	中国农业大学	邱立红,钱坤,等
200810121104	草甘膦铵盐固体制剂的生产方法	浙江金帆达生化股份有限公司	孔鑫明,俞叶明,等
200810122517	一种农药干悬浮剂的造粒方法	江苏瑞禾化学有限公司,江苏天容集团股份有限公司,江苏中意化学有限公司	许网保,魏明阳,等
200810122519	农药悬浮剂的制造方法	江苏瑞禾化学有限公司,江苏天容集团股份有限公司,江苏中意化学有限公司	许网保,魏明阳,等
200810122672	一种能对霉菌毒素降解的菌株及其制剂的制备方法	江苏省农业科学院	徐剑宏,史建荣,等
200810123023	一种防除小麦田恶性杂草的组合物	安徽华星化工股份有限公司	刘成社,王思让,等
200810123070	一种载银离子和铜离子高岭土抗菌剂的制备方法	中国高岭土公司	陈丽昆,尤振根,等
200810123159	一种含有阿维菌素和丙溴磷的高效杀虫剂组合物	安徽省农业科学院植物保护研究所	叶正和,刘彦良,等
200810123738	防治棉花黄萎病的菌株 B221	南京农业大学	郭坚华,徐莉莉,等
200810124777	一种葡萄糖二肽类化合物及其制备方法和用途	南京农业大学	杨春龙,黄月芳,等
200810128811	取代苯基吡唑醚类化合物及其应用	中国中化股份有限公司,沈阳化工研究院有限公司	刘长令,李淼,等
200810132505	一种拟除虫菊酯化合物及其制备方法和应用	江苏扬农化工股份有限公司,江苏优士化学有限公司	戚明珠,周景梅,等
200810132506	一种具有单一光学活性的拟除虫菊酯类化合物及其制备方法和应用	江苏扬农化工股份有限公司,江苏优士化学有限公司	戚明珠,周景梅,等
200810132612	一种光学活性的拟除虫菊酯类化合物及其制备方法和应用	江苏扬农化工股份有限公司,江苏优士化学有限公司	戚明珠,周景梅,等
200810133307	一种氧化锌悬浮剂	东莞市施普旺生物科技有限公司	贺民军,林雨佳,等
200810136319	防治水稻早衰的复配剂及防治水稻早衰的方法	江西省农业科学院土壤肥料与资源环境研究所	孙刚,张文学,等
200810137570	一种除草剂甲酯化植物油增效剂的制备方法	东北农业大学	陶波,滕春红,等

续表

申请号	名称	申请单位	发明人
200810138215	一种防治植物病毒病的药剂	泰安市先禾农业科技研究所	高博
200810142970	耐水解的双尾三硅氧烷表面活性剂	惠州学院	彭忠利
200810142971	耐水解的双尾六硅氧烷表面活性剂	惠州学院	彭忠利
200810143078	除草剂甲硫嘧磺隆的复配水分散粒剂及制备方法	国家农药创制工程技术研究中心	李涛，雷满香，等
200810143411	一株与水稻形成共生体的抗药突变型木霉菌及其应用	湖南省植物保护研究所	梁志怀，魏林，等
200810143511	植物源蚊虫驱杀剂	中南林业科技大学	彭映辉，钟海雁，等
200810143587	环保型水稻田漂浮性农化制剂及其制备方法	湖南大方农化有限公司	肖国光，肖焱
200810143625	含有噻嗪酮的杀虫组合物	湖南万家丰科技有限公司	黄安辉，蒋琴飞
200810144491	棉花专用复合抗重茬微生态制剂及其专用菌株与应用	康坦生物技术（山东）有限公司	王琦，张云龙
200810144492	一种黄瓜专用复合抗重茬微生态制剂及其专用菌株与应用	康坦生物技术（山东）有限公司	王琦，张云龙
200810146660	一种农药环保剂型专用分散剂及应用	北京广源益农化学有限责任公司，中化化工科学技术研究总院	张强，张宗俭，等
200810147231	一种拟除虫菊酯化合物及其制备方法和应用	江苏扬农化工股份有限公司，江苏优士化学有限公司	戚明珠，周景梅，等
200810150059	一种含多杀霉素的杀虫组合物及其应用	陕西上格之路生物科学有限公司	郑敬敏，刘健，等
200810150124	一种含吡蚜酮的杀虫剂组合物	陕西上格之路生物科学有限公司	郑敬敏，何爱华，等
200810150131	具有杀菌活性的双四氢呋喃类木脂素化合物的应用	西北农林科技大学无公害农药研究服务中心	张秀云，冯俊涛，等
200810150846	一种提高旱地小麦拔节期生长特性的植物生长调节剂	中国科学院水利部水土保持研究所	邵瑞鑫，上官周平
200810152897	载银羟基磷灰石及制备方法	中国人民武装警察部队后勤学院	张力，汪超，等
200810153180	防治土传病害的枯草芽孢杆菌制剂及其制备方法	天津科技大学	王敏，杨秀荣，等
200810153348	用于治疗家兔疥螨病和兔舍环境杀螨的乳剂	天津市畜牧兽医研究所	王建国，张国伟，等
200810156267	含 α-氰基-N-苄基吡唑酰胺类化合物的杀虫杀螨组合物	江苏省农药研究所股份有限公司	倪珏萍，马海军，等
200810156268	丙烯腈类化合物及其制备方法和应用	江苏省农药研究所股份有限公司	刘丽，张湘宁，等
200810156625	一种杀血吸虫尾蚴的氯硝柳胺控释扩散剂及其制备方法	扬州绿源生物化工有限公司，江苏省血吸虫病防治研究所，卫生部寄生虫病预防与控制技术重点实验室，江苏里下河地区农业科学研究所	刘琴，曹国群，等
200810156723	甜菜作物除草剂的组合物	江苏好收成韦恩农化股份有限公司	江连，朱锦贤，等
200810162516	一种卫生杀虫剂组合物及其用途	浙江林学院	马建义
200810162582	木霉菌素衍生物及其用途	建德市大洋化工有限公司	程敬丽，赵金浩，等

续表

申请号	名称	申请单位	发明人
200810163724	含虱螨脲和苯醚甲环唑以及有机硅增效剂的杀虫杀菌组合物	浙江世佳科技有限公司	胡剑锋
200810163725	含虱螨脲和烯啶虫胺以及有机硅增效剂的杀虫组合物	浙江世佳科技有限公司	胡剑锋
200810166902	灭鼠剂	中国农业科学院植物保护研究所	曹煜，程春河，等
200810167030	稻田用水面扩展粒剂及其制备方法	江苏瑞邦农药厂有限公司	步康明，胡兴华，等
200810167598	拟除虫菊酯化合物及应用	江苏扬农化工股份有限公司，江苏优士化学有限公司	戚明珠，贺书泽，等
200810168392	通过双甲脒和联苯菊酯联用来防治恒温动物的外寄生虫的方法	龙灯农业化工国际有限公司	詹姆斯·T·布里斯托
200810172592	一种含炔草酸与氯氟吡氧乙酸的除草组合物	淄博新农基农药化工有限公司	邵长禄，王丽娟，等
200810175285	一种含吡蚜酮的杀虫组合物	陕西韦尔奇作物保护有限公司	张少武，弥华锋，等
200810175288	一种含烯啶虫胺的杀虫组合物	陕西韦尔奇作物保护有限公司	张少武，弥华锋，等
200810179602	小麦 *hpfw* 基因、表达产物及其应用	南京农业大学	邵敏，郭玲，等
200810180043	一种用于防治农业病虫害的天然生物组合物及其制备方法	兰州世创生物科技有限公司	沈彤，田永强，等
200810180048	一种植物蒸腾抑制材料的制备及使用方法	中国农业科学院农业环境与可持续发展研究所	宋吉清，李茂松，等
200810180268	白僵菌颗粒剂及其制备方法	安徽农业大学	陈培荣，李增智，等
200810180290	适应小麦玉米秸秆还田的土传病害生防菌剂及其制备方法	河北农业大学	甄文超，马峙英，等
200810181069	具有杀菌和缓释作用的植物源材料包膜肥料	天津农学院	王艳，孙杰，等
200810181296	一株植物根际促生细菌	山西师范大学	胡青平，徐建国
200810181360	一种杀螨组合物	深圳诺普信农化股份有限公司	曹明章，孔建，等
200810181512	含有乙虫腈和阿维菌素具有增效杀虫作用的组合物	深圳诺普信农化股份有限公司	罗才宏，朱卫锋，等
200810181978	一种含有螺螨酯和甲氰菊酯具有增效作用的杀螨剂组合物	深圳诺普信农化股份有限公司	曹明章，朱卫锋，等
200810182144	小檗碱阿维菌素水剂	宁夏农林科学院	张蓉，张宗山，等
200810182154	苦参碱毒死蜱水剂	宁夏农林科学院	张蓉，张宗山，等
200810182156	小檗碱吡虫啉水剂	宁夏农林科学院	张蓉，杨春清，等
200810183071	一种枯草芽孢杆菌 203 及其应用	华南农业大学	王振中，孙正祥，等
200810183072	一种地衣芽孢杆菌 201 及其应用	华南农业大学	王振中，王春华，等
200810183075	一种地衣芽孢杆菌 202 及其应用	华南农业大学	王振中，孙正祥，等
200810184460	苯并咪唑酮酰胺杀菌剂	西北农林科技大学农药研究所	姬志勤，吴文君，等
200810188267	一种防治设施蔬菜根结线虫病害的方法	北京市农林科学院	刘霆，刘伟成，等
200810189738	丰加霉素在制备植物疫病防治药物上的应用	中国热带农业科学院热带生物技术研究所	曾会才，戴好富，等

续表

申请号	名称	申请单位	发明人
200810189769	草酸二丙酮胺铜农用杀菌剂	西北农林科技大学农药研究所	姬志勤,吴文君,等
200810190734	一种杀虫组合物及其应用	深圳诺普信农化股份有限公司	曹明章,陈小霞,等
200810190735	一种具有增效作用的杀虫组合物及其应用	深圳诺普信农化股份有限公司	曹明章,陈小霞,等
200810196050	二卤代丙烯类化合物及其制备方法和用途	江苏省农药研究所股份有限公司	马海军,吴同文,等
200810196198	含有氟硅菊酯的复合杀虫剂	江苏丘陵地区镇江农业科学研究所	束兆林,赵来成,等
200810196312	1,3,4-噻二唑基芳酰基脲化合物及其制备方法和用途	南京工业大学	万嵘,王锦堂,等
200810196787	一种消毒液及其生产方法	无锡优洁科技有限公司	沙正茂,高瞻,等
200810197160	甲氧基丙烯酸酯类杀菌剂水乳剂及其低能乳化制备方法	华中师范大学	杨光富,程靖,等
200810197250	一种以膨胀珍珠岩为载体的蓝藻清除剂及其制备方法	中国地质大学(武汉),云南博尚高岭科技股份有限公司	韩利雄,严春杰,等
200810197975	一种含有食物引诱素的植物颗粒灭螺剂及其配制方法	湖北大学	马安宁,倪红,等
200810198019	一种复合型广谱消毒剂及应用	广州中大药物开发有限公司	曹维,徐国良,等
200810198222	一种用于杀灭蚊虫的苏云金杆菌悬浮剂	佛山市正典生物技术有限公司	谭志坚
200810198268	一种小菜蛾引诱剂	广东省昆虫研究所	戴建青,韩诗畴,等
200810198399	一种红火蚁饵剂及其使用方法	惠州市南天生物科技有限公司	张颂声,赵瑾,等
200810200436	长江以南地区露地栽培欧洲大樱桃破眠剂及破眠方法	上海交通大学	王世平,李勃,等
200810200956	一种含DDT驱杀蚊纤维制品的高温高压整理方法	东华大学,江苏AB集团股份有限公司	蔡再生,孙刚,等
200810201026	N-(2-嘧啶氧基)苄基杂环类化合物、制备方法及其用途	中国科学院上海有机化学研究所	吕龙,吕强,等
200810201027	N-(2-嘧啶氧基)苄基酰胺类化合物、制备方法及其用途	中国科学院上海有机化学研究所	吕龙,唐庆红,等
200810202418	高价态银/锰组合物及其用途	上海多佳水处理科技有限公司	陈康,周国光,等
200810209585	苏云金芽胞杆菌BT20广谱杀虫剂的助剂	东北农业大学	赵奎军,韩岚岚,等
200810209705	一种大豆内生细菌	黑龙江省科学院微生物研究所	王玉霞,张淑梅,等
200810210075	一种碳酸钙复合杀菌剂及其制备方法	池州学院	杨小红,光洁,等
200810211324	吡嘧磺隆与甲羧除草醚农药的除草剂组合物	北京燕化永乐农药有限公司	蒋勤军,王明康,等
200810211784	含茚虫威和苦参碱的农药组合物	福建新农大正生物工程有限公司	陈卫民,陈帆
200810212177	一种植物源抗灰霉蛋白及其应用	中国农业科学院生物技术研究所,黄其满	黄其满,都晓伟
200810216411	一种驱鸟组合物及其胶体合剂、胶悬剂及其制备方法	黄山市双宝科技应用有限公司	宋德明,王铁

续表

申请号	名称	申请单位	发明人
200810219869	2,4-双酮喹啉生物碱及其制备方法和应用	中国科学院南海海洋研究所	张偲,罗雄明,等
200810219992	一种金龟子绿僵菌与绿僵菌素混合杀虫组合物	华南农业大学	胡琼波,任顺祥
200810219997	一种绿僵菌素与溴氰菊酯复配的杀虫主剂	华南农业大学	任顺祥,胡琼波
200810220000	一种绿僵菌素与氟铃脲复配的杀虫主剂	华南农业大学	任顺祥,胡琼波
200810220003	一种绿僵菌素与噻嗪酮复配的杀虫主剂及杀虫剂	华南农业大学	任顺祥,胡琼波
200810220427	一种海洋放线菌发酵提取物及其组合物和在抗生物污损的应用	中国科学院南海海洋研究所	张偲,罗雄明,等
200810220428	一种柳珊瑚多羟基甾醇及其制备方法和应用	中国科学院南海海洋研究所	漆淑华,张偲
200810220712	一种用于植物修复土壤的络合剂微胶囊及其制备方法	广东省生态环境与土壤研究所	谢志宜,陈能场,等
200810223075	卤代吡啶取代的二硫杂环己烷类化合物的制备方法	中国农业大学	刘尚钟,鲁东飞,等
200810224350	烯效唑-环糊精包合物,其制备方法及用途	中国农业大学	段留生,李召虎,等
200810224386	一株防治烟草野火病的荧光假单胞菌	中国烟草总公司黑龙江省公司牡丹江烟草科学研究所	万秀清,郭兆奎,等
200810224420	玉米扩穗增粒抗倒伏增产调节剂、其制备方法及其应用	中国农业科学院作物科学研究所	董志强,赵明,等
200810225366	一种复合抗菌剂及其制备方法	中国石油化工股份有限公司,中国石油化工股份有限公司北京化工研究院	李杰,张师军,等
200810227231	从新疆藁本中制备肉豆蔻醚的方法	塔里木大学	万传星,刘文杰,等
200810227451	销毁携带检疫性枯萎病菌的香蕉病株的药物及其应用	福建省农业科学院植物保护研究所	陈福如,杨秀娟,等
200810227710	吡啶氧基苯氧羧酸类化合物与应用	中国中化股份有限公司,沈阳化工研究院有限公司	刘长令,周银平,等
200810227711	具有含氮五元杂环的醚类化合物及其应用	中国中化股份有限公司,沈阳化工研究院有限公司	刘长令,李淼,等
200810227713	取代吲哚类化合物及其应用	中国中化股份有限公司,沈阳化工研究院有限公司	刘长令,刘远雄,等
200810230338	一种能促进黄瓜生长和防治黄瓜枯萎病的植物内生菌剂	辽宁省农业科学院植物保护研究所	苗则彦,赵奎华,等
200810230647	用斜体式发酵反应仓生产的绿僵菌孢子粉及工艺方法	河南省龙腾高科实业有限公司	张培举

续表

申请号	名称	申请单位	发明人
200810231884	化合物(RS)-5-乙基-2-(4-异丙基-4-甲基-5-氧代-2-咪唑啉-2-基)烟酸及其铵盐用于作为植物化学杂交剂的应用	西北农林科技大学	于澄宇,胡胜武
200810233500	一种防治烟草黑胫病的地衣芽孢杆菌菌剂及其制备方法	云南省烟草科学研究所	方敦煌,邓建华,等
200810233501	一种防治烟草赤星病的球孢链霉菌菌剂及其制备方法	云南省烟草科学研究所	方敦煌,邓云龙,等
200810233694	一种防治根结线虫的植物源制剂及其制备方法	昆明线敌生物科技有限公司	陈首畅,何英杰,等
200810233784	一种防治蝇类害虫的蜡蚧轮枝菌及其应用	云南农业大学	吴国星
200810234099	一种油溶性增稠剂及其制法和在制备农药乳油中的应用	江苏钟山化工有限公司	孙红霞,王永生,等
200810235420	水稻田除草组合物	安徽华星化工股份有限公司	汪贵艳,杨耀武,等
200810236763	一种稳定的乙酰甲胺磷可溶性粒剂及其制备方法	沙隆达集团公司	何福春,陈林,等
200810236885	1-(2,3-环氧丙基)-N-硝基亚咪唑烷-2-基胺及其制备方法和应用	武汉工程大学,武汉中鑫化工有限公司	巨修练,卢伦,等
200810238404	一种胆甾醇衍生物及其制备方法与应用	中国海洋大学	王长云,邵长伦,等
200810238527	含有丁子香酚的杀菌复配组合物	山东营养源食品科技有限公司	王庆国,陈庆敏
200810239221	一株淡紫拟青霉菌与应用	中国科学院微生物研究所	段维军,刘杏忠,等
200810239612	一种熏蒸剂的复配方法及复配熏蒸剂	中国检验检疫科学研究院	张顺合,慈颖,等
200810244497	苯醚甲环唑·井冈霉素A可湿性粉剂	溧阳中南化工有限公司	陈保林
200810247471	用于清洁巾的杀菌消毒液及杀菌消毒清洁巾的制备方法	北京绿伞化学股份有限公司	李泉清,魏淑芬
200810249541	一种噻唑酮衍生物及其制备方法与应用	山东师范大学	刘玉法,刘秀明,等
200810249604	一种噻唑类有机磷化合物及其合成方法与应用	山东华阳科技股份有限公司	刘玉法,闫新华,等
200810249607	一种环保型噻唑磷乳剂及其制备方法	山东华阳科技股份有限公司	刘玉法,刘自友,等
200810249861	草甘膦铵盐制剂的机械化学合成方法	浙江金帆达生化股份有限公司,杭州四面体科技有限公司	李景华,孔鑫明,等
200910000854	一种抗色变纳米银溶胶的制备方法	上海华实纳米材料有限公司	蒲秀英
200910000941	杀虫组合物	江苏扬农化工股份有限公司,江苏优士化学有限公司	戚明珠,周景梅,等
200910002360	仿生系列化合物7-取代-8-(3,3′-二取代丙基)苯并吡喃-2-酮类合成及其作为农药的应用	江苏省农业科学院	石志琦,王春梅,等
200910002760	苯酰苯脲类杀虫剂的速效助剂	通化农药化工股份有限公司	张勇前,郭洵

续表

申请号	名称	申请单位	发明人
200910011658	一种利用钙盐缓解融雪剂对植物胁迫的方法	辽宁大学	李法云,张营,等
200910013850	杀棉叶螨苏云金芽孢杆菌悬浮剂、制备方法及应用	山东省科学院中日友好生物技术研究中心	杨合同,李纪顺,等
200910014235	噁草酮与异丙草胺混配除草剂	山东省农业科学院植物保护研究所	李美,高兴祥,等
200910014717	海藻尿素的制备方法	中国海洋大学生物工程开发有限公司	单俊伟,王海华,等
200910014965	复合高效杀菌灭藻剂及其制备方法	青岛天兰电力实业有限公司	于治津,陈强,等
200910016224	一种海藻聚醚类化合物及其制备方法和应用	烟台海岸带可持续发展研究所	季乃云
200910017337	一种土壤熏蒸剂组合物及其应用	山东美罗福农化有限公司	王玉军,李红云,等
200910017419	一种卤化银纳米粒子的合成方法	烟台海岸带可持续发展研究所	胡学锋,秦伟,等
200910017865	一种氨氰法合成百草枯的方法	山东省农药研究所	李德军,李旭坤,等
200910017901	一种含有盐酸氨溴索的农药组合物及其制备方法	山东美罗福农化有限公司	李杜,王玉军,等
200910018092	一株枯草芽孢杆菌及其应用	山东泰丰源生物科技有限公司	周峰,牛赡光,等
200910018516	一种含哒螨灵和吡蚜酮的农药组合物	山东农业大学	王开运,薛明
200910019333	一种液态海藻生物菌及其制备工艺	日照益康有机农业科技发展有限公司	战培林,李辉,等
200910020468	杀菌灭藻剂及其制备方法	山东瑞爱特环保科技有限公司	鲁登强,王华
200910020722	一种草甘膦铵盐水溶性粒剂的制备方法	山东潍坊润丰化工有限公司	吴勇,孙国庆,等
200910020916	一种含有己唑醇的杀菌组合物	陕西韦尔奇作物保护有限公司	张少武,弥华锋,等
200910020919	一种含有氰霜唑和氟环唑的杀菌组合物	陕西韦尔奇作物保护有限公司	张少武,弥华锋,等
200910020963	利用褐多孔菌的发酵液分离制备化合物2,4-二羟基-5-甲基-苯乙酮的方法	西北农林科技大学	高锦明,李勇,等
200910021081	一种淡紫灰链霉菌及其活性产物的制备方法和应用	西北农林科技大学	黄丽丽,姜云,等
200910021104	一种用于结球甘蓝的化学杀雄剂及其配制方法	西北农林科技大学	张恩慧,许忠民,等
200910021117	一种用于防治小麦全蚀病的芽孢杆菌及其制备方法	西北农林科技大学	黄丽丽,刘冰,等
200910021486	一种含有氰烯菌酯与甲基硫菌灵的组合物	陕西韦尔奇作物保护有限公司	张少武,弥华锋,等
200910021487	4′-去甲脱氧鬼臼毒素芳香酸酯、取代苯磺酸酯及醚类衍生物及在制备植物源杀虫剂中的应用	西北农林科技大学	徐晖,王娟娟
200910021676	一种含二氰蒽醌与丙森锌的杀菌组合物	陕西蒲城县美邦农药有限责任公司	张少武,张继红,等
200910021747	2β-氯代鬼臼毒素芳香酸酯类化合物及制备及在制备植物源杀虫剂的应用	西北农林科技大学	徐晖,肖晓
200910021814	一种含氰烯菌酯与己唑醇的杀菌组合物	陕西蒲城县美邦农药有限责任公司	张少武,张继红,等
200910022005	一种合成722克/升霜霉威盐酸盐的方法	陕西恒田化工有限公司	唐满仓,叶龙江,等

续表

申请号	名称	申请单位	发明人
200910022048	一种含氰烯菌酯与氟环唑的杀菌组合物	陕西蒲城县美邦农药有限责任公司	张少武,张继红,等
200910023352	一种含有醚菊酯和噻嗪酮的杀虫组合物	陕西上格之路生物科学有限公司	郑敬敏,何爱华,等
200910023353	一种含有吡蚜酮和醚菊酯的杀虫组合物	陕西上格之路生物科学有限公司	郑敬敏,何爱华,等
200910023377	一种含粉唑醇与氟菌唑的杀菌组合物	陕西汤普森生物科技有限公司	张秋芳,常新红,等
200910023378	一种含氟菌唑与百菌清的杀菌组合物	陕西汤普森生物科技有限公司	张秋芳,常新红,等
200910023449	一种含氟菌唑与戊唑醇的杀菌组合物	陕西汤普森生物科技有限公司	张秋芳,常新红,等
200910024279	一种含有吡蚜酮和乙虫腈的杀虫组合物	陕西上格之路生物科学有限公司	郑敬敏,何爱华,等
200910025046	回收草甘膦生产废水中草甘膦的二段浓缩结晶方法	南京师范大学	彭盘英,王玉萍,等
200910025838	抑制稻瘟病的植物源农药及其在抑制稻瘟病方面的应用	南京信息工程大学	高桂枝,陈敏东,等
200910025936	黑青霉及其代谢产物的生产方法	南京信息工程大学	吴洪生
200910025939	舒展曲霉抑菌剂的生产方法及其作为抑菌剂的应用	南京信息工程大学	吴洪生
200910025940	用尖孢镰刀菌培养毒素的方法及其作为除草剂的应用	南京信息工程大学	吴洪生
200910026866	防治蔬菜土传病害的复合生防菌剂 PS 合剂	南京农业大学	郭坚华,薛庆云,等
200910028123	Calbistrins 族化合物在植物病害防治中的应用	江苏省农业科学院	马艳,常志州,等
200910028320	蜡样芽孢杆菌 Bacillus cereusCM-CC63305 在农业领域的应用	南京工业大学	胡永红,管珺,等
200910028543	N-取代-3-蒎酮亚胺合成及在毒杀松材线虫中的应用	南京林业大学	王石发,杨益琴,等
200910029306	一种福氏志贺氏菌噬菌体菌株及其应用	江苏省农业科学院	张辉,王冉,等
200910029779	一种二溴海因速溶片剂	中国水产科学研究院淡水渔业研究中心	何义进,周群兰,等
200910030032	防治水稻干尖线虫病或蔬菜线虫病的菌株 TX-4 及制剂	江苏丘陵地区镇江农业科学研究所	杨敬辉,朱桂梅,等
200910030045	O,O-二烷基-O-(取代-α-氰基苄叉氨基)磷酸酯及硫代磷酸酯	南京工业大学	王浦海,高琼,等
200910030098	络合态代森锰锌的干燥方法及其装置	利民化工股份有限公司	孙敬权,葛士福,等
200910030759	一种小菌核菌菌株及其用于生物除草的方法	南京农业大学	强胜,唐伟,等
200910031344	环唑醇的制备工艺	江苏七洲绿色化工股份有限公司	陶亚春,余强,等
200910031846	百草枯衍生物的制备方法	苏州大学	郎建平,陈阳,等
200910032600	用于水稻的缓释增效型阿维菌素微乳剂	江苏省农业科学院	顾中言,徐广春,等
200910032952	咪鲜胺衍生物及其作为杀菌剂的用途	江苏辉丰农化股份有限公司	仲汉根
200910032953	一种烯酰吗啉和咪鲜胺复配的杀菌组合物	江苏辉丰农化股份有限公司	仲汉根
200910034017	苯醚甲环唑可乳化粉剂	江苏丰登农药有限公司	纪立新,耿荣伟,等

续表

申请号	名称	申请单位	发明人
200910035066	一种芦苇生物质的综合应用方法	盐城工学院	余晓红,邵荣,等
200910035849	鲍曼菌液活性粗浸膏戊唑醇复配杀菌剂及其应用	江苏省农业科学院	蔺经,杨青松,等
200910037745	蜡蚧轮枝菌与吡虫啉复配的杀虫主剂及杀虫剂	华南农业大学	黄振,任顺祥
200910037747	蜡蚧轮枝菌与阿维菌素复配的杀虫主剂及杀虫剂	华南农业大学	黄振,任顺祥
200910037748	蜡蚧轮枝菌与高效氯氰菊酯复配的杀虫主剂及杀虫剂	华南农业大学	任顺祥,黄振
200910037998	蜡蚧轮枝菌与啶虫脒复配的杀虫主剂及杀虫剂	华南农业大学	任顺祥,黄振
200910037999	爪哇拟青霉菌与吡虫啉复配的杀虫主剂及杀虫剂	华南农业大学	任顺祥,黄振
200910038086	鱼藤酮/羧甲基壳聚糖接技蓖麻油酸纳米粒子水分散制剂的制备方法	暨南大学	张子勇,冯博华
200910038343	烯唑醇和茶皂素复配的杀菌组合物、其制备方法及应用	华南农业大学	钟国华,胡美英,等
200910038344	甲霜灵和茶皂素复配的杀菌组合物及其应用	华南农业大学	胡美英,钟国华,等
200910038346	代森锰锌和茶皂素复配的杀菌组合物及其应用	华南农业大学	胡美英,钟国华,等
200910038353	异甘草甙的应用	华南农业大学	罗建军,胡美英,等
200910038392	一种分离的副溶血弧菌噬菌体及其在杀菌和防菌中的应用	珠海市晋平科技有限公司	张智英,李练周,等
200910038541	苦参碱/羧甲基壳聚糖/磷酸化壳聚糖农药纳米粒子水分散制剂的制备方法	暨南大学	张子勇,殷旭东
200910039119	铜-稀土复合抗菌剂及其制备方法和应用	广东迪美生物技术有限公司	欧阳友生,谭绍早,等
200910039341	防治鱼寄生甲壳动物病的药物及其制备方法与应用	广东省农业科学院植物保护研究所	林壁润,沈会芳,等
200910039525	一种农用光合细菌制剂的生产方法	广东宏隆生物科技有限公司	张肇铭,黄振江,等
200910039643	具有杀狄斯瓦螨活性的几丁质酶 *chiCl* 及其应用	广东省昆虫研究所	韩日畴,涂爽
200910039644	具有杀狄斯瓦螨活性的几丁质酶 *chiB* 及其应用	广东省昆虫研究所	韩日畴,涂爽
200910039645	具有杀狄斯瓦螨活性的几丁质酶、粘质沙雷氏菌及其应用	广东省昆虫研究所	韩日畴,涂爽
200910039646	具有杀狄斯瓦螨活性的组合几丁质酶及其应用	广东省昆虫研究所	韩日畴,涂爽
200910039985	对害虫有拒避作用的园艺用矿物油乳剂	广东省昆虫研究所	欧阳革成,黄明度

续表

申请号	名称	申请单位	发明人
200910040227	适于华南农区害鼠用含有增食剂的饵料的制备方法	广东省农业科学院植物保护研究所	姚丹丹,冯志勇,等
200910040387	含炔芳基吡唑氨基甲酸酯类化合物及其制备方法与应用	华南农业大学	徐汉虹,杨文,等
200910040420	艾叶油微胶囊抗菌口罩及其制备方法	华南农业大学	邓思贤,危燕妮,等
200910040747	一种利用茶枯溶液进行蚯蚓采样用蚯蚓采集的方法	广东省昆虫研究所	龚鹏博,李建雄,等
200910040810	水溶性苯基吡唑类季铵盐及其制备方法和应用	华南农业大学	徐汉虹,江定心,等
200910041155	含氟硅唑和戊唑醇的农药组合物及其应用	广东中迅农科股份有限公司	刘鹏,于飞,等
200910042267	改善水体和生物肠道菌落结构的菌剂及制备方法与应用	华南理工大学	蔡俊鹏,林珊宇
200910042277	一种防治水稻细菌性病害的蛭弧菌及其应用	华南理工大学	蔡俊鹏,韩晓宁
200910043119	一种植物源杀虫剂及其应用方法	湖南美可达生物资源有限公司	曾建国,朴东濬,等
200910043920	4-叔丁基-5-(1,2,4-三唑-1-基)-2-苄亚氨基噻唑及其应用	湖南大学	胡艾希,覃智,等
200910043946	高纯、无臭甲基嘧啶磷的制备方法	湖南化工研究院	聂平,黄兰兰,等
200910044443	硅酸酯化合物,制备方法及其用途	湖南中烟工业有限责任公司	任建新,穆小丽,等
200910044739	硅酸酯化合物,制备方法及其用途	湖南中烟工业有限责任公司	任建新,穆小丽,等
200910046228	一种新型环保型消毒液	上海斯贝生物科技有限公司	许彦梅,王玥,等
200910046559	一种稀土三元配合物的制备方法	上海师范大学	何其庄,沈智慧,等
200910046807	一种用于防治水产动物水霉病的干粉制剂及其制备方法	上海海洋大学	杨先乐,邱军强,等
200910047057	一种杀病毒杀菌挥发性固体物消毒剂的制备方法	上海山客环保科技发展有限公司	黄安宏
200910049391	一种防治蔬菜地下害虫的方法	上海市农业科学院	蒋杰贤,万年峰,等
200910050449	Ag-TiO_2-MMT 复合光催化剂的制备方法	上海交通大学	陈接胜,吴同舜,等
200910051438	防治小球藻培养液中原生动物的方法	中国水产科学研究院东海水产研究所	陆建学,夏连军,等
200910053996	5,10,15,20-四-(5-吗啉戊基)-二氢卟吩及其制备和在医农药领域的应用	东华大学,陈志龙	陈志龙,张丹萍,等
200910053997	一种烷基卟啉类化合物及其制备和在医农药领域的应用	东华大学,陈志龙	陈志龙,张丹萍,等
200910055362	具有多级异质结构的 Bi_2WO_6/氧化物纤维布、方法及应用	中国科学院上海硅酸盐研究所	王文中,尚萌
200910058487	一种防治作物土传病害的木霉菌制剂	四川省农业科学院经济作物育种栽培研究所	曾华兰,叶鹏盛,等

续表

申请号	名称	申请单位	发明人
200910059370	二甲酯法草甘膦酸二次加酸水解生产方法	四川省乐山市福华通达农药科技有限公司	何耀宏,姜永红,等
200910059599	姜黄素取代吡唑类衍生物及其制备方法与用途	乐山师范学院	刘志昌,向清祥,等
200910059600	姜黄素-4-含氮类衍生物及其制备方法和用途	乐山师范学院	刘志昌,王应红,等
200910059601	姜黄素取代嘧啶类衍生物及其制备方法与用途	乐山师范学院	刘志昌,王应红,等
200910059856	富营养化水体水华污染生物防治方法	四川宜可环保技术有限公司	李小兰
200910059979	一种较高 AgO 含量的 AgOx 多功能薄膜制备方法	四川大学	毛健,尹海顺,等
200910060121	一种抗菌化合物及其制备方法和用途	中国科学院成都生物研究所	周金燕,谭红,等
200910060219	植物浸出液基复合抑藻剂	四川大学	陈文清,周丽蓉
200910060436	具有光学活性的取代的四氢咔唑衍生物	华中师范大学	肖文精,曹宜菊
200910061526	腈菌唑原药的制备方法	湖北仙隆化工股份有限公司	范建国,印常智,等
200910062405	一株防治菌核病的生防菌盾壳霉 ZS-1SB 及制备方法与应用	华中农业大学	姜道宏,李国庆,等
200910062795	一种草甘膦母液纳滤分离与综合利用的方法	武汉大学	叶春松,阳红,等
200910062824	光学活性噁唑啉-2-酮衍生物的合成方法及其应用	华中师范大学	肖文精,明志会,等
200910063612	克无踪与 2 甲 4 氯钠二元复配制成的除草水剂及其制备方法	武汉雅鲁藏布房地产策划有限公司	袁观银,黄松钦
200910064035	一种复合杀虫剂	河南科技学院	王运兵,武忠伟,等
200910064356	一种具有特定晶型的铜-2-巯基苯并噻唑及其制备方法和在防治农业植物病害中的用途	河南省新乡市农业科学院	王振军,唐振海,等
200910064931	一种引诱储藏物害虫的引诱剂及其制备方法	河南工业大学	鲁玉杰,杨阳,等
200910066568	一种含林蛙抗菌肽的消毒制剂及其制备方法和应用	吉林大学	滕利荣,孟庆繁,等
200910067771	以纳米碳酸钙为基体的抗菌材料的制备方法	河北工业大学	胡琳娜,董鹏飞,等
200910068779	噻二唑类杂环羧酸酯有机锡衍生物合成方法和用途	南开大学	王志宏,郭彦召,等
200910068896	1-芳基-3,5-二甲基吡唑-4-甲酸有机锡衍生物合成方法和用途	南开大学	王志宏,郭彦召,等
200910068897	有机锡四唑乙酸酯的合成方法和用途	南开大学	唐良富,谢运甫,等
200910069469	联 1,2,3-噻二唑-5-甲酸及其制备方法和用途	南开大学	范志金,米娜,等

续表

申请号	名称	申请单位	发明人
200910070348	一种抗重金属植物促生菌制剂及其施用方法	农业部环境保护科研监测所	郭军康，唐世荣，等
200910071622	防治稻飞虱的农药	德强生物股份有限公司	孙新宇，李宏园，等
200910071767	一种除草剂糖类助剂的制备方法	东北农业大学	陶波，韩玉军，等
200910072350	一种 SiO_2-AgCl 复合抗菌薄膜的制备方法	哈尔滨工业大学	田修波，杨敏旋，等
200910073869	一种泡腾型消毒除臭剂及其制备方法	河北科技大学	王奎涛，吴海霞，等
200910073885	超临界二氧化碳从藜芦中萃取藜芦生物碱的方法	河北科技大学	魏福祥，王占辉
200910074558	一种应用于设施蔬菜的抗低温制剂及其制备方法	山西省农业科学院蔬菜研究所	毛丽萍，巫东堂，等
200910075883	棉花防冻抗逆种子处理剂	山西省农业科学院棉花研究所	张建诚，史俊东，等
200910076201	类产碱假单胞 MOB13 及其应用	中国农业大学	吴文良，邬娜，等
200910076202	绿针假单胞桔黄亚种 PA40 及其应用	中国农业大学	郭岩彬，邬娜，等
200910077102	一种制备控释型纳米级农药的方法	中国农业大学	曹永松，钱坤，等
200910077911	一种防治蛴螬的生物药剂及其应用	中国农业大学	刘奇志
200910077924	5-(4-羟基苯亚甲基)-2-硫代-2,4-咪唑啉二酮酯及其应用	中国农业大学	王明安，韩金涛，等
200910078632	甜高粱抗倒伏剂及其应用	中国农业大学	谢光辉，郭兴强，等
200910078704	一株芽孢杆菌及其在棒曲霉防治中的应用	中国农业科学院农产品加工研究所	刘阳，张亚健，等
200910078856	一种防治灰霉病的复配杀菌剂	中国农业大学	刘西莉，陈风平，等
200910078893	一种新的 Bt 蛋白 Cry53Ab1、其编码基因及应用	四川农业大学，中国农业科学院植物保护研究所	李平，郑爱萍，等
200910078894	一种新的杀虫 Bt 蛋白 Cry54Aa1、其编码基因及应用	四川农业大学，中国农业科学院植物保护研究所	李平，郑爱萍，等
200910078897	苏云金芽胞杆菌菌株新菌株及其应用	四川农业大学，中国农业科学院植物保护研究所	李平，郑爱萍，等
200910078898	一种新的 Bt 蛋白 Cry4Cc1、其编码基因及应用	四川农业大学，中国农业科学院植物保护研究所	李平，郑爱萍，等
200910079567	一种防治植物寄生线虫的生物药剂及其应用	中国农业大学	简恒，薛慧，等
200910080352	沙柳木蠹蛾性诱剂	北京林业大学，山西农业大学，宁夏回族自治区森林病虫防治检疫总站，榆林市榆阳区林业工作站	张金桐，骆有庆，等
200910080576	草地螟性诱剂的合成及其应用	中国农业科学院草原研究所	刘爱萍，陈红印，等
200910080577	一种草地螟性诱剂	中国农业科学院草原研究所	刘爱萍，侯向阳，等
200910080902	一株链霉菌菌株及其应用	中国农业大学	刘西莉，卢晓红，等
200910080950	一种除草剂组合物及其应用	北京颖新泰康国际贸易有限公司	占玉萍，薛进春，等

续表

申请号	名称	申请单位	发明人
200910081176	一种融合菌株及其应用	中国农业大学	刘西莉,卢志军,等
200910081177	一株根瘤菌及其应用	中国农业大学	刘西莉,卢志军,等
200910081358	一种乳液聚合制备纳米抗菌核—壳聚合物微球的方法	北京化工大学	刘莲英,裴金东,等
200910081594	苏云金芽孢杆菌 HS18-1 及其应用	四川农业大学	郑爱萍,李平,等
200910081595	Bt 蛋白 Cry52Ba1、其编码基因及应用	四川农业大学	郑爱萍,李平,等
200910081597	Bt 蛋白 Cry30Ga1、其编码基因及应用	四川农业大学	郑爱萍,李平,等
200910081598	苏云金芽孢杆菌 BM59-2 及其应用	四川农业大学	郑爱萍,李平,等
200910081599	苏云金芽孢杆菌 YWC2-8 及其应用	四川农业大学	郑爱萍,李平,等
200910081857	一种二氯丙烯类化合物及其应用	中国中化股份有限公司,沈阳化工研究院有限公司	李斌,关爱莹,等
200910081858	一种 3,5,6-三卤代吡啶基醚类化合物及其应用	中国中化股份有限公司,沈阳化工研究院有限公司	李斌,秦玉坤,等
200910082301	Bt 蛋白 Cry56Aa1、其编码基因及应用	四川农业大学	李平,郑爱萍,等
200910082331	一种高光学含量精喹禾灵的制备方法	北京颖泰嘉和科技股份有限公司	乔振,母灿先,等
200910083205	吡唑基丙烯腈类化合物及其应用	中国中化股份有限公司,沈阳化工研究院有限公司	李斌,程岩,等
200910083207	取代嘧啶醚类化合物及其应用	中国中化股份有限公司,沈阳化工研究院有限公司	李淼,刘若霖,等
200910084252	一种 4-氨基-3,5,6-三氯吡啶-2-甲酸的制备方法	北京颖新泰康国际贸易有限公司	张永忠,谭徐林,等
200910084281	昆虫病原线虫共生菌及其应用	河北农业大学	王勤英,孔繁芳,等
200910085051	一种乙基异硫氰酸酯和烯丙基异硫氰酸酯的复配剂及其应用	武汉乐立基生物科技有限责任公司	林开春,吴华,等
200910085788	一类含噻二唑啉和呋喃环的螺环化合物,其制备方法和作为杀菌剂的用途	中国农业大学	张建军,王道全,等
200910086284	一种狗尾草平脐蠕孢菌株及其用于防除杂草的用途	中国农业科学院农业资源与农业区划研究所	邓晖,牛永春,等
200910086309	一种硫酸铜与混合脂肪酸抗烟草花叶病组合剂	北京市东旺农药厂	吕新国,韩泉,等
200910086313	一种烯效唑与二甲戊灵抑芽剂	北京市东旺农药厂	吕新国,韩泉,等
200910086314	一种络氨铜与噁霉灵抗烟草赤星病组合剂	北京市东旺农药厂	吕新国,韩泉,等
200910086315	一种络氨铜与霜霉威抗烟草黑胫病组合剂	北京市东旺农药厂	吕新国,韩泉,等
200910086457	取代羧酸酯类化合物及其用途	中国中化股份有限公司,沈阳化工研究院有限公司	刘长令,刘远雄,等

续表

申请号	名称	申请单位	发明人
200910086473	一种复配杀菌剂	北京燕化永乐农药有限公司	蒋勤军,王明康,等
200910086959	一种抗光解杀菌悬乳剂及制备和使用方法	北京市农林科学院	卢向阳,刘伟成,等
200910087176	一种抑制桃褐腐病菌的缓释微囊及复合膜的制备方法	北京化工大学	田平芳,佚东耀,等
200910088317	细菌群体感应信号降解酶及其编码基因与应用	中国农业大学	张力群,梅桂英
200910088808	具有粘孢子虫孢子壁降解能力的几丁质酶及其编码基因	中国农业科学院饲料研究所	周志刚,姚斌,等
200910088809	百里香酚杀螨微乳剂及其制备方法	中国热带农业科学院环境与植物保护研究所	张静,冯岗,等
200910088952	荧光假单胞杆菌防治烟草角斑病的应用	中国烟草总公司黑龙江省公司牡丹江烟草科学研究所	万秀清,郭兆奎,等
200910089505	锐钛矿型二氧化钛/蒙脱石纳米复合材料的制备方法	西南科技大学	孙红娟,彭同江,等
200910092025	烯效唑水分散粒剂及其制备方法	中国农业大学	段留生,谭伟明,等
200910092336	暗红产色链霉菌及其在病害生物防治中的应用	中国农业大学	吴文良,郭岩彬,等
200910093038	一种抗植物病毒的黑平菇蛋白及其制备方法和用途	北京市农林科学院	刘建华,严红,等
200910093039	一种花脸蘑蛋白 LSAPII 及其制备方法和应用	北京市农林科学院	燕继晔,李兴红,等
200910093040	一种花脸蘑蛋白 LSAPI 及其制备方法和应用	北京市农林科学院	李兴红,燕继晔,等
200910093404	磁性纳米银抗菌材料及其制备方法	中国科学院生态环境研究中心	蔡亚岐,张小乐
200910094137	一种提高烟叶含钾量的生物菌剂	云南省烟草科学研究所	高家合,李梅云,等
200910094148	用细胞工程培养的泛生墙藓原丝体制备的动物拒食剂	云南大学	陈穗云,李育中,等
200910094286	一种木霉高孢粉可湿性粉剂及其制备方法	云南省烟草科学研究所	方敦煌,王革,等
200910094548	一种防治烟草赤星病的枯草芽孢杆菌菌剂及其制备方法	云南省烟草农业科学研究院	方敦煌,宋春满,等
200910094763	一种具有防治水稻条斑病害及促生作用的生物制剂及应用	云南农业大学	姬广海,魏兰芳,等
200910097270	具有农药活性的弥拜霉素衍生物及其用途	浙江大学	赵金浩,徐旭辉,等
200910097723	一种制备草甘膦的方法	捷马化工股份有限公司	王文,徐国明,等
200910097916	复配杀菌剂及其用途	浙江林学院	张传清
200910098351	用草甘膦母液生产草甘膦钾盐水剂的方法	浙江金帆达生化股份有限公司	孔鑫明,刘劭农,等

续表

申请号	名称	申请单位	发明人
200910098475	一种除草剂及其用途	浙江大学	朱金文,魏方林,等
200910098647	一种草甘膦铵盐可溶性粒剂及制备方法	美丰农化有限公司	周省金,张强,等
200910099945	杀菌剂三芳基-2-吡唑啉衍生物的微波合成方法	浙江大学	徐伟亮,柴灵芝,等
200910100454	一种用于藻类水华应急处理的除藻剂及其使用方法	浙江大学	张建英,倪婉敏,等
200910100623	载银纳米二氧化钛防霉抗菌剂的制备方法	浙江大学	申乾宏,黎胜,等
200910101278	一种龙泉青瓷抗菌剂及其应用	浙江大学	周少华,彭勃,等
200910101846	一种防治水稻纹枯病的复配农药	浙江省桐庐汇丰生物化工有限公司	倪烈,李忠,等
200910102548	一种含氨基膦酸酯的苯基氰基丙烯酸酯衍生物及其制备方法和用途	贵州大学	宋宝安,荀先涛,等
200910102604	一种含吡蚜酮与噻虫嗪的农药复配物及其制备方法和用途	贵州大学	薛伟,柏松,等
200910102933	一种载银磷酸锆/纳米二氧化钛复合抗菌剂及其制备方法	瓮福(集团)有限责任公司	陈前林,隋岩峰,等
200910103552	一种抗肥大型菌核病菌的中药提取物	西南大学	马晓敏,温斐斐,等
200910103810	pH 试纸用于检测含氯消毒剂有效氯含量的用途	西南大学	万永继,王振涛,等
200910104832	一种具有增效杀虫作用的农药组合物及其应用	深圳诺普信农化股份有限公司	朱卫峰,孔建,等
200910105220	长效缓释二氧化氯消毒剂及其制造方法	东莞市中加消毒科技有限公司	郑进胜
200910105221	一种稳定型消毒液及其制造方法	东莞市中加消毒科技有限公司	郑进胜
200910105406	一种杀虫农药组合物及其应用	深圳诺普信农化股份有限公司	张承来,陈小霞,等
200910105449	一种杀虫农药组合物及其应用	深圳诺普信农化股份有限公司	曹明章,刘胜召,等
200910105527	一种农药组合物及其应用	深圳诺普信农化股份有限公司	张承来,陈小霞,等
200910105563	一种纳米银消毒剂	深圳清华大学研究院	曾嘉明,裴渭静,等
200910105565	复合消毒泡腾片剂及其制备方法	深圳清华大学研究院	裴渭静,曾嘉明,等
200910111907	夹竹桃多糖提取物的制备方法及多糖提取物的医药用途	福建师范大学	肖义军,吴建璋,等
200910112094	橘小实蝇蛋白引诱剂及其制备方法	福建农林大学	陈家骅,王波,等
200910112183	一种除草剂的制备方法	福建森美达生物科技有限公司	许鹏翔,黄金龙
200910112719	驱虫剂埃卡瑞丁的制备方法	长汀劲美生物科技有限公司	许鹏翔
200910113352	具有杀虫活性物质的内生菌及其在生防中的应用	新疆农业科学院微生物应用研究所	张雪冰,张伟,等
200910113624	一种防止流沙表面活化的胶德克斯氏菌及其应用	中国科学院新疆生态与地理研究所	潘惠霞,程争鸣,等
200910113625	一种提高药用植物伊贝母产量的黄假单胞菌及其应用	中国科学院新疆生态与地理研究所	潘惠霞,程争鸣,等
200910113830	微胚乳玉米专用种衣剂	广西大学	谢阳姣,吴子恺,等

续表

申请号	名称	申请单位	发明人
200910113924	烯啶虫胺静电油剂及其制备方法	广西田园生化股份有限公司	陈福良,李耀秀,等
200910115893	一种用于棉花抗草甘膦药害的解毒安全剂	江西省棉花研究所	张兴华,李捷,等
200910116325	一种制备多晶纳米钙铝氧化物的方法	中国科学技术大学	李全新,宫璐,等
200910116326	多晶纳米钙铝氧化物的抗菌用途	中国科学技术大学	李全新,宫璐,等
200910116719	防除麦田杂草组合物	安徽华星化工股份有限公司	谢平,刘元声,等
200910117464	蜡蚧轮枝菌速释分散片及其制备方法	甘肃省科学院生物研究所	刘锦霞,杜文静,等
200910117466	苏云金芽孢杆菌、蜡蚧轮枝菌和乌头生物碱复配杀虫剂及制法	甘肃省科学院生物研究所	刘锦霞,沈思远,等
200910117518	含吡嗪肼的酰基硫脲类化合物及其制备和应用	西北师范大学	傅颖,肖彩琴,等
200910117603	一种新垦农田防治小麦全蚀病的土壤调节剂及其制备方法和使用方法	宁夏农林科学院	沈瑞清,康萍芝,等
200910119622	含斜纹夜蛾核多角体病毒和虫酰肼的农药悬浮剂	广州市生物防治站,广州市中达生物工程有限公司	利广规,黄国贤,等
200910119623	含甜菜夜蛾核多角体病毒和虫酰肼的农药悬浮剂	广州市生物防治站,广州市中达生物工程有限公司	汤历,徐树兰,等
200910128824	含有噻虫嗪哒螨灵的杀虫组合物及其应用	深圳诺普信农化股份有限公司	张承来,孔建,等
200910129513	一种促进兰花菌根共生体形成的诱导剂组合物及其制备方法	温州医学院,浙江省亚热带作物研究所	刘佳明,曹建明,等
200910131453	一种球孢白僵菌油悬剂及其制作方法	河北省农林科学院植物保护研究所	曹伟平,冯书亮,等
200910131798	含精噁禾灵、氟磺胺草醚和广灭灵的除草组合剂型及其制备方法	济南科赛基农化工有限公司	韩勇,赵守明,等
200910131937	一种提高大豆异黄酮含量的叶面肥	黑龙江省农垦科研育种中心	赵越,胡国华,等
200910136126	在乙草胺生产中联产杀菌剂三乙膦酸铝的方法	山东德浩化学有限公司	韩勇,赵守明,等
200910136620	月桂酰脯氨酰氨基酸甲酯作为新型促透剂的合成方法及其应用	首都医科大学	崔国辉,崔纯莹,等
200910136772	拟除虫菊酯农药的纳米敏感材料	北京联合大学生物化学工程学院	周考文,马燕玲,等
200910139732	一种含有甲氧基丙烯酸酯类杀菌剂的农药组合物及其应用	深圳诺普信农化股份有限公司	刘胜召,曹明章,等
200910142187	一种拟除虫菊酯化合物及其制备方法和应用	江苏扬农化工股份有限公司,江苏优士化学有限公司	戚明珠,周景梅,等
200910142818	一种用酶解方法制备海藻精的方法	北京雷力农用化学有限公司	汤洁
200910143144	一种杀虫剂母液及其应用	江苏扬农化工股份有限公司,江苏优士化学有限公司	戚明珠,赵建伟,等
200910144560	胍类高分子型抗菌剂的制备方法	合肥工业大学	徐卫兵,于太保,等
200910147579	新型木材防腐剂	内蒙古农业大学,王雅梅,王喜明	王雅梅,王喜明
200910148294	含戊唑醇与菌核净的杀菌组合物	浙江威尔达化工有限公司	吴明龙

续表

申请号	名称	申请单位	发明人
200910152570	一种用于草编产品的防霉剂	浙江大学	李文江
200910152763	纳米 TiO_2-聚苯乙烯微球复合物及其制备方法和用途	浙江理工大学	江国华,曾建芳,等
200910153436	一种合成竹木醋液及其生产方法和用途	浙江建中竹业科技有限公司	马建义,童森淼,等
200910153984	一种多粘类芽孢杆菌及其应用	浙江大学	李斌,苏婷,等
200910153985	一种防治植物青枯病的浸麻类芽孢杆菌及其应用	浙江大学	李斌,苏婷,等
200910154738	一种恶臭假单胞菌及其喷洒剂	浙江大学	余山红,谢关林,等
200910154899	一种缓病类芽孢杆菌及其种衣剂	浙江大学	怀雁,谢关林,等
200910155084	二氧化钛掺银抗菌剂的制备方法	浙江大学	申乾宏,盛建松,等
200910156602	一种含银硅基介孔抗菌剂及其制备方法	浙江理工大学	冯新星,陈建勇,等
200910156605	一种无机纳米介孔抗菌剂及制备方法	浙江理工大学	冯新星,陈建勇,等
200910157471	嗜线虫致病杆菌拒食蛋白质及其基因序列和该拒食蛋白及其基因的用途	中国农业科学院植物保护研究所	邱德文,杨怀文,等
200910157865	一种高效农药阿维菌素乳油用增粘增效剂组合物	长兴德源环保助剂有限公司,南京擎宇化工研究有限公司,扬州斯培德化工有限公司	秦敦忠,刘娟,等
200910158393	一种风扇式杀虫香及其应用	江苏扬农化工股份有限公司,江苏优士化学有限公司	戚明珠,赵建伟,等
200910158824	抗菌聚合物及其制备方法	远东新世纪股份有限公司	张根源,吴政达,等
200910160788	一种增效杀虫组合物及其应用	深圳诺普信农化股份有限公司	文伯健,曹明章,等
200910162405	一种暗黑鳃金龟性信息素及性诱剂	山东省花生研究所	曲明静,鞠倩,等
200910163219	除虫菊叶的适时采收加工及应用方法	红河森菊生物有限责任公司	王登记,罗怀仲,等
200910164371	一种皮肤粘膜消毒液及其制备方法	成都顺发消洗科技有限公司	梁宗贵
200910164494	一种乙虫腈水乳剂及其制备方法	深圳诺普信农化股份有限公司	仇晓锋,景辉,等
200910164573	一种含丁硫克百威的杀虫组合物及其应用	深圳诺普信农化股份有限公司	朱卫锋,曹明章,等
200910164574	一种杀螨组合物及其应用	深圳诺普信农化股份有限公司	王艳武,徐齐云,等
200910164801	一种农药组合物	深圳诺普信农化股份有限公司	李谱超,张建明,等
200910164807	一种农药组合物	深圳诺普信农化股份有限公司	景辉,仇晓锋,等
200910165901	一种具有增效作用的农药组合物	深圳诺普信农化股份有限公司	巩自勇,朱卫锋,等
200910165906	一种含四氟醚唑的杀菌组合物	深圳诺普信农化股份有限公司	郭东岳,张承来,等
200910166556	苔藓植物作为植物外植体消毒剂的用途、及该消毒剂组合物及其制备方法和使用方法	温州医学院附属第二医院	孙晶,林桂凤,等
200910167697	一种嘧啶核苷类抗菌素、腐植酸复配水剂农药	成都绿金高新技术股份有限公司	李春勤,马健驹,等
200910169303	含有吡草醚的除草剂组合物	山东先达化工有限公司	王现全,姚刚,等
200910173593	一种含有吡螨胺的农药组合物	深圳诺普信农化股份有限公司	巩自勇,朱卫锋,等

续表

申请号	名称	申请单位	发明人
200910173594	一种含虱螨脲的水性化制剂及其制备方法	深圳诺普信农化股份有限公司	李谱超,张建明,等
200910173803	一种含有氟酰胺的杀菌组合物	深圳诺普信农化股份有限公司	刘胜召,张承来,等
200910176484	一种中草复合杀虫剂的配方与工艺	河北农业大学	王海燕,韩文素,等
200910176994	桂哌齐特氮氧化物、其制备方法和用途	北京四环制药有限公司	车冯升,林善良,等
200910180457	一种天然高分子多糖杀虫组合物	麻阳张格尔生化科技发展有限公司	张格尔
200910181697	载有多价银分子晶体电池杀菌灭藻陶瓷材料制备方法及其应用	宜兴大唐科技有限公司	荆效民,徐丽琴
200910181784	含有氟硅菊酯和毒死蜱的复合杀虫剂	江苏省绿盾植保农药实验有限公司	束兆林,缪康,等
200910183580	一种杀虫双母液的膜法浓缩工艺	江苏安邦电化有限公司	刘跃,谢柏明,等
200910184045	防治温室蔬菜根结线虫病和水稻纹枯病的生防菌株 AT31	南京农业大学	郭坚华,刘红霞,等
200910187881	具有杀菌活性的嘧啶取代丙烯酸酯类化合物及其制备方法	沈阳化工学院	杨桂秋,于秀兰,等
200910189859	一种寡糖类植物诱抗剂泡腾片及其制备方法	深圳市沃科生物工程有限公司	王士奎,肖文,等
200910191044	含银高性能玻璃微纤维料块及其制备方法	重庆再升科技发展有限公司	陶伟,秦大江,等
200910192615	强壮类芽胞杆菌 G25-1-2 及其应用	中国科学院南海海洋研究所	董俊德,凌娟,等
200910192668	用茶籽粕生产杀螺型有机肥及其制备方法	广东新大地生物科技股份有限公司,广东省农业科学院土壤肥料研究所	徐培智,解开治,等
200910192896	一种海洋放线菌及其代谢物的制备方法与应用	广东省农业科学院植物保护研究所,仲恺农业工程学院	林壁润,郑奕雄,等
200910192921	一种铜绿假单胞菌 D10 及其制备方法与应用	华南农业大学	王振中,徐立新,等
200910192922	一种枯草芽孢杆菌 A16 及其制备方法与应用	华南农业大学	王振中,徐立新,等
200910193032	微红新月蕨化合物及其制备方法和应用	华南农业大学	徐汉虹,黄素青,等
200910193247	烟碱/磷酸化壳聚糖纳米粒子水分散制剂的制备方法	暨南大学	张子勇,殷旭东
200910194370	吡唑脒衍生物及其在农业上的应用	广州植物龙生物技术有限公司	高端阳,符建立,等
200910195477	免洗净手护手液及其制备	上海泛亚生命科技有限公司	王达,孙长胜,等
200910201117	N-2,4-二氯苯氧乙酰(硫)脲除草剂及制备方法	上海师范大学	薛思佳,杨定荣,等
200910206222	一种含四氟醚唑的杀菌组合物	深圳诺普信农化股份有限公司	郭东岳,刘胜召,等
200910206541	一种含苯醚菌酯的杀菌组合物	深圳诺普信农化股份有限公司	郭东岳,张承来,等
200910208442	一种以氟啶胺为主要成分的杀菌组合物	深圳诺普信农化股份有限公司	张承来,曹明章,等
200910209742	基于氟喹唑的增效农药组合物	深圳诺普信农化股份有限公司	刘胜召,张承来,等
200910209789	除草的 N3-取代苯基脲嘧啶类化合物	湖南化工研究院	黄明智,任叶果,等
200910212249	一种杀卵菌组合物	深圳诺普信农化股份有限公司	张洪,张承来,等

续表

申请号	名称	申请单位	发明人
200910212250	一种增效农药组合物	深圳诺普信农化股份有限公司	刘胜召，曲哲，等
200910212779	枯草芽孢杆菌三环唑复配可湿性杀菌粉剂及其应用	江苏省农业科学院	陈志谊，刘永锋，等
200910213541	一种卫生害虫杀虫剂的组合物	南通功成精细化工有限公司	姚志牛
200910213899	羧甲基壳聚糖季铵盐/累托石纳米复合材料及其制备方法	华南理工大学	王小英，刘博，等
200910214268	茶皂素与多杀菌素的杀虫组合物	华南农业大学	胡美英，翁群芳，等
200910214362	茶皂素与吡咯及吡唑类杀虫剂混配的杀虫剂	华南农业大学	钟国华，胡美英，等
200910214363	茶皂素与氨基甲酸酯类杀虫剂混配的杀虫剂	华南农业大学	钟国华，胡美英，等
200910214379	茶皂素与拟除虫菊酯类杀虫剂混配的杀虫剂	华南农业大学	胡美英，郝卫宁，等
200910215682	一种含乙酰基拟除虫菊酯化合物及其合成方法和用途	贵阳柏丝特化工有限公司	欧志安，杨书翰，等
200910218121	甜菜抗逆增产增糖苗期复合生长调节剂及用法	吉林省农业科学院	李文，王鑫，等
200910218257	具有抗菌和抗肿瘤活性的大环酰胺化合物及其制备方法与应用	玉溪市维和生物技术有限责任公司	杨崇仁，李海舟，等
200910218306	法尼基环六烷醇类衍生物及其应用	云南大学	牛雪梅，张克勤，等
200910218310	一种从续随子中提取的活性物质及应用	云南大学	李国红，张克勤
200910218609	一种从木醋液中连续提取抗菌物质和抗氧化物质的方法	西北农林科技大学	尉芹，马希汉，等
200910218996	一种含溴菌腈与咪鲜胺锰盐的杀菌组合物	陕西汤普森生物科技有限公司	张秋芳，常新红，等
200910219554	苯偶氮苯酚类化合物及在制备植物病原菌抗菌剂中的应用	西北农林科技大学	徐晖，曾习文
200910221387	橡胶籽接苗芽片愈合促进剂	中国热带农业科学院橡胶研究所	曹建华，林位夫，等
200910223358	短小芽孢杆菌（Bacillus pumilus）NMCC46 及其应用	无锡亚克生物科技有限公司	高学文，薛鹏琦，等
200910223993	含有氟酰胺的杀菌组合物	福建新农大正生物工程有限公司	陈卫民，陈帆
200910227088	具有杀菌活性的 O 取代噁二嗪类化合物及其制备方法和用途	湖南化工研究院	黄明智，胡志彬，等
200910227668	一种菠菜蛋白提取物的制备方法	中国烟草总公司郑州烟草研究院	杨军，金光辉，等
200910229203	一种蝇类寄生蜂的野外诱集方法及其诱集载体	泰山医学院	张忠
200910229208	一种防治病害的棉花专用有机无机复合肥及其制备方法	山东光大肥业科技有限公司	姜兴民，李涛，等
200910230060	一种壳聚糖季铵盐及其制备和应用	烟台海岸带可持续发展研究所	郭占勇，董方，等
200910230984	一种含有拟康氏木霉的多功能生物制剂	山东多利德生物科技有限公司	宋保平，陈靠山，等

续表

申请号	名称	申请单位	发明人
200910234320	1,3,4-噻二唑基氟尿嘧啶类化合物及其制备方法和应用	南京工业大学	万嵘,王锦堂,等
200910235510	乳链菌肽突变体蛋白及其编码基因与应用	中国科学院微生物研究所	钟瑾,路遥,等
200910238015	含分子态二氧化氯的消毒组合物及其应用	北京欧凯纳斯科技有限公司	高源,许峰
200910241555	苏云金芽孢杆菌CRY9E基因,蛋白及其应用	中国农业科学院植物保护研究所	束长龙,苏慧琴,等
200910243798	一种抗菌纳米银溶胶的制备方法	中国人民解放军军事医学科学院基础医学研究所	王常勇,杨桂利
200910255604	具有驱虫作用的马铃薯专用有机-无机复合肥及其制备方法	山东光大肥业科技有限公司	姜兴民,李涛,等
200910256465	一株坚强芽孢杆菌及其应用	山东省林业科学研究院	牛赡光,王清海,等
200910256595	一种N取代基噻唑酮衍生物及其制备方法和应用	山东师范大学	刘玉法,刘秀明,等
200910259560	含有醚菌酯的杀菌组合物	福建新农大正生物工程有限公司	陈卫民,陈帆
200910259701	抗菌非织造布及抗菌剂制备方法	山东俊富非织造材料有限公司	孙伟,罗俊,等
200910259845	含有四氟醚唑的杀菌组合物	福建新农大正生物工程有限公司	陈卫民,陈帆
200910259848	含有氟环唑的杀菌组合物	福建新农大正生物工程有限公司	陈卫民,陈帆
200910264235	一种防治害虫刺桐姬小蜂的农药制剂	扬州大学	陈小军,王爽,等
200910264236	一种防治刺桐姬小蜂的农药制剂	扬州大学	陈小军,王爽,等
200910264237	防治刺桐姬小蜂的农药制剂	扬州大学	陈小军,王爽,等
200910272145	一种用于混凝土所使用的聚羧酸减水剂的防腐剂	中建商品混凝土有限公司,中国建筑第三工程局有限公司	吴文贵,王军,等
200910272716	一种果实蝇性引诱缓释剂的制备方法	湖北谷瑞特生物技术有限公司	杜进平
200910273106	水产养殖用杀螺药剂及其制备方法	武汉兴旺生物技术发展有限公司	安锡旺,王正友
200910273384	克无踪与2甲4氯钠和碳酸氢铵三元复配制成的除草水剂	武汉雅鲁藏布房地产策划有限公司	袁观银,黄松钦
200910273498	防治小麦根部病害的解淀粉芽孢杆菌EA19及其制剂	湖北省农业科学院植保土肥研究所	喻大昭,曾凡松,等
200910300615	抗棉花枯黄萎病土壤修复剂及其制备方法	新疆汇通旱地龙腐植酸有限责任公司	刘广成,罗勇,等
200910303912	井冈霉素两亲聚合物网络及其合成方法	湖南师范大学	钟世华,齐风佩,等
200910304396	一种复合变性淀粉	聚祥(厦门)淀粉有限公司	黄荣灿
200910304582	瑞香狼毒中2-甲基-5-异丙基苯酚在农药中的应用	西华大学	唐孝荣,陈绍玲,等
200910305443	一种烷基咪唑啉季铵盐及其制备方法和应用	东北林业大学	苏文强,杨冬梅,等
200910305564	香菇多糖的提取方法及其在防治农作物病害的应用	黑龙江绥农农药有限公司	李连志,郑久德,等

续表

申请号	名称	申请单位	发明人
200910307162	瑞香狼毒中3,7,11-三甲基-2,6,10-十二碳三烯-1-醇在农药中的用途	西华大学	唐孝荣,岳松,等
200910309044	一种淡紫拟青霉生物肥药的制备方法	福建省农业科学院农业生物资源研究所	刘波,史怀
200910310646	一种含氰霜唑和春雷霉素的杀菌组合物及应用	青岛星牌作物科学有限公司	李国安,王辉,等
200920042295	农药杀菌剂霜脲氰离心干燥系统	泰州百力化学有限公司	胡红一
200920093797	次氯酸盐杀菌水连续自动生成器	何大收,增田礎,山下光治,那须玄明	何大收,增田礎,等
201010001011	一种弯孢属菌株及其用于防除杂草的用途	中国农业科学院农业资源与农业区划研究所	邓晖,牛永春
201010002382	氨基酸与农药的藕合物及其制备方法与作为农药的应用	华南农业大学	徐汉虹,李俊凯,等
201010002383	氨基酸与农药的藕合物及其制备方法与作为农药的应用	华南农业大学	徐汉虹,李俊凯,等
201010002384	氨基酸与农药的耦合物及其制备方法与作为农药的应用	华南农业大学	徐汉虹,李俊凯,等
201010003726	一种假单胞菌菌株及其应用	浙江大学,浙江省农业科学院	朱凤香,冯明光,等
201010011450	一种从武夷菌素深层发酵液中提取武夷菌寡糖的工艺方法	潍坊万胜生物农药有限公司	孙波,李鹏,等
201010011480	一种固体氯杀菌灭藻剂及其制备方法	青岛大学,杜万军	胡艳芳,聂兆广,等
201010018166	邻苯二甲酰胺衍生物、农用与园艺用杀虫剂及其施用方法	南京工业大学	朱红军,李玉峰,等
201010019333	一种含茚虫威和氰氟虫腙的杀虫组合物及其应用	广东中迅农科股份有限公司	刘鹏,彭述明,等
201010034114	外来植物黄顶菊有效成分绿原酸插层水滑石及其制备方法	北京化工大学	魏芸,高亚利
201010034439	一株在草莓连作病害中起生防作用的枯草芽孢杆菌及其应用	中国农业大学	张潞生
201010040036	高产胞壁降解酶和抗菌肽的绿色木霉菌株及其生防试剂	杭州市农业科学研究院	马华升,阮松林,等
201010045601	可见光响应的复合氧化物光催化剂$Ba_{10}W_6$-$xMoxLi_4O_{30}$及制备方法	桂林理工大学	刘勤文,方亮,等
201010045607	可见光响应的复合氧化物光催化剂$Ba_4Li_2W_2O_{11}$及制备方法	桂林理工大学	杨曌,方亮,等
201010045611	可见光响应的复合氧化物光催化剂$Li_6Ti_5Nb_2$-$xTaxO_{18}$及制备方法	桂林理工大学	唐莹,方亮,等
201010103241	具有快速崩解性能的农药水分散粒剂的制造方法	惠州市银农科技有限公司	谭钟扬,王爱臣
201010103266	快速崩解甲维盐及氟铃脲水分散粒剂及其制造方法	惠州市银农科技有限公司	谭钟扬,王爱臣
201010104476	草甘膦二聚体、其制备方法及用途	深圳诺普信农化股份有限公司	袁伏中,李琛,等

续表

申请号	名称	申请单位	发明人
201010104685	氯虫苯甲酰胺与毒死蜱复配农药	中国水稻研究所	赖凤香,胡国文,等
201010106418	一种采用超声波制备超细钼酸银抗菌粉体的方法	河北理工大学	王黔平,吴卫华,等
201010106426	一种采用超声-均匀沉淀制备超细钨酸银抗菌粉体的方法	河北理工大学	吴卫华,王黔平,等
201010108073	一种枯草芽孢杆菌 BS-03 可湿性粉剂和水分散粒剂	山东泰丰源生物科技有限公司	牛赡光,周峰,等
201010108786	一种减缓或避免稗草产生抗药性的直播稻田杂草防治方法	中国水稻研究所	陆永良,余柳青
201010109162	一种荧光假单胞菌菌株、菌剂及其作为防治番茄青枯病的育苗基质的应用	浙江省农业科学院	王卫平,薛智勇,等
201010110224	一种应用于设施蔬菜的低温保护剂及其制备方法	山西省农业科学院蔬菜研究所	毛丽萍,任君,等
201010111159	一种防治花生根结线虫的生物制剂及其制备方法与应用	广东省农业科学院植物保护研究所	林璧润,蒲小明,等
201010113323	一种含有硫酸根或硫酸氢根离子的草甘膦组合物的制备方法	深圳诺普信农化股份有限公司	卢柏强,袁伏中,等
201010113333	一种草甘膦水基化组合物	深圳诺普信农化股份有限公司	卢柏强,袁伏中,等
201010114335	一株植物内生枯草芽胞杆菌 TR21 及其应用	珠海市农业科学研究中心	喻国辉,陈燕红,等
201010116424	一种钯掺杂的纳米二氧化钛抗菌剂及其制备方法与应用	曲阜师范大学	景志红,王传彩,等
201010117254	以硅胶为载体吸附铜、锌及银离子的抗菌剂	河北理工大学	吴卫华,王黔平,等
201010117859	木霉菌素类衍生物及其防治病原菌的用途	浙江大洋化工股份有限公司	赵金浩,程敬丽,等
201010124089	一株具提高大豆对除草剂抗性的寡养单胞菌及其制备方法和应用	沈阳农业大学	段玉玺,陈立杰,等
201010125070	防治梨枯梢病害的生防菌株 SM16	南京农业大学	郭坚华,李师默,等
201010125408	一种可光交联的控释农药长效制剂及其制备方法和应用	武汉理工大学	殷以华,徐莎,等
201010125409	具有促生作用的铁皮石斛内生菌及其用途	浙江理工大学	胡秀芳,赵凯鹏,等
201010125937	一种球孢白僵菌 BB-N1 菌株及其制备方法和应用	华南农业大学	黄振,任顺祥
201010128305	一种灭杀钉螺的苏云金芽孢杆菌及制备方法	中国科学院武汉病毒研究所	高梅影,樊鸿宇,等
201010130906	自调控型二氧化氯组合物及其在烟草仓储中的应用	北京欧凯纳斯科技有限公司	高源,刘迎春
201010130937	水解稳定的聚醚改性硅碳烷表面活性剂	上海钰康生物科技有限公司	张如周,孙崃

续表

申请号	名称	申请单位	发明人
201010132939	可防治根结线虫且可生物降解的农用地膜及其制备方法	陕西农产品加工技术研究院	张敏,李成涛,等
201010132951	可防治根结线虫的PLA基农用地膜及其制备方法	陕西农产品加工技术研究院	张敏,李成涛,等
201010134256	2-(4-苯基-3-芳氧基-1,2,4-三唑-5-硫基)乙酰胺及其合成和应用	西北师范大学	魏太保,杜晓莉,等
201010136330	昆虫几丁质酶基因及其DSRNA的应用	山西大学	张建珍,李大琪,等
201010137618	双(4-氟苯基)-(1H-1,2,4-三唑-1-基甲基)甲硅烷的制备方法	天津久日化学股份有限公司	赵国锋,张建锋,等
201010137641	一种松香基表面活性剂的制备方法	中国林业科学研究院林产化学工业研究所	商士斌,李建芳,等
201010147041	一种甲维盐的合成方法	山东京博控股股份有限公司,京博农化科技股份有限公司	张建林,郑亭路,等
201010148902	一种发根根瘤菌菌株、菌剂及其作为防治番茄青枯病的育苗基质的应用	浙江省农业科学院	王卫平,薛智勇,等
201010149432	一株新月弯孢霉菌株及其应用	中国农业大学	倪汉文,李静,等
201010153233	防治十字花科蔬菜小菜蛾的组合物及其制剂和应用	上海生农生化制品有限公司	施顺发,张芝平,等
201010155500	灰黄链霉菌及其在植物病害生物防治中的应用	中国农业科学院草原研究所	徐林波,王兰英,等
201010155523	一株细黄链霉菌在苜蓿病害防治中的应用	中国农业科学院草原研究所	徐林波,狄彩霞,等
201010155900	细黄链霉菌	中国农业科学院草原研究所	徐林波,狄彩霞,等
201010155925	一株抗苜蓿病害灰黄链霉菌及其筛选方法	中国农业科学院草原研究所	徐林波,陈红印,等
201010159758	一类具有光学活性的含苯并噻唑基团的β-氨基酸酯及其合成方法和用途	贵州大学	宋宝安,李为华,等
201010162376	重组甜菜夜蛾核多角体病毒制剂及其制备方法	肇庆学院	李充璧,李广宏,等
201010162467	一株生防球孢链霉菌及在防治柑橘青霉病中的应用	华中农业大学	黄俊斌,李其利,等
201010163607	昆虫几丁质合成酶1基因片段及其DSRNA和应用	山西大学	张建珍,刘晓健,等
201010163618	一种昆虫几丁质合成酶2基因和应用	山西大学	张建珍,刘晓健,等
201010163625	一种昆虫几丁质合成酶1基因片段及其DSRNA和应用	山西大学	张建珍,刘晓健,等
201010163634	一种昆虫几丁质合成酶1B基因片段及其DSRNA和应用	山西大学	刘晓健,张建珍,等
201010163645	一种昆虫几丁质合成酶1A基因片段及其DSRNA和应用	山西大学	郭亚平,张建珍,等

续表

申请号	名称	申请单位	发明人
201010166705	用于水稻田杂草防除的菌药合剂	中国农业大学	倪汉文,曹永松,等
201010168265	2-取代基-5-(2,4-二氯苯基)-1,3,4-噁二唑类衍生物及其合成方法和应用	贵州大学	徐维明,宋宝安,等
201010168482	一种提高薄荷耐盐性的方法	沈阳化工学院	邵双,郭晓雷,等
201010170941	甲维盐-藻缓释型微胶囊杀虫剂及制备方法	上海师范大学	巫娅坤,任天瑞,等
201010170946	甲维盐-藻缓释型水分散颗粒杀虫剂及制备方法	上海师范大学	任天瑞,巫娅坤,等
201010175797	水稻纹枯病生防菌枯草芽孢杆菌 WJ-1及菌剂与应用	华中农业大学	谢甲涛,游景茂,等
201010177416	一种农药吡草醚缓控释复合材料的制备方法	山东先达化工有限公司	任红轩,余家会,等
201010177420	一种累托石纳米复合吡草醚材料的制备方法	山东先达化工有限公司	任红轩,余家会,等
201010179821	含1,2,3-噻二唑的双三唑并噻二唑类化合物及其制备方法和用途	南开大学	范志金,王守信,等
201010183657	凹凸棒灭蝇粉	江苏点金石凹土研究开发有限公司	王龙友,吴琼,等
201010183666	凹凸棒灭蝇剂	江苏点金石凹土研究开发有限公司	王龙友,吴琼,等
201010183778	凹凸棒灭蛆粉	江苏点金石凹土研究开发有限公司	王龙友,魏尤彩,等
201010184780	一种具有抗病毒作用的组合物及其制备方法	成都市康飞药业有限公司	夏隆江,米军,等
201010184947	一种烯肟菌胺和井冈霉素复配杀菌剂	浙江省桐庐汇丰生物化工有限公司	褚小丽,倪烈,等
201010185933	含多杀霉素与甲氨基阿维菌素苯甲酸盐的油悬浮剂杀虫组合物	杭州宇龙化工有限公司	吴华龙
201010187048	一种含4-甲基-1,2,3-噻二唑基团的双酰肼类化合物及其制备方法和用途	南开大学	范志金,王唤,等
201010187582	一种纳米硅线/纳米银复合材料的制备方法	中国科学院上海应用物理研究所	黄庆,樊春海,等
201010196740	茼蒿素类化合物及其合成方法与应用	华南理工大学	赖金强,宋国胜,等
201010197538	一种枯草芽孢杆菌、其菌剂、以及其制剂在水果保鲜领域的应用	河北省科学院生物研究所,河北省农林科学院遗传生理研究所	宋水山,关军锋,等
201010199739	枯草芽孢杆菌菌株 YB-81、菌剂及其制备方法和应用	河南省农业科学院	薛保国,全鑫,等
201010201257	文蛤溶菌酶基因及其编码蛋白和应用	中国科学院海洋研究所	刘保忠,岳欣,等
201010201531	短小芽孢杆菌及其培养方法和用途	浙江大学	陈卫良,姚岚,等
201010202802	一种合成微纳米三价银离子化合物的方法	苏州邦安新材料科技有限公司	许晓东,郭锋利
201010204472	一种壳寡糖席夫碱膦酸酯及其制备方法与应用	河南农业大学	徐翠莲,杨国玉,等

续表

申请号	名称	申请单位	发明人
201010207938	短指软珊瑚中一种具有抗菌活性的开环甾体皂苷类化合物	中国人民解放军第二军医大学	易杨华,孟丽媛,等
201010207953	1,2-O-十八烷基甘油醛在制备抗菌药物中的应用	中国人民解放军第二军医大学	易杨华,霍娟,等
201010209217	一种层出镰孢菌及其菌剂和应用	河北省农林科学院植物保护研究所	孔令晓,王连生,等
201010212893	一种短小芽孢杆菌及其在毒杀松材线虫中的应用	南京林业大学	吴小芹,邓海娟,等
201010213056	一种吡唑类化合物及其制备方法	中国人民解放军第三军医大学,重庆大学	周小霞,刘作华,等
201010213491	一种海带寡糖及其制备方法和它的应用	中国农业科学院植物保护研究所	宁君,梅向东
201010220242	一种含有铜银锌三种抗菌金属离子的抗菌剂及其制备方法	广西师范大学	崔天顺,周文剑,等
201010220265	用红辉沸石制备抗菌陶瓷的方法	广西师范大学	崔天顺,周文剑,等
201010221128	具有生物活性的N-氧基芳氧苯氧羧酸酰胺类化合物及其制备方法	湖南化工研究院	柳爱平,成四喜,等
201010226129	哈茨木霉菌	洪亚辉,湖南农业大学	洪亚辉,周双德,等
201010227179	灭藻净水球	日照海韵环保生物科技发展有限公司	战培林,李辉,等
201010228501	棘孢曲霉	云南省微生物研究所	吴少华,陈有为,等
201010228644	含烷基三氧基的耐水解双尾三硅氧烷表面活性剂	惠州学院	彭忠利
201010231636	一种炭疽菌菌株及含有其孢子的生物除草试剂	浙江省农业科学院	邱海萍,王艳丽,等
201010232887	一种用于防治香蕉巴拿马病的组合物	海南橡宝生物科技有限公司	冯永堂
201010233227	防治小麦雪腐、雪霉病的种衣剂及制备工艺	新疆农业科学院核技术生物技术研究所,新疆绿洲兴源农业科技有限责任公司	雷斌,樊哲儒,等
201010235618	噻唑基丙烯腈酯类化合物、制备方法及其应用	浙江工业大学,杭州杭氧化医工程有限公司	陆棋,沈德隆,等
201010236536	防治玉米丝黑穗病的SF-1水溶性生物种衣剂	黑龙江省农垦科学院植物保护研究所	刘辉,刘洪亮,等
201010236632	一种喹啉铜的制备方法及其产品	浙江海正化工股份有限公司	蔡为明,蒋富国,等
201010236733	一类4-卤代甲基-1,2,3-噻二唑类化合物及其制备方法和用途	南开大学	范志金,赵晖,等
201010236886	一种黄麻链霉菌NF0919菌株、用途及其活性发酵液的制备方法	江苏丘陵地区镇江农业科学研究所	杨敬辉,陈宏州,等
201010240076	一株虫生广布拟盘多毛孢菌株 *GX-STYJ03* 及其应用	江西天人生态股份有限公司	黄宝灵,方丽英,等
201010250401	枯草芽孢杆菌降解细菌群体感应信号及作为抗菌剂的用途	中国水产科学研究院南海水产研究所	丁贤,殷波,等
201010263064	多功能植物源促生液及其制备方法	天津市绿源环境景观工程有限公司	刘海崇

续表

申请号	名称	申请单位	发明人
201010264520	防病促生植物内生解淀粉芽孢杆菌及其应用	黑龙江省科学院微生物研究所	张淑梅,王玉霞,等
201010267089	功能菌株七号及其培养方法和菌剂的应用	中国林业科学研究院林业研究所	杨承栋,焦如珍
201010267096	功能菌株六号及其培养方法和菌剂的应用	中国林业科学研究院林业研究所	杨承栋,焦如珍
201010267109	功能菌株五号及其培养方法和菌剂的应用	中国林业科学研究院林业研究所	杨承栋,焦如珍
201010267130	功能菌株四号及其培养方法和菌剂的应用	中国林业科学研究院林业研究所	杨承栋,焦如珍
201010267196	功能菌株三号及其培养方法和菌剂的应用	中国林业科学研究院林业研究所	杨承栋,焦如珍
201010267209	功能菌株二号及其培养方法和菌剂的应用	中国林业科学研究院林业研究所	杨承栋,焦如珍
201010267222	功能菌株一号及其培养方法和菌剂的应用	中国林业科学研究院林业研究所	杨承栋,焦如珍
201010268079	一种抗苹果蠹蛾的生物杀虫剂及制备方法	中国科学院武汉病毒研究所	孙修炼,刘向阳,等
201010268435	光合细菌和枯草芽孢杆菌混合菌液在制备防治大菱鲆红嘴病菌剂中的应用	华南理工大学	蔡俊鹏,肖小丽
201010270390	含4-(1,1,2,2-四氟乙氧基)-3,5-二氯苯胺基的4-甲基-1,2,3-噻二唑的衍生物及其合成方法和用途	南开大学	范志金,王守信,等
201010272708	1,5-二取代芳基-1,4-戊二烯-3-酮肟醚类化合物及其制备方法和杀虫活性应用	贵州大学	宋宝安,吴剑,等
201010274196	四氟苯氧基烟碱胺类化合物、其制备方法及用作杀菌的用途	山东省联合农药工业有限公司	唐剑峰,王爱玲
201010282092	含噻唑锌的杀菌组合物	浙江新农化工股份有限公司	徐群辉,魏方林,等
201010288868	寡聚酸碘及其制备方法与应用	农业部规划设计研究院	王士奎,刘卫萍,等
201010290583	一种水稻根围伯克氏菌及其在防治水稻纹枯病中的应用	浙江大学	李斌,石雨,等
201010293150	一种法尼基环六烷醇类衍生物及其应用	云南大学	牛雪梅,张克勤,等
201010295118	苏云金芽孢杆菌 *cry8Na1* 基因,表达蛋白及其应用	东北农业大学	高继国,李海涛,等
201010297391	一种地衣芽孢杆菌菌株及其应用	广州市永雄有机肥有限公司	蒙志洪
201010500855	亚临界连续萃取除虫菊生产工艺	峨山南宝生物科技有限责任公司	梁忠禄,方春荣,等
201010509636	花椒麻味素缓解酰胺类除草剂对水稻毒害的方法	湖南农业大学,湖南人文科技学院	柏连阳,吴景,等
201010512191	一种球状节杆菌 CNA9 及其应用	中国农业大学	郭岩彬,吴文良,等

续表

申请号	名称	申请单位	发明人
201010513405	一种新型含银PET基复合材料及其原位组装制备方法和应用	东华大学	朱美芳,石玉元,等
201010515678	一种防治中草药土传病害的枯草芽孢杆菌及其菌剂制备	黑龙江省科学院微生物研究所	李晶,姜竹,等
201010518034	一种解淀粉芽孢杆菌菌株及其应用	江苏省农业科学院	陈志谊,刘永峰,等
201010522994	新型水溶性壳聚糖衍生物及其制备和应用	浙江工业大学	应国清,熊文说,等
201010527641	黄瓜枯萎病菌在提高哈茨木霉菌株L产木霉素水平中的应用	中国计量学院	俞晓平,申屠旭萍,等
201010538025	苯基螺环酮烯醇类化合物及其用途	浙江大学	赵金浩,王宗成,等
201010547537	一种地衣芽孢杆菌菌株及其应用	福建省农业科学院农业生物资源研究所	刘波,肖荣凤,等
201010550749	金轮霉素类代谢产物及其应用	云南大学	牛雪梅,张克勤,等
201010553848	4-(苯并呋喃-5-基)-2-芳氨基噻唑及其制备方法与应用	湖南大学	罗先福,胡艾希,等
201010592522	一种含醚菊酯组合物的可乳化粒剂及制备方法	山西绿海农药科技有限公司	姜欣,冀京民
201010593351	环糊精-聚乙二醇芳氧乙酸酯包结物及其制备和应用	西北师范大学	魏太保,李姗姗,等
201010608662	防治多种细菌性病害的生防菌株4AT8	南京农业大学	郭坚华,陈云,等
201010609438	一种镶嵌金纳米棒的介孔硅基纳米复合材料的合成方法	中国科学院上海硅酸盐研究所	马明,陈航榕,等
201010611771	一种二氢卟吩类光敏剂及其制备和应用	东华大学,陈志龙	陈志龙,李福民,等
201010615088	2-羟基-1-萘-3-吡啶甲酰腙及其制备方法与应用	聊城大学	尹汉东,李静,等
201019160002	一些含乙酰基拟除虫菊酯类化合物及其合成方法和用途	贵阳柏丝特化工有限公司	王俊,李国江,等
201020046074	一种二氧化氯释控消毒胶囊组	河北科技大学	吴海霞,王奎涛,等
201020185117	具抗菌功能的滤材结构体	正合顺实业股份有限公司	林雪娥
201020204669	电热诱蚊器	江苏点金石凹土研究开发有限公司	刘炜,王龙友,等
201020215656	灭虫剂乳化液生产装置	福建省梦娇兰日用化学品有限公司	何永棋,游伟国,等
201020280251	一种代森锰锌颗粒	河北双吉化工有限公司	郑跃杰,范子良
201020301436	害虫诱捕器	东莞市盛唐化工有限公司	罗文,罗诗,等
201020520599	一种代森锰锌喷雾造粒干燥一体化生产系统	河北双吉化工有限公司	郑跃杰,范子良
201020520628	代森锰锌喷雾干燥过程中用的冷却水装置	河北双吉化工有限公司	郑跃杰,范子良
201020522709	一种斑须蝽聚集信息素诱芯	漳州市英格尔农业科技有限公司	林志平
201020553761	除虫菊循环萃取装置	峨山南宝植化有限责任公司	梁忠禄,方春荣,等
201020561925	粉碎型造粒设备	南通宝叶化工有限公司	黄志刚,夏德志
201020590146	一种乙烯气体发生器	河北科技大学	吴海霞,王奎涛,等

续表

申请号	名称	申请单位	发明人
201020591885	控释吡虫啉农药颗粒	东营万鑫肥料有限公司	李伟华
201020597945	新型诱芯载体	北京市农林科学院	石宝才,宫亚军,等
201020612824	一种蜜蜂专用杀蜂螨药片	北京蜂珍科技开发有限公司	许正鼎
201020664611	一种草甘膦异丙胺反应釜	铜陵福成农药有限公司	吴福平
201110002988	一种新型螺螨酯类化合物及其制法与用途	青岛科技大学	许良忠,尹瑞锋,等
201110002996	螺环季酮酸类化合物及其制备与应用	青岛科技大学	许良忠,陈晓涛,等
201110004717	防治生姜青枯病的生防菌株3YW8	南京农业大学	郭坚华,杨威
201110007054	一种防治油茶病害的生防放线菌菌株及其应用	中南林业科技大学	周国英,杨蕾,等
201110007585	一种枯草芽孢杆菌及其应用	江苏农林职业技术学院	赵桂华,张小华,等
201110020660	一种2甲4氯农药生产废水预处理方法	中国中化股份有限公司,沈阳化工研究院有限公司,沈阳化工研究院设计工程有限公司	程迪,李鹏,等
201110024322	一种粉红粘帚霉菌厚垣孢子及其可湿性粉剂的生产方法	青岛科技大学	张媛媛,刘均洪,等
201110027957	一种拮抗油茶病害的菌株及其应用	中南林业科技大学	刘君昂,宋光桃,等
201110048071	烃氧亚氨基二苯并己内酰胺衍生物及其制备方法与作为杀菌剂的应用	中国农业大学	梁晓梅,王道全,等
201110048380	一种缓释的噻二嗪类物质的缓释制剂	宁波市鄞州浩斯瑞普生物科技有限公司	刘鹏,姜淼
201110048394	一种缓释的苯并噻唑的铵盐	宁波市鄞州浩斯瑞普生物科技有限公司	姜淼
201110095116	解淀粉芽孢杆菌及其在番茄早疫病菌中的应用	湖南农业大学	易有金,童志丹,等
201110104804	用于漂浮性农化制剂活性成份的载体物质及漂浮性农化制剂	湖南大方农化有限公司	李旭君,李宏民,等
201120111018	一种生产片状杀菌剂的压片机	成都齐达科技开发有限公司	不公告发明人
201120288998	从除虫菊中提取除虫菊素成套设备	河南华泰粮油机械工程有限公司	闫子鹏,满时勇,等
201120387584	一种暗黑鳃金龟性诱剂诱芯	山东省花生研究所	曲明静,鞠倩,等
201120403472	一种杀灭虫害的长圆筒状农药香	甘肃工业职业技术学院	廖天录,廖天江,等
98102398	一种复合除草剂	张家口市宣化农药厂	李正先,肖富生,等
98124396	一种复合杀虫剂	张家口市宣化农药厂	李正先,肖富生,等
99116834	2,5-二取代基-1,3,4-恶(噻)二唑化合物及制备和应用	华东理工大学	钱旭红,张荣,等
99116835	1,2-烷(芳)酰基芳酰基肼类昆虫生长调节剂及制备和应用	华东理工大学	钱旭红,曹松,等

第10章　林业领域应对气候变化技术清单

10.1　林业种植技术及可持续管理方法

申请号	名称	申请单位	发明人
200310101799	一种调控毛白杨中木质素的方法	北京农业生物技术研究中心，中国科学院植物研究所	魏建华，宋艳茹，等
200310111468	一种仿古树快速成型法	杨随意	杨随意
200410009201	核桃属树木嫩枝扦插繁殖方法	中国林业科学研究院林业研究所	裴东，张俊佩，等
200410097715	丛生竹组培快繁的生根方法	中国热带农业科学院热带生物技术研究所，中国热带农业科学院热带作物生物技术国家重点实验室	杨本鹏，张树珍，等
200510049254	柃木经济林种植方法	浙江丰岛股份有限公司	徐孝方
200510049643	利用中间砧进行杨梅矮化的方法	浙江省农业科学院	戚行江，梁森苗，等
200510064582	泡桐幼苗催花方法	中国林业科学研究院森林保护研究所	田国忠，李永，等
200610003188	一种培育转基因杨树的方法	中国林业科学研究院林业研究所	齐力旺，张守攻，等
200610022632	法国梧桐创面防腐法	四川大学	梁德富
200610060701	生态绿化型缓冲接触交通隔离带及建造方法	深圳万向泰富环保科技有限公司	徐亚男，徐洲平
200610136711	一种观赏性藤本花卉树的培育方法	杨伟仁	杨伟仁
200620013989	生态绿化型缓冲接触交通隔离带	深圳万向泰富环保科技有限公司	徐亚男，徐洲平
200710025662	墨杉(♀)×落羽杉(*)杂交育种方法	江苏省中国科学院植物研究所	殷云龙，徐建华，等
200710028385	非试管快速繁殖小油桐幼苗的方法	中山大学	王兆玉，徐增富，等
200710045194	南方红豆杉套种大豆的立体生态栽培方法	复旦大学	王祥荣，母锐敏，等
200710045194	南方红豆杉套种大豆的立体生态栽培方法	复旦大学	王祥荣，母锐敏，等
200710045406	曼地亚红豆杉与香樟的立体生态栽培方法	复旦大学	王祥荣，阮晓峰，等
200710064712	诱导杨树植物胚囊染色体加倍选育三倍体的方法	北京林业大学	康向阳，王君，等
200710068655	一种山核桃本砧嫁接苗的培育方法	浙江林学院	黄坚钦，王正加，等
200810019270	赤松(Pinus densiflora)组织培养增殖方法	南京林业大学	吴小芹，朱丽华，等

续表

申请号	名称	申请单位	发明人
200810031189	一种紫色山丘造林种草对位配置与混交栽培方法	湖南省经济地理研究所	谢庭生,魏晓,等
200810031190	紫色土坡地退耕地幼龄经济林果与绿肥配置造林方法	湖南省经济地理研究所	谢庭生,魏晓,等
200810032013	一种北京杨组织培养方法	湖南茂源林业有限责任公司	唐作钧,李重立,等
200810047778	毛白杨木质素单体合成基因 4-CL 及应用	中国农业科学院油料作物研究所	王汉中,杨向东,等
200810048497	离体培养和秋水仙素处理结合选育多倍体毛泡桐的方法	湖北大学	蔡得田,唐志强,等
200810057290	一种山杨埋干催芽嫩枝扦插育苗的方法	中国林业科学研究院林业研究所	张建国
200810058988	一种膏桐离体叶片植株再生的方法	西南林学院	胥辉,唐军荣,等
200810063950	一种长白落叶松离体培养不定芽诱导植株再生的方法	东北林业大学	李成浩,王伟达,等
200810069948	毛白杨的遗传转化方法	重庆大学	邓伟,李义,等
200810070456	一种杉木组织培养生根方法	厦门涌泉科技有限公司	赖桂星,郑仁华,等
200810093693	胡杨 DREB2 转录因子 cDNA 序列、含有该序列的表达载体及其应用	中国农业科学院生物技术研究所,深圳市园林科学研究所	吴燕民,雷江丽,等
200810093804	胡杨 DREB 类转录因子、其编码基因、其应用	深圳市园林科学研究所,中国农业科学院生物技术研究所,深圳市铁汉生态环境股份有限公司	雷江丽,吴燕民,等
200810118322	胡杨向水性基因 PeXET 及其启动子	北京林业大学	王华芳,王天祥,等
200810120651	杨桐高密度播种育苗的方法	浙江林学院,临安大田生花科技园艺有限公司	朱玉球,吴林土,等
200810124656	南京椴组织培养繁殖方法	江苏省中国科学院植物研究所	汤诗杰,李乃伟,等
200810146948	落羽杉离体快速繁殖方法	南京林业大学	曹福亮,杨小虎,等
200810148046	毛叶山桐子育苗的种子处理方法	四川师范大学	龙炳清,秦丹
200810148047	毛叶山桐子育苗的种子处理方法	四川师范大学	龙炳清,秦丹
200810148048	毛叶山桐子育苗的种子处理方法	四川师范大学	龙炳清,秦丹
200810148049	毛叶山桐子育苗的种子处理方法	四川师范大学	龙炳清,秦丹
200810219813	一种绿化高架桥桥墩的方法	中国科学院华南植物园	卢琼,张倩媚,等
200810228271	竹子在北方地区的栽培方法	王康瑾	王康瑾
200810231475	一种泡桐 4-香豆酸:辅酶 A 连接酶基因及其应用	河南省绿士达林业新技术研究所	裴海朝,杨艳坤,等
200810231476	一种泡桐肉桂酰 CoA 还原酶基因及其应用	河南省绿士达林业新技术研究所	陈昌民,叶金山,等
200810231477	一种泡桐尿苷二磷酸葡萄糖焦磷酸化酶基因及其应用	河南省绿士达林业新技术研究所	陈占宽,杨艳坤,等
200810239943	美国红枫的繁殖方法	北京林业大学	罗晓芳,蒋湘宁,等
200910044347	一种美洲黑杨湘林 101 组织培养方法	湖南茂源林业有限责任公司	唐作钧,盛金明,等
200910071345	一种紫叶白桦的微繁方法	东北林业大学,沈海龙,杨玲	杨玲,沈海龙,等

续表

申请号	名称	申请单位	发明人
200910071346	一种新西伯利亚银白杨的微繁方法	东北林业大学,沈海龙,杨玲	杨玲,沈海龙
200910086773	一种杨树四倍体植株的诱导方法	北京林业大学	王君,康向阳,等
200910088728	高温诱导杨树大孢子染色体加倍选育杨树三倍体的方法	北京林业大学	康向阳,王君,等
200910094700	核桃良种选育和丰产栽培方法	保山市林业技术推广总站,中国科学院昆明植物研究所	周志美,黄佳聪,等
200910094702	退耕地立体种植方法	中国科学院昆明植物研究所,保山市林业技术推广总站	何俊,周志美,等
200910094895	一种大型丛生竹分蘖移栽培育营养钵苗的方法	云南勐象竹业有限公司	向明欢,刀定伟,等
200910104051	日本红枫幼苗非试管快速繁殖的方法	重庆科技学院	戴传云,陈笈,等
200910104052	日本红枫的组织培养快繁方法	重庆科技学院	戴传云,刘万宏,等
200910113284	一种移植苗木的方法	中国科学院新疆生态与地理研究所	李丙文,常青,等
200910117498	祁连圆柏种子催芽方法	甘肃省祁连山水源涵养林研究院	孟好军,刘贤德,等
200910184248	浙江樟抗寒良种扦插繁殖技术	江苏省中国科学院植物研究所	於朝广,殷云龙,等
200910192647	一种丛生竹类圃地促萌快速繁殖育苗的方法	广东省林业科学研究院,广州富韵竹园林绿化工程有限公司	王裕霞,潘文,等
200910237170	一种能源林收获台	中国农业机械化科学研究院,现代农装科技股份有限公司	韩增德,闫希宇,等
200910237172	一种能源林收获机	中国农业机械化科学研究院,现代农装科技股份有限公司	韩增德,曹洪国,等
200910304606	三尖杉植株再生及快速繁殖方法	福建农林大学	何碧珠,何官榕
200910304607	三尖杉离体胚培养及植株再生方法	福建农林大学	何官榕,何碧珠
200910311186	欧美杨组织培养获得再生植株的方法	河南科技大学	周洲,李永丽,等
201010030133	一种杨树乙酰-乙酰载体蛋白硫脂酶基因 RNAi 载体及其应用	河南科技大学	周洲,李永丽,等
201010109751	诱导马尾松未成熟种子胚性胚柄细胞团再生植株的方法	南京林业大学	施季森,高燕,等
201010138883	一种橡胶树蔗糖转化酶及其编码基因的应用	中国热带农业科学院橡胶研究所	唐朝荣,戚继艳,等
201010175805	一种南抗杨的快速繁殖方法	安徽农业大学	项艳,杨茹,等
201010252415	一种农杆菌介导的小油桐基因转化方法	中国科学院西双版纳热带植物园	徐增富,潘竟丽,等
201010252709	一种蛇足石杉组织培养的方法	合肥工业大学	罗建平,杨雪飞,等
201010265320	一种黄花矶松的人工栽培方法	中国农业科学院兰州畜牧与兽药研究所	周学辉,常根柱,等
201010271552	一种枫杨组织培养繁殖方法	扬中市林蚕技术指导站,江苏省林业科学研究院	陈锦怀,李文骅,等
201010275858	杉木体细胞胚胎发生及植株再生方法	南京林业大学	陈金慧,周小红,等
201010521974	一种提高小桐子植株诱变育种效率的方法	中国科学院西双版纳热带植物园	杨清

续表

申请号	名称	申请单位	发明人
201010522699	一种薄壳山核桃当年播种当年嫁接的育苗方法	江苏省中国科学院植物研究所	耿国民,朱灿灿,等
201010590679	一种日本红枫的嫁接方法	福州快乐园艺有限公司	吴文兴
201019146041	山核桃胚根不定芽诱导和生根培养基及组培方法	浙江林学院	张启香,黄坚钦,等
201110003170	一种亚高山地区大熊猫主食竹的恢复方法	北京林业大学	赵志江,康东伟,等
201110004918	香樟组培苗的继代培养方法	福建农林大学	丁国昌,林思祖,等
201110026381	滇杨优良无性系开远滇杨的选育及栽培方法	西南林业大学	李乡旺,陆素娟,等
201110031481	一种白花泡桐优树试管嫁接幼化的方法	国家林业局泡桐研究开发中心	李芳东,邓建军,等
201110032022	一种泡桐优树嫁接封土幼化的方法	国家林业局泡桐研究开发中心	邓建军,李芳东,等

10.2 森林火灾监测和预警技术

10.2.1 森林灭火系统

申请号	名称	申请单位	发明人
200410021512	GPS制导的林用灭火隔离弹	大连理工大学	邹积斌
200420063670	履带式多功能森林消防车	哈尔滨拖拉机厂	赵俊宝,朴润彦,等
200620035609	森林防护多功能弹	成都陵川特种工业有限责任公司	李佐金,李云峰,等
200620035610	多用途森林防护发射器	成都陵川特种工业有限责任公司	李云峰,李佐金,等
200620096130	机载超细干粉森林灭火弹	武汉绿色消防器材有限公司	梁福雄
200620115437	车载式发射系统	山西北方惠丰机电有限公司	李勇怀,谢强,等
200710016057	燃气式砂石灭火装置	青岛大学	张纪鹏,张铁柱,等
200710016058	激波砂石灭火炮	青岛大学	张纪鹏,张铁柱,等
200720188399	一种森林灭火炮弹	长安汽车(集团)有限责任公司	王洪林,敬占捷,等
200720188400	一种森林灭火迫击炮弹	长安汽车(集团)有限责任公司	王洪林,秦光泉,等
200910073149	气动发射式森林灭火炮弹	哈尔滨工程大学	刘少刚,徐建伟,等
200910259734	一种适用于森林灭火弹的水系灭火剂及其制备方法	中国船舶重工集团公司第七一〇研究所	阳世清,邹晓蓉,等
200910259735	一种森林灭火火箭弹	中国船舶重工集团公司第七一〇研究所	文海,齐子凤,等
200910259738	一种智能森林灭火系统	中国船舶重工集团公司第七一〇研究所	段桂林,刘先新,等
200910259739	灭火弹多普勒定高近炸引信电路	中国船舶重工集团公司第七一〇研究所	何苗,詹盛武
200920079872	手持式多用途森林防护发射器	成都陵川特种工业有限责任公司	李云峰,李佐金,等
200920125865	一种森林灭火弹用的发动机	贵州航天风华精密设备有限公司	廖斌,赵兴旺
200920127087	森林灭火弹	重庆绿尚病虫害防治有限公司	战继有,杨宗祥,等
200920204230	爆破式灭火水弹	北京坤能工业仿真技术中心	丁桦

续表

申请号	名称	申请单位	发明人
200920299200	一种森林灭火火箭弹	中国船舶重工集团公司第七一〇研究所	文海，齐子凤，等
200920301285	一种森林火灾的远程灭火装置	贵州航天风华精密设备有限公司	廖斌
200920303789	一种森林火灾的复合远程灭火装置	贵州航天风华精密设备有限公司	廖斌
200920303790	一种森林灭火弹弹头	贵州航天风华精密设备有限公司	赵军，陈伟，等
200920350003	灭火弹多普勒定高近炸引信电路	中国船舶重工集团公司第七一〇研究所	何苗，詹盛武
201010514467	智能森林灭火航弹	哈尔滨工程大学	刘少刚，徐建伟，等
201010514584	模块化智能森林灭火航弹投放吊舱	哈尔滨工程大学	刘少刚，徐建伟，等
201020004275	一种用于森林灭火系统的子母弹	山西江淮重工有限责任公司	聂秋社，田军文，等
201020176051	森林灭火弹运输车后门结构	贵州航天凯山特种车改装有限公司	高振伟，简中强，等
201020218638	中型远程灭火装置	浙江森得保生物制品有限公司	冯文义，孙志丽
201020236580	一种用于森林灭火的火箭	陕西中天火箭技术有限责任公司	王金华，杨智强，等
201020564914	一种远程扑灭森林火灾用的便携式发射装置	贵州航天风华精密设备有限公司	冯永具，廖斌
201020683989	一种肩扛发射的森林灭火弹	国营第一〇四厂	王虎，孟宪宝，等
201110004446	直升机专用吊舱式森林灭火航弹投放装置	哈尔滨工程大学	刘少刚，谷青明，等
201120208134	一种远程扑灭森林火灾用的灭火弹	贵州航天风华精密设备有限公司	廖斌，冯永具
201120390110	一种弹射式智能型森林灭火弹	西安大隆含能科技有限公司	刘长劳，李革新，等

10.2.2 其他森林火灾监测预警技术

申请号	名称	申请单位	发明人
200710021089	基于视频检测的嵌入式森林火灾预警系统	南京大学	袁杰，朱翔，等
200910152017	基于类间方差的 MODIS 森林火灾火点检测方法	中国科学技术大学	张永明，肖霞，等
200910154965	基于 DSP/IPMOD 智能视频服务器的林区火灾无线远程监控装置	杭州电子科技大学	马莉，黄可杰，等
200910205631	一种森林火灾探测方法及系统	青岛科恩锐通信息技术有限公司	万滨
200920186263	太阳能风能供电的森林防火监控远程监控系统	安徽派雅新能源股份有限公司	周晓宏，李甲玉，等
201010042015	森林防火预警系统	重庆英卡电子有限公司	江朝元，彭鹏，等
201010188231	基于可编程摄像技术的烟火智能识别方法	重庆市海普软件产业有限公司	陈秀祥
201010252745	一种森林火灾区域的火焰跟踪方法	清华大学	陆建华，张雷，等
201020160846	森林火灾预警系统	常州佳讯光电系统工程有限公司	陈志强，潘小雷，等
201020223047	森林防火手持监测终端	南京森林公安高等专科学校	丛静华，汪东，等
201020227687	森林防火预警系统	吉林林业信息科技有限责任公司	李波，宫文彦，等
201020262013	一种森林防火远程监测报警系统	昆明理工大学	张云伟，何芳，等

续表

申请号	名称	申请单位	发明人
201020272387	一种前端林火动态识别报警系统及其红外热像仪	凯迈广微(洛阳)光电设备有限公司	蒋晓阳,周政,等
201020581258	森林火灾监测与防控系统	重庆市科学技术研究院	唐云建,韩鹏,等
201020634765	森林防火无人机预警装置	吉林工程技术师范学院	刘君义,管荣强,等
201020651084	便携式森林防火智能气象监测仪	长春天信气象仪器有限公司	陈晓强,刘利明,等
201020670449	森林火情自动识别报警系统	北京川页家和科技发展有限公司,北京市园林绿化局森林公安局	荆聪,廖晓宏
201110089778	一种基于视频图像分析的烟雾/火焰检测方法	杭州电子科技大学	马莉,李庆奇,等
201120072956	一种森林火险测试及预警装置	西北工业技术研究院	于忠,胡滨
201120096098	一种模拟森林火灾引发高压输电线路闪络放电的实验装置	中国南方电网有限责任公司超高压输电公司梧州局	张云,张林鹤,等
201120112055	森林火灾报警系统	黑龙江省联益智能系统工程有限公司	李长城,彭旸
201130311179	移动式森林空气检测系统	吉林森工森林空气科技开发有限公司	柏广新,李博,等

10.3 森林病虫害防治和预警技术

10.3.1 无公害粘虫胶及其应用技术

申请号	名称	申请单位	发明人
200510064422	一种环保型粘虫胶	河北省林业科学研究院	温秀军,赵志新,等
200720006978	茶园专用粘虫胶板	厦门大学	胡宏友,李雄
200910090398	一种诱虫板及其制备方法与应用	中国农业科学院植物保护研究所	雷仲仁,梁兴慧,等
201020001003	地标式害虫诱捕器	北京市农林科学院	石宝才,康总江,等
201020001004	悬挂式害虫诱捕器	北京市农林科学院	石宝才,魏书军,等
201020135643	伞形诱捕器	北京市农林科学院	石宝才,康总江,等
201020135645	贴合式伞形诱捕器	北京市农林科学院	石宝才,魏书军,等
201020515457	一种发光型诱虫用胶带	富士特有限公司	林夏满,陈建康,等
201020699750	一种寄生性昆虫天敌释放器	中国热带农业科学椰子研究所	吕朝军,赵松林,等
201020701194	诱捕茶小绿叶蝉的新型粘虫板	漳州市中海高科生物科技有限公司	林志平
201020701195	平板式可折叠成立体形状的烟草甲虫诱捕器	漳州市中海高科生物科技有限公司	王谨
201020701218	新型蓝光 LED 灯粘虫板	漳州市中海高科生物科技有限公司	林志平
201020701466	带黄光 LED 灯的新型粘虫板	漳州市中海高科生物科技有限公司	林志平
201120072355	用于防治粉斑螟属和谷斑螟属的诱捕装置	北京中捷四方生物科技有限公司	崔艮中,马四国,等
201120072369	一种用于防治粉斑螟属和谷斑螟属的诱捕装置	北京中捷四方生物科技有限公司	崔艮中,马四国,等

10.3.2 其他森林病虫害防治技术

申请号	名称	申请单位	发明人
02111474	一种昆虫信息素诱芯的散发器及其制备方法	中国科学院上海昆虫研究所	杜家纬，邓建宇
200410065914	白蚁群族监测灭杀系统	常州市武进区白蚁防治所	庞正平，杨建平
200420092890	沙棘木蠹蛾诱捕器	北京林业大学	许志春，张连生，等
200510088062	一种松材线虫的快速分离装置及其检测方法	厦门大学	潘沧桑
200520014528	监测和控制白蚁的装置	宁波市白蚁防治所	刘文军
200610027717	百部生物碱有效部位及其应用	上海中医药大学	张彤，张亚中，等
200610050779	用喜树直接加工成农药的方法	浙江林学院	马建义，张立钦
200610078035	云南松毛虫性引诱剂诱芯	中国林业科学研究院森林生态环境与保护研究所	孔祥波，张真，等
200610078036	双条杉天牛引诱剂和诱芯及其制备方法	中国林业科学研究院森林生态环境与保护研究所	张真，孔祥波，等
200610112612	一种思茅松毛虫性引诱剂和诱芯及其制备方法	北京中捷四方生物科技有限公司	赵成华，孔祥波，等
200710023186	草甘膦钾盐微胶囊缓释剂及其制备方法	江苏大学	陈敏，谢吉民，等
200710026023	防治线虫和地下害虫的无公害药肥及其生产工艺	淮安市农业科学研究院	吴传万，杜小凤，等
200710032412	水稻基腐病致病细菌毒素的制备方法及其应用	华南农业大学	刘琼光，王振中，等
200710055933	对水稻稻瘟病有拮抗作用的链霉菌及其制备方法	吉林省农业科学院	李启云，汪旭，等
200710090747	一种含有丙森锌与烯酰吗啉的杀菌组合物	青岛奥迪斯生物科技有限公司	葛尧伦
200710120742	一种含钛植物生长促进剂及其使用方法	北京科技大学	汪群慧，陈杰，等
200710176986	一种含有氯啶菌酯与三唑类杀菌剂的杀真菌组合物	中国中化股份有限公司，沈阳化工研究院有限公司	李珂珂，陈亮，等
200710177544	一种美国白蛾性引诱剂、其用途、诱芯以及制备方法	中国科学院动物研究所	张钟宁，唐睿，等
200710178858	一种含吡虫啉的水溶性颗粒剂、其制备方法和应用	北京颖新泰康国际贸易有限公司	詹福康，薛进春，等
200710178863	苍耳子、红藤或贯众植物性杀螨剂及其制备方法	北京农学院	王有年，师光禄，等
200710178864	马钱子或白鲜皮植物性杀螨剂及其制备方法	北京农学院	王有年，师光禄，等
200710187643	一种含有多菌灵和春雷霉素的农药组合物	江门市植保有限公司	陈劲礼，李新杰
200710300240	含有中生菌素和甲基硫菌灵的具有增效作用的组合物	东莞市瑞德丰生物科技有限公司	罗才宏，孔建，等

续表

申请号	名称	申请单位	发明人
200710300250	含有中生菌素和苯醚甲环唑的具有增效作用的组合物	深圳诺普信农化股份有限公司	罗才宏,孔建,等
200710306596	一种树木病虫防治处理方法	浙江林学院	马建义,鲍滨福,等
200810007608	双条杉天牛引诱剂	北京林业大学,北京市林业保护站	许志春,金幼菊,等
200810023854	氯啶菌酯的杀菌组合物及用途	江苏宝灵化工股份有限公司	朱文新,俞建平,等
200810024593	一种树脂固载双季铵盐型杀菌剂的制备方法	南京工业大学	金栋,林陵,等
200810028975	一种环保型植物素膏状生物农药及其制备方法	中国科学院华南植物园,广州雄智农业发展有限公司	马国华,秦火保
200810030971	一种氟虫腈的制备方法	湖南化工研究院	陶贤鉴,黄超群,等
200810046132	具有缓释功能的多效唑微囊悬浮制剂及其制备方法	四川省兰月农化科技开发有限责任公司	曾显斌,侯勇,等
200810055785	具有毒杀松材线虫活性的化合物及其应用	中国科学院微生物研究所	车永胜,刘杏忠,等
200810063122	一种毒死蜱和吡蚜酮复配微胶囊悬浮剂及其制备方法	浙江省农业科学院	陈列忠,俞晓平,等
200810079346	除草剂稀禾定的脲醛树脂微胶囊剂及其制备方法	河北科技大学	冯薇,葛艳蕊,等
200810079467	一种酒红土褐链霉菌菌剂及制备方法	河北省农林科学院遗传生理研究所	王占武,张翠绵,等
200810108069	苯醚甲环唑热雾剂及其制备方法	海南利蒙特生物农药有限公司	刘国忠,刘勇,等
200810117374	一种植物源抗霜霉生物农药及其应用	中国农业科学院生物技术研究所,黄其满	黄其满,都晓伟
200810124779	酚菌酮水乳剂及其制备方法	江苏腾龙生物药业有限公司	曹永松,陈海滨
200810150064	一种含吡螨胺的杀虫组合物及其应用	陕西上格之路生物科学有限公司	郑敬敏,刘健,等
200810150708	一种含戊唑醇的注干液剂	西北农林科技大学无公害农药研究服务中心	唐光辉,冯俊涛,等
200810157568	松树蛀干类害虫引诱剂	泰安市泰山林业科学研究院	庞献伟,王新花,等
200810162944	一种木霉属生防胶囊菌剂及其制备方法	浙江省农业科学院	茹水江,方丽,等
200810175289	一种含噻虫胺的杀虫组合物	陕西韦尔奇作物保护有限公司	张少武,弥华锋,等
200810181974	一种含有季酮酸类活性物质的杀螨组合物	深圳诺普信农化股份有限公司	曹明章,孔建,等
200810195214	鲍曼菌液活性粗浸膏嘧霉胺复配杀菌剂及其应用	江苏省农业科学院	蔺经,杨青松,等
200810197200	茶尺蠖核型多角体病毒苏云金杆菌杀虫悬浮剂及制备方法	武汉武大绿洲生物技术有限公司	胡家鑫,邬开朗,等
200810197522	松毛虫质型多角体病毒苏云金杆菌杀虫可湿性粉剂及制备方法	武汉武大绿洲生物技术有限公司	胡家鑫,邬开朗,等
200810232324	一种含螺螨酯和丁醚脲的杀螨组合物	陕西韦尔奇作物保护有限公司	张少武,弥华锋,等
200810238105	氟铃脲水悬浮剂	山东玉成生化农药有限公司	吕玉成

续表

申请号	名称	申请单位	发明人
200810305411	扁桃介壳虫防治方法	新疆农业大学	阿地力·沙塔尔，潘存德
200910020915	一种戊唑醇与异菌脲复配的杀菌组合物	陕西韦尔奇作物保护有限公司	张少武，弥华锋，等
200910020918	一种苯醚甲环唑与异菌脲复配的杀菌组合物	陕西韦尔奇作物保护有限公司	张少武，弥华锋，等
200910021171	一种含四氟醚唑和氟环唑的杀菌组合物及其应用	陕西韦尔奇作物保护有限公司	张少武，弥华锋，等
200910021172	一种四氟醚唑和咪鲜胺复配的杀菌组合物	陕西韦尔奇作物保护有限公司	张少武，弥华锋，等
200910021173	一种含唑蚜威和噻嗪酮的杀虫组合物	陕西韦尔奇作物保护有限公司	张少武，弥华锋，等
200910021176	一种含唑蚜威的杀虫组合物	陕西韦尔奇作物保护有限公司	张少武，弥华锋，等
200910021613	一种有效防治苹果树腐烂病的贴剂及制作方法	西北农林科技大学	安德荣，李娜
200910021678	一种含二氰蒽醌与异菌脲的杀菌组合物	陕西蒲城县美邦农药有限责任公司	张少武，张继红，等
200910021813	一种含氰烯菌酯与丙森锌的增效杀菌组合物	陕西蒲城县美邦农药有限责任公司	张少武，张继红，等
200910022046	一种含嘧菌酯与己唑醇的杀菌组合物	陕西蒲城县美邦农药有限责任公司	张少武，张继红，等
200910022049	一种含丙森锌与嘧菌酯的杀菌组合物	陕西蒲城县美邦农药有限责任公司	张少武，张继红，等
200910022208	一种含异噻唑啉酮的杀菌组合物	陕西上格之路生物科学有限公司	郑敬敏，何爱华，等
200910023211	一种含粉唑醇与腈菌唑的杀菌组合物	陕西汤普森生物科技有限公司	张秋芳，常新红，等
200910023312	一种含溴菌腈与腈菌唑的杀菌组合物	陕西汤普森生物科技有限公司	张秋芳，常新红，等
200910023452	一种含四氟醚唑与烯酰吗啉的杀菌组合物	陕西汤普森生物科技有限公司	张秋芳，常新红，等
200910027349	一种短小芽孢杆菌及其在防治杨树溃疡病中的应用	南京林业大学	叶建仁，任嘉红，等
200910031086	含有螺螨酯和烯啶虫胺的杀虫杀螨组合物	江苏辉丰农化股份有限公司	仲汉根
200910031087	含有烯啶虫胺和乙酰甲胺磷的杀虫组合物	江苏辉丰农化股份有限公司	仲汉根
200910031805	一种具有增效作用的杀虫剂组合物	江苏龙灯化学有限公司	罗昌炎，刘智忠，等
200910032623	茚虫威与哒嗪硫磷复配杀虫剂	江苏省绿盾植保农药实验有限公司	吉沐祥，缪康，等
200910034989	可用于防治栗疫病的含有弱毒性病毒CHV1-CN280的菌株	南京农业大学	王克荣，邓清超，等
200910052306	温室专用杀虫灯	上海孙桥农业科技股份有限公司，上海半导体照明工程技术研究中心，上海孙桥现代农业联合发展有限公司，上海孙桥现代温室种子种苗有限公司	周志疆，刘士辉，等
200910061189	Bt发酵中增效物质的离交回收方法	武汉科诺生物科技股份有限公司	李青，刘华梅，等
200910061527	一种喜树碱植物灭螺剂及其制备和应用方法	湖北大学	杨明波，王文涛，等

续表

申请号	名称	申请单位	发明人
200910101909	一种防治樟树黄化病的方法及所用营养液	浙江大学	方萍,李亚娟,等
200910111224	一种甲氨基阿维菌素苯甲酸盐水乳剂	福建农林大学	吴刚,范福玉,等
200910128823	一种含有三唑类杀菌剂的组合物	深圳诺普信农化股份有限公司	刘胜召,孔建,等
200910137459	一种杀菌组合物	深圳诺普信农化股份有限公司	张洪,孔建,等
200910140091	杀菌组合物	东莞市瑞德丰生物科技有限公司	张洪,张承来,等
200910150371	杀菌组合物	深圳诺普信农化股份有限公司	张承来,曹明章,等
200910159337	一种含有茚虫威的杀虫剂组合物	深圳诺普信农化股份有限公司	巩自勇,曹明章,等
200910160630	紫穗槐植物性杀螨剂及其制备方法	北京农学院	王有年,师光禄,等
200910160631	猪牙皂植物性杀螨剂及其制备方法	北京农学院	王有年,师光禄,等
200910161490	一种含有啶酰菌胺的复配杀菌组合物	深圳诺普信农化股份有限公司	张洪,张承来,等
200910164720	一种苹果树腐烂病的铲除剂	西北农林科技大学	王保通,胡小平,等
200910164803	一种复配杀菌组合物	深圳诺普信农化股份有限公司	张洪,张承来,等
200910164804	一种复配杀菌组合物	深圳诺普信农化股份有限公司	张洪,殷如龙,等
200910166097	一种增效农药组合物	深圳诺普信农化股份有限公司	刘胜召,张承来,等
200910192898	一种利用啤酒麦糟制备多杀菌素和饲料添加剂的方法	华南理工大学	朱明军,胡飞,等
200910193168	一种香薰驱蚊组合物	广州百花香料股份有限公司	许慧贤
200910193619	萜类化合物及其制备方法和应用	华南农业大学	徐汉虹,唐文伟,等
200910193935	一种5-烯基化-1,4-二取代-1,2,3-三唑化合物及其制备方法和应用	华南理工大学	江焕峰,冯振宁,等
200910203319	一种稻瘟酰胺复配杀菌组合物	深圳诺普信农化股份有限公司	张洪,刘胜召,等
200910212778	枯草芽孢杆菌丙环唑复配可湿性杀菌粉剂及其应用	江苏省农业科学院	陈志谊,刘邮洲,等
200910218933	一种含有环丙唑醇和噁唑菌酮的杀菌组合物	陕西上格之路生物科学有限公司	郑敬敏,何爱华,等
200910234937	枯草芽孢杆菌嘧霉胺复配杀菌剂及其应用	江苏省农业科学院	刘邮洲,陈志谊,等
200910241212	一种沉香诱导剂及其制备方法	中国医学科学院药用植物研究所	魏建和,张争,等
200910256034	一种适冷微生物及其在植物抗逆方面的应用	山东大学	张鹏英,白云贵,等
200910264768	含有嘧霉胺和乙烯菌核利的杀菌剂	江苏省绿盾植保农药实验有限公司	吉沐祥,吴祥,等
200910303849	一种载银纳米抗菌有机蒙脱土的制备方法	中南林业科技大学	陈介南,张林,等
200920083982	白蚁监测诱杀盒	宜昌市白蚁防治研究所	李为众,熊强,等
200920105526	一种蚊蠓诱捕器	中华人民共和国北京出入境检验检疫局	郭天宇,刘艳华,等
200920165368	昆虫诱捕器	中国热带农业科学院环境与植物保护研究所	王玉洁,赵冬香,等
200920176146	多功能全自动智能型害虫测报系统	北京市农林科学院	石宝才,康总江,等

续表

申请号	名称	申请单位	发明人
200920191294	白蚁监测控制箱	杭州市萧山区白蚁防治研究所职工技术协会	叶贤水，陈永儿，等
200920303543	室内白蚁监测控制系统	常州晔康化学制品有限公司	周晔
200920303668	白蚁监测控制系统	常州晔康化学制品有限公司	周晔
201010039109	一种拟青霉代谢产物及其应用	云南大学	刘亚君，张克勤，等
201010100789	一种含有哌虫啶和毒死蜱的杀虫组合物	陕西上格之路生物科学有限公司	郑敬敏，何爱华，等
201010100829	一种含有哌虫啶和噻嗪酮的杀虫组合物	陕西上格之路生物科学有限公司	郑敬敏，何爱华，等
201010100857	一种含有哌虫啶和吡蚜酮的杀虫组合物	陕西上格之路生物科学有限公司	郑敬敏，何爱华，等
201010100858	一种含有哌虫啶和醚菊酯的杀虫组合物	陕西上格之路生物科学有限公司	郑敬敏，何爱华，等
201010116749	一种含有噻呋酰胺与己唑醇的杀菌组合物	杭州宇龙化工有限公司	吴华龙
201010116755	一种含有噻呋酰胺与苯醚甲环唑的杀菌组合物	杭州宇龙化工有限公司	吴华龙
201010164063	一种新三萜皂甙化合物及其在害虫防治中的应用	浙江省农业科学院	高广春，吕仲贤，等
201010183567	凹凸棒诱蚊剂	江苏点金石凹土研究开发有限公司	王龙友，陆伟，等
201010183687	凹凸棒诱蝇剂	江苏点金石凹土研究开发有限公司	王龙友，吴琼，等
201010183734	杀灭蚊子卵的悬浮液	江苏点金石凹土研究开发有限公司	赵仪，王龙友，等
201010183744	颗粒杀灭蚊子幼虫制剂	江苏点金石凹土研究开发有限公司	赵仕彬，王龙友，等
201010183781	凹凸棒灭蛆剂	江苏点金石凹土研究开发有限公司	王龙友，魏尤彩，等
201010184079	电热诱蚊装置	江苏点金石凹土研究开发有限公司	刘炜，王龙友，等
201010192781	一种树干病害治疗剂	山东省果树研究所	李晓军，曲健禄，等
201010212059	从马铃薯皮中提制龙葵素的方法	湖南农业大学	肖文军，刘仲华，等
201010212881	一种松树外生菌根菌胶丸菌剂及其应用	南京林业大学	吴小芹，周婷，等
201010238823	一种外生菌根辅助细菌短小芽孢杆菌及其应用	南京林业大学	吴小芹，盛江梅，等
201010268069	一种杀虫增效蛋白的制备方法及用途	中国科学院武汉病毒研究所	孙修炼，刘向阳
201010501321	一种含有植物营养元素、生长素及黄腐酸钠高吸水树脂的制备方法	内蒙古大学	温国华，李东芳，等
201010548962	一株桉树内生菌及其在缓解铝毒害中的应用	福建农林大学	洪伟，吴承祯，等
201010548966	一株桉树内生菌及其用途	福建农林大学	洪伟，吴承祯，等
201020181436	白纹伊蚊卵粒捕获系统	浙江省疾病预防控制中心	杨天赐，丁晓燕，等
201020238282	一种白蚁监测诱杀装置	南通功成精细化工有限公司	姚志牛
201020506653	一种多功能鞘翅目昆虫诱捕器	中国热带农业科学院椰子研究所	吕朝军，覃伟权，等
201020522710	一种红棕象甲聚集信息素诱芯	漳州市英格尔农业科技有限公司	张炯森
201020526676	一种用于白蚁防治的无线监测器	海盐凌飞电器有限公司	姬汉民，胡勤飞，等
201020526677	一种白蚁防治监测装置	海盐凌飞电器有限公司	姬汉民，胡勤飞，等
201110073773	一种防治植物病害的生防菌及其制备方法	南京大学	刘常宏，双惊雷，等

续表

申请号	名称	申请单位	发明人
201120018673	异噁草松微囊悬浮剂	潍坊先达化工有限公司	李刚,范福玉,等
201120302490	害虫诱捕监测设备的计数装置	广州甘蔗糖业研究所	叶权圣,林明江,等
201120304194	害虫诱捕监测设备	广州甘蔗糖业研究所	林明江,叶权圣,等
201120304195	害虫诱捕监测设备的捕杀装置	广州甘蔗糖业研究所	林明江,叶权圣,等
201120320082	一种苍蝇诱捕器的防逃装置	德清科中杰生物科技有限公司	龙水琼,杨根祥,等
201120320172	一种苍蝇诱捕器	德清科中杰生物科技有限公司	龙水琼,杨根祥,等
201120338253	一种斑潜蝇的监测与灭杀装置	杭州市植保土肥总站	尉吉乾,莫建初
201120341393	一种观测昆虫趋光性的装置	中国计量学院	陈华才
201120428199	一种酪蝇诱捕器	云南农业大学	肖春
201120481695	一种芳香抗菌微胶囊	济南昊月吸水材料有限公司	杨志亮,周晓东,等
201120507484	一种用于监测金纹细蛾的诱芯	北京中捷四方生物科技有限公司	梁洪柱,崔艮中,等
201120509129	一种用于监测桃蛀螟的诱芯	北京中捷四方生物科技有限公司	梁洪柱,崔艮中,等
201120524315	一种白蚁监测装置外壳	安徽康宇生物科技工程有限公司	芮有春
201120529194	基于无源射频技术的白蚁监测系统	杭州市白蚁防治研究所	高四维
201120550884	一种拆洗式捕蝇笼	无锡市疾病预防控制中心	兰策介,沈元
201120569743	林业虫害智能在线测报系统	山东省科学院自动化研究所	王丰贵,王忠民,等
201220001365	白蚁监测装置	南通功成精细化工有限公司	姚志牛
201220073769	一种便于害虫监测和防治的诱捕器	西南大学	赵志模,何林,等
201220091854	一种烟夜蛾性信息素诱捕及监测器	中国农业科学院烟草研究所、湖南省烟草公司郴州市公司	陈丹,李永刚,等
98120286	以复合橡胶为载体的昆虫性外激素诱芯及其用途	中国科学院动物研究所	赵成华,高伟,等

第 11 章　水资源领域应对气候变化技术清单

11.1　雨洪资源化利用技术

11.1.1　雨水集蓄利用技术

申请号	名称	申请单位	发明人
01248067	中空、储水、绿化树下的环保型街道砌块	吉林省高,等院校科技开发研究中心	李荣和
03249529	坡屋顶用雨水槽	成都川路新型化学建材集团有限公司	陈晓梅
200410010194	W 型城市道路	河南省第五建筑安装工程(集团)有限公司,孙卫国	孙卫国,孙宁,等
200410013324	一种小区雨水处理利用方法	长江水资源保护科学研究所,武汉市长江创业环境工程有限责任公司	雷阿林,郭利平,等
200420000420	一种雨水初期弃流装置	北京泰宁科创科技有限公司	徐志通
200420081616	水力冲洗翻斗器	上海化工装备有限公司	陈健,陈家安
200510030449	大型雨水收集处理系统装置	上海交通大学	喻国良,吴守荣
200510096014	一种柔性环保橡塑水窖及其制备方法	西北农林科技大学,青岛华海环保工业有限公司,中国科学院水利部水土保持研究所,国家节水灌溉杨凌工程技术研究中心	高建恩,张芳海,等
200520139980	控制城市面源污染的初期雨水截留系统	河海大学	严以新,冯骞,等
200520140534	新型生态集雨沟	河海大学	操家顺,蔡娟,等
200520144938	建筑物屋面雨水排水自动分流收集系统	北京泰宁科创科技有限公司	徐志通
200520200469	综合管沟集水井	贵阳铝镁设计研究院	唐雄俊,吴展光,等
200610016067	线状隐形集水装置	天津市博安塑胶制品有限公司	李凤琴
200610084315	地面或屋顶雨水收集系统的铺设方法	北京仁创制造技术研究院	秦升益
200610085345	三维多向流湿地处理排入江河面源污染和净化河水的方法	江苏大学	吴春笃,陶明清,等
200610096765	斜坡式变渗径面源截留净化生态护岸组合系统	河海大学	王超,王沛芳,等
200620060408	太阳能驱动淋水屋面降温系统	华南理工大学	孟庆林
200710041396	免灌溉免养护屋顶花园组合种植模块	上海银鼎工程技术有限公司,黄晓晖	黄晓晖
200710064303	水收集净化储存系统	北京仁创制造技术研究院	秦升益
200710173257	带折叠式蓄水箱的屋顶雨水收集简易装置	上海交通大学	喻国良,俞梅欣
200710173258	小型雨水罐装收集装置	上海交通大学	喻国良,张丛丽

续表

申请号	名称	申请单位	发明人
200710177400	一种集雨面增效层及其制备方法	中国农业大学	彭红涛,张心平,等
200710200117	雨水收集透水混凝土路面系统	中国建筑股份有限公司,中国建筑一局(集团)有限公司,中建国际建设公司,石云兴	石云兴,宋中南,等
200710304179	城市道路绿化带分散式集雨渗灌装置	北京林业大学	苏德荣,尹淑霞,等
200720077379	雨水收集的固定式蓄水装置	上海交通大学	喻国良,俞梅欣
200720103773	水收集净化储存装置	北京仁创制造技术研究院	秦升益
200720113345	一种房屋的雨水回收利用系统	浙江大东吴集团建设有限公司	姚新良
200720153294	流动厕所	明泰科讯有限公司	周植梁
200720173218	一种自养式种植容器的蓄水池与吸水层装置	江西绿色家园科技园有限公司	胡平
200720179102	多通道水库动态监控装置	广东华南水电高新技术开发有限公司	陈军强,钟道清
200720199570	一种桥梁雨水口结构	上海市政工程设计研究总院	查眉娉,龚慈中,等
200720311289	密封多管地层降水装置	长庆石油勘探局	焦军红,白成勇,等
200810067039	一种水净化回用生态系统	深圳市润和天泽环境科技发展有限公司	张漓杉
200810067488	便于收集雨水的屋顶绿化栽植池	深圳市建筑科学研究院有限公司	罗刚,黄远洋
200810107539	过滤渗透池综合排除下穿道路积水的方法	长沙理工大学	刘朝晖,廖济柙,等
200810107541	过滤沉淀池深层排除下穿道路积水的方法	长沙理工大学	刘朝晖,廖济柙,等
200810124612	一种生态污水处理和水体修复系统的构建方法	南京工业大学	梅凯,张小春,等
200810138635	屋面雨水不耗能利用装置	山东科技大学	孔凡营,王来,等
200810217276	快速透水的停车坪用透水砖及铺设方法	深圳市建筑科学研究院有限公司	罗刚,张阳
200820003766	一种雨水集蓄生物慢滤装置	中国水利水电科学研究院	丁昆仑,程先军,等
200820034157	太阳能建筑一体化节能系统	昆山太得隆机械有限公司	黄金鹿,王龙根,等
200820071037	分散式屋面雨水回收利用装置	河南省电力勘测设计院	袁建磊,张雪庆,等
200820073832	地面集水型窗井通风结构	天津市市政工程设计研究院	李建兴,谷守经
200820078823	屋顶集雨自动冲洗弃流装置	中国水利水电科学研究院	程先军,丁昆仑,等
200820085817	屋面落水管的缓冲装置	中设建工集团有限公司	陈永根,徐来顺,等
200820088424	屋面雨水收集利用系统	浙江省疾病预防控制中心	韩关根,陆长法,等
200820094254	便于收集雨水的屋顶绿化栽植池	深圳市建筑科学研究院有限公司	罗刚,黄远洋
200820121475	楼宇自动循环节水系统	中国计量学院	孙长敬,付西红,等
200820124121	雨洪利用装置	北京科净源科技股份有限公司	葛敬
200820137580	一种蓄水自养立体绿化装置	江西绿色家园科技园有限公司	胡平
200820150915	利用雨水的展览馆屋面自动降温器	上海信业计算机网络工程有限公司	张纪文,吴斌,等
200820156639	具有可移动式支架的可拆卸折叠式的雨水收集系统	上海吉龙塑胶制品有限公司	覃华荣
200820185982	太阳能集水箱	无锡环特太阳能科技有限公司	张波
200820217137	无轨伸缩门用导槽	南京九竹科技实业有限公司	赵建华

续表

申请号	名称	申请单位	发明人
200820223422	一种城镇小区雨水集蓄利用系统	中国市政工程西北设计研究院有限公司	刘文林
200820300609	一种防止地坑式建筑基础上浮的结构	贵阳铝镁设计研究院	赖晗，骆文龙
200820300857	雨水收集、处理及应用装置	贵州大学	程剑平，李金玲，等
200820302748	一种可移动储水装置	宁波市镇海中正园艺工具有限公司	郑忠义
200820302749	一种定置式储水装置	宁波市镇海中正园艺工具有限公司	郑忠义
200910022884	一种利用土壤固化剂加固土修建集雨工程集流面的施工及其养护方法	西北农林科技大学	樊恒辉，高建恩，等
200910043815	用于测量超高强度降雨的雨量器及用该雨量器测量的方法	中国水电顾问集团中南勘测设计研究院	戴晓兵，李延农
200910063343	屋顶绿化用透水保水砌块	三峡大学，叶建军，许文年	叶建军，余世孝，等
200910070849	用于温室栽培的集雨水调控施肥灌溉设施	天津市农业资源与环境研究所	高贤彪，赵秋，等
200910073015	半容积式初期雨水弃流装置	哈尔滨工业大学	李玉华，马彬，等
200910080072	一种多井储水系统	北京仁创科技集团有限公司	秦升益
200910105513	建筑工程混凝土养护水和雨水综合利用的方法	深圳市建设(集团)有限公司	肖营，陈志龙，等
200910157413	一种雨水渗集节灌系统	北京市水利科学研究所	张书函，陈建刚，等
200910184924	一种利用蓄水槽蒸发冷却降温的箱式双层幕墙	东南大学	王芳，张小松，等
200910236635	一种城市暴雨径流的深度处理组合工艺	北京师范大学	欧阳威，宋凯宇，等
200910260789	一种雨废水自动绿化浇灌装置	上海市城市建设设计研究院	章亦飞
200910300319	降雨量控制的初期雨水自动弃流装置	北京建筑工程学院	王文海，车伍，等
200910306950	单栋多层建筑物的中水回收再利用系统	哈尔滨工业大学	高金良
200920004522	施工现场节水环保装置	中冶京唐建设有限公司	冯印亭
200920066616	加压驱动雨淋控水阀	上海靓消消防装备有限公司，朱奇	朱奇，王益升，等
200920106853	一种收集屋面雨水的自养式种植池	江西绿色家园科技园有限公司	胡平
200920108074	一种屋面雨水收蓄节水池	江西省丰和营造集团有限公司	揭保如，揭建刚，等
200920110655	农村地区多功能家用消防水池	北京工业大学	田杰，赵明星，等
200920120663	一种雨水利用装置	吴江市江南工贸有限公司	凌兴珍
200920120819	一种雨水收集处理系统	湖州华强高科环境工程有限公司	柳天暘
200920120822	雨水净化蓄水池	湖州华强高科环境工程有限公司	柳天暘
200920127851	太阳能车辆清洗节水停车棚	重庆爱车港停车库设备技术有限公司	阎占斌，刘国权，等
200920134506	一种雨水收集组合水柜	深圳市欧博特水科技发展有限公司	徐康
200920151936	透水性能演示装置	北京仁创科技集团有限公司	秦升益
200920167663	一种雨水渗集节灌系统	北京市水利科学研究所	张书函，陈建刚，等
200920179087	雨水回收储水装置	甲盟实业有限公司	陈张颖珠
200920202181	用于干旱地区绿化工程的采水灌溉装置	宁波伊尔卡密封件有限公司	孙良厚，孙魏魏
200920208812	雨水收集自动处理装置	上海盛尔环境科技有限公司	储贻斌
200920208900	雨天清洗高层建筑外墙的系统	上海理工大学	杨丽，冯巧容，等
200920209797	节能型屋顶机组	沃姆制冷设备(上海)有限公司	张金喜，丁志钢

续表

申请号	名称	申请单位	发明人
200920217803	用于温室的挡水板	北京东方英宝联合技术有限公司	祖国军,史玉成
200920246366	停车场雨水收集装置	北京土人景观与建筑规划设计研究院	俞孔坚,贾军,等
200920246367	边沟式雨水收集装置	北京土人景观与建筑规划设计研究院	俞孔坚,贾军,等
200920253659	钢筋混凝土或天然石材 U 型过滤槽式路缘石	昆明市政工程设计科学研究院有限公司	陆泳,刘敏,等
200920254996	一种屋顶绿化雨水收集自供装置	河北省林业科学研究院	徐振华,刘俊,等
200920258069	线路覆冰试验装置	河南索凌电气有限公司	刘建山
200920281110	一种基于 3G 网络的雨情遥测终端	山东锋士自动化系统有限公司	孙启玉,杨公平,等
200920286921	一种太阳能热水器	复旦大学附属中学	郑媛玲
200920292513	一种雨水综合利用渗排水管渠	北京泰宁科创科技有限公司,徐志通	徐志通
200920295897	带有集水井的沉井	汕头市达濠市政建设有限公司	孙利民
200920300382	一种组合式储水装置	宁波市镇海中正园艺工具有限公司	郑忠义
200920300387	一种储水装置	宁波市镇海中正园艺工具有限公司	郑忠义
200920304675	一种折叠式集水器	宁波市镇海中正园艺工具有限公司	郑忠义
200920306353	可提高植树成活率的蓄水容器	深圳市建筑科学研究院有限公司	罗刚,张阳,等
200920306372	边坡绿化补水器	深圳市建筑科学研究院有限公司	罗刚,张阳,等
200920351475	一种雨废水自动绿化浇灌装置	上海市城市建设设计研究院	章亦飞
201010101367	一种城市降雨径流自动采样器	北京师范大学	郝芳华,单玉书,等
201010166415	一种适用于透水砖的透水环境模拟器实验装置及方法	厦门市闽长鹭科技发展有限公司	刘国文,苏鸣,等
201010173755	黄河河漫滩承台施工用多级轻型井点降水施工工艺	中铁二十局集团有限公司,中铁二十局集团第一工程有限公司,中铁二十局集团第二工程有限公司,中铁二十局集团第三工程有限公司	刘建新,杜越,等
201010181834	建筑用可自控风致雨载模拟实验装置	东南大学	石邢,傅秀章,等
201010182633	用于雨污径流污染治理的雨水处理装置及其方法	环境保护部华南环境科学研究所	蔡信德,李诗殷,等
201010195702	雨水处理和利用设施的设计方法	北京建筑工程学院	李海燕,李小雪,等
201010213013	卧式初期雨水弃流装置	同济大学	陆斌,王彪,等
201010213032	立式屋面雨水自动初期弃流装置	同济大学	王彪,陆斌,等
201010225783	一种初期雨水弃流装置	北京科技大学	李子富,彭文峰
201010563327	立体式景观蓄水池系统及以其回收利用城市屋面雨水的方法	哈尔滨工业大学	薛滨夏,李同予,等
201010577081	雨水控制的污水排放装置	江苏中天环境工程有限公司	陶明清,吴春笃,等
201020103934	加油站光伏雨棚	上海汇阳新能源科技有限公司	薛华实,许健,等
201020126833	一种可存储雨水的道路绿化隔离墩	上海星宇建筑工程有限公司	徐翔,章荣华,等
201020131875	雨水生态利用系统	中国建筑设计研究院	王耀堂,刘鹏,等
201020157389	净水储水系统	北京仁创科技集团有限公司	秦升益,秦申二,等
201020157390	净水储水设备	北京仁创科技集团有限公司	秦升益,秦申二,等
201020158362	雨水循环利用装置	上海市民办进华中学	沈畅

续表

申请号	名称	申请单位	发明人
201020161860	便携式快速制备饮用水的装置	江门市普润水处理技术中心有限公司	周从章,李建博,等
201020170979	一种房屋雨水收集装置	山东科技大学	孔凡营
201020170989	建筑雨水储存利用装置	山东科技大学	孔凡营
201020179993	草坪雨水径流取样装置	南开大学	李铁龙,金朝晖,等
201020185772	一种适用于透水砖的透水环境模拟器实验装置	厦门市闽长鹭科技发展有限公司	刘国文,苏鸣,等
201020185873	一种太阳能移动式户外纯水机	新疆浩天能环保科技有限公司	王建平
201020198827	一种用于连栋大棚雨水收集与农田灌溉的系统	上海市农业科学院	李双喜,吕卫光,等
201020202034	建筑用可自控风致雨载模拟实验装置	东南大学	石邢,傅秀章,等
201020219226	一种楼房废水循环利用装置	东莞市中拓节能科技有限公司	梁耀权
201020221546	雨水收集装置	上海市宝山区青少年科学技术指导站	沈立峰
201020226050	一种复合板及采用该复合板的屋面板	河南天丰节能板材有限公司	李续禄,张爱军,等
201020232852	一种平地型湿法赤泥堆场干法增容过程中的废水回收装置	贵阳铝镁设计研究院	李明阳,徐树涛,等
201020233189	山谷型湿法赤泥堆场的干法增容结构	贵阳铝镁设计研究院	李明阳,徐树涛,等
201020236100	水管过滤分流器	宁波市镇海中正园艺工具有限公司	郑忠义
201020246765	地下储水室	上海佳长环保科技有限公司	娄锋
201020255616	一种雨水收集处理提升装置	华东建筑设计研究院有限公司	杨琦,徐律徽,等
201020256984	采用雨水回收蒸发式冷却空调	苏州皇家整体住宅系统股份有限公司	倪竣,周山龙
201020261379	高速公路绿化带自动给水系统	中国农业科学院农田灌溉研究所,宋毅夫	肖俊夫,宋毅夫,等
201020263991	一种原生重度盐渍化土壤改良田的装置	山东省地质环境监测总站	王文璟,靳丰山
201020267525	一种带 pH,等多参数测量的雨量计	河海大学	鞠琴,余钟波,等
201020272799	一种工程降水循环利用系统	中国建筑股份有限公司,中建国际建设有限公司	宋中南,张志平,等
201020273431	箱式变电站箱体	天津电气传动设计研究所,天津天传电控配电有限公司	仲明振,崔静,等
201020283959	一种冲厕节水装置	无锡市锡山职业教育中心校	裴静,杨卫峰,等
201020284015	一种埋设室外工艺管线的结构	云南白药集团股份有限公司	王明辉,杨昌红,等
201020299345	一种雨水收集利用系统	北京泰宁科创科技有限公司	潘晓军
201020500858	一种新型的轻型密布井点降水系统	重庆城建控股(集团)有限责任公司	于海祥,李正,等
201020501331	一种桥面雨水收集利用装置	北京泰宁科创科技有限公司	徐大勇
201020503192	一种填埋气集气管的冷凝水排放结构	深圳市利赛实业发展有限公司	高妮影,张尚勇,等
201020505353	一种用于地埋变的应急集水井	上海华群实业股份有限公司	王宇峰
201020528285	一种利用屋面雨水补充卫生间冲厕用水的系统	北京泰宁科创科技有限公司	徐大勇
201020528614	一种利用屋面雨水补充卫生间冲厕用水的系统	北京泰宁科创科技有限公司	徐大勇
201020529090	一种屋面雨水利用系统	北京泰宁科创科技有限公司	徐大勇

续表

申请号	名称	申请单位	发明人
201020530266	过滤收集路面雨水的公路	贵州大学	夏开宗,祝学刚,等
201020530268	公路雨水收集蓄水池	贵州大学	夏开宗,祝学刚,等
201020536531	集雨器	浙江工业职业技术学院	陈军,屠雄刚,等
201020537708	变电站新型重力降水系统	河南省电力勘测设计院	彭奕亮
201020559749	雨水利用系统	中国建筑第七工程局有限公司	焦安亮,黄延铮,等
201020565152	屋面雨水收集利用装置	江苏大学	解清杰,段明飞,等
201020572262	一种交通噪声防治的生态型声屏障	长安大学	赵晨,张琼,等
201020585117	一种节能雨水回收利用系统	广州市设计院	万明亮,赵力军
201020589149	新型园林景观雨水收集及循环用水系统	天津市北方园林生态科学技术研究所	张凯,王素君,等
201020596326	地埋式平原地区雨洪集蓄设施	中国地质科学院水文地质环境地质研究所	张发旺,程彦培,等
201020597551	一种道路疏水窨井的隔臭装置	舜元建设(集团)有限公司	陈炎表,黎清毅,等
201020598944	气象信息采集装置	中国农业大学	李道亮,杨娱婷,等
201020599490	一种水源热泵热水设备	四川省建筑科学研究院	徐斌斌,高波,等
201020608352	液控弯管虹吸溢流式截流井	镇江市高,等专科学校	殷晓中,陈兴和,等
201020619788	锥体控制,等截流量截流井	镇江市高,等专科学校	殷晓中,陈兴和,等
201020619802	截流-溢流联动控制截流井	镇江市高,等专科学校	陈兴和,殷晓中,等
201020619805	带自处理功能的截流井	镇江市高,等专科学校	陈兴和,殷晓中,等
201020624493	车顶储水箱	湖北省电力公司咸宁供电公司	胡东波,胡凌波
201020630834	具有集水槽的太阳能装置	吉富新能源科技(上海)有限公司	张一熙,刘幼海,等
201020634863	电磁阀提拉帽罩	湖南品川技术发展有限公司	朱红锋,齐东才,等
201020635227	控制电磁阀塑胶阀体	湖南品川技术发展有限公司	朱红锋,齐东才,等
201020643207	新型虹吸式雨水斗	河南德安工程技术有限公司	张永新
201020645852	雨水控制的污水排放装置	江苏中天环境工程有限公司	陶明清,吴春笃,等
201020648153	湿陷性黄土地区的压力管道检漏管沟	中铝国际技术发展有限公司	张颂一
201020648346	厂房雨水回收利用装置	江西升阳光电科技有限公司	吕日祥,黄贵雄,等
201020648648	墙体绿化盆栽装置	青岛润丰源园林景观工程有限公司	张卫
201020649263	高速公路绿化养护箱式低压自控滴灌系统	山西路桥建设集团有限公司,山西路桥集团技术中心(有限公司)	李彦,李玉峰,等
201020653169	雨量自动计数装置	福建四创软件有限公司	曾伟
201020653535	球体控制,等截流量截流井	镇江市高,等专科学校	陈兴和,殷晓中,等
201020653544	漏斗状截流井	镇江市高,等专科学校	殷晓中,陈兴和,等
201020653609	明渠式公路路面雨水弃流控制装置	中国海洋大学	洪波,董滨,等
201020654200	一种冬季太阳能采暖、夏季烘干集雨水回收的低碳农宅	兰州理工大学	王瑛,朱彦鹏,等
201020655461	一种可移动式雨水饮用化使用装置	西安建筑科技大学	葛碧洲,罗声,等
201020667918	一种温室雨水收集的供水节水装置	昆明理工大学	罗小林,袁明利
201020674538	一种山谷型湿法赤泥堆场干法增容过程中的废水回收装置	贵阳铝镁设计研究院有限公司	李明阳,胡禹志
201020674678	一种环保伞架	浙江大学	胡天培,梁颖,等

续表

申请号	名称	申请单位	发明人
201020675142	一种夏季降温冬季融雪的屋顶系统	中置新能源科技发展(上海)有限公司	童东华
201020676936	一种人行道	上海控江中学附属民办学校	孙品慧
201020679784	地下水、雨水综合利用滴灌装置	东营三明林业发展股份有限公司	徐德芳
201020679785	地下水、雨水混合收集器	东营三明林业发展股份有限公司	徐德芳
201020680009	一种雨水利用系统	嘉兴市嘉能机械制造有限公司	王能
201020683339	雨水收水井截污篮	天津市排水工程公司	宋亚维,梁晶,等
201020686602	针管式模拟降雨装置	西安理工大学	李占斌,申明云,等
201020690426	应用于变电站的隔油装置	佛山市顺德电力设计院有限公司	陈巨兴,许建军,等
201020692448	雨棚上的水收集器	上海市晋元高级中学	张艺馨,于永洁
201020693702	一种温度-水流耦合作用下黏土裂缝的检测装置	武汉工业学院	陆海军,蔡光华,等
201110027115	一种景观水体生态自维持装置	浙江工商大学	汪美贞,黄焕林,等
201110055616	基于误码检测机制的红外光电式雨水检测方法及装置	华南农业大学	岳学军,蔡坤,等
201110085310	一种雨水处理系统及其雨水处理方法	清华大学深圳研究生院	管运涛,许光明,等
201110146642	一种生态型透水地层结构	浙江方远建材科技有限公司	杨晓华,杨博,等
201120002327	一种雨水泵站监控系统	上海市城市建设设计研究院,上海电气自动化设计研究所有限公司	张善发,李红,等
201120003920	一种逆水浆循环人工钻机	山西华晋岩土工程勘察有限公司,中化二建集团有限公司	张建民,杨明锋,等
201120017485	一种工程降水、雨水回收利用系统	中国建筑第六工程局有限公司,中建六局土木工程有限公司	张成才,王存贵,等
201120018119	一种雨水弃流回收处理装置	苏州昊科环境技术有限公司	吴昊
201120018168	一种雨水回用处理装置	苏州昊科环境技术有限公司	吴昊
201120018879	一种集回用系统的清水装置	深圳市博艺建筑工程设计有限公司	陈勇
201120024765	一种景观水体生态自维持装置	浙江工商大学	黄焕林,赵江明,等
201120030690	一种雨水弃流箱	安徽滴滴节水科技有限公司	赵定成
201120053252	一种带生物慢滤池的集雨窖水水质净化装置	兰州交通大学	张国珍,杨浩,等
201120053521	一种防冰开式冷却水塔	海宁松立冷却设备有限公司	高明松
201120054816	无人化管理的初期雨水分流与收集装置	中国建筑设计研究院	陈永,赵世明,等
201120060044	基于雨水蓄渗的水平地埋管式土壤源热泵系统	北京建筑工程学院	高岩,安玉娇,等
201120060929	农田自动灌排系统	中国农业科学院农田灌溉研究所	高胜国,高任翔
201120062908	一种自动净化雨水检查井	北京泰宁科创雨水利用技术股份有限公司	彭志刚
201120076607	集成雨水收集和自动供水的屋顶绿化系统	浙江东宸建设控股集团有限公司,浙江大学	葛坚,金武,等
201120078442	一种初期雨水收集装置	中国农业科学院农田灌溉研究所	温季,宰松梅,等
201120078461	一种绿化带集雨自动微喷灌装置	中国农业科学院农田灌溉研究所	宰松梅,仵峰,等

续表

申请号	名称	申请单位	发明人
201120079804	一种雨水利用装置	中国农业科学院农田灌溉研究所	宰松梅,温季,等
201120080323	多功能雨水蓄水池	铁道第三勘察设计院集团有限公司	曾国保,李敬梅,等
201120082109	聚乙烯小口径降水井点装置	中国二十冶集团有限公司	杨前
201120082225	一种多层楼房集雨利用系统	中国农业科学院农田灌溉研究所	宰松梅,郭冬冬,等
201120082275	住宅雨水综合利用系统装置	中国农业科学院农田灌溉研究所	宰松梅,温季,等
201120082993	新型可上人的屋面雨水收集及隔热模块	广东工业大学	杨晚生,刘锋,等
201120090527	一种建筑施工节水装置	重庆建工第二建设有限公司,重庆建工集团股份有限公司	邓斌,何向东,等
201120096429	一种尾矿干堆场	何秉顺,承德龙兴矿业工程设计有限责任公司	何秉顺,付永祥,等
201120097889	中水利用自动冲水装置	成都市培源科技开发有限责任公司	李培钟,李丹丹,等
201120103933	声波雨量计装置	广东华南水电高新技术开发有限公司	陈军强,钟道清,等
201120106413	大容量雨水自动收集过滤贮存装置	中建七局第三建筑有限公司	王耀
201120112712	一种道路	北京仁创科技集团有限公司	秦升益,高彦波,等
201120112715	一种道路	北京仁创科技集团有限公司	秦升益,高彦波,等
201120113285	一种平板式太阳能光催化集雨水饮用净水器	兰州交通大学	任学昌,张国珍,等
201120113991	一种雨量数据采集器	中国华云技术开发公司	魏华,张勇,等
201120119921	一种生态房屋水处理系统	上海高格工程设计咨询有限公司	刘谦
201120124322	面源污染控制集流系统	吉林省环境科学研究院	马继力,任建峰,等
201120125742	一种基于水资源再利用的自动蓄水循环系统	广东工业大学	角文滨,严庆东,等
201120129556	分流式雨水收集利用装置	天津大学	田宇,刘志强,等
201120140746	顶板淋水集水器	旬邑虎豪黑沟煤业有限公司	张桂元,杨敏
201120168829	一种电缆淋雨试验装置	湖北三江航天万峰科技发展有限公司	杨艳,赵修峰
201120173540	一种干湿循环气候超重力模拟系统	浙江大学	陈云敏,朱斌,等
201120175638	黄土高原丘陵区果树集雨灌溉装置	中国农业科学院农田灌溉研究所	温季,宰松梅,等
201120176797	户式雨水回收装置	上海朗诗建筑科技有限公司	董大宇
201120179930	高强度高水密性一体推拉窗	湖北楚佳塑胶有限公司	陶自成
201120181406	道路雨水地下回灌装置	洛阳市淼泉给水排水设计院	陶义,刘建华,等
201120182129	黄土高原丘陵区梯级温室的集雨自压灌溉系统	中国农业科学院农田灌溉研究所	温季,宰松梅,等
201120183347	一种生态型透水地层结构	浙江方远建材科技有限公司	杨晓华,杨博,等
201120183791	玻璃钢窗斗	无锡市鸿声船用玻璃钢有限公司	李洪南
201120183859	一种温室内部密闭集水槽	济南三峰益农温室工程有限公司	马桂莲
201120183860	一种温室内部集水槽	济南三峰益农温室工程有限公司	马桂莲
201120184066	雨水回收分流装置	北京联合大学	姚淑娜,柳耀斌
201120184977	由隔水材料制成的拼接单元和高尔夫球场	北京世纪星宇技术有限公司	闫存根
201120185151	一种雨量筒装置	现代农装科技股份有限公司	钱一超,金宏智,等

续表

申请号	名称	申请单位	发明人
201120185910	雾水凝结器	成都澳德森农业投资有限公司	吴鑫
201120193258	组合式雨水生态净化储水窖	武汉理工大学	张翔凌,姜应和
201120193267	雨水生态净化及储存系统	武汉理工大学	张翔凌,姜应和
201120201290	一种水质水量三维模拟控制的植物滞留元实验装置	北京师范大学	杨晓华,美英,等
201120204477	一种雨水回收利用系统	上海海洋大学	于吉乐,袁国强,等
201120205832	一种楼顶雨水回收装置	东莞市保源达房地产开发有限公司	林小明
201120205843	雨水过滤净化装置	无锡市政设计研究院有限公司	沈晓铃
201120208677	一种具有集水保水防冲刷功能的生态防护结构	长沙理工大学	王桂尧,张永杰,等
201120210332	一种雨水生态净化系统	江苏技术师范学院	马飞,蒋莉,等
201120218543	一种外框与型材窗框平齐的新型推拉窗扇	东莞市兴大幕墙装饰工程有限公司	秦林涛
201120218917	一种雨水收集回用装置	杭州银江环保科技有限公司	叶伟武,荣光平
201120218918	一种雨水收集器及雨水收集处理系统	杭州银江环保科技有限公司	叶伟武,荣光平
201120221956	一种雨水回收利用装置	中国建筑西南设计研究院有限公司	叶宽
201120222512	一种太阳能植物种植装置	广州科凌新技术有限公司	王强
201120224982	生态雨水回收装置	潍坊昌大建设集团有限公司	闫鹏,房海,等
201120261949	不锈钢雨滴饮水机	湖南利达实业发展有限公司	李柯
201120263448	一种直根系植物集雨润湿灌溉器	贵州大学	程剑平,严俊,等
201120263457	一种须根系植物集雨润湿灌溉器	贵州大学	程剑平,严俊,等
201120265792	太阳能雨水净化收集装置	华英伦水科技(宁波)有限公司	邵浩清
201120268062	公路洒水池	杭州市余杭实验中学,胡云盈	胡云盈,沈海婷,等
201120268662	一种复合雨水口	上海园林工程设计有限公司	王书英,张富林,等
201120268664	一种用于雨水回收再利用的弃流池	上海园林工程设计有限公司	王书英,张富林,等
201120270187	一种建筑物雨水收集及利用系统	上海海纳尔屋面系统安装工程有限公司	余露
201120281821	直排式雨水收集井	昆明普尔顿管业有限公司	周听昌
201120281822	过滤、收集杂物的雨水收集井	昆明普尔顿管业有限公司	周听昌
201120283939	一种雨水循环利用系统	江西省丰和营造集团有限公司	揭保如,揭建刚,等
201120285005	一种井点定位抽水管井	河南理工大学	邹正盛,郑清洁,等
201120295061	一种收集处理河网区村落初期雨水的装置	东南大学	吴磊,吕锡武,等
201120313156	高层建筑中水势能回收与水体回用集成系统	广州市香港科大霍英东研究院	高福荣,姚科
201120325807	一种防水型电动汽车充电桩的结构	上海惠亚电子有限公司	文红宇,肖武
201120326523	一种便携式雨水集蓄袋	武汉泱泱远虑微型水库有限公司	曹军生,曹梦依
201120335656	自动浇花装置	杭州市余杭实验中学,闻雅晴	闻雅晴
201120337765	一种小区雨水处理利用系统	上海陆道工程设计管理有限公司	冯曙光,夏琦瑜
201120337770	一种降低城市雨水污染处理系统	上海陆道工程设计管理有限公司	冯曙光,夏琦瑜
201120338042	吊顶式雨水收集冲厕系统	山东科技大学	王乐,尹发利
201120341662	一种多种功能雨水泵站	天津市市政工程设计研究院	张鸿斌,李曦淳,等

续表

申请号	名称	申请单位	发明人
201120343362	一种温室雨水循环利用系统	太仓市农业委员会,农业部南京农业机械化研究所,太仓市东林农场专业合作社	冯瑞兴,吴崇友,等
201120347646	水上太阳能装置	向阳优能电力股份有限公司	陈贵光,林赐海
201120356795	压力前池式雨水发电系统	浙江大学	顾正华,钟京华,等
201120370153	雨水收集地下灌溉装置	甘肃大禹节水集团股份有限公司	王栋,门旗,等
201120378866	机房空调加湿器防结垢自循环用水控制系统	山西省电力公司晋城供电分公司	郑喜山,李斌,等
201120386637	绿色环保变电站雨水收集回用系统	珠海电力设计院有限公司	陈维,刘平,等
201120394391	一种屋面洁净雨水收集系统	北京建筑工程学院	王俊岭,张雅君,等
201120399008	一种具有高效雨水分离能力的旋风筒旋流片结构	中国第一汽车股份有限公司	李国军,曹立新,等
201120402687	一种振动式可控降雨量的人工模拟降雨装置	辽宁省水土保持研究所	舒乔生,贾天会,等
201120416561	具有处理洗刷水和雨水实现恒压供回用水冲厕的装置	山东科技大学	孙伟方,孙克
201120427896	一种初期污浊雨水弃除自动控制装置	黄河水利科学研究院引黄灌溉工程技术研究中心	陈伟伟,许耀东,等
201120432906	一种集水型垂直绿化模块	天津绿动植物营养技术开发有限公司	陈庆斌,苏亚勋,等
201120439192	一种雨水搜集街灯	南通蒲公英工业设计服务有限公司	郑磊
201120442547	大规模光伏阵列节水清洁系统	河北工业大学,华北电力科学研究院有限责任公司,国网新源张家口风光储示范电站有限公司	孙鹤旭,刘斌,等
201120443639	雨水地源热泵系统	山东宇研光能股份有限公司	刘文栋
201120450889	一种组合式雨水高效处理回用系统	南京源泉环保科技股份有限公司	沈德华,范正芳,等
201120450901	一种基于手机的雨量预测装置	河海大学	汪选胜,李志华
201120471673	雨水过滤净化装置	无锡市政设计研究院有限公司	沈晓铃,蒋岚岚,等
201120484916	一种新型雨水收集池	福建利新德塑胶制品有限公司	罗英杰
201120499112	自重式初期降雨径流弃流装置	西安理工大学	张建丰,杨潇,等
201120501701	一种地面雨水回收系统	福建联邦三禾纺织贸易有限公司	汪修元,王荣华,等
201120503313	一种贴壁式屋面雨水利用系统	北京建筑工程学院	王俊岭,李俊奇,等
201120503342	一种外墙夏季降温雨落管布置系统	北京建筑工程学院	王俊岭,魏胜,等
201120512679	天然雨水水资源收集处理及节水使用装置	揭阳市广福电子实业有限公司	许福章,陈加生,等
201120552675	一种初期弃流的雨水收集系统	北京建筑工程学院	王俊岭,冯萃敏,等

11.1.2 低温膜蒸馏技术

申请号	名称	申请单位	发明人
200410037319	提高膜蒸馏过程中膜通量的方法及膜蒸馏装置	内蒙古工业大学	田瑞,李嵩,等
200420049655	膜蒸馏装置	内蒙古工业大学	田瑞,李嵩,等

续表

申请号	名称	申请单位	发明人
200510041011	一种乙烯-丙烯酸共聚物微孔膜及其制备方法	南京工业大学	张军，王晓琳，等
200510041012	一种聚丙烯微孔膜及其制备方法	南京工业大学	张军，王晓琳，等
200510134228	低温膜蒸馏技术制备高浓度高纯纳米型聚合氯化铝的方法及装置	中国科学院生态环境研究中心	栾兆坤，郭宇杰，等
200610051605	高盐环氧树脂生产废水膜法集成盐回收与生化处理方法	浙江大学	陈欢林，谢林，等
200710058024	由玉米生产的多元醇水溶液的膜蒸馏脱水方法	天津大学	李凭力，曹明利，等
200710070312	高碱性、高盐、高有机物含量的环氧树脂废水的处理方法	浙江大学，黄山市善孚科技有限公司	陈欢林，包培善，等
200710144026	伯脂肪酰胺三级连续分离提纯工艺	江西威科油脂化学有限公司	吴贵岚
200720100027	一种节能减压膜蒸馏装置	天津海之凰科技有限公司	侯爱平，董为毅
200810036336	膜蒸馏回热吸收式制冷装置	上海海事大学	孙文哲，曹丹，等
200810052760	一种复合蒸馏膜的用途	天津工业大学	霍瑞亭，顾振亚
200810119250	一种气提式膜蒸馏高盐水处理方法	北京清大国华环保科技有限公司	范正虹，陈福泰
200810139586	铝业生产废水回用处理方法	中国铝业股份有限公司	张卫东，刘辉，等
200810153416	液态高纯纳米聚合氯化铝生成装置及方法	天津润沃供水安装工程有限公司	高海
200810225943	一种乙烯装置工艺水汽提塔出水的处理方法	中国石油化工股份有限公司，中国石油化工股份有限公司北京化工研究院	高凤霞，周霖，等
200810232267	一种采用膜蒸馏技术的吸收式制冷装置	西安交通大学	冯诗愚，王赞社，等
200810236452	溶液除湿空调系统的溶液再生装置	西安交通大学	顾兆林，王赞社，等
200810236454	一种基于膜蒸馏技术的温湿度独立控制空气调节方法及其系统	西安交通大学	顾兆林，王赞社，等
200810236464	一种基于膜蒸馏技术的溶液蓄能装置及其方法	西安交通大学	王赞社，顾兆林，等
200820075402	一种热回收式减压膜蒸馏组件装置	天津海之凰科技有限公司	侯爱平，王宏涛，等
200820075403	一种节能式减压膜蒸馏组件装置	天津海之凰科技有限公司	侯爱平，王宏涛，等
200820075985	一种减压膜蒸馏蒸气净化装置	天津海之凰科技有限公司	王宏涛，王丽，等
200820143527	液态高纯纳米聚合氯化铝生成装置	天津天水净水材料有限责任公司	高海
200820143529	高纯纳米聚合氯化铝高效节能环保制备装置	天津天水净水材料有限责任公司	高海，周润苓
200910036946	粗甘油部分脱水纯化工艺	江门市鸿捷精细化工有限公司，五邑大学	余建，孙宁，等
200910069616	聚偏氟乙烯微孔膜及制备方法	河北工业大学	王志英，杨振生，等
200910082343	一种应用热泵-膜蒸馏的地热供暖-除盐的方法	中国科学院生态环境研究中心	范彬
200910087780	一种高盐废水的处理方法	中国石油化工股份有限公司，中国石油化工股份有限公司北京化工研究院	赵鹏，刘正，等

续表

申请号	名称	申请单位	发明人
200910154019	一种真空或直接接触两用的卧式太阳能膜蒸馏装置	浙江大学，浙江大学建筑设计研究院	陈欢林，王靖华，等
200910169389	一种硝基氯苯高盐有机废水的处理方法	中国石油化工股份有限公司，中国石油化工股份有限公司北京化工研究院	张新妙，杨永强，等
200910302440	环氧增塑剂生产废水处理方法	江苏卡特新能源有限公司	贾琰，李乐平，等
200920095254	一种减压膜蒸馏组件单元装置及其膜蒸馏装置	天津海之凰科技有限公司	王宏涛，张鹏硕，等
200920216155	膜组件和膜蒸馏装置	内蒙古工业大学	田瑞，杨晓宏，等
200920353263	一种利用太阳能的真空膜蒸馏水处理装置	山东山大能源环境有限公司	甄洪声，陈芳，等
200920353333	多段式分馏设备	群扬材料工业股份有限公司	黄雅夫，吴添财，等
201010273940	利用太阳能从卤水中制取碳酸锂的装置和方法	山西大学	王旭明，程芳琴，等
201020043241	一种压汽膜蒸馏装置	天津海之凰科技有限公司	王丽，张鹏硕，等
201020238509	鳍片式凝结管及使用其的过滤模块	私立中原大学	陈荣辉，林昱宏
201020277739	利用分子蒸馏技术进行提纯双酚 A 分子环氧树脂的装置	苏州巨峰电气绝缘系统股份有限公司	徐伟红，张犇，等
201020508244	多级式减压膜蒸馏组件单元装置及其膜蒸馏装置	天津海之凰科技有限公司	王丽，张鹏硕，等
201020528289	一种植物提取液的浓缩装置	英杰华纳（厦门）生物工程有限公司	郑志忠，蒋荔馨，等
201020546358	一种印染废水处理零排放装置	上海立昌环境工程有限公司	常立，黄建初，等
201020638980	一种具有高效内部热回收功能的多效膜蒸馏装置	天津凯铂能膜工程技术有限公司	刘立强，何菲，等
201120097187	反渗透浓水处理系统	中国人民解放军军事医学科学院卫生装备研究所	刘红斌，马军，等
201120229705	一种内部热集成降膜蒸馏装置的换热壁结构	天津大学	刘伯潭，朱明，等
201120285333	一种干燥蒸馏一体装置	台州市知青化工有限公司	徐斌，徐汉青，等

11.2 海水淡化技术

11.2.1 海水或苦咸水淡化膜技术

申请号	名称	申请单位	发明人
200410025329	一种海水淡化的方法及设备	杭州水处理技术研究开发中心	陈益棠
200610130480	海水淡化浓盐水真空膜蒸馏工艺	天津科技大学	唐娜，陈明玉，等
200710059968	一种节能减压膜蒸馏装置及方法	天津海之凰科技有限公司	侯爱平，董为毅
200710063197	膜壳式多效降膜蒸馏海水淡化装置	华北电力大学	周少祥

续表

申请号	名称	申请单位	发明人
200810059179	一种利用经济能源的膜蒸馏海水淡化系统	浙江大学	陈欢林，杨华剑，等
200810119250	一种气提式膜蒸馏高盐水处理方法	北京清大国华环保科技有限公司	范正虹，陈福泰
200820049284	膜法海水淡化系统	西安皓海嘉水处理科技有限责任公司	范小青
200910070805	一种水处理系统预热工艺	国家海洋局天津海水淡化与综合利用研究所	赵河立，阮国岭，等
201120125750	一种膜法海水淡化设备	大连艺高水处理技术有限公司	张晓民，吴萌萌
201120200519	集成膜法技术纯水装置系统	四川万里马环保科技有限公司	马锐
201120222316	膜法海水淡化产水装置	武汉凯迪水务水处理有限公司	刘艳军，韩显斌，等

11.3 安全饮用水技术

11.3.1 水处理剂聚氯化铝、聚合硫酸铁

申请号	名称	申请单位	发明人
00110705	一种复合型含油废水絮凝剂	中国石油化工股份有限公司，中国石油化工股份有限公司抚顺石油化工研究院	赵景霞，回军，等
01134725	一种处理ABS污水的方法	中国石油天然气股份有限公司	李向富，祖春兴，等
02111896	铁盐法预处理焦化洗氨洗萘水的脱氰方法	萍乡钢铁有限责任公司	朱霞，梁长怀，等
02132426	用于油田含油污水低温处理的絮凝剂	大庆油田有限责任公司	郭春昱，何怀义，等
02139855	一种处理有色金属酸性废水的方法	株洲冶炼集团有限责任公司	袁硕夫，彭黎胜，等
02157756	厨房污水为中水的SBR处理方法及其装置	上海理工大学	张道方，胡寿根，等
02158078	一种生活污水的处理方法和用途	中国科学院生态环境研究中心	杨敏，齐嵘，等
03126675	聚合氯化铝与二甲基二烯丙基氯化铵聚合物复合混凝剂及其制造方法与应用	华南理工大学	胡勇有，谢磊
03147870	压裂返排废水的处理方法及其装置	天津大港油田集团石油工程有限责任公司，西南石油学院，大港油田集团有限责任公司	田栓魁，孟凡彬，等
200410004992	一种水刺非织造工艺水处理方法	海南欣龙无纺股份有限公司	郭开铸，陈喆，等
200410012228	反渗透污水处理方法	太原钢铁(集团)有限公司	杨艾花，侯昭红，等
200410013515	对饮用水源进行臭氧与高锰酸钾联用处理的氧化助凝方法	哈尔滨工业大学	马军，张金松，等
200410024480	聚合铝-二甲基二烯丙基氯化铵均聚物无机有机复合絮凝剂及其制备工艺	山东大学	高宝玉，王燕，等
200410046778	一种皂化下水处理方法	中国石化集团巴陵石油化工有限责任公司	唐光斌，梁晓年，等
200410062784	一种造纸中段水的脱色方法	山东泉林纸业有限责任公司	曹光春，杨吉慧，等
200410068837	一种高铝含量的聚合氯化铝的制备方法	中国石油天然气股份有限公司	张忠东，高雄厚，等
200410086580	造纸白水的处理方法	中国印钞造币总公司	李汉忠，苏书智，等

续表

申请号	名称	申请单位	发明人
200510030834	高效复合型絮凝剂、制备方法及其应用	上海工程技术大学	王黎明,沈勇,等
200510032744	壳聚糖接枝三元共聚高分子絮凝剂的制备方法	华南理工大学	胡勇有,程建华,等
200510035027	中小型污水源快速处理工艺及其一体化快速型污水处理站	佛山市西伦化工有限公司,王广学	王广学
200510037551	一种固体复合聚合硫酸铁的生产方法	暨南大学	李明玉,李善得
200510043663	一种高 Al* 含量聚合氯化铝混凝剂的制备方法和应用	山东大学	高宝玉,张子健,等
200510060787	水性油墨废水处理工艺	浙江工商大学	马香娟,夏会龙
200510064782	高 Al** 聚合氯化铝结晶及其制备方法	内蒙古大学	孙忠
200510122936	一种含油浮渣脱水工艺	南京工业大学	吕效平,叶国祥,等
200610032456	一种利用含砷废水制备亚砷酸铜或砷酸铜的方法	中南大学	郑雅杰,王勇,等
200610037812	一种集中园区的电镀废水多级处理工艺	江苏金麟环境科技有限公司	安翔
200610041511	循环利用涂料废水的方法	金东纸业(江苏)股份有限公司	戴东昌
200610044382	聚合铝-聚环氧氯丙烷胺无机有机复合絮凝剂及其制备工艺	山东大学	高宝玉,孙逊,等
200610069504	一种聚合氯化铝铁絮凝剂的制备方法	山东大学	李善评,范思思
200610080880	饮用水专用复合除磷混凝剂	北京工业大学	李星,杨艳玲,等
200610083424	一种淤泥固化剂及其应用	北京中永基固化剂科技发展有限公司	孙建国,刘曰键,等
200610113014	一种纳米型聚合氯化铝	中国科学院生态环境研究中心	王东升,叶长青,等
200610129671	一种由成套混凝药剂及配套设备组合的水处理工艺	中国海洋石油总公司,天津化工研究设计院	滕厚开,黄占凯,等
200610140526	完井废压裂液环保固化剂	大庆油田有限责任公司,大庆油田工程有限公司	王寿光,张瑞泉,等
200620070210	脱硫废水处理装置	常州市江南电力设备厂有限公司,南京龙源环保有限公司,侯金山	侯金山,胡存明,等
200620094150	酸碱废水处理系统	辽宁三和环境工程有限公司	董德刚,冯俊
200710021337	聚合硫酸铝制备方法	江苏宜净环保有限公司	黄伟农,潘德扣
200710023200	基于水热法合成纳米聚合硫酸铁絮凝剂的方法	江苏大学	闫永胜,晏井春,等
200710023879	治理富营养化湖泊藻华的方法及磁沉机浮床	中国科学院等离子体物理研究所	李军,蔡冬清,等
200710024361	聚合硫酸铁-聚二甲基二烯丙基氯化铵复合混凝剂及其制备与应用方法	南京理工大学	张跃军,李潇潇,等
200710025698	蓝藻减容处理工艺	江苏鼎泽环境工程有限公司	丁祖军,周海平,等
200710025702	有效去除富营养化水体中氮、磷的方法及水处理剂	中国科学院等离子体物理研究所	季程晨,王相勤,等
200710026281	厌氧好氧颗粒污泥处理高浓度造纸法烟草薄片废水的方法	华南理工大学	陈元彩,李友明,等

续表

申请号	名称	申请单位	发明人
200710032583	一株柴油烷烃组分降解菌及其应用	华南理工大学	党志，吴仁人
200710033009	含油废水生物处理过程中同时硝化反硝化生物脱氮方法	华南理工大学	周少奇，吴宋标
200710041732	一种破乳净化剂	上海忠诚环保科技有限公司	余国炎
200710051624	用于含油废水处理的高分子复合絮凝剂及其制作方法	武汉钢铁(集团)公司，武汉市碧海云天环保科技有限责任公司	吴声彪，李武，等
200710067347	一种聚合硫酸铁的合成方法	浙江工业大学	童少平，魏状，等
200710120706	一种利用高岭石矿制取聚合氯化铝的方法	中国科学院地质与地球物理研究所，中科建成矿物技术(北京)有限公司	韩成，刘建明
200710147516	一种化肥废水的处理工艺	北京天灏柯润环境科技有限公司	陈豫兴，王朝辉
200710175374	一种稠油污水破乳剂	中国石油天然气股份有限公司	谢加才，刘喜林，等
200710191193	用于净化含铬工业废水的磁铁矿粉复合絮凝剂及其制备方法	南京师范大学	杨浩
200710191196	利用复合絮凝剂净化含铬工业废水的方法	南京师范大学	杨浩
200710200390	油田采出水处理方法	新疆时代石油工程有限公司，新疆科力新技术发展有限公司	王爱军，赵波，等
200710300361	一种生物聚合硫酸铁的制备方法	东北电力大学	关晓辉，鲁敏，等
200710306577	一种甲壳素废水处理技术	浙江大学	龙於洋，沈东升，等
200720006413	一种污水澄清加药装置	福建省晋江优兰发纸业有限公司	黄树灵，余仕发
200720015816	含油碱性废水的处理系统	辽宁三和环境工程有限公司	沈宏艳，冯俊，等
200720081499	聚合硫酸铁生产装置	成都齐力水处理科技有限公司	穆超银
200720174213	造气与锅炉冲灰冲渣废水净化回用及污泥干化装置	贵州绿色环保设备工程有限责任公司	杨昌力，张宪民，等
200720185025	含油碱性废水臭氧处理系统	辽宁三和环境工程有限公司	沈宏艳，冯俊，等
200810019535	一种无机高分子絮凝剂聚合氯化铝铁的生产方法	合肥工业大学	彭书传，马步春，等
200810023559	葡萄酒酿造中废水的处理方法	江南大学	阮文权，严升杰，等
200810027860	聚合氯化铝的连续化生产工艺及其生产设备	江门慧信环保股份有限公司	潘江浚，谭铭卓，等
200810030878	膨化固化法制备固体聚合硫酸铁的方法	中南大学，云浮广业硫铁矿集团有限公司	郑雅杰，黄国庆，等
200810032767	一种饮用超轻水的生产装置和方法	上海上善若水生物工程有限公司	史育才，史尔勇，等
200810038994	一种印染废水深度处理方法及其设备	东华大学	刘亚男，薛罡，等
200810048810	清除蓝藻用的蒙脱石复合物及其制备方法	中国地质大学(武汉)	严春杰，梅娟，等
200810055112	聚合硫酸铁复合混凝剂及其应用	山西大学	刘海龙，程芳琴
200810058060	蓝藻水华生物絮凝剂及制备	云南大学	李文鹏，韩金均，等
200810058565	一种建在河流上的城市污水处理系统及设备	云南天兰环保科技开发有限公司，杨秉恭	杨秉恭，何政
200810063897	超滤膜混凝/吸附/生物反应器一体化水深度处理方法及其装置	哈尔滨工业大学	李圭白，田家宇，等

续表

申请号	名称	申请单位	发明人
200810064263	处理抗生素发酵废水的方法	哈尔滨工业大学	孙德智,邢子鹏,等
200810120258	一种沸石-菖蒲人工湿地污水处理系统及处理方法	浙江商达环保有限公司	郑展望,芦国营,等
200810138335	一种废水处理和蛋白质回收的方法	烟台海岸带可持续发展研究所	盛彦清
200810143859	含锰废水生物制剂处理方法	中南大学	柴立元,王云燕,等
200810143860	生物制剂直接深度处理重金属废水的方法	中南大学,株洲冶炼集团股份有限公司	柴立元,王云燕,等
200810143861	有色冶炼含汞烟气洗涤废水生物制剂处理方法	中南大学,株洲冶炼集团股份有限公司	柴立元,王云燕,等
200810143864	生物制剂处理含铍废水的方法	中南大学	柴立元,闵小波,等
200810143865	生物制剂处理含锑废水的方法	中南大学	柴立元,王云燕,等
200810150803	固体复合聚合硫酸铁絮凝剂及其制备方法	西北师范大学	王荣民,王艳,等
200810171975	造纸废水零排放工艺	福建省晋江优兰发纸业有限公司	甘木林
200810198536	一种污泥脱水的方法	广州绿由工业弃置废物回收处理有限公司	古耀坤,陈国安
200810198539	一种用于污泥脱水的添加剂及污泥脱水方法	广州绿由工业弃置废物回收处理有限公司	古耀坤
200810204542	聚合硫酸铁的制备方法	嘉兴市环科化工有限公司	金月祥
200810218459	一种微波处理反渗透浓水的方法	广州九松源环保科技有限公司	郭观发,陈杰
200810219171	一种固体聚合硫酸铝铁的制备方法	华南师范大学	吕向红,许煜超
200810227205	一种含莠去津农药废水的处理方法	中国石油天然气股份有限公司	赵纯,宁艳春,等
200810228440	一种综合利用黄钠铁矾渣的方法	东北大学	符岩,翟秀静,等
200810231408	一种农用水质优化剂	郑州现代化工有限公司	刘现杰,林艳,等
200810236222	一种复合顺磁纳米絮凝剂及其制备方法	江苏大学	吴春笃,段明飞,等
200810241486	化学镀铜废水的物化-生化处理方法	深圳市东江环保股份有限公司	王治军,孙业政,等
200810243229	利用工业废渣生产水处理剂聚合氯化铝铁的方法	南京师范大学	莫祥银,俞琛捷,等
200810249653	一种高浓度高色度废水复合脱色絮凝剂的制备方法	山东滨州嘉源环保有限责任公司	任元滨,邹新华,等
200820143528	聚合氯化铝生产中尾气余热的利用装置	天津天水净水材料有限责任公司	高海
200910023902	造纸废水封闭循环与零排放工艺	陕西科技大学	王森,张安龙,等
200910026570	聚合氯化铝的生产方法	苏州市亨文环保水业有限公司	朱文荣
200910032785	一种水产养殖的底质改良剂及制备方法	无锡中顺生物技术有限公司	黄忠平
200910039771	一种藻菌混合微生物制剂及其制法和应用	华南理工大学	党志,唐霞,等
200910042069	一种控藻红土复合絮凝剂及其制备方法与应用	暨南大学	张渊明,何维,等
200910042124	聚合氯化铝铁-聚二甲基二烯丙基氯化铵复合混凝剂及其制备方法	暨南大学	李明玉,刘丽娟

续表

申请号	名称	申请单位	发明人
200910054037	用废弃的分子筛制备改性聚合氯化铝絮凝剂的方法	同济大学	潘碌亭,束玉保
200910071306	一种压裂返排液回收处理工艺	大庆油田有限责任公司	谢朝阳,周山林,等
200910072368	改性淀粉絮凝剂与电气石复配处理废水的方法	哈尔滨工业大学	杨蕾,滕玉洁,等
200910088777	一种1,3-丙二醇浓缩菌液的处理方法	中国石油天然气股份有限公司	徐友海,吕继萍,等
200910095979	一种含氟废水处理用混凝剂及其应用工艺	杭州诚洁环保有限公司	张安平,童少平,等
200910097031	聚氯化铝的生产方法	嘉善海峡净水灵化工有限公司	沈烈翔,徐鑫英,等
200910098046	多核铝-聚硅磷氯化铝及其制造方法	嘉善海峡净水灵化工有限公司	沈烈翔,徐鑫英,等
200910098093	一种有机硅高浓度废水的处理方法	浙江商达环保有限公司	郑展望,周联友,等
200910101006	一种处理镍、钴、铜湿法冶炼工业废水的方法	浙江华友钴业股份有限公司	杨仁武,陈红星
200910108639	一种聚氯化铝铁水处理剂及其制备方法	东莞市华清净水技术有限公司,深圳市中润水工业技术发展有限公司	王龙庆,李凯
200910115000	铅锌冶炼废水的膜分离工艺	中国瑞林工程技术有限公司,深圳市中金岭南有色金属股份有限公司韶关冶炼厂	张铭发,龙燕,等
200910115380	纺织印染废水处理工艺	东海翔集团有限公司	金鹏,张善华
200910143373	煤矿井下水生产饮用水的简便方法	河北理工大学	张锦瑞,白丽梅,等
200910144150	一种水净化用复合高分子混凝剂	淮南市蔚蓝水处理技术有限公司	吴怀武,张广忠
200910145181	复合型絮凝剂的制备方法	河海大学	邵孝侯,罗德芳,等
200910169391	一种反渗透浓水的处理方法	中国石油化工股份有限公司,中国石油化工股份有限公司北京化工研究院	赵桂瑜,高明华,等
200910183816	不锈钢酸洗废水污泥中重金属的回收及综合利用方法	东南大学	宋敏,王文宝,等
200910185151	磁力吸附式藻水分离船	中国船舶重工集团公司第七〇二研究所	倪其军,眭爱国,等
200910192556	一种除磷脱氮湿地填料及其制备方法	中山市环保实业发展有限公司	宋应民
200910193550	预臭氧与曝气生物活性炭给水处理方法	华南理工大学	陆少鸣,杨立
200910214478	一种化肥废水处理方法	华南理工大学	周少奇,冯平
200910216419	一种处理甘薯燃料乙醇废液的方法	中国科学院成都生物研究所	周后珍,杨俊仕,等
200910217749	一种1,3-丙二醇发酵微生物废水生化综合处理方法	东北电力大学	刘景明,星成萍,等
200910219067	一种用于净化含乳化油废水的絮凝剂及其制备方法	长安大学	关卫省,赵庆,等
200910259474	一种矿井水处理工艺	南通北辰机械设备制造有限公司	潘华兵
200910264423	一种化工厂区废水的耦合处理方法	江苏省环境科学研究院	邹敏,陆继来,等
200910273138	一种石煤提钒高盐度富重金属废水的资源化处理方法	武汉科技大学	张一敏,包申旭,等
200920126185	带螺旋斜板的高效一体化净水设备	重庆大学	蒋绍阶,褚同伟,等

续表

申请号	名称	申请单位	发明人
200920187876	磁力吸附式藻水分离装置	中国船舶重工集团公司第七〇二研究所	倪其军,杨栋,等
201010013733	氧化铝二次凝结水作为电厂补给水的水处理方法及装置	陕西大唐节能科技有限公司	王全根,曾祥涛,等
201010022491	以造纸化学污泥制备聚合氯化铝铁絮凝剂的方法	同济大学	潘碌亭,王文蕾,等
201010107337	油田回注用采油污水处理方法	西安石油大学	屈撑囤,王新强,等
201010115023	去除聚氯化铝中不溶物的加速沉降剂的制备及应用方法	江苏工业学院	雷春生,刘建国,等
201010125200	一种高岭土生产聚合氯化铝的方法	贵州明威环保技术有限公司	周景明
201010127604	用于去除聚氯化铝中不溶物质的加速沉降型絮凝剂及其制备方法	常州友邦净水材料有限公司	雷春生,王桂玉,等
201010145275	聚合氯化铝-镁印染废水混凝剂及其制备方法	沈阳化工学院	刘桂萍,刘学贵,等
201010148600	太阳能光伏独立供电的一体化净水器装置	贵州绿色环保设备工程有限责任公司	罗向阳,杨昌力,等
201010157444	用含藻污泥制备絮凝剂、复合肥和甲烷的方法	同济大学	潘碌亭,吴锦峰,等
201010158919	针对小区污水处理的物化处理+人工湿地组合处理系统	重庆大学	柴宏祥,何强,等
201010159161	一种青霉素发酵废水的絮凝预处理方法	石家庄开发区德赛化工有限公司	刘洪泉,石亚静,等
201010159671	一种造纸厂化学机械浆压榨滤液的处理方法	湖南恒辉膜技术有限公司	尹谷余,戴慧敏,等
201010160225	一种高效生态型污水及污泥处理剂及制备方法	南京神克隆科技有限公司	田宝凤,李兴昌,等
201010167298	一种抑制富营养化水体底泥营养盐释放的方法	南京师范大学	王国祥,李时银,等
201010173512	一种牛粪专用脱水剂的制备方法	合肥富通机电自动化有限公司	邹益坚,刘炳焕
201010185849	一种去除制革废水中氨氮的方法	浙江大学	史惠祥,万先凯,等
201010187343	脱硫废水挥发性重金属泥渣减量处理系统及处理方法	西安热工研究院有限公司	王璟,杨宝红,等
201010195239	含聚丙烯酰胺三次采油采出水的处理方法	天津大学	张裕卿,安璇,等
201010202556	应用轻质陶粒悬浮填料移动床处理生活污水的方法	华南理工大学,东莞市中艺环保实业发展有限公司	胡勇有,魏臻,等
201010205893	资源化无曝气处理村镇污水的方法	哈尔滨工业大学	赫俊国,李珂
201010207723	一种高效脱氮除磷的曝气生物滤池装置及工艺	哈尔滨工业大学深圳研究生院	董文艺,李继,等
201010211076	一种高氰电镀废液处理方法	重庆长安工业(集团)有限责任公司	黄平,彭先勇
201010222906	一种复合生态环保控藻剂控藻改善水质的方法	中国科学院水生生物研究所	李敦海,汪志聪,等
201010238145	一种粉状高白度聚氯化铝复合物及其制备方法	长沙理工大学	晏永祥

续表

申请号	名称	申请单位	发明人
201010239108	利用臭氧反应及活性碳过滤处理冷轧废水的工艺	中冶南方工程技术有限公司	贺杏华,万焕堂,等
201010244636	大型人工砂石厂废水处理工艺	中国水利水电第九工程局有限公司	王忠禄,徐正铭,等
201010250919	饮用水澄清消毒丸及制备方法	中国人民解放军军事医学科学院卫生学环境医学研究所	尹静,王华然,等
201010264339	钢铁厂热轧高含油废水处理、回用方法	北京首钢国际工程技术有限公司	寇彦德,杨端,等
201010293738	从化学污泥中提取铝铁用于制备聚合氯化铝铁絮凝剂的方法	东莞理工学院	周显宏,武秀文,等
201010296380	含钼等重金属废水中硫化钼的提纯方法	同济大学	李风亭,张冰如,等
201010297930	采用复合混凝法处理高浓度 PAM 生产废水的方法	南京大学	孙亚兵,李振玉,等
201010517699	电厂用城市中水深度处理方法	国网技术学院	李艳萍,李勇,等
201010566928	一种不饱和聚酯树脂生产废水处理方法	华东理工大学,河南省华昌高新技术有限公司	寇正福,李新军,等
201010591337	一种处理钢厂废水并回收利用的方法	北京北方节能环保有限公司	崔剑,孟宪礼,等
201010596424	一种复合无机高分子絮凝剂及其制备方法	东莞市华中生物科技有限公司	钟旭胜,李卓杰
201010600591	一种用磷矿粉合成聚磷氯化铝的方法	重庆大学	郑怀礼,余炳宏,等
201020161522	太阳能光伏独立供电的一体化净水器装置	贵州绿色环保设备工程有限责任公司	罗向阳,杨昌力,等
201020235046	一种高效脱氮除磷的曝气生物滤池装置	哈尔滨工业大学深圳研究生院	董文艺,李继,等
201020580000	处理调味品废水的处理装置	中山市紫方环保技术有限公司	钟卫群,龚敏,等
201020627177	一种处理微污染及突发污染水源水的设备	东南大学	周克梅,张林生,等
201110034807	一种生物活性污泥减量化及资源化处理方法	中粮麦芽(大连)有限公司	邱然,石殿瑜,等
201110086981	一种处理高浓度丙烯腈废水的吸附氧化方法	清华大学	李继定,展侠,等
201110108628	纯化石墨后的废水处理方法	洛阳市冠奇工贸有限责任公司	候玉奇
201110111921	一种钢铁工业冷轧酸洗废水污泥减量处理的方法	上海美伽水处理技术有限公司	穆宏
201120055250	一种聚四呋氢喃生产废水的处理装置	贵州绿色环保设备工程有限责任公司	潘家兴,杨昌力,等
201120104095	磁加载 A2/O 污水处理装置	北京工业大学	李军,王昌稳,等
201120141287	印染废水悬流超滤回用设备	杭州开源环保工程有限公司	朱和林,钱兴富,等
201120160568	高浓度有机废水及1,4-丁二醇生产废水处理装置	陕西比迪欧化工有限公司,贵州绿色环保设备工程有限责任公司	尚凯,张根锁,等
201120162855	一种含酚煤气化废水处理系统	河南省煤气(集团)有限责任公司义马气化厂	张爱民,武强,等
201120383083	含氰废水处理系统	浙江科技学院	李建雄,方程冉,等
97116405	一种复合型破乳絮凝剂的制备方法	中国石油化工集团公司,中国石油化工集团公司抚顺石油化工研究院	赵景霞,林大泉,等

11.3.2 饮用水安全评价与保障技术

申请号	名称	申请单位	发明人
200610010357	固定化生物陶粒技术实现饮用水深度净化的水处理方法	哈尔滨工业大学	马放,冯奇,等
200710139640	水中有机物富集浓缩仪及控制方法	山西大学	郭栋生,袁小英,等
200720105285	应急供水处理车	昆明麦能环境工程有限公司	林浙云
200720113697	一种制造饮用水装置	宁波灏钻科技有限公司	乌学东,顾逞涛
200820076766	水质自动在线监测系统	邯郸市隆达利科技发展有限公司	郭增
200820149024	管网叠压智能供水泵站系统	郑州水业科技发展有限公司	郑齐辉,陈方亮,等
200820200355	便携式臭氧比色计	广东环凯微生物科技有限公司	邓金花,吴清平,等
200910051007	一种饮用水中消毒副产物二溴乙腈的快速分析方法	同济大学	楚文海,高乃云,等
200920001014	一种湖泊水污染预防和治理装置	张大伟,密西西比国际水务有限公司	张大伟
200920145852	一种超纯水机	青岛富勒姆科技有限公司	王曙光
201020189805	浊度传感器信号处理电路	重庆工业自动化仪表研究所	张能,余武,等
201020219363	用于蓝藻监测的浮标	无锡弘景达信息技术有限公司	丁一凡
201020277191	集成膜丝检测的一体化超滤膜水处理装置	浙江大学	周永潮,邵卫云,等
201020671680	一种水质检测传感器	无锡荣兴科技有限公司	楚建军,邵建辉,等
201020690050	直饮水机在线水质检测系统	杭州炬星环保科技有限公司	孙晖,钟迪,等
201120088513	一种车载水质检测装置	浙江吉利汽车研究院有限公司,浙江吉利控股集团有限公司	门永新,马芳武,等
201120110350	智能野外饮水净化系统	武汉理工大学	钟毅,刘泉等
201120131040	手持式水质检测仪	黑龙江八一农垦大学	高军,高云丽,等
201120175565	一种消除死水段存留的稳压水罐	江苏唯达水处理技术有限公司,中国市政工程中南设计研究总院	李胜军,赵翔,等
201120245846	河湖中水质污染的自动报警装置	复旦大学附属中学	姚轶伦
201120246682	一种智能水质检测装置	浙江沁园水处理科技有限公司	叶秀友,梁建林,等
201120271843	养殖场猪饮用水供给装置	北京联飞翔科技股份有限公司,北京天翔昌运节能环保设备工程有限公司	王敬修,崔正朔
201120336935	新型分布式水井水质参数无线远传装置	青岛理工大学	刘杰,李红卫,等
201120360449	一种具有勾兑功能的净水器装置	浙江沁园水处理科技有限公司	叶秀友,梁建林,等
201120402705	一种灾害环境下的车载饮用水应急消毒净化装置	大连海事大学	张芝涛,高金莹,等

11.4 污水处理与回用技术

11.4.1 膜生物反应器应用技术

申请号	名称	申请单位	发明人
00110702	一种碱渣废水的处理方法	中国石油化工股份有限公司，中国石油化工股份有限公司抚顺石油化工研究院	崔峰，李勇，等
01120691	一体式膜生物反应器	中国科学院生态环境研究中心	樊耀波
01123900	分体式膜生物反应器	中国科学院生态环境研究中心	樊耀波
01139846	电渗析膜生物反应槽及含硝酸盐原水或废水的脱氮方法	财团法人工业技术研究院	洪仁阳，张王冠，等
01144422	使用无纺布过滤的膜生物反应器	财团法人工业技术研究院	张王冠，张敏超，等
02104180	投加填料的流化床型膜-生物反应器及水处理方法	清华大学	黄霞，莫罹，等
02146630	使用膜离生物反应器的废水/水处理的方法	财团法人工业技术研究院	洪仁阳，张王冠，等
02158755	转刷式膜生物反应器	中国科学院生态环境研究中心	樊耀波，徐慧芳，等
02159445	无泡供氧膜生物反应器	中国科学院生态环境研究中心	樊耀波，柯林楠，等
02264295	一体式膜生物反应器	扬州天雨环保机械制造有限公司	袁福平，左中海
03100398	序批式膜-生物反应器污水处理工艺及装置	清华大学	黄霞，孙友峰，等
03123515	无扩散的全密闭医院污水处理系统	清华大学	黄霞，施汉昌，等
03130804	一种去除水中病毒的膜生物处理设备及方法	天津膜天膜工程技术有限公司	吕晓龙，李新民，等
03132053	一种垃圾渗滤液处理工艺	宜兴鹏鹞阳光环保有限公司，江苏鹏鹞环境工程技术研究中心有限公司	张国平，王洪春，等
03143143	强化膜生物反应器水处理方法	哈尔滨工业大学	马军，张立秋
03150345	生物污泥减量设备	财团法人工业技术研究院	洪仁阳，邹文源，等
200310102766	折流曝气增压重力出流膜生物反应器污水处理设备	中国科学院生态环境研究中心	刘俊新，陈少华
200320109218	膜生物反应器沉浸式平片滤膜元件	中国科学院上海应用物理研究所	楼福乐，梁国明，等
200410009624	一种调控混合液性质的控制膜污染的方法	清华大学	黄霞，吴金玲，等
200410034007	H或h循环管分置式膜生物反应器	中国科学院生态环境研究中心	樊耀波，杨问波
200410052191	中药生产废水处理设备及其废水处理方法	广州市环境保护工程设计院有限公司	曹姝文，林宁
200410065889	膜-絮凝沉淀污水处理系统	江苏省环境科学研究院	陆继来，夏明芳，等
200410098415	分体式管式动态膜生物反应器	中国科学院生态环境研究中心	樊耀波，李刚，等
200410098624	生物接触氧化管式动态膜生物反应器	中国科学院生态环境研究中心	樊耀波，董春松，等
200420056866	外置式中空纤维膜生物反应器	天津膜天膜工程技术有限公司	张玉忠，李然，等
200510047394	焦化污水膜生物反应器处理工艺	中冶焦耐工程技术有限公司	尹君贤，张一红
200510060862	转盘式膜生物反应器及其水处理方法	浙江大学	徐又一，左丹英，等

续表

申请号	名称	申请单位	发明人
200510102946	处理生活垃圾焚烧厂的垃圾渗沥液的设备及其方法	北京天地人环保科技有限公司	韩德民,齐小力,等
200510115862	用于膜-生物反应器的在线化学清洗方法	清华大学	黄霞,魏春海,等
200510126217	环流式膜生物反应器废水处理设备和废水处理方法	中国科学院生态环境研究中心	刘俊新,李琳,等
200520057414	膜生物反应器	诺卫环境安全工程技术(广州)有限公司	李力
200520091925	一体式非织造布生物反应器	大连春兴环境工程有限公司	张兴文,杨凤林,等
200610009693	污泥外循环复合式膜生物反应器脱氮回收磷污水处理方法	哈尔滨工业大学	张立秋,袁建磊,等
200610009946	从间歇循环活性污泥-膜生物反应系统中驯化、分离、筛选高效聚磷菌的方法	哈尔滨工业大学	于水利,赵方波,等
200610013483	节能一体式膜生物反应器	天津天大天环科技有限公司	张海丰,齐庚申,等
200610023281	一体式膜生物反应水处理装置	上海大学	徐高田,徐静,等
200610034517	一种垃圾渗滤液处理方法	深圳市百斯特环保工程有限公司	曾胜学,杨青森,等
200610043822	一种动态膜生物反应器的反冲洗运行方法	山东大学	张建,邱宪锋,等
200610044778	内循环动态膜生物反应器	山东大学	张建,邱宪锋,等
200610061358	复合曝气式膜生物反应器	深圳市金达莱环保股份有限公司,江西金达莱环保研发中心有限公司	廖志民,李荣,等
200610068769	三维滤布动态膜生物反应器	山东大学	张建,邱宪锋,等
200610098191	一种在膜生物反应器中抑制膜污染的方法	江南大学	陈坚,李秀芬,等
200610118851	用于水处理的吸附再生分体式膜生物反应器	上海理工大学	任防振,吴觉士,等
200610119576	冷轧含油废水膜生物反应器及其处理工艺	上海宝钢工程技术有限公司,上海希沃环境科技有限公司	肖丙雁,曹克,等
200610140846	膜生物反应器-臭氧联合工艺生产再生水的方法	北京碧水源科技股份有限公司	文剑平,梁辉,等
200610157470	一种高浓度废水经反渗透过程的浓缩液的处理方法和系统	深圳市金达莱环保股份有限公司,江西金达莱环保研发中心有限公司	廖志民,郭景奎,等
200610157471	基于膜生物反应器-纳滤膜技术的垃圾渗滤液处理工艺和系统	深圳市金达莱环保股份有限公司,江西金达莱环保研发中心有限公司	廖志民,郭景奎,等
200610169649	城市污水深度处理回用工艺	蓝星环境工程有限公司	王宇彤,苏立国,等
200620001528	膜生物反应器处理垃圾渗滤液的设备	北京天地人环保科技有限公司	韩德民,王晶,等
200620016399	一种高浓度废水经反渗透过程的浓缩液的处理系统	深圳市金达莱环保股份有限公司,江西金达莱环保研发中心有限公司	廖志民,郭景奎,等
200620016400	基于膜生物反应器-纳滤膜技术的垃圾渗滤液处理系统	深圳市金达莱环保股份有限公司	廖志民,郭景奎,等
200620041978	气升循环流膜生物反应器	凯膜过滤技术(上海)有限公司	傅立德
200620055072	门形浸入式中空纤维膜生物反应装置	广州美能材料科技有限公司	葛海霖
200620090491	反应/分离-分区式膜生物反应器	辽宁省环境科学研究院	杨明珍,赵军,等
200620137846	大型膜生物反应器组器	北京碧水源科技发展有限公司	文剑平,梁辉,等

续表

申请号	名称	申请单位	发明人
200710008643	一种基于膜技术的印染废水处理方法	三达膜科技(厦门)有限公司,三达(厦门)环境工程有限公司	刘久清,蓝伟光,等
200710008913	电镀前处理有机废水回收处理工艺	厦门市威士邦膜科技有限公司	王俊川
200710009410	一种过滤膜包及应用该过滤膜包的膜生物反应器	三达膜科技(厦门)有限公司	洪昱斌,方永珍,等
200710011457	一种强化反硝化除磷的序批式膜生物反应器工艺	大连理工大学	张捍民,杨凤林,等
200710011641	折线流膜生物反应器	沈阳建筑大学	金亚斌,李亚峰
200710014942	序批式好氧颗粒污泥膜生物反应器污水处理工艺	山东大学	王曙光,巩文信,等
200710022271	水解-复合膜生物法处理难降解废水的装置与方法	东南大学	王世和,吴慧芳
200710023837	一种难降解高浓度有机废水的处理方法	江南大学	陈坚,华兆哲,等
200710036584	多功能硝化反硝化一体式自生动态膜生物反应器	同济大学	王荣昌,郭冀峰,等
200710042930	厌氧动态膜生物污水处理工艺	同济大学	吴志超,田陆梅,等
200710043809	厌氧复合式膜生物反应器组合系统及处理混合废水的方法	东华大学	韩丹,洪飞宇,等
200710057776	基于膜集成技术处理造纸废水及回用的工艺方法	天津森诺过滤技术有限公司,宁波市环境保护科学研究设计院	陈玉海,李大维,等
200710058018	一体式好氧颗粒污泥膜生物反应器处理污水的方法	中国人民解放军军事医学科学院卫生学环境医学研究所	王景峰,李君文,等
200710066334	一种深度处理氨氮污水的方法	云南亚太环境工程设计研究有限公司	曾子平,刘应隆
200710068031	具有自由端的梳状膜-生物反应器	浙江大学	徐又一,沈菊李,等
200710072544	真空自控式膜生物反应装置	哈尔滨工程大学	陈兆波,朱海博,等
200710075361	一种生活垃圾渗滤液的处理方法	深圳市百斯特环保工程有限公司	曾胜学
200710075365	生活垃圾渗滤液的处理方法	深圳市百斯特环保工程有限公司	曾胜学
200710105720	乳化油废水处理方法及设备	北京市环境保护科学研究院	杜兵,刘寅,等
200710120388	一种有机废水处理方法	北京碧水源科技股份有限公司	文剑平,杨建州,等
200710133988	公路服务区污水处理工艺及动态膜生物反应器	江苏省交通科学研究院股份有限公司,东南大学,江苏宁沪高速公路股份有限公司	傅大放,聂荣,等
200710144318	MBR 联合蠕虫附着型生物床对城市污水污泥减量的设备	哈尔滨工业大学	田禹,左薇,等
200710144454	一体化高浓度难降解污水处理装置	哈尔滨工程大学	陈兆波,朱海博,等
200710146309	一种射流膜-生物反应器的方法与装置	北京清大国华环保科技有限公司	刘海宁,范正虹,等
200710168413	一体化序批式植物微网动态膜处理污水的方法及其设备	武汉理工大学	夏世斌,张召基
200710172187	处理污水或微污染原水集装式阶段性膜生物反应器装置	同济大学	夏四清,郭冀峰,等

续表

申请号	名称	申请单位	发明人
200710177388	一种膜生物反应器及其在废水处理中的应用	中国石油化工股份有限公司,中国石油化工股份有限公司石油勘探开发研究院	李宏伟,李怀印
200710191975	一种处理焦化废水的A/O/A分支直流生物脱氮方法	安徽工业大学	蔡建安,戴波,等
200720007470	海藻式中空纤维膜生物反应组件	三达膜科技(厦门)有限公司	刘久清,蓝伟光,等
200720008057	一种用于膜生物反应器的过滤膜包	三达膜科技(厦门)有限公司	洪昱斌,方永珍,等
200720015827	一种回转盘式膜生物反应器	辽宁北方环境保护有限公司	赵军,田博,等
200720023157	一体化好氧颗粒污泥膜生物反应器	山东大学	王曙光,孙雪菲,等
200720035033	两级过滤膜生物反应器	国电环境保护研究院	张世山,徐志清,等
200720077840	膜生物反应器	上海同济科蓝环保设备工程有限公司	范建伟,张杰,等
200720095273	多相组合膜生物反应器	诺卫环境安全工程技术(天津)有限公司	李力
200720098634	太阳能与热泵联合的废水处理与热能回收装置	天津凯能科技发展有限公司	李千山
200720120092	一种中水处理系统	深圳市海川实业股份有限公司,深圳海川环境工程科技有限公司	高嘉棋,何唯平
200720141486	一种脉冲曝气式膜生物反应器装置	北京碧水源科技股份有限公司	文剑平,梁辉,等
200720148001	共降解-膜生物法乳化油废水处理设备	北京市环境保护科学研究院	杜兵,刘寅,等
200720154884	一种带有吊装部件的大型膜生物反应器组器	北京碧水源科技股份有限公司	文剑平,梁辉,等
200810011624	一种增强膜生物反应器中曝气抗污染作用的梯型平板膜组件	大连理工大学	杨凤林,叶茂盛,等
200810012047	倒置式脱氮工艺膜生物反应器	大连理工大学	杨凤林,薛源,等
200810012318	内循环厌氧膜生物反应器污水处理装置	沈阳建筑大学	李敬宝
200810016856	一种中低压在线控制膜生物反应器中膜污染的方法	兖州煤业股份有限公司	李峰,毛庆泉,等
200810020993	一种精对苯二甲酸生产废水的处理方法	中国石化扬子石油化工有限公司	陈俊,沈树宝,等
200810032399	斜板分置式膜生物反应器	上海大学	徐高田,官春芬,等
200810038656	一种复合式HMBR组合处理方法及装置	东华大学	吴川,汪永辉,等
200810039283	一种异位诱捕膜污染物的控制膜污染方法	同济大学,江苏省环境科学研究院,上海子征环境技术咨询有限公司	吴志超,王新华,等
200810040552	深井曝气膜生物反应器废水处理工艺及其装置	上海广联建设发展有限公司	张彤炬,顾源兴,等
200810044958	一株假单胞菌及其在生物还原和生物吸附中的用途	中国科学院成都生物研究所	李大平,何晓红,等
200810052061	用于污水处理MBR工艺的大通量低压膜组件	天津机电进出口有限公司	于洪江,杨金凯,等
200810053468	一种增强脱氮效果的膜生物反应器污水处理工艺	天津大学	邢锴,张宏伟,等
200810063840	调整运行条件达到控制或减缓膜生物反应器膜污染的方法	哈尔滨工业大学	高大文,克雷格·科瑞都

续表

申请号	名称	申请单位	发明人
200810063899	一种饮用水深度净化方法和装置	哈尔滨工业大学	李圭白,田家宇,等
200810064641	一种复合式膜生物反应器处理污水的方法	哈尔滨工业大学	韩洪军,贾银川,等
200810101534	一种中空纤维膜组件、膜生物反应器及水处理设备	北京汉青天朗水处理科技有限公司	孙友峰
200810102215	一种微污染水的处理方法	北京碧水源科技股份有限公司	文剑平,梁辉,等
200810102277	一种中空纤维膜组件	北京汉青天朗水处理科技有限公司	孙友峰
200810102714	膜生物反应器与磷回收结合的污水处理系统及处理方法	北京桑德环境工程有限公司	李天增,王发珍,等
200810102867	一种中空纤维膜组件	北京汉青天朗水处理科技有限公司	孙友峰
200810103311	一种中空纤维膜组件、膜生物反应器及水处理设备	北京汉青天朗水处理科技有限公司	孙友峰
200810103730	一种中空纤维帘式膜组件	北京汉青天朗水处理科技有限公司	孙友峰
200810104396	电絮凝膜生物反应器去除污水中磷和有机物的装置及方法	清华大学	黄霞,崔志广,等
200810110776	一种射流气提式分置膜生物反应器的方法与装置	北京清大国华环保科技有限公司	陈福泰,范正虹
200810110941	一种脉冲射流型膜生物反应器的装置及使用方法	北京清大国华环保科技有限公司	陈福泰,范正虹,等
200810113131	一种有机废水的双膜处理方法	北京碧水源科技股份有限公司	文剑平,杨建州,等
200810113764	废水预处理过滤器	北京碧水源科技股份有限公司	文剑平,杨建州,等
200810122258	一种海产品加工废水深度处理回用的工艺	杭州水处理技术研究开发中心有限公司	谢柏明,方志明,等
200810138217	高COD、高氨氮、高盐度工业废水的处理方法	山东铁雄冶金科技有限公司	丁心悦,王清涛,等
200810143236	基于膜生物反应装置处理造纸废水的工艺方法	中南林业科技大学	陈介南,何钢,等
200810161674	一种酰胺类除草剂生产废水的处理方法及其系统	浙江大学	楚小强,王秀国,等
200810162670	一种造纸废水再生回用系统	浙江水美环保工程有限公司	余淦申,钟伟尧,等
200810162850	头孢合成制药生产废水的处理方法	浙江双益环保科技发展有限公司	陈吕军,李荧
200810162858	一种用于膜生物反应器的复合膜及其制备方法	浙江工业大学	王建黎,王靓
200810171743	处理垃圾渗滤液的工艺	北京华明广远环境科技有限公司	曾明,贺海东
200810196658	多级生化生活污水处理方法及其处理装置	东台市东方船舶装配有限公司	陈海兵,蔡晓幸,等
200810197242	一种用于污水净化和回用的生物生态组合的方法及装置	中国科学院水生生物研究所	吴振斌,肖恩荣,等
200810203062	一体式膜生物反应器	上海膜达克环保工程有限公司	向阳
200810204531	生物硅藻土处理污水的动态膜分离方法	同济大学	曹达文,金伟,等
200810207227	冷轧废水深度处理回用系统	宝钢工程技术集团有限公司	刘捷涛,张晓旗,等

续表

申请号	名称	申请单位	发明人
200810207228	冷轧废水深度处理回用工艺方法	宝钢工程技术集团有限公司	刘捷涛,庞翠玲,等
200810217437	一种湖泊水体修复方法和装置	深圳市金达莱环保股份有限公司,江西金达莱环保研发中心有限公司	廖志民,何其虎,等
200810227031	利用侧流式膜生物反应器装置及利用其的污水处理方法	北京渭黄天安环保科技有限公司	周建冬,王凯民,等
200810227083	处理高含盐废水的污水处理系统及处理方法	北京桑德环境工程有限公司	王发珍,李天增,等
200810235358	用于市政污水处理的膜生物反应器平片滤膜的制备方法	江苏蓝天沛尔膜业有限公司,清华大学	李继定,陈剑,等
200810243787	焦化废水处理回用方法及其装置	上海埃梯梯恒通先进水处理有限公司	陈伟,张国平,等
200820040368	一种新型耐污染的浸没式有机平片膜-MBR反应器	南京工业大学,江苏蓝天水净化设备有限公司	梅凯,汤晓艳,等
200820074995	一种能提高脱氮能力的膜生物反应器	天津大学	邢锴,张宏伟,等
200820123758	利用侧流式膜生物反应器装置	北京渭黄天安环保科技有限公司	周建冬,王凯民,等
200820124001	射流膜生物反应器	北京清大国华环保科技有限公司	陈福泰,范正虹,等
200820124190	一种浸入式中空纤维膜组件	北方利德(北京)化工科技有限责任公司	马玉杰,马玉涛,等
200820144023	生物制药废水循环再生设备	核工业理化工程研究院华核新技术开发公司	张凯,刘明亚,等
200820151074	MBR-TM膜组件	上海天健环保有限公司	陈建忠
200820156468	MBR膜组件	上海天健环保有限公司	陈建忠
200820157053	浸没式平板膜组件	上海爱笛环境工程设备有限公司	王爱民,许欣
200820160265	多级生化生活污水处理装置	东台市东方船舶装配有限公司	陈海兵,蔡晓幸,等
200820165247	新型膜生物反应器膜堆	杭州凯宏膜技术有限公司	陈元胜,周爱华,等
200820166553	双膜脱磷系统	杭州天创净水设备有限公司	丁国良,赵经纬,等
200820190500	一种垃圾渗滤液处理装置	武汉天源环保工程有限公司	黄开明,陈建平
200820199707	撞击流曝气颗粒填料复合式膜生物反应器	九江学院	杨期勇,杨涛,等
200820215228	焦化废水处理回用装置	上海埃梯梯恒通先进水处理有限公司	陈伟,张国平,等
200820215620	一种用于污水深度处理的膜-生物反应器	江苏美森环保科技有限公司	董良飞,沈敏,等
200820224035	膜生物反应器	山东京鲁运河集团有限公司	李运玮
200820229107	膜生物反应器的过滤膜板	三达膜科技(厦门)有限公司	蓝伟光,叶胜,等
200820229111	膜生物反应器	嘉园环保股份有限公司	陈泽枝,赖饶昌
200820229113	组合式多功能移动污水处理装置	嘉园环保股份有限公司	陈泽枝,林春明,等
200820234088	微生物固定化的膜生物反应器装置及其构成的水处理装置	中国神华能源股份有限公司,兰州交通大学	郝小平,郭尽朝,等
200910009342	用于废水处理和回用的多孔聚偏氟乙烯合金膜的制备方法	苏州膜华材料科技有限公司	洪耀良,奚韶锋
200910012261	膜生物降解、过氧化氢氧化联合处理黄药废水的方法	东北大学	姜彬慧,黄娅琼,等
200910012528	膜生物反应器膜污染优化控制专家系统	大连理工大学	张捍民,陈志奎,等
200910016387	TDI废水深度处理方法	山东国信环境系统有限公司	刘福东,王磊,等

续表

申请号	名称	申请单位	发明人
200910026843	振动式膜生物反应器	江苏金山环保工程集团有限公司	钱盘生，刘立忠，等
200910034945	一种膜生物反应器系统的优化设计方法	中环(中国)工程有限公司	陈飞，沈良富，等
200910045286	糖精生产污水的处理方法	上海博丹环境工程技术有限公司	武广，王云伟，等
200910051803	一种垃圾渗滤液废水处理系统及其工艺	上海同济建设科技有限公司	匡志平，陆斌，等
200910057199	一种电镀废水处理及回收利用集成化装置及其处理方法	上海华强环保设备工程有限公司	丁少华，孙叶凤，等
200910059134	一种垃圾渗滤液组合处理工艺	四川宇阳环境工程有限公司	夏宇扬
200910061019	一种净化污水的生物-生态组合方法及装置	中国科学院水生生物研究所	吴振斌，贺锋，等
200910067969	连续更新动态膜的微网动态膜生物反应器	天津市天水环保设计工程有限公司	居文钟，李彦，等
200910081742	高效脱氮除磷 MBR 工艺与装置	北京清大国华环保科技有限公司	陈福泰，范正虹，等
200910082970	一种压力式悬浮床膜生物反应器工艺与装置	北京清大国华环保科技有限公司	陈福泰，范正虹，等
200910083685	一种脉冲电絮凝-MBR 处理制药废水的方法与装置	北京清大国华环保科技有限公司	陈福泰，范正虹，等
200910085873	一种船用污水处理设备及方法	中国农业机械化科学研究院	李树，刘艳阳，等
200910087421	高含盐量有机废水处理装置	北京中联动力技术有限责任公司	毛文斌，韦兰春，等
200910089871	一种污水处理装置	北京汉青天朗水处理科技有限公司	孙友峰
200910097129	一种强化污水中氮磷去除的污泥减量工艺	浙江工业大学	蒋轶锋，陈建孟
200910108797	一种舰船生活污水处理工艺及其真空排放处理系统	深圳市锦润实业有限公司	董兆力
200910111323	一种垃圾渗滤液零排放回用处理方法	厦门凯瑞尔数字环保科技有限公司	孔健，林玉娇，等
200910111792	垃圾渗滤液的氨氮处理装置	厦门大学	熊小京，严贵，等
200910115017	一种印染废水处理方法	江西金达莱环保研发中心有限公司	廖志民，杨欣，等
200910115021	一种射流曝气装置及其射流曝气方法	江西金达莱环保研发中心有限公司	廖志民，熊建中，等
200910115336	一种处理发酵类制药废水的方法	江西金达莱环保研发中心有限公司	廖志民，邹莲花，等
200910115349	一种污泥产量低的污水处理工艺	江西金达莱环保研发中心有限公司	廖志民，邹莲花，等
200910115352	一种兼氧膜生物反应器工艺	江西金达莱环保研发中心有限公司	廖志民，熊建中，等
200910184403	一种印染废水的高效处理工艺	江苏省环境科学研究院	陆继来，邹敏，等
200910200193	一种焦化废水回用处理系统	上海宝钢化工有限公司，宝钢工程技术集团有限公司	金学文，肖丙雁，等
200910200194	一种焦化废水回用处理方法	上海宝钢化工有限公司，宝钢工程技术集团有限公司	金学文，肖丙雁，等
200910200195	焦化废水回用处理系统	上海宝钢化工有限公司，宝钢工程技术集团有限公司	金学文，肖丙雁，等
200910200196	焦化废水回用处理方法	上海宝钢化工有限公司，宝钢工程技术集团有限公司	金学文，肖丙雁，等
200910219361	立式膜生物反应器	西安建筑科技大学，青岛理工大学	刘志强，苗群，等

续表

申请号	名称	申请单位	发明人
200910233473	膜生物反应器模块间歇过滤程序控制器	江苏金山环保工程集团有限公司	钱盘生,蒋鸿明,等
200910234420	一种在膜生物反应器中实现同步脱氮的方法	江南大学	李秀芬,华兆哲,等
200910243475	一种控制由膜生物反应器混合液造成的严重膜污染的方法	清华大学,北京碧水源科技股份有限公司	黄霞,文剑平,等
200910243577	生态敏感区污水处理方法及系统	清华大学	汪诚文,赵雪峰,等
200910250341	生活灰水 MBR 净化方法及系统	同济大学	陈洪斌,唐贤春,等
200910259513	生物滤池-陶瓷膜生物反应器装置及应用其净化水质方法	北京市水利科学研究所	申颖洁,廖日红,等
200910306726	一种污水处理中的远程自动控制方法	大连理工大学	陈志奎,罗又铭,等
200910311172	基于光合细菌生物处理的膜生物反应器污水处理方法	哈尔滨工业大学	张光明,戴晓,等
200910312756	甜高粱燃料乙醇废水环流生物反应器耦合处理装置与方法	天津大学	闻建平,邱春生,等
200920036473	城市垃圾渗滤液处理系统	南通京源水工自动化设备有限公司	李武林,瞿国庆,等
200920044633	振动式膜生物反应器	江苏金山环保工程集团有限公司	钱盘生,刘立忠,等
200920048956	膜生物反应器模块间歇过滤程序控制器	江苏金山环保工程集团有限公司	钱盘生,蒋鸿明,等
200920048957	一种膜生物反应器浸没式平片膜组件的曝气器	江苏金山环保工程集团有限公司	蒋鸿明,孙旭娇,等
200920052786	一种膜生物反应器污水处理装置	东莞市星火环保科技有限公司	刘水庆
200920052797	一种膜生物反应器	东莞市星火环保科技有限公司	刘水庆
200920053035	一种膜生物反应器进水布水装置	东莞市星火环保科技有限公司	刘水庆
200920068777	膜生物反应器	中国科学院上海应用物理研究所	周保昌,陆晓峰,等
200920070228	管式膜元件及一体式膜生物反应器	上海膜达克环保工程有限公司	向阳
200920070986	多种几何形裸垂束柱状鼓气式膜生物反应器	上海德宏生物医学科技发展有限公司	余子婴,李靖
200920072788	一种垃圾渗滤液废水处理装置	上海同济建设科技有限公司	匡志平,陆斌,等
200920073885	一种电镀废水处理及回收利用集成化装置	上海华强环保设备工程有限公司	丁少华,孙叶凤,等
200920074327	膜组件封头	上海生物医学工程研究中心	汲江,栾森
200920084020	一种净化污水的生物-生态组合的装置	中国科学院水生生物研究所	吴振斌,贺锋,等
200920105158	一种处理印染废水的 UASB-MBR 联用系统	清华大学	汪诚文,赵雪锋,等
200920105427	车载移动式一体化设备	北京基亚特环保工程有限公司	张亚军
200920107062	一种射流气提式 MBR 装置	北京清大国华环保科技有限公司	陈福泰,范正虹,等
200920108780	难降解废水回用装置	北京中联动力技术有限责任公司	韦兰春,套格图,等
200920108918	用活性膜生物反应器处理有机废水的装置	德威华泰(北京)科技有限公司	袁国文
200920109800	一种废水预处理转鼓格栅	北京碧水源膜科技有限公司	文剑平,陈亦力,等
200920141907	一种污水处理与回用一体化装置	江西金达莱环保研发中心有限公司	廖志民,杨圣云,等
200920141908	一种射流曝气装置	江西金达莱环保研发中心有限公司	廖志民,周佳琳,等
200920163765	一种膜生物反应系统	北京建技中研环境科技有限责任公司	徐华,陈曦,等

续表

申请号	名称	申请单位	发明人
200920183135	一种采用双层节能型氧化沟的 MBR 装置	嘉园环保股份有限公司	李泽清，林春明，等
200920183148	高效强化生化与膜组合的垃圾渗滤液处理设备	嘉园环保股份有限公司	陈泽枝，林春明，等
200920185508	一种管式复合中空纤维膜生物反应器装置	南昌航空大学	华河林，李娜，等
200920196839	基于 MBR 系统与纳滤系统的垃圾渗滤液处理系统	浙江华强环境科技有限公司	唐建强
200920209521	一种冷轧含油废水处理装置	上海东振环保工程技术有限公司	魏伟，刘必松，等
200920209522	冷轧含油废水处理装置	上海东振环保工程技术有限公司	魏伟，刘必松，等
200920210242	一种外置式膜生物反应器	上海东振环保工程技术有限公司	魏伟，康丽萍，等
200920211510	钢铁冷轧含油及乳化液废水处理装置	上海东振环保工程技术有限公司	魏伟，刘必松，等
200920211512	催化氧化装置及石化炼油碱渣废水的处理系统	上海东振环保工程技术有限公司	魏伟，刘必松，等
200920214329	MBR 膜曝气装置	上海天健环保有限公司	陈建忠
200920214529	R-MBR 膜生物反应系统装置	上海任远环保科技有限公司	陈建海，杨银有，等
200920214836	一种复合式 MBR 污水处理回用装置	上海川鼎国际贸易有限公司	马长生，张步堂
200920225004	圆柱束式膜生物反应器膜组件	山东招金膜天有限责任公司	王乐译，温建志，等
200920225005	圆柱帘式膜生物反应器膜组件	山东招金膜天有限责任公司	王乐译，温建志，等
200920231618	低能耗一体式膜生物反应器	江苏环发环境工程有限公司	周洪明，蒋平，等
200920232048	新型膜生物反应器浸没式平片膜元件	江苏金山环保工程集团有限公司	钱盘生，刘立忠
200920233076	膜生物反应器沉浸式平片膜元件	江苏金山环保工程集团有限公司	钱盘生，刘立忠
200920233597	膜生物反应-纳米固定态光催化反应装置	江苏中科膜技术有限公司	钱盘生，刘立忠
200920233598	一种用于沉浸式膜生物反应器的中空纤维膜组件	江苏中科膜技术有限公司	钱盘生，刘立忠
200920235463	膜生物反应器浸没式平片膜组件的箅式曝气器	江苏金山环保工程集团有限公司	周建强，蒋鸿明，等
200920243335	渗滤液处理系统 MBR 膜池	四川深蓝环保科技有限公司	谢非
200920243338	浸没式 MBR 微滤膜出水控制系统装置	四川深蓝环保科技有限公司	谢非
200920257012	膜生物反应器新型浸没式平片膜元件	江苏金山环保工程集团有限公司	钱盘生，蒋鸿明，等
200920260848	膜生物反应器中水回用一体化装置	宇星科技发展(深圳)有限公司	王韶锋，文秋红，等
200920274768	生物滤池-陶瓷膜生物反应器装置	北京市水利科学研究所	申颖洁，廖日红，等
200920274793	一种高效节能 MBR 污水处理装置	北控水务(中国)投资有限公司	侯锋，薛晓飞，等
200920276052	生活灰水 MBR 净化装置	同济大学	陈洪斌，何群彪，等
200920297594	用于处理有机废水的磁生物反应分离装置	四川环美能科技有限公司	倪明亮，周勉
200920299149	脉冲错流式膜生物反应器	北京碧水源科技股份有限公司，清华大学	文剑平，黄霞，等
200920311267	用于粪便污水处理的一体化系统	山东华腾环保科技有限公司	葛会超，姜广辉，等

续表

申请号	名称	申请单位	发明人
201010105639	一体化气升环流动态膜生物反应装置	同济大学	周雪飞,张亚雷,等
201010106775	污泥减量与反硝化脱氮耦合的城市污水污泥联合处理系统	哈尔滨工业大学	田禹,卢耀斌,等
201010114744	一种双膜法处理烟草废水并回用的方法和装置	北京清大国华环保科技有限公司	陈福泰,范正虹,等
201010120397	一种正渗透膜生物反应器	天津工业大学	王薇,杜启云
201010121645	煤气化废水生化处理设备和方法	新奥科技发展有限公司	于振生,李超伟,等
201010160201	用于饮用水生产的膜生物反应器及方法	哈尔滨工业大学	高伟,梁恒,等
201010161633	一种针对荧光增白剂生产废水的生物处理系统及其方法	浙江大学	陈英旭,杨尚源,等
201010168745	一种荧光增白剂生产废水综合处理方法	杭州求是膜技术有限公司	张星星,包进锋
201010171419	集吸附、降解、气浮、膜分离于一体的水处理装置及方法	哈尔滨工业大学	李圭白,高伟,等
201010179905	交替式两级好氧膜生物反应器	哈尔滨工程大学	陈兆波,刘静,等
201010186887	一种利用微生物处理垃圾渗滤液的方法	浙江汉蓝环境科技有限公司	凌亮,潘关祥
201010191847	一种聚偏氟乙烯中空纤维微孔膜及其制备方法	北京伟思德克科技有限责任公司	李方鲲,王效宁
201010203430	一种新型膜生物反应器快装曝气接头	江苏金山环保工程集团有限公司	刘立忠,史广平,等
201010213462	一种市政垃圾沥出液的处理方法	深圳市龙澄高科技环保有限公司	马辉文,张涉
201010215624	气升式多级环流蠕虫床膜生物反应器	哈尔滨工程大学	陈兆波,王鸿程,等
201010222274	一种用于深度处理垃圾渗滤液的方法	北京大学	倪晋仁,朱秀萍
201010252835	A/A-MBR强化脱氮除磷组合装置及其工艺	河海大学	郑晓英,陈卫,等
201010281260	用于污水处理的膜生物反应器	嘉戎科技(厦门)有限公司	蒋林煜,董正军,等
201010514341	低能耗免曝气膜生物反应器	河北工业大学	王志强,武强,等
201010523416	外置式厌氧氨氧化膜生物反应器	哈尔滨工业大学	高大文,陶彧,等
201010524919	一体式生物沸石床-膜生物反应器污水处理装置	清华大学	陈吕军,朱小彪
201010532958	回转式除磷脱氮膜生物处理装置及工艺方法	苏州市创新净化有限公司	张文波,杨丽芳,等
201010544739	一种潜水搅拌式水解酸化膜生物反应器	东华大学	李方,娄云鹏,等
201010551668	船舶含盐生活污水深度处理装置及处理方法	哈尔滨工程大学	赵方波,乔英杰,等
201010565394	利用膜生物反应器富集培养厌氧氨氧化细菌的方法	哈尔滨工业大学	高大文,侯国凤,等
201010568446	CLT酸生产废水的处理工艺及装置	吉林市世纪华扬环境工程有限公司	秦丽娟,杜秋平,等
201010591596	序批式膜生物反应器	哈尔滨工业大学	高大文,于英翠,等

续表

申请号	名称	申请单位	发明人
201010609550	双环沟 MBR 废水处理系统	北京碧水源科技股份有限公司，中国市政工程华北设计研究总院	张悦，文剑平，等
201010612351	一种用于生化环保厕所的溢流水超声波雾化处理方法	国家海洋局第二海洋研究所，上海森禾环保科技有限公司	毋瑾超，骆根火，等
201020032043	一种新型膜生物反应器	湖南湘牛环保实业有限公司	尹谷余
201020100004	一种用于膜生物反应器的浸没式膜箱	苏州膜华材料科技有限公司	洪耀良，奚韶锋，等
201020100005	一种用于膜生物反应器的平板式膜组件	苏州膜华材料科技有限公司	洪耀良，奚韶锋，等
201020111409	内循环脱氮膜生物反应器污水处理装置	大连交通大学	张寿通，郭海燕，等
201020119786	一种变气量吹扫式膜生物反应装置	诺卫环境安全工程技术（广州）有限公司，诺卫环境安全工程技术（天津）有限公司，联合环境水处理（辽阳）有限公司	李力，杨振刚，等
201020119790	一种脉冲叠加吹扫式膜生物反应装置	诺卫环境安全工程技术（广州）有限公司，诺卫环境安全工程技术（天津）有限公司，联合环境水处理（辽阳）有限公司	李力，杨振刚，等
201020123025	外置气水混合膜生物反应器组件	上海德宏生物医学科技发展有限公司	余献国
201020123519	一种膜法钢铁酸性废水回用为工业自来水的处理系统	安纳社环保工程（苏州）有限公司	韦相亮，张武龙
201020123520	半导体行业研磨废水回用为超纯水的处理系统	安纳社环保工程（苏州）有限公司	韦相亮，顾晓勇，等
201020123951	一种印染行业清洁生产设备	厦门绿邦膜技术有限公司	王俊川
201020130363	一种多级回流式膜生物反应器	诺卫环境安全工程技术（广州）有限公司，诺卫环境安全工程技术（天津）有限公司，联合环境水处理（辽阳）有限公司	李力，杨振刚，等
201020130372	一种复合式膜生物反应器	诺卫环境安全工程技术（广州）有限公司，诺卫环境安全工程技术（天津）有限公司，联合环境水处理（辽阳）有限公司	李力，杨振刚，等
201020134255	具有超声射流在线清洗装置的膜生物反应器	上海大学	徐高田，尚飞霄，等
201020137764	洗衣房污水可回用处理装置	上海申兰环保有限公司	方立才
201020150207	一种列车粪污水回收处理系统	浙江云洲科技有限公司，北京中科伟洲环保科技有限公司	王滨龙，尤大川，等
201020158248	一种节能低碳型锅炉补给水处理设备	南京师范大学	汤雯雯，庄耀，等
201020165212	一种垃圾渗滤液生物脱氮装置	北京洁绿科技发展有限公司	赵凤秋
201020168925	富盐有机废水高效环保处理装置	临安伍特环境工程有限公司	裴建川
201020184196	一种复合式污水净化器	中国船舶重工集团公司第七一八研究所	白振光，原培胜，等
201020195926	一种固定化膜生物反应器	北京理工大学	尹艳华，胡学敏
201020197273	焦化废水再生回用的一体化组合装置	上海东硕环保科技有限公司	陈业钢
201020202498	一种新型 MBR 生物反应器曝气装置	北京贞元美华科技有限公司	徐周
201020202520	一种组合式 MBR 污水处理成套装置	北京贞元美华科技有限公司	徐周
201020204346	可反洗的平板膜元件	北京科泰兴达高新技术有限公司	沈军彦，杨永平，等

续表

申请号	名称	申请单位	发明人
201020219337	高效可反洗平板膜元件	北京科泰兴达高新技术有限公司	沈军彦,杨永平,等
201020222685	玻璃钢污水处理工艺设备	云南合众环境科技有限公司	易成顺
201020225900	一种浸没式膜生物反应器的抽吸管路保护器	无锡国联华光电站工程有限公司	陈士元,周石芸,等
201020229692	一种新型沉降式膜生物反应器平片膜元件	江苏金山环保工程集团有限公司	刘立忠,史广平,等
201020229695	一种新型封装平片膜生物反应器	江苏金山环保工程集团有限公司	刘立忠,史广平,等
201020229705	一种新型膜生物反应器快装曝气接头	江苏金山环保工程集团有限公司	刘立忠,史广平,等
201020237578	组合式膜生物反应器	大连交通大学	许芝,费庆志,等
201020251739	一种改进型膜生物反应器	云南昆船设计研究院	李涛,高国涛,等
201020252053	一种污水处理及回用一体化设备、小区污水处理系统	深圳市立雅水务发展有限公司	黄建华,李树存
201020259724	采油废水生物膜-膜生物反应器处理装置	中国石油天然气股份有限公司,中国石油集团安全环保技术研究院	吴百春,张树德,等
201020263743	一种浸没式陶瓷膜生物反应器	厦门市威纳通膜科技有限公司	杨效贤,崔秀文,等
201020266496	垃圾渗滤液的膜过滤浓缩液处理装置	北京水气蓝德环保科技有限公司	施军营,乔如林,等
201020266519	高浓度难降解有机废水两相厌与膜生物处理池	北京水气蓝德环保科技有限公司	施军营,乔如林,等
201020266534	内外置式膜过滤分离污水处理装置	郑州蓝德环保科技有限公司	施军营,乔如林,等
201020269002	膜生物反应器系统的喷射式曝气装置	上海川源机械工程有限公司	蔡高榮
201020269256	膜生物反应器和污水处理装置	北京仁创科技集团有限公司	秦升益,秦申二,等
201020269981	一种高浓度生化制药废水的深度处理及资源化回用装置	哈尔滨工业大学深圳研究生院	董文艺,李继,等
201020272046	新型膜生物反应器模块间隙过滤程序控制器	江苏金山环保工程集团有限公司	刘立忠,史广平,等
201020272270	膜生物反应器模块间隙过滤程序控制系统	江苏金山环保工程集团有限公司	刘立忠,史广平,等
201020273258	膜生物反应器	江苏省纯江环保科技有限公司	张顺生,杨凤林,等
201020274372	单端固定聚束式膜生物反应器的膜组件	武汉江扬水技术工程有限公司	朱跃军,朱跃敏,等
201020276583	金属无机膜生物反应器	塔克(北京)节能科技有限公司	秦强
201020278547	一种新型的高浓度化工污水处理装置	江苏龙腾工程设计有限公司	潘龙,沈勇林,等
201020280174	设计新颖的居民住宅小区水环境处理系统	江苏龙腾工程设计有限公司	潘龙,屈俊峰,等
201020295708	连接件	苏州英特工业水处理工程有限公司	赵雪,刘学文,等
201020295743	MBR 膜架	苏州英特工业水处理工程有限公司	赵雪,刘学文,等
201020296038	新型一体化 MBR 处理器	浙江博华环境技术工程有限公司	陈杭飞,陈寿兵,等
201020302155	平板式 MBR 膜元件	柳州森淼环保技术开发有限公司	王玉喜,唐智波
201020302156	移动式平板膜 MBR 污水处理设备	柳州森淼环保技术开发有限公司	邓冬梅,王玉喜
201020302165	焦化废水平板式 MBR 处理设备	柳州森淼环保技术开发有限公司	凌秀远,邓冬梅
201020302166	平板式 MBR 膜组件	柳州森淼环保技术开发有限公司	王玉喜,邓冬梅

续表

申请号	名称	申请单位	发明人
201020513284	一种基于 MBR 的医院污水处理系统	四川省科学城中心科技有限公司	赵绍燕,涂强,等
201020521296	小型污水处理设备	北京安宇通环境工程技术有限公司	邹亚波,张柳艳,等
201020526111	用于污水处理的膜生物反应器	嘉戎科技(厦门)有限公司	蒋林煜,董正军,等
201020530331	MBR 污水处理系统	北京英诺格林科技有限公司	徐斌,秦明峰
201020544981	浸没式膜生物反应器多层平板膜	南京瑞洁特膜分离科技有限公司	周保昌,潘定国
201020547480	垃圾渗滤液高效生物及深度处理优化集成装置	广州市均博环保工程有限公司,广东省南方环保生物科技有限公司	郑理慎,王薇,等
201020552754	一种新型一体化水处理设备	苏州顶裕节能设备有限公司	任冬伟,陈红嘉,等
201020562436	一种一体化膜生物反应器	深圳市深港产学研环保工程技术股份有限公司	王波,杨小毛,等
201020570330	低能耗免曝气膜生物反应器	河北工业大学	王志强,武强,等
201020587376	生活污水循环净化处理装置	天津市寰昊科技有限公司	邹连惠,张凤泉,等
201020587394	自流式膜生物反应器的在线化学清洗装置	苏州市创新净化有限公司	张文波,杨丽芳,等
201020588129	一种生活污水循环净化处理组合池	天津市寰昊科技有限公司	邹连惠,张凤泉,等
201020599372	一种膜处理设备	成都达源环保工程有限公司	张智军
201020617893	一体化垃圾中转站挤压水处理装置	江阴市百顺科技有限公司	杭岳宗,吴达开
201020638130	一种用于废水处理的膜生物反应器	西安润达化工科技有限公司	谢晓安,宴志军,等
201020655349	浸没式膜生物反应器组件	北京朗新明环保科技有限公司南京分公司	赵军,徐志清,等
201020658032	膜生物反应器的超声波清洗装置	中山市三角镇环保科技创新中心	陆华
201020661611	一体化膜生物污水处理及中水回用设备	无锡市德林环保设备有限公司	周东平
201020668795	一种用于 MBR 污水处理的全自动装置	福建嘉园环保有限责任公司	林春明,蔡杨杰
201020676226	一种高抗污染的 MBR 膜组件	北京碧水源膜科技有限公司	文剑平,陈亦力,等
201020684475	生活污水零排放处理系统	厦门理工学院	严滨,黄国和
201020685005	双环沟 MBR 废水处理系统	北京碧水源科技股份有限公司,中国市政工程华北设计研究总院	张悦,文剑平,等
201020690735	微电解-MBR 处理印染废水的联用系统	厦门理工学院	李元高,曾孟祥
201020694346	一种膜生物反应器的中空纤维膜丝根部保护装置	北京碧水源膜科技有限公司	陈亦力,文剑平,等
201020694461	表面处理废水中氨氮和 COD 的处理设备	上海轻工业研究所有限公司	付丹,李冰璟
201020698142	餐饮废水一体化处理装置	潍坊博华环境技术工程有限公司	韩敏,王福祥,等
201110009001	并联式 A2O-MBR 反硝化聚磷脱氮除磷方法	天津工业大学	王亮,张明虎,等
201110022563	膜生物反应池工艺的活性污泥气浮浓缩装置及方法	北京城市排水集团有限责任公司	柏永生,陈沉,等
201110048910	动态膜生物反应器的两阶段运行模式	山东大学	梁爽,刘静,等
201110051500	一种强化除磷膜生物反应装置	天津工业大学	王捷

续表

申请号	名称	申请单位	发明人
201110070453	农村垃圾渗滤液一体化处理工艺	北京沁润泽环保科技有限公司	张会萍,石福书
201120013307	电镀废水回用装置	广东新大禹环境工程有限公司	麦建波,姚志全,等
201120017942	膜生物反应池工艺的活性污泥气浮浓缩装置	北京城市排水集团有限责任公司	柏永生,陈沉,等
201120022986	一种基于 BAF-MBR 污水处理装置	厦门绿动力环境治理工程有限公司	黎琼华,叶侨松,等
201120027245	一种中水回用处理系统	上海彰华膜净化有限公司	萧铭辰
201120038546	一种可以间歇冲刷曝气的 MBR 装置	天津天一爱拓科技有限公司	刘沐之,胡宏伟,等
201120047884	一种可在线清洗 MBR 膜组器装置	四川久润环保科技有限公司	黄卫东,田满红,等
201120047885	一种可移动式一体化 MBR 污水处理设备	四川久润环保科技有限公司	杨俊永,黄卫东,等
201120049031	MBR 膜组件支架装置	大连市市政设计研究院有限责任公司	刘强
201120049680	洗车废水回用水处理系统	济南美丰环保产品有限公司	王伟,刘彬,等
201120051715	一种膜生物反应器浸没式平板滤膜元件	江苏大孚膜科技有限公司	常江,邵梅生,等
201120056756	曝气装置、定位架及曝气设备	上海斯纳普膜分离科技有限公司	梁国明,刘东,等
201120057836	炭素纤维-复合膜生物反应器	南昌大学	万金保,余敏
201120060435	一种新型一体式中水回用装置	江苏龙腾工程设计有限公司	潘龙,徐菱,等
201120063963	一种内循环 AAO-MBR 污水处理反应池系统	四川四通欧美环境工程有限公司	李华,胡登燕,等
201120068718	板框式固定化细胞膜生物反应器	华东理工大学	曹国民,张立辉,等
201120069192	一种中水回用装置	宁波市川宁环保科技有限公司	邵永富
201120077617	基于玻璃钢的一体式膜生物反应污水处理装置	上海原典环卫科技有限公司	汤乃永
201120077628	基于玻璃钢的平板膜生物反应污水处理装置	上海原典环卫科技有限公司	汤乃永
201120084291	水压式中水回用装置	南通京源水工自动化设备有限公司	季献华,曾振国,等
201120084296	低能耗膜清洗中水回用装置	南通京源水工自动化设备有限公司	季献华,曾振国,等
201120086969	膜生物反应系统	上海膜达克环保工程有限公司	向阳
201120086973	好氧膜生物反应器	上海膜达克环保工程有限公司	向阳
201120091135	MBR 一体化污水处理设备	东莞市通用环保科技有限公司	吴敏
201120102115	膜生物反应器实现短程硝化的装置	北京城市排水集团有限责任公司	杨岸明,甘一萍,等
201120105744	外置式微滤膜容器	四川深蓝环保科技股份有限公司	谢非
201120111535	A/O-MBR 水处理装置	龙江环保集团股份有限公司	朴庸健,刘德斌,等
201120127038	一种浸入式中空纤维膜生物反应组件及组件系统	北京赛诺膜技术有限公司	王大新,田野,等
201120127055	一种中空纤维膜生物反应元件、其组件及组件系统	北京赛诺膜技术有限公司	王大新,林亚凯,等
201120131705	一体式高氨氮污水处理装置	西安容达环保有限公司	张永,马英,等
201120139561	餐厨垃圾油水分离处理方法	北京水气蓝德环保科技有限公司	施军营,黄泽军,等
201120148852	一种浸没式膜生物反应器	北京美能环保科技有限公司	王丽莉

续表

申请号	名称	申请单位	发明人
201120150368	一种处理VC制药废水装置	上海市政工程设计研究总院(集团)有限公司,上海市政建设工程有限公司,江苏蓝天沛尔膜业有限公司	管慧玲,李正明,等
201120156747	一种新型膜生物反应器水处理系统	天津中天海盛环保科技有限公司	于俊利,曹井国,等
201120156752	膜生物反应器尾气处理系统	天津中天海盛环保科技有限公司	于俊利,曹井国,等
201120162740	一种基于电解和双膜技术的再生水制造装置	波鹰(厦门)科技有限公司	张世文
201120167015	一种基于MBR-RO技术的电镀废水在线回用装置	广东新利环保科技投资有限公司	谢保
201120179252	地埋式膜生物反应器	杭州凯洁膜分离技术有限公司	施世照,汤秋江,等
201120179391	实验室综合废水集中处理装置	北京湘顺源科技有限公司	符文海
201120184657	一种浸没板式膜生物反应器组件	湖州鼎泰净水科技有限公司	魏新时
201120187364	光伏太阳能驱动的小型生活污水回用装置	杭州自力太阳能科技有限公司	戴自力
201120210174	管式膜生物反应器平片膜元件	江苏金山环保科技有限公司	周建强,周中明,等
201120210183	可反冲洗式膜生物反应器平片膜元件	江苏金山环保科技有限公司	周建强,潘亚斌,等
201120215977	一种利用平板生物膜处理污水的系统	上海爱笛环境工程设备有限公司	王爱民
201120215990	迷你型高效污水处理设备	上海爱笛环境工程设备有限公司	王爱民
201120217340	一种高盐度难降解有机废水的回用系统	苏州苏净环保工程有限公司	李宇庆,马楫,等
201120221989	用于污水处理的预制膜生物反应罐	天津万联管道工程有限公司	赵斌,张亮,等
201120223865	带中心管的MBR用膜组件	苏州顶裕水务科技有限公司	任冬伟
201120225296	带中心管的MBR用膜组件	苏州顶裕水务科技有限公司	任冬伟
201120228393	一种适用于高原污水处理的膜生物反应装置	索南昂旦,南京瑞洁特膜分离科技有限公司	索南昂旦,周保昌,等
201120229767	深度处理涂装废水装置	江苏龙腾工程设计有限公司	潘龙,沈勇林,等
201120242413	以微污染水体为水源的再生水处理装置	中国水电顾问集团中南勘测设计研究院,云南国水环保科技有限公司	唐传祥,禹芝文,等
201120249029	一种膜生物反应器膜片连接件	浙江开创环保科技有限公司	南琼静,洪海云,等
201120252028	一种适于处理高浓度废水的膜生物反应器	濮阳市元光科技有限公司	孙士伟,耿蕾蕾,等
201120256145	一种膜棒式动态膜生物反应器	北京理工通达环境科技有限责任公司	田行俊,戴斌,等
201120256157	一种动态膜生物反应器	北京理工通达环境科技有限责任公司	田行俊,戴斌,等
201120258572	一种新型的MBR膜组件	天津天一爱拓科技有限公司	刘沐之
201120262129	污水处理一体化地埋设备	天津天一爱拓科技有限公司	刘沐之
201120265169	公厕污水处理系统	厦门利新德环保科技工程有限公司	张文钦
201120265180	生活垃圾渗透液处理系统	广西宇达水处理设备工程有限公司	潘远东
201120267405	冷轧钢厂反渗透浓水处理系统	中冶南方工程技术有限公司	贺杏华,万焕堂
201120274660	用于抗膜污染的膜生物反应器	四川四通欧美环境工程有限公司	赵晓,李华
201120282475	一种MBR膜污染控制的装置	北京城市排水集团有限责任公司	杨岸明,甘一萍,等
201120289548	MBR系统	福建泰成环保科技有限公司	卢方良,欧建文

续表

申请号	名称	申请单位	发明人
201120298493	利用环保污水生化处理后的水回收利用装置	江门市鸿捷精细化工有限公司	余建,宋紧东,等
201120344540	一种薯类乙醇废水处理系统	吉化集团公司	杨金生,柳毅,等
201120344856	一种生活污水处理与回用装置	中国石油化工股份有限公司	唐安中,谢道雄,等
201120348054	一种 HMBR 污水处理一体化装置	湖南永清水务有限公司	肖晓笛,段钧元,等
201120357442	外置式膜生物反应器的中空纤维外压式超滤膜组件	上海膜源环保科技有限公司	曹春,宋兴涛
201120366767	均匀布气的外压膜过滤器	北京坎普尔环保技术有限公司	孟广祯
201120367320	动态膜生物反应器	中国矿业大学(北京)	于妍,何绪文,等
201120367326	用于自生式动态膜生物反应器的平板膜组件	中国矿业大学(北京)	于妍,何绪文,等
201120367548	一种高强度循环流平板膜生物水处理器	上海百菲特环保科技有限公司	丁凯
201120369983	煤矿生活污水处理系统	陕西华诚首创环保科技有限公司	袁丽,崔炜,等
201120372516	一种危险废物处置中心废水综合处理系统	北京机电院高技术股份有限公司	翁晓敏,孙雅丽,等
201120386709	污水处理回用一体化设备	福州开发区三水环保科技有限公司	张晓辉
201120388196	一种低负压抽吸结构新型 MBR 膜组件	北京碧水源膜科技有限公司	文剑平,刘明轩,等
201120420047	一种冷轧废水处理系统	鞍钢集团工程技术有限公司	宋文来,陈广延
201120444928	一种投加粉末沸石的膜生物反应器	安徽工业大学	丁磊,罗刚,等
201120451659	一种实验室污水处理设备	成都盛尔嘉科技有限公司	张荣斌
201120454859	一种用于 MBR 膜系统的一体式潜水管道装置	杭州银江环保科技有限公司	叶伟武,同现鹏,等
201120456448	MBR 膜组器进气气流分配装置	江苏碧水源环境科技有限责任公司	文剑平,于东江,等
201120457165	一种膜生物反应器与人工湿地组合处理小区污水回用系统	重庆大学	柴宏祥,何强,等
201120462466	垃圾综合处理场高浓度渗滤液的深度处理系统	北京伊普国际水务有限公司	吴迪,文一波,等
201120479977	一种 MBR 反应器清洗提升装置	青岛金源环境工程有限公司	田力,王清华
201120490382	膜生物反应器的曝气盘	北京碧水源膜科技有限公司	陈亦力,刘德祥,等
201120510318	船用生活污水处理装置	安庆长谷川船舶科技有限公司	张志华

11.4.2 生活污水处理一体化技术

申请号	名称	申请单位	发明人
02134664	厌氧好氧絮凝沉淀污水处理工艺	华南理工大学	胡勇有,黄瑞敏,等
02262577	污水处理设备	昆山华恒水处理设备技术有限公司	徐绪炯
03128090	三相生物流化床反应器处理污水的方法及设备	广西民族学院	廖安平,谢涛,等
03150541	生物氧化固液分离一体化水处理工艺	上海环保(集团)有限公司	周增炎,高廷耀,等

续表

申请号	名称	申请单位	发明人
200310103223	一种高浓度有机废水的处理方法	中国石油化工股份有限公司,中国石油化工股份有限公司北京化工研究院	程学文,胡家祥,等
200410051449	水面植物生物膜循环推流式污水处理方法	华南农业大学	吴启堂,高婷,等
200420083968	水面植物生物膜循环推流式水处理装置	华南农业大学	吴启堂,高婷,等
200420092487	厌氧好氧一体式固定床生物膜反应器	中国石油天然气股份有限公司	赵雪芹,黄海波,等
200510018791	一种生活污水脱氮除磷的方法及装置	湖北大学	胡细全,钟春敏,等
200510028910	一体式絮凝生物流动床污水处理工艺	同济大学	王晟,徐祖信
200510057100	一种处理高浓度有机废水的序批式组合生物膜一体化设备	重庆大学	周健,龙腾锐,等
200510057464	一体化多级生物膜法污水处理设备	重庆大学	周健,高旭,等
200610008286	处理染料废水的生物-电化学组合装置及其方法	中国科学院生态环境研究中心	刘俊新,曲久辉,等
200610047978	污水处理一体式组合设备	大连宇都环境工程技术有限公司	权伍哲
200610054496	活性污泥-生物膜复合式一体化污水处理方法及其装置	重庆大学	郭劲松,高旭,等
200610069237	制浆造纸废水的净化处理方法	山东贵和显星纸业股份有限公司	徐书栋
200710024741	船用外置膜法生活污水处理装置	江苏南极机械有限责任公司	倪建峰,金星,等
200710048302	多级内循环硝化-反硝化生物脱氮反应器	四川大学	郭勇,杨平
200720022460	膜组件一体化氧化沟	山东大学	张建,张成禄,等
200720104272	多功能水处理一体化装置	北京华净深蓝水处理技术开发有限公司	贾洪伟,李金平,等
200720120711	一种用于污水处理的微生物填料	深圳市碧园环保技术有限公司,深圳市环境科学研究所	谷理明,雷志洪,等
200810053993	一体化生活污水快速净化反应装置	天津市农业资源与环境研究所	吴迪,赵秋,等
200810065867	可净化废水的铁碳管构件及一体化磁电氧化生物滤池和应用系统	深圳市环境工程科学技术中心,深圳市碧宝环保科技有限公司	彭云龙,温致平,等
200810071937	一种复合生物膜活性污泥反硝化除磷脱氮方法及其反应器	厦门城市环境研究所	王淑梅,陈少华,等
200810120098	规模猪场污水处理方法及其集成型装备	宁波润泽畜牧环保科技有限公司	金波,董滨
200810201968	内循环撞击流生物膜流化床反应器	上海大学	李国朝,陈捷,等
200820058879	一种光催化氧化与生物降解一体化的气升式内循环反应器	上海师范大学	阎宁,张永明,等
200820080008	利用源水直接分流补碳强化脱氮装置	北京工业大学	杨宏,黄春雷,等
200820108327	组合式厌氧生物滤池污水处理装置	北京能拓高科技有限公司	李庆梅
200820121792	规模猪场污水集成型处理装备	宁波润泽畜牧环保科技有限公司	金波,董滨
200820122069	可移动生活污水处理再利用膜生物反应装置	胡菊祥,浙江大学	胡菊祥,陈红征,等
200820185811	推流式催化铁/悬浮填料生物膜一体化反应器	镇江市水业总公司,同济大学	王红武,赵宝康,等
200820191334	一体化污水处理箱	湖北中油水环境治理有限公司	谢涛,余敦耀,等
200910012293	一种厌氧零价铁的污水处理方法	大连理工大学	全燮,张耀斌,等

续表

申请号	名称	申请单位	发明人
200910069814	一种污水处理方法	天津科技大学,天津市塘沽区鑫宇环保科技有限公司	杨宗政,庞金钊,等
200910069815	污水处理装置	天津市塘沽鑫宇环保科技有限公司,天津科技大学	杨宗政,庞金钊,等
200910087623	城市污水厌氧去除有机物与自养生物脱氮的装置和方法	北京城市排水集团有限责任公司	甘一萍,张树军,等
200910089207	一种生物膜法处理焦化废水的工艺	北京科技大学	李素芹,郇文鹏,等
200910154285	一种集污泥处置的分散式污水深度处理装置及方法	浙江工业大学	蒋轶锋,陈建孟,等
200910199922	一种臭氧氧化与生物膜组合一体式反应器及其使用方法	上海师范大学	张永明,杨燕,等
200910259514	折流式曝气生物滤池处理系统及应用其净化污水的方法	北京市水利科学研究所	黄赟芳,李其军,等
200910310616	集装箱洗箱废水的处理方法	天津市塘沽区鑫宇环保科技有限公司	杨宗政,孙铁军
200920066407	处理造纸废水的新型生物膜一体化装置	上海大学	丁国际,杨宇,等
200920097845	一体化污水处理车	天津市塘沽区鑫宇环保科技有限公司,天津科技大学	杨宗政,庞金钊,等
200920108920	组合式污水处理设备	德威华泰(北京)科技有限公司	袁国文
200920109557	城市污水厌氧去除有机物与自养生物脱氮的装置	北京城市排水集团有限责任公司	甘一萍,张树军,等
200920119624	一体化地埋式污水处理设备	宁波华晨环境工程有限公司	潘蔡叶
200920127006	一体化生物膜/物化协同污水处理设备	重庆桃花溪市政建设有限公司,重庆大学	王斌,周健,等
200920274767	折流式曝气生物滤池处理系统	北京市水利科学研究所	黄赟芳,李其军,等
201010030145	生物实验室废液处理方法	郑州大学	关方霞,杨波,等
201010112845	一种常规二级处理后纺织污水的再处理装置及方法	广东溢达纺织有限公司	张玉高,邱孝群,等
201010150749	处理间苯二甲腈合成工艺废水的方法	南通泰禾化工有限公司	聂秀金,黄志文,等
201010201140	一种电化学生物联合脱氮反应器	浙江工商大学	冯华军,冯小晏,等
201010202027	一体式生物强化活性炭动态膜同步脱氮除磷工艺	同济大学	褚华强,张亚雷,等
201010224705	活性污泥-生物膜组合循环流脱氮除磷一体化污水处理装置与方法	重庆大学	吉芳英,赵易,等
201010266484	无动力城市内河污染治理系统	哈尔滨工业大学	王丽,王琳,等
201010283184	局部循环供氧生物膜反应装置	天津市农业资源与环境研究所	吴迪,高贤彪,等
201010296908	一种中空纤维膜的清洗方法	北京碧水源科技股份有限公司,清华大学	文剑平,黄霞,等
201010524339	黄铁矿作为生化填料脱氮除磷的方法	南京大学	李睿华,袁玉玲,等
201019114056	一种活性焦处理煤气化废水的工艺	北京大学	叶正芳,朱永平,等
201020032983	生物反应装置	上海方合正环境工程科技发展有限公司	金方伟,温捷
201020166820	序批式泥膜共生一体化水处理设备	昆明水啸科技有限公司	刘牧,刘崇年,等
201020174123	间歇式膜生物处理系统	北京碧圣联合水务有限公司	韩喜颂

续表

申请号	名称	申请单位	发明人
201020184444	污水生物脱氮除磷一体化设备	宇星科技发展(深圳)有限公司	文秋红,徐夷,等
201020225060	生物滤池污水处理装置	江苏艾特克环境工程设计研究院有限公司,日本JCK株式会社	吴智仁,蒋素英,等
201020226519	一种电化学生物联合脱氮反应器	浙江工商大学	冯华军,冯小晏,等
201020228016	猪场废水的序批式生物膜反应器	南昌大学	万金保,顾平
201020228878	自充氧固定床生活污水脱氮深度处理一体化装置	河南蓝森环保科技有限公司	徐洪斌
201020247733	一种污水处理一体机	合肥富通机电自动化有限公司	邹益坚,刘炳焕
201020531520	一种便于检修的一体化污水处理设备	城市建设研究院,滕新君	郑婧,滕新君,等
201020567397	生活污水处理用复合式生物膜一体型反应器	天津市环境保护科学研究院,天津市联合环保工程设计有限公司	马建立,邓小文,等
201020588361	一体化脱氮除磷污水处理池	中煤国际工程集团武汉设计研究院	邬象牟,张益,等
201020612273	一体化地埋式污水处理设备	无锡市德林环保设备有限公司	周东平
201020679423	一种新型涂装废水的深度处理装置	江苏金山环保科技有限公司	钱盘生,周建强,等
201120030318	厌氧生物滤池-太阳能曝气生物滤池污水处理装置	北京市水利科学研究所	廖日红,何刚,等
201120061063	人工湿地污水处理系统中的布水及集水装置	兰州铁道设计院有限公司	胡树超,王茂玉,等
201120063882	一种复合多功能水处理反应器	山东大学	岳钦艳,李雁杰,等
201120139548	分散式生活污水一体化处理装置	洛阳理工学院	张建洲,王锐,等
201120163351	微生物自动活化系统	厦门弘维能源环境技术有限公司	苏骑,董梅霞,等
201120182509	一种应用微生物技术深度处理印染废水的一体化设备	江苏华杉环保科技有限公司	李华林
201120196769	一种综合污水净化设备	苏州微体电子科技有限公司	施金伟
201120232995	一种板式过滤活性污泥法一体化设备	北京东方华电科技有限公司	万红欣
201120235645	涂装废水的曝气生物滤池	江苏林格纯水设备有限公司	周伟,周岳荣,等
201120235666	曝气生物滤池	江苏林格纯水设备有限公司	周伟,周岳荣,等
201120235670	生活污水的曝气生物滤池	江苏林格纯水设备有限公司	周伟,周岳荣,等
201120282973	河湖污水的直接净化装置	浙江晶泉水处理设备有限公司	李杰
201120389865	一种生物膜污水处理装置	广州大学	石明岩,郑海良,等
201120419082	厌氧生物滤池	自贡大业高压容器有限责任公司	杨靖霞,李平,等
201120442151	一种用于生活污水处理的一体化厌氧好氧设备	清华大学	汪诚文,陈春生,等
201120482944	一种厌氧、好氧污水处理装置	山东大学	岳钦艳,韩薇,等

11.4.3 复合流人工湿地净化污水技术

申请号	名称	申请单位	发明人
00114693	一种污水处理方法及装置	中国科学院水生生物研究所,深圳市环境科学研究所	吴振斌,雷志洪

续表

申请号	名称	申请单位	发明人
02208448	人工湿地植物床	北京世纪赛德科技有限责任公司，张华北	张华北，秦宏，等
03121947	氮磷污染控制的复合湿地生态方法及其系统	清华大学，同济大学	张旭，李广贺，等
03133907	一种污水生态处理组合工艺	沈阳环境科学研究院，中国科学院沈阳应用生态研究所	陈晓东，贾宏宇，等
03157161	污水的组合人工湿地处理的系统和方法	中国农业大学	董仁杰，侯允
200310104063	一体化厌氧-湿地废水处理装置与方法	农业部沼气科学研究所	邓良伟
200310111813	城市污水复合人工湿地脱氮除磷方法	华南农业大学	崔理华
200320117108	城市污水复合人工湿地处理床	华南农业大学	崔理华
200410027422	生活污水垂直流-水平流复合人工湿地脱氮除磷方法	华南农业大学	崔理华，朱夕珍
200420046495	生活污水垂直流-水平流复合人工湿地处理床	华南农业大学	崔理华，朱夕珍
200510011013	以轻质陶粒为主要填料的污水土地处理方法	云南今业生态建设集团环保工程有限公司	邓辅唐，邓辅商，等
200510011497	垂直流-表面流复合人工湿地处理生活污水方法	华南农业大学	崔理华
200510035068	用于生活污水净化的人工湿地植物配置	中国科学院华南植物园，佛山市高明区园林管理处	任海，卢琼，等
200510056691	一种快速建立人工湿地的方法	云南大学，云南今业生态建设集团有限公司	孙珮石，邓辅唐
200510095241	潜流式人工湿地自动增氧系统	南京大学	孙亚兵，冯景伟，等
200510103262	富营养化河、湖水体与初期雨水复合人工湿地处理系统	中国环境科学研究院	年跃刚，聂志丹
200510123147	厌氧跌水充氧人工湿地组合污水除磷脱氮方法	东南大学	吕锡武，朱光灿，等
200510123558	富营养化水体双流态、防堵塞人工湿地系统	中国环境科学研究院	年跃刚，聂志丹
200520120683	一种应用于河道、湖泊治理的生物砌块	广州市恒兆环境生物工程有限公司	刘军，胡和平，等
200520135657	用于中水回用系统的生物吸附塔	山东恒利环保技术有限公司	耿佃华
200520135658	用于中水回用系统的人工湿地保温装置	山东恒利环保技术有限公司	耿佃华
200610011035	可控生物膜景观湿地污水净化系统及技术	周应揆，陆可信，宁琼功，段集辉，陆可望	周应揆，陆可信，等
200610035289	污水复合人工湿地生态处理方法及其系统	广州德润环保科技发展有限公司	张荣，刘梦奇
200610036318	垂直流与水平流一体化复合人工湿地处理城市污水的方法	华南农业大学	崔理华
200610052035	一种用于处理污水的人工湿地	宁波市科技园区德安生态城市工程有限公司	俞建德
200610052475	人工湿地污水处理方法	浙江师范大学	刘鹏，孙和和

续表

申请号	名称	申请单位	发明人
200610070040	人工弓棚湿地及其在处理污水工艺中的应用	山东大学	张建，张成禄，等
200610096747	可更换填料人工湿地强化除磷脱氮槽	东南大学	王世和，黄娟，等
200610107078	北方垂直潜流式人工湿地净化污水的方法	河南亚神环保科技有限公司，张四海	张四海，王培名
200610112759	一种复合粉煤灰填料，其制备方法和用途	清华大学，江西金达莱环保研发中心有限公司	张鸿涛，张秋贞，等
200610144026	生物吸附和人工湿地相结合的城镇污水处理系统及其方法	北京国环清华环境工程设计研究院	张鸿涛，白庆中，等
200610147631	介质复合型人工湿地的污水处理系统及其方法	上海达人环保科技有限公司	陆效军
200620003975	组合型人工湿地床	北京世纪赛德科技有限责任公司，秦宏，张华北，王琼，秦皓，李原原	秦宏，张华北，等
200620004450	湿地液位调节器	北京世纪赛德科技有限责任公司，秦宏，张华北，王琼，秦皓，李原原	秦安，张华北，等
200620022790	一种复合人工湿地	华南农业大学	崔理华
200620058427	污水复合人工湿地生态处理系统	广州德润环保科技发展有限公司	张荣，刘梦奇
200620058861	污水处理生态调节装置	广州德润环保科技发展有限公司	刘梦奇，张荣
200620084961	一种新型潜流人工湿地	山东大学	张建，靖玉明，等
200620105658	用于处理污水的人工湿地	宁波市科技园区德安生态城市工程有限公司	俞建德
200620118364	村镇生态排水处理系统	北京元黄科技有限公司	孙爱莲
200620163631	一种填料模块化人工湿地	华中科技大学	章北平，刘真，等
200710015996	潜-表流复合型人工湿地	山东大学	张建，翟冰，等
200710022269	人工湿地出水收集器	东南大学	王世和，鄢璐，等
200710022270	防堵塞人工湿地进水分布器	东南大学	王世和，黄娟，等
200710027955	复合垂直下行流人工湿地处理污水的方法及其处理系统	华南农业大学	崔理华，朱夕珍，等
200710039983	一种人工湿地及其应用	宝山钢铁股份有限公司，同济大学	朱荣健，张宜莓，等
200710041961	介质复合型人工湿地的景观水生态净化处理系统及其方法	上海达人环保科技有限公司	陆效军
200710046653	含油污水处理系统	上海达人环保科技有限公司	陆效军，单成亮，等
200710053215	一种基于复合垂直流人工湿地的生态渔业养殖装置	中国科学院水生生物研究所	吴振斌，贺锋，等
200710053250	水上型人工湿地及净水方法	湖北大学	胡细全，李兆华
200710057543	一种高含盐富营养化景观水体的藻类控制方法	南开大学	肖羽堂
200710068773	一种通气折流式人工湿地模拟装置	浙江大学	李松，陈英旭，等
200710078209	间歇式人工湿地污水处理方法及污水处理系统	重庆大学	周健，张智，等

续表

申请号	名称	申请单位	发明人
200710130663	北方低温地区复合型人工湿地水质净化系统	北京市水利科学研究所	李其军,刘培斌,等
200710130720	北方低温地区潜流人工湿地冬季运行方法	北京市水利科学研究所	刘培斌,李其军,等
200710164456	一种用于污水处理的立体型人工湿地系统	浙江师范大学	刘鹏,李星,等
200710192381	"蚯蚓-水生植物-厌氧微生物"联合处理有机废水工艺	南京大学	郑正,杨世关,等
200720021033	无终端表面流人工湿地	山东大学	张成禄,胡伟伟,等
200720021970	一种新型的准好氧折返流潜流人工湿地	山东大学	张成禄,张建,等
200720021971	一种潜流表流一体化人工湿地	山东大学	张成禄,王丽,等
200720022699	水渣填料表面流人工湿地	山东大学	张成禄,翟冰,等
200720023001	潜表流交替人工湿地	山东大学	张成禄,王琳琳,等
200720023405	垂直表面流复合人工湿地	山东大学	张成禄,张建,等
200720023473	潜/表流人工湿地	山东大学	张成禄,张建,等
200720036955	拟平行流人工湿地出水收集器	东南大学	王世和,鄢璐,等
200720063902	一种富营养水体生态治理装置	湖南海洁环境技术有限公司	姜良军,宋庠云,等
200720071037	利用复合型介质的景观水生态净化处理装置	上海达人环保科技有限公司	陆效军
200720082827	立体微型人工湿地污水处理装置	西南科技大学	张志贵,肖正学,等
200720082828	单体微型人工湿地污水处理装置	西南科技大学	肖正学,张志贵,等
200720086965	一种基于复合垂直流人工湿地的生态渔业养殖装置	中国科学院水生生物研究所	吴振斌,贺锋,等
200720087649	一种通风强化的潜流人工湿地	中国水产科学研究院长江水产研究所	李谷,吴恢毕
200720149009	可调式潜流人工湿地污水处理系统	北京国环清华环境工程设计研究院	张鸿涛,高用贵,等
200720173930	一种农村污水生态净化系统	中国农业大学	董仁杰,吴树彪
200810008753	一种工厂化养鱼废水生态处理循环利用系统	宜都天峡特种渔业有限公司	兰泽桥
200810027810	折流型水平潜流人工湿地处理生活污水方法及其系统	华南农业大学	崔理华,朱夕珍,等
200810027812	缺氧-好氧垂直流人工湿地处理生活污水的方法及其系统	华南农业大学	崔理华,朱夕珍,等
200810032359	仿生泥炭、人工湿地板材及其制备方法	华东理工大学	周霞萍,王琰靓,等
200810064525	饮用水水源复合人工湿地系统及预处理方法	哈尔滨工业大学	于水利,杨旭,等
200810073629	一种铬污染水体的生物修复方法	桂林工学院	张学洪,刘杰,等
200810089084	一种快速装配式人工湿地污水处理系统及其填料单元	总装备部工程设计研究总院	张统,王守中,等
200810119782	一种粪尿分集式厕所及无害化处理和资源化利用系统	北京科技大学	李子富,李祎飞,等

续表

申请号	名称	申请单位	发明人
200810120360	应用人工湿地处理循环海水养殖中废水的方法	浙江海洋学院	高锋,金卫红,等
200810124330	利用人工湿地处理富营养化水体的方法及其设施	苏州德华生态环境科技有限公司	潘涛
200810140288	环流式表流人工湿地	山东大学	张建,张成禄,等
200810140289	螺旋槽环流式潜流人工湿地	山东大学	张成禄,张建,等
200810141960	一种利用人工湿地进行污水处理方法中使用的湿地填料	深圳市环境科学研究院,深圳市碧园环保技术有限公司	杨立君,彭立新,等
200810155119	一种饮用水源水的多级生态净化工艺	江苏省环境科学研究院	张利民,陆继来,等
200810197811	复合垂直流人工湿地增氧系统	中国科学院水生生物研究所	吴振斌,贺锋,等
200810199011	一种利用复合垂直流人工湿地处理城镇生活污水的方法及其装置	华南农业大学	崔理华,余志敏,等
200810233845	一种造纸污水深度处理的方法	中冶美利纸业集团有限公司	刘崇喜,夏春林,等
200810235114	固定化微生物-人工湿地处理化工尾水工艺	盐城工学院	丁成,金建祥,等
200810242906	一种生活污水处理工艺及设备	江苏百纳环境工程有限公司	谢卫平,洪树虎,等
200810246308	一种补充复合垂直流人工湿地碳源的方法及装置	中国科学院水生生物研究所	吴振斌,贺锋,等
200820045283	人工湿地系统的控制装置	广州市碧蓝湖泊研究所有限公司	陈杰
200820110364	一种间歇式无动力垂直流型人工湿地处理污水系统	北京科技大学	李子富,靳昕,等
200820241108	一种补充复合垂直流人工湿地碳源的装置	中国科学院水生生物研究所	吴振斌,贺锋,等
200910012842	一种低温强化脱氮的水平潜流人工湿地	辽宁北方环境保护有限公司,辽宁省环境科学研究院	赵军,郎咸明,等
200910015968	河道水质净化及生态修复可调节湿地技术	山东建筑大学	张志斌,张波,等
200910026475	一种人工湿地有机碳源的补充方法	河海大学,水资源高效利用与工程安全国家工程研究中心	朱伟,赵联芳,等
200910026476	一种人工湿地填料磷吸附饱和的原位再生方法	河海大学,水资源高效利用与工程安全国家工程研究中心	朱伟,赵联芳,等
200910027217	一种饮用水的处理工艺	南京大学	任洪强,陆继来,等
200910032819	一种强化脱氮除磷的人工湿地系统	南京工业大学	尤朝阳,路宏伟,等
200910032874	序批式矿化垃圾湿地床处理分散型农村生活污水的方法	环境保护部南京环境科学研究所	张后虎,张毅敏,等
200910047797	一种以炼钢废渣作为基质的富营养化水体人工湿地处理系统	同济大学,上海宝田新型建材有限公司	杨长明,李建华,等
200910047975	一种采用矿化垃圾构建人工湿地处理污水的方法	宝山钢铁股份有限公司	石磊
200910058414	废水与烟气烟尘处理工艺	四川恒泰企业投资有限公司	伍学明,杨莉,等

续表

申请号	名称	申请单位	发明人
200910060176	农村乡镇生活污水复合人工湿地处理工艺	四川省运辉环保工程咨询有限公司	黄时达,卿尚伟,等
200910060536	一种用于污水净化的生物生态组合的方法	中国科学院水生生物研究所	吴振斌,贺锋,等
200910061884	具有生物膜反应的双管布水器、布水管网及其布水系统	武汉绿明环保工程有限公司	李献芳,丘昌强,等
200910062968	一种垂直流人工湿地基质的制备方法	中国科学院水生生物研究所	吴振斌,贺锋,等
200910073407	一种城镇污水处理技术及其装置	同方(哈尔滨)水务有限公司,哈尔滨工业大学	陈志强,马放,等
200910076026	微动力深度脱氮除磷组合处理装置及其运行方法	北京大学	籍国东
200910093528	一种组合潮汐流人工湿地污水处理系统及方法	中国农业大学	董仁杰,吴树彪
200910096399	一种无动力一体化人工湿地污水处理技术	浙江省环境监测中心	冯元群,沈加思,等
200910104686	利用跌水曝气充氧的潜流人工湿地污水处理系统	重庆大学	方芳,高旭,等
200910104687	利用排水沟渠的污水原位净化系统	重庆大学	郭劲松,方芳,等
200910116206	一种农村集镇生活污水自动增氧处理方法	安徽汇泽通环境技术有限公司	孙亚兵,冯景伟,等
200910152571	一种电促生物强化生活污水处理装置	浙江工商大学	冯华军,丛燕青,等
200910158810	一种铝板热轧乳化废水处理方法及系统	西南铝业(集团)有限责任公司	曾祥星,王勇
200910176534	表面流-垂直潜流-两级表面流复合人工湿地脱氮除磷装置	中国环境科学研究院	金相灿,卢少勇,等
200910186381	一种分散式生活污水处理方法	江西省科学院能源研究所,九江市环境科学研究所,江西润阳环保科技有限公司	王顺发,熊兵,等
200910191206	一种钢铁厂焦化废水零排放处理工艺	中冶赛迪工程技术股份有限公司	张亮,朱玉红,等
200910192694	人工湿地处理污水的方法和实现该方法的污水处理装置	中山市环保实业发展有限公司	宋应民
200910194655	海绵防堵塞强化复合流人工湿地生活污水处理装置	同济大学	周雪飞,张亚雷,等
200910194656	滤布防堵塞强化复合流人工湿地生活污水处理系统	同济大学	张亚雷,周雪飞,等
200910199374	斜面潜流人工湿地水处理工艺	同济大学	王晟,徐祖信,等
200910212190	嵌套式增氧景观化垂直流人工湿地	山东大学	张建,范金林,等
200910222207	准潜流曝气人工湿地	山东大学	张建,李超娜,等
200910222208	防堵塞陶管填料潜流人工湿地	山东大学	张建,李超娜,等
200910223759	农村污水生态净化回用装置	河北农业大学	路金喜,尚改珍,等
200910229775	递减曝气潜流人工湿地	山东大学	张建,李一冉,等

续表

申请号	名称	申请单位	发明人
200910229876	嵌套混合流人工湿地	山东大学	张建,李聪,等
200910235094	一种可调式多功能人工湿地反应装置及应用方法	河海大学	李轶,刘建,等
200910236374	一种人工湿地高浓度有机工业水中水回用装置	中国环境科学研究院	张列宇,席北斗,等
200910236375	化粪池-人工湿地农村生活污水庭院式景观化处理装置	中国环境科学研究院	张列宇,席北斗,等
200910236384	一种A/O生物反应池-人工湿地中水处理组合系统	中国环境科学研究院	张列宇,席北斗,等
200910236389	交替垂直流人工湿地农村污水庭院式景观化处理装置	中国环境科学研究院	张列宇,席北斗,等
200910244242	一种强化污水脱氮除磷的双层人工湿地系统及其操作方法	中国科学院生态环境研究中心	刘俊新,邹娟,等
200910244504	一种人工构筑湿地根孔的方法	中国科学院生态环境研究中心	王为东,尹澄清,等
200910305156	接骨草在处理畜禽养殖废水中的应用	四川农业大学	邓仕槐,李远伟,等
200910305162	缬草在处理畜禽养殖废水中的应用	四川农业大学	邓仕槐,李远伟,等
200920069985	黑臭河道的治理装置	上海智泓环保工程有限公司	李宏俊
200920069986	无动力生活污水处理装置	上海智泓环保工程有限公司	李宏俊
200920079446	废水与废气烟尘综合处理系统	四川恒泰企业投资有限公司	伍学明,杨莉,等
200920114602	无动力一体化人工湿地污水处理系统	浙江省环境监测中心	冯元群,沈加思,等
200920120953	一种小城镇综合污水处理系统	长兴昂为环境生态工程有限公司	邱江平,杨国英
200920128575	一种跌水曝气人工湿地污水处理系统	重庆大学	方芳,高旭,等
200920128576	一种利用排水沟渠的污水处理系统	重庆大学	郭劲松,方芳,等
200920195583	一种多层预埋微生物垂直流人工湿地污水处理装置	中山市环保实业发展有限公司	宋应民
200920201853	城市尾水组合再生装置	宁波市城区内河管理处,南京金禾水环境科技有限公司	李立山,高忠杰,等
200920210638	一种有机物污染地下水的修复系统	华东理工大学	林匡飞,张卫,等
200920222578	一种北方户用农村污水处理装置	中国农业大学	董仁杰,吴树彪,等
200920223549	一种生物床及人工湿地系统	黄河勘测规划设计有限公司	蔡明,郭鹏程,等
200920235199	桥面径流的组合式处理装置	东南大学	傅大放,沈刚,等
200920236742	一种用于去除铵盐的人工湿地系统	广州科城环保科技有限公司	王永成,陈伟华
200920266858	防堵塞陶管填料潜流人工湿地	山东大学	张建,李超娜,等
200920266859	准潜流人工湿地	山东大学	张建,李超娜,等
200920268225	嵌套式增氧景观化垂直流人工湿地	山东大学	张建,范金林,等
200920271824	农村污水生态净化回用装置	河北农业大学	路金喜,尚改珍,等
201010042039	前置活性污泥-廊道式人工湿地污水处理系统及方法	西南大学	黄玉明,何勇,等
201010045627	一种山区水源林地生活污水土地处理方法	广西大学	冼萍,梁骥,等
201010103907	一种导流式水平潜流人工湿地反应器	河海大学	李轶,刘建

续表

申请号	名称	申请单位	发明人
201010108920	一种微动力人工湿地增氧装置及其增氧系统	农业部环境保护科研监测所	张克强,李军幸,等
201010115495	复合人工湿地污水处理系统	河北农业大学	王崇宇,贾柠宁,等
201010115523	一种生态沉淀剂	河北农业大学	王崇宇,贾柠宁,等
201010115531	应用于垂直流-水平潜流复合人工湿地的植物配置方法	河北农业大学	王崇宇,贾柠宁,等
201010123260	一种微动力移动床生活污水处理系统	浙江至美环境科技有限公司	杨岳平,高冲,等
201010130931	控源(集中)-截污(输导)-资源化处理农村非点源污染工艺	南昌大学	万金保,汤爱萍
201010209172	二级厌氧水平折流复合型人工湿地污水处理系统及其处理污水方法	安徽农业大学	储茵,胡志强,等
201010222244	一种人工湿地工艺的污废水预处理方法	西安建筑科技大学	任勇翔
201010230105	缺水城市污水处理系统及污、雨水的贮存及深度处理方法	东北师范大学	霍明昕,边德军,等
201010233038	水力增氧人工湿地	河海大学	胡芬娟,陈鸣钊,等
201010248049	污水处理厂二级出水的潜流人工湿地系统及其应用	中国矿业大学(北京)	何绪文,张春晖,等
201010255219	一种富营养化水体的景观型复合人工湿地处理装置及应用	武汉中科水生环境工程有限公司	向光明,陈文峰,等
201010266883	处理农村生活污水的生态绿地处理工艺及系统	浙江博世华环保科技有限公司	陈昆柏,高全喜,等
201010286273	一种防治潜流式人工湿地污水处理系统堵塞的方法	西南科技大学	张志贵,肖正学,等
201010501285	齿果酸模在处理畜禽养殖废水中的应用	郑州大学	王岩,张彩莹,等
201010517728	垂直流潜流式人工湿地污水处理系统及其处理污水的方法	江苏技术师范学院	马飞,蒋莉,等
201010532924	一种处理农村生活污水的河道净化系统	南京大学	钱新,袁兴程,等
201010537340	净化溢流污水的城市河道梯级生态护岸设施及其构建方法	河海大学	冯骞,薛朝霞,等
201010588234	循环强化脱氮双进水人工湿地装置	武汉昌宝环保工程有限公司	刘浩,张列宇,等
201010594065	用于人工湿地的中空球型多孔填料及原料	天津大学	丁辉,张敏革,等
201010598743	复式潜流人工湿地系统	天津市天水环保设计工程有限公司	居文钟,李士荣,等
201010608264	螺纹铁在处理畜禽养殖废水中的应用	四川农业大学	邓仕槐,唐强,等
201010608265	积雪草在处理畜禽养殖废水中的应用	四川农业大学	阳路芳,邓仕槐,等
201020046988	新型布水通气系统	北京森淼天成环保科技有限公司	禹宙,景永强,等
201020055332	一种前置活性污泥-廊道式人工湿地污水处理系统	西南大学	黄玉明,何勇,等
201020105875	一种导流式水平潜流人工湿地反应器	河海大学	李轶,刘建
201020105878	一种新型人工湿地填料模块	河海大学	李轶,胡啸,等

续表

申请号	名称	申请单位	发明人
201020120813	复合人工湿地污水处理系统	河北农业大学	王崇宇,贾柠宁,等
201020120887	垂直流-水平潜流复合人工湿地	河北农业大学	王崇宇,贾柠宁,等
201020120904	水平潜流人工湿地	河北农业大学	王崇宇,贾柠宁,等
201020124391	处理村镇生活污水的滴滤加人工湿地系统	中国水电顾问集团华东勘测设计研究院	魏俊,陈国芬,等
201020126627	一种复合潜流人工湿地的污水处理装置	贵州明威环保技术有限公司	周景明
201020127238	一种生活污水处理装置	贵州明威环保技术有限公司	周景明
201020127322	一种非粮能源植物栽培有机污水处理装置	宜宾市万鑫环境建筑有限责任公司	张仁贵,屈德邻,等
201020134798	多功能桥面径流串联处理装置	交通运输部科学研究院	李华,刘勇,等
201020142523	表面流人工湿地布水-跌水复氧系统	南昌大学	万金保,汤爱萍
201020157244	微动力式人工湿地农村生活污水庭院式景观化处理装置	中国环境科学研究院	张列宇,席北斗,等
201020157367	一种人工湿地高浓度有机工业水中水回用装置	中国环境科学研究院	张列宇,席北斗,等
201020157371	化粪池-人工湿地农村生活污水庭院式景观化处理装置	中国环境科学研究院	张列宇,席北斗,等
201020174124	生态污水处理系统	北京碧圣联合水务有限公司	王娟
201020185931	一种利用人工湿地模块的污水处理设备	湖南清之源环保科技有限公司	陈自力,叶俊
201020185974	人工湿地预处理设备	湖南清之源环保科技有限公司	陈自力,叶俊
201020213649	复合厌氧和人工湿地组合处理农村生活污水处理系统	上海市政工程设计研究总院	谭学军,王国华,等
201020237224	水平折流复合型人工湿地污水处理系统	安徽农业大学	储茵,胡志强,等
201020252035	新型无动力人工湿地污水处理系统	北京特兰斯福生态环境科技发展有限公司	李跃起,薛慧
201020252042	太阳能型人工湿地污水处理系统	北京特兰斯福生态环境科技发展有限公司	李跃起,薛慧
201020252057	两级下行流型人工湿地组合结构	北京特兰斯福生态环境科技发展有限公司	李跃起,薛慧
201020252060	生态一体化好氧-潜流型湿地组合污水处理系统	北京特兰斯福生态环境科技发展有限公司	李跃起,薛慧
201020252084	生态介质型人工湿地	北京特兰斯福生态环境科技发展有限公司	李跃起,薛慧
201020256970	强复氧潮汐流人工湿地	江西省环境保护科学研究院	史晓燕,方红亚,等
201020267710	一种河道内复合型人工湿地水质净化系统	山东国瑞环保产业有限公司	尚兴军,王艳峰,等
201020271961	火山岩生物滤料型人工湿地	北京清水生态环境工程有限公司	李跃起,薛慧
201020271964	人工湿地污水处理系统	北京特兰斯福生态环境科技发展有限公司	李跃起,薛慧
201020294164	一种富营养化水体的景观型复合人工湿地处理装置	武汉中科水生环境工程有限公司	向光明,陈文峰,等

续表

申请号	名称	申请单位	发明人
201020505864	一种人工湿地污水净化系统	濮阳市元光科技有限公司	郜浩然,郜楠,等
201020528673	人工湿地植物修复污水处理池	天津市塘沽区环保产业服务中心	陈晓英,房士梅,等
201020555430	级配式垂直流人工湿地系统	山东大学	张建,刘伟凤,等
201020559029	多级滴落复合滤池	安徽省环境科学研究院	陈云峰,张浏,等
201020561213	河流入湖口人工湿地水质净化系统	山东国瑞环保产业有限公司	朱孔秀,尚兴军
201020571009	一种用于污水厂尾水深度处理的高效脱氮湿地系统	深圳市立雅水务发展有限公司	黄建华,李树存,等
201020574648	一种垂直流潜流式人工湿地污水处理系统	江苏技术师范学院	马飞,蒋莉,等
201020575808	高效浸润潜流式人工生态湿地成套设备	武汉绿明环保工程有限公司	李献芳
201020576416	利用加气混凝土废渣去除人工湿地末端出水磷素的装置	江苏大学	付为国,李萍萍,等
201020594499	一种人工湿地防堵塞装置	华中科技大学	任拥政,王宗平,等
201020602235	污水深度处理的组合系统	深圳市立雅水务发展有限公司	黄建华,李树存,等
201020606407	一种通电式潜流人工湿地	东华大学	卢守波,宋新山,等
201020637309	分散式农村生活污水处理系统	广东森洋环境保护工程设备有限公司	冯智星,胡勇,等
201020660011	循环强化脱氮双进水人工湿地装置	武汉昌宝环保工程有限公司	刘浩,张列宇,等
201020666080	用于人工湿地的中空球型多孔填料	天津大学	丁辉,张敏革,等
201020672213	复式潜流人工湿地系统	天津市天水环保设计工程有限公司	居文钟,李士荣,等
201020685813	潜流人工湿地污水处理反应池	浙江泰来环保科技有限公司	范婷婷
201020692631	人工湿地滤料结构	苏州德华生态环境科技有限公司	杜建强
201020694644	用于除污的人工湿地	广东新大禹环境工程有限公司	麦建波,姚志全,等
201110075321	一种净化微污染水体的生态浮岛装置	河海大学	朱亮,李卫,等
201110087030	自由跌水充氧的人工湿地净化系统	中国人民解放军后勤工程学院	王文标,陈志莉,等
201110131991	侧向流曝气生物滤池-侧向流人工湿地组合中水处理系统	重庆大学	柴宏祥,何强,等
201110177068	一种对污水进行深度处理的方法及人工湿地结构	深圳市碧园环保技术有限公司	曹飞华,周世超
201120006136	可用于发电的人工湿地	山东省环境保护科学研究设计院	郝春红,金立建,等
201120015844	一种北方低温地区潜流湿地综合填料系统	赛诺瑞德(北京)科技有限公司,王琼,秦皓,姚晨,李婕	王琼,秦皓,等
201120057115	串联式多级跌水复合垂直流人工湿地装置	南昌大学	万金保,刘峰,等
201120058025	一种人工湿地水体处理系统	北京仁创科技集团有限公司	秦升益,陈梅娟,等
201120058985	一种再生沸石吸附床氨氮转换器	安徽省环境科学研究院	陈云峰,张浏,等
201120065535	涂装废水处理及中水回用系统	杭州益宇环保科技有限公司	潘坚强
201120081829	集成组合式农村生活污水处理装置	江苏江大环境工程有限责任公司	徐亮
201120094876	一种生物接触氧化池与人工湿地组合污水处理系统	濮阳市元光科技有限公司	庞小马,耿蕾蕾,等
201120094890	一种以人工湿地为主的污水净化系统	濮阳市元光科技有限公司	王卫东,魏文忠,等
201120103960	一种人工湿地水位调节器	黄河勘测规划设计有限公司	郭鹏程,蔡明,等

续表

申请号	名称	申请单位	发明人
201120103969	一种可采集水样的人工湿地连通装置及采用该装置的人工湿地系统	黄河勘测规划设计有限公司	郭鹏程,蔡明,等
201120121943	垂直流人工湿地污水处理系统	四川达沃斯生态环保科技有限公司	严廷林,严博
201120126186	一种耗氧型人工湿地	湖南富利来环保科技工程有限公司	刘博成,蒋涛,等
201120137563	一种用于处理污染河水和低浓度污水的水平潜流人工湿地	中国海洋大学	佘宗莲,施恩,等
201120148826	一种水域污染治理系统	深圳市神州创宇低碳技术有限公司	杨霆,戴礼潜
201120171640	用于污水处理的组合式分层生物滤池	上海交通大学	邱江平,李旭东,等
201120185467	一种用于处理受污河水的垂直潜流人工湿地	中国海洋大学	佘宗莲,谢湉,等
201120189620	一种修复微污染水体的潜流人工湿地系统	重庆大学	高旭,黄磊,等
201120190819	一种有效去除有机氮的植物浮岛人工湿地装置	马鞍山市黄河水处理工程有限公司	张文艺,李晓霞,等
201120201707	高负荷往复式潜流人工湿地脱氮除磷的处理装置	天津市环境保护科学研究院	袁敏,孙贻超,等
201120208453	适于处理农村生活污水的人工湿地	郑州大学	徐洪斌,何新生,等
201120240104	垂直流跌水曝气装置	北京市水利科学研究所	王培京,廖日红,等
201120246080	一种同时实现污水生态处理与微生物燃料电池产电的结构	东南大学	李先宁,宋海亮,等
201120270406	一种适合于我国北方地区的农村生活污水处理系统	农业部规划设计研究院	刘东生,李想,等
201120280925	一种基于自动化智能控制的人工湿地系统	碧水蓝天环境工程有限公司	朱学智,蒋和团,等
201120287217	一种太阳能驱动微动力人工湿地污水处理装置	浙江大学	吴东雷,徐强,等
201120288406	复合人工湿地的太阳能辅助消毒装置	中国环境科学研究院	夏训峰,张列宇,等
201120308609	用于处理含铅、镉涂料废水的垂直流人工湿地装置	甘肃金桥给水排水设计与工程(集团)有限公司	任珺,王刚,等
201120331917	一种人工湿地	济宁同太环保科技服务中心	邹志国,肖振华,等
201120333669	一种高负荷人工湿地	济宁同太环保科技服务中心	田金华,刘加昌,等
201120333687	阶梯型人工湿地	济宁同太环保科技服务中心	张毅,刘加昌,等
201120335225	工业污废水零排放回用中浓缩液的循环再处理系统	深圳兆科环保技术有限公司,夏显林	夏显林,程松林
201120355260	一种处理农村生活污水的无动力生态处理系统	桂林电子科技大学	莫德清
201120385638	一种人工湿地水体净化装置	桂林理工大学	白少元,王敦球,等
201120404611	水平潜流式人工湿地	湖南净源环境工程有限公司	唐贤军,郑祥明,等
201120431129	联合生物生态污水处理系统	北京清水生态环境工程有限公司	薛慧
201120438312	循环厌氧-序批式生物膜-人工湿地-兼性塘处理养猪废水系统	南昌大学	万金保,胡昌旭,等

续表

申请号	名称	申请单位	发明人
201120440807	一种利用水葫芦净化生活污水的小型周年复合净化系统	河南科技大学	徐晓峰,刘德鸿
201120485865	一种向潜流人工湿地中投加微生物菌剂及取样一体化装置	山东大学	裴海燕,胡文容,等
201120490072	一种人工湿地再生水循环利用装置	中国科学院地理科学与资源研究所,西安理工大学	裴亮,陈秀龙,等

11.4.4 中水回用处理技术及设备

申请号	名称	申请单位	发明人
03210007	小区污水回用的 ICAST 处理自控与监测装置	上海理工大学	张道方,史雪霏,等
200410051230	废纸造纸废水的处理方法	华南理工大学	万金泉,马邕文
200410089237	电镀中水回用技术	海宁市海整整流器有限公司	钱克邦
200520070085	中水回用装置	欧亚华都(宜兴)环保有限公司,宜兴市循环水设备厂,宜兴市华都绿色工程集团有限公司	万红军,周锁军,等
200520114591	微电流电解消毒装置	北京蓝景创新科技有限公司	史启媛,刘银璋
200520130217	压力配水器	北京环利科环境工程技术有限公司	王荣选,陈蓓
200520146651	智能箱式中水处理设备	上海熊猫机械(集团)有限公司	池学聪,潭红全
200610025592	平板膜污泥浓缩处理工艺	上海子征环境技术咨询有限公司,上海市城市排水市南运营有限公司	吴志超,华娟,等
200610062687	一种智能型中水回用设备	深圳市金达莱环保股份有限公司,江西金达莱环保研发中心有限公司	廖志民,李荣,等
200610117391	一种利用生物膜法修复水体的方法	上海师范大学,上海望宇环境工程有限公司	张永明,肖龙博,等
200610147564	宾馆洗浴废水处理综合回用设备及其方法	东华大学	薛罡,高品,等
200620070211	组合式曝气生物滤池	常州市江南电力设备厂有限公司,南京龙源环保有限公司,侯金山	侯金山,胡存明,等
200710011397	一种生活污水处理方法及其应用	中国科学院沈阳应用生态研究所	李培军
200710067593	涤纶织物染整废水处理和回用的方法	嘉兴市新大众印染有限公司	杨其根,张明荣,等
200720071729	处理难降解化工有机废水的装置	华东理工大学,上海化学工业区中法水务发展有限公司,上海化学工业区技术咨询有限公司	张海涛,邓小晖,等
200720122776	潜流式土地法污水处理装置	绿地环境科技有限公司	黄金桦,卢普涛,等
200810018862	印染废水深度处理的系统及方法	常州老三集团有限公司	姚祝礼,陈国兴,等
200810033317	一种多功能一体化净水装置	上海峰渡水净化工程有限公司	祝步升,杨明,等
200810059241	一种有机废水的处理方法	浙江理工大学	陈文兴,吕汪洋,等
200810060496	一种喷水织机废水处理回用方法	台华特种纺织(嘉兴)有限公司	周雪锋,李宏亮,等

续表

申请号	名称	申请单位	发明人
200810063032	一种水果蔬菜罐头工业的中水回用工艺	浙江大学	吴丹，陈健初，等
200810235290	一种适用于中水回用体系的阻垢缓蚀剂	安徽省电力科学研究院	张强，郑敏聪
200820035380	变流澄清中水处理器	南京中电联环保股份有限公司	王政福，宦国平，等
200820055243	一种多功能一体化净水装置	上海峰渡水净化工程有限公司	祝步升，杨明，等
200820079144	复合生物膜污水处理工艺系统与装置	北京科净源科技股份有限公司	葛敬
200820151178	一种一体化污水处理装置	复旦大学	何坚，叶招莲，等
200820158118	中水回用装置	上海万森水处理有限公司	沈志昌
200820166711	一种全膜法中水回用装置	浙江东洋环境工程有限公司	沈海军
200820208894	微絮凝自清洗连续流过滤装置	煤炭科学研究总院杭州环境保护研究所	秦树林，周如禄，等
200830214687	中水回用设备	东莞市东利水处理工程有限公司	肖新龙
200910102812	高浓度有机废水和中水处理一体化净水器	贵州荣源环保科技有限公司	唐耀华，蒋良富，等
200910112879	一种印染深度处理废水净化装置及净化方法	波鹰(厦门)科技有限公司	张世文，陈立义，等
200910194523	一种用于中水回用印染加工的助剂	苏州大学	王祥荣，陆同庆，等
200910209535	一种循环水排污水处理和回用的方法	中国石油化工股份有限公司，中国石油化工股份有限公司石油化工科学研究院	高峰，张莉，等
200910217997	基于软管水压驱动式马达的中水回用装置	北华大学	李建永，姜生元，等
200920018369	复合多孔中空纤维超滤膜	山东招金膜天有限责任公司	王生春，温建志，等
200920033581	中水回用设备	西安皓海嘉水处理科技有限责任公司	范小青，许增团
200920033688	一种用于PS版生产的废水处理再循环系统	西安煤航印刷材料有限责任公司	李晓明
200920037871	新型全自动中水回用机	江阴市虎跑环保科技有限公司	吴岳忠，张小方，等
200920041249	一体化中水回用净化处理设备	江苏金山环保工程集团有限公司	钱盘生，刘立忠，等
200920049294	水体修复治理装置	常州市钜岳水务环保科技有限公司	陈昌敏，沈钜岳
200920049298	多功能净水装置	常州市钜岳水务环保科技有限公司	沈钜岳
200920069082	中水回用装置	中船第九设计研究院工程有限公司	戴荣海，韩颖虹，等
200920125758	高浓度有机废水和中水处理一体化净水器	贵州荣源环保科技有限公司	唐耀华，蒋良富，等
200920181510	印染深度处理废水净化装置	波鹰(厦门)科技有限公司	张世文，陈立义，等
200920231409	高效沉淀池	江苏凌志环保有限公司，无锡市联创市政工程设计有限公司，江苏凌志环保工程有限公司	凌建军，梁艳杰，等
200920297870	一种高效水体治理修复装置	常州市钜岳水务环保科技有限公司	陈昌敏，沈钜岳
200920350026	一体化中水回用设备	深圳市冠升华实业发展有限公司	王升泉，邹高能，等
201010104509	一种中水回用处理方法及装置	华南理工大学，广州雷蒙特科学实验室设备有限公司	黄家声，周瑞兴，等
201010117708	草浆造纸废水中水回用处理系统及处理方法	北京桑德环境工程有限公司	吴迪，王凯，等
201010189808	一种废水回用为工业超纯水的处理工艺	杭州永洁达净化科技有限公司	周志军

续表

申请号	名称	申请单位	发明人
201020103412	中水回用处理装置	江苏维尔利环保科技股份有限公司	朱卫兵，李月中
201020106488	一种中水回用处理装置	华南理工大学，广州雷蒙特科学实验室设备有限公司	黄家声，周瑞兴，等
201020129364	中水回用RO浓水达标排放系统	上海瑞勇实业有限公司	张勇安
201020145939	中水回用、直饮水集成供应系统	大连善水德水务工程有限责任公司	赵冬阳
201020212514	一种废水回用为工业超纯水的处理装置	杭州永洁达净化科技有限公司	周志军
201020249784	综合废水处理系统	上海瑞勇实业有限公司	张勇安
201020256907	中水回用深度处理系统	武汉都市环保工程技术股份有限公司	李先旺，肖琳，等
201020280036	电镀废水中水回用装置	南京源泉环保科技股份有限公司，长春欧地安电磁安防产业有限公司	沈德华，吕建来，等
201020288512	室内装饰用水墙	河南科达节能环保有限公司	陈开碇，岳婷婷，等
201020504445	中水回用浓水高级氧化过滤吸附处理装置	山东海科化工集团有限公司	许胜军，张生安，等
201020510100	一种社区污水处理及回用的一体化装置	广西惟邦环境科技有限公司	陶晋，徐勇军，等
201020526787	电解紫外光触媒中水回用设备	浙江弗莱德环境科技有限公司	徐陆培
201020532530	一体式中水回用装置	江苏金山环保工程集团有限公司	刘立忠，史广平，等
201020534068	锅炉烟气脱硫系统	邹平县海华纸业有限公司	王复华，张佰水，等
201020547602	一种中水回用装置	濮阳市元光科技有限公司	郜楠，庞小马，等
201020554996	一种工业废水的中水回用装置	张家港市三星净化设备制造有限公司	曹建忠
201020586640	建筑中水在线检测装置	中国建筑设计研究院	王耀堂，陈静
201020596440	一种新型高效物化水处理沉淀池装置	江苏龙腾中和环境工程有限公司	潘龙，马振杰，等
201020615423	污水处理中的中水回用设备	河南省岳氏精忠科技有限公司	魏福录，岳占州，等
201020663863	泥水分离用斜管及澄清/沉淀装置	江苏新纪元环保有限公司	丁南华，虞国量，等
201020672724	一种新型一体式中水回用装置	江苏龙腾中和环境工程有限公司	潘龙，马振杰，等
201020691155	中水回用系统	东莞理文造纸厂有限公司	李运强
201030569414	中水回用一体化设备(全不锈钢)	安徽天健水处理设备有限公司	李文兵，王玉峰
201110063972	焦化废水的回用系统和回用方法	开滦(集团)有限责任公司，开滦能源化工股份有限公司	张文学，曹玉忠，等
201110121168	一种中水回用设备及回用工艺	厦门市威士邦膜科技有限公司	俞海桥，任以伟，等
201120027646	中水回用装置	上海彰华膜净化有限公司	萧铭辰
201120034200	纸张生产中的中水回用系统	宁波鸿运纸业有限公司	李燕妮
201120043450	一种污水处理厂的多级环网控制的架构	上海电气自动化设计研究所有限公司	成书睿，庞立，等
201120061193	一种冲厕污水生物处理装置	苏州波塞顿节能环保工程有限公司	吴敬忠
201120071916	一种工业废水深度处理回用装置	杭州天创净水设备有限公司	赵经纬，丁国良，等
201120090312	一种竖立式卷式膜过滤装置	江门市创源水处理科技有限公司	陈冰心
201120110743	一种中水回用系统	蠡县富利革基布有限公司	孙连国
201120121783	一种中水回用处理装置	北京天灏柯润环境科技有限公司	任伟，关宏讯，等
201120148518	一种中水回用设备	厦门市威士邦膜科技有限公司	俞海桥，任以伟，等
201120159192	一种含酚煤气废水处理后回用循环水系统	河南省煤气(集团)有限责任公司义马气化厂	张爱民，刘振，等

续表

申请号	名称	申请单位	发明人
201120194622	一种永磁超滤污水处理一体机	上海川鼎国际贸易有限公司	张步堂，马长生
201120208508	一种用于城市景观绿化的中水回用装置	江苏龙腾工程设计有限公司	潘龙，王永君，等
201120208509	一种用于城市绿化的中水回用系统	江苏龙腾工程设计有限公司	潘龙，王永君，等
201120212205	AT 型催化氧化污水处理装置	安徽托普环保有限公司	张国生
201120249063	一种宽流道卷式膜组件	浙江开创环保科技有限公司	包进锋，洪海云，等
201120249076	一种纵横宽流道卷式膜组件	浙江开创环保科技有限公司	包进锋，洪海云，等
201120296192	一种中水回用装置	四川四通欧美环境工程有限公司	李华，胡登燕，等
201120314526	小型污水处理设备	山东水务环保科技发展有限公司	曲延华
201120331548	入河口污水回用深度处理装置	北京工业大学	张文熊，白文荣，等
201120336476	一种印染废水中水回用装置	浙江莱美纺织印染科技有限公司	蒋幼明，朱林，等
201120341686	中水回用设备	温州海德能环保设备科技有限公司	孙成
201120354259	中水回用再利用系统	丰田合成(张家港)塑料制品有限公司	朱立新
201120371715	造纸机的中水回用系统	天津广聚源纸业有限公司	冯书学，倪成寅
201120384955	全膜法中水回用系统装置	上海延庆水处理设备制造有限公司	黄庆东，王向东
201120426018	一种玻璃废水处理设备	东莞市凯达热能环保设备有限公司	杨文喜
201120475593	一种新型的一体化曝气生物净化装置	贵州绿色环保设备工程有限责任公司	尚凯，杨昌力，等
201120484686	一种高浊度水处理净化装置	佛山市新泰隆环保设备制造有限公司	辛永光，张平
201120518330	一种采用反渗透膜的造纸废水处理系统	上海铂尔怡环境技术股份有限公司	陈烽栋，王强，等
97112804	连续吸附-电解再生污水处理设备	大连理工大学	周集体，杨凤林，等

11.4.5 处理分散生活污水腐殖填料滤池工艺

申请号	名称	申请单位	发明人
00113290	生物转笼成套装置	武汉长航给排水环境节能设备成套工程公司	邬建平
00113291	组合式生物转笼成套装置	长沙也去欧环保设备成套工程有限公司	邬建平
02157780	污水好氧生物膜处理装置	上海交通大学	张振家
03129146	一种小城镇污水处理工艺	同济大学	陈洪斌，何群彪，等
03207128	厌氧微生物固定反应器	华特科技(四川)环境工程有限公司	龙开渝
03209441	高效生物除臭装置	北京市海淀区六五垃圾压缩卫生填埋场	杜文利，邝朔林，等
200310117399	将居民小区生活废水处理为回用中水的方法	烟台制革有限责任公司	贺长强，张培军，等
200410050397	一种微生物填料及其制备方法	中国石油化工股份有限公司，中国石油化工股份有限公司抚顺石油化工研究院	郭兵兵，刘丽
200410065915	仿生植物对河流微污染水体的净化方法	河海大学	王超，田伟君，等
200410073541	扬水曝气强化生物接触氧化水质改善装置	西安建筑科技大学，天津市自来水集团有限公司	黄廷林，丛海兵，等
200420017804	水力旋转生物膜反应器	武汉科技学院	曾庆福，鲁敏，等
200510024957	一种集成的污水悬浮载体生物处理工艺	同济大学	陈洪斌，何群彪，等

续表

申请号	名称	申请单位	发明人
200510045502	一种高效水处理多孔网状生物填料的制备及其使用方法	莱州明波水产有限公司	姜锡臣，滕军，等
200510062392	一种导电型水处理填料	浙江工业大学	许炉生
200510118987	牡蛎壳填料硝化曝气生物滤池	厦门大学	熊小京，叶志隆，等
200520100308	一种人工沟渠	宁波德安城市生态技术集团有限公司	俞建德，王建峰
200520128087	一种新型的微生物滤床装置	隆润新技术发展有限公司，深圳市隆润新技术发展有限公司，北京隆润生态科技发展有限公司	高霄阳，鲁杰，等
200520128088	微生物滤床	隆润新技术发展有限公司，深圳市隆润新技术发展有限公司，北京隆润生态科技发展有限公司	高霄阳，鲁杰，等
200610070192	活性鬃毛炭的制备工艺	山东大学	张建，陈莹，等
200610076417	水体原位修复生态反应器	河北农业大学	路金喜，杜桂荣，等
200610157632	一种污水处理方法	光大环保工程技术（深圳）有限公司	黄朝华，克莱斯·斯约林，等
200610157633	一种污水处理系统	光大环保工程技术（深圳）有限公司	黄朝华，克莱斯·斯约林，等
200610166396	一种生活污水分散处理的方法及其反应器	南京大学	吴军，杨智力，等
200620150150	景观水体修复生物处理装置	天津创业环保股份有限公司	顾启峰，刘东方，等
200710025370	用于河水净化的太阳能生化巡航船	安徽工业大学	谢能刚，伍毅，等
200710028823	一种均匀掺杂粉体的塑料生物填料的制备方法	华南理工大学	程江，吴跃焕，等
200710061455	城市沟渠污水原位生态净化处理装置	河北农业大学	路金喜，赵国先，等
200710069641	气液混合提升生物流化床反应器	浙江大学	梁志伟，陈英旭
200710070489	一种用于污水处理的生物滤塔	浙江德安新技术发展有限公司	俞建德
200710097295	铁碳亚硝化硝化方法及应用此方法的反应器和污水脱氮方法	北京市环境保护科学研究院	杜兵，孙艳玲，等
200710160264	一种生物-生态复合污水处理池	宁波德安生态环保工程有限公司	俞建德
200710190061	一种二甲醚生产废水回用于工业循环冷却水的处理方法及装置	中国科学院南京地理与湖泊研究所	肖羽堂
200720052867	一种曝气生物滤池水处理装置	华南理工大学	汪晓军，陈思莉，等
200720120710	一种微生物填料	深圳市碧园环保技术有限公司，深圳市环境科学研究所	谷理明，雷志洪，等
200720169916	一种碱渣废水的处理装置	北京天灏柯润环境科技有限公司	陈豫兴，王朝辉
200720198976	框架式生物填料床	中国石化上海石油化工股份有限公司	陈伟洪，周军，等
200810060121	用以污水处理的生物反应池	宁波德安生态环保工程有限公司	俞建德
200810061010	用以污水处理的内循环流化生物反应装置	浙江德安新技术发展有限公司	俞建德
200810062627	生物滴滤除臭设备用刚柔复合型生物填料及其制备方法	浙江大学	丁颖，吴伟祥，等

续表

申请号	名称	申请单位	发明人
200810113763	生物填料摇动床	北京碧水源科技股份有限公司	文剑平，杨建州，等
200810198718	臭氧氧化消毒与下流式曝气生物滤池结合的废水处理装置	华南理工大学	汪晓军，刘剑玉
200810200497	污水生物过滤处理和回用设备及其方法	上海理工大学	伊学农，何通，等
200810218588	包埋法固定化微生物颗粒流化床污水处理方法	中山市环保实业发展有限公司	宋应民
200810232164	一种营地生活污水处理方法	西安长庆科技工程有限责任公司	单巧利，李勇，等
200820045783	感潮河流用生态浮床	中山大学	孙连鹏，冯晨，等
200820051862	立体织物填料装置	广州中科建禹水处理技术有限公司	康兆雨
200820078994	小型微动力生活污水处理装置	北京思清源生物科技有限公司	冯权，毕鲜荣，等
200820082929	一种用以污水处理的生物反应池	宁波德安生态环保工程有限公司	俞建德
200820083994	用以污水处理的生物反应池	宁波德安生态环保工程有限公司	俞建德
200820108212	厨房固体废弃物和污水一体化处理系统	北京恒业村科技有限公司	王丽
200820120452	生物滴滤除臭设备用刚柔复合型生物填料	浙江大学	丁颖，吴伟祥，等
200820141370	一种水和污水处理用生物填料	四川华威环保科技有限公司	王瑞明，廖足良
200820184994	含油废水一体化处理装置	江苏兴邦环保工程科技有限公司	王顺才，蒋红军，等
200820219108	软性填料上向流曝气生物滤池	大连恒基新润水务有限公司	李兴也
200910015657	污水资源化厌氧处理装置	潍坊金丝达印染有限公司	刘国田
200910028035	一种改性生物滤池填料	苏州嘉净环保科技股份有限公司	朱加征，吴科昌，等
200910033687	分散式生活污水处理反应器及其处理方法	中环(中国)工程有限公司	夏金雨，宛良明，等
200910060791	一种生态绿地及其应用以及冷轧乳化液废水深度处理方法	武汉钢铁(集团)公司	吴高明，胡智泉，等
200910077948	一种用于废水处理的生化处理装置	新奥科技发展有限公司	于振生，张宝库，等
200910083587	用于污水处理的复合纤维模块式生物填料及其布置方法	北京市可持续发展促进会	马伟芳，郭浩，等
200910095828	模块化生物反应器	浙江德安新技术发展有限公司	俞建德
200910104537	改性 PVC 生物填料	中国人民解放军后勤工程学院	陈志莉，熊开生，等
200910128325	生态型封闭式循环水养鱼方法	河北科技师范学院	王志敏
200910219066	高盐含油废水的强化絮凝和生物接触氧化集成处理工艺	长安大学	关卫省，赵庆，等
200910237022	一种低碳高氮废水处理装置	中国海洋石油总公司，中海油天津化工研究设计院	谢陈鑫，赵慧，等
200910310539	一种用于煤化工废水的深度处理方法	哈尔滨工业大学	韩洪军，李慧强，等
200910310628	生活污水净化土壤沟槽及其构建方法	上海交通大学	朱南文，聂俊英，等
200920043978	一种新型水处理流化床生物填料	宜兴市嘉和环保填料有限公司	刘仁华，周伟
200920058196	一种无滤板式曝气生物滤池	华南理工大学	汪晓军，丛丛，等
200920066414	一种新型产氢产甲烷装置	上海大学	钟丽云，钱光人，等
200920069984	组合型生态浮床	上海智泓环保工程有限公司	李宏俊

续表

申请号	名称	申请单位	发明人
200920072982	一体化集成生物处理系统	上海市南汇区环境科学技术研究所	王云龙
200920076787	一种生物绳	上海万森水处理有限公司	沈志昌
200920083756	深度处理冷轧乳化液废水的生态绿地	武汉钢铁(集团)公司	吴高明,胡智泉,等
200920100939	错环流生物填料	哈尔滨工业大学水资源国家工程研究中心有限公司	任南琪,陈志强,等
200920105431	一种高效厌氧反应器	北京基亚特环保工程有限公司	张亚军
200920105519	一种炼油污水深度处理装置	北京天灏柯润环境科技有限公司	王朝辉,陈代露
200920110024	生活污水一体化组合处理系统	北京天灏柯润环境科技有限公司	王朝辉
200920110045	一种好氧流化床-生物滤池耦合反应器	北京科技大学	李素芹,邹文鹏,等
200920138186	洗涤-生物滴滤池过滤联合除臭设备	福建高科环保研究院有限公司	柯景诗
200920138187	生物滴滤池滤后水处理系统	福建高科环保研究院有限公司	柯景诗
200920192481	用于生物废水处理装置的悬浮生物填料	浙江省环境保护科学设计研究院	徐灏龙,陆建海,等
200920240426	一种污水处理装置	山东万盛环保科技发展有限公司	杨念强,柏绪桐,等
200920257145	颗粒状生物填料打捞装置	江苏裕隆环保有限公司	吴鹰,赵勇,等
200920302536	化纤废水处理系统	杭州恒达环保实业有限公司	许风刚,盛礼俊
200920308518	水处理用生物填料	宜兴市天立环保有限公司	朱俊杰,朱剑芬
200920350411	微孔复合空隙生物填料及其生物反应器	北京坎普尔环保技术有限公司	孟广祯
201010039641	用于水体修复的抗水力负荷微生物成膜装置及反应系统	浙江大学	吕镇梅,孟智奇,等
201010106825	沼气生产-脱硫一体化装置	浙江大学	郑平,陆慧锋,等
201010117070	一种集短程硝化、反硝化于一体的悬浮型生物载体及其制造方法	江苏兴海环保科技有限公司	宋旭
201010134861	一种复合生物滤池	清华大学	张鸿涛,吴春旭,等
201010154425	一种表面多孔悬浮生物填料及其制备方法和应用	中山大学	田双红,熊亚,等
201010197268	放射式水处理生物填料及其生产方法	河北益生环保科技有限公司	苏亿位,孙金保,等
201010240416	高分子功能复合型生物填料的生产方法	河北益生环保科技有限公司	苏亿位,孙金保,等
201010276554	厌氧好氧一体化高密度生物填料反应器	同济大学	张亚雷,周雪飞,等
201010540640	污水高效土地处理工艺的进出水管网系统	青岛理工新环境技术开发有限公司	王森,贾卫利,等
201010563775	一种复合生物填料的制备方法	郑州大学	高镜清,陈洁,等
201020049736	用于水体修复的抗水力负荷微生物成膜装置及反应系统	浙江大学	吕镇梅,孟智奇,等
201020109594	一种沼气生产-脱硫一体化装置	浙江大学	郑平,陆慧锋,等
201020138330	变电站污水处理装置	河南省电力勘测设计院	袁建磊,闫文周,等
201020159914	一种新型浮水喷泉式曝气机	上海欧保环境科技有限公司	吕超,白冰,等
201020204406	复合生物填料及其生物反应器	北京坎普尔环保技术有限公司	孟广祯
201020222153	放射式水处理生物填料	河北益生环保科技有限公司	苏亿位,孙金保,等
201020222207	多重耦合生物反应器	北京坎普尔环保技术有限公司	孟广祯,崔进
201020225049	污染水体原位修复净化装置	江苏裕隆环保有限公司	郭志涛,任玉斌,等

续表

申请号	名称	申请单位	发明人
201020232262	新型生物填料	青岛思普润水处理有限公司	于振滨
201020269103	一种利用泥鳅、水葫芦和微生物的无动力养殖水质改良箱	浙江省淡水水产研究所	胡廷尖，周志明，等
201020288616	一种活性生物膜处理装置	常州科德水处理成套设备有限公司	李春放
201020504914	一种曝气生物滤池	深圳市碧园环保技术有限公司	谷理明，宋海勇，等
201020514102	一种污水处理系统	青岛思普润水处理有限公司	于振滨，宋美芹，等
201020531199	适用于养殖场固液混合污水一次性处理装置	天津市农业资源与环境研究所	吴迪，赵秋，等
201020534454	复合生物反应器	山东太平洋环保有限公司	朱杰高，薛俊强，等
201020536714	约束型弹性纤维生物填料	北京建筑工程学院	吴俊奇，王真杰，等
201020540332	废水处理生物填料	湘潭陈氏精密化学有限公司	黄裕丰，伍庄
201020558996	复合升流式污泥厌氧消化器	江苏清溢环保设备有限公司	孟虎，谈家彬，等
201020599378	一种成套污水处理装置	成都达源环保工程有限公司	张智军
201020600629	叠加式水处理生物填料	河北益生环保科技有限公司	苏亿位，孙金保，等
201020603133	污水土地处理工艺的高效布水和集水管网系统	青岛理工大学	郭一令
201020605305	一种移动式医疗污水处理设备	广州市浩蓝环保工程有限公司	潘远来
201020610692	漂浮式复合空隙生物填料	北京坎普尔环保技术有限公司	孟广祯
201020624825	一体式复合污水处理反应器	郑州大学	高镜清，张瑞芹，等
201020627503	组合式生物移动床中水处理设备	沈阳碧源环境工程有限公司	江志伟，潘颖，等
201020656126	漂浮床生物反应器	北京格兰特膜分离设备有限公司	孟广祯
201020676499	一种灯笼式生物填料单元模块及灯笼式生物滴滤池	湖南海尚环境生物科技有限公司	李新平
201020701017	一种新型生物填料	青岛思普润水处理有限公司	于振滨
201110008117	一体化生物脱氮污水处理装置	江苏中超环保有限公司	姜犇，许宜平，等
201120006550	一种沼气工程沼液处理系统	山东省农业科学院农业资源与环境研究所	王艳芹，刘兆辉，等
201120008497	自净式三维生物接触氧化床	山东大学	张建，刘伟凤，等
201120011557	一体化生物脱氮污水处理装置	江苏中超环保有限公司	姜犇，许宜平，等
201120012219	水处理用的人造结构	杭州朗境环保科技有限公司	周熙城，胡雄光，等
201120013392	一种加强型生物填料	宜兴市绿岛水处理设备有限公司	洪涛
201120019567	用于污水强化脱氮的双缺氧脱氮设备	北京建工环境发展有限责任公司	陈亚松
201120022732	水质净化用人工水草	杭州朗境环保科技有限公司	周熙城，胡雄光，等
201120032698	模块化小型生活污水处理系统	浙江浙大水业有限公司，杭州园林设计院有限公司	邓冶，何晓丽，等
201120037646	一种新型生物填料	宜兴市绿岛水处理设备有限公司	洪涛
201120056924	高效复合污水处理塔式生物反应器	北京泰格昌环保工程有限公司	葛永昌，孙高生
201120060622	一种太阳能曝气的农村单户型污水处理设备	同济大学	王峰，罗助强，等
201120064510	一种悬浮生物填料	达斯玛环境科技(北京)有限公司	许乐新，娇忠直
201120073567	一种人工生态绿岛	无锡市智者水生态环境工程有限公司	王九江，张光生

续表

申请号	名称	申请单位	发明人
201120103669	定向循环流动床生物反应装置	北京格兰特膜分离设备有限公司	孟广祯
201120122024	一体化氧化沟	江苏一环集团有限公司,江苏一环集团环保工程有限公司,江苏一环环保设计研究院	杨超,杭品艳,等
201120134830	FSB水处理生物填料	北京晓清环保工程有限公司	韩小清
201120134893	布洛芬生产废水处理装置	北京晓清环保工程有限公司	韩小清
201120144844	新型水力旋涡流生化塔	宁波永峰环保工程科技有限公司	杨青森,钟国昌
201120157456	多层异端落水曝气生物滤槽污水处理一体化设备	湖北威能环保工程有限公司	王发军
201120190601	间歇膨胀复合水解处理装置	浙江省环境保护科学设计研究院	徐灏龙,白俊跃
201120197777	城镇生活污水处理装置	北京思清源生物科技有限公司	冯权,毕鲜荣,等
201120211139	一种单环生物填料	苏州微体电子科技有限公司	施金伟
201120216189	市政初期雨水污染物螺旋式原位净化装置	扬州清溢环保科技有限公司,谈家彬	谈家彬,王凤云,等
201120222061	用于污水处理的生物接触氧化预制反应罐	天津万联管道工程有限公司	赵斌,张亮,等
201120226680	同步生物反硝化反硫化及自养生物脱氮处理制药废水的装置	北京水润石环保科技有限公司,北京交通大学	田盛,张树军,等
201120226932	浮动式生物床	诸暨市菲达宏宇环境发展有限公司	黄伟飞
201120234418	复合型景观水处理系统	广州市碧蓝湖泊研究所有限公司	陈杰
201120239290	一种套管型生物填料	陕西兴华环保科技有限公司	刘新华,刘新全,等
201120256728	自然水体原位生态修复装置	江苏苏净集团有限公司	俞晟,刘景明,等
201120266658	一种带缓冲区的一体化A-O生物脱氮反应器	成都市龙沣源环保科技有限责任公司	胥超
201120289334	一种近海富营养化海域营养物质消减装置	中国水产科学研究院南海水产研究所	秦传新,陈丕茂
201120291894	一种工业废水处理装置	苏州微体电子科技有限公司	施金伟
201120308090	一种悬浮生物填料	宜兴市嘉和环保填料有限公司	刘仁华,周伟
201120314393	可移动的水域净化用仿生态浮床	上海海洋大学	何培民,杜霞,等
201120317688	低能耗中水处理装置	上海熊猫机械(集团)有限公司	池学聪,王德雄
201120320698	用于微污染原水预处理的生物膜-光催化集成反应装置	常州大学,江苏振宇环保科技有限公司	郭迎庆,李伯平,等
201120323462	一种用于除去富营养化水体中藻类及污染物的净化装置	东南大学	李先宁,刘海洪,等
201120336183	曝气与生物填料组合装置	福州开发区三水环保科技有限公司	张晓辉
201120349181	移动床生物膜反应器	北京朗新明环保科技有限公司	杜联盟,张宝林,等
201120379065	一种利用双氧生物填料处理氨氮废水的装置	佛山市邦普循环科技有限公司	李长东,陈清后,等
201120380706	一种新型玻璃钢化粪池	安徽猛达建材科技有限公司	王学山
201120380723	一种玻璃钢化粪隔油池	安徽猛达建材科技有限公司	王学山

续表

申请号	名称	申请单位	发明人
201120402939	水体中带状微生物填料架挂装置	湖北君集水处理有限公司	许榕，夏春霞，等
201120420310	一种光催化生物降解污水处理设备	上海理工大学	伊学农，张艳森，等
201120459084	一种污水处理装置	东山融丰食品有限公司	林尧云
201120494332	一种生物接触氧化塔	无锡市新都环保科技有限公司	刘志东，吕子均

11.4.6 高浓度有机废水处理

申请号	名称	申请单位	发明人
00131326	垂直折流生化反应器污水厌氧处理工艺	大连理工大学	周集体，童健，等
00131550	垂直折流生化反应器污水厌氧-好氧串联处理方法	大连理工大学	周集体，童健，等
00134787	一种难生化降解高浓度有机废水处理方法及其装置	深圳市宇力科技有限公司	周泽宇，帅红，等
01130891	纺织印染工业废水的治理方法	天津市塘沽区鑫宇环保科技有限公司	张瑛瑛，洪光前，等
01142858	活性污泥-微电解法处理工业废水	中国石化集团齐鲁石油化工公司	黄斌，邓建利，等
02160202	产锰依赖过氧化物酶的脱色酵母菌及其应用	中国科学院生态环境研究中心	杨敏，杨清香，等
03100824	一种印染废水的脱色方法	北京大学	鲁安怀，杨欣，等
03112774	一种造纸废水的处理方法	无锡荣成纸业有限公司	陈丰裕，韩建时，等
200310112207	印染废水的生物处理方法	广东省微生物研究所	孙国萍，曾国驱，等
200320107439	造纸废水过滤装置	山东博汇纸业股份有限公司	陈商
200320123108	微波强化有机膨润土处理废水装置	浙江大学	朱利中，李济吾
200410009658	丙烯酸类及其酯类废水的生物处理方法	北京东方石油化工有限公司东方化工厂	李宗轩，张振友，等
200410013271	一种高浓度有机废水的厌氧处理工艺	武汉化工学院	毕亚凡，刘大银，等
200410015948	滑动弧放电等离子体有机废水处理装置	浙江大学	严建华，池涌，等
200410053648	工厂化水产养殖废水综合处理方法及处理系统	浙江大学	泮进明
200410067506	一种钠基膨润土矿物复合水处理剂及其制备和应用	上海申丰地质新技术应用研究所有限公司	陆石屏
200510008928	气升式深水型氧化沟	清华大学，江苏一环集团有限公司	施汉昌，殷益明
200510018851	改性累托石与多糖复合絮凝剂	武汉理工大学	曾德芳，袁继祖
200510026670	一种催化氧化处理高浓度废水的方法及系统	上海天丰环保科技有限公司	杨剑平，罗年昆，等
200510042779	厌氧-好氧处理实现废纸造纸废水零排放处理工艺	西安交通大学	贺延龄，皇甫浩
200510049996	一种甲壳质生产过程中的污水处理方法	宁波大学	周湘池，刘必谦，等
200510094055	一种处理印染废水用混凝剂及其生产方法	南京工业大学	徐炎华，陆雪梅，等
200510094610	常温常压二氧化氯催化氧化处理高浓度有机废水方法	江苏工业学院	邱滔，陈志刚

续表

申请号	名称	申请单位	发明人
200510110224	一种基于矿化垃圾的复合型水处理剂及其制备方法	同济大学	赵由才,杨玉江,等
200510110225	一种矿化垃圾复合型生物滤床处理畜禽废水的方法	同济大学	赵由才,黄仁华,等
200510123101	一种纺织印染废水生物厌氧反应器	南京大学	任洪强,严永红
200510123105	厌氧-缺氧-好氧-混凝沉淀废水处理方法	南京大学	任洪强,严永红,等
200510132060	一种处理黄姜加工废水的方法及其用途	北京盖雅环境科技有限公司,国务院南水北调工程建设委员会办公室政策及技术研究中心	赵华章,徐子恺,等
200520053382	一种同时厌氧好氧一体化氧化沟	华南理工大学	周少奇,王平
200520072494	滚动卧式微电解催化氧化反应器	弗克环保工程(苏州)有限公司	王健全,傅雁
200520077523	覆皮式厌氧发酵槽	安徽国祯环保节能科技股份有限公司	王淦,胡天媛,等
200610007233	一种自由基处理高难度有机废水的方法	北京国力源高分子科技研发中心	梅秀泉,苏岳峰,等
200610018774	一种微乳液和制备方法及在处理含酚工业废水中的用途	江汉大学	周富荣,杜金萍,等
200610036072	单塔加压汽提处理煤气化废水的方法及其装置	华南理工大学	钱宇,盖恒军,等
200610036643	一种畜禽养殖废水的杀菌消毒方法	中山大学	张淑娟,林亲铁,等
200610036647	一种水产养殖废水的杀菌消毒法	中山大学	张淑娟,林亲铁,等
200610042685	碳纤维复合聚氨酯生物活性载体的制备及其应用	兰州大学	李彦锋,周林成,等
200610044383	聚环氧氯丙烷-二甲胺有机高分子絮凝剂及其制备工艺	山东大学	高宝玉,孙逊,等
200610050459	功能性生物膜载体及制备方法和用途	浙江大学	夏枚生,胡彩虹,等
200610052402	一种吸附、沉降、分离一体化的水处理装置	浙江大学	雷乐成,周明华,等
200610053322	一种利用发酵废水制备发酵培养基及生产生物农药的方法	中国水稻研究所	黄世文,王玲,等
200610053957	臭氧与高压电晕联用处理高浓度有机废水的方法及设备	浙江工业大学	潘理黎,吴吟怡,等
200610054461	高压空化射流结合芬顿试剂处理印染废水的方法	重庆大学	李晓红,卢义玉,等
200610059750	一种养殖池塘的水体净化方法	海南省环境科学研究院,华南热带农业大学	岳平,唐文浩
200610080457	一种高浓度含油废水的处理工艺	中国科学院生态环境研究中心	杨敏,吕文洲,等
200610092989	印染废水闭路循环的处理方法	内蒙古工业大学	张永锋,吉仁塔布,等
200610104738	气田甲醇污水处理工艺	西安长庆科技工程有限责任公司	李勇,何宗平,等
200610123701	多相催化氧化-混凝沉淀法处理活性染料印染废水的方法	五邑大学	尹庚明,康思琦,等

续表

申请号	名称	申请单位	发明人
200610129852	一种印染废水无臭生化处理方法	南开大学	肖羽堂
200610129854	一种甲醇废水处理回用于循环冷却水的方法	南开大学	肖羽堂
200610134829	改性粉煤灰吸附剂及处理硝基酚类阻聚剂生产废水的方法	大连理工大学	王慧龙,姜文凤
200610135258	有机废水厌氧-好氧循环一体化生物处理方法	厦门大学	李清彪,王海涛,等
200610155287	对造纸废水处理并循环利用的方法	浙江平湖绿色环保技术发展有限公司	张金华
200610161306	有机颜料废水的深度处理方法	南京大学	任洪强,丁丽丽,等
200620045539	一种加盖的污水处理池	上海老港废弃物处置有限公司	黄仁华,周海燕,等
200620098842	上流式多级处理厌氧反应器	广西大学	王双飞,聂威,等
200710010255	一种在输送管道中臭氧处理印染废水的方法	大连海事大学	白敏药,杨波,等
200710019758	线路板电镀废水处理污泥中重金属的综合回收利用方法	苏州市环境工程有限责任公司	李金荣,陈土根,等
200710023017	用印染废水对烟气脱硫的方法及其吸收塔	江苏正通宏泰股份有限公司	胡俊华
200710025658	一种树脂用于印染废水的深度处理及回用的方法	南京大学,江苏南大戈德环保科技有限公司	李爱民,薛玉志,等
200710029519	高浓度有机废水的藻-菌共生流化床处理系统	华南理工大学	张小平,廖聪
200710029626	功能化高分子磁性载体及其制备方法与应用	华南师范大学	章伟光,贺晓静,等
200710030875	金黄短杆菌 AN3 及其降解孔雀石绿等染料的应用	广东省微生物研究所	任随周,孙国萍,等
200710047289	固定床非均相三维电极光电催化反应器	东华大学	蔡再生,卑圣金,等
200710049432	一种异养硝化好氧反硝化细菌及其培养方法和用途	中国科学院成都生物研究所	黄钧,杨航,等
200710052070	一种染料废水强效脱色去污净水剂及其制备方法	武汉理工大学	夏世斌,罗斌华
200710057283	污泥减量型生物膜叠球填料及制备方法与应用	南开大学	李凤祥,周启星,等
200710057284	用污泥减量型生物膜叠球填料工艺处理废水的方法	南开大学	李凤祥,华涛,等
200710068144	高浓度难降解有机废水的多级吸附剂制备和使用方法	浙江大学	陈宝梁,周丹丹
200710069055	高污染低浓度废酸回收利用方法	浙江闰土股份有限公司	赵国生,方标,等
200710069558	综合印染废水处理工艺	绍兴水处理发展有限公司	王欣,张志峰,等
200710071670	利用高浓度有机废水的制氢设备及其制氢方法	哈尔滨工业大学	郭婉茜,任南琪,等

续表

申请号	名称	申请单位	发明人
200710118941	一种生物膜载体的制备及其在工业废水处理中的应用	北京化工大学	刘杰,杨琨,等
200710120507	一种无剩余活性污泥排放的印染废水处理装置及其操作方法	北京科技大学	汪群慧,李黎杰,等
200710121991	一种生物发酵法生产青霉素及中间体6-APA过程中产生的废水的处理方法	北京盖雅环境科技有限公司	曾明,倪晋仁,等
200710130832	一种纺织印染废水深度处理的方法	江苏省环境科学研究院	陆继来,夏明芳,等
200710150106	阴离子染料印染废水的处理工艺	河北工业大学	吴兆亮,李新涛,等
200710172989	一种印染废水混凝脱色剂	华东理工大学	吴范宏,赵敏,等
200720005378	三相流态化藻类光生物反应器	广州市金润环保科技有限公司,华南理工大学	肖贤声,肖贤凯,等
200720040493	气浮分离装置	欧亚华都(宜兴)环保有限公司	蒋伯忠,王冰,等
200720040494	气浮装置	欧亚华都(宜兴)环保有限公司	蒋伯忠,王冰,等
200720047604	温控UASB厌氧氨氧脱氮设备	华南理工大学	周少奇
200720071710	一种用于废水处理的倍增复合式厌氧水解反应器	同济大学,上海中耀环保设备工程有限公司	陈良才,贾志宇,等
200720129688	印染废水回用处理装置	苏州市环境工程有限责任公司	李金荣,邵正峰,等
200810016999	一种改性粉煤灰沸石用于造纸废水处理的方法	山东轻工业学院	吕海亮,王本红,等
200810017997	一种污水处理过程中真菌的固定方法	西安建筑科技大学	李志华,王晓昌
200810022338	造纸废水深度处理工艺	中冶华天工程技术有限公司	陈祥宏,程寒飞,等
200810024677	一种印染废水的处理系统和方法	南京工业大学	廖传华,朱跃钊,等
200810025840	废纸造纸废水中持久性有机污染物的碳源协同代谢生物处理方法	华南理工大学	马邕文,万金泉,等
200810033024	复合三维电场催化湿式氧化反应装置	同济大学	李光明,陈文召,等
200810044984	一种用于废水处理的凝胶吸附剂	西南石油大学	陈集,金承平,等
200810045484	一种异养硝化微生物菌剂、其培养方法和用途	中国科学院成都生物研究所	黄钧,李毅军
200810045485	一种异养硝化好氧颗粒污泥及其培养方法和用途	中国科学院成都生物研究所	黄钧,牟丽娉
200810047497	一种印染废水深度处理装置	中国地质大学(武汉)	李义连,陈华清
200810059651	制革废水的回用处理方法	浙江大学	赵伟荣,鲍家泽,等
200810062521	印染废水多级联合降解回用法	嘉兴学院	王遵尧,翟志才,等
200810063045	微波协同铁酸盐催化剂氧化降解高浓度有机废水的方法	浙江大学	叶瑛,夏枚生,等
200810063257	一种利用烷基化废液处理染料废水的方法	浙江龙盛染料化工有限公司,浙江龙盛集团股份有限公司	高怀庆,钟玉霞,等
200810063360	一种造纸废水回用综合处理方法	浙江开创环保科技有限公司	包进锋
200810099475	高浓度有机废水的多级组合处理工艺	深圳市先科环保有限公司	张善武,钟江涛,等
200810119225	一种废纸制浆造纸废水的深度处理方法及处理系统	北京桑德环保集团有限公司	吴迪,李天增,等

续表

申请号	名称	申请单位	发明人
200810120467	一种印染废水综合处理及回用工艺	浙江大学,浙江至美环境科技有限公司	杨岳平,沈晓春,等
200810123839	一种印染废水处理与分质回用的方法	南京大学	任洪强,张涛,等
200810124068	一种印染废水中阳离子型染料的去除方法	江苏工业学院	马建锋,李定龙,等
200810133419	印染废水深度净化处理的集成技术	浙江四通环境工程有限公司,陈健波,陈浩	陈健波
200810151894	一种聚丙烯腈纤维双金属配合物催化剂及其制备方法	天津工业大学	董永春,韩振邦,等
200810152152	阳离子染料印染废水处理工艺	河北工业大学	吴兆亮,张晓龙,等
200810152153	一种印染废水的处理工艺	河北工业大学	吴兆亮,张晓龙,等
200810156855	一体化倒置 A2O 氧化沟与合建式 ORBAL 氧化沟结合处理酒精废水的工艺	江苏凌志环保工程有限公司,无锡市联创市政工程设计有限公司,河南天冠企业集团有限公司	凌建军,张晓阳,等
200810157843	一种微波循环催化处理高浓度有机废水方法	青岛腾禹环保有限公司	刘凤鸣,刘向军
200810158631	一种以构建人工菌群方式处理造纸废水的方法	山东大学	许平,杨春玉,等
200810198302	一种固定化硝化细菌降解养殖废水亚硝酸盐的工艺	华南理工大学	林炜铁,崔华平,等
200810198364	禽畜养殖废水亚硝化-厌氧氨氧化处理方法及设备	华南理工大学,广州市佳境水处理技术工程有限公司	黄瑞敏,林德贤,等
200810230123	海水养殖废水反硝化净化方法	大连水产学院	李秀辰,李俐俐,等
200810238457	高温印染废水的处理方法	中国海洋大学	杨世迎,王萍,等
200810242648	一种聚酯生产废水的处理方法	南京大学	任洪强,王翔,等
200810242897	一种印染废水高效生物强化处理的方法	江苏省环境科学研究院	刘伟京,郭方峥,等
200820028136	内外双循环式高浓度有机废水处理生物厌氧反应器	甘肃雪晶生化有限责任公司	甘柏林,崔建设,等
200820040916	用于造纸废水深度处理的内电解铁还原床	中冶华天工程技术有限公司	程寒飞,陈祥宏,等
200820063831	多级回流负荷控制生物法模拟反应器	四川省环境保护科学研究院	叶宏,田庆华,等
200820081752	一套处理高盐分高浓度有机废水的组合设备	云南大学	李斌,陶辉旺,等
200820096217	甲醇生产废水处理装置	贵州绿色环保设备工程有限责任公司	杨昌力,潘家兴,等
200820103115	电解高浓度有机废水的电源	赛普特环保技术(厦门)有限公司	沈森尧,张钧千
200820124678	改进氧化沟污水处理系统	北京桑德环境工程有限公司	李天增,刘海涛,等
200820145610	印染废水回用及膜管清洗装置	厦门绿创科技有限公司	吴先昌,王永胜,等
200820145615	印染废水膜处理及氨氮处理装置	厦门绿创科技有限公司	吴先昌,王永胜,等
200820145616	造纸废水膜浓缩液处理装置	厦门绿创科技有限公司	吴先昌,王永胜,等
200820160147	一体化倒置 A^2O 氧化沟与合建式 Orbal 氧化沟结合处理酒精废水装置	江苏凌志环保工程有限公司,无锡市联创市政工程设计有限公司,河南天冠企业集团有限公司	凌建军,张晓阳,等

续表

申请号	名称	申请单位	发明人
200820200426	一种高效处理造纸废水中难降解有机物的共代谢反应器	华南理工大学	马邕文,王艳,等
200820226365	高浓度废水生物净化成套设备	山东美陵中联环境工程有限公司	包焕忠,曹国强,等
200910001268	造纸中水的净化处理方法	山东福荫造纸环保科技有限公司	贾明昊,曹光春,等
200910001269	造纸废水的处理方法	山东福荫造纸环保科技有限公司	贾明昊,曹光春,等
200910001270	造纸废水的处理方法	山东福荫造纸环保科技有限公司	贾明昊,曹光春,等
200910001271	造纸废水的处理方法	山东福荫造纸环保科技有限公司	贾明昊,曹光春,等
200910011853	一株好氧罗氏菌属菌株代谢产物胞外多糖、制法和用途	大连交通大学	穆军,朱秀华,等
200910016428	一种污泥内循环生物滤池挂膜方法	山东大学	裴海燕,胡文容,等
200910023907	一种利用分子印迹法去除偶氮类酸性染料废水的方法	陕西科技大学	李慧,吴薇
200910024689	高浓度有机废水的处理方法	江苏维尔利环保科技股份有限公司	李月中,浦燕新,等
200910024817	一种基于芬顿反应的高效废水处理工艺	江苏艾特克环境工程设计研究院有限公司,JCK株式会社	吴智仁,徐畅,等
200910026518	高效甜菜制糖废水处理系统	江苏金山环保工程集团有限公司	钱盘生,刘立忠,等
200910031911	一种印染废水处理系统	江苏大学	马丽,吴春笃,等
200910032904	一种适用于酸性染料和活性染料脱色的絮凝剂制备方法	常州纺织服装职业技术学院	许良英,冯国平,等
200910037693	一种印染废水脱色方法及系统	广东绿园环境保护工程有限公司	温宝忠,黄立新
200910046147	纳米生物水质修复器	杭州贝姿生物技术有限公司,浙江皇冠科技有限公司	胡向东,陈建强,等
200910051458	一种处理池塘养殖废水的设施	上海市水产技术推广站	史建华,王韩信,等
200910052438	印染污泥灼烧产物及其酸浸出液强化处理印染废水的方法	东华大学,广东溢达纺织有限公司	陈亮,陈东辉,等
200910063068	一株吲哚和粪臭素降解菌株LPC24的应用	中国地质大学(武汉)	李平,王焰新,等
200910068114	一种养殖废水综合处理工艺及系统	农业部环境保护科研监测所	张克强,杨鹏,等
200910069013	一种电催化复合膜材料及其制备方法	大连华鑫源科技发展有限公司	李建新,梁小平,等
200910069504	一种电催化膜反应器装置	大连华鑫源科技发展有限公司	李建新,梁小平,等
200910072578	一种啤酒废水处理装置及处理方法	哈尔滨工程大学	温青,陈野,等
200910077356	一种用于净化水产养殖废水的复合菌藻制剂方法	中国环境科学研究院	何连生,孟睿,等
200910087774	一种高浓度有机废水的超临界水氧化处理方法	中国石油化工股份有限公司,中国石油化工股份有限公司北京化工研究院	孙杰,刘正,等
200910089078	一种高浓度有机氨氮废水的处理方法	北京化工大学	文利雄,吴笛,等
200910092399	一种含印染废水的污水处理方法	浦华控股有限公司,紫光环保有限公司	李星文,袁琳,等
200910098176	一种废纸造纸废水处理及回用的方法	浙江省环境保护科学设计研究院	徐灏龙,仝武刚
200910098178	复合厌氧好氧处理废纸造纸废水的工艺	浙江省环境保护科学设计研究院	徐灏龙,仝武刚
200910100424	一种胶粘物吸附剂及其应用	浙江长安仁恒科技股份有限公司	张有连,俞铁明,等

续表

申请号	名称	申请单位	发明人
200910104617	一种处理高浓度有机废水的高效组合式厌氧生物处理系统	重庆大学	何强,周健,等
200910105965	一种印染废水零排放处理 EBM 方法	东莞市珠江海咸水淡化研究所	袁伟光,焦伟丽
200910106637	一种造纸废水处理装置	宇星科技发展(深圳)有限公司	王韶锋,王耀辉,等
200910117534	两相分配生物反应器及其在处理高浓度有机废水中的应用	兰州大学	李彦锋,赵光辉,等
200910131316	一种高浓度有机废水组合处理工艺	北京师范大学	郑少奎,崔粲粲
200910155746	一种用于缺磷废水处理的复合活性磷源添加剂及其应用	浙江商达水务有限公司	郑展望,徐敏伟
200910155860	印染废水的流化床处理装置	浙江大学	雷乐成,张兴旺,等
200910177343	一种处理废水的膜精密过滤装置及其应用	中国石油化工股份有限公司,中国石油化工股份有限公司北京化工研究院	李正琪,李井峰,等
200910184741	高浓度废水处理装置	宜兴市友邦机械有限公司	王云蛟
200910197322	一种高浓度碱渣废水的处理方法	同济大学,上海明诺环境科技有限公司	张亚雷,王海峰,等
200910199687	水产养殖废水的生物净化方法及虹吸往复式生物过滤器	中国水产科学研究院渔业机械仪器研究所	车轩,鲍越鼎,等
200910230757	一种造纸废水深度处理方法	中冶纸业银河有限公司	张义华,毋永强,等
200910241597	一种电絮凝-硅藻土技术预处理高 COD-CR 污水的方法及装置	北京工业大学	杜玉成,卜仓友,等
200910254405	十六烷基三甲基溴化铵对糖蜜酒精废水预处理方法	陕西师范大学	沈壮志
200910273046	去除水体中氨态氮、硝态氮和亚硝态氮的施氏假单胞菌 YZN-001 及应用	华中农业大学	喻子牛,张吉斌,等
200920003948	一种海水工厂化水产养殖循环水处理装置	北京迪昂数码科技有限公司,天津海健集团有限公司,刘桂友	郭丰时,王绍辉,等
200920038892	高效甜菜制糖废水处理系统	江苏金山环保工程集团有限公司	钱盘生,刘立忠,等
200920072439	一种处理池塘养殖废水的湿地装置	上海市水产技术推广站	史建华,王韩信,等
200920072440	池塘养殖废水的处理装置	上海市水产技术推广站	史建华,王韩信,等
200920097687	一种用于废水处理的电催化膜反应器装置	天津工业大学	李建新,梁小平,等
200920105432	ABR 反应器和 SBR 反应器处理有机废水的一体化装置	北京基亚特环保工程有限公司	张亚军
200920106350	一种高浓度有机废水处理系统	北京倍尼尔科技发展有限公司	吴学云,付美春
200920107568	一种用于处理高浓度有机废水的反渗透和纳滤系统	北京伊普国际水务有限公司	王建泰,王凯,等
200920130455	高浓度印染废水处理回用装置	宇星科技发展(深圳)有限公司	文秋红,丁健生,等
200920144020	高浓度有机废水厌氧反应器辅助配水混合器	甘肃雪晶生化有限责任公司	甘柏林,崔建设,等
200920164759	利用空气供氧的糖蜜酒精废水微氧生物处理装置	桂林理工大学,贺州学院	解庆林,张学洪,等
200920182548	造纸中段污水的处理装置	福建省晋江优兰发纸业有限公司	甘木林

续表

申请号	名称	申请单位	发明人
200920196832	印染废水的深度处理装置	浙江华强环境科技有限公司	唐建强
200920206086	有机废水处理装置	深圳市朗坤环保有限公司	陈建湘,杨友强,等
200920222498	一种含印染废水的污水处理系统	浦华控股有限公司,紫光环保有限公司	李星文,袁琳,等
200920230427	高浓度废水处理装置	宜兴市友邦机械有限公司	王云蛟
200920237526	一种印染工业废水深度处理工艺的设备	厦门绿邦膜技术有限公司	王俊川
200920241890	IOC-SBBR组合反应器	江西省科学院能源研究所,南昌大学鄱阳湖环境与资源利用教育部重点实验室	吴永明,熊继海,等
200920258322	制浆造纸废水处理系统	濮阳龙丰纸业有限公司	刘继春,李树杰,等
200920258770	一种甲醇废水综合利用装置	河南省煤气(集团)有限责任公司义马气化厂	张爱民,陈丽,等
200920291082	一种毛巾印染废水过滤装置	青岛喜盈门集团有限公司	纪玉君,邵彩霞,等
200920295379	一种印染废水的流化床处理装置	浙江大学	雷乐成,张兴旺,等
200920311126	毛纺织印染废水处理系统	杭州恒达环保实业有限公司	许风刚,盛礼俊
200920311183	印染废水预处理系统	杭州恒达环保实业有限公司	许风刚,盛礼俊
200920351742	用于处理养殖废水的附着式海藻生物滤器	大连水产学院	魏海峰,刘长发,等
201010045624	一种糖蜜酒精废水处理方法	广西博世科环保科技股份有限公司	杨崎峰,陆立海,等
201010101218	一种异养硝化好氧反硝化细菌及其培养方法和用途	中国科学院成都生物研究所	黄钧,牟丽娉,等
201010103664	一株酵母菌及其在脱色中的应用	清华大学	陈必强,张胜琴,等
201010126607	一种造纸废水的处理方法	福建希源纸业有限公司	甘木林
201010133110	壳聚糖包覆铝矾土印染废水絮凝剂制备方法	沈阳化工学院	刘桂萍,刘长风,等
201010141612	一种壳聚糖吸附剂的制备方法及应用	浙江大学	文岳中,沈忱思,等
201010144346	一株降解吲哚醌的菌株及其应用	郑州大学	王雁萍,董湘熔,等
201010145886	利用植物浮床处理含抗生素养殖废水的方法	南京大学,江苏省农业科学院	鲜啟鸣,户利霞,等
201010156031	一种红球菌及其菌剂与应用	深圳清华大学研究院	孙纪全,刘伟强,等
201010168468	一种臭氧氧化金刚烷胺废水的方法	沈阳建筑大学	傅金祥,邹倩,等
201010180894	碱回收白泥作混凝剂处理造纸废水的工艺	帕萨旺-盖格环保技术(杭州)有限公司	张建三,张国闽,等
201010181115	多相电催化氧化——FENTON耦合法降解硝基苯类废水的方法及其反应器	华南理工大学	肖凯军,王新,等
201010184654	列车密闭式厕所集便器粪便污水一体化处理装置及其处理方法	北京交通大学	李德生
201010186381	一种毛栓菌及其固定化方法和应用	南京大学	刘常宏,王兆强,等
201010187688	一种纺织印染废水资源化的方法及其装置与应用	东莞市鸿捷环保科技有限公司,华南师范大学	杨洁,徐宏康,等
201010191444	一种涂装废水处理工艺方法	江西昌河汽车有限责任公司	魏达林
201010193848	一种利用光催化氧化膜混凝反应器处理造纸废水的方法	厦门凯瑞尔数字环保科技有限公司	孔健,林雪

续表

申请号	名称	申请单位	发明人
201010210379	一种污泥减量化的高浓度印染废水达标处理方法	西安交通大学	陈杰瑢，赵菁
201010210524	一种达标印染废水的深度处理方法	西安交通大学	陈杰瑢，赵菁
201010218790	一种钢铁行业彩涂板生产废水的处理方法	马鞍山市华蕾环保设备工贸有限公司	高宗林
201010224561	木糖氧化无色杆菌及其在降解邻氨基苯甲酸中的应用	郑州大学	王雁萍，董湘熔，等
201010224650	一株木糖氧化无色杆菌菌株及其应用	郑州大学	王雁萍，董湘熔，等
201010227575	一种化学机械制浆废水的生物处理减排方法	中国林业科学研究院林产化学工业研究所	房桂干，施英乔，等
201010236952	一种造纸废水深度处理方法	福建铙山纸业集团有限公司	詹金春
201010237627	一种室外自然光-过氧化氢协同处理结晶紫污染污水的方法	北京师范大学	牛军峰，李阳，等
201010252364	复合电化学法处理高浓度有机废水工艺	南京赛佳环保实业有限公司	刘秀宁，汤捷，等
201010259261	双频超声化学反应器	合肥工业大学	程建萍，唐志国，等
201010262312	一种活性染料废水絮凝脱色剂的制备方法	常州大学	张文艺，罗鑫，等
201010264872	三相生物流化床反应器处理味精废水的方法	北京工商大学	冯旭东，汪苹，等
201010266843	一种巨大芽孢杆菌及其在处理印染废水中的应用	中国农业大学	杨金水，刘辰，等
201010270025	一种造纸废水有机污染物吸附剂的制备方法	浙江长安仁恒科技股份有限公司	张怀滨，俞铁明，等
201010278050	含有纳米粘土的高吸附性水凝胶及其制备方法和应用	天津工业大学	张青松，陈莉，等
201010278936	海水工厂化养殖循环水净化系统中生物膜快速构建方法	中国水产科学研究院黄海水产研究所	王印庚，梁友，等
201010293767	La/FeT_iO_2 纳米管阵列的制备方法及应用于制糖废水的降解	桂林理工大学	钟福新，林莎莎，等
201010293788	Co/T_iO_2 纳米管阵列的制备方法及应用于制糖废水的降解	桂林理工大学	钟福新，林莎莎，等
201010293816	Fe/T_iO_2 纳米管阵列的制备方法及应用于制糖废水的降解	桂林理工大学	钟福新，林莎莎，等
201010300306	一种印染废水絮凝脱色剂的制备方法	江门市冠达纺织材料有限公司	袁平
201010300405	利用腈纶废丝制备咪唑啉衍生物及其制备方法和在水处理中的应用	福州大学	刘明华，黄统琳，等
201010510096	一种印染企业高含盐染色废水零排放的方法	江苏省环境科学研究院，杭州水处理技术研究开发中心有限公司，杭州回水科技有限公司，石河子经济技术开发区管理委员会	陆继来，褚红，等

续表

申请号	名称	申请单位	发明人
201010519787	一种利用印染废水中阴离子染料制备有机膨润土的方法	常州大学	马建锋,祁静,等
201010525143	光伏废水除氟方法	湖州欣格膜科技有限公司	周文雄
201010538819	一种酸性染料废水的资源化回收处理方法	浙江大学,浙江迪邦化工有限公司	黄梅,陈圣福,等
201010555942	一种含钛聚硅酸金属盐絮凝剂的制备方法	杭州电子科技大学	聂秋林,俞天明,等
201010561357	一种季铵盐阳离子型有机高分子絮凝剂及其制备方法	福州大学	刘明华,郑堰日,等
201010567041	一种造纸深度废水处理循环利用装置及其方法	波鹰(厦门)科技有限公司	张世文,王峰,等
201010582290	一种磁性酿酒酵母菌的制备方法及其处理印染废水技术	四川农业大学	张云松,赵茂俊,等
201010605977	一种印染废水处理循环利用装置及其方法	波鹰(厦门)科技有限公司	张世文,纪锡和,等
201010611488	一种利用造纸废水的物化污泥制备絮凝剂的方法	山东太阳纸业股份有限公司	吴朝军,乔军,等
201010614115	一种电子行业高浓度有机废水的处理方法	惠州 TCL 环境科技有限公司	王治军,许克
201010614874	基于电解和复膜技术的印染废水循环利用装置及其方法	波鹰(厦门)科技有限公司	张世文,王峰,等
201020027069	一体化造纸废水动态处理装置	华南理工大学	曹国平,李广胜,等
201020027108	一种温差发电的装置	厦门绿邦膜技术有限公司	王俊川
201020198198	一种紫外线流体辐射系统	福建新大陆环保科技有限公司	陈健,郭美婷,等
201020209763	处理印染废水的自动控制电解系统	华南师范大学,东莞市鸿捷环保科技有限公司	杨洁,徐宏康,等
201020215568	染料废水处理装置	厦门理工学院	严滨,傅海燕,等
201020218033	一种改进的造纸废水泡沫分离装置	福建省晋江优兰发纸业有限公司	甘木林
201020218164	一种造纸废水的处理装置	福建省晋江优兰发纸业有限公司	甘木林
201020218354	一种造纸废水处理装置的控制电路	福建省晋江优兰发纸业有限公司	甘木林
201020233112	浓缩絮凝脱水一体机	北京昊业怡生科技有限公司	于景成,田丹,等
201020271455	造纸废水深度处理系统	福建铙山纸业集团有限公司	詹金春
201020280581	一种好氧移动床生物膜反应装置	陕西科技大学	张安龙,王森,等
201020291428	单级缺氧/厌氧 UASB-A/O 工艺处理高氨氮渗滤液实验装置	北京工业大学	王淑莹,王燕,等
201020295252	处理印染废水的隔油池	浙江真爱时尚家居有限公司	朱杰,杨辉,等
201020299968	双频超声化学反应器	合肥工业大学	程建萍,唐志国,等
201020511382	一种藻菌共生的生态沟渠	中国水产科学研究院长江水产研究所	李谷,陶玲
201020517975	高效曝气生物滤池	南京国能环保工程有限公司	朱忠贤,陆平,等
201020519375	印染废水厌氧处理培菌接种装置	广东工业大学,兴宁市联发纺织有限公司	罗建中,陈广华,等
201020527316	一种高浓度废水处理系统	重庆市乐邦环保机电研究所	罗茂蜀

续表

申请号	名称	申请单位	发明人
201020549284	高浓度有机废水酸化装置	四川四通欧美环境工程有限公司	郑传勇
201020554450	一种全封闭循环水养殖用生物流化床过滤装置	青岛森淼实业有限公司	袁三平,马红庆
201020566170	一种固液分离设备前置絮凝混合器	浙江杰能环保科技设备有限公司	王猛,李飞飞
201020570674	一种中空多孔纤维填料折流曝气生物滤池	南昌航空大学	张炜频,李娜,等
201020576349	油田采油废水的预处理装置	中国海洋大学	高学理,范爱勇,等
201020592815	立式催化氧化罐	威海金威化学工业有限责任公司	成国亮
201020608533	一种用于硫酸盐废水处理的厌氧池	东莞德永佳纺织制衣有限公司	陈知行
201020635352	一种造纸深度废水处理循环利用装置	波鹰(厦门)科技有限公司	张世文,王峰,等
201020655366	一种应用于商品浆造纸废水处理的高效厌氧处理装置	山东绿泉环保工程有限公司	周焕祥,房爱东,等
201020680488	基于纳米催化电解和膜技术的印染废水处理循环利用装置	波鹰(厦门)科技有限公司	张世文,纪锡和,等
201020681882	一种高浓度有机废水的高效厌氧-耗氧组合处理装置	江苏江大环境工程有限责任公司	徐亮
201020690657	基于电解和复膜技术的印染废水循环利用装置	波鹰(厦门)科技有限公司	张世文,王峰,等
201110001051	过氧化二苯甲酰生产废水处理和资源化工艺	甘肃农业大学	胡冰,胡昌秋,等
201110120586	一种复合型有机无机高分子絮凝剂及其制备工艺和应用	福州大学	刘明华,黄漂漂,等
201110121473	一种强化好氧颗粒污泥培养方法	山东大学	王新华,刁目贺,等
201110132943	利用厌氧颗粒污泥去除养殖废水中有机砷的方法	合肥工业大学	胡真虎,李柯,等
201120006431	一种高浓度有机废水浓缩、焚烧处置线	烟台绿环再生资源有限公司	黄尚渭,伯绍毅,等
201120008431	一种造纸废水处理装置	维达纸业(孝感)有限公司	张健,骆伟鉴,等
201120008813	一种高浓度有机化工废水处理装置	佛山市顺德环境科学研究所有限公司	彭坚勇,梁志谦
201120017493	一种环氧氯丙烷废水与造纸废水混合处理装置	山东省环境保护科学研究设计院	洪卫,刘勃,等
201120022892	一种啤酒生产废水处理系统	厦门绿动力环境治理工程有限公司	黎琼华,叶侨松,等
201120025531	多级污水处理用生物反应系统	天津市水利科学研究院	李金中,刘学功,等
201120027424	一种印染废水处理系统	上海彰华膜净化有限公司	萧铭辰
201120031978	造纸废水处理系统	西安惠宁纸业有限公司	安柏
201120053400	造纸废水再生系统	福建省晋江优兰发纸业有限公司	甘木林
201120057942	一种处理高浓度有机废水一体化设备	四川四通欧美环境工程有限公司	李华,胡登燕,等
201120070497	一种应用于印染废水深度处理的高效曝气生物滤池	东华大学,浙江新成染纱有限公司	杨波,李方,等
201120074397	上斜板型污泥浓缩池	东北石油大学	李芳,崔红梅,等
201120091392	活性炭纤维电极的无隔膜成对直接电氧化电还原反应器	福建工程学院	杨卫身

续表

申请号	名称	申请单位	发明人
201120110729	一种高浓度印染废水的处理系统	西安工程大学	刘永红,延卫,等
201120124813	一种降解高浓度有机废水的装置	中南大学,中国有色矿业集团有限公司,铁岭选矿药剂有限公司	胡岳华,孙伟,等
201120125983	纺织印染废水生化系统溶解氧的装置	江阴福斯特纺织有限公司	潘柯群
201120128078	一种高效多功能废水处理系统	安徽南风环境工程技术有限公司	刘庆臣,王廷非,等
201120133897	一种印染废水处理系统	东莞市星火环保科技有限公司	郎俊峰,黄小标
201120133899	印染废水电解电极夹板阵列	东莞市星火环保科技有限公司	郎俊峰,黄小标
201120133904	印染废水电解电极阵列	东莞市星火环保科技有限公司	郎俊峰,黄小标
201120133917	印染废水电解系统电路	东莞市星火环保科技有限公司	郎俊峰,黄小标
201120146400	高浓度洗毛废水除泥装置	张家港宇新羊毛工业有限公司	钱建平
201120181912	羟乙基纤维素工业废水生物处理装置	博瑞德(南京)净化技术有限公司	严月根,石剑峰,等
201120220620	一种便携式处理有机废水的光催化反应器	南昌航空大学	陈素华,尹贞,等
201120221800	养殖废水净化装置	天津盛亿养殖有限公司	李玉生
201120221966	养殖废水处理系统	天津盛亿养殖有限公司	李玉生
201120229098	超声波射流微真空脱氮装置	福建省麦丹生物集团有限公司,刘建明	刘建明,陈炳生,等
201120230172	一种印染废水处理回用系统	安徽普朗膜技术有限公司	俞经福
201120232675	一种高浓度有机废水处理的模块化成套小试装置	北京中恒意美环境工程技术有限公司	廖林全,鹿野,等
201120232681	一种处理高浓度废水的系统	北京中恒意美环境工程技术有限公司	廖林全,国强,等
201120239284	一种含酚废水的脱酚预处理装置	陕西兴华环保科技有限公司	刘新华,刘新全,等
201120239293	一种脱氨及氨氮回收的废水处理装置	陕西兴华环保科技有限公司	刘新华,刘新全,等
201120266321	印染废水回用处理系统	桐乡泾渭环保科技有限公司	徐国强
201120268429	有机废水厌氧反应装置	上海复旦水务工程技术有限公司	陶乃峰
201120287888	一种生物酶深度处理造纸废水的反应装置	陕西科技大学	王森,张安龙,等
201120288439	一种高浓度有机废水处理设备	福建泰成环保科技有限公司	卢方良,欧建文
201120293741	一种用于高盐高浓度废水脱盐预处理的蒸发器	苏州雅本化学股份有限公司	袁传敏,蔡彤,等
201120294419	印染废水前处理折流式翻板加药除蜡装置	上海百峰环保工程有限公司	周继伟,周桂生,等
201120300695	一种三维电极反应器	武汉钢铁(集团)公司	张垒,薛改凤,等
201120341333	一种畜禽废水处理装置	厦门联南强生物环保科技有限公司	张利明,吴建平,等
201120341383	固定化微生物折流生物滤池	厦门联南强生物环保科技有限公司	张利明,吴建平,等
201120341433	畜禽废水轮流式固液分离装置	厦门联南强生物环保科技有限公司	张利明,吴建平,等
201120353476	一种小麦淀粉及酒精废水 BYSB-plus 专用配水器	苏州必源环保工程有限公司	许爱华,丁勇,等
201120353539	一种小麦淀粉及酒精废水专用的厌氧处理反应器 BYSB-plus	苏州必源环保工程有限公司	何学军,许爱华
201120353893	一种小麦淀粉及酒精废水 BYSB-plus 专用装配式三相分离器	苏州必源环保工程有限公司	何学军,许爱华

续表

申请号	名称	申请单位	发明人
201120353960	带有树脂固化漆酶过滤层的污水净化装置	东北林业大学	张杰，王滨松，等
201120390819	一种印染废水回用系统	杭州开源环保工程有限公司	朱和林，吕志园，等
201120401280	一种高效净化器	无锡君隆环保设备有限公司	李伟君，张益君，等
201120456063	分子剥离与等离子焚烧炉联合处理高浓度有机废水系统	苏州新区星火环境净化有限公司	侯斌，樊逸平
99117180	利用粉煤灰处理造纸废水的方法	中山联合鸿兴造纸有限公司	陈应福，黄泓

11.5 开发非传统水源技术

申请号	名称	申请单位	发明人
03112165	一种可利用海水源的热泵机组	烟台低温热源工程技术研究中心	高羽中，南远新，等
03158644	工厂化育苗养殖循环海水净水菌剂	中国科学院微生物研究所	刘志培，贾省芬，等
03279640	一种地下水源满液热泵机组	富尔达（北京）高新技术有限公司	于世山，高翀，等
200710086401	无水源水域的水质净化方法及其设施	北京城市排水集团有限责任公司	甘一萍，胡俊，等
200810056617	以非洁净水为换热介质的板式换热器现场实验系统	清华大学，北京华清新源科技有限公司，北京市天银地热开发有限责任公司	昝成，史琳，等
200810097310	城市原生污水及地表水源热泵系统智能型污水防阻机	北京瑞宝利热能科技有限公司，杨胜东，曲玉秀	杨胜东，曲玉秀，等
200820114364	城市原生污水及地表水源热泵系统智能型污水防阻机	北京瑞宝利热能科技有限公司，杨胜东，曲玉秀	杨胜东，曲玉秀，等
200820169290	一种可再生能源热泵	苏州市南极风能源设备有限公司	杨贻方
200910066106	空投型净水车	河南华阳装备制造有限公司	李振波，吴农平，等
200910080074	水收集过滤净化储存系统	北京仁创科技集团有限公司	秦升益
200920015000	太阳能式海水源热泵系统	大连葆光节能空调设备厂	杨大伟，张德阳，等
200920128192	一种同线分流式双层排水管渠	重庆大学	姜文超，何强，等
200920220873	利用海水制取流化冰的系统	天津商业大学	宁静红，刘圣春
200920223353	空投型净水车	河南华阳装备制造有限公司	李震波，吴农平，等
201020022600	水源自动控制器	温岭市环力电器有限公司	陈仁德
201020131670	专用于海水源热泵机组的换热器	大连日铭科技有限公司	郭铭
201020143228	一种节能环保海水养殖装置	烟台欧森纳地源空调有限公司	温德玲，朱世光，等
201020233066	双海水源螺杆式热泵机组	博拉贝尔（无锡）空调设备有限公司	范斌，郭燕强，等
201020235916	水源过滤分流器	宁波市镇海中正园艺工具有限公司	郑忠义
201020280509	高浊度水处理装置	湖南鸿达环保设备制造有限公司	曹夏平
201020302562	一种净水处理装置	青岛鑫源环保设备工程有限公司	孙振坤，高全财
201020517153	船舶垃圾站水喷淋灭火系统	芜湖新联造船有限公司	储年生，臧学举，等
201020552526	一种海水源热泵系统	青岛科创新能源科技有限公司	吴荣华，迟芳
201020678933	工厂化育苗室利用太阳能蓄热装置	营口市实发参贝养殖繁育有限公司	李向宇

续表

申请号	名称	申请单位	发明人
201120030334	用于空调装置的海水源水环热泵装置	青岛理工大学，青岛沃富地源热泵工程有限公司	王海英，郭金山，等
201120030749	船用海水源热泵空调系统	珠海格力电器股份有限公司	罗苏瑜，肖洪海，等
201120038347	便携式组合单元净水器	天津天和环能科技有限公司	邹汉平
201120145983	一种超滤净水设备	奕卓而(北京)膜技术有限公司	王子元，韩永良
201120189713	核电站用闭式冷却水系统	中广核工程有限公司，中国广东核电集团有限公司	石建中，侯平利，等
201120253967	一种钻机供水装置	海城市石油机械制造有限公司	李铁军，王政权，等
201120285702	选择性进流水温平抑装置	中国水利水电科学研究院，江苏核电有限公司，中国核电工程有限公司	陈小莉，顾磊，等
201120336619	一种制冷剂侧转换大型螺杆地源热泵机组	山东宏力空调设备有限公司	于奎明，于克敏，等
201120346973	精准化灌溉泵首智能控制保护柜	唐山海森电子有限公司	李宝来
201120411741	用于循环流化床换热器的固液分离装置	大连理工大学	毕海洋，端木琳
201120420571	围堰上游蓄存施工用水的导流建筑物布置结构	中国水电顾问集团华东勘测设计研究院	赵林伟，范华春，等
201120520045	一种中水优先的双水源便器冲洗水箱	天津大学	孙欢，刘志强，等

11.6 水环境监测、水资源安全技术

11.6.1 水环境监测技术

申请号	名称	申请单位	发明人
02272422	水质总磷在线自动监测仪	广州市怡文科技有限公司	石平，王祥平，等
200410051122	一种隧道过江施工中用于监测河床沉降的装置及其方法	广东省基础工程公司	方启超，易觉，等
200410084061	麻痹性贝毒的表面，等离子体共振快速检测方法	国家海洋环境监测中心	王菊英，罗昭锋，等
200510129959	多波长分光态二氧化碳自动监测装置	厦门大学	戴民汉，陈进顺，等
200610013275	水下地基原位自动监测成套技术方法	天津港湾工程研究所、中交第一航务工程局有限公司	张敬，苗中海，等
200610020607	水质自动监测采水方法	利马高科(成都)有限公司	方蔚然，范小林，等
200610051866	物流调控与监测型生活垃圾生态填埋单元	浙江大学	郝永俊，吴伟祥，等
200610124772	基于无线传感网络的水库汛情实时监测系统及其方法	武汉大学	熊昌仑，熊涛，等
200610125366	船舶电子吃水监测系统	武汉大学	熊昌仑，杨西宁，等
200620131734	实时水文信息自动监测和灾情预警报警系统	北京燕禹水务科技有限公司	庄永祯，张明，等

续表

申请号	名称	申请单位	发明人
200710012056	基于连续搅拌反应池的河流水质模拟实验装置	沈阳化工学院	樊立萍,袁德成
200710124316	一种超维度河流动力学自适应并行监测的方法	深圳先进技术研究院	刘思源,文高进,等
200720080284	水质自动监测站专用的采水设备	利马高科(成都)有限公司	方蔚然,杨丹,等
200720172556	防淤积浅层河流取样器	宇星科技发展(深圳)有限公司	吴迅海,王耀辉,等
200810021155	一种基于时域分析的电压质量监测与扰动自动分类方法	中国矿业大学	唐轶,刘昊,等
200810062267	一种水质在线监测方法及系统	聚光科技(杭州)股份有限公司	项光宏,韩双来,等
200810062268	一种水质在线监测方法及系统	聚光科技(杭州)股份有限公司	项光宏,韩双来,等
200810071531	基于水声多波束的深水网箱鱼群状态远程实时监测仪	厦门大学	许肖梅,张小康
200810126092	沉积物孔隙水原位气密采集系统	中国地质科学院矿产资源研究所,四川海洋特种技术研究所,广州海洋地质调查局	吴宣志,祝有海,等
200810163552	沉积物采样与分层梯度研究的一体化装置	浙江大学	楼莉萍,钱易超,等
200810196840	一种库容监测方法	武汉大学	陆建忠,陈晓玲,等
200810228827	便携式机载海上溢油遥感监测系统	大连海事大学	安居白,李立,等
200810238538	一种扇贝养殖笼内水样的采集方法及装置	中国水产科学研究院黄海水产研究所	张继红,王巍,等
200810242879	一种微囊藻毒素一LR定量快速检测传感器的制备及应用	江南大学	孙秀兰,张银志,等
200820088158	一种水质在线监测系统	聚光科技(杭州)有限公司	项光宏,韩双来,等
200820101445	一种水上助航设施中的蓄电池电量监测装置	福建师范大学	苏伟达,吴允平,等
200820116711	水下荧光光学测量用仪器的通光密封窗口	中国科学院安徽光学精密机械研究所	兰举生,王文举,等
200820127008	尾矿库干滩自动化监测系统	北京矿咨信矿业技术研究有限公司	周鲁生,谢理,等
200820165724	一种应用在水质在线分析仪中的反应-检测室	聚光科技(杭州)有限公司、杭州聚光环保科技有限公司	项光宏,韩双来
200820171173	沉积物采样与分层梯度研究的一体化装置	浙江大学	楼莉萍,钱易超,等
200910022144	利用图像传感器检测润滑油含水率的方法	西安交通大学	谢友柏,董光能,等
200910026017	河流底泥取样器	环境保护部南京环境科学研究所	林玉锁,林学东,等
200910060495	温度一水力耦合作用下河渠污染物传输的物理模拟试验装置	中国科学院武汉岩土力学研究所	薛强,冯夏庭,等
200910078586	一种基于三维展示平台的水利监测方法	泰瑞数创科技(北京)有限公司	李晶晶,吴林,等
200910079402	利用淡水发光细菌检测铜污染土壤急性毒性的方法	中国农业科学院农业资源与农业区划研究所	韦东普,马义兵

续表

申请号	名称	申请单位	发明人
200910103315	一种构建水体富营养化风险分析模型的方法	重庆大学，重庆市环境科学研究院，重庆市环境保护信息中心	石为人，范敏，等
200920129047	等比例自动留样器	宇星科技发展(深圳)有限公司	王富生，马晓波，等
200920167634	液位自动监测系统	北京新创三明科技有限公司	计加宁，薛坤田，等
200920197471	移动式流域水环境自动监测系统	杭州鼎利环保科技有限公司	戴学利，张智渊，等
200920208244	浮船式水质在线自动监测装置	上海摩威环境科技有限公司	丁明光，丁昊
200920210962	固相微萃取采样棒	中国水产科学研究院东海水产研究所	平仙隐，晁敏
200920215334	水质在线自动监测站监测探头支撑装置	常州市环境保护研究所	张晟，徐圃青，等
200920260450	VOCs 监测系统中的被动式采样器	宇星科技发展(深圳)有限公司	王富生，石教猛，等
201010227850	水下拉曼—荧光光谱联合探测装置	中国海洋大学	郭金家，刘智深
201020041164	堤坝安全远程自动实时监测系统	中州大学	苏玉，卢印举，等
201020101652	船用导航雷达多功能多参数监测装置	天津大学	宋占杰，陈壮杰，等
201020176116	大气环境中金属表面涂层破损率原位检测装置	钢铁研究总院青岛海洋腐蚀研究所	韩东锐，张波，等
201020219351	一种蓝藻处理系统	无锡弘景达信息技术有限公司	丁一凡
201020270925	变电站远程温度图像监测系统	广州科易光电技术有限公司	吴晓松
201020513402	河流流量在线监测系统	宇星科技发展(深圳)有限公司	陈尧，周晗，等
201020540093	水面温室气体排放测量浮箱	中国长江三峡集团公司	冉景江，朱强，等
201120001419	一种隔水管疲劳多点无线监测系统	中国海洋石油总公司、中海石油研究中心、西北工业大学	许亮斌，王海燕，等
201120052808	一种河口座底观测平台投放姿态的监测系统	中山大学	刘欢，许炜铭，等
201120057133	一种内河船舶燃油消耗状况实时监测装置	山东交通学院	韩耀振，潘为刚，等
201120062700	一种现场流冰表面温度监测装置	中国海洋石油总公司、中海油能源发展股份有限公司	兰志刚，宋积文，等
201120158551	一种基于物联网的水质自动监测系统	北京晟德瑞环境技术有限公司	贾庆，刘丰，等
201120252607	基于 VSAT 卫星通信的河道轮船安全性实时监测系统	成都林海电子有限责任公司	林经纬，何建宇，等
201120252612	通过北斗卫星通信系统实现河道轮船的安全性实时监测	成都林海电子有限责任公司	吴伟林，王维军，等
201120252613	基于无线网络的河道轮船安全性实时监测平台	成都林海电子有限责任公司	吴伟林，王维军，等
201120273998	新型河道流量监测装置	江苏润田水工业设备有限公司	田鸿彬，陈正祝，等
201120296879	新型河道液位监测终端	天津市光彩自控工程有限公司	戴倩，赵钢，等
201120296943	河道液位远程监测系统	天津市光彩自控工程有限公司	戴倩，赵钢，等
201120297939	河道泵站远程监控系统	天津市光彩自控工程有限公司	戴倩，赵钢，等
201120352997	一种在线水质监测浮标设备	上海摩威环境科技有限公司	丁明光，张尚武，等
201120372877	用于现场痕量重金属检测的装置	南京晓庄学院	陈昌云，刘维周，等
201120376046	水下目标监测系统	山东省科学院海洋仪器仪表研究所	张颖，张颖颖，等

续表

申请号	名称	申请单位	发明人
201120389182	小流域径流杂物拦截装置	中国科学院水利部成都山地灾害与环境研究所	李富程,张建辉
201120391739	一种波浪动力无人监测船	浙江大学舟山海洋研究中心	金涛,蔡勇,等
201120438194	一种基于短基线水声定位的系泊系统监测装置	中国海洋石油总公司、中海石油研究中心	屈衍,时忠民,等
201120550374	一种长期稳定监测液体中重金属含量的专用设备	上海仪电科学仪器股份有限公司	迟屹君,殷传新,等
201220105462	一种基于特征跟踪的河流水面流速监测装置	河海大学	姚岚,张振,等
201220124756	新型水文监测装置	安徽省绩溪家德钢结构有限责任公司	许家德,方友祥

11.6.2 水资源安全技术

申请号	名称	申请单位	发明人
200510053398	一种共凝聚气浮水质净化系统及其工艺	大连交通大学	费庆志,张耀斌,等
200510062305	基于机器视觉的生物式水质监测装置	浙江工业大学	汤一平,金顺敬,等
200510095209	新型护岸功能构件净化城市面源污染及河湖水的方法	河海大学	操家顺,吉伯海,等
200610027434	一种雨天溢流污水混凝沉淀处理方法	同济大学	马鲁铭,盛铭军,等
200710177244	基于入水变化的氧化沟智能控制系统	清华大学	施汉昌,刘艳臣,等
200720104255	一种水质安全在线预警系统中的生物行为传感器	中国科学院生态环境研究中心	王子健,任宗明
200810219845	一种河道可渗透性反应墙系统及其应用	环境保护部华南环境科学研究所	谌建宇,许振成,等
200910073449	一种光促脱卤复合药剂/光联用去除水中卤代有机物的方法	哈尔滨工业大学	马军,李旭春,等
200910093103	一种利用城市再生水补充地下水的纳滤强化井灌工艺	清华大学	赵璇,吴琳琳,等
201010186949	滤池反冲洗水回收处理方法及其膜滤系统	深圳市水务(集团)有限公司	张金松,陈益清,等
201020223082	水质细菌检验箱	中国人民解放军军事医学科学院卫生学环境医学研究所	王新为,李君文,等
201020223092	水质细菌检验用过滤器	中国人民解放军军事医学科学院卫生学环境医学研究所	王新为,李君文,等
201020585349	澄清式浸没超滤膜滤池及水处理系统	北京市自来水集团有限责任公司	刘永康,陈克诚,等
201120026645	一种高盐废水短程脱氮生物处理的装置	北京工业大学	崔有为,丁洁然,等
201120118890	多层共挤水袋膜	江阴申恒特种新材料有限公司	韩冬林,杜建平,等
201120206713	一种用于水质安全综合监测系统的生物行为传感器	烟台凯思环境技术有限公司	邵泽舫,李红敏
201120266000	一种具有杀菌功能的控制阀	华英伦水科技(宁波)有限公司	邵浩清

11.7 水利工程

11.7.1 橡胶坝技术

申请号	名称	申请单位	发明人
02235965	双向止水闸门	河北省黄骅市五一机械有限公司	倪世江
02263568	用气囊作止水密封的闸门	江苏润源水务设备有限公司	金昌锦,丁跃林,等
03259943	一种渠用插板闸阀	江苏天雨环保集团有限公司	巩青松
200310121956	堆石水坝混凝土面板变形缝的防水密封装置	长春市长生工程加固有限公司	迟长生,张大鹏,等
200410017957	可倾斜调节闸门	余姚市耀鑫给排水设备有限公司	顾志耀
200510061583	一种面板堆石坝周边缝止水结构的施工方法	中国水电顾问集团华东勘测设计研究院	陈振文,汤旸,等
200520042546	下卧式旋转浮体闸门	上海市水利工程设计研究院	季永兴,卢永金,等
200520048044	叶式浮箱旋浮门体	上海市水利工程设计研究院	卢永金,季永兴,等
200610023758	软土充填袋筑堤反压固化方法	中交上海航道勘察设计研究院有限公司	周海,蔡建,等
200710016650	一种橡胶坝成型工艺	青岛华海环保工业有限公司	张芳海,郭建伟,等
200720024546	差级成型方式橡胶坝	青岛华海环保工业有限公司	张芳海,郭建伟,等
200720062626	碾压混凝土缓降垂直运输装置	中国水利水电第八工程局	黄恩福,吴军华,等
200720076368	不锈钢水闸门	上海爱合德实业有限公司	罗林,刘希陶
200720173724	气动盾形闸门	江河机电装备工程有限公司	侯放鸣,陈东清,等
200810176525	一种耐高强紫外线的橡胶坝袋	江苏扬州合力橡胶制品有限公司	陈庆亮,宋继良,等
200820036157	新型橡胶坝的锚固件	江苏扬州合力橡胶制品有限公司	陈庆亮,郭华
200820041751	一种旋转堰门的联体式密封装置	江苏通用环保设备集团有限公司	张菊平,毛鸿翔,等
200820129571	包胶闸门	安徽铜都阀门有限公司	张正荣
200820177103	核反应堆厂房水闸门充气式密封胶条	江苏核电有限公司	韩永红
200820192809	采用工程塑料合金的弧形闸门转铰防射水装置	中国长江三峡工程开发总公司金属结构设备质量监督检测中心	任中伟,赵建方,等
200910017930	一种橡胶水坝坝袋及其加工工艺	烟台桑尼橡胶有限公司	洪志强,王士智,等
200910030868	橡胶面板石渣坝的施工方法	广西方元电力股份有限公司桥巩水电站分公司,广西电力工业勘察设计研究院	黄中良,李小莘,等
200910065898	双幅桥闸桥相结合的布置方法	黄河勘测规划设计有限公司	陈霞,丁正中,等
200910074012	抗老化复合止水带和制备模具及制备方法	河北宏祥橡塑有限公司	闫长贵,闫长财,等
200910090147	基于双气袋的挡水闸门系统	江河机电装备工程有限公司	侯放鸣,陈东清,等
200910094237	一种在自然河道上拦河蓄水、取水的方法	云南三环中化化肥有限公司	吴向东,王煜,等
200910154328	水工混凝土变形接缝防冰冻止水结构	中国水电顾问集团华东勘测设计研究院,杭州国电大坝安全工程有限公司	谭建平,陈乔,等
200910191039	大管径污水管道清淤系统的污水水位控制装置	重庆大学	翟俊,何强,等

续表

申请号	名称	申请单位	发明人
200910191041	大管径污水管道清淤系统	重庆大学	翟俊,何强,等
200920000922	抗老化复合止水带	河北宏祥橡塑有限公司	闫长贵,闫长财,等
200920036285	复合体水封	南京东润特种橡塑有限公司	江文养
200920039697	P型水闸橡胶密封件	南京东润特种橡塑有限公司	江文养
200920094006	防裂防渗耐高温的堆石坝混凝土面板	吉林市水利水电勘测设计研究院	刘祥国,李伟,等
200920105857	用于替换部分损坏的橡胶水坝坝袋的模块	北京东光橡塑制品有限公司	刘正国,孙京平,等
200920197326	一种岩体岸坡止水结构	中国水电顾问集团华东勘测设计研究院	扈晓雯,徐建强,等
200920200464	不锈钢平板方闸门	宁波一机阀门制造有限公司	斯武君,林松道,等
200920206561	一种大管径污水管道清淤系统	重庆大学	翟俊,何强,等
200920206564	一种大管径污水管道清淤系统的污水水位控制装置	重庆大学	翟俊,何强,等
200920212892	一种活动式钢闸板防汛墙	上海华滋奔腾防汛设备制造有限公司	金志刚,孔旺盛,等
200920224830	直墙式橡胶水坝体	烟台桑尼橡胶有限公司	洪志强,王士智,等
200920234576	一种橡胶坝袋	江苏扬州合力橡胶制品有限公司	陈庆亮,宋继良,等
200920279048	一种由充水橡胶袋支撑启闭的连环薄钢闸门	河北农业大学	郄志红,吴鑫淼,等
200920306430	平板式水坝闸门密封装置	云峰发电厂	薛捍权
201010107781	钢闸门防撞护木	江苏省交通规划设计院股份有限公司,南京章光水电橡塑有限公司	王仙美,黄珑,等
201010244208	平面钢闸门止水橡胶保护装置	无锡市华东电力设备有限公司	金超
201010257417	混凝土面板堆石坝的面板施工方法	中国水电建设集团十五工程局有限公司	范亦农,李宏伟,等
201010578670	一种土石坝PVC复合土工膜防渗心墙施工方法	四川路航建设工程有限责任公司	曹彬,张剑宁,等
201010594929	一种橡胶坝袋的安装方法及橡胶坝袋袋体	江苏扬州合力橡胶制品有限公司	陈祝锦,陈理想,等
201020033041	一种活动式钢闸板防汛墙的止水装置	上海华滋奔腾防汛设备制造有限公司	金志刚,孔旺盛,等
201020145470	一种潮汐闸门	上海华滋奔腾防汛设备制造有限公司	陈岩,朱晔,等
201020145778	一种弧形闸门	上海华滋奔腾防汛设备制造有限公司	陈岩,朱晔,等
201020162203	双向挡水闸阀式工作闸门	黄河勘测规划设计有限公司	陈丽晔,侯庆红,等
201020243938	橡胶坝袋安装用锚固板	江苏扬州合力橡胶制品有限公司	陈祝锦,高俊,等
201020257454	农田排水沟三角形止水分层控制堰	河海大学	殷国玺,许亚群,等
201020280282	平面钢闸门止水橡胶保护装置	无锡市华东电力设备有限公司	金超
201020511427	水闸橡胶密封件	南京东润特种橡塑有限公司	江文养,黄华金,等
201020533897	水渠堰门	安徽铜陵科力阀门有限责任公司	汪军平
201020596927	用于橡胶坝的充排水系统	广州市水务规划勘测设计研究院	张志鹏
201020611828	一种双联销轨道闸门	上海华滋奔腾防汛设备制造有限公司	朱桦,陈岩,等
201020667820	一种柔性折叠的活动防汛闸门	上海华滋奔腾防汛设备制造有限公司	朱桦,陈岩,等
201110009177	一种碾压混凝土大坝施工缝面处理方法	华北水利水电学院,谢祥明	郭磊,谢祥明,等
201110062967	钢结构夹层钢板坝的趾板连接结构	华北水利水电学院	刘尚蔚,魏鲁双,等

续表

申请号	名称	申请单位	发明人
201120068885	钢结构夹层钢板坝的趾板连接结构	华北水利水电学院	刘尚蔚,魏鲁双,等
201120105610	橡胶坝循环水融冰防冻设备	赤峰市中心城区河道管理处	张炳杰,刘育民,等
201120125072	一种管路快速维护专用阀门	青岛伟隆阀门有限公司	张会亭,李会君,等
201120141614	一种翻板闸门的底部止水结构	衢州市河川翻板闸门有限公司	张晓敏
201120141615	一种翻板闸门的侧面止水结构	衢州市河川翻板闸门有限公司	张晓敏
201120167761	全开式液控翻板闸门	浙江衢州河口闸门有限公司	张晓敏
201120213010	折叠式钢坝底轴止水结构	扬州楚门机电设备制造有限公司	陈文珠,陈文重
201120213011	一种钢坝门叶底止水结构	扬州楚门机电设备制造有限公司	陈文珠,陈文重
201120213015	卧倒门弧形底止水结构	扬州楚门机电设备制造有限公司	陈文珠,陈文重
201120215265	燕尾形橡胶双向密封止水闸门	江苏新浪环保有限公司	王华祥
201120240893	废轮胎溢流坝	合肥工业大学	金菊良,汪哲荪,等
201120259133	钢坝门叶底止水装置	扬州楚门机电设备制造有限公司	陈文珠,陈文重
201120293198	平面钢闸门	中国船舶重工集团公司第七〇二研究所	李永生,金承仪,等
201120322430	一种矿浆分配器	南京梅山冶金发展有限公司,宝钢集团上海梅山有限公司,上海梅山钢铁股份有限公司	于发,李广,等
201120335324	舟桥式发电站	洛阳市四洲水能发电科技有限公司	梁士周
201120335325	橡胶坝固堤水能发电站	洛阳市四洲水能发电科技有限公司	梁士周
201120353386	橡胶闸阀阀体、阀盖中口法兰钻孔胎具	天津银河阀门有限公司	郑荣敏
201120355220	一种防爆橡胶水坝体	衡水新胜密封材料有限公司	于永星,张凤国
201120362729	可折叠的钢坝底轴止水结构	扬州楚门机电设备制造有限公司	徐家麟,陈文珠,等
201120424212	混凝土面板堆石坝的抗震止水结构	中国水电顾问集团华东勘测设计研究院	王樱畯,黄维,等
201120484905	中小型水库闸门装置	新邵县泵业有限公司	姚中华,王挺
201120506434	折叠式钢坝底轴止水结构	扬州楚门机电设备制造有限公司	徐家麟,陈文珠,等
97237517	双翼单头混合材质液压变形止水橡皮	成都蜀都水利电力工程研究所	陈启丙
98120606	用于水利水电工程上的防渗止水结构	国家电力公司华东勘测设计研究院科学研究所	谭建平,白美华,等
99127395	混凝土面板堆石坝的表层止水结构及其方法	北京科海利新型建筑材料开发有限公司	贾金生,郝巨涛,等

11.7.2 跨流域调水技术

申请号	名称	申请单位	发明人
200410025505	水泵自吸水装置	上海连成(集团)有限公司	龚寿奇
200420076335	基础排水孔孔口装置	长江水利委员会长江勘测规划设计研究院,蒋红建	程少荣,於习军,等
200510021910	一种引水渠排砂构造系统	四川希望深蓝电力有限公司	刘永言
200510022028	一种引水隧洞前池的排砂构造系统	四川希望深蓝电力有限公司	刘永言
200510200192	自动清除河道取水口格栅污物的方法及装置	贵阳铝镁设计研究院	刘忠发

续表

申请号	名称	申请单位	发明人
200610098369	凸形平板闸门门槽	河海大学	吴建华,吴伟伟,等
200620019223	索缆式引水渠固体污物高效清除设备	昆明积聚机电设备有限公司	戴德法
200620173129	曲条面引水渠首	新疆水利水电工程技术咨询服务公司	高亚平,何晓宁,等
200710050764	虹吸多点抽沙装置及其使用方法	四川希望深蓝电力有限公司	刘永言,王勇
200710051970	地埋式叠压无负压生活消防共用给水设备	南昌赣江水工业科技有限公司	王道光,但孝东
200710054989	复阻抗式水电站调压室结构	黄河勘测规划设计有限公司	马跃先,吴昊,等
200710062855	一种消防水池用作蓄冷水池的隔断与连通方法及装置	北京时代嘉华环境控制科技有限公司	王鹏飞,王文太
200710163314	一种采用旋流及强水气掺混消能的泄洪方法和泄洪洞	中国水利水电科学研究院	董兴林,杨开林,等
200720110062	地漏面板	浙江宝业建设集团有限公司	高宝钦,朱先康,等
200720169567	多方位引水口环保水箱	北京威派格科技发展有限公司	田海平,柳兵
200810072861	回转式捞冰清污机	水利部新疆维吾尔自治区水利水电勘测设计研究院	伊元忠,铁汉,等
200810147935	预应力管道防堵方法	中铁二局股份有限公司,中铁二局第五工程有限公司	马斌,万宗江,等
200810218697	一种灌溉用水渠塑料管道系统	广东联塑科技实业有限公司	杨继跃
200810227667	一种水电站可调节进水口装置	中国农业大学	张昕,姜敏,等
200820028930	超大型钢吊箱可调水平定位装置	中交第二公路工程局有限公司	任回兴,欧阳效勇,等
200820057656	可调水平洞口防护栅	中天建设集团有限公司	宋健松
200820163810	双重差动效应调压室	中国水电顾问集团华东勘测设计研究院	侯靖,吴旭敏,等
200820168373	海滨电厂循环水岩塞式取水口	浙江省电力设计院	黄建武,吴建国,等
200820202544	一种灌溉用水渠管道系统	广东联塑科技实业有限公司	杨继跃
200820230385	抽水蓄能电站接地网	湖北白莲河抽水蓄能有限公司	孙成章,唐健,等
200910059166	处理基坑局部涌水的方法及设施	中冶实久建设有限公司	黄成友
200910069907	渠首人工引水弯道	天津大学	徐国宾,刘昉
200910095312	自动排水型全密封光伏建筑一体化屋顶	公元太阳能股份有限公司	张建均,苏乘风,等
200910099197	一种厂房与大坝连接界面结构及施工工艺	中国水电顾问集团华东勘测设计研究院	郑芝芬,江亚丽,等
200910143738	一种用于防治建筑墙体渗漏水的方法	东莞市彩丽建筑维护技术有限公司	何玉成
200910186824	生物菌接地降阻剂的施工方法	中国瑞林工程技术有限公司	黄永青,欧阳伟,等
200920032062	台式室外自来水管保护保暖桩	陕西荣盛达工贸有限公司	贾叔荣,段文理
200920045508	一种疏浚吸头	江苏河海科技工程集团有限公司	俞建国,李庆,等
200920059304	高含沙低流量山区河流中用引水装置	广东省电力设计研究院	龙国庆,毛卫兵,等
200920080532	用于处理基坑局部涌水的聚水罩	中冶实久建设有限公司	黄成友
200920112152	自动排水型全密封光伏建筑一体化屋顶	浙江公元太阳能科技有限公司	张建均,苏乘风,等
200920192132	分流墩式差动调压室	中国水电顾问集团华东勘测设计研究院	侯靖,吴旭敏,等
200920199492	适用于车辆进出的施工支洞进人口结构	中国水电顾问集团华东勘测设计研究院	陈丽芬,冯仕能,等

续表

申请号	名称	申请单位	发明人
200920199493	一种施工支洞进人孔封孔门	中国水电顾问集团华东勘测设计研究院	陈丽芬
200920237305	一种过渡段整流箱涵结构	广东省电力设计研究院,华能国际电力股份有限公司	刘明,马兆荣,等
200920277201	防结冰泄水陡坡	新疆电力公司奎屯电业局	赵国旗,殷峰
200920305713	水电站用传力隔水垫层	西安林产化学工厂	甘启蒙,王保卫
200920318260	连续供水装置	青岛前进船厂	王新建,喻军
200920353419	带龙头水库的流域梯级水电站尾首衔接布置形式	中国水电顾问集团成都勘测设计研究院	尹晓林,童建文
201010176721	现浇钢筋混凝土闸门不断流封堵导流隧洞的方法及闸门	葛洲坝集团第一工程有限公司	张小华,董宇宪,等
201010232278	排异重流复合型堰	上海交通大学	李艳红,竺奇乐,等
201010239786	一种高尾水位旋流泄洪洞和泄洪洞的排气方法	中国水利水电科学研究院	董兴林,杨开林,等
201020032758	侧向引流的整流结构	上海勘测设计研究院	王志林,徐亮
201020130997	分系统供水的分流装置	江苏核电有限公司,中国核电工程有限公司,中国电力工程顾问集团东北电力设计院	欧阳予,刘敬,等
201020158682	屋顶用引水板的安装结构	方远建设集团股份有限公司	金崇正,方从兵,等
201020160442	翻模施工装置	中国葛洲坝集团股份有限公司	徐志国,孙昌忠,等
201020197957	利用TBM洞内组装洞改建的水工隧洞集石坑	中国水电顾问集团华东勘测设计研究院	陈祥荣,吴旭敏,等
201020203470	水电站压力引水钢管	中国水利水电第五工程局有限公司	任俊友,孙林智,等
201020216934	一种新型雨水收集器	成都青府环保科技有限公司	沙安妮,曾星滔
201020262538	小水电站、引水隧道进水口拦污栅	太平湾发电厂	孙洪义
201020267997	一种拨动节水机构	厦门市易洁卫浴有限公司	姚冰,谭仲平,等
201020274991	一种高尾水位旋流泄洪洞	中国水利水电科学研究院	董兴林,杨开林,等
201020296299	一种适用于大中型机械设备进入长隧洞检修的结构	中国水电顾问集团华东勘测设计研究院	侯靖,吴旭敏,等
201020300829	雨水管雨水收集结构	宁波市镇海中正园艺工具有限公司	郑忠义
201020515582	离心泵常吊真空引水启动装置	中国市政工程华北设计研究总院	熊水应
201020520399	侧向进水泵房导流整流装置	广东省电力设计研究院	李波,郭斌,等
201020532404	用于尾矿库澄清水排放的虹吸装置	长沙有色冶金设计研究院	黄柄华,程敏
201020559068	一种防水的集装箱式活动房	佛山市高鼎集成房屋有限公司	车洪波
201020561043	一种用于坡耕地灌溉系统的谷坊排水结构	中国水利水电科学研究院	王向东,何凡,等
201020608042	用于水电站输水系统的大井变截面的阻抗式调压室	安徽省水利水电勘测设计院	陈景富,王德傲,等
201020672565	水泵自动加水系统	山东力诺光热科技有限公司	冯立军,李兴收,等
201020683508	一种应用于屋面阳光板系统中的阳光板连接构件	上海汇丽-塔格板材有限公司	沈晓茳

续表

申请号	名称	申请单位	发明人
201020694338	一种重力流水库分层取水装置	中国瑞林工程技术有限公司	秦新民,何小英,等
201120053085	便于引水隧洞空间弯管下部斜洞施工的结构	中国水电顾问集团华东勘测设计研究院	冯仕能,赵瑞存,等
201120054603	地下连续墙防渗结构	长江航运规划设计院	张卫星,李维
201120071372	取水塔	中国水电顾问集团成都勘测设计研究院	雷运华,黄勇,等
201120102582	一种有压隧洞渐变段结构	黄河勘测规划设计有限公司	田丰,陈昭友,等
201120102593	有压隧洞渐变段结构	黄河勘测规划设计有限公司	吴昊,陈昭友,等
201120111722	引水隧洞过流面免拆钢模板	中国葛洲坝集团股份有限公司	王士发,朱俊杰,等
201120115433	一种跨越山谷输水装置	中国水利水电第五工程局有限公司	潘福营,向君
201120133988	一种混凝土桩的桩头破除设备	中铁十九局集团第一工程有限公司	许爱峻,许爱军,等
201120140467	高水头水电站压力钢管检修进人通道结构	中国水电顾问集团华东勘测设计研究院	姚敏杰,冯仕能,等
201120140745	带止水位杯的进水阀	厦门瑞尔特卫浴工业有限公司	王兵,钟志军,等
201120157183	能自动排除反坡检修洞内积水的引水隧洞检修进人门或孔	中国水电顾问集团华东勘测设计研究院	姜宏军,周以达,等
201120184168	洒水车用无动力灌水装置	江苏永钢集团有限公司	吴卫军
201120194776	引水带	湖南亨通贸易有限公司	廖勇
201120200405	一种自吸式气压给水设备	上海连成(集团)有限公司	胡燕龙,张锡森
201120233109	防外泄水罐引水装置	北京北消防冻技术有限公司	谢洪德
201120241591	一种带有末端封堵的明框玻璃幕墙支撑框架	北京嘉寓门窗幕墙股份有限公司	张国峰,刘子坤,等
201120248250	耙吸船提高挖掘硬土质能力的耙头	中港疏浚有限公司	张戟,金华,等
201120266322	水电站压力钢管跨厂房分缝预留环缝焊接阻水结构	中国水电顾问集团华东勘测设计研究院	黄东军,杨嵘,等
201120266338	带内支撑墙的地下调压室	中国水电顾问集团华东勘测设计研究院	黄东军,姜宏军,等
201120315116	一种建筑物屋面雨水收集井	中国核电工程有限公司	刘嘉,王东海,等
201120317210	自动引水系统、柱塞式水泵及消防设备	北京市三一重机有限公司	徐国荣,陈铭,等
201120327607	水电站进水口排沙结构	中国水电顾问集团华东勘测设计研究院	张洋,侯靖,等
201120338488	一种分层渠首闸	黄河水利委员会黄河水利科学研究院	江恩慧,董文胜,等
201120356579	进水口导水叠梁	中国水电顾问集团西北勘测设计研究院	张文辉,杨建红,等
201120375366	河道截污收水井	上海市城市建设设计研究院	张显忠
201120383771	拱圈彩色道砖坡面结构	上海勘测设计研究院	高占学,杨嘉为
201120390827	大跨度半球形屋顶阳光板总体安装的连接件	安徽鲁班建设投资集团有限公司	张联合,汤传余,等
201120400190	一种沟内取水头部的结构	中国水电顾问集团华东勘测设计研究院	夏泽勇,刘伯全,等
201120432562	一种适用于半球形屋顶阳光板连接的连接件组	安徽鲁班建设投资集团有限公司	张联合,陈尚金,等
201120459238	一种流道结构	中国水电顾问集团成都勘测设计研究院	彭玮,郑小玉,等
201120460261	用于多条引水隧洞的检修通道	中国水电顾问集团成都勘测设计研究院	樊菊平,陈子海,等
201120495378	设置有洞内消能结构的引水洞结构	中国水电顾问集团成都勘测设计研究院	庞明亮
96114757	排沙漏斗	新疆农业大学水利水电设计研究所	周著,侯杰,等

11.7.3 拦河坝或堰

申请号	名称	申请单位	发明人
00200977	带钩齿及转刷的旋转滤网装置	北京国电华北电力工程有限公司	詹迎辉
02254314	底轴驱动式双向挡水翻板闸门	国家电力公司华东勘测设计研究院	卢新杰,齐尔鸣,等
02263567	微阻导轮式铸铁闸门	江苏润源水务设备有限公司	金昌锦,丁跃林,等
02277725	泄水闸	湖南省交通规划勘察设计院	范焱斌,杨锡安,等
02290648	平板闸门	郑州市蝶阀厂	房四平,焦忠钧,等
03102674	堆石混凝土大坝施工方法	清华大学	金峰,安雪晖
03105288	重力坝加高后新老混凝土结合面防裂方法	中国水利水电科学研究院	朱伯芳,张国新,等
03151191	电动式闸门启闭驱动装置	南京西部瀚乔电机机械有限公司	林金清
03159507	浑水水力分离清水装置	新疆农业大学水利水电设计研究所	周著,侯杰,等
03254343	混凝土曲面拉模装置	中国葛洲坝水利水电工程集团有限公司	朱忠华,曾明,等
03259956	底部止水式闸门	江苏天雨环保集团有限公司	杨茂生
03261861	加高后可防裂的重力坝	中国水利水电科学研究院	朱伯芳,张国新,等
03263014	一种带隔离层防止产生温差裂缝的堆石坝面板结构	中国水利水电科学研究院	张国新,厉易生,等
03275758	混凝土坝永久保温层装置	中国水利水电科学研究院	朱伯芳,张国新,等
03275759	一种具有独立坝踵块结构的混凝土坝	中国水利水电科学研究院	厉易生,张国新,等
03278835	双面止水铸铁闸门	安徽省六安恒源机械有限公司	陈超,金尚传,等
200310121583	面板堆石坝的面板防裂设计方法	中国水利水电科学研究院结构材料研究所	张国新,厉易生
200320126339	浮体检修闸门	国家电力公司西北勘测设计研究院	罗同喜,郭明合,等
200410053115	面板堆石坝坝体反向排水系统及其施工方法	国家电力公司华东勘测设计研究院	陈振文,蒋效忠,等
200420009305	低功耗自记式闸门开度仪	中国水利水电科学研究院,北京中水科工程总公司	谢崇宝,黄斌,等
200420014578	水力浮式拍门	广州市科阳机电阀门有限公司	方习真,冯志民,等
200420017008	波纹管接头	湖北清江水布垭工程建设公司	徐韦,孙役,等
200420023379	悬挂式双向挡水闸门	上海市水利工程设计研究院	卢永金,王鹏展
200420023803	大坝下游反调节池结构	国家电力公司华东勘测设计研究院	蒋效忠,吴关叶,等
200420032444	一种溢流式水闸	成都希望电子研究所	刘永言
200420034393	混凝土面板堆石坝铜止水片整体异形接头	贵州云马飞机制造厂	裴华林,葛寿春
200420054417	全自动防水闸门	扬州市高扬机电有限公司	栾玉华,张凤芹,等
200420054656	铸铁双孔方闸门	江苏天雨环保集团有限公司	徐正好,徐俊
200420082734	直升翻板式闸门	国家电力公司华东勘测设计研究院	陈文伟,吕飞鸣,等
200420086409	一种振动滑模式沥青砼心墙摊铺机	西安理工大学	吴利言,余梁蜀,等
200420114683	深孔多支承铰弧形闸门	国家电力公司华东勘测设计研究院	沈得胜,卢新杰
200420120571	无动力自动控制水位活动堰门	北京安力斯科技发展有限公司	蔡晓涌,梁成铨
200510019868	新老混凝土结合面人工键槽施工方法	中国葛洲坝集团股份有限公司	程雪军,周厚贵,等

续表

申请号	名称	申请单位	发明人
200510026633	插拔式止水构件	上海勘测设计研究院	徐平,张政伟
200510026634	护镜门	上海勘测设计研究院	张政伟,陈星,等
200510026635	支铰装置	上海勘测设计研究院	张政伟,徐平
200510028655	气动浮体卧倒闸门及其最优结构尺度	上海市水利工程设计研究院	季永兴,卢永金
200510045082	赤泥快速固化筑坝方法	中国铝业股份有限公司	侯健,刘福刚,等
200510047885	一种水生植物种植床围堰及其制作方法	中国科学院沈阳应用生态研究所	张粤,陈玮
200510059655	自控闸门的机械离合保护装置	中国水利水电科学研究院,谢时友	谢崇宝,黄斌,等
200510119042	土石坝振捣式沥青混凝土防渗心墙的施工方法	中水东北勘测设计研究有限责任公司科学研究院	王德库,孙荣博,等
200510119043	土石坝沥青混凝土防渗心墙的浇筑施工方法	中水东北勘测设计研究有限责任公司科学研究院	王德库,孙荣博,等
200510119096	混凝土面板堆石坝垫层料及固坡砂浆一次成形施工方法	中国水利水电建设集团公司,中国水利水电第一工程局	常焕生,苏加林,等
200510200520	电解废渣作为初级坝筑坝材料的利用方法	贵阳铝镁设计研究院	吴展光
200520014719	钢筋混凝土面板堆石坝坝身溢洪道	中国水电顾问集团华东勘测设计研究院	曹克明,文洪,等
200520031365	合金铸铁闸槽	河南省商城县禹王水工机械有限责任公司	陈宗志,王国明,等
200520042360	插拔式止水构件	上海勘测设计研究院	徐平,张政伟
200520077526	堰门开度指示传动装置	安徽国祯环保节能科技股份有限公司	周芝贤,田先勇
200520098855	合金钢丝网兜	中国长江三峡工程开发总公司	戴会超,曹广晶,等
200520102255	翻板式活动坝结构	中国水电顾问集团华东勘测设计研究院	王淡善,徐建强,等
200610009938	河流上的斜堰装置	黑龙江省水利科学研究院	于伯芳,王秀芬,等
200610010589	齿型坝配合间断式侧拉闸门装置	黑龙江省水利科学研究院	于伯芳,王秀芬,等
200610021207	洞塞消能工	四川大学	许唯临,杨永全,等
200610021297	用于水利水电工程上的防渗止水结构	中国水电顾问集团成都勘测设计研究院	陈五一,何顺宾
200610021512	导流洞改建为有压突扩掺气泄洪洞的方法	四川大学	杨永全,邓军,等
200610021519	通气压坎消能工	四川大学	刘善均,许唯临,等
200610021520	L型消能工	四川大学	刘善均,许唯临,等
200610024116	叶形单轴旋浮闸门	上海市水利工程设计研究院	卢永金,季永兴,等
200610032054	一种潜孔式泄水通道的弧形闸门	长沙东屋机电有限责任公司	金捷生,李小洪,等
200610039163	内撑管片式减压井管	河海大学	赵坚,赵恒文,等
200610039925	轻便装配式钢结构临时挡水装置	合肥工业大学	王军,付辉,等
200610039961	一种生态透水坝	国家环境保护总局南京环境科学研究所	田猛,张永春
200610047343	钢基复合材料滑道及其制造方法	大连三环复合材料技术开发有限公司	刘正明,孙承玉,等
200610050097	一种库底填埋废渣的结构	中国水电顾问集团华东勘测设计研究院	张春生,姜忠见
200610052006	双拱结构闸门	浙江大学	罗尧治,朱世哲,等
200610085938	一种差动式掺气挑坎	河海大学,长江水利委员会长江勘测规划设计研究院	吴建华,阮仕平,等

续表

申请号	名称	申请单位	发明人
200610144017	一种气动喷射线绳机	清华大学	介玉新
200610166857	混凝土面板堆石坝垫层区移动边墙填筑施工技术	国电新疆开都河流域水电开发有限公司	张成龙，韦春侠，等
200620034932	气垫式调压室平压系统	中国水电顾问集团成都勘测设计研究院	郝元麟，陈五一，等
200620047751	一种水闸和船闸的闸底板	中交三航局第二工程有限公司	郑荣平，朱九仪，等
200620049189	拦河挡水建筑物	上海勘测设计研究院	陈平，孙卫岳，等
200620049190	单液压缸悬挂闸门	上海勘测设计研究院	李彬，张政伟，等
200620051849	水利水电启闭机液压自动挂脱梁装置	株洲天桥立泰起重机械有限公司	曹卫明
200620052858	曲线支腿水力自控翻板闸门	湖南省交通科学研究院	周经渊，万剑平，等
200620066569	消泡防雾型压力式消能工溢流堰	广东省电力设计研究院，李瑞生	谢明，余平，等
200620071585	浮箱式自动闸门	江苏润源水务设备有限公司	丁跃林，姚能栋
200620079724	面墙成型机	陕西省水利机械厂	黄天碧
200620107444	悬臂闸墩变形约束结构	中国水电顾问集团华东勘测设计研究院	张春生，江亚丽
200620108618	可折叠浮式检修闸门	中国水电顾问集团华东勘测设计研究院	孙美玲，汪云祥
200620124705	闸墩牛腿预应力无损补强结构	北京中水科海利工程技术有限公司，北京市水利规划设计研究院	魏陆宏，张家宏，等
200620134949	弧面铸铁止水闸门	河南禹王水工机械有限公司	陈宋志，余录才，等
200620140820	混凝土坝接头结构	中国水电顾问集团华东勘测设计研究院	徐建强，扈晓雯，等
200620157419	水工平面闸门定轮快速安装装置	国营武昌造船厂	吴培均，彭晓明，等
200620175768	闸门测控装置	唐山现代工控技术有限公司	张喜，许顺哲，等
200620200359	节约型堆石坝结构	贵阳铝镁设计研究院	王绍华，王晶
200710011655	扩散式曲线挑流鼻坎	大连理工大学	倪汉根，刘亚坤，等
200710050217	用于河道闸坝和溢洪道的导流设施	四川大学	刁明军，李斌华，等
200710050345	前置掺气装置的阶梯消能工	四川大学	许唯临，张建民，等
200710051028	竖井旋流泄洪洞与放空洞或导流洞垂交布置的水工建筑物的组合	四川大学，四川省清源工程咨询有限公司	刘新春，刘善均，等
200710060543	核电站取水渠的拦污系统	天津市海岸带工程有限公司，天津市海岸带港航工程咨询有限公司	黎仕庆，王广聚，等
200710121791	抛石型堆石混凝土施工方法	清华大学，前田建设工业株式会社	安雪晖，金峰，等
200710156847	下开启式分级闸门板闸门	余姚水利机械有限公司	沈浩，李立山
200710176053	混凝土衬砌机	北京中成兴达建筑工程有限公司	陈传清
200710201770	拱坝泄洪消能结构	中国水电顾问集团成都勘测设计研究院	周钟，饶红玲，等
200710201778	碾压式土石坝施工方法	贵阳铝镁设计研究院	王绍华，王晶
200720009318	尾矿库双联保排洪装置	南昌有色冶金设计研究院	沈楼燕，吴国高，等
200720014620	烧结法赤泥透水坝	沈阳铝镁设计研究院	乔英卉，贾瑞学，等
200720022363	双薄壁钢砼结合围堰	中铁十四局集团有限公司	刘运平，李学乾，等
200720025582	一种用齿轮驱动闸门的启闭机	山东水总机械工程有限公司	程国栋，房金贤，等
200720033538	新型泵站进水池	扬州大学	成立，刘超，等
200720033539	侧向进水泵站复合底坎	扬州大学	成立，刘超，等
200720036094	铸铁框钢闸门	安徽省六安恒源机械有限公司	陈超，黄振东

续表

申请号	名称	申请单位	发明人
200720036095	旋转式自动挂脱梁	安徽省六安恒源机械有限公司	陈超,李登国
200720036096	摆动式螺杆启闭机	安徽省六安恒源机械有限公司	陈超,李登国
200720041047	钢坝闸门	扬州楚门机电设备制造有限公司	陈正,陈文珠,等
200720065366	水电站尾水管检修闸门翻板式锁定装置	中国水电顾问集团中南勘测设计研究院	左长新,郭熙宏,等
200720065605	高低坎底流消力池	中国水电顾问集团中南勘测设计研究院	程浩,张金婉,等
200720065606	掺气设施体型	中国水电顾问集团中南勘测设计研究院	王怡,李延农
200720067404	一种牵引式闸板装置	宝山钢铁股份有限公司	程纪祥,须文彪,等
200720071716	一种上开式渠道闸门	上海市政工程设计研究总院	徐建初,赵海金
200720082129	多自由度趾板异型滑模	安蓉建设总公司	田维忠,王泉,等
200720084268	水工用防冰冻装置	长江水利委员会长江勘测规划设计研究院	石运深,李亚非,等
200720086811	一种分束U形预应力锚索	长江水利委员会长江勘测规划设计研究院	胡清义,王犹扬,等
200720103642	水工混凝土坝保温防渗复合板	中国水利水电科学研究院	朱伯芳,买淑芳,等
200720104303	水电工程预应力闸墩	中国水电顾问集团昆明勘测设计研究院	张宗亮,刘兴宁,等
200720104502	漂浮式拦污栅	昆明琢石机电有限责任公司	刘涛涛
200720104503	水面清污装置	昆明琢石机电有限责任公司	刘涛涛
200720104907	活隔栅回转式拦污清污机	云南省盈江星云有限公司	李啸云,李时昌
200720105047	一种升船机弧形船厢门	中国水电顾问集团昆明勘测设计研究院	马仁超,曹以南,等
200720105048	一种水电站平面闸门液压滑道	中国水电顾问集团昆明勘测设计研究院	崔稚,曹以南,等
200720105049	用于闸门的齿轮齿条式启闭机	中国水电顾问集团昆明勘测设计研究院	马仁超,曹以南,等
200720105050	自动穿轴式闸门锁定装置	中国水电顾问集团昆明勘测设计研究院	李荣,曹以南,等
200720105052	升船机承船厢充压密封装置	中国水电顾问集团昆明勘测设计研究院	马仁超,崔稚,等
200720105124	高水头弧形闸门水封装置	中国水电顾问集团昆明勘测设计研究院	余俊阳,曹以南,等
200720122788	一种简易闸门	江西铜业集团公司	刘红梅
200810017417	混凝土重力坝横缝大面积锯缝切割施工方法	中国水利水电第三工程局	李东锋,潘纪良
200810019654	一种可减免船闸阀门段突扩体型跌坎空化的自然通气方法	水利部交通部电力工业部南京水利科学研究院	胡亚安,左卫广,等
200810020651	土石坝分层强夯法填筑施工方法	水利部交通部电力工业部南京水利科学研究院	范明桥
200810034346	一种底舱开放的箱形浮式坞门	中船第九设计研究院工程有限公司	黄勍,潘润道,等
200810044753	一种设置有掺气坎的旋流竖井	四川大学	许唯临,邓军,等
200810044754	一种设置有水流对冲消能消力坎的泄洪陡槽	四川大学	陈其慧,陈华勇
200810045341	水翅消除工	四川大学	刁明军,李斌华,等
200810045669	急流平面交汇整流装置	四川大学	许唯临,刘善均,等
200810045903	坝身窄缝无碰撞泄洪消能工形式	四川大学	许唯临,邓军,等
200810045978	泄洪洞内掺气型曲线阶梯消能工	四川大学	张建民,许唯临,等
200810045979	全断面阶梯消能工	四川大学	许唯临,张建民,等

续表

申请号	名称	申请单位	发明人
200810046257	一种泄洪槽的加糙消能方法	四川大学	陈其慧,敖汝庄,等
200810053458	不均匀柔性锚固消力塘反拱底板结构	天津大学	练继建,马斌,等
200810059242	管桁架结构的水工挡水闸门及其制造方法	浙江宝业建设集团有限公司,浙江宝业钢结构有限公司	夏晓敏,华玉武,等
200810062182	折线型混凝土面板堆石坝及其施工方法	中国水电顾问集团华东勘测设计研究院	陈振文,齐立景,等
200810114515	一种混凝土大坝沉箱加固方法	清华大学	金峰,安雪晖,等
200810183463	一种适用于高坝陡坡的阶梯式过鱼设施及控制方法	中国水产科学研究院黄海水产研究所	黄滨,关长涛
200810200296	风力分级提水调控系统	上海大学	黄典贵,庄月晴,等
200810235376	用于堆石坝的混凝土面板	河海大学	殷德顺,王保田,等
200820029327	水平旋流消能泄洪洞	中国水电顾问集团西北勘测设计研究院	安盛勋,陈念水,等
200820040744	液压启闭设备中液压油缸的浮动连接机构	江都市永坚有限公司	马赛平,郭莲,等
200820053344	浮式拦污排	中国水电顾问集团中南勘测设计研究院	陈辉春,袁长生,等
200820053973	节能型侧向式全自动止回装置	湖南搏浪沙水工机械有限公司	叶锋,张意
200820053974	侧向式自力闸门	湖南搏浪沙水工机械有限公司	叶锋,张意
200820055050	一种浮体平开门	上海勘测设计研究院	李彬,张政伟,等
200820055053	一种水工建筑物墩台	上海勘测设计研究院	朱丽娟
200820063822	闸门开启控制仪	四川中鼎自动控制有限公司	王剑锋,秦豫川,等
200820068138	混凝土坝内排水管成孔器	中国葛洲坝集团股份有限公司,葛洲坝集团第二工程有限公司	谭明军,丁新中,等
200820071578	一种保障露顶弧门冬季正常运行的融冰设备	中水东北勘测设计研究有限责任公司	刁彦斌,苏加林,等
200820072371	高效软底抗冻消力池	吉林省水利科学研究院	周继元
200820072512	泄洪闸长倒悬体斜拉桥吊模	中国水利水电第一工程局	李伟,赵宝华,等
200820072808	一种无墩水闸	吉林省银河水利水电新技术设计有限公司	郑铎,张晓辉,等
200820079759	淤地坝放水工程	中国水利水电科学研究院	曹文洪,高季章,等
200820081250	突扩跌坎型底流消能工结构	昆明理工大学	王立辉
200820081251	跌坎式底流消能工结构	昆明理工大学	王海军,张强
200820082097	一种管桁架结构的水工挡水闸门	浙江宝业建设集团有限公司,浙江宝业钢结构有限公司	夏晓敏,华玉武,等
200820103474	自冲淤堰涵	新疆水利水电工程技术咨询服务公司	高亚平,阿里木江·胡达拜地,等
200820126389	一种注浆加固的土石围堰	中铁大桥局股份有限公司	全建设,秦顺全,等
200820153117	一种下卧式闸门	上海勘测设计研究院	张政伟,李彬,等
200820160626	液压启闭机同步动力伸缩的双油缸装置	江苏武进液压启闭机有限公司	沈建明,吴文波,等
200820169729	浮箱拍门	宁波巨神制泵实业有限公司	应建国,翟松茂,等
200820173224	一种改进的可移动消波装置	福建省水产研究所,泉州龙闰海洋科技有限责任公司,陈继梅	陈继梅,黄桂芳,等

续表

申请号	名称	申请单位	发明人
200820181128	一种有预倾角的滚轮连杆式水力自控翻板闸门结构	湖南省水电(闸门)建设工程有限公司	曾龙祥
200820181130	一种滑块式翻板闸门结构	湖南省水电(闸门)建设工程有限公司	曾龙祥
200820199960	一种斜拉链轮门防前倾装置	中国水电顾问集团昆明勘测设计研究院	余俊阳,曹以南,等
200820200677	无动力水位控制拍门	广州金川环保设备有限公司	温镜新
200820202430	用于小型水库输水涵斜卧管进水口的设施	广东省水利水电科学研究院	程永东
200820237725	坞工中的钢坝闸门	扬州楚门机电设备制造有限公司	沈国华,陈文珠,等
200820300867	拱坝建基面结构	中国水电顾问集团成都勘测设计研究院	张冲,王仁坤,等
200910012116	冲填砂浆结石坝施工方法	沈阳市利千水利技术开发有限责任公司	李千,李珍子,等
200910022474	高地应力窄河谷反拱水垫塘及设计方法	中国水电顾问集团西北勘测设计研究院	白俊光,姚栓喜,等
200910030865	闸墩液压调平内爬式滑升模板及其浇筑混凝土的方法	广西方元电力股份有限公司桥巩水电站分公司,广西壮族自治区水电站工程局	黄燕基,黄中良,等
200910039917	一种碾压混凝土坝的施工方法	河海大学,广东水电二局股份有限公司	谢祥明,强晟,等
200910043520	一种分散通气式掺气坎	中国水电顾问集团中南勘测设计研究院	戴晓兵,李延农
200910043521	一种用于掺气的分散通气式掺气坎	中国水电顾问集团中南勘测设计研究院	戴晓兵,李延农
200910058658	消力池内的挑流消能工	四川大学	易文敏,沈焕荣,等
200910058659	消力池内的差动式挑流消能工	四川大学	李连侠,沈焕荣,等
200910058933	水电站闸门长转铰门楣转铰孔加工装置	中国水利水电第五工程局有限公司	殷高翔
200910059015	水电站弧形闸门试拼装调整用支撑杆	中国水利水电第五工程局有限公司	殷高翔,吴高见,等
200910060124	差动分列式进口消能工	四川大学	张建民,许唯临,等
200910060125	双涡室掺气型漩流竖井	四川大学	张建民,许唯临,等
200910062499	一种水平埋设钢筋精确对位连接的方法	中国葛洲坝集团股份有限公司,葛洲坝集团第二工程有限公司	杨忠兴,程志华,等
200910062685	高面板堆石坝坝体填筑时空预沉降控制法	中国葛洲坝集团股份有限公司,葛洲坝建设工程有限公司	周厚贵,邓银启,等
200910063295	电站底栏栅坝液压清污机	湖北兴发化工集团股份有限公司	王明乾,明兵,等
200910065899	叠加式互为止水闸门	黄河勘测规划设计有限公司	李纪新,丁正中,等
200910065901	液压上翻转式闸门	黄河勘测规划设计有限公司	丁正中,陈丽晔,等
200910065902	水下液压穿轴锁定装置	黄河勘测规划设计有限公司	杨光,王春,等
200910065903	闸门底坎水下冲淤系统	黄河勘测规划设计有限公司	陈丽晔,王春,等
200910069245	心墙堆石坝施工质量实时监控方法	天津大学	钟登华,刘东海,等
200910078971	异型突扩突跌掺气坎	中国水利水电科学研究院	张东,陈文学,等
200910089562	一种旋流环形堰防蚀、消能的泄洪方法及装置	中国水利水电科学研究院	董兴林,杨开林,等
200910097011	百叶窗式水力自控闸门	浙江大学	顾正华,徐锦才,等
200910098392	一种碾压混凝土重力坝键槽式切缝结构及其施工方法	中国水电顾问集团华东勘测设计研究院	叶建群,涂祝明,等
200910100172	一种坝接头结构及其施工方法	中国水电顾问集团华东勘测设计研究院	扈晓雯,汤旸,等
200910100173	一种折线型坝接头结构及其施工方法	中国水电顾问集团华东勘测设计研究院	扈晓雯,徐建强,等

续表

申请号	名称	申请单位	发明人
200910101864	建造在全风化基岩上的面板堆石坝趾板结构及其施工方法	中国水电顾问集团华东勘测设计研究院	郑子祥，曹克明
200910136323	基于温湿耦合的大坝抗裂及防老化的方法	宜昌天宇科技有限公司	杜彬，田兵，等
200910153777	可在动水中修建的壅水水工建筑物结构及其施工方法	中国水电顾问集团华东勘测设计研究院	江金章，吴彬，等
200910170310	一种消能方法	中国水电顾问集团北京勘测设计研究院	乔明秋，梅传胜，等
200910182159	一种钢闸门锁定装置	扬州楚门机电设备制造有限公司	陈文珠，沈国华，等
200910182160	钢闸门锁定装置	扬州楚门机电设备制造有限公司	陈文珠，沈国华，等
200910185327	一种混凝土-堆石混合坝及其施工方法	河海大学	刘汉龙，肖杨，等
200910192766	升卧式翻板闸门	广东省水利电力勘测设计研究院	刘细龙，贺高年，等
200910216148	一种人工调控排泄流量的堰塞湖处置方法及其应用	中国科学院水利部成都山地灾害与环境研究所	陈晓清，崔鹏，等
200910216258	双翅式组合挑流消能工	四川大学	张建民，刘善均，等
200910216684	利用组合孔板消能技术将导流洞改建为泄洪洞的方法	四川大学	张建民，许唯临，等
200910225070	闸门自动锁定装置及其控制方法	杭州华辰电力控制工程有限公司	马时浩，刘勇，等
200910263442	一种反向斜切挑坎	四川大学	邓军，刘善均，等
200910272303	混凝土面板堆石坝过水预沉降施工方法	葛洲坝集团第五工程有限公司	付俊雄，冷向阳，等
200910273048	钢围堰内肠袋砼、塑性粘土、常规砼的封底方法	中国一冶集团有限公司	呙于平，李密良，等
200910308153	低热收缩土工格栅及其制备方法	常州天马集团有限公司	宣维栋，史建军，等
200920026664	一种感应式自消能土石坝无压放水装置	济南大学	杨令强，马静
200920033027	导流洞闸门充压伸缩式水封	中国水电顾问集团西北勘测设计研究院	方寒梅，孙丹霞，等
200920033091	高地应力窄河谷反拱水垫塘	中国水电顾问集团西北勘测设计研究院	白俊光，姚栓喜，等
200920039657	闸墩液压调平内爬式滑升模板	广西壮族自治区水电工程局，广西方元电力股份有限公司桥巩水电站分公司	莫仁模，黄中良，等
200920043227	减免已建船闸阀门空化的门楣体型	水利部交通部电力工业部南京水利科学研究院	胡亚安，郑楚佩，等
200920043228	抑制和减免船闸平板阀门顶缝及底缘空化的门楣体型	水利部交通部电力工业部南京水利科学研究院	胡亚安，严秀俊，等
200920043229	采用自然通气减免高水头船闸突扩廊道空化的升坎体型	水利部交通部电力工业部南京水利科学研究院	胡亚安，严秀俊，等
200920043230	高水头船闸输水阀门段综合突扩体型	水利部交通部电力工业部南京水利科学研究院	胡亚安，张瑞凯，等
200920043231	减免大水位变幅高水头船闸阀门空化的组合通气装置	水利部交通部电力工业部南京水利科学研究院	胡亚安，凌国增，等
200920048681	一种下游位于倾斜山坡上的面板堆石坝	华东宜兴抽水蓄能有限公司，上海勘测设计研究院	黄悦照，蒋海云，等
200920049513	单卷筒多绳缠绕机构	博宇(无锡)科技有限公司	高智鹏

续表

申请号	名称	申请单位	发明人
200920065263	节能型自由侧翻式拍门	湖南搏浪沙水工机械有限公司	叶锋,叶鹏,等
200920077930	水下卧倒门水闸	上海市水利工程设计研究院	季永兴,王鹏展,等
200920092209	弧形铸铁闸门	商城县开源环保设备有限公司	杨允鑫,李立金,等
200920092562	水下液压穿轴锁定装置	黄河勘测规划设计有限公司	杨光,王春,等
200920092566	闸门底坎水下冲淤系统	黄河勘测规划设计有限公司	陈丽晔,王春,等
200920094007	具有扭曲面底板的溢洪道	吉林市水利水电勘测设计研究院	刘祥国,李伟,等
200920107841	一种碾压混凝土大坝溢流面的台阶模板	中国水利水电第八工程局有限公司,中国水利水电建设集团公司	韩可林,黄巍,等
200920110191	一种旋流环形堰防蚀、消能的泄洪装置	中国水利水电科学研究院	董兴林,杨开林,等
200920115264	一种顶轴式水力自控闸门	浙江大学	顾正华,殷蕾
200920116474	一种百叶窗式水力自控闸门	浙江大学	顾正华,徐锦才,等
200920120030	一种重力坝与不良地质岸坡的联接结构	中国水电顾问集团华东勘测设计研究院	涂祝明,叶建群
200920121574	水力自控翻板闸门排漂体	浙江省水利河口研究院,龙游通海水利自控翻板闸门有限公司	包中进,谢老五,等
200920123517	一种坝接头结构	中国水电顾问集团华东勘测设计研究院	扈晓雯,汤旸,等
200920123518	一种折线型坝接头结构	中国水电顾问集团华东勘测设计研究院	扈晓雯,徐建强,等
200920124112	一种用于闸墩临时加固的支撑结构	中国水电顾问集团华东勘测设计研究院	杜筱萍,陈国海
200920124620	槽型复合梁结构	中国水电顾问集团华东勘测设计研究院	扈晓雯,汤旸
200920160225	一种调整抽水蓄能电站进出水口水流流态的整流坎	中国水电顾问集团北京勘测设计研究院	李振中,李冰,等
200920171621	数字化高精度开度荷重控制的启闭机	安徽省六安恒源机械有限公司	陈超,黄振东,等
200920190411	可兼作排漂的叠梁门结构	中国水电顾问集团华东勘测设计研究院	金晓华,齐尔鸣,等
200920196971	合理利用砂砾石料的面板堆石坝结构	中国水电顾问集团华东勘测设计研究院	陈振文,彭育,等
200920197516	底孔泄洪消能结构	中国水电顾问集团华东勘测设计研究院	朱瑞晨,吴春鸣,等
200920198594	宽尾墩跌坎底流消能结构	中国水电顾问集团华东勘测设计研究院	何世海,黄维,等
200920200121	一种倒 L 型拦沙坎结构	中国水电顾问集团华东勘测设计研究院	扈晓雯,徐建强,等
200920200315	可在动水中修建的壅水水工建筑物结构	中国水电顾问集团华东勘测设计研究院	江金章,吴彬,等
200920201090	用于平面露顶闸门的伸缩式活动支撑轨道	浙江华东机电工程有限公司	何源望,陈文伟,等
200920201092	用于平面露顶闸门的旋转式活动支撑轨道	浙江华东机电工程有限公司	丁国平,陈文伟,等
200920202627	一种排沙扰沙结构	中国水电顾问集团华东勘测设计研究院	黄维,史彬,等
200920202628	施工过程中对水闸与铺盖及护坦之间止水的保护装置	中国水电顾问集团华东勘测设计研究院	黄维,史彬,等
200920202629	一种施工期汛期过水基坑水闸闸墩外露钢筋的保护设施	中国水电顾问集团华东勘测设计研究院	黄维,史彬,等
200920212743	卧倒门结构	上海勘测设计研究院	周俊,郑卫华,等
200920212890	一种活动式防汛墙斜撑	上海华滋奔腾防汛设备制造有限公司	金志刚,孔旺盛,等
200920212891	一种活动式防汛墙斜撑	上海华滋奔腾防汛设备制造有限公司	金志刚,孔旺盛,等
200920217652	一种多级排沙洞泄水建筑物	黄河水利委员会黄河水利科学研究院	江恩慧,高航,等

续表

申请号	名称	申请单位	发明人
200920233107	一种钢闸门锁定装置	扬州楚门机电设备制造有限公司	陈文珠,沈国华,等
200920236501	升卧式翻板闸门	广东省水利电力勘测设计研究院	刘细龙,贺高年,等
200920236771	跌水沉砂式综合消力池	广州市设计院	陈健聪,赵力军
200920236772	多通道无积水消能槛	广州市设计院	陈健聪,赵力军
200920253708	一种电液比例控制活塞式单吊点液压启闭机	昆明理工大学	杨尚平,全永富,等
200920253709	一种电液比例控制活塞式双吊点液压启闭机	昆明理工大学	杨尚平,杨晓玉,等
200920253711	一种活塞式双吊点液压启闭机	昆明理工大学	杨尚平,杨晓玉,等
200920253712	一种活塞式单吊点液压启闭机	昆明理工大学	杨尚平,杨晓玉,等
200920257015	双吊点启闭机	江苏新浪环保有限公司	王华祥
200920263157	一种高水头水流消能装置	广东省电力设计研究院	廖泽球,徐锡荣,等
200920269075	闸门自动锁定装置	杭州华辰电力控制工程有限公司	马时浩,刘勇,等
200920271948	一种溢流井回水管路	洛阳栾川钼业集团股份有限公司	陈忠典,赵发群,等
200920276573	一种偏心铰弧形闸门转铰顶部止水装置	黄河水利水电开发总公司,黄河勘测规划设计有限公司	唐红海,丁正中
200920287007	消浪结构	上海勘测设计研究院	米有明,陈茹,等
200920289284	液压启闭机	武汉力地液压设备有限公司	周宜松,王军峰,等
200920290327	滑杆折叠式挡水闸门	山东农业大学	刘福胜,卢华,等
200920296860	水池闸门系统	深圳华强智能技术有限公司	李明,戎志刚,等
200920304082	拱坝的下游坝趾结构	中国水电顾问集团成都勘测设计研究院	王仁坤,赵文光,等
200920304084	拱坝上游坝面与拱肩槽上游侧坡的分离结构	中国水电顾问集团成都勘测设计研究院	王仁坤,张冲,等
200920304087	坝体下游坝趾区基岩的加固结构	中国水电顾问集团成都勘测设计研究院	王仁坤,赵文光,等
200920306064	水库钢筋混凝土面板堆石坝坝身溢洪道泄槽底板锚固筋	华东桐柏抽水蓄能发电有限责任公司	赵贤学,姜忠见,等
200920309254	一种采用硬岩与软岩的混合料填筑的面板堆石坝	中国水电顾问集团贵阳勘测设计研究院	湛正刚,范福平,等
200920309342	一种防淤堵坝基渗流监测截水沟结构	中国水电顾问集团贵阳勘测设计研究院	湛正刚,陈娟,等
200920312177	一种低热收缩土工格栅	常州天马集团有限公司	宣维栋,史建军,等
200920313894	移动式双吊点电动葫芦启闭机	株洲天桥立泰起重机械有限公司	张福明,董新民
200920316222	一种趾板混凝土连续浇筑装置	中国水利水电第七工程局有限公司	伍夕国
200920316251	一种工程坝体连续施工设备	中国水利水电第七工程局有限公司	伍夕国
200920316570	大坝坝顶护栏	中国水电顾问集团成都勘测设计研究院	陈万涛,李永红,等
200920316571	大坝廊道	中国水电顾问集团成都勘测设计研究院	李仁鸿
200920316572	直通式基础廊道	中国水电顾问集团成都勘测设计研究院	李仁鸿
200920316704	一种用于生态防护的椰枕	杭州实创建设有限公司	胡文晓,俞峰
200920353447	4.5 或 4m 型高混凝土面板堆石坝趾板结构	中国水电顾问集团华东勘测设计研究院	陈振文,齐立景,等
201010039511	箱涵式水闸浮运安装工艺	浙江省围海建设集团股份有限公司	冯全宏,张子和,等

续表

申请号	名称	申请单位	发明人
201010042070	尾矿坝溃决破坏相似模拟试验装置	重庆大学	尹光志，魏作安，等
201010103442	差动式底板拦河闸	黄河水利委员会黄河水利科学研究院	江恩惠，李远发，等
201010106576	堆石坝料用移动加水站	江南水利水电工程公司	唐先奇，黄宗营，等
201010116142	螺杆启闭机的超载保护装置	徐州淮海电子传感工程研究所	邵红超，沈统阳，等
201010122189	气动式闸门启闭系统	西北农林科技大学	许景辉，马孝义，等
201010129949	河道上游围堰拆除的导流明渠截流进占戗堤	四川大学	戴光清，马旭东，等
201010130333	河道设有上游围堰的导流明渠截流进占戗堤	四川大学	马旭东，戴光清，等
201010132437	淹没型漩流竖井泄洪洞	四川大学	张建民，刘善均，等
201010142455	水电站岸坡-自然消力池联合消能方法	重庆交通大学	杨胜发，张艾文，等
201010142460	钢管混凝土拱坝及施工方法	长春工程学院	窦立军，王坦
201010142467	水电站岸坡消能结构	重庆交通大学	杨胜发，付旭辉，等
201010145651	自然水体突发重金属污染应急处理吸附坝	山东建筑大学	张志斌，张晓蕊，等
201010149461	采用倒挂液压启闭机的电站事故闸门	黄河勘测规划设计有限公司	李纪新，丁正中，等
201010154656	钢构坝空间桁架结构单元体及拱式钢构坝	河南奥斯派克科技有限公司	魏群，张国新，等
201010162236	利用低水头闸门液压启闭机变速运行曲线的控制方法	江苏省交通规划设计院股份有限公司	王仙美，许建平，等
201010163299	一种土石坝的抗震组合面板及其施工方法	河海大学	刘汉龙，丁选明，等
201010168474	H形竖井泄洪洞	四川大学	张建民，许唯临，等
201010177823	水位控制与水质净化功能复合的透水溢流坝	河海大学	王超，钱进，等
201010181877	组合连拱式钢构坝	华北水利水电学院	魏群，张国新，等
201010182069	一种大坝防渗心墙掺砾土掺合施工方法	葛洲坝集团第五工程有限公司	兰芳
201010197322	用于溢洪道或泄洪洞出口的挑流斜鼻坎	四川大学	刁明军，方旭东，等
201010199794	设置在坝体表孔短明流段出口末端的整流设施	四川大学	许唯临，邓军，等
201010207816	一种突缩突扩式消能工的水流流态检测方法	河海大学，四川大学	吴建华，许唯临，等
201010210256	明流泄洪洞平面弯道的压顶方法	四川大学	陈云良，王波，等
201010229066	阶梯漩流竖井	四川大学	张建民，许唯临，等
201010229081	锥形漩流竖井	四川大学	张建民，许唯临，等
201010239680	一种潜水起旋墩自调流竖井消能方法与装置	中国水利水电科学研究院	董兴林，杨开林，等
201010250276	一种厚层碾压混凝土压实密度检测孔的成孔方法	广东水电二局股份有限公司	丁仕辉，汪永剑，等
201010256664	堆石混凝土和胶凝砂砾石复合材料坝及其设计与施工方法	清华大学	王进廷，金峰，等

续表

申请号	名称	申请单位	发明人
201010260220	一种组合坝	清华大学,黄河上游水电开发有限责任公司	张建民,谢小平,等
201010278653	基于多目标的群闸自动调度系统	河海大学	唐洪武,汪迎春,等
201010283314	弧形钢闸门门叶面板倒置式加工方法	中国水利水电第二工程局有限公司	张松江,赵朝起,等
201010521593	支墩式钢构坝	华北水利水电学院	刘尚蔚,魏鲁双,等
201010546541	一种拦截消防废水的挡水吸水坝的制作方法	南京工业大学	周迟骏,卢潮陵
201010551612	一种采用钢管竹笆塑布为材料进行围堰坝施工方法	绍兴电力局	戚柏林,傅鑫林,等
201010579260	一种适用于河道正常水位下全断面水体湿地净化系统	河海大学	王超,王沛芳,等
201010588230	固定双吊点悬臂轨道式桁吊安装方法	中国水电建设集团十五工程局有限公司	张麦全,党晓青,等
201010621970	一种基于位移传感器的角度监测系统的工作方法	上海市东方海事工程技术有限公司,中国船舶科学研究中心上海分部	周伟新,匡俊,等
201020022750	改进型滚珠丝杆传动式启闭机	京杭运河江苏省交通厅苏北航务管理处工程总队	朱浩贤,王建民
201020032757	深齿墙结构	上海勘测设计研究院	黄颖蕾,林玉叶,等
201020102688	坝体排水结构	中国水电顾问集团华东勘测设计研究院	王淡善,徐德芳,等
201020103263	液压水下卧倒门闸的闸下清淤用射流管	河海大学	唐洪武,卢永金,等
201020106672	陡边坡混凝土面板无轨滑模装置	江夏水电工程公司	严匡柠,范天印,等
201020110762	自流式堰板流量控制器	四川省运辉环保工程咨询有限公司	万代聪,卿尚伟
201020110763	反滤料摊铺器	中国水利水电第五工程局有限公司	潘福营,邹建江,等
201020111026	水工钢闸门防撞护木	江苏省交通规划设计院有限公司	王仙美,黄珑,等
201020112640	带舌瓣平面组合闸门	浙江省水利水电勘测设计院	阙剑生,刘旭辉,等
201020118676	闸门用自调压止水密封结构	中国水电顾问集团华东勘测设计研究院	石守津,金晓华
201020120290	用于围海堤坝的水闸结构	浙江大学,国家海洋局第二海洋研究所	许雪峰,孙志林
201020125065	重力坝坝基大断层加固结构	中国水电顾问集团华东勘测设计研究院	黄维,郑鹏翔,等
201020128540	气动式闸门启闭系统	西北农林科技大学	许景辉,马孝义,等
201020131010	控制厂区前池纳潮量的拍板门装置	江苏核电有限公司,中国核电工程有限公司,中国电力工程顾问集团东北电力设计院	欧阳予,刘敬,等
201020137608	一种管型可调节式泄水口	中交天航南方交通建设有限公司	田守云,刘洋,等
201020143872	一种旋转闸门	上海华滋奔腾防汛设备制造有限公司	陈岩,朱晔,等
201020143934	一种简易堆石料加水器	中国水利水电第五工程局有限公司	潘福营,张卫林,等
201020144817	一种浮力防汛闸门	上海华滋奔腾防汛设备制造有限公司	陈岩,朱晔,等
201020145384	一种翻板式充气挡水闸门	上海华滋奔腾防汛设备制造有限公司	陈岩,朱晔,等
201020145786	一种流量可控泄水闸门	上海华滋奔腾防汛设备制造有限公司	陈岩,朱晔,等
201020148669	使用一体成型玻璃纤维强化塑料的水门装置	台湾省新竹农田水利会	黄炳煌
201020153693	钢管混凝土拱坝	长春工程学院	窦立军,王坦

续表

申请号	名称	申请单位	发明人
201020153776	一种新型电动闸门启闭装置	成都谱尔飞特科技有限公司	刘平,谭伟
201020154207	快速闸门液压启闭机的节流限速装置	江苏武进液压启闭机有限公司	汤云,朱琴玉,等
201020157881	大坝廊道顶拱可变弧钢模板	中国葛洲坝集团股份有限公司	周建华,盛信平,等
201020162052	一种提高土石过水围堰安全运行的设施	中国水电顾问集团华东勘测设计研究院	张春生,周垂一,等
201020162231	采用倒挂液压启闭机的电站事故闸门	黄河勘测规划设计有限公司	李纪新,丁正中,等
201020162233	单双吊点变换式门机	黄河勘测规划设计有限公司	唐松智,杨立,等
201020162493	单双吊点变换式起升装置	黄河勘测规划设计有限公司	唐松智,杜伟峰,等
201020162496	闸阀式闸门的自动排气装置	黄河勘测规划设计有限公司	杨丽娟,杨光,等
201020162500	用于闸阀式工作闸门的液压启闭机	黄河勘测规划设计有限公司	杨光,毛明令,等
201020169372	钢构坝空间桁架结构单元体及拱式钢构坝	河南奥斯派克科技有限公司	魏群,张国新,等
201020182847	闸门底坎钢衬混凝土预浇固定装置	葛洲坝集团第二工程有限公司	杨忠兴,程志华,等
201020184897	插板闸	铜陵国方水暖科技有限责任公司	许国荣
201020184970	速闭闸门	铜陵国方水暖科技有限责任公司	许国荣
201020195689	自流式堰板流量控制器	四川省运辉环保工程咨询有限公司,郭承松	黄时达,黄毅,等
201020196779	水电站坝后背管外包混凝土检修通道	中国水电顾问集团华东勘测设计研究院	黄东军,蒋磊,等
201020199731	大门套小门结构的排漂门	中国水电顾问集团华东勘测设计研究院,福建水口发电有限公司	卢新杰,金晓华,等
201020202111	组合连拱式钢构坝	华北水利水电学院	魏群,张国新,等
201020208334	新型闸门	江苏新天鸿集团有限公司	戴明发,徐时红,等
201020215602	自动升降水道高效拦污导排装置	昆明积聚机电设备有限公司	戴德法
201020215852	一种水坝	西藏自治区高原生物研究所,中国科学院地理科学与资源研究所	土艳丽,张镱锂,等
201020219751	灌浆用分体式孔内阻塞装置	葛洲坝集团基础工程有限公司	易明,梅运生,等
201020228789	钢制自动翻倒闸门	长沙金虹水工机械厂	张洋
201020232168	箕形溢流式智能水闸装置	陕西兴源自动化控制系统有限公司	董建幸,屈东发,等
201020237935	一种在拱坝上采用波纹板成缝的结构	中国水电顾问集团贵阳勘测设计研究院	罗洪波,杨家修,等
201020238737	水库高水位关闭平板式溢洪门	国电大渡河流域水电开发有限公司检修安装分公司	余光荣
201020240796	进水口消涡结构	上海勘测设计研究院	肖贡元,阮巧根,等
201020242624	一种组合式陡斜坡牵引削坡设备	中国水利水电第五工程局有限公司	刘振燕,吴高见,等
201020246950	一种四连杆活动式闸门	上海华滋奔腾防汛设备制造有限公司	朱桦,陈岩,等
201020248522	一种用于露天矿区的防洪坝装置	中国神华能源股份有限公司,神华准格尔能源有限责任公司	郭昭华,王平亮,等
201020248558	一种防洪坝装置	中国神华能源股份有限公司,神华准格尔能源有限责任公司	郭昭华,王平亮,等
201020252376	一种单拐臂钢坝闸门	扬州楚门机电设备制造有限公司	不公告发明人
201020252378	一种底枢在门顶的人字闸门	扬州楚门机电设备制造有限公司	不公告发明人
201020252584	双向钢制闸门横向楔紧装置	南通华新环保设备工程有限公司	包卫彬,张桂林,等

续表

申请号	名称	申请单位	发明人
201020258451	浮运箱涵式水闸施工设备	红阳建设集团有限公司,浙江科技学院	陶松垒,周荣鑫,等
201020259465	铸铁镶铜闸门	芜湖华洁环保设备有限公司	杨顺志
201020260789	关门同步控制的人字闸门系统	江苏武进液压启闭机有限公司	姚加明,陈锁琴,等
201020274992	一种潜水起旋墩自调流竖井消能装置	中国水利水电科学研究院	董兴林,杨开林,等
201020285764	手动闸门启闭机	中国铝业股份有限公司	胡黔生,肖承瑞,等
201020296507	一种斜承式闸门自动锁定装置	中国水电顾问集团昆明勘测设计研究院	李荣,马仁超,等
201020297499	面板坝碾压固坡模板	中国水利水电第五工程局有限公司	吴高见,孙林智,等
201020297578	混凝土面板堆石坝浇筑滑模	中国水电建设集团十五工程局有限公司	范亦农,李宏伟,等
201020503132	船闸	中建筑港集团有限公司	杨胜杰
201020511406	复合水封	南京东润特种橡塑有限公司	江文养,黄华金,等
201020511414	水闸耐磨橡塑密封件	南京东润特种橡塑有限公司	江文养,黄华金,等
201020514018	新型闸门	安徽省(水利部淮河水利委员会)水利科学研究院	张今阳,潘强
201020516354	一种液压式闸门自动锁定装置	中国水电顾问集团昆明勘测设计研究院	崔稚,李自冲,等
201020516366	钢坝铰座连接固定机构	扬州楚门机电设备制造有限公司	陈文珠,陈文重
201020516368	钢坝门叶与底轴连接结构	扬州楚门机电设备制造有限公司	陈文珠,陈文重
201020516370	钢坝瀑流结构	扬州楚门机电设备制造有限公司	陈文珠,陈文重
201020516383	钢坝底轴穿墙密封装置	扬州楚门机电设备制造有限公司	陈文珠,陈文重
201020516385	钢坝嵌入式拐臂连接机构	扬州楚门机电设备制造有限公司	陈文珠,陈文重
201020516391	钢坝底轴轴向定位机构	扬州楚门机电设备制造有限公司	陈文珠,陈文重
201020516392	钢坝底轴法兰连接装置	扬州楚门机电设备制造有限公司	陈文珠,陈文重
201020518550	潜水起旋墩竖井旋流消能泄洪洞	广东省水利电力勘测设计研究院	刘林军,郭建设,等
201020518571	加高的重力坝	广东省水利电力勘测设计研究院	董良山,李贤锋
201020538053	一种溢洪道泄槽结构	中国水电顾问集团华东勘测设计研究院	陈振文,汤旸,等
201020538065	一种加固闸墩的锚杆结构	中国水电顾问集团华东勘测设计研究院	韩华超,陈国海
201020540179	一种悬挂式潜孔钢闸门	河南省电力勘测设计院	闫文周,晏业盛
201020540503	遥测手动量水堰板闸门	唐山现代工控技术有限公司	张喜,于树利,等
201020549363	面板坝碾压固坡模板	中国水利水电第五工程局有限公司	吴高见,孙林智,等
201020554462	水垫塘的给排水系统	中国水电顾问集团成都勘测设计研究院	张敬,尹华安,等
201020554659	拱坝的防渗结构	中国水电顾问集团成都勘测设计研究院	胡云明,王仁坤,等
201020564845	一种环保闭式启闭机	江苏省水利机械制造有限公司	谢厚霓,姜超亿,等
201020570166	一种预应力闸墩	中国水电顾问集团北京勘测设计研究院	乔明秋,王毅鸣,等
201020579141	支墩式钢构坝	华北水利水电学院	刘尚蔚,魏鲁双,等
201020592259	消能箱涵	广州市水务规划勘测设计研究院	况娟娟
201020598196	双吊点电动葫芦启闭机	新乡市起重设备厂有限责任公司	杨慧芳,闫晓妮,等
201020603399	滩涂圈围鸳鸯袋外棱体结构	上海勘测设计研究院	吴彩娥,刘汉中,等
201020611629	一种防裂缝常态混凝土重力坝	中国水电顾问集团贵阳勘测设计研究院	龙起煌,陈能平,等
201020611648	一种可变宽度叠梁式检修闸门	上海华滋奔腾防汛设备制造有限公司	秦明,陈岩,等
201020611927	输水洞洞内消能工结构	中国水电顾问集团华东勘测设计研究院	姜忠见,戚海峰,等
201020614503	一种闸门	南通华新环保设备工程有限公司	张桂林,秦雪峰,等

续表

申请号	名称	申请单位	发明人
201020619181	平板闸门液压自动锁定梁	松江河发电厂	王环东,邵锡福,等
201020648382	大仓面浇筑混凝土坝用冷却水管布置形式	中国水电顾问集团成都勘测设计研究院	唐忠敏,周钟,等
201020648386	自行式液压悬臂门式防浪墙混凝土浇筑装置	中国水利水电第七工程局有限公司	彭东升,闻忠林
201020651155	可控下游最高水位的单向流水力阻截设施	上海勘测设计研究院	朱雪诞,李巍
201020655764	水流自我耗散消能的水坝结构	福建省水利水电勘测设计研究院	陈敏岩,杨首龙,等
201020655765	一种旁侧溢洪道双层分离泄洪结构	福建省水利水电勘测设计研究院	陈敏岩,杨首龙,等
201020656374	电动闸门上下限位保护装置	唐山现代工控技术有限公司	张喜,于树利,等
201020656960	一种深孔弧门面板	中国水电建设集团夹江水工机械有限公司	李谦
201020658179	一种高溢流坝竖向薄片水流控制消能结构	福建省水利水电勘测设计研究院	陈敏岩,何光同,等
201020658204	大型分流墩泄洪结构	福建省水利水电勘测设计研究院	陈敏岩,杨首龙,等
201020659962	江河截流管	河南省电力公司许昌供电公司	梁京壤
201020660524	液压启闭机高精度电子比例调速自动控制系统	常州海通电气自动化技术装备有限公司,常州液压成套设备厂有限公司	吕聿,吴奇一,等
201020668921	面板堆石坝坝面施工组合台车	中国水利水电科学研究院,北京中水科海利工程技术有限公司	鲁一晖,关遇时,等
201020674511	T型墩-消力戽联合消能结构	福建省水利水电勘测设计研究院	陈敏岩,杨首龙,等
201020676361	一种大坝双缸液压闸门智能控制系统	成都锐达自动控制有限公司	叶小锋,何黎
201020681900	一种智能控制堰门	安力斯(天津)环保设备制造有限公司	李红军
201020681907	半气垫封闭式虹吸井	广东省电力设计研究院	龙国庆,杨志,等
201020683140	一种消浪装置	无锡市智者水生态环境工程有限公司	王九江
201020686667	钢坝门叶结构	扬州楚门机电设备制造有限公司	陈文珠,陈文重
201020687051	一种利用宽尾墩与坝面小挑坎联合泄洪消能的水坝结构	福建省水利水电勘测设计研究院	陈敏岩,林琳,等
201020690099	主纵梁高水头抗震弧形闸门	中国水电顾问集团昆明勘测设计研究院	曹以南,罗文强,等
201020690100	主横梁高水头抗震弧形闸门	中国水电顾问集团昆明勘测设计研究院	曹以南,罗文强,等
201020695773	隧洞洞塞式围堰结构	中国水电顾问集团华东勘测设计研究院	涂小兵,任金明
201020696797	一种基于位移传感器的角度监测系统	中国船舶科学研究中心上海分部,上海市东方海事工程技术有限公司	周伟新,马峥,等
201110000420	碾压混凝土坝及其成缝方法	中国水电顾问集团中南勘测设计研究院	冯树荣,潘江洋,等
201110030730	斜拉门式启闭机小车驱动机构的布置方法	黄河勘测规划设计有限公司	杨光,陈霞,等
201110030761	用于旋转闸门的卷扬启闭系统	黄河勘测规划设计有限公司	陈霞,王国栋,等
201110030764	无倍率直拉式启闭机	黄河勘测规划设计有限公司	杜伟峰,陈霞,等
201110030767	用于驱动斜拉门机或斜拉台车式启闭机小车的液压缸	黄河勘测规划设计有限公司	张金良,杨光,等

续表

申请号	名称	申请单位	发明人
201110030769	斜拉门式启闭机小车驱动机构的液压系统	黄河勘测规划设计有限公司	杨光,陈霞,等
201110047340	大坝止浆体及其布置方法	河海大学	武聪聪,李同春,等
201110063410	钢结构空腹组合坝	华北水利水电学院	魏群,刘尚蔚,等
201110095317	用于坝体闸门的斜拉双向门式启闭机	黄河勘测规划设计有限公司	陈霞,罗文强,等
201110110989	尾矿坝施工方法及其专用挡水装置	华北水利水电学院	魏群,刘尚蔚,等
201120000719	碾压混凝土坝	中国水电顾问集团中南勘测设计研究院	冯树荣,潘江洋,等
201120007517	水工振动闸门	中国水利水电科学研究院	陈祖煜,赵剑明,等
201120007519	水工振动闸门的高压水喷嘴系统	中国水利水电科学研究院	赵剑明,陈宁,等
201120014286	双向闸门锁紧装置	江苏通环环保设备有限公司	王欢,周华平,等
201120015747	自调节环状溢流堰	西北农林科技大学	徐根海,吴宝琴
201120016406	用于露天煤矿区排土场的坝体装置	中国神华能源股份有限公司,神华准格尔能源有限责任公司	王平亮,郭昭华,等
201120029712	导流泄洪洞结构	中国水电顾问集团华东勘测设计研究院	张伟,沈明
201120029844	无倍率直拉式启闭机	黄河勘测规划设计有限公司	杜伟峰,陈霞,等
201120029845	用于旋转闸门的卷扬启闭系统	黄河勘测规划设计有限公司	陈霞,王国栋,等
201120029846	用于驱动斜拉门机或斜拉台车式启闭机小车的液压缸	黄河勘测规划设计有限公司	张金良,杨光,等
201120029850	斜拉门式启闭机小车驱动机构的液压系统	黄河勘测规划设计有限公司	杨光,陈霞,等
201120029853	卧式圆筒旋转闸门	黄河勘测规划设计有限公司	王国栋,杜伟峰,等
201120037042	水电站机组进水口的快速闸门控制装置	白山发电厂	辛峰,尉青连,等
201120045012	一种卡槽浮式拦螺装置	长江水利委员会长江科学院	王家生,卢金友,等
201120047531	集成式启闭机同步控制系统	扬州楚门机电设备制造有限公司	陈文珠,陈文重
201120052331	一种由导流洞采用"龙翘尾"型式改建成的泄洪洞	中国水电顾问集团西北勘测设计研究院	任苇
201120060494	多功能沿海挡潮闸	浙江广川工程咨询有限公司	吴文华,彭渊,等
201120062260	灌区闸门电源遥控装置	唐山现代工控技术有限公司	刘志江,张喜,等
201120068884	钢结构组合式夹层钢板堆石坝	华北水利水电学院	魏群,张国新,等
201120068911	钢结构面板砂砾石坝	华北水利水电学院	魏群,张国新,等
201120069246	钢结构空腹组合坝	华北水利水电学院	魏群,刘尚蔚,等
201120074660	一种翻起立柱式插板防汛闸门	上海华滋奔腾防汛设备制造有限公司	秦明,朱桦,等
201120074948	中小水库、水电站远程自动化测控设备	河海大学	王超,徐立中,等
201120078879	导流洞下闸封堵的临时结构	葛洲坝集团第五工程有限公司	周山,孟海,等
201120083312	防冰冻的门槽	浙江华东机电工程有限公司	卢新杰,关新成,等
201120083313	一种可发热的水工闸门止水橡皮	浙江华东机电工程有限公司	卞建,陈文伟,等
201120083315	水工闸门防冰冻装置	浙江华东机电工程有限公司	陈文伟,关新成,等
201120085012	一种地翻式活动防汛闸门	上海华滋奔腾防汛设备制造有限公司	秦明,朱桦,等
201120085678	景观挡潮闸门	江苏天雨环保集团有限公司	方跃飞,潘庆权,等
201120086528	一种消除闸墩尾部水翅的隔墩结构	中国水电顾问集团华东勘测设计研究院	陈振文,汤旸,等

续表

申请号	名称	申请单位	发明人
201120086970	出水渠弯道整流结构	上海勘测设计研究院,上海青草沙投资建设发展有限公司	陆忠民,王志林,等
201120087531	闸门安全锁定装置	扬州众大水利机电设备制造有限公司	张道才
201120087580	底轴驱动景观翻板坝	扬州众大水利机电设备制造有限公司	张道才
201120087596	手电两用启闭机	扬州众大水利机电设备制造有限公司	张道才
201120087862	水利闸门监控系统	扬州众大水利机电设备制造有限公司	张道才
201120089314	一种水上制备反滤料的加工系统	葛洲坝集团第五工程有限公司	刘宏
201120091248	扭矩荷载控制的螺杆式启闭机	安徽省六安恒源机械有限公司	陈荣娜,黄振东
201120091250	荷重控制的螺杆式启闭机	安徽省六安恒源机械有限公司	陈荣娜,黄振东
201120099292	用于水电站引鱼箱的水利自动帘式调节堰	中国水电顾问集团华东勘测设计研究院	胡涛勇,沈燕萍
201120100733	一种水利闸门无线控制装置	唐山现代工控技术有限公司	于树利,张喜,等
201120101673	组合式电动液压启闭器	山西浩业通用设备有限公司	巩宪伟,杨春林,等
201120102688	反向受压带斗调节堰门	扬州市天龙环保设备有限公司	江昌富,韩国亮
201120104663	同步集成式液压启闭机	扬州市飞龙气动液压设备有限公司	张永林
201120104664	液压启闭机的自锁装置	扬州市飞龙气动液压设备有限公司	张永林
201120107284	一种水利启闭专用双吊点电动葫芦	湖北三六重工有限公司	范晓霞,周冬青,等
201120107596	底板与侧墙混凝土同步浇筑模板	中国葛洲坝集团股份有限公司	盛信平,周建华,等
201120109250	不透水扫水器	中国葛洲坝集团股份有限公司	孙昌忠,冯晓琳,等
201120109273	大坝混凝土冷却水回收循环利用装置	中国葛洲坝集团股份有限公司	戴志清,谭跃飞,等
201120109892	斜坡混凝土浇筑用葫芦牵引拉模	中国葛洲坝集团股份有限公司	周建华,盛信平,等
201120111877	用于斜拉双向门机的大车运行机构	黄河勘测规划设计有限公司	陈霞,唐松智,等
201120111909	拉杆穿、脱轴系统	黄河勘测规划设计有限公司	陈霞,唐松智,等
201120111910	用于坝体闸门的斜拉双向门式启闭机	黄河勘测规划设计有限公司	陈霞,唐松智,等
201120115369	侧拉式固定卷扬启闭机	浙江省水利水电勘测设计院	刘旭辉,黄海杨,等
201120115451	用于水库、水电站的液压启闭机双边平衡测量控制设备	河海大学	郭锐,徐立中,等
201120119603	一种面板堆石坝上游碾压砂浆坡面运输装置	中国水利水电第五工程局有限公司	潘福营,郭文杰,等
201120121034	混凝土预应力闸墩的构筑结构	中国水电顾问集团贵阳勘测设计研究院	龙起煌,陈能平,等
201120123037	垂直通气孔整体提升钢模板	中国葛洲坝集团股份有限公司	戴志清,盛信平,等
201120124783	液压启闭机液压及电控系统一体化泵站	常州液压成套设备厂有限公司	花晓阳,丁玲,等
201120126924	人字闸门底枢安装调整装置	中国葛洲坝集团股份有限公司	邢德勇,程志华,等
201120127499	同步分体式液压启闭机	扬州市飞龙气动液压设备有限公司	张永林
201120129558	一种具有防冻功能的涵闸	量子科技(中国)有限公司	陈奇,渠志鹏,等
201120132797	高升层混凝土排水孔钢拔管装置	中国葛洲坝集团股份有限公司	周建华,李国建,等
201120133927	储水箱式钢构坝	华北水利水电学院	魏群,刘尚蔚,等
201120133928	钢索坝	华北水利水电学院	魏群,张国新,等
201120137920	洞内自补气消能装置	中国水利水电科学研究院	董兴林,杨开林,等
201120139869	一种楔式铸铁闸门	安徽铜都阀门股份有限公司	杨成,汪班本

续表

申请号	名称	申请单位	发明人
201120141434	一种窑洞式拱坝坝肩槽结构	中国水电顾问集团华东勘测设计研究院	陈永红,蒋胜祥
201120143984	一种不连续式外凸型阶梯消能工	广东省水利水电科学研究院	黄智敏,赖翼峰,等
201120147670	电动螺杆启闭机	扬州市飞龙气动液压设备有限公司	张永林
201120148476	以风光互补发供电的气动盾形闸门系统	黄河勘测规划设计有限公司	杨光,夏富军
201120149446	一种侧壁掺气坎及其设置有侧壁掺气坎的明流隧洞	中国水利水电科学研究院	张东,吴一红,等
201120157411	高临边混凝土护栏模板	中国葛洲坝集团股份有限公司	滕东海,杨志书,等
201120158890	深孔弧形闸门水压式顶止水装置	江西省水利规划设计院	吴艳频,饶英定,等
201120158920	双竖井闸控式表层取水设施	江西省水利规划设计院	吴艳频,应国华,等
201120160880	一种闸墩液压滑模施工装置	江南水利水电工程公司	王舜立,张轩庄,等
201120161486	一种手动闸门启闭装置	长沙有色冶金设计研究院有限公司	张建国,施耘
201120163321	一种新型过水围堰	中国水电顾问集团西北勘测设计研究院	黄天润,孙保平,等
201120163511	土石坝反滤层铺料箱	山西省水利建筑工程局	贾佑臣,郝文怀,等
201120188617	一种高拱坝上游面柔性复合防渗层	中国水利水电科学研究院,北京中水科海利工程技术有限公司	贾金生,孙志恒,等
201120189643	升卧式平面钢闸门液压启闭机	江苏晨光盛得液压设备有限公司	瞿惠忠,杨新明,等
201120190306	一种船模拖曳水池消波装置	哈尔滨工程大学	马勇,张亮,等
201120191647	一种用灰渣筑成的贮灰场初期坝结构	内蒙古电力勘测设计院	初建祥,白春丽,等
201120198045	一种闸门堰门启闭可视装置	南通华新环保设备工程有限公司	严美娟,沙齐,等
201120199105	翻板闸门的底轴	江苏武东机械有限公司	钟晓东
201120201589	尾矿库拦渣坝排洪设施	昆明有色冶金设计研究院股份公司	戴红波,杨燕
201120201590	尾矿库消能泄洪隧道	昆明有色冶金设计研究院股份公司	戴红波,杨燕
201120208030	多级连续船闸闸室钢质人字门火灾防护系统	长江勘测规划设计研究有限责任公司,中国长江三峡集团公司	钮新强,覃利明,等
201120208055	平板闸门导向装置	长江勘测规划设计研究有限责任公司	刘锐
201120213008	底轴轴向定位装置	扬州楚门机电设备制造有限公司	陈文珠,陈文重
201120213013	钢坝底轴	扬州楚门机电设备制造有限公司	陈文珠,陈文重
201120213018	启闭机锁定装置	扬州楚门机电设备制造有限公司	陈文珠,陈文重
201120218437	坝后设弃渣场的土石坝坝体渗流监测结构	中国水电顾问集团华东勘测设计研究院	王樱畯,黄维,等
201120219514	一种多功能闸门系统	中国科学院成都生物研究所	谭周亮,李久安,等
201120224304	承重结构层及土工格栅	蓝派冲击压实技术开发(北京)有限公司	丁建,郑仲琛
201120224824	卧式液压缸十字铰焊接机架	中国水电顾问集团华东勘测设计研究院	沈燕萍,汪云祥,等
201120231894	一种堆石混凝土坝	中国水利水电科学研究院,北京华实水木科技有限公司	张国新,金峰,等
201120232059	一种碾压混凝土拱坝	中国水利水电科学研究院	张国新,李炳奇,等
201120232237	导流隧洞闸门槽的前后局部钢衬结构	中国水电顾问集团华东勘测设计研究院	魏芳,钟伟斌,等
201120232973	一种浆砌石坝	中国水利水电科学研究院	张国新,李炳奇,等
201120233477	一种面板堆石坝	中国水利水电科学研究院	张国新,李炳奇,等
201120234140	手动下卧式防汛景观门	上海市水利工程设计研究院	吴维军,程松明,等

续表

申请号	名称	申请单位	发明人
201120236896	一种泄洪隧洞结构	中国水电顾问集团华东勘测设计研究院	沈明,张伟,等
201120237485	一种改进型沉沙池	重庆师范大学	金慧芳,韦杰,等
201120243400	一种闸墩预应力锚固端结构	中国水电顾问集团贵阳勘测设计研究院	龙起煌,陈毅峰,等
201120244536	液压启闭机控制装置	武汉力地液压设备有限公司	熊世军,王军峰
201120245277	一种生态鱼道拱形隔板	同济大学	从静,于飞,等
201120248023	液压启闭机语音报警装置	武汉力地液压设备有限公司	盛波,周顺高,等
201120249517	一种双缸悬挂式液压机油缸防挠装置	中国水电顾问集团贵阳勘测设计研究院	王兴恩,固王勇,等
201120261874	涵闸	黄河勘测规划设计有限公司	王灿,王大川,等
201120268250	基于无线网络的水闸安全监控系统	河海大学	梁桂兰,周念东,等
201120271840	一种改善船闸闸门门库水沙条件的结构	水利部交通运输部国家能源局南京水利科学研究院	胡亚安,黄岳,等
201120278351	用于安装液压启闭机油缸的十字支铰机架	武汉力地液压设备有限公司	张金鑫,余普清,等
201120285615	整体式液压启闭机	扬州蓝翔机电工程有限公司	刘雪岭
201120285641	手电两用集成式液压启闭机	扬州蓝翔机电工程有限公司	刘雪岭
201120286145	一种新型环保集成启闭机	江苏省水利机械制造有限公司	王波,蔡平,等
201120287740	一种闸门	铜陵新特阀门有限责任公司	吴寿涛
201120287742	一种高密封闸门	铜陵新特阀门有限责任公司	吴寿涛
201120295602	一种卷扬启闭机控制系统	四川卓越科技工程有限责任公司	颜毅,田晨,等
201120299071	三角支承旋转闸门	扬州水安水工设备制造有限公司	高如飞,丁军,等
201120300200	单支臂驱动底轴式翻板钢闸门	中国水电顾问集团华东勘测设计研究院	王祖祥,胡葆文,等
201120300218	双支臂驱动底轴式翻板钢闸门	中国水电顾问集团华东勘测设计研究院	王祖祥,胡葆文,等
201120300669	一种利用自然通气减免充水廊道工作门声振结构	水利部交通运输部国家能源局南京水利科学研究院	胡亚安,郑楚佩,等
201120300736	一种减免已建工程充水廊道工作门声振的装置	水利部交通运输部国家能源局南京水利科学研究院	胡亚安,郑楚佩,等
201120307777	可调控竖缝式鱼道结构	中国水电顾问集团华东勘测设计研究院,水电水利规划设计总院	晏志勇,顾洪宾,等
201120312677	大悬臂叠合构件	中国水电顾问集团华东勘测设计研究院	扈晓雯,张春生,等
201120313863	大型水工弧门快速安装装置	中国水利水电第五工程局有限公司	吴高见,郑久存,等
201120317865	一种双面止水钢闸门	安徽省六安恒源机械有限公司	陈荣娜,黄振东,等
201120320542	一种组合式环保型浮式消浪装置	中交天津港航勘察设计研究院有限公司	刘璟,叶春,等
201120321052	液压平板坝	扬州水安水工设备制造有限公司	高如飞,丁军,等
201120324288	一种联动启闭机	江苏省水利机械制造有限公司	王波,蔡平,等
201120324579	一种水体截流装置	厦门水务中环污水处理有限公司	谢小明,黄珍艺,等
201120325592	一种用于水利水电工程采用多支臂复合铰结构的弧形闸门	中国水电顾问集团北京勘测设计研究院,中水淮河规划设计研究有限公司	蔡东升,马东亮,等
201120329023	高止动调节堰门	安徽荣达阀门有限公司	胡光荣
201120329108	高强度闸门	安徽荣达阀门有限公司	胡光荣
201120329121	调节堰门	安徽荣达阀门有限公司	胡光荣

续表

申请号	名称	申请单位	发明人
201120332284	一种多框架多支铰双吊点潜孔弧形闸门	中国水电顾问集团贵阳勘测设计研究院	王兴恩,杨清华,等
201120333363	方闸门挡块及其安装结构	安徽金源流体控制技术有限公司	汪飞龙,陈可宝,等
201120333365	方闸门	安徽金源流体控制技术有限公司	汪飞龙,陈可宝,等
201120333666	自动水位控制启闭机	济宁同太环保科技服务中心	闫文胜,肖振华,等
201120334257	钢坝底轴焊接连接结构	扬州楚门机电设备制造有限公司	徐家麟,陈文珠,等
201120337659	埋入式轨道混凝土曲面拉模系统	中国葛洲坝集团股份有限公司	马经春,吴小峰,等
201120347654	一种流速测流闸门	唐山现代工控技术有限公司	于树利,张喜,等
201120350498	液控翻转钢坝闸门	扬州蓝翔机电工程有限公司	刘雪岭,刘翔
201120351352	一种混凝土墩墙联系支撑梁系端部结构	中国水电顾问集团华东勘测设计研究院	吴旭敏,侯靖,等
201120352095	一种易控式闸门	铜陵新特阀门有限责任公司	吴寿涛
201120352128	一种高强度闸门	铜陵新特阀门有限责任公司	吴寿涛
201120352219	一种泥石流水石分离系统	中国科学院水利部成都山地灾害与环境研究所	韦方强,谢涛,等
201120360567	一种智能挡水装置	山东省水利科学研究院	徐运海,董新美,等
201120369006	一种组装式薄壁谷坊	吉林省水土保持科学研究院	刘明文,刘艳军,等
201120371738	高效能底流式消能设施	西北农林科技大学	徐根海,安梦雄
201120373111	闸门及闸门水封压紧度调节装置	江苏新浪环保有限公司	王华祥
201120380272	一种自密封轻型不锈钢闸门	安徽铜都阀门股份有限公司	汪班本
201120396205	一种放水闸门的远程控制系统	兴文县奭力机电工程设备有限公司	张远谋,王海军
201120400995	启闭机的同步纠偏装置	江苏清溢环保设备有限公司,谈家彬	谈家彬,夏四清,等
201120404050	适于中小型河道的生态活水坝	河海大学	盛宏,李琦,等
201120409672	一种高地震烈度区水工建筑物闸墩连接结构	中国水电顾问集团华东勘测设计研究院	叶建群,陈国良
201120412939	用于导流泄水建筑物的闸室	中国水电顾问集团成都勘测设计研究院	王仁坤,郑家祥,等
201120412956	导流洞封堵结构	中国水电顾问集团成都勘测设计研究院	王仁坤,郑家祥,等
201120414557	圆闸门结构	安徽金源流体控制技术有限公司	汪飞龙,陈可宝,等
201120428222	过水隧洞进口闸门槽槽口的临时封闭结构	中国水电顾问集团华东勘测设计研究院	魏芳,陈永红,等
201120432721	一种碾压混凝土垂直运输结构	中国水电顾问集团华东勘测设计研究院	钟伟斌,赵凯,等
201120439783	紧凑型升卧式平板闸门液压启闭机	江苏晨光盛得液压设备有限公司	瞿惠忠,杨新明,等
201120442821	用于水利水电工程的钢-混组合支臂及应用其的弧形闸门	中国水电顾问集团北京勘测设计研究院	蔡东升,李新燕,等
201120443722	一种启闭机自动抓梁用定位导向装置	重庆起重机厂有限责任公司	白奎,杨飞,等
201120451283	悬臂翻升钢模板	中国水利水电第十六工程局有限公司	吴秀荣,黎伦平,等
201120454019	钢制门框铸铁闸门	扬州大学	张毅,房东升
201120455466	变截面重力式泥石流拦砂坝	中南大学	徐林荣,韩征,等
201120456959	闸门充压止水装置	长江勘测规划设计研究有限责任公司	李克华,钱军祥,等
201120457059	拱坝陡坡坝段混凝土浇筑块底部结构	中国水电顾问集团成都勘测设计研究院	唐忠敏,周钟,等
201120462724	水电站库区进水口拦污栅清淤装置	哈尔滨盛迪电力设备有限公司	吴雳鸣
201120469290	倒挂式液压启闭机	江苏晨光盛得液压设备有限公司	杨新明,陈骏,等

续表

申请号	名称	申请单位	发明人
201120470166	一种结合浆砌石进行防渗的堆石坝	中国水电顾问集团贵阳勘测设计研究院	熊忠明
201120474725	一种面板堆石坝施工期反渗排水系统	中国水电顾问集团贵阳勘测设计研究院	湛正刚,蔡大咏,等
201120476564	支铰倒伏式闸门	辽宁省水利水电勘测设计研究院	马德新,王成山,等
201120484893	中小型水库闸门启闭设备	新邵县泵业有限公司	姚中华,王挺
201120487216	U型锚索整体穿索导向器	中国水利水电第八工程局有限公司	贺毅,郭国华,等
201120491548	用于导流洞的封堵结构	中国水电顾问集团成都勘测设计研究院	刘国勇,龙军飞,等
201120494930	混凝土拱坝坝趾排水幕的排水孔	中国水电顾问集团成都勘测设计研究院	陆马兰,唐瑜
201120503808	库底闸门	扬州众大水利机电设备制造有限公司	张道才
201120504087	手自两用翻板闸门	扬州众大水利机电设备制造有限公司	张道才
201120506678	一种闸门跨天井施工装置	中国葛洲坝集团机械船舶有限公司	彭景亮,陈卫平,等
96100736	堰顶收缩射流技术及其联合消能装置	中国水利水电科学研究院水力学研究所,国家电力公司北京勘测设计研究院	林秉南,龚振瀛,等
98121699	粉煤灰固结填筑灰坝(堤)的施工方法	湖北省电力勘测设计院	涂光灿

11.7.4 露天水面的清理

申请号	名称	申请单位	发明人
02246004	旋转支架自流吸收式污油回收车	大庆油田有限责任公司	韦国连,张宏奇,等
02282554	疏浚施工防悬浮物扩散装置	天津航道勘察设计研究院	秦秀华,王立强,等
03128911	河道漂浮物拦截清理设备	上海市政工程设计研究院	许鹤奎,张辰,等
03156838	一种水草清除装置	浙江省水电建筑机械有限公司	俞漫野,王根祥,等
03209267	一种水草清除装置	浙江省水电建筑机械有限公司	俞漫野,王根祥,等
03247870	弧形格栅除污机	广东新大禹环境工程有限公司	麦建波,吴秀郁,等
03259944	清渣机的一种清渣单元	江苏天雨环保集团有限公司	陈益民,陆汉波
03259945	格栅除污机的过载保护装置	江苏天雨环保集团有限公司	陈益民,陆汉波
200310115592	合体格栅除污机	北京桑德环保集团有限公司	汪铁英,王树志
200320129641	套装式顺转双栅格栅机	北京海斯顿环保设备有限公司	武纪刚
200410012732	一种收集蓝藻水华的吸藻器	中国科学院水生生物研究所	刘永定,沈银武,等
200410098979	一种油水分离装置	中国科学院电工研究所,哈尔滨泰富电气有限公司	沙次文,彭燕,等
200420054660	摆臂式弧形格栅除污机	江苏天雨环保集团有限公司	潘庆权,卢德纯
200420054662	格栅除污机张合耙驱动机构	江苏天雨环保集团有限公司	陈益民,卢德纯
200420061277	除污机液压耙斗升降装置	四川正升环保科技有限公司	章际光,余辉一,等
200420062952	水上漂浮物收集用传送带	南京东昇船用设备有限公司	潘凯,徐向东,等
200420114916	清漂推漂装置	中国船舶重工集团公司第七〇四研究所	龚鸣生,刘伯强,等
200520036527	清污机	四川明珠水利电力股份有限公司螺丝池水电厂	陈继辉,陈华祥,等
200520042283	整体式格栅除污机	上海城市排水设备制造安装工程有限公司	吴正华
200520081292	斜带沉浮式收油机	青岛华海环保工业有限公司	张芳海,郭建伟,等

续表

申请号	名称	申请单位	发明人
200520087210	新型防火围油栏	青岛华海环保工业有限公司	张芳海,郭建伟,等
200520125530	挡藻围隔	青岛华海环保工业有限公司	张芳海,郭建伟,等
200520139582	直栅清污机	江苏省水利机械制造有限公司	张立明,王波,等
200610037588	一种集约化虾池用移动式排污罩	中国科学院南海海洋研究所	张吕平,胡超群,等
200610081372	水上平台的抗冰振方法及专用设备	中海石油研究中心,中国海洋石油总公司	时忠民,丁桦
200620025798	阶梯式机械格栅除污机	天津市石化通用机械研究所	杨吉庆,刘雅生,等
200620060931	垃圾柔性物挑取装置	广州德润环保科技发展有限公司	刘梦奇,张荣
200620070030	移动式自动格栅除污机	江苏河海给排水成套设备有限公司	刘圣武,匡再伟,等
200620119274	用于污水处理的滚梯型自清式格栅除污机	浦华控股有限公司	袁琳,刘瑞东,等
200620135008	移动式格栅清污机	河南禹王水工机械有限公司	陈宋志,佘录才,等
200620158099	铰链型围油栏	天津汉海环保设备有限公司	王万财,赵俊颖
200620158100	高强度耐磨荧光围油栏	天津汉海环保设备有限公司	王万财,赵俊颖
200710038325	一种固液分离装置	欣安(上海)机电设备有限公司	钟逸贤,黄永宽,等
200710043252	多功能水面清藻机	上海海洋大学	柏春祥,王世明,等
200710113023	岸滩围油栏	青岛华海环保工业有限公司	张芳海,郭建伟,等
200710131620	一种改良的太阳能环保净化装置	安徽振发太阳能电力有限公司	查正发,余荣彪
200710133922	一种萝卜螺的生态控制方法	中国科学院南京地理与湖泊研究所	李宽意,胡耀辉,等
200710190366	湖泊水体中富营养化物质移出方法和装置	中国科学院等离子体物理研究所	许明亮,余增亮,等
200720026249	一种往复式抓斗清污机	山东水总机械工程有限公司	房金贤,程国栋
200720028232	岸滩围油栏	青岛华海环保工业有限公司	张芳海,郭建伟,等
200720031974	一种格栅式吊篮装置	西安清华紫光同兴环保科技有限责任公司	陈振选,陈超产,等
200720042401	一种蓝藻水华高效分离收集装置	淮海工学院	朱明
200720043621	蓝藻收集用吸头	中国船舶重工集团公司第七〇二研究所	倪其军,陈斌,等
200720043623	蓝藻打捞装置	中国船舶重工集团公司第七〇二研究所	倪其军,陈斌,等
200720044248	可调式蓝藻吸头	中国船舶重工集团公司第七〇二研究所	潘森森,谢锡南,等
200720044250	蓝藻收集用聚集装置	中国船舶重工集团公司第七〇二研究所	倪其军,杨栋,等
200720044251	可调式蓝藻吸头	中国船舶重工集团公司第七〇二研究所	潘森森,谢锡南,等
200720068242	一种抓斗格栅除污机	欣安(上海)机电设备有限公司	钟逸贤,黄永宽,等
200720076211	用于吸附水域油污的树脂膨胀石墨复合吸油毡	同济大学	张晏清
200720128782	蓝藻清理机	无锡职业技术学院	林伟,陈玉平,等
200810023288	水动力水藻分离系统	无锡市林特产指导站,徐州师范大学	祁力言,廖庆生,等
200810041818	双船表层围拖网清除浒苔方法	中国水产科学研究院东海水产研究所	郁岳峰,王鲁民,等
200810048488	一种收获水华蓝藻的方法及装置	中国科学院水生生物研究所	沈银武,刘永定
200810069243	水域漂浮物清理装置	重庆大学	叶延洪,罗键,等
200810072504	PVC水上围隔涂层材料制备工艺	福建思嘉环保材料科技有限公司	张宏旺,黄万能,等
200810123577	大中河道复式平台面源截留净化系统	河海大学	王超,王沛芳,等
200810231774	一种防缠绕的水生植物打捞机构	西北工业大学	陈国定,王慧,等

续表

申请号	名称	申请单位	发明人
200810231781	一种水面浮生植物打捞装置	西北工业大学	葛文杰,刘海涛,等
200810238751	近岸海藻机械化收集装置	青岛前进船厂	潘秀良,黎思敏,等
200820033465	移动式抓斗格栅除污机	江苏润田水工业设备有限公司	毛鹤宝,陈正祝,等
200820036198	移动式格栅除污机的油管收放装置	无锡市通用机械厂有限公司	唐德祥,顾红兵,等
200820036200	移动式格栅除污机	无锡市通用机械厂有限公司	唐德祥,顾红兵,等
200820060001	改进的格栅除污机结构	上海科达市政交通设计院	丁志强
200820068591	一种收获水华蓝藻的装置	中国科学院水生生物研究所	沈银武,刘永定
200820081535	高原前置库生态防护墙	昆明理工大学	宁平,郜华萍,等
200820135622	一体式动态斜面收油机	中海石油环保服务(天津)有限公司	朱生凤,朱有庆,等
200820135623	一种溢油回收船	中海石油环保服务(天津)有限公司	朱生凤,朱有庆,等
200820150138	用于去除循环水水池表面漂浮物的装置	宝山钢铁股份有限公司	卢江海
200820152093	一种清除近海水面藻类的表层围拖网	中国水产科学研究院东海水产研究所	郁岳峰,王鲁民,等
200820153118	一种浮筒式拦污栅	上海勘测设计研究院	朱丽娟,黄毅
200820221872	一种水生植物打捞机构	西北工业大学	陈国定,王慧,等
200820221886	一种水葫芦打捞装置	西北工业大学	葛文杰,刘海涛,等
200820232730	一种浒苔收集设备	青岛前进船厂	宿希奎,黎思敏,等
200820233286	浒苔打捞装置	中国海洋大学	王树杰,徐超,等
200910014043	非圆管负压抽吸水藻收集装置	中国海洋大学	梅宁,张庆力,等
200910015071	一种射流泵吸式浒苔打捞机	中国海洋大学,中国水产科学研究院黄海水产研究所	李娇,关长涛,等
200910049886	海上铲式浮油收集器	上海交通大学	王磊,封培元,等
200910049888	热气球海上浮油收集处理装置	上海交通大学	王磊,封培元,等
200910061675	太阳能水面遥控清污船	武汉大学	肖荣清,洪垣,等
200910097164	蓝藻捕捞器及方法	宁波城展环保科技有限公司	李国伟
200910144763	转鼓式格栅清污机	江苏兆盛水工业装备集团有限公司	周震球,周震宇,等
200910187889	浮动直流收油器	抚顺市明尧石油机械有限公司	唐彦明
200910260118	气动浮油采收装置	天津开发区兰顿油田服务有限公司	张辉,程秀,等
200910266708	可控式垂帘导流门装置	复旦大学,江苏江达生态科技有限公司	屈铭志,吕志刚,等
200910304291	一种控制蓝藻水华的方法	西南化工研究设计院	黄益平,叶易春,等
200920012696	浮动盘式浮油回收机	沈阳华安环保科技有限公司	陈宏昌,李钟钺
200920021704	快布放围油栏	青岛华海环保工业有限公司	郭建伟,逢蕾,等
200920021706	真空式收油机	青岛华海环保工业有限公司	刘宗江,张艳琰,等
200920021707	侧挂式收油机	青岛华海环保工业有限公司	郭建伟,刘宗江,等
200920040101	河道保洁船的前舱收集装置	张家港市飞驰机械制造有限公司	郭卫,倪杰,等
200920045488	移动式藻水采集装置	中国船舶重工集团公司第七〇二研究所	倪其军,杨栋,等
200920045489	船用藻水聚集装置	中国船舶重工集团公司第七〇二研究所	倪其军,杨栋,等
200920076431	气囊式拦截网	中国水产科学研究院东海水产研究所	王鲁民,周爱忠,等
200920081239	一种蓝藻收集吸头	四川中荷环保分离技术有限责任公司	黄益平,叶易春,等
200920092206	一种固液分离机	商城县开源环保设备有限公司	杨允鑫,何福明,等
200920093887	浅孔孔内循环式灌浆专用孔口装置	中国水利水电第一工程局有限公司	张发林,朴永南,等

续表

申请号	名称	申请单位	发明人
200920116155	蓝藻捕捞器	宁波城展环保科技有限公司	李国伟
200920153963	高强度防火围油栏	天津汉海环保设备有限公司	王万财,赵俊颖
200920153964	双气囊充气式围油栏	天津汉海环保设备有限公司	王万财,赵俊颖
200920154107	筛筒式细格栅	北京华利嘉环境工程技术有限公司	张生泉,郑金鹏,等
200920166186	双翼攻兜船网	青岛市城阳区海洋与渔业局,青岛市城阳区红岛街道农业服务中心	张建,郭克伶,等
200920175631	船携式溢油回收机	交通部水运科学研究所,交通运输系统机电工程设计所	张同戌,张德文,等
200920186308	船用藻水采集装置	中国船舶重工集团公司第七〇二研究所	倪其军,杨栋,等
200920186379	一种清除池塘蓝藻的装置	金坛市绿源特种水产科技有限公司	赵林华,丁彩霞,等
200920186897	河道保洁船的前舱输送装置	张家港市飞驰机械制造有限公司	郭卫,于治,等
200920186898	用在河道保洁船上的喷水装置	张家港市飞驰机械制造有限公司	郭卫,于治,等
200920187271	转鼓式格栅清污机	江苏兆盛水工业装备集团有限公司	周震球,尹曙辉,等
200920187272	转鼓式格栅清污机的螺旋输送轴	江苏兆盛水工业装备集团有限公司	荣杰,陈卫东,等
200920200892	水生植物的自动打捞输送装置	海盐县通元镇农技水利服务中心,周良,张仁良,周雪军,朱仁奎,张晓敏,谷坤良	周良,张仁良,等
200920223360	多功能清污船	河南黄河水工机械有限公司	李学敏,宋瑞兵,等
200920233496	格栅除污机	江苏博隆环保设备有限公司	唐建忠,刘贤伟
200920255510	用于收集水面漂浮物的自动装置	常州达奇信息科技有限公司	刘云辉,蔡宣平,等
200920266053	锚链包覆式橡胶围油栏	北京东光橡塑制品有限公司	刘正国
200920281351	变截面齿耙回转式清污机	曲阜恒威水工机械有限公司	吴祥海,王建辉,等
200920281352	联体回转式清污机	曲阜恒威水工机械有限公司	吴祥海,王建辉,等
200920282989	一种全自动水面保洁船的收集舱	张家港市海丰水面环保机械有限公司	黄志芳,黄建波
200920282991	全自动水面保洁船的收集舱	张家港市海丰水面环保机械有限公司	黄志芳,黄建波
200920286393	一种D形网兜	上海师范大学附属第二外国语学校	宋去非
200920287199	可控式垂帘导流门装置	复旦大学,江苏江达生态科技有限公司	屈铭志,吕志刚,等
200920288652	自动清除标志船系缆绳杂物的旋转装置	武汉长江丰华科技有限公司	肖玄,栗淑艳,等
200920308626	水葫芦收集船	武汉钢铁(集团)公司	张键,李芯
200920311333	漂浮物挡板	浙江华友钴业股份有限公司	蒋航宇,王伟东
200920318508	堰式收油机	青岛光明环保技术有限公司	徐述铎,张翠松
201010034210	水域除油单元及其组合而成的拦油坝	清华大学	刘文君,刘书明,等
201010034211	水域除污拦截吸附坝及其拼装组件	清华大学	刘书明,刘文君,等
201010104299	用于从水中和水面提取分离油品设备的双向洁刷器	天津汉海环保设备有限公司	王万财
201010116017	水面漂浮垃圾的收集方法及装置	贵州大学	何林,贺福强,等
201010171897	用于清漂船的收集臂	河海大学常州校区	徐立群,赵立娟,等
201010171898	清漂船分散漂浮物收集耙	河海大学常州校区	赵立娟,蒋爽,等
201010171922	用于清漂船的压榨装置	河海大学常州校区	钱雪松,顾磊,等
201010181252	可潜水定位储存的充气式围油栏	天津汉海环保设备有限公司	王万财
201010185203	一种突发性水污染事故的快速处理方法及装置	苏州天立蓝环保科技有限公司	路建美

续表

申请号	名称	申请单位	发明人
201010226624	水面浮出物的自动收集设备及方法	常州佳讯光电系统工程有限公司	林永革，郝启强
201010514485	一种嵌入式河道漂浮污染物视觉检测装置	东华大学	王海涛，郝矿荣，等
201010519887	导流门	常州超媒体与感知技术研究所有限公司	刘云辉，陆波，等
201010523575	用于收油船扫油栏前端浮筒的简易型自动快速捕获装置	天津汉海环保设备有限公司	王万财
201010523621	海上专用收油船扫油栏前端浮筒的自动快速捕获装置	天津汉海环保设备有限公司	王万财
201020022570	清污机	江苏清溢环保设备有限公司	孟虎，谈家彬
201020032710	风力驱动螺旋吸藻机	上海海洋大学	陈成明，王世明，等
201020049469	水生植物的自动打捞、给送、粉碎系统	海盐县通元镇农技水利服务中心，周良，张仁良，周雪军，朱仁奎，张晓敏，谷坤良，周国伟，肖军	周良，张仁良，等
201020104447	浮箱式收油装置	深圳市兰科环境技术有限公司	洪川
201020106089	浮式收油机	天津汉海环保设备有限公司	王万财
201020106116	用于从水中和水面提取分离油品设备的双向洁刷器	天津汉海环保设备有限公司	王万财
201020109626	滩涂溢油回收车	青岛光明环保技术有限公司	徐述铎，苏何海，等
201020111534	用于水电站竖井式进出水口的固定式拦污栅	中国水电顾问集团北京勘测设计研究院	陈蕴莲，陈红，等
201020120948	一种新型船	惠生(南通)重工有限公司	涂仁杰
201020121361	水面漂浮垃圾收集船	贵州大学	何林，贺福强，等
201020138584	一种治理河道水草机械船舶的粉碎压渣装置	扬州洪汉环境发展有限公司	徐洪根
201020138596	一种治理河道水草的机械船舶	扬州洪汉环境发展有限公司	徐洪根
201020161231	撇油器	沈阳新大圆机电设备科技有限公司	诚恳，王军文
201020181063	一种组合式明渠隔栅装置	上海梅山钢铁股份有限公司	陈小芸，吴春华，等
201020195237	海上油污清理充气式围栏	浙江海洋学院	张聪聪，张玉莲，等
201020195450	内置式单侧门收油船	天津汉海环保设备有限公司	王万财
201020201058	快捷扫油栏	天津汉海环保设备有限公司	王万财
201020201186	可潜水定位储存的充气式围油栏	天津汉海环保设备有限公司	王万财
201020206303	一种突发性水污染事故的多功能处理装置	苏州大学	路建美
201020206595	矿泉水瓶水面竖直过滤网墙	昆明理工大学	陈蜀乔，陈雨彤
201020220338	矿泉水瓶浮油清洁网	昆明理工大学	陈蜀乔，陈雨彤
201020221450	两栖式多功能工作机	江苏省水利机械制造有限公司	王波，鲁仁勇，等
201020221968	一种真空收油机	泉州市泉港迅达石化设备安装有限公司	王泉生
201020247840	一种铲斗与传送带结合的收集运输装置	华南理工大学	梁华锦，管贻生，等
201020254529	水面垃圾清理船	华南理工大学	梁华锦，管贻生，等
201020258424	湖泊水源保护区藻类气水幕拦截装置	中国科学院南京地理与湖泊研究所	胡维平，高峰，等
201020258684	水面浮出物的自动收集设备	常州佳讯光电系统工程有限公司	林永革，郝启强

续表

申请号	名称	申请单位	发明人
201020259458	链式格栅除污机	芜湖华洁环保设备有限公司	杨顺志
201020265026	一种海上石油泄漏的收集装置	浙江博阳压缩机有限公司	鲍旭东
201020265704	用在多功能蓝藻收获船上的蓝藻收集装置	张家港市飞驰机械制造有限公司	郭卫,倪杰,等
201020272705	一种液面收油头	青岛光明环保技术有限公司	徐述铎,苏何海,等
201020284425	收油网	青岛光明环保技术有限公司	徐述铎,刘守平,等
201020290072	一种垃圾打捞船	合肥市金昌船务有限公司,合肥天辉物业管理有限公司	李发金
201020293936	漂浮物分离装置	山东万盛环保科技发展有限公司	柏绪桐,王德军
201020301531	蓝藻抽吸装置	南京清波蓝藻环保科技有限公司	刘志宏,张彦荣,等
201020301549	蓝藻收集口	南京清波蓝藻环保科技有限公司	刘志宏,张彦荣,等
201020302578	旋铲式收油头	青岛光明环保技术有限公司	徐述铎,苏何海,等
201020505087	防爆柴油动力浮动收油装置	冀州市安全防爆器材有限责任公司	周俊更,冯宽尊
201020508844	一种机械除藻装置	南京中科水治理工程有限公司	刘平平,马亦兵,等
201020514530	收油机	青岛光明环保技术有限公司	徐述铎
201020514542	自航式收油机	青岛光明环保技术有限公司	徐述铎,赵少桢,等
201020514544	防污屏	青岛光明环保技术有限公司	徐述铎
201020514556	防火围油栏	青岛光明环保技术有限公司	徐述铎
201020523815	一种水上垃圾收集与分类船	浙江工业大学	姚春燕,彭伟,等
201020558986	拦藻围隔带	安徽省环境科学研究院	陈云峰,张浏,等
201020565963	带有密封件的筛板格栅清污机	江苏兆盛环保集团有限公司	周震球,荣杰,等
201020565964	平面筛板格栅清污机	江苏兆盛环保集团有限公司	周震球,荣杰,等
201020581546	海上专用收油船扫油栏前端浮筒的自动快速捕获装置	天津汉海环保设备有限公司	王万财
201020581549	用于收油船扫油栏前端浮筒的简易型自动快速捕获装置	天津汉海环保设备有限公司	王万财
201020585533	聚能随进破冰器	中国人民解放军总参谋部工程兵科研三所	孙杰,李永忠,等
201020592889	一种水面浮油自动吸附回收装置	苏州天立蓝环保科技有限公司	路建美
201020595010	粉碎型格栅清污机	江苏清溢环保设备有限公司,谈家彬	孟虎,谈家彬,等
201020599310	组装式蓝藻水华浮动拦截网	淮海工学院	朱明
201020613303	大坝弧门手自动一体破冰装置	松江河发电厂	罗兴锜,王环东,等
201020619930	一种船模拖曳水池水面清洁装置	哈尔滨工程大学	马勇,张亮,等
201020622519	船用垃圾收集装置	太阳鸟游艇股份有限公司	皮长春,刘学伟,等
201020629096	垃圾打捞船的垃圾收集装置	佛山市南海珠峰造船有限公司	刘永强,潘景和,等
201020659938	一种耙冰机	江都市永坚有限公司	张鸿鹄,任国庆
201020675736	一种蓝藻打捞工具	中国科学院南京地理与湖泊研究所	胡春华
201020675748	清污机自动精确定位装置	昆明琢石机电有限责任公司	李有贵
201020679209	清污机配套导栅	昆明琢石机电有限责任公司	高松
201020679990	冰凌爆破开冰仪	滨州职业学院	张滨,周超,等
201020685892	耙斗式清污机辅助抓斗	昆明琢石机电有限责任公司	李正禄

续表

申请号	名称	申请单位	发明人
201020689488	吸油嘴	上海生物医学工程研究中心	汲江,栾森
201020692747	移动清污机行走机构自动定位装置	昆明琢石机电有限责任公司	李有贵
201020694733	水面垃圾清理船	河北联合大学	赵震,曾现强
201110007067	水面漂浮垃圾清理机	中南大学	刘建发,赖瑞林,等
201120007728	一种水面杂物收集装置	成都威邦科技有限公司	梁涛
201120011042	随动式海上浒苔连续打捞分离装置	青岛国海迈斯特机械有限公司	张志国,杨金叙,等
201120011051	海上浒苔拦截牵引围栏	青岛国海迈斯特机械有限公司	张志国,杨金叙,等
201120011052	海上大面积浒苔拦截打捞船组	青岛国海迈斯特机械有限公司	张志国,杨金叙,等
201120015039	水体浮油回收系统	南京清波蓝藻环保科技有限公司,总装备部工程设计研究总院	张统,刘志宏,等
201120019862	一种围油栏导流角度自动调节器	青岛新京华环保技术有限公司	丁仁京
201120027412	水面作物收集船	华中农业大学	袁胜发
201120032463	破冰机	石嘴山市农业机械化推广服务中心	马合军,闫玉兰,等
201120064998	用于阻滞水体污染物扩散的阻隔装置	宁波天韵生态治理工程有限公司	任红星,孙继辉
201120067310	湖面水草清理机	绍兴文理学院元培学院,胡国军,何斌	胡国军,何斌
201120076064	水电站库区漂浮物清理装置	哈尔滨迅普科技发展有限公司	韩宏波
201120090972	一种围油栏支撑结构	青岛光明环保技术有限公司	徐述铎
201120100898	一种用于湖泊水域保护区的沉浮式软围隔	中国科学院南京地理与湖泊研究所	胡维平,高峰,等
201120103971	湖面沉水植物附着生物拖网式清除装置	云南省环境科学研究院	陈静,贺彬,等
201120105001	螺旋桨推进漂浮物清理装置	哈尔滨迅普科技发展有限公司	韩宏波
201120106371	一种收集蓝藻净化水质系统	安徽农业大学	刘恩生,彭开松,等
201120106770	水陆两栖螺旋桨推进漂浮物清理装置	哈尔滨迅普科技发展有限公司	韩宏波
201120111502	电动耙冰机	安徽水利开发股份有限公司	王孝虎,赵勇平,等
201120111505	液压耙冰机	安徽水利开发股份有限公司	王孝虎,江国祥,等
201120128125	气液填充式橡胶陆地围油栏	中橡集团沈阳橡胶研究设计院	刘国信,王力,等
201120129641	水面养殖冬季防冻装置	量子科技(中国)有限公司	陈奇,渠志鹏,等
201120138002	智能垂直清污机	江苏润田水工业设备有限公司	田鸿彬,田广俊,等
201120146737	海上油污快速吸油口装置	浙江海洋学院	张玉莲,薛莉莉
201120167013	一种粉碎式格栅除污机	南京中环环保设备有限公司	樊振云
201120175373	一种高气密拦污浮筒用材料	浙江明士达经编涂层有限公司	朱静江,郝恩全,等
201120176047	一种蓝藻吸取提升装置	安徽国祯环保节能科技股份有限公司	孟平,周新桥,等
201120178213	一种垃圾捞网	东南大学	丁维蔚
201120179726	河沟清理机割台	启东市农业机械化技术推广站	王林冲,高永胜,等
201120199668	全自动水葫芦根叶分离减容打捞船	张家港市海丰水面环保机械有限公司	黄建波
201120205854	一种用于小河道收集作业的全自动清漂船	江苏久霖水面环保机械制造有限公司	陈建明,朱建平,等
201120232481	一种垃圾抓斗	浙江省疏浚工程股份有限公司	楼利民,陈刚,等
201120256748	一种油污吸浮器	天津市天禄工贸有限公司	李尚运
201120261834	一种垃圾打捞船	浙江省疏浚工程股份有限公司	劳浩兴,罗显文,等
201120287664	浮动式水面自动撇吸装置	天津国水设备工程有限公司	穆怀智,李子栋,等

续表

申请号	名称	申请单位	发明人
201120292850	全自动清漂船	张家港市海丰水面环保机械有限公司	黄建波
201120333370	一种用于水面溢油污染处理的围油栏	北京佳盛世纪科技有限公司	郭松朝,吕学丽
201120333378	一种双层气室橡胶围油栏	北京佳盛世纪科技有限公司	郭松朝,吕学丽
201120356330	一种浮箱、浮式拦污装置及浮式拦污排	湖南国电土木工程有限公司	杨卫国,刘知军
201120361807	海上浮油回收船	威海中复西港船艇有限公司	吴忠友,武传坤,等
201120369698	一种漂浮植物采集运输装置	江苏省农业科学院	张志勇,刘志宏,等
201120372433	一种基于水体富营养化治理的漂浮植物的采集处理系统	江苏省农业科学院	严少华,张志勇,等
201120373563	一种漂浮植物定点采收系统	江苏省农业科学院	严少华,张志勇,等
201120375947	安全环保型拦污浮排装置	遵义航科机电有限公司	周业彬
201120388908	广域水面泄漏原油的收集与处理一体化装置	东南大学	周文佳,金保昇,等
201120409185	连续破冰机构	中国石油化工股份有限公司,中国石化集团胜利石油管理局钻井工艺研究院	孙永泰,田海庆,等
201120424636	一种农业灌渠水量表	珠江水利委员会珠江水利科学研究院	陈荣力
201120427571	一种针对水中悬漂物或航行物的拦截装置	中国船舶重工集团公司第七一〇研究所	刘栋,仝志永,等
201120429687	一种浸没式机械格栅	天津水工业工程设备有限公司,天津艾杰环保技术工程有限公司	张大群,金宏
201120444842	一种大规模水葫芦处理装置	张家港市飞驰机械制造有限公司	郭卫,倪杰,等
201120444843	全自动水葫芦分段采收船	张家港市飞驰机械制造有限公司	郭卫,倪杰,等
201120445043	水葫芦采收船的采收系统	张家港市飞驰机械制造有限公司	郭卫,倪杰,等
201120445051	一种应用于大型取水口的防油装置	上海城投原水有限公司	李国平,张顺,等
201120445053	一种应用于大型取水口的拦污及防撞装置	上海城投原水有限公司	陈蓓蓓,黄晖,等
201120445333	水葫芦采收船的存储装置	张家港市飞驰机械制造有限公司	郭卫,倪杰,等
201120446923	一种应用于大型取水口的油污拦截及回收装置	上海城投原水有限公司	王绍祥,张顺,等
201120494321	围油栏布放架	江都市三江环安器材厂	张怀念,姚克林

11.7.5 排水灌溉沟渠

申请号	名称	申请单位	发明人
00220883	农田鼠道犁	高邮市水利局,高邮市水利技术推广服务中心	陈福坤,王之义,等
03206689	多功能调压与分水控制装置	中国水利水电科学研究院	刘群昌,丁昆仑,等
200310118992	粉煤灰合成渠道接缝防渗材料及其制备方法	西北农林科技大学	张慧莉,汪有科,等
200320127854	IC卡式机井灌溉控制器	中国水利水电科学研究院	谢崇宝,刘群昌,等
200320127992	管道波涌灌溉自动控制器	中国水利水电科学研究院	刘群昌,谢崇宝,等

续表

申请号	名称	申请单位	发明人
200510027566	景观一体化间歇性湿地雨水回用的方法	上海交通大学	车生泉,周琦
200520029205	预制组合式水渠	田树成,吉林省交通科学研究所	田树成,蒋新大,等
200520108718	改性沥青混凝土预制衬板	北京中水科海利工程技术有限公司	刘增宏,傅元茂,等
200610114380	一种矿山塌陷区土地复垦新方法	中国矿业大学(北京)	高延法
200620003976	沟渠型湿地床	北京世纪赛德科技有限责任公司,秦宏,张华北,王琼,秦皓,李原原	秦宏,张华北,等
200620028373	移动式量水堰槽	长春市博奥科技有限公司,吉林省水利科学研究院,吉林省公路运输信息有限公司	田树成,娄军海,等
200620160647	用于加固边坡的排水式锚杆框架梁	中国科学院地质与地球物理研究所	李志清,胡瑞林
200710005065	分期分级动态控制农田排水设计方法	中国水利水电科学研究院	王少丽,许迪,等
200710020590	无裂缝防渗稳定膨胀土挖方堤坡施工方法	东南大学	缪林昌
200710021602	可调式农田排水沟水位控制堰	河海大学	殷国玺,张展羽,等
200710056873	围海造地(陆)吹填海泥固化的翻晒施工方法	天津宝泰建设有限公司	任玉华
200710074639	三维排水联结扣装置	深圳万向泰富环保科技有限公司	徐亚男,徐洲平
200710133876	堆场淤泥处理用轻型开口楔快速插板机	河海大学	张春雷,汪顺才,等
200720103567	排水管织物滤层外包料包覆机	中国水利水电科学研究院	丁昆仑,余玲,等
200720196600	蓄排水板	深圳市绿境达科技有限公司	高俊海
200720200275	自行滚筒式混凝土摊铺设备	北京华洋建设开发有限公司	杨永革
200720200277	水渠土面自动削平整形成套设备	北京华洋建设开发有限公司	杨永革,杨雷,等
200720200603	水渠混凝土自动抹光设备	北京华洋建设开发有限公司	杨永革,杨雷,等
200720201140	水渠基面土层铣刨切削整平设备	北京华洋建设开发有限公司	杨永革,杨雷,等
200810132809	注水井的建造方法	北京市浩大安博水资源科技开发有限公司	安逢龙,司武卫,等
200810132810	注水井	北京市浩大安博水资源科技开发有限公司	安逢龙,傅丽,等
200810153936	一种稳定输水渠道	天津大学	徐国宾,刘昉
200810154859	一种农田暗管水位水质联控排水装置	河海大学	张展羽,殷国玺,等
200810163197	自由双侧翻拍门	宁波巨神制泵实业有限公司	应建国,翟松茂,等
200810219252	一种绿化种植中的疏排水方法	棕榈园林股份有限公司	谢作,张文英,等
200810236449	一种利用土壤固化剂修建防渗渠道的施工方法	西北农林科技大学	樊恒辉,娄宗科,等
200820040499	塑料三维复合透水管	安徽徽风新型建材有限公司	徐维章,宇汝林,等
200820064162	钢制组合式输排水渡槽	成都天雨科技有限公司	叶剑波
200820103419	复式沉沙渠	新疆水利水电工程技术咨询服务公司	高亚平,徐燕,等
200820110989	农田排涝防旱的设施	东莞市农业种子研究所	叶榛华,王燕君,等
200820301403	室外电缆沟排水结构	贵阳铝镁设计研究院	赫俊
200910027951	大型渠道非过水坡面截渗除污系统	河海大学	张展羽,迟艺侠,等

续表

申请号	名称	申请单位	发明人
200910058547	聚氨酯聚合材料的渠道防渗抗冻涨喷涂方法	青海省水利水电科学研究所，江苏艾特克环境工程设计研究院有限公司，日本JCK株式会社	李润杰，刘得俊，等
200910059580	消落带涝渍土地水土保持型快速排水方法	中国科学院水利部成都山地灾害与环境研究所	鲍玉海，贺秀斌，等
200910075287	一种大跨度高效多功能混凝土坡面砌筑机	河北路桥集团有限公司	赵良恒，吕连英，等
200910183392	一种田间排水控制系统	河海大学	俞双恩，丁继辉，等
200910185329	一种渠道导渗止逆系统	河海大学	张展羽，张文祥，等
200910272811	一种生态减污型排水沟渠设计方法	武汉大学	邵东国，刘武艺，等
200920004544	不锈钢闸	北京百氏源环保技术有限公司	张大力，王宝明，等
200920083704	陡坡薄壁混凝土衬砌机	中国葛洲坝集团股份有限公司，葛洲坝集团第一工程有限公司	王良军，郑自才，等
200920088302	水和水闸防盗装置	焦作市腾飞机械铸造有限公司	牛守勇，牛海平，等
200920102577	一种生态微渗复合防护河渠	邢台路桥建设总公司	李殿双，陈大伟，等
200920104487	一种大跨度高效多功能混凝土坡面砌筑机	河北省水利工程局	赵良恒，吕连英，等
200920104488	一种排振滑模式坡面砌筑机	河北省水利工程局	赵良恒，王步新，等
200920110736	渗排水型材	北京神州瑞琪环保科技有限公司	莫自宁
200920116416	一种透水管	杭州锦程实业有限公司	郑锦邦，单春晓
200920129526	一种生态水沟	深圳九华济远环保科技有限公司	杨建涛
200920137856	双面立模钢支架	福建省烟草公司三明市公司	张放鸣，潘建菁，等
200920144332	日光温室暗管排盐装置	宁夏农林科学院	郭文忠，杨冬艳，等
200920161272	田园排水装置	河见电机工业股份有限公司	方文哲
200920223064	一种新型渠道结构	北京宏凌技术开发有限公司，新疆宏凌节能科技有限公司	项宏疆
200920229997	一种生态减污型排水沟渠	武汉大学	邵东国，刘武艺，等
200920232178	一种排水闸门	河海大学	俞双恩，蒋元勋，等
200920236116	注塑排储板	南通沪望塑料科技发展有限公司	许小华
200920244052	镀锌螺纹管式灌溉明渠	黑龙江大千环保科技有限公司	千松乐，安晓钟
200920247195	自适应软体结构边坡排水沟	北京顺天绿色边坡科技有限公司，中国地质科学院	徐文杰，张辉旭，等
200920313492	多功能手动启闭机室	唐山现代工控技术有限公司	张喜，张振军，等
201010149410	水平向浅层负压固结工作垫层的方法	中交天津港湾工程研究院有限公司，中交第一航务工程局有限公司	叶国良，李树奇，等
201010234733	铣刨系统	北京华洋建设开发有限公司	杨永革，翟利川
201010275664	一种多渠段水位自动控制方法及装置	中国水利水电科学研究院	崔巍，陈文学，等
201010292200	一种新型农田涝渍防治装置及其应用技术	长江大学	朱建强
201020014937	灌溉输水缓冲槽	平原县水务局	石俊汇，柯强，等

续表

申请号	名称	申请单位	发明人
201020158612	带有防护层的一体化测井	唐山现代工控技术有限公司	张喜，于树利，等
201020177979	一种农田暗管排水水位控制器	武汉大学	王富庆，谢华，等
201020195593	一种堰顶高程可变式量水堰	武汉大学	冯晓波，王长德，等
201020253903	注塑排储板	南通沪望塑料科技发展有限公司	许小华
201020273734	一种农田暗管排水出口控制及量水装置	河海大学	俞双恩，佘冬立，等
201020279962	一种包覆复合外包滤料的农田排水暗管	河海大学	俞双恩，佘冬立，等
201020281220	一种农田分水井阀门	嘉兴市五丰水泥制品制造有限公司	徐生明
201020515478	农田地下排水装置	江苏省水利科学研究院	吴玉柏，陈凤，等
201020544101	收集坡面壤中流的沟渠构造	中国科学院水利部成都山地灾害与环境研究所	龙翼，熊东红，等
201020645528	一种稻田自动控制排水装置	河海大学	周庆，俞双恩，等
201020645792	一种风能太阳能发电排灌装置	如皋市江海技工学校	蔡森
201020674550	一种赤泥堆场排水层构造	贵阳铝镁设计研究院	胡禹志，李明阳
201020690955	一种农田梯形截面灌溉沟开沟机	洛阳理工学院	田全忠，宗春丽，等
201110108362	灌溉到管系统	中国水利水电科学研究院	余根坚
201110121894	暗管控制排水装置	中国水利水电科学研究院	焦平金，胡亚琼，等
201120002806	塑料盲沟材	常州市鹏腾土工复合材料工程有限公司	吴小江
201120002808	盲沟管	常州市鹏腾土工复合材料工程有限公司	吴小江
201120002819	塑料盲沟管	常州市鹏腾土工复合材料工程有限公司	吴小江
201120002833	排水塑料盲沟管材	常州市鹏腾土工复合材料工程有限公司	吴小江
201120002841	盲沟	常州市鹏腾土工复合材料工程有限公司	吴小江
201120002871	盲沟材	常州市鹏腾土工复合材料工程有限公司	吴小江
201120002879	涵管	常州市鹏腾土工复合材料工程有限公司	吴小江
201120002979	塑料盲沟	常州市鹏腾土工复合材料工程有限公司	吴小江
201120002980	排水塑料盲沟材	常州市鹏腾土工复合材料工程有限公司	吴小江
201120002993	盲沟管材	常州市鹏腾土工复合材料工程有限公司	吴小江
201120003006	用于排水的塑料盲沟	常州市鹏腾土工复合材料工程有限公司	吴小江
201120003112	用于排水的塑料盲沟管材	常州市鹏腾土工复合材料工程有限公司	吴小江
201120003131	塑料盲沟管材	常州市鹏腾土工复合材料工程有限公司	吴小江
201120008290	一种灌溉渠的放水闸门	芜湖欧标农业发展有限公司	戴军，王冬梅
201120009908	小型量水闸门	新疆水利水电科学研究院	聂新山，周和平，等
201120016760	风、光互补闸门控制系统	广东省水利水电科学研究院	程永东，张淼，等
201120035148	大型液压变速浮箱拍门	宁波巨神制泵实业有限公司	翟松茂，李全民，等
201120041332	收缩密接复合汇流管	台湾优派普环保科技有限公司	张连胡
201120110699	一种园林苗圃用排水装置	广州普邦园林股份有限公司	黄健荣，黄少玲，等
201120111683	一种农田分水井阀门	嘉兴市五丰水泥制品制造有限公司	梁菊明
201120130328	灌溉用量水到管	中国水利水电科学研究院，北京中水润科认证有限责任公司	余根坚
201120132826	反滤复合型土工格栅	山东宏祥化纤集团有限公司	崔占明，孟令晋
201120149612	暗管控制排水装置	中国水利水电科学研究院	焦平金，管孝艳，等

续表

申请号	名称	申请单位	发明人
201120150366	农村简易小型排水闸门装置	中国建筑标准设计研究院	卢屹东,张瑞龙,等
201120162361	滴灌排水渠	天津市绿怡庄园蔬菜发展有限责任公司	王少军
201120191613	一种贮灰场L型排水结构	内蒙古电力勘测设计院	白春丽,孔繁刚,等
201120232822	排水沟虹吸管道水位控制装置	河海大学	殷国玺,吕振东,等
201120233480	一种土质路堑边坡排水系统	长沙理工大学	何忠明,付宏渊,等
201120240267	一种退水装置	浙江省疏浚工程股份有限公司	楼利民,姚颂培,等
201120257732	远程控制履带式旋转移动泵站	福建侨龙专用汽车有限公司	林志国,王玉强,等
201120257751	远程控制履带式翻转移动泵站	福建侨龙专用汽车有限公司	林志国,王玉强,等
201120257791	履带式大流量应急移动泵站	福建侨龙专用汽车有限公司	林志国,王玉强,等
201120257806	远程控制履带式立式移动泵站	福建侨龙专用汽车有限公司	林志国,王玉强,等
201120268022	多功能立式移动泵站	福建侨龙专用汽车有限公司	林志国
201120278273	一种混凝土硬化预制承插式U型渠槽	湖北楚峰水电工程有限公司	孙春光,刘昌元
201120278276	一种手动式灌溉渠道分水闸门	湖北楚峰水电工程有限公司	孙春光,刘昌元
201120281808	一种混凝土硬化预制拼接式梯形渠槽	湖北楚峰水电工程有限公司	孙春光,刘昌元
201120283043	用于有底测坑土壤排水的控制系统	中国农业科学院农田灌溉研究所	刘安能,王和洲,等
201120288557	肋梁式钢筋混凝土U型渠	济南天水混凝土制品有限公司	赵海平,李民
201120320161	一种新型排水结构	中国民航机场建设集团公司	魏弋锋
201120320671	农田叠合式排降结构	江苏省水利科学研究院	吴玉柏,纪建中,等
201120367189	一种路基填土边坡的临时排水装置	广东省长大公路工程有限公司	肖聪
201120380226	地下渗漏排水波纹管	顾地科技股份有限公司	徐辉利,张文昉,等
201120380751	一种侧开式渠道闸门	安徽铜都阀门股份有限公司	汪班本
201120384344	一种水稻种植灌溉水渠闸门	哈尔滨市工程塑料制品厂	韩大方,刘龙江,等
201120448274	一种无线闸门量水装置	唐山现代工控技术有限公司	于树利,张喜,等
201120463785	矩形渠道机翼柱形量水槽	长春工程学院	刘鸿涛,赵瑞娟,等
201120466684	用于山垅冷浸田排渍及渍水循环利用的装置	福建省农业科学院土壤肥料研究所	王飞,李清华,等
201120485518	可调式自动止回拍门	江苏河海给排水成套设备有限公司	丁永芝,袁斌,等
97117207	牧业用自流水井及井水引流方法	曼苏尔·沃哈斯	曼苏尔·沃哈斯
99256709	可拆换式排水减压井	长江水利委员会长江科学院土工研究所	许季军,张家发,等

11.7.6 人工岛水上平台

申请号	名称	申请单位	发明人
00124978	桶型负压基础可移动平台的起浮下沉的控制方法及其装置	大港油田集团有限责任公司,大港油田集团勘察设计研究院,中国石油天然气股份有限公司大港油田分公司	张琪娜,田中玮,等
03128219	钢吊箱整体浮运锚墩预施拉力定位、兼作钻孔平台方法	中铁大桥局集团有限公司	秦顺全,刘杰文,等
03279719	一种水上平台	海洋石油工程股份有限公司,中国海洋石油总公司	张益公,廖红琴,等

续表

申请号	名称	申请单位	发明人
200410017441	海上大口径超深钻孔桩施工工艺	上海市基础工程公司	张洪光,徐巍,等
200420013974	码头液压升降平台装置	舟山市海峡汽车轮渡有限责任公司	李建杭,钱龙夫
200420029769	海上平台板架结构生活楼	天津海油工程技术有限公司	王胜
200420085652	一种单点系泊井口平台	天津市海王星海上工程技术有限公司	王翎羽
200510043589	分体坐底自升式平台及其使用方法	中国石化集团胜利石油管理局钻井工艺研究院	徐松森,张士华,等
200510066553	近海导管架式平台隔振用叠层橡胶支座	中国科学院力学研究所	刘玉标,时忠民,等
200510066554	近海导管架式平台上的隔振层	中国科学院力学研究所	刘玉标,时忠民,等
200520023627	一种海洋石油平台用橡胶支座	衡水震泰隔震器材有限公司	赵烽,李明华
200520086465	海上大型平台安装液压升降对接装置	胜利油田胜利工程设计咨询有限责任公司	刘震,薛万东,等
200520095965	伸缩结构的二层台	中国石化集团江汉石油管理局第四机械厂	李磊,危峰,等
200520112696	一种用于浅水区域的油气处理平台	中国海洋石油总公司,中海石油研究中心	范模,崔玉军
200520122965	一种吸力桩式海底钻井基盘	天津市海王星海上工程技术有限公司	王翎羽
200520145294	自升式钻井平台齿轮齿条升降系统	中海油田服务股份有限公司,郑州机械研究所	曹树杰,车永刚,等
200610134682	大型桁架式桩腿结构的装配方法	大连船舶重工集团有限公司	孙洪国,姜福茂
200610161823	一种可重复使用的升降装置	中国石化集团胜利石油管理局钻井工艺研究院	孙永泰,孙东昌,等
200620025231	适合于海上中小油气田开发的独腿三桩简易平台	中国海洋石油总公司,海洋石油工程股份有限公司,中海石油(中国)有限公司天津分公司	杨晓刚,李志刚,等
200620046472	设置有浮式种植盆的固定码头	上海市城市建设设计研究院	高炜华
200620064172	一种U形开槽抗冰锥	中国海洋石油总公司,中海石油基地集团有限责任公司	李雄岩,邓欣,等
200620064192	一种带保护型底座的导向桩	中国海洋石油总公司,中海石油基地集团有限责任公司	李雄岩,邓欣,等
200620093389	水上安装桩腿支撑靴装置	大连船舶重工集团有限公司	石志东,孙洪国,等
200620093391	大型桁架式桩腿结构合拢定位装置	大连船舶重工集团有限公司	孙洪国,石志东
200620094995	自升式抛石整平平台船	中交第二航务工程局有限公司	李明,刘榕,等
200620151619	海上石油开采平台的甲板布置结构	中国海洋石油总公司	朱晓环,李潇,等
200620151621	垂直护管水下桩基式简易平台	中国海洋石油总公司,海洋石油工程股份有限公司	杨晓刚,于皓,等
200620151622	海上边际油田简易井口平台的登乘结构	中国海洋石油总公司	吕津波,刘菊娥,等
200620151835	一种自升式生产储油平台	中国海洋石油总公司	朱宪,樊敦秋,等
200620165808	防沉陷易调平易拆除的大型海上风电基础承台	中国水利水电科学研究院,北京中水科水电科技开发有限公司	高季章,张金接,等
200620165809	适合淤泥层海床的大型风机组合桩基础	中国水利水电科学研究院,北京中水科水电科技开发有限公司	高季章,张金接,等

续表

申请号	名称	申请单位	发明人
200620168002	用于桩腿分段建造的组合胎架装置	大连船舶重工集团有限公司	单忠伟,孙洪国,等
200620168520	一种海洋采油平台抗冰装置	中国石油天然气集团公司	赵欣,艾志久,等
200620168521	一种"回"字形抗冲击大面积导管架海洋采油平台	中国石油天然气集团公司,辽河石油勘探局	赵欣,艾志久,等
200620168522	一种抗冰型导管架海洋采油平台	中国石油天然气集团公司,辽河石油勘探局	赵欣,艾志久,等
200710058603	导管架的立管卡子的安装方法	中国海洋石油总公司,海洋石油工程股份有限公司	李中华,李庆国,等
200710112879	海洋浮式钻井平台钻柱升沉补偿装置	中国石油大学(华东)	张彦廷,王鸿膺,等
200710114303	一种用于平台升降的节能安全装置	中国石化集团胜利石油管理局钻井工艺研究院	张爱恩,李德堂,等
200710118541	一种自升式钻井平台锁紧装置	中海油田服务股份有限公司,佛山市精钢机械有限公司	刘宝元,周炳文,等
200710141493	一种新的独柱结构及其安装方法	天津市海王星海上工程技术有限公司	王翎羽
200710157585	大型悬臂梁建造方法	大连船舶重工集团有限公司	孙洪国,杨清松,等
200710157586	大型桁架式桩腿水上拖移安装方法	大连船舶重工集团有限公司	孙洪国,张恩国,等
200710157587	大型桁架式桩腿分段数据检测方法	大连船舶重工集团有限公司	赵绪杰,孙洪国
200710157589	大型桩腿结构水上安装拖移滑道装置	大连船舶重工集团有限公司	孙洪国,姜福茂,等
200710157687	桩腿中主舷管的建造焊接方法	大连船舶重工集团有限公司	于训达,陈绍全,等
200710177337	一种海底用吸力式基础	中国科学院力学研究所	王爱兰,赵京,等
200710179742	内外夹持式导管架调平装置	中国海洋石油总公司,海洋石油工程股份有限公司,哈尔滨工程大学	李怀亮,于文太,等
200710195170	人工岛钻井隔水导管施工工艺方法	大港油田集团有限责任公司	袁宏振,甄宏昌
200720015485	桩腿中焊接结构的主舷管	大连船舶重工集团有限公司	于训达,陈绍全,等
200720015486	自升式钻井平台中用于升降装置的焊接结构箱体	大连船舶重工集团有限公司	陈绍全,于训达,等
200720016690	高精准大型悬臂梁	大连船舶重工集团有限公司	孙洪国,杨清松,等
200720026783	简易海上钻探平台	山东省烟台地质工程勘察院	张英传,陈师逊,等
200720030196	一种用于平台升降的节能安全装置	中国石化集团胜利石油管理局钻井工艺研究院	张爱恩,李德堂,等
200720066393	水下打桩定位器	上海勘测设计研究院	陆忠民,江波,等
200720069042	自带井架绷绳地锚的轻型钻台	南阳二机石油装备(集团)有限公司	张天福,张勇,等
200720079407	海洋钻井自升式钻井平台	四川宏华石油设备有限公司	张弭,罗锐
200720086878	分体折叠钻台	中国石化集团江汉石油管理局第四机械厂	佘理红,陈德勇,等
200720095588	一种组合式简易井口处理平台	天津市海王星海上工程技术有限公司	王翎羽
200720095760	一种复合管柱式海上井口平台	天津市海王星海上工程技术有限公司	王翎羽
200720098377	双层移动式钻井液固相控制系统承载平台	华北石油管理局第一机械厂	胡小刚,柴占文,等
200720104257	海上钻井平台加强桩腿	中国海洋石油总公司,中海油田服务股份有限公司	曾恒一,刘宝元,等

续表

申请号	名称	申请单位	发明人
200720104258	自升式钻井平台桩腿锁紧装置	中国海洋石油总公司，中海油田服务股份有限公司	刘宝元，褚演秋，等
200720104259	自升式钻井平台	中国海洋石油总公司，中海油田服务股份有限公司	刘宝元，褚演秋，等
200720148871	一种用于安装海上平台桩基导管架的防沉调平靴	中国海洋石油总公司，中海石油研究中心，天津市海王星海上工程技术有限公司	王翎羽，侯金林，等
200720148955	一种海上油气生产储油平台	中国海洋石油总公司，中海石油研究中心	徐丽英，侯金林，等
200720174480	改进的张力腿海洋油气生产平台	上海利策科技有限公司	戚涛
200720187203	增力式楔形块卡爪结构	中国海洋石油总公司，海洋石油工程股份有限公司，哈尔滨工程大学	李怀亮，于文太，等
200720190563	浅海自升式试采作业平台	中国石油集团海洋工程有限公司	石林，彭飞，等
200720307118	桥梁水中基础浮式钻孔平台	中铁大桥局集团第一工程有限公司	冯广胜，李艳哲，等
200720310135	自升式海洋石油天然气生产平台的升降装置	上海利策科技有限公司	戚涛
200810040477	一种海底吸力式基础沉放方法	同济大学	谢立全
200810053497	自动螺旋升降的主动抗冰装置	天津大学	余建星，郭君，等
200810053498	自适应潮差变化的减振隔振抗冰装置	天津大学	余建星，郭君，等
200810115172	自升式钻井平台冲桩装置	中国海洋石油总公司，中海油田服务股份有限公司，中国石油大学（北京）	周炳文，曹式敬，等
200810139445	抗滑桩液压升降和锁定装置	青岛北海船舶重工有限责任公司	陈海林，张振省，等
200810223095	可调节高度的垫墩	海洋石油工程股份有限公司，海洋石油工程（青岛）有限公司	李淑民，徐善辉
200810223922	一种深水半潜式钻井平台甲板可变载荷的计算与验证方法	中国海洋石油总公司，中海石油研究中心	刘科，蒋世全，等
200810228847	粘弹性多维减振器	大连理工大学	李宏男，何晓宇，等
200810237314	石油钻修设备用半拖挂钻台	南阳二机石油装备（集团）有限公司	王志忠，何军国，等
200810238005	湿地人工生态岛的构筑方法	山东大学	王曙光，张成禄，等
200820029028	深水桥梁基础施工多功能钻孔平台顶板	中交第二公路工程局有限公司	欧阳效勇，任回兴，等
200820029885	新型钻机井架二层台可移动式操作台	宝鸡石油机械有限责任公司	贾俊梁，李纯华，等
200820055049	一种泵站景观平台结构	上海勘测设计研究院	朱丽娟，徐立荣，等
200820070565	自升式海洋钻井平台升降装置	郑州富格海洋工程装备有限公司	付雪川，康红旗，等
200820078478	自升式平台升降系统保护装置	中国海洋石油总公司，中海油田服务股份有限公司	周炳文，王建军，等
200820080711	一种由隔水套管支撑的海上井口平台	中国海洋石油总公司，中海石油研究中心	崔玉军，于春洁，等
200820108483	海洋结构物的称重支撑结构	中国海洋石油总公司，海洋石油工程股份有限公司	宋峥嵘，张慧池，等

续表

申请号	名称	申请单位	发明人
200820108708	一种自升式钻井平台冲桩阀	中国海洋石油总公司,中海油田服务股份有限公司,中国石油大学(北京)	王冬石,左信,等
200820109087	分体式可升降井口操作平台	中国石油天然气股份有限公司	金正谦,宋辉,等
200820139358	钻机平台的动力坡板	任丘市华北石油管具制造有限责任公司	施境岭,周小刚,等
200820143078	一种新的复合管柱式海上井口平台	天津市海王星海上工程技术有限公司	王翎羽
200820160633	深水基础施工的板凳平台结构	中铁大桥局集团第二工程有限公司	许佳平,黄中华,等
200820190985	低温钻机钻台挡风保温墙	湖北四钻石油设备股份有限公司	蔡福明,黄铁平,等
200820193403	一种石油钻机钻台上安装的焊接死绳固定器	湖北江汉石油仪器仪表有限公司	冀玉松,唐启林,等
200820219563	一种自升式钻井平台伸缩鳍桩靴	中国石油集团长城钻探工程有限公司	张振华,林焰,等
200820219564	海洋石油钻井平台钻台移动装置	中国石油集团长城钻探工程有限公司	高远文,冯刚,等
200820219671	自升式钻井平台悬臂梁弧形移动机构	中国石油集团长城钻探工程有限公司	高远文,林焰,等
200820219678	钻井平台桩靴冲桩水轮盘式分配装置	中国石油集团长城钻探工程有限公司	高远文,陈明,等
200820221506	石油修井机用简易工作台	南阳二机石油装备(集团)有限公司	刘钦祥,刘俭,等
200820221614	双钻井作业系统半潜式钻井平台	宝鸡石油机械有限责任公司	王维旭,景方刚,等
200910026356	水深大于2米的大型海上风电场建设的施工方法	江苏东电新能源科技工程有限公司	严晓建
200910026357	水深小于2米的大型海上风电场建设的施工方法	江苏东电新能源科技工程有限公司	严晓建
200910028371	张力腿钻井平台	中国船舶重工集团公司第七〇二研究所	缪泉明,匡晓峰,等
200910033485	采用大型方体驳船建造外海人工岛抛石堤岛壁的方法	中交二航局第三工程有限公司	叶跃平,邢红梅,等
200910036261	钢管支承桩插打时快速定位和连接系统及其施工方法	中铁大桥局集团第四工程有限公司	潘军,周爱兵,等
200910068396	张力腿平台整体式负压式基础及其沉贯方法	天津大学	余建星,晋文超,等
200910068484	张力腿平台附带抗压储水舱的整体式基础及其沉贯方法	天津大学	晋文超,余杨,等
200910085831	自升式平台桩腿弦管用半圆板及其制造工艺	中国海洋石油总公司,中海油田服务股份有限公司	刘宝元,张达凯,等
200910100583	光电复合海底电缆平台锚固装置	宁波海缆研究院工程有限公司	夏峰,钟科星,等
200910183009	自升式海洋平台454吨提升齿轮箱	中远船务工程集团有限公司	马险峰,倪海腾,等
200910228807	一种浅海新型浮式储油平台结构	天津市海王星海上工程技术有限公司	王翎羽,马红城
200910307586	深水库区陡坡裸岩钻孔平台及工艺	中交二公局第六工程有限公司	李万广,李根明,等
200910311777	远海重力式固定巨型人工岛	上海交通大学	马捷,任龙飞
200920004878	风力发电机组塔架制造立式对口平台	甘肃中电科耀新能源装备有限公司	李松,益国强,等
200920041969	一种移动式平台	南通蛟龙重工海洋工程有限公司	薛继远
200920066571	用于热带季风环境的特大桥施工的便道及筑岛	上海建工(集团)总公司	江根民,辛国顺,等
200920075042	自升式工程平台及其锁紧装置	上海振华重工(集团)股份有限公司	王赟,吴富生

续表

申请号	名称	申请单位	发明人
200920101091	自升式海上风电机组安装平台	抚州市临川白勇海洋工程有限公司,中国水利水电科学研究院	何新航,王洪庆,等
200920105868	一种适用于海上无覆盖层情况下的钻孔施工平台	路桥集团国际建设股份有限公司	张鹏飞,郭主龙,等
200920108621	一种海上平台间的栈桥连接装置	中国海洋石油总公司,中海石油研究中心	范模,张保军,等
200920108676	一种桩腿主舷管的制造系统	中国海洋石油总公司,中海油田服务股份有限公司,天津惠蓬船舶建造有限公司	刘宝元,吕会敏,等
200920109235	简易井口采油平台	中国海洋石油总公司,海洋石油工程股份有限公司	尹汉军,张益公,等
200920109817	一种适用于冰区海域的混凝土石油钻采平台	中国石油天然气集团公司,中国石油集团工程技术研究院	杨玉霞,秦延龙,等
200920122988	一种适合于海上施工的钢护筒组装平台	路桥华东工程有限公司,浙江省舟山连岛建设工程指挥部	陈卫国,王加升,等
200920125122	一种适合于海上施工的钢护筒组装平台	浙江省舟山连岛建设工程指挥部,路桥华东工程有限公司	陈卫国,王加升,等
200920134029	一种海上平台使用的组合式生活空间模块	招商局重工(深圳)有限公司	黄向荣,钟良省,等
200920210266	自升式钻井平台升降机构	上海振华重工(集团)股份有限公司	施海滨,吴富生,等
200920210267	海上钻井平台行星齿轮传动机构	上海振华重工(集团)股份有限公司	田洪,钟明,等
200920211462	一种用于风机基础钢桩与转换钢结构的可调节连接节点	上海宝钢工程技术有限公司	孙绪东,李先林,等
200920212867	海上风机基础施工中塔筒基础环的调平结构	中交第三航务工程局有限公司	练学标,王凤洋,等
200920213014	蜗轮蜗杆顶升器	上海振华重工(集团)股份有限公司	滕青,许素蕾,等
200920214545	自升式钻井平台悬臂梁纵横移动装置	中国船舶工业集团公司第七〇八研究所	汪张棠,李福建
200920214546	重载摩擦式绞车钢索闭式循环升降装置	中国船舶工业集团公司第七〇八研究所	汪张棠,薛颖
200920222588	海上拼装静压固定式钻探平台	中交第二航务工程勘察设计院有限公司	万仁凯,朱才宝,等
200920231907	用于平台的工字钢平板	中格复合材料(南通)有限公司	赵沭通,谢汉宪
200920233574	自升式海洋平台 454 吨提升齿轮箱输出轴	中远船务工程集团有限公司	马险峰,倪海腾,等
200920233575	自升式海洋平台 200 吨提升齿轮箱输出轴	中远船务工程集团有限公司	马险峰,倪海腾,等
200920233578	自升式海洋平台 200 吨提升齿轮箱	中远船务工程集团有限公司	马险峰,倪海腾,等
200920233579	自升式海洋平台提升齿轮箱	中远船务工程集团有限公司	马险峰,倪海腾,等
200920235561	钢管支承桩插打时快速定位和连接系统	中铁大桥局集团第四工程有限公司	潘军,周爱兵,等
200920246227	海底管线直立上人工岛构件	中国石油天然气股份有限公司	李健,谢燕春,等
200920247956	一种近海或潮间带安装平台	大连船舶重工集团有限公司	孙德壮,董庆辉,等
200920252297	一种用于可移迁固定式平台桩基水下对接的机械锁桩装置	天津市海王星海上工程技术有限公司	董金浩

续表

申请号	名称	申请单位	发明人
200920278095	一种浅海海域座底式混凝土生产平台	中国石油天然气集团公司,中国石油集团工程技术研究院	杨玉霞,秦延龙,等
200920296929	新型自升式海洋钻井平台升降装置	郑州机械研究所	付雪川,高立君,等
200920311220	深水库区陡坡裸岩钻孔平台	中交二公局第六工程有限公司	李万广,李根明,等
200920318063	远海人工群岛中的海空港岛	上海交通大学	马捷,任龙飞
200920318362	海中城市型人工群岛	上海交通大学	马捷,任龙飞
201010031399	一种内置浮筒的筒型基础气浮拖航方法	道达(上海)风电投资有限公司	丁红岩,张浦阳,等
201010118849	一种箱体拼装式大型承重平台	中铁大桥局股份有限公司	李军堂,涂满明,等
201010139786	一种深吃水桁架立柱组合式平台	中国海洋石油总公司,中海石油研究中心	谢彬,谢文会,等
201010193523	一种具有双球铰承载结构的自升式钻井平台桩腿锁紧装置	佛山市精铟机械有限公司,中海油田服务股份有限公司	刘宝元,陈力生,等
201010232361	一种用于自升式钻井平台的双蜗杆锁紧装置	广东精铟机械有限公司	崔锋,陆军,等
201010280035	一种海上辅助施工平台装置及其使用方法	中交二航局第四工程有限公司	李宗平,吴天寿,等
201010293824	一种灌浆固定海洋平台立管的新型卡子装置及其固定方法	中国海洋石油总公司,中海油能源发展股份有限公司,天津中海油工程设计有限公司	李挺前,张建勇,等
201010522014	陡坡裸岩钢管桩平台搭设方法	中铁十三局集团有限公司	李向海
201010608013	一种用于海上自升式平台锁紧装置的齿条及其设计方法	中海油田服务股份有限公司,佛山市精铟机械有限公司	王建军,宋林松,等
201019102023	一种海洋石油钻井平台橇块及其吊装工艺	天津市禾厘油气技术有限公司	刘扬,魏国强,等
201020043257	海洋钢质平台水下灌浆加固装置	中国海洋石油总公司,中海油能源发展股份有限公司,天津中海油工程设计有限公司	张建勇,李挺前,等
201020104392	海洋油田多功能自升式支持平台组合式移动生活模块	中国海洋石油总公司,中海油能源发展股份有限公司,中海油能源发展股份有限公司监督监理技术分公司	李凡荣,罗国英,等
201020111195	用于自升式平台的升降单元	中国石油大学(华东)	曹宇光,史永晋,等
201020116149	一种圆柱形桩腿自升式钻井平台	中国石油集团海洋工程有限公司	郭洪升,刘忠彦,等
201020116157	一种自升式平台所用的圆柱形桩腿	中国石油集团海洋工程有限公司	郭洪升,刘忠彦,等
201020149176	海洋平台液压升降装置	烟台来福士海洋工程有限公司,上海中帧机器人控制技术发展有限公司	章立人,乌建中,等
201020151487	一种适用于海洋工程的桩基式基础结构	中国海洋石油总公司,中海油新能源投资有限责任公司,上海交通大学	尚景宏,刘桦,等
201020156699	一种自升式钻井平台	深圳市惠尔凯博海洋工程有限公司	徐胜,李兰芳
201020156711	导管架式海上风电机组基础结构	中国水电顾问集团华东勘测设计研究院	郑永明,孙杏建,等
201020159664	一种导管架桩腿内储水的钻采平台	中国海洋石油总公司,中海石油研究中心	路宏,王艳,等
201020164185	一种钻井平台管节点加强结构	深圳市惠尔凯博海洋工程有限公司	徐胜,李兰芳

续表

申请号	名称	申请单位	发明人
201020188620	一种用于海洋钻井平台的升降机构	四川宏华石油设备有限公司	冉学平，陈俊，等
201020199699	一种用于海洋平台升降的锁紧机构	四川宏华石油设备有限公司	冉学平，陈俊，等
201020208661	自升式平台桩腿锁紧装置	抚州市临川白勇海洋工程有限公司	白勇，闫志超，等
201020213978	一种周转钻孔平台	中国建筑第七工程局有限公司	黄延铮
201020222956	用于驱动自安装采油平台升降的液压缸	常州液压成套设备厂有限公司	蔡云龙，花晓阳，等
201020222966	自安装采油平台液压升降系统	常州液压成套设备厂有限公司	孙光良，花晓阳，等
201020222971	自安装采油平台升降插拔销系统	常州液压成套设备厂有限公司	花晓阳，沈翔，等
201020229174	一种石油井架二层台伸缩操作台	宝鸡石油机械有限责任公司	黄许澎，张志伟，等
201020231717	一种新型简易井口架	中国海洋石油总公司，中海油能源发展股份有限公司，湛江南海西部石油勘察设计有限公司	尹彦坤，邓欣，等
201020236009	一种自升式海洋服务平台升降传动装置	郑州吉尔传动科技有限公司	王建敏，徐炎科，等
201020236591	海上风电场风机基础结构	上海勘测设计研究院	林毅峰，邹辉
201020254083	海上承台钢套箱支撑钢梁连接节点	南通尧盛钢结构有限公司	姚志军，刘志祥
201020254092	海上承台钢套箱水上快速拆除的结构节点	南通尧盛钢结构有限公司	姚志军，刘志祥
201020265610	一种用于自升式钻井平台的桩腿锁紧系统的试验机	佛山市精铟机械有限公司	崔锋，李光远
201020265612	一种用于自升式钻井平台的双蜗杆锁紧装置	佛山市精铟机械有限公司	崔锋，李光远
201020270894	一种自升式钻井平台的锁紧装置	抚州市临川白勇海洋工程有限公司	白勇，闫志超，等
201020276652	一种液压钢绞线升降装置	上海利策科技有限公司	王友杰
201020299709	海洋石油钻井平台	上海月月潮钢管制造有限公司	周志吉，李友胜
201020502522	一种应用筒形基础的可移动式自安装平台	中国海洋石油总公司，中海石油研究中心，天津市海王星海上工程技术有限公司	李新仲，侯金林，等
201020506475	回转式悬臂梁装置	一重集团大连设计研究院有限公司，中国第一重型机械股份公司	刘放，张锡玉，等
201020527094	一种海上辅助施工平台装置	中交二航局第四工程有限公司	李宗平，吴天寿，等
201020566944	一种用于自升式平台升降的螺旋升降装置	中国石油化工集团公司，中国石化集团胜利石油管理局钻井工艺研究院	崔希君，张爱恩，等
201020566950	一种适用于浅海的重力式水下储油平台	中国石油化工集团公司，中国石化集团胜利石油管理局钻井工艺研究院	初新杰，徐松森，等
201020579636	一种深海陡坡裸岩钢管桩平台	中铁十三局集团有限公司	李向海
201020587368	自升式平台升降传动装置	中海油田服务股份有限公司，郑州天时海洋石油装备有限公司	周炳文，王建军，等
201020592181	一种机械自锁式桩腿安装架装置	浙江海洋学院	张兆德，程振兴，等
201020602066	浮式导向平台和钢护筒支撑钻孔平台深水桩基础	四川路桥桥梁工程有限责任公司	唐勇，乔胜俊，等
201020617523	一种用于海洋平台上的扶栏	中格复合材料(南通)有限公司	赵沭通，谢汉宪，等

续表

申请号	名称	申请单位	发明人
201020634331	海上钻孔灌注桩装置	中交第四公路工程局有限公司，中国路桥工程有限责任公司	赵斌，王昕，等
201020656982	整体式海上升压站结构	中国水电顾问集团华东勘测设计研究院	孙杏建，陈德春，等
201020657006	模块装配式海上升压站结构	中国水电顾问集团华东勘测设计研究院	孙杏建，陈德春，等
201020657031	钢桁架式海上测风塔基础结构	中国水电顾问集团华东勘测设计研究院	孙杏建，姜贞强，等
201020683099	一种用于海上自升式平台锁紧装置的齿条	中海油田服务股份有限公司，佛山市精钢机械有限公司	王建军，宋林松，等
201029151020	一种海洋石油钻井平台橇块	天津市禾厘油气技术有限公司	刘扬，魏国强，等
201110000625	水上钻探泡沫平台	广西电力工业勘察设计研究院，广西安科岩土工程有限责任公司	阮文军，杨国春，等
201120001007	水上钻探泡沫平台	广西电力工业勘察设计研究院，广西安科岩土工程有限责任公司	阮文军，杨国春，等
201120005072	设有扶栏的石油平台	中格复合材料(南通)有限公司	赵沭通，谢汉宪，等
201120005097	石油平台	中格复合材料(南通)有限公司	赵沭通，谢汉宪，等
201120011023	一种海洋平台组块浮托支撑装置	中国海洋石油总公司，中海石油研究中心	于春洁，陶敬华，等
201120011177	一种海洋平台组块浮托支撑装置的顶帽	中国海洋石油总公司，中海石油研究中心	陶敬华，于春洁，等
201120018600	一种海上平台扩容用导管架支撑结构	中国海洋石油总公司，中海油能源发展股份有限公司，天津中海油工程设计有限公司	张建勇，李挺前，等
201120042789	一种连续步进式液压升降装置	中国海洋石油总公司，中海石油研究中心，天津市海王星海上工程技术有限公司	孙友义，李新仲，等
201120052725	一种可适应变桩径式液压升降装置	中国海洋石油总公司，中海石油研究中心	孙友义，李新仲，等
201120053866	水中钻孔作业平台	中铁十三局集团第一工程有限公司	袁长春，王学哲，等
201120069557	独立式高压油水气井不压井作业装置	河北华北石油荣盛机械制造有限公司	刘云海，张建，等
201120075443	液压油缸顶升环梁插销式升降装置	中国船舶工业集团公司第七〇八研究所	汪张棠，储志杰，等
201120083770	用于自升式工程平台定位的锁紧装置	上海振华重工(集团)股份有限公司	王赟，吴富生
201120084969	海上可移动升降式多功能工作平台	中交第二航务工程局有限公司，武汉理工大学	张鸿，吴卫国，等
201120092068	一种用于导管架施工的海上基础施工平台	三一电气有限责任公司	王雷，张健
201120095451	可伸缩钻井平台桩靴结构	中国石油大学(北京)	杨进，徐国贤，等
201120100750	一种海上平台间栈桥连接装置	中国海洋石油总公司，中海石油研究中心	陶敬华，张宝钧，等
201120105596	一种用于自升式平台的步进式液压升降装置	中国海洋石油总公司，中海石油研究中心，天津市海王星海上工程技术有限公司	侯金林，王翎羽，等

续表

申请号	名称	申请单位	发明人
201120129596	钻台旋转式悬臂梁结构	中国海洋石油总公司,海洋石油工程股份有限公司	高华,杨辉,等
201120144127	一种可增加井槽的固定式平台	深圳市惠尔凯博海洋工程有限公司	徐胜,李兰芳
201120156955	一种海洋平台升降桩调平装置	中国石油化工集团公司,中国石化集团胜利石油管理局钻井工艺研究院	李广军,韩益民,等
201120156958	一种海洋自升式平台液压升降扶正导向装置	中国石油化工集团公司,中国石化集团胜利石油管理局钻井工艺研究院	李广军,韩益民,等
201120196719	自升式钻井平台桁架式桩腿高空施工平台装置	大连船舶重工集团有限公司	孙瑞雪,窦钧,等
201120197400	自升式钻井平台桁架式桩腿斜撑管建造用保型工件	大连船舶重工集团设计研究所有限公司	徐辉,鲁宁,等
201120198569	自升式钻井平台桁架式三角形桩腿主弦管建造用保型工件	大连船舶重工集团有限公司	黄天颖,孙瑞雪,等
201120255476	海洋平台上部组块浮装耦合装置	胜利油田胜利勘察设计研究院有限公司	赵帅,冯春健,等
201120281116	升降平台	上海航盛船舶设计有限公司	周锋
201120282542	锁紧装置及其液压控制系统	四川宏华石油设备有限公司	张文杰,周文会,等
201120301031	迁移底盘式自升降平台	天津市海王星海上工程技术有限公司	不公告发明人
201120341102	新型水中钢平台	中国建筑土木建设有限公司路桥分公司	杜佐龙,刘永福,等
201120360979	一种浅水导管架平台	中国海洋石油总公司,中海石油研究中心	李达,白雪平,等
201120371976	一种风电安装船桩腿锁紧装置	江苏科技大学	唐文献,马宝,等
201120378533	一种用于低潮高地海岛生态修复的装置	国家海洋局第一海洋研究所	刘大海,李胜
201120395391	液压钻探平台	中交第四航务工程勘察设计院有限公司	麦若绵,祝刘文,等
201120398410	简易液压管卡接桩操作平台	中国海洋石油总公司,中海石油(中国)有限公司湛江分公司,天津市海王星海上工程技术有限公司	谢玉洪,柯吕雄,等
201120405662	一种海洋石油勘探开发简易采油平台	中国海洋石油总公司,中海油能源发展股份有限公司,中国船舶工业集团公司第七〇八研究所	郭岳新,倪明杰
201120405664	可搬迁采油人工岛的锁紧结构	中国海洋石油总公司,中海油能源发展股份有限公司	吕立功,谭家翔,等
201120406053	变刚度变阻尼调谐质量阻尼器	湖南科技大学	孙洪鑫,王修勇,等
201120406912	升降和钻井系统	成都宏天电传工程有限公司	张聪,廖文忠,等
201120415807	自升式钻井平台的肋骨结构以及自升式钻井平台	中国国际海运集装箱(集团)股份有限公司	熊飞,田明琦,等
201120471468	自升式平台升降机构及自升式平台	上海振华重工(集团)股份有限公司	施海滨,吴富生,等
201120489987	摇摆墙结构体系以及采用该体系的海洋平台	青岛理工大学,青建集团股份公司	张纪刚,赵铁军,等

11.7.7 人工水道

申请号	名称	申请单位	发明人
03259957	铰支式周边传动浓缩机	江苏天雨环保集团有限公司	杨茂生
200420016338	渡槽用连体式止水压块	衡水丰泽工程橡胶科技开发有限公司	王树条,孙文学
200510037978	U形防渗渠道成槽设备	高邮市水利技术推广服务中心	陈福坤,王之义,等
200510086920	高流速泄水建筑物侧墙自掺气方法	清华大学	聂孟喜
200520031000	液压止水钢闸门	河南省商城县禹王水工机械有限责任公司	陈宗志,王国明,等
200610012975	大跨度综合型渠道混凝土浇筑机	中国水利水电第十一工程局	高海成,余良碧,等
200620025048	大型渠底混凝土浇筑机	中国水利水电第十一工程局	高海成,余良碧,等
200620028374	移动式涵闸	吉林省水利科学研究院,吉林市华亿环保技术产业有限公司,吉林省公路运输信息有限公司	娄军海,田树成,等
200620074887	粉碎型格栅除污机	江苏河海给排水成套设备有限公司	黄家骧,袁斌
200620127309	大跨度综合型渠道混凝土浇筑机桁架	中国水利水电第十一工程局	余良碧,高海成,等
200620127310	大跨度综合型渠道混凝土浇筑机箱式振捣装置	中国水利水电第十一工程局	张智宏,余良碧,等
200620127311	大跨度综合型渠道混凝土浇筑机桁架升降装置	中国水利水电第十一工程局	肖明方,孙玉民,等
200620127312	大跨度综合型渠道混凝土浇筑机桁架行走装置	中国水利水电第十一工程局	孙玉民,肖明方,等
200620128389	大跨度综合型渠道混凝土浇筑机衬砌小车	中国水利水电第十一工程局	张玉峰,高海成,等
200620128392	大跨度综合型渠道混凝土浇筑机上下小车牵引装置	中国水利水电第十一工程局	孙玉民,高海成,等
200720065309	水电站进水口排沙设施	中国水电顾问集团中南勘测设计研究院	戴晓兵,李延农
200810044388	粘性泥石流三角形底排导槽水力最佳断面设计方法及应用	中国科学院水利部成都山地灾害与环境研究所	游勇,柳金峰,等
200810147797	粘性泥石流斜墙V型排导槽水力最佳断面设计方法及应用	中国科学院水利部成都山地灾害与环境研究所	游勇,潘华利,等
200810197582	一种渠道保温结构及其施工方法	武汉理工大学	余剑英,胡亮,等
200910059002	浮筒式拦污导漂装置	四川东方水利水电工程有限公司	陈启春,李邦宏
200910081692	一种品字型均流防涡方法和装置	中国水利水电科学研究院,天津市水利勘测设计院	杨开林,吴换营,等
200910087679	犁土轴刀及基面精修余土收集装置	北京中成兴达科技有限公司	王森,陈传清
200910300337	大型现浇钢筋混凝土进水道及涡壳的施工方法	中国建筑第二工程局有限公司,中建二局第三建筑工程有限公司	李景芳,吴荣,等
200920004545	叠梁闸	北京百氏源环保技术有限公司	张大力,王宝明,等
200920080310	一种浮筒式拦污导漂装置	四川东方水利水电工程有限公司	陈启春,冷伟,等
200920087765	电站底拦栅坝液压清污机	湖北兴发化工集团股份有限公司	干明乾,明兵,等
200920104489	一种大跨度多功能混凝土坡面砌筑机	河北省水利工程局	王步新,吕连英,等

续表

申请号	名称	申请单位	发明人
200920104490	大跨度高效多功能混凝土坡面砌筑机	河北省水利工程局	王步新,吕连英,等
200920105717	衬砌机基面精修及余土收集装置	北京中成兴达建筑工程有限公司	綦西安,陈传清
200920109591	采用犁土轴刀的基面精修余土收集装置	北京中成兴达建筑工程有限公司	王森,陈传清
200920141138	能自动控制的玻璃钢防腐污水闸	广西贺州市桂东电子科技有限责任公司	杨小飞,黄宾来,等
200920154097	一种品字型均流防涡装置	中国水利水电科学研究院,天津市水利勘测设计院	杨开林,吴换营,等
200920176290	一种新型抽水蓄能电站拦污栅支承结构	中国水电顾问集团北京勘测设计研究院	胡霜天,陈红,等
200920195550	排水箱涵及采用该排水箱涵的排水构筑物	广东省电力设计研究院,华能国际电力股份有限公司	刘明,孙小兵,等
200920219693	自动抹平车	北京中成兴达建筑工程有限公司	陈传情,扬东,等
200920219694	高程自控装置	北京中成兴达建筑工程有限公司	陈传清,徐庆河
200920219695	衬砌机主桁架连接结构	北京中成兴达建筑工程有限公司	陈传清
201010004613	电厂循环水取排水构筑物布置结构	广东省电力设计研究院,华能国际电力股份有限公司	张世浪,肖焕辉,等
201010176928	1200吨级水利渡槽运、架设备	郑州新大方重工科技有限公司	高自茂,陈德利,等
201010221625	涵管多层钢筋笼一次捆扎成型方法及捆扎成型装置	胜利油田胜利工程建设(集团)有限责任公司	贾云虎,王庆水,等
201010242852	一种浆砌石结构的泥石流排导槽侧墙加固方法	中国科学院水利部成都山地灾害与环境研究所	陈晓清,游勇,等
201010527138	江水源热泵系统尾水排放结构	重庆大学	周健,卿晓霞,等
201010528193	一种复式泥石流排导槽	中国科学院水利部成都山地灾害与环境研究所	陈晓清,崔鹏,等
201010546477	多沙河流河工动床模型人工转折方法及人工转折导流槽	黄河水利委员会黄河水利科学研究院	姚文艺,王德昌,等
201020049365	柔性防冲钢筋混凝土链板结构	中国水电顾问集团华东勘测设计研究院	叶建群,郑再新,等
201020117674	砂浆夹钢丝网边坡截水沟	中国水利水电第五工程局有限公司	潘福营,张强,等
201020195818	导流隧洞现浇钢筋混凝土闸门	葛洲坝集团第一工程有限公司	张小华,董宇宪,等
201020215357	调流调向阀	上海市政工程设计研究总院	张欣
201020230708	一种粉碎型格栅除污机	南京晨荣环保设备制造有限公司	蒋焯
201020263243	一种渠道衬砌板及其连接件	济南大学	杨令强,马静
201020277800	单摆杆联动滑块式自动抓落装置	安徽铜都阀门股份有限公司	汪班本
201020280005	一种大断面箱涵系统	攀钢集团冶金工程技术有限公司,攀钢集团钢铁钒钛股份有限公司	段志峰,李建生,等
201020523092	一种人工湖湖底防水层结构	深圳市文科园艺实业有限公司	鄢春梅,李从文
201020533887	渠道闸门	安徽铜陵科力阀门有限责任公司	汪军平
201020554906	大体积异形变截面流道支模	中铁四局集团有限公司	李明华,杨国新,等
201020579002	一种起升装置	华东电网有限公司富春江水力发电厂	吕孟东,邱建国,等
201020585913	一种江水源热泵系统尾水排放结构	重庆大学	周健,卿晓霞,等
201020591075	一种排污机	中山市环保实业发展有限公司	宋应民
201020609594	多沙河流河工动床模型人工转折导流槽	黄河水利委员会黄河水利科学研究院	姚文艺,王德昌,等

续表

申请号	名称	申请单位	发明人
201020610208	一种生态游憩型航道护坡结构	江苏省林业科学研究院	李冬林,金雅琴,等
201120018861	针梁弧形横向滑模台车	中铁十八局集团有限公司,四川华禹蜀工机械设备有限公司	陆晓辉,孔凡成,等
201120035942	一种渗渠喇叭口进出水装置	浙江净水楼建设投资有限公司	陈先土
201120065107	一种渠道全断面衬砌机	葛洲坝集团项目管理有限公司	蒋涛,柴建明,等
201120090280	混凝土衬砌用钢模板	葛洲坝集团第五工程有限公司	张军,张青山,等
201120152421	过流面抹面用可调节样架	中国葛洲坝集团股份有限公司	李国建,盛信平,等
201120154953	烟水工程渠道用混凝土钢模板	江西省烟草公司抚州市公司	袁球,陈发来,等
201120331655	滑模结构	河北建设集团有限公司	王保安,彭建学,等
201120338954	钢管支架临时渡槽	中国十七冶集团有限公司	吕雨
201120388186	工字型多层防水橡胶止水带	中国市政工程华北设计研究总院	史卿,王长祥,等
201120390399	装配式钢筋混凝土U型渠无喉量水槽	济南天水混凝土制品有限公司	李民,赵海平
201120415357	混凝土过流面八字型模板	中国葛洲坝集团股份有限公司	刘龙兵,费江平,等
201120454797	用于在明渠出水口欠开阔的河道修筑的泄流明渠	中国水电顾问集团成都勘测设计研究院	雷运华,何兴勇,等

11.7.8 水力发电站

申请号	名称	申请单位	发明人
02277724	厂坝共用门机式水力发电站	湖南省交通规划勘察设计院	范焱斌,杨锡安,等
200420119179	抽水蓄能电站的井式进出水口结构	国家电力公司华东勘测设计研究院	彭六平,何华法,等
200520034994	灯泡贯流式水轮发电机组	四川东风电机厂有限公司	何成刚,林长宏
200610021555	轴伸贯流式水轮机组的安装方法	四川东风电机厂有限公司	奉军,林华
200610076245	梯级串联电站联合运行控制调节器	清华大学	樊红刚,陈乃祥,等
200620034933	气垫式调压室密封罩	中国水电顾问集团成都勘测设计研究院	郝元麟,陈五一,等
200710059189	大型轴流式水轮发电机组安装方法	天津市天发重型水电设备制造有限公司	王军,单庆臣
200710069301	混凝土流道渐变圆角段顶板施工的预制模板及其施工工艺	中国水电顾问集团华东勘测设计研究院	江亚丽,郑芝芬,等
200810050729	水利水电工程中长竖井、大直径压力钢管安装方法	中国水利水电第一工程局	李伟,秦小慧,等
200810062950	双库自调节潮汐能发电方法及其系统	浙江大学	顾正华,徐锦才,等
200810243087	特大型灯泡贯流式水轮发电机组管形座安装方法	河海大学,中国水利水电第七工程局有限公司机电安装分局	程云山,韩强,等
200810243088	特大型灯泡贯流式水轮发电机组水轮机转轮安装工艺	中国水利水电第七工程局有限公司机电安装分局,河海大学	潘勇,程云山,等
200810243089	特大型灯泡贯流式水轮发电机组导水机构下游侧内外环安装定位架	中国水利水电第七工程局有限公司机电安装分局,河海大学	韩强,程云山,等
200810243090	特大型灯泡贯流式水轮发电机组导水机构安装工艺	中国水利水电第七工程局有限公司机电安装分局,河海大学	赵显忠,程云山,等

续表

申请号	名称	申请单位	发明人
200820120494	一种双向六工况潮汐机组	水利部杭州机械设计研究所，杭州江河机电装备工程有限公司	周争鸣，刘长陆，等
200820157503	一种适用水工隧洞中、小型闸门的简易下闸装置	上海勘测设计研究院	徐哲，成卫忠
200820163867	施工交通和排洪通道共用的隧道结构	中国水电顾问集团华东勘测设计研究院	李军，蔡建国，等
200820215114	抽水蓄能电站埋藏式钢岔管与围岩联合受力结构	华东宜兴抽水蓄能有限公司	姜长飞
200820303586	平面闸门小开度充水增力装置	中国水电顾问集团成都勘测设计研究院	蒋德成
200910097324	高压水作用下钢筋混凝土岔管结构及其施工方法	中国水电顾问集团华东勘测设计研究院	张春生，褚卫红，等
200910098847	一种地下厂房的排水结构	中国水电顾问集团华东勘测设计研究院	周杰，陈顺义，等
200910175161	一种利用潮汐能提高水位的装置	宁波市镇海捷登应用技术研究所	陈兆红
200910181761	水工结构物脱空填充硅酮胶修补水轮机蜗壳脱空的施工方法	河海大学	周继凯，李建华，等
200910303226	隧洞常态砼自动升送带式台车	中国水利水电第七工程局有限公司	尹强，刘正树，等
200920107624	水电站导流洞封堵门槽试探装置	中国水电建设集团路桥工程有限公司，中国水利水电第十四工程局有限公司	刘诚，彭贵军，等
200920113798	大流量高水头叠梁门型通仓流道分层取水进水口结构	中国水电顾问集团华东勘测设计研究院	侯靖，陈振文，等
200920117331	高压水作用下钢筋混凝土岔管结构	中国水电顾问集团华东勘测设计研究院	张春生，褚卫红，等
200920151445	一种地面式自立型钢制调压塔	北京国电水利电力工程有限公司	吕明治，李志山，等
200920160226	一种机组检修排水系统	中国水电顾问集团北京勘测设计研究院	李仕宏，周振忠，等
200920176288	抽水蓄能电站尾水事故闸门与尾水调压井联合布置结构	中国水电顾问集团北京勘测设计研究院	胡霜天，王文芳，等
200920231912	双渠道及潮汐电站工程结构	河海大学	王飞，周澄，等
200920267829	一种水电站进水口处生态输水管结构	中国水电顾问集团中南勘测设计研究院	胡伟，管志保
201010146081	水电站岸边式厂房上游墙的排水结构及其施工方法	中国水电顾问集团华东勘测设计研究院	陈建林，郑芝芬，等
201010190755	水电站尾水岔管混凝土无支架浇注方法	重庆交通大学，中国水电顾问集团华东勘测设计研究院	陈野鹰，扈晓雯，等
201010198044	一种小型水轮发电站	水利部农村电气化研究所，杭州思绿能源科技有限公司	徐伟，徐锦才，等
201010214083	用于水下作业的圆柱壳体施工平台	中国水电顾问集团华东勘测设计研究院，重庆交通大学	扈晓雯，陈野鹰，等
201010587856	闸坝式水电站工程中门机轨道梁的吊装方法	中国水电建设集团十五工程局有限公司	范亦农，张麦全，等
201010597615	一种波浪能-潮流能转换及综合利用装置	大连理工大学	刘艳，宿晓辉，等
201020115673	梯级水电站库尾建坝	甘肃电投炳灵水电开发有限责任公司	李宁平，刘晓黎，等
201020118697	堰塔一体式导流隧洞进水口结构	中国水电顾问集团华东勘测设计研究院	陈永红，任金明，等

续表

申请号	名称	申请单位	发明人
201020157983	水电站岸边式厂房上游墙的排水结构	中国水电顾问集团华东勘测设计研究院	陈建林,郑芝芬,等
201020189195	一种发电系统	国家海洋局第二海洋研究所	许雪峰,羊天柱
201020191215	一种钢制竖井的安装装置	中国葛洲坝集团股份有限公司	江小兵,张为明,等
201020199293	季节性小河流水资源持续利用装置	山东建筑大学	张志斌,李艺,等
201020221007	水力发电站尾水余能处理装置	同济大学	吴水根,刘匀,等
201020223241	一种小型水轮发电站	水利部农村电气化研究所,杭州思绿能源科技有限公司	徐伟,熊杰,等
201020232575	一种排沙设施	中国水电顾问集团北京勘测设计研究院	林可冀,邓毅国,等
201020243060	用于水下作业的圆柱壳体施工平台	中国水电顾问集团华东勘测设计研究院,重庆交通大学	扈晓雯,陈野鹰,等
201020268589	双室式调压室	中国农业大学	王福军,毕慧丽
201020659665	平移横梁牵引机构	中国水电建设集团十五工程局有限公司	张麦全,党晓青,等
201020671608	一种波浪能-潮流能转换及综合利用装置	大连理工大学	刘艳,宿晓辉,等
201020678993	水电站排水系统排水口封堵装置	中国长江三峡集团公司	董钟明
201110139306	大型水轮发电机组蜗壳组合埋设方法	长江勘测规划设计研究有限责任公司	钮新强,王小毛,等
201120012878	浪涌发电站	宁波市镇海西门专利技术开发有限公司	陈际军
201120064964	大跨度水电站地下厂房	中国水电顾问集团成都勘测设计研究院	王仁坤,李杰,等
201120078021	一种盘形排水阀	杭州福朗机电科技有限公司	徐文峰
201120089993	进水口渐变段可装配式模板钢管支撑架	葛洲坝集团第五工程有限公司	张建花
201120113017	一种用于水利水电工程施工的低成本制水系统	中国葛洲坝集团股份有限公司,葛洲坝集团第一工程有限公司	曾红革,肖卓文,等
201120114327	一种水电站厂房有压水流孔洞的密封结构	中国水电顾问集团贵阳勘测设计研究院	陈本龙,綦洪友,等
201120158732	排箫式多向型进口吸沙导沙涵	江西省水利规划设计院	吴艳频,王志刚,等
201120158888	水电站升船机塔柱薄壁结构墙体钢筋精确定位装置	中国葛洲坝集团股份有限公司	周厚贵,戴志清,等
201120181164	大断面尾水扩散段衬砌异型钢模板	中国葛洲坝集团股份有限公司	程祖刚,李友华,等
201120212221	一种可用于发电的船闸	河海大学	钱学生,陶桂兰,等
201120217021	一种用于水电站厂房发电机层板梁的减振结构	中国水电顾问集团华东勘测设计研究院	刘加进,蔡波
201120267025	下沉式顶部进流冲沙廊道结构	中国水电顾问集团华东勘测设计研究院	黄东军,佘雪松,等
201120318981	一种水电站渗漏排水智能控制系统	成都锐达自动控制有限公司	叶小锋,何黎
201120360781	一种装设于水闸闸孔内的自浮式发电装置	江苏省水利勘测设计研究院有限公司,江苏省水利机械制造有限公司,江苏省淮沭新河管理处	许宗喜,张福贵,等
201120397277	一种水电站进水球阀重锤式单向液控机构	天津国际机械有限公司	刘俊妍,翟学葆,等
201120399807	灯泡贯流式水电站厂房导流流道	国电大渡河流域水电开发有限公司	强世成,张建华,等
201120414880	一种水电站厂房闸门槽	中国水电顾问集团西北勘测设计研究院	王凤安

续表

申请号	名称	申请单位	发明人
201120442823	一种用于水电站的混凝土调压井新型防渗型式	中国水电顾问集团北京勘测设计研究院	苏岩，张杰，等
201120451241	一种用于导流洞地下闸室群的布置结构	中国水电顾问集团成都勘测设计研究院	王仁坤，郑家祥，等
201120451244	一种用于导流洞地下闸室的布置结构	中国水电顾问集团成都勘测设计研究院	王仁坤，郑家祥，等
201120459236	用于阶梯式水利枢纽的尾水渠结构	中国水电顾问集团成都勘测设计研究院	范祥伦，廖成刚，等
201120476692	预埋锚锥精确定位装置	中国葛洲坝集团股份有限公司	滕东海，詹剑霞，等
201120522407	混凝土墙面修补用台车	中国葛洲坝集团股份有限公司	程祖刚，李友华，等

11.7.9 溪流、河道控制

申请号	名称	申请单位	发明人
00130306	水下拖拉铺排及其施工工艺	中国水利水电科学研究院	黄永健，孙玉生，等
00136119	一种植物混凝土护砌板块及其制作方法	吉林省吉水土工合成材料研究所	董建伟，王守良，等
01108135	预制砼铰链排水上平拉连续沉排施工方法	南京市长江河道管理处，南京市水利建筑工程总公司	刘雨泉，李涛章，等
01116418	防渗墙施工防塌堵漏新工艺	河北省水利工程局	李振吉
01134034	抗洪抢护管涌的方法及其设备	水利部交通部电力工业部南京水利科学研究院	陶同康，鄢俊，等
02104110	适合于软土地基的加筋土挡土墙及其施工方法	天津市市政工程研究院	吴景海
02224923	边墙挤压机	陕西省水利机械厂	黄天碧，秦又成
03109305	大直径钢圆筒振动下沉工艺方法及使用的振动锤系统	中港第一航务工程局第一工程公司	袁孟全，徐文华，等
03148282	接缝止水结构施工的方法及其设备	北京中水科海利工程技术有限公司	鲁一晖，吴利言，等
03229835	土工织物充填砂袋	上海航道勘察设计研究院	张景明，陈学良，等
03229836	混凝土联锁块软体排	上海航道勘察设计研究院	张景明，陈学良，等
03229837	砂肋软体排	上海航道勘察设计研究院	张景明，陈学良，等
200410014594	液压中央回转体	江阴市长龄液压机具厂	邬逵清，张爱军，等
200410039596	柔性护岸排	中国水利水电科学研究院，鲁一晖，何旭升	何旭升，鲁一晖，等
200410044905	多孔混凝土预制单球及其组合方法	东南大学	吕锡武，高建明，等
200410065916	景观型多级阶梯式人工湿地护坡成型方法	河海大学	王超，王沛芳，等
200420016337	遇水缓膨橡胶止水带	衡水丰泽工程橡胶科技开发有限公司	张培基
200420018055	系砼块软体排	长江航道规划设计研究院	冯刚，余帆，等
200420028228	空心方块斜坡式防波堤	中交第一航务工程勘察设计院	谢世楞，祝世华，等
200420028689	模袋固化土围堰、堤坝、护岸的堤心结构	中港第一航务工程局第一工程公司	李宝华，殷基钢，等
200420040429	水力插板喷射管	东营桩建水力插板技术有限公司	何富荣
200420040430	水力插板滑道、滑板	东营桩建水力插板技术有限公司	何富荣
200420059437	吸水速凝挡水子堤	深圳市驷治科技开发有限公司，水利部科技推广中心	肖新民，张金宏，等

续表

申请号	名称	申请单位	发明人
200420090831	一种兼顾构筑物保护措施的驳坎	国家电力公司华东勘测设计研究院	刘世明,楼永良
200510010988	湖泊陡坎沿岸水域基底修复方法	云南省环境科学研究院	陈静,田桂平,等
200510026571	网兜抛填袋装砂的方法	中交上海航道局有限公司,洋山同盛港口建设有限公司	刘若元,徐贵银,等
200510028554	不锈钢止水带的内贴式安装结构	上海市隧道工程轨道交通设计研究院	姚宪平,朱祖熹
200510042169	一种制作塑料护舷的工艺方法	烟台泰鸿橡胶有限公司	冯少华,陈士颉,等
200510064636	一种用于岸边防护并有利于多种生物繁育的潜水丁坝系统	中国科学院生态环境研究中心	王为东,卢金伟,等
200510095592	柔性浮式防船舶碰撞系统	中国人民解放军理工大学工程兵工程学院	于群力,帅长斌,等
200510136307	一种模袋排帘及其江河崩岸防治方法	清华大学	谢立全,于玉贞,等
200520013492	水库防渗土工膜周边固定连接结构	中国水电顾问集团华东勘测设计研究院	张春生,何世海,等
200520023752	一种止排水式橡胶带	衡水丰泽工程橡胶科技开发有限公司	孙文学,王春梅
200520029168	一种立墙式绿化混凝土构件	上海嘉洁生态型混凝土草坪有限公司	董建伟
200520029664	新型加筋土结构护岸挡墙	四平市水利勘测设计研究院	岳景喆,李桂兰,等
200520037922	注浆止水带	山东龙祥橡塑制品有限公司	韩庆国,郭德友,等
200520042237	复合消能防撞圈	上海海洋钢结构研究所,上海士强起重索具有限公司,上海彭浦橡胶制品总厂	陈国虞,倪步友,等
200520042618	护岸墙体植草砌块	上海航道勘察设计研究院	陈虹,赵东华,等
200520095833	防冲刷生态型护坡构件	三峡大学	许文年,戴方喜,等
200520096115	双向曲率可调的翻转模板	中国葛洲坝水利水电工程集团有限公司	饶昌福,耿越,等
200520120682	一种应用于河道、湖泊治理的生态多孔介质	广州市恒兆环境生物工程有限公司	刘军,胡和平,等
200520123117	提高板桩墙承受能力的半遮帘式板桩结构	中交第一航务工程勘察设计院,唐山港口投资有限公司,天津深基工程有限公司	刘永绣,董文才,等
200520123118	提高板桩墙承受能力的全遮帘式板桩结构	中交第一航务工程勘察设计院,唐山港口投资有限公司,天津深基工程有限公司	刘永绣,董文才,等
200520142671	复合型止水带	山东龙祥橡塑制品有限公司	韩庆国,冯国玉,等
200610018847	防冲刷基材生态护坡方法	三峡大学,许文年,李建林	许文年,李建林,等
200610019313	斜坡沥青混凝土接缝处理车	中国葛洲坝集团股份有限公司	尹志鹏,朱为英,等
200610028306	一种限药量定向爆破置换软土填石的方法	上海东华建设监理所	兰国云,罗守铸,等
200610029110	一种限制河道两岸岸墙、翼墙变位的三维空间支撑梁格结构	上海勘测设计研究院	林玉叶,黄颖蕾,等
200610035907	一种格栅式地下连续墙刚性接头连接工法	中铁隧道集团有限公司,中铁隧道勘测设计院有限公司	宋仪,贺维国,等
200610038970	沉箱式码头轻量化方法	东南大学	洪振舜,邓永锋,等
200610039342	一种湖滨带构造湿地	南京大学	安树青,关保华,等
200610039345	生态河床构建方法	南京大学	安树青,黄成,等

续表

申请号	名称	申请单位	发明人
200610040378	一种测定河道草皮护坡抗冲性能的方法	河海大学	张玮,钟春欣,等
200610040379	一种测定河道草皮护坡抗冲性能的试验装置	河海大学	张玮,钟春欣,等
200610081548	沥青混凝土防渗面板的冷施工封闭层及其施工工艺	中国水利水电科学研究院,北京中水科海利工程技术有限公司	郝巨涛,岳跃真,等
200610085598	多头小直径长螺旋钻进成墙机的成墙方法	河海大学	刘汉龙,马晓辉
200610097282	微生态系统单元及其在水环境治理中的应用	南京大学	李正魁,赖鼎东,等
200610098011	碱渣筑坝方法	中国石化集团南京化学工业有限公司连云港碱厂,水利部交通部电力工业部南京水利科学研究院	潘丁文,郦能惠,等
200610124901	大型全液压拔管机	中国葛洲坝集团股份有限公司	余开云,赵献勇,等
200610148169	凹凸型砼埂框格砌石护坡	上海市水利工程设计研究院	俞相成,王玉启,等
200610200456	整体箱板式高桩码头	大连理工大学土木建筑设计研究院有限公司	邱大洪,邴晓
200610200685	多孔栖息单元式生态护岸块体	大连理工大学	许士国,刘盈斐
200620003974	阶梯型湿地床	北京世纪赛德科技有限责任公司,秦宏,张华北,王琼,秦皓,李原原	秦宏,张华北,等
200620023405	多功能混凝土输送布料装置	河北省水利工程局	王学广,赵良恒,等
200620025116	对开式人字形防潮门	天津新港船厂	张树林
200620029455	植被全覆盖生态砖	北京安文环保型绿化混凝土研究发展中心	董建伟,崔桂香
200620039062	膨胀止水型注浆止水管	上海捷特防水技术有限公司	韩君国
200620039184	可调节式锚锭坑	宝山钢铁股份有限公司	王建中,任士根,等
200620040874	混凝土施工缝专用混凝土裂缝诱导带	上海捷特防水技术有限公司	张洁
200620069761	浮动式生态护坡基质载体	河海大学	朱伟,赵联芳,等
200620074142	大坝沉降监测器	国电自动化研究院,南京南瑞集团公司	李载达,邓检华
200620078872	大型渠道衬砌机	陕西建设机械股份有限公司	孟昭彬,曹惠民,等
200620087711	圆形土工膜锚固件	淄博天鹤塑胶有限公司	孙天智
200620087712	矩形土工膜锚固件	淄博天鹤塑胶有限公司	孙天智
200620095296	绳索联接式绿化空心砌块	襄樊学院	叶建军
200620099707	大型全液压拔管机	中国葛洲坝水利水电工程集团有限公司	余开云,赵献勇,等
200620108648	连锁护坡砌块	浙江长三角建材有限公司	朱斌,秦卫强
200620108649	干垒挡土砌块	浙江长三角建材有限公司	朱斌,秦卫强
200620122736	组合退放铺排船	中国水利水电科学研究院,江苏神龙海洋工程有限公司	黄永健,丁留谦,等
200620122737	河口软体排护岸工程的系排组合锚固结构	中国水利水电科学研究院,江苏神龙海洋工程有限公司	黄永健,丁留谦,等
200620122738	梯形充沙管袋软体排	中国水利水电科学研究院	丁留谦,黄永健,等

续表

申请号	名称	申请单位	发明人
200620127895	一种耐高压复合止水带	衡水长江预应力有限公司	张楸长,孙忠连,等
200620134311	U型土工膜锚固件	淄博天鹤塑胶有限公司	孙天智
200620166178	堤坝	中国神华能源股份有限公司,神华黄骅港务有限责任公司	牛恩宗,燕太祥,等
200620167009	塑料围堰管用支架	福建亚通新材料科技股份有限公司	郑峰
200620168509	人工岛冬季停工期防护网装置	辽河石油勘探局	赵欣,李旭志,等
200620175422	堤坝	中国神华能源股份有限公司	牛恩宗,吴澎,等
200710013922	一种海底防侵蚀和促淤系统及其应用	中国科学院海洋研究所,金明石油有限公司	阎军,范奉鑫,等
200710022364	大面积疏浚吹填土地基处理方法	南京工业大学	梅国雄,宋林辉,等
200710024370	全封闭式柔性深水围隔	中国科学院南京地理与湖泊研究所	李文朝,潘继征,等
200710034529	一种抗盐侵蚀破坏的混凝土结构构件及其施工方法	中南大学	邓德华,刘赞群,等
200710037856	脱缆钩柔性锁紧脱缆装置	上海冠卓企业发展有限公司	陈大进,徐杰,等
200710037857	智能快速脱缆钩	上海冠卓企业发展有限公司	陈大进,徐杰,等
200710040361	一种堤坝合龙的方法	上海勘测设计研究院	林玉叶,陆忠民,等
200710040362	一种在水中筑堤的方法	上海勘测设计研究院	林玉叶,熊江平,等
200710041786	拉森钢板桩磁性止水条	上海朱翔建设工程有限公司	朱维忠
200710043403	一种直立堤	上海市政工程设计研究总院	王为群,严飞,等
200710053529	防撞击弹性材料及其制备方法	武汉理工大学	杨小利,王钧,等
200710053610	大体积混凝土结构深孔植筋施工方法	武汉武大巨成加固实业有限公司	陈幼康,高作平,等
200710071460	变电所的钢筋混凝土防洪墙体系	浙江省电力设计院	吴亮,黄达余,等
200710098762	一种堤坝管涌探测方法	中国科学院力学研究所	丁桦,鲁晓兵,等
200710115327	平原水库防止水体富营养化的工程方法	青岛银河环保股份有限公司	亓久平
200710119584	施工受潮水限制的混凝土工程的底模挂篮支撑方法	中国海洋石油总公司,中海油田服务股份有限公司	孙彪,金传宏,等
200710123398	天然河流膨润土夹层减渗方法	北京市水利科学研究所	黄炳彬,何春利,等
200710123399	干旱地区砂砾石河流生态修复的河道减渗方法	北京市水利科学研究所	钱文仓,黄炳彬,等
200710137501	柔性填料嵌填机	中国水利水电科学研究院,北京中水科海利工程技术有限公司	鲁一晖,何旭升,等
200710137502	生态纤维笼	中国水利水电科学研究院	周怀东,彭文启,等
200710168714	水下混凝土面板护坡破损修复方法	三峡大学,邱卫民,刘黎明	邱卫民,刘黎明,等
200710191195	富营养化水体底泥掩蔽修复方法	南京师范大学	杨浩
200710203303	水利水电工程土石坝深基础防渗止水结构	中国水电顾问集团成都勘测设计研究院	郑声安,陈五一,等
200710303443	灌浆堵漏工艺	中国水电顾问集团中南勘测设计研究院	陈安重,卢贤伟
200720012539	一种增强型弹性体止水带	辽宁润中供水有限责任公司,沈阳化工学院	陈尔凡,诸葛妃,等
200720039855	五绞六角网	无锡市匡成金属制品有限公司	倪军

续表

申请号	名称	申请单位	发明人
200720039856	树脂密合涂层金属丝	无锡市匡成金属制品有限公司	倪军
200720067571	种植型干垒挡土块	中船第九设计研究院	左宇玲,林靖,等
200720067613	分体式浮标	上海华海航标技术工程有限公司,上海银豪船舶设备有限公司	刘嘉华,陈勤春,等
200720071593	浮式取水撇渣装置	上海达人环保科技有限公司	陆效军,周成一
200720072137	直立堤	上海市政工程设计研究总院	王为群,严飞,等
200720073067	浆砌块石立面与钢筋砼墙体相组合的护岸墙体结构	中交上海航道勘察设计研究院有限公司	马兴华,张谷明,等
200720074223	可多次充灌的大型充填袋	中交上海航道勘察设计研究院有限公司	周海,张景明,等
200720074224	联体式管状充填袋	中交上海航道勘察设计研究院有限公司	周海,张景明,等
200720084931	边坡土壤侵蚀控制卷材	襄樊学院	叶建军
200720092259	集成式多功能移动维修养护工作站	焦作黄河河务局孟州黄河河务局	宋艳萍,王世英,等
200720102929	自粘型复合增强止水带	衡水中铁建工程橡胶有限责任公司	郭勇,魏宝宗,等
200720122954	围堰防渗堵漏灌浆射浆装置	水电九局贵州基础工程有限责任公司	张建军,罗朝文,等
200720124558	开口式植被混凝土构件	重庆交通科研设计院	张兰军,向源
200720158297	一种平原水库防渗水下结构物	青岛银河环保股份有限公司	亓久平
200720300575	移动式简易切缝机	中国葛洲坝集团股份有限公司,葛洲坝集团第五工程有限公司	吕芝林,胡其伟,等
200810014640	柔性防爆堤及其施工方法	山东玮丰达建筑工程有限公司	于宗彬,王银平
200810015814	糙面土工膜的生产方法	山东天鹤塑胶股份有限公司	孙天智,郑元安,等
200810024871	玻璃钢生态净化消浪钵及应用方法	南京大学	安树青,徐德琳,等
200810028400	一种减压井施工方法	广东省建筑工程集团有限公司,广东省源天工程公司	陈春光,唐捷朗,等
200810033495	一种不妨碍泄洪的、能自动转向的生态组合浮床	上海市环境科学研究院	孙从军,李小平,等
200810044556	一种稀性泥石流和高含沙洪水的泥沙拦淤方法及其应用	中国科学院水利部成都山地灾害与环境研究所	陈晓清,崔鹏,等
200810047832	一种新老碾压混凝土接合处防裂的方法	中国长江三峡工程开发总公司	孙志禹,陈文夫
200810052170	聚氨酯化学灌浆材料及制备方法	天津天大天海新材料有限公司	孙宝利,艾文才,等
200810054151	振动下沉薄壁钢筋混凝土圆筒基础直立式防波堤	中交第一航务工程局有限公司,中交天津港湾工程研究院有限公司	李树奇,李一勇,等
200810080073	一种自凝结止水带及其制备方法	衡水中铁建工程橡胶有限责任公司	张保忠,金家康,等
200810089974	一种对滩涂泥土固化作业的机车	北京玉西河游船航运有限责任公司	杨文,杨柳,等
200810116765	一种桩膜围堰及其施工方法	北京翔鲲水务建设有限公司,北京城乡建设集团有限责任公司	刘才厚,段启山,等
200810120392	一种聚氨酯防水灌浆材料用季戊四醇聚氧乙烯聚氧丙烯醚及其制备方法	杭州白浪助剂有限公司	王水成
200810122129	一种利用外水压的结构缝设计及其施工工艺	中国水电顾问集团华东勘测设计研究院	郑芝芬,江亚丽,等
200810146528	一种尾矿库的填筑方法	金堆城钼业股份有限公司	郭振世,贺金刚,等

续表

申请号	名称	申请单位	发明人
200810153127	地下连续墙槽段接缝处渗漏水检测及封堵修复装置及其方法	天津三建建筑工程有限公司	张志新,宋红智
200810155117	一种脉冲电沉积修复混凝土裂缝的方法及装置	河海大学	蒋林华,储洪强,等
200810195552	堤防加固置换取土工艺方法	安徽省水利水电勘测设计院	冯立孝,江永强,等
200810202073	四脚空心方块消浪安放方式	上海交通大学,上海市水利工程设计研究院	刘桦,卢永金,等
200810233333	一种用于城市景观湖的土工膜防渗处理方法	重庆大学	谭璐,蔡军,等
200810233334	一种对于含淤泥层的基底的土工膜防渗处理方法	重庆大学	谭璐,蔡军,等
200820020754	糙面土工膜	山东天鹤塑胶股份有限公司	孙天智,郑元安,等
200820041786	具有质检取芯管的混凝土防渗墙	安徽省水利水电勘测设计院	张启富,程观富,等
200820041787	组合式混凝土防渗墙	安徽省水利水电勘测设计院	张启富,程观富,等
200820055051	一种水利工程生态护坡	上海勘测设计研究院	朱丽娟
200820058427	防护坡建筑构件	浙江中富建筑集团股份有限公司	任尧根,顾洪潮
200820058711	一种螺母块体护面结构	上海勘测设计研究院	陆忠民,王芳,等
200820072370	铰接式潜隙排水机制土工模袋	吉林省水利科学研究院	郑铎,杨金良,等
200820074231	分离卸荷式板桩岸壁结构	中交第一航务工程勘察设计院有限公司	刘永绣,吴荔丹,等
200820076929	注浆式遇水膨胀钢边止水带	衡水中铁建工程橡胶有限责任公司	刘建彬,张迎春,等
200820086646	用于接缝表面止水的止水带	中国水电顾问集团华东勘测设计研究院,杭州国电大坝安全工程有限公司	王志宏,吴启民,等
200820107339	极限窄顶斜坡堤	中交水运规划设计院有限公司	牛恩宗,胡鹏,等
200820108763	生态袋连接钉组件	北京顺天绿色边坡科技有限公司	王大伟,王铎,等
200820123283	船舶靠泊装置	中国海洋石油总公司,中海石油研究中心	王翎羽,侯金林,等
200820135730	大水位差直立式框架梁板码头	中交第二航务工程勘察设计院有限公司	俞武华,胡小容,等
200820144701	渗晶型膨胀止水防水卷材	天津市奇才防水材料工程有限公司	刘涛,李猛
200820152920	船坞扩建用挡水装置	上海外高桥造船有限公司	方文力,席鸣,等
200820153626	一种栅栏板护面结构	上海勘测设计研究院	陆忠民,刘汉中,等
200820154105	石笼网	BETAFENCE 金属制品(天津)有限公司	海思可
200820154592	码头接岸结构	中交第三航务工程勘察设计院有限公司	程泽坤,朱林祥,等
200820154727	长臂四脚空心方块	上海市水利工程设计研究院	卢永金,张赛生,等
200820157123	河道滨岸带生态恢复型护岸结构型式	中交上海航道勘察设计研究院有限公司	赵东华,陈虹,等
200820157155	由消浪螺母状块体构成的堤坝护面	上海市水利工程设计研究院,上海市滩涂造地有限公司	俞相成,李国林,等
200820168117	水中铁塔基础柔性防冲撞装置	浙江省电力设计院	张浙杭,杨涛,等
200820170780	锦纶现浇混凝土柔性防冲排	浙江省水利水电勘测设计院	陈舟,涂成杰,等
200820170781	浮式柔性导流装置	浙江省水利水电勘测设计院	黄昉,袁文喜,等

续表

申请号	名称	申请单位	发明人
200820201872	一种减压井管	广东省建筑工程集团有限公司	陈春光，赵资钦，等
200820237841	网片内压式减压井管	河海大学	赵坚，赵恒文，等
200820301485	一种喀斯特地貌区尾矿堆场初期坝的地基结构	贵阳铝镁设计研究院	吴长华，宋竞宁
200820301937	砼面板堆石坝斜坡面保护隔离层的施工装置	贵州华电工程技术有限公司	潘文庆
200820301938	面板堆石坝斜坡面施工撒砂机	贵州华电工程技术有限公司	潘文庆
200910014502	准生态湖河堤岸斜坡的防护方法	山东大学	王曙光，张成禄，等
200910024416	植物可更换载体的生态护岸系统	河海大学	王超，王沛芳，等
200910026050	河堤立体生态修复竹排构件及其制作方法	南京大学	安树青，王玉，等
200910031260	用于修复病害水工混凝土梁的两阶段免支撑施筑工法	水利部交通部电力工业部南京水利科学研究院	陈忠华，王承强，等
200910033930	人工岛抛石堤岛壁内侧倒滤层的建造方法	中交二航局第三工程有限公司	许四发，张鸿，等
200910033931	人工岛钢板桩和软体排复合护底的建造方法	中交二航局第三工程有限公司	席明军，叶跃平，等
200910033932	人工岛岛堤建造的定位抛石方法	中交二航局第三工程有限公司	张鸿，叶跃平，等
200910045481	预置式"高真空击密"软地基处理方法	上海港湾软地基处理工程(集团)有限公司	徐望
200910055916	一种防污染扩散的疏浚与吹填方法	中交上海航道勘察设计研究院有限公司	张景明，张晴波，等
200910058066	基于泥石流软基消能的横向齿槛基础埋深设计方法及应用	中国科学院水利部成都山地灾害与环境研究所	陈晓清，李德基，等
200910058217	一种基于梯级防冲刷齿槛群的泥石流排导槽及其应用	中国科学院水利部成都山地灾害与环境研究所	陈晓清，游勇，等
200910059579	消落带自锁定消浪植生型生态护坡构件	中国科学院水利部成都山地灾害与环境研究所	鲍玉海，贺秀斌，等
200910063957	一种埋设固定水平止浆带的方法	中国葛洲坝集团股份有限公司，葛洲坝集团第一工程有限公司	郭光文，程志华，等
200910064442	一种堤坝护坡	河南省燕山水库建设管理局	柳锋波，李永江，等
200910066193	钢板桩江河、湖泊堤防堵口施工方法	黄河水利委员会黄河水利科学研究院，张宝森	张宝森
200910066335	高聚物帷幕注浆方法	郑州优特基础工程维修有限公司	王复明，王建武，等
200910066375	一种渠道混凝土面板裂缝的防渗处理方法	河南省水利科学研究院	蒋学行，李翠玲，等
200910067659	内河浮式护岸结构	交通部天津水运工程科学研究所，天津水运工程勘察设计院	马殿光，刘新，等
200910070017	板格形导管架预制构件桩基结构及采用该桩基结构的码头	天津大学	王元战，王禹迟，等
200910070295	复合型自粘止水带及制作方法和施工方法	天津市水利科学研究院	刘学功，孙永军，等
200910074782	一种溃口截流装置及截流方法	河北大学	申世刚，彭松，等

续表

申请号	名称	申请单位	发明人
200910075766	一种线性低密度聚乙烯防水板	衡水中铁建土工材料制造有限公司	田丽,刘文艳
200910083099	一种吹填淤泥围海造地的施工工艺及其装置	北京航空航天大学	范一锴,李战国,等
200910095858	水工沥青混凝土防渗面板冷缝后处理施工方法	中国水电顾问集团华东勘测设计研究院	张春生,姜忠见
200910115865	一种土工格栅及其制造方法	南昌天高新材料股份有限公司	郭熙,何迪春,等
200910127175	水下护面块体装置及其布设方法	中国神华能源股份有限公司,神华黄骅港务有限责任公司,中交第一航务工程局有限公司	李建明,凌文,等
200910127176	日字块混合堤施工方法	中国神华能源股份有限公司,神华黄骅港务有限责任公司,中交第一航务工程局有限公司	罗志强,孙治林,等
200910127177	套管定位架	中国神华能源股份有限公司,神华黄骅港务有限责任公司,中交第一航务工程局有限公司	刘凤松,薛继连,等
200910130355	一种水下铺设土工织物的方法	中国神华能源股份有限公司,神华黄骅港务有限责任公司,中交第一航务工程局有限公司	刘凤松,顾大钊,等
200910144071	土坡坡面铣平机	安徽省淮丰现代农业装备有限公司	吴伟华,吴群华,等
200910152951	一种高闪点阻燃型的油溶性聚氨酯化学灌浆材料	中国水电顾问集团华东勘测设计研究院,杭州国电大坝安全工程有限公司	包银鸿,林中华,等
200910154192	一种清淤疏浚治理江河的方法	浙江科技学院	陶松垒,郑伟,等
200910154584	一种半封闭式围隔装置及其使用方法	宁波大学	骆其君,徐善良,等
200910167888	一种用于泥石流和堰塞坝防冲刷的人工结构体及其应用	中国科学院水利部成都山地灾害与环境研究所	陈晓清,崔鹏,等
200910175552	粉煤灰合成渠道接缝材料在潮湿界面或在水中施工的应用	西北农林科技大学	张慧莉,何武全,等
200910177290	黄河下游游荡性河道三级流路塑造方法	黄河水利委员会黄河水利科学研究院	江恩慧,曹永涛,等
200910179691	装配式护坡结构及其施工方法	中国水电顾问集团华东勘测设计研究院	徐建强,扈晓雯
200910191886	桥梁带重力坠的组合式浮体防撞装置	招商局重庆交通科研设计院有限公司	汪宏,耿波,等
200910194905	一种生态护坡结构	同济大学	李建华,董子为,等
200910227698	高聚物帷幕注浆钻具及孔模施工方法	郑州优特基础工程维修有限公司	王复明,石明生,等
200910227699	高聚物注浆定向劈裂钻具及成孔方法	郑州优特基础工程维修有限公司	王复明,石明生,等
200910234041	垂直驳岸活枝捆生态护岸成型方法	河海大学	王超,王沛芳,等
200910302067	自粘橡胶防水卷材及其制备方法	北京立高科技有限公司	王峰华
200910304436	弹性体改性沥青防水卷材及其制备工艺	北京立高科技有限公司,北京立高防水工程有限公司	段霓华,王峰华
200920006759	砂垫层挡砂围埝	中国神华能源股份有限公司,神华黄骅港务有限责任公司,中交第一航务工程局有限公司	刘凤松,张喜武,等

续表

申请号	名称	申请单位	发明人
200920016976	一种阻燃漂浮护舷装置	大连巅峰橡胶机带有限公司	徐德贵,姜冰,等
200920018571	带加强层的拱型橡胶护舷	青岛吉尔工程橡胶有限公司	曹铁旺
200920018573	带加强层的D型橡胶护舷	青岛吉尔工程橡胶有限公司	曹铁旺
200920019510	一种带有自粘层的改性沥青防水卷材	胜利油田大明新型建筑防水材料有限责任公司	杜奎义,张广彬,等
200920019513	一种阻根型高分子自粘防水卷材	胜利油田大明新型建筑防水材料有限责任公司	张广彬,杜奎义,等
200920025998	一种超大型漂浮护舷	青岛天盾橡胶有限公司	刘曾凡,刘洋,等
200920026421	EVA自粘卷材	潍坊市宏源防水材料有限公司	郑家玉,王勇,等
200920026422	一种自粘防水卷材	潍坊市宇虹防水材料(集团)有限公司	郑家玉,郑爱玉,等
200920028310	应急快速膨胀防汛袋	山东福盛麻纺织品有限公司	张福海
200920031341	一种可伸缩铅丝笼装置	山东济宁鲁水防汛抗旱设备制造有限公司	郭保同,高庆平,等
200920034305	电液控导向调平边墙挤压机	陕西省水利机械设备制造安装有限公司	黄天碧,冯渝生
200920037617	一种用于斜坡式防波堤护面块体的消浪板	江苏科技大学	汪宏,田圆,等
200920039150	用于修复病害水工结构的免支撑施筑混凝土梁	水利部交通部电力工业部南京水利科学研究院	陈忠华,王承强,等
200920040632	浮动式复合材料桥墩消能防撞组合装置	南京工业大学	刘伟庆,王俊,等
200920075858	一种全封闭、防污染扩散的环保疏浚与吹填专用装置	中交上海航道勘察设计研究院有限公司	张景明,张晴波,等
200920075932	高水位差码头通行平台	中船第九设计研究院工程有限公司	费康一,马永平
200920084271	隔热蓄热式储热水库	武汉凯迪控股投资有限公司	陈义龙,胡书传,等
200920085466	混合吹填软土地基的预加固处理装置	中国科学院武汉岩土力学研究所,建设综合勘察研究设计院有限公司	孟庆山,傅志斌,等
200920088795	新型堤坝护坡砌块	河南省燕山水库建设管理局	柳锋波,李永江,等
200920090886	一种经编格栅增强复合土工膜	河南康喜科技有限公司	赵海军,董昆明,等
200920092753	一种PHC管桩丁坝	黄河水利委员会黄河水利科学研究院,水利部堤防安全与病害防治工程技术研究中心,张宝森	张宝森,高航
200920095274	内河可升降式护岸结构	交通部天津水运工程科学研究所,天津水运工程勘察设计院	马殿光,刘新,等
200920098543	复合型自粘止水带	天津市水利科学研究院	刘学功,孙永军,等
200920107837	一种用于大体积混凝土渗水裂缝的灌浆装置	中国水利水电建设集团公司,中国水利水电第八工程局有限公司	唐存军,姜命强,等
200920119625	橡胶护舷	浙江三门天华橡胶有限公司	郑海涛
200920122990	一种大桥主墩防撞套箱	浙江省舟山连岛工程建设指挥部,广东省长大公路工程有限公司	郭键,黄华定,等
200920124546	耐腐蚀铝锌硅合金镀层钢丝网	杭州创宇金属制品科技有限公司	徐洪林,徐莹蓉
200920125700	高压水头下大流量高速射流封堵钻灌孔口安全控制装置	中国水利水电第九工程局有限公司	罗朝文,李定忠,等

续表

申请号	名称	申请单位	发明人
200920128069	具有防撞功能的桥墩钢围堰	招商局重庆交通科研设计院有限公司	耿波，罗强，等
200920138653	养殖渔排潮汐减流装置	福建闽威水产实业有限公司	方秀
200920142059	新型生态护坡砖	北京佳瑞环境保护有限公司	汤苏云
200920144676	阻燃型自粘卷材	北京东方雨虹防水技术股份有限公司	田凤兰，段文锋，等
200920152031	一种水工沥青混凝土面板的防渗结构	北京国电水利电力工程有限公司	吕明治，李冰，等
200920158836	抢险反压水袋	长江大学	杨学祥，姜宇
200920172049	木塑材料码头护板	黄山华塑新材料科技有限公司	叶大青，余和，等
200920176289	趾板薄壁廊道整体防渗结构	中国水电顾问集团北京勘测设计研究院	赵轶，吴吉才，等
200920180670	一种桥墩防撞装置	中煤第三建设(集团)有限责任公司	袁斌，徐胜利，等
200920189006	阶梯式尾矿库排洪装置	中国瑞林工程技术有限公司	沈楼燕
200920190693	简易的面板坝柔性填料鼓包成型机	中国水电顾问集团华东勘测设计研究院，杭州国电大坝安全工程有限公司	谭建平，陈乔，等
200920191368	一种用于河道驳岸加固的结构形式	中国水电顾问集团华东勘测设计研究院	庄迎春，何永贵，等
200920201692	一种水中结构物柔性护墩桩式防撞系统	浙江大学，浙江省电力设计院	朱斌，朱天浩，等
200920202436	一种保护船体外板的喷水装置	舟山市大神洲船舶修造有限公司	虞康年，陈国平
200920207237	高强度塑料固定扣	重庆丹海实业有限公司	黄选海
200920207616	一种新型卧式快速智能脱缆钩	上海冠卓企业发展有限公司	徐杰，盛立新，等
200920207617	一种新型卧式快速脱缆钩	上海冠卓企业发展有限公司	徐杰，盛立新，等
200920208745	废弃汽车轮胎与填料复合式生态护坡	同济大学	黄翔峰，徐竟成，等
200920210590	码头伸缩缝齿坎结构	中交第三航务工程勘察设计院有限公司	顾祥奎，方君华，等
200920211255	堵漏枪	上海西域机电系统有限公司	叶永清
200920212415	板桩墙驳岸的出水口结构	中交第三航务工程勘察设计院有限公司	顾祥奎，程泽坤，等
200920217653	黄河下游游荡性河道三级流路塑造坝系统	黄河水利委员会黄河水利科学研究院	江恩慧，曹永涛，等
200920223542	河流抢险、防洪用铰链式大网笼	黄河水利委员会黄河水利科学研究院，张宝森	张宝森，谢志刚
200920223543	河流抢险、防洪用铰链式大土工包	黄河水利委员会黄河水利科学研究院，张宝森	张宝森，郜国明
200920224005	拼装移动式不抢险坝	黄河水利委员会河南黄河河务局，河南黄河勘测设计研究院	耿明全，王保民，等
200920227407	膨胀土渠道土工格栅护坡结构	长江水利委员会长江科学院	龚壁卫，邹荣华，等
200920234592	快速脱缆钩	苏州鼎杰机械有限公司	陈大进，徐杰
200920235282	防洪救急袋	江苏燕京高新技术发展有限公司	丁丽
200920239141	带加强层的鼓型橡胶护舷	青岛吉尔工程橡胶有限公司	曹铁旺
200920239142	带加强层的方型橡胶护舷	青岛吉尔工程橡胶有限公司	曹铁旺
200920239143	带加强层的锥型橡胶护舷	青岛吉尔工程橡胶有限公司	曹铁旺
200920239144	带加强层的组合型橡胶护舷	青岛吉尔工程橡胶有限公司	曹铁旺
200920243514	新型浮堤锚链设备	中国水电建设集团夹江水工机械有限公司	杨芳
200920246224	人工岛消防取水井结构件	中国石油天然气股份有限公司	李健，曲昌萍，等

续表

申请号	名称	申请单位	发明人
200920246344	码头系泊系统	中交水运规划设计院有限公司	张志明,杨国平,等
200920251497	橡胶发泡护舷	青岛永泰船舶用品有限公司	于新波,宋海霞
200920256655	一种防波堤护面块体	江苏科技大学	周礼军,柏先斌,等
200920256907	复合材料桥梁防撞装置	中铁大桥勘测设计院有限公司,南京工业大学	刘伟庆,庄勇,等
200920256908	桥梁承台复合材料防撞柱	中铁大桥勘测设计院有限公司,南京工业大学	刘伟庆,庄勇,等
200920256909	自浮式复合材料桥梁压水防撞装置	南京工业大学,中铁大桥勘测设计院有限公司	庄勇,刘伟庆,等
200920256913	桥梁承台防撞缓冲袋	南京工业大学,中铁大桥勘测设计院有限公司	庄勇,刘伟庆,等
200920257944	新型拦截坝体	灵宝市金源矿业有限责任公司	蔺佳,方建民
200920257945	组装式拦截坝体	灵宝市金源矿业有限责任公司	蔺佳,方建民
200920274338	活动防汛挡板装置	河南省电力公司许昌供电公司	陈苏豫,秦石林,等
200920279118	水工混凝土构件伸缩缝或裂缝止水防渗结构	中国水利水电科学研究院,北京中水科海利工程技术有限公司	孙志恒,杨伟才,等
200920293741	设置浮动式套箱的防撞桥墩	招商局重庆交通科研设计院有限公司	耿波,王福敏,等
200920293771	水上升降式防撞装置	重庆交通大学西南水运工程科学院	余葵,胥润生,等
200920296153	直立挡墙式生态护坡	华南理工大学	吴纯德,徐亚斌
200920297150	一种铅丝笼抓抛器	郑州黄河工程有限公司	仵海英,孙国勋,等
200920299168	一种用于生态工法的结构	北京东霖广环保材料有限公司	赵品畯
200920302778	自粘橡胶防水卷材	北京立高科技有限公司	王峰华
200920304337	一种生态砌块及生态墙	北京亚盟达新型材料技术有限公司,柯梅生	柯梅生,田野,等
200920306689	一种挡墙砌块及挡墙	北京亚盟达新型材料技术有限公司,柯梅生	柯梅生,刘勃楠,等
200920309255	一种高速水流水工建筑物变形缝结构	中国水电顾问集团贵阳勘测设计研究院	湛正刚,李晓彬,等
200920313147	高强土工织物	杭州萧山申联化纤织造有限公司	朱伟良,李贤良,等
200920316702	一种可绿化的椰枕	杭州实创建设有限公司	胡文晓,俞峰
200920316703	一种绿化镀锌石笼	杭州实创建设有限公司	胡文晓,俞峰
200920350231	外贴式橡胶止水带	衡水大禹工程橡塑科技开发有限公司	张全新
201010101844	坝体防渗帷幕灌浆的施工方法	中国水电顾问集团华东勘测设计研究院	王淡善,徐德芳,等
201010111404	抑制水面蒸发的节水轻质混凝土方法及其工艺配方	宁夏大学	田军仓,杨浦,等
201010125204	一种抛石填海施工方法	浙江大学,国家海洋局第二海洋研究所	许雪峰,孙志林,等
201010130732	一种大吨位船舶拦阻方法	宁波大学	刘军,杨黎明,等
201010142452	细沙河流桩群-软体排复合保护河岸的方法	重庆交通大学	胡江,杨胜发,等
201010153325	大比降卵砾石河流河岸防护结构及河流抗冲治理方法	重庆交通大学	杨胜发,刘勇,等

续表

申请号	名称	申请单位	发明人
201010176654	一种考虑污染胁迫的浅水湖泊生态需水量估算方法	北京师范大学	杨志峰,郑冲,等
201010182787	基于小波多尺度变换的湖泊生态补水方法	北京师范大学	崔保山,李夏,等
201010188529	多杆式管涌卡	武汉理工大学	常建娥
201010192210	气动抛投散粒体地洞堵水的方法	长江水利委员会长江勘测规划设计研究院	杨启贵,高大水,等
201010198041	改性聚乙烯醇缩丁醛防水卷材	郑州大学,郑州中一工贸有限公司	曹艳霞,严欣兵,等
201010204082	半圆体竖向预制翻转扶正、水上安装工艺	中交一航局第二工程有限公司	张宝昌,刘德进,等
201010211693	多模型综合集成洪水预报系统及其预报方法	西安理工大学	解建仓,张刚,等
201010216696	江河航道整治顺水流沉排施工方法	长江重庆航道工程局	罗宏,彭松柏,等
201010219354	一种槽底加固的全衬砌泥石流排导槽及其施工方法	中国科学院水利部成都山地灾害与环境研究所	陈晓清,游勇,等
201010223837	一种防浪兼护栏结构	中国水电顾问集团华东勘测设计研究院	扈晓雯,吴关叶,等
201010232713	一种丁腈橡胶改性的聚氯乙烯土工膜	天津市天塑科技集团有限公司第四塑料制品厂	汤洪臣,张虹
201010237112	侧吹式水平转子混凝土喷射机	中国矿业大学	顾苏军,阳振文
201010529281	一种遇水快速膨胀的聚氨酯弹性体制备方法	山西诺邦聚氨酯有限公司	薛海龙
201010532571	一种通过水位调节控制河道型水库支流水华发生的方法	三峡大学	刘德富,杨正健,等
201010540430	近岸浅水区建造板桩码头的打桩工艺方法	天津港航工程有限公司	张佩良,刘凤松,等
201010543007	水下整平机测量定位系统	中交一航局第二工程有限公司	陆连洲,刘德进,等
201010575687	一种基于流量影响线的中小桥山洪预警方法	中南大学	文雨松,李整
201010612611	耐腐蚀 TPO 改性沥青复合防水卷材及其制备方法	唐山德生防水材料有限公司	弭明新,李德生
201010617466	一种主河输移控制型泥石流防治方法	中国科学院水利部成都山地灾害与环境研究所	崔鹏,陈晓清,等
201020108366	一种自锁式生态混凝土构件	北京安文环保型绿化混凝土研究发展中心	崔桂香,董建伟
201020109796	耐高压中埋式钢边橡胶止水带	浙江神州科技化工有限公司	董云铨
201020109808	波形橡胶止水带	浙江神州科技化工有限公司	董云铨
201020109845	L 型变形缝止水带	浙江神州科技化工有限公司	董云铨
201020109966	连锁护堤块	宁波高新区新海岸建筑材料有限公司,宁波高新区围海工程技术开发有限公司	许文新,史黎明,等
201020112020	二合一反应型高分子复合防水卷材	广西金雨伞防水装饰有限公司	卢桂才,伍盛江,等
201020113045	一种用于河道护坡的水流净化装置	北京林业大学	王玉杰,赵占军,等

续表

申请号	名称	申请单位	发明人
201020113850	具有破损位置定位功能的土工膜	昆明理工大学	杨华舒,杨宇璐,等
201020120499	土石过水围堰堰脚防冲结构	中国水电顾问集团华东勘测设计研究院	周垂一,李军,等
201020129688	复合橡胶止水带以及贴坡式止水结构	中国水电顾问集团中南勘测设计研究院	卢腾,冯树荣
201020138742	一种大吨位船舶拦阻系统	宁波大学	刘军,杨黎明,等
201020138761	自适应船舶拦截系统	宁波大学	董新龙,杨黎明,等
201020145391	一种外挂式玻璃防汛墙	上海华滋奔腾防汛设备制造有限公司	陈岩,朱晔,等
201020147214	自带保护层的 TPO 自粘复合防水卷材	唐山德生防水材料有限公司	李德生,赵振兴
201020148726	新型双层复合土工膜	成都中川防水工程有限公司	周先明
201020152054	带有绿化景观功能的桩基承台护岸	上海市政工程设计研究总院	蔡伟,张琳琳,等
201020153842	乙烯-醋酸乙烯共聚物背贴式止水带	衡水大禹工程橡塑科技开发有限公司	张全新,张虎
201020154269	一种保温挤塑板	郑州忠恒建材有限公司	曹中喜
201020154276	保温挤塑板	郑州忠恒建材有限公司	曹中喜
201020157162	双止水铜片定型模板	中国葛洲坝集团股份有限公司	周建华,李国建,等
201020158611	防滑型保温挤塑板	郑州忠恒建材有限公司	曹中喜
201020160180	一种翻/插板式活动防汛墙	上海华滋奔腾防汛设备制造有限公司	朱桦,陈岩,等
201020160262	一种翻/插板式活动防汛墙	上海华滋奔腾防汛设备制造有限公司	朱桦,陈岩,等
201020161077	一种复合防渗墙	辽宁省水利水电科学研究院	崔双利,贺清录,等
201020167476	大比降卵砾石河流河岸防护结构	重庆交通大学	杨胜发,刘勇,等
201020172051	一种用于坡面保护的环保生态袋	合肥利阳环保科技有限公司	朱长效
201020182989	湖底防渗水力自控排水排气装置	西安理工大学	张浩博,江德军,等
201020186754	水工砌块	包头新创瑞图环保建材有限公司	郭文智
201020204662	自动入仓布料机	中国水利水电第十工程局有限公司	赖德元,张世平,等
201020212970	一种水位可调式陆基围隔装置	上海海洋大学	张饮江,罗思亭,等
201020214989	三筒基独腿系泊平台	中国海洋石油总公司,海洋石油工程股份有限公司	叶祥记,尹汉军,等
201020215566	一种粉煤灰改性沥青自粘防水卷材	广东科顺化工实业有限公司	陈伟忠,曾新龙
201020221224	封口式混凝土生态构件	辽宁省水利水电科学研究院	王保泽,杨万志,等
201020221519	一种橡胶止水带固定模板	中国水利水电第五工程局有限公司	潘福营,史海峰,等
201020222627	防止矿山尾矿库从初期坝渗漏浑水的结构	长沙有色冶金设计研究院	袁兵,张海娟,等
201020223262	一种基于梯级防冲刷齿槛群的泥石流排导槽	中国科学院水利部成都山地灾害与环境研究所	陈晓清,崔鹏,等
201020226124	带有锁紧安全装置的脱缆钩	连云港步升机械有限公司	李盈,刘虎,等
201020229146	一种带有光面的土工布	大连恒大高新材料开发有限公司	郭向阳,杨广超,等
201020234974	自粘防水卷材用镀金属离型膜	唐山德生防水材料有限公司	李德生,黄鹭鹭
201020254909	一种防浪兼护栏结构	中国水电顾问集团华东勘测设计研究院	扈晓雯,吴关叶,等
201020257361	插入式圆筒结构相邻圆筒间的连接结构	中交第四航务工程勘察设计院有限公司	卢永昌
201020258420	一种水下土工布铺设设备	红阳建设集团有限公司,浙江科技学院	陶松垒,周荣鑫,等
201020258747	一种带拖梁的护岸结构	中国水电顾问集团华东勘测设计研究院	庄迎春,楼永良,等
201020259628	全复合材料格构桩柱	南京工业大学	刘伟庆,方海,等

续表

申请号	名称	申请单位	发明人
201020260239	防基础淘刷的地工砂肠袋装置	盟鑫工业股份有限公司	王锦峰
201020262637	一种减轻截流难度及用于江河护堤的抛投结构	长江水利委员会长江科学院	蔡莹,车清权,等
201020265715	用在河道保洁船上的防撞清扫装置	张家港市飞驰机械制造有限公司	郭卫,倪杰,等
201020269585	一种用于防汛墙体的密封结构	上海华滋奔腾防汛设备制造有限公司	朱桦,陈岩,等
201020270874	防渗土工布	江阴市江海非织造布有限公司	施茂清
201020273386	初期雨水弃流装置	济南大学	王维平,朱平,等
201020273782	一种湿地岸边树木生态驳岸加固结构	中国水电顾问集团华东勘测设计研究院	庄迎春,胡士兵,等
201020275531	粘土抗渗生态河床结构	上海园林(集团)有限公司	朱卫峰,朱协军,等
201020282039	一种生态护岸砌块	北京金阳新建材有限公司	陈小刚
201020282608	水囊式子堤护坦连接密封件	中橡集团沈阳橡胶研究设计院	赵树发,康健,等
201020286073	三向土工格栅	河北宝源工程橡塑有限公司	付宪义
201020286269	一种采用充砂管袋生态护坡结构的堤坝	辽宁江河水利水电新技术设计研究院	潘绍财,贺清录,等
201020302121	钢围堰锁扣式连接止水装置	中交二公局第五工程有限公司	程建新,董涛,等
201020505006	多向拉伸塑料土工格栅	泰安路德工程材料有限公司	陆诗德,梁训明,等
201020508757	河岸消能净化护坡结构	河海大学	戴星星,王德胜,等
201020508758	河岸多级阶梯式增氧消能护坡结构	河海大学	戴星星,吴晓露,等
201020512987	一种砼板加糙护坡结构	河南省水利勘测设计研究有限公司	翟渊军,何杰,等
201020519869	一种免揭型自粘防水卷材	衡水中铁建工程橡胶有限责任公司	李宗梅,金家康,等
201020519943	一种免揭型自粘止水带	衡水中铁建工程橡胶有限责任公司	李宗梅,金家康,等
201020522468	地工砂肠袋	盟鑫工业股份有限公司	林静怡,曾俊荣
201020523047	一种人工湖防水驳岸	深圳市文科园艺实业有限公司	李从文,谢国明
201020528564	一种水下简便固定桩	安徽富煌三珍食品集团有限公司	杨俊斌
201020537973	建在箱筒型防波堤基础上的摆式发电装置	天津大学	姚海元,别社安,等
201020537982	具有波浪发电功能的箱筒型基础防波堤	天津大学	姚海元,别社安,等
201020540085	具径向加劲的砂肠管袋	盟鑫工业股份有限公司	王锦峰
201020543589	一种聚氯乙烯防水卷材	山东金禹王防水材料有限公司	隋爱军
201020545937	一种圆底盘全挡檐球墨铸铁系船柱	中交第二航务工程勘察设计院有限公司	刘松,刘声树,等
201020555937	一种用于混凝土施工的斜面修平设备	石家庄科润应用技术开发有限公司	陈立军,秦国平,等
201020561030	一种生态砂土堤防结构	中国水利水电科学研究院	王向东,何凡,等
201020563876	自带焊接边的TPO自粘复合防水卷材	唐山德生防水材料有限公司	赵振兴,李德生
201020563890	TPO单面自粘复合防水卷材	唐山德生防水材料有限公司	黄鹭鹭,李德生
201020566595	一种移动式消波阻流设施	泉州龙闰海洋科技有限责任公司	俞国耀
201020573026	贴砂防滑保温板	河南森木实业发展有限公司	丁国安
201020588622	一种可预铺/湿铺的高分子自粘防水卷材	沈阳蓝光科技发展有限公司	张春森,李芳兰
201020588625	一种覆面膜的高分子复合防水卷材	沈阳蓝光科技发展有限公司	张春森,李芳兰
201020596026	一种池塘护坡的结构	中国水产科学研究院渔业机械仪器研究所	王健,郁蔚文,等

续表

申请号	名称	申请单位	发明人
201020598299	防水定型土工布	仪征市长三角无纺制品有限公司	孔繁金
201020609735	管涌旋堵器	上海市枫泾中学	陆以锋,岳紫晗,等
201020616544	一种混凝土喷浆台车及其联结架	徐工集团工程机械股份有限公司建设机械分公司	徐怀玉,冯敏,等
201020624161	新型土工膜	华忠(青岛)环境科技有限公司	徐鼎
201020624164	新型警示土工膜	华忠(青岛)环境科技有限公司	徐鼎
201020624224	警示型土工膜	华忠(青岛)环境科技有限公司	徐鼎
201020632947	一种河道发光栏杆	广州杰赛科技股份有限公司	吴阳阳,彭浩,等
201020648298	用于形成混凝土接缝灌浆用骑缝升浆管的结构	中国水电顾问集团成都勘测设计研究院	张敬,周钟,等
201020648445	接缝灌浆系统	中国水电顾问集团成都勘测设计研究院	张敬,唐忠敏,等
201020650680	铁筋生态挡墙与混凝土挡墙组合的支挡结构	上海勘测设计研究院	米有明,王贵明,等
201020652201	双层码头下层平台的系船柱结构	中船第九设计研究院工程有限公司	费康一,曹健惠
201020652205	一种城市沿江、河亲水景观平台结构	中船第九设计研究院工程有限公司	费康一
201020654143	柔软型高性能合成橡胶沥青防水卷材	上海台安工程实业有限公司,上海台安新型建材有限公司	程雪峰,何家旭,等
201020658946	U 形渡槽变形缝复合止水带	衡水大禹工程橡塑科技开发有限公司	张全新
201020659508	一种自嵌式多孔混凝土砌块	东南大学	吕锡武,吴义锋,等
201020661084	初期雨水弃流装置	上海在田环境科技有限公司	陈礼国
201020663115	一种修建围埝结构的水工结构	天津市海岸带工程有限公司	付长宏,尹林涛,等
201020663439	护岸结构	上海勘测设计研究院	盛晖,赵井根
201020668632	空气冷却器制冷水系统	长江勘测规划设计研究有限责任公司	龙慧文,罗清,等
201020672597	一种可改变船只撞击方向的桥墩防撞结构	衡水橡胶股份有限公司	李金保,赵贵英,等
201020680301	一种带有抗滑板的重力式码头结构	中交第四航务工程勘察设计院有限公司	沈迪州
201020683284	六棱体浆砌石预制块	沈阳市利千水利技术开发有限责任公司	李千,李珍子,等
201020684064	新型止水片	中国长江三峡集团公司	闫俊义
201020685798	隔离式桥墩防撞装置	中铁七局集团有限公司,中铁七局集团武汉工程有限公司	方竞,赖国甫,等
201020694497	混凝土防渗墙接头	中国水电顾问集团中南勘测设计研究院	冯树荣,张永涛,等
201110002845	一种海洋水下拼装式取水口及其施工方法	广东省电力设计研究院	廖泽球,王晓村
201110023468	吸能导向桥墩防撞装置	长沙理工大学	雷正保,刘国斌,等
201110036666	河流水下硬质斜坡沉水植物联遍修复方法	河海大学	王超,王沛芳,等
201110043714	一种大坡降河流跌水曝气改善水质的方法	河海大学	王沛芳,王超,等
201110049426	大体积充砂土工枕袋水下垫坡工艺方法	安徽省水利水电勘测设计院	胡祖华,江永强,等
201110064448	一种减小膨胀岩土地区挡土墙土压力的方法	河海大学	刘斯宏,王柳江,等

续表

申请号	名称	申请单位	发明人
201110078652	液压缓冲浮筒式系船墩	中国葛洲坝集团股份有限公司，葛洲坝集团第一工程有限公司	汤用泉，赵志忠，等
201120001054	一种桥墩防撞装置的分段连接器	高邮市长城机械制造有限公司	师仁华
201120002985	一种钢塑复合土工格栅	常州市鹏腾土工复合材料工程有限公司	吴小江
201120003916	一种海洋水下拼装式取水口	广东省电力设计研究院	廖泽球，王晓村
201120004290	土工布	常州市鹏腾土工复合材料工程有限公司	吴小江
201120004412	针刺复合土工布	常州市鹏腾土工复合材料工程有限公司	吴小江
201120006703	土石坝金属网孔箱护坡结构	中国水利水电建设工程咨询公司	杨泽艳，王富强，等
201120007876	天然微生物固土毯	大连沃特水务科技有限公司，大连市水利科学研究所	李岩，徐如海，等
201120009652	一种装配式反吊钢斜梯	中交第三航务工程勘察设计院有限公司	程泽坤，顾祥奎
201120018547	一种机织有纺土石笼袋	北京群祥兴科技有限公司	赵品畯
201120020097	高水头水下悬浮漂移封堵器	中国水利水电第二工程局有限公司	常满祥，李正国，等
201120029174	新型插入式相邻圆筒间的连接装置	中交第四航务工程勘察设计院有限公司	卢永昌
201120031260	一种快速停船码头	中国葛洲坝集团股份有限公司，葛洲坝集团第一工程有限公司	周厚贵，汤用泉
201120032061	一种适用于高桩码头的混凝土预制板	中交三航局第三工程有限公司	魏德新，宋顾贤，等
201120035645	一种多浮体混合带缆系泊装置	中国海洋石油总公司，中海石油研究中心，上海外高桥造船有限公司	陈刚，谢彬，等
201120037328	一种半圆体防波堤结构	中交第四航务工程勘察设计院有限公司	沈迪州
201120039045	一种预制安装和现场浇注相结合的水上承台结构	中交第四航务工程勘探设计院有限公司	沈迪州
201120040352	一种工作平台和靠船墩的组合结构	中交第四航务工程勘察设计院有限公司	沈迪州
201120043265	大直径薄壁钢圆筒结构的加固设备	中交第四航务工程勘察设计院有限公司	卢永昌
201120044507	一种全直桩码头结构	中交第四航务工程勘察设计院有限公司	沈迪州
201120047205	大圆筒码头施工构件的施工装置	中建筑港集团有限公司	杨胜杰，张京亮
201120047356	一种人工礁体	南京大学连云港高新技术研究院	张名亮，徐根华，等
201120048407	防滑挤塑板生产装置	郑州忠恒建材有限公司	曹中喜
201120052761	用于江河崩岸治理的大体积充砂土工枕袋	安徽省水利水电勘测设计院	胡祖华，江永强，等
201120054621	T型刚构码头结构	长江航运规划设计院	李三希，昌黎明，等
201120054888	一种用于河道治理的综合整治系统	深圳市立雅水务发展有限公司	黄建华，王铁刚，等
201120059235	一种植生生态袋连接扣板	上海文远生态科技有限公司	沈勇
201120059435	一种直立墩式护坡结构	中国水电顾问集团华东勘测设计研究院	扈晓雯，张春生
201120059439	一种箱型护坡结构	中国水电顾问集团华东勘测设计研究院	扈晓雯，张春生
201120059440	一种十字型护坡结构	中国水电顾问集团华东勘测设计研究院	扈晓雯，张春生
201120064379	碳纤维卷帘堵坝钢管栅栏	上海市枫泾中学	陆以锋，陆逸伦，等
201120069756	钠基膨润土防水毯	上海仁众实业有限公司	周锦丽，强全林，等
201120073577	一种生态修复系统	无锡市智者水生态环境工程有限公司	王九江，张光生
201120076874	高桩码头钢抱箍支撑结构	葛洲坝集团第五工程有限公司	周山，段保德，等

续表

申请号	名称	申请单位	发明人
201120076966	止水片固定结构	葛洲坝集团第五工程有限公司	周山
201120089263	液压缓冲浮筒式系船墩	中国葛洲坝集团股份有限公司，葛洲坝集团第一工程有限公司	汤用泉，赵志忠，等
201120092276	可拆卸式安全靠船装置	山东正辉石油装备有限公司	万顺青
201120097118	一种透气透水性生态混凝土护堤	云南瑞邦环境科技有限公司	李军，张根广
201120098179	分离式码头加固改造结构	中交第三航务工程勘察设计院有限公司，中国交通建设股份有限公司	吴辉，顾宽海，等
201120107577	带有种植池的景观码头	北京土人城市规划设计有限公司	俞孔坚，宁维晶，等
201120112085	铜塑止水片定型接头	中国葛洲坝集团股份有限公司	戴志清，曾明，等
201120115976	抢险用网箱	佛山市建旭工贸有限公司	刘许光
201120115979	抢险用钢筋笼	佛山市建旭工贸有限公司	刘许光
201120116426	一种平原人工坝的防渗系统	青岛银河环保股份有限公司	亓久平，荆汉江，等
201120117149	防波堤	河海大学	王伟，刘桃根，等
201120117760	水下排体上作为缓冲层施工用的袋装砂袋	中交上海航道局有限公司，上海交通建设总承包有限公司，上海青草沙投资建设发展有限公司	楼启为，刘华锋，等
201120119602	一种面板堆石坝周边缝铜止水的保护装置	中国水利水电第五工程局有限公司	潘福营，向君
201120124352	农业面源污染物植物降解体系配置系统	吉林省环境科学研究院	马继力，任建峰，等
201120124632	吸附式薄壁钢筋混凝土椭圆桶型基础直立帽形连续墙防波堤结构	中交第三航务工程勘察设计院有限公司，中国交通建设股份有限公司	李武，陈浩群，等
201120127790	水下环保围堰结构	上海市南洋模范中学	季正允，吴国华，等
201120133946	桁架结构吸能式桥梁防船撞装置	招商局重庆交通科研设计院有限公司	安永日，张长青，等
201120134140	多层防水板	德州东方土工材料股份有限公司	赵金江，李玉明，等
201120135655	用于城市河道综合整治的景观配套系统	深圳市立雅水务发展有限公司	黄建华，王铁钢，等
201120143985	一种轻型减压井	广东省水利水电科学研究院	张挺，杨光华，等
201120145023	筒状复合材料桥梁防撞装置	南京工业大学	刘伟庆，庄勇，等
201120145343	河湖沟渠水岸拟自然生态防护结构	吉林省水利科学研究院	董建伟，周祖昊，等
201120150315	一种新型 TPO 防水卷材	北京宇阳泽丽防水材料有限责任公司	彭松涛
201120156972	组合式河岸生态护坡结构	北京万方程科技有限公司	沈承秀，叶建军
201120158730	一种水岸生态礁	上海嘉洁生态型混凝土草坪有限公司	杨卫平，孙丽君
201120158896	水利生态护坡环型混凝土块	江西省水利规划设计院	吴艳频，邓海忠，等
201120160163	用于河湖淤泥的过滤土工织布	杭州萧山申联化纤织造有限公司	朱卫良，陆松燕
201120160643	钢筋混凝土防洪墙仿宋代城墙结构	江西省水利规划设计院	邹大胜，张李荪，等
201120160825	一种连锁式复合生态混凝土构件	上海嘉洁生态型混凝土草坪有限公司	杨卫平，孙丽君
201120170687	栅栏连锁块	河南省水利勘测设计研究有限公司	翟渊军，吉刚，等
201120170813	河岸生态系统	宁波市镇海西门专利技术开发有限公司	陈际军
201120178178	复合膨润土防水毯	新疆中非夏子街膨润土有限责任公司	马永升，杨智荣，等
201120178994	条形靠巴	中船澄西船舶修造有限公司	卢庆康，沈兵，等

续表

申请号	名称	申请单位	发明人
201120186527	一种新型脱缆钩	连云港振兴集团石化设备制造有限公司	李祥宾,谌继刚,等
201120187045	用于胸墙浇筑的门架	中交第二航务工程局有限公司	罗柳,唐如蜜,等
201120191966	一种阻燃型改性沥青防水卷材	广东科顺化工实业有限公司	曾新龙
201120192125	一种高效阻根防水卷材	广东科顺化工实业有限公司	曾新龙,陈伟忠
201120193285	一种改进型锚驳	中船澄西船舶修造有限公司	董锋,沈兵,等
201120196498	一种生态净化滴瀑防汛景观墙	上海海洋大学	张饮江,王聪,等
201120199235	一种挡土墙	华侨大学	常方强
201120199587	防渗复合土工布	山东宏祥化纤集团有限公司	孟灵晋,崔占明
201120199588	一种植物营养耐污型膨润土防水毯	山东宏祥化纤集团有限公司	孟灵晋,崔占明
201120199590	土工格栅	山东宏祥化纤集团有限公司	孟灵晋,崔占明
201120203811	推拉式索栓	无棣方正福利不锈钢制品有限公司	蔡建奎
201120203860	加筋粘土防渗结构	中国水电顾问集团华东勘测设计研究院	朱安龙,汤旸
201120207212	一种发泡填充式护舷	青岛永泰船舶用品有限公司	于新波,宋海霞
201120208042	一种自粘型聚脲防水卷材	广东科顺化工实业有限公司	陈荣勇,陈伟忠,等
201120217128	护厂河地基结构	天津二十冶建设有限公司	唐军
201120218909	一种用于桥墩及码头船坞的抗撞消能装置	武汉臣基工程科技有限公司	盛朝晖,冉雪峰
201120220599	一种拱式纵梁码头结构	河海大学	翟秋,鲁子爱
201120220637	阶梯式六面框格体护坡结构	浙江天一交通建设有限公司	杨明足,李仕龙
201120230206	钢筋混凝土桩式堤	上海市水利工程设计研究院	俞相成,谢先坤,等
201120232315	一种防波堤	华侨大学	陈叶旺
201120232620	一种新型防波装置	华侨大学	陈叶旺
201120232646	一种新型防波堤	华侨大学	陈叶旺
201120234028	一种改善厂坝间导墙施工期受力的结构	中国水电顾问集团华东勘测设计研究院	黄维,王爱林,等
201120242444	一种柔性防冲刷护面系统	浙江省交通规划设计研究院	朱益军,戴显荣,等
201120244606	沉桩错位的高桩梁板式码头补救结构	中船第九设计研究院工程有限公司	费康一
201120244646	高桩梁板式码头的预制环保池结构	中船第九设计研究院工程有限公司	费康一,许智泓
201120245202	一种具有调流过沙功能的模袋排帘	同济大学	王杰,秦少华,等
201120246657	电子智能化防渗膜	郑州润通环境仪表有限公司	李林
201120256051	土石坝或围堰的防渗土工膜与陡坡岩石地基台阶状混凝土连接结构	中国水电顾问集团中南勘测设计研究院	张朝金,文杰,等
201120256469	一种整浇水泥透水混凝土生态护坡	上海嘉洁环保工程有限公司	钱卫胜,周亚军
201120271702	改善船闸多区段分散输水系统闸室水沙条件的工程结构	水利部交通运输部国家能源局南京水利科学研究院	胡亚安,黄岳,等
201120275243	一种装配栅板式护坡结构	中国水电顾问集团华东勘测设计研究院	扈晓雯,张春生,等
201120278796	吹填管线分流器	中交天航南方交通建设有限公司	何永良,彭旭更,等
201120284761	整体结构槽型扶壁式驳岸与围堤	福建吉轮海洋投资有限公司	朱元康,林吉,等
201120293756	橡胶护舷	招远市泰仑特塑胶化工有限公司	孙海洋,孙成业
201120296269	防刺穿预铺反粘式止水带	衡水宝力工程橡胶有限公司	王希慧,李金红,等

续表

申请号	名称	申请单位	发明人
201120296566	锥形橡胶护舷	烟台泰鸿橡胶有限公司	李志宏,徐国谦,等
201120296594	钢浮筒护舷	烟台泰鸿橡胶有限公司	魏东,刘巧英,等
201120296635	橡胶舷梯	烟台泰鸿橡胶有限公司	徐国谦,宋占昭,等
201120296767	高抗压性能的小型橡胶护舷	烟台泰鸿橡胶有限公司	宋占昭,徐国谦,等
201120304525	快捷式密闭止水门	合肥希泰工业科技有限公司	尹辉
201120307791	一种新型缓坡式绿化景观护岸	上海友为工程设计有限公司	陈肖宇,谈祥,等
201120309547	水电站尾水临时闸门水上运输装置	中国水利水电第五工程局有限公司	孙林智,吴高见,等
201120310497	一种阶梯式生态型护岸装置	中国科学院水生生物研究所	敖鸿毅,王华光,等
201120327372	一种低水阻力锚固件	水利部交通运输部国家能源局南京水利科学研究院	刘宁,李云,等
201120342282	带挡板的半圆体堤身结构	中交上海航道勘察设计研究院有限公司	马兴华,周海,等
201120342441	三角形沉箱	中交上海航道勘察设计研究院有限公司	马兴华,周海,等
201120345703	一种具有发电功能的防波堤	华侨大学	陈叶旺
201120351662	一种具有养殖功能的防波堤	华侨大学	陈叶旺
201120351664	一种改进型防波装置	华侨大学	陈叶旺
201120353095	木桩生态驳岸	北京正和恒基滨水生态环境治理有限公司	徐文山,白鑫,等
201120353098	生态湖底	北京正和恒基滨水生态环境治理有限公司	曾翠红,田磊,等
201120353099	河底防渗结构	北京正和恒基滨水生态环境治理有限公司	吴亚明,廖海勇,等
201120353102	滨水驳岸的混凝土挡墙	北京正和恒基滨水生态环境治理有限公司	么春华,吴亚明,等
201120353617	一种弹性体改性沥青防水卷材	深圳市蓝盾防水工程有限公司	童祖元
201120365106	双面粘改性沥青防水卷材	广西金雨伞防水装饰有限公司	卢桂才
201120369007	一种拱形结构砖谷坊	吉林省水土保持科学研究院	刘明文,刘艳军,等
201120378859	一种碾压混凝土坝诱导缝接缝灌浆排气系统	中国水电顾问集团西北勘测设计研究院	蔡云鹏,程俊在,等
201120379856	快速施工的环保钢板围堰	中国水利水电第五工程局有限公司	王森荣,田中涛,等
201120381810	一种带有纵梁的扶壁结构	中交第四航务工程勘察设计院有限公司	沈迪州,沈任重
201120387984	洪水调度系统	贵州东方世纪科技有限责任公司	李胜,郑强,等
201120394834	一种航道驳岸的墙体消能结构	江苏省交通规划设计院股份有限公司	陆飞,马腾云,等
201120395644	一种用于控制底泥污染物释放的覆盖系统	上海海洋大学	孙艳丽,林建伟,等
201120400647	三立柱异形护面块体及防波堤护面结构	中国海洋大学	彭坤,刘勇,等
201120411510	滑坡转化型泥石流的新型防治结构	中铁西北科学研究院有限公司勘察设计分公司	吴红刚,马惠民,等
201120441255	一种交叉型土工模袋	无锡市顺安土工材料有限公司	陈月廷
201120442389	结合套箱的桥墩柔性防船撞装置	宁波大学,宁波市高等级公路建设指挥部	杨黎明,吕忠达,等

续表

申请号	名称	申请单位	发明人
201120455604	一种城市河道护岸结构	中国水电顾问集团华东勘测设计研究院	周奇辉,胡士兵,等
201120457106	坝面喷涂防渗与横缝止水连接装置	中国水电顾问集团成都勘测设计研究院	张敬,唐忠敏,等
201120466687	一种单挡檐球墨铸铁柱壳系船柱	中交第二航务工程勘察设计院有限公司	刘声树,刘松,等
201120470079	滩涂土工布铺设机	宁波高新区围海工程技术开发有限公司	陈富强,俞元洪,等
201120478577	重力土工管灌泥装置	中国科学院南京地理与湖泊研究所	胡维平,高峰,等
201120479880	一种水下整体土工膜防渗结构	杭州国电大坝安全工程有限公司	谭建平,吴启民,等
201120479897	一种水下施工土工膜周边防渗结构	杭州国电大坝安全工程有限公司	谭建平,吕小龙,等
201120479899	水下变形接缝跨缝的防渗结构	杭州国电大坝安全工程有限公司	谭建平,吴启民,等
201120487868	一种挡水坝段和溢流坝段间的传力缝结构	中国水电顾问集团贵阳勘测设计研究院	罗洪波,姚元成,等
201120490612	一种新型护岸组合结构	中交第三航务工程勘察设计院有限公司	张齐焰,朱林祥,等
201120526346	水库消落带护坡生态浮床	仲恺农业工程学院	周遗品,雷泽湘,等
201120575997	用于浮式、半潜式和潜式防波堤的可控浮式消波组件	中山大学	詹杰民,罗莹莹,等

11.7.10 其他水利工程技术

申请号	名称	申请单位	发明人
03148718	用鼓型离心机模拟海浪的方法及其装置	中国科学院力学研究所	高福平,吴应湘
200420062764	碳纤维土工格栅	江苏九鼎集团股份有限公司	曾立富,徐建如,等
200510018815	泥沙模型试验加沙工艺	长江水利委员会长江科学院	许明,卢金友,等
200610018825	一种对工程结构体测量挠度沉降的方法及装置	武汉岩海工程技术有限公司	程乐平,程肯
200610021426	室内水槽沙卵石推移质全断面采样装置	四川大学	王协康,曹叔尤,等
200610025220	并流式深水造流系统及方法	上海交通大学	杨建民,彭涛,等
200610032258	基于分布式光纤传感监测堤坝渗流的模拟装置	湖南科技大学	朱萍玉,李学军,等
200810225969	岸堤冲刷坍塌全方位观测设备及方法	清华大学	孙即超,王光谦,等
200910030867	多功能全悬臂模板及其浇筑混凝土的方法	广西壮族自治区水电工程局,广西方元电力股份有限公司桥巩水电站分公司	黄中良,谢天华,等
200910093969	一种带有自动调节堰井的重力有压输水系统	天津市水利勘测设计院	吴换营,景金星,等
200910170086	一种生态需水季节差异快速分析方法	北京师范大学	杨志峰,孙涛
200910177288	高含沙洪水揭河底模拟试验方法	黄河水利委员会黄河水利科学研究院	江恩慧,李军华,等
200910177289	河流时空自塑模型	黄河水利委员会黄河水利科学研究院	江恩慧,李军华,等
200910228046	水槽三维地形自动测量装置	天津大学	许栋,白玉川
200910228717	用于产生模拟波浪的造波机	天津理工大学	宋荣生,王收军,等
200910238014	水利水电工程洞室群火灾模拟实验设备及模拟实验方法	中国安全生产科学研究院	史聪灵,钟茂华,等
200910250546	土壤溶质运移大型土柱串联模拟装置	北京市水利科学研究所	吴文勇,刘洪禄,等

续表

申请号	名称	申请单位	发明人
200920039658	浇筑混凝土的多功能全悬臂模板	广西壮族自治区水电工程局，广西方元电力股份有限公司桥巩水电站分公司	何武志，黄中良，等
200920107646	一种特大型链轮门门叶与门槽厂内联合试验装置	中国水利水电建设集团公司，中国水利水电第八工程局有限公司	王玉明，陆小华，等
200920137409	非平原城市排洪结构	福州市规划设计研究院	高学珑
200920210138	可控环境因子变速水循环系统	上海海洋大学	谭一粒，薛俊增，等
200920217654	高含沙洪水揭河底模拟试验装置	黄河水利委员会黄河水利科学研究院	江恩慧，李军华，等
200920246137	一种带有自动调节堰井的重力有压输水装置	天津市水利勘测设计院	吴换营，景金星，等
201010115809	计算承压水漏斗区补给量的一种方法	徐州建筑职业技术学院	张子贤
201010119521	水库水温分层模拟方法	天津大学	高学平，张晨，等
201010149403	具有水下无线传输系统的海上构筑物自动监测技术方法	中交天津港湾工程研究院有限公司，中交第一航务工程局有限公司	喻志发，解林博，等
201010165480	宽大缺陷基础的加固结构及其施工方法	中国水电顾问集团华东勘测设计研究院	徐建军，何明杰
201010178295	一种模拟溶质一维运移过程的格子行走方法	南京大学	蒋建国，吴吉春，等
201010229101	截流试验设备	四川大学	张建民，许唯临，等
201010245419	面向河流生态系统保护的流域地表水可利用量确定方法	北京师范大学	杨志峰，尹心安，等
201010245433	一种基于水库调度的河流生态流量调控方法	北京师范大学	杨志峰，尹心安，等
201010271495	一种基于对生态系统扰动程度评价的湿地生态需水量计算方法	北京师范大学	杨志峰，陈贺，等
201010515473	一种研究冲沟发育过程的观测小区构造	中国科学院水利部成都山地灾害与环境研究所	刘刚才，南岭，等
201020193637	主动反射补偿伺服式单板造波装置	中国船舶重工集团公司第七〇二研究所	顾民，魏纳新，等
201020245330	一种带孔洞的土木工程加筋材料	上海大学	赵岗飞，张孟喜，等
201020261872	自控皮带输送刮抛式加沙机	武汉长江仪器自动化研究所	赵荣俊，金逸，等
201020549453	应用于深海海床特性测试的 T 型触探器	浙江大学，浙江东宸建设控股集团有限公司	王立忠，国振，等
201020584217	一种灌水装置	江山市双塔生态农业科技有限公司	刘立忠
201020670205	用于水利工程的液压装置	邵阳维克液压股份有限公司	粟武洪，罗武，等
201020677202	水工模型实验电磁感应连接与分离装置	合肥工业大学科教开发部	董满生，余志平，等
201110002471	一种水工模型制作装置	北京航空航天大学，黄河水利委员会黄河水利科学研究院	李书霞，陈书奎，等
201110002474	一种水工模型制作方法	河海大学，黄河水利委员会黄河水利科学研究院	王仲梅，李书霞，等
201120003344	逆向法地形制作仪	黄河水利委员会黄河水利科学研究院	李书霞，陈书奎，等
201120057458	用于振动台试验的模拟地基辐射阻尼效应装置	北京工业大学	杜修力，李霞，等

续表

申请号	名称	申请单位	发明人
201120060946	无线拾动记录仪	武汉长江仪器自动化研究所	姚振和,罗熠,等
201120075595	一种河床水质检测站门桥	南通昌荣机电有限公司	颜昌海,徐景华
201120080595	一种新型延长尾矿澄清距离装置	中国瑞林工程技术有限公司	沈楼燕,邹珺,等
201120112141	一种模拟天然河道的实验系统装置	中国科学院水生生物研究所	敖鸿毅,刘剑彤,等
201120121661	一种浅海水域生态实验浮式围隔装置	上海海洋大学	王春峰,杨红,等
201120154048	排涝泵站前池底板置换式排水孔	江西省水利规划设计院	陶柏强,张李荪,等
201120154050	箱涵式泵站前池	江西省水利规划设计院	张李荪,陶柏强,等
201120154424	狭长型混凝土墙体施工移动式模板装置	葛洲坝集团第二工程有限公司	杨忠兴,高一平,等
201120178647	摇板式规则波和不规则波造波机	浙江工业大学	董志勇,韩伟,等
201120228569	河口模型加沙系统的一种定量补沙装置	浙江省水利河口研究院	曾剑,熊绍隆,等
201120228585	用于潮汐河口泥沙物理模型的一种适时加沙系统	浙江省水利河口研究院	曾剑,熊绍隆,等
201120305917	一种泥石流排导结构	中国水电顾问集团华东勘测设计研究院	高悦,侯靖,等
201120323303	垂直循环水流试验装置	国家海洋技术中心	熊焰,路宽,等
201120336914	长距离输水水质模拟装置	青岛理工大学	张大磊,乔凡,等

11.8 水位监测与旱涝灾害预警技术

11.8.1 冰川积雪融水监测、预警技术

申请号	名称	申请单位	发明人
03146387	一种阻容式含冰率传感器	清华同方股份有限公司,清华大学	石文星,刘刚,等
200410012163	冰下水位传感器及其检测方法	太原理工大学	秦建敏,李志军,等
200410012164	冰层厚度传感器及其检测方法	太原理工大学	秦建敏,窦银科,等
200710010783	污染水体冻融过程中冰内污染物行为物理模拟装置及方法	大连理工大学,松辽水环境科学研究所	李志军,李广伟,等
200820238104	地热加温式雨雪量计	河海大学	舒大兴

11.8.2 旱涝监测与预警技术

申请号	名称	申请单位	发明人
200420020768	数字远程视频监控系统装置	上海通用化工技术研究所	谢建平
200520079504	实时在线式水体流速及深度的测量装置	西安兴仪科技股份有限公司	张建安,杨永军
200610019108	基于平面电容式的电子水位标尺	武汉大学	熊昌仑,熊涛,等
200810121881	基于音频特征识别的江河涌潮检测方法	杭州电子科技大学	王瑞荣,王建中,等
200810164101	江河涌潮分段实时预警方法	杭州电子科技大学	王瑞荣,王建中,等
200910023723	基于差异边缘和联合概率一致性的遥感图像变化检测方法	西安电子科技大学	王桂婷,焦李成,等

续表

申请号	名称	申请单位	发明人
200910024296	基于空间关联条件概率融合的多时相SAR图像变化检测方法	西安电子科技大学	王桂婷,焦李成,等
200910053321	基于单目摄像机的河流水位监测方法	上海交通大学	刘剑,严骏驰,等
200910228771	磁悬浮式水位、分层沉降两用仪	中交第一航务工程勘察设计院有限公司	杨培英
200920101237	太阳能水位监测仪	山西纳克太阳能科技有限公司	孔繁敏,杨永成,等
200920139549	乡村防灾预警系统	福州四创软件开发有限公司	汤成锋
200920250896	磁悬浮式水位、分层沉降两用仪	中交第一航务工程勘察设计院有限公司	杨培英
200920313494	一体化水位流量监测装置	唐山现代工控技术有限公司	于树利,武尚文,等
201010106038	洪水预报系统中实时校正模型的优选方法	国网电力科学研究院	李春红,王文鹏,等
201020542866	矿井透水灾害仿真模拟培训演练系统	煤炭科学研究总院重庆研究院	胡千庭,赵善扬,等
201020545000	洪水报警器	哈尔滨华良科技有限公司	周强,周容
201020609067	无线远程水位自动监测装置	华北有色工程勘察院有限公司	宋峰,刘新社,等
201020619415	一种变电站安防抗灾装置	江苏省电力公司滨海县供电公司	顾峰
201020673905	防汛全自动报警及水位测尺装置	成都市飞龙水处理技术研究所	罗娟
201120021336	山洪灾害监测预警信息发布终端	深圳市昆特科技有限公司	谢崇帅
201120128142	一种洪水测报装置	唐山现代工控技术有限公司	于树利,张喜,等
201120212142	水下地质灾害监测系统	国家海洋局第二海洋研究所	陶春辉,张金辉,等
201120260802	具有最高功率点跟踪技术的山洪灾害预警监测装置	深圳市东深电子股份有限公司	郭华,汪益民,等
201120271623	防汛预警机	北京国信华源科技有限公司	严建华,赵春宝,等
201120317902	基于GPRS网络的专网山洪灾害预警系统	成都众山科技有限公司	李强,张建清,等
201120317922	基于GPRS网络的公网山洪灾害预警系统	成都众山科技有限公司	李强,张建清,等
201120327830	带GPS定位的水位遥控检测装置	广西远长公路桥梁工程有限公司	陈向进,李文勇,等
201120347974	基于WSN构建的船舶驾驶台火灾监控系统	上海海事大学	吴华锋,肖英杰,等
201120348452	变电站电缆沟积水报警仪	新安县电业公司	李朝阳,卢会东,等
201120351014	山洪地质灾害预警系统	南京易周能源科技有限公司	周峰,王军,等
201120435806	水位监测预警系统	南京易周能源科技有限公司	周峰,杨德栋,等
201120477606	变电站防汛预警装置	河南省电力公司南阳供电公司	肖红,贾显忠,等
201220014219	水位自动测量装置	武汉世纪水元科技股份有限公司	展云,郭育军,等

第12章 生态系统领域应对气候变化技术清单

12.1 防风治沙技术

12.1.1 粘土沙障设置技术

申请号	名称	申请单位	发明人
200510098598	一种固沙复合剂及其制备方法	中国矿业大学(北京)	张增志
201120428394	营养型粘土植草固沙装置	西北师范大学	马国富,王爱娣,等

12.1.2 砂田种植技术

申请号	名称	申请单位	发明人
00109164	胆碱单加氧酶基因及培育耐旱耐盐植株的方法	中国科学院遗传研究所	陈受宜,沈义国,等
03157198	拟南芥抗旱相关基因 *ADT* 在培育抗旱植物品种中的应用	中国科学院遗传与发育生物学研究所	张玉娥,薛勇彪,等
96117076	旱育种子包衣剂	江苏里下河地区农业科学研究所	张洪熙,高仲林,等
200310115343	用转基因技术提高林木抗旱性的方法	北京林业大学	曾会明,王华芳,等
200410096050	一种高羊茅干旱应答元件结合蛋白及其编码基因与应用	清华大学	刘敬梅,阳文龙,等
200510028529	增强植物抗旱性的方法	中国科学院上海生命科学研究院	杨洪全,茅健
200510068049	野生稻的一个抗旱基因及其编码蛋白与应用	中国科学院植物研究所	种康,戴晓燕,等
200510083036	来源于盐芥的一个耐盐、抗旱基因及其编码蛋白与应用	中国科学技术大学	杜金,向成斌
200610010678	种植洋蓟的催芽直播方法	昆明市农业技术推广站	李文彬,周红艳,等
200610017217	用罗布麻纸筒育苗繁殖技术恢复盐碱地植被的方法	东北师范大学	李志坚,王德利,等
200610017218	用罗布麻根段繁殖技术恢复盐碱地植被的方法	东北师范大学	李志坚,王德利,等
200710018352	旱区棉花集群栽培方法	中国科学院寒区旱区环境与工程研究所	苏培玺,赵文智,等
200710036055	旱土作物干湿两段托盘育苗方法	湖南农业大学	陈金湘,刘海荷,等
200710176153	提高植物耐盐及抗旱性的基因及其应用	中国农业科学院生物技术研究所	林敏,陈明,等

续表

申请号	名称	申请单位	发明人
200810017113	一种在干旱和大风荒漠盐碱环境种植耐盐植物的方法	中国科学院海洋研究所	邢军武
200810031267	一种增强生长于尾矿渣上的植物抗旱性的方法	湖南科技大学	向言词,冯涛,等
200810055030	一种促进沙地植物种子发芽的方法	中国科学院遗传与发育生物学研究所	张万军,冯学赞,等
200810072992	一种多年生草本植物骆驼刺幼苗的人工培育的技术方法	中国科学院新疆生态与地理研究所	曾凡江,雷振生,等
200810122524	一种植物耐寒与抗旱蛋白及其编码基因与应用	合肥工业大学	曹树青,陈正义,等
200810211751	一种羊草干旱诱导转录因子及其编码基因与应用	中国科学院植物研究所	刘公社,沈世华,等
200810223541	一种与植物抗旱相关的蛋白及其编码基因与应用	中国科学院植物研究所	邓馨,亓崇东
200910064139	拟南芥基因 *IAR*1 在铁营养利用及抗旱方面的应用	河南大学	宋纯鹏,安国勇,等
200910218386	旱半夏组织培养快速繁殖方法	昆明理工大学	李昆志,王艺霖,等
200910244140	干旱半干旱区苹果与农作物间作适宜年限的确定方法	北京林业大学	毕华兴,崔哲伟,等
200910254000	包含硫酯酶功能域的腊梅基因及其抗旱基因工程应用	吉林大学	张世宏,张莉弘,等
201010120239	强旱生植物霸王液泡膜氢焦磷酸酶基因和植物表达载体及其植株遗传转化方法	兰州大学	王锁民,席杰军,等
201010120741	利用枳精氨酸脱羧酶基因 *PtADC* 提高植物抗旱耐寒能力	华中农业大学	刘继红,王静,等
201010134229	用于黄土边坡植物护坡的客土	中铁二院工程集团有限责任公司	孙莺,张俊云,等
201010139619	豆科种子抗旱包衣组合物、包衣的种子和包衣方法	北京林业大学	赵磊磊,朱清科,等
201010166976	一种利用荒漠旱生植物霸王 H^+-PPase 和液泡膜 Na^+/H^+ 逆向转运蛋白基因培育耐盐抗旱百脉根的方法	兰州大学	王锁民,席杰军,等
201010171865	一种使用纳米材料促进干旱胁迫下大豆种子萌发和生长的方法	中国农业科学院生物技术研究所,黄其满	黄其满,孙文丽,等
201010235244	一个耐旱基因 *SpUSP* 的克隆及其在抗逆方面的应用	华中农业大学	叶志彪,理查德,等
201010250900	盐碱荒漠地罗布麻大规模种植方法	新疆戈宝红麻有限公司	刘起棠,黄景风,等
201010255742	一种菊花抗旱基因及其应用	北京林业大学	张启翔,陆苗,等
201010514555	一种植物抗旱、耐盐相关蛋白 TaCRF2 及其编码基因和应用	北京市农林科学院	高世庆,赵昌平,等
201010523477	一种提高梭梭属植物幼苗成活率的方法	南京农业大学	麻浩,俞阗
201010546131	塔头苔草的移栽方法	中国科学院东北地理与农业生态研究所	佟守正,吕宪国,等

续表

申请号	名称	申请单位	发明人
201010567774	抗旱型西北地区玉米专用控释肥及其制备和应用	菏泽金正大生态工程有限公司	解玉洪,蒋祖卫,等
201010618551	一种植物抗旱、耐盐相关蛋白 ErABF1 及其编码基因和应用	北京市农林科学院	高世庆,赵昌平,等
201110026382	白枪杆的育苗及在石漠化治理中的造林方法	西南林业大学	李乡旺,陆素娟,等
201110031537	一种同时提高烟草种子抗寒和抗旱能力的浸种处理方法	浙江大学,云南省烟草农业科学研究院	胡晋,崔华威,等
201120014493	一种旱地移栽多功能吊杯	南京农业大学	尹文庆,胡飞,等

12.1.3 沙漠工程绿化技术

申请号	名称	申请单位	发明人
00107121	固体水及其应用	深圳市艾德迈尔科技有限公司	杨庆理
01113006	地毯式无土生态型草坪的繁育方法	复旦大学	王祥荣,包静晖
02230662	多功能植被建造机	广州绿能达生态科技研究所	唐开林,晏平,等
200310117057	一种治沙固沙方法	中国科学院植物研究所	白永飞,潘庆民,等
200420116280	生态植被毯	北京林枫园林绿化工程有限公司	赵方莹,赵廷宁,等
200510005470	固定、半固定沙漠无灌溉造林的方法	中国科学院新疆生态与地理研究所	蒋进,雷加强,等
200510040377	一种建筑物空间绿化装置系统构建方法及其应用	南京大学	钦佩,王光,等
200510098266	一种适用于各种边坡的植被绿化方法	路域生态工程有限公司	顾卫
200610001602	一种适用于边坡生态防护的多用途植生袋及其应用	北京师范大学	顾卫,崔维佳,等
200610019707	快速排土护坡与生态恢复的露天矿开采工艺	武汉理工大学	张世雄,王官宝,等
200610021560	沙化土地植被恢复的施工方法	成都正光生态工程有限公司	薛合伦,梁玉祥,等
200610024016	利用生态回流法环保用人工滤床的设计方法	上海市南洋模范中学	翁杰,吴国华,等
200610117282	低养护结缕草绿化草坪的建植方法	上海交通大学	王兆龙,刘一明,等
200610161261	一种兼顾面源控制的护坡仿自然生态化构建的方法	国家环境保护总局华南环境科学研究所	杨扬,易新贵,等
200610161264	一种高效快速去除面源污染的生态岸坡构建方法	国家环境保护总局华南环境科学研究所	许振成,杨扬,等
200620019443	一种用于石质基底的生态绿化种植毯	云南利鲁环境建设有限公司	苏一江,甄晓云,等
200620052983	无土基质草毯岩石面护坡	湖南天泉科技开发有限公司	梁伟,梁干
200620097183	含有保水剂的固沙绿化砖	武汉市海格尔科技有限公司	王海波,刘仲康,等
200710063776	生态垫及其制作方法	北京首创信息技术有限公司	宋岩,孙博逊
200710071272	一种岩质边坡生态复绿栽培基质	浙江省农业科学院	王强,符建荣,等
200710176844	沙漠与荒漠化治理专用肥及其制备方法	稷山县兴乡腐植酸肥业开发有限公司	周永全,田时维,等

续表

申请号	名称	申请单位	发明人
200720069428	环保防水纸质荒漠植树保水袋	上海凌瑞纸业有限公司	凌凯，李玉昆
200810019677	多孔混凝土生态囊护坡方法	河海大学	朱伟，赵联芳，等
200810035554	荒漠苔藓及其生物结皮快速增殖方法	上海交通大学	许书军，王艳，等
200810044213	页岩边坡的生态防护方法	四川省交通厅公路规划勘察设计研究院	宋国萍，唐文虎，等
200810047821	新型生态护坡基材构筑方法	三峡大学	许文年，裴得道，等
200810072806	盐碱地罗布麻育苗的方法	中国科学院新疆生态与地理研究所	蒋进，徐新文，等
200810079798	半干旱风沙区植被生态和牧草生产系统重建与保持的技术	太原理工大学	吕永康，何秀院，等
200810110591	环保生态垫及其制造方法	江苏紫荆花纺织科技股份有限公司	刘国忠，袁荣华
200810173161	多孔沙漠绿化砖的制备方法	海南大学	李建保，邓湘云，等
200810173162	无机胶凝技术制备沙漠绿化砖的方法	海南大学	李建保，邓湘云，等
200820006213	生物笆	内蒙古沁园欧李生态研发有限责任公司	李胜军，赵有富，等
200820032890	多孔混凝土生态囊砌块单元	河海大学	朱伟，赵联芳，等
200820072889	自营养型生态植草袋	芜湖市嘉洁生态修复工程技术有限公司	董建伟，陈尚金，等
200820078418	育种生态袋及由这种生态袋组成的护坡	北京顺天绿色边坡科技有限公司	王大伟，郭占治，等
200820118743	环保生态垫	江苏紫荆花纺织科技股份有限公司	刘国忠，袁荣华
200820178658	绿色消防通道	甘肃天鸿金运置业有限公司	刘永辉，刘永强，等
200910063669	草灌混合生态型硬质植被模块构造方法	中国科学院武汉植物园	刘宏涛，谢开骥
200910068040	一种芯型绿化砖的制备方法	天津师范大学	邓湘云，陈平，等
200910068041	一种提高芯型绿化砖抗压强度的方法	天津师范大学	邓湘云，陈平，等
200910083163	中药渣轻基质草毯及其制备方法	中国林业科学研究院林业研究所，天津红港绿茵花草有限公司	许洋，许传森，等
200910113283	干旱地区改良粘质土壤的绿化方法	中国科学院新疆生态与地理研究所	常青，李丙文，等
200910241513	低覆盖度固沙方法	中国林业科学研究院林业新技术研究所	杨文斌，卢琦
200920087198	屋顶绿化用过滤保水毯	三峡大学，叶建军，许文年	叶建军，许文年，等
200920131303	用于沙漠绿化的生态复合袋	深圳万向泰富环保科技有限公司	徐江宁，徐洲平
200920135813	用于沙漠绿化的生态锚杆	深圳万向泰富环保科技有限公司	徐江宁，徐洲平
200920239249	一种新型生态袋	青岛崇岳绿维生态环保科技有限公司	于波
200920277832	荒漠化治理草毯	康莱德国际环保植被(北京)有限公司	王恩来，张慧中
200920307219	加长型生态袋构成的边坡结构	深圳九华济远环保科技有限公司	杨建涛
200920316715	一种防护生态袋	杭州实创建设有限公司	胡文晓，俞峰
201010101187	植生网治沙方法	四川省励自生态技术有限公司	李绍才，华娟，等
201010218408	一种干旱和半干旱地区条带绿化法	浙江大学	王根轩，欧晓彬，等
201010543979	干旱风沙区生态屏障的建设方法	中国科学院新疆生态与地理研究所	曾凡江，雷加强，等
201010558869	利用沙打旺替代控制黄顶菊的方法	中国农业科学院农业环境与可持续发展研究所	付卫东，张国良，等
201020003430	绿化、保温生态被	东莞金字塔绿色科技有限公司	张宇顺
201020196050	具有仿生结构的无土人工草坪	东南大学	孙柏旺，高启合，等
201020255163	一种沙漠种植结构	北京仁创科技集团有限公司	秦升益，陈杰，等
201020552686	生态植草型模袋	无锡申湖织造有限公司	巫建文，韦立锋

续表

申请号	名称	申请单位	发明人
201020645946	复合生态保水式护坡	江苏中天环境工程有限公司	陶明清,吴春笃,等
201020658041	一种草毯	北京市蓝德环能科技开发有限责任公司	魏洪生
201020683715	加筋反包生态袋绿色护坡	广西壮族自治区交通规划勘察设计研究院,河海大学	蓝日彦,王保田,等
201110024896	一种不稳定土石边坡的生态修复构造法	中国科学院南京地理与湖泊研究所	王兆德,周麒麟,等
201110036671	硬质钢筋混凝土护岸斜坡生态修复方法	河海大学	王超,王沛芳,等
201120049584	用于沙漠绿化隔水阻水防渗装置	甘肃源岗农林开发有限公司	窦永位,秦伟志
201120113814	一种生态经济型航道护坡结构	江苏省林业科学研究院	李冬林,金雅琴
201120120230	溜砂坡植被固沙构造	中国科学院水利部成都山地灾害与环境研究所	张小刚,周麟,等
201120142911	一种边坡生态防护结构	长沙理工大学	王桂尧
201120220786	层状可移动式苔藓培育块	浙江农林大学	季梦成,杜宝明,等
201120353097	混凝土防洪堤坝覆土绿化系统	北京正和恒基滨水生态环境治理有限公司	赵万山,王彦良,等
201120456651	绿色生态植被	长沙建益新材料有限公司	王建益,曾献平

12.2 森林、草场、湿地保护与恢复技术

申请号	名称	申请单位	发明人
02249060	用于斜坡绿化的草砖	深圳市金晖生态环境有限公司	陈林东,钟晓
03231890	一种城市堤岸生态恢复装置	宁波德安城市生态技术集团有限公司	俞建德
200510033601	水体消涨带植被护坡方法	广州地理研究所	林建平
200510046947	一种北方地区岩石坡面植被恢复的方法	沈阳金柏园林景观工程有限公司	李智辉,寇有良,等
200610032680	一种对河道混凝土堤坡进行生态型改造的方法	华南理工大学	胡勇有,虢清伟
200610061899	一种裸露岩体坡面低养护的植物护坡方法	深圳市铁汉生态环境股份有限公司,张玉昌	张玉昌,张强,等
200610161261	一种兼顾面源控制的护坡仿自然生态化构建的方法	国家环境保护总局华南环境科学研究所	杨扬,易新贵,等
200620052983	无土基质草毯岩石面护坡	湖南天泉科技开发有限公司	梁伟,梁干
200620095297	一种边坡防护绿化层结构	襄樊学院	叶建军
200710035750	一种清除土壤铝毒害的植物修复方法	中国科学院华南植物园	夏汉平,黄娟,等
200710039124	构建园林雨水蓄留生态带的方法	上海交通大学	车生泉
200710120235	一种岩石坡面植被恢复技术及其应用	北京师范大学	顾卫,崔维佳,等
200710304180	延长草坪绿色期的方法	北京林业大学	尹淑霞,常智慧,等
200710307248	一种岩质边坡绿化方法及其专用设备	浙江交通职业技术学院	杨仲元,金仲秋,等
200810019677	多孔混凝土生态囊护坡方法	河海大学	朱伟,赵联芳,等
200810047821	新型生态护坡基材构筑方法	三峡大学	许文年,裴得道,等
200810058456	一种干热河谷旱坡地雨养造林方法	云南省农业科学院热区生态农业研究所	潘志贤,纪中华,等

续表

申请号	名称	申请单位	发明人
200810071370	一种暖季型草坪草冬季护绿促长剂及其制备方法	厦门大学	胡宏友,李雄
200810134480	一种滨海盐碱地造林方法	北京林业大学	丁国栋,赵名彦,等
200810150854	凹凸棒黏土复合液态固沙材料及其制备方法	中国科学院兰州化学物理研究所	王爱勤,杨效和,等
200820078418	育种生态袋及由这种生态袋组成的护坡	北京顺天绿色边坡科技有限公司	王大伟,郭占治,等
200910027930	种植莕菜属植物恢复湿地水生植被的方法	中国科学院南京地理与湖泊研究所	陈开宁,黄蔚,等
200910072220	一种在盐碱地上采用十字沟点穴法营造城防林的方法	东北林业大学,祖元刚	祖元刚,王文杰,等
200910072221	一种在盐碱地上采用辐射沟密穴法营造风景林的方法	东北林业大学,祖元刚	祖元刚,王文杰,等
200910077397	一种在泥质盐土上造林的方法	北京林业大学	朱金兆,魏天兴,等
200910113267	提高干旱荒漠区人工恢复沙拐枣干旱抗逆性的方法	中国科学院新疆生态与地理研究所	李卫红,朱成刚,等
200910113269	极端干旱环境戈壁风沙区积沙造林方法	中国科学院新疆生态与地理研究所	曾凡江,雷加强,等
200910162569	植物一土壤一水域格局优化生态节水技术	北京师范大学	杨志峰,崔保山,等
200910167769	岩土渣场植被恢复方法	四川大学	龙凤,杨涛,等
200910167770	岩土渣场植被恢复的水分调控结构	四川大学	龙凤,杨涛,等
200910216253	“种子带一网一纤维束”生态护坡结构	四川大学	孙海龙,李绍才,等
200910223107	一种大叶藻种子快速萌发方法	山东东方海洋科技股份有限公司	潘金华,张壮志,等
200910256404	一种树基通视不良条件下的树高快速测定法	山东农业大学	李建华,邢世岩
200910273270	一种利用荷花构建三峡水库消落带湿地植被的方法	中国科学院武汉植物园	江明喜,黄汉东,等
200910306432	一种自生态植物漂浮岛	山东大学	黄理辉,李晔,等
200910312040	一种损毁宅基地经济林果与绿肥配置生态恢复的方法	四川农业大学,徐小逊,林海川,朱荣,李婷,张世熔,贾永霞,吴德勇,蔡艳	徐小逊,林海川,等
200920264534	多功能边坡生态防护袋苗种植器	广东如春园林工程有限公司	陈振雄,陈友光
200920302959	设置在喀斯特地区边坡上的边坡灌木护坡用T型植生板	贵州边坡生态防护研究所有限责任公司	晁建强,李定友
200920312131	一种喀斯特地区护坡用喷播车	贵州科农生态环保科技有限责任公司	晁建强,晁建刚
201010101186	植生网护坡方法	四川省励自生态技术有限公司	李绍才,杨涛,等
201010102730	一种水库消落带陡坡地区受损生态系统修复方法	华中农业大学	李璐,史志华,等
201010149701	一种以保护性整地方式栽培瑞典能源柳的方法	西北农林科技大学	张文辉,何景峰,等
201010162134	华北地区植物群落的构建方法	四川大学	李绍才,杨涛,等
201010162147	华中地区植物群落的构建方法	四川大学	李绍才,杨涛,等

续表

申请号	名称	申请单位	发明人
201010162164	西北地区植物群落的构建方法	四川大学	孙海龙,杨涛,等
201010505208	迎风面湖滨带自组织生态修复方法	安徽省环境科学研究院,合肥美华环保技术有限公司	陈云峰,张彦辉,等
201010547233	一种生态游憩型航道护坡结构	江苏省林业科学研究院	李冬林,金雅琴,等
201010547383	一种生态护岸的构建方法	中国科学院南京地理与湖泊研究所	陈开宁,黄蔚,等
201010620662	一种大叶藻移植方法与装置	中国科学院海洋研究所	周毅,刘鹏,等
201020551353	一种新型护坡植被结构	福建省建筑科学研究院	郑敏升,张蔚,等
201020606420	一种边坡防护结构	四川省瑞云环境绿化工程有限公司	刘建军,王瑞荣,等
201020645946	复合生态保水式护坡	江苏中天环境工程有限公司	陶明清,吴春笃,等
201020666078	柔性绿色生态河道护岸结构	天津水运工程勘察设计院,交通运输部天津水运工程科学研究所	马殿光,李伯海,等
201020671577	人工生态浮岛	棕榈园林股份有限公司	符秀玉,包志毅,等
201020683715	加筋反包生态袋绿色护坡	广西壮族自治区交通规划勘察设计研究院,河海大学	蓝日彦,王保田,等
201110051398	一种海滨盐碱地生态绿化的方法	中国科学院华南植物园	陈红锋,刘东明,等
201120001429	立体绿化植被垫护坡系统	铁道第三勘察设计院集团有限公司,北京神州瑞琪环保科技有限公司	肖世伟,张利国,等
201120068426	一种池塘生态护坡净化养殖水体的结构	中国水产科学研究院渔业机械仪器研究所	刘兴国,徐皓,等
201120113814	一种生态经济型航道护坡结构	江苏省林业科学研究院	李冬林,金雅琴
201120143709	一种可防雨水冲刷的植生边坡生态防护结构	长沙理工大学	王桂尧,黄弈茗
201120319064	一种生态护坡用植生带的制造装置	中国科学院武汉岩土力学研究所	赵颖,陈亿军,等
201120322814	用于边坡生态治理的边坡支护结构	中国水电顾问集团成都勘测设计研究院	周述明,谢光武,等

12.3 生态系统监测、地质灾害监测与预警技术

12.3.1 生态系统监测技术

申请号	名称	申请单位	发明人
200410024767	卫星通讯高低空遥感定位伺服分层优先级控制方法和装置	上海硅力电子科技有限公司	焦育良
200410037631	正地貌遥感影像图制作方法	北京矿产地质研究院	张守林,付水兴,等
200410064780	土地调查中的信息采集、记录及显示方法	东南大学	王庆,裴凌,等
200410067486	空间红外光机扫描遥感仪器的变速扫描装置	中国科学院上海技术物理研究所	王跃明,刘强,等
200510026721	卫星光学遥感仪器中的平动装置	中国科学院上海技术物理研究所	华建文,代作晓,等

续表

申请号	名称	申请单位	发明人
200510027276	大气程辐射遥感数字图像的计算机生成方法	上海大学	李先华
200510045952	渗流补偿式测量陆生植物蒸散发的装置	大连理工大学	许士国,王昊,等
200510045953	渗流补偿式陆面蒸散仪测量方法	大连理工大学	许士国,王昊,等
200510111600	多源极轨气象卫星热红外波段数据的自动同化方法	中国科学院上海技术物理研究所	尹球,胡勇,等
200510111601	卫星遥感数据应用产品网络动态发布系统	中国科学院上海技术物理研究所	尹球,胡勇,等
200520056237	卫星综合安全监控定位报警有机整合系统	深圳市锦盛工贸发展有限公司,北京奇才伟业数码科技有限公司	胡锦文,胡国强,等
200610018282	遥感图像小目标超分辨率重建方法	武汉大学	秦前清,孙涛,等
200610018784	单幅卫星遥感影像小目标超分辨率重建方法	武汉大学	秦前清,孙涛,等
200610038966	基于基片集成波导技术的频率选择表面	东南大学	罗国清,洪伟
200610089546	一种融合生成高分辨率多光谱图像的方法	中国科学院遥感应用研究所	唐娉
200710020945	基于图像要素的在轨卫星遥感器调制传递函数的监测方法	南京理工大学	夏德深,王怀义,等
200710038702	基于数字地面模型的图像的计算机虚拟方法	上海大学	师彪,李先华
200710118576	一种油气勘探方法及系统	廊坊开发区中油油田科技工贸有限责任公司	崔振奎,倪国强,等
200710130861	一种利用地理信息系统与遥感技术进行生态功能区划的方法	南京大学	钱瑜,戴明忠,等
200710164482	利用棱镜分光渐晕补偿实现多CCD无缝拼接的光电系统	浙江大学	冯华君,雷华,等
200710175406	一种高分辨率卫星遥感影像中构筑物轮廓提取方法	北京交通大学	谭衢霖,魏庆朝,等
200710177346	一种基于地理实体片区分布特征数据的信息采集方法	北京农业信息技术研究中心	潘瑜春,王纪华,等
200810018359	一种遥感卫星载荷数据的处理方法	中国航天时代电子公司第七七一研究所	唐磊,李鹏飞,等
200810036398	并联机构天线结构系统	上海大学,上海创投机电工程有限公司	沈龙,龚振邦,等
200810047975	一种Ⅱ类水体离水辐亮度反演方法	武汉大学	田礼乔,陈晓玲,等
200810048313	一种浑浊水体大气校正方法	武汉大学	田礼乔,陈晓玲,等
200810060493	一种退化函数随空间变化图像的分块复原和拼接方法	浙江大学	陶小平,冯华君,等

续表

申请号	名称	申请单位	发明人
200810103898	基于知识学习的遥感卫星资料地面控制点自动匹配方法	国家卫星气象中心	杨磊,杨忠东
200810117080	一种基于TM影像的高光谱重构方法及系统	北京大学	张立福
200810135047	多卫星遥感数据一体化并行地面预处理系统	中国科学院对地观测与数字地球科学中心	刘定生,李国庆,等
200810191737	一种用于旋转扫描多元并扫红外相机的遥感图像辐射校正方法	中国资源卫星应用中心	郭建宁,李照洲,等
200810191796	一种对星载光学遥感图像压缩质量进行评价的方法	中国资源卫星应用中心	郭建宁,曾湧,等
200810198072	珊瑚礁区悬浮颗粒物质监测收集器	中国科学院南海海洋研究所	黄晖,练健生,等
200810220456	线路表面电镀厚金的平面电阻印制板制造方法	广州杰赛科技股份有限公司	詹世敬,许冬平,等
200810226669	从被动微波遥感数据AMSR-E反演地表温度的方法	中国农业科学院农业资源与农业区划研究所	毛克彪,唐华俊,等
200810232258	基于粗糙集-RBF神经网络的环境质量评价方法	西安建筑科技大学	于军琪,王佳
200810238949	一体化高速遥感数据接收处理设备	航天恒星科技有限公司	王扬,战勇杰,等
200810238952	多通道高速遥感数据采集处理设备	航天恒星科技有限公司	朱翔宇,曾沙沙,等
200820077129	模拟信号源	中国电子科技集团公司第五十四研究所	赵宏建,苏鹏,等
200820077130	相移键控解调器	中国电子科技集团公司第五十四研究所	荀晓刚,郄绍辉,等
200820136786	基于多DSP并行处理的大容量图像数据实时压缩设备	中国人民解放军国防科学技术大学	罗武胜,杜列波,等
200820181291	一种测定土壤释放二氧化碳采集装置	中国科学院寒区旱区环境与工程研究所	赵爱国,赵晶,等
200910000450	基于分段协同模型的内陆水体叶绿素 a 浓度遥感监测方法	中国科学院遥感应用研究所	周艺,王世新,等
200910021000	土壤-植物系统气体交换连续测定采集仪	中国科学院寒区旱区环境与工程研究所	赵爱国,张芳,等
200910049112	遥感图像数据重采样方法	中国科学院上海技术物理研究所	尹球,陈海燕,等
200910057344	HY-1B卫星COCTS的悬浮泥沙浓度获取方法	上海海洋大学	韩震,沈蔚,等
200910058209	一种星机双基地SAR系统的空间同步方法	电子科技大学	皮亦鸣,杨晓波,等
200910062909	卫星影像各级产品的有理函数成像模型生成方法	武汉大学	张过,江万寿,等
200910062910	卫星影像二/三级产品的有理函数成像模型生成方法	武汉大学	张过,江万寿,等
200910067013	利用卫星遥感数据中的云影信息检测云高的方法	吉林大学	顾玲嘉,任瑞治,等
200910084147	用于星载微波辐射计的数据传输装置及其数据传输方法	中国科学院空间科学与应用研究中心	林颖,孙茂华,等

续表

申请号	名称	申请单位	发明人
200910085317	一种修正K镜故障状态下卫星遥感图像导航结果的方法	国家卫星气象中心	杨磊,杨忠东
200910092922	水质信息获取装置、水体富营养化程度识别方法及系统	中国科学院地理科学与资源研究所	邓祥征,战金艳,等
200910096505	基于GPS信息对大量建筑物侧立面图像快速分类的方法	浙江大学,杭州镭星科技有限公司	华炜,鲍虎军,等
200910157389	一种实用的遥感影像大气校正方法	中国科学院对地观测与数字地球科学中心	张兆明,何国金
200910161638	高分辨率遥感影像数据处理方法及其系统	中国测绘科学研究院	张力,张继贤,等
200910170220	一种用于多光谱图像的渐进的分布式编解码方法及装置	中国科学技术大学	张金荣,张威,等
200910199232	一种模拟自然植物群落提高植物多样性的绿化方法	复旦大学	雷一东
200910216411	一种星机联合双基地合成孔径雷达时域成像方法	电子科技大学	张晓玲,杨悦,等
200910223583	自动和稳健的卫星遥感影像正射校正方法	中国科学院对地观测与数字地球科学中心	焦伟利,何国金,等
200910227141	InSAR监测高速公路路面沉降方法	中南大学	朱建军,胡俊,等
200910259723	一种定量化生态分区方法	北京师范大学	杨志峰,于世伟,等
200910273497	一种卫星图像压缩方法及其实现装置	华中科技大学	张天序,颜露新,等
200910306103	基于卫星移动通信、定位、遥感技术的高速机车监控系统	成都林海电子有限责任公司	刘铁华,宋慧,等
200910306104	基于卫星移动通信、固定通信、遥感技术的机车监控系统	成都林海电子有限责任公司	吴伟林,宋慧,等
200920034284	一种用于工程勘测的遥感系统	中国电力工程顾问集团西北电力设计院	赵顺阳,刘厚健,等
200920105541	空间多光谱遥感器图像数据格式并串转换电路	北京空间机电研究所	苏蕾,李涛,等
200920105768	一种用于星载微波辐射计的数据采集装置	中国科学院空间科学与应用研究中心	孙茂华,张升伟,等
200920107492	一种叶绿素荧光探测仪	北京市农林科学院	黄文江,刘良云,等
200920108023	一种采用双存储器的用于星载微波辐射计的数据传输装置	中国科学院空间科学与应用研究中心	林颖,孙茂华,等
200920108539	多光谱遥感CCD相机电源配电保护电路	北京空间机电研究所	路伟,刘正敏,等
200920182998	船舶引航系统	集美大学,厦门港引航站	柯冉绚,彭国均,等
200920218322	无人机遥感探测器	经纬卫星资讯股份有限公司	罗正方,林奕翔
200920222822	水体富营养化图像采集装置与分级监测系统	中国科学院地理科学与资源研究所	邓祥征,战金艳,等
200920299039	湿地资源与生态环境监管系统	湖南城市学院	赵运林,黄田,等
200920299043	湿地生态事件采集、预警系统	湖南城市学院	赵运林,黄田,等

续表

申请号	名称	申请单位	发明人
201010108319	一种从卫星遥感影像中提取建筑物轮廓的方法	北京交通大学	谭衢霖，魏庆朝，等
201010117534	一种复杂环境下的导航方法	北京大学	张飞舟，朱庄生
201010128710	基于 JPEG 2000 标准的高速实时处理算术熵编码方法	西安电子科技大学	刘凯，王柯俨，等
201010128754	基于 JPEG 2000 标准的高速实时处理算术熵编码系统	西安电子科技大学	刘凯，王柯俨，等
201010128830	基于 JPEG 2000 标准的算术编码码值归一化方法	西安电子科技大学	刘凯，王柯俨，等
201010132161	一种基于多传感器信息融合的飞机安全进近方法	北京航空航天大学	赵龙，李铁军
201010173948	球面成像装置及其成像方法	哈尔滨工业大学	徐国栋，徐振东
201010191299	一种土地巡查实现方法	东南大学	王庆，吴向阳，等
201010194882	一种卫星光学遥感相机内方元素在轨检校方法	中国资源卫星应用中心	郝雪涛，徐建艳
201010235949	一种湿地微波遥感监测方法	大连海事大学	李颖，吴学睿
201010261667	一种基于反射光谱小波变换的植被参数遥感反演方法	浙江大学	王福民，黄敬峰
201010522696	基于频域展开的星机联合双基地合成孔径雷达成像方法	电子科技大学	张晓玲，吴浩然
201010531108	基于湖泊水生植被蔓延的沼泽化动态监测与预警技术	北京师范大学	崔保山，王耀平，等
201010543517	一种基于最佳核形状的小波调制传递函数的补偿方法	北京空间机电研究所	姜伟，陈世平，等
201010585830	一种高分辨率宽覆盖空间相机图像模拟显示装置	中国科学院长春光学精密机械与物理研究所	张贵祥，金光，等
201019087057	一种基于空域展开的星机联合 SAR 二维频域成像方法	电子科技大学	张晓玲，杨悦，等
201020177352	一种多功能生态模型实验车	三峡大学	黄应平，梅朋森，等
201020218706	一种微波遥感土壤水分监测系统	大连海事大学	李颖，吴学睿
201110000676	大型浅水湖泊翌年蓝藻水华首次发生水域预测方法	中国科学院南京地理与湖泊研究所	于洋，孔繁翔，等
201110028023	沙质土地面蒸发量自记仪	甘肃省林业科学研究院	赵明，李广宇，等
201110033504	一种基于卫星遥感的煤矿火灾监测方法	神华集团有限责任公司，神华(北京)遥感勘查有限责任公司	马建伟，孔冰，等
201110034414	地表反照率反演方法及系统	中国科学院遥感应用研究所，环境保护部卫星环境应用中心	刘思含，柳钦火，等
201120013396	基于卫星的高速机车监控系统	成都勤智数码科技有限公司	廖昕，杨涛，等
201120036100	一种评估护坡植被对污染物消减作用的装置	三峡大学	黄应平，熊俊，等
201120292539	城市绿地生态数据采集装置	东北林业大学	王健，罗嗣卿，等

续表

申请号	名称	申请单位	发明人
201120339672	一种灾情信息采集终端	航天恒星科技有限公司	冀宏斌,俞能杰,等
201120352790	基于卫星接收系统的输电线路山火监测系统	湖南省电力公司科学研究院,湖南省汇粹电力科技有限公司	陆佳政,杨莉,等
201120369465	一种用于工程勘测的遥感系统	湖南科创电力工程技术有限公司	刘浩
201120417495	基于北斗卫星和遥感卫星的双星野外地质调查保障系统	中国国土资源航空物探遥感中心	汪大明,何凯涛,等
201120565992	一种小型化低空航空遥感系统	中国测绘科学研究院,北京四维远见信息技术有限公司	李军杰,关艳玲,等
201220008684	一种分布式综合生态环境监测站	北京联创思源测控技术有限公司	马道坤,应昌杉,等

12.4.2 自然灾害监测与预警技术

申请号	名称	申请单位	发明人
00226010	可调水平及方向的地面三分量地震检波器	西安石油勘探仪器总厂	周明,付清峰,等
02104927	一种平点地震处理解释油气检测方法	大庆油田有限责任公司	李子顺,徐有梅,等
02292504	单点式地震检波器	西安石油勘探仪器总厂	宋加恩,韩晓波
02292506	一种地震检波器	西安石油勘探仪器总厂	宋加恩,马芳,等
03103907	监测山体滑移和矿震地质灾害的检测方法	大庆石油管理局	王忠义,马文中,等
03208720	小垂直地震剖面井下三分量检波器装置	北京克浪石油技术有限公司	康大浩
03218524	沼泽检波器	西安石油勘探仪器总厂	宋加恩
96102656	地震勘探烃类检测方法	大庆石油管理局地球物理勘探公司	黄克有
97125727	磁环式地震检波器	中国石油集团地球物理勘探局	李淑清,唐东林,等
200320122049	无线远程火灾报警器	大庆石油管理局	王秀宁,金树波,等
200320129708	小垂直地震剖面井下多级多分量检波器装置	北京克浪石油技术有限公司	康大浩
200410000295	光栅谐振子检测地震波装置	天津科技大学	李淑清,陶知非,等
200410021916	一种井下检波器串式微测井的方法	中国石油天然气集团公司,四川石油管理局	叶林,胡一川,等
200410036385	微机电速度地震检波器	威海双丰电子集团有限公司	牛德芳,颜永安,等
200410049718	一种在地震勘探中炮点或检波点的校正方法及其系统	中国石油化工股份有限公司,中国石油化工股份有限公司石油勘探开发研究院	庞世明
200420000138	高假频地震检波器弹簧片	北京合康科技发展有限责任公司	齐俊元,赵润修
200420033011	井下检波器串推靠装置	四川石油管理局	陈燕章,陈余权,等
200420033012	井下检波器串	四川石油管理局	黄双宁,程雄,等
200420095977	地震前兆电磁波监测仪	佛山市地震局	廖华康,刘庆东,等
200510008599	差量相位检测方法与系统	威盛电子股份有限公司	蕈春兰
200510027951	计算机执行确定特大型工程地震安全性预测的方法	上海交通大学	金先龙,李渊印,等

续表

申请号	名称	申请单位	发明人
200510049341	利用特殊耦合检波器进行地震数据接收的最佳耦合与匹配方法	浙江大学	田钢,董世学,等
200510056764	三维地震资料处理质量监控技术	中国石油天然气集团公司,中国石油集团东方地球物理勘探有限责任公司	凌云,高军
200510077727	一种实验室超声波检测装置及数据采集方法	中国石油化工股份有限公司,中国石油化工股份有限公司石油勘探开发研究院	赵群,宗遐龄,等
200510123407	一种随钻预测钻头底下地层坍塌压力和破裂压力的方法	中国石油大学(北京)	金衍,陈勉,等
200520018719	压电检波器	中国石油天然气集团公司,中国石油集团东方地球物理勘探有限责任公司	全海燕,王红军,等
200520027474	双检检波器	天津市多波数传科技发展有限公司	王红军,赵建明
200610007768	一种随钻预测钻头底下地层孔隙压力的方法	中国石油大学(北京)	金衍,陈勉,等
200610042816	地震前兆监测仪	陕西舜论科学研究所有限公司	王文祥,杨武洋
200610083878	检波点二次定位方法	中国石油集团东方地球物理勘探有限责任公司	倪成洲,全海燕
200610112428	一种利用地震岩性因子和岩性阻抗进行油气检测的方法	中国石油天然气股份有限公司	李红兵
200610154827	基于全方位视觉的泥石流灾害检测装置	浙江工业大学	汤一平,杨仲远,等
200620004449	盐碱水域检波器埋置工具	中国石油集团东方地球物理勘探有限责任公司	阎好忠,郑毅,等
200620032082	高分辨率物探地震检波器	三门峡市成义电器有限公司	车玲环
200620057044	防灾应急带地震感应报警的收音机	中山生力电子科技有限公司	缪锦坤
200620085733	速度型磁电式地震检波器	威海双丰电子集团有限公司	颜永安,孙中心,等
200620122554	柔性限位检波器	中国石油集团东方地球物理勘探有限责任公司	宋加恩,韩晓波,等
200620133927	带推靠装置的微 VSP 井下检波器	中国石油天然气集团公司	黄双宁,杜小龙,等
200620134030	射频识别地震检波器	中国石油集团东方地球物理勘探有限责任公司	尹振国,潘中印,等
200620159830	陆上地震检波器	北京中油天强勘探技术有限公司	李赐虹
200710035166	一种地震勘探用检波器尾座	中南大学	朱德兵
200710049027	一种钻井井架平面摆动测试装置	西南石油大学	何道清
200710065188	一种利用振幅随偏移距变化特征提高油气检测精度的方法	中国石油集团东方地球物理勘探有限责任公司	孙鹏远,李彦鹏,等
200710119740	一种利用中心频率随入射角变化衰减信息进行气藏检测的方法	中国石油天然气股份有限公司	李红兵,崔兴福
200710121665	地震勘探单个检波器记录道室内谱均衡加无时差组合方法	北京华昌新业物探技术服务有限公司	李忠,侯树麒
200710141556	地震勘探用检波器及其检波系统	中国石油大学(北京)	陶果
200710147472	基于偶极小波的储层厚度预测方法	中国石油集团西北地质研究所	雍学善,王西文,等

续表

申请号	名称	申请单位	发明人
200710168640	用于山体滑坡监测的联组式红外位移传感器网络节点	武汉大学	夏晓珣,熊昌仑,等
200710169994	利用停产油气井压力监测进行地震预报的方法及所用的系统	伊犁哈萨克自治州地震局	宋光甫,孙秀国,等
200710173596	地下流体复合监测方法	上海神开石油化工装备股份有限公司,上海神开石油仪器有限公司	顾冰,陈志敏,等
200710176982	一种地震多参数融合气藏检测方法	中国石油天然气股份有限公司	石玉梅
200720002590	地震检波器采撷器	大庆石油管理局	赵虎,李清武
200720002594	地震检波器耦合器	大庆石油管理局	赵虎,李清武,等
200720103782	钢丝监井装置	中国石油集团东方地球物理勘探有限责任公司	罗明,彭志方,等
200720131850	一种地震监控仪	南通亨特机械制造有限公司	刘勇
200810039122	大堤隐患综合无损检测方法	上海大学	管业鹏,严军
200810045560	地震灾后房屋裂纹断口的深度检测仪	西南交通大学	曹宇,张克跃
200810103343	一种利用与偏移距有关的地震属性提高油气储层预测精度的方法	中国石油天然气集团公司,中国石油集团东方地球物理勘探有限责任公司	孙鹏远,李彦鹏,等
200810114382	去除数字检波器单点接收地震记录中的异常噪声方法	中国石油天然气集团公司,中国石油集团东方地球物理勘探有限责任公司	陈海峰,李彦鹏,等
200810116705	一种校正预测的海底多次波大时差的方法	中国石油集团东方地球物理勘探有限责任公司	柯本喜,吴艳辉
200810117757	一种预测地震波中的多次波和一次波信号的方法	中国海洋石油总公司,中海石油研究中心,清华大学	赵伟,陆文凯
200810122924	地震安全切断阀自动报警装置	大丰市燃气设备有限责任公司	徐新国,智恒勤,等
200810130803	一种地震海啸预警系统主要通知消息的传输方法及其系统	中兴通讯股份有限公司	苟伟,毕峰,等
200810133276	一种地震海啸预警系统主要通知消息的指示方法	中兴通讯股份有限公司	苟伟,韩小江,等
200810135123	一种地震海啸预警系统及其主要通知消息的传输方法	中兴通讯股份有限公司	苟伟,王斌,等
200810138350	使用多芯光缆实现的多道 FBG 检波器	中国石化集团胜利石油管理局地球物理勘探开发公司	丁伟,崔洪亮,等
200810146247	一种地震海啸预警系统主要通知消息的发送及接收方法	中兴通讯股份有限公司	汪孙节,杜忠达,等
200810149686	地震海啸预警系统的系统消息更新的指示、传输方法	中兴通讯股份有限公司	汪孙节,杜忠达
200810149687	一种地震海啸预警系统的系统消息接收、传输方法	中兴通讯股份有限公司	汪孙节,杜忠达
200810151608	一种管道内检测器的地面标记方法及系统	天津大学	李一博,王伟魁,等
200810224439	一种风险约束的油气资源空间分布预测方法	中国石油天然气股份有限公司	胡素云,郭秋麟,等

续表

申请号	名称	申请单位	发明人
200810226086	一种基于速度随频率变化信息的油气检测方法	北京北方林泰石油科技有限公司,中国石油集团科学技术研究院	裴正林,甘利灯
200810227629	基于分段模糊BP神经网络的矿山井下泥石流预测方法	北京交通大学	王艳辉,王永清,等
200810232972	公路泥石流灾害预警方法	重庆交通大学	陈洪凯,唐红梅
200810240073	地壳毫米级位移的实时精密监测方法	中国科学院国家天文台,中国科学院国家授时中心	施浒立,韩延本,等
200810242941	一种测试航空飞行器材料抗冰雹撞击的试验方法	东南大学	薛澄岐,易红,等
200810305112	地震监测系统	鸿富锦精密工业(深圳)有限公司,鸿海精密工业股份有限公司	陈杰良
200820020579	水下地震检波器串	威海双丰物探设备股份有限公司	任强,申恒广,等
200820020580	测井检波器装置	威海双丰物探设备股份有限公司	颜永安,孙中心,等
200820026051	一种光纤光栅地震检波器	中国石化集团胜利石油管理局地球物理勘探开发公司	吴学兵,崔洪亮,等
200820029172	一种地震报警装置	中国科学院西安光学精密机械研究所	徐金涛,任立勇,等
200820037667	地震报警器	中国第十七冶金建设有限公司	许翊像
200820038184	雪崩光电二极管光接收组件快速评估测试装置	群邦电子(苏州)有限公司	程进
200820122756	泥石流报警器	中国地质调查局水文地质环境地质调查中心	曹修定,任晨虹,等
200820123926	一种地震灾情监控仪	中国地震局地壳应力研究所	王建军,吴荣辉,等
200820180227	地震波CT成像压电陶瓷串状检波器	北京国电水利电力工程有限公司	艾宝利
200820185015	用于公路泥石流灾害自动发现与报警的交通监控设备	公安部交通管理科学研究所,无锡华通智能交通技术开发有限公司	马庆,姜良维,等
200820211160	低频结构振动监测仪	长沙全程数字机电科技有限公司	肖岸文,尚超,等
200820231900	多功能数传电缆维修检测仪	中国石油集团长城钻探工程有限公司	樊金日,商玉斌
200910016674	地震检波器芯体组合装置	威海双丰电子集团有限公司	杨仲华,唐晓刚,等
200910058195	一种地质灾害应急监测预报分析方法	中国科学院水利部成都山地灾害与环境研究所	赵宇,崔鹏,等
200910059452	三维MEMS地震检波器芯片及其制备方法	西南石油大学	谌贵辉,任涛,等
200910061834	一种地震监测装置	华中科技大学	刘德明,孙琪真,等
200910067159	一种基于实测数据风电场稳态输出功率的计算方法	东北电力大学	严干贵,穆钢,等
200910081440	一种矢量合成检波点二次定位方法	中国石油集团东方地球物理勘探有限责任公司	杨海申,郭敏,等
200910087349	可用于陆地及水下的光纤激光检波器	中国科学院半导体研究所	张文涛,李学成,等
200910088811	用于监测发震断层面剪切力的物理模拟实验方法及装置	中国矿业大学(北京)	何满潮,杨晓杰,等

续表

申请号	名称	申请单位	发明人
200910153696	提高灰岩出露区地震信号检测能力的检波器耦合方法	浙江大学	石战结，田钢，等
200910237329	一种基于岩土体应变状态突变的边坡稳定性监测及失稳预测方法	北京科技大学	吴顺川，高永涛，等
200910243754	一种利用低频地震属性预测油藏优质储层的方法	中国石油天然气集团公司，中国石油集团东方地球物理勘探有限责任公司	魏小东，张延庆
200910273397	道路安全高速无线实时影像自动监控警示装置及其方法	中国科学院武汉岩土力学研究所	胡明鉴，冯俊德，等
200910303527	一种隧道注浆效果检测的方法	中南大学	王星华，涂鹏，等
200920018066	随钻地震质量监控装置	中国石化集团胜利石油管理局钻井工艺研究院	韩来聚，魏茂安，等
200920029121	地震检波器芯体组合装置	威海双丰电子集团有限公司	杨仲华，唐晓刚，等
200920034288	带内缓冲装置的地震检波器	西安森舍电子科技有限责任公司	程博，赵永红，等
200920045621	基于地震检测的电梯监控系统	苏州新达电扶梯部件有限公司	陈金云，李革，等
200920076772	具有地震报警功能的移动终端	上海华勤通讯技术有限公司	陈志
200920081783	一种三分量光电混合集成加速度地震检波器	西南石油大学	唐东林，郭峰
200920101627	基于霍尔传感器的地震报警器	山西凯杰科技有限公司	贾瑞平
200920103307	普及型民用地震报警器	东北大学秦皇岛分校	高军，田文理，等
200920111750	民用地震检测语音报警装置	昆明理工大学	张云伟，姜涛
200920176019	动圈式数字地震检波器	北京吉奥菲斯科技有限责任公司	郭建，刘文涛，等
200920198696	一种全金属封装的压电地震检波器	中国船舶重工集团公司第七一五研究所	徐平，费腾
200920220556	一种基于石英挠性加速计的检波器	航天科工惯性技术有限公司	杨卓，于皓，等
200920245717	地震检波器护壳定位工装	西安森舍电子科技有限责任公司	黄秀成，王书克，等
200920289540	道路安全高速无线实时影像自动监控警示装置	中国科学院武汉岩土力学研究所，中铁二院工程集团有限责任公司	冯俊德，李建国，等
200920297807	多级定向测井检波器装置	中国石化集团胜利石油管理局地球物理勘探开发公司，威海双丰物探设备股份有限公司	于富文，颜永安，等
200920317876	一种地震波检波器磁体组件	西安森舍电子科技有限责任公司	程博
200930024226	地震检波器护壳定位工装	西安森舍电子科技有限责任公司	黄秀成，王书克，等
201010032416	基于51单片机的便携式地震报警器	哈尔滨工程大学	陈潇，李冰
201010108092	一种基于减灾小卫星的雪灾遥感监测模拟评估方法	民政部国家减灾中心	杨思全，范一大，等
201010148400	海上四分量地震波检测装置	天津科技大学	李建良，李淑清，等
201010180455	铃声及语音双功能地震报警装置	南京林业大学	涂桥安，徐兆军，等
201010195834	基于全方位倾斜传感器的塌方监测装置	浙江工业大学	汤一平，汤晓燕，等
201010195972	基于全方位倾斜传感器和全方位视觉传感器的泥石流、塌方检测装置	浙江工业大学	汤一平，汤晓燕，等

续表

申请号	名称	申请单位	发明人
201010205983	裂缝预测方法和装置	中国石油天然气股份有限公司	刘军迎,杨午阳,等
201010209738	一种泥石流预警方法及预警系统	中国科学院水利部成都山地灾害与环境研究所	胡凯衡,崔鹏,等
201010220879	用于地震波监测的光纤布拉格光栅振动加速度传感器	西北大学	乔学光,张敬花,等
201010227065	一种利用地震数据瞬时频率属性进行油气检测的方法	中国石油天然气集团公司,中国石油集团东方地球物理勘探有限责任公司	张固澜,李彦鹏,等
201010256013	一种地下水封洞库选址评价方法	中国海洋石油总公司,海工英派尔工程有限公司,海洋石油工程股份有限公司	杨森,于连兴,等
201020100213	核反应堆地震保护报警系统	昆明理工大学	张云伟,姜涛
201020100388	网络型泥石流次声报警器	西南交通大学	余南阳,章书成
201020156343	核电地震仪表系统检测装置	中国地震局地震研究所	陈志高,李道忠,等
201020157310	一种多功能工程质量检测仪及地震成像观测系统	云南航天工程物探检测股份有限公司,王运生	王运生,陈志,等
201020179288	防灾安全监控系统	江苏今创安达交通信息技术有限公司	李健群
201020198722	多级三分量检波器装置	中国石化集团胜利石油管理局地球物理勘探开发公司,威海双丰物探设备股份有限公司	胡立新,颜永安,等
201020200250	铃声及语音双功能地震报警装置	南京林业大学	丁喜合,徐兆军,等
201020265145	可控震源主站电源电压过低无线报警和自动续电器	中国石油天然气集团公司,中国石油集团东方地球物理勘探有限责任公司	许永安,赵会成,等
201020270557	一种泥石流监测预警装置	成都理工大学	周伟,方方,等
201020273840	一种非零炮检距地震信号能量校准装置及系统	中国石油天然气股份有限公司	李胜军,雍学善,等
201020275204	铁路地震监测及紧急处置系统	中国铁道科学研究院电子计算技术研究所,北京经纬信息技术公司	王彤
201020293604	油田井下微地震监测传感器的连接装置	北京科若思技术开发有限公司	刘建中
201020295173	地震检波传感器	三门峡市成义电器有限公司	马小武,姚沛忠
201020500427	一种新型地震检波器	中国石油天然气集团公司,中国石油集团东方地球物理勘探有限责任公司	薛立武,邵欣,等
201020526432	物探地震检波传感器	三门峡市成义电器有限公司	姚沛忠
201020526435	地球物理勘探检波传感器	三门峡市成义电器有限公司	姚沛忠
201020537132	铁路防灾安全监控系统	中国铁道科学研究院电子计算技术研究所,北京经纬信息技术公司	王彤,史宏,等
201020560990	一种灾害监测预警系统	四川金立信铁路设备有限公司	李社军,易义
201020572276	一种地震检波器精密测量系统	中国石油化工股份有限公司,中国石油化工股份有限公司石油物探技术研究院	黄德娟,宗遐龄,等
201020572279	一种微机电数字地震检波器通讯系统	中国石油化工股份有限公司,中国石油化工股份有限公司石油物探技术研究院	李守才,马国庆,等
201020600093	多功能声光报警呼救器	金华职业技术学院	陆勇星,马广

续表

申请号	名称	申请单位	发明人
201020612235	危岩落石报警系统	南宁铁路局,南宁铁路局科学技术研究所	张千里,何曲波,等
201020616333	一种速度型磁电式地震检波器	中国石油集团东方地球物理勘探有限责任公司	王延胜,郭斌,等
201020624007	地震报警装置	信阳华祥电力建设集团有限责任公司	黄文,胡俊,等
201020634999	地震检波器的弹簧片	扬州亿海物探装备有限公司	赵刚,徐小霞
201020635003	地震检波器弹簧片模具	扬州亿海物探装备有限公司	赵刚,徐小霞
201020641320	泥石流及山体滑坡报警装置	浙江海洋学院	高华喜,唐志波
201020642164	泥石流、山体滑坡灾害预警系统	云南英蝉高新技术有限公司	袁智林,李银柱,等
201020645336	泥石流地声监测报警装置	西安金和光学科技有限公司	杜兵
201020647816	射孔起爆监测装置	中国石油化工集团公司,中国石化集团胜利石油管理局测井公司	赵海文,张兴杰,等
201020674688	电梯地震检测控制系统	浙江威特电梯有限公司	朱国建
201030561984	舒曼谐振地震前兆监测仪(垂直)	威海威高电子工程有限公司	杨滨华,廉斌,等
201030561989	舒曼谐振地震前兆监测仪(水平)	威海威高电子工程有限公司	廉斌,杨滨华,等
201030669554	地震预警器	沈阳航空航天大学	高雨辰,张颖
201110009086	起重机金属结构动态试验检测平台	武汉理工大学	王贡献,胡志辉,等
201120006477	微地震监测系统	北京合嘉鑫诺市政工程有限公司	王春红
201120030399	用于稀土地震检波器充消磁的线圈	中国石油天然气集团公司,中国石油集团东方地球物理勘探有限责任公司	黄峰,段亚玲,等
201120030481	用于地震检波器自动定位装置	中国石油天然气集团公司,中国石油集团东方地球物理勘探有限责任公司	黄峰,薛立武,等
201120030482	地震检波器方向识别定位装置	中国石油天然气集团公司,中国石油集团东方地球物理勘探有限责任公司	黄峰,邵欣,等
201120030485	用于地震检波器多通道测试连接装置	中国石油天然气集团公司,中国石油集团东方地球物理勘探有限责任公司	黄峰,余正杰,等
201120035735	涡流地震检波器	中国石油天然气集团公司,中国石油集团东方地球物理勘探有限责任公司	段亚玲,余正杰,等
201120040120	一种地震监测预警装置	四川西南交大铁路发展有限公司	任芳
201120073171	简易地震报警器	湖北省天胶化工有限公司	王进
201120080919	一种便携式无线生理信号监测仪	南昌航空大学	余祖龙,艾信友
201120087094	检波器埋置辅助工具	中国石油集团川庆钻探工程有限公司	任承豪,汤兴友,等
201120107457	地震报警器	南阳师范学院	郭广猛,蒋国富,等
201120109602	检波器	中国神华能源股份有限公司,朔黄铁路发展有限责任公司,中南大学	薛继连,贾晋中,等
201120131864	一种用于煤矿井下的地震检波器与锚杆的对接装置	中煤科工集团西安研究院	江浩,吴海,等
201120186870	地震勘探检波器	东北石油大学	范广娟,范广平,等
201120208691	一种地震台站远程监控的设备	杭州大光明通信系统集成有限公司	沈国平
201120211716	一种地震预警动作装置	德州学院	门立山,孙如军

续表

申请号	名称	申请单位	发明人
201120212660	多通道泥石流断线监测预警装置	北京师范大学	舒安平
201120223023	地震报警家庭电子节电器	六安天时节能科技服务有限公司	梁秀沧，李祖军，等
201120232001	一种地震勘探电缆断线点检测仪	中国海洋石油总公司，中海油田服务股份有限公司	李颖灿
201120233270	一种海上地震勘探检波器深度控制锁灵敏度检测仪	中国海洋石油总公司，中海油田服务股份有限公司	和海峰，李颖灿
201120240809	抗温度变化的地震检波器	中国石油集团东方地球物理勘探有限责任公司	薛立武，马芳，等
201120278820	一种地震勘探仪的检测传输模块	北京华安奥特科技有限公司	悦红军，李小明，等
201120283972	地质灾害监测预警系统	河北省第一测绘院	高献计，许国振，等
201120314390	磁性液体气体弹簧地震检波器	浩华科技实业有限公司	王家松，韩国立，等
201120332868	一种泥石流灾害预防报警系统	北京中民防险科技发展有限公司	杜金生
201120358900	一种地震预警装置	金陵科技学院	司海飞，杨忠，等
201120363855	带地震感应报警功能的电源开关	中山生力电子科技有限公司	缪锦坤
201120374010	一种基于 MESH 网络的滑坡、泥石流预警系统	昆明理工大学	刘增力，孙继鑫
201120387103	水泥土搅拌桩质量检测装置	南京大学	许宝田，阎长虹，等
201120391199	一种用于地震数据处理工作站电源上的纹波检测电路	东北石油大学	王开燕，李婷婷，等
201120409987	地震监测用玻璃钢地下磁房	天津市天联滨海复合材料有限公司	吕静峰，邹勋，等
201120436324	家用地震报警装置	重庆森迪安防产业发展有限公司	周建福
201120457411	一种可调磁路的加速度型地震检波器	西安工业大学	穆静
201120502468	地质灾害监测系统	四川久远新方向智能科技有限公司	向生建，周强，等

第13章　海岸带领域应对气候变化技术清单

13.1　海防工程

申请号	名称	申请单位	发明人
99123841	泥质海岸海挡生态引淤护坡技术	天津经济技术开发区总公司园林绿化公司	张万钧，郭育文，等
00124976	一种网箱式粉煤灰双低混凝土海堤基础的制作方法	大港油田集团有限责任公司，大港油田集团勘察设计研究院，中国石油天然气股份有限公司大港油田公司	李世海，邱锐镝，等
02132538	堤防活动钢闸板活动墙	黑龙江省水利水电勘测设计研究院	戴春胜，刘加海，等
02274008	堤防活动钢闸板防洪墙用高闸板	黑龙江省水利水电勘测设计研究院	刘加海，李芳佩，等
02274009	堤防活动钢闸板活动墙的桩柱梁	黑龙江省水利水电勘测设计研究院	刘加海，李芳佩，等
02274010	堤防活动钢闸板防洪墙用矮闸板	黑龙江省水利水电勘测设计研究院	刘加海，李芳佩，等
200420029467	可移动钢混箱筒型基础直立弧形连续墙防波堤结构	天津港务局	李伟
200420039147	堤坝和桥梁插入施工的组合桩体	东营桩建水力插板技术有限公司	何富荣，唐光裕，等
200510026599	河床与海床泥沙截留、促淤积防冲刷的装置	上海交通大学	喻国良
200510028656	引导式弧型海堤返浪墙线型	陈美发，上海市水利工程设计研究院	陈美发，卢永金，等
200620025697	外海大桥非通航孔桥墩的防撞拦截设施	中交第一航务工程勘察设计院有限公司，沈阳四星橡塑制品有限公司	祝世华，柴信众，等
200620027302	弧面格型结构的防波堤	中交第一航务工程勘察设计院有限公司	谢善文，吴进
200620108800	大跨度水上安全防护设施	中国水电顾问集团华东勘测设计研究院	饶建江，胡涛勇，等
200620122800	装配式箱体填充块石道路	大港油田集团有限责任公司，天津大港油田集团工程建设有限责任公司	王志强，袁宏振，等
200620164814	覆网固沙障	中国科学院寒区旱区环境与工程研究所	屈建军，倪成君，等
200620164815	组合式防浪拦沙堤	中国科学院寒区旱区环境与工程研究所	李贺青，倪成君，等
200620165013	转动式跳板	姜堰市船舶舾装件有限公司	仇存明，徐吉和
200620166175	具有消能缓冲区的防沙堤	中国神华能源股份有限公司，神华黄骅港务有限责任公司	谢世楞，冯仲武，等
200710017534	一种防浪固沙的整治措施	中国人民解放军海军后勤部军港机场营房部，中国科学院寒区旱区环境与工程研究所	倪成君，屈建军，等
200710049233	一种人工岛抗冰新型异性块体及其构成的护面	西南石油大学	艾志久，舒仕勇

续表

申请号	名称	申请单位	发明人
200710163315	一种排水系统入海口墩栅涡流室复合消能方法	中国水利水电科学研究院	杨开林,董兴林,等
200720096017	亲水消浪格型结构防波堤	中交第一航务工程勘察设计院有限公司	谢善文,吴进
200720176298	海港工程的沉井式圆筒结构	山东省航运工程设计院有限公司	鲍明哲
200810153738	三联型消浪块体	中交第一航务工程勘察设计院有限公司	王美茹,谢善文,等
200810173672	海洋设施用水下固化防腐防污漆的涂装方法	广东同步化工股份有限公司	米绍毅,周治才,等
200810228158	一种由预制构件拼装而成的多孔浮式防波堤	大连理工大学	孙昭晨,王环宇
200820000345	抗冰墩	中交水运规划设计院有限公司	吴澎,牛恩宗,等
200820013899	一种多模块拼装的多孔浮式防波堤	大连理工大学	孙昭晨,王环宇
200820143839	双联型消浪块体	中交第一航务工程勘察设计院有限公司	王美茹,许黎明,等
200820143840	三联型消浪块体	中交第一航务工程勘察设计院有限公司	王美茹,谢善文,等
200820154593	海域围堤结构	中交第三航务工程勘察设计院有限公司	程泽坤,朱林祥,等
200820200439	滨海电厂多道屏障共同防浪系统	广东省电力设计研究院	蓝文标,汤东升,等
200910013284	一种发泡中空塑料护舷产品及生产方法	盘锦新永成塑胶有限公司	王永训
200910027649	滩涂海水吹填围堤龙口合拢施工方法	如东县水利电力建筑工程有限责任公司	葛加君,张国建,等
200910041453	一种三维多向消波元件及其组件及其组件应用	中山大学	詹杰民,黎祖福,等
200920009401	具有抗冻功能的地工滤布	育亿国际股份有限公司	林全楚
200920009402	具有抗冻功能的圆织砂管袋	育亿国际股份有限公司	林全楚
200920041011	重型海洋桩柱保护装置	精锐化学(上海)有限公司	赵晶玮
200920045349	滩涂海水吹填围堤合拢龙口	如东县水利电力建筑工程有限责任公司	葛加君,张国建,等
200920061330	一种三维多向消波元件及其组件	中山大学	詹杰民,黎祖福,等
200920067075	围垦堤坝	中交第三航务工程勘察设计院有限公司,上海东华建设管理有限公司	黄建玲,黄明毅,等
200920157097	抗自然老化复合层结构的橡胶护舷	宁海县一帆橡塑有限公司	周展波
200920250895	新型曲面胸墙沉箱混合堤	中交第一航务工程勘察设计院有限公司	谢世楞,王美茹,等
200920308833	大直径围堤筒桩及其围堤或码头结构	浙江海桐高新工程技术有限公司	谢璟,谢庆道,等
201010108077	一种块石-钢筋混凝土排桩复合型丁坝护岸结构	温州大学	蔡袁强,宣伟丽,等
201010130781	自适应船舶拦截方法	宁波大学	董新龙,杨黎明,等
201010198239	复式海堤及其施工方法	浙江海桐高新工程技术有限公司	陈东曙,方向丹,等
201010222882	空心圆台护岸结构体	武汉大学	韦直林,王嘉仪,等
201010276632	一种离岸高桩码头长分段结构	中交第三航务工程勘察设计院有限公司	陈明关,程泽坤,等
201010593994	桩承式沉箱海堤的施工方法	浙江海桐高新工程技术有限公司	陈东曙
201010602598	组合混凝土矩形沉井港池及其施工方法	中国建筑第二工程局有限公司	黄远超,高玉亭
201020101183	一种多联体螺母块体	中交上海航道勘察设计研究院有限公司	黄东海,余竞,等
201020242723	经编复合土工布	南京金路土工复合材料有限公司	郭志广,李益芝
201020254152	空心圆台护岸结构体	武汉大学	韦直林,王嘉仪,等

续表

申请号	名称	申请单位	发明人
201020294076	具有防淤、减小堤头口门处横流的防沙堤	中交第一航务工程勘察设计院有限公司	谢世楞，季则舟，等
201020522841	一种高桩码头新结构	中交第三航务工程勘察设计院有限公司	陈明关，程泽坤，等
201020624959	防波堤	浙江海桐高新工程技术有限公司	陈东曙
201020640709	一种定向三维消波元件及其组件	中山大学	詹杰民，黎祖福，等
201020666139	桩承式沉箱海堤	浙江海桐高新工程技术有限公司	陈东曙
201020676978	组合混凝土矩形沉井港池	中国建筑第二工程局有限公司	黄远超，高玉亭
201020680716	混凝土面板及应用其的水工混凝土建筑物	中国水电顾问集团北京勘测设计研究院	吕明治，李志山，等
201120001490	沉箱式高桩海堤	浙江海桐高新工程技术有限公司	陈东曙
201120015538	组合板柔性浮式防波堤	武汉理工大学	吴静萍，樊红，等
201120144566	一种预制钢筋混凝土护岸促淤装置	南京市水利建筑工程总公司一公司	姚飞，顾云峰，等
201120157236	一种台阶式防坡堤	华侨大学	陈叶旺
201120164291	一种生态型护岸结构	东南大学	陈一梅，马骏，等
201120186529	浮动消波系统	福建吉轮海洋投资有限公司	朱元康，林旭，等
201120204413	一种具养殖功能的浮式防波堤	华侨大学	常方强
201120244802	一种围海新型建筑	长乐杭辉日用品有限公司	许典钱，许剑辉
201120255477	齿墙式箱涵透空进海路结构	胜利油田胜利勘察设计研究院有限公司	蒲高军，廖绍华，等
201120308039	环保发电防波堤	大连海洋大学	郑艳娜，高潮，等
201120331975	新型复合式海堤	河海大学	陈蒙龙，陈大可，等
201120334252	一种防止海岸侵蚀的防护装置	华侨大学	常方强
201120345749	一种简易多功能防波装置	华侨大学	陈叶旺
201120433388	构建浮式防波堤和浮式平台的消波组件及其系统	中山大学	詹杰民，周泉，等

13.2 海洋灾害监测与预警技术

申请号	名称	申请单位	发明人
03137106	一种侧扫声纳数据采集处理系统及其方法	北京师范大学	鱼京善，成二丽，等
200510092863	重力法海冰脱盐设施与海冰固态重力脱盐方法	国家海洋环境监测中心	陈伟斌，顾卫，等
200510109493	赤潮异湾藻半定量检测试纸条及其制备使用方法	中国海洋大学	米铁柱，甄毓，等
200510109494	裸甲藻半定量检测试纸条及其制备使用方法	中国海洋大学	米铁柱，亓海刚，等
200510109495	角毛藻半定量检测试纸条及其制备使用方法	中国海洋大学	米铁柱，孙静，等
200610005384	赤潮生物图像自动识别方法	厦门大学	焦念志，骆庭伟，等
200610010051	激光水质测量方法及其测量仪	哈尔滨工程大学	温强，温文，等

续表

申请号	名称	申请单位	发明人
200710042612	江蓠属大型海藻对富营养化网箱养殖海区的生态修复方法	上海水产大学	何培民,徐姗楠,等
200810129086	ETWS消息的广播传输系统、装置和方法	华为技术有限公司	朱作燕
200810129169	一种地震海啸预警系统主要通知消息的发送、传输方法	中兴通讯股份有限公司	汪孙节,杜忠达,等
200810143448	安全芯片中对旁路攻击进行早期预警的方法	中国人民解放军国防科学技术大学	王志英,童元满,等
200810161224	一种大带宽多载波系统中的寻呼方法	中兴通讯股份有限公司	韩小江,毕峰,等
200810217315	一种在终端上实现地震海啸预警功能的方法及装置	中兴通讯股份有限公司	苟伟,毕峰,等
200810232825	桥梁结构安全预警的EWMA控制图方法	重庆大学	陈伟民,章鹏,等
200820144018	带压力自检装置的监控摄像机充气密封防护罩	天津市亚安科技电子有限公司	张妮,毕冬梅
200910016024	一种海洋灾害预警方法	山东省科学院海洋仪器仪表研究所	程岩,杜立彬,等
200910046071	海冰厚度测量装置和方法	中国极地研究中心	孙波,郭井学,等
200910046072	海冰厚度测量系统	中国极地研究中心	郭井学,孙波,等
200910049327	一种基于历史数据的台风水灾智能预警系统	华东师范大学第二附属中学	胡亦知
200910193132	一种冰层上下面高光谱辐射观测系统	中国科学院南海海洋研究所	杨跃忠,卢桂新,等
200910198471	海洋风暴潮灾害预警系统及方法	上海海洋大学	黄冬梅,何世钧,等
200910231528	高精度海洋地震勘探数据采集系统	中国海洋大学	刘怀山,邢磊,等
200910247488	一种基于多层次互动的海啸运动预测方法	华东师范大学	王长波
200920138388	一种云台摄像机远程监控装置	厦门金网科技有限公司	陈少杰,黄盛璋,等
200920276242	跨河电缆保护器	江苏省电力公司徐州供电公司	季晓梅,夏树春,等
200920282298	高精度海洋地震勘探数据采集系统	中国海洋大学	刘怀山,邢磊,等
201010195519	一种流域咸潮预测方法	中国科学院南海海洋研究所	罗琳
201010232598	一种海上拖缆地震数据采集装置	中国海洋石油总公司、中海油田服务股份有限公司	谢荣清,阮福明,等
201010292792	一种基于时间序列相似匹配的海洋灾害预警装置	上海海洋大学	黄冬梅,廖娟,等
201020532845	天车防碰装置	四川宏华石油设备有限公司	姜红喜,高杭,等
201020584988	极区冰水界面探测系统	国家海洋技术中心	张文良,商红梅,等
201110168821	安全预警系统用的“S”型弯曲放置光缆及其使用方法	北京亨通斯博通讯科技有限公司	朱卫泉,孙国青,等
201120030772	一种检测水质毒性的装置	佛山分析仪有限公司	何桂华
201120202129	太阳能光伏发电系统向图像传感器供电的海啸报警装置	无锡同春新能源科技有限公司	缪同春

续表

申请号	名称	申请单位	发明人
201120202169	风力发电系统向图像传感器供电的海啸报警装置	无锡同春新能源科技有限公司	缪同春
201120214186	安全预警系统用的“S”型弯曲放置光缆	北京亨通斯博通讯科技有限公司	朱卫泉,孙国青,等
201120349365	跨海大桥防撞预警系统	浙江海洋学院	陈洪涛,潘洪军,等
201120410076	一种舰船全景视频监控系统	镇江比太系统工程有限公司	庄肖波,潜伟建,等
201120495998	一种变电站汛情预警装置	河南省电力公司南阳供电公司	牛少锋,李明,等
201120533039	海洋工程防损与预警监控装置	浙江海洋学院	崔振东,赵晓栋,等
201220037859	自升式海洋平台桩腿应力实时检测装置	中国石油化工股份有限公司、中国石化集团胜利石油管理局海洋钻井公司	张金龙,史建刚,等
201220176288	洋流流速检测器	嘉兴职业技术学院	闻敏杰,高华喜

13.3 海洋环境监测与保护技术

13.3.1 沿海滩涂保护技术

申请号	名称	申请单位	发明人
200710042611	江蓠属大型海藻对富营养化围隔海区的生态修复方法	上海水产大学	何培民,徐姗楠,等
200810229953	中国蛤蜊人工育苗方法	大连水产学院	闫喜武,王琦,等
200910182873	海蓬子保健蔬菜盆景的培育装置	无锡市新区梅村镇同春太阳能光伏农业种植园	缪同春
200910184249	以海滨木槿为砧木嫁接培育耐盐型木槿属苗木的方法	江苏省中国科学院植物研究所	芦治国,殷云龙,等
200910192643	一种深海海旋菌及其应用	中国科学院南海海洋研究所	董俊德,凌娟,等
201110091485	沿海滩涂地土壤与生态治理方法	天津海林园艺环保科技工程有限公司	刘洪庆,刘太祥,等

13.3.2 海洋环境监测

申请号	名称	申请单位	发明人
03237431	一种海底沉积物中天然气水合物相平衡测试装置及其方法	中国科学院武汉岩土力学研究所	魏厚振,颜荣涛,等
200410024407	智能空气温湿度测量装置	国家海洋技术中心	门雅彬,成方林,等
200510045362	海底土多功能多道孔隙水压力监测探杆	国家海洋局第一海洋研究所,中国石化集团胜利石油管理局钻井工艺研究院	李培英,徐松森,等
200510061927	一种深海拖曳式在线测量系统	国家海洋局第二海洋研究所	张海生,潘建明,等
200520039124	海洋养殖网箱的无线远程环境监测系统	泉州师范学院	柯跃前
200610134445	一种海洋大气腐蚀环境监测传感器及监测方法	中国科学院海洋研究所	黄彦良,于青,等

续表

申请号	名称	申请单位	发明人
200610200518	海空综合环境仿真分布式模型数据管理装置	中国人民解放军海军军训器材研究所	陈玉文,徐晓晗,等
200620010521	海上石油钻井平台船舶散装物料集散输送控制系统	武汉众恒石化环保设备科技有限公司	蔡书经
200620098094	多功能通用式海床基	国家海洋环境监测中心、陈伟斌	陈伟斌,胡展铭,等
200710015688	模拟导航卫星反射信号的发生装置	北京航空航天大学	杨东凯,张波,等
200710057303	海洋监测通用智能型信息采集控制设备	山东省科学院海洋仪器仪表研究所	张颖颖,张颖,等
200710065856	深海热液区附近热腐蚀模拟装置	中国海洋大学	尹衍升,董丽华,等
200710117819	一种自动监测海水中总有机碳的装置	中国海洋大学	王江涛,谭丽菊,等
200710119359	海洋油田多功能自升式支持平台桩靴破损进水监测装置	中国海洋石油总公司、中海油能源发展股份有限公司、中海油能源发展股份有限公司监督监理技术分公司	李凡荣,罗国英,等
200710176294	监测自然海域造礁石珊瑚生长钙化率的方法	中国科学院南海海洋研究所	黄晖,张成龙,等
200720173785	海上油井潜油泵电机远程控制装置及方法	东北大学	高宪文,王明顺,等
200810022669	具有水下无线传输系统的海上构筑物自动监测技术方法	中交天津港湾工程研究院有限公司、中交第一航务工程局有限公司	喻志发,解林博,等
200810036552	河口模型加沙系统的一种定量补沙装置	浙江省水利河口研究院	曾剑,熊绍隆,等
200810038132	基于工业以太网的跨海悬索桥结构监测系统	中交公路规划设计院有限公司	徐国平,李娜,等
200810047745	用于潮汐河口泥沙物理模型的一种适时加沙系统	浙江省水利河口研究院	曾剑,熊绍隆,等
200810111711	高海拔下 110kV 及以上变压器散热能力测试及核算方法	青海电力科学试验研究院	韩兵,宋孟宁,等
200810119922	海水中总氮及总磷的在线自动监测系统及监测方法	河北科技大学	魏福祥,韩菊,等
200810132254	一种海面溢油雷达监测装置的监测方法	大连海事大学	李颖,徐进,等
200810139809	一种海洋监测用潜标	天津大学	王树新,王延辉,等
200810225914	海上自升式钻井平台插桩、拔桩自动控制装置及方法	中国石油大学(北京)	杨进,周卫华,等
200810226251	一种河工动床模型试验输沙装置	安徽新华学院	方达宪,吴韬,等
200810233687	一种海底隧道突水模型试验的密封性加水装置	山东大学	徐帮树,李术才,等
200810238094	绳系多传感器协同优化近海测波浮标及其滤波融合方法	天津大学	宋占杰,唐厂
200810238095	一种基于地性线的卫星遥感图像几何精纠正方法	西南林学院	周汝良
200810249748	海底静候智能导弹	上海市枫泾中学	陆旭东,陆以锋,等
200810249768	一种大气光学消光系数分析仪	河北先河环保科技股份有限公司	崔延青,邹昊,等

续表

申请号	名称	申请单位	发明人
200820152170	一种海底隧道流固耦合模型试验系统	山东大学	李术才，宋曙光，等
200820233386	湿地及沿海滩涂环境监测的微小型化无线网关	河海大学	黄炜，钟云龙，等
200910012556	海洋油田多功能自升式支持平台桩靴破损进水监测装置	中国海洋石油总公司、中海油能源发展股份有限公司、中海油能源发展股份有限公司监督监理技术分公司	李凡荣，罗国英，等
200910013871	深海热液区附近热腐蚀模拟装置	中国海洋大学	尹衍升，董丽华，等
200910067984	一种基于WSN的海参养殖水质监测系统	中国农业大学	李道亮，陈迹，等
200910068840	海洋铺管船用张紧器	天津俊昊海洋工程有限公司	王俊宝，吴立强
200910075583	海水中总氮及总磷的在线自动监测系统及监测方法	河北科技大学	魏福祥，韩菊，等
200910089806	用于海底电缆免受过往船舶损坏的监控装置	浙江省电力公司舟山电力局	史令彬，林晓波，等
200910119792	沉积物-海水界面溶解氧的两维分布探测装置	中国海洋大学	于新生，刘技峰，等
200910153347	海水网箱养殖环境自动监测装置	中国水产科学研究院黄海水产研究所	李娇，关长涛，等
200910153348	一种海参养殖水温监测装置	中国农业大学	李道亮，陈迹，等
200910272512	一种海面溢油雷达监测装置	大连海事大学	李颖，徐进，等
200920018214	深海热液区附近热腐蚀模拟装置	中国海洋大学	尹衍升，董丽华，等
200920019342	静止气象卫星遥感白天和夜间海雾的检测方法	国家卫星气象中心，中国海洋大学	吴晓京，张苏平，等
200920098647	一种低成本高光谱海量数据并行处理系统	北京航空航天大学	赵慧洁，董超，等
200920109332	海床土体位移和孔隙水压力监测装置	同济大学	李杰，张永利，等
200920138545	海洋养殖网箱的无线远程环境监测系统	泉州师范学院	柯跃前
200920174946	主动式海洋平台混合模型试验装置	上海交通大学	王磊，周利，等
200920239944	一种海洋要素全剖面监测装置	中国科学院海洋研究所	任建明，陈永华，等
200920261179	海洋立管加速度监测信号采集装置	中国海洋石油总公司、中海石油研究中心、中国石油大学(北京)	曹静，段庆全，等
200920271069	镁基-海水法船用脱硫工艺中监测和自动控制系统	大连海事大学	李铁，朱益民，等
200920280010	海洋监测系统	天津海洋数码科技有限公司	李猛山
200920294859	一种海洋浮标传感监测网	杭州电子科技大学	蔡文郁，刘敬彪，等
200920312668	一种自动监测海水中总有机碳的装置	中国海洋大学	王江涛，谭丽菊，等
201010000864	一种深海拖曳式在线测量系统	国家海洋局第二海洋研究所	张海生，潘建明，等
201010102888	钢丝铠装充油深海探测电缆	江苏晨光电缆有限公司	杨文华，李桃林
201010111854	海面风场模拟试验装置	国家海洋技术中心	李超，熊焰，等
201010114435	一种具有浮油监测装置的船	惠生(南通)重工有限公司	罗文飚
201010122396	一种海洋环境无人监测船波浪能发电装置	浙江大学舟山海洋研究中心	金涛，蔡勇，等

续表

申请号	名称	申请单位	发明人
201010122963	海上浓雾条件下大气水平能见度场的获取方法	中国海洋大学	傅刚,郭敬天,等
201010127780	基于航海导航雷达的监控装置	浙江谷派思电子科技有限公司	徐土祥
201010128328	一种海洋大气腐蚀环境监测传感器及监测方法	中国科学院海洋研究所	黄彦良,于青,等
201010134897	一种海洋参数现场监测设备	山东省科学院海洋仪器仪表研究所	张颖颖,马然,等
201010228122	车载海拔监测装置	上海德科电子仪表有限公司	杨毅,张泳,等
201010269462	一种用于海底油气管线检测与定位的装置	中国石化集团胜利石油管理局钻井工艺研究院	孙东昌,孙永泰,等
201010285992	对照电子海图的雷达导航系统	浙江谷派思电子科技有限公司	徐土祥
201010291401	浅海耐压玻璃钢浮体	国家海洋局第一海洋研究所、青岛澳森泰科技有限公司	于凯本,陈伟斌,等
201010579681	一种海水盐度监测系统	大连民族学院	许爽,杨亚宁,等
201010587125	浮体仪器一体化抗拖网海床基	国家海洋局第一海洋研究所	于凯本,魏泽勋,等
201010589735	海底观测网节点电路控制系统	山东省科学院海洋仪器仪表研究所	杜立彬,吕斌,等
201020022766	一种海参育苗池断氧报警装置	青岛恒生源生态农业有限公司	吴德寿,张汶绪,等
201020104357	基于海底电缆和架空线故障定位系统	中国南方电网有限责任公司超高压输电公司、武汉三相电力科技有限公司	张富春,范敏,等
201020119375	一种具有浮油监测装置的船	惠生(南通)重工有限公司	罗文飚
201020136528	一种安装在海洋平台上的有缆潜标实时内波监测装置	中国海洋石油总公司、中海油能源发展股份有限公司、中海石油研究中心	兰志刚,李新仲,等
201020139240	一种具有在线监测功能的海底光电复合缆	舟山电力局	屠亦军,李捍平,等
201020158246	布放海床基的电缆	青岛科技大学、国家海洋局第一海洋研究所	高林,于凯本
201020184654	一种近海海洋底层缺氧现象实时监测装置	国家海洋局第二海洋研究所,浙江工业大学	倪晓波,黄大吉,等
201020208287	一种可通讯监测的低铠装损耗的防腐海缆	浙江省电力公司舟山电力局	章正国,汪洋,等
201020218709	一种新型海洋养殖网箱的无线远程环境监测系统	泉州师范学院	柯跃前
201020218731	利用高硬度高盐度浓缩海水作工业循环冷却水的方法	中国地质大学(武汉)	邵德智,王焰新,等
201020223746	一种具有双重功能的海底挖掘机	中国海洋石油总公司、海洋石油工程股份有限公司、上海交通大学、上海交大海科(集团)有限公司	王道炎,房晓明,等
201020279758	海水网箱养殖环境自动监测装置	中国水产科学研究院黄海水产研究所	李娇,关长涛,等
201020503015	新型海洋风暴监测预警系统	成都玺汇科技有限公司	李乐,蒋雪琴,等
201020541094	带有动态监测传感器安装支架的海上钢管桩	中国石油天然气集团公司、中国石油集团海洋工程有限公司、中国石油集团工程技术研究院	李春,刘振纹,等

续表

申请号	名称	申请单位	发明人
201020591178	基于海量数据分级存储系统的迁移管理方法	清华大学	舒继武,陈康,等
201020595182	混合型多功能海洋监测自主平台	天津大学	王树新,孙秀军,等
201020600647	一种海底隧道流固耦合模型试验系统	山东大学	李术才,宋曙光,等
201020617934	海用型无人机舱段间密封和监测机构	中国人民解放军总参谋部第六十研究所	王克选,王晓东,等
201020648786	一种用于油罐车海底阀保护罩的重力加速度传感器装置	航天晨光股份有限公司	王祖工,钱弋,等
201020673707	一种海洋平台牺牲阳极发出电流的监测装置	中国海洋石油总公司、中海石油研究中心	常炜,王庆璋,等
201020690650	沉积物－海水界面溶解氧的两维分布探测装置	中国海洋大学	于新生,刘技峰,等
201020691585	海底通信光纤在线监测装置	福建省电力有限公司福州电业局	吴飞龙,徐杰,等
201110039591	一种用于海上平台电力系统的监测装置	中国海洋石油总公司、中海油能源发展股份有限公司	刘进辉,梁强,等
201120005499	海洋监测系统	天津海洋数码科技有限公司	李猛山
201120005505	远程海洋监测系统	天津海洋数码科技有限公司	李猛山
201120005507	海域状况实时监测系统	天津海洋数码科技有限公司	李猛山
201120027067	一种基于主动温控分布式温度监测的海底管道悬空监测装置	大连理工大学	赵雪峰,巴勤,等
201120029388	用于海洋油污染快速检测的装置	南开大学	陈平,毛嵩程,等
201120031271	一种多传输方式的近海可变层次拉格朗日环流观测装置	中国海洋大学	赵亮,吴则举,等
201120040538	一种自主式机器鱼	北京大学	贾永楠,井元良,等
201120046895	一种电子测深仪	清华大学	张永良,梁森栋
201120047863	冰雪厚度和温度剖面测量装置	国家海洋技术中心	阎金彪,李扬华,等
201120051999	便携式水质重金属元素现场自动取样及处理装置	山东省科学院海洋仪器仪表研究所	刘孟德,高杨,等
201120089664	一种海水盐度监测系统	大连民族学院	许爽,杨亚宁,等
201120092867	油气囊组合式浮动平台	中国船舶重工集团公司第七一0研究所	谷军,张云海,等
201120095279	污染水体冻融过程中冰内污染物行为物理模拟装置及方法	大连理工大学、松辽水环境科学研究所	李志军,李广伟,等
201120124608	一种基于多智能主体的层次式云端计算模型构建方法	南京邮电大学	徐小龙,杨庚,等
201120126834	一种自持式海洋环境监测系统	中国科学院海洋研究所	李思忍,陈永华,等
201120137660	卫星遥感海雾特征量的实时提取方法	中国海洋大学	张苏平,吴晓京,等
201120151589	深海细长柔性立管涡激振动实验的立管模型端部固定装置	中国海洋石油总公司、中海石油研究中心、大连理工大学	张建侨,吕林,等
201120185143	极轨气象卫星遥感白天和夜间海雾的检测方法	国家卫星气象中心、中国海洋大学	吴晓京,张苏平,等
201120212035	活塞式水下升降平台浮力调节机构	中国船舶重工集团公司第七一〇研究所	谷军,吴旌,等

续表

申请号	名称	申请单位	发明人
201120235282	固相微萃取采样棒	中国水产科学研究院东海水产研究所	平仙隐,晁敏
201120235487	一种海洋要素全剖面监测装置	中国科学院海洋研究所	任建明,陈永华,等
201120238375	一种海洋浮标传感监测网	杭州电子科技大学	蔡文郁,刘敬彪,等
201120315262	具有多种监测功能的深海液压油箱	中国船舶重工集团公司第七〇二研究所	邱中梁
201120332277	海洋纵深垂直温度场分布实时监测方法和装置	上海欧忆智能网络有限公司	吴海生,张悦
201120382456	海洋石油平台浮冰速度原位监测装置	中国海洋石油总公司、中海油能源发展股份有限公司	兰志刚,于新生,等
201120391719	海洋拖曳线阵高精度航向控制方法	中国船舶重工集团公司第七一〇研究所	赵治平,裴武波,等
201120406873	利用全球卫星定位系统信号源的机载海洋微波遥感系统	中国科学院遥感应用研究所	李紫薇,周晓中,等
201120408089	近海波浪参数立体实时监测系统	天津大学	宋占杰,何改云,等
201120444735	新型深海系泊基础的安装与复杂加载模型试验平台	浙江大学	王立忠,国振,等
201120458842	一种波浪动力无人监测船	浙江大学舟山海洋研究中心	金涛,蔡勇,等
201120469387	GPS海底阀作业监测系统	刘健、孙可渲、周晶、杨宁海、刘志、张和平、杨民乐、富斌、中国石油天然气股份有限公司西南销售分公司、中国石油天然气运输公司西南分公司、天泰雷兹科技(北京)有限公司	刘健,孙可渲,等
201120469393	便携式机载海上溢油遥感监测系统	大连海事大学	安居白,李立,等
201120469659	海雾厚度和低云云底高度的实时获取方法	中国海洋大学	张苏平,刘诗军,等
201120475954	一种近海海洋低氧现象监测浮标的告警方法	国家海洋局第二海洋研究所	陈建裕,倪晓波,等
201120514735	一种海冰微波遥感监测系统	大连海事大学	李颖,吴学睿
201120519898	一种能快速获取海水温深剖面数据的装置	西安天和防务技术股份有限公司	郝宗杰,高风波,等
201120532618	深海定时自动释放器	杭州电子科技大学	蔡文郁,张美燕
201120552499	一种可着底的海洋环境自升沉探测浮标	山东省科学院海洋仪器仪表研究所	刘敏,杨立,等
201220013324	远程海洋监测系统	天津海洋数码科技有限公司	李猛山
201220018325	一种低功耗无线传感器网络节点	上海海事大学	张颖,赵晓虎,等
201220038501	一种水下滑翔机浮力调节装置	浙江大学	杨灿军,范双双,等
201220050584	一种水面溢油监测报警装置	青岛华海环保工业有限公司	郭建伟,申春煦,等
201220057811	海床蚀积动态过程电阻率监测装置	中国海洋大学	贾永刚,夏欣,等
201220063741	自平衡抗吸附海床基	国家海洋环境监测中心、陈伟斌	陈伟斌,胡展铭,等
201220076371	垂直循环水流试验装置	国家海洋技术中心	熊焰,路宽,等
201220163200	能源自补给的海洋环境远程监测系统	集美大学	杨绍辉,何宏舟

第 14 章　人体健康领域应对气候变化技术清单

14.1　热浪预警与防护技术

申请号	名称	申请单位	发明人
02103882	一种抗中暑泡腾片	中国人民解放军总后勤部军需装备研究所	郝利民，何锦风，等
200310107284	一种藿香正气滴丸	天津天士力制药股份有限公司	童玉新，顾菲菲，等
200410000179	一种抗中暑的中药	中国人民解放军军事医学科学院卫生学环境医学研究所	钱令嘉，弓景波，等
200510013640	一种藿香正气滴丸的制备方法	天津天士力制药股份有限公司	李永强，郑永锋
200510073252	十滴水滴丸及其制备方法	北京正大绿洲医药科技有限公司	梁宁生，曲韵智
200510090145	砂仁驱风滴丸	北京正大绿洲医药科技有限公司	曲韵智
200610150217	替普瑞酮的一种抗中暑用途	中国人民解放军军事医学科学院基础医学研究所	赵永岐，范明，等
200710190262	中草药饲料添加剂——夏安散和制备方法及其应用	金陵科技学院	金兰梅，伍清林，等
200810198795	防治冠心病心绞痛、中暑肚痛、心腹疼痛的中药剂	广州星群(药业)股份有限公司	孙维广，谭银合，等
201110041012	一种抗热应激、热疲劳复方制剂	海南师范大学	陈忠，张晓婷，等

14.2　过敏、哮喘和呼吸道疾病防治技术

申请号	名称	申请单位	发明人
00112428	一种治疗支气管哮喘和喘息性慢性支气管炎的药物及其制造方法	苏州第三制药厂	陆明，吴向之
00113130	灯台树提取物及其制备方法和应用	云南医药工业股份有限公司	杨元丰，郭文，等
01102224	口腔脱敏糊剂及其制备方法	四川天福精细化工有限公司	王崇福，陈介钰
01106519	一种抗破伤风药物及其制备方法	武汉市中西医结合医院	张介眉
01107314	治疗支气管哮喘疾病的药物及其制备方法	昆明市中医医院	邓乐巧，田春
01108186	荆芥内酯及其提取工艺和用途	南京中医药大学	丁安伟，张丽，等
01128960	预防集体儿童急性上呼吸道感染的喷喉剂	昆明市妇幼保健院	李安华，王平

续表

申请号	名称	申请单位	发明人
01129316	一种发酵的大豆萃取液及含有它的药物组合物	中天生物科技股份有限公司	路孔明
01137272	胺衍生物在制备具有抗肺动脉高压作用的药物中用途	中国人民解放军军事医学科学院毒物药物研究所	汪海，杨日芳，等
01139155	糠酸莫米松鼻喷剂及其制备方法	上海华联制药有限公司	李常法
01820422	治疗免疫疾病的草药药物组合物	顺天堂药厂股份有限公司	许清祥，许顺吉
02103482	治疗过敏症的活疫苗	景岳生物科技股份有限公司	许清祥，常玉强
02109251	一种预防和治疗艾滋病药物的制备方法	沈阳协合集团有限公司	陈巨余
02110032	注射用抗生素药物	山东瑞阳制药有限公司	赵玉山，崔维初，等
02111473	盐酸左旋沙丁胺醇气雾剂及制备工艺	信谊药厂	卞正云，王颖彦，等
02111978	一种治疗常年性变态反应鼻炎的鼻腔制剂	上海市计划生育科学研究所，邵海浩，陈海林，陈建兴，陈良康	邵海浩，陈海林，等
02112128	一种来源于植物的免疫佐剂及其制法和用途	第二军医大学免疫学研究所	曹雪涛，王宜强，等
02112833	治疗咳嗽气喘的药物及其制备方法	山西桂龙医药有限公司	王秉岐
02113710	复方熊胆通鼻喷雾剂及其制备方法	重庆科瑞制药有限责任公司	周俊德，黄坚毅，等
02113789	一种具有消炎止血止痛活血生肌的中药	四川什邡乾坤中医新药研究开发有限公司	蜀中龙，刘继昌，等
02117484	一种恒速释放的特布他林控释制剂	广州贝氏药业有限公司	谢俊雄，贝庆生
02125544	胡黄连苷Ⅱ——一种用于治疗、预防过敏性炎性疾病的药物	中国医药研究开发中心有限公司	罗何生，郑礼，等
02127907	止喘止咳的中成药	贵州健兴药业有限公司	孙平
02128916	一种治疗上呼吸道感染的药物及其制备方法	深圳市卓海科技文化实业有限公司	陈京华
02130775	一种治疗支气管哮喘及急、慢性支气管炎的药物及其制备方法	西安星华药物研究所	陈信义，徐纯华
02130823	含左西替利嗪的抗过敏药物溶液剂	重庆华邦制药股份有限公司	魏向阳，毛启良，等
02132415	用于治疗单纯疱疹和带状疱疹的诺卡软膏	沈阳胜宝康生物制药有限公司	张策，洪晓明，等
02133617	盐酸戊乙奎醚在制药中的应用	成都力思特制药股份有限公司	倪友洪，蒲春霞，等
02134071	一种治疗感冒引起的呼吸道系统疾病的药物	贵州和仁堂药业有限公司	文穗东
02134088	一种治疗咽喉、口腔疾病的药物喷雾剂	贵州百灵制药有限公司	姜伟
02134111	一种治疗支气管疾病的药物	贵州和仁堂药业有限公司	文穗东
02134629	二氢杨梅树皮素在制备食品、化妆品或药品中的应用	广州拜迪生物医药有限公司	张友胜，张晓元
02138719	天然累托石泥面膜及其配制方法	湖北名流累托石科技股份有限公司	赵连强，汪昌秀，等
02139416	一种鱼金制剂及其制备方法	北京大学安康药物研究院	徐世明，高海，等
02145079	含有盐酸西替利嗪和盐酸伪麻黄碱的制剂及其制备方法	信谊药厂	吴刚，高原，等

续表

申请号	名称	申请单位	发明人
02145192	Ⅱ型胶原水溶性分散组合物及其制备方法和应用	上海本草生物医学工程研究所,任赓夫	任赓夫,费桂军
02145454	左西替利嗪伪麻黄碱复方口服制剂及制备方法	杭州容立医药科技有限公司	沈志群
02145514	咽喉含片	西安高科陕西金方药业公司	赵存梅
02148577	地氯雷他定干混悬剂及其制备方法	海南普利制药有限公司,杭州赛利药物研究所有限公司	范敏华,朱小平,等
02158916	苯并异硒唑衍生物的免疫调节和生物治疗作用	北京大学药学院	曾慧慧
02802984	P-选择素糖蛋白配体1的调节剂	台医生物科技股份有限公司	林荣华,吴忠勋,等
02829336	自粉防己提取的制备物及其用途	中国中医研究院中药研究所	王智民,叶祖光,等
03100431	治疗支气管哮喘的组合物	鲁南制药股份有限公司	孙勇
03102976	雷公藤内酯醇衍生物及其应用	中国科学院上海药物研究所	李援朝,左建平,等
03103610	新西兰牡荆甙-1制备抗病毒药物的用途	海南亚洲制药有限公司	楼金,张龙清,等
03105122	噻托溴铵吸入粉雾剂及其制备工艺	南昌弘益科技有限公司	彭红,许军,等
03110803	5-羟基-3-羧酸酯吲哚类衍生物及其制备方法	沈阳药科大学	宫平
03110855	外用生肌膏	大庆市伟达药物研究所	于智鹏
03111643	一种含茶碱和沙丁胺醇活性组分的口服复方缓释制剂及制备工艺	沈阳药科大学	唐星,丁婉萍,等
03112234	含肝素类药物的脂质体软膏剂及其制备方法	山东大学	王凤山,俞淑文,等
03112799	吡唑羧酸类内皮素受体拮抗剂	中国药科大学	吉民,戴德哉,等
03113355	金荞麦在制备抗病毒药物中的应用	南通精华制药有限公司	王志勇,钱炳辉,等
03114543	肿瘤特异性转移因子的制备方法	中国人民解放军第四军医大学	王国华,苏成芝,等
03116421	银黄软胶囊制剂及其制备方法	上海博泰医药科技有限公司	张卫东,苏娟,等
03116764	含有α-蒎烯和1,8-桉油精的蓝桉油的药物组合物及其用途	浙江大学	唐法娣,孙静芸
03116972	驱蚊花露水	上海家化联合股份有限公司	严敏,洪梅
03117219	一种药物化合物的衍生物及其制备方法和应用	成都力思特制药股份有限公司	倪友洪,朱登军
03117993	板蓝根软胶囊及其制备方法	贵州三力制药有限责任公司	张乐陵
03118173	一种治疗伤痛的中药	湘潭钢铁集团有限公司	尹冬爱
03121088	一种制备古拉替莫固体制剂的工艺及其固体制剂	天津药物研究院,海南先声药业有限公司,江苏先声药业有限公司,江苏先声药物研究有限公司	张晓东,刘伍林,等
03121891	一种治疗哮喘和辅助治疗肿瘤、艾滋病的复方中药制剂及其制备方法	广州健心药业有限公司	杜式群
03122357	利巴韦林吸入粉雾剂及其制备工艺	南昌弘益科技有限公司	许军,钱进,等

续表

申请号	名称	申请单位	发明人
03126705	抗御病毒药物组合物及其应用	广东省一七七医院	李华忠
03128064	马抗严重急性呼吸道综合症(SARS)血清的制备方法	武汉生物制品研究所	魏树源,王鹏,等
03128724	注射用双黄连在制备用于治疗严重急性呼吸道综合症的药物中的应用	哈药集团中药二厂	贾继明,李大平,等
03128788	一种富马酸酮替芬分散片及其制备工艺	山东绿因药业有限公司	米济坤,钱春涛,等
03129127	穿心莲内酯及衍生物的医学用途	中国科学院上海药物研究所	左建平,赵维民,等
03129337	6-氨基-α(R)-羟基-9H-嘌呤-9-丁酸乙酯的免疫抑制作用	中国科学院上海药物研究所	左建平,袁重生,等
03129937	一种使地洛他定在制剂中稳定的药物组合物	天津药物研究院	任晓文,马晋,等
03130529	甘草多糖医药新用途及其药物制剂	天津市贝特科技发展有限公司	宋飞
03131674	一种治疗上呼吸道感染的药物组合物及其制备方法	金陵药业股份有限公司技术中心	孙志广,陆茵,等
03132061	治疗呼吸系统病的茶碱或氨茶碱经皮给药制剂及制备方法	中国药科大学	刘建平,杨彬
03132067	甘草酸及其盐的肠溶制剂和制备方法	江苏正大天晴药业股份有限公司	张来芳,田心,等
03133717	用于治疗浅部真菌的含联苯苄唑的药物组合物	辽宁大生药业有限公司	王艳
03134651	氯雷他定透皮贴片	中国医学科学院药物研究所	刘玉玲,王春霞
03134926	含钾盐和锶盐的双重抗过敏牙膏	重庆登康口腔护理用品股份有限公司	韩泰军
03135244	中药贴膏基质、使用该基质的中药贴膏及它们的制备方法	桂林天和药业股份有限公司	张延惠,秦牞学,等
03135250	疫苗组合物及制备方法及应用	成都夸常科技有限公司	邹方霖,陈春生,等
03135287	祛风止痒口服液及其制备方法	四川泰华堂制药有限公司	俞凯
03135470	甘露聚糖肽在制备口腔局部给药的具有免疫增强的药物中的用途	成都利尔药业有限公司	陈云华,李军,等
03135686	治疗上呼吸道感染的药物及其颗粒剂的制备方法	维奥(四川)生物技术有限公司	张毅,张梅
03135734	治疗冠心病、心绞痛的中药制剂及其制作方法	贵州民族制药厂有限公司	邱德文
03136191	结晶头孢硫脒及其制备方法和用途	上海医药工业研究院,广州白云山制药股份有限公司	王文梅,刘学斌,等
03136965	祛疣软膏	中国科学院新疆理化技术研究所	巴杭,阿吉艾克拜尔,等
03140821	人工合成的含 CpG 单链脱氧寡核苷酸及其抗 SARS 病毒作用	长春华普生物技术有限公司	王丽颖,包木胜,等
03141833	一种调节血糖和血脂的胶囊制剂	上海绿谷(集团)有限公司	刘梅英,林永栋
03142277	一类杂环衍生物、制备方法及其用途	中国科学院上海药物研究所	南发俊,李佳,等

续表

申请号	名称	申请单位	发明人
03146157	具有抗流感病毒的含 CpG 单链脱氧寡核苷酸	长春华普生物技术有限公司	王丽颖,包木胜,等
03147580	重组人干扰素 α 喷雾剂	长春生物制品研究所	郭桥,盛军,等
03147932	白藜芦醇低聚芪类化合物及其制法和其药物组合物与用途	中国医学科学院药物研究所	林茂,程桂芳,等
03148534	一种治疗病毒性上呼吸道感染的中药组合物及其制备方法	山西亚宝药业集团股份有限公司	李亚政,卫银波
03150702	黄岑甙和黄岑甙元的用途和剂型	上海凯曼生物科技有限公司	龚邦强,任进,等
03157992	利用大豆属发酵提取物抑制 15-脂肪氧合酶	中天生物科技股份有限公司	路孔明
03178349	蛤蚧疗肺片	佳木斯市结核病防治院	高志刚,于立萍,等
93120999	促肝细胞生长素	中国人民解放军第四五八医院	孔祥平,张宜俊,等
96104938	含有过敏原基因的重组真核载体及其应用	仁文有限公司	许清祥,蔡考圆,等
96117735	一种抗过敏、抗哮喘和抗炎症的新药	中国科学院成都生物研究所,东丽株式会社	俞文胜,胡孝纮,等
96117865	N-乙酰-D-氨基葡萄糖在制备治疗呼吸道疾病的药物中的应用	中国人民解放军第三军医大学	徐启旺
97106291	抗原-抗体-重组 DNA 复合型疫苗	复旦大学	闻玉梅,何丽芳,等
97107520	小儿感冒颗粒(无糖型)及制备方法	成都迪康制药公司	曾雁鸣,银海
98121802	解热抗感染青银注射液及其制备方法	泸州医学院	冯文宇
99100468	一种无刺激性无过敏性的驱蚊护肤乳剂	上海家化联合股份有限公司	郑惠娥,严敏
99114946	治疗上呼吸道疾病的药物及其制备方法	云南金碧制药有限公司	罗永贤,吴春彩,等
200310100164	三子汤新制剂及其制备	江苏正大天晴药业股份有限公司	张来芳,周浩,等
200310101878	1-羟甲基咪唑并[1,2-a]喹喔啉化合物及其应用	中国人民解放军军事医学科学院毒物药物研究所	恽榴红,刘春河,等
200310102943	一种可缓和与治疗过敏性气喘的医药组合物及制备方法	财团法人工业技术研究院	吕荣铭,潘一红,等
200310104026	一种治疗口腔疾病的药物	云南华联云蜂生物药业有限公司	卢晓宁,苏金全
200310104130	治疗上呼吸道感染的药物	成都和康药业有限责任公司	李文军,陈谨,等
200310105804	一种中药巴布剂基质及其制备技术	西安千禾药业有限责任公司	任建国,郭建文
200310106197	一种治疗上呼吸道感染的中药及其制备方法	江苏扬子江药业集团有限公司	姚干,周坤
200310108234	一种草药竹叶西风芹胶囊的制备工艺	上海玉森新药开发有限公司	李云森,陈子珺,等
200310110338	黄芩素的提取工艺、药用组合物及制剂制备工艺	中国药科大学	冯锋,柳文媛,等
200310110822	一种治疗上呼吸道感染的中药制剂	贵州同济堂制药股份有限公司	贾宪生,蒋朝晖,等
200310111140	盐酸班布特罗口腔崩解片及其制备方法	成都圣诺科技发展有限公司	谢期林,谢海峰,等
200310112235	增强儿童免疫能力的药物及其制备方法	广州康和药业有限公司	黄漫翔

续表

申请号	名称	申请单位	发明人
200310112694	烟曲霉文丙在制备抗炎免疫抑制药中的应用	南京大学	谭仁祥,徐强,等
200310112768	聚乙二醇化天花粉蛋白药物及其制备方法	安徽安科生物工程(集团)股份有限公司	宋礼华,戎隆富,等
200310117392	艾叶油滴丸及其制备方法	北京科信必成医药科技发展有限公司	王锦刚,戴忠
200310119124	一种治疗结核病和皮肤病的复方砷制剂	辽宁省医药实业有限公司	张兴东,金加兴
200310121673	黄芩苷在制备治疗或预防口腔溃疡药物中的应用	山东绿叶天然药物研究开发有限公司	李桂生,李八方,等
200310122247	一种治疗支气管哮喘的药物	西安亨通光华制药有限公司	赵恒
200310122718	一种治疗呼吸道感染和病毒性感冒的中药制剂及制备方法	上海杏灵科技药业股份有限公司	刘力,王左,等
200410000912	一种银杏内酯冻干粉针剂及其制备方法	海口龙南医药科技开发有限公司	魏雪纹,申洁
200410002164	一种参附冻干粉针剂及其制备方法	天津天士力之骄药业有限公司	张正生
200410009098	抑制 NF-kB 和 NFAT 活化的基因及其编码的多肽	北京诺赛基因组研究中心有限公司,北京大学	石太平,马大龙,等
200410009594	一种黄芩有效成分的提取方法	中国农业大学	韩鲁佳,梁英,等
200410011176	可生物降解聚合物的紫杉醇前药及其合成方法	中国科学院长春应用化学研究所	景遐斌,张雪飞,等
200410012471	赤雹果提取物在制备镇痛、抗炎或/和抗过敏药物中的应用	承德医学院中药研究所	佟继铭,李兰芳
200410012713	一种多糖类化合物制剂及制备方法	武汉化工学院	池汝安
200410012828	防治咽喉炎症的药物及制备方法	武汉健民药业集团股份有限公司	陈立明,孙桂芝,等
200410013187	感冒退热泡腾片及制备方法	江西本草天工科技有限责任公司	钟虹光,罗晓健,等
200410013496	一种治疗感冒的复方贯众阿司匹林	福建三爱药业有限公司	林庆平
200410013906	香菊感冒软胶囊制剂的制备方法	南京生物工程与医药科技发展有限公司	吴军,时贞平,等
200410015951	一种噻托溴铵吸入粉雾剂及其制备方法	复旦大学,浙江省三门东亚药业有限公司	陈钧,蒋新国,等
200410022743	阿胶注射液及其制备方法	成都市药友科技发展有限公司	唐小海,丁平
200410025006	作为 CCR5 拮抗剂的化合物	上海靶点药物有限公司,中国科学院上海有机化学研究所,中国科学院上海生命科学研究院	裴钢,马大为,等
200410026269	一种治疗呼吸系统疾病的药物	杨凌麦迪森制药有限公司	赵东科
200410027019	氯雷他定口腔崩解片及其制备方法	深圳海王药业有限公司	季兴梅,张德福,等
200410027397	用于体内预防或治疗呼吸系统疾病的小干扰 RNA 制剂及其筛选方法	广州拓谱基因技术有限公司	李宝健,陆阳,等
200410033951	一种含维生素 C 钠的维生素 C 组合物	北京京卫信康医药科技发展有限公司	陈定,刘烽,等
200410034787	高免疫活性 CpG-S ODN 和拮抗 CpG-S ODN 作用的 CpG-N ODN 的基因序列及其应用	中国人民解放军第三军医大学	周红,王良喜,等

续表

申请号	名称	申请单位	发明人
200410036734	重组人干扰素 α2b 滴鼻剂及其制备方法	深圳市海王英特龙生物技术股份有限公司	王妍，柴向东，等
200410036739	重组人干扰素 α2b 含片及其制备方法	深圳市海王英特龙生物技术股份有限公司	王妍，柴向东，等
200410037164	含有阿比朵尔的复方制剂	石药集团中奇制药技术(石家庄)有限公司	刘振涛，牛占旗，等
200410038566	新的微生物株类干酪乳杆菌 GM-080 及其治疗过敏相关疾病的用途	景岳生物科技股份有限公司	许清祥，苏伟志，等
200410041120	银杏内酯提取工艺	江苏吴中苏药医药开发有限责任公司，江苏吴中实业股份有限公司苏州长征制药厂	曹庆先，楼凤昌，等
200410041405	一种治疗呼吸道病毒感染性疾病的清肺制剂	南京中医药大学	杨进，龚婕宁，等
200410041923	异甘草酸镁凝胶剂及其制备方法和应用	江苏正大天晴药业股份有限公司	程艳菊，张来芳，等
200410042620	一种治疗哮喘的中药复方制剂及其制备方法	江西省药物研究所	朱令元，王晖，等
200410044285	腺病毒载体 SARS 疫苗及其制备方法，冠状病毒 S 基因的应用	中山大学肿瘤防治中心	黄文林，曾益新，等
200410046782	一种治疗关节炎、肩周炎及骨质增生的中药巴布剂	湖南九典制药有限公司	段立新
200410048631	治疗季节性和常年性过敏性鼻炎的新组合物	杭州民生药业有限公司	陈丽珍，李艳芹，等
200410055564	金荞麦在制备治疗呼吸道合胞病毒性疾病的药物中的应用	南通精华制药有限公司	何美珊，阎玉梅，等
200410056071	超抗原融合蛋白及其应用方法	生宝生物科技股份有限公司	章修纲，廖朝暐，等
200410056110	一种哮喘病治疗药物环索奈德的新的制备方法	重庆医药工业研究院有限责任公司	彭瑞娟，赖开智
200410057318	一种克林霉素磷酸酯粉针剂的制备方法	北京国仁堂医药科技发展有限公司	庄洪波
200410057366	孟鲁司特钠的分散片剂型	鲁南制药集团股份有限公司	赵志全
200410057370	一种静脉注射用注射液及其制备方法	鲁南制药集团股份有限公司	赵志全
200410064385	含有人参皂苷的乳剂及其制备方法和用途	山东绿叶天然药物研究开发有限公司	孙丽芳，林东海，等
200410064386	含有人参皂苷的纳米乳剂及其制备方法和用途	山东绿叶天然药物研究开发有限公司	林东海，张雪梅，等
200410065750	一种防治小儿哮喘的药物组合物及其制备方法	南京开来医药科技开发有限责任公司，江苏省中医药研究院	成俊，段金廒，等
200410065967	复方甲氧那明口服固体制剂及其制备方法	杭州容立医药科技有限公司	周树忠，胡雅芳
200410069038	银杏叶提取物氯化钠注射液的制备方法	北京国仁堂医药科技发展有限公司	庄洪波
200410069039	一种银杏叶提取物粉针剂的制备方法	北京国仁堂医药科技发展有限公司	庄洪波

续表

申请号	名称	申请单位	发明人
200410070123	枳实或枳壳有效部位的制药用途	江西天科医药开发有限公司	孙继寅,王广基,等
200410070711	人源性抗破伤风外毒素抗体、其制备方法及其用途	北京明新高科技发展有限公司,山东大学,青岛华诺医药生物技术有限公司	高尚先,张利宁,等
200410074207	六氢-吡嗪并-吡啶并-吲哚,及其合成和应用	首都医科大学	彭师奇,赵明,等
200410074208	六氢-吡嗪并-吡啶并-吲哚二酮,及其合成和应用	首都医科大学	彭师奇,赵明,等
200410074344	尼莫地平贴片	北京国仁堂医药科技发展有限公司	赵志刚,杨莉
200410074599	一种治疗上呼吸道感染的中药组合物及其制备方法	鲁南制药集团股份有限公司	董自波
200410075006	含有人参皂苷的纳米乳剂及其制备方法和用途	山东绿叶天然药物研究开发有限公司	林东海,张雪梅,等
200410077659	猴耳环提取物用于制备抗过敏药物、食品及化妆品的应用	广州莱泰医药科技有限公司	吴蓉蓉,黄杰昌,等
200410080021	一种治疗上呼吸道感染的静脉输液及其制备方法	鲁南制药集团股份有限公司	赵志全
200410080023	一种静脉注射用的粉针及其制备方法	鲁南制药集团股份有限公司	赵志全
200410080210	一种中药组合物	北京中医药大学	牛欣,司银楚,等
200410080211	一种中药组合物制剂的制备方法	北京中医药大学	牛欣,司银楚,等
200410083053	一种治疗咳嗽的药物	亿利资源集团公司	史利卿,贾金良
200410084850	一枝蒿有效部位在制备抗呼吸道病毒的药物用途	斯拉甫·艾白	斯拉甫·艾白,哈木拉提·吾甫尔
200410086103	丹参川芎嗪冻干粉针剂及制备方法	石家庄欧意药业有限公司	魏淑辉,高志峰,等
200410086578	一种具有降血脂及治疗过敏性鼻炎作用的药物及制备方法	中国人民解放军总医院	汪德清,田亚平,等
200410088895	一种脾多肽提取物、其制备方法及其用途	菲尔斯·杜克制药(通化)有限公司	王建辉
200410090724	氯雷他定的外用制剂	鲁南制药集团股份有限公司	赵志全
200410091835	一种治疗哮喘的中药巴布剂及其制备方法	中山大学	徐月红,王茵萍,等
200410094031	低醇型养阴清肺浓缩液、制备方法及应用	天津中新药业集团股份有限公司乐仁堂制药厂	刘杰
200410094514	一种治疗上呼吸道感染的药物组合物及其制备方法	成都三明药物研究所	阳向波,谢炜,等
200410096174	一种治疗感冒及上呼吸道感染的药物组合物、其制备方法及其用途	诺氏制药(吉林)有限公司	郑湘临
200410098627	具有多种功能的多肽	北京大学	王应,张颖妹,等
200410100841	一种抗病毒的中药复方制剂及其制备方法和用途	江西省药物研究所	余华,钟小群,等
200410103554	复方满山红滴丸及其制备方法	北京正大绿洲医药科技有限公司	曲韵智

续表

申请号	名称	申请单位	发明人
200410104013	一种遮掩不良口感口服咀嚼用组合物和其制备方法	北京德众万全医药科技有限公司	钟声,李颖寰,等
200410104231	一枝蒿有效部位和有效成分抗过敏反应的用途	斯拉甫·艾白	斯拉甫·艾白
200410155491	治疗上呼吸道感染的药物组合物的制备方法	贵州益佰制药股份有限公司	叶湘武,周云喜,等
200480007680	对引起严重急性呼吸道综合症(SARS)的人病毒的高通量诊断性试验	港大科桥有限公司	陈国雄,管轶,等
200480007683	引起严重急性呼吸道综合征(SARS)的新型人病毒及其应用	香港大学	陈国雄,管轶,等
200510001923	银黄组合物、含有银黄组合物的口服和注射制剂及其制备方法和用途	山东绿叶制药有限公司	马成俊,李桂生,等
200510001945	一种治疗鼻科疾病的药物组合物及其制备方法	佛山德众药业有限公司	卢继宗
200510003030	治疗口腔、咽喉疾病的中药制剂及其制备方法	贵州三力制药有限责任公司	张乐陵
200510004949	金莲花滴丸及其制备方法	北京正大绿洲医药科技有限公司	曲韵智
200510004953	一种治疗细菌感染性疾病的口服滴丸及其制备方法	北京正大绿洲医药科技有限公司	曲韵智
200510004954	一种具有清热解毒,消炎止痢作用的滴丸及其制备方法	北京正大绿洲医药科技有限公司	曲韵智
200510008614	含有银杏叶提取物与肾上腺素受体激动剂的药物组合物	鲁南制药集团股份有限公司	赵志全
200510008618	一种用于治疗多种癌症的消癌平滴丸	北京正大绿洲医药科技有限公司	曲韵智
200510008656	治疗上呼吸系统疾病和皮肤感染及痔疮的中药制剂及制备方法	广西万通制药有限公司	范晓华,马军花
200510008658	一种治疗上呼吸道感染的中药组合物及其制备方法	重庆大易科技投资有限公司	凌一揆,秦少容,等
200510009119	用于预防、诊断和治疗呼吸道合胞病毒感染的嵌合抗原及其抗体	中国人民解放军军事医学科学院毒物药物研究所	梅兴国,范昌发,等
200510010387	复方盐酸西替利嗪凝胶剂	哈尔滨医科大学	马满玲
200510011369	一种消炎解毒的中药组合物及其制备方法和用途	广州白云山制药股份有限公司	叶放,张瑞玲,等
200510013253	一种达原饮滴丸及其制备方法	天津药物研究院	张铁军,廖茂梁,等
200510013521	抗染发剂过敏的防护剂与染发剂及方法	天津医科大学总医院	刘全忠
200510013629	一种莪术油滴丸及其制备方法	天津天士力制药股份有限公司	李永强,郑永锋
200510014971	一种黄芪甲苷注射液及其制备方法	天津药物研究院	韩英梅,王亚静,等
200510015271	糖皮质激素胶囊型吸入粉雾剂及其制备方法	天津药业研究院有限公司	吕万良,张强,等
200510015371	甘草次酸-30-酰胺类衍生物及其用途	天津药物研究院	王建武,徐为人,等

续表

申请号	名称	申请单位	发明人
200510019121	一种灵丹草含片的洋艾素测定方法	中南民族大学,云南省玉溪望子隆生物制药有限公司	梅之南,高家雄,等
200510019172	人重组磷脂酶 D2 及其制备方法和在药物制备中的应用	福建医科大学	朱玲
200510019522	银黄泡腾片	江西本草天工科技有限责任公司	罗晓健,杨世林,等
200510020325	一种治疗上呼吸道感染的注射剂的制备方法	雅安三九药业有限公司	李可
200510020878	一种细辛脑脂微球制剂及其制备方法	四川思达康药业有限公司	金辉,毛声俊,等
200510021920	一种治疗咽喉口腔疾病的药物组合物与其制备工艺	泸州医学院	冯文宇
200510023427	银耳杂多糖及其提取物、制备方法和用途	上海辉文生物技术有限公司	刘桂云,骆滨,等
200510023677	香豆草醚类化合物及其组合物的用途	上海安普生物科技有限公司	俞强
200510029817	一种治疗过敏性疾病的中药有效部位提取物及其提取工艺	上海玉森新药开发有限公司	玄振玉,王勇,等
200510030810	一种治疗急性痛风性关节炎的中药凝胶剂	上海中医大源创科技有限公司,上海中医药大学	魏莉,王志,等
200510031150	抗溶血性链球菌、葡萄球菌及白色念珠菌 IgY 抗体及制备方法	江西 3L 医用制品集团有限公司	胡国柱,李松,等
200510035023	一种含酶牙膏及其制造方法	美晨集团股份有限公司	王腾凤
200510035078	治疗哮喘喷雾剂	广州中医药大学第一附属医院	方永奇,李翎,等
200510037074	一种治疗内出血的中成药及其制备方法	广州中一药业有限公司	药凤荷,冯所安,等
200510037677	一种氯雷他定颗粒剂及其制法	南京亿华药业有限公司	杨鹏辉
200510041073	一种止痛巴布膏的制备方法	江苏省中医药研究院	贾晓斌,朱启勇,等
200510041628	小儿退热中药巴布剂贴布及其制备方法	西北大学	郝保华,徐花荣
200510041629	一种消炎霜剂及其制备方法	西北大学	郝保华,岳奇峰
200510041630	即溶膜封装的粉剂创伤贴及其制备方法	西北大学	郝保华,刘建利,等
200510041957	治疗急性发作期支气管哮喘的中成药物	陕西天禄堂制药有限责任公司	郝朝军
200510044765	一种由北豆根与新鱼腥草素钠制成的药物组合物	山东轩竹医药科技有限公司	蔡军
200510044766	一种复方北豆根药物组合物	山东轩竹医药科技有限公司	蔡军
200510044767	一种具有抗菌消炎作用的药物组合物	山东轩竹医药科技有限公司	蔡军
200510044771	一种用于抗感染、抗病毒、解热的药物组合物	山东轩竹医药科技有限公司	蔡军
200510044997	原儿茶醛的医药新用途	山东绿叶天然药物研究开发有限公司	蒋王林,岳喜典,等
200510045760	天然产物桑皮苷的新用途	沈阳药科大学	邱峰
200510047044	吗啉甲基萘满酮用于制备平滑肌解痉剂的用途	沈阳药科大学	付守廷,胡春,等
200510047311	一种防治小儿反复呼吸道感染的中药及其生产方法	辽宁中医学院	宋铁玎

续表

申请号	名称	申请单位	发明人
200510051460	吡唑并[4,3-c]喹啉-3-酮化合物、其制备方法及其应用	中国人民解放军军事医学科学院毒物药物研究所	李伟章,王好山,等
200510055345	一种千金藤素口腔崩解片及其制备方法	北京科信必成医药科技发展有限公司	蒋海松,王锦刚
200510057203	用于日化用品的纳米级脂质体乳酸铝添加剂	重庆师范大学	徐红,陈新,等
200510059978	发酵乳酸杆菌GM-090及其在生产刺激INF-γ分泌及/或治疗过敏的药物中的用途	景岳生物科技股份有限公司	许清祥,吕英震
200510060463	一种隐孔菌多糖及其制备与应用	杭州赐富生物技术有限公司,柯传奎,杨勇杰	柯传奎,杨勇杰,等
200510061013	一种含延胡索酸泰妙菌素的固体分散体及制备方法	浙江升华拜克生物股份有限公司	沈德堂,储消和,等
200510071111	一种止咳祛痰滴丸及其制备方法	北京正大绿洲医药科技有限公司	曲韵智
200510071116	蒲公英滴丸及其制备方法	北京正大绿洲医药科技有限公司	曲韵智
200510072179	勒马回滴丸及其制备方法	北京正大绿洲医药科技有限公司	曲韵智
200510072180	速效牙痛滴丸及其制备方法	北京正大绿洲医药科技有限公司	曲韵智
200510072563	疤痕软膏	中国科学院新疆理化技术研究所	巴杭,阿吉艾克拜尔·艾萨,等
200510073401	一种治疗过敏性鼻炎的中药组合物及其制备方法	成都华神集团股份有限公司制药厂	万方,熊大经
200510075163	一种退黄保肝的舒肝宁滴丸及其制备方法	北京正大绿洲医药科技有限公司	曲韵智
200510075164	一种治疗肝炎的清肝滴丸及其制备方法	北京正大绿洲医药科技有限公司	曲韵智
200510075169	一种治疗肝病的肝净滴丸	北京正大绿洲医药科技有限公司	曲韵智
200510076631	耻垢分枝杆菌制剂及其应用	中国药品生物制品检定所	王国治,徐苗,等
200510077550	含有氨溴索和厄多司坦或乙酰半胱氨酸的药物组合物及其应用	江苏恒瑞医药股份有限公司	孙飘扬,袁开红
200510078234	复方甘草包衣片剂	贵阳云岩西创药物科技开发有限公司	周霞
200510078235	复方甘草滴丸制剂及其制备方法	贵阳云岩西创药物科技开发有限公司	于文凤
200510081447	白三烯素拮抗剂口服液组成	晟德大药厂股份有限公司	张琴音
200510088706	细辛脑滴丸及其制备方法	北京科信必成医药科技发展有限公司	王锦刚
200510090171	一种茶碱的壳聚糖微球缓释制剂及其制备方法	中国科学院过程工程研究所	李巧霞,宋宝珍
200510090624	一种含有两种药物活性成分的渗透泵控释制剂及其制备方法	西安东盛集团有限公司	姬海红,王秀华,等
200510093353	户尘螨的培养收集及其过敏原诊断和治疗制剂的制备方法	中国医学科学院北京协和医院	孙劲旅,张宏誉,等
200510094106	银杏内酯K及其复合物及其制备方法与用途	江苏康缘药业股份有限公司	肖伟,戴翔翎,等
200510095149	土茯苓总苷提取物及其制备方法和用途	南京大学	陈婷,徐强,等

续表

申请号	名称	申请单位	发明人
200510096039	聚桂醇注射液及其制备方法	陕西天宇制药有限公司	杨军营
200510102432	含有人干扰素的药物组合物	北京金迪克生物技术研究所,北京远策药业有限责任公司	候云德
200510102773	一种脾提取物、其制备方法及其用途	多布瑞菲医药有限公司	郭智华
200510106108	供静脉用异甘草酸镁制剂及其制备方法	江苏正大天晴药业股份有限公司	晏彩霞,蔡紫阳,等
200510106109	异甘草酸镁的口服制剂及其制备方法	江苏正大天晴药业股份有限公司	张来芳,夏春光,等
200510106110	异甘草酸镁外用制剂及其制备方法和应用	江苏正大天晴药业股份有限公司	程艳菊,张来芳,等
200510110021	粘质沙雷氏菌菌苗在制备治疗支气管哮喘药物中的应用	中国人民解放军海军医学研究所	靳小青,何晓文,等
200510110121	治疗咳喘的中药组合物	上海中医药大学	王忆勤,燕海霞,等
200510110142	用于治疗过敏性疾病的药物组合物及其制备方法	浙江我武生物科技有限公司	胡赓熙
200510110977	一种调节黄芩提取物中黄芩苷和黄芩素成分比例的方法	上海市中药研究所	张国明,徐晓英,等
200510111011	粘质沙雷氏菌菌苗在制备治疗肺纤维化药物中的应用	中国人民解放军海军医学研究所	靳小青,何晓文,等
200510111463	含普拉洛芬的复方非载体抗菌眼用制剂及其制备方法	信谊药厂	朱正鸣,乌旭琼,等
200510117119	一种治疗上呼吸道感染的药物及其制备方法	北京羚锐伟业科技有限公司	张军兵,汪平,等
200510122784	水蛭素干粉吸入剂及其制备方法	南京中医药大学	付廷明,郭立玮,等
200510122992	一种治疗哮喘的中药贴膏剂及其制备方法	南京中医药大学	狄留庆,许济群,等
200510131121	氨溴索或其盐和抗感染药物的组合物	山东轩竹医药科技有限公司	黄振华
200510132381	一种过敏性反应抑制剂	中国农业大学	王宾,俞庆龄,等
200510132511	一类水飞蓟宾类黄酮木脂素及其制备方法和用途	浙江海正药业股份有限公司	赵昱,陶巧凤,等
200510136057	一种鼻烟气雾剂	天津市希勒玛生物科技有限公司	马卫东,张松贞,等
200510200032	一种中药组合物及其制备方法和有效成分的检测方法	北京凯瑞创新医药科技有限公司	胥明
200510200483	克咳制剂及其制备方法	贵州益佰制药股份有限公司	叶湘武,江帆,等
200510200601	治疗呼吸道系统疾病的中药制剂及其制备方法	贵州和仁堂药业有限公司	郭宗华
200510200610	治疗咽喉炎的药物制剂及其制备方法	浙江大德药业集团有限公司	陈法贵,徐丽君
200580002701	T细胞免疫反应抑制剂	中国农业大学	王宾,俞庆龄,等
200580031596	红球姜的抗超敏炎症和抗敏活性	福生生物科技股份有限公司	林忠宗,庄秀琪,等
200610002651	一种治疗病毒性上呼吸道感染的药物组合物及其制备方法	山西亚宝药业集团股份有限公司	任武贤,李亚政,等
200610002652	一种抗病毒药物组合物及其制备方法	亚宝药业集团股份有限公司	任武贤,李亚政,等

续表

申请号	名称	申请单位	发明人
200610007904	一种具有止咳、祛痰、消炎作用的药物组合物及其制备工艺	北京华医神农医药科技有限公司	屠鹏飞，蔡世珍，等
200610010797	一种治疗喘咳的中药组合物及其制备方法	云南云河药业有限公司	刘剑，张嘉硕，等
200610010908	精制多价抗蛇毒冻干血清的方法	成都军区疾病预防控制中心昆明军事医学研究所	范泉水，王双印，等
200610010933	精制多价抗蛇毒冻干血清及使用方法	成都军区疾病预防控制中心军事医学研究所	范泉水，王双印，等
200610010940	治疗呼吸道相关疾病的药物及其制备方法和应用	中国科学院昆明植物研究所，云南省药物研究所	罗晓东，尚建华，等
200610010941	治疗呼吸道相关疾病的药物及其应用	中国科学院昆明植物研究所，云南省药物研究所	罗晓东，尚建华，等
200610010988	一种美观抗碎的三七总皂苷冻干粉针剂及其制备方法	昆明制药集团股份有限公司	杨兆祥，普俊学，等
200610013798	促渗形巴布剂基质	天津宝康科技发展有限公司	马秀奎
200610014208	一种银杏内酯冻干粉针剂及其制备方法	天津天士力之骄药业有限公司	叶正良，郑永锋，等
200610014579	含盐酸氨溴索与沙丁胺醇活性成分的口服固体制剂	天津康鸿医药科技发展有限公司	郭嘉林，邹美香，等
200610014889	治疗支气管哮喘的组合物	南开大学	白钢，杨洋，等
200610016614	紫杉醇高分子键合药的冻干粉注射剂	中国科学院长春应用化学研究所	景遐斌，李汉蕴，等
200610016659	稀土杂多化合物抗病毒药物	吉林大学	李娟，韩正波，等
200610018317	止咳化痰的中药制剂及其生产方法	广西金页制药有限公司	邓权艳
200610019232	亲水性凝胶透皮贴片及其制备方法	武汉市海格尔科技有限公司	曾婕，王海波
200610021011	一种治疗呼吸道病毒感染的药物组合物及其制备方法和用途	成都中医药大学	王飞，张廷模，等
200610021409	一种外用止痛止血制剂及其制备方法	西藏央科生物科技有限公司	赵辉
200610021964	一种治疗鼻炎的药物及其制备方法	成都南山药业有限公司	米军，夏隆江，等
200610023159	尘螨合剂	浙江我武生物科技有限公司	胡赓熙
200610024272	治疗咳喘病的地龙酸性部位药及其制备方法	上海交通大学	贾伟，徐朝晖，等
200610024750	白薇总皂苷及其皂苷化合物在抗炎药物中的应用	中国人民解放军第二军医大学	张卫东，郑兆广，等
200610025738	一种治疗哮喘的复方中药颗粒剂	复旦大学	裴元英，任飞亮
200610028554	注射用紫杉醇冻干乳剂及其制备方法	中国科学院上海药物研究所	李亚平，陈伶俐，等
200610029475	美洲一枝黄花总黄酮提取物及其制备方法和用途	上海林赛娇生物科技发展有限公司	郑榕，秦路平，等
200610030129	苦参方凝胶剂及其制备方法	中国人民解放军第二军医大学	胡晋红，彭程，等
200610030357	取代-1H-吲哚类化合物、其制备方法、其应用及其药物组合物	中国科学院上海药物研究所	柳红，蒋华良，等
200610031240	一种治疗变态反应性鼻炎的药物的制备方法	长沙御仁堂药物开发有限公司	张佑平，朱豫强，等

续表

申请号	名称	申请单位	发明人
200610033698	猴耳环提取物的新用途	广州莱泰医药科技有限公司	吴蓉蓉，黄杰昌，等
200610034964	重组免疫治疗蛋白及其表达方法与应用	广州医学院第二附属医院	陶爱林
200610038922	可用于静脉途径给药的硫酸软骨素及其制备方法	南京长澳医药科技有限公司	李战
200610040788	含有曲尼司特的滴眼液及其制备方法	中国药科大学制药有限公司	王强
200610043503	乙酰半胱氨酸或其药用盐和细辛脑的药物组合物	山东轩竹医药科技有限公司	黄振华
200610043586	乙酰半胱氨酸或其盐和抗感染药物的组合物	山东轩竹医药科技有限公司	黄振华
200610043851	麦冬和细辛脑的药物组合物	山东轩竹医药科技有限公司	黄振华
200610043935	含有茶碱类药物和维生素K的药物组合物	鲁南制药集团股份有限公司	赵志全
200610044416	槲皮素固体脂质纳米粒制剂及其制备方法	山东大学	翟光喜，李厚丽，等
200610047132	清肺利咽止咳糖浆	辽宁中医药大学附属医院	王文萍
200610047837	一种盐酸川丁特罗气雾剂	锦州九泰药业有限责任公司	李志清，杜桂杰，等
200610048586	地塞米松磷酸钠注射液	天津药业集团新郑股份有限公司	周遂成，陈智锋
200610050632	一种用于烧、烫伤治疗及祛痘产品的中药组合物及其制备方法	杭州迪康生物技术有限公司	方嘉坚
200610054045	一种含IgY及钾盐、锶盐添加组合物的免疫抗过敏口腔用品及其制备方法	重庆登康口腔护理用品股份有限公司	韩泰军
200610065714	一种药物组合物及其制备方法和制药用途	北京采瑞医药科技有限公司	王莲芸，张建军，等
200610072886	鸦胆子油纳米乳在制备胃肠粘膜保护剂中的应用	首都医科大学附属北京友谊医院	于中麟，姚崇舜，等
200610076153	一种治疗温毒型上呼吸道感染的药物及制备方法	深圳市齐旺投资有限公司	曲敬来，温纯青，等
200610082246	奥扎格雷鸟氨酸盐及其注射剂型	沈阳药科大学	王东凯
200610088005	一种治疗冠心病心绞痛的中药复方巴布剂及其制备方法	南京中医药大学	朱华旭，潘林梅，等
200610090242	旋光活性的苯乙醇胺类化合物及其制法	沈阳药科大学	程卯生，潘莉，等
200610092037	细辛脑亚微乳制剂及其制备方法	中国医学科学院药物研究所	刘玉玲，陈伟，等
200610097524	青霉素V钾分散片及其制备方法	上海中瀚投资集团宁国邦宁制药有限公司	陈国毅，张和平，等
200610099362	一种药物组合物及其制备方法	厦门臻琪投资管理有限公司	王秉岐
200610104857	商陆总苷元的制备及在镇咳祛痰药物中的应用	西北大学	孙文基，姚烁，等
200610113969	一种治疗小儿哮喘的药物及其制备方法	北京羚锐伟业科技有限公司	张军兵，王红霞，等
200610114102	地奈德环糊精包合物及其制备方法	重庆华邦制药股份有限公司	吴应纯，李永胜，等

续表

申请号	名称	申请单位	发明人
200610118569	复方醋酸曲安奈德溶液生产工艺	上海新亚药业闵行有限公司	赵东明，王佩芳，等
200610118774	梅树提取物及其制备方法和用途	杭州尤美特科技有限公司，新时代健康产业（集团）有限公司	张英，陆柏益，等
200610118973	一种治疗痛经的亲水性巴布剂	中国人民解放军第二军医大学	高申，王斐，等
200610119578	一种减少肝内脂肪沉积和减轻肝细胞脂肪变性的复方制剂	上海莱博生物科技有限公司，徐列明	徐列明
200610125353	手性二苯甲基哌嗪衍生物及其制备方法	广西大学	王立升，朱红元，等
200610128294	从东紫苏中提取木犀草素-7-O-β-D-葡萄糖苷的方法	河南大学	赵东保，刘绣华，等
200610129483	一种治疗上呼吸道感染的无糖复方中药制剂及其质量控制方法	天津中新药业集团股份有限公司乐仁堂制药厂	凌宁生，杨瑾，等
200610129974	一种用于治疗过敏性疾病的滴丸及其制备方法	天津天士力制药股份有限公司	李永强，郑永锋
200610130517	清热解毒抗炎消肿的中药组合物及其制备方法	天津中新药业集团股份有限公司	潘勤，闫晓楠，等
200610131690	两亲性三嵌段共聚物——紫杉醇键合药及其合成方法	中国科学院长春应用化学研究所	景遐斌，谢志刚，等
200610134710	一种治疗皮肤病的中药及其制备方法	沈阳澳华制药有限公司	方冰，王刚
200610136992	一种山豆根提取物的精制工艺	湖南康普制药有限公司，周应军	周应军，潘善庆，等
200610140388	一种中药外用膏剂的基质及其制备工艺	四川贝力克生物技术有限责任公司	阙文彬，廖立东，等
200610140853	具有抗流感病毒的含CpG单链脱氧寡核苷酸	长春华普生物技术有限公司	王丽颖，包木胜，等
200610143008	祛痰平喘药及其制备方法	宁夏金太阳药业有限公司	张启文，张军龙
200610145385	盐酸左西替利嗪的外用制剂	鲁南制药集团股份有限公司	赵志全
200610145386	非索非那定的外用制剂	鲁南制药集团股份有限公司	赵志全
200610145845	一种用于抗病毒的抗病毒药物	北京因科瑞斯生物制品研究所	张保献
200610146206	一种重组人促红细胞生成素的药物注射剂	山东科兴生物制品有限公司	于萍，李庆河，等
200610152800	一种含青蒿素或其衍生物的经皮给药制剂及其制药用途	北京中研同仁堂医药研发有限公司	叶祖光，王乃婕，等
200610154625	一种染发剂	浙江欧诗漫集团有限公司	沈志荣，张丽华，等
200610155375	杨梅核中总黄酮的提取方法	浙江大学	石伟勇，倪亮，等
200610156367	改善肠道功能的冷饮产品	内蒙古伊利实业集团股份有限公司	温红瑞，张冲，等
200610161080	抗病毒中药制剂及其制备方法和质控方法	北京奇源益德药物研究所	于文风
200610161361	一种氯雷他定口腔速溶膜及其制备方法	江苏奥赛康药业有限公司	叶东，袁玉，等
200610165397	含有硫酸沙丁胺醇和盐酸氨溴索的液体组合物	北京德众万全药物技术开发有限公司	袁筝
200610200297	沙棘制剂及其制备方法	陕西海天制药有限公司	王春

续表

申请号	名称	申请单位	发明人
200610200400	治疗上呼吸道感染等疾病的药物制剂的检测方法	贵阳云岩西创药物科技开发有限公司	周霞
200610200410	风热清制剂及其制备方法和检测方法	四川省新鹿药业有限公司制药厂	夏万平
200610200926	吉祥草提取物及其制备方法、药物组合物和用途	贵州师范大学	周欣，赵超，等
200620036640	敷药胶贴	四川三和医用材料有限公司	梁旭
200620138259	一种改善鼻腔通气性能的通气鼻贴	成都通加健康科技有限公司	陈耀明，陈伟
200710014271	一种用于治疗皮肤过敏性疾病的药物组合物	鲁南制药集团股份有限公司	赵志全
200710018471	中药植物商陆提取物的生产工艺	陕西同康药业有限公司	曹永刚，张晓兰
200710019336	聚乙二醇-磷脂酰乙醇胺聚合物或它的药用酸加成盐及在制药中的应用	东南大学	吉民，顾宁，等
200710019642	不含抑菌剂的注射用水溶性维生素组合物冻干制剂	华瑞制药有限公司	马涛
200710020417	中药巴布剂基质	江苏七〇七天然制药有限公司	耿同全，汤为民，等
200710022779	喜树果提取物喜果苷的用途及制剂	江苏康缘药业股份有限公司	肖伟，戴翔翎，等
200710024811	白花前胡总香豆素作为治疗呼吸道疾病药物的应用	中国药科大学	孔令义，吴斐华，等
200710025026	一种预防呼吸道病毒感染性疾病的中药制剂和制备方法	南京中医药大学	杨进，龚婕宁，等
200710027452	香砂养胃丸的应用	广东药学院	郭姣，程靖，等
200710027455	一种治疗变应性鼻炎的制剂	广东药学院	郭姣，程靖，等
200710029816	一种五指毛桃提取物及其制备方法和用途	河源市金源绿色生命有限公司	陈振权，杨燕军，等
200710036207	一种治疗抑郁症的亲水性巴布剂	中国人民解放军第二军医大学	高申，杨鹏，等
200710036208	苦参碱微乳	中国人民解放军第二军医大学	胡晋红，赵永哲，等
200710037064	用于止痒的中药组合物、其制备方法以及应用	上海家化联合股份有限公司	祝乐，程康，等
200710037549	盐酸克仑特罗双层缓释片及其制备方法	中国科学院上海药物研究所	李亚平，顾王文，等
200710038976	一种治疗小儿上呼吸道感染的药物及其制备方法	上海市儿童医院	陈志平，李江奇，等
200710043451	柴胡总多糖在制备防治系统性红斑狼疮药物中的用途	复旦大学	陈道峰，力弘，等
200710043452	杜仲总多糖在制备防治系统性红斑狼疮药物中的用途	复旦大学	陈道峰，朱红薇，等
200710045362	复方曲尼斯特口腔崩解片制剂及其制备方法	上海新康制药厂	张华，刘瑶，等
200710055803	板蓝根茶及其制备方法	修正药业集团股份有限公司	高文功，高陆，等
200710055805	一种清肺茶及其制备方法	修正药业集团股份有限公司	高文功，高陆，等
200710056333	色甘酸钠凝胶滴眼液及制备工艺	吉林大学	滕利荣，程瑛琨，等

续表

申请号	名称	申请单位	发明人
200710058340	甲泼尼龙及其衍生物在制备治疗变应性鼻炎的药物中的应用	天津药业集团有限公司	郝于田,陈松,等
200710058347	一种用于治疗呼吸道疾病的药物组合物	天津药业集团有限公司	郝于田,张乐,等
200710060190	一种散风解表清热解毒的中药组合物及其制备方法	天津中新药业集团股份有限公司达仁堂制药厂	李燕钰,金兆祥,等
200710063167	一种治疗哮喘或鼻炎的药物组合物及其制备方法	北京采瑞医药科技有限公司	王莲芸,张建军,等
200710063724	一种治疗咳嗽哮喘的中药组合物	中国药品生物制品检定所	林瑞超,王钢力,等
200710065296	党参黄芪组合物的制药用途	丽珠集团利民制药厂	刘东来
200710065389	一种 IL-4R 拮抗剂以及产生所述 IL-4R 拮抗剂的微生物	中国医学科学院医药生物技术研究所	李元,吴剑波,等
200710065502	一种治疗荨麻疹的中药汤剂	北京艺信堂医药研究所	王信锁
200710065503	一种治疗荨麻疹的中药汤剂	北京艺信堂医药研究所	王信锁
200710065835	一种治疗皮肤病和美容的药物及其制备方法	云南明镜制药有限公司	周志宏,梅艳,等
200710067415	一种治疗支气管哮喘的纯中药制剂	浙江康德药业集团有限公司	胡增仁,冯荣权,等
200710071444	依匹斯汀的化学合成方法	杭州龙山化工有限公司	王彬峰,谭忠宇
200710074170	地氯雷他定包衣片剂及其制备方法	深圳信立泰药业股份有限公司	谭岳尧,叶澄海
200710076522	含伪麻黄碱胶囊剂及其制备方法	深圳致君制药有限公司	闫志刚,曾环想,等
200710077876	哮喘片的检测方法	贵州省科晖制药厂	刘文炜,高玉琼,等
200710078003	一种治疗痤疮和湿疹的中药软膏剂及其制备与检测方法	佳程药业(贵州)有限责任公司	张宇航
200710086630	糖皮质激素类药物的微乳型鼻腔用制剂	北京亚欣保诚医药科技有限公司	孙亚洲,蒋曙光
200710090655	VEGF 受体融合蛋白在制备治疗与血管生成有关的疾病中的应用	成都康弘生物科技有限公司	俞德超,陈川
200710093114	从茶叶中制备甲基化儿茶素的工艺方法	西南大学	龚正礼,罗正飞,等
200710094089	高纯度连翘酯苷在制备抑菌、抗病毒药物中的应用	山东新时代药业有限公司	玄振玉,王勇
200710098253	甘草酸的生物提取方法	重庆立克生物技术有限公司	吴力克
200710099394	一种注射用血塞通冻干粉针制剂的制备方法	黑龙江省珍宝岛制药有限公司	方同华,周雪峰,等
200710099507	一种清热、解毒、消炎的中药颗粒剂及其制备方法	北京亚东生物制药有限公司	付立家,付建家
200710111253	一种青藤碱结构改造化合物及其制备方法	湖南正清制药集团股份有限公司	吴飞驰,冯孝章,等
200710113176	一种用于治疗皮肤过敏性疾病的外用药物组合物	鲁南制药集团股份有限公司	赵志全
200710121853	7-羟基-3-[(4-羟基)-3-(3-甲基-丁基-2-烯基)苯基]-4H-1-苯并吡喃-4-酮的用途	北京珅奥基医药科技有限公司	孟坤,李靖

续表

申请号	名称	申请单位	发明人
200710122490	治疗咳喘病的中药组合物及其制备方法和质量控制方法	北京亚东生物制药有限公司	付立家,付建家
200710132670	治疗呼吸系统疾病的药物组合物及其制备方法	中国药科大学	杨中林
200710132700	异甘草酸或其盐在制备治疗过敏性鼻炎药物中的应用	江苏正大天晴药业股份有限公司	沈军,徐宏江,等
200710134535	噻托溴铵吸入用干粉组合物	江苏正大天晴药业股份有限公司	董平,谢华,等
200710139255	一种治疗鼻炎的药物及其制备方法	山西医科大学第二医院	全国梁,马华,等
200710151969	复方甘草酸苷滴丸及其制备方法	北京华睿鼎信科技有限公司,湖南明瑞医药有限责任公司	常珍,蔡辉,等
200710157595	一种清肺合剂及其制备方法	鞍山钢铁集团公司	张家齐,白晨,等
200710163996	ω-3多不饱和脂肪酸丹参酮ⅡA亚微乳及其制备方法	浙江九旭药业有限公司	李宏,侯文阁,等
200710166654	含盐酸假麻黄碱及盐酸希提瑞立的口服微粒	永胜药品工业股份有限公司	廖大平
200710168526	一种依巴斯汀固体口服制剂及制备方法	湖北丽益医药科技有限公司	樊迎春,陈历胜,等
200710169060	一种治疗湿疹尤其是耳部湿疹的中药散剂	南昌市第三医院	余仲甫,佟继红,等
200710170585	槐杞黄颗粒及其制备方法和制药用途	启东盖天力药业有限公司	徐无为,陆正鑫
200710173408	天花粉蛋白衍生肽及其应用	上海交通大学医学院	周光炎,路丽明,等
200710175987	7-羟基-3-[(4-羟基)-3-((E)-3,7-二甲基-辛基-2,6-二烯基)苯基]-4H-1-苯并吡喃-4-酮的用途	北京珅奥基医药科技有限公司	李靖,孟坤
200710176629	2′,2′-二甲基-2′H,4H-3,6′-二苯并吡喃-4-酮在制备抗肿瘤药物中的用途	北京珅奥基医药科技有限公司	李靖,孟坤
200710176784	一种药物组合物滴丸的制备方法和质量检测方法	江苏康缘药业股份有限公司	萧伟,戴翔翎,等
200710177628	二氢苯并吡喃酮类化合物及其用途	北京珅奥基医药科技有限公司	李靖,孟坤
200710178553	一种注射用三七总皂苷冻干粉针制剂及其制备方法	黑龙江珍宝岛药业股份有限公司	方同华,周雪峰,等
200710179671	(E)-1-(2,4-二羟基-5-(3-甲基-丁基-2-烯基)苯基)-3-(4-羟基苯基)丙烯-2-酮-1在药物中的应用	北京珅奥基医药科技有限公司	李靖,孟坤
200710193718	一种抗炎抗病毒的药物组合物,其制备方法和应用	河北智同医药控股集团有限公司	刘衡,何庆国,等
200710200414	一种治疗上呼吸道感染的中药制剂及其制备方法	贵阳医学院	王永林,王爱民,等
200710201756	苦豆子提取物及其生产方法和应用	新疆维吾尔自治区药物研究所	黄华,顾政一,等
200710203045	一种治疗皮肤病的药物制剂及其制备方法	贵阳春科药业技术研发有限公司	周强,王利平,等

续表

申请号	名称	申请单位	发明人
200710203380	雪莲提取物及其生产方法	新疆维吾尔自治区药物研究所	邢建国,何承辉,等
200710300317	一种治疗湿疹皮炎、荨麻疹等各种瘙痒性皮肤病的中药制剂	长春同春堂皮肤病医院	刘辉
200710308067	一种中药薰香组合物及其香囊和熏蒸液	浙江省中医院	陈华,陈蓉蓉,等
200720083330	全方位弹性圆角型贴膏剂	湖北康源药业有限公司	邢锡琪
200720187201	氯雷伪麻双释胶囊	北京星昊医药股份有限公司	张明,熊国裕,等
200780039276	用于治疗与雌激素受体相关的疾病的化合物和方法	盛诺基医药科技有限公司	李靖,孟坤
200810004876	用于抗过敏症状的微生物株、其组合物和以此微生物株刺激细胞产生干扰素-γ的方法	光晟生物科技股份有限公司	许清祥,赖订颖,等
200810010807	一种治疗哮喘病的药物	辽宁省中医药研究院	郭振武,乔世举,等
200810020305	愈创木烷型倍半萜、其制备方法及其医药用途	中国药科大学	汪豪,熊非,等
200810020831	一种治疗哮喘的中药复方挥发油部位及其制备方法	南京中医药大学	范欣生,唐于平,等
200810026057	一种含有盐酸依匹斯汀的抗过敏组合物	广东一品红药业有限公司	王勇
200810026915	一种治疗呼吸道疾病的中药及其制备方法	广州潘高寿药业股份有限公司	刘振民,胡燕,等
200810027290	一种治疗过敏性鼻炎的复合鼻腔制剂	广东药学院	程靖,刘俊捷
200810028138	一种功能性化妆品添加剂及其制备方法	广州市薏莉雅生物技术开发有限公司	岑叶卫,阮莉姣,等
200810032639	一全人源重组抗-IgE抗体	中国医药集团总公司四川抗菌素工业研究所	王明蓉,张勇侠,等
200810033452	具有相转变性质的扎那米韦鼻用原位凝胶剂及其制备方法	中国科学院上海药物研究所	甘勇,甘莉,等
200810033619	龙葵提取物、其制备方法及其药物用途	上海海天医药科技开发有限公司	王妍,秦继红
200810033621	黄果茄提取物、其制备方法及其药物用途	上海海天医药科技开发有限公司	秦继红
200810034959	一种防治支气管哮喘的中药制剂及其制备方法	上海中医药大学	郭忻,魏莉,等
200810035186	吡唑类5-脂氧酶小分子抑制剂及其制备方法、药物组合物和应用	中国科学院上海药物研究所	柳红,蒋华良,等
200810036952	用于治疗哮喘的植物提取物吸入气雾剂及制备方法	浙江省中药研究所有限公司,上海医药工业研究院	杨苏蓓,闻聪,等
200810038506	一种注射制剂用水溶性银杏叶提取物的制备工艺	上海信谊百路达药业有限公司	胡林森
200810039032	一种替尼泊苷磷脂复合物的脂质体制剂及其制备方法	中国人民解放军第二军医大学	陈建明,张扬,等
200810039965	一种醋酸曲安奈德微粒及其制备方法和药物组合物	上海通用药业股份有限公司	陈伟,贺明源

续表

申请号	名称	申请单位	发明人
200810041170	含依托泊苷的海藻酸钠微球血管栓塞剂及制备方法与用途	北京圣医耀科技发展有限责任公司	李新建,洪宏
200810041865	多西他赛长循环固体脂质纳米粒及其制备方法	中国科学院上海药物研究所	李亚平,陈伶俐,等
200810043031	治疗喘息性支气管炎和支气管哮喘的组合物及其制备方法	上海玉森新药开发有限公司	胡惠平
200810046289	一种可口服或含化的抗病毒药——利巴韦林片及其生产方法	四川美大康药业股份有限公司	余定祥
200810047840	融合蛋白 Penharpin 及制备方法和用途	武汉大学	徐进平,孟小林,等
200810048346	治疗咽炎的中药雾化剂及其制备方法	江汉大学	祁友松
200810050407	高分子键合阿霉素药、其纳米胶囊及制备方法	中国科学院长春应用化学研究所	景遐斌,胡秀丽,等
200810050849	一种抗病毒金银花中药复方制剂及制备工艺	吉林省通化振国药业有限公司	王振国,王振贤
200810050958	辛夷挥发油鼻喷剂	吉林省辉南天泰药业股份有限公司	王晓华,付雅彬,等
200810051031	一种治疗上呼吸道感染的药物组合物	吉林华康药业股份有限公司	朱继忠,刘传贵,等
200810052996	丹参总酚酸对微循环障碍引发的疾病的预防和治疗	天津天士力制药股份有限公司	韩晶岩,杨继英,等
200810059137	一种壳聚糖/聚乙烯醇复合巴布剂基质及其制备方法	浙江大学	胡巧玲,崔玮
200810061131	一种复方当归制剂及制备方法和用途	浙江大学	周长新,吴理茂,等
200810062533	胸腺肽 β4 在制备防治支气管哮喘药物中的应用	浙江省中医药研究院	朱婉萍,孔繁智
200810085072	2-[六氢吡啶基]甲基-2,3-二氢咪唑[1,2-c]喹唑啉-5(6H)-酮的用途	财团法人医药工业技术发展中心	柯逢年,古源翎
200810089446	一种治疗支气管哮喘的药物及其制备方法	河北以岭医药研究院有限公司	吴以岭,刘敏彦,等
200810101258	口服抗过敏复方药物组合物	重庆华邦制药股份有限公司	况娇,张琼,等
200810101554	一种治疗湿疹的药物组合物及其制备方法和用途	四川宝鼎香中药科技开发有限公司	赵军宁,杨安东
200810102253	治疗小儿外呼吸道感染的中药制剂的制备方法	北京亚东生物制药有限公司	付立家,付建家
200810103172	一种治疗哮喘的中药组合物及其制备方法	北京因科瑞斯医药科技有限公司	申春悌
200810118918	一种酞丁安/达克罗宁的复方局部用制剂	北京天川军威医药技术开发有限公司	高永良,李志红,等
200810121327	甘草皂苷及其制备方法和应用	杭州市第六人民医院	茹仁萍,娄国强,等
200810124406	复方南星止痛膏巴布剂组合物及其制备方法	江苏南星药业有限责任公司	夏月,殷书梅,等
200810132838	作为蛋白激酶抑制剂和组蛋白去乙酰化酶抑制剂的 2-吲哚满酮衍生物	深圳微芯生物科技有限责任公司	鲁先平,李志斌,等

续表

申请号	名称	申请单位	发明人
200810154395	一种可溶且稳定的替米考星组合物	天津瑞普生物技术股份有限公司	刘桂兰，刘爱玲，等
200810172685	一种治疗皮肤病的中药制剂及其制备方法	陕西东泰制药有限公司	罗川
200810177470	一种非注射用的基因治疗药物及其药盒	芮屈生物技术(上海)有限公司	裘建英，张云福
200810178189	异甘草酸镁乳膏制剂及其制备方法和应用	江苏正大天晴药业股份有限公司	程艳菊，张来芳，等
200810194443	一种治疗哮喘的中药组合物及其制备方法	常州善美药物研究开发中心有限公司，常州高新技术产业开发区三维工业技术研究所有限公司	方宝华，顾书华
200810198529	一种鼻腔表面制剂	广东药学院	程靖，黄嘉言
200810198593	哮喘宁片的质量控制方法	广州中一药业有限公司	庾燕珍
200810202611	一种盐酸赛庚啶乳膏剂及其制备方法	常州市第四制药厂有限公司	范新华，贺赟，等
200810212018	用于鼻腔给药的液体制剂及其制备方法	广州达信生物技术有限公司	阴元魁，雍智全，等
200810212019	用于眼部给药的液体制剂及其制备方法	广州达信生物技术有限公司	阴元魁，雍智全，等
200810215519	一种格列吡嗪肠溶制剂组合物及其制备方法	山东淄博新达制药有限公司	贺同庆，贾法强，等
200810225959	一种有抗炎抑菌作用的组合物	北京宏泰康达医药科技有限公司	张贵君，张春晖，等
200810225963	一种治疗鼻窦炎和过敏性鼻炎的中药组合物	北京宏泰康达医药科技有限公司	张贵君，刘春，等
200810226189	预防和/或治疗免疫相关疾病的抗活化态T细胞抗体疫苗	北京大学	高晓明，仲昭岩，等
200810226190	一种预防和/或治疗免疫相关疾病的T细胞组分疫苗	北京大学	高晓明，仲昭岩，等
200810227012	一种融合蛋白及其编码基因与应用	中国人民解放军军事医学科学院生物工程研究所	方宏清，李招发，等
200810232536	一种药物组合物在制备防治变态反应性疾病药物中的应用	山东步长制药有限公司	赵涛
200810232539	一种药物组合物在制备防治I型变态反应性疾病药物中的应用	陕西步长制药有限公司	赵涛
200810239323	一种植物抗敏剂及其制备方法	北京工商大学	董银卯，何聪芬，等
200810243631	抗上呼吸道感染的药物组合物及其制备方法和应用	江苏省中国科学院植物研究所	冯煦，赵兴增，等
200810304857	一种复方紫杉醇-鸦胆子油注射乳剂及其制备方法	重庆莱美药业股份有限公司	唐小海，谢永美，等
200910000860	一种双黄连液体制剂及其含量测定方法	哈尔滨珍宝制药有限公司	方同华，项彦华，等
200910004166	黄芩苷在制备保护靶器官药物中的用途	复旦大学附属华山医院	张新民，张卫东，等
200910008869	一种罗红霉素氨溴索分散片	海南康芝药业股份有限公司	洪江游，洪丽萍
200910011824	皮肤生理修复液及其制备方法	大连工业大学	黄德智，赵敬国，等

续表

申请号	名称	申请单位	发明人
200910013139	果胶多糖在制备抗过敏食品、药品或化妆品中的应用	辽宁大学	李拖平,李苏红,等
200910014117	一种西替利嗪伪麻黄碱缓释胶囊及其制备方法	青岛黄海制药有限责任公司	曹瑞山,吴康,等
200910015666	治疗免疫性不孕不育症的药物及其制备方法	平阴县中医医院	万兆玉,陈本刚,等
200910017862	氯雷他定氨溴索药物组合物及其脂质体固体制剂	海南永田药物研究院有限公司	王明
200910020988	一种治疗支气管哮喘的中药化合物及其制备方法	中国人民解放军第四军医大学,西安新润药业有限公司	王胜春,戚好文,等
200910022585	治疗上呼吸道感染的口服液	宝商集团陕西辰济药业有限公司	牛水平,张晓梅
200910026797	一种头孢美唑酸的组合物	苏州致君万庆药业有限公司	王磊,闫志刚,等
200910031701	一种预防和治疗流行性感冒的中药香囊及其制备方法	南京中医药大学	王旭东,沈健,等
200910034882	一种抗呼吸道病毒的中药组合物及其制备方法和应用	南京中医药大学	范欣生,俞晶华,等
200910036690	治疗急慢性鼻炎的药物及其制备方法和鼻腔送药器	广东顺峰药业有限公司,刘贤英	刘贤英
200910040995	了哥王提取物及其制备方法和用途	暨南大学	李药兰,岑颖洲,等
200910042330	一种治疗冠心病的药物及其制备方法	广州中医药大学	张敏州
200910044011	一种头孢西丁酸的组合物	长沙京天生物医药科技有限公司	周革文,唐蓓
200910048216	用于抗过敏护肤品的芳香植物提取液	上海交通大学	吴亚妮,姚雷,等
200910050391	治疗小儿反复呼吸道感染的植物药复方制剂及制备和应用	上海市中医医院	虞坚尔,吴杰,等
200910053693	一种亚洲璃眼蜱的组胺结合蛋白 HaHBP 的基因序列和重组表达与应用	中国农业科学院上海兽医研究所	周金林,李庄,等
200910055788	一种天然植物花椒提取物在制备抑制组胺释放的药物、化妆品及保健食品中的用途	上海汝莱芾生物科技有限公司,上海莱博生物科技有限公司,上海莱格生物科技有限公司,上海莱浦森生物科技有限公司,上海蔻漫生物科技有限公司	李成亮
200910059789	一种治疗湿疹皮炎的外用药物组合物及其制备方法	西藏自治区藏医院	占堆
200910064338	含环糊精或环糊精衍生物的抗肿瘤药2-甲氧基雌二醇注射剂	郑州大学	张正全,张振中,等
200910064368	一种治疗肺炎和上呼吸道感染的组合药物及其制备方法	南阳普康药业有限公司,邵建福	赵晴,李静仁,等
200910066836	一种治疗过敏性紫癜药物的配方及其制备方法	吉林天药现代中药科技有限公司	位鸿,陈声武,等
200910067318	一种用于治疗丘疹样荨麻疹的药物组合物	吉林紫鑫药业股份有限公司	郭春生,殷金龙,等

续表

申请号	名称	申请单位	发明人
200910068482	一种中药防敏润肌唇膏及其制备方法	天津中医药大学	夏庆梅,刘志东,等
200910068864	基于治未病和药食同源理论的防治哮喘的食疗制剂	天津太平洋制药有限公司,石学敏	石学敏,胡国强,等
200910069812	土槿乙酸及其衍生物在制备免疫抑制剂中的应用	中国人民武装警察部队医学院	李覃,陈虹,等
200910070151	新型外用辅料及其制备方法	天津京英透皮材料科技开发有限公司	闻建根
200910070618	关节炎膏	天津同仁堂集团股份有限公司	邵世宏,苗淑杰
200910070976	化妆品用组合物、含有该组合物的化妆品及其制备方法	天津郁美净集团有限公司	羡志明,董强,等
200910070978	人源基因工程抗体 TRD109 及其制备方法与应用	中国人民解放军军事医学科学院卫生学环境医学研究所	赵小玲,杨志华,等
200910071467	木豆叶单体成分木豆内酯在制备抗革兰氏阳性菌药物中的应用	东北林业大学,付玉杰	付玉杰,祖元刚,等
200910074188	一种洁阴洗液及其制备方法	山西大学	杜小花,周叶红,等
200910075484	一种富马酸依美斯汀缓释片及其制备方法	华北制药股份有限公司	刘书睿,路玉锋,等
200910075702	一种用于治疗热性支气管哮喘和慢性支气管炎的药物	山西振东制药股份有限公司	马文明
200910076609	一种治疗过敏性疾病的药物及其制备方法	北京新华联协和药业有限责任公司	乔秉善
200910081661	一种苯环喹溴铵定量吸入气雾剂及制备方法	北京银谷世纪药业有限公司,上海医药工业研究院,北京嘉事联博医药科技有限公司	金方,赵书强,等
200910084206	一种治疗哮喘的中药	北京绿源求证科技发展有限责任公司	刘新壮
200910085119	一种盐酸奥洛他定片及其制备方法和检测方法	北京四环科宝制药有限公司	张建立,曹相林,等
200910091682	一种含黄芪的药物组合物在制备治疗白细胞减少症、过敏性紫癜症的药物中的应用	黑龙江珍宝岛药业股份有限公司	方同华,项彦华,等
200910091766	诱导分泌表达生产重组葎草主要致敏蛋白 Hum j 3 的方法	中国医学科学院北京协和医院	尹佳,周俊雄,等
200910091824	一种免疫融合蛋白及其编码基因与应用	北京精益泰翔技术发展有限公司,百泰生物药业有限公司	胡品良,马金伟,等
200910093291	穿琥宁原位凝胶制剂及其制备方法	中国中医科学院中药研究所	王锦玉,仝燕,等
200910093703	一种治疗哮喘的中药	北京绿源求证科技发展有限责任公司	刘新壮
200910097489	甘草黄酮镇咳剂及应用	浙江大学	谢强敏,朱一亮,等
200910097491	甘草黄酮的药物用途	浙江大学	谢强敏,董新威,等
200910099414	非索非那定盐酸盐的合成方法	浙江大学宁波理工学院	骆成才,郑志利,等
200910099421	一种抗过敏药物非索非那定盐酸盐的制备方法	浙江大学宁波理工学院	骆成才,郑志利,等

续表

申请号	名称	申请单位	发明人
200910100317	一种丁香叶总环烯醚萜苷的制备方法及用途	浙江大学	刘欣,周长新
200910101468	一种防晒霜的制作方法	杭州六易科技有限公司	雷朝龙
200910109529	一种具有润肠通便及补益功能的组合物	顺天堂商业(深圳)有限公司	陈郑宇
200910114010	一种皮肤消毒剂及其制备方法	广西佳华医疗卫生用品有限公司	苏炫魁
200910114626	用于治疗哮喘性支气管炎的药物	桂林中族中药股份有限公司	唐小森
200910115695	一种中药炮制的方法	江西樟树天齐堂中药饮片有限公司	龚千锋,袁艳金,等
200910117450	一种从紫斑牡丹籽中提取α-亚麻酸制成软胶囊的方法	甘肃中川牡丹研究所	赵潜龙,王艳君,等
200910117638	伤湿止痛树脂贴及其制备	甘肃奇正藏药有限公司	朱永红,冯守强
200910118838	全叶芦荟胶	北京如日中天科技发展有限公司	刘朝晖
200910119661	一种具有治疗鼻炎作用的药物组合物及其制备方法	甘肃奇正藏药有限公司	白玛卓玛,朱建英
200910136621	一种羧甲基淀粉钠口服溶液及其制备方法	西安力邦制药有限公司	陈涛,胡惠静,等
200910138666	注射用盐酸多西环素的生产工艺	海口奇力制药股份有限公司	韩宇东,许礼贵
200910149474	一种提取银杏总萜内酯的方法及含有银杏总萜内酯的注射剂	山东新时代药业有限公司	赵志全,苏瑞强,等
200910152911	N-乙酰半胱氨酸盐木糖醇注射液及其制备方法和应用	杭州市第六人民医院	庄让笑,娄国强,等
200910154774	一种灵芝生物碱类物质指纹图谱鉴定方法	浙江工业大学	何晋浙,邵平,等
200910163045	户尘螨纯螨体变应原原材料的制备方法	北京新华联协和药业有限责任公司	牛占坡,王宁,等
200910167315	一种天麻素注射液及其制备方法	海南利能康泰制药有限公司	黄飞,龙娇,等
200910172981	盐酸奥洛他定分散片及其制备方法和检测方法	北京四环科宝制药有限公司	张建立,曹相林,等
200910177231	治疗咳嗽的药物组合物	贵州益佰制药股份有限公司	窦啟玲
200910183183	一种半枝莲制剂及其制备方法	扬州大学	胡荣,卜平,等
200910183742	大柴胡颗粒在制备治疗荨麻疹药物中的应用	南通精华制药股份有限公司	王兆龙,张志芬,等
200910186688	一种由防过敏剂和美白凝胶组成的组合产品及其制备方法	江西诚志日化有限公司	许海燕,夏美莲,等
200910187234	复方多烯紫杉醇脂微球注射液及其制备方法	辽宁万嘉医药科技有限公司	董英杰,艾莉,等
200910191573	Toll 样受体 9 阻断剂及应用	中国人民解放军第三军医大学第一附属医院	李彦,郑江,等
200910209504	一种聚乳酸-乙醇酸共聚物微球及其制备方法	无锡中科光远生物材料有限公司	韩志超,许杉杉,等
200910210379	通用的注射用重组人血清白蛋白融合蛋白制剂配方	北京美福源生物医药科技有限公司	于在林,富岩,等

续表

申请号	名称	申请单位	发明人
200910211263	一种治疗白脉病的鼻用制剂及其制备方法	甘肃奇正藏药有限公司	陈丽娟,张樱山,等
200910217835	一种具有清利咽喉和消肿止痛功效的药物组合物	吉林敖东延边药业股份有限公司	解钧秀,于江波,等
200910217838	7-羟基-2,6-二甲氧基-1,4-菲醌在制备抑菌药物中的应用	吉林大学	王放,刘金平,等
200910227910	一种治疗儿童慢性咳嗽、变应性鼻炎的药物及其制备方法	山西省针灸研究所	郝重耀,张天生,等
200910227911	一种治疗慢性、顽固性肺系疾病的药物及其制备方法	山西省针灸研究所	郝重耀,冀来喜,等
200910228685	一种驱蚊水	中国人民武装警察部队后勤学院	刘岱琳,陈虹,等
200910229196	治疗呼吸道疾病的中药组合物及其制备方法	天津中敖生物科技有限公司	陈庆忠,王斌,等
200910234314	黑胡椒提取物及其制备方法与在制备防治咳嗽药中的应用	江苏神华药业有限公司	石洪波
200910235486	一种治疗哮喘的中药	北京绿源求证科技发展有限责任公司	刘新壮
200910238092	一种治疗哮喘的中药	北京绿源求证科技发展有限责任公司	刘新壮
200910238357	一种治疗哮喘的中药	北京绿源求证科技发展有限责任公司	刘新壮
200910242153	一种治疗哮喘的中药	北京绿源求证科技发展有限责任公司	刘新壮
200910244932	麝香风湿跌打膏	天津同仁堂集团股份有限公司	张宝桐,张彦森
200910245193	沙丁胺醇修饰胍基化壳聚糖与制备方法和应用	天津大学,广州医学院	刘文广,孙鹏,等
200910250340	一种地塞米松磷酸钠冻干粉针剂的制备方法	马鞍山丰原制药有限公司	尹双青,刘永宏
200910250695	复方西替利嗪伪麻黄碱缓释片剂及其制备方法	扬子江药业集团有限公司,扬子江药业集团上海海尼药业有限公司	范文源,罗永慧,等
200910250892	基于 VSIG4 的模拟病毒及其制备方法和应用	中国人民解放军第三军医大学	杨瞾,吴玉章
200910258207	一种核黄素磷酸钠冻干粉针及其制备方法	海南利能康泰制药有限公司	张志宏,龙娇,等
200910261202	灵丹草油提取物、其制备方法、药物组合物及用途	云南盘龙云海药业有限公司	刘绍兴,高茗,等
200910307448	治疗咳嗽的药物组合物	贵州益佰制药股份有限公司	窦啟玲
200910308191	含有苦参素药物组合物在制备治疗疼痛药物中的应用	青岛启元生物技术有限公司	孙小杰,宋健,等
200910309643	一种用于清热解毒的注射液及其制备方法	郑州后羿制药有限公司	吴红云,李凤娟,等
200910309944	治疗前列腺炎的药物组合物及其制备方法	成都中医药大学	余成浩,林琪宇,等
200910312172	一种中药消炎滴丸	天津中天制药有限公司	李叔达

续表

申请号	名称	申请单位	发明人
200920222982	一种贴膏剂	甘肃奇正藏药有限公司	雷菊芳
201010101313	一种中药香囊及其制备方法	西安交通大学	王健生,王丽,等
201010102297	具有祛风除湿、消肿止痛的透皮贴剂及其制备方法	广西方略药业集团有限公司	杨进明,王德武,等
201010102358	具有清热解毒、祛痰止咳作用的中药组合物	肇庆星湖制药有限公司	肇康乐
201010119792	中草药护肤型天然抑菌洗手液及其制备方法	太原博义医药科技开发有限公司	刁海鹏,丁红,等
201010122029	一种治疗鲜红斑痣的药物组合物及其制备方法	中国人民解放军第三军医大学第三附属医院	孟德胜,卢来春,等
201010123686	一次性杀菌型医用超声耦合剂及其制备方法	苏州御芙蓉日化有限公司	张云飞
201010125508	口服用补肾健骨治疗药液及其生产方法	玉林市骨科医院	黎忠文,林琼芳,等
201010127015	一种岩白菜素、盐酸西替利嗪复方口服剂型	四川大学	黄园,李凤,等
201010135110	一株中华隐孔菌及其固体培养方法与应用	中国科学院微生物研究所	刘宏伟,张小青,等
201010135299	用于治疗口腔疾病的药物牙膏及其制备方法	天津天狮生物发展有限公司,天津天狮生物工程有限公司,天津天狮生命源有限公司,天津天狮集团有限公司	吴巧玲
201010137069	甲泼尼龙片剂及晶型与制备方法	天津金耀集团有限公司	孙亮,陈松,等
201010140385	一种药物组合物	黑龙江珍宝岛药业股份有限公司	方同华
201010146018	具有抗过敏作用的天然植物提取物的组合物及制法和用途	上海赛福化工发展有限公司	余涛
201010147659	地红霉素在制备治疗慢性非感染性呼吸道疾病药物的用途	湖北丝宝药业有限公司	周海波,朱强,等
201010154886	一种治未病的外用贴膏及其制作方法	浙江省中医院	宣丽华,丰素娟
201010163527	一种苹果总三萜的制备方法及用该方法制备的苹果总三萜	武汉大学	何祥久,胡慧,等
201010165556	一种刺五加提取物及其药物组合物	哈尔滨珍宝制药有限公司	方同华
201010171608	一种保湿化妆品及其制备方法	广州法施兰化妆品有限公司	蔡寒峰
201010178799	异荭草苷作为制备抗呼吸道合胞病毒的药物的用途	暨南大学	李药兰,叶文才,等
201010179259	一种苹果多酚的制备方法	西安应化生物技术有限公司	张小燕
201010190838	一种用于治疗复发性过敏性皮炎的中药组合物	兰州古驰生物科技有限公司	贾孝荣
201010190966	一种治疗婴幼儿哮喘的药物组合物及其制备方法和用途	成都中医药大学	刘小凡
201010192233	从疏枝刺柳珊瑚中提取出的咪唑类生物碱及其制备方法和应用	中国科学院南海海洋研究所	漆淑华

续表

申请号	名称	申请单位	发明人
201010192526	一种盐酸非索非那定与微晶纤维素组合物及其制备方法	西安万隆制药有限责任公司	郑方晔，刘护鱼，等
201010199027	治疗哮喘的药物组合物及其制备方法	吉泰安（四川）药业有限公司	方国璋，刘小彬
201010199247	含有地氯雷他定的固体药物组合物的制备方法	浙江华海药业股份有限公司	彭俊清，李巧霞，等
201010199655	PEG、mPEG化学修饰剂及其制备水溶性白藜芦醇前药的方法	河北科技大学	张越，韩玉翠，等
201010200447	一种辛夷挥发油纳米脂质体冻干粉及其温敏型辛夷纳米凝胶和制备方法	上海交通大学医学院附属新华医院	吴敏，王靖，等
201010201164	一种治疗心血管疾病的巴布剂及其制法	齐齐哈尔医学院	蔡德富，张琪
201010218089	一种预防和治疗过敏性鼻炎的组合物及其制备方法	山东赛克赛斯药业科技有限公司	左立
201010218452	一种治疗软组织损伤的巴布剂的制备方法	浙江中医药大学	尹华，章建华，等
201010221187	中药植物商陆提取物的纯化水生产工艺	陕西同康药业有限公司	曹永刚，张晓兰
201010221658	抑制5型磷酸二酯酶的化合物及制备方法	张南，钟荣，苏州麦迪仙医药科技有限公司	张南，钟荣
201010231534	一种治疗咳喘病的中药制剂及其制备方法	贵阳中医学院	靳凤云，葛正行，等
201010238755	一种治疗变应性鼻炎的药物组合物及其制备方法和用途	福建中医药大学	郑健，褚克丹，等
201010250936	黑种草子总苷提取物及其制备方法和应用	新疆维吾尔自治区药物研究所	赵军，徐芳，等
201010258852	姜胆咳喘药物	韶关市居民制药有限公司	黄居明
201010261489	一种非布索坦或其可药用盐固体制剂及其制备方法	石药集团欧意药业有限公司	齐新英，周杰，等
201010263050	山奈提取物的新应用及包含山奈提取物的防晒化妆品	深圳唯美度生物科技有限公司，中山大学，唯美度科技（北京）有限公司，中山市尤利卡天然药物有限公司	陈光，杨得坡，等
201010266293	富马酸卢帕他定滴眼液及其制备方法	海昌隐形眼镜有限公司，东南大学	邹志红，王伟，等
201010275306	含氙气的化妆品及其制备方法	营口艾特科技有限公司	崔俊峰，秦邦国，等
201010280703	治疗呼吸道疾病的口服液及其制备方法	武汉人福药业有限责任公司	务睿，漆进军，等
201010296084	一种治疗病毒性下呼吸道感染的中药及其制备方法	北京天泰源医药技术开发有限公司	洪毅
201010301276	一种治疗哮喘病的中药组合物及其制备方法	泰一和浦（北京）中医药研究院有限公司	王峰，卢春艳
201010501511	一种用于预防及治疗支气管哮喘的药物组合物及其制备与应用	上海中医药大学附属岳阳中西医结合医院	朱慧华，虞坚尔，等
201010508245	具有抗炎活性的2-吲哚酮类化合物、其制备方法及医药用途	中国药科大学	赖宜生，黄文星，等

续表

申请号	名称	申请单位	发明人
201010527986	一种治疗哮喘的花贝中药组合物及其制备方法	重庆市中药研究院	秦剑,张莉,等
201010531105	艾迪注射制剂的检测方法	贵州益佰制药股份有限公司	窦啟玲,叶湘武,等
201010545809	一种治疗急性上呼吸道感染的中药组合物及其制备方法	广州固志医药科技有限公司	吴智南,招翠微,等
201010549095	一种防龋抗敏漱口水	四川大学	陈新梅,郭蓝,等
201010552503	预防和治疗急性上呼吸道感染药物的制备方法	云南中医学院	李安华
201010556659	阿莫西林颗粒及其制备工艺	先声药业有限公司	罗兴洪,周进东,等
201010561916	具有舒敏功效的中药组合物、制剂及其制备方法	新时代健康产业(集团)有限公司,烟台新时代健康产业有限公司,烟台新时代健康产业日化有限公司	黄永刚,董银卯,等
201010562864	含有薁磺酸钠的脱敏面膜	天津市顶硕科贸有限公司	许茇
201010572396	具有祛除面部红血丝功效的护肤组合物、制剂及其制备方法	北京工商大学	董银卯,何聪芬,等
201010582769	治疗脐疝的外敷中药组合物及荔升脐疝袋	郑州市妇幼保健院	刘清沁,赵向,等
201010594061	一种具有抗菌消炎功效的中药组合物	天津康莱森生物科技集团有限公司	张树伟,李小双,等
201010618186	一种一枝蒿提取物的用途	乌鲁木齐一枝好生物科技有限公司	井立萍,雷虹,等
201019026056	达沙替尼多晶型物及其制备方法和药用组合物	南京卡文迪许生物工程技术有限公司,严荣	严荣,杨浩,等
201110001291	抗病毒中草药组合物、中药组合物及其制备方法	湖南时代阳光药业股份有限公司	蔡光先,朱光葵,等
201110060739	一种治疗过敏性鼻炎的中药组合物	山东省千佛山医院	陈艳,周秀花,等
201110061435	一种补气脱敏剂及其用途	南京赫采生物科技有限公司	严道南,张世中
201110085430	一种治疗过敏性鼻炎的药物及其制备方法	天津东方华康医药科技发展有限公司	滑东方
201110095172	一种用于治疗气管炎的中药制剂及其制备方法	中国人民解放军第一医院	张建春,李晓云,等
201110096884	一种治疗支气管炎和哮喘的药物及其制备方法	陕西科技大学	王蕾,苗宗成,等
201110113185	一种预防新发呼吸道传染病的喷雾剂的制备方法	中国人民解放军第三〇二医院	山丽梅,李庆虹,等
201110186729	一种用于治疗鼻炎、鼻窦炎的中药组合物及其制备方法	河南科技大学	邱相君,王勇,等
201110195263	一种治疗过敏性鼻炎的中药制剂	山东省立医院	王爱武,张薇,等
201110204322	治疗小儿外呼吸道感染的中药制剂	北京亚东生物制药有限公司	付立家,付建家
201120294996	一种防卷边强透气的水杨酸苯酚贴膏	黄石卫生材料药业有限公司	卫萍
201120312137	一种防治过敏性哮喘的口罩	成都市新津事丰医疗器械有限公司	杨晓龙
201120415045	一种防过敏止痛贴膏	山东颐兴医疗器械有限公司	王庆生,王庆明,等

14.3 其他相关疾病预防治疗技术

14.3.1 疟疾、血吸虫病防治技术

申请号	名称	申请单位	发明人
01105440	一种液体蚊香药液	中国科学院上海昆虫研究所	潘家复,朱浤侃,等
01110256	恶性疟原虫新的抗原候选基因 PfMAg	中国医学科学院基础医学研究所	王恒,路妍,等
01129170	杀菌灭蚊药片	成都彩虹电器(集团)股份有限公司	张洪金,张冲
02284611	香樟防虫包	广东省土产进出口(集团)公司	陈雄
03112617	电热蚊香原纸片	江阴比图特种纸板有限公司	冯永
03156224	抗单股正链 RNA 病毒人工合成的含 CpG 单链脱氧寡核苷酸	长春华普生物技术有限公司	王丽颖,包木胜,等
03273724	诱蚊诱卵器	广东省疾病预防控制中心	林立丰,卢文成,等
97111840	增效抗疟药复方磷酸萘酚喹的制备方法	中国人民解放军军事医学科学院微生物流行病研究所	丁德本
97114291	抗疟疾新药复方萘酚喹	广州市健桥医药科技发展有限公司	李国桥
98113233	复方哌喹片	广州市健桥医药科技发展有限公司	李国桥
200310110318	疟疾预防药物组合物	中国人民解放军军事医学科学院微生物流行病研究所	王京燕,李国福,等
200410003395	抗人乳头状瘤病毒疫苗	上海天甲生物医药有限公司,美国天甲生物医药有限公司,北京东方天甲科技发展有限公司	庞小伍
200410003396	一种以登革热病毒重组复制子为载体的假病毒颗粒疫苗	上海天甲生物医药有限公司,美国天甲生物医药有限公司,北京东方天甲科技发展有限公司	庞小伍
200410061380	避蚊剂	武汉鑫利来针织有限公司,武汉科技学院	陆必泰,朱义,等
200510011016	天然除虫菊素蚊虫驱避液	红河森菊生物有限责任公司	彭幸辉
200510030684	日本血吸虫疫苗抗原基因的克隆、表达和应用	中国疾病预防控制中心寄生虫病预防控制所,上海人类基因组研究中心	胡薇,冯正,等
200510093030	氰氨化钙在防止血吸虫中的应用	宁夏大荣化工冶金有限公司	朱振林
200510096888	用除虫菊素浓缩液制备的蚊香	红河森菊生物有限责任公司	王怀勇
200510099365	一种控制血吸虫病传播的方法和药剂	长江水利委员会综合管理中心,华中科技大学同济医学院,咸宁学院	周斌,何昌浩,等
200610005300	一种灭钉螺药	华中科技大学,湖北省疾病预防控制中心	李桂玲,徐兴建,等
200610022599	一种治疗疟疾的药物	桂林制药有限责任公司,云南省寄生虫病防治所	刘旭,杨恒林,等
200610098192	一种耕牛血吸虫病防护剂一氯硝柳胺乙醇胺盐喷雾剂及其制备方法	江苏省血吸虫病防治研究所	戴建荣

续表

申请号	名称	申请单位	发明人
200610124690	一种日本血吸虫多价DNA疫苗和制备方法	华中科技大学	余龙江,朱路,等
200610136957	血根碱或白屈菜红碱在血吸虫病防治上的应用	长沙世唯科技有限公司	曾建国
200620113126	蚊香结构	中台兴化学工业股份有限公司	林岳
200710024786	鬼针草总黄酮在制备防治血吸虫性肝纤维化药物中的应用	安徽医科大学	陈飞虎,沈际佳,等
200710025626	盐酸阿莫地喹和青蒿琥酯复合三段栓	安徽新和成皖南药业有限公司	江浩舟,孙松,等
200710031489	具有驱蚊作用的塑料圈及其生产工艺	中山圣磐五金塑料有限公司	曹瑞玲
200710035282	东方田鼠日本血吸虫抗性基因及其编码的多肽	中南大学	胡维新,秦志强,等
200710052958	艾叶油复合型盘式蚊香及其制备方法	江西山峰日化有限公司	晏希贤
200710078254	青蒿素及其衍生物与抗菌药物的联合应用	中国人民解放军第三军医大学	周红,李斌,等
200810028867	[1′−(7″−氯−喹啉−4″−基)哌嗪−4′−基]−3−丙酸在制备抗疟疾药物中的应用	广州中医药大学	宓穗卿,刘昌辉,等
200810031530	博落回总生物碱或其盐在制备抗血吸虫致肝纤维化药物中的应用	长沙世唯科技有限公司	曾建国,钟明,等
200810038065	苯烷酰胺类化合物及其用途	华东理工大学,中国科学院上海药物研究所	蒋华良,李剑,等
200810038066	丙酰胺类化合物及其用途	华东理工大学,中国科学院上海药物研究所	蒋华良,李剑,等
200810040382	日本血吸虫重组多表位抗原及其表达、纯化方法与应用	中国农业科学院上海兽医研究所	林矫矫,傅志强,等
200810124646	抗血吸虫单克隆抗体NP11−4单链抗体及其制备方法、应用	南京医科大学	冯振卿,李红,等
200810143511	植物源蚊虫驱杀剂	中南林业科技大学	彭映辉,钟海雁,等
200810151155	抗疟药物羟基氯喹的一种新用途	中国人民解放军第四军医大学	陈协群,高广勋,等
200810157157	日本血吸虫单克隆抗独特型抗体NP30单特异性双链抗体及其制备方法、应用	南京医科大学	朱进,朱晓娟,等
200820200469	一种驱蚊贴	南方医科大学	陈晓光,王春梅,等
200820202357	一种驱蚊贴片	广州金琪基因技术研究发展中心	郑文岭,马文丽,等
200910037638	一种β−间二羟基苯甲酸大环内酯衍生物在制备防治疟疾的药物中的应用	中国科学院华南植物园,中国科学院广州生物医药与健康研究院	魏孝义,徐良雄,等
200910040215	一种抗疟活性异香豆素化合物及其组合物、制备方法和用途	中国科学院广州生物医药与健康研究院,中国科学院华南植物园	陈小平,徐良雄,等
200910047268	一类取代苯脲类化合物,及其制备方法和用途	中国科学院上海药物研究所,新加坡理工学院,华东理工大学	朱维良,左之利,等
200910136386	乳酸咯萘啶及其药物组合物	重庆通天药业有限公司	郑一敏,周慧,等

续表

申请号	名称	申请单位	发明人
200910197472	蔓生白薇苷C在制备治疗疟疾药物中的应用	中国人民解放军第二军医大学,华东理工大学	单磊,黄瑾,等
200910197473	黄酮苷类化合物在制备治疗疟疾的药物中应用	中国人民解放军第二军医大学,华东理工大学	张卫东,黄瑾,等
201010002274	燃烧型蚊香及其制备方法	中山榄菊日化实业有限公司	胡真铭
201010133142	一种增加CD4+CD25+Foxp3+调节性T细胞的抗原及其应用	南京医科大学	苏川,周莎,等
201020204669	电热诱蚊器	江苏点金石凹土研究开发有限公司	刘炜,王龙友,等

14.3.2 重组蛋白药物制备技术

申请号	名称	申请单位	发明人
00114010	分泌表达酸性成纤维细胞生长因子的方法	广州暨南大学医药生物技术研究开发中心,上海万兴生物制药有限公司	李校坤,刘泽寰,等
00117394	成纤维细胞生长因子-2结构类似物,其生产方法及应用	暨南大学生物工程研究所	林剑,刘小青,等
00127953	重组人表皮生长因子、其制备方法和药物组合物	中国科学院上海生物化学研究所	甘人宝,李载平,等
00137779	产生凝血因子Ⅷ的生产方法和宿主细胞	中国科学院上海生物化学研究所	戚正武,王琪,等
01102915	抗病毒活性的人α干扰素衍生物	重庆富进生物医药有限公司	范开,马素永,等
01105705	干扰素-胸腺肽融合蛋白及其制法	中国科学院上海生物化学研究所	吴祥甫,杨冠珍,等
01110268	一种人胰岛素重组基因、制备方法和应用	河北以岭医药研究院	姚文彬,吴以岭,等
01112856	促胰岛素分泌肽衍生物	上海华谊生物技术有限公司	孙玉昆,伍登熙,等
01120099	抗肿瘤作用的融合蛋白及该蛋白的应用	中国人民解放军军事医学科学院生物工程研究所	马清钧,陈东立,等
01120100	人表皮生长因子受体特异性融合蛋白及其应用	中国人民解放军军事医学科学院生物工程研究所	马清钧,陈东立,等
01124121	用蚕表达人α_{**}干扰素生产药物的方法	浙江中奇生物药业股份有限公司	张耀洲,金勇丰,等
01124122	用蚕表达人β干扰素制备药物的方法	浙江中奇生物药业股份有限公司	张耀洲,金勇丰,等
01124123	用蚕表达人表皮生长因子生产药物的方法	浙江中奇生物药业股份有限公司	张耀洲,金勇丰,等
01126900	制备重组人类胰高血糖素肽-1氨基酸7-37肽段的方法	中国科学院上海生命科学研究院	甘人宝,钱悦,等
01132158	人肿瘤坏死因子相关凋亡诱导配体突变蛋白、其制法及其药物组合物	上海中信国健药业有限公司	胡辉,刘庆法
01142186	一种用蚕表达人白细胞介素11生产口服药物的方法	浙江中奇生物药业股份有限公司	张耀洲,金勇丰,等
01144502	霍乱毒素B亚基的制法	浙江大学	金勇丰,张耀洲,等

续表

申请号	名称	申请单位	发明人
02104519	肿瘤坏死因子相关细胞凋亡诱导配体胞外区突变多肽及其制法与用途	中国医学科学院基础医学研究所	郑德先,刘彦信,等
02110661	人复合α干扰素改构基因及其表达和生产	上海贸基生物工程科技有限公司	刘志敏,赵洪亮,等
02112338	含可溶性肿瘤坏死因子Ⅱ型受体和白介素Ⅰ受体拮抗剂IL1Ra的融合蛋白及其制备方法	上海兰生国健药业有限公司	马菁
02112766	应用家蚕杆状病毒生物反应器生产人类胰岛素生长因子口服药物的方法	江苏恒顺醋业股份有限公司,镇江可尔健生物制品有限公司	张志芳,何家禄
02136853	人γ-干扰素在毕赤酵母菌中的高效表达、发酵和纯化	上海擎天生物制药技术开发有限公司	陈国富
02139537	肿瘤新生血管特异性结合多肽与人α干扰素融合蛋白及制备	陕西九州科技股份有限公司	张英起,孟洁如,等
02814355	一种生产促胰岛素分泌肽GLP-1(7-36)及GLP-1类似物的方法	上海华谊生物技术有限公司	孙玉昆,伍登熙,等
03108884	一种重组人碱性成纤维细胞生长因子基因及其非融合表达产物、生产方法和应用	暨南大学	陈小佳,孙奋勇,等
03116053	重组人干扰素α8多肽编码cDNA序列、制备方法及应用	成都地奥制药集团有限公司	荀兴华,陈守春,等
03129033	一种用于增强乙肝疫苗免疫效应的佐剂及制备方法	成都地奥集团药物研究所	陈守春,周陶友,等
03139770	一种石斑鱼胰岛素样生长因子Ⅱ基因、含有该基因的载体、重组株及其应用	中山大学	李文笙,石锋涛,等
03151193	一种肿瘤增殖相关生长因子的重组噬菌体疫苗及其应用	中国科学院上海生命科学研究院,上海市肺科医院	谈立松,张尚权,等
03151203	长效重组组织因子途径抑制物及其制备方法	复旦大学	马端,宋后燕,等
97115284	表皮生长因子工程菌及使用该菌制备表皮生长因子的方法	中国医学科学院基础医学研究所	黄秉仁
98110912	单体胰岛素的制备方法	中国科学院上海生物化学研究所	张友尚,李默漪,等
98114663	重组人α型复合干扰素及其制备方法和用途	深圳九先生物工程有限公司	赵新先,王金锐,等
98813941	含有分子内伴侣样序列的嵌合蛋白及其在胰岛素生产中的应用	通化安泰克生物工程有限公司	甘忠如
99113732	人工合成的干扰素α-2b基因在大肠杆菌中的高效表达	上海华新生物高技术有限公司	刘新垣
99116851	重组天然和新型人胰岛素及其制备方法	中国科学院上海生物化学研究所	冯佑民,梁镇和,等
99116862	分泌性融合蛋白的酵母表达	上海兆安医学科技有限公司	楼觉人

续表

申请号	名称	申请单位	发明人
200310105919	高亲和力抗肿瘤坏死因子单克隆抗体的可变区基因及其制备	中国人民解放军第四军医大学	金伯泉，刘雪松，等
200310105920	高中和活性抗肿瘤坏死因子单克隆抗体的可变区基因及其制备	中国人民解放军第四军医大学	金伯泉，刘雪松，等
200310108083	钙网蛋白-肿瘤坏死因子相关凋亡诱导配体的融合蛋白及其制法和用途	上海恰尔生物技术有限公司	王梁华，周劲松，等
200310108440	全人源肿瘤坏死因子抗体，其制备方法以及药物组合物	上海中信国健药业有限公司	陈列平
200310116305	植物偏好型重组人表皮生长因子及利用转基因植物生产其的方法	中国人民解放军军事医学科学院毒物药物研究所	智庆文，柴敏，等
200310121132	表达 CTB 和人胰岛素融合蛋白的重组家蚕杆状病毒及其应用	浙江大学	金勇丰，张耀洲，等
200410007170	高效表达重组人胰岛素原及其类似物的新型 C 肽	重庆富进生物医药有限公司	范开，黄洪涛，等
200410018494	胰岛素及胰岛素类似物的基因工程制备新方法	上海生物泰生命科学研究有限公司	张友尚，费俭，等
200410020080	重组干扰素卡介苗菌株及其制备方法	天津市泌尿外科研究所，韩瑞发，刘春雨，姚智，韩育植，马腾骧	韩瑞发，刘春雨，等
200410056850	一种融合基因、其表达的蛋白及其制备方法	浙江大学	金勇丰，张耀洲，等
200410068176	靶向于成纤维细胞生长因子受体的聚乙烯亚胺转基因载体	浙江大学	王青青，李经忠，等
200410090784	诱导干细胞向胰岛样细胞分化的方法及胰岛样细胞的应用	中国人民解放军军事医学科学院野战输血研究所	裴雪涛，张锐，等
200510013514	一种高产促胰岛素激素的毕赤酵母工程菌及其构建方法	南开大学	李明刚，侯建华，等
200510021387	一种重组人干扰素 α4 编码 cDNA 序列及其制备方法和应用	成都地奥制药集团有限公司	陈守春，闫娟，等
200510021996	人肿瘤坏死因子相关凋亡诱导配体突变体编码 cDNA 及制备方法和应用	成都地奥九泓制药厂	陈守春，陈毅荣，等
200510024158	重组抗 EGFR 单克隆抗体	上海张江生物技术有限公司	王皓，侯盛
200510026025	内源基因超量表达技术提高黄芪甲苷含量	上海中医药大学	杜旻，胡之璧，等
200510026026	转外源基因技术提高黄芪甲苷含量	上海中医药大学	杜旻，胡之璧，等
200510028285	一种重组人复合 α 干扰素的制备方法	华东理工大学	储炬，郝玉有，等
200510056489	表皮生长因子受体靶向短肽与力达霉素构成的抗肿瘤基因工程融合蛋白	中国医学科学院医药生物技术研究所	陈红霞，甄永苏，等
200510057367	基因工程制备人白细胞介素 24 的方法及其表达载体和工程菌	中国人民解放军第三军医大学	邹全明，杨珺，等
200510084355	一种体外培养骨骼肌表达体系	北京市肿瘤防治研究所	张志谦，宋琳

续表

申请号	名称	申请单位	发明人
200510093020	胰岛素样生长因子结合蛋白-6 介导的有活性胰岛素样生长因子-Ⅱ的制备方法	中国医学科学院基础医学研究所	陈照丽，陈虹，等
200510096374	肿瘤新生血管特异性结合多肽 CRGDC 与新型重组人肿瘤坏死因子 nrhTNF 融合蛋白及制备方法	中国人民解放军第四军医大学	张英起，颜真，等
200510106658	高中和活性抗肿瘤坏死因子单克隆抗体的可变区基因及其制备	中国人民解放军第四军医大学	金伯泉，刘雪松，等
200510106659	高亲和力抗肿瘤坏死因子单克隆抗体的可变区基因	中国人民解放军第四军医大学	金伯泉，刘雪松，等
200510110143	类胰高血素肽-1 融合蛋白及其制备和用途	浙江德清安平生物制药有限公司	胡赓熙
200510112284	*rep* 基因表达质粒，RBE 顺式元件定点整合体系及其制备方法和应用	复旦大学	冯登敏，朱焕章，等
200510115906	人表皮生长因子受体突变基因及其用途	中国科学院广州生物医药与健康研究院	裴端卿，秦宝明，等
200610010924	Ⅰ型糖尿病疫苗及其构建方法	中国医学科学院医学生物学研究所	胡云章，胡凝珠，等
200610023785	一种人血清白蛋白融合长效干扰素制备工艺	上海欣百诺生物科技有限公司	蔡丽君，朱化星，等
200610025317	人早胚来源的表皮或毛囊干细胞的制备及应用	中国人民解放军第二军医大学	刘厚奇，仵敏娟，等
200610030250	核苷酸分子 SR1B 及其在制备抗糖尿病药物中的应用	复旦大学	余龙，汤文文，等
200610030253	核苷酸分子 SR4B 及其在制备抗糖尿病药物中的应用	复旦大学	余龙，汤文文，等
200610030254	核苷酸分子 SR2B 及其在制备抗糖尿病药物中的应用	复旦大学	余龙，汤文文，等
200610030257	核苷酸分子 SR3B2 及其在制备抗糖尿病药物中的应用	复旦大学	余龙，汤文文，等
200610030259	核苷酸分子 SR4B2 及其在制备抗糖尿病药物中的应用	复旦大学	余龙，汤文文，等
200610030261	核苷酸分子 SR5B2 及其在制备抗糖尿病药物中的应用	复旦大学	余龙，汤文文，等
200610030302	核苷酸分子 SR5B 及其在制备抗糖尿病药物中的应用	复旦大学	余龙，汤文文，等
200610049070	重组人血清白蛋白-干扰素 α2b 融合蛋白的生产方法	杭州九源基因工程有限公司	王同映，杨志愉，等
200610052054	HIV-1gp120 与人 γ 干扰素融合蛋白的制备方法	浙江大学	吴南屏，赵刚，等
200610052319	一种制备单个卵裂球染色体的方法	浙江大学	徐晨明，黄荷凤
200610092323	特异性抗凝血物质的制备及其应用	中国人民解放军军事医学科学院放射与辐射医学研究所	吴祖泽，于爱平，等

续表

申请号	名称	申请单位	发明人
200610112963	一种猫α干扰素及其编码基因与其应用	中国科学院微生物研究所	刘文军,杨利敏
200610128462	一种动物基因工程干扰素α和γ复合制剂及其生产方法	河南农业大学	王彦彬,崔保安,等
200610137920	具有α干扰素活性的融合蛋白及其编码基因与应用	中国科学技术大学	肖卫华,王磊
200610147664	一种口蹄疫基因工程多肽疫苗佐剂及其制备方法和应用	复旦大学	郑兆鑫,严维耀,等
200610155353	人工重组选择复制型腺病毒及应用	浙江大学	陆巍,郑树
200610169598	植物油体表达载体及利用植物油体表达人酸性成纤维细胞生长因子的方法	吉林农业大学	李校堃,李海燕,等
200610169601	植物油体表达载体和利用植物油体表达人表皮生长因子的方法	吉林农业大学	李校堃,李海燕,等
200710028037	基质金属蛋白酶导向性重组人肿瘤坏死因子融合蛋白及制备	广东医学院	黄迪南,侯敢
200710028952	IL-12表达载体及该载体表达的真核细胞株及应用	广州市恺泰生物科技有限公司	粟宽源,柴玉波,等
200710029002	一种包含成纤维细胞生长因子受体2IIIc类似物基因的药物组合物	暨南大学	洪岸,陈小佳
200710064634	突变羧肽酶原B及突变羧肽酶B的生产方法	北京贯虹科技有限公司,华东理工大学	李素霞,王福清,等
200710099448	一种在酵母中高效表达sTNFR/Fc融合蛋白的方法及其应用	中国人民解放军军事医学科学院生物工程研究所	巩新,唱韶红,等
200710122174	人角质细胞生长因子-1结构类似物,其生产方法及应用	吉林农大生物反应器工程有限公司	李校堃,刘孝菊,等
200710133862	一种肿瘤坏死因子相关凋亡配体变体及其应用	南京大学	华子春,曹林
200710133867	人胰岛素类似物的制备方法及用途	中国药科大学	刘景晶,鲁勇,等
200710163696	一种白介素17受体*mIL-17RE*基因的小干扰RNA及其编码基因与应用	清华大学	李铁石,李雪妮,等
200780034504	干扰素α突变体及其聚乙二醇衍生物	北京三元基因工程有限公司,北京毕艾欧科技发展有限责任公司	刘金毅,牛晓霞,等
200810018639	一种促胰岛素分泌肽与人血清白蛋白的融合蛋白及其制备方法	无锡和邦生物科技有限公司,江苏省血吸虫病防治研究所	杨健良,余传信,等
200810029717	抑制表皮生长因子受体基因表达的siRNA及其应用	中国科学院广州生物医药与健康研究院	张必良,李艳
200810038848	特异性结合蛋白及其使用	上海市肿瘤研究所	李宗海,王华茂,等
200810058641	重组噬菌体RBP/T7的构建及用其制备2型糖尿病疫苗的方法	中国医学科学院医学生物学研究所	胡云章,胡凝珠,等
200810060568	血清白蛋白与白介素1受体拮抗剂的融合蛋白及应用	浙江海正药业股份有限公司	陈枢青,戴寿沣,等

续表

申请号	名称	申请单位	发明人
200810101309	一种重组复合干扰素及其表达载体的构建和表达	北京百川飞虹生物科技有限公司	王琳
200810155140	无血清制备重组人类凝血因子Ⅸ	无锡万顺生物技术有限公司	陈金中,万里明,等
200810195870	程序化死亡蛋白2类似物的区域1蛋白及其用途	苏州大学	陈秋
200810195871	程序化死亡蛋白2类似物的区域2蛋白及其用途	苏州大学	陈秋
200810197315	丙型肝炎病毒的小分子核苷酸适配子药物及制备方法和用途	武汉大学	章晓联,陈芳
200810219511	诱导间充质干细胞向胰岛β样细胞分化的方法及其应用	暨南大学	张洹,唐小龙
200810237257	靶向性抗血栓形成的融合蛋白及其制备方法和应用	重庆大学	陈国平,梁岩,等
200910025316	腺病毒介导的人白介素-24基因重组载体在制备肿瘤镇痛药物中的应用	苏州大学	杨吉成,田利
200910076241	人血清白蛋白-干扰素融合蛋白及其编码基因与应用	中国人民解放军军事医学科学院生物工程研究所	刘志敏,赵洪亮,等
200910083076	含有重组人α-2b干扰素的重组乳酸菌及其应用	中国科学院微生物研究所	钟瑾,张秋香,等
200910131149	人干扰素α衍生物及其聚乙二醇化修饰物	海南四环心脑血管药物研究院有限公司,北京四环制药有限公司,海南四环医药有限公司	夏中宁,吴然,等
200910191241	人胰岛素及类似物在甲醇酵母中的双启动子表达和制备	重庆富进生物医药有限公司	范开,陈海容,等
200910209945	一种基于抗菌肽的双功能融合蛋白及其制备方法和用途	陕西省微生物研究所	万一,韩丽萍,等
200910237804	一种针对表皮生长因子受体的抗体及其编码基因与应用	中国人民解放军军事医学科学院生物工程研究所	戴维·威孚,米歇尔·瑞奇韦兹,等
200910246446	人表皮生长因子和金属硫蛋白的融合蛋白及其制备方法和应用	上海司睿宝生物科技有限公司	孙家驹,周银华
200980000177	一种复合干扰素及其制备方法	北京百川飞虹生物科技有限公司	王琳
201010019509	碱性成纤维细胞生长因子抗原表位模拟肽T3及其应用	暨南大学	邓宁,王宏,等
201010126655	一种用于促进胰岛素分泌的基因、其制备方法及其应用	上海大学	郑大,赵璟,等
201010161096	一种家蚕生物反应器制备人白介素28A的方法及其制药用途	苏州大学	贡成良,陆叶,等

14.3.3 水污染等导致的痢疾等感染

申请号	名称	申请单位	发明人
00108455	一种治疗细菌感染性皮肤病的外用药物及其制备方法	石药集团中奇制药技术(石家庄)有限公司	糜纬真,姚振林
00119464	硝基咪唑类药物结肠靶向制剂及制备方法	中国医药研究开发中心有限公司	李汉蕴,马秀俐
00125468	含中药荷叶提取物的口腔抑菌组合物	国家医药管理局上海医药工业研究院,上海牙膏厂有限公司	何卫华,陈健芬,等
00128562	一种治疗皮肤病的中药外用洗剂及其制备方法	深圳市中药总厂	孙国英
00130836	一种头孢抗菌组合物	广州白云山制药股份有限公司	黄伟东,叶荣科,等
00132171	贝母甲素在制备治疗耐药性细菌感染疾病的药物中的应用	北京中医药大学东直门医院	胡凯文,王嵩,等
00137206	溶葡萄球菌复合酶漱口水及制备方法	上海高科生物工程有限公司	陆婉英
01119975	金葡菌毒力刺激因子抑制肽及其应用	中国人民解放军军事医学科学院基础医学研究所,海南通用同盟药业有限公司	邵宁生,杨光,等
01127809	罗红霉素栓及其制备方法	广东庆发药业有限公司	张京维,熊国运,等
01128933	广谱杀菌和抗单纯疱疹病毒外用液体制剂	中国科学院成都生物研究所	石林,何开泽,等
01133701	小诺霉素新衍生物、制备方法和医药用途	国家药品监督管理局四川抗菌素工业研究所	刘家健,刘敦茀,等
01823815	一种治疗鼻塞、头痛的中药组合物及其制备方法	江苏康缘药业股份有限公司	肖伟
02109840	高表达、高纯度、高活性基因重组人溶菌酶的生产及用途	长春奇龙生物技术研究所,香港国升实业有限公司,深圳市九益祥实业有限公司	安米,张华,等
02112378	具有抗菌活性的7位取代胺甲基氟喹诺酮衍生物及制备方法	上海医药工业研究院	周伟澄,张贞发,等
02116846	利福昔明软胶囊组合物	浙江万联药业有限公司,南京泛太化工医药研究所	吴建梅,陈云芳,等
02117485	罗红霉素缓释胶囊及制备方法	广州贝氏药业有限公司	贝庆生
02124158	栀子环烯醚萜总提物及其制备方法和用途	范崔生,孙继寅,褚小兰,汇仁集团有限公司	范崔生,孙继寅,等
02125486	N-乙酰-D-氨基葡萄糖在制备治疗泌尿生殖道感染药物中的应用	中国人民解放军第三军医大学,苏州市巴微医药开发研究所有限公司	徐启旺,刘俊康,等
02127150	含有N-乙酰-D-氨基葡萄糖的复方抗菌药物	中国人民解放军第三军医大学,苏州市巴微医药开发研究所有限公司,北京中港大富生物波科技有限公司	徐启旺,刘俊康
02129411	一种霍乱弧菌菌株	中国疾病预防控制中心传染病预防控制所	阚飙,梁未丽,等
02134086	一种治疗肠道疾病的药物	贵州百灵制药有限公司	姜伟

续表

申请号	名称	申请单位	发明人
02134196	一种治疗痢疾、肠炎的药物组合物	贵州神奇制药有限公司	张芝庭
02136128	噻克硝唑的光学对映体、制备方法及其用途	中国科学院上海有机化学研究所	林国强,彭家仕,等
02136766	一组合成抗菌肽	上海高科联合生物技术研发有限公司	黄青山,李国栋
02138662	硫酸奈替米星在制备滴眼液制剂中的应用	安徽省安泰医药生物技术有限责任公司	余世春
02145323	补骨脂在制备抗幽门螺旋杆菌感染的药物中的应用	中国科学院上海药物研究所	岳建民,樊成奇,等
02146487	治疗热淋的中药制剂	吉林华康药业股份有限公司	常桂荣,毋英杰,等
02148748	口服罗红霉素控释制剂	江苏豪森药业股份有限公司	曹德善,钟惠娟
02149374	用于治疗菌痢的口服结肠定位给药组合物	北京东方凯恩医药科技有限公司	张成飞,张会红,等
02159294	含有头孢唑啉和β-内酰胺酶抑制剂的药物组合物	北京悦康药业有限公司	金描真,白云
02160800	一组新的合成抗菌肽及其制备方法和应用	上海高科联合生物技术研发有限公司	黄青山
03103476	一种溶葡萄球菌酶复配制剂及其制备方法	上海高科生物工程有限公司	陆婉英,黄青山
03104977	一种治疗脓毒症的中药制剂及其制备方法	天津红日药业股份有限公司	姚小青,张长海,等
03110824	基因重组人溶菌酶针对抗耐药菌在制药中的新用途	长春奇龙生物技术研究所,香港国升实业有限公司,深圳市九益祥实业有限公司	张华,安米,等
03113292	双唑泰制剂及其制备方法	侯俊英,安徽天洋药业有限公司	侯俊英
03113688	头孢硫脒胺盐、制备方法及应用	广州白云山制药股份有限公司	许淑文,刘学斌,等
03115198	苦参总碱凝胶制剂及该凝胶制剂的制备方法	上海海天医药科技开发有限公司	于喜水,王有志,等
03115684	妥布霉素透明质酸钠滴眼液及制备方法	信谊药厂	朱正鸣,方原
03117233	一种消炎抗菌外用药	云南龙发制药有限公司	李朝斌
03121031	一种含有季铵基团的奎宁类化合物及其制法和药物用途	嘉事堂药业股份有限公司	李统威,赵书强,等
03125201	穿心莲内酯微囊及其制备方法	湖北省医药工业研究院有限公司	刘洁,吴海燕,等
03130434	一种穿心莲内酯滴丸及其制备方法	天津天士力制药股份有限公司	童玉新,叶正良,等
03131120	一种预防、治疗脓毒症的中药复方制剂及其制备方法	天津红日药业股份有限公司	姚小青,孙长海,等
03133854	苦参素渗透泵型控释制剂及其制备方法	沈阳药科大学	何仲贵,唐景玲
03135781	黄藤素缓释制剂	云南植物药业有限公司	廖晓春,梅艳,等
03135947	一种药物组合物及其制药用途	成都三明药物研究所	阳向波,李慧琴,等
03137137	注射用甲基红霉素制剂	广州瑞济生物技术有限公司	关世侠,刘庆,等

续表

申请号	名称	申请单位	发明人
03137728	可局部给药和持续释放的胶浆剂抗菌组合物及其制备方法	苏州普天医药有限公司	李丽
03140207	门冬氨酸洛美沙星粉剂及其制备方法	洋浦华海医药物资有限公司	郭德
03141925	穿心莲内酯软胶囊制剂及其制备方法	上海博泰医药科技有限公司	张川，张卫东，等
03146381	头花蓼提取物及其药物组合物制剂	贵州威门药业股份有限公司	梁斌，王子厚，等
03146838	一种噻唑烷二酮的衍生物及其药用制剂的制备方法和应用	深圳市海粤门生物科技开发有限公司	鲁先治，宁志强，等
03146857	一种蒲公英萜醇的衍生物及制法和用途	中国科学院南海海洋研究所	张偲，徐鲁荣，等
03148879	一种用于消炎抑菌杀菌的外用组合物及其制备方法	深圳太太药业有限公司	冯开东，张薇
03150204	能够与金葡菌毒力因子调控蛋白结合的小分子多肽及其医药用途	中国人民解放军军事医学科学院基础医学研究所，海南通用同盟药业有限公司	邵宁生，杨光，等
03150527	重组 chBJS 蛋白的制备方法	浙江大学	周继勇，陈吉刚，等
03150965	含吡啶环的噁唑烷酮类化合物、制备方法及用途	中国科学院上海药物研究所	杨玉社，崔英杰，等
03152830	嗜水气单胞菌中溶血素的免疫刺激复合物的制备工艺	福建省农业科学院畜牧兽医研究所，方勤美，龚晖，林天龙	方勤美，龚晖，等
03153231	一种松果菊多糖、其制备方法及其在制备治疗抗病毒、抗菌及抗 SARS 药物上的用途	吉林威威药业股份有限公司	李继仁
03156590	双苯并异唑酮类化合物及其合成和应用	北京大学药学院	曾慧慧
03157361	一种蛋素的基因及表达其的方法	中国农业科学院饲料研究所	姚斌，范云六，等
97115093	改善肠道生态平衡的微生物制剂及其工艺	北京东方百信生物技术有限公司	崔云龙，崔云雨
98113282	抗菌组合药物	广州威尔曼药业有限公司	吕华冲
99112936	一种阿奇霉素溶液及半固体的制备方法	沈阳药科大学	李焕秋，邓意辉，等
200310100057	α-(吗啉-1-基)甲基-2-甲基-5-硝基咪唑-1-乙醇用于制备抗厌氧菌药物的用途	连云港恒邦医药科技有限公司	岑均达，钟惠娟
200310100428	聚胸腺素-α_*、其组合物、其制备方法和应用	北京宁宇博美生物技术有限公司	赵忠良，温宁，等
200310103265	一种阿奇霉素注射液及制备方法	山西亚宝药业集团股份有限公司	李亚政，孟繁浩，等
200310105193	依诺沙星眼用缓释凝胶剂及其制备方法	沈阳药科大学	潘卫三，刘志东，等
200310105292	新碳骨架抗肿瘤抗生素化合物及其制备方法和应用	中国科学院海洋研究所，哈特马特·拉赤，阿甄达·皮·马斯克	秦松，李富超，等
200310106927	一类 PDF 酶抑制剂-异羟肟酸系列化合物及其合成方法与用途	天津药物研究院	王建武，徐为人，等
200310107298	一种用于抑菌消炎的药物	天津天士力制药股份有限公司	李永强，陈建明，等
200310108022	一种具有抗菌作用的中药组合物及制备方法	上海海天医药科技开发有限公司	蒋毅，黄育明，等
200310108033	一组抗菌肽及其制备方法和应用	上海高科联合生物技术研发有限公司	黄青山，李国栋

续表

申请号	名称	申请单位	发明人
200310108462	乳酸左旋氧氟沙星粉针剂及制备方法	上海医药科技发展有限公司,上海新亚药业有限公司	吴建文,方时亮,等
200310109025	鳗弧菌减毒活疫苗	华东理工大学	马悦,张元兴,等
200310109808	头孢尼西抗菌组合物	深圳信立泰药业有限公司	叶澄海
200310110209	用于生产浓缩型双黄连口服液的制备方法	河南竹林众生制药股份有限公司	邢泽田,李江华,等
200310112633	一种金银花提取物及其制剂与用途	江苏康缘药业股份有限公司	肖伟,彭国平,等
200310115159	一种增强抗菌作用的药物组合物	厦门国宇知识产权研究有限公司	郭东宇
200310116013	丁香叶滴丸的制备方法	修正药业集团股份有限公司	李凌,胡涛,等
200310116883	乌索酸滴丸及其制备方法	北京正大绿洲医药科技有限公司	曲韵智,张宝文,等
200310117248	抗 β-内酰胺酶抗菌素复方制剂	深圳信立泰药业有限公司	叶澄海
200310118422	用于改善姜黄素溶出度和生物利用度的药物组合物及其制备方法	中国科学院生物物理研究所	梁伟,任福正,等
200310122330	新角蒽环聚酮类抗生素的制造方法	中国科学院微生物研究所	杨克迁,郑舰艇,等
200410000384	2-苯羧酸酯青霉烯类化合物及其制备方法和应用	中国医学科学院医药生物技术研究所	刘浚,韩红娜,等
200410000907	破伤风毒素重组抗原制备方法及其应用	中国药品生物制品检定所	雷殿良,张庶民,等
200410000916	一种中药组合物及其制备方法和质量控制方法	江苏康缘药业股份有限公司	肖伟,戴翔翎,等
200410004391	一种具有协同作用的药物组合物	海南国瑞堂制药有限公司	阎彬
200410006239	一种左氧氟沙星与匹多莫德复方制剂	太阳石(唐山)药业有限公司	韩志强,贾晓冬
200410006241	一种阿齐霉素与匹多莫德复方制剂	太阳石(唐山)药业有限公司	韩志强,贾晓冬
200410007545	头孢羟氨苄口腔崩解片及其制备方法	石药集团中奇制药技术(石家庄)有限公司,石家庄制药集团欧意药业有限公司	刘立云,陈素锐,等
200410008926	一种利用植物油佐剂制备动物病毒性、细菌性疫苗的方法	中国农业科学院兰州兽医研究所	柳纪省,殷相平,等
200410010870	林蛙抗菌肽凝胶剂及其制备方法	吉林大学	李青山,滕利荣,等
200410013066	依诺沙星静脉注射液及其制备方法	武汉同源药业有限公司	黄毅,曾艺,等
200410013288	盐酸小檗碱微囊及其制备方法	湖北丽益医药科技有限公司	吴海燕,刘洁,等
200410014638	盐酸阿霉素脂质体制剂及其制备方法	南京易川药物研究所	易八贤
200410014731	复合溶媒的稀释后供静脉注射的大蒜素浓缩溶液	江苏吴中中药研发有限公司	米靖宇,阎政,等
200410020838	磺胺类化合物脂质体的制备方法及其制剂	沈阳药科大学	邓英杰,索绪斌,等
200410022186	融合型幽门螺杆菌粘附素基因工程疫苗的制备方法	中国人民解放军第三军医大学	邹全明,刘正祥,等
200410027009	复方山楂口服液	深圳宝安南方特种化工厂,郑清林	郑清林
200410027695	一种非晶态头孢菌素	广州白云山制药股份有限公司	刘学斌,许淑文,等
200410030577	阿奇霉素口腔崩解片及其制备方法	石药集团中奇制药技术(石家庄)有限公司,石药集团欧意药业有限公司	杨丽英,高玉清,等

续表

申请号	名称	申请单位	发明人
200410030747	一种难溶性药物凝胶制剂制备方法	北京万全阳光医药科技有限公司	任意，李颖寰
200410033956	喹诺酮羧酸类化合物及其制备方法和医药用途	中国医学科学院医药生物技术研究所，浙江医药股份有限公司新昌制药厂	郭慧元，刘九雨
200410034002	一种从卷柏中提取穗花杉双黄酮提取物的生产工艺	徐州技源天然保健品有限公司	曹礼群，李五洲，等
200410036147	含果糖的治疗性输液	蚌埠丰原医药科技发展有限公司	汪洪湖，丁汉锦，等
200410036376	水飞蓟宾或其盐的医药新用途	山东绿叶天然药物研究开发有限公司	孙丽芳，孟莹，等
200410036629	一种阿奇霉素肠溶制剂及其制备方法	石家庄制药集团欧意药业有限公司	杨亚青，张育，等
200410042362	头孢烯类化合物磷酸酯及其制备方法和用途	江苏恒瑞医药股份有限公司	孙飘扬，陈永江，等
200410043476	含有难溶解性主药之持续释放配方	宝龄富锦生技股份有限公司	萧义明，刘得宇，等
200410046102	苯并异硒唑酮衍生物及其制备方法与应用	北京大学	曾慧慧，崔景荣，等
200410050903	一种去乙酰氧基头孢烷酸衍生物、制备方法和应用	广州白云山制药股份有限公司	刘学斌，罗春，等
200410050908	C3 亚甲基含氮杂环取代的脒硫乙酰胺基头孢菌素、制备方法及应用	广州白云山制药股份有限公司	罗春，刘学斌，等
200410050910	7-脒硫乙酰胺头孢菌素衍生物、制备方法及应用	广州白云山制药股份有限公司	罗春，刘学斌，等
200410050913	碳 3 位烯基型头孢菌素衍生物、制造方法及应用	广州白云山制药股份有限公司	刘学斌，罗春，等
200410051033	聚维酮碘牙膏及其制备方法	广东庆发药业有限公司	张京维，熊国运
200410051384	双酶法提取分离沙姜中的有效成分的方法	广州大学	樊亚鸣
200410051685	头孢匹胺组合物	广州白云山天心制药股份有限公司	谭胜连，郑敏，等
200410060815	大蒜素注射乳剂及其制备方法	华中科技大学，武汉华中科大纳米药业有限公司	杨祥良，徐辉碧，等
200410065122	复方柴胡药物制剂	江苏吴中中药研发有限公司	阎政，米靖宇，等
200410067167	一种治疗慢性胃炎伴幽门螺杆菌感染的中药复方制剂	上海市普陀区中心医院	范忠泽
200410067265	复合溶菌酶 Lysoamidase 喷雾剂及制备方法	上海新药研究开发中心，韩庆惠	韩庆惠，李连会
200410068195	一组新的抗菌肽及其制备方法和应用	上海高科联合生物技术研发有限公司	黄青山，李国栋
200410070634	西洋参口腔崩解片及其制备工艺	北京科信必成医药科技发展有限公司	蒋海松，王红喜，等
200410070710	藏药独一味注射制剂及其制备方法	成都优他制药有限责任公司	阙文彬
200410071762	阿奇霉素肠溶制剂及其制备方法	浙江大德药业集团有限公司	王建国，陈法贵，等
200410073090	一种用于治疗细菌性阴道炎的栓剂及其制备方法	西安交通大学	贺浪冲，梁明金，等
200410073820	一种注射用枸橼酸阿奇霉素的冻干制剂及其制备方法	南京圣和药业有限公司	张仓，滕再进

续表

申请号	名称	申请单位	发明人
200410077694	一种破伤风免疫球蛋白的生产方法	三九集团湛江开发区双林药业有限公司	朱光祖，梅伟伶
200410077880	含有谷胱甘肽的法罗培南药物组合物	沈阳中海生物技术开发有限公司	马军芳，纪晓琳，等
200410084577	具有抑制β-内酰胺酶抑制活性的多肽及编码的DNA	上海医药工业研究院	朱宝泉，孙伟，等
200410087683	冰片脂肪酸酯衍生物及含有该衍生物的制剂	沈阳药科大学	邓意辉，吴红兵，等
200410090676	掩味盐酸小檗碱颗粒及其制剂	北京昭衍博纳新药研究有限公司	孙亚洲，谭剑平，等
200410093312	一种含有植物乳杆菌的组合物	上海交大昂立股份有限公司	范小兵，杭晓敏，等
200410094095	对大肠杆菌O11型的O-抗原特异的核苷酸	天津生物芯片技术有限责任公司	王磊，王威，等
200410094096	对鲍氏志贺氏菌B14型的O-抗原特异的核苷酸	天津生物芯片技术有限责任公司	王磊，刘斌，等
200410094112	对大肠杆菌O85型的O-抗原特异的核苷酸	天津生物芯片技术有限责任公司	王磊，王威，等
200410094512	一种治疗泻泄、痢疾和痧气的药物组合物	浙江南洋药业有限公司	马越峰，陈春，等
200480026867	利用微生物制备的真菌免疫调节蛋白及其用途	益生生技开发股份有限公司	柯俊良，黄玉儒，等
200510000033	一种新型海洋溶菌酶膜剂及其制备方法	青岛科谷生物制品研发中心	孙谧，王春波，等
200510000061	一种左旋氧氟沙星软胶囊及其制备方法	昆明圣火制药有限责任公司	蓝桂华，陈蓬，等
200510000063	一种黄藤素软胶囊及其制备方法	昆明圣火制药有限责任公司	蓝桂华，陈蓬，等
200510004852	一种清热解毒的中药制剂及其制备方法	北京阜康仁生物制药科技有限公司	刘鸿林，刘智谋
200510004956	一种用于消炎的双黄消炎滴丸	北京正大绿洲医药科技有限公司	曲韵智
200510010055	盐酸克林霉素阴道泡腾片及其制备方法	黑龙江龙桂制药有限公司	邵方晓，李剑平，等
200510012375	头孢羟氨苄干混悬及制备方法	石家庄制药集团欧意药业有限公司	高志峰，齐新英，等
200510013623	一种雪胆素滴丸及其制备方法	天津天士力制药股份有限公司	李永强，郑永锋
200510014275	一种注射用阿奇霉素冻干剂及其制备方法	石药集团欧意药业有限公司	魏淑辉，郭卫芹，等
200510019317	抗白色念株菌感染的反义寡核苷酸序列及其应用	武汉大学	张翼，张礼斌
200510019818	纳米龙血竭胶囊及其制备工艺	中南民族大学，广西中医学院	洪宗国，邓小莲，等
200510021319	溶媒法制备高纯度头孢他美钠工艺及医药用途	四川抗菌素工业研究所有限公司，海南豪创药业有限公司	刘家健，陈长谭，等
200510021520	一种红曲微丸及其制备方法	成都地奥九泓制药厂	李伯刚，刘忠荣，等
200510021521	一种红曲软胶囊及其制备方法	成都地奥九泓制药厂	李伯刚，刘忠荣，等
200510021661	小型化抗耐药金黄色葡萄球菌多肽及其应用与制备方法	四川大学华西医院	丘小庆
200510021736	一种莫西沙星口服药物制剂及其制备方法	深圳市天一时科技开发有限公司	傅雪琦，赵邦爱，等
200510021739	一种莫西沙星胶囊剂及其制备方法	深圳市天一时科技开发有限公司	赵冰奇，赵邦爱，等

续表

申请号	名称	申请单位	发明人
200510021822	烟曲霉酸在制造抗耐药菌药物中的新用途	中国科学院成都生物研究所	秦岭，官家发，等
200510024890	二苯基庚酮类化合物的组合物及它的用途	中国科学院上海药物研究所	岳建民，廖志新，等
200510024891	草豆蔻提取物的用途	中国科学院上海药物研究所	岳建民，樊成奇，等
200510024892	高良姜提取物及其用途	中国科学院上海药物研究所	岳建民，樊成奇，等
200510025535	喹诺酮类注射液的脱色方法和脱色剂	信谊药厂	陈佩丽，朱正鸣，等
200510027777	两性霉素 B 缓释微球及其制备方法	同济大学	任杰，郁晓，等
200510028035	抗菌肽喷雾成膜剂及其制备方法	上海高科联合生物技术研发有限公司	黄青山，李国栋
200510028618	一种用于防治创面感染的溶葡萄球菌酶冻干粉剂	上海高科联合生物技术研发有限公司	黄青山，莫云杰
200510030815	一种连翘子提取物的制备方法	上海玉森新药开发有限公司	玄振玉
200510032062	博落回总生物碱盐及其制备方法和应用	长沙世唯科技有限公司	曾建国，张静，等
200510032743	一种抗菌肽 DC 及其制备方法与应用	广州华桑生物工程有限公司	黄自然，陈松彬，等
200510035639	乳酸氟罗沙星分散片及其制备方法	广州固志医药科技有限公司	吴智南，黄能章，等
200510035642	纳米防龋齿抗菌材料及其制造方法以及含有该材料的牙膏	美晨集团股份有限公司	林英光
200510036165	一种抗菌三肽及其化学修饰物与应用	中山大学	刘秋云，何建国，等
200510036622	具有抗癌、抗菌作用的余甘子提取物的中药制剂的生产方法	广西中医学院	钟振国，董明姣
200510037303	一种抗菌二肽及其化学修饰物、制备方法与应用	中山大学	刘秋云，何建国，等
200510037438	普卢利沙星的制备方法	广州白云山制药股份有限公司广州白云山化学制药厂	刘丹青，刘学斌，等
200510037761	一种含氟氯西林镁与阿莫西林钠的复合药物	南京先宇科技有限公司	卞春卫
200510037806	7-取代-8-甲氧基氟喹诺酮羧酸衍生物、制法、制剂及其用途	南京澳新医药科技有限公司	王尔华，吴葆金，等
200510039175	β-环糊精/阿莫西林包合物及其与克拉维酸钾的组合物及制备方法	南京师范大学	任勇，陆亚鹏，等
200510040908	中药双黄连的环糊精超分子化组合物	南京师范大学	任勇，董祥玉，等
200510041147	吡啶并苯并恶嗪类喹诺酮衍生物及其制备方法和用途	南京中瑞药业有限公司	徐健，苏国强
200510042326	淫羊藿苷的制药用途	山东绿叶天然药物研究开发有限公司	田京伟，孙盛茂，等
200510042885	一种藏青果提取的有效部位用于细菌和病毒感染性疾病的药物的制备方法和应用	西安惠大医药有限公司	王崇杰，傅章才，等
200510043610	一种冬凌草二萜提取物的制备方法	山东绿叶天然药物研究开发有限公司	邱鹰昆，高玉白，等
200510044768	一种由连翘和新鱼腥草素钠制成的药物组合物	山东轩竹医药科技有限公司	蔡军

续表

申请号	名称	申请单位	发明人
200510044769	一种新的抗菌抗病毒药物组合物及其制备方法	山东轩竹医药科技有限公司	蔡军
200510044817	新鱼腥草素钠和黄芩苷的药物组合物及其制备方法和用途	山东轩竹医药科技有限公司	蔡军
200510044889	栉孔扇贝 H2A 基因克隆与 N 末端表达技术	中国科学院海洋研究所	宋林生,李成华,等
200510045345	根除幽门螺旋杆菌的多单元组合物	济南百诺医药科技开发有限公司	孟凡清,刘理南,等
200510046134	一种克林霉素磷酸酯的溶液剂及其搽片的制备方法	深圳市天和医药科技开发有限公司	王颖实
200510047360	一种利福霉素钠注射液的生产方法	沈阳双鼎制药有限公司	马占之,王东凯,等
200510052470	一类新型万古霉素和去甲万古霉素的衍生物,制备方法和用途	华北制药集团有限责任公司	D · 楚, Z ·-J · 倪,等
200510055368	青蒿素及其衍生物二氢青蒿素、蒿甲醚、蒿乙醚、青蒿琥酯在制药中的应用	中国人民解放军第三军医大学	周红,王俊,等
200510057195	酰胺化鲎抗内毒素因子环状模拟肽分子、其合成方法和用途	中国人民解放军第三军医大学第一附属医院	夏培元,顾劲松,等
200510057196	酰胺化鲎抗内毒素因子线性模拟肽分子、其合成方法和用途	中国人民解放军第三军医大学第一附属医院	夏培元,顾劲松,等
200510057440	盐酸克林霉素棕榈酸酯分散片及其制备方法	重庆凯林制药有限公司	李振压,兰志银,等
200510060824	一种鲜鱼腥草药物制剂及其制备方法	杭州市萧山区中医院	洪佳璇,孙静芸,等
200510061510	一种可再分散的难溶性药物纳米粒粉末及制备方法	浙江大学,浙江医药股份有限公司新昌制药厂	胡富强,袁弘,等
200510061521	黄芩提取物冻干粉针剂及其制备方法	杭州华东医药集团生物工程研究所有限公司	胡凯,叶杉
200510066276	取代 2-苯甲酰哌嗪甲基青霉烯类化合物及其制备方法和应用	中国医学科学院医药生物技术研究所	刘浚,陈晓芳,等
200510066277	大环内酯类抗生素的酮内酯化合物及其制备方法和用途	中国医学科学院医药生物技术研究所	刘浚,郑忠辉,等
200510066278	1,3,4-噁二唑碳青霉烯化合物及其制备方法和用途	中国医学科学院医药生物技术研究所	刘浚,石和鹏,等
200510068114	葡萄球菌肠毒素 A 基因及其编码蛋白的新用途	中国人民解放军军事医学科学院生物工程研究所	马清钧,靳彦文,等
200510068419	左旋奥硝唑的静脉给药制剂及其制备方法	南京圣和药业有限公司	张仓,滕再进,等
200510068478	左旋奥硝唑在制备抗厌氧菌感染药物的应用	南京圣和药业有限公司	张仓,滕再进,等
200510075614	一种内酰胺类抗生素及其制备方法	西北农林科技大学农药研究所	姬志勤,吴文君,等

续表

申请号	名称	申请单位	发明人
200510076908	富含甘氨酸蛋白及其活性片段与应用	中国人民解放军军事医学科学院放射与辐射医学研究所	赵士富
200510076909	人富含甘氨酸蛋白的活性片段及其应用	中国人民解放军军事医学科学院放射与辐射医学研究所	赵士富
200510080105	一种口服复方胶体果胶铋制剂及制备方法	山西安特生物制药股份有限公司	王金生,郑慧哲,等
200510080887	一种微囊化头孢呋辛酯的药物组合物	石药集团中奇制药技术(石家庄)有限公司	张宏武,周桂荣,等
200510083042	多价细菌荚膜多糖-蛋白质结合物联合疫苗	北京绿竹生物制药有限公司	孔健,蒋先敏,等
200510084228	蜂胶微囊的制备方法	北京联合大学生物化学工程学院	龚平,齐海澎,等
200510092524	莫西沙星明胶胶囊剂及其制备方法	深圳市天一时科技开发有限公司	赵冰奇,傅雪琦,等
200510094086	盐酸13-己基小檗碱和盐酸13-己基巴马汀制备治疗阴道感染-炎症药物的应用	中国医学科学院皮肤病研究所	郑家润,张崇璞,等
200510094087	盐酸13-己基小檗碱在制备治疗幽门螺杆菌相关的胃炎或消化性溃疡的药物中的应用	中国医学科学院皮肤病研究所	郑家润,张崇璞,等
200510099361	甘草次酸衍生物、制备方法及其用途	山东绿叶制药有限公司	王超云,刘生生,等
200510101820	癸酰乙醛复合物及其药用组合物	深圳海王药业有限公司,深圳海创医药科技发展有限公司	文震,赵金华,等
200510103304	一种洛美沙星眼用凝胶	南京白敬宇制药有限责任公司	杨倬英,顾颉,等
200510104223	由木犀草素和连翘制成的药物组合物及其制备方法和用途	山东轩竹医药科技有限公司	黄振华
200510105511	一种多单元缓释制剂	广州贝氏药业有限公司	贝庆生,谢俊雄
200510105664	化合物、菌株、及应用该菌株生产该化合物的方法	汕头市双骏生物科技有限公司,海逸生物科技私人有限公司	陈杰鹏,王荣华,等
200510107345	一种抑菌剂磺胺嘧啶铈的制备方法	新乡市华信生化医用敷料有限责任公司	梁法泉
200510107773	一种广谱、低毒性的酞菁类杀菌剂及其制备方法和用途	中国科学院福建物质结构研究所,福州大学,福建医科大学附属口腔医院	黄明东,陈锦灿,等
200510110015	一类预防或治疗幽门螺杆菌感染化合物、其制法和用途	中国科学院上海药物研究所	王明伟,代国飞,等
200510117642	阿奇霉素滴丸及其制备方法	北京正大绿洲医药科技有限公司	曲韵智
200510121037	一种抗菌肽及其编码序列和用途	中山大学	殷志新,陈伟坚,等
200510130730	一种鉴别卷柏属植物及其制剂的方法	广州白云山制药股份有限公司	崔国华,张瑞玲
200510135019	一种含三环氟喹诺酮甲磺酸盐的注射剂及其制备方法和用途	重庆生物制品有限公司,重庆人本药物研究院	陈小勇,喻秀英,等
200510135358	一种土荆芥提取物、其制剂、制备方法与用途	天津天士力制药股份有限公司	魏峰,叶正良,等
200510135359	一种治疗胃病的组合物、制备方法及其用途	天津天士力制药股份有限公司	魏峰,叶正良,等

续表

申请号	名称	申请单位	发明人
200510136661	一种地红霉素肠溶微丸及制备方法	湖南九典制药有限公司	朱志宏
200510200231	鞣酸苦参碱分散片及其制备工艺	贵州世禧制药有限公司	冉骥
200510200515	治疗胃、肠疾病的药物制剂及其制备方法	贵州泛德制药有限公司	童有霖
200510200799	炎可宁药物制剂及其制备方法	贵阳云岩西创药物科技开发有限公司	周霞
200610000073	光学纯 α-取代的 2-甲基-5-硝基咪唑-1-乙醇衍生物	连云港恒邦医药科技有限公司	岑均达,吕爱锋
200610000231	抗厌氧菌化合物	沈阳中海生物技术开发有限公司	史秀兰
200610003447	一种柴胡滴丸的制备方法	天津天士力制药股份有限公司	章顺楠,王辉,等
200610007513	复方罗红霉素分散片	北京国联诚辉医药技术有限公司,江苏亚邦爱普森药业有限公司	吴畏,罗群,等
200610008279	一种治疗带状疱疹或细菌感染所致皮肤病的外用中药组合物	中国人民解放军总医院	杨洁,顾苏俊,等
200610010226	木犀草素磷脂复合物及其制备方法和应用	黑龙江大学	李强,赵学玲
200610011025	甾体咪唑盐类化合物及其制备方法	云南大学,昆明医学院	张洪彬,羊晓东,等
200610011972	噻二唑取代的咪唑类抗厌氧菌化合物	沈阳中海生物技术开发有限公司	史秀兰
200610015437	含 β-内酰胺类抗生素和离子螯合剂的抗生素复方	天津和美生物技术有限公司	张和胜
200610015440	含哌拉西林的抗生素复方	天津和美生物技术有限公司	张和胜
200610015993	用于治疗胃肠道疾病的中药组合物	天津中新药业集团股份有限公司乐仁堂制药厂	凌宁生,杨瑾,等
200610016686	氟罗沙星注射液及其制备方法	通化东日药业股份有限公司	尹捷波,孙俊忠
200610018336	一种治疗急、慢性胃肠炎的药物组合物及其制备方法	江西天施康中药股份有限公司	吴朝阳,徐发红,等
200610018598	一种治疗肠炎痢疾的胶囊及其制备工艺	江西聚仁堂药业有限公司	胡乐平,夏颖
200610019291	一种口颊片制剂及其制备方法	武汉远大制药集团有限公司	乔春莲,耿海明,等
200610019302	苦参碱脂质体滴丸及其制备方法	武汉理工大学	刘小平,王静,等
200610019363	一种表达重组对虾肽 Pen24 的基因工程菌株及应用	武汉大学	徐进平,孟小林,等
200610019909	纳米银妇女外用抗菌凝胶的制备方法	武汉正午阳光医药生物科技有限公司	谭波
200610020133	具有清热、泻火和解毒作用的药物组合物	四川省中药研究所	易进海,陈燕,等
200610020508	治疗胃肠炎的中药制剂及其制备方法	四川泰华堂制药有限公司	俞凯
200610020721	一种无指盘臭蛙抗菌肽及其用途	中国科学院成都生物研究所	江建平,刘炯宇,等
200610021311	一种柴黄制剂的制备方法	四川百利药业有限责任公司	朱义
200610022665	一种穿琥宁脂质体冻干粉制剂及其制备方法	四川大学	张志荣,龚涛
200610024308	含有纳米银的阿莫西林抗菌剂及其制备方法	同济大学	吴庆生,马杰,等

续表

申请号	名称	申请单位	发明人
200610024464	头孢丙烯分散片及其制备方法	上海秀新臣邦医药科技有限公司	杜狄峥,陈虎林,等
200610024691	一种板蓝根提取物及其提纯方法和药物组合物	上海医药工业研究院,广西好一生制药有限责任公司	奉建芳,梁朝榕,等
200610025071	氟喹诺酮-噁唑烷酮衍生物及其组合物、制备方法和用途	上海医药工业研究院	周伟澄,于慧杰
200610025603	氟喹诺酮-噁唑烷酮衍生物及其组合物、制备方法和应用	上海医药工业研究院	周伟澄,于慧杰
200610027755	大环内酯类药物双侧链红霉素 A 衍生物、合成方法和用途	中国医学科学院药物研究所,浙江京新药业股份有限公司	刘露,金志平,等
200610027756	大环内酯类药物红霉素 A 衍生物、合成方法和用途	浙江京新药业股份有限公司	金志平,陈见阳
200610028746	多利培南水合物结晶及其制备方法	上海医药工业研究院	张庆文,唐志军,等
200610029064	化合物 3-甲基-6-(2-甲基丁基)哌嗪-2,5-二酮及其制备和应用	中国人民解放军第二军医大学	刘小宇,焦姮,等
200610029080	一种连翘有效部位的制备方法	山东新时代药业有限公司	玄振玉,黄孝春
200610029373	小檗碱类生物碱的脂肪族有机酸盐及其制备方法和应用	复旦大学	翁伟宇,黄建明,等
200610029725	环吡酮胺凝胶剂、其制备方法及药物用途	上海汇伦生命科技有限公司	秦继红
200610030861	醋酸氯己定局部成膜凝胶组合物及其应用	上海医药工业研究院	马晋隆,陈志明
200610032640	一种含阿莫西林的药物组合物及其制备方法	珠海联邦制药股份有限公司	肖拥军,李哲,等
200610032935	头孢克肟口腔崩解片及其制备方法	深圳致君制药有限公司	闫志刚,曾环想,等
200610033852	一种制备含阿莫西林钠和克拉维酸钾的药物混合物的方法	珠海联邦制药股份有限公司	肖拥军,罗瑜,等
200610034181	2,6-二吡啶烯环己酮衍生物及其在制备抗菌药物中的应用	中山大学	古练权,杜志云,等
200610034315	稳定的头孢哌酮舒巴坦药物复方制剂	广州白云山天心制药股份有限公司	谭胜连,傅红燕,等
200610034318	稳定的头孢哌酮他唑巴坦药物复方制剂	广州白云山天心制药股份有限公司	谭胜连,傅红燕,等
200610035751	3β,5α,6β,11β-四羟基胆甾烷醇及其制备方法和用途	中国科学院南海海洋研究所	张偲,邱蕴绮,等
200610036484	喹啉二酮衍生物及其在制备抗菌药物中的应用	中山大学	古练权,黄志纾,等
200610036641	2,6-二氨基-3,5-二氰基-4-芳基吡啶衍生物及其合成方法与应用	中山大学	宋化灿,黄计军,等
200610037850	一种制备大环内酯类半合成抗生素泰利霉素的方法	中国药科大学	尤启冬,魏新,等
200610038639	一种含有头孢克肟的泡腾片及制法	中国药科大学	张建军,高缘

续表

申请号	名称	申请单位	发明人
200610040908	复方磺胺混悬剂及其制备方法	苏州科牧动物药品有限公司	张志成
200610041072	植物生物碱提取物及其制剂与用途	江苏中康药物科技有限公司	肖伟,蔡宝昌,等
200610041895	用于治疗的硝基咪唑衍生物	陕西合成药业有限公司	苏红军,许红宝
200610042212	注射用夫西地酸钠组合物及其制备方法	济南百诺医药科技开发有限公司	孟凡清,牛传芹,等
200610042835	二丙酮酸缩对苯二甲双酰腙、其制备方法和用途	西北大学	何水样,武望婷,等
200610043050	一种利福平纳米乳剂抗生素药物及其制备方法	西北农林科技大学	欧阳五庆,张文娟
200610043059	一种呋喃西林纳米乳抗菌药物及其制备方法	西北农林科技大学	欧阳五庆,曹发昊
200610046797	一种制备牛蒡子苷及其苷元的方法	辽宁中医药大学	窦德强,康廷国,等
200610048417	一种高纯度盐酸沙拉沙星的制备方法	洛阳普莱柯生物工程有限公司	张许科,刘兴金,等
200610048418	一种1-(2-甲氧苯基)-3-萘基-2-脲的制备方法	洛阳普莱柯生物工程有限公司	刘兴金,翟孝忠,等
200610048419	一种乳酸环丙沙星注射液的制备工艺	洛阳普莱柯生物工程有限公司	张许科,刘兴金,等
200610049243	一种掩味恩诺沙星的生产方法	新昌国邦化学工业有限公司	竺亚庆,杨红初
200610050215	鱼腥草眼用即型凝胶制剂	杭州易舒特药业有限公司	祝海江
200610054061	幽门螺杆菌尿素酶B亚单位的Th表位肽、其编码DNA、疫苗及其应用	中国人民解放军第三军医大学	邹全明,吴超,等
200610054251	用于治疗由幽门螺杆菌感染引起的疾病的制剂	中国人民解放军第三军医大学	邹全明,赵小勇,等
200610054468	幽门螺杆菌抗原重组疫苗	中国人民解放军第三军医大学	邹全明,高原,等
200610054469	基于尿素酶B亚单位活性片段的幽门螺杆菌疫苗及其制备方法	中国人民解放军第三军医大学	邹全明,杨珺,等
200610054832	肺炎链球菌多糖-外膜蛋白结合疫苗及制备方法	福州昌晖生物工程有限公司	郭养浩,孟春,等
200610057513	一种盐酸氨溴索复方缓释片及其制备方法	天津药物研究院	王亚静,李章才
200610059088	盐酸多西环素脂质体及其制备方法	上海医药工业研究院,上海交通大学医学院附属第九人民医院	芦洁,金鸿莱,等
200610065496	黄芩茎叶在制造防治病毒或/和细菌感染药品中的应用	承德医学院中药研究所	赵铁华,陈四平,等
200610066404	注射用克拉霉素水溶性制剂	广州朗圣药业有限公司	卢智俊
200610068796	头孢菌素衍生物	山东轩竹医药科技有限公司	黄振华
200610070388	一种防治家蚕细菌病的药物及其制备方法	日照三德科技药业有限公司	刘贤军,刘发余,等
200610075638	TRAP蛋白在制备治疗金黄色葡萄球菌感染的药品中的应用	中国人民解放军军事医学科学院基础医学研究所,海南通用同盟药业有限公司	杨光,邵宁生,等
200610079038	一种中药组合物制剂及其制备方法和检测方法	江苏康缘药业股份有限公司	肖伟,杨寅,等

续表

申请号	名称	申请单位	发明人
200610080086	一种罗红霉素注射剂及其制备方法	沈阳药科大学	何仲贵，方金玲，等
200610083556	金银花提取物，其制备方法和应用	石家庄汉康生化药品有限公司	石建功，李帅，等
200610088366	苦豆子生物总碱的高效提取方法	淮安市农业科学研究院	王伟中，吴传万，等
200610090788	含噻二唑基的噁唑烷酮化合物及制备方法	沈阳中海生物技术开发有限公司	史秀兰
200610095094	口服重组幽门螺杆菌疫苗及其制备方法	重庆康卫生物科技有限公司	邹全明，童文德，等
200610095164	中药有效成分渔用抗菌剂	西南大学	郑曙明，吴青，等
200610095165	复方五倍子渔用抗菌剂配方	西南大学	郑曙明，吴青
200610095264	一种外用复方阿巴芬净药物组合物	重庆医药工业研究院有限责任公司	李佳，张涛，等
200610095283	木瓜多酚类物质的酶解提取方法	中国人民解放军第三军医大学	糜漫天，唐勇，等
200610095288	8-辛基小檗碱盐酸盐、合成方法及应用	西南大学	叶小利，李学刚
200610102145	一种中华稻蝗成虫抗菌蛋白的制取方法	山西中医学院	黄登宇，宋强，等
200610103559	含乳酸卡德沙星的注射剂	哈药集团制药总厂	朱彦民，景士云，等
200610103560	一种含乳酸卡德沙星的口服制剂	哈药集团制药总厂	朱彦民，景士云，等
200610103993	一种含有头孢曲松钠和盐酸利多卡因的注射用药物组合物	广州贝氏药业有限公司	贝庆生
200610103994	一种克拉霉素肠溶药物组合物	广州贝氏药业有限公司	贝庆生
200610104592	一种水包油型丹皮酚纳米乳口服液及其制备方法	西北农林科技大学	欧阳五庆，吴旭锦
200610106203	苯甲基二甲基[3-(肉豆蔻酰胺基)丙基]氯化铵的合成方法	中国人民解放军军事医学科学院毒物药物研究所	丁日高，张城，等
200610108878	一种药物组合物及其制备方法和用途	山东轩竹医药科技有限公司	蔡军
200610109644	一种野菊花泡腾制剂及其制备方法	北京四环科宝制药有限公司	曹相林，崔亚静，等
200610111684	伤寒、副伤寒外膜蛋白疫苗	北京绿竹生物制药有限公司	孔健，蒋先敏，等
200610113435	广谱抗菌的含有硫基噻唑吡啶鎓甲基的头孢烯化合物	中国医学科学院药物研究所	郭宗儒，傅德才，等
200610113451	1,2,3-三唑并1,3-二氮杂环化合物及其制备方法与应用	中国科学院化学研究所	俞初一，原学宁，等
200610113469	一种依碳酸氯替泼诺妥布霉素混悬溶液及其制备方法	北京德众万全药物技术开发有限公司	孟凡静
200610113976	双壳层药物缓控释载体材料及其制备方法和用途	中国科学院理化技术研究所	唐芳琼，李琳琳，等
200610116211	阿奇霉素衍生物及其应用	上海医药工业研究院	沈舜义，黄新颜，等
200610116212	阿奇霉素衍生物及其应用	上海医药工业研究院	沈舜义，黄新颜，等
200610116213	阿奇霉素衍生物及其应用	上海医药工业研究院	沈舜义，王宝霞，等
200610116214	阿奇霉素衍生物及其应用	上海医药工业研究院	沈舜义，王章跃，等
200610116973	黄芩甙元溶液组合物	上海格鲁奥丽生物医药技术有限公司	吴一心
200610118327	不加抛射剂的手揿泵型联苯苄唑喷雾剂及其制备方法	上海信谊制药厂	吴冰
200610123395	育亨宾和小檗碱混合在制药中的应用	暨南大学	陆大祥，王华东，等

续表

申请号	名称	申请单位	发明人
200610123962	5-芳胺喹啉-7,8-二酮类衍生物及其在制备抗菌药物中的应用	广东工业大学	杜志云,黄宝华,等
200610124339	海水鱼弧菌高效疫苗的制备	广东海洋大学	吴灶和,黄郁葱,等
200610129798	治疗水产养殖动物细菌或病毒性疾病的药物	天津生机集团有限公司	王连民,彭淑芹,等
200610130717	取代的哌嗪基苯基异噁唑啉衍生物及其用途	天津药物研究院	刘默,刘登科,等
200610135841	板蓝根和黄芩苷的药物组合物	山东轩竹医药科技有限公司	黄振华
200610135895	具有抗菌活性的喹嗪类衍生物	山东轩竹医药科技有限公司	黄振华
200610137909	治疗感染性疾病的药物制剂及制备方法和质量检测方法	北京奇源益德药物研究所	于文风
200610141075	一组尿苷肽类抗生素和其药学上可接受的盐、及其制备方法和用途	中国医学科学院医药生物技术研究所	许鸿章,陈汝贤,等
200610141953	一种采用膜分离技术分离纯化荷叶提取物的制备方法与用途	福州大学	陈剑锋,陈浩,等
200610142737	水溶性聚合物修饰的G-CSF偶联物	江苏恒瑞医药股份有限公司	王瑞军,孙长安,等
200610145902	含有法罗培南的注射用药物组合物	鲁南制药集团股份有限公司	赵志全,姚景春
200610147537	含有抗感染药物组合物的局部药用制剂及其制备方法	上海慈瑞医药科技有限公司	金幸,王琰,等
200610148179	一种用连翘叶制备连翘酚的方法	山东新时代药业有限公司	玄振玉,陆宏国,等
200610149703	一种头孢呋辛酯脂质体、其制备方法及含有它的药物组合物	石药集团欧意药业有限公司	李国聪,郭卫芹,等
200610151018	黄芩苷冻干粉针剂及其制备方法	黑龙江大学	王阳,李强,等
200610154411	新的莪术醇糖苷类化合物及其制备与应用	温州医学院	梁广,李校堃,等
200610155352	一种朝鲜蓟叶浸膏提取物的制备方法	浙江大学	王龙虎,谢志鹏,等
200610157604	阿奇霉素树脂口服混悬液及其制备方法	深圳致君制药有限公司	闫志刚,曾环想,等
200610161639	一种抗幽门螺杆菌的药物组合物	江苏正大天晴药业股份有限公司	李洋,张喜全,等
200610165253	一种制备微粉化阿奇霉素的方法	北京化工大学	陈建峰,王国联,等
200610166028	新的含烟酸异黄酮酯衍生物及其制造方法和用途	南华大学	廖端芳,郑兴,等
200610166879	一种抗菌消炎的中药组合物及其制备方法	湖南九典制药有限公司	朱志宏,卜振军,等
200610166893	左旋奥硝唑磷酸酯及其制备方法和用途	陕西新安医药科技有限公司	苏红军
200610170721	一种乙酰吉他霉素微囊型粉末的生产方法	重庆大新药业股份有限公司	岳光,谢云,等
200610200002	鱼腥草冻干粉针剂的制备方法	贵州百花医药股份有限公司	黄文荣
200610200475	一种局部应用的抗生素的缓释制剂	济南康泉医药科技有限公司	孙中先
200620028630	一种抗生素药物的预充式制剂	吉林省一心制药有限公司	贾志丹,合龙,等
200710000558	含磷酸酯基的氟喹诺酮化合物、其制备方法及制备药物的用途	上海阳帆医药科技有限公司	易维银,陈义朗

续表

申请号	名称	申请单位	发明人
200710003662	一种含磷酸酯基的氟喹诺酮化合物的制备方法	上海阳帆医药科技有限公司	易维银,陈义朗
200710003963	含有头孢特伦酯环糊精包合物的药物组合物及其制备方法	海南和德通医药科技有限公司	任勇,高剑锋,等
200710004557	含有头孢呋辛酯环糊精包合物的药物组合物及其制备方法	南京师范大学,南京巨环医药科技开发有限公司	任勇,高剑锋,等
200710006870	头孢菌素衍生物	山东轩竹医药科技有限公司	黄振华
200710007045	脑膜炎球菌多价联合疫苗	重庆智仁生物技术有限公司	蒋仁生,薛平
200710007803	一种抗菌消炎的中药组合物	湖南九典制药有限公司	朱志宏,卜振军,等
200710008986	香薷喷雾剂	厦门金日制药有限公司	胡珊梅,李仲树
200710011196	控释软膏组合基质及其制备方法	大连理工大学	汪晴,柳伟
200710012797	一种稳定的利福霉素钠注射液的处方及制备方法	沈阳药科大学	王东凯,薛梅妍
200710013231	氨基糖苷类衍生物	山东轩竹医药科技有限公司	黄振华
200710013733	中华绒螯蟹抗脂多糖因子基因及其编码蛋白和应用	中国科学院海洋研究所	宋林生,李成华,等
200710015049	阿奇霉素 4″-氨甲酸酯衍生物、制备方法及其药物组合物	山东大学	马淑涛,咸瑞卿,等
200710015050	11,12-环碳酸酯-阿奇霉素 4″-氨甲酸酯衍生物、制备方法及其药物组合物	山东大学	马淑涛,咸瑞卿,等
200710015197	一种眼用组合物及其制作方法和用途	山东博士伦福瑞达制药有限公司	凌沛学,贺艳丽,等
200710015285	一种迟缓爱德华氏菌弱毒活疫苗	中国科学院海洋研究所	莫照兰,茅云翔,等
200710015492	一种蜂胶醇提取物口含片	山东大学	常宏文,马剑锋,等
200710017566	外用沸石抗菌止血剂及其制备工艺	中国人民解放军第四军医大学	陈绍宗,蒋立,等
200710017630	一种水包油型木香油、山苍籽油的纳米乳剂及制备方法	西北农林科技大学	欧阳五庆,李树珍
200710019127	一类季铵盐型抗菌单体在牙科抗菌修复材料的应用	中国人民解放军第四军医大学	陈吉华,肖玉鸿,等
200710026320	头孢类化合物的氨丁三醇盐及其制备方法	广东中科药物研究有限公司	陈文展,王伟
200710027921	一种纳米银抗菌洗发露及其制备方法	东莞市拓扑光电科技有限公司	秦如新
200710029154	一种伤口消毒的消毒液	广州佳林医疗用品制造有限公司	王钢
200710029627	氯霉素软胶囊	广东东阳光药业有限公司	王超志
200710030776	5,6,7-三羟基黄酮作为制备抑制细菌的药物的应用	中山大学	周世宁,曾芝瑞,等
200710030819	一种葛根芩连提取物	南方医科大学	罗佳波,谭晓梅
200710031230	阿奇霉素微球制剂及其制备方法	广东药学院	杨帆,张万金
200710032383	一种抗菌消炎的穿心莲内酯自乳化胶囊	广州中医药大学	王振华,杜勤,等
200710034267	一种用于细菌病治疗的靶向药物及其制备方法	湖南农业大学	董伟,孙志良,等

续表

申请号	名称	申请单位	发明人
200710037246	防治幽门螺杆菌感染的组合物	上海华珠生物科技有限公司	史彤
200710038277	化合物 HSR01-4-9 在制备抗多药耐药金葡菌抑制剂中的用途	复旦大学	穆青,肖志勇,等
200710039018	一种具有抗菌活性的大环内酯类化合物 Macrolactin Q	中国人民解放军第二军医大学	卢小玲,许强芝,等
200710040175	一种抑制多药耐药金葡菌活性的化合物	复旦大学	穆青,肖志勇,等
200710041163	金黄色葡萄球菌 DNA 疫苗 pcDNA3.1(+)－Minigene 及其制备方法	上海大学	陈宇光,倪继祖,等
200710041314	含有氯己定和乙醇的乳状液型凝胶制剂	上海利康消毒高科技有限公司	张万国,孙文胜,等
200710041596	具有抗胃肠道致病菌、抗氧化和降血压作用的短双歧杆菌及其用途	统一企业(中国)投资有限公司,统一企业(中国)投资有限公司昆山研究开发中心	李正华,顾瑞霞,等
200710041688	黄芩素作为抗真菌药物增效剂的用途	中国人民解放军第二军医大学	曹颖瑛,戴宝娣,等
200710042229	噁唑烷衍生物及其制备方法和应用	上海医药工业研究院	周伟澄,俞林良
200710042543	一种葡萄球菌色氨酰-tRNA 合成酶抑制剂	复旦大学,中国科学院上海药物研究所	瞿涤,蒋华良,等
200710042544	一种葡萄球菌抑制剂	复旦大学,中国科学院上海药物研究所	瞿涤,蒋华良,等
200710048489	一种治疗细菌性感染的药物联合药剂	成都地奥九泓制药厂	黄沛,何民,等
200710049048	两亲型短肽及其用途	四川大学	罗忠礼,赵晓军,等
200710050016	板蓝根有效成分的制备方法	四川省泰信动物药业有限公司	冯建国
200710050222	夫西地酸钠冻干粉针剂	西藏康欣药业有限公司	杨平,鲁方平
200710050308	具有消炎、止痒和消毒杀菌作用的外用制剂	西藏芝芝药业有限公司	王建生
200710051818	一种抗内毒素血症的中药组合物及其制备方法	湖北中医学院	陈科力,常明向,等
200710051965	一种东亚钳蝎抗菌肽基因及制备方法和应用	武汉摩尔生物科技有限公司	曹志贱,李文鑫,等
200710051966	一种海南斑等蝎抗菌肽及制备方法和应用	武汉大学	曹志贱,李文鑫,等
200710053403	5,6-二甲基呫吨酮-4-乙酸的制备方法及由此方法制备的衍生物和药物制剂	武汉远大制药集团有限公司	李玮,杨波,等
200710055157	阿奇霉素分散片及其生产方法	天津药业集团新郑股份有限公司	陈智锋,刘彦锋
200710055668	一种中药姜制黄连的炮制方法	中国科学院长春应用化学研究所	刘志强,李伟,等
200710057661	含1,3二杂五元环的异羟肟酸类衍生物及其用途	天津药物研究院	王建武,贾炯,等
200710057662	异噁唑啉衍生物及其用途	天津药物研究院	刘默,刘登科,等
200710057759	苦芩止痢口服液	天津市畜牧兽医研究所	王建国
200710059750	一种治疗水产动物细菌性肠炎的中西复方药物组合物	天津生机集团有限公司	王连民,彭淑芹

续表

申请号	名称	申请单位	发明人
200710060530	酰氯和磺酰氯类衍生物及其用途	天津药物研究院	刘默，刘登科，等
200710060531	作为抗菌剂的噁唑烷酮类化合物	天津药物研究院	刘默，刘登科，等
200710061612	一种超临界萃取红花的方法	中国科学院山西煤炭化学研究所	毕继诚，韩小金，等
200710062898	炭疽杆菌γ噬菌体裂解酶抗原表位及其突变体与应用	中国人民解放军军事医学科学院生物工程研究所	曹诚，杨尧，等
200710063452	一种治疗感冒的中药组合物及其制备方法和检测方法	北京亚东生物制药有限公司	付立家，付建家
200710064817	一种布鲁氏杆菌核酸疫苗	北京大学	蔡宏，朱玉贤
200710065677	雪胆素缓释制剂	昆明四创药业有限公司	韩颖，任磊，等
200710066144	原小檗碱（protoberberine）类生物碱在制备抗耐药菌药物中的用途	成都军区昆明总医院	左国营，徐贵丽，等
200710066497	苯并[C]菲啶和原托品类生物碱在制备抗耐药菌药物中的新用途	成都军区昆明总医院	左国营，徐贵丽，等
200710067776	蒲公英中的倍半萜内酯及其抗格兰氏阳性菌的用途	浙江大学	赵昱，杨柳青，等
200710068539	黑紫橐吾素A及其抑制格兰氏阳性菌的医药用途	温州医学院	黄可新，赵军，等
200710068891	一种采用超临界CO_2萃取高纯度大黄游离蒽醌的方法	浙江大学	魏作君，刘迎新，等
200710071069	硫酸阿奇霉素和其应用及其冻干粉针剂和冻干粉针剂的制备方法	浙江尖峰药业有限公司	蒋晓萌，黄金龙，等
200710073213	干混悬剂及其制备方法	深圳致君制药有限公司	闫志刚，曾环想，等
200710076429	呋喃西林凝胶剂及其制备方法	深圳海创医药科技发展有限公司	张德福，李勇，等
200710078119	脂多糖结合蛋白及其单克隆抗体和用途	中国人民解放军第三军医大学第一附属医院	葛晓冬
200710078120	一种改建的抗菌肽及其制备方法和应用	中国人民解放军第三军医大学第一附属医院	葛晓冬
200710078173	一种肠出血性大肠杆菌O157：H7基因工程疫苗及其制备方法	中国人民解放军第三军医大学	毛旭虎，邹全明，等
200710078533	盐酸克林霉素棕榈酸酯软胶囊及其制备方法	西南合成制药股份有限公司	赵洪武，李侠，等
200710078622	头孢克肟缓释双层片	重庆医药工业研究院有限责任公司	王立，冉伟，等
200710079597	败酱滴丸及其制备方法	北京正大绿洲医药科技有限公司	曲韵智
200710087021	含有头孢泊肟酯环糊精包合物的药物组合物及其制备方法	南京师范大学，南京巨环医药科技开发有限公司	任勇，高剑峰，等
200710091194	高生物使用率的经杀真菌剂和聚合物涂覆的核心微粒状物	永胜药品工业股份有限公司	廖大平
200710092404	模拟MD2的抗菌抗炎拮抗多肽	中国人民解放军第三军医大学野战外科研究所	李磊，闫红，等

续表

申请号	名称	申请单位	发明人
200710093130	抗绿脓杆菌Fab′片段	中国人民解放军第三军医大学第一附属医院	张雅萍,庄颖,等
200710093192	盐酸苄达明洗剂及其制备方法	重庆市莱美药物技术有限公司	王建标,汪渡,等
200710093202	盐酸苄达明可溶片及其制备方法	重庆市莱美药物技术有限公司	王建标,汪渡,等
200710097725	白木香内生真菌产物螺光黑壳菌酮A的制备方法及应用	中国医学科学院药用植物研究所	郭顺星,陈晓梅,等
200710099689	黄藤素注射剂及其制备方法	北京科信必成医药科技发展有限公司	王锦刚
200710100237	一种眼用或耳鼻用药物组合物及其用途	深圳市瑞谷医药技术有限公司	张静,肖高铿,等
200710100284	一种栀子总苷提取物及其制备方法	北京本草天源药物研究院	顾群,李志刚,等
200710110403	甘草高效抗菌、抗氧化活性部位的分离及鉴定	北京未名宝生物科技有限公司,桂林商源植物制品有限公司	詹姆斯·周
200710111277	三七皂甙在制备治疗败血症的药物中的应用	天津天士力制药股份有限公司	韩晶岩,杨继英,等
200710111278	三七皂甙成分治疗败血症的应用	天津天士力制药股份有限公司	韩晶岩,孙凯,等
200710111279	二羟基苯基乳酸在制备治疗败血症的药物中的应用	天津天士力制药股份有限公司	韩晶岩,郭俊,等
200710113867	一种具有抗菌功能的融合蛋白及其应用	国家海洋局第一海洋研究所	丛柏林,刘晨临,等
200710117953	大蒜挥发油在制备防治败血性波氏杆菌药物中的应用	中国农业大学,北京农学院,北京元亨神农科技发展有限公司	许剑琴,刘凤华,等
200710118975	一种新的杀菌肽及其产生菌株和用途	华南农业大学	廖富蘋,林健荣,等
200710122912	金丝桃素口服液的制备方法	中国农业科学院兰州畜牧与兽药研究所	梁剑平,崔颖,等
200710127224	多尼培南的新结晶及其制备方法和用途	成都地奥九泓制药厂	于源,周武春,等
200710129792	肺炎嗜衣原体的一种重组主要外膜蛋白及其制备方法	中国人民解放军军事医学科学院微生物流行病研究所	端青,李岩伟,等
200710132671	桑黄菌丝体活性糖蛋白及其用途和制备方法	江苏大学	崔凤杰,黄达明,等
200710132856	一种氨基糖苷类抗生素在制备治疗耐药菌感染的药物组合物中的应用	常州方圆制药有限公司	刘军
200710134318	天麻配方颗粒的制备方法	江阴天江药业有限公司	周嘉琳,徐以亮,等
200710137768	一种纳米抑菌蒙脱土及其制备方法	南方医科大学	路新卫,韦莉萍,等
200710141282	抗菌剂的肠胃外制剂	太景生物科技股份有限公司	李丽惠,吴柏义,等
200710145608	7-(4-肟基-3-氨基-1-哌啶基)喹啉羧酸衍生物及其制备方法	北京双鹤药业股份有限公司	郭慧元,王秀云,等
200710161403	新型头孢菌素化合物	山东轩竹医药科技有限公司	黄振华
200710165270	表没食子儿茶素没食子酸酯微囊颗粒及其制备工艺	广东省实验动物监测所	黄韧,郭震
200710168065	一组抗菌肽及其制备方法和应用	上海高科联合生物技术研发有限公司	黄青山,李国栋
200710168525	一种抗耐药菌的多肽及用途	武汉摩尔生物科技有限公司	李文鑫,曹志贱,等
200710170490	吡咯烷衍生物及其制备方法和应用	上海医药工业研究院	王震宇,周伟澄,等
200710170633	细菌表面展示系统、方法及应用	华东理工大学	刘琴,张元兴,等

续表

申请号	名称	申请单位	发明人
200710176225	一种治疗淋症的中药组合物及其制备方法	北京亚东生物制药有限公司	付立家，付建家
200710178725	7-(3-肟基-4-氨基-4-烷基-1-哌啶基)喹啉羧酸衍生物及其制备方法	中国医学科学院医药生物技术研究所，浙江医药股份有限公司新昌制药厂	郭慧元，王菊仙，等
200710178948	一种含有天然抗菌剂的药用或保健组合物	北京慧宝康源医学研究有限责任公司	詹姆斯·周
200710189747	复方头孢噻呋油混悬注射液制备工艺	河南农业大学	胡功政，潘玉善，等
200710189748	复方阿莫西林油混悬注射液制备工艺	河南农业大学	胡功政，刘建华，等
200710189798	一种复方磺胺对甲氧嘧啶混悬液的制备方法	洛阳普莱柯生物工程有限公司	张许科，刘兴金，等
200710189799	一种长效复方磺胺间甲氧嘧啶混悬液的制备方法	普莱柯生物工程股份有限公司	张许科，刘兴金，等
200710189803	一种复方抗球虫、抗菌制剂的制备方法	洛阳普莱柯生物工程有限公司	张许科，刘兴金，等
200710189824	治疗动物病毒、细菌及其混合感染的中成药	杨建春，河南亚卫动物药业有限公司	杨建春，李明魁，等
200710191136	一种中药组合物及其制备方法和应用	金陵药业股份有限公司	徐向阳，谢俊，等
200710195187	一种环境调节剂及其生产方法	广东腾骏动物药业股份有限公司	陈健雄
200710195198	一种微乳制剂及其制备方法	山西中医学院	牛欣，冯前进，等
200710196897	新的头孢菌素衍生物	山东轩竹医药科技有限公司	黄振华
200710197037	头孢菌素衍生物	山东轩竹医药科技有限公司	黄振华
200710200375	家蝇分泌型抗菌肽的分离方法及其产品和应用	贵阳医学院	吴建伟，国果，等
200710200769	制备新雪制剂的方法	辽宁大生药业有限公司	陈闯
200710201969	具有消炎、止痒和消毒杀菌功效的外用制剂及制法	西藏芝芝药业有限公司	王建生
200710202259	具有消炎、止痒、杀菌作用的外用制剂及其制法和用途	成都芝芝药业有限公司	王建生
200710300907	头孢类抗生素	山东轩竹医药科技有限公司	黄振华
200710300908	一种头孢菌素衍生物	山东轩竹医药科技有限公司	黄振华
200710300910	新型头孢菌素化合物	山东轩竹医药科技有限公司	黄振华
200710306509	一种黄藤素纳米粒制剂及其制备方法	西北农林科技大学	欧阳五庆，李云让
200710306511	一种含有阿莫西林纳米粒和克拉维酸钾的抗生素药物	西北农林科技大学	欧阳五庆，杨雪峰
200810000666	含乳酸卡德沙星的水针注射剂	哈药集团制药总厂	朱彦民，马杰，等
200810000674	含乳酸卡德沙星的粉针注射剂	哈药集团制药总厂	朱彦民，马杰，等
200810001173	具有喹喔啉母环的两种化合物及其制备方法	中国农业科学院兰州畜牧与兽药研究所	梁剑平，张道陵，等
200810001184	一种盐酸头孢吡肟粉针剂及其制备方法	山东罗欣药业股份有限公司	刘保起，李明华，等
200810001186	一种加替沙星冻干粉针剂及其制备方法	山东罗欣药业股份有限公司	刘保起，李明华，等
200810001187	一种头孢替唑钠粉针及其合成方法	山东罗欣药业股份有限公司	刘保起，李明华，等

续表

申请号	名称	申请单位	发明人
200810001190	一种硫酸头孢匹罗原料的合成方法及其用途	山东罗欣药业股份有限公司	刘保起,李明华,等
200810001191	一种头孢硫脒冻干粉针的制备方法	山东罗欣药业股份有限公司	刘保起,李明华,等
200810001193	一种加替沙星胶囊及其制备方法	山东罗欣药业股份有限公司	刘保起,李明华,等
200810002165	头孢衍生物	山东轩竹医药科技有限公司	黄振华
200810003295	一种制备具有减少了苦味的阿奇霉素组合物的方法	海南高升医药科技开发有限公司	王小树,杨贵方,等
200810005382	头孢抗生素衍生物	山东轩竹医药科技有限公司	黄振华
200810006900	一种头孢匹胺钠粉针及其制备方法	山东罗欣药业股份有限公司	刘保起,李明华,等
200810007550	复方板蓝根制剂在制备防治内毒素血症药物中的应用	广州白云山和记黄埔中药有限公司	李楚源,方建国,等
200810007681	注射用金莲花总黄酮的制备方法	上海中创医药科技有限公司	蔡金娜,刘江云,等
200810009179	一种阿奇霉素混悬颗粒及其制备方法	山东罗欣药业股份有限公司	刘保起,李明华,等
200810009181	盐酸头孢他美酯分散片及其制备方法	山东罗欣药业股份有限公司	刘保起,李明华,等
200810009182	一种头孢孟多酯钠粉针及其粉针、原料药的制备方法	山东罗欣药业股份有限公司	刘保起,李明华,等
200810011094	葫芦茶素的制备方法	大连大学	王永奇,史丽颖,等
200810012641	治疗刺参细菌性化皮病的复方中草药制剂	大连水产学院	李华,李强,等
200810014711	一种交叉保护性疫苗抗原及其制备方法和应用	中国科学院海洋研究所	孙黎,张卫卫,等
200810015131	头孢地嗪钠的制备方法	齐鲁安替制药有限公司	李凤侠,范美菊,等
200810015132	盐酸头孢吡肟与L-精氨酸混粉的制备方法	齐鲁安替制药有限公司	杜海生,范美菊,等
200810016692	头孢哌酮钠与舒巴坦钠混粉的制备方法	齐鲁安替制药有限公司	王勇进,杜海生,等
200810017218	骨架型罗红霉素缓释微丸胶囊	西安德天药业股份有限公司	唐星,于叶森,等
200810017536	酶法制备黑刺菝葜总皂苷提取物的方法	西北农林科技大学	张存莉,管桦,等
200810018130	一种单克隆抗体1F1及其应用以及分泌该抗体的杂交瘤细胞系BCSP31-1F1	中国人民解放军第四军医大学	徐志凯,白文涛,等
200810020994	一类新型缩酚酸类化合物及其制法和用途	南京大学	朱海亮,吕鹏程,等
200810020996	一种顶头孢菌素及其制法和用途	南京大学	谭仁祥,章华伟,等
200810022883	新型第四代头孢菌素、制备方法及应用	中国药科大学	陈国华,杨阳,等
200810026059	一种含有盐酸克林霉素棕榈酸酯的抗菌组合物	广东一品红药业有限公司	王勇
200810026701	一种利用荆芥抑制金黄色葡萄球菌的洗浴剂	中山大学	廖文波,凡强,等
200810028218	一种葛根芩连药物的有效成分的检测方法	南方医科大学	罗佳波,谭晓梅,等
200810028921	一种疏水性环糊精包合物及其制备方法和应用	广东药学院	吕竹芬,刘志挺,等

续表

申请号	名称	申请单位	发明人
200810029031	一种复方南板蓝根片的检测方法	广州奇星药业有限公司	冯倩玲，曹艳芳，等
200810029546	一种防治由幽门螺杆菌感染引起的口腔疾病的口腔护理剂	南方医科大学	白杨，陈烨，等
200810032971	夏枯草属植物提取物及其药物用途	上海海天医药科技开发有限公司	秦继红
200810032976	夏枯草属植物提取物的组合物、制备方法及其药物用途	上海海天医药科技开发有限公司	秦继红
200810036768	合成抗菌肽、其制备方法及应用	昆山博青生物科技有限公司	黄青山
200810041120	一种桑黄粗多糖的提取方法及桑黄多糖的纯化方法	上海璞诚生物科技有限公司	孙向军，唐波，等
200810043051	一种应用膜过滤技术制备金银花提取物的方法	上海中药制药技术有限公司	刘志远，路钧镧，等
200810044272	3-(2-甲基-5-硝基咪唑)-1,2-丙基酯化合物及其制备方法和用途	四川百利药业有限责任公司	李丽川
200810044909	结晶理疗盐的制备方法	四川久大索贝斯日化有限责任公司，四川久大品种盐有限责任公司	蔡晓波，陈渊，等
200810045003	夫西地酸钠组合物及其冻干制剂制备方法	四川阳光润禾药业有限公司	王颖
200810045091	吡酮硝唑酯化合物及其制备方法和用途	四川百利药业有限责任公司	李丽川
200810045212	抗炭疽多肽及其应用与制备方法	畿晋庆三联(北京)生物技术有限公司	丘小庆
200810046873	一种诱导蜘蛛产生抗菌活性物质的方法	湖北大学	彭宇，汪森，等
200810047868	三石解毒散	仙桃市魏氏生物工程有限责任公司	魏光春
200810049681	一种氧氟沙星注射液及其制备方法	郑州永和制药有限公司	王金辉
200810049805	阿胶补血膏检测方法	河南省新四方制药有限公司	杨景华
200810049870	化合物儿茶素在制备抗耐药菌株药物方面的应用	河南大学	康文艺，宋艳丽，等
200810050361	一种治疗泌尿系统感染及前列腺炎的中药组合物	吉林华康药业股份有限公司	胡军会，刘传贵，等
200810051091	一种治疗小儿腹泻及小儿感染性腹泻的药物组合及制备方法	长春远大国奥制药有限公司	邵春杰
200810051597	一种虫草缓控释胶囊及其制备方法	吉林大学	滕利荣，逯家辉，等
200810055213	一种中药组合物在制备治疗结膜炎药物中的应用	河北以岭医药研究院有限公司	李向军，安军永，等
200810055428	一种阿莫西林舒巴坦匹酯口服制剂及其制备方法	贵州百灵企业集团制药股份有限公司	何庆国，陶文猛，等
200810055725	厚朴及其加工工艺	四川新荷花中药饮片股份有限公司	冯斌，陈文文，等
200810058980	从连香树植物中提取的活性成分及其应用	云南大学	张克勤，刘芳芳，等
200810068918	一种消炎抗菌药物的质量检测方法	贵州省科晖制药厂	杨迺嘉，霍昕，等

续表

申请号	名称	申请单位	发明人
200810069396	肠出血性大肠杆菌O157:H7志贺毒素2A1亚单位活性片段Stx2a1重组蛋白及表达方法与应用	中国人民解放军第三军医大学	曾浩,刘璐,等
200810069467	一种红霉素肠溶胶囊及其制备方法	重庆天圣制药股份有限公司	黄云川
200810069671	一种黄连总生物碱提取工艺	西南大学	叶小利,李学刚,等
200810069785	肠出血性大肠杆菌O157:H7志贺毒素ⅡB表位肽及其应用	中国人民解放军第三军医大学	邹全明,罗萍,等
200810069787	一种中和肠出血性大肠杆菌O157:H7志贺毒素Ⅱ的单克隆抗体、Fab抗体与应用	中国人民解放军第三军医大学	邹全明,罗萍,等
200810070036	卤苄叔胺类双唑抗微生物化合物及其制备方法和医药用途	西南大学	周成合,方波,等
200810070362	低刺激性大蒜素衍生物及其合成方法和应用	西南大学	李逐波,任方奎,等
200810070627	拟茎点菌素化合物及其制备方法和应用	厦门大学	郑忠辉,杜希萍,等
200810070918	一种根管消炎显影剂及其制备方法	厦门大学	冯祖德,孙婧婧
200810071913	创伤弧菌全菌免疫刺激复合物疫苗的制备工艺及其在水生动物的应用	福建省农业科学院生物技术研究所	许斌福,林天龙,等
200810073696	一种治疗风热感冒的中药口服液及其制备方法	广西源安堂药业有限公司	莫兆钦
200810073726	具有抑制血糖升高、抑菌作用的中药制剂及其制备方法	广西中医学院	邓家刚,侯小涛,等
200810074263	头孢菌素衍生物	山东轩竹医药科技有限公司	黄振华
200810074350	头孢菌素衍生物	山东轩竹医药科技有限公司	黄振华
200810079692	一种中药抑菌液及其制备方法和应用	山西振东制药有限公司	李安平
200810080132	硫酸头孢噻利无菌粉的制备方法	石药集团中奇制药技术(石家庄)有限公司	史颖,张雅然,等
200810080151	一种克林霉素磷酸酯粉针剂原料药的制备方法	华北制药集团海翔医药有限责任公司	孙国伟,刘学文,等
200810086734	巯基吡咯烷酮碳青霉烯类衍生物	山东轩竹医药科技有限公司	黄振华
200810086813	头孢泊肟酯干混悬剂组合物及其制备方法	海南三叶美好制药有限公司	黄合,全丹,等
200810088955	氨曲南脂质体冻干制剂及其制备方法	海南灵康制药有限公司	朱正兵
200810089026	含有嘧啶的噁唑烷酮类化合物及其制备方法	沈阳中海药业有限公司	史秀兰
200810091851	恩诺沙星微囊制剂及其制备方法	佛山市海纳川药业有限公司	周玉岩
200810092563	含有稠环的头孢菌素衍生物	山东轩竹医药科技有限公司	黄振华
200810093949	一种藏药材炮制物质佐太的含量测定方法及其在制药中的用途	西藏自治区藏药厂	洛桑多吉,贡嘎罗布
200810094043	盐酸头孢唑兰的制备方法、盐酸头孢唑兰粉针剂及其制备方法	山东罗欣药业股份有限公司	刘保起,李明华,等

续表

申请号	名称	申请单位	发明人
200810094515	脑膜炎球菌疫苗	北京生物制品研究所	许洪林，王潇潇
200810096629	含有吡唑并三嗪鎓的头孢类衍生物	山东轩竹医药科技有限公司	黄振华
200810097537	哌拉西林钠他唑巴坦钠复方注射剂的生产方法	海南百那医药发展有限公司	邱民
200810097538	一种高纯度美洛西林钠及其粉针生产方法	海南百那医药发展有限公司	邱民
200810097539	一种高纯度阿洛西林钠及其粉针生产方法	海南百那医药发展有限公司	邱民
200810101332	阿莫西林分散片及其生产方法	华北制药股份有限公司	王志良，单金海，等
200810103364	一种具有协同作用的制霉素薄荷醇组合物	北京世纪博康医药科技有限公司	郝守祝
200810106926	一种杏香兔耳风有效部位及其制备方法和应用	江西佑美制药有限公司，江西本草天工科技有限责任公司	范玫玫，杨世林，等
200810106927	山蜡梅有效部位群的制备方法及其制剂的制法与用途	江西佑美制药有限公司，江西本草天工科技有限责任公司	范玫玫，杨世林，等
200810107022	妥布霉素吸入粉雾剂	南昌弘益科技有限公司	刘孝乐，钱进，等
200810108368	一种治疗皮肤病的中药组合物及其制备方法	江苏黄河药业股份有限公司	葛海涛，张杰
200810108502	一种从荸荠皮中提取总黄酮的工艺	贺州学院，罗杨合，刘珊	罗杨合，解庆林，等
200810109702	含有甲酰胺杂环磺酰胺巯基吡咯烷的培南衍生物	山东轩竹医药科技有限公司	黄振华
200810110457	头孢孟多酯钠的分离纯化方法及冻干粉针制剂的制备方法	海南本创医药科技有限公司	王明
200810110458	头孢硫脒的分离纯化方法及头孢硫脒粉针剂的制备方法	海南灵康制药有限公司	朱正兵
200810110459	头孢米诺钠的分离纯化方法及头孢米诺钠冻干粉针剂的制备方法	海南灵康制药有限公司	朱正兵
200810111902	杏香兔耳风总酚酸提取物及其制备方法	北京星昊医药股份有限公司	熊国裕
200810112350	小檗碱及其结构类似物在逆转多药耐药泵中的应用	中国科学院微生物研究所	张立新，孙诺
200810112484	具有抗菌作用的透明水凝胶及其制备方法	北京联合大学生物化学工程学院	马榴强，刘薇，等
200810114585	地红霉素肠溶颗粒及制备工艺	海南皇隆制药股份有限公司	何晶
200810117079	金荞麦多酚提取物及其制备方法	曲靖开发区格力康生物科技发展有限公司	袁建平
200810119284	阿奇霉素软胶囊及其制备方法	海南皇隆制药股份有限公司	姚振弘
200810124829	四氢嘧啶乙烯基取代的巯基杂环碳青霉烯化合物	山东轩竹医药科技有限公司	黄振华
200810124830	氮杂环乙烯基取代的巯基杂环碳青霉烯化合物	山东轩竹医药科技有限公司	黄振华

续表

申请号	名称	申请单位	发明人
200810124832	含有噻吩取代的巯基吡咯烷的培南衍生物	山东轩竹医药科技有限公司	黄振华
200810124835	被巯基氧代杂环取代的培南衍生物	山东轩竹医药科技有限公司	黄振华
200810124846	新的培南化合物	山东轩竹医药科技有限公司	黄振华
200810124907	含有巯基噻唑的碳青霉烯衍生物	山东轩竹医药科技有限公司	黄振华
200810126746	一种注射用乳糖酸阿奇霉素及其制备方法	海南锦瑞制药有限公司	王小树
200810126747	一种注射用氟罗沙星及其制备方法	海南锦瑞制药股份有限公司	王小树
200810127044	一种克林霉素磷酸酯冻干粉针及其制备方法	海南锦瑞制药股份有限公司	罗韬
200810127466	含有取代的甲酰肼基的碳青霉烯化合物	山东轩竹医药科技有限公司	黄振华
200810128939	含有二氢咪唑甲酰胺基的培南化合物	山东轩竹医药科技有限公司	黄振华
200810128940	含有甲酰肼基的碳青霉烯化合物	山东轩竹医药科技有限公司	黄振华
200810128943	含有异硫脲基巯基吡咯烷的培南衍生物	山东轩竹医药科技有限公司	黄振华
200810128948	含有巯基吡咯烷甲酰胺基三嗪的培南化合物	山东轩竹医药科技有限公司	黄振华
200810129340	甲酰苯胺取代的巯基吡咯烷碳青霉烯类化合物	山东轩竹医药科技有限公司	黄振华
200810129341	被巯基吡咯烷甲酰胺基吡啶取代的培南衍生物	山东轩竹医药科技有限公司	黄振华
200810129343	含有巯基吡咯烷甲酰肼的培南衍生物	山东轩竹医药科技有限公司	黄振华
200810129345	碳代青霉烯类抗生素	山东轩竹医药科技有限公司	黄振华
200810129346	被巯基吡咯烷甲酰胺基环戊烯酸取代的培南衍生物	山东轩竹医药科技有限公司	黄振华
200810129348	被巯基吡咯烷甲酰哌啶取代的培南衍生物	山东轩竹医药科技有限公司	黄振华
200810129349	六元环甲酰胺取代的巯基吡咯烷碳青霉烯化合物	山东轩竹医药科技有限公司	黄振华
200810129350	碳青霉烯类衍生物	山东轩竹医药科技有限公司	黄振华
200810129351	含有环己烯酮甲酰氨基的碳青霉烯化合物	山东轩竹医药科技有限公司	黄振华
200810129353	含有巯基吡咯烷甲酰胺苯烷基杂环的培南衍生物	山东轩竹医药科技有限公司	黄振华
200810130379	含有异噁唑烷酮的培南衍生物	山东轩竹医药科技有限公司	黄振华
200810130380	含有环己烷的碳青霉烯化合物	山东轩竹医药科技有限公司	黄振华
200810132054	注射用盐酸克林霉素纳米粒制剂	海南本创医药科技有限公司	王明
200810134826	哌拉西林钠舒巴坦钠药物组合物制剂	海南百那医药发展有限公司	邱民
200810134827	阿莫西林钠舒巴坦钠药物组合物制剂	海南百那医药发展有限公司	邱民

续表

申请号	名称	申请单位	发明人
200810134828	注射用美洛西林钠舒巴坦钠及其冻干粉针剂的制备方法	海南百那医药发展有限公司	邱民
200810137591	一种绿脓杆菌疫苗的制备方法	黑龙江省科学院微生物研究所	孙建华,曲晓军,等
200810138179	用超微粉碎技术制备粉针剂的方法及制备的产品	海南数尔药物研究有限公司	陶灵刚
200810138204	一种表达重组虹鳟鱼抗菌肽 Oncorhyncin Ⅱ的酵母工程菌及制备方法	山东大学	王凤山,李娜,等
200810139624	高纯度头孢哌酮他唑巴坦钠药物组合物制剂	海南数尔药物研究有限公司	陶灵刚
200810139625	头孢唑肟钠化合物及其制法	海南数尔药物研究有限公司	陶灵刚
200810139808	迷迭香酸亚铁与迷迭香酸镁的制备方法及其抗菌活性应用	青岛大学	李荣贵,杜桂彩,等
200810140232	具有氨基肟基的四环素类化合物	山东轩竹医药科技有限公司	黄振华
200810141295	一种博落回注射液及其制备方法	郑州后羿制药有限公司	吴红云,李建正,等
200810141501	一种长效恩诺沙星注射液及其制备方法	河南亚卫动物药业有限公司	张遂平,李明魁,等
200810150292	一种替米考星纳米乳抗菌药物的制备方法	西北农林科技大学	欧阳五庆,李向辉
200810151125	迟缓爱德华菌抗独特型抗体基因工程疫苗及其制备方法	中国人民解放军第四军医大学	秦红,黄威权,等
200810151325	一种含头孢克洛活性成分的缓释片及其制备方法	天津市中央药业有限公司	杨福桢,庞东颖
200810153174	一种冰片包合物及其制备方法	天津中新药业集团股份有限公司达仁堂制药厂	金兆祥,潘勤,等
200810154414	治疗胃肠疾病中药组合物及其制备方法	天津中新药业集团股份有限公司乐仁堂制药厂	陈坚,王磊,等
200810157274	含有环丙烷并氮杂环的头孢菌素衍生物	山东轩竹医药科技有限公司	黄振华
200810163511	一种注射用头孢甲肟脂质体制剂及其制备方法	海南灵康制药有限公司	陶灵萍
200810164102	一种注射用盐酸头孢替安制剂及其制备方法	海南灵康制药有限公司	陶灵萍
200810165728	蒲公英木质素抑制格兰氏阳性菌的制药用途	温州医学院	李校堃,施树云,等
200810167227	一种抗菌丹参酮提取物、其制备方法、用途及其产品	博仲盛景医药技术(北京)有限公司	钟忠
200810168403	具有抗菌消炎作用的中药组合物及其制法	陕西步长制药有限公司	赵涛
200810169740	含有胍基烷酰胺基杂环的碳青霉烯衍生物	山东轩竹医药科技有限公司	黄振华
200810170006	化合物在制备治疗抗生素耐药性细菌感染的药物中的用途	太景生物科技股份有限公司	许明珠,金其新,等

续表

申请号	名称	申请单位	发明人
200810170397	头孢曲松磷酰化衍生物	山东轩竹医药科技有限公司	黄振华
200810171335	膦酰化头孢衍生物	山东轩竹医药科技有限公司	黄振华
200810171336	含有巯基杂环胺甲酰基的碳青霉烯衍生物	山东轩竹医药科技有限公司	黄振华
200810171705	头孢地嗪钠药物及制备方法	丽珠医药集团股份有限公司，珠海保税区丽珠合成制药有限公司	周自金，董曲波，等
200810172033	一种甲磺酸帕珠沙星及其粉针剂的制备方法	海南本创医药科技有限公司	王明
200810172034	葡萄糖酸依诺沙星及其粉针剂的制备方法	海南本创医药科技有限公司	王明
200810175895	一种阿莫西林胶囊剂及其生产方法	海南美大制药有限公司	邱民
200810175896	一种阿莫西林颗粒剂及其生产方法	海南美大制药有限公司	邱民
200810175897	一种氨苄西林胶囊剂及其生产方法	海南美大制药有限公司	邱民
200810176442	一种双黄连注射液的制备方法	哈尔滨珍宝制药有限公司	方同华，周雪峰，等
200810176881	四氢化萘取代的苯甲酸衍生物	山东轩竹医药科技有限公司	黄振华，赵红宇
200810183100	无定形头孢地嗪钠及其制备方法和含有该无定形的药物组合物	深圳信立泰药业股份有限公司	郑加林，邵记
200810183213	氟罗沙星冻干乳剂及其生产方法	海南美大制药有限公司	邱民
200810183413	可静脉注射的硫酸奈替米星纳米胶束制剂及其制备方法	海南美大制药有限公司	邱民
200810185852	一种莪术油葡萄糖注射液及其制备方法	四川科伦药业股份有限公司	赵同华，张宏宇，等
200810188491	法罗培南的缓释片	鲁南制药集团股份有限公司	赵志全
200810190587	头孢地嗪钠晶型及其制备方法和含有该晶型的药物组合物	深圳信立泰药业股份有限公司	郑加林，邵记
200810191750	苦豆子肌肤抑菌喷剂的生产方法	内蒙古永业生物技术有限责任公司	谢荣增，吴子申
200810197553	显性抑制突变体 F427D 作为炭疽芽孢杆菌毒素抑制剂及疫苗的应用	华中农业大学	郭爱珍，曹莎，等
200810197554	显性抑制突变体 F427N 作为炭疽毒素抑制剂及疫苗的应用	华中农业大学	郭爱珍，曹莎，等
200810198028	12-吡唑啉类-10，11-脱氢-6-O-甲基酮内酯化合物及其制备方法和用途	暨南大学	陈卫民，王永涛，等
200810198591	翠云草提取物及其制备方法和用途	暨南大学	姚新生，王乃利，等
200810201522	一种荚膜多糖纯化方法	上海生物制品研究所	朱为，江元翔，等
200810210465	含有巯基氮杂环乙烯基氮杂环的培南衍生物	山东轩竹医药科技有限公司	黄振华
200810211739	含有万古霉素的结肠靶向微丸及其制备方法	浙江医药股份有限公司新昌制药厂	易德平，张国钧，等
200810214825	碳代青霉烯类衍生物	山东轩竹医药科技有限公司	黄振华
200810215836	含有巯基氮杂环乙烯基的碳青霉烯化合物	山东轩竹医药科技有限公司	黄振华

续表

申请号	名称	申请单位	发明人
200810219931	硝基咪唑类药物纳米蒙脱土缓释剂及其制备方法	南方医科大学	韦莉萍,路新卫,等
200810222982	抗B型肉毒神经毒素中和性单克隆抗体、其制备方法及用途	中国人民解放军军事医学科学院微生物流行病研究所	王慧,史晶,等
200810224820	一种流产布鲁氏菌重组菌及其应用	中国农业大学	吴清民,牛建蕊,等
200810225958	一种治疗急性肠炎和痢疾的组合物	北京宏泰康达医药科技有限公司	张贵君,罗立宇,等
200810232501	抗耐甲氧西林金黄色葡萄球菌耐药基因*mecA*的反义核酸	中国人民解放军第四军医大学	罗晓星,孟静茹,等
200810234101	一类N-(叔丁氧基羰基)噻唑烷酸类化合物及其制法和用途	南京大学	朱海亮,宋忠诚,等
200810234680	替加环素冻干粉针剂	江苏奥赛康药业有限公司	赵俊,叶东,等
200810238167	4″,11-二氨基甲酸酯阿奇霉素衍生物、制备方法及其药物组合物	山东大学	马淑涛,咸瑞卿
200810239013	注射用盐酸洛美沙星冻干粉针剂及其制备方法	山西普德药业有限公司	胡成伟,解晓荣,等
200810247487	一种酸枣仁提取物的应用	中国农业大学	何诚,李应超,等
200810304568	具有消炎、止痒和消毒杀菌功效的皮肤外用制剂及制法	西藏芝芝药业有限公司	王建生
200810305491	药物组合物阿奇霉素肠溶胶囊	浙江丽水众益药业有限公司	周益成,傅雪猛,等
200810306714	一种穿心莲滴丸及其制备方法	四川禾邦阳光制药股份有限公司	刘文旭,肖华,等
200820114121	一种用于治疗幽门螺旋杆菌感染的片剂胶囊	黑龙江福和华星制药集团股份有限公司	吴光彦,吴玉山,等
200880019477	1β-甲基碳青霉烯抗生素及其药物组合物和用途	山东轩竹医药科技有限公司	黄振华
200880130328	幽门螺杆菌驱除剂和驱除方法	万灵杀菌消毒剂股份有限公司	秦忠世,秦知世,等
200910000732	大肠埃希氏菌K88、K99、987P纤毛亚单位油乳剂疫苗的生产方法	青岛易邦生物工程有限公司	郭玉广,孙健,等
200910001259	一种头孢哌酮舒巴坦钠与赖氨酸的组合物	海南四环医药有限公司,海南四环心脑血管药物研究院有限公司	车冯升,郭维城,等
200910002872	含有取代的氮杂环的头孢菌素衍生物	山东轩竹医药科技有限公司	黄振华
200910003043	N-正丙基-3-(4-甲基苯基)-4-(4-甲磺酰基苯基)-2,5-二氢吡咯-2-酮的Ⅰ型结晶及其制造方法	江苏恒瑞医药股份有限公司	孙飘扬,陈永江,等
200910006088	一种裸花紫珠提取物及其制备方法、制剂和用途	九芝堂股份有限公司	宁云山,关继峰,等
200910007629	一种氟氯西林钠阿莫西林钠药物组合物及其制法	海南本创医药科技有限公司	王明
200910009030	一种蒜氨酸/蒜酶二元释药多层片	新疆埃乐欣药业有限公司	陈坚,郑启武
200910013876	一种弱毒荧光假单胞菌及其应用	中国科学院海洋研究所	孙黎,王焕然
200910014515	迟缓爱德华氏菌密度感应系统阻断因子及其构建和应用	中国科学院海洋研究所	孙黎,张敏

续表

申请号	名称	申请单位	发明人
200910014517	一种免疫保护性亚单位疫苗及其制备和应用方法	中国科学院海洋研究所	孙黎,张卫卫
200910014682	一种地红霉素肠溶制剂	山东省医药工业研究所	张曼红,张文,等
200910015121	头孢替唑钠化合物及其制成的药物组合物	海南数尔药物研究有限公司	陶灵刚
200910015122	盐酸头孢替安化合物及其制成的药物组合物	海南数尔药物研究有限公司	陶灵刚
200910016125	一种复方氟康唑软膏及其制备方法	青岛康地恩药业有限公司,青岛六和药业有限公司	郝智慧,张瑞丽,等
200910016147	一种头孢地嗪钠前体脂质体制剂及其制备方法	海南数尔药物研究有限公司	陶灵刚
200910016225	一种迟缓爱德华氏菌 DNA 疫苗及其构建和应用	中国科学院海洋研究所	孙黎,焦绪栋
200910018009	一种头孢替唑钠前体脂质体制剂	海南美大制药有限公司	邱民
200910018010	一种头孢硫脒前体脂质体制剂	海南美大制药有限公司	邱民
200910018013	一种美洛西林钠舒巴坦钠药物组合物混悬粉针剂及其新应用	海南永田药物研究院有限公司	王明
200910018014	一种头孢孟多酯钠混悬粉针剂及其新应用	海南永田药物研究院有限公司	王明
200910018757	具有抑菌与抗癌作用的小肽 C 及其应用	山东大学	康翠洁,孟令军,等
200910018758	具有抑菌与抗癌作用的小肽 B 及其应用	山东大学	康翠洁,孟令军,等
200910018759	具有抑菌与抗癌作用的小肽 A 及其应用	山东大学	康翠洁,孟令军,等
200910019328	女性经期清洁护理液及其制备方法	山东益母妇女用品有限公司	赵玉山,徐德文,等
200910019329	女性阴部清洁护理液及其制备方法	山东益母妇女用品有限公司	赵玉山,徐德文,等
200910019723	一种用于治疗阴道炎症的药物组合物及其制备方法	山东京卫制药有限公司	李铁军,于云涛,等
200910020030	中华绒螯蟹 Crustin-2 基因及其重组蛋白的应用	中国科学院海洋研究所	宋林生,郑沛林,等
200910020085	鳗利斯顿氏菌亚单位疫苗抗原蛋白与应用	中国科学院海洋研究所	肖鹏,莫照兰,等
200910023033	一组含 γ-核心模序的新型环化抗菌肽及其制备方法和应用	中国人民解放军第四军医大学	罗晓星,侯征,等
200910024100	一种中药组合物的制备方法及其质量控制方法	陕西东泰制药有限公司	罗川
200910024532	一种杜仲叶中提取绿原酸的方法及其应用	江苏省苏微微生物研究有限公司	张东升,张凌裳,等
200910025015	一种手性苯并噻嗪-2-羧酸精氨酸盐组合物、其制备方法及用途	南京长澳医药科技有限公司,上海阳帆医药科技有限公司	谢小燕,张自强,等

续表

申请号	名称	申请单位	发明人
200910026835	一种高纯度的表没食子儿茶素没食子酸酯及其制备方法	江苏天晟药业有限公司	季浩，刘佳
200910027775	甲硝唑和取代水杨酸的复合物及其制法与用途	南京大学	朱海亮，毛文君，等
200910027790	一种抗菌素头孢西丁的合成方法	苏州致君万庆药业有限公司	史利军，黄凯，等
200910038053	卤代呋喃酮化合物及其在制备抗感染药物上的应用	暨南大学	陈卫民，程超，等
200910043666	从蛹虫草中连续提取虫草挥发油、虫草素、虫草酸与虫草多糖的工艺	湖南农业大学	刘东波，谢红旗，等
200910047499	一种阿奇霉素衍生物、其中间体及其制备方法和应用	上海医药工业研究院	沈舜义，葛涵，等
200910049131	一种抗感染性休克的药物组合物及其应用	中国人民解放军第二军医大学	苏定冯，刘冲，等
200910049291	一种新型抗菌脂肽及其制备和应用	华东师范大学	马骁骏，吴自荣，等
200910050126	一种长效盐酸头孢噻呋注射液及其制备方法	上海市动物疫病预防控制中心，上海公谊兽药厂	沈富林，黄士新，等
200910052707	一种迟钝爱德华氏菌野生毒株的无标记基因缺失减毒突变株、相关制剂及应用	华东理工大学	张元兴，王鑫，等
200910053046	含2,5-二氢吡咯的肽脱甲酰基酶抑制剂及合成方法	华东师范大学	胡文浩，石炜，等
200910054113	一种多效价活疫苗、其制备方法及应用	华东理工大学	刘琴，张元兴，等
200910054283	一种包埋绿原酸的W/O/W型复乳的制备方法、其产品及用途	华宝食用香精香料(上海)有限公司，无锡福华香精香料有限公司	谷向春，罗昌荣
200910062245	一种支气管败血波氏杆菌基因缺失疫苗及应用	华中农业大学	吴斌，胡睿铭，等
200910063713	一种西他沙星滴眼剂及其制备方法	武汉武药科技有限公司	杨欣，黄璐，等
200910063772	一种西他沙星注射剂及其制备方法	武汉武药科技有限公司	耿海明，黄璐，等
200910063822	一种地衣芽胞杆菌及原药的制备方法	武汉科诺生物科技股份有限公司	刘华梅，陈振民，等
200910064954	复方杨树花口服液及其制备方法	河南牧翔动物药业有限公司	胡功政，李凌峰
200910065117	一种清瘟利咽茶	河南茗轩食品科技有限公司	刘全喜
200910065288	一种氟苯尼考微囊及其制备方法	郑州后羿制药有限公司	吴红云，胡凤领，等
200910065991	以均三唑并[3,4-b][1,3,4]噻二唑为连接链的C3/C3氟喹诺酮二聚体衍生物及其制备方法和应用	河南大学	胡国强，谢松强，等
200910066082	一种七清败毒泡腾颗粒及其制备方法	河南惠通天下动物药业有限公司	张要齐，李怀生，等
200910066083	一种四黄止痢泡腾颗粒及其制备方法	河南惠通天下动物药业有限公司	张要齐，李怀生，等
200910066130	靶向性溶肿瘤腺病毒载体Ad-TD-gene的构建方法及应用	郑州大学	王尧河，姜国忠，等
200910066687	稀土纳米复合材料的合成及表面修饰方法	东北师范大学	尚庆坤，朱东霞，等

续表

申请号	名称	申请单位	发明人
200910067067	一种治疗宠物寄生虫、真菌、细菌感染的外用药剂及其制备方法	中国人民解放军军事医学科学院军事兽医研究所	李乾学
200910067156	百白破、A+C群脑膜炎球菌-b型流感嗜血杆菌结合疫苗	长春长生生物科技股份有限公司	孙惠军,牟盈盈,等
200910067286	利用抗菌肽制备细菌菌影的方法及应用	吉林大学	雷连成,杜崇涛,等
200910067287	联合利用抗菌肽和超高压制备细菌菌影的方法及应用	吉林大学	雷连成,杜崇涛,等
200910074500	一种阿莫西林克拉维酸钾片剂的制备方法	华北制药股份有限公司	蔡丽红,陈素婥,等
200910074869	一种注射用阿奇霉素冻干粉针剂的制备方法	华北制药股份有限公司	由春峰,王志良,等
200910075877	一种乳酸左氧氟沙星分散片及其制备方法	华北制药股份有限公司	路玉锋,刘书睿,等
200910076566	一种小檗碱环糊精包合物、其制剂和制备方法	天津中医药大学	崔元璐,张叶,等
200910077752	一种预防和/或治疗幽门螺杆菌感染的疫苗	中国人民解放军军事医学科学院生物工程研究所	刘纯杰,王涛,等
200910080021	抗A型肉毒毒素的人源性中和抗体及其应用	中国人民解放军军事医学科学院生物工程研究所	于蕊,俞炜源,等
200910083282	幽门螺杆菌活菌载体疫苗及其专用重组菌	中国人民解放军军事医学科学院生物工程研究所	刘纯杰,张兆山,等
200910085159	新霉胺-咔啉羧酸缀合物及其制备方法和在医学中的用途	北京大学	叶新山,吴艳芬,等
200910085858	流产布鲁氏菌疫苗株S19标记重组菌及其应用	中国农业大学	吴清民,牛建蕊,等
200910085859	一种流产布鲁氏菌重组菌及其在制备疫苗中的应用	中国农业大学	吴清民,王真,等
200910087167	一种防治皮肤损伤与抗感染的喷剂	中国人民解放军第三〇二医院	蔡光明,赵艳玲
200910087427	一种止血消毒剂及其制备方法	北京赛升药业股份有限公司	马骉,栾美丽,等
200910088474	乌梅提取物和酸枣仁提取物复方制剂及其制备方法和应用	北京中农普康生物科技有限公司	王月琴,何诚,等
200910088487	一种提纯假单胞菌酸A的方法	山东健威生物工程有限公司	王大然,王雅婷,等
200910090320	流产布鲁氏菌免疫标记重组菌株与其在制备疫苗中的应用	中国农业大学	吴清民,何倩倪,等
200910090474	流产布鲁氏菌重组菌及其应用	中国农业大学	吴清民,王真,等
200910091674	海洋微生物溶菌酶保护冻干粉及其制造方法	中国水产科学研究院黄海水产研究所	孙谧,王跃军,等
200910092286	一种新型融合蛋白SSI、其用途及专用基因	中国人民解放军军事医学科学院微生物流行病研究所	王慧,高翔,等
200910093320	一种治疗感冒的中药组合物的制备方法	北京亚东生物制药有限公司	付立家,付建家

续表

申请号	名称	申请单位	发明人
200910093779	一种双歧杆菌新菌株及其发酵制备方法与应用	中国农业大学	张日俊,梁晓明,等
200910094565	一种真菌诱导龙血树活叶片产生血竭的方法	云南大学	王兴红,杨玲玲
200910095356	一种干混悬剂及制备方法	杭州高成生物营养技术有限公司	冯利萍
200910097142	一种茶口服片及其制备方法	杭州英仕利生物科技有限公司	屠幼英
200910098150	一种制备克拉霉素的方法	浙江华义医药有限公司	饶新堂,丁志建,等
200910099044	一种美洛西林钠溶媒结晶制备方法	浙江工业大学	李永曙,谭成侠
200910099046	壳聚糖在制备防治家蚕细菌性败血病药物中的应用	浙江大学	李斌,余山红,等
200910100843	盐酸头孢他美酯胶囊及其制备方法	浙江亚太药业股份有限公司	吕旭幸,王丽云,等
200910101077	治疗外感风寒的中药颗粒剂及其制备方法	金华市人民医院	施长春,王建英
200910101125	一种口腔护理含片的制作方法	杭州六易科技有限公司	雷朝龙
200910104242	一种富集银杏黄酮化合物的方法	重庆大学	桑鲁燕,周小华,等
200910104304	一种适于直接粉末压片的头孢呋辛酯片制剂	重庆科瑞制药有限责任公司	刘睿斌,马滔,等
200910104370	肺炎链球菌减毒活菌疫苗	重庆医科大学	尹一兵,张雪梅,等
200910104500	一种柠檬苦素类物质的提取方法	重庆长龙实业(集团)有限公司	谈宗华,刘群,等
200910104599	紫苏叶油的鉴别方法和测定方法	太极集团重庆涪陵制药厂有限公司	余佳文,彭涛,等
200910104603	紫苏烯在制备抗菌药物中的用途	太极集团重庆涪陵制药厂有限公司	秦少容,卿玉玲,等
200910106415	一种头孢氨苄的药物组合物	深圳立健药业有限公司	杨鹏博,宋珊珊,等
200910106833	一种头孢替坦二钠的药物组合物	深圳立健药业有限公司	杨鹏博,宋珊珊,等
200910107149	一种阿扑西林·乙醇合物结晶体及其制备方法	汕头市健信药品有限公司	黄邦信
200910111807	蛇葡萄素前药及其制备方法与应用	福建卫生职业技术学院	黄仁杰
200910112935	一种多枝雾水葛总生物碱的提取方法	福建农林大学	魏道智,宁书菊,等
200910113220	紫草素微乳剂组合物	石河子大学医学院第一附属医院	王新春,邢建国,等
200910113244	一种妇洁泡腾片及其制备方法和用途	中国科学院新疆理化技术研究所	阿吉艾克拜尔·艾萨,罗玉琴,等
200910113389	一种鹰嘴豆中原生抗菌多肽的快速制备方法	中国科学院新疆理化技术研究所	阿布力米提·伊力,马庆苓,等
200910113390	胡萝卜籽挥发油的制备方法及其应用	中国科学院新疆理化技术研究所	阿布力米提·伊力,马庆苓,等
200910113497	石榴皮多酚抗菌消炎泡腾片及其制备方法和用途	中国科学院新疆理化技术研究所	阿吉艾克拜尔·艾萨,罗玉琴,等
200910114971	阿莫西林-氧氟沙星混悬注射液的制备方法	江西新世纪民星动物保健品有限公司	方学锋,邓学兵,等
200910114976	一种长效头孢噻呋混悬注射液的制备方法	江西新世纪民星动物保健品有限公司	方学锋,邓学兵,等

续表

申请号	名称	申请单位	发明人
200910115426	穿心莲总内酯与新穿心莲内酯、脱水穿心莲内酯、去氧穿心莲内酯的生产工艺	雷允上药业有限公司	周一君,杨增,等
200910116657	一种保健工艺被	安徽天馨工艺制品集团有限公司	储理政
200910117507	金莲清热颗粒中牡荆苷的含量测定方法	宁夏启元国药有限公司	丁建宝,亓伟
200910119464	小桑树的萃取物及 Kuwanon H 化合物的抗菌用途	财团法人医药工业技术发展中心	古源翎,梁世村,等
200910119526	稳定的复方青霉素固体药物组合物	广州安健实业发展有限公司	傅卫国,贺立泽
200910127994	环六肽抗菌化合物	西北农林科技大学农药研究所	吴文君,姬志勤,等
200910134094	巯基氮杂环烷酰胺醇取代的培南衍生物	山东轩竹医药科技有限公司	黄振华
200910138402	注射用头孢曲松钠他唑巴坦钠复方制剂的生产工艺	海口奇力制药股份有限公司	韩宇东,韩克胜,等
200910139553	肺炎的治疗药物	太景生物科技股份有限公司	赵洁梅,林路加,等
200910144338	肾茶的提取工艺	芜湖梁氏新材料有限公司	梁有泉
200910144343	一种肾茶提取物的制备方法及其组合物	芜湖梁氏新材料有限公司	梁有泉
200910144945	阿奇霉素纳米结构脂质载体及其制备方法	苏州纳康生物科技有限公司	夏强,吴家莹
200910145908	布鲁氏菌疫苗及疫苗用抗原蛋白的制备方法	中国农业科学院兰州兽医研究所	曹小安,邱昌庆,等
200910150076	一种注射用氨曲南及其生产方法	重庆市庆余堂制药有限公司	黄涛,杜江,等
200910153465	一种喹啉羧酸盐酸盐一水合物晶型及其制备方法	浙江医药股份有限公司新昌制药厂	吴国锋,李斌,等
200910155909	一种从木芙蓉叶中提取黄酮类化合物的方法	浙江工业大学	王平,苏为科,等
200910157564	一种新型抗生素及其核苷酸序列、制备方法与应用	畿晋庆三联(北京)生物技术有限公司	丘小庆
200910157986	一种复方铋剂组合物及其制备方法	山西安特生物制药股份有限公司	何仲贵,姚娟娟,等
200910158242	阿莫西林脂质体固体制剂	海南美大制药有限公司	邱民
200910162523	一种含有壳聚糖和胶原缓释滴眼剂及其制备方法	天津市医药科学研究所	陶遵威,王文彤,等
200910162827	一种头孢呋辛酸的组合物	北京联木医药技术发展有限公司	单爱莲
200910163049	一种硫酸头孢匹罗的专用溶媒	北京联木医药技术发展有限公司	单爱莲
200910164591	迟缓爱德华菌弱毒菌株及应用	中国科学院海洋研究所	莫照兰,李杰,等
200910165042	一种复方抑菌油以及具有抑菌功效的中药精油和香薰制品	中山市中南烛业有限公司	黄永健
200910169228	盐酸头孢吡肟前体脂质体制剂	海南美大制药有限公司	邱民
200910169229	一种头孢孟多酯钠前体脂质体制剂	海南美大制药有限公司	邱民
200910169230	一种五水头孢唑啉钠前体脂质体制剂	海南美大制药有限公司	邱民
200910169231	一种头孢米诺钠脂质体制剂	海南美大制药有限公司	邱民
200910169232	一种头孢美唑钠前体脂质体制剂	海南美大制药有限公司	邱民
200910169903	三味檀香活性提取物及其提取方法和制药用途	青海大学	格日力,王金辉,等

续表

申请号	名称	申请单位	发明人
200910172302	一种喹诺酮注射液的制备方法	普莱柯生物工程股份有限公司	张许科，刘兴金，等
200910172372	桂皮酸类衍生物的壳聚糖接枝化合物及其应用	河南中医学院	武雪芬，李合平，等
200910173213	具有氨基烷基脒的四环素化合物	山东轩竹医药科技有限公司	黄振华，张蕙，等
200910174290	哌嗪酮取代的四环素衍生物	山东轩竹医药科技有限公司	黄振华，张蕙，等
200910174296	含有甲酰肼基的四环素化合物	山东轩竹医药科技有限公司	黄振华，张蕙，等
200910174299	含有不饱和杂环胺的四环素衍生物	山东轩竹医药科技有限公司	黄振华，张蕙，等
200910175404	一种炎琥宁氯化钠注射液	山西大学	孙海峰，张丽增，等
200910175655	苦豆豆足部抑菌喷剂的生产方法	内蒙古永业生物技术有限责任公司	谢荣增，吴子申，等
200910176753	一种头孢匹林钠和他唑巴坦钠的组合物及其配比	深圳市新泰医药有限公司	廖文广
200910183297	3-羰基-6-乙氧甲酰基-噻唑并嘧啶类化合物及其合成方法和用途	南京工业大学，复旦大学	韩世清，瞿涤，等
200910183529	酸性芦荟多糖及其制备纯化方法和应用	南京大学	徐琛，阮小明，等
200910189594	头孢克肟口服混悬液及其制备方法	深圳致君制药有限公司	曾环想，赖振洪，等
200910190996	人 HMGB1 A box 和酸性尾端的新型融合蛋白及其应用	中国人民解放军第三军医大学	何凤田，龚薇
200910192550	蒽醌 ZSU-H85 在制备抗耻垢分枝杆菌药物中的应用	中山大学	王军，赖小敏，等
200910193558	副溶血弧菌外膜蛋白 VP2850 的制备及其免疫保护功能的应用	中山大学	彭宣宪，叶明芝，等
200910193560	副溶血弧菌外膜蛋白 VP1061 的制备及其免疫保护功能的应用	中山大学	彭宣宪，熊筱鹏，等
200910193620	家蚕抗菌肽及其 cDNA 序列与应用	暨南大学，西南大学，华南农业大学	黄亚东，叶明强，等
200910195488	具有持久广谱抗菌性能的纳米杂化水凝胶及其制备方法	东华大学	朱美芳，武永涛，等
200910197215	头孢曲松钠抗菌性能的量子点增效及同步监测方法	同济大学	吴庆生，罗志辉，等
200910203162	一种法罗培南钠冻干粉针及其制备方法	鲁南制药集团股份有限公司	赵志全
200910205057	李氏杆菌病疫苗及制备方法	中国农业科学院兰州兽医研究所	骆学农，才学鹏，等
200910214367	一种以喹诺酮类化合物为配体的钌多吡啶配合物及其制备方法和应用	广东药学院	梅文杰，黄东纬，等
200910218047	一种中药板蓝根的质量检测方法	中国科学院长春应用化学研究所	刘志强，闫峻，等
200910218074	一种中药大青叶的质量检测方法	中国科学院长春应用化学研究所	刘志强，闫峻，等
200910218283	一种以黄藤素为主药的滴鼻剂及制备方法	昆明振华制药厂有限公司	郭文，李俊，等
200910218293	二联噻吩类化合物，其药物组合物和其应用	中国科学院昆明植物研究所	朱华结，李良波，等
200910218941	一种利用四针状氧化锌晶须改性复合树脂性能的方法	中国人民解放军第四军医大学	陈吉华，牛丽娜，等

续表

申请号	名称	申请单位	发明人
200910219794	海参养殖专用中草药杀菌剂	大连水产学院	王永华,付静轩,等
200910220452	壳寡糖在制备预防和治疗内毒素血症/菌血症药物中应用	中国科学院大连化学物理研究所	杜昱光,乔莹,等
200910220539	一株海洋真菌爪曲霉、其活性提取物以及活性提取物和活性组分的制法和用途	大连交通大学	张翼,穆军,等
200910222752	一种稳定的热敏凝胶组合物	济南宏瑞创博医药科技开发有限公司	巩洪刚,褚志杰,等
200910223210	一种具备治疗功能的新型载药创可贴	深圳兰度生物材料有限公司	余振定,谭荣伟,等
200910223409	一组新的抗菌肽及其制备方法和应用	上海高科联合生物技术研发有限公司	黄青山,李国栋
200910223410	一组新的抗菌肽及其制备方法和应用	上海高科联合生物技术研发有限公司	黄青山,李国栋
200910223411	一组新的抗菌肽及其制备方法和应用	上海高科联合生物技术研发有限公司	黄青山,李国栋
200910223572	药用头孢雷特的制备新方法	中国医药集团总公司四川抗菌素工业研究所,江苏省赛诺雅生物医药科技有限公司	刘家健,游莉,等
200910223852	甲磺酸达氟沙星脂质体的制备方法及其产品	东北农业大学	李继昌,丁良君,等
200910225952	能阻断 LPS 与 MD2 结合的抗炎抗菌多肽	中国人民解放军第三军医大学野战外科研究所	李磊,闫红,等
200910227506	复方磺胺间甲氧嘧啶或复方磺胺间甲氧嘧啶钠注射液及制备方法	河南省康星药业有限公司	张国祖,杨灵杰,等
200910229807	一种哈氏弧菌分泌型疫苗及其构建方法	中国科学院海洋研究所	孙黎,程爽,等
200910230087	一种芜菁子咀嚼片	山东轻工业学院	秦大伟,孟霞,等
200910230089	一种小檗果咀嚼片	山东轻工业学院	秦大伟,孟霞,等
200910230402	一种头孢呋辛钠混悬粉针剂	海南美兰史克制药有限公司	杨明贵
200910230612	一种头孢丙烯亚微乳固体制剂及其新应用	海南数尔药物研究有限公司	陶灵刚
200910233598	头孢美唑酸与柠檬酸钠的组合物	苏州致君万庆药业有限公司	王磊,杨磊
200910233599	硫酸头孢匹罗与柠檬酸钠的组合物	苏州致君万庆药业有限公司	王磊,杨磊
200910236327	一种氧氟沙星注射液及其制备方法	安徽丰原淮海制药有限公司	李保琴,汪洪湖
200910236407	一种特异性多糖制备方法	北京绿竹生物制药有限公司	杜琳,朱卫华
200910241915	一种消毒沐浴露	北京欧凯纳斯科技有限公司	高源,曹丽莲
200910246572	含有吡咯烷并环的头孢菌素衍生物	山东轩竹医药科技有限公司	黄振华,王全勇,等
200910253591	一种盐酸克林霉素注射剂及其制备方法	海南利能康泰制药有限公司	龙娇,邢贞凯,等
200910256114	注射用复方头孢噻呋钠冻干粉针剂	齐鲁动物保健品有限公司	李成应,王海挺,等
200910259420	一种线叶菊黄酮滴丸及其制备工艺和用途	内蒙古医学院	乔俊缠,俞腾飞,等
200910263295	一种产肠毒素性大肠杆菌的噬菌体 EK99-C 及其应用	江苏省农业科学院	王冉,张辉,等
200910264841	一种抑制嗜水气单胞菌的植物提取物组合物	江南大学	王洪新,卢春霞,等

续表

申请号	名称	申请单位	发明人
200910272561	一种抑制Th1和Th17分化的免疫调节性寡聚脱氧核苷酸及应用	华中科技大学同济医学院附属协和医院	程翔,廖玉华,等
200910272783	一种适用于炭疽抗毒素和疫苗的融合蛋白	华中农业大学	刘子铎,吴高兵,等
200910273040	具有抑菌抗炎活性的瓜子金发酵口服液及制备方法	湖北工业大学	刘明星,朱婷,等
200910300177	生产康复灵栓药品制备工艺	通化百信药业有限公司	霍成斌
200910303437	一种盐酸头孢甲肟组合物粉针及其制备方法	山东罗欣药业股份有限公司	李明华,李明杰,等
200910304459	一种盐酸头孢替安药物组合物无菌粉针剂及其制备方法	山东罗欣药业股份有限公司	李明华,宋良伟,等
200910304464	一种头孢西酮钠药物粉针剂以及头孢西酮钠原料药的合成方法	山东罗欣药业股份有限公司	李明华,张世伟,等
200910304558	一种头孢唑肟钠药物粉针剂及其制备方法、及原料药头孢唑肟钠的合成方法	山东罗欣药业股份有限公司	李明华,孙松,等
200910305280	一种普卢利沙星组合物及其制备方法、及原料药的合成方法	山东罗欣药业股份有限公司	李明华,刘延珍,等
200910305621	一种利福昔明药物组合物分散片及其制备方法	山东罗欣药业股份有限公司	李明华,张世伟,等
200910305622	一种头孢美唑钠药物及其制备方法	山东罗欣药业股份有限公司	李明华,陈雨,等
200910305828	一种巴洛沙星组合物及其制备方法、及原料药的合成方法	山东罗欣药业股份有限公司	李明华,孙松,等
200910306076	一种喹诺酮类化合物及其制备和应用	杭州师范大学	章鹏飞,郑辉,等
200910306082	一种喹诺酮类衍生物及其制备和应用	杭州师范大学	章鹏飞,郑辉,等
200910307312	大黄结合型蒽醌与大黄鞣质的分离方法	天津市南开医院	吴咸中,伍孝先,等
200910307418	从草珊瑚中同步提取异嗪皮啶和黄酮类化合物的工艺及应用	三明华健生物工程有限公司	赵敏,余峰,等
200910308171	一种黄酮苷类物质的提取方法	杭州富春食品添加剂有限公司,中国计量学院	张拥军,朱丽云,等
200910308308	一种抑菌洗液及其制备方法	贵州百灵企业集团制药股份有限公司	夏文,孙晓军,等
200910309296	一种氨曲南组合物、其粉针剂及其制备方法	山东罗欣药业股份有限公司	李明华,孙松,等
200910310360	一种能抗菌消炎止痒的纯花果液	通化斯威药业股份有限公司	杜明珠
200920078172	一种阿莫西林长效颗粒药丸	上海恒丰强动物药业有限公司	龙谭,廖洪,等
200920078173	一种氟苯尼考肠溶颗粒	上海恒丰强动物药业有限公司	龙谭,廖洪,等
200920078174	一种替米考星肠溶颗粒	上海恒丰强动物药业有限公司	龙谭,廖洪,等
200920098196	矿盐板	天津港保税区佳辰国际贸易有限公司	王长岭,马军
200920109372	阿莫西林舒巴坦匹酯双释胶囊	北京星昊医药股份有限公司	范宇宁
200920128400	载缓释阿米卡星导尿管	中国人民解放军第三军医大学第一附属医院	余洪俊,费军

续表

申请号	名称	申请单位	发明人
200920220240	一种植物精油提取装置	北京林业大学	吕兆林,张柏林,等
200920278464	酸性电位水消毒液灭菌机	北京中仁兴业科技有限公司	刘汉忠
200980000324	一种人用药物组合物及铋或锌剂的制备	桂林商源植物制品有限公司	詹姆斯·周,陈东
201010002638	一种眼科外用抗细菌感染药物	广东宏盈科技有限公司	叶成添,吴绮峰,等
201010005324	藏茵陈饮片的制备方法	中国科学院近代物理研究所	梁剑平,陆锡宏,等
201010013580	N-芳基-3,4-二氢异喹啉盐及其作为制备杀螨和抗菌药物的应用	西北农林科技大学	周乐,苗芳,等
201010017125	一种高效浓缩虫草菌丝体的工艺	南京中科药业有限公司,南京中科集团股份有限公司	冯敏,沈建,等
201010018111	生物复合酶牙膏及其制备方法	江苏雪豹日化有限公司	童渝
201010019328	用于抗感染的普卢利沙星的光学活性化合物和制备方法	海南皇隆制药股份有限公司	应军,彭锋,等
201010019517	一种伤口抗菌冲洗液及其制备方法	浙江焜之琳生物医药科技股份有限公司	魏坤,吴远,等
201010019522	一种免洗抗菌洗手液及其制备方法	浙江焜之琳生物医药科技股份有限公司	魏坤,吴远,等
201010022008	一种头孢西酮钠冻干粉针剂	长沙易睿医药科技有限公司	邹立兴,黄攀峰
201010028064	异烟肼噻二嗪硫酮化衍生物	中国医药集团总公司四川抗菌素工业研究所	陈书峰,杨放,等
201010030161	一种β-内酰胺注射液的组成及其制备方法	洛阳惠中兽药有限公司	张晓会,杜丽丽,等
201010030839	一种氟罗沙星注射液及其制备方法	白求恩医科大学制药厂	王巍
201010045506	一种提高紫草利用率的新工艺	新疆大学	刘玉梅
201010100782	大菱鲆细菌性疾病的中草药复方	中国水产科学研究院黄海水产研究所	王印庚,任海,等
201010100851	一种头孢替唑钠混悬制剂	海南美大制药有限公司	邱民
201010103612	头孢匹胺与甘氨酸钠的组合物或含甘氨酸钠的专用溶媒组合	广州白云山天心制药股份有限公司	谭胜连,司徒小燕,等
201010104215	4,5-二芳基嘧啶硫脲化合物和药物用途	陕西师范大学	张尊听,韩文勇,等
201010108000	一种含脱氢香薷酮结构的组合物及其应用	浙江大学	彭红云,张兴宏,等
201010109139	一种含有法罗培南钠的片剂	鲁南贝特制药有限公司	赵志全
201010109384	二倍半萜化合物及其应用	中国科学院昆明植物研究所	黎胜红,骆世洪
201010109707	一种恩诺沙星纳米乳液及其制备方法	河南科技学院	杨雪峰,赵恒章,等
201010109890	一种抗菌消炎的中药组合物	湖南九典制药有限公司	朱志宏,卜振军,等
201010109913	对羟基肉桂酸的用途	中国农业大学	何润春,何诚,等
201010110707	一种含二氧化氯的消毒洗手液	北京欧凯纳斯科技有限公司	曹丽莲,高源
201010112979	安妥沙星口服制剂及其用途	安徽环球药业股份有限公司	王祥,张沭,等
201010113128	手术冲洗液及其制备方法	苏州汇涵医用科技发展有限公司	冯永良,孟孝平,等
201010113393	一种长效抗菌药物油乳剂及其制备方法	湖南农业大学	董伟,李孝文,等
201010113709	一种头孢西酮钠和他唑巴坦钠的组合物及其配比	深圳市新泰医药有限公司	廖文广
201010115347	一种治疗痢疾的中药组合物及其制备方法	泰一和浦(北京)中医药研究院有限公司	王峰

续表

申请号	名称	申请单位	发明人
201010116450	一种抗菌化合物及其制备方法和应用	沈阳中海药业有限公司	史秀兰
201010116582	用于水产养殖的中草药制剂和制备方法及应用	山东省海水养殖研究所	王勇强,杜荣斌,等
201010117525	氮甲基侧链取代的三唑醇类抗真菌化合物及其制备方法	中国人民解放军第二军医大学	张万年,盛春泉,等
201010118499	肠出血性大肠杆菌O157:H7 Tir与Tc-cp的重组蛋白	江苏省农业科学院	何孔旺,张雪寒,等
201010120875	一类氮唑的衍生物、其制备方法和用途	天津药物研究院	刘登科,刘颖,等
201010123539	头孢丙烯药物组合物	汕头金石制药总厂	陈振华,陈美清,等
201010125063	一种制备粉拟青霉素的方法及其专用菌株	中国科学院微生物研究所	车永胜,刘杏忠,等
201010126667	一种肺靶向头孢噻呋微球及制备方法	青岛康地恩药业有限公司,青岛六和药业有限公司	郝智慧,肖希龙,等
201010127287	一种盐酸头孢甲肟/无水碳酸钠药物组合物脂质体注射剂	海南本创医药科技有限公司	王洪胜
201010128311	一种盐酸头孢甲肟混悬制剂及其新应用	海南永田药物研究院有限公司	王明
201010130482	一种具有体外杀精和抑菌作用的药物及其制备方法和应用	华中科技大学	刘博,尹春萍
201010130552	一种盐酸头孢替安/无水碳酸钠药物组合物脂质体注射剂	海南美大制药有限公司	邱民
201010130901	一种制备App菌影的方法及App菌影装载巴氏杆菌抗原制备亚单位疫苗的方法	天津农学院	金天明,孙颖,等
201010133555	贯众乌梅中药组合物制备方法及应用	中国农业大学,广东省天宝生物制药有限公司	何诚,李国清,等
201010135959	抗牙龈卟啉单胞菌卵黄免疫球蛋白疫苗的制备方法	安徽医科大学	徐燕,沈继龙,等
201010140331	一种头孢西酮钠和克拉维酸钾的组合物及其配比	深圳市新泰医药有限公司	廖文广
201010141917	二氢槲皮素及糖苷类化合物在制备抗耐药菌药物中的用途	成都军区昆明总医院	左国营,安静,等
201010142713	雪胆素缓释制剂	昆明四创药业有限公司	韩颖,任磊,等
201010143999	雪胆素缓释制剂	昆明四创药业有限公司	韩颖,任磊,等
201010145427	一种穿心莲内酯衍生物及其制备方法和应用	暨南大学	王玉强,于沛,等
201010145654	一种头孢孟多酯钠/无水碳酸钠药物组合物微球注射剂	海南美大制药有限公司	廖爱国
201010147918	一种枯草芽胞杆菌及1万亿活芽胞每克枯草芽胞杆菌原粉的制备方法	武汉科诺生物科技股份有限公司	李青,刘华梅,等
201010148980	一种从藤茶中提取总黄酮的方法	安徽省瑞森生物科技有限责任公司	韦洋,向忠菊,等

续表

申请号	名称	申请单位	发明人
201010149151	一种缓解痔疮症状的湿巾及其生产方法	铜陵洁雅生物科技股份有限公司	赵志国,周庆,等
201010149905	假黑盘菌素成熟多肽二聚体融合蛋白及其制备方法	中国农业科学院生物技术研究所,中牧实业股份有限公司	王楠,潘春刚,等
201010149933	氨曲南无水晶型化合物的制备方法	海南新中正制药有限公司	刘全国
201010151797	针对脑膜炎奈瑟氏球菌的免疫组合物	深圳市孚沃德生物技术有限公司,深圳职业技术学院	张水华,王妍,等
201010151848	一种免疫识别分子标记及其构建和应用	中国科学院海洋研究所	孙黎,刘春胜
201010151850	一种微生物的分子标记及其构建和应用	中国科学院海洋研究所	孙黎,刘春胜
201010151852	一种革兰氏阳性菌DNA疫苗及其构建和应用	中国科学院海洋研究所	孙黎,孙云
201010151971	一种美洛西林钠舒巴坦钠药物组合物脂质体注射剂	海南美兰史克制药有限公司	杨明贵
201010151975	一种阿莫西林钠克拉维酸钾药物组合物脂质体注射剂	海南美兰史克制药有限公司	杨明贵
201010153804	一种阿莫西林钠舒巴坦钠药物组合物脂质体注射剂	海南美兰史克制药有限公司	杨明贵
201010154084	复合载药微球、盐酸米诺环素纳米缓释复合载药微球体系及其制备方法	天津大学	常津,苏文雅,等
201010157385	一种盐酸米诺环素缓释片及其制备方法	中国科学院上海生命科学研究院湖州营养与健康产业创新中心,北京科信必成医药科技发展有限公司	蒋海松,王滔,等
201010160013	一种含有氟苯尼考的可溶于水的微粉及其制备方法	山东迅达康兽药有限公司	汪安国,王尚明
201010160549	一种含有庆大霉素和冰片的组合物及其应用	广东药学院	李明亚,冼嘉雯
201010164262	鸦胆子油和含鸦胆子油的药物组合物及制备方法	沈阳药大药业有限责任公司	薛秀生,张海茹,等
201010165860	一种注射用克林霉素磷酸酯粉针剂的制备方法	湖北荷普药业有限公司	刘万忠,刘伟华
201010172109	一种构树活性成分的分离方法	山东中科生物科技股份有限公司	严希海,蒋瑞森,等
201010173666	一种冬凌草二萜提取物的制备方法	山东绿叶天然药物研究开发有限公司	高玉白,王振华,等
201010176344	一种含片及其制备方法	北京联合大学生物化学工程学院	龚平,赵有玺
201010179923	一种恩诺沙星注射液及其制备方法	鼎正动物药业(天津)有限公司	刘鼎阔,王立红,等
201010180437	汉城链霉素及其制备方法和应用	南京大学	谭仁祥,宋勇春,等
201010182252	幽门螺杆菌尿素酶B抗原表位多肽及其应用	中国人民解放军军事医学科学院生物工程研究所	刘纯杰,王艳春,等
201010184445	一种高效酶诱导提取老鹳草中多酚类活性成分的方法	东北林业大学,付玉杰	付玉杰,祖元刚,等
201010185582	一种紫锥菊的超微粉散剂及其制备方法和应用	青岛康地恩药业有限公司,青岛农业大学	郝智慧,王春元,等

续表

申请号	名称	申请单位	发明人
201010185583	一种紫锥菊提取物散剂及其制备方法和应用	青岛康地恩药业有限公司	郝智慧，王春元，等
201010185585	一种紫锥菊口服液及其制备方法和应用	青岛康地恩药业有限公司	郝智慧，王春元，等
201010186539	哈维氏弧菌和副溶血弧菌二联 DNA 疫苗	中国海洋大学	陈吉祥，刘瑞，等
201010186882	头孢匹胺钠粉针及其制备方法	海南新中正制药有限公司	刘全国
201010199235	头孢孟多酯钠组合物粉针	山东罗欣药业股份有限公司	李明华，孙松，等
201010199970	美洛西林钠三水合物及其制备方法	湖北济生医药有限公司	曾艺，林刚
201010199974	头孢孟多酯钠冻干粉针制剂及其制备方法	湖北济生医药有限公司	曾艺，林刚
201010200559	头孢地秦钠组合物及其粉针	山东罗欣药业股份有限公司	李明华，孙松，等
201010200625	注射用盐酸头孢吡肟组合物无菌粉末	山东罗欣药业股份有限公司	李明华，范丽，等
201010200884	一种含林蛙抗菌肽的 β-CD 包合物栓剂及其制备方法	吉林大学	滕利荣，安金双，等
201010201084	注射用头孢唑肟钠组合物无菌粉末	山东罗欣药业股份有限公司	李明华，张世伟，等
201010201752	一种头孢匹林钠和舒巴坦钠的组合物及其配比	深圳市新泰医药有限公司	廖文广
201010202023	黄芩苷在抗细菌感染和预防细菌感染中的应用	西北大学	段康民，迈克·G·撒瑞特，等
201010205840	一种抗肿瘤及抗感染的大蒜辣素注射液的制备方法及其低温连续搅拌超滤装置	新疆埃乐欣药业有限公司	陈坚，李新霞
201010207943	一种具有抗菌活性的呋喃酮类化合物 Cytosporanone A	中国人民解放军第二军医大学	易杨华，李玲，等
201010212575	基于人 TLR9 受体功能区片段 LRR11 的新型多肽及其应用	中国人民解放军第三军医大学	周红，丁国富，等
201010213191	盐霉素颗粒预混剂的制备方法	金河生物科技股份有限公司	谢昌贤，刘运添，等
201010216863	姜黄素-锌化合物在制备抑菌镇痛药物中的应用	广东中大绿原生物科技有限公司	许实波，梅宁毅
201010217418	含 4-亚甲基吡咯烷的肽脱甲酰基酶抑制剂	华东师范大学	胡文浩，石炜，等
201010217449	头孢西酮钠组合物粉针	山东罗欣药业股份有限公司	李明华，陈雨，等
201010217784	一种宠物用香波的制备方法	青岛科技大学	吴汝林，王繁业
201010221418	注射用阿奇霉素组合物冻干粉针	山东罗欣药业股份有限公司	李明华，郭中明，等
201010221916	注射用头孢美唑钠组合物粉针剂	山东罗欣药业股份有限公司	李明华，李明杰，等
201010227987	盐酸甲砜霉素甘氨酸酯冻干粉针剂及其制备方法	北京四环科宝制药有限公司	张建立，曹相林，等
201010235227	掩味制剂	杭州中美华东制药有限公司	姚忠立，张洪记，等
201010237490	一种头孢磺啶钠脂质体注射剂	海南永田药物研究院有限公司	王明
201010246519	超细无菌碳酸钠与头孢类药物组合物	广州白云山天心制药股份有限公司	谭胜连，司徒小燕，等

续表

申请号	名称	申请单位	发明人
201010255081	一种注射用磺苄西林钠粉针及其制备工艺	湖南三清药业有限公司，长沙市博亚医药科技开发有限公司	张舰
201010255123	一种注射用D(-)-磺苄西林钠粉针及其制备工艺	湖南三清药业有限公司，长沙市华美医药科技有限公司	张舰
201010258697	防治绿脓杆菌感染的组合物及其制备方法	成都蓉生药业有限责任公司	谢茂超，陈明拓，等
201010260911	稳定的头孢克洛分散片及其制备方法	北京京丰制药有限公司	陈成龙，张洪，等
201010264167	阿奇霉素散剂组合物及其制备方法	安徽安科生物工程（集团）股份有限公司	朱卫兵，方冰，等
201010265335	一种合浦珠母贝抗菌肽基因及应用	中国水产科学研究院南海水产研究所	江世贵，张殿昌，等
201010268633	蛭弧菌蛭质体在制备防治大菱鲆红嘴病菌剂中的应用	华南理工大学	蔡俊鹏，陈丽芸
201010269954	板蓝根活性部位组合物及其制备方法及应用	南京中医药大学	李祥，陈建伟，等
201010270574	一种亚洲雨林蝎毒抗菌多肽基因及制备方法和应用	武汉大学	李文鑫，曹志贱，等
201010272183	一种用于消除淋病奈瑟菌耐药质粒的药物组合物及其制备方法	四川省医学科学院（四川省人民医院）	廖菁，雍刚
201010273320	中药神曲在壳聚糖包覆的溶菌酶脂质体中作为肠道吸收促进剂的应用	上海沈李科工贸有限公司	沈彦萍，陈宇光，等
201010274232	一种金银花提取物的制备方法	蚌埠丰原涂山制药有限公司	陈文明，汪洪湖
201010274782	一种多靶点重组基因及其蛋白在防治幽门螺旋杆菌感染中的应用	四川万可泰生物技术有限责任公司	王保宁，喻堃，等
201010275108	一种马氏珠母贝育珠的小片与珠核匹配处理液	广西壮族自治区水产研究所	甘西，陈秀荔，等
201010281436	一种湿巾复配液	雀氏（福建）实业发展有限公司	杨增扬，李志勤，等
201010288168	普卢利沙星脂质体凝胶及其制备方法	河南科技大学	梁菊，吴文澜，等
201010292253	副溶血弧菌二价 DNA 疫苗及其制备方法和应用	中国海洋大学	陈吉祥，刘瑞，等
201010294047	一种阿奇霉素干混悬制剂及其制备方法	石药集团欧意药业有限公司	孙成勇，郭倩，等
201010296388	一种抗菌渔用药的加工方法	宁波大学	徐鑫，竺亚斌，等
201010297733	北豆根有效成分的检测方法	河北科星药业有限公司	王志香，陈淑芳，等
201010502347	一种医用消毒凝胶	山东威高药业有限公司	杨泽秀，林栋青，等
201010503385	一种复方替米考星口服液及其制备方法	西北农林科技大学	欧阳五庆，王璟，等
201010504354	表达 O 型口蹄疫病毒 VP1 基因的重组布鲁氏菌及其疫苗的生产方法	中国兽医药品监察所	丁家波，支海兵，等
201010504371	表达 Asia I 型口蹄疫病毒 VP1 基因的重组布鲁氏菌及其疫苗的生产方法	中国兽医药品监察所	丁家波，蒋玉文，等
201010504500	检测大黄有效成分的方法	河北科星药业有限公司	王志香，陈淑芳，等
201010506060	一种动物用抗菌药物及其制备方法和应用	山东省农业科学院畜牧兽医研究所	白华，刘玉庆，等

续表

申请号	名称	申请单位	发明人
201010506200	含有二氢吡咯并杂环的头孢抗生素	山东轩竹医药科技有限公司	张敏，袁强
201010509257	一种酒石酸泰乐菌素微球的制备方法	郑州后羿制药有限公司	李建正，吴红云，等
201010511385	一种抗菌去屑组合物及其应用	南京华狮化工有限公司	任欢鱼，韦异，等
201010513032	一种长效硫酸头孢喹诺注射液及其制备方法	南京日升昌生物技术有限公司	邓学兵，刘俐君
201010514629	一种从黄连中提取阿魏酸和绿原酸等酸性成分的方法	西南大学	李学刚，叶小利
201010515954	一种具有抗菌功效的茶皂苷元衍生物及其制备方法与应用	华南理工大学	叶勇，罗月婷
201010518155	一种头孢妥仑匹酯固体制剂及其制备方法	石药集团欧意药业有限公司	高志峰，董新明，等
201010518683	具有抗菌消炎作用的中药组合物的检测方法	陕西步长制药有限公司	赵涛
201010519704	一种沃尼妙林盐预混剂的制备方法	湖北龙翔药业有限公司	陈清平，汪敦辉，等
201010524972	头孢匹胺组合物	广州白云山天心制药股份有限公司	谭胜连，司徒小燕，等
201010525724	黄连总生物碱树脂复合物及其缓释制剂与它们的制备方法	中国中医科学院广安门医院	崔翰明，金良，等
201010526431	一种白木香果皮提取物及其制备方法和用途	广东省微生物研究所	李浩华，章卫民，等
201010526905	消毒杀菌润肤型医用超声耦合剂及其制备方法	江苏永发医用设备有限公司	陈志海
201010527146	抑菌洗液及其制备方法	江西中兴汉方药业有限公司	李卫东
201010527155	洁肛外用抑菌洗液及其制备方法	江西中兴汉方药业有限公司	李卫东
201010528352	一种植物乳杆菌及其细菌素发酵和制备方法与用途	中国农业大学	张日俊，刘开健，等
201010538498	一种硫酸头孢喹肟混悬注射液的制备方法	洛阳惠中兽药有限公司	刘兴金，张许科，等
201010539803	抗感清毒胶囊及其制备方法	杭州国光药业有限公司	方多凤，胡定国，等
201010539983	用于降解黄曲霉毒素的枯草芽孢杆菌及其分泌的活性蛋白	中国农业大学	马秋刚，雷元培，等
201010548129	含乳化剂的诺卡沙星抗生素药物组合物	中国药科大学	冯坤，陈依军
201010548306	一种莫西沙星双层栓及其制备方法	沈阳亿灵医药科技有限公司，关屹	关屹，闫冬
201010549740	长效盐酸头孢噻呋注射液及其制备方法	武汉回盛生物科技有限公司	张卫元，操继跃，等
201010551085	一种青黛饮片及其制备方法	成都中医药大学	闵志强，张廷模
201010553714	用于抑菌的药物组合物及其制备方法和应用	北京市水产科学研究所	马志宏，罗琳，等
201010556451	从植物蒙自蕈树中提取的活性成分及其应用	云南大学	张克勤，李国红，等
201010556453	从植物肥荚红豆中提取的活性成分及其应用	云南大学	李国红，张克勤，等

续表

申请号	名称	申请单位	发明人
201010561076	含天然珊瑚姜精油的润喉消炎含片	重庆灵方生物技术有限公司	唐京生，谢涛，等
201010563883	固公果根提取物的鉴别方法	中国人民武装警察部队后勤学院	刘岱琳，马荣，等
201010564169	产薯蓣皂甙元的枯草芽孢杆菌 SWB8	西南大学	金志雄，万永继，等
201010565433	一种杠板归药材的质量检测方法	贵州远程制药有限责任公司	黄家宇，刘青
201010575529	一种竹红菌药材及其制剂的检测方法	昆明振华制药厂有限公司	饶高雄，周艳林，等
201010581368	一种复方硫酸新霉素可溶性粉及其生产方法	无锡正大畜禽有限公司	周玲
201010582404	一种磺胺二甲嘧啶溶液及其制备方法	上海恒丰强动物药业有限公司	龙潭，廖洪，等
201010587262	一种皮肤抑菌剂及其制备方法	确山龙源药业有限公司	刘司南
201010593882	一种具有抗菌消炎功效的中药组合物的制备方法	天津汉普森药业有限公司	张树伟，陈业金，等
201010603894	一种注射用美罗培南冻干制剂及其制备方法	石药集团中诺药业(石家庄)有限公司	马慧丽，汪玉梅，等
201010606144	一种林可霉素与大观霉素复方油混悬注射液及其制备方法和应用	华南农业大学	曾振灵，王忠，等
201010608369	一种植物总黄酮提取制备方法	保龄宝生物股份有限公司	袁卫涛，王彩梅
201010615208	克拉维酸钾/微晶纤维素组合物的制备方法	石药集团河北中润制药有限公司	卢华，袁国强，等
201010623208	一种甘草次酸乳剂及其制备方法	北京中海康医药科技发展有限公司	伞红男，郑建华，等
201019144002	提取琵琶甲中抑菌物质、水溶性多糖和甲壳素的方法	中国林业科学研究院资源昆虫研究所	何钊，冯颖，等
201020286303	一次性医用洗手刷	江苏省健尔康医用敷料有限公司	陈国平，吴国祥，等
201020644541	透气防护面料	吴江飞翔经编纺织有限公司	徐翔
201020652767	恩诺沙星肠溶颗粒	上海恒丰强动物药业有限公司	龙谭，廖洪，等
201110001810	黄连解毒散固体分散体及其制备方法	河南亚卫动物药业有限公司	李明魁，张遂平，等
201110004208	一种水产用复方氟苯尼考制剂及其制备方法和应用	清远海贝生物技术有限公司	刘晓莎
201110004437	一种中药组合物及其制备方法和用途	上海中医药大学	缪珠雷，祝晴莉，等
201110006791	一种软枣猕猴桃黄酮的制备方法	沈阳农业大学	刘长江，王菲，等
201110008974	一种新的盐酸莫西沙星注射剂	南京新港医药有限公司，南京优科生物医药研究有限公司，南京优科生物医药有限公司	包玉胜，陈爱萍，等
201110009266	一种细辛脑药物组合物及其制备方法和用途	北京世纪博康医药科技有限公司	郝守祝
201110009465	注射用磺苄西林钠的药物组合物及其制备方法	重庆市庆余堂制药有限公司	黄涛，夏荣华，等
201110025127	稳定的氨曲南组合物及其制备方法	山东鲁抗立科药物化学有限公司，海南皇隆制药股份有限公司	赵新祥，李树英
201110030261	一种头孢呋辛酯脂微球固体制剂	海南美大制药有限公司	廖爱国

续表

申请号	名称	申请单位	发明人
201110031254	一种口腔干燥症凝胶医疗用品及其制备方法	武汉耦合医学科技有限责任公司	官培龙,黄利苹,等
201110036267	一种头孢特仑新戊酯脂质体固体制剂	海南美大制药有限公司	廖爱国
201110038362	杏香兔耳风咖啡酰奎宁酸类提取物及其制备与应用	江西本草天工科技有限责任公司	杨世林,罗晓健,等
201110041156	一种高纯度油茶皂苷的制备方法	江西山村油脂食品有限公司,熊学敏	刘德庆,方裕华,等
201110043841	氟苯尼考的缓释肺靶向微囊制剂及其制法	河南黑马动物药业有限公司	罗振军,蒋二强,等
201110048047	一种口腔消毒液及其生产方法	无锡乔优科技有限公司	高瞻,沙正茂,等
201110060039	一种复方薄荷精油制剂及其作用	山东大学威海分校	张崇禧,王韶莉,等
201110066195	一种氟氯西林钠脂微球注射剂	海南美兰史克制药有限公司	杨明贵
201110066379	一种替米考星复方制剂及其制备方法和应用	广州华农大实验兽药有限公司	武力,陈宝妮,等
201110080148	一种天然植物来源的总黄酮的制备方法	浙江农林大学	袁珂,刘辉鑫
201110085059	司帕沙星化合物的组合物制剂及其制备方法	广东如来医药进出口有限公司	吴秋萍
201110085064	氧氟沙星化合物与甘露醇组合物制剂及其制备方法	广东如来医药进出口有限公司	吴秋萍
201110099404	一种治疗超级细菌的注射用药物组合物	南京优科生物医药有限公司,南京优科生物医药研究有限公司,南京新港医药有限公司	叶海
201110115400	一种从油橄榄叶中提取橄榄苦苷的方法	陕西禾博天然产物有限公司	雷玉萍,侯睿,等
201110150775	用于治疗因细菌病毒引起的流感或高热症状的药物组合物	重庆巴仕迪动物药业有限公司	肖国君,陈力,等
201110166125	丹参提取物治疗败血症的应用	天津天士力制药股份有限公司	韩晶岩,郭俊,等
201110217856	一种水溶性金丝桃素超分子包合物的制备方法	扬州大学	刁国旺,范健,等
201110228341	一种头孢西丁化合物及其组合物	江西新先锋医药有限公司	夏智红
201120176680	壳聚糖/N-异丙基丙烯酰胺多孔药物缓释微球	东华理工大学,周利民	周利民

第15章 能源领域应对气候变化技术清单

15.1 可再生能源技术

15.1.1 太阳能

15.1.1.1 太阳能光热利用技术

申请号	名称	申请单位	发明人
02257564	一种新型全玻璃真空管太阳集热器及热水器	北京清华阳光能源开发有限责任公司	李德坚,周小雯,等
88221059	蜂窝结构平板型太阳能集热器	浙江大学	张诗针,吴子静,等
200420000845	新型直流式太阳能真空管集热器	北京桑达太阳能技术有限公司	李小苏,李衡权,等
200420047222	平板集热器	东莞市五星太阳能有限公司	邹小波,文大志
200420070829	太阳能热水器之真空管尾座	东莞市五星太阳能有限公司	邹小波,文大志
200420079480	一种太阳能热水器	连云港市太阳雨热水器制造有限公司	焦青太
200510056986	分体式太阳能热水器	海尔集团公司;青岛经济技术开发区海尔热水器有限公司	孙京岩,侯全舵,等
200510112964	自动排污清洗排空太阳能热水器	山东奥伦特太阳能科技有限公司	刘朋华,肖子传
200520067287	一种多功能太阳能蒸饭、热水系统	中国科学院广州能源研究所	马伟斌,廉永旺,等
200520087679	双内胆承压太阳能热水器	山东力诺瑞特新能源有限公司	申文明,赵学琴,等
200520087682	太阳能热水器密封用硅胶圈	山东力诺瑞特新能源有限公司	丰中玉,李方军,等
200520110761	一种太阳能光电模板的板架构造	力钢工业股份有限公司	林伯峯
200520125686	平板分体式太阳能热水器	美澳新能源(青岛)有限公司	叶东来,肖均
200610097855	太阳能热水器自动跟踪控制系统	江苏桑夏太阳能产业有限公司	王登锋,周振华,等
200620001873	真空管太阳热水器中真空管与贮热水箱的连接结构	北京清华阳光能源开发有限责任公司;北京清华阳光太阳能设备有限责任公司	王凤英,李德坚
200620026658	一种平板式太阳能集热器用新型超声波焊接热管	天津大学	赵军,王华军,等
200620048063	聚光型太阳能热水器	上海久能能源科技发展有限公司	李钊明
200620062381	一种太阳能热水器的导热增效装置	广东五星太阳能有限公司	胡广良,杨宪杰
200620084450	一种承压太阳热水器双内胆	山东力诺瑞特新能源有限公司	李方军,赵学琴,等
200620167608	一种承压分体式太阳能热水器	北京英豪阳光太阳能工业有限公司	李衡权
200710020353	非接触式太阳集热器	江苏桑夏太阳能产业有限公司	赵峰,王登锋,等
200710022358	承压式多介质平板太阳能集热器	江苏太阳雨太阳能有限公司;东南大学	徐新建,张小松,等

续表

申请号	名称	申请单位	发明人
200710045426	涡轮增压式太阳能热水器	上海恩阳太阳能技术有限公司	谈勇伟
200720025770	工程用竖单排集热器	山东力诺瑞特新能源有限公司	李方军，郭亮，等
200720034006	太阳能热水器储水桶发泡流水生产线装置	合肥美菱太阳能科技有限责任公司	汤嗣龙
200720034522	分体式承压太阳能热水系统	江苏桑夏太阳能产业有限公司	乔俊燕，王登锋，等
200720043405	应用在分体式太阳能热水器上的集热器	江苏省华扬太阳能有限公司	黄奎林
200720044539	真空管直插式承压太阳能热水系统	北京四季沐歌太阳能技术有限公司	焦青太
200720053326	一种节能分体壁挂式太阳能热水器	中山华帝燃具股份有限公司	黄启均，肖伟利
200720053328	分体壁挂式太阳能热水器	中山华帝燃具股份有限公司	黄启均，肖伟利
200720053330	一种分体壁挂式太阳能热水器	中山华帝燃具股份有限公司	黄启均，肖伟利
200720061929	多功能平板集热器	广东五星太阳能有限公司	胡广良，季杰
200720075181	一种太阳能光伏发电夹层玻璃	上海耀华皮尔金顿玻璃股份有限公司	孙大海，潘伟，等
200720133555	改进型全玻璃真空管型太阳热水器	浙江工业大学	艾宁，樊建华，等
200720147632	一种整体承压式太阳能热水器的换热装置	江苏元升太阳能有限公司	吴道元
200720187493	采用真空平板集热的太阳能热水器装置	北京清大汇友科技有限责任公司	夏靖友
200720306752	太阳能光电热水装置	嘉兴繁荣电器有限公司	沈惠铭，杨江洲
200720309489	新型太阳能热水器真空管挡风圈	北京天普太阳能工业有限公司	李衡权，苏建华，等
200810011582	一种太阳能 LED 楼宇亮化系统	辽宁太阳能研究应用有限公司	鞠振河
200810070271	一种室内太阳能辅助通风采暖系统	重庆大学	丁勇，李百战，等
200820013170	太阳能 LED 楼宇亮化装置	辽宁太阳能研究应用有限公司	鞠振河
200820021947	分体式太阳能热水器集热器	山东盛达伟业科技有限公司	刘兴起
200820022104	太阳能热水器真空管	山东力诺瑞特新能源有限公司	申文明，任勇，等
200820031281	太阳能集热器的波形换热器	默洛尼卫生洁具(中国)有限公司	方达龙，甘超云
200820033624	一种平板式太阳能集热器及包括该集热器的热水器	江苏省华扬太阳能有限公司	黄奎林
200820033625	一种平板式太阳能热水器	江苏省华扬太阳能有限公司	黄奎林
200820033626	一种分体式平板太阳能热水器	江苏省华扬太阳能有限公司	黄奎林
200820040479	一种太阳能热水器的尾盒	江苏佳佳太阳能有限公司	徐维建
200820040480	一种太阳能热水器真空管的防护装置	江苏佳佳太阳能有限公司	徐维建
200820045744	太阳能热水器	江门市川粤供水设备有限公司	颜标兵，邱立标，等
200820065289	太阳能集热管及其热水装置	武汉百年飞龙太阳能技术有限责任公司	尹维坊，陈家鑫
200820079757	一种分体式太阳能热水器	江苏元升太阳能集团有限公司	吴道元
200820096084	一种可平直安装的平板太阳能集热器	深圳市嘉普通太阳能有限公司	刘学真，曹贵平
200820123564	分体非承压太阳能热水器	皇明太阳能集团有限公司	袁家普，吴亮，等
200820123841	太阳能热水器用塑料内胆	皇明太阳能集团有限公司	王宪东，安洁，等
200820135398	壁挂式太阳能热水器	江苏亚邦太阳能有限公司	陶维伟，陆高林，等
200820146549	一种防冻型承压平板式间接加热热水器	深圳市顺达太阳能有限公司	肖玉华
200820149203	无水垢太阳能热水器	河南德美太阳能科技开发有限公司	汪本启，江学成，等
200820166357	一种分体壁挂式太阳能热水器	浙江华锦太阳能科技有限公司	吴张平

续表

申请号	名称	申请单位	发明人
200820166813	自动清洗真空集热管太阳能热水器	浙江比华丽电子科技有限公司	郭峰,付存谓
200820166814	自动清洗真空集热管太阳能热水器	浙江比华丽电子科技有限公司	郭峰,付存谓
200820199853	农村瓦屋面分体式家用太阳能热水器	曲靖中建工程技术有限公司	王忠建,张旭光,等
200820214940	一种真空平板玻璃箱式太阳能集热器	扬州大学	张瑞宏,张剑峰,等
200820214994	双贮水室箱式太阳能集热器	扬州大学	张瑞宏,张剑锋,等
200820216308	组合式太阳能集热器	江苏邗建集团有限公司	安瑾鸿
200820227563	太阳热水器真空管定位弹性装置	皇明太阳能集团有限公司	孙玉红,赵伟,等
200820233046	金属集热器真空玻璃管	山东天丰太阳能制品有限公司	窦新文
200820233047	换热夹层承压太阳能热水器	山东天丰太阳能制品有限公司	窦新文
200820238270	平板式太阳能热水器	常州市美润太阳能有限公司	高洪福,须竹林
200820300973	保温透光罩为玻璃真空管排板的光伏发电太阳热水器	北京环能海臣科技有限公司;徐宝安	徐宝安
200820300979	保温透光罩和保温层为玻璃真空管的板式太阳热水器	北京环能海臣科技有限公司;徐宝安	徐宝安
200910016840	太阳能热水器承压玻璃真空管	青岛福格太阳科技有限公司	范传经
200910024948	一体化平板太阳能热泵热水装置	东南大学	张小松,杨磊
200910024965	一体化平板太阳能集热器	东南大学	杨磊,张小松
200910033395	多用太阳能波形木瓦	南京林业大学	徐咏兰,吴越,等
200910037454	一种用于太阳能热水器上的柔性聚热装置	中山华帝燃具股份有限公司	朱铁九
200910091015	光机电一体化户用太阳能热水器	北京天普太阳能工业有限公司	罗赞继,程翠英,等
200910091016	光伏驱动户用分体式平板型太阳能热水器	北京英豪阳光太阳能工业有限公司	罗赞继
200910095145	太阳能电池板热水器空调装置	昆明理工大学	陈蜀乔
200910210036	太阳能热水集热器	欧阳鹰湘	欧阳鹰湘
200910217307	水浴式承压敞口直插全玻璃真空管太阳能热水器	无锡环特太阳能科技有限公司	张波,蒋钟伟,等
200910266614	双内胆直插承压敞口式全玻璃真空管太阳能热水器	无锡环特太阳能科技有限公司	张波,蒋钟伟,等
200910307864	带有耐压内胆的全玻璃真空管式太阳能热水器	上海交通大学	刘振华,王士骥,等
200920000678	一种带有回旋U形流道的太阳能热水器	常州市四季春太阳能科技有限公司	黄夏
200920004566	一种太阳能热水器	江苏力源太阳能有限公司	杨荣,李霞,等
200920020371	阳台热水器	山东阳光博士太阳能工程有限公司	种衍启
200920028597	真空管式太阳能集热器	中国石油大学(华东)	王君,刘璐璐,等
200920029775	太阳能热水器承压玻璃真空管	青岛福格太阳科技有限公司	范传经
200920029797	平板分体式太阳能热水器	澳大利亚移动能源科贸股份有限公司	肖钧,赵希祥
200920030204	太阳能热水器真空管与内胆插接孔的密封结构	青岛澳柯玛太阳能技术工程有限公司	张艾民,孙亚坤,等

续表

申请号	名称	申请单位	发明人
200920030303	供暖太阳能热水器	山东黄金太阳科技发展有限公司	褚福海,岳水秀,等
200920031075	承压金属内管太阳能热水器	青岛福格太阳科技有限公司	范传经
200920038258	平板式太阳能热水器温度控制装置	常州市美润太阳能有限公司	高洪福,须竹林,等
200920040135	一种导流式高温高效太阳能热水器	山东昊明太阳能工业有限公司	杨晓元
200920041785	一种太阳能热水器支架	江苏贝德莱特太阳能科技有限公司	张同伟,汪涌,等
200920044170	多用太阳能波形木瓦	南京林业大学	徐咏兰,吴越,等
200920049371	太阳能热水器导热装置	江苏贝德莱特太阳能科技有限公司	张同伟,汪涌,等
200920051604	一种太阳能热水器	深圳市大森鼎成电气有限公司	何德癸
200920051614	一种用于太阳能热水器上的超导热管	深圳市大森鼎成电气有限公司	何德癸
200920089585	组合式太阳能屋面单元体	河南泰宏房屋营造有限公司	郭强,李闻盛,等
200920102438	多用太阳能热水器	石家庄市桑迪实业有限公司	胡吉书,安笑蕊,等
200920107019	一种套管导热式太阳能热水器	北京欧科能太阳能技术有限公司	江希年,郭奎,等
200920111462	太阳能热水器温差发电装置	昆明理工大学	张云伟,姜涛
200920111469	一种带有彩色涂层的平板太阳能热水器集热板	云南师范大学	夏朝凤,兰青,等
200920112213	太阳能集热器联集管	嘉兴学院	阳季春,周湘江
200920125901	冷热水箱全自动双显双控太阳能热水器	凤冈县黔北新能源有限责任公司	邱宇基
200920149974	真空玻璃集热器及太阳能热水器	东元奈米应材股份有限公司	黄忠贤,高正杰,等
200920157690	一种太阳能热水器	江苏日河太阳能热水器设备有限公司	徐维富
200920167670	一种直插式导热介质加热室腔太阳能热水器	青岛福瀛热能工程有限公司	焦志福,苗宗禄,等
200920172894	光机电一体化户用太阳能热水器	北京天普太阳能工业有限公司	罗赞继,程翠英,等
200920173110	光伏驱动户用分体式平板型太阳能热水器	北京英豪阳光太阳能工业有限公司	罗赞继
200920173229	一种闭式承压太阳能热水器水箱	北京市太阳能研究所有限公司	朱敦智
200920173230	闭式承压太阳能热水器水箱	北京市太阳能研究所有限公司	韩建功
200920187744	平板太阳能热水器	苏州晨奇太阳能应用技术研发有限公司	赵军,朱宁远,等
200920198562	一种平板式太阳能热水器的边框	宁波爱握乐新能源科技有限公司	朱光然
200920199452	高效超导平板太阳能热水器	台州弘日光科太阳能科技有限公司	田海金
200920215830	水浴式承压敞口直插全玻璃真空管太阳能热水器	无锡环特太阳能科技有限公司	张波,蒋钟伟,等
200920215839	双内胆直插承压敞口玻璃真空管阳台壁挂式太阳能热水器	无锡环特太阳能科技有限公司	张波,蒋钟伟,等
200920215840	双内胆直插承压敞口式全玻璃真空管太阳能热水器	无锡环特太阳能科技有限公司	张波,蒋钟伟,等
200920215887	空气能热泵与太阳能结合的热水器	杭州真心热能电器有限公司	贺晓华
200920216502	一种斜屋面平行式太阳能热水器	青岛福瀛热能工程有限公司	焦志福,苗宗禄,等
200920222351	一种三级热管太阳能热水器	北京欧科能太阳能技术有限公司	江希年
200920227153	含聚氨酯保温层的平板集热器及其应用的太阳能热水器	淄博联创聚氨酯有限公司	马剑伟

续表

申请号	名称	申请单位	发明人
200920232209	太阳能热水器水箱	江苏贝德莱特太阳能科技有限公司	张同伟,汪涌,等
200920240110	承压式太阳能热水器	山东爱客多热能科技有限公司	梅延臣,赵华
200920249902	整体密封成型集热器	宁波日鼎太阳能设备有限公司	王小明,韩琦
200920253647	太阳能电池板热水器空调装置	昆明理工大学	陈蜀乔
200920253847	循环管内置多分块组合平板型太阳能热水器	云南一通太阳能科技有限公司	李永泉,叶风芬,等
200920255360	一种太阳能高温集热器	江苏桑夏太阳能产业有限公司	肖红升,赵峰,等
200920267914	自动增压增热集热器	宁波日鼎太阳能设备有限公司	王小明,韩琦
200920277592	一种新型高效太阳能热水器	北京博日明能源科技有限公司	张清海
200920282564	内嵌式真空管太阳能热水器	连云港想念太阳能有限公司	宋健
200920284629	一种全玻璃真空管太阳能热水器及其设置的密封圈	江苏淮阴辉煌太阳能有限公司	金杨林,周井飞,等
200920289672	太阳能、燃气热水器全天候供热水装置	黄石东贝机电集团太阳能有限公司	杨百昌,郑再兴,等
200920291810	热管式真空管干式加热太阳能热水器	北京市太阳能研究所有限公司	韩建功,艾捷
200920312119	分仓导流式太阳能热水器	福建圣元电子科技有限公司	李建光
201010033714	一种太阳能热水器水箱	北京市太阳能研究所有限公司	朱敦智,张怀良,等
201010130653	采用五氟丁烷为发泡剂的太阳能热水器用组合料及其制备方法	山东东大聚合物股份有限公司	刘军,徐业峰,等
201010226836	一种真空管太阳能热水器水箱内胆密封性检测装置	玉溪市兴红太阳能设备有限公司	雷兴红,雷飞,等
201010502519	太阳能集热管安装在蓄热水箱上方的太阳能热水器	杭州慈源科技有限公司	王宝根
201010542331	夹套分体阳台式太阳能热水系统	浙江美大太阳能工业有限公司	夏志生
201010589052	一种光伏光热组合式中空玻璃	深圳市创益科技发展有限公司	李毅,王付然
201020022683	阳台外支架式太阳能热水器	江苏淮阴辉煌太阳能有限公司	金杨林,张载新
201020022898	太阳能热水器高效保温水箱	扬州日利达有限公司	王惠余,陈立骏
201020022899	太阳能热水器新型密封圈	扬州日利达有限公司	王惠余,陈立骏
201020048924	一种承压太阳能热水器集热板	玉溪市兴红太阳能设备有限公司	雷兴红,林晓聪
201020049399	一种水泵循环分体式太阳能热水器	嘉兴市佳星太阳能有限公司	王星火
201020100639	保温微支架真空平板式太阳能热水器	南通大学	周鹏晨,李俊红,等
201020105693	办公楼节能环保型太阳能地板采暖及热水系统	华东电力试验研究院有限公司;华东电网有限公司	李永林,夏琼,等
201020113714	太阳能斜屋顶组合铝框结构	欧贝黎新能源科技股份有限公司	毛和璜,张进
201020126224	具有杀菌装置的太阳能热水器	江苏太阳宝新能源有限公司	殷建平
201020141544	太阳能热水器蓄水箱	江苏贝德莱特太阳能科技有限公司	张同伟,汪涌,等
201020149637	一种高效平板式太阳能集热器及太阳能热水器	江苏创兰太阳能空调有限公司	杜友志
201020152866	一种无水箱蓄热式平板太阳能热水器	皇明太阳能股份有限公司	刘洪绪
201020154202	一种超导紫铜管高效平板式太阳能热水器	深圳市惠能普太阳能科技有限公司	吴文聪,吴凯

续表

申请号	名称	申请单位	发明人
201020155156	一种同轴套管双回路真空管集热器连箱	江苏浴普太阳能有限公司	侯国平
201020156251	一种平板太阳能集热器	浙江斯帝特新能源有限公司	杨利君
201020161012	热管内装水箱平板太阳能热水器	珠海兴业新能源科技有限公司	张友良,徐磊
201020162158	集中供热太阳能热水器	江苏贝德莱特太阳能科技有限公司	张同伟,汪涌,等
201020164453	一体承压太阳能热水器	苏州市中科机械有限公司	吴敏学,严洪,等
201020170423	提高太阳能利用率的太阳能热水器	西安建筑科技大学	尹海国,王丽娟
201020170621	减少漏光的太阳能热水器	西安建筑科技大学	王丽娟,尹海国
201020173152	带隔热条的太阳能平板集热器保温箱	云南一通太阳能科技有限公司	梁文武,李永泉,等
201020173167	太阳能集热器多功能边框	云南一通太阳能科技有限公司	李永泉,梁文武,等
201020178222	具有供电功能的平板式太阳能热水器	昆明理工大学	陈雨彤
201020187615	带有相变蓄热装置的太阳能热水系统	皇明太阳能股份有限公司	刘洪绪,赵吉芳
201020190297	一种真空管太阳能集热器	北京天普太阳能工业有限公司	李衡权,苏建华,等
201020193784	一种防冻平板太阳能热水器	铜陵市清华宝能源设备有限责任公司	查正友
201020195095	太阳能屋瓦结构及太阳能屋瓦结构组合	绿阳光电股份有限公司	李适维,梁天行,等
201020201067	屋面嵌入式太阳能真空管集热器	江苏辉煌太阳能股份有限公司	闵元良
201020203501	一种蛇形管式平板太阳能集热器	浙江梅地亚新能源科技有限公司;姚卫国	姚卫国
201020212352	一种弧形壁挂太阳能热水器	洛阳博联新能源科技开发有限公司	袁世俊,袁昭
201020212383	一种 P 型真空管太阳能热水器	洛阳博联新能源科技开发有限公司	袁世俊,袁昭
201020229260	一种真空管太阳能热水器	合肥荣事达太阳能科技有限公司	束俊超,谢本伟
201020233500	双舱式太阳能热水器	濮阳市帝濮石油科技发展有限公司;张明勋	张明勋,陈真,等
201020235360	模块化太阳能屋室	光宝绿色能资科技股份有限公司	庄美琛
201020237436	盘管换热式阳台壁挂热水器	海宁四季旺太阳能工业有限公司	沈建龙
201020238520	一种低温毛细热管式太阳能热泵热水系统	上海绿建能源科技有限公司	徐吉浣,张行星
201020244329	一种新型高效太阳能热水器	北京博日明能源科技有限公司	张清海,董民超
201020247841	一种太阳能集热屋顶	福建华泰集团有限公司	吴国良
201020249564	太阳能热水凉炕	昆明理工大学	陈蜀乔
201020253242	槽沟式平板型太阳能集热器	兰州浴阳能源科技有限公司	何勇民,谢二庆,等
201020256809	双内胆非承压太阳能热水器	北京天普太阳能工业有限公司	任杰,成营营
201020256810	多功能平板太阳能集热器	青岛运特新能源有限公司	许刚,窦小琳,等
201020258257	具有水循环装置的太阳能热水器	淮阴工学院	许兆棠,张恒,等
201020258861	一种真空管太阳能热水器水箱内胆密封性检测装置	玉溪市兴红太阳能设备有限公司	雷兴红,雷飞,等
201020268634	一种镁合金牺牲阳极的热水器箱体	安徽春升新能源科技有限公司	肖凯
201020273508	真空管太阳能热水器	秦皇岛中荣太阳能有限公司	姜延彬,张维利,等
201020509516	无蓄热箱相变蓄热太阳能热水器	江苏省华扬太阳能有限公司	黄奎林,黄永伟
201020525933	高能效太阳能热水器	扬州日利达有限公司	赵群,王惠余
201020525943	虹吸式太阳能热水器	扬州日利达有限公司	赵群,王惠余

续表

申请号	名称	申请单位	发明人
201020526438	新型玻璃管式集热器	扬州日利达有限公司	陈跃跃,王惠余
201020526461	新型热水器	扬州日利达有限公司	陈跃跃,王惠余
201020526469	恒压式太阳能热水器	扬州日利达有限公司	陈跃跃,王惠余
201020539087	一种太阳能热水器	合肥云荣机电科技有限公司	李树荣
201020546077	一种太阳能热水器真空管爆裂防漏系统	江苏佳佳太阳能有限公司	徐维键
201020566585	平板式介质循环太阳能热水器	云南省玉溪市太标太阳能设备有限公司	张永林,张杰,等
201020572246	太阳能热水器真空管支撑架	合肥美菱太阳能科技有限责任公司	吴新平,任社明
201020576594	太阳能与燃气互补型承压热水系统	江苏光芒热水器有限公司	施大俊,顾大根,等
201020578454	太阳能光热半导体温差发电热水系统	广州市碧日能源科技有限公司	董晏伯
201020578469	一种下置式水箱太阳能热水系统	广州市碧日能源科技有限公司	董晏伯
201020579586	一种高效太阳能热水器	桑夏太阳能股份有限公司	夏宁,王伟华
201020598782	太阳能热水系统教学测试装置	北京工业大学	吕鑑,丁孟达,等
201020599741	跟踪移动式、风、太阳能热水器	克拉玛依地威诺节能有限责任公司	郑金华,沈青,等
201020603227	高效联箱太阳能热水器	吕梁万达机电技术研究所	李耀明,李宏伟
201020603229	高效循环太阳能复合真空管热水器	吕梁万达机电技术研究所	李耀明,李宏伟
201020603393	单体高效太阳能热水器	吕梁万达机电技术研究所	李耀明,李宏伟
201020603416	联箱循环太阳能热水器	吕梁万达机电技术研究所	李耀明,李宏伟
201020603466	可调直插式太阳能热水器	合肥美菱太阳能科技有限责任公司	张彦斐,任社明
201020604122	一种全玻璃真空管太阳能热水器	日出东方太阳能股份有限公司	焦青太,李开春,等
201020604681	夹套分体阳台式太阳能热水系统	浙江美大太阳能工业有限公司	夏志生
201020605665	变径玻璃真空管及密排式太阳能热水器	扬州日利达有限公司	赵群,王惠余
201020618692	太阳能集热器真空管外表面自动擦拭装置	山东省产品质量监督检验研究院	孙玉泉,华京君,等
201020621884	一种饲料生产用锅炉的太阳能预热水装置	广东粤佳饲料有限公司	徐焕宇
201020625137	热板太阳能热水器	大连熵立得传热技术有限公司	黄明锋,李玉富
201020632842	一种通信用仿太阳能热水器隐蔽外罩	京信通信系统(中国)有限公司	桑建斌,普彪,等
201020640951	一种新型高效太阳能热水器	北京博日明能源科技有限公司	张清海
201020650963	太阳能瓦板装置	深圳市建筑科学研究院有限公司	罗刚,张阳
201020657017	无水箱承压式真空管太阳能热水器	南宁市五星太阳能有限公司	赵福忠
201020662770	一种新型高效阳台式太阳能热水器	北京博日明能源科技有限公司	张清海
201020662786	一种新型高效分体式太阳能热水器	北京博日明能源科技有限公司	张清海
201020662789	一种新型分体式太阳能热水器	北京博日明能源科技有限公司	张清海
201020662801	一种新型阳台式太阳能热水器	北京博日明能源科技有限公司	张清海
201020665294	新型热管平板太阳能集热器	陕西华扬太阳能有限公司	田伟
201020669923	组合式真空管太阳能集热器	云南省玉溪市太标太阳能设备有限公司	张永林,张杰,等
201020673301	双内胆直插式太阳能热水器	云南中建博能工程技术有限公司	王忠建,张谷林,等
201020673318	阳台壁挂双内胆承压式太阳能热水器	云南中建博能工程技术有限公司	王忠建,张谷林,等
201020680151	一种新型的太阳能热水器	美田金属制品(上海)有限公司	曾吉良
201020680163	一种高热率太阳能热水器	美田金属制品(上海)有限公司	曾吉良

续表

申请号	名称	申请单位	发明人
201020693552	太阳能热水系统的过热控制装置	上海极特实业有限公司;郑克汀	郑克汀
201020698575	一体承压热管平板太阳能热水器	浙江梅地亚新能源科技有限公司	尉才良
201020699212	带高内肋的U型热管式平板集热器板芯	珠海兴业新能源科技有限公司	叶庭乔,谢小林,等
201020700578	卷帘式防过热太阳能热水器	北京市太阳能研究所有限公司	李金标,张怀良
201029251064	一种便携式阳台壁挂太阳能热水器支架	北京佳盛世纪科技有限公司	郭松朝
201030136040	真空管太阳能热水器支架(7)	嘉兴市同济阳光新能源有限公司	管金国
201030136057	真空管太阳能热水器支架(6)	嘉兴市同济阳光新能源有限公司	管金国
201030671725	太阳能热水器(大直径真空管带装饰性钛金条)	皇明太阳能股份有限公司	赵明,夏贞元
201110075202	冷暖两用平板太阳能集热器	江苏辉煌太阳能股份有限公司	闵元良
201120002690	一种大储水量太阳能热水器	深圳市火王燃器具有限公司	许灵建,钱意
201120006990	双核太阳能热水器	台州市德普机电科技有限公司	江冬青
201120008116	太阳能及雨水综合利用装置	社会企业有限公司	梁以德
201120009752	光电一体化太阳能热水器	江苏虹宇太阳能工业有限公司	徐石
201120011390	超薄平板型太阳能热水器	青岛恒佳塑业有限公司;广州毅昌科技股份有限公司	刘劲松,赵虎
201120011649	一种新型阳台壁挂太阳能热水器	宁波帅康热水器有限公司	邹国营,李建平,等
201120015105	一种太阳能热水器保温水箱的试漏塞	滁州扬子新材料科技有限公司	张嘉雷
201120015297	一种太阳能热水器的真空管安装底座	滁州扬子新材料科技有限公司	张嘉雷
201120017612	同心套管型集热元件和应用该集热元件的集热器	济南力诺嘉祥光热科技有限责任公司	张召水,王西磊,等
201120018565	太阳能平板式热水器铝质黑体集热面板	南京绿盾电气设备有限公司	李光华,谢河
201120024609	太阳能光伏发电和供热水集成构件	武汉日新科技股份有限公司	余飞,熊大顺,等
201120026688	平板式太阳能热水器	苏州阳光四季太阳能有限公司	陈铭杰,王立军
201120028805	基于太阳能热水器的局部表层土的加热灌水系统	淮阴工学院	许兆棠,张恒,等
201120028829	内管延长密排真空管式太阳能热水器	淮阴工学院	许兆棠,张恒,等
201120032869	一种基于太阳能的楼宇智能装置	上海九谷智能科技有限公司	余红民,李国涛,等
201120033328	一种能防止真空管泄漏的太阳能热水器	苏州阳光四季太阳能有限公司	王立军,陈铭杰
201120036312	窗嵌式太阳能热水器	德州学院	董玲
201120068529	一种太阳能活动生活舱	常州天合光能有限公司;天合光能(常州)科技有限公司	周凯峰
201120070171	一体承压式热泵太阳能热水器	上海家美太阳能科技有限公司	胡总伟
201120084339	光电暖平板式热水器	潍坊永能达新能源科技有限公司	马雨彤,王敏
201120084914	冷暖两用平板太阳能集热器	江苏辉煌太阳能股份有限公司	闵元良
201120098490	热水箱外壳插孔带密封圈的真空热管太阳热水器	浙江斯帝特新能源有限公司	何华萍,王步平,等
201120124115	太阳能光伏热电制热模块及光伏热电热水系统	湖南大学	张泠,刘忠兵,等

续表

申请号	名称	申请单位	发明人
201120132625	太阳能热水器水箱发泡中部夹紧装置	皇明太阳能股份有限公司	张宝庆
201120140290	一种自然对流式太阳能制取纯水及热水装置	山东大学;山东山大能源环境有限公司	马春元,鹿刘新,等
201120142871	室外太阳能休憩亭	三江学院	徐珠凤,祝鑫,等
201120145042	太阳能热水系统	天津市光翼环保科技有限公司	陈世萍
201120145134	电磁感应加热承压循环分层蓄热分体壁挂式太阳能热水器	大连希奥特检测设备有限公司	邓晓东
201120145694	整体平板式太阳能集热器	江苏龙泉太阳能科技有限公司	黄留全
201120153381	一种屋顶太阳能板	东莞市泰晶新能源有限公司	廖诚昌
201120167283	一种壁挂式太阳能热水器	北京强进科技有限公司	李进
201120169908	空气源太阳能热水器	宁波赛瑞太阳能有限公司	刘自宏
201120181842	一种用于太阳能热水器的虹吸管组件装置	北京天普太阳能工业有限公司	李衡权,罗赞继,等
201120181843	一种热管式一全玻璃真空管太阳能热水器	北京天普太阳能工业有限公司	许新中,程翠英,等
201120181992	真空管太阳能热水器	江苏太阳宝新能源有限公司	殷建平
201120184558	一种即热式真空管集热器	江苏力源太阳能有限公司	杨荣
201120185213	一种蓄热式大玻璃真空管太阳能热水器	北京天普太阳能工业有限公司	许新中,程翠英,等
201120187827	一种高效太阳能热水器插接式密封组合件	临沂双丰橡塑制品有限公司	史贵芹
201120192368	一种大型太阳能热水器	山东艾尼维尔新能源科技有限公司	于奎明
201120204911	一种停车场自然能源综合利用车棚	东北电网有限公司大连培训中心	毛成洲,姚秀辉,等
201120215810	新型空气加热式集热器	江苏普斯新能源科技有限公司	贾祖仪
201120216338	新型直立式太阳能热水器支架尾托	樱花卫厨(中国)股份有限公司	廖金柱
201120216644	一种平板分离式热管太阳能热水器	东南大学	张小松,杨磊
201120220532	一种太阳能热水器温差发电装置	河海大学	钱莉
201120232812	一种热水器用真空太阳集热管	桐庐银雁太阳能科技有限公司	周宏敏
201120233400	一种太阳能热水器真空管	江苏浴普太阳能有限公司	侯亚平
201120242798	一种用于平板式太阳能集热器的斜屋面安装构件	无锡格林波特环保科技有限公司	尤卫建
201120258414	太阳能屋瓦结构与太阳能屋瓦结构组合	绿阳光电股份有限公司	李适维,曾志伟,等
201120268891	一种坡面屋顶专用太阳能热水器	海宁四季旺太阳能工业有限公司	沈建龙
201120280902	太阳能热水器保温水箱	黄石东贝机电集团太阳能有限公司	杨百昌,郑再兴,等
201120281356	一种分体式自然循环平板集热器	济南宏力太阳能有限公司	周航
201120282852	平板阳台护栏一体式太阳能集热器	台州曙光太阳能科技有限公司	段绪群,赵天元
201120282940	真空管阳台护栏一体竖排式太阳能集热器	台州曙光太阳能科技有限公司	段绪群,赵天元

续表

申请号	名称	申请单位	发明人
201120287303	一种具有温度控制和保护功能的真空管太阳能集热器	东南大学;宝莲华新能源技术(上海)有限公司	陈九法,陈义波
201120289228	太阳能热水器真空管口测量工具	山东力诺瑞特新能源有限公司	冯红旭,闫芳,等
201120293507	双内胆太阳能热水器水箱	江苏贝德莱特太阳能科技有限公司	张同伟
201120293509	太阳能热水器水箱	江苏贝德莱特太阳能科技有限公司	张同伟
201120305799	一种防冻型太阳能集热器	清华大学	杨旭东,单明,等
201120306103	平板热水器安装结构	杭州帷盛太阳能科技有限公司	徐乐,吴克明,等
201120309439	用于太阳能热水器的平板式集热器	安徽晶润新能源有限公司	姚志民,姚静芬,等
201120332235	一种太阳能热水器的双温区升温结构	贵州涌泉阳光科技发展有限公司	陈代全
201120334044	一种太阳能热水器吸热储热装置	山东瑞普新能源有限公司	信健
201120357786	双内胆平板式太阳能热水器	江西泰斗能源科技有限公司	姜启顺
201120373221	太阳能热水器用热管翅片	连云港众沃太阳能技术有限公司	顾常杰,丁兆莉
201120375123	一种太阳能热水器真空管自动清洗系统	昆明理工大学	罗小林,陈华山,等
201120378349	平板集热器低压封闭式太阳能热水系统	广东五星太阳能股份有限公司	胡广良,文大志,等
201120383673	一种加热箱式太阳能热水器	合肥美菱太阳能科技有限责任公司	高洁光,任社明
201120384578	一种自然冷凝式太阳能制取纯水及热水装置	山东大学;山东山大能源环境有限公司	马春元,袁怡刚,等
201120384739	一种非承压太阳能热水器	艾欧史密斯(中国)热水器有限公司	敖凯平,陆峰,等
201120387293	一种太阳能热水器支架结构	美的集团有限公司	王海涛,李友兴,等
201120400824	太阳能光伏屋顶系统	中海阳新能源电力股份有限公司	薛黎明,刘伯昂
201120403589	新型分体式太阳能热水器支架用联箱	樱花卫厨(中国)股份有限公司	廖金柱
201120410375	一种内置式密封太阳能热水器	浙江家得乐太阳能有限公司	童韬
201120423921	一种新型模块化真空管太阳能热水系统	天普太阳能有限公司	丁海兵,许新中,等
201120425415	一种高效平板太阳能集热器	天津天环光伏太阳能有限公司	宋大卫,苏振馨,等
201120442833	适合农村使用的一种高效太阳能热水器	广西吉宽太阳能设备有限公司	马昭健
201120442920	平板式太阳能热水器	洛阳维琦太阳能技术有限公司	杜维钦,杜静松
201120451460	平板太阳能集热器倾斜式直管板芯装置	苏州汇思阳光科技有限公司	殷建泽,郭玉波
201120465197	太阳能吸热体及平板式太阳能集热器	安徽晶润新能源有限公司	尹永华,姚静芬,等
201120465213	双盖板平板太阳能集热器	安徽晶润新能源有限公司	尹永华,姚雷飏,等
201120470002	具有内胆支撑效果的太阳能热水器	苏州阳光四季太阳能有限公司	王立军,蒋国春,等
201120496338	太阳能风能一体化热水器	浙江海洋学院	杨婕,胡亚运,等
201120509817	直接水循环式阳台壁挂太阳能热水器	山东海纳德太阳能有限公司	于占臣,李卫山,等
201120516774	生态热泵控制装置	陕西恒源热能设备有限公司	戴岿然
201130135128	太阳能热水器(平板一体系列)	海尔集团公司;青岛经济技术开发区海尔热水器有限公司	庄长宇,刘东平
201130177095	单板卧式平板太阳能热水器	广东五星太阳能股份有限公司	杨宪杰,唐文学
201130177100	三板卧式平板太阳能热水器	广东五星太阳能股份有限公司	杨宪杰,唐文学
201130177101	双板卧式平板太阳能热水器	广东五星太阳能股份有限公司	杨宪杰,唐文学
201130221719	太阳能热水器(真空管式紧凑承压)	皇明太阳能股份有限公司	于栋,孔德霞,等
201130221746	太阳能热水器(平板式紧凑承压)	皇明太阳能股份有限公司	于栋,孔德霞,等

续表

申请号	名称	申请单位	发明人
201230022848	真空管太阳能热水器(JKQ 型)	云南省玉溪市太标太阳能设备有限公司	张永林,张杰,等
201230022849	真空管太阳能热水器(PM 型)	云南省玉溪市太标太阳能设备有限公司	张永林,张杰,等
201230022850	真空管太阳能热水器(TA 型)	云南省玉溪市太标太阳能设备有限公司	张永林,张杰,等

15.1.1.2 太阳灶

申请号	名称	申请单位	发明人
200420083662	一种新型聚光太阳能灶	中国科学院广州能源研究所	马伟斌,龚宇烈,等
200420088112	可携带式菲涅耳聚光灶	北京合百意生态能源科技开发有限公司	颜开
200620076161	聚光型太阳灶	无锡吉科精密工业有限公司	蒋伟洪
200620089425	多模块拼装式灶壳太阳灶	北京合百意生态能源科技开发有限公司	颜开
200630126855	太阳灶(聚光型)	无锡吉科精密工业有限公司	蒋伟洪
200720015826	薄钢板正抛物面轴外聚光太阳灶	北京合百意生态能源科技开发有限公司	颜开
200720027341	太阳能预热式电开水炉	肥城市宏源环保机械有限公司	刘玉成,马振洪,等
200720078248	聚光折叠式太阳灶	西藏自治区能源研究示范中心	多吉,王海江,等
200720156933	具有太阳能板的烤炉	台湾保安工业股份有限公司	林丰基
200810201126	轨道交通车辆基地燃气锅炉辅助太阳能热水及采暖装置	上海申通轨道交通研究咨询有限公司	王晓保,宋兆培,等
200820081111	组装式太阳能聚焦灶	昆明理工大学	陈蜀乔
200820081172	多功能太阳灶	昆明理工大学	李飞,史俊伟,等
200820133787	叠拼别墅式住宅太阳能-燃气壁挂炉热水系统	甘肃天鸿金运置业有限公司	刘永辉,刘永强,等
200820153994	轨道交通车辆基地燃气锅炉辅助太阳能热水及采暖装置	上海申通轨道交通研究咨询有限公司	王晓保,宋兆培,等
200820186892	多功能家用太阳能灶	常州市儒昊电气设备有限公司	范干,范远
200820201588	带太阳能的供暖和热水两用型燃气壁挂炉	广东万和新电气有限公司	叶远璋,郑柏清
200820203063	热泵锅炉与太阳能发电互补系统	珠海兴业新能源科技有限公司	王北宁,李晟
200910081491	太阳灶自动对光系统	北京交通大学	郭一竹
200910189755	太阳能蒸汽加热方法及太阳能蒸汽锅	深圳市海扬太阳能产品有限公司	时扬
200920019167	太阳能采暖锅炉	山东力诺瑞特新能源有限公司	申文明,倪超,等
200920029166	家用太阳能采暖壁挂炉	德州市雅诺采暖设备有限公司	张书利,齐右志,等
200920029870	沸腾式太阳能开水器	山东小鸭新能源科技有限公司	刘光辉,禹占洲
200920111565	太阳能锅炉混热节能装置	昆明理工大学	罗小林,毕方琳,等
200920213586	球状太阳灶	上海市向明中学	潘雯,张艺凡,等
200920231339	多功能轴聚光式太阳灶	江苏中圣高科技产业有限公司	郭宏新,刘丰,等
200920234982	一种太阳灶海水淡化纯净水锅	江苏贝德莱特太阳能科技有限公司	张同伟,汪涌,等
200920263283	太阳能灶	珠海双喜电器有限公司	姜圣泽,刘应江
200920288915	自动跟踪太阳能炉	荆州荆楚时空科技有限公司	邓翔
201010234061	太阳能开水炉一体机	山东小鸭新能源科技有限公司	刘光辉,禹占洲

续表

申请号	名称	申请单位	发明人
201020119882	球状太阳灶	上海市市西初级中学	姚博文
201020129575	太阳能与燃气壁挂炉结合供热水及采暖装置	山东澳华新能源有限公司	陈安祥
201020139347	太阳能结合燃气炉	上海博阳新能源科技有限公司	张宏泉,肖强,等
201020243754	太阳能、燃气壁挂炉互补供热系统	广东诺科冷暖设备有限公司	陈韶舜,黎康有,等
201020286790	太阳能开水锅炉	天津四通创源科技有限公司	刘勇
201020294533	太阳能中温热水锅炉	山东力诺瑞特新能源有限公司	申文明,马迎昌,等
201020516180	一种太阳能预热锅炉	浠水县四方饲料有限公司	戴小方
201020569484	S型全玻璃真空集热管太阳能灶	莱芜市凤凰太阳能有限公司	翁常金,田方共,等
201020619798	一种利用太阳能聚焦的烧烤炉	深圳市惠能普太阳能科技有限公司	吴文聪
201120014188	一种太阳能蒸汽发生炉	沁源县博翔新能源科技发展有限公司	邓志昌
201120021026	一种太阳能炉具	青州新自然能源科技有限公司	巩风亭
201120021037	一种多功能太阳能炉具	青州新自然能源科技有限公司	巩风亭
201120021039	一种太阳能节能炉具	青州新自然能源科技有限公司	巩风亭
201120044131	一种太阳能与热风炉组合干燥设备	新疆农业科学院农业机械化研究所	沈卫强,刘小龙,等
201120065341	一体式镀膜聚光太阳灶体	兰州华能太阳能有限公司	李强,安兴才,等
201120083568	自动调整太阳灶	北京联合大学生物化学工程学院	杨志成,张景胜,等
201120149776	太阳能炒灶	山东京都厨业有限公司	崔兆宝,王冲
201120156550	太阳灶保温水壶	常州市兴旺绿色能源有限公司	王泽,杜正领,等
201120178342	利用光纤传导太阳能的室内太阳灶	天津大学	蒋辉跃,杨睿,等
201120178477	太阳能开水炉	泰安义德隆新能源设备制造有限公司	袁铭鉴,王卫东,等
201120253747	一种太阳能灶	山东京普太阳能科技有限公司	吴淑宽
201120327945	一种锅炉用预加热装置	海南金亿新材料股份有限公司	付春平,张旭,等
201120360279	太阳能灶	四川川能农业开发有限公司	王金凡
201120383581	台式聚光太阳灶	会宁县翠云新型太阳灶厂	牛珠明
201120466473	一种可拆分太阳灶	天津鑫港船务服务有限公司	孟祺,孟暘,等

15.1.1.3 太阳能建筑一体化技术

申请号	名称	申请单位	发明人
03113029	一种采暖节能住宅建筑的保温技术	徐州建筑职业技术学院建筑设计研究院	季翔,方建邦,等
03154471	具有太阳能集热功能的墙体	天津大学	王一平,袁兵,等
200520030977	一种综合利用太阳能和地热能的建筑暖通空调装置	河南新飞电器有限公司	孙洲阳,周泽,等
200610010910	梅子制品强制通风温室-集热器型太阳能干燥装置	云南师范大学	李志民,钟浩,等
200610030036	一种利用太阳能的装饰花岗岩	上海金博石材建设有限公司	袁国良
200620098401	太阳能发电发光瓦	武汉日新科技有限公司	徐进明,邱竹贤,等
200620098402	太阳能发电真空瓦	武汉日新科技有限公司	徐进明,邱竹贤,等
200620098403	太阳能光伏发光屋顶系统	武汉日新科技有限公司	徐进明,邱竹贤,等

续表

申请号	名称	申请单位	发明人
200620124662	光伏中空玻璃幕墙组件	无锡尚德太阳能电力有限公司	温建军，王栋，等
200710047676	太阳能与建筑一体化复合能量系统	上海交通大学	翟晓强，宋兆培，等
200720029686	用于建筑的非晶硅薄膜太阳能电池组件	威海蓝星泰瑞光电有限公司	解欣业，王伟，等
200720030272	一种非晶硅太阳能电池组件	威海蓝星泰瑞光电有限公司	解欣业，王伟，等
200720046946	一种供门卫房和监控使用的太阳能供电装置	安徽振发太阳能电力有限公司	查正友
200720049079	非晶硅光伏建筑一体化	珠海兴业幕墙工程有限公司	刘红维，梁炳强
200720055764	一种太阳能光伏玻璃幕墙组件	广东金刚玻璃科技股份有限公司	郑鸿生，肖坚伟
200720075927	太阳能阳光房	上海久能能源科技发展有限公司	李钊明
200720086530	一种太阳能光伏屋顶系统	武汉日新科技有限公司	徐进明，邱竹贤，等
200720086531	一种新型太阳能光伏屋顶系统	武汉日新科技有限公司	徐进明，邱竹贤，等
200720086532	太阳能光伏建筑构件	武汉日新科技有限公司	徐进明，邱竹贤，等
200720086533	半边框太阳能光伏建筑构件	武汉日新科技有限公司	徐进明，邱竹贤，等
200720104604	一种外凸式建筑一体化太阳集热器	昆明理工大学	吕云，胡明辅，等
200720118007	太阳能光电建筑隐框幕墙	深圳南玻幕墙及光伏工程有限公司	于浩峰，何文琪，等
200720118084	一种光电幕墙	深圳南玻幕墙及光伏工程有限公司	邓晓敏，何文琪，等
200720141487	太阳能光伏玻璃幕墙	林正烜建筑设计事务所有限公司	林正烜
200720143250	太阳能活动板架构造	立阳股份有限公司	林伯峯
200720144381	一种太阳能电池组件安装系统	上海驭领机电科技有限公司	武守斌
200720147697	大型固定式太阳能架板	立阳股份有限公司	林伯峯
200720148524	光电玻璃幕墙	保定天威英利新能源有限公司	孙凤霞，秦进英，等
200810027593	一种以建筑瓷砖为基底的太阳电池组件	中山大学	沈辉，陈鸣，等
200810032462	基于直膨式太阳能热泵的太阳能建筑一体化节能热水系统	上海交通大学	翟晓强，孙振华，等
200810033727	基于自适应控制的建筑一体化太阳能热泵供热系统	上海交通大学	王如竹，孙振华，等
200810042672	一种光伏组件及其生产工艺和应用	上海拓引数码技术有限公司	施松林，夏芃，等
200810069586	建筑物外隔热输水管网	重庆大学	郑洁，李百战，等
200810122748	用于玻璃幕墙的太阳能电池组件	阿特斯光伏电子(常熟)有限公司	周承柏，宋卫杰
200810137402	建筑一体化太阳能综合热利用系统	哈尔滨工业大学	高立新，方修睦
200810215781	分户太阳能建筑一体化热水供应系统	甘肃天鸿金运置业有限公司	刘永辉，刘永强，等
200810302521	建筑物能源储存与转换装置	煜丰科技股份有限公司	翁国亮，翁欧阳丽明，等
200820024571	双面光伏电池幕墙组件	山东科明太阳能光伏有限公司	师国栋，刘尚立
200820042391	太阳能光伏电池与建筑一体化装置	金陵科技学院	杨忠，牟福元，等
200820052862	玻璃幕墙用百页式太阳能电池玻璃组件	中建(长沙)不二幕墙装饰有限公司	张敬农，李水生，等
200820059464	太阳电池组件U字形支撑架	上海太阳能科技有限公司	惠东峰
200820059465	太阳电池组件Z字形支撑架	上海太阳能科技有限公司	惠东峰
200820101859	一种用于点支式玻璃栏杆的光伏组件装置	巨茂光电(厦门)有限公司	汤鸿祥

续表

申请号	名称	申请单位	发明人
200820103818	移动式太阳能发电站	克拉玛依地威诺节能有限责任公司	郑金华，江龙，等
200820132383	太阳能光伏模板和包括该模板的光伏玻璃窗	福建钧石能源有限公司	林朝晖，杨与胜，等
200820206458	建筑物幕墙光伏发电一体化装置	广州市设计院	华锡锋，叶充，等
200820238178	太阳能屋顶瓦片组件	中电电气(南京)太阳能研究院有限公司	贾艳刚，张科研，等
200910089282	房屋外挂式太阳能发电遮阳板	北京理工大学	张仕平，张晓平
200910091629	一种太阳能光电幕墙及其安装方式	皇明太阳能集团有限公司	杨胜文，李胜涛，等
200910099250	光伏发电太阳能电池组件型材框架	公元太阳能股份有限公司	张建均，苏乘风，等
200910187278	与建筑墙面集成的多功能太阳能空气集热器组合模块系统	大连理工大学	陈滨，刘鸣，等
200910300998	基于染料敏化太阳能电池的光电一体化建筑材料	大连理工大学	马廷丽，张文明
200920044008	太阳能组件铝框及安装结构	泰通(泰州)工业有限公司	王兴华
200920047971	与建筑物形状配合的太阳能热水器	江苏虹宇太阳能工业有限公司	徐石
200920050291	太阳能光伏发电外墙饰面板及外墙板	广州绿欣然环保节能科技发展有限公司	杨振宇，马平
200920050295	太阳能光伏发电屋面瓦	广州绿欣然环保节能科技发展有限公司	杨振宇，马平
200920065205	单元式发电幕墙	湖南和瑞铝木科技有限公司	彭剑涛，陈伟，等
200920065856	可拆卸幕墙用太阳能光伏组件	中建(长沙)不二幕墙装饰有限公司	李水生，张敬农，等
200920067205	发电保温一体化建筑构件	上海太阳能工程技术研究中心有限公司	郝国强，黄勇，等
200920068495	薄膜电池组件安装装置及其与屋顶或地面连接的结构	上海驭领机电科技有限公司	武守斌
200920076568	一种新型中空夹层玻璃太阳能组件	上海交大泰阳绿色能源有限公司	罗愉
200920077995	太阳能楼层显示灯	上海恩阳太阳能技术有限公司	谈勇伟
200920081261	一种晶体硅 BIPV 组件	四川永祥多晶硅有限公司	刘汉元，邓卫平
200920082534	太阳能发电遮阳遮雨篷	成都市武侯专利咨询研发转化研究所	张航
200920097564	人字形斜面屋顶太阳电池方阵安装结构	天津市津能电池科技有限公司	胡汛
200920097566	安装在玻璃幕墙上的太阳电池组件结构	天津市津能电池科技有限公司	胡汛，杨继强，等
200920103293	太阳能光伏中空玻璃幕墙组件	山西耀宇太阳能科技有限公司	李钟实，苏龑，等
200920106724	用于建筑物供热系统的多能源加热装置	中国建筑科学研究院	何涛，路宾，等
200920115033	光伏硅电池建材结构	杭州浙大桑尼能源科技有限公司	胡长生，李新富
200920116742	屋顶太阳能结构	杭州浙大桑尼能源科技有限公司	李新富
200920121155	光伏发电太阳能电池组件型材框架	浙江公元太阳能科技有限公司	张建均，苏乘风，等
200920121488	光伏发电屋顶落水装置	浙江公元太阳能科技有限公司	张建均，苏乘风，等
200920128065	太阳能蓄热式采暖通风墙	重庆大学	卢军，赵娟，等
200920150783	太阳能砖结构	雄鸡企业有限公司	许铭嘉
200920187840	一种新型室用太阳能灭蚊器	安徽工程科技学院	周晓宏
200920187841	一种新型太阳能电池瓦片	安徽工程科技学院	周晓宏
200920197772	太阳能建材	浙江哈氟龙新能源有限公司	陆祖宏，申屠佩兰
200920197945	一种玻璃幕墙式太阳能电池组件	安吉大成太阳能科技有限公司	李金亮

续表

申请号	名称	申请单位	发明人
200920203107	多功能建筑集成墙面安装太阳能空气集热器组合模块	大连理工大学	陈滨,刘鸣,等
200920204465	铝基太阳能电池板	深圳市索阳新能源科技有限公司	赵彦富,向开翼
200920204486	双玻璃太阳能电池板	深圳市索阳新能源科技有限公司	赵彦富,向开翼
200920205155	一种太阳能光电建筑的全明框式幕墙	深圳南玻幕墙及光伏工程有限公司	徐宁,胡圣明
200920205156	一种太阳能光电建筑的全隐框式幕墙	深圳南玻幕墙及光伏工程有限公司	徐宁,胡圣明
200920210048	一种居住建筑用太阳能一地源热泵集成系统	上海现代建筑设计(集团)有限公司现代都市建筑设计院	陈云昊,郑兵
200920210823	一种太阳能瓦片	中电电气(上海)太阳能科技有限公司	云平,李淳慧
200920213996	一种建筑一太阳能组合装置	中电电气(上海)太阳能科技有限公司	云平,李淳慧
200920222486	一种太阳能光电幕墙	皇明太阳能集团有限公司	杨胜文,李胜涛,等
200920223067	空调室外机太阳能遮阳棚	北京交通大学	杨飞
200920223738	一种新型光电板	河南科达节能环保有限公司	冀小珍,刘亚铬,等
200920231391	一种太阳能发电浴房	中电电气集团有限公司	吴修菊
200920231586	一种太阳能整体淋浴房	中电电气集团有限公司	吴修菊
200920231892	房屋用太阳能采暖通风设备	苏州皇家整体住宅系统有限公司	倪骏
200920233407	使用室内型光伏辅助加热系统的太阳能热水器	江阴信邦电子有限公司	陈振兴,张雪峰,等
200920235409	一种一体化太阳能建筑构件	江苏贝德莱特太阳能科技有限公司	张同伟,汪涌,等
200920245260	一种光伏电池与建筑一体化建筑墙板	西安孔明电子科技有限公司	郑健,高明,等
200920248281	一种能利用太阳能发电的建筑瓷砖	大连森谷新能源电力技术有限公司	熊小伟
200920248283	一种能利用太阳能发电的建筑玻璃	大连森谷新能源电力技术有限公司	熊小伟
200920248284	一种能利用太阳能发电的建筑瓦板	大连森谷新能源电力技术有限公司	熊小伟
200920284227	多功能太阳能光伏温室	南京高新对外经济技术合作有限公司	徐剑青,张建生,等
200920302760	一种可再生能源设施农业光伏电站	北京智慧剑科技发展有限责任公司	李建民
200920318921	用于建筑的彩色太阳能电池组件	威海中玻光电有限公司	解欣业,吴军,等
201010121510	建筑复合太阳能光伏热水供冷和采暖系统	中国科学技术大学	何伟,侯景鑫,等
201010141222	一种用于光伏建筑一体化的太阳能电池组件	深圳市创益科技发展有限公司	李毅,李志坚,等
201010208065	建筑物屋顶及光伏组件	英利能源(中国)有限公司	王士元
201010608416	纳米太阳能织物光伏表皮	德州学院	徐静
201020107541	太阳能电池模块及由该太阳能电池模块组装的屋顶	日光瑞(青岛)再生能源有限公司	安德烈·杜博礼
201020113716	太阳能斜屋顶安装铝材结构	欧贝黎新能源科技股份有限公司	毛和璜,张进
201020135326	菱形太阳瓦及其安装结构	安徽超群电力科技有限公司	顾正勇,蒋岳皎
201020139318	太阳能屋顶幕墙	浙江尖山光电科技有限公司	龙辉
201020152676	一种可发电太阳能瓷砖	江苏华创光电科技有限公司	刘莹,房春华,等
201020161486	太阳能光伏复合陶板	湖北京怡硅光电实业有限公司	戴熙明

续表

申请号	名称	申请单位	发明人
201020178075	双面电池聚乙烯醇缩丁醛夹胶光伏幕墙组件	江苏林洋新能源有限公司	张晓东,袁永健,等
201020178115	高层建筑太阳能和风能补热装置	昆明理工大学	罗小林,袁明利,等
201020198919	透光建筑物被覆结构	富阳光电股份有限公司	郭明村,简智贤,等
201020202282	太阳能光伏瓦	湖南红太阳新能源科技有限公司	王翼伦,张福家,等
201020211893	移动式太阳能光伏厨房的辐热炉控制系统	米技电子电器(上海)有限公司	季残月
201020215132	后粘贴式太阳能发电幕墙组件	大连皿能光电科技有限公司	苏*,齐忠斌,等
201020215133	高强太阳能发电幕墙组件	大连皿能光电科技有限公司	苏*,齐忠斌,等
201020215142	前粘贴式太阳能发电幕墙组件	大连皿能光电科技有限公司	苏*,齐忠斌,等
201020226988	一种双面玻璃幕墙太阳能电池组件	江苏新大陆太阳能电力有限公司	卢守杰
201020230131	带太阳能节电装置的沼气无臭换气公厕	昆明理工大学	陈蜀乔
201020235038	建筑物屋顶及光伏组件	英利能源(中国)有限公司	王士元
201020235661	太阳能光电板的连接结构	富阳光电股份有限公司	李绍纬,沈和昀,等
201020249419	具有叠层压花结构的可折叠式太阳能板与太阳能遮阳装置	财团法人工业技术研究院	彭成瑜,李文贵,等
201020254263	真空集热太阳能辅助加热烤房	贵州省烟草公司六盘水市公司	艾复清,何建华,等
201020254492	吸热式太阳能光伏中空玻璃	沈阳金都铝业装饰工程有限公司	朱利达,鲁大伟
201020272248	太阳能光伏发电系统应用于建筑塔式起重机上的照明装置	无锡同春新能源科技有限公司	缪同春
201020278683	应用于太阳能光电玻璃上的具有电连接功能的框架	泰科电子(上海)有限公司	胡林涛,陈孝群,等
201020282730	以太阳能为热源的房屋	绍兴豪德斯电暖科技有限公司	陆建益
201020287303	太阳能光伏发电屋面电池瓦	江苏正信新能源科技集团有限公司	师向虎,王迎春,等
201020298186	一种建筑一体化太阳能空气集热装置	昆明理工大学;云南能工太阳能工程有限公司	胡明辅,王伟民,等
201020299868	一种太阳能光伏建筑组件	浙江亚厦幕墙有限公司	孙连弟,王景升,等
201020507851	用于城市公园凉亭的太阳能电池板	中国美术学院	吴晓东
201020512994	一种节能建筑太阳能光伏发电系统	河南桑达能源环保有限公司	陈开碇,郭会娟,等
201020525195	一种建筑物专用透明 TPT 太阳能电池板	东莞市华源光电科技有限公司	方名耀
201020542959	太阳能控制盒及 LED 灯太阳能地板	杭州谱地新能源科技有限公司	郑晓飞
201020553695	太阳能利用装置的罩壳	溧阳平陵林机有限公司	钟群武
201020557249	建筑综合节能控制系统	苏州新亚科技有限公司	闻建中,金小军
201020566623	建筑光伏幕墙装置	中国建筑第七工程局有限公司	黄延铮,焦安亮,等
201020580753	用于建筑物的太阳能护栏	湖北弘毅建筑装饰工程有限公司	王少重,刘伟,等
201020587448	一种与建筑结合的光伏幕墙组件	南京大全新能源有限公司	顾啸林
201020621248	一种外置式太阳能发电玻璃幕墙	龙驰幕墙工程有限公司	杨国平,胡瑞宾,等
201020625217	具有薄膜太阳能电池的基站屋及顶部透光的办公建筑物	吉富新能源科技(上海)有限公司	张一熙,刘吉人

续表

申请号	名称	申请单位	发明人
201020625388	具有可程序化发光机制的太阳能电池单元	吉富新能源科技(上海)有限公司	张一熙,刘幼海,等
201020631031	具有侧面LED光源和凹痕型模块的发光发电墙	吉富新能源科技(上海)有限公司	张一熙,刘幼海,等
201020632310	太阳能光伏真空幕墙玻璃以及一种太阳能光伏真空玻璃幕墙	山东兴华建设集团有限公司	殷兴华,薛林旭,等
201020636443	无外框式建筑与太阳能集热器一体化结构	洛阳天照新能源科技有限公司	付洛强
201020685168	太阳能光伏电池中空玻璃组件	江苏瑞新科技股份有限公司	赵丹,陈沁
201020687090	具有太阳能发电功能的棚体	深圳市庆丰光电科技有限公司	周庆明
201020690961	平板式光伏瓦	浚鑫科技股份有限公司	蒋磊,都基庆,等
201020699304	一种楼宇风能与太阳能相结合的照明装置	陕西丰宇设计工程有限公司	罗鑫
201029180066	一种中空光伏玻璃幕墙系统	浙江中南建设集团有限公司	梁曙光,梁方岭,等
201029180067	一种中空光伏玻璃幕墙板块	浙江中南建设集团有限公司	梁曙光,梁方岭,等
201029251108	平板薄膜光伏真空玻璃	青岛亨达玻璃科技有限公司	刘成伟,王辉,等
201029251109	平板晶体硅光伏真空玻璃	青岛亨达玻璃科技有限公司	刘成伟,王辉,等
201120005893	一种太阳能电池组件边框	江苏新大陆太阳能电力有限公司	卢守杰
201120007013	一种基于太阳能电池的玻璃幕墙组件	上海泰莱钢结构工程有限公司	孙子栋
201120020805	多组太阳能加热烘房	嘉兴市升源机械制造有限公司	荀连珍
201120027260	一种双面玻璃太阳电池组件	山东洁阳新能源有限公司	王萍,王路静,等
201120028849	与房屋一体的密排真空管式太阳能热水器	淮阴工学院	许兆棠,张恒
201120033666	一种太阳能广告装置	深圳市拓日新能源科技股份有限公司	陈五奎,刘强,等
201120035085	太阳能电池板安装装置	东莞市中海光电材料有限公司	刘志斌,叶健,等
201120041690	一种用于直立锁边金属屋面的光伏简易支撑系统	深圳南玻幕墙及光伏工程有限公司	邱泉,徐宁,等
201120044659	太阳能墙体发电装置	上海理工大学	王业兴,邓春龙,等
201120045934	一种可用作建筑物外墙的太阳能发电装置	北京恒基伟业投资发展有限公司	张征宇,李剑,等
201120050065	太阳能食醋陈酿房	山西三盟实业发展有限公司	宋春雪
201120053300	与房屋一体的无外水桶密排真空管式太阳能热水器	淮阴工学院	许兆棠,张恒
201120071719	直立锁边铝镁锰屋面支架装置	常州紫旭光电有限公司	郝启强
201120071733	角驰Ⅲ型彩钢瓦屋面光伏支架系统	常州紫旭光电有限公司	郝启强
201120071843	一种彩钢瓦光伏支架系统	常州紫旭光电有限公司	王春
201120071852	咬口型波纹夹芯板屋面光伏支架系统	常州紫旭光电有限公司	郝启强
201120072421	直立锁边铝镁锰屋面光伏支架系统	常州紫旭光电有限公司	郝启强
201120073379	一种外墙面用太阳能光伏发电装置	上海久能能源科技发展有限公司	李钊明
201120090491	垂直式太阳能发电外墙板	珠海兴业绿色建筑科技有限公司	梁炳强,杨桂林,等

续表

申请号	名称	申请单位	发明人
201120093932	可供电的建筑玻璃模组	深圳市新伟景贸易有限公司	邱少雄
201120096748	一种光伏建筑一体化用中空组件	常州中弘光伏有限公司	殷广友,邢万荣,等
201120118893	一种生态房屋供能系统	上海高格工程设计咨询有限公司	刘谦
201120135701	嵌入接线盒式 BIPV 层状中空玻璃幕墙结构	大连皿能光电科技有限公司	季翔,方建邦,等
201120135702	BIPV 层状中空玻璃幕墙结构	大连皿能光电科技有限公司	王一平,袁兵,等
201120135703	具有倾斜角度的光伏太阳能玻璃幕墙组件	大连皿能光电科技有限公司	孙洲阳,周泽,等
201120137396	在玻璃幕墙组件中安装太阳能电池板的玻璃板	大连皿能光电科技有限公司	李志民,钟浩,等
201120140997	一种防风型太阳能瓦片	广西神达新能源有限公司	袁国良
201120141256	光伏建筑一体化模块式太阳能发电墙板	杭州新峰恒富科技有限公司	徐进明,邱竹贤,等
201120153494	彩钢屋面板夹具	广东保威新能源有限公司	徐进明,邱竹贤,等
201120171039	一种嵌入式光伏屋顶组件	泰通(泰州)工业有限公司	徐进明,邱竹贤,等
201120174283	一种 BIPV 太阳电池组件	南通英菲新能源有限公司	温建军,王栋,等
201120182864	一种太阳能一地源热泵联合建筑供能系统	河北工业大学	翟晓强,宋兆培,等
201120185954	一体化太阳能光伏组件	优太太阳能科技(上海)有限公司	解欣业,王伟,等
201120199160	太阳能组件支撑架	江苏新大陆太阳能电力有限公司	解欣业,王伟,等
201120200532	一种 BIPV 组件	浙江金诺新能源科技有限公司	查正友
201120206586	建筑光伏一体化中空型太阳能电池组件	江苏秀强玻璃工艺股份有限公司	刘红维,梁炳强
201120206589	建筑光伏一体化中空型非晶硅太阳能电池组件	江苏秀强玻璃工艺股份有限公司	郑鸿生,肖坚伟
201120206590	建筑光伏一体化夹胶型太阳能电池组件	江苏秀强玻璃工艺股份有限公司	李钊明
201120214032	主动式太阳能房屋	濮阳市天祥太阳能采暖工程有限公司	徐进明,邱竹贤,等
201120214281	太阳能装置及其夹持组件	永盛(山东)能源有限公司	徐进明,邱竹贤,等
201120215314	一种柔性太阳能电池用压型金属板	上海精锐金属建筑系统有限公司	徐进明,邱竹贤,等
201120216991	太阳能光伏真空玻璃	北京新立基真空玻璃技术有限公司	徐进明,邱竹贤,等
201120217445	一种无框 BIPV 太阳能电池组件	山东孚日光伏科技有限公司	吕云,胡明辅,等
201120225675	一种太阳能电池组件	合肥中南光电有限公司	于浩峰,何文琪,等
201120225801	幕墙用太阳能电池	合肥中南光电有限公司	邓晓敏,何文琪,等
201120239748	太阳能光伏发电瓦	宁国龙冠光电有限公司	林正烜
201120240983	太阳能模组及其太阳能板框架	永盛(山东)能源有限公司	林伯峯
201120256261	太阳能救灾帐篷	北京桑普光电技术有限公司	武守斌
201120257745	双面发电非晶硅薄膜太阳能电池	牡丹江旭阳太阳能科技有限公司	林伯峯
201120261346	点支式太阳能光伏幕墙玻璃	深圳市创益科技发展有限公司	孙凤霞,秦进英,等
201120272796	光伏真空玻璃组件	北京新立基真空玻璃技术有限公司	沈辉,陈鸣,等
201120282775	太阳能可调光玻璃幕墙	沈阳金都新能源发展有限公司	翟晓强,孙振华,等
201120283501	一种建材型双面玻璃光伏构件	深圳市中航三鑫光伏工程有限公司	王如竹,孙振华,等
201120294543	一种太阳能光伏光热集成模块式收集器	上海能辉电力科技有限公司	施松林,夏芃,等

续表

申请号	名称	申请单位	发明人
201120298859	一种在平屋顶上固定安装太阳能光伏组件的支架	江苏舜天光伏系统有限公司	郑洁,李百战,等
201120300845	一种在平屋顶上固定安装太阳能组件的支架	江苏舜天光伏系统有限公司	周承柏,宋卫杰
201120301064	太阳能光伏发电外遮阳装置	沈阳远大铝业工程有限公司	高立新,方修睦
201120306250	太阳能隔音墙	旭能光电股份有限公司	刘永辉,刘永强,等
201120315708	太阳能光伏 P－N 结构墙面砖	北京桑纳斯太阳能电池有限公司	翁国亮,翁欧阳丽明,等
201120315716	太阳能光伏一照明一体化组件	北京桑纳斯太阳能电池有限公司	师国栋,刘尚立
201120318115	一种太阳能光伏幕墙	比亚迪股份有限公司	杨忠,牟福元,等
201120318840	一种利用太阳能的新型温室大棚	成都智利达科技有限公司	张敬农,李水生,等
201120325629	瓦片状太阳能光伏电池组件	宁波贝达新能源科技有限公司	惠东峰
201120334013	太阳能光伏发电和市电互补的 LED 室内照明系统	苏州市职业大学	惠东峰
201120339933	一种与建筑融合的太阳能空气集热器组合体	石河子大学	汤鸿祥
201120372994	一种具有高透光和正反双面发电功能的薄膜太阳能电池	保定天威集团有限公司	郑金华,江龙,等
201120398284	屋顶阴面彩钢瓦与太阳能电池组件导轨连接结构	苏州爱康光伏安装系统有限公司	林朝晖,杨与胜,等
201120398350	彩钢瓦与太阳能电池组件导轨连接结构	苏州爱康光伏安装系统有限公司	华锡锋,叶充,等
201120398354	太阳能电池组件边框	苏州爱康光伏安装系统有限公司	贾艳刚,张科研,等
201120420300	一种屋面用太阳能光伏电池清洗机	上海久能能源科技发展有限公司	张仕平,张晓平
201120422347	新型双流道-中间隔热型太阳能相变蓄热墙体系统	江西省科学院能源研究所	杨胜文,李胜涛,等
201120443587	保温光伏瓦	山东宇研光能股份有限公司	张建均,苏乘风,等
201120454531	U 型钢支撑屋面太阳能电池板安装支架	深圳市新天光电科技有限公司	陈滨,刘鸣,等
201120454532	全角铁屋面太阳能电池板安装支架	深圳市新天光电科技有限公司	马廷丽,张文明
201120462768	一种集太阳能、风能利用的强化建筑通风装置	内蒙古科技大学	王兴华
201120473611	一种太阳能电池光伏建筑组件	深圳市创益科技发展有限公司	徐石
201120481545	带太阳能热水功能的建筑材料与热泵机组一体化系统	天津市地源节能设备有限公司	杨振宇,马平
201120488192	太阳能电池组件支架系统	湖南红太阳新能源科技有限公司	杨振宇,马平
201120491954	太阳能发光砖	仲鼎科技股份有限公司	彭剑涛,陈伟,等
201120499903	一种利用多种可再生能源的建筑节能系统	安徽日源环保能源科技有限公司	李水生,张敬农,等

15.1.1.4 太阳能光伏发电技术

申请号	名称	申请单位	发明人
02229245	组合式太阳能庭院灯柱	武汉日新科技有限公司	徐进明,周清华,等
03223223	太阳能路灯装置	深圳市想真科技开发有限公司	黄勇,李海峰,等
200320132017	一种抗冲击的太阳能电池组件	深圳市创益科技发展有限公司	李毅,周燕,等
200420014475	半导体发光二极管太阳能路灯控制电路	中山大学	舒杰,沈辉,等
200420104468	一种可调方向的太阳能灯	新疆新能源股份有限公司	朱晓刚,戴迎江
200520036192	路灯用的风能太阳能照明供电系统	浙江晶日照明科技有限公司	程世友,傅创业,等
200520046516	一种快速智能充电装置	上海奥威科技开发有限公司	衡建坡
200520057688	太阳能户外灯	东莞永隆电器有限公司	邱瑞钟
200520104217	太阳能路灯	阳杰科技股份有限公司	黄秉钧,骆昆宏,等
200610063730	光电幕墙光伏系统的电能补充方法和系统	深圳市方大装饰工程有限公司	刘升华
200620155728	LED 太阳能光伏组件	深圳南玻幕墙及光伏工程有限公司	谢士涛,何文琪,等
200710159297	太阳能楼道照明装置	辽宁太阳能研究应用有限公司	鞠振河
200720045203	大功率 LED 太阳能路灯	丹阳市天凝能源科技有限公司	王泽洪,张辉
200720047808	太阳能并网发电系统	珠海兴业幕墙工程有限公司	刘红维
200720055106	光伏路灯负载控制装置	珠海科利尔能源技术有限公司	安研
200720118016	棚式太阳能电站	深圳市拓日新能源科技股份有限公司	陈五奎,陈小河,等
200720185340	太阳能楼道照明装置	辽宁太阳能研究应用有限公司	鞠振河
200810015022	大型太阳能发电系统电能传输和并网系统	济南新吉纳远程测控有限公司	卢祥明,余民
200810028143	具有并网发电、独立发电及 UPS 功能的光伏发电系统	广东志成冠军集团有限公司	周志文
200810058103	PWM 方式充电的光控定时双路输出太阳能路灯控制器	云南天达光伏科技股份有限公司	杨约葵,胡海,等
200810065171	光伏并网发电系统的孤岛运行检测方法	清华大学深圳研究生院;深圳市天源新能源有限公司	徐政,丁强,等
200820019677	大型太阳能发电系统电能传输和并网系统	济南新吉纳远程测控有限公司	卢祥明,余民
200820036036	矽薄膜太阳能发电装置	南京全屋电器开关有限公司	林作英
200820036037	家用太阳能直流低压发电装置	南京全屋电器开关有限公司	林作英
200820048198	太阳能路灯	东莞市安历电子有限公司	易胜能
200820048545	一种可实现在线扩容的光伏并网发电系统	广东志成冠军集团有限公司	周志文,李民英,等
200820049068	一种太阳能无极灯路灯	东莞市友美电源设备有限公司	颜晓英,张元
200820054591	太阳能路灯智能切换控制器	上海建科建筑节能技术有限公司	沈立华
200820059215	太阳能光伏发电户用系统	上海太阳能科技有限公司	惠东峰
200820060047	太阳能光伏水泵	上海禧龙太阳能科技有限公司	包龙新
200820079438	太阳能光伏并网系统	北京能高自动化技术有限公司	雷涛,王子洋,等
200820081343	一种太阳能供电控制装置	昆明理工大学	戈振扬,解建侠,等

续表

申请号	名称	申请单位	发明人
200820093891	风光互补路灯系统	深圳市阳光富源科技有限公司	聂源,田建
200820103544	太阳能路灯控制器	新疆维吾尔自治区新能源研究所	林闽,修强,等
200820106598	太阳电池充电的锂离子电池路灯智能充放电控制器	山西天能科技有限公司	秦海滨,许家云,等
200820111366	太阳能智能LED路灯控制器	保定市阳光盛原科技有限公司	贺洁,刘金胜
200820116480	一种太阳能户用电源	新疆新能源股份有限公司	宋建辉,张新涛,等
200820124324	一种太阳能LED路灯	北京巨数数字技术开发有限公司	商松
200820133150	太阳能灯源的自动控制省电系统	晟明科技股份有限公司	郭建志
200820134127	太阳能光电互补楼道灯	宁夏佳美迪新能源科技有限责任公司	周佳欣,李立,等
200820151119	光控锂电池太阳能节能灯	上海多韵电气有限公司	沈卫华
200820153677	一种多用途太阳能发电系统	上海城建(集团)公司;上海市城市建设设计研究院	余渊,马斌,等
200820158188	风光能源互补路灯	上海跃风新能源科技有限公司	黄宝泉,王爱国
200820184280	一种太阳能供电的LED灯具	深圳高力特通用电气有限公司	高京泉
200820184281	一种风能和太阳能供电的LED灯具	深圳高力特通用电气有限公司	高京泉
200820200338	风光互补路灯	深圳市深华龙科技实业有限公司	刘光喜,岑家雄,等
200820217053	带控制器的太阳能路灯	苏州市相城区富顿厚膜电路制造厂	庄瑞云
200820217054	带转换继电电路的太阳能路灯	苏州市相城区富顿厚膜电路制造厂	庄瑞云
200820224211	智能型太阳能灯具控制器	皇明太阳能集团有限公司	孙利英,张喜成,等
200820239314	具有自适应调节能力的风光互补路灯智能控制器	安徽风日光电科技有限责任公司	陈宗海,王智灵,等
200820239315	多种能源综合利用的智能路灯	安徽风日光电科技有限责任公司	陈宗海,王智灵,等
200820240910	太阳能投光路灯	山西纳克太阳能科技有限公司	孔繁敏,杨永成,等
200820303500	太阳能LED路灯	四川新力光源有限公司	罗文正,江中亮,等
200910032977	单级三相光伏并网系统的最大功率跟踪控制方法	东南大学	郑飞,费树岷,等
200910044613	微网光伏发电逆变并网和谐波治理混合系统及其复合控制方法	湖南大学	罗安,徐先勇,等
200910078518	一种多逆变器太阳能光伏并网发电系统的组群控制方法	云南电网公司;云南电网公司北京能源新技术研究发展中心	韩郁,叶锋,等
200910183692	沿海滩涂上方建高架桥式太阳能电站的独立发电装置	无锡市新区梅村镇同春太阳能光伏农业种植园	缪同春
200910214213	一种太阳能照明发电装置的制备方法	奇瑞汽车股份有限公司	卢雷,王秀田,等
200910264169	光伏发电系统中耦合电感式双Boost逆变器电路	扬州大学	方宇
200910309548	具有风热能发电供电系统的路灯	杭州鸿蒙电子科技有限公司	齐腾
200920001937	便携式户用太阳能光伏电源	东莞东海龙环保科技有限公司	王瑞峰,张雪勤,等
200920006324	风力与太阳能混合式的可升降LED路灯	澎湖科技大学	吴文钦,翁进坪
200920015789	家庭多用太阳能贮存及应用系统	辽宁九夷三普电池有限公司	刘巍,付亮,等

续表

申请号	名称	申请单位	发明人
200920016008	电池转贮太阳能的 LED 发光系统	辽宁九夷三普电池有限公司	刘巍,付亮,等
200920031401	光伏户用直流电源	厦门多科莫太阳能科技有限公司	江亨祥
200920032056	一种智能型太阳能路灯控制系统	中国人民解放军总后勤部建筑工程研究所;陕西双威数码科技有限责任公司	伊世明,吴东海,等
200920035278	太阳能光伏发电系统应用在喷水设备上的供电装置	无锡市新区梅村镇同春太阳能光伏农业种植园	缪江敏
200920047891	太阳能发光预制板	江苏贝德莱特太阳能科技有限公司	张同伟,汪涌,等
200920048786	离网式小型太阳能电站系统	江苏金敏能源股份有限公司	廖敏
200920051825	一种光伏水泵冷却系统	阳江市新力工业有限公司	汤勇,欧栋生,等
200920052880	一种太阳能大功率节能路灯	东莞市友美电源设备有限公司	颜晓英,张元
200920058210	风能与太阳能互补 LED 路灯	东莞市友美电源设备有限公司	颜晓英,张元
200920058211	风能与太阳能互补荧光灯路灯	东莞市友美电源设备有限公司	颜晓英,张元
200920058381	风能与太阳能互补无极灯路灯	东莞市友美电源设备有限公司	颜晓英,张元
200920058382	风能与太阳能互补陶瓷金卤灯路灯	东莞市友美电源设备有限公司	颜晓英,张元
200920062219	一种风光互补控制系统	中山市索依纳电子科技有限公司	占小明
200920080427	高寒地区市电补充型光伏双路照明控制装置	青海新能源(集团)有限公司;青海省太阳能电力有限责任公司	张治民,孙文君,等
200920080428	一种高寒地区太阳能路灯控制器	青海新能源(集团)有限公司;青海省太阳能电力有限责任公司	王晏,孙文君,等
200920082531	太阳能发电售货亭	成都市武侯专利咨询研发转化研究所	张航
200920096994	太阳能新风空气净化加湿机	天津市精深科技发展有限公司	李博生,徐昆,等
200920107379	太阳能直流路灯智能控制器	北京桑普光电技术有限公司	鲁永苏,肖明山,等
200920107380	一种机箱式太阳能户用电源系统	北京桑普光电技术有限公司	鲁永苏,肖明山,等
200920107382	太阳能光伏微网发电系统	北京能高自动化技术有限公司	雷涛,姜久春,等
200920108267	一种光伏并网发电系统	北京天恒华意科技发展有限公司	王军
200920125332	太阳能景观路灯定时声光控制器	贵阳太能太阳能科技发展有限公司	申世屏
200920126047	一种由市电和太阳能向路灯供电且可并网的双回路系统	重庆大学	周林,刘强,等
200920128000	太阳能聚光路灯	重庆师范大学	苑进社
200920130642	家用太阳能、风能和市电联网型供电系统	深圳市领驭高科太阳能有限公司	刘伟,余国献,等
200920134354	一种 LED 路灯及其系统	深圳市通普科技有限公司	庞桂伟,黄日科
200920148996	用于光伏并网发电的三相四桥臂逆变器及光伏并网发电系统	新疆新能源股份有限公司	阮少华,刘伟增,等
200920154420	路灯太阳能板阳光跟踪装置	北京信能阳光新能源科技有限公司	张玉涛
200920157803	一种太阳能 LED 路灯	深圳市山胜实业有限公司	张革私
200920159889	太阳能作物生长培养室	洛阳福达美农业生产有限公司	杨永庆
200920160354	一种利用风力、水力的节能路灯	河南省电力公司开封供电公司	杨鹏,常强
200920160357	利用多种能源的节能路灯	河南省电力公司开封供电公司	杨鹏,常强
200920176998	太阳能电池楼层路灯自动控制装置	成都崇安科技有限公司	石毓忠,陈金华

续表

申请号	名称	申请单位	发明人
200920178910	用于建筑物的消防控制装置及具有该装置的消防控制系统	盖泽工业(天津)有限公司	刘梅,赵彩俊
200920181579	太阳能电池路灯系统	厦门市信达光电科技有限公司	林斌,邓江南,等
200920181828	一种太阳能 LED 路灯	厦门市朗星节能照明有限公司	白鹭明,陈子鹏,等
200920181829	风光能源互补路灯	厦门市朗星节能照明有限公司	白鹭明,陈子鹏,等
200920182763	具有远程通信功能的 LED 路灯控制器	福州鸿丰胜能源技术有限公司	陈敏一
200920204070	一体式太阳能路灯	深圳市嘉普通环境技术有限公司	刘学真,郭清华,等
200920208543	一种照明高度可调的聚合物锂离子电池风光互补路灯	上海泰莱钢结构工程有限公司	丁列平,严伟,等
200920208546	一种智能风光互补路灯系统	上海泰莱钢结构工程有限公司	丁列平,严伟
200920222375	一种太阳能发电系统	中海阳(北京)新能源电力股份有限公司	薛黎明,郑小鹏
200920228855	微网太阳能光伏供电系统	武汉承光博德光电科技有限公司	马玉林,褚东军,等
200920230574	沿海滩涂上方建高架桥式太阳能电站的并网供电装置	无锡市新区梅村镇同春太阳能光伏农业种植园	缪同春
200920231429	沿海滩涂高架桥式太阳能电站向桥下养殖场的供电装置	无锡市新区梅村镇同春太阳能光伏农业种植园	缪同春
200920234013	沿海滩涂上方建高架桥式太阳能电站的独立发电装置	无锡市新区梅村镇同春太阳能光伏农业种植园	缪同春
200920234975	风能光能综合型路灯	江苏贝德莱特太阳能科技有限公司	张同伟,汪涌,等
200920235411	太阳能光电互补照明灯	江苏贝德莱特太阳能科技有限公司	张同伟,汪涌,等
200920237841	太阳能巷子灯	厦门纽普斯特科技有限公司	戴志忠
200920239056	一种供电变电所用太阳能光伏发电系统	山东昂立天晟光伏科技有限公司;山东电力集团公司枣庄供电公司;山东电力集团公司菏泽供电公司	张冲,田晓磊,等
200920245095	一种太阳能路灯控制器	西安祺创太阳能科技有限公司	王永刚
200920251229	一种基于重复控制逆变器的并网光伏发电系统	天津理工大学	周雪松,宋代春,等
200920274890	一种提高 IGBT 单管功率的光伏发电系统	中国西电电气股份有限公司	张杭,严结实,等
200920284031	光伏发电系统	常州市东君光能科技发展有限公司	刘良华,茅雪峻,等
200920285330	光伏并网逆变器人机界面的不间断供电系统	江苏艾索新能源股份有限公司	廖小俊
200920314644	新型光伏瓦	浙江合大太阳能科技有限公司	侯生跃,徐立兵
200930317738	光伏水泵逆变控制器	浙江煤山矿灯电源有限公司	冯铭,钟程
200930317739	光伏水泵控制器支架	浙江煤山矿灯电源有限公司	冯铭,钟程
201010121656	太阳能电池充电系统及控制方法	哈尔滨工业大学深圳研究生院	王宏,张东来
201020106764	一种太阳能路灯控制器	泉州龙发新电子发展有限公司	王秋国,裴长流,等
201020108112	太阳能、风力发电场并网发电系统	包头市汇全稀土实业(集团)有限公司	张富全
201020112710	风光互补太阳能路灯	上海倍瑞太阳能设备有限公司	沈群,罗逊
201020114980	光伏水泵用直流无刷电机	无锡东南车辆科技有限公司	钱东高

续表

申请号	名称	申请单位	发明人
201020119132	光伏水泵的多点水位控制装置	上海禧龙太阳能科技有限公司	包龙新
201020122855	一种太阳能风能互补的节能 LED 路灯	江苏江旭照明科技有限公司	闻彬，罗正良
201020125095	太阳能楼道供电系统	东电（福建）能源科技发展有限公司	李金钗
201020127447	光伏水泵控制器	扬州大学	莫岳平，丛进，等
201020129313	非晶薄膜光伏瓦	浙江合大太阳能科技有限公司	侯生跃，徐立兵
201020135867	一种光伏并网逆变器控制系统	南京国睿新能电子有限公司	鞠文耀，廖启新
201020151433	一种 LED 太阳能电池组件	南通美能得太阳能电力科技有限公司	张健超，王建军，等
201020166384	太阳能路灯控制器及其应用的路灯控制系统	重庆辉腾光电有限公司	蓝章礼，沈正华
201020195060	一种光、电和地热一体化空调系统装置	北京世能中晶能源科技有限公司	宋宪瑞，童裳慧
201020208418	弱风低光照下的风光互补充电器	贵州大学	彭秀英，邱望标，等
201020208513	风能太阳能、市电互补的智能 LED 照明系统	贵州大学	邱望标，彭秀英，等
201020217762	仓库通风设备与市电混合供电系统	德州学院	孟俊焕
201020223618	一种窗户式太阳能光伏组件	南通美能得太阳能电力科技有限公司	王建军，宁兆伟，等
201020240083	太阳能电池发电系统	天津蓝天太阳科技有限公司	夏宏宇，孙彦铮，等
201020265297	阳光光伏发电带动家电系统	重庆华川电装品研究所	唐甲平，苑进社，等
201020269095	一种太阳能 LED 路灯电路	镇江市元润电子有限公司	邵小林，邵林
201020277225	集中控制式太阳能光伏水泵系统	大禹电气科技股份有限公司	王怡华，习赵军，等
201020279327	一种具有不间断电源功能的光伏风能并网发电系统	上海兆能电力电子技术有限公司	郑洪涛
201020285643	利用可再生能源发电的电梯	北京时代中天停车管理有限公司；张效思	张效思
201020293978	太阳能充电控制器	上海奉展绿色能源有限公司	金雷杰，卫天明
201020294212	风光互补发电系统	河南科达节能环保有限公司	陈开碇，梁盼，等
201020500700	风光互补景观照明系统	广州德众液压管道技术有限公司	杨学君，朱炎武，等
201020505514	一种风、光、市电互补控制器	贵阳诚褒电子有限公司	刘军
201020508637	带有太阳方位跟踪装置的沙漠地区并网光伏发电系统	浙江大学	叶建锋，王慧芬，等
201020509813	一种太阳能路灯	安徽超群电力科技有限公司	林利民，吴万生，等
201020512346	光伏并网电站智能控制系统	山东力诺太阳能电力工程有限公司	徐贵阳，于海泉
201020525028	一种太阳能路灯控制器	重庆辉腾光电有限公司	蓝章礼，沈正华
201020532993	太阳能新风机	中国建筑设计研究院；欧贝黎新能源科技股份有限公司	仲继寿，张广宇，等
201020533875	太阳能市电两用路灯	普乐新能源（蚌埠）有限公司	宁海洋，亓新国，等
201020534665	一种离网运行的太阳能光伏发电系统结构	扬州天华光电科技有限公司	姜宏才
201020535470	太阳能路灯控制器	北京市计科能源新技术开发公司	焦双成
201020535506	太阳能路灯	北京市计科能源新技术开发公司	焦双成

续表

申请号	名称	申请单位	发明人
201020542787	一种小功率多用途光伏户用电源系统	上海航天汽车机电股份有限公司太阳能系统工程分公司	刘剑,陈建,等
201020546470	太阳能路灯控制器	上海环东光电科技有限公司	许良鹏
201020547811	新型光伏建筑一体化太阳能光伏电站系统	龙驰幕墙工程有限公司;上海纽恩新能源科技有限公司	杨国平,胡瑞宾,等
201020558688	太阳能抽水泵	泉州市英德光电科技有限公司	陈金虎
201020562623	一种太阳能风能并网式集中供电的路灯系统	江西开昂新能源科技有限公司	杨旸,明瑞法,等
201020562634	一种太阳能风能离网式集中供电的路灯系统	江西开昂新能源科技有限公司	杨旸,明瑞法,等
201020583637	智能控制、储能启动的太阳能水泵装置	浙江天蓝太阳能科技有限公司	屠忠源
201020584169	家用太阳能应急供电系统	九江科华照明电器实业有限公司	于冬平,高玉宝
201020589294	充电站	皆盈绿动能科技股份有限公司	杨正益
201020599486	一种太阳能和市电互补路灯自动供电控制装置	漳州国绿太阳能科技有限公司	曾少南
201020602870	一种太阳能路灯的蓄电池电压检测及充电电路	苏州合欣美电子科技有限公司	胡国良,魏王江
201020604236	一种可远程调控的太阳能 LED 路灯控制电路	石家庄合辐节能科技有限公司	王改河,霍彦明
201020605238	双供电节能路灯	华东师范大学附属杨行中学	徐一询
201020605326	多供电方式的光控路灯	华东师范大学附属杨行中学	孙如琪
201020605715	节能路灯供电系统	华东师范大学附属杨行中学	谭志良
201020625069	太阳能路灯市电切换电路	江苏银佳企业集团有限公司	朱海东,何朝阳,等
201020625327	一种家用光伏发电站	建始县永恒太阳能光电科技有限公司;湖北民族学院	黄勇,孙先波,等
201020658135	光伏逆变器防孤岛保护系统	浙江埃菲生能源科技有限公司	宁华宏,姜碧光,等
201020664618	一种围墙护栏	嘉兴市海燕农业设施有限公司	金海燕
201020673125	分布式并网太阳能路灯控制装置	浙江工业大学	张立彬,潘国兵,等
201120000883	用于太阳能光伏水泵的变频器	浙江埃菲生能源科技有限公司	谢磊
201120004458	风能光能互补电源系统及路灯	上海锋皇能源科技有限公司	解龙,霍庆春
201120019931	一种耐低温工作风光互补 LED 路灯	上海泰莱钢结构工程有限公司	丁列平,侯鹏
201120031568	基于嵌入式人机界面的光伏并网逆变器系统	扬州晶旭电源有限公司	张杰
201120033913	一种风能光能发电系统	乌鲁木齐希望电子有限公司	戴伟
201120052268	一种太阳能应急公用电话亭	上海精锐金属建筑系统有限公司	李慎尧,徐国军
201120052269	一种内置式太阳能光伏发电窗	上海精锐金属建筑系统有限公司	李慎尧,徐国军
201120052878	城市道路光伏照明集中供电系统	东电(福建)能源科技发展有限公司	林鸿捷,郭志阳,等
201120053697	离网型太阳能光伏控制储能供电系统	英利能源(中国)有限公司	王士元,甄云云,等
201120072063	并网瓦型光伏发电系统	浙江合大太阳能科技有限公司	李俊兵,侯生跃
201120072066	小型离网瓦型光伏发电系统	浙江合大太阳能科技有限公司	李俊兵

续表

申请号	名称	申请单位	发明人
201120074754	太阳能光伏发电系统	浙江昱能光伏科技集成有限公司	罗宇浩,凌志敏
201120076756	一种光伏水泵清洗装置	淮海工学院	范喆,史林兴,等
201120082077	一种太阳能路灯控制器	宁波中博电器有限公司	张建军
201120086398	一种太阳能综合智能利用结构	深圳茂硕电源科技股份有限公司	顾永德,苏周,等
201120087286	一种太阳能家用发电系统	福建八金能源发展有限公司	李力
201120089790	一种太阳能光伏逆变发电系统	华南理工大学	薛家祥,张思章,等
201120090386	太阳能光伏户用系统	山东华艺阳光太阳能产业有限公司	臧利林
201120094067	太阳能 LED 路灯用市电/蓄电池自动切换系统	山东华艺阳光太阳能产业有限公司	臧利林
201120099868	太阳能光伏水泵系统	温州金阳光伏有限公司	卢宗勤
201120107931	太阳能路灯智能控制器	浙江工业大学	隋成华,陈晓科,等
201120109731	一种太阳能光伏家用电源装置	云南恒旭科技有限公司	赵立柱,张稼民
201120114187	家用太阳能照明装置	安徽瑞鑫光电有限公司	童天恩
201120117445	新型风光互补路灯控制器	合肥赛光电源科技有限公司	陈文安
201120117708	太阳能户用电源系统	厦门普尔乐光电科技有限公司	江喜明
201120128513	太阳能光伏发电系统	浙江昱能光伏科技集成有限公司	罗宇浩
201120129980	一种路灯照明光伏电站系统	厦门纽普斯特科技有限公司	戴志忠,童章辉,等
201120130505	一种双道开启的太阳能光伏窗	湖北弘毅建筑装饰工程有限公司	王少重
201120132643	太阳能控制器及太阳能路灯	鸿富锦精密工业(深圳)有限公司;鸿海精密工业股份有限公司	陈有良,陈政煌
201120133622	具有双组电池的智能太阳能路灯	福建明业新能源科技有限公司	张来运
201120134567	一种风光互补局域供电系统	广州红鹰能源科技有限公司	俞红鹰
201120135450	一种智能防盗太阳能路灯	安徽天柱绿色能源科技有限公司	李倩,林晨星,等
201120150730	离网独立太阳能蓄电供电系统	长沙正阳能源科技有限公司	周锡卫
201120155539	太阳能光伏离网并网多模式发电系统	武汉纺织大学	吴玉蓉,薛勇,等
201120155561	太阳能光伏并网离网混合发电系统	武汉纺织大学	薛勇,吴玉蓉,等
201120160428	一种基于超级电容器充电的旋转可调光 LED 太阳能路灯	中国海洋大学	魏善义,苗洪利,等
201120170810	太阳能集中供电系统	深圳汇科新能源科技有限公司	朱文敏,林建和,等
201120172236	光伏并网逆变器输出电流控制系统	广东金华达电子有限公司	吴华波,金龙,等
201120188549	一种太阳能与电能双向变换系统	天宝电子(惠州)有限公司	朱昌亚,洪光岱,等
201120207230	一种具有市电接入和剩余容量控制的太阳能路灯控制器	浙江工业大学	陈晓科,杨浩,等
201120211017	太阳能路灯控制器	抚顺万德电气有限公司	马振宇,刘仁和
201120223523	分布式光伏发电与建筑冷热源耦合系统	湖南大学	龚光彩,王晨光,等
201120231050	一种环保公共汽车候车亭	浙江工商职业技术学院	罗俊璐,姚佳瑛
201120231248	一种光伏发电并网逆变器系统的通讯监控模块	中国电子科技集团公司第三十六研究所	楼华勋,刘寅,等
201120246135	一种多功能隔热断桥铝木复合内开内倒窗	台州市伊尔特建材有限公司	李静

续表

申请号	名称	申请单位	发明人
201120250978	一种太阳能电热蚊香	南通尧盛钢结构有限公司	姚志军
201120254230	一种新型太阳能并网发电系统	中节能绿洲(北京)太阳能科技有限公司	张治森,黄兴华,等
201120254246	一种模块化太阳能并网发电系统	北京绿洲协力新能源科技有限公司	张治森,黄兴华,等
201120275320	太阳能发电系统	青岛凯特太阳能科技有限公司	韩赟
201120276778	基于太阳能的地下停车场照明发电系统	深圳市上古光电有限公司	鲁伟文,丁春明
201120276798	地铁口太阳能并网发电系统	深圳市上古光电有限公司	鲁伟文,丁春明
201120276829	用于通讯基站的太阳能发电系统	深圳市上古光电有限公司	鲁伟文,丁春明
201120276842	太阳能家用发电系统	深圳市上古光电有限公司	鲁伟文,丁春明
201120279876	小型太阳能风能互补发电系统	上海理工大学	李铁栓,张冬冬
201120280004	一种太阳能家用电源电气箱	浙江铃本机电有限公司	吴琳方
201120284555	一种太阳能光伏并网发电系统	哈尔滨亿汇达电气科技发展股份有限公司	韩言广
201120291960	一种太阳能路灯储能系统	吴江多艺纺织有限公司	陈志良
201120303461	电动车车棚太阳能与市电并网充电系统	福建先行新能源科技有限公司	马晓峰
201120304022	太阳能光伏水泵	福建先行新能源科技有限公司	李小龙
201120315248	一种太阳能水泵供水系统	焦作市德维光伏科技有限公司	赵扶剑
201120315269	一种用于太阳能光伏水泵系统的光伏逆变器	焦作市德维光伏科技有限公司	赵扶剑
201120339216	离网式光伏智能发配电系统	广东海坤电气实业有限公司	叶乐灿
201120341519	单相光伏并网发电系统的控制装置	辽宁力迅风电控制系统有限公司	杨苹,曾晓生,等
201120349216	一种风光一体储能系统	成都措普科技有限公司	不公告发明人
201120351058	一种家用太阳能充放电系统	苏州市曦煜光电有限公司	张晓俊,何建龙,等
201120376954	一种船用光伏发电系统	南通美能得太阳能电力科技有限公司	王建军,宁兆伟,等
201120379164	基于单片机的光伏供电系统防逆功装置	天津永明新能源科技有限公司	赵之雯,于志洪
201120380097	家用太阳能供电系统	成都创图科技有限公司	车华明,马晓英,等
201120382731	一种光伏并网逆变器的供电系统	特变电工新疆新能源股份有限公司;特变电工西安电气科技有限公司	刘伟增,张新涛,等
201120388394	一种家用太阳能供电系统	广州市轻工高级技工学校	陈国荣,梁斯麒
201120396933	基于 web 的光伏并网发电远程监测系统	余杭供电局	童钧,徐国钧,等
201120400231	家用太阳能发电系统	自贡虹兴太阳能科技有限公司	廖兴平,陈青伟
201120400233	太阳能路灯蓄电池保护系统	自贡虹兴太阳能科技有限公司	廖兴平,陈青伟
201120401023	太阳能充电站	安徽裕新电力科技有限公司	李张周
201120401235	一种家用太阳能发电机	嘉善腾业光伏科技有限公司	徐佳平,张剑,等
201120401267	一种可控家用太阳能发电机	嘉善腾业光伏科技有限公司	徐佳平,张剑,等
201120432086	池塘式增氧光伏水泵	珠海兴业绿色建筑科技有限公司;湖南兴业太阳能科技有限公司;珠海兴业新能源科技有限公司	谭军毅,叶庭乔,等
201120462487	一种高频光伏并网发电系统	湖南大学	罗安,张庆海,等

续表

申请号	名称	申请单位	发明人
201120473066	一种直流隔离的并网逆变电路及光伏逆变系统	深圳古瑞瓦特新能源有限公司	向昌波,丁永强
201120481056	混合电力型太阳能路灯供电自动切换系统	山东力诺太阳能电力工程有限公司	张锋,杨昕,等
201120482327	光伏离并网及储能混合供电系统	北汽福田汽车股份有限公司	罗非
201120515222	小型智能双向自适应光伏并网发电系统	辽宁省电力有限公司锦州供电公司;沈阳工程学院	张铁岩,李艳龙,等
201120534581	太阳能电源控制器	西安鸿雅达电子有限公司	张达,冯建军,等
201130347230	光伏水泵控制器	苏州市职业大学	汪义旺,刘大伟,等
201130473331	光伏水泵控制器	中电电气(南京)太阳能研究院有限公司	李正贵,贾艳刚,等

15.1.1.5 多晶硅太阳能电池制造技术

申请号	名称	申请单位	发明人
01129013	透明导电膜前电极晶体硅太阳能电池	四川大学	冯良桓,蔡亚平
02134401	一种颗粒硅带的制备方法及其专用设备	中国科学院广州能源研究所	沈辉,梁宗存,等
02294641	宽谱域低温叠层硅基薄膜太阳电池	南开大学	耿新华,赵颖,等
03114762	多晶硅太阳能电池转换效率的测试方法	上海交通大学	沈文忠,孙坚华,等
03226314	石英钟表用太阳能电池装置	深圳市创益科技发展有限公司	平功长
03254027	一种复合太阳能电池组件	武汉日新科技有限公司	徐进明,侯建钢,等
200310117093	一种薄膜太阳能电池衬底制备工艺	清华大学	黄勇,李海峰,等
200310117095	陶瓷衬底多晶硅薄膜太阳能电池	清华大学	黄勇,李海峰,等
200310117412	一种薄膜太阳能电池的制备方法	华南理工大学	姚若河,郑学仁
200320120537	车用太阳电池充电器	无锡尚德太阳能电力有限公司	刘皎彦,王栋,等
200410064831	一种制备多晶硅绒面的方法	无锡尚德太阳能电力有限公司	季静佳,施正荣
200410093144	MEMS电控动态增益均衡器芯片的制备方法	华东师范大学	赖宗声,王连卫,等
200520140578	柔性太阳电池组件	无锡尚德太阳能电力有限公司	温建军,高瑞
200610013534	区熔气相掺杂太阳能电池硅单晶的生产方法	天津市环欧半导体材料技术有限公司	沈浩平,高树良,等
200610077348	光电二极管结构及其制作方法	联华电子股份有限公司	施俊吉,王铭义,等
200610117155	廉价多晶硅薄膜太阳电池	中国科学院上海技术物理研究所	褚君浩,石刚,等
200610122132	一种用稻壳制备太阳能电池用多晶硅的方法	华南理工大学	王卫星
200710001220	背照明图像传感装置及其制造方法	台湾积体电路制造股份有限公司	许慈轩,杨敦年
200710018887	多晶硅薄膜制备方法	兰州大成自动化工程有限公司;兰州交通大学	范多旺,王成龙,等
200710025572	太阳能硅片的切割制绒一体化加工方法及装置	南京航空航天大学	汪炜,刘志东,等
200710059316	光激发场寻址半导体传感器	南开大学	贾芸芳,牛文成

续表

申请号	名称	申请单位	发明人
200710185081	结晶硅太阳能电池的快速氢钝化的方法	财团法人工业技术研究院	孙文檠,陈建勋,等
200720156876	一种太阳能自动测报气象百叶箱	姜褚婧一	姜褚婧一
200810019916	多晶硅薄膜太阳能电池专用设备	江苏林洋新能源有限公司;南通林洋新能源工程技术研究中心有限公司	侯林,班群,等
200810031498	一种粉末冶金金属硅太阳能电池衬底制备工艺	中南大学	周继承,赵保星,等
200810046966	改善太阳能电池扩散的方法	珈伟太阳能(武汉)有限公司	孙永明,丁孔奇,等
200810051680	一种穿通效应增强型硅光电晶体管	吉林大学	常玉春,刘欣,等
200810070747	多晶硅太阳能电池织构层的制备方法	厦门大学	陈小韵,刘守,等
200810135203	一种制备多晶硅薄膜太阳电池的方法和装置	东莞宏威数码机械有限公司	范振华
200810143065	一种硅薄膜太阳能电池的制作方法	湖南大学	万青,易宗凤
200810143830	晶体硅太阳能电池片多重制绒方法	湖南天利恩泽太阳能科技有限公司	张恩理,娄志林,等
200810155229	半导体相二硅化铁(β－FeSi2)薄膜材料的制备方法	南京航空航天大学	沈鸿烈,鲁林峰,等
200810195062	多晶硅一碳化硅叠层薄膜太阳能电池	南京航空航天大学	沈鸿烈,黄海宾,等
200810204622	太阳能电池的制造方法	中芯国际集成电路制造(上海)有限公司	肖德元
200810239693	成膜载板及太阳能电池的生产方法	北京北方微电子基地设备工艺研究中心有限责任公司	李永军
200820205698	用于制造具有透光孔的多晶硅太阳能电池的模具	广东金刚玻璃科技股份有限公司	庄大建,郑鸿生,等
200820215102	多晶硅太阳能电池铸锭用石英坩埚的氮化硅喷涂装置	江阴海润太阳能电力有限公司	任向东,鲍家兴,等
200820239394	光伏光热一体化瓦片	芜湖贝斯特新能源开发有限公司;刘明昌	刘明昌
200830130942	单(多)晶硅太阳能电池	潍坊盛德新能源科技有限公司	张增智
200910024889	一种制造精炼冶金多晶硅太阳能电池的磷扩散方法	苏州阿特斯阳光电力科技有限公司;常熟阿特斯阳光电力科技有限公司;阿特斯光伏电力(洛阳)有限公司	王立建,王栩生,等
200910028129	晶体硅太阳能电池片光致衰减特性的改善方法及专用装置	中电电气(南京)光伏有限公司	董仲,张彩霞,等
200910029711	冶金级多晶硅太阳能电池磷扩散工艺	常州天合光能有限公司	盛健
200910030729	基于双控制栅 MOSFET 结构的光电探测器	南京大学	闫锋,徐跃,等
200910042742	一种硅基薄膜太阳能电池及其制作方法	湖南大学	万青,赵斌,等
200910042743	一种硅基异质结薄膜太阳能电池的制作方法	湖南大学	万青,周棋,等
200910083525	CMOS 图像传感器电路结构及其制作方法	北京思比科微电子技术有限公司	高文玉,陈杰,等
200910085996	制造太阳能电池的方法	中芯国际集成电路制造(北京)有限公司	沈忆华,涂火金,等

续表

申请号	名称	申请单位	发明人
200910094798	晶体硅太阳能电池用无铅无镉电极浆料及其制备方法	贵研铂业股份有限公司	赵玲,熊庆丰,等
200910095764	一种背接触式太阳能电池及其制作方法	浙江竞日太阳能有限公司	万青
200910096756	一种多晶硅太阳能电池制作方法	温州竞日光伏科技有限公司	万青,郑策,等
200910112616	冶金法多晶硅太阳能电池的制备方法	厦门大学	陈朝,潘淼,等
200910140461	一种应用于硅太阳电池的恒温扩散工艺	江阴浚鑫科技有限公司	邵爱军,郭建东,等
200910152012	一种制备绒面多晶硅片的方法	比亚迪股份有限公司	胡宇宁,王胜亚,等
200910157193	一种晶体硅太阳能电池选择性发射区的制备方法	浙江向日葵光能科技股份有限公司	周晓兵,赵明,等
200910158205	一种叠层太阳能电池及其制造方法	深圳市宇光高科新能源技术有限公司	吴文基,郑泽文,等
200910183761	PECVD用硅片载片器的改装装置	无锡绿波新能源设备有限公司	尤耀明
200910198315	一种太阳能电池及其制备方法	复旦大学	吴东平,张世理
200910215297	硅太阳能电池片电极电镀喷杯	中国电子科技集团公司第二研究所	赵晓明,胡子卿,等
200910215298	硅太阳能电池片电极电镀设备	中国电子科技集团公司第二研究所	欧萌,赵晓明,等
200910264859	一种高效柱状薄膜太阳能电池及其制备方法	江苏华创光电科技有限公司	张宏勇,郑振生,等
200920015790	小型太阳能蓄能电池组	辽宁九夷三普电池有限公司	付亮,刘巍,等
200920083095	一种选择性发射极晶体硅太阳电池	天威新能源(成都)电池有限公司	陈坤,郭爱华,等
200920139695	太阳能电池组件	泉州市英德光电科技有限公司	陈金虎,曾国强
200920166870	一种叠层太阳能电池	深圳市宇光高科新能源技术有限公司	吴文基,郑泽文,等
200920169132	一种多晶硅太阳能硅片喷淋装置	天威新能源(成都)硅片有限公司	张娟,吴均
200920232406	测量晶体硅太阳电池 pn 结用阳极氧化装置	江苏林洋新能源有限公司	杨春杰,朱敏杰,等
200920234830	PECVD用硅片载片器的改装装置	无锡绿波新能源设备有限公司	尤耀明
200920256013	多晶硅太阳能电池铸锭用氮化硅坩埚	江苏华盛精细陶瓷科技有限公司	冯志峰
200920265047	晶硅水冷热回收光伏 PVT 组件	珠海兴业新能源科技有限公司	张友良,钟永坚,等
200920282683	一种半导体副栅极—金属主栅极晶体硅太阳电池	欧贝黎新能源科技股份有限公司	屈盛
200920353259	硅太阳能电池片电极电镀设备	中国电子科技集团公司第二研究所	欧萌,赵晓明,等
200920353260	硅太阳能电池片电极电镀喷杯	中国电子科技集团公司第二研究所	赵晓明,胡子卿,等
201010110025	一种多晶硅太阳能电池湿法制绒工艺	山东力诺太阳能电力股份有限公司	杨青天,焦云峰,等
201010117844	一种叠层太阳能电池及其制造方法	保定天威集团有限公司	麦耀华,李宏,等
201010124223	一种晶体硅太阳电池选择性扩散工艺	山东力诺太阳能电力股份有限公司	焦云峰,杨青天,等
201010138623	一种叠层薄膜太阳能电池的制作方法	威海中玻光电有限公司	解欣业,王伟,等
201010177758	一种掺铝氧化锌重掺杂 N 型硅欧姆接触的制备方法	厦门大学	陈朝,杨倩,等
201010226440	纳米改性高效率低成本多晶硅太阳能电池制备工艺	江苏韩华太阳能电池及应用工程技术研究中心有限公司	杨雷,马跃,等
201010238237	太阳能电池用多晶硅片的后清洗工艺	常州天合光能有限公司	张学玲

续表

申请号	名称	申请单位	发明人
201010509942	一种抑制光衰减的掺锡晶体硅太阳电池及其制备方法	浙江大学	余学功,王朋,等
201010509992	一种抑制光衰减的掺锗晶体硅太阳电池及其制备方法	浙江大学	杨德仁,王朋,等
201010572038	一种多晶硅厚膜太阳能电池生产方法	湖南大学	万青,曾梦麟,等
201020122040	一种晶体硅太阳电池的背面电极结构	苏州阿特斯阳光电力科技有限公司;阿特斯(中国)投资有限公司	章灵军,王栩生,等
201020123478	一种叠层太阳能电池	保定天威集团有限公司	麦耀华,李宏,等
201020138871	多晶硅太阳能电池的背电极	常州天合光能有限公司	柯晋培,肖春光,等
201020144536	高功率太阳能电池组件	东营光伏太阳能有限公司	任军锋,杨小武,等
201020204642	太阳能电池的上转换发光结构	信义超白光伏玻璃(东莞)有限公司	董清世,万军鹏
201020205977	一种太阳能电池面板	宁波百事德太阳能科技有限公司	陈佰江
201020237505	多晶硅槽式制绒冷却装置	常州亿晶光电科技有限公司	郝子龙
201020546678	太阳能电池组合屋瓦	中电电气(南京)光伏有限公司	王祺,陈燕,等
201020570659	一种新型叠层薄膜太阳能电池	威海中玻光电有限公司	解欣业,王伟,等
201020698588	光伏与光热互补平板太阳能组件	浙江梅地亚新能源科技有限公司	尉才良
201120009420	一种N型多晶硅电池片	山东舜亦新能源有限公司	吴春林,谢明宏,等
201120029030	新型硅/铜铟硒太阳电池结构	南昌航空大学	王应民,李清华,等
201120039142	具有选择性发射极结构的晶体硅太阳电池	中山大学	梁宗存,曾飞,等
201120059862	一种晶体硅太阳能电池	浙江大学	吕建国,叶志镇,等
201120065575	一种高纯度多晶硅片	宁波矽源达新能源有限公司	谢靖
201120068757	一种制备太阳能电池级多晶硅的生产系统	常州市万阳光伏有限公司	陆国富
201120068758	一种多晶硅太阳能电池铸锭用石英坩埚的喷涂装置	常州市万阳光伏有限公司	陆国富
201120074903	一种太阳能电池组件	中广核太阳能开发有限公司	吴达,曹晓宁,等
201120090693	太阳能电池用方形硅片清洗花篮	江苏新潮光伏能源发展有限公司	姚兴平
201120093766	太阳能透光装饰电池板	伊川县宇光新能源照明开发有限公司	何海军,姚万欣
201120115456	多晶硅片水膜保护扩散面刻蚀装置	润峰电力有限公司	王步峰,陈阳泉,等
201120123445	新型防热斑太阳能光伏组件	韩华新能源(启东)有限公司	张晓东,穆汉,等
201120134612	多晶硅薄膜	杭州天裕光能科技有限公司	李媛,吴兴坤,等
201120184497	多晶硅太阳能电池片内包装衬板	浙江嘉毅能源科技有限公司	蒋冬,方为仁,等
201120216120	一种绒面太阳能电池面板	宁波百事德太阳能科技有限公司	陈佰江
201120217608	一种铜铟硒薄膜太阳能电池组件	山东孚日光伏科技有限公司	王岩,李和胜,等
201120218188	一种多晶硅太阳能电池的背电极	江苏顺大半导体发展有限公司	倪云达,葛正芳,等
201120288353	新型太阳能多晶硅片	温州索乐新能源科技有限公司	陈一鸣
201120288366	光利用高的太阳能电池单晶硅片	温州索乐新能源科技有限公司	陈一鸣
201120288448	多晶硅薄膜太阳能电池	温州索乐新能源科技有限公司	陈一鸣
201120303753	用于晶体硅太阳能电池的正面栅线结构	浙江舒奇蒙光伏科技有限公司	冯志强

续表

申请号	名称	申请单位	发明人
201120318122	太阳能光伏蓄电池储能电源系统	哈尔滨亿汇达电气科技发展股份有限公司	韩言广
201120318189	一种组合式的太阳能电池组件	深圳市金光能太阳能有限公司	张忠华，许家云
201120321916	一种铜铟硒薄膜太阳能透光组件	山东孚日光伏科技有限公司	吴魁艺，张占曙，等
201120332873	太阳能级多晶硅片	太仓协鑫光伏科技有限公司	甘大源，刘坤，等
201120335735	多晶硅片制绒机的传动与风干结构	昊诚光电（太仓）有限公司	赵春庆，蒋剑波，等
201120335752	一种多晶硅湿刻机的抽风盖板	昊诚光电（太仓）有限公司	赵春庆，蒋剑波，等
201120340831	一种碲锌镉/多晶硅叠层薄膜太阳能电池	上海太阳能电池研究与发展中心	曹鸿，王善力，等
201120405157	一种风光互补发电挡风装置	河海大学	吴东鹏，樊宇，等
201120431174	一种新型多晶硅太阳能电池栅线结构	天威新能源控股有限公司；保定天威集团有限公司	章金生，姜滔，等
201130155255	衬板（多晶硅太阳能电池片内包装用）	浙江嘉毅能源科技有限公司	蒋冬，方为仁，等

15.1.2 小水电利用与开发技术

申请号	名称	申请单位	发明人
200620136188	馈线双向步进式自动电压调整装置	西安东方电气工程研究所	金黎
200820007024	具自动发电的卫浴设备	位速科技股份有限公司	廖世文
200820093025	微型水力发电装置	深圳成霖洁具股份有限公司	邱卫东，闫立国，等
200820123003	户用组装式微型水力发电有压引水系统	中国农业大学	张昕，袁林娟，等
200820141385	节能调度系统综合数据采集终端	四川省电力公司，四川天亿电力自动化技术有限责任公司	冯瀚，刘定春，等
200820184988	一种小水电综合自动化微机保护模块	国网电力科学研究院，南京南瑞自动控制有限公司	彭文才，赵雪飞，等
200920001305	出水器	中恒兴业有限公司	林振佳
201010249477	一种微型水力发电装置	广州海鸥卫浴用品股份有限公司，珠海承鸥卫浴用品有限公司，珠海铂鸥卫浴用品有限公司，珠海爱迪生节能科技有限公司	陈孝林
201020140995	模件化的微机励磁调节器	国网电力科学研究院，南京南瑞集团公司	杨树涛，相海明，等
201020244126	箱式整装小水电站	水利部农村电气化研究所	徐国君，徐锦才，等
201020286875	一种微型水力发电装置及设有该发电装置的花洒和水龙头	广州海鸥卫浴用品股份有限公司，珠海承鸥卫浴用品有限公司，珠海铂鸥卫浴用品有限公司，珠海国鸥铜业有限公司	陈孝林
201020627997	一种多能源发电系统	山东省电力学校	高洪雨，宋卫平
201120139691	水电站自动水阻控制系统	赣州天目领航科技有限公司	吕小平，罗建明，等
201120199732	一种多功能全自动并网装置	江西吉安电机制造有限责任公司	陈善基，吴小囡，等

15.1.3 小型风力发电机组

申请号	名称	申请单位	发明人
02129998	风力发电机组解缆方法	新疆金风科技股份有限公司	王相明,曹志刚,等
200520067145	一种用于小型风力发电机的移动式支杆	广州华工百川自控科技有限公司	江明榆
200620005077	一种风力发电机的风轮桨叶	珠海市今誉科技开发有限公司	姚圣聪,赵汝文
200710027558	一种小型风力发电机及其装配方法	广州红鹰能源科技有限公司	俞红鹰
200710028674	直驱式永磁同步风力发电机并网与功率调节系统及其方法	华南理工大学	刘永强
200720050468	一种小型风力发电机	广州红鹰能源科技有限公司	俞红鹰
200810219194	一种柔性外圈式风力发电机	广州红鹰能源科技有限公司	俞红鹰
200820155891	一种风力发电机控制装置	上海电机学院	王致杰,王鸿,等
200820202913	一种小型风力发电系统	鹤山市鹤龙机电有限公司	徐继鸿,吴金华,等
200820204006	一种柔性外圈式风力发电机	广州红鹰能源科技有限公司	俞红鹰
200910079716	直接空冷电站空冷岛与风力发电一体化装置	华北电力大学	杨立军,杜小泽,等
200920037520	一种小型水平轴风力发电机叶片	江苏江淮动力股份有限公司	李新新,魏登惠,等
200920047485	柴油发电与风电互补应用在抛秧机上的混合动力装置	无锡市新区梅村镇同春太阳能光伏农业种植园	缪江敏
200920076009	一种电磁限速稳压型 600 W 风力光伏发电系统控制器	上海万德风力发电股份有限公司	贾大江
200920120510	多机组合风光互补发电装置	宁波银风能源科技股份有限公司	张建林,李四蓓
200920120693	小型自控风力发电机	宁波银风能源科技股份有限公司	张建林,李四蓓
200920121396	小型风力发电机结构	钻宝电子有限公司	胡镭
200920211242	一种小型风力发电机的可升降塔架	武汉光跃科技有限公司	刘胜,罗小兵,等
200920265703	一种风机叶片	阳江市新力工业有限公司	汤勇,汤兴贤,等
200920290793	带增速装置的小型风力发电机迎风限速装置	山东建筑大学	齐保良,杨宝昆,等
201010176426	一种混合型垂直轴风力发电机	华中科技大学	罗小兵,姚家伟,等
201010191997	下风向变桨距风力发电机	浙江华鹰风电设备有限公司	徐学根,杨晶明,等
201020125154	风力发电塔架共振主动抑制装置	北京凯华网联新能源技术有限公司,冬雷	冬雷,周韬
201020161253	一种小型风力发电机	辽宁中科天道新能源装备工业有限公司	王一甲,钱亮,等
201020173179	一种小型太阳能、风能发电与电网互补供电系统	北京捷高光电科技有限公司	黄爱国
201020200556	风力发电机变桨优化轮毂	浙江华鹰风电设备有限公司	徐学根,杨晶明,等
201020208351	一种小型风机的离心式变桨装置	无锡韦伯风能技术有限公司	王陈建,宁振坤
201020209621	小型风力发电机组机械气动式桨距调节机构	内蒙古华德新技术公司	杨茂荣,赵永彤,等

续表

申请号	名称	申请单位	发明人
201020243895	微型风力发电机的扭力弹簧变桨机构	安徽天康(集团)股份有限公司	赵新民
201020274443	风力发电机组及其维修吊车	三一电气有限责任公司	李仁堂,陈修强
201020277078	风力发电系统应用于建筑塔式起重机上的照明装置	无锡同春新能源科技有限公司	缪同春
201020500724	一种小型立轴风力发电机用风轮	广州德众液压管道技术有限公司	杨学君,朱炎武,等
201020508459	下风向带回转角风力发电机	黄石华科新能源科技有限公司	何利明,石军,等
201020690950	一种用于风力发电机组机舱内悬臂吊	许继集团有限公司,许昌许继风电科技有限公司	王大为,成红兵,等
201120004242	高铁列车引风发电系统	湖南工程学院	任振华,林友杰,等
201120053633	一种小型带重力偏侧永磁风力发电机	北京众合劲拓新能源科技有限公司	朱勇
201120193393	一种垂直轴涡轮增速风力发电机组	深圳市深芯半导体有限公司	王春宝
201120417908	基于模块化设计的离网型小型垂直轴风机控制器	恒天重工股份有限公司	王玉昌,王付政,等
201120471912	中小型风力发电机变桨直线驱动机构	浙江华鹰风电设备有限公司	徐学根,何国荣,等
201120512742	一种电能蓄能装置	大连职业技术学院	董春利

15.1.4 沼气等生物质能

15.1.4.1 沼气工程技术

申请号	名称	申请单位	发明人
03134687	一种好氧/厌氧两用废水处理系统	清华大学	吴静,陆正禹
03255276	湿式连续单级厌氧发酵反应器	上海神工环保股份有限公司	刘会友,王峻辉,等
91200498	污水处理高效填料	玉环县振华环保设备厂	余振东,王永瑞,等
200310110246	可控集箱式厌氧发酵及沼液处理成套设备	河南农业大学	张全国,杨群发,等
200320118410	可叠式沼气储气罩	深圳市普新科技有限公司	王建安
200320124023	民用沼气净化和稳压装置	湖南迅达集团有限公司	伍奕,伍斌强,等
200410013376	沼气发酵罐	华中科技大学	肖波,杨家宽,等
200420094074	并列式厌氧发酵装置	深圳市普新科技有限公司	王建安
200420095861	外水压式厌氧发酵装置	深圳市普新科技有限公司	王建安
200510037108	综合利用水葫芦植株残体生产沼气的方法及装置	广东琪田农药化工有限公司	庄明儒
200510037446	支架式沼气储气罩	深圳市普新科技有限公司	王建安,王光明
200510102944	用超声波处理污泥使污泥减量化的方法	北京天地人环保科技有限公司	韩德民,齐小力,等
200520078894	一种能自动脱水脱硫的玻璃钢沼气罐顶	西北农林科技大学	邱凌
200520078895	带沼液冲厕装置的旋动式玻璃钢沼气罐	西北农林科技大学	邱凌
200610008462	新型高效太阳能沼气发生器	河北农业大学	路金喜,刘宏权,等

续表

申请号	名称	申请单位	发明人
200610040925	产沼气的废水处理装置及该装置所用的自循环厌氧反应器	江南大学	阮文权,邹华,等
200610047430	一种罐装沼气的太阳能和生物质能综合利用方法	辽宁省建设科学研究院	李依唐,李峰耀
200610051889	生物质资源化循环利用的方法	浙江大学	李洲鹏,刘宾虹,等
200610097623	以薯类为主原料的酒精环形生产工艺	江南大学	毛忠贵,张建华,等
200610112790	城镇污水污泥的减量化、资源化方法	清华大学	聂永丰,王志玉,等
200610116143	一种互花米草厌氧生物酸化转化的方法	同济大学	朱洪光,陈小华,等
200610116145	一种以互花米草为原料发酵制备沼气的方法	同济大学	朱洪光,陈小华,等
200610134745	一体化设计、双腔室沼气发酵系统	辽宁省农业科学院生命科学中心;辽宁省安全科学研究院;沈阳市城市煤气设计研究院	杨涛,王俊,等
200620021553	温控高效沼气罐	大庆瑞好能源科技有限公司	刘仁智,梁波,等
200620023158	两相厌氧循环水洗处理生活垃圾装置	中国农业大学	董仁杰,刘广青,等
200620035669	内置式水压间玻璃钢沼气池	四川华原玻璃钢有限责任公司	罗详义,李玉章,等
200620047736	适于家用沼气发电的浮动式稳压储气罩	上海晨昌动力科技有限公司	杨华昌
200620077702	产沼气的废水处理装置及该装置所用的自循环厌氧反应器	江南大学	阮文权,邹华,等
200620127321	玻璃钢沼气池	河北省枣强玻璃钢集团有限公司	郑振营,郑继元,等
200620136250	太阳能沼气池	长安大学	郑爱平
200710014089	循环式颗粒污泥反应器	山东美泉环保科技有限公司	乔壮明,杨永和,等
200710014765	一种中小型沼气池的双层喷涂保温方法	山东省农业科学院土壤肥料研究所	曹德宾,刘英,等
200710015925	一种大中型沼气工程厌氧消化罐墙体外保温方法	山东省农业科学院土壤肥料研究所	曹德宾,刘英,等
200710018236	一种沼气发生器	兰州理工大学	李金平,敏政,等
200710028223	一种利用厨余垃圾常温厌氧发酵的方法	东莞科创未来能源科技发展有限公司	肖本益,林佶侃
200710048845	人工湿地生活污水处理方法及装置	四川大学;黄正文	易成波,黄正文,等
200710121567	在污水处理中用超声波强化生物过程的方法和装置	北京紫石千年环保设备有限公司	韩德民,杨顺生
200710156522	病死畜禽无害化处理和利用的新方法	浙江威尔斯生物能源开发有限公司	官平东,张勇利
200720026529	一种利用太阳能和地热联合增温的沼气厌氧发酵装置	青岛天人环境工程有限公司	曹曼,刘林,等
200720026531	一种温度可控全混式节能型生产沼气的装置	青岛天人环境工程有限公司	曹曼,刘林,等
200720026532	一种垂直运行的干式厌氧消化装置	青岛天人环境工程有限公司	曹曼,刘林,等
200720030851	高效搅拌升流式厌氧固体反应器	山东美泉环保科技有限公司	乔壮明,张科,等
200720092050	城市建设用污水处理装置	河南桑达能源环保有限公司	陈开碇,贺建彪
200720092456	污水处理装置	河南桑达能源环保有限公司	陈开碇,李俊辉,等
200720104724	自动监测进出料量的沼气池	云南师范大学	张无敌,徐锐,等

续表

申请号	名称	申请单位	发明人
200720122413	可再生能源空调系统	深圳市兴隆源科技发展有限公司	李俊兵
200720173054	在污水处理中用超声波强化生物过程的装置	北京紫石千年环保设备有限公司	韩德民,杨顺生
200720173381	一种沼气发生装置	北京恒世隆业投资有限公司	齐凯,张弘,等
200720183192	一种太阳能加热仿生态胃蠕动发酵高效处理废水装置	新疆西域牧歌农业科技有限公司	刘军林,李盛林
200810014504	一种从厌氧发酵沼气中回收硫化氢的方法	日照金禾博源生化有限公司	寇光智,李昌涛,等
200810015486	生活污水分散式厌氧接触处理工艺	山东建筑大学	张克峰,王全良,等
200810040591	矿化垃圾、渗滤液、餐厨垃圾及污泥生产甲烷和氢气的方法	同济大学	赵由才,刘常青,等
200810044960	一种猪场废水的复合处理方法	中国科学院成都生物研究所	袁世斌,董微,等
200810052133	三隔室浸没式厌氧膜生物反应器	天津工业大学	王捷,张宏伟,等
200810056984	一种垃圾渗滤液处理工艺	北京洁绿科技发展有限公司	赵凤秋
200810060556	香蕉茎叶副产品综合利用的新方法	浙江嘉诚环保科技有限公司	涂群华,张勇利
200810063934	一种沼气发生装置	东北农业大学	夏吉庆,李文哲,等
200810064424	沼气两相厌氧发酵气体搅拌系统	东北农业大学	李文哲,王忠江,等
200810071534	一种剩余污泥的处理方法	艾博特(厦门)设备工程有限公司	吴荣汉
200810072306	无公害沼气发酵处理方法及其装置	创东能源环保科技(福建)有限公司	林锋,林皓,等
200810105457	发酵糟液污水处理的方法及其应用	安徽瑞福祥食品有限公司	郭文杰
200810140861	一种林可霉素废菌渣的处理工艺	南阳普康药业有限公司	张小贝,郭春霞,等
200810210475	一种大型敞口复合式沼气池	南阳市绿野循环农业研究所	李晓明,李玉英,等
200820011372	一种新型升流式厌氧固体反应器	辽宁省环境科学研究院	郎咸明,汪国刚,等
200820027463	一种沼气工程专用厌氧反应器搅拌装置	青岛天人环境工程有限公司	曹曼,王传水,等
200820033340	用于厌氧反应器的沼气衡压收集装置	江苏苏净集团有限公司	马榯,林振锋,等
200820062631	沼气发生装置	自贡大业高压容器有限责任公司	李敏修,杨靖霞,等
200820067761	多功能沼液沼渣抽排作业车	东风汽车股份有限公司	吴杰民,王树华,等
200820070462	组合式发酵罐	安阳艾尔旺环境工程有限公司	王志玺,马双华,等
200820074634	大型连体式沼气发酵装置	天津市德盛源农村能源技术开发有限公司	王建耕
200820079096	一种厌氧处理罐	北京洁绿科技发展有限公司	赵凤秋
200820079559	污水处理厂消化池沼气脱硫装置	北京城市排水集团有限责任公司	甘一萍,王佳伟,等
200820089207	一种沼气发生装置	东北农业大学	夏吉庆,李文哲,等
200820089890	沼气两相厌氧发酵气体搅拌系统	东北农业大学	李文哲,王忠江,等
200820098256	沼气发生及供气设备	重庆市旺利原农业发展有限公司	朱江
200820103803	充气型膜式沼气池	新疆西域牧歌农业科技有限公司	刘盛林
200820103804	新型膜式沼气池	新疆西域牧歌农业科技有限公司	刘盛林
200820124080	产气和储气一体式沼气发生器	北京盈和瑞环保设备有限公司	李旭源,周建华
200820124229	一种石化污水处理装置	中国石油天然气股份有限公司	邓旭亮,杜龙弟,等
200820128721	具有太阳能增温装置的沼气池	南阳市卧龙区农村能源环境保护管理站	鲁奇,孙全中,等

续表

申请号	名称	申请单位	发明人
200820147993	集成发酵装置	安阳艾尔旺环境工程有限公司	王志玺,马双华,等
200820149205	一种新型沼气渣液进出料机	河南奔马股份有限公司	楚金甫,邢会敏,等
200820149957	一种沼气渣液进出料机管路系统	河南奔马股份有限公司	楚金甫,柴书杰,等
200820149959	一种沼气渣液进出料机清淤装置	河南奔马股份有限公司	楚金甫,柴书杰,等
200820149966	一种带动力源的牵引式沼气渣液进出料机	河南奔马股份有限公司	楚金甫,邢会敏,等
200820158794	一种回收利用厌氧污水站沼气的沼气系统	长沙有色冶金设计研究院	李晓,袁晓奕
200820173989	风帽式脱硫罐	青岛瑞德新能源工程技术有限公司	张梦珠,邓东坡
200820173990	分离净化缓冲罐	青岛瑞德新能源工程技术有限公司	张梦珠,邓东坡
200820185495	沼气自循环复合床反应器	安徽亚泰环境工程技术有限公司	杨兴华,孟庆凡,等
200820189454	太阳能生物质沼气热力系统	珠海慧生能源技术发展有限公司	聂民,杨奇飞
200820222872	一体化柔性沼气发生器	四川蒙特工程建设有限公司	彭罡
200820225283	一种沼气工程专用除砂装置	青岛天人环境股份有限公司	曹曼,刘林,等
200820225305	一种沼气工程沼气搅拌装置	青岛天人环境工程有限公司	曹曼,刘林,等
200820229289	可消除硫化氢的沼气发生装置	创东能源环保科技(福建)有限公司	林锋,林皓,等
200820229290	沼气发酵罐主体装置	创东能源环保科技(福建)有限公司	林锋,林皓,等
200820239033	一种沼气工程用一体化沼气净化装置	青岛天人环境股份有限公司	曹曼,王传水,等
200820303446	沼气生产罐	柳河县焱鑫热力技术服务有限公司	石凤林
200910011231	复合水凝快装式沼气发生器及制造方法	丹东市承天新能源开发有限公司	孙吉林,孙吉武
200910015656	印染污水资源化处理方法	潍坊金丝达印染有限公司	刘国田
200910062693	直径大于15米中温UASB反应器配水装置	中国市政工程中南设计研究总院;河南天冠企业集团有限公司	李树苑,张晓阳,等
200910062694	单体超大容积钢制柱锥形高温厌氧发酵系统	中国市政工程中南设计研究总院;河南天冠企业集团有限公司	李树苑,张晓阳,等
200910064272	一种玻璃钢树脂沼气罐	濮阳市义达塑料化工有限公司	肖玉朝,张殿礼,等
200910072665	适合于寒冷地区的生物质产能装置	哈尔滨工程大学	张鹏,施悦,等
200910073142	废沼液的处理装置及其处理方法	黑龙江省科学院微生物研究所	谷军,沙长青,等
200910085258	一种一体化沼气干发酵装置	北京科技大学	汪群慧,王利红,等
200910095155	一种微型积木式中水处理设备	云南天兰环保科技开发有限公司;杨秉恭	杨秉恭
200910102656	大中型沼气工程二级厌氧发酵与发电系统	贵州黔林洲环保能源科技有限公司;贵阳学院	李灿,林光进,等
200910116263	用竹加工废弃物生产生物基天然气联产木质素、微晶纤维素的生产工艺	安徽格义清洁能源技术有限公司	管淑清,陈存武,等
200910172314	利用秸秆发酵生产沼气的上料系统	焦作市华中能源科技有限公司	何贵新,何贵忠,等
200910213517	生活垃圾渗滤液的处理方法	无锡惠联科轮环保技术发展有限公司;江南大学	阮文权,赵子建
200910227265	超声一磁场耦合破解污泥使污泥减量化的方法	河南工业大学	刘永德,赵继红,等

续表

申请号	名称	申请单位	发明人
200910238790	一种微生物附着膜型沼气发酵厌氧反应器及其应用	北京科润维德生物技术有限责任公司	李荣旗，王刚，等
200920000918	沼气发电的余热利用系统	东莞市康达机电工程有限公司	易建和
200920009890	一种嵌入智能电子标签的可管理的沼气发生器	北京鑫健伟业科贸有限公司	齐凯，张弘
200920013119	复合水凝快装式沼气发生器	丹东市承天新能源开发有限公司	孙吉林，孙吉武
200920022684	旋流布水旋液分离内循环厌氧反应器	山东振龙生物化工集团有限公司	王义强，栾积省，等
200920041757	厌氧发酵生物膜固体菌巢	徐州绿潮生物科技有限公司	彭英杰
200920042499	沼气厌氧干式发酵装置	农业部南京农业机械化研究所	朱德文，陈永生，等
200920046593	一种沼气提升式强化厌氧反应器	江南大学	阮文权
200920062534	沼气罐	广东爱得乐集团有限公司	罗彦雄
200920072377	一种厌氧反应器	帕克环保技术（上海）有限公司	张巍
200920086605	直径大于15米中温UASB反应器配水装置	中国市政工程中南设计研究院	李树苑，张晓阳，等
200920086606	单体超大容积钢制柱锥形高温厌氧发酵设备	中国市政工程中南设计研究院	李树苑，张晓阳，等
200920088324	一种沼气脱硫器	河南桑达能源环保有限公司	陈开碇，宋伟萍，等
200920092439	一种沼气原料运储搅拌装置	河南奔马股份有限公司	楚金甫，柴书杰，等
200920095420	农村生物质资源化综合利用生产装置	范高范；天津市三纬电气有限公司	范高范，潘军，等
200920098753	大型连体沼气二次发酵装置	天津市德盛源农村能源技术开发有限公司	王建耕，王立合，等
200920108259	一种垃圾渗滤液的处理装置	北京洁绿科技发展有限公司	赵凤秋
200920110877	三相分离功能间歇搅拌高效厌氧固体反应器装置	云南师范大学	李建昌，张无敌
200920111869	一种移动式干发酵沼气池	昆明理工大学	苏有勇，孔琳，等
200920126546	水压式浮罩沼气罐	重庆市南川区生产力促进中心；廖舜禹	廖舜禹
200920137662	沼气工程用红泥复合卷材	福建思嘉环保材料科技有限公司	张宏旺，黄万能，等
200920163505	纯秸秆发酵太阳能沼气池	唐山明仁生物能开发有限公司	王孝军，姚旭华
200920163506	纯秸秆发酵沼气池	唐山明仁生物能开发有限公司	王孝军，姚旭华
200920163507	胶膜沼气池盖	唐山明仁生物能开发有限公司	王孝军，姚旭华
200920165251	高效无间断产气沼气罐	华北电力大学（保定）	李仕平，黄钢
200920186666	一种沼气罐的污水处理器	池州市正宇新能源科技开发有限公司	鲍群
200920186667	节能环保型沼气罐	池州市正宇新能源科技开发有限公司	鲍群
200920194068	组合式沼气处理器	东莞市康达机电工程有限公司	易建和，李皓桢，等
200920219980	沼气回用搅拌设备	北京兴星伟业生态环境工程技术有限公司	薛兴民
200920223851	利用秸秆发酵生产沼气的上料装置	焦作市华中能源科技有限公司	何贵新，何贵忠，等
200920224875	一种新型沼气池反应装置缓冲器	日照红叶环保工程有限公司	赵玉东，张振荣，等
200920233740	沼气罐	南通市中科新能源科技有限公司	周建华
200920240768	一种干式厌氧发酵装置	青岛天人环境股份有限公司	曹曼，刘林，等

续表

申请号	名称	申请单位	发明人
200920240769	一种餐厨垃圾专用的厌氧反应装置	青岛天人环境股份有限公司	曹曼,刘林,等
200920241891	一种无动力内外循环厌氧反应器	江西省科学院能源研究所;南昌大学鄱阳湖环境与资源利用教育部重点实验室	王顺发,杨沂凤,等
200920243363	IC厌氧反应器	四川立新瑞德环保科技发展有限责任公司	宋岱峰
200920255405	浮罩式沼气发生装置的保温机构	常熟市唐洲生态种养基地	钱小明,邹金元,等
200920257729	利用秸秆生产沼气的厌氧发酵装置	焦作市华中能源科技有限公司	何贵新,何贵忠,等
200920258211	一种多功能沼气渣液抽排设备	河南奔马股份有限公司	楚金甫,柴书杰,等
200920258282	一种沼气渣液抽排机的存储罐体	河南奔马股份有限公司	楚金甫,柴书杰,等
200920264111	一种组合式新能源发电系统	广东招友环保科技有限公司	杨招友
200920265009	一种蚕沙厌氧干式沼气发酵装置	广东省农业科学院蚕业与农产品加工研究所;广东省农业科学院农业生物技术研究所;广东宝桑园健康食品发展研究中心	高云超,肖更生,等
200920274722	用于沼气的全混合厌氧反应循环装置	中国南方航空工业(集团)有限公司;蒋勇	王国林,熊益军,等
200920282299	垃圾渗滤液处理装置	德州绿能水处理有限公司	张寿通,刘保良
200920288830	一种适用于固态发酵制备沼气的装备	华中农业大学	张衍林,李善军,等
200920314404	太阳能增温、清洁系统	北京兴星伟业生态环境工程技术有限公司	薛兴民
200920317388	无动力自卸式恒温太阳能生物质能发酵池	贵州大学	李龙江,杨玉蕊,等
201010114626	沼气生产-脱硫-脱氮一体化装置	浙江大学	郑平,陆慧锋,等
201010124856	中低温多能互补沼气发电系统	华北电力大学	董长青,赵芳芳,等
201010152423	防止反应器结垢及同时提纯沼气的方法及其装置	上海大学	胡军,罗旌焕,等
201010162364	薯类酒精废水处理过程好氧污泥零排放工艺	天津大学	吕惠生,马振忠,等
201010207038	太阳能光伏发电系统应用在沼气池上的增效装置	无锡同春新能源科技有限公司	缪同春
201010208451	风力发电系统应用在沼气池上的增效装置	无锡同春新能源科技有限公司	缪同春
201010216842	风电与太阳能光伏发电互补应用在沼气池上的增温装置	无锡同春新能源科技有限公司	缪同春
201010234193	双级厌氧膜生物反应器	中国轻工业武汉设计工程有限责任公司	纪东成,王琪,等
201010288896	一种城市污泥干法厌氧发酵产沼气的方法	同济大学	董滨,段妮娜,等
201010299502	一种禽畜废弃物处理方法	南京宏博环保实业有限公司	滕昆辰
201010561094	一种利用剩余污泥发酵获取反硝化脱氮碳源的方法	哈尔滨工业大学	韩洪军,胡宏博,等

续表

申请号	名称	申请单位	发明人
201010581262	城乡生活垃圾资源化利用方法	潍坊金丝达实业有限公司	刘国田,张明泉,等
201010581941	一种太阳能辅助加热式沼气生产装置	河南农业大学	胡建军,周雪花,等
201010585381	填埋场渗滤液厌氧处理方法	华中科技大学	廖利,卢加伟,等
201010611389	一种用于牛场污水处理的二次厌氧消化装置	黑龙江省科学院科技孵化中心	高德玉,王欣,等
201020044739	混合污泥回流沼气发生装置	东北农业大学	夏吉庆,吴昌友,等
201020101181	产储气一体化沼气池	重庆力华环保工程有限公司	甘华
201020113365	高效厌氧反应罐	河南省牧原食品股份公司	秦英林,苏党林,等
201020119481	一种高效沼气生化组合脱硫装置	北京中环瑞德环境工程技术有限公司	刘昀,何荣玉,等
201020119772	一种沼气生产—脱硫—脱氮—体化装置	浙江大学	郑平,陆慧锋,等
201020125446	取样回路连续监测型厌氧发酵罐	安阳利浦筒仓工程有限公司;碧普(瑞典)有限公司	王国防,刘京,等
201020158924	猪场废水序批式生物膜反应器处理系统	南昌大学	万金保,顾平,等
201020165600	沼气池—生物膜反应器—人工湿地处理猪场废水系统	南昌大学	万金保,顾平,等
201020180100	一种用于沼气罐的出料结构	安徽星野生态能源开发有限公司	胡冰
201020180109	一种沼气罐	安徽星野生态能源开发有限公司	胡冰
201020180121	一种用于沼气罐出气口处的密封结构	安徽星野生态能源开发有限公司	胡冰
201020184674	沼气升流式厌氧固体反应器进料装置	瑞奇益生(北京)新能源投资顾问有限公司	李克芸
201020184682	沼气升流式厌氧固体反应器进料装置中的分配筒结构	瑞奇益生(北京)新能源投资顾问有限公司	李克芸
201020193272	沼气池专用膜	山东天鹤塑胶股份有限公司	孙天智,张文瑞,等
201020198926	一种大中型沼气制取系统装置	武汉天颖环境工程有限公司	熊建,田发科
201020201282	一种车库式厌氧干发酵装置	中国科学院成都生物研究所	闫志英,刘晓风,等
201020219272	一种沼气回收利用装置	东莞市中拓节能科技有限公司	梁耀权
201020231013	沼气甲烷化生产农用机械动力燃料的系统	霸州市利华燃气储运有限公司	孙河忠,董利霞,等
201020232910	沼气反应罐体的膜密封装置	泽尔曼生物能源技术(北京)有限公司	卡尔·马尔库斯·迪克
201020234956	太阳能光伏发电系统应用在沼气池上的增效装置	无锡同春新能源科技有限公司	缪同春
201020236331	风力发电系统应用在沼气池上的增效装置	无锡同春新能源科技有限公司	缪同春
201020241631	生物综合资源发电装置	新余市严达节能开发有限公司	严新龙
201020241947	一种沼气发电装置	东莞市中拓节能科技有限公司	梁耀权
201020242741	沼气工程厌氧消化罐排泥砂装置	北京盈和瑞环保工程有限公司	李旭源,郑毅
201020242744	秸秆沼气工程消化罐出料系统的出料装置	北京盈和瑞环保工程有限公司	李旭源,郑毅

续表

申请号	名称	申请单位	发明人
201020243020	风电与太阳能光伏发电互补应用在沼气池上的增温装置	无锡同春新能源科技有限公司	缪同春
201020252657	一种用于垃圾渗滤液处理的带有上下两层三相分离器的厌氧反应装置	江南大学	阮文权
201020263124	一种带搅拌装置的沼气实验装置	中国热带农业科学院南亚热带作物研究所;中国热带农业科学院农业机械研究所	邓怡国,王金丽,等
201020265313	一种浮罩式沼气池	开县新源实业开发有限公司	龚德福
201020269662	双级厌氧膜生物反应器	中国轻工业武汉设计工程有限责任公司	纪东成,胡文斐,等
201020272326	一种基于热管理器的太阳能加热高效制取沼气装置	山东科技大学	孔祥强,燕纪伦,等
201020285626	商用沼气池	北京国电龙源杭锅蓝琨能源工程技术有限公司	杨文国,邵学飞
201020502682	农村户用干发酵沼气池	农业部沼气科学研究所	尹小波,潘科,等
201020510824	北方寒区节能高效沼气发酵增温系统	东北农业大学	王忠江,李文哲,等
201020513074	一种处理城市生活垃圾系统	达斯玛环境科技(北京)有限公司	许乐新,娇忠直,等
201020513470	一种沼气贮气罐	南京宏博环保实业有限公司	滕昆辰
201020513490	一种厌氧反应罐	南京宏博环保实业有限公司	滕昆辰
201020524504	一种新型升流式厌氧反应器	辽宁北方环境保护有限公司	赵军,汪国刚,等
201020537268	沼气净化稳压装置	广西博世科环保科技股份有限公司	陈楠,陆立海,等
201020545722	一种沼气发电系统	东莞市星火机电设备工程有限公司	刘水庆
201020579394	酸化厌氧罐	潍坊金丝达实业有限公司	刘国田,张明泉,等
201020579434	一种厌氧固体反应器	山东建筑大学	刘建广,张春阳
201020586918	沼气生物脱硫装置	泽尔曼生物能源技术(北京)有限公司	卡尔·马尔库斯·迪克
201020615623	生物质沼气提纯系统	山东百川同创能源有限公司	强宁,董磊,等
201020616130	涡流、层流和脉冲流式厌氧生物反应器	广西必佳微生物工程有限责任公司	梁近光,潘心红
201020643541	一种柱式厌氧 好氧一体化发酵装置	中国环境科学研究院	杨天学,席北斗,等
201020647712	一种温室大棚沼气肥发酵罐	陕西华海生物科技有限公司	喻建波,喻沛华,等
201020651664	一种太阳能辅助加热式沼气生产装置	河南农业大学	胡建军,周雪花,等
201020652874	利用沼气料液生产沼气和发电的组合装置	东南大学	吴巍,浦跃朴,等
201020654600	一种换热装置	绿能生态环境科技有限公司	张天瑞,孙金世
201020654872	一种厌氧菌富集装置	绿能生态环境科技有限公司	张天瑞,孙金世
201020654901	一种沼气发酵罐压料装置	绿能生态环境科技有限公司	张天瑞,孙金世
201020654911	一种沼气发酵装置	绿能生态环境科技有限公司	张天瑞,孙金世
201020661847	沼气发酵温度控制系统	陕西亚泰电器科技有限公司	李靖科,姚科
201020664886	新型厌氧反应料液循环系统	日照红叶环保工程有限公司	赵玉东,冯丽景,等
201020686844	一种用于牛场污水沉降净化处理的二次厌氧消化装置	黑龙江省科学院科技孵化中心	徐晓秋,高德玉,等

续表

申请号	名称	申请单位	发明人
201020689045	秸秆沼气厌氧罐上部秸秆出料清扫出料机构	安阳利浦筒仓工程有限公司	王国防，陈伟，等
201120001463	固液两相分离式厌氧消化装置	农业部规划设计研究院	董保成，赵立欣，等
201120004455	钢混膜一体化沼气生产装置	安徽思嘉永志环能设备科技有限公司	代永志，王浩，等
201120004466	沼气储气柜	安徽思嘉永志环能设备科技有限公司	代永志，王浩，等
201120004671	沼气净化装置	安徽思嘉永志环能设备科技有限公司	代永志，王浩，等
201120007104	用于发电的分类垃圾发酵制沼气系统	上海申嘉三和环保科技开发有限公司；张家港美星三和机械有限公司	刘璞，张健，等
201120007312	秸秆直接沼气化利用的厌氧发酵装置	西北农林科技大学	冯永忠，彭玉海，等
201120008259	一种食用菌菌渣资源化利用的处理装置	山东省农业科学院农业资源与环境研究所	王艳芹，袁长波，等
201120009757	气体冷却干燥装置	泽尔曼生物能源技术(北京)有限公司	卡尔·马尔库斯·迪克
201120012455	沼气反应罐	凤阳县族光生态养殖有限公司	陈勇，陈伟
201120012693	一种厌氧罐气体搅拌系统	东莞市康达机电工程有限公司	易建和，沈剑山，等
201120027430	用于别墅式新民居的节能环保系统	河北省新能源技术推广站	王香雪，李惠斌，等
201120027467	新民居节能环保生活系统	河北省新能源技术推广站	王香雪，李惠斌，等
201120027848	一种适用于农村地区的燃气站	同济大学	秦朝葵，黄一如，等
201120031792	生物质沼气高效混合阶梯式脱硫装置	山东十方环保能源股份有限公司	甘海南，段明秀
201120038340	太阳能沼气生产及联合供气装置	天津天和环能科技有限公司	邹汉平
201120049139	BYIC厌氧反应器	谢昕；王吉辉；山东本源环境科技有限公司	谢昕，王吉辉
201120050286	发酵介质加热的利用装置	凤阳县族光生态养殖有限公司	陈勇，陈伟
201120055261	用于沼气发生设备的搅拌系统	泽尔曼生物能源技术(北京)有限公司	卡尔·马尔库斯·迪克
201120058653	一种高效利用秸秆发酵产沼气系统	北京国环清华环境工程设计研究院有限公司华东分院	汪诚文，赵雪锋，等
201120069611	集热式太阳能沼气装置	大连新兴能源产业有限公司	门洪为，门洪民
201120071642	一种沼气收集器	大连新兴能源产业有限公司	门洪为，门洪民
201120071804	一种沼气罐	大连新兴能源产业有限公司	门洪为，门洪民
201120072130	生活污水选择性循环利用装置	中国科学院地理科学与资源研究所	裴亮
201120072793	一种沼气设备	大连新兴能源产业有限公司	门洪为，门洪民
201120075839	一种沼气发酵罐的底部结构	北京愿景宏能源环保科技发展有限公司	张治中，李建华，等
201120082571	沼液回流双闭合液涨密封车库型干发酵反应器	吉林省农业机械研究院	赵国明，娇云学，等
201120085596	基于液力输送的沼气发生装置	东北农业大学	夏吉庆，王忠江，等
201120086967	厌氧膜生物反应器	上海膜达克环保工程有限公司	向阳
201120093624	沼气发酵用水封式正负压保护器	焦作市华中能源科技有限公司	陈墨，刘堂，等
201120097896	太阳能厨余垃圾处理系统	昆明天开农业设施有限公司	范竹君，周祥，等
201120107162	沼气综合分离器	武汉天颖环境工程有限公司	熊建，何涛，等

续表

申请号	名称	申请单位	发明人
201120109475	一种高效厌氧生物反应器的三相分离器	北京杰佳洁环境技术有限责任公司；唐一	唐一
201120110764	IC厌氧反应器	济南光博环保科技有限公司	张在旺，楚文建，等
201120111545	一种带照明灯的沼气反应罐观察孔	武汉天颖环境工程有限公司	熊建，何涛，等
201120115609	秸秆发酵生产沼气用上料装置	焦作市华中能源科技有限公司	何贵新，何贵忠，等
201120129516	一种生物质能源秸秆沼气综合利用系统	广州贝龙环保热力设备股份有限公司	王如汉，张小莉，等
201120137677	餐厨垃圾厌氧消化处理成套设备	北京中京实华新能源科技有限公司	刘肃，韩赤飚，等
201120141520	一种厌氧发电沼气工程设备	宜兴市坤兴沼气建设工程队	杜小坤，华涛
201120151728	固液两相一体化沼气发酵装置	沈阳农业大学	刘庆玉，张良，等
201120152000	大中型沼气工程反应罐	武汉天颖环境工程有限公司	熊建，何涛，等
201120166429	一种沼气厌氧发酵综合利用系统	福州科真自动化工程技术有限公司	何仁真
201120169995	热膜沼气热风利用控制系统	燕京啤酒(桂林漓泉)股份有限公司	戴志远，蒙健，等
201120174705	带保温层的一体化沼气池	山东百川同创能源有限公司	李景东，张兆玲，等
201120174706	带三相分离装置的沼气厌氧发酵罐	山东百川同创能源有限公司	张兆玲，李景东，等
201120175288	一种双面凸纹沼气池用布	浙江明士达经编涂层有限公司	朱静江，郝恩全，等
201120176547	沼气生物发酵装置	承德昊远塑料制品有限公司	吴世忠，张书金，等
201120189148	废旧农膜再生防渗漏保温式沼气池	甘肃宏鑫农业科技有限公司	刘晓军
201120189455	机械出料酸化厌氧罐	潍坊金丝达实业有限公司	刘国田，张明泉，等
201120192653	一种可自动卸料的沼气脱硫装置	河北嘉诚环境工程有限公司	冉慧英
201120194698	加强筋厌氧发酵罐	江西省汇得能生态科技发展有限公司	赖力，林伟华
201120196257	沼气发电系统	山东振龙生物化工集团有限公司	王义强，栾积省，等
201120196271	废水综合利用系统	山东振龙生物化工集团有限公司	王义强，栾积省，等
201120198471	一种新型水力搅拌循环罐	山东泓达生物科技有限公司	王建保，刘言军
201120199220	沼气池菌群系统选优的装置	西北农林科技大学	张海，易永华，等
201120204718	一种垃圾填埋沼气发电余热干化污泥设备	中国科学院武汉岩土力学研究所	薛强，胡竹云，等
201120214364	沼气罐板和沼气罐	北京盈和瑞环保工程有限公司	牛炳有
201120214380	沼气正负压保护器	北京盈和瑞环保工程有限公司	郑毅
201120215649	一种提高厌氧产甲烷菌活性同步回收氨氮的一体化装置	南京大学	任洪强，李秋成，等
201120229250	带有双发酵罐的沼气发酵装置	池州市华丽农业科技开发有限公司	邹永峰，阮宜峰
201120257693	自动化沼气发酵罐系统	深圳华大基因研究院；深圳华大基因科技有限公司	周权能，杨金龙
201120258427	一种废料回收利用装置	南安市绿野沼气技术开发研究所	蔡东孟，蔡锦村，等
201120274692	沼气站上料打浆装置	河北盛乾能源科技开发有限公司	梁军涛
201120285863	无动力自循环全混厌氧反应装置	河南天冠工业沼气有限公司	陆浩洋，张晓阳，等
201120288688	一种可调节沼气压力的地上沼气池	德阳好韵复合材料有限公司；农业部沼气科学研究所；德阳市旌阳区农村能源办公室	郭堂平
201120290609	一种折叠式柔性沼气储气柜	北京英保通科技发展有限公司	齐凯，丁晨，等

续表

申请号	名称	申请单位	发明人
201120295047	污泥制砖的沼气利用系统	重庆巨康建材有限公司	周炫,张信聪
201120305687	上流式连续反应系统	四川埃斯环保科技有限公司	朴元书
201120309309	一种线路板油墨废水处理装置	深圳市深联电路有限公司	何春
201120318516	一种家用垃圾填埋沼气发电装置	复旦大学附属中学	侯丹青
201120331459	膨胀颗粒污泥床的沼气收集装置	福州宇澄环保工程设计有限公司	潘晋峰
201120332642	分离沼气中甲烷和二氧化碳的装置	北京昊业怡生科技有限公司	于景成,田丹,等
201120334659	绝热保温沼气发酵罐	乌鲁木齐市隆盛达环保科技有限公司	任永平,安彭军,等
201120350253	一种强化污泥减量的污泥厌氧消化装置	北京华利嘉环境工程技术有限公司	张志刚,张庭吉,等
201120350417	一种污泥厌氧消化装置	北京华利嘉环境工程技术有限公司	李昌春,张庭吉,等
201120352901	污泥处理系统	福州开发区三水环保科技有限公司	张晓辉
201120354946	一种沼气气水分离器	北京中环嘉诚环境工程有限公司	王晓磊,冉慧英
201120355729	一种厌氧反应器	山东省农业科学院农业资源与环境研究所	袁长波,刘英,等
201120355890	连续式干法高浓度厌氧反应器	黑龙江省农业机械工程科学研究院	李剑,盛力伟,等
201120360181	沼气工程用发酵罐	沁阳市富民新能源开发有限公司	段国有,沈建文,等
201120360182	沼气原料的预处理装置	沁阳市富民新能源开发有限公司	段国有,沈建文,等
201120360186	沼气工程用沼渣沼液浓缩池	沁阳市富民新能源开发有限公司	段国有,沈建文,等
201120368012	方形非强制内循环厌氧处理装置	郑州大学	曾科,陈玉启,等
201120372353	组合式产气储气厌氧发酵装置	杭州腾德能源环保工程有限公司	林伟华,应梅华,等
201120380934	高强防爆沼气罐	通辽市烨阳沼气设备有限公司	崔连成
201120391920	厌氧反应器	杭州清城能源环保工程有限公司	吴赛明
201120394760	一种沼气发酵罐	沁阳市富民新能源开发有限公司	段国有,沈建文,等
201120404048	电解促进厌氧发酵装置	南京工业大学	李晖,薛金红,等
201120424963	沼气池抽渣机	山西卓里集团有限公司	秦伟泽,樊飞进,等
201120428203	一种太阳能干发酵沼气池装置	昆明理工大学	苏有勇,陈恒杰,等
201120437894	大中型多腔体组合式沼气厌氧发酵装置	上海科文麦格里实业有限公司	王亨达,王甫忠,等
201120457562	一种节能厌氧发酵装置	西安建筑科技大学	云斯宁,孙毅,等
201120470823	沼气和垃圾填埋气利用系统	新奥科技发展有限公司	李金来,李超伟
201120479344	太阳能热水器向沼气池壁的管道输送温水的增效装置	无锡同春新能源科技有限公司	缪同春
201120479359	利用地热向沼气池壁内的管道网输送温水的增效装置	无锡同春新能源科技有限公司	缪同春
201120485905	一种沼气发酵罐	黑龙江八一农垦大学	王彦杰,王伟东,等
201120488561	一种软体车库型厌氧干发酵装置	中国科学院成都生物研究所	闫志英,刘晓风,等
201120522955	太阳能耦联沼气锅炉增温的沼气生产装置	宁夏回族自治区环境监测中心站	丁福贵,王润强,等
201120528942	一种沼气处理系统	东莞理文造纸厂有限公司	李运强

15.1.4.2 户用沼气池

申请号	名称	申请单位	发明人
03235026	椭球冠型树脂基复合材料沼气池	农业部沼气科学研究所	吴修荣,何捍东,等
200620023124	户用沼气发生器用的球形容器	北京三农科技发展有限公司	肖亭
200620023125	农村户用水压式沼气池装置	北京三农科技发展有限公司	肖亭
200620023126	工业化户用沼气发生器	北京三农科技发展有限公司	肖亭
200620034676	水压式玻璃钢沼气池	四川华原玻璃钢有限责任公司	倪习才,刘刚,等
200710029103	用于处理养殖废水的多级串联沼气池	嘉应学院	利锋,张学先
200720059581	双池沼气发酵装置	肇庆学院	李湘
200810158002	秸秆分解和低温产沼气双功能复合菌剂的应用	山东省农业科学院土壤肥料研究所	王艳芹,刘英,等
200820077648	农村户用沼气过压保护凝水器	山西省农村可再生能源办公室	任济星,田文善
200820158660	带压力显示的户用沼气脱硫瓶	迅达科技集团股份有限公司	冯暑斌,陈坚,等
200910102703	沼气发酵智能化管理系统	贵阳学院	唐安,李灿,等
200910187435	一种产甲烷复合菌剂及其制备方法	北京合百意可再生能源技术有限公司;中国科学院成都生物研究所	袁月祥,颜开,等
200920021363	小型沼气池加温装置	山东省农业科学院土壤肥料研究所	曹德宾,边文范
200920056255	一种半球形水气换位沼气池	广东省技术经济研究发展中心	陈子教,高云超,等
200920092844	户用供暖沼气池加热装置	吉林大学	周道锋,杨成宏,等
200920094084	回转搅拌户用沼气池	吉林省节能研究设计所	张典,田晓东
200920137938	双水压式厌氧反应器	福建省农业科学院农业工程技术研究所	陈彪
200920255586	水压式滚塑沼气池	东台市明达塑业有限公司	何明,徐国庆
200920265007	折流型隧道式沼气池	广东省农业科学院农业生物技术研究所	高云超,张惠娜,等
201020131644	无活动盖沼气池	射洪县涪江沼气建筑工程有限公司	胥勋明
201020171283	手动、电动两用沼渣沼液抽运喷灌车	江西晨明实业有限公司	钱晓吾,王英,等
201020205802	组合沼气池的莲花瓣式组件	天津天和环能科技有限公司	邹汉平
201020207744	自调压新型浮罩式软体沼气池	成都远见复合材料有限公司	袁野
201020289077	连续浮罩式生物质厌氧消化设备的出料装置	贵州大学	舒龙,李龙江,等
201020668981	多相串联的内循环厌氧反应器	广西大学	冼萍,李平,等
201020671196	一种沼气池用保护底座	合肥杰事杰新材料股份有限公司	郝二国
201120002749	玻璃钢沼气池	安徽星野生态能源开发有限公司	刘浒,余灿胜,等
201120016821	沼气池除渣器	丹江口市南方机械设备有限公司	陆诚,柯尊强,等
201120072388	改进的农村户用沼气池	甘谷县农村能源推广站	张效忠,马军霞,等
201120080104	农村家用沼气池手摇螺旋除渣机	贵阳太能太阳能科技发展有限公司	申世屏
201120126732	球形内水压秸秆沼气池	六安市宏伟科教设备有限公司	林先发
201120139253	猪舍内沼气池	成都伍田生物科技有限责任公司	伍建强
201120183148	提篮式电动沼气池出渣机	天津龙鼎机械制造有限公司	刘卫国,唐宏伟,等
201120200114	玻璃钢球形保温沼气池	连云港惠民玻璃钢沼气设备有限公司	李传明,尹世全
201120216113	模块化厌氧反应器	黑龙江龙能伟业燃气股份有限公司	罗光辉
201120229012	一种出气口一体型设备厌氧主池	上海强丰物业管理有限公司	吴连强

续表

申请号	名称	申请单位	发明人
201120275381	一体式玻璃钢沼气池	安徽星野生态能源开发有限公司	曹锋,余灿胜,等
201120276119	带有增温辅助装置的沼气池	天津城市建设学院	常茹,高娟
201120288422	一种沼气池	福建泰成环保科技有限公司	卢方良,欧建文
201120360280	SMC模压玻璃钢沼气池	四川川能农业开发有限公司	宋志明
201120404004	一种底部出料的小型热塑性复合材料沼气池	上海铂砾耐材料科技有限公司	毛建群,宋勇
201120409165	一种玻璃钢沼气池上、下盖连接结构	池州市正宇新能源科技开发有限公司	钱正平
201120449142	一种沼气发酵及集气装置	黑龙江八一农垦大学	王彦杰,王伟东,等

15.1.4.3 有机废弃物沼气化利用技术

申请号	名称	申请单位	发明人
02123515	高浓度人粪尿处理与利用的方法	万若(北京)环境工程技术有限公司;池延华	张镜汤
02133320	城镇生活垃圾和废水资源化处置方法	农业部沼气科学研究所	符征鸽
02807254	包含有机成分的淤浆的厌氧净化方法和设备	帕克斯生物系统公司	舒尔德·许贝特斯·约瑟夫·费林加,罗纳德·米尔德
02822865	有机废物处理	先进环境技术有限公司	R·夏德勒
03129691	有机废弃物资源化综合处理工艺	上海神工环保股份有限公司	刘会友,於慧娜,等
03210118	厌氧折流复合反应器	上海同济建设科技有限公司	匡志平,陆斌
03811585	处理有机原料的方法和设备	普雷塞科有限责任公司	尤西·耶尔文蒂耶
03823974	具有两个气体分离器的反应器和用于厌氧处理液体的方法	瓦特克瓦巴格有限责任公司	P·达斯彻瓦斯基,H·利斯,等
200410048037	一种厌氧悬浮床反应器	清华大学	左剑恶,李建平,等
200520043596	一种污泥厌氧反应装置	上海市政工程设计研究院;上海市城市排水有限公司;上海市政工程设计研究院科学研究所	张辰,张善发
200610017740	盐酸林可霉素生产废水处理剂及其制备方法和使用方法	南阳市鹿城生化研究所	张立华,薛刚,等
200610039743	以人粪沼气与太阳能作为热电联产系统能源的设备	南京工业大学	张红,陶汉中,等
200610147417	可时间调控温室用沼气发酵方法及发酵系统	同济大学	朱洪光,徐立鸿,等
200610147662	一种以沼气为原料的温室综合供能系统	同济大学	朱洪光,徐立鸿,等
200710010295	利用养殖场粪污制备优质沼气的装置	辽宁中田干燥设备制造有限公司	洪武贵,苗迪,等
200710016324	耐低温发酵沼气池	山东省农业科学院土壤肥料研究所	袁长波,刘英,等
200710131990	一种用于有机废水厌氧发酵提高沼气产量的方法	江南大学	陈坚,李秀芬,等
200710132239	餐余垃圾综合处理回收再利用的方法	苏州市洁净废植物油回收有限公司	傅菊男,吴志明,等

续表

申请号	名称	申请单位	发明人
200720025369	新型耐低温发酵沼气池	山东省农业科学院土壤肥料研究所	袁长波,刘英,等
200720078295	一种处理高固渣有机废水的厌氧反应器	四川亚连科技有限责任公司	钟娅玲
200720090135	城镇污水处理综合利用反应池	河南桑达能源环保有限公司	陈开碇,郭会娟,等
200720129296	节能脉冲厌氧反应器	宜兴市清涵环保工程有限公司	邵志军
200720131666	一种处理聚酯废水的内循环厌氧塔	苏州苏水环境工程有限公司	徐富,曹文华
200810022548	水华蓝藻厌氧发酵的方法	江苏省农业科学院	常志州,杜静,等
200810031342	双循环厌氧反应器	永兴县皓天环保科技发展有限责任公司	陈皓鋆,陈曙平
200810048809	畜禽养殖污水处理工艺及其处理系统	中国地质大学(武汉)	李平,童蕾,等
200810058257	淀粉酶前处理应用于猪粪沼气发酵方法	昆明理工大学	李建昌,孙可伟,等
200810104975	一种两相多级厌氧发酵有机固体废弃物生产沼气的方法	北京化工大学	刘广青,李秀金,等
200810114652	一种卧式带搅拌有机废物厌氧消化处理设备及处理方法	北京桑德环保集团有限公司	申欢,文一波,等
200810116957	一种有机废物干式厌氧发酵系统的沼气收集装置	北京桑德环保集团有限公司	申欢,文一波,等
200810139003	以畜禽粪便为原料高温厌氧发酵制备沼气的工艺方法	山东昌农生物能源开发有限公司	彭美忠,张永军
200810147850	沼气生产过程中的厌氧消化处理方法及设备	乐山佛州新能源开发有限公司	陈超,蔡成元
200820070600	厌氧反应罐立体内循环搅拌有机物浮渣破碎装置	安阳利浦筒仓工程有限公司	王国防,陈伟,等
200820123345	一种基于有机废弃物固体发酵产沼气的卧式厌氧反应器	清华大学	李十中,刘晓玲,等
200820229288	无公害有机肥处理及沼气发生装置	创东能源环保科技(福建)有限公司	林锋,林皓,等
200880000171	除去磷和/或氮的方法	环保科技公司	郑仁,成治炖
200910007487	沼气能源蒸馏粪渣脱水烘干、环保综合利用	连江县宏大激光测量仪器研究所	游源匡
200910013769	甜菊糖生产线污水处理方法	滁州润海甜叶菊高科有限公司	张永,李存彪,等
200910034899	一种植物秸秆厌氧发酵高效快速产沼气的方法	南京工业大学	朱建良,陈晓晔,等
200910044837	一种垃圾渗滤液资源化制备沼气的方法	上海大学	钱光人,钟丽云,等
200910068000	生物质厌氧发酵制取沼气的方法与设备	天津大学	张书廷
200910071658	IEC 厌氧反应技术及其装置	哈尔滨工业大学	陈志强,温沁雪
200910073362	一种畜禽废物综合处理与资源利用方法	哈尔滨工业大学	陈志强,温沁雪
200910087070	处理含硫酸根和有机物废水的厌氧处理装置	德威华泰(北京)科技有限公司	袁国文
200910159306	一种厌氧反应器及对废水的处理方法	安徽丰原生物化学股份有限公司	房晓萍,任自成,等
200910235966	一种升流式厌氧污泥消化器	清华大学	吴静,姜洁
200910263286	纤维素生产中高含盐有机废水的净化处理工艺	中蓝连海设计研究院	王开春,刘志奎,等

续表

申请号	名称	申请单位	发明人
200920109192	处理含硫酸根和有机物废水的厌氧处理装置	德威华泰(北京)科技有限公司	袁国文
200920144197	高效高浓度有机废水厌氧反应器的螺旋式布水器	甘肃雪晶生化有限责任公司	甘柏林,崔建设,等
200920151850	污粪输送及处理系统	北京四方诚信畜牧科技有限公司	胡云
200920165296	一种厌氧反应器	安徽丰原生物化学股份有限公司	房晓萍,任自成,等
200920312099	粪便有机垃圾降解制气装置	天津二十冶建设有限公司	朱桁
201010127970	利用牛粪进行两相沼气发酵的水解酸化相产电的装置及其产电方法	哈尔滨工业大学	赵光,魏利,等
201010232426	二氧化碳零排放型有机废弃物能源化利用的方法	中国科学院广州能源研究所	李东,孙永明,等
201010266174	三段剩余污泥制沼气的装置及方法	哈尔滨工业大学	王丽,王琳,等
201010266613	沼气发酵原料液中泥沙分离的方法及其装置	中国农业大学	张燕生,庞昌乐,等
201010288462	一种城市污泥及有机质干法厌氧发酵产沼气的方法及装置	同济大学	戴晓虎,董滨,等
201010517180	一种处理易酸化有机废水的上流式厌氧污泥床反应器	厦门大学	熊小京,张亚乖,等
201020109667	易腐性有机垃圾高固体两相三段厌氧消化产沼气的装置	中国科学院广州能源研究所	李东,袁振宏,等
201020165024	一种高效沼气发酵装置	天津市德盛源农村能源技术开发有限公司	王建耕,王立合,等
201020192959	一种用于牛粪厌氧发酵的网格针刺形载体总成	东北农业大学	李文哲,公维佳,等
201020192971	用于提高牛粪发酵沼气产率的载体总成	东北农业大学	李文哲,公维佳,等
201020239618	气推式搅拌连体沼气发生器	商丘师范学院	梁峰
201020240864	自动移动沉积物料的干法厌氧发酵反应装置	上海济兴能源环保技术有限公司	洪鎏,郑小进
201020524488	一种大型沼气工程用的发酵原料预处理装置	辽宁北方环境保护有限公司	赵军,汪国刚,等
201020593878	沼气循环气提搅拌固体厌氧反应器	广西博世科环保科技股份有限公司	陈楠,张健,等
201020626543	浮罩式沼气发酵池	成都市兴盛养殖有限责任公司	周泽良,翟保国,等
201110046401	城市污泥、粪便和餐厨垃圾合并处理工艺	大连市市政设计研究院有限责任公司	陈海
201110049347	移动式一体化有机废水处理装置	深圳市华伦天成科技开发有限公司	许鸣铁
201120045414	厌氧往复折流复合消化装置	黑龙江省科学院科技孵化中心	徐晓秋,李北城,等
201120095361	污水厌氧净化塔	福州科真自动化工程技术有限公司	何仁真,邵希豪,等
201120148150	一种厌氧反应装置	北京昊业怡生科技有限公司	于景成,田丹,等
201120149453	沼气厌氧反应器	福州科真自动化工程技术有限公司	何仁真
201120166083	一种多级多相厌氧一微氧折流板反应器	徐州工程学院	张建昆,孙钦花

续表

申请号	名称	申请单位	发明人
201120182583	一种推流式垃圾厌氧消化器	上海亚舟环保科技事务所(普通合伙)	尹晓华,石彰元
201120199691	沼气及生物有机肥一体化生产系统	宁波环邦生物科技有限公司	孙永明,李连华,等
201120215440	一种猪粪处理系统	杭州职业技术学院	蔡海涛,丁学恭
201120244633	畜禽养殖场粪尿室外循环发酵基处理系统	浏阳市天恩生物科技有限公司	刘梦,刘志皇,等
201120248741	低品位能源装置辅助型沼气池系统	天津城市建设学院	常茹,高娟
201120293127	链板提升脱水机	北京四方诚信畜牧科技有限公司	胡云
201120293755	牲畜粪便的处理系统	北京四方诚信畜牧科技有限公司	胡云
201120362882	养殖场废弃物资源化利用装置	江苏春晖乳业有限公司	夏新月
201120394758	一种养殖场沼气系统	沁阳市富民新能源开发有限公司	段国有,沈建文,等
201120398246	一种与有机肥生产相结合的沼气生产装置	沈阳师范大学	陶思源,孙清,等
201120428893	一种复合式两相厌氧消化反应装置	六盘水师范学院	林长松,李志,等
201120430322	一种固定床厌氧消化产沼气反应装置	六盘水师范学院	林长松,袁旭峰,等
201120438739	一种污泥厌氧消化处理设备	佛山市水业集团有限公司;中山大学;广州致锐环保科技有限公司	刘伟,叶挺进,等
201120443386	一种淀粉废水生物处理系统	复旦大学	郑正,李纪华,等
201120464864	粪便处理发酵罐	山东大地肉牛清真食品股份有限公司	赵景献
201120479225	多幢建筑住宅楼处理垃圾和粪便的沼气联合发电装置	无锡同春新能源科技有限公司	缪同春
201120479245	独幢建筑住宅楼处理垃圾和粪便的沼气独立发电装置	无锡同春新能源科技有限公司	缪同春
201120497733	一种带有沼气生产装置的有机废弃物处理系统	深圳市星源空间环境技术有限公司	全庆锋
201120513003	牲畜粪便的处理系统	四方力欧畜牧科技股份有限公司	胡玉会

15.1.5 热电肥联产工艺技术

申请号	名称	申请单位	发明人
01123915	以汽爆植物秸秆为原料固态发酵制备生态肥料的方法	中国科学院化工冶金研究所	陈洪章,李佐虎
200410100402	一种生产双孢菇培养基的应用	中国科学院沈阳应用生态研究所	李东坡,武志杰,等
200420081435	能源资源整合发电系统	上海雅山信息科技有限公司	李志明
200510111839	一种以合成气为原料联产油品和电能的方法	上海兖矿能源科技研发有限公司	孙启文,朱继承,等
200610104552	一种有机农业肥料及其制备方法	陕西浩海实业有限公司	梁德俊,韩金民,等
200710020125	生物质热解液化过程中的产物综合利用的方法	安徽易能生物能源有限公司	刘虎,彭斌,等
200710144804	微生物燃料电池及利用秸秆发电的方法	哈尔滨工业大学	冯玉杰,王赫名,等

续表

申请号	名称	申请单位	发明人
200710172603	海藻生物质的异密度循环流化床燃烧处理方法	上海交通大学	王爽，姜秀民，等
200710175706	一种菜田土壤改良剂及其制备方法	中国农业科学院蔬菜花卉研究所	尚庆茂，张志刚
200710189858	利用玉米秸粉和花生壳粉混合发酵生产园艺基质的方法	河南农业大学	杨秋生，王吉庆，等
200720010466	利用畜禽粪便制备生态肥的装置	辽宁中田干燥设备制造有限公司	洪武贵，苗迪，等
200810048531	一种利用低品位磷矿粉生产复合微生物磷肥的方法	武汉工程大学	池汝安，肖春桥
200810056816	一种水葫芦的资源化处理方法	北京交通大学	周岩梅
200810115173	一种生产氢气和/或甲烷的方法	清华大学	邢新会，卢元，等
200810116500	一种基于水处理的酶燃料电池装置	北京工业大学	于志辉，白洁，等
200810172466	一种肥料组合物与它们的用途	秦皇岛领先科技发展有限公司	王永长，徐志文，等
200810224245	秸秆有机肥料及其制备方法	中国农业科学院农业资源与农业区划研究所	顾金刚，姜瑞波，等
200820081327	生物质能源气化发电装置	昆明电研新能源科技开发有限公司	蔡正达，王文红，等
200820109153	一种基于水处理的酶燃料电池装置	北京工业大学	于志辉，白洁，等
200820113728	高浓度有机废水浓缩、燃烧、发电设备	广西绿洲热能设备有限公司	刘明华
200820172807	一种给锅炉喂送生物质燃料的输送装置	山东高唐热电厂	王朝晨
200820237746	一种生物质发电用输送切割解包机	江苏朝阳液压机械集团有限公司	刘建国，吕英盛，等
200910181346	园艺长效缓释秸秆营养土和营养土基质的制备及使用方法	淮阴工学院	李伯奎，郑绍元，等
200910195134	秸秆菌肥的制备方法	上海交通大学	陈捷，段兴鹏，等
200910216678	土壤抗侵蚀性的调控方法	四川大学	杨立霞，李绍才，等
200910218886	一种土壤保湿生物肥的制备方法	陕西省科学院酶工程研究所	张强，马齐，等
200910220566	一种分解秸秆的复合微生物菌剂及其制备方法和应用	营口恒新生物技术开发有限公司	王秀兰，肖千明
200920028600	秸秆生物质能发电燃料输送装置	青岛华拓科技股份有限公司	鲍明玉，王海青，等
200920044031	生物质发电用秸秆破碎机	江苏朝阳液压机械集团有限公司	陈翠萍，徐俊祥，等
200920049235	生物质发电自动送料机	中节能（宿迁）生物质能发电有限公司	董丙臣，刘健平，等
200920232911	一种生物质发电用秤重输送机	江苏朝阳液压机械集团有限公司；山东电力工程咨询院有限公司	陈翠萍，翟慎会，等
200920232914	一种生物质发电用过渡输送机	江苏朝阳液压机械集团有限公司；山东电力工程咨询院有限公司	陈翠萍，翟慎会，等
200920232916	一种生物质发电用缓冲输送机	江苏朝阳液压机械集团有限公司；山东电力工程咨询院有限公司	陈翠萍，翟慎会，等
200920256085	生物质发电站秸秆灰负压回收装置	镇江飞利达电站设备有限公司	莫纪洪，何兴生，等
201010028134	土壤活化粉	四川省励自生态技术有限公司	李绍才，杨涛，等
201010119931	养殖蚯蚓用腐熟牛粪培养基料的制备方法	上海市环境科学研究院	朱江，沈根祥，等
201020189072	一种生物质发电用秸秆压块机	扬州高安秸秆成型燃料有限公司	陈翠萍，沈志华，等

续表

申请号	名称	申请单位	发明人
201020298937	天然气烟气就地处理和利用系统	北京恩耐特分布能源技术有限公司	杨玉鹏,李锐,等
201020568183	秸秆发电致密燃料机组	浙江圣普新能源科技有限公司	朱忠华,孙启松,等
201120025084	移动式秸秆焚烧处理装置	南京市环境保护科学研究院	卢宁川,展漫军,等
201120050811	一种用于沼气工程热电肥联产过程中的余热回收系统	北京愿景宏能源环保科技发展有限公司	李建华,张良,等
201120119985	一种生态农庄	上海高格工程设计咨询有限公司	刘谦
201120242655	一种秸秆发电烟气过滤用滤料	洛阳盛洁环保工程有限公司	王立平,齐效峰,等
201120261289	沼气光伏互补复合能源系统	中电电气(南京)太阳能研究院有限公司	张著俊,许国强,等

15.2 商业和民用节能减排技术

15.2.1 LED路灯

申请号	名称	申请单位	发明人
02102075	节能型发光二极管灯具	诠兴开发科技股份有限公司	陈兴
200520016018	高亮度 LED 水晶宫灯	北京光泉科技有限公司	陈志和
200520016685	单体双色 LED 灯泡的两线两路灯串	浙江天宇灯饰有限公司	孙亚国,王兆军,等
200610016493	大功率 LED 路灯	天津工业大学	牛萍娟,袁景玉,等
200610063093	LED 路灯光源	深圳市邦贝尔电子有限公司	李盛远
200610068569	大功率发光二极管路灯	中微光电子(潍坊)有限公司	孙夕庆,刘凯,等
200620012744	发光二极管照明光源装置	朝扬实业股份有限公司,郭敏对	郭敏对,林琮议,等
200620013271	LED 太阳能路灯	深圳市新天光电科技有限公司	余江
200620013682	LED 路灯	深圳市新天光电科技有限公司	余江
200620027317	LED 照明路灯	天津圣明科技有限公司	孙雨耕,房朝晖,等
200620048068	高亮度长寿命太阳能路灯	上海久能能源科技发展有限公司	李钊明
200620048070	一种灯配合 LED 的路灯	上海久能能源科技发展有限公司	李钊明
200620059382	一种太阳能路灯	鹤山丽得电子实业有限公司	樊邦弘
200620066628	一种 LED 路灯	佛山市顺德区裕升光电技术有限公司	苏伟均
200620109563	低空照射 LED 高效节能路灯	贵州首朗新能源有限公司	刘仁智
200620114862	一种使用高功率发光二极管的路灯的散热结构	玄基光电半导体股份有限公司	詹宗文
200620123920	LED 路灯与散热模块组装结构	奥古斯丁科技股份有限公司	王派酋
200620141841	一种 LED 自动控制照明装置	中科院嘉兴中心微系统所分中心	郑春雷,郑斌琪,等
200620162149	一种 LED 路灯	济南市机械研究所	周舟,李兴健,等
200710015513	一种 LED 路灯	济南市机械研究所	周舟,李兴健,等
200710029587	一种 LED 路灯	珠海科利尔能源科技有限公司	李斯嘉
200710029589	一体化散热 LED 路灯	珠海科利尔能源科技有限公司	李斯嘉
200710029855	高亮度大功率 LED 路灯	珠海科利尔能源科技有限公司	李斯嘉

续表

申请号	名称	申请单位	发明人
200710031036	带外置散热器大功率LED路灯灯具	东莞市科锐德数码光电科技有限公司	陈德华,欧发文,等
200710031037	大功率LED路灯灯具	东莞市科锐德数码光电科技有限公司	陈德华,欧发文,等
200710031038	大功率LED路灯灯具主壳体	东莞市科锐德数码光电科技有限公司	陈德华,欧发文,等
200710043662	大功率LED路灯	宁波安迪光电科技有限公司	刘学勇,楼洪献
200710044721	一种形成矩形光斑的LED路灯装置	复旦大学	刘木清,李文宜,等
200710052426	一种节能的LED路灯灯头	武汉盛世华龙科技有限公司	王志刚
200710068894	一种LED路灯灯头	宁波燎原灯具股份有限公司	朱伯明,孙建江,等
200710073278	LED路灯及其透镜	深圳市邦贝尔电子有限公司	吴娟
200710075217	LED路灯	东莞勤上光电股份有限公司	李旭亮
200710075218	LED路灯	东莞勤上光电股份有限公司	李旭亮
200710075219	LED路灯灯体	东莞勤上光电股份有限公司	李旭亮
200710075221	型材	东莞勤上光电股份有限公司	李旭亮
200710075285	LED路灯灯体	东莞勤上光电股份有限公司	李旭亮
200710075286	LED路灯	东莞勤上光电股份有限公司	李旭亮
200710075375	二次光学透镜在LED路灯中的安装方法	东莞勤上光电股份有限公司	李旭亮
200710075376	LED路灯及LED路灯发光面积扩展方法	东莞勤上光电股份有限公司	李旭亮
200710075377	环保型LED路灯	东莞勤上光电股份有限公司	李旭亮
200710075732	一种节能型LED路灯	东莞勤上光电股份有限公司	李旭亮
200710075752	大功率LED路灯	深圳市泓亚光电子有限公司	徐震,陈修越,等
200710076900	路灯散热装置	深圳市九洲光电子有限公司	范宝平,鲁煌辉,等
200710112940	一种LED照明灯	中微光电子(潍坊)有限公司	孙夕庆,刘德强,等
200710121788	大功率LED路灯	北京工业大学	陈建新
200710123944	二次光学透镜	东莞勤上光电股份有限公司	李旭亮
200710125625	一种LED路灯	清华大学深圳研究生院	钱可元,罗毅
200710143350	LED路灯	浩然科技股份有限公司	梁见国
200710144042	LED路灯	福州日同辉太阳能应用技术有限公司	聂庆华
200710144091	模组化大功率LED路灯及其标准化LED光源模组单元	和谐光电科技(泉州)有限公司	林明德,王明煌,等
200710168054	发光二极管灯条式路灯	安提亚科技股份有限公司,吴定丰	吴定丰,林俊宏,等
200710203000	路灯系统	富士迈半导体精密工业(上海)有限公司,沛鑫能源科技股份有限公司	王君伟,江文章
200720005155	一种大功率发光二极管照明路灯	威海科华照明工程有限公司,孙小健	孙建国,宋光
200720008565	一种新型路灯	厦门文创电子有限公司	蔡维新,石才进
200720021935	一种LED路灯	济南市机械研究所	周舟,李兴健,等
200720023077	小型太阳能路灯	德州铭鑫科研有限公司	梁宝强,郝会清
200720030274	太阳能广告路灯	威海蓝星泰瑞光电有限公司	解欣业,吴军,等
200720038184	一种反光型LED路灯	江苏稳润光电有限公司	林其国,胡建红,等
200720038339	LED路灯	江苏伯乐达光电科技有限公司	童玉珍,管竹元,等

续表

申请号	名称	申请单位	发明人
200720039483	一种大功率高亮度LED路灯	南京汉德森科技股份有限公司	梁秉文,孙建国,等
200720050026	一种高压直接供电的LED路灯	鹤山丽得电子实业有限公司	樊邦弘
200720050719	LED路灯照明驱动装置	鹤山丽得电子实业有限公司	樊邦弘
200720051300	一种可调色温的LED路灯控制电路	鹤山丽得电子实业有限公司	樊邦弘
200720053232	超大功率LED组合灯芯	东莞市科锐德数码光电科技有限公司	陈德华,欧发文,等
200720053233	大功率LED路灯灯杆	东莞市科锐德数码光电科技有限公司	陈德华,欧发文,等
200720053234	大功率LED路灯灯具	东莞市科锐德数码光电科技有限公司	陈德华,欧发文,等
200720053235	大功率LED路灯	东莞市科锐德数码光电科技有限公司	陈德华,欧发文,等
200720055107	一体化散热LED路灯	珠海科利尔能源科技有限公司	李斯嘉
200720055108	一种LED路灯	珠海科利尔能源科技有限公司	李斯嘉
200720055110	大功率广角LED路灯	珠海科利尔能源科技有限公司	李斯嘉
200720055357	具有散热结构的LED路灯	东莞横沥鑫旺电子厂,魏佰华	魏佰华
200720055668	LED路灯	鹤山丽得电子实业有限公司	樊邦弘
200720055678	LED路灯驱动电源	东莞市邦臣光电有限公司	徐朝丰,周勇,等
200720055928	高亮度大功率LED路灯	珠海科利尔能源科技有限公司	李斯嘉
200720056717	一种LED路灯	鹤山丽得电子实业有限公司	樊邦弘
200720058644	带外置散热器大功率LED路灯灯具	东莞市科锐德数码光电科技有限公司	陈德华,欧发文,等
200720058646	大功率LED路灯灯具	东莞市科锐德数码光电科技有限公司	陈德华,欧发文,等
200720058647	大功率LED路灯灯具主壳体	东莞市科锐德数码光电科技有限公司	陈德华,欧发文,等
200720072364	大功率LED路灯	宁波安迪光电科技有限公司	刘学勇,楼洪献
200720073271	超长间距大功率发光二极管路灯	广东昭信光电科技有限公司	刘胜,罗小兵,等
200720073750	大功率发光二极管路灯的蒸汽腔散热结构	广东昭信光电科技有限公司	刘胜,罗小兵,等
200720076232	一种用红、绿、蓝三种颜色LED合成白光的LED路灯	苏州曼斯雷德光电有限公司	赵叶勤,李连山,等
200720076233	一种用黄、蓝二种颜色LED合成暖白光的LED路灯	苏州曼斯雷德光电有限公司	赵叶勤,李连山,等
200720077835	大功率LED路灯	宁波安迪光电科技有限公司	刘学勇,楼洪献
200720077836	大功率LED路灯	宁波安迪光电科技有限公司	刘学勇,楼洪献
200720078654	LED照明模块	四川新力光源有限公司	罗文正,李静,等
200720079104	路牌广告灯	四川埃科照明有限公司	文友
200720107951	大功率防水LED路灯	杭州中港数码技术有限公司	陆加明,王溪鹏
200720109249	LED路灯灯头	宁波燎原工业股份有限公司	朱伯明,孙建江,等
200720113369	一种格栅式LED路灯反射器	浙江求是信息电子有限公司	徐连城,汪卫国,等
200720114222	LED路灯灯头	宁波燎原工业股份有限公司	朱伯明,孙建江,等
200720121560	LED路灯	东莞勤上光电股份有限公司	李旭亮
200720121562	型材	东莞勤上光电股份有限公司	李旭亮
200720121563	型材	东莞勤上光电股份有限公司	李旭亮
200720121759	LED路灯	东莞勤上光电股份有限公司	李旭亮
200720122242	长寿型LED路灯	东莞勤上光电股份有限公司	李旭亮

续表

申请号	名称	申请单位	发明人
200720122243	LED 路灯	东莞勤上光电股份有限公司	李旭亮
200720126350	大功率 LED 道路照明灯	西安立明电子科技有限责任公司	穆一经
200720133240	大功率 LED 路灯及其壳体	宁波安迪光电科技有限公司	刘学勇,楼洪献
200720159804	一种大功率 LED 路灯	厦门市信达光电科技有限公司	吴文銾,李志孙,等
200720171165	LED 大功率路灯结构	德士达光电照明科技(深圳)有限公司	李知晏
200720171724	路灯散热装置	深圳市九洲光电子有限公司	范宝平,鲁煌辉,等
200720172029	一种大功率 LED 路灯	深圳市九洲光电子有限公司	范宝平,鲁煌辉,等
200720172454	二次光学透镜	东莞勤上光电股份有限公司	李旭亮
200720173644	新型一体化路灯	北京中安无限科技有限公司	林清洪,范思哲,等
200720177852	灯具	深圳帝光电子有限公司	宋义,苏遵惠
200720179005	大功率固态照明路灯灯具	东莞市科锐德数码光电科技有限公司	陈德华,欧发文,等
200720196398	LED 路灯	珠海市寰宇之光能源科技有限公司,深圳市国罡投资发展有限公司	邱志东
200720196489	太阳能控制电路	深圳市安和威太阳能科技有限公司	刘俊杰
200720302978	一种大功率 LED 路灯	杭州中港数码技术有限公司	陆加明,王溪鹏,等
200810000898	一种平面齿状的大功率 LED 路灯	北京中科慧宝科技有限公司	胡冰,张阳胜,等
200810001877	适用于 LED 路灯的透镜系统	宁波燎原灯具股份有限公司	朱伯明,陈海军,等
200810014610	一种 LED 路灯	中微光电子(潍坊)有限公司	孙夕庆,刘德强,等
200810016927	一种与风力结合的水冷却 LED 路灯	厦门市三安光电科技有限公司	黄生荣,林科闯
200810024303	风电互补的发光二极管路灯散热装置	无锡爱迪信光电科技有限公司	缪刚正,周炜,等
200810024304	LED 路灯与灯杆的连接装置	无锡爱迪信光电科技有限公司	方佩敏,缪刚正,等
200810026047	大功率 LED 铝基板集成模块	珠海泰坦新能源系统有限公司	李永富
200810038952	一种散热型 LED 路灯	上海宝康电子控制工程有限公司	余幼华,劳兆麟
200810054692	LED 路灯多曲面反射器	山西光宇电源有限公司	许敏,乔乾,等
200810065848	发光二极管路灯	富准精密工业(深圳)有限公司,鸿准精密工业股份有限公司	刘友学,何立
200810066343	发光二极管路灯	富准精密工业(深圳)有限公司,鸿准精密工业股份有限公司	刘友学,何立
200810067913	发光二极管路灯	富准精密工业(深圳)有限公司,鸿准精密工业股份有限公司	莫赐锦,何立
200810102547	一种高散热性能的 LED 路灯	北京高科能光电技术有限公司	王国华
200810129386	大功率 LED 灯配光器	东莞市科锐德数码光电科技有限公司	陈德华,欧发文,等
200810130296	实时回报电力数据的太阳能 LED 路灯	康舒科技股份有限公司	高青山,林维亮
200810149318	智能化 LED 路灯控制电路	深圳市斯派克光电科技有限公司	吴峰
200810153188	一种模块化 LED 路灯	天津工大海宇半导体照明有限公司	牛萍娟,高志刚
200810171625	改进的大功率 LED 路灯	深圳市科纳实业有限公司	徐泓
200810171897	含有超真空散热装置的模块化大功率 LED 路灯	常州雷德半导体科技有限公司	孙一慧
200810216154	LED 路灯	东莞勤上光电股份有限公司	张志海,吴新慧
200810216156	LED 路灯散热方法	东莞勤上光电股份有限公司	张志海,吴新慧

续表

申请号	名称	申请单位	发明人
200810216236	LED路灯	东莞勤上光电股份有限公司	张志海，吴新慧
200810216267	一种道路照明用白光发光二极管	深圳市九洲光电子有限公司	童华南，郭伦春，等
200810219771	模组型LED路灯反光杯	东莞市科锐德数码光电科技有限公司	陈德华，欧发文，等
200810229040	一种LED道路照明灯具	大连九久光电科技有限公司	蒋增钦，张尚超，等
200810300766	路灯系统	富士迈半导体精密工业（上海）有限公司，沛鑫能源科技股份有限公司	胡继忠，赖志铭
200810302607	一种LED发光管路灯的制作方法及路灯	浙江晶日照明科技有限公司	程世友
200810302628	用于制作LED路灯散热片的型材加工工艺	浙江晶日照明科技有限公司	程世友
200820000106	空气对流散热式大功率LED路灯灯具	河北格林光电技术有限公司	王晓伏，刘保全，等
200820001242	组合式LED灯头	香港理工大学	杜雪，蒋金波，等
200820001849	适用于LED路灯的透镜系统	宁波燎原灯具股份有限公司	朱伯明，陈海军，等
200820001850	LED路灯配光系统	宁波燎原灯具股份有限公司	朱伯明，陈海军，等
200820003293	智能型高效节能LED路灯	深圳市华烨新科技实业有限公司	余建平，王杰
200820004523	可调LED路灯	深圳市斯派克光电科技有限公司福永分公司	吴峰
200820005314	LED反光杯	保定市大正太阳能光电设备制造有限公司	黄瑞东，常河洲，等
200820005315	带反光杯的LED灯具	保定市大正太阳能光电设备制造有限公司	黄瑞东，常河洲，等
200820005990	直接散热式LED路灯	深圳市斯派克光电科技有限公司福永分公司	吴峰
200820006771	路灯结构	康田光电股份有限公司	钟承兆
200820007007	LED路灯	宁波燎原灯具股份有限公司	朱伯明，陈海军，等
200820012507	具有多媒体功能的路灯	嘉星盛世传媒（大连）有限公司	王清志
200820015127	LED热管散热器	鞍山鞍明热管制造有限公司	曲德家，张忠福，等
200820021465	一种水冷却LED路灯	厦门市三安光电科技有限公司	黄生荣，林科闯
200820023111	一种LED路灯	厦门市信达光电科技有限公司	吴文錬，涂占优
200820027042	一种可调光LED路灯	德州旭光太阳能光电有限公司	李荫洲，袁锦峰，等
200820031750	节能环保LED路灯	伟志电子（常州）有限公司	姚志图，胡建国，等
200820032032	大功率LED路灯用散热器	宜兴市宏力灯杆灯具有限公司	吕国峰
200820036342	一体化大功率LED路灯	合肥格林兰特光电有限公司	丁克龙
200820039270	内置散热装置的LED路灯	昆山太得隆机械有限公司	黄金鹿，王龙根，等
200820039271	外散热LED路灯	昆山太得隆机械有限公司	黄金鹿，王龙根，等
200820040127	多光源LED路灯	昆山太得隆机械有限公司	黄金鹿，王龙根，等
200820043863	多角度多光圈LED路灯	深圳市阳光富源科技有限公司	聂源，罗心村，等
200820043864	新型广角LED路灯	深圳市阳光富源科技有限公司	聂源，罗心村，等
200820048184	大功率LED路灯透镜	东莞市宏磊达电子塑胶有限公司	李博
200820048591	一种LED路灯灯头	鹤山丽得电子实业有限公司	樊邦扬

续表

申请号	名称	申请单位	发明人
200820048659	大功率 LED 路灯支架	东莞市宏磊达电子塑胶有限公司	李博
200820048733	一种大功率高效 LED 路灯散热器	东莞市友美电源设备有限公司	颜晓英,张元
200820048925	一种 LED 路灯灯头结构	鹤山丽得电子实业有限公司	樊邦扬
200820049234	LED 大功率路灯	东莞市友美电源设备有限公司	颜晓英,张元
200820049380	大功率 LED 灯高效散热器	东莞市友美电源设备有限公司	颜晓英,张元
200820050693	一种功率型 LED 光源及其灯具	珠海市和瑞光电科技有限公司	杨忠和,梁群杰,等
200820050703	一种 LED 路灯配光透镜	鹤山丽得电子实业有限公司	樊邦扬
200820051207	LED 路灯	东莞市邦臣光电有限公司	徐朝丰
200820051208	一种 LED 路灯	东莞市邦臣光电有限公司	徐朝丰
200820051258	LED 太阳能路灯控制器	东莞市友美电源设备有限公司	颜晓英,张元
200820059365	高亮度 LED 路灯灯头结构	无锡易昕光电科技有限公司	杨文金
200820059366	高亮度 LED 路灯灯头配光结构	无锡易昕光电科技有限公司	杨文金
200820059613	一种嵌入式 LED 道路照明灯具	复旦大学	刘木清,叶峰,等
200820064644	大功率 LED 路灯	四川科维通信息技术有限公司	李远清
200820065132	一种 LED 路灯	四川科维通信息技术有限公司	李远清
200820065603	LED 折叠式光源仿传统路灯	武汉伯乐莱光电产业有限公司	许赐林
200820074388	均光 LED 路灯	天津市数通科技有限公司	丛严修,张鹏,等
200820074647	一种 LED 灯条	天津市数通科技有限公司	丛严修
200820075247	一种用于 LED 路灯的条形导光反射器	天津市中环华祥电子有限公司	邵康,李红卫,等
200820075891	大功率半导体发光二极管路灯	天津市卓辉照明设备制造有限公司	赵鉴鑫
200820088548	LED 路灯模组	通用中企照明系统(杭州)有限公司	阵晓华,刘炜,等
200820089891	高光效 LED 路灯灯具主干	哈尔滨市电子计算技术研究所	周占祥,平立,等
200820089892	可组态高光效 LED 路灯主照明单元	哈尔滨市电子计算技术研究所	周占祥,平立,等
200820089893	可组态高光效 LED 路灯装置	哈尔滨市电子计算技术研究所	周占祥,平立,等
200820090162	非水平照射防眩光 LED 隧道灯	哈尔滨市电子计算技术研究所	周占祥,平立,等
200820092040	可调角度式 LED 路灯	东莞勤上光电股份有限公司	张志海,吴新慧
200820094763	用于 LED 路灯的多级调光控制电路	深圳市阳光富源科技有限公司	田建,沈启东
200820097489	LED 路灯分时段控制装置	重庆长星光电子制造有限公司	王国忠,续天翔,等
200820106346	LED 路灯灯具	山西光宇电源有限公司	许福贵,许敏,等
200820107142	LED 多联反光杯	保定市大正太阳能光电设备制造有限公司	魏俊萍,黄瑞东,等
200820110314	一种 LED 路灯灯架	北京市九州风神科贸有限责任公司	赵党生,王毅
200820111035	发光二极管路灯	中盟光电股份有限公司	郑秀琼,梁文魁,等
200820111234	可提供道路均匀照明的路灯	中盟光电股份有限公司	倪靖琮,林容生
200820111306	一体化大功率 LED 路灯灯头	保定市阳光盛原科技有限公司	贺洁,刘金胜
200820114522	一种 LED 反光杯	保定市大正太阳能光电设备制造有限公司	黄瑞东,常子龙,等
200820116453	LED 路灯结构	丽鸿科技股份有限公司	阮庆源,张昆荣,等
200820117986	发光二极管路灯的灯座改良结构	奥古斯丁科技股份有限公司	王派酋
200820118337	高功率 LED 路灯的灯座	玉晶光电股份有限公司	何彦纬

续表

申请号	名称	申请单位	发明人
200820123847	一种 LED 路灯	北京巨数数字技术开发有限公司	商松
200820124071	一种 LED 路灯	北京巨数数字技术开发有限公司	商松
200820124621	一种 LED 路灯	北京巨数数字技术开发有限公司	商松
200820124622	一种 LED 路灯	北京巨数数字技术开发有限公司	商松
200820124847	大功率 LED 模组光源灯具	东莞市科锐德数码光电科技有限公司	陈德华,欧发文,等
200820124848	大功率 LED 灯配光器	东莞市科锐德数码光电科技有限公司	陈德华,欧发文,等
200820125908	LED 路灯光学模块	品能科技股份有限公司	张立恒
200820127861	白光 LED 面光源新型路灯	沧州世纪之光照明器材有限公司,河北神通光电科技有限公司	崔志奇,崔泽英
200820127862	新型白光 LED 面光源射灯	沧州世纪之光照明器材有限公司,河北神通光电科技有限公司	崔志奇,崔泽英
200820129731	LED 路灯	光磊科技股份有限公司	莫运强,廖嘉华,等
200820131435	一种 LED 路灯用的透镜	上海三思电子工程有限公司,上海三思科技发展有限公司	陈必寿,王鹰华,等
200820131719	一种新型结构的节能环保 LED 路灯	伟志光电(深圳)有限公司	姚志图,张则佩,等
200820134884	大功率 LED 路灯散热装置	深圳市斯派克光电科技有限公司	吴峰
200820136785	环保节能 LED 灯头单元及其构成的灯头	广州赛福节能科技发展有限公司	林佛振,齐加明,等
200820137460	LED 路灯	天台县海威机电有限公司	曹正权
200820137463	LED 灯模块	天台县海威机电有限公司	曹正权
200820139476	一种大功率 LED 路灯	深圳豪迈电器有限公司	刘征
200820140085	改进的大功率 LED 路灯	深圳市科纳实业有限公司	徐泓
200820146246	大功率 LED 路灯鳍片散热结构	厦门德富勤照明科技有限公司	叶荣南,廖民斌,等
200820146903	一种 LED 路灯驱动装置及其 LED 路灯	比亚迪股份有限公司	易蓉
200820147475	LED 路灯	东莞勤上光电股份有限公司	张志海,吴新慧
200820147476	LED 路灯灯管	东莞勤上光电股份有限公司	张志海,吴新慧
200820147477	型材	东莞勤上光电股份有限公司	张志海,吴新慧
200820147591	一种道路照明用白光发光二极管	深圳市九洲光电子有限公司	童华南,郭伦春,等
200820148156	一种发光二极管路灯外凸式新型散热系统	许昌稳润光电科技有限公司	赵义明,廖志华,等
200820148157	一种能扩大发光二极管路灯照射角度的新型散热器	许昌稳润光电科技有限公司	廖志华,赵义明,等
200820155383	大功率 LED 路灯	宁波安迪光电科技有限公司	楼洪献,刘学勇
200820155384	大功率 LED 路灯	宁波安迪光电科技有限公司	楼洪献,刘学勇
200820156423	智能 LED 路灯	上海大晨光电科技有限公司	王国定,李明瞬,等
200820157064	LED 路灯发光装置	上海亚明灯泡厂有限公司	庄灿阳
200820160631	一种智能自控式 LED 路灯	丹阳市鹏飞路灯照明有限公司	王常荣,徐德超
200820160632	双火大功率 LED 光源路灯头	丹阳市鹏飞路灯照明有限公司	王常荣,徐德超
200820163350	单体大功率 LED 路灯	嘉兴市维嘉微电子有限公司	胡家琪
200820164881	大功率 LED 照明灯具	浙江捷莱照明有限公司	戴军历,钟根发

续表

申请号	名称	申请单位	发明人
200820167135	拼装式 LED 路灯灯具	杭州五联照明科技有限公司	陈少华,李耀明,等
200820172829	组合式 LED 路灯	济南市机械研究所	李兴建,周舟,等
200820176069	一种照射面积大的 LED 路灯	河北沐天太阳能科技发展有限公司	翟树镯,赵五申,等
200820179006	光学透镜及其发光二极管照明装置	创研光电股份有限公司	罗智玮,徐运强,等
200820184282	LED 道路灯具散热结构	深圳高力特通用电气有限公司	高京泉
200820184285	一种 LED 道路灯具	深圳高力特通用电气有限公司	高京泉
200820185683	基板组合式 LED 路灯	江阴市科夏电器有限公司	张旗兴,徐军
200820188849	一种 LED 路灯灯头	鹤山丽得电子实业有限公司	樊邦扬
200820188999	单颗多晶封装大功率 LED 路灯	东莞市友美电源设备有限公司	颜晓英,张元
200820189523	一种 LED 路灯	东莞市福地电子材料有限公司	王维昀,陈小东
200820199610	三色混光可控 LED 路灯	晶能光电(江西)有限公司	章少华
200820200208	一种悬挂式 LED 路灯	鹤山丽得电子实业有限公司	樊邦扬
200820201381	一种组装式的可扩展 LED 路灯	广东昭信金属制品有限公司	刘胜,罗小兵,等
200820203030	一种自动散热及节能 LED 路灯控制装置	中国科学院广州能源研究所	陈勇,柳青,等
200820203031	一种大功率 LED 路灯节能控制电路	中国科学院广州能源研究所	陈勇,柳青,等
200820203225	一种 LED 路灯	东莞乐域塑胶电子制品有限公司	劳应海
200820203227	一种路灯的散热座	东莞乐域塑胶电子制品有限公司	劳应海
200820203550	LED 路灯光源	深圳市深华龙科技实业有限公司	刘光喜,岑家雄,等
200820204809	双通道模组型 LED 光源路灯配光器	东莞市科锐德数码光电科技有限公司	陈德华,欧发文,等
200820204810	模组型 LED 双通道光源路灯灯具	东莞市科锐德数码光电科技有限公司	陈德华,欧发文,等
200820204811	模组型 LED 路灯反光杯	东莞市科锐德数码光电科技有限公司	陈德华,欧发文,等
200820204812	模组型 LED 双光源路灯灯具	东莞市科锐德数码光电科技有限公司	陈德华,欧发文,等
200820204994	LED 路灯	东莞市邦臣光电有限公司	徐朝丰
200820205189	大功率 LED 灯基板	佛山市顺德区裕升光电技术有限公司	苏伟均
200820205364	大功率 LED 路灯透镜组	东莞市宏磊达电子塑胶有限公司	姚斌
200820205468	LED 光源板及 LED 路灯灯体	东莞市邦臣光电有限公司	徐朝丰
200820205469	一种高亮度 LED 路灯及其透镜	东莞市邦臣光电有限公司	徐朝丰
200820212023	路灯装置	深圳市深华龙科技实业有限公司	刘光喜,岑家雄,等
200820212045	一种路灯散热片结构	深圳市九洲光电子有限公司	肖从清,范宝平,等
200820212475	一种 LED 路灯装置	深圳万润科技股份有限公司	李志江,刘平,等
200820213984	一种特殊配光的发光二极管	深圳市九洲光电子有限公司	曹正芳,范宝平,等
200820222328	一种封装为椭球状的大功率 LED	西安电子科技大学创新数码股份有限公司	涂重阳
200820222386	一种光形为椭圆状的大功率 LED	西安电子科技大学创新数码股份有限公司	涂重阳
200820222387	一种用于 LED 路灯的散热装置	西安电子科技大学创新数码股份有限公司	涂重阳
200820229026	大功率 LED 路灯导热散热结构	厦门德富勤照明科技有限公司	叶荣南,廖良斌,等
200820229075	大功率 LED 路灯结构	厦门德富勤照明科技有限公司	叶荣南,廖良斌,等

续表

申请号	名称	申请单位	发明人
200820233749	脊瓦形LED路灯光源反光散热器	北京风光动力科技有限公司	侯建立
200820234874	一种光照射面为带形分布的LED	深圳市东昊光电子有限公司	陈永平
200820234929	发光二极管路灯	深圳万润科技股份有限公司	李志江,刘平,等
200820235774	一种大功率LED路灯	深圳市爱索佳实业有限公司	马锡裕,庄杰富
200820237545	模块化LED路灯	南京汉德森科技股份有限公司	孙建国,鲍康,等
200820237907	高光效广角自然散热LED路灯	泰兴市永志电子器件有限公司	熊明生
200820302970	LED道路灯	乐清市安特力电器有限公司	黄海斌
200820303556	一种LED灯具	四川新力光源有限公司	周勇,罗文正,等
200820303845	一种LED路灯	浙江晶日照明科技有限公司	程世友
200820303846	一种LED路灯的灯体接线腔安装结构	浙江晶日照明科技有限公司	程世友
200880023284	LED路灯	东莞勤上光电股份有限公司	李旭亮
200910007528	LED路灯	康舒科技股份有限公司	陈荣发,李哲纶,等
200910017302	一种LED路灯	山东魏仕照明科技有限公司	李金胜,魏波
200910025404	LED路灯金属软管连接装置	无锡爱迪信光电科技有限公司	缪刚正,周炜,等
200910036712	LED路灯透镜装置	深圳市深华龙科技实业有限公司	侯玉玺,余海霞
200910037847	双模组LED路灯灯具	东莞市科磊得数码光电科技有限公司	陈德华,欧文,等
200910037850	双模组LED路灯用截光型反光罩	东莞市科磊得数码光电科技有限公司	陈德华,欧文,等
200910039612	LED路灯的反射杯	华南理工大学	王洪,张奇辉,等
200910040700	一种大功率LED灯的散热模组	华南理工大学	汪双凤,张伟保
200910040917	一种具有智能检测控制系统的LED路灯	广州钒浦新能源发展有限公司	敬俊
200910054935	LED路灯透镜	江苏伯乐达光电科技有限公司	宋金德,张茂胜,等
200910054937	LED路灯光学系统	江苏伯乐达光电科技有限公司	宋金德,张茂胜,等
200910054938	LED路灯透镜	江苏伯乐达光电科技有限公司	宋金德,董维胜,等
200910091809	一种LED路灯系统	深圳市中庆微科技开发有限公司	商松
200910095747	路灯用LED光源的透镜以及使用该透镜的路灯	杭州杭科光电有限公司	陈哲艮
200910106232	一种LED路灯	东莞勤上光电股份有限公司	李旭亮
200910106695	LED大功率路灯	深圳市钧多立实业有限公司	毛国钧
200910107101	LED路灯	深圳市阳光富源科技有限公司	聂源,田建
200910107553	一种LED配光透镜及含有该透镜的LED路灯	比亚迪股份有限公司	周慧君
200910108657	LED路灯	南京中压光电科技有限公司	蔡州
200910115467	LED透镜以及LED透镜阵列结构	江西省晶和照明有限公司	王敏
200910147308	LED路灯大角度二次配光透镜及其制造方法	深圳市斯派克光电科技有限公司	蒋金波,杜雪
200910159373	模组型两级散热LED路灯灯具	东莞市科磊得数码光电科技有限公司	陈德华,欧文,等
200910182794	智能型磁悬浮垂直涡轮发电机LED路灯	南通大学	吴国庆,倪红军,等
200910192443	LED阵列路灯	广州赛福节能科技发展有限公司	林津,林佛振,等

续表

申请号	名称	申请单位	发明人
200910208670	大功率 LED 路灯	厦门靓星光电科技有限公司	骆汉辉
200910221597	LED 路灯结构和 LED 路灯结构的灯头的散热方法	贵州世纪天元矿业有限公司	黄贵明
200910246118	模块化可组装 LED 路灯	滁州恒恩光电科技有限公司	陈龙，王晓军，等
200910258211	一种新型散热装置的 LED 路灯	广州大学	郭康贤，康敏武
200910301466	一种反光杯及其制作方法	浙江晶日照明科技有限公司	程世友
200910308162	一种扁长式 LED 路灯	深圳市百信百投资有限公司，河源粤兴照明实业有限公司	麦汉鑫，钟国胜
200920001261	LED 精细配光阵列路灯	广州赛福节能科技发展有限公司	林佛振，齐加明，等
200920005374	调整 LED 路灯照射角度的装置	东莞东海龙环保科技有限公司	骆国豪，王瑞峰
200920005788	发光二极管路灯结构	一诠精密工业股份有限公司	连宥承，吴晏奇
200920006616	LED 路灯改良结构	东莞派拉蒙光电科技有限公司	吴文彰
200920006677	具有热传导散热的 LED 路灯灯头结构	巨燊科技有限公司	温丰远，许弘宗
200920007111	LED 路灯灯头结构	鈤新科技股份有限公司，珍通能源技术股份有限公司	林国仁，王怀明，等
200920008717	LED 灯	珠海市绿色照明科技有限公司，陈刚	陈刚，朱卫军，等
200920009434	LED 路灯灯头组装结构	鈤新科技股份有限公司，珍通能源技术股份有限公司	林国仁，林贞祥，等
200920013082	具有安防监控功能的 LED 路灯	大连宏源照明节能工程有限公司	苏 ，齐忠斌，等
200920025436	一种 LED 路灯	山东三晶照明科技有限公司	王志成，吴君成
200920026168	一种带有支撑装置的 LED 路灯	山东浪潮华光照明有限公司	胡大奎，冯永照，等
200920026169	防异物的新型 LED 路灯	山东浪潮华光照明有限公司	于治楼，胡大奎，等
200920026171	一种安全防脱落的 LED 路灯	山东浪潮华光照明有限公司	胡大奎，冯永照，等
200920027092	一种 LED 路灯	山东恒威光电节能科技有限公司	李金胜，魏波
200920028167	LED 太阳能灯具	山东科明太阳能光伏有限公司	董呈波，梁加深
200920028170	风光互补太阳能路灯	山东科明太阳能光伏有限公司	董呈波，梁加深
200920029492	LED 路灯	山东魏仕照明科技有限公司	李金胜，魏波
200920032165	一种大功率 LED 路灯散热器	西北有色金属研究院	杜明焕，李争显，等
200920033951	一种大功率 120 瓦半导体路灯	陕西天和照明设备工程有限公司	杨文军，周艳，等
200920033954	一种大功率 90 瓦半导体路灯	陕西天和照明设备工程有限公司	杨文军，周艳，等
200920034238	一种可调对翼 LED 路灯	西安长嘉光电科技有限公司	罗勇
200920035836	高光效 LED 路灯	无锡爱迪信光电科技有限公司	缪刚正，周炜，等
200920036163	大功率 LED 路灯灯具	江苏贝尔照明电器有限公司	赵浩军
200920037065	太阳能 LED 路灯控制装置	常州市吉诺新能源有限公司	张春平，刘智云
200920039406	光场周边柔和的大功率 LED 路灯灯具	南京松日科技有限公司	梁冰，钱照旭
200920042414	基于 MEMS 微冷却装置散热的大功率 LED 灯具	江苏名家汇电器有限公司	朱纪军，洪思忠，等
200920043218	大功率大角度 LED 路灯	常州市树杰灯饰有限公司	卓培宏
200920043388	LED 路灯	常州市树杰灯饰有限公司	卓培宏
200920044952	带有可调反射器的 LED 路灯	南京汉德森科技股份有限公司	孙建国，杨海峰

续表

申请号	名称	申请单位	发明人
200920049845	一种 LED 路灯	东莞市兆明光电科技有限公司	张轹冰
200920049850	一种新型 LED 路灯	东莞市兆明光电科技有限公司	张轹冰
200920050012	一种 LED 路灯的出光结构	广东昭信金属制品有限公司	徐连城，奚文胜
200920050190	一种 LED 路灯	广州市鸿利光电子有限公司	吴乾，刘书宁，等
200920050202	LED 道路灯反光结构	广东昭信金属制品有限公司	徐连城，奚文胜
200920050227	LED 道路灯反光器	广东昭信金属制品有限公司	徐连城，奚文胜
200920050228	LED 道路灯的散热结构	广东昭信金属制品有限公司	陈剑波，冼玉满，等
200920050289	LED 路灯透镜装置	深圳市深华龙科技实业有限公司	侯玉玺，余海霞
200920050302	太阳能 LED 路灯系统	广东省东莞市质量计量监督检测所，东莞勤上光电股份有限公司，东莞市特龙金科能源科技有限公司	陈伟权，姚志慧，等
200920051076	大功率 LED 二次光学透镜及采用该透镜的装配	深圳市深华龙科技实业有限公司	岑家雄，侯玉玺，等
200920051837	一种具有二次光学透镜的 LED 灯	东莞市友美电源设备有限公司	颜晓英，张元
200920052071	一种可控光照射范围节能型 LED 路灯	江苏江旭照明科技有限公司	罗正良，闻彬
200920052073	一种新型散热结构的节能 LED 路灯	江苏江旭照明科技有限公司	罗正良，闻彬
200920052381	环保节能 LED 照明灯	佛山市三水三联塑胶原料制品有限公司	陈国坚，方明华
200920052436	一种 LED 路灯	广州市海林电子科技发展有限公司	邢瑞林，汤丹
200920052516	双模组 LED 路灯灯具	东莞市科磊得数码光电科技有限公司	陈德华，欧文，等
200920052517	双模组 LED 路灯反光罩	东莞市科磊得数码光电科技有限公司	陈德华，欧文，等
200920052518	双模组 LED 路灯用截光型灯具	东莞市科磊得数码光电科技有限公司	陈德华，欧文，等
200920052519	双模组 LED 路灯用截光型反光罩	东莞市科磊得数码光电科技有限公司	陈德华，欧文，等
200920052759	路灯底座	珠海市鸿恺电子科技有限公司	候殿青
200920052760	广角路灯	珠海市鸿恺电子科技有限公司	候殿青
200920052783	一种 LED 路灯	东莞市贻嘉光电科技有限公司	吴新伟，蓝开锋
200920052784	一种 LED 路灯透镜模组	东莞市贻嘉光电科技有限公司	吴新伟，蓝开锋
200920053058	可防止结露的 LED 路灯	河源市粤兴实业有限公司	刘东方
200920053059	良好散热功能的 LED 路灯	河源市粤兴实业有限公司	刘东方
200920054154	一种 LED 路灯	东莞市实达精密机器有限公司	魏余红
200920054160	LED 路灯的散热装置	东莞市实达精密机器有限公司	魏余红
200920054162	LED 路灯电源散热结构	东莞市实达精密机器有限公司	魏余红
200920054168	LED 路灯的光学透镜	东莞市实达精密机器有限公司	魏余红
200920054251	单个、多个均可用的 LED 单元灯	珠海麟盛电子科技有限公司	孟中盛，戴腾腾
200920054339	具有配光散热装置的 LED 路灯	东莞市松毅电子有限公司	王心范
200920054340	多跨度大功率 LED 路灯透镜	东莞市宏磊达电子塑胶有限公司	姚斌
200920054393	道路照明专用 LED 光源透镜	珠海泰坦新能源系统有限公司	李永富
200920054904	LED 路灯	东莞市邦臣光电有限公司	徐朝丰
200920055164	一种 LED 路灯	广州大学	刘佐濂，郭康贤
200920055297	一种 LED 灯头	东莞市星火机电设备工程有限公司	刘水庆
200920056883	LED 路灯的反射杯	华南理工大学	王洪，张奇辉，等

续表

申请号	名称	申请单位	发明人
200920057068	自然能路灯	深圳市翰田科技有限公司	巫振乐
200920057116	路灯用大功率 LED	深圳市国冶星光电子有限公司	林明
200920057117	螺纹形路灯用大功率 LED	深圳市国冶星光电子有限公司	韦运动
200920057602	LED 路灯的发光模组	东莞市乐好电子科技有限公司	刘亮武
200920057604	提高防水性的路灯结构	东莞市乐好电子科技有限公司	刘亮武
200920057605	LED 路灯之结构改良	东莞市乐好电子科技有限公司	刘亮武
200920057938	一种新型 LED 路灯	东莞市友美电源设备有限公司	颜晓英,张元
200920058313	一种 LED 路灯	东莞市兆明光电科技有限公司	张铄冰
200920059242	大功率 LED 路灯透镜模组	东莞市宏磊达电子塑胶有限公司	姚斌,黄哲人,等
200920059379	一种可万向角度调节的 LED 路灯灯具	东莞市友美电源设备有限公司	颜晓英,张元
200920059872	一种新型 LED 路灯	中山火炬职业技术学院	王奉瑾,何薇薇
200920060312	带呼吸功能的 LED 路灯	河源市粤兴实业有限公司	刘东方,何石明
200920067264	照射角度可调的 LED 路灯	上海辰皓光源科技有限公司,上海半导体照明工程技术研究中心	杨介信,朱平,等
200920067697	LED 路灯	上海鸿宝能源科技有限公司,宋贤杰,阮荣飞	阮荣飞,宋贤杰,等
200920067864	通透型可脱卸 LED 路灯灯具	上海三思电子工程有限公司,上海三思科技发展有限公司	王鹰华,顾肖冬,等
200920067867	一种 LED 路灯用的偏光式透镜	上海三思电子工程有限公司,上海三思科技发展有限公司	程德诗,周士康,等
200920068110	一种采用 LED 作为光源的路灯	复旦大学	刘木清,张万路,等
200920070134	一种 LED 路灯	上海宝康电子控制工程有限公司	余幼华,彭小静,等
200920071067	可调节发光角度的高功率 LED 路灯	上海毅思达国际贸易有限公司	李巧巧
200920072313	节能环保路灯	上海查尔斯电子有限公司	杨晨
200920072740	用于发光二极管路灯的散热封装结构	上海卓霖电子照明有限公司	蔡卓然,张敏,等
200920074555	一种自排水 LED 路灯	上海昕光照明科技有限公司	蒋文洪
200920074556	一种风洞对流散热 LED 路灯	上海昕光照明科技有限公司	蒋文洪
200920074606	组合式 LED 路灯	苏州中泽光电科技有限公司	黄金鹿,黄莺,等
200920074609	一种嵌扣式 LED 路灯	苏州中泽光电科技有限公司	黄金鹿,黄莺,等
200920074611	拉伸式热管散热器及其 LED 灯具	苏州中泽光电科技有限公司	黄金鹿,黄莺,等
200920074782	穿孔网格 LED 路灯	苏州中泽光电科技有限公司	黄金鹿,缪应明,等
200920074783	双光源过孔散热 LED 路灯	苏州中泽光电科技有限公司	黄金鹿,缪应明,等
200920074784	一种挤压成型 LED 路灯	苏州中泽光电科技有限公司	黄金鹿,黄莺,等
200920074786	过流散热 LED 路灯	苏州中泽光电科技有限公司	缪应明,黄金鹿,等
200920074789	多颗粒低热阻 LED 路灯	苏州中泽光电科技有限公司	黄金鹿,缪应明,等
200920074790	多颗粒反射折射 LED 路灯	苏州中泽光电科技有限公司	黄金鹿,黄莺,等
200920074800	新型高效大功率 LED 道路灯具反射器结构	阿拉丁(上海)光电科技有限公司	宋贤杰

续表

申请号	名称	申请单位	发明人
200920078033	镂空结构的LED路灯	上海三思电子工程有限公司,上海三思科技发展有限公司,嘉善晶辉光电技术有限公司	程德诗,王化锋,等
200920078378	LED路灯透镜	江苏伯乐达光电科技有限公司	宋金德,王祥伟,等
200920078379	LED路灯透镜	江苏伯乐达光电科技有限公司	宋金德,王祥伟,等
200920078380	LED路灯光学系统	江苏伯乐达光电科技有限公司	宋金德,王祥伟,等
200920080393	一种广角度LED照明路灯	中国测试技术研究院光学研究所	尤意,冉庆
200920082686	一种自带热管的翼片式散热器的LED路灯	四川格兰德科技有限公司	谭国益,李克杰,等
200920085132	一种LED路灯系统	湖北小天地科技有限公司	曾友明,蔡建林
200920089406	一种新型LED路灯	晶诚(郑州)科技有限公司	万承钢,吴赟,等
200920096727	一种内置式LED路灯驱动器	天津工大海宇半导体照明有限公司	牛萍娟,高志刚,等
200920096829	LED路灯灯壳	天津星洋电子科技有限公司	武彧
200920098513	一种模块化LED路灯	天津工大海宇半导体照明有限公司	牛萍娟,高志刚,等
200920101741	具有分时调光和故障监控功能的风光互补LED路灯	山西吉天利半导体照明有限公司	梁福明
200920106945	一体化太阳能LED路灯	北京高科能光电技术有限公司	王国华
200920112089	一种COB封装的大功率LED路灯用模组	杭州中宙光电股份有限公司	蒋文霞
200920112830	大功率LED弧形灯具	浙江捷莱照明有限公司	戴军历
200920117835	可续接三线四路LED灯串	浙江天宇灯饰有限公司	孙亚国,许式宽
200920118081	大功率LED路灯稳压开关电源升压恒流多路驱动器	杭州飞华照明电器有限公司	沈庆跃
200920118340	LED路灯	嘉兴天瑞电子科技有限公司	张思宇,胡淼炯
200920119123	大功率LED光源灯	杭州创元光电科技有限公司	楼满娥,陈飞红,等
200920120360	一种LED路灯	浙江西子光电科技有限公司	陈凯,章子奇,等
200920120361	利于散热的LED路灯	浙江西子光电科技有限公司	陈凯,章子奇,等
200920120362	带有太阳能电池板的LED路灯	浙江西子光电科技有限公司	陈凯,章子奇,等
200920120421	一种LED路灯	杭州中港数码技术有限公司	陆曦
200920123722	一种LED路灯	浙江琅盛光电科技股份有限公司	贺勇,张理,等
200920125124	大功率LED路灯	艾迪光电(杭州)有限公司	华桂潮
200920127161	一种大功率LED路灯连接件	重庆星河电气有限公司	胡栋,章赋,等
200920128283	透空型LED散热板	重庆大学	何川,陈伟民
200920129933	一种散热装置及LED路灯	深圳市精伦模业有限公司	雍兴春
200920130643	一种远程控制新型风光互补LED路灯	深圳市领驭高科太阳能有限公司	刘伟,余国献,等
200920130792	可调投射角度的LED路灯	深圳市深华龙科技实业有限公司	刘光喜,岑家雄,等
200920130794	可防尘的LED路灯散热体	深圳市深华龙科技实业有限公司	刘光喜,岑家雄,等
200920131113	一种LED路灯	卓灵智能(深圳)有限公司	胡晓霞,石成海,等
200920131959	LED路灯	深圳市金积嘉世纪光电科技有限公司	梁明文,陈燕鸣,等
200920132206	一种大功率LED路灯	深圳市证通机电有限公司	曾胜强

续表

申请号	名称	申请单位	发明人
200920133135	大功率 LED 路灯	深圳市阳光富源科技有限公司	聂源，田建
200920133136	LED 路灯驱动器	深圳市阳光富源科技有限公司	聂源，田建
200920133137	LED 路灯反光罩	深圳市阳光富源科技有限公司	聂源，田建
200920133302	一种模块化 LED 路灯	深圳市特思高电子有限公司	杨跃华
200920133303	一种 LED 节能路灯模块	深圳市特思高电子有限公司	杨跃华
200920134353	LED 路灯散热器	深圳市通普科技有限公司	庞桂伟，廖井红
200920134477	型材	中山大学	王钢，祁山，等
200920134617	一种免驱动式 LED 路灯	深圳市富士新华电子科技有限公司	杨一江
200920135149	LED 发光模块和 LED 路灯	深圳市洲明科技有限公司	李江海，曾光明，等
200920135746	一种 LED 路灯	深圳市华海诚信电子显示技术有限公司	于德海
200920135864	一种基板	东莞勤上光电股份有限公司	李旭亮
200920135866	一种 LED 路灯	东莞勤上光电股份有限公司	李旭亮
200920136905	高性能 LED 路灯	厦门中科南方投资有限公司	匡振宇，宋良平，等
200920137168	漫射型光源 LED 路灯	福建嘉能光电科技有限公司	林泉，施生面，等
200920137569	一种新型路灯照明灯具	厦门荣兴雷普照明科技有限公司	张昭军
200920138229	LED 路灯光源模组	厦门市信达光电科技有限公司	郑代顺，黄智炜，等
200920139333	一种路灯	厦门中科南方投资有限公司	匡振宇，宋良平，等
200920141824	带透镜的 LED 路灯	天台县海威机电有限公司	曹正权
200920141826	LED 路灯支架	天台县海威机电有限公司	曹正权
200920142115	LED 路灯	江西联创光电科技股份有限公司	熊新华，刘芳娇，等
200920148332	适用于 LED 模组的网格布阵电路	科兴实业(香港)有限公司	李智磊，王松
200920150995	LED 路灯二次配光透镜	深圳市斯派克光电科技有限公司	蒋金波，杜雪
200920151263	一种 LED 路灯组装构造	东莞派拉蒙光电科技有限公司	吴文彰
200920152273	一种 LED 恒流控制器	北京诚创星光科技有限公司	王晓飞
200920157802	一种 LED 路灯散热装置	深圳市山胜实业有限公司	张革私
200920157805	一种 LED 路灯	深圳市山胜实业有限公司	张革私
200920157808	一种 LED 路灯配光装置	深圳市山胜实业有限公司	张革私
200920157809	一种 LED 路灯电源	深圳市山胜实业有限公司	张革私
200920158403	一种大功率 LED 路灯散热改进结构	福建蓝蓝高科技发展有限公司	黄尔南
200920158863	LED 灯模块、LED 路灯连接架及其组装式 LED 路灯	天台县海威机电有限公司	曹正权
200920159331	一种新型 LED 路灯	东莞嘉茂电子科技有限公司	林天元
200920163616	一种大功率 LED 路灯的外壳	东莞市光宇新能源科技有限公司	王骞
200920163617	一种大功率 LED 路灯专用的透镜	东莞市光宇新能源科技有限公司	王骞
200920163618	大功率 LED 路灯专用的新型透镜	东莞市光宇新能源科技有限公司	王骞
200920163931	一种新型的 LED 路灯	青岛阿波罗新能源有限公司	王宏烈
200920165516	LED 照明设备	欧普特力有限公司	王吉祥
200920166676	模组型两级散热 LED 路灯灯具	东莞市科磊得数码光电科技有限公司	陈德华，欧文，等
200920167210	白光 LED 光源及应用该白光 LED 光源的路灯	歌尔声学股份有限公司	孙伟华，吉爱华，等

续表

申请号	名称	申请单位	发明人
200920170454	大功率 LED 路灯	深圳市横岗微科光电制品厂	徐冠华
200920173457	一种大功率 LED 路灯	浙江纳桑电子科技有限公司	李志荣
200920174945	发光二极管灯管	元瑞科技股份有限公司	萧复元,吴金俊
200920176154	一种新型灯具散热结构	东莞超速科技拓展有限公司	张玉荣,陈子健
200920176155	一种新型灯具壳体散热结构	东莞超速科技拓展有限公司	张玉荣,陈子健
200920181029	一种 LED 路灯的散热器	滁州恒恩光电科技有限公司	陈龙,王晓军,等
200920181825	一种大功率 LED 路灯	厦门市朗星节能照明有限公司	白鹭明,陈子鹏,等
200920182005	一种 LED 路灯的灯头密封结构	厦门冠宇科技有限公司	阳颜东,张辉,等
200920182010	一种 LED 路灯的灯头结构	厦门冠宇科技有限公司	阳颜东,张辉,等
200920182021	一种 LED 路灯的灯头密封腔	厦门冠宇科技有限公司	阳颜东,张辉,等
200920182865	一种大功率 LED 路灯	巨大(厦门)照明有限公司	王亚水,潘锦坤,等
200920183375	新型路灯	厦门趋动光电科技有限公司	童国峰,王举,等
200920183494	路灯的改进结构	厦门聚萤光电科技有限公司	吴剑波
200920185280	发光二极管的二次光学透镜及其阵列结构	江西省晶和照明有限公司	王敏
200920185281	LED 路灯模组	江西省晶和照明有限公司	王敏
200920185332	LED 路灯连接架	天台县海威机电有限公司	曹正权
200920185552	LED 路灯	浙江摩根电子科技有限公司	张为平
200920185894	LED 路灯透镜	天台县海威机电有限公司	曹正权
200920193891	一种 LED 路灯调光控制装置	东莞市友美电源设备有限公司	颜晓英,张元
200920194433	路灯系统	广东德豪润达电气股份有限公司	王冬雷
200920194804	一种新型防雷 LED 路灯	广州赛福节能科技发展有限公司	齐加明,林佛振,等
200920194946	一种 LED 路灯透镜模组	东莞市贻嘉光电科技有限公司	谢景森
200920194948	LED 路灯透镜模组	东莞市贻嘉光电科技有限公司	谢景森
200920195214	一种 LED 路灯	惠州市纯英半导体照明科技有限公司	王玉雄
200920196747	一种 LED 路灯	宁波爱米达半导体照明有限公司	张日光,牛宏强
200920196748	一种 LED 路灯透镜	宁波爱米达半导体照明有限公司	张日光,牛宏强
200920197613	基于复合热管的大功率 LED 路灯	艾迪光电(杭州)有限公司	张从峰,吴存真
200920198244	具有散热装置的 LED 路灯	浙江西子光电科技有限公司	陈凯,章子奇,等
200920204159	一种方便安装和维护的 LED 路灯	深圳三升高科技股份有限公司	王桥立
200920205493	一种 LED 路灯散热器	深圳市华汇光能科技有限公司	龚艳忠
200920205499	一种 LED 路灯	深圳市华汇光能科技有限公司	刘建茂
200920205953	一种 LED 路灯	深圳万润科技股份有限公司	李志江,刘平,等
200920206210	LED 路灯	深圳市航嘉驰源电气股份有限公司	段卫垠,张嘉栋,等
200920206380	LED 路灯散热结构	深圳市德彩光电有限公司	徐陈爱,潘希敏,等
200920206381	LED 路灯散热片排列结构	深圳市德彩光电有限公司	徐陈爱,潘希敏,等
200920206382	LED 路灯的防水结构	深圳市德彩光电有限公司	徐陈爱,潘希敏,等
200920208257	一种 LED 路灯的散热装置	中置新能源科技发展(上海)有限公司	童东华
200920208541	聚合物锂离子电池/染料敏化太阳能电池风光互补路灯	上海泰莱钢结构工程有限公司	丁列平,严伟

续表

申请号	名称	申请单位	发明人
200920208777	LED 灯透镜	品能光电(苏州)有限公司	邱佳发
200920208778	LED 灯透镜	品能光电(苏州)有限公司	邱佳发
200920209726	一种 LED 照明灯具	上海衍易电气设备科技有限公司	朱明,张锐,等
200920211764	LED 路灯等亮度配光透镜及其组合体	上海宝康电子控制工程有限公司	彭小静,余幼华,等
200920213308	一种改进的 LED 灯串	上海裕芯电子有限公司	付春国,杨义凯
200920213627	一种双光源大功率 LED 太阳能路灯	上海鑫阳光电科技股份有限公司	刘原,蔡一红,等
200920213894	角度可调式 LED 灯	上海康耐司信号设备有限公司	程其政,黄功发
200920215029	用于大功率 LED 路灯照明的自由曲面偏光透镜	华南理工大学	王洪,王海宏,等
200920217843	一种 LED 路灯	东莞市恒明光电科技有限公司	邱明树,蒋剑荣,等
200920219288	新型 LED 路灯	浙江西子光电科技有限公司	陈凯,傅少钦,等
200920219856	LED 路灯	东莞勤上光电股份有限公司	卿笃碑,邱伟前
200920223316	LED 路灯外壳及其构成的 LED 路灯结构	郑州光华灯具有限公司	王成建,赵新学
200920225550	可调配光角度的 LED 路灯	东营泰克拓普光电科技有限公司	仇智勇
200920225817	反射式防重影 LED 路灯	潍坊明锐光电科技有限公司	马玉波
200920225819	透射式防眩目 LED 路灯	潍坊明锐光电科技有限公司	马玉波
200920225820	LED 路灯灯壳	潍坊明锐光电科技有限公司	马玉波
200920228638	高显色性低压钠灯灯具	黄石东贝机电集团太阳能有限公司	郑再兴,方瑞清,等
200920230137	一种具有良好散热性能的 LED 路灯	阳光佰鸿新能源武汉有限公司	夏维,李世平
200920232446	一种 LED 与荧光粉空间隔离装置	江苏日月照明电器有限公司	徐向阳,唐建华
200920235669	通风式平行型外散热 LED 路灯	昆山太得隆机械有限公司	王龙根,董安峰,等
200920235670	通风式交叉型外散热 LED 路灯	昆山太得隆机械有限公司	王龙根,董安峰,等
200920236525	一种双光源路灯	东莞市友美电源设备有限公司	颜晓英,张元
200920237336	大功率 LED 路灯	深圳市富达金光电科技有限公司	李达军,王永刚
200920237578	一种非对称配光的 LED 光源模块	佛山市国星光电股份有限公司	余彬海,夏勋力,等
200920237582	一种基于金属芯 PCB 基板的 LED 光源模块	佛山市国星光电股份有限公司	余彬海,夏勋力,等
200920238180	一种低色温的 LED 路灯	东莞市友美电源设备有限公司	颜晓英,刘志宙,等
200920241897	LED 灯模组及用其制作的隧道灯	天台县海威机电有限公司	曹若杨
200920241898	LED 路灯模组电源连接装置	天台县海威机电有限公司	曹若杨
200920249871	大功率 LED 路灯	海安县奇锐电子有限公司	吉敏红
200920254833	光照可调式大功率 LED 路灯	霸州市旭丰光电科技有限公司	张春生,王占坡
200920260351	LED 路灯装置	深圳市联创环保节能设备有限公司	李保财
200920260820	LED 路灯散热装置	深圳市中兴新通讯设备有限公司	李英武,陈康荣,等
200920261391	一种高均匀性发光大功率 LED 路灯	横店集团浙江得邦公共照明有限公司	庄杰富
200920262029	一种 LED 路灯反光杯、反光杯模组及 LED 路灯	比亚迪股份有限公司	周慧君,保红波
200920262115	LED 路灯结构	东莞颖达电子科技有限公司	陈盈同

续表

申请号	名称	申请单位	发明人
200920262116	改良之LED路灯	东莞颖达电子科技有限公司	陈盈同
200920262117	LED路灯防水装置	东莞颖达电子科技有限公司	陈盈同
200920262118	LED路灯防水装置	东莞颖达电子科技有限公司	陈盈同
200920263152	可方便维修的LED路灯	东莞市邦臣光电有限公司	徐朝丰,徐朝东
200920263153	可移动散热灯壳的LED路灯	东莞市邦臣光电有限公司	徐朝丰,徐朝东
200920263154	可调照射角度的LED路灯	东莞市邦臣光电有限公司	徐朝丰,徐朝东
200920263155	便于安装与维护的LED路灯	东莞市邦臣光电有限公司	徐朝丰,徐朝东
200920263279	散热性能好的LED路灯	东莞市邦臣光电有限公司	徐朝丰,徐朝东
200920263345	一种应用导向型发光二极管模块的路灯	广东昭信光电科技有限公司	刘胜,王恺,等
200920264893	一种LED路灯	中国科学院广州能源研究所	徐刚,黄华凛
200920265600	一种散热型LED路灯	广州市雅江光电设备有限公司	陈家强
200920265601	一种分体式LED路灯	广州市雅江光电设备有限公司	陈家强
200920265602	一种LED路灯光学透镜	广州市雅江光电设备有限公司	陈家强
200920269562	一种LED路灯用偏心透镜	苏州中泽光电科技有限公司	黄金鹿,黄莺,等
200920269730	大功率LED路灯	厦门靓星光电科技有限公司	骆汉辉
200920270547	LED路灯装置	金进研磨股份有限公司	吴建朋
200920270885	LED路灯基板	山西洁宇光电有限公司	王欢,牛慧平,等
200920270887	LED路灯反光杯	山西洁宇光电有限公司	王欢,牛慧平,等
200920270888	LED路灯	山西洁宇光电有限公司	王欢,牛慧平,等
200920270890	LED路灯散热装置	山西洁宇光电有限公司	王欢,牛慧平,等
200920271729	一种LED与HID双光源路灯	无锡瑞威光电科技有限公司	金鹏,华复兴,等
200920273758	模块化可组装LED路灯	滁州恒恩光电科技有限公司	陈龙,王晓军,等
200920274217	用于LED阵列路灯的透镜模块	深圳市斯派克光电科技有限公司	吴峰
200920275899	大功率LED灯具侧向进风散热器	山西乐百利特科技有限责任公司	邢飞乐,张兵锋,等
200920277776	一种太阳能光控照明装置	北京交通大学	王峰超
200920277843	一种LED光源	中国科学院理化技术研究所	刘静,马璐
200920279172	一种交叉式光源路灯	东莞嘉茂电子科技有限公司	林天元
200920281323	LED路灯	日照华冠光电科技有限公司	刘京升
200920281492	一种可调节摄光角度的LED路灯	山东华艺集团有限公司	凌小虎
200920286750	一种LED路灯灯头	上海环东光电科技有限公司	许良鹏
200920295935	LED路灯	深圳市泰迪伦光电科技有限公司,倪汉杰	倪汉杰
200920295939	角度可调的LED路灯	深圳市泰迪伦光电科技有限公司,倪汉杰	倪汉杰
200920296864	LED路灯	深圳市证通电子股份有限公司	曾斌
200920296865	一种LED路灯	深圳市证通电子股份有限公司	曾斌
200920297786	大功率LED路灯透镜	东莞市宏磊达电子塑胶有限公司	姚斌,黄哲人,等
200920301987	LED路灯及其仰角调整结构	深圳市联创健和光电股份有限公司	吴海军,王红春,等
200920301988	LED路灯	深圳市联创健和光电股份有限公司	吴海军,王红春,等
200920302046	一种LED路灯电源模块	浙江晶日照明科技有限公司	程世友

续表

申请号	名称	申请单位	发明人
200920302048	一种组合式反光杯	浙江晶日照明科技有限公司	程世友
200920304072	LED 路灯灯体	中山市天能光电科技有限公司	张利强
200920306484	一种结构改进的 LED 路灯灯壳	福建大晶光电有限公司	郑成乐，王政添
200920308147	LED 节能道路照明灯	大庆振富科技信息有限公司	常刘柱，杨景江，等
200920308149	太阳能道路照明灯	大庆振富科技信息有限公司	常刘柱，杨景江，等
200920309046	一种具有智能光控电路的 LED 路灯	广东恒顺康电子科技股份有限公司	周忠正
200920309047	一种具有智能温控电路的 LED 路灯	广东恒顺康电子科技股份有限公司	周忠正
200920309059	一种具有智能延时电路的 LED 路灯	广东恒顺康电子科技股份有限公司	周忠正
200920309060	一种具有智能定时电路的 LED 路灯	广东恒顺康电子科技股份有限公司	周忠正
200920311073	一种小功率 LED 路灯	福建大晶光电有限公司	郑成乐，王政添
200920311402	LED 路灯头	宁波新峰电器有限公司，浙江积体电子科技股份有限公司，宁波新峰照明科技有限公司	陈丹峰，黄神
200920318013	太阳能 LED 路灯	西安盛运达电子有限公司	马友军
200920318483	LED 路灯用透镜和 LED 路灯	深圳市邦贝尔电子有限公司	李盛远
200920318578	LED 路灯散热器和通风自洁式模块化 LED 路灯	深圳市邦贝尔电子有限公司	何琳，潘朴廉，等
200920318583	LED 路灯	深圳市邦贝尔电子有限公司	何琳，潘朴廉，等
200920318603	LED 路灯安装座和 LED 路灯	深圳市邦贝尔电子有限公司	何琳，潘朴廉，等
200920350112	光源与电源模块分离的 LED 组合灯具	东莞勤上光电股份有限公司	卿笃碑
200920350342	一种 LED 光源路灯配光反射器	东莞市科磊得数码光电科技有限公司	陈德华，欧文，等
200920352199	热管散热 LED 路灯	宁波恒剑光电科技有限公司	朱剑军
200920352200	钢化玻璃灯罩 LED 路灯	宁波恒剑光电科技有限公司	朱剑军
200990100596	路灯用 LED 发光单元	深圳市洲明科技股份有限公司	王月飞，程君明，等
201010003641	一种 LED 路灯	中山市正丰照明科技有限公司	徐子立
201010010076	一种 LED 路灯新结构	大连九久光电制造有限公司	周强，蒋增钦，等
201010105640	一种配光 LED 路灯	中微光电子(潍坊)有限公司	孙夕庆，李明军，等
201010142824	一种模组路灯	北京朗波尔光电股份有限公司	马强
201010174632	一种热流道扩散式 LED 路灯散热解决方法	长沙恒锐照明电器有限公司	廖仕念，黎跃军，等
201010177591	一种具有双重散热结构的 LED 路灯	武汉迪源光电科技有限公司	张尚超，朱永华，等
201010197125	LED 路灯	东莞勤上光电股份有限公司	吴洪戈
201010205870	一种 LED 路灯二次光学透镜及其设计方法	北京航空航天大学	肖志松，黄安平，等
201010291226	一种节能 LED 路灯	华南理工大学	池水莲，戈明亮，等
201010574038	大功率 LED 路灯	重庆龙悦照明有限公司	何超
201010614507	基于框架结构的 LED 路灯组装方法	东莞勤上光电股份有限公司	邹大林
201020001234	LED 路灯散热结构	奇鋐科技股份有限公司	沈庆行
201020001933	路灯用的对称式 LED 透镜	雷笛克光学股份有限公司	唐德龙
201020001934	路灯用的非对称式 LED 透镜	雷笛克光学股份有限公司	唐德龙

续表

申请号	名称	申请单位	发明人
201020003714	一种LED路灯的照明模组	中山市正丰照明科技有限公司	徐子立
201020003726	一种LED路灯	中山市正丰照明科技有限公司	徐子立
201020010146	一种LED路灯新结构	大连九久光电制造有限公司	周强,蒋增钦,等
201020022488	一种圆弧路灯	苏伟光能科技(太仓)有限公司	何革苏,王培基,等
201020022504	一种LED路灯灯头	扬州福泰照明有限公司	潘荣祥
201020026489	LED路灯	中山市正丰照明科技有限公司	徐子立
201020026829	一种智能LED路灯	广州硅芯电子科技有限公司	李红深
201020027225	LED路灯的壳体结构	佛山市托维环境亮化工程有限公司	周巧仪
201020027226	LED路灯的呼吸器结构	佛山市托维环境亮化工程有限公司	周巧仪
201020027230	LED路灯透光玻璃锁紧结构	佛山市托维环境亮化工程有限公司	周巧仪
201020027231	带防雷功能的LED路灯	佛山市托维环境亮化工程有限公司	周巧仪
201020027232	LED路灯	佛山市托维环境亮化工程有限公司	周巧仪
201020027233	LED路灯的角度调节结构	佛山市托维环境亮化工程有限公司	周巧仪
201020041268	大功率LED路灯结构	郑州光华灯具有限公司	王成建,赵新学
201020062565	一种单光源和多光源模块化可组装LED路灯	滁州恒恩光电科技有限公司	陈龙,罗恒隆,等
201020105571	LED路灯外壳	宁波晶科光电有限公司	张亚素
201020105818	一种集成式大功率LED路灯	东莞市光宇新能源科技有限公司	王骞
201020106984	一种太阳能LED路灯	泉州龙发新电子发展有限公司	王秋国,裴长流,等
201020106994	一种反射式LED路灯	福建省诏安县科雅灯饰有限公司	杨玉坤
201020107065	一种大功率LED路灯	福建中科万邦光电股份有限公司	何文铭,唐春生,等
201020107377	一种配光LED路灯	中微光电子(潍坊)有限公司	孙夕庆,李明军,等
201020107412	LED路灯	常州欧密格光电科技有限公司	陆金发
201020108020	LED路灯角度调整装置	实铼股份有限公司	沈秀美
201020108252	LED路灯灯罩减重结构	实铼股份有限公司	沈秀美
201020108253	LED路灯快拆结构	实铼股份有限公司	沈秀美
201020109331	一种LED路灯散热片	深圳市航嘉驰源电气股份有限公司	段卫垠,张朋朋
201020109739	一种防光衰的LED路灯	常州朗升光电科技有限公司	张东方,李惠
201020110605	LED路灯灯体与连接接头的连接结构	东莞勤上光电股份有限公司	卿笃碑
201020110619	高速公路照明LED防雾灯	东莞勤上光电股份有限公司	龙佑樵
201020112034	集成大功率LED路灯散热装置	浙江工业大学	蒋兰芳,刘红,等
201020112792	LED路灯	深圳市英宝电器有限公司	张慧
201020112846	路灯的改进结构	厦门趋动光电科技有限公司	童国峰,林华传
201020114749	智能节电LED路灯	实铼股份有限公司	沈秀美
201020115941	一种大功率LED路灯	青岛信控电子技术有限公司	赵鲁予,赵家启
201020118002	一种LED路灯	深圳市证通电子股份有限公司	曾斌
201020121454	LED路灯的散热系统	株洲耀祥光电科技有限公司	巩晓春,陈中华
201020121457	LED路灯的防水驱动装置	株洲耀祥光电科技有限公司	巩晓春,赵在帮
201020121468	LED路灯	株洲耀祥光电科技有限公司	巩晓春,陈中华
201020121477	LED路灯的配光系统	株洲耀祥光电科技有限公司	巩晓春,王荣胜,等

续表

申请号	名称	申请单位	发明人
201020121776	LED路灯	南京中压光电科技有限公司	蔡州,范靖
201020122235	集成大功率LED路灯透镜	浙江工业大学	蒋兰芳,刘红,等
201020122484	可调光束辐射角度的LED路灯	山东旭光太阳能光电有限公司	李效志,张宝凯,等
201020122847	LED路灯角度调节装置	实铼股份有限公司	沈秀美
201020123856	大功率LED路灯二次光学配光装置	徐州欧美德节能科技有限公司	张爱荣
201020123959	防冰凌LED路灯	北京利亚德电子科技有限公司	韦启军,张建春
201020126557	防盗式太阳能路灯	厦门多科莫太阳能科技有限公司	王建斌
201020126661	一种分体式路灯	上海晶焱照明科技有限公司	刘君昂,吴韶颂
201020126740	LED路灯独立密封式防水结构	长沙恒锐照明电器有限公司	廖仕念,黎跃军,等
201020126760	可括展模块化LED路灯	长沙恒锐照明电器有限公司	廖仕念,黎跃军,等
201020127972	大功率LED路灯灯头	保定市阳光盛原科技有限公司	贺杰
201020131627	LED液冷式散热结构	海南世银能源科技有限公司	程洲山
201020131749	新型混光节能路灯	海南世银能源科技有限公司	程洲山
201020131750	LED混光高效节能路灯	海南世银能源科技有限公司	程洲山
201020131901	一种LED路灯	东莞长发光电科技有限公司	黄超荣
201020131925	外散热LED节能路灯	湖南新曦电子有限公司	赖洁,赖沅,等
201020132260	一种LED路灯结构	海优特(北京)技术有限公司	高志刚,张东
201020133387	可调整照明光色的路灯结构	趋势照明股份有限公司	廖仕仁,郑世杰
201020135034	模块化LED路灯装置	北京利亚德电子科技有限公司	韦启军,张建春
201020135599	一种用于LED路灯的嵌入式橡胶密封结构	河南恒基勤上光电有限公司	王潇湘,乔清周,等
201020135783	LED路灯灯体与灯杆接头的连接结构	东莞勤上光电股份有限公司	卿笃碑
201020136463	光学及散热模组化LED路灯	深圳市斯派克光电科技有限公司	吴峰
201020138362	玻璃板面盖LED路灯	东莞勤上光电股份有限公司	卿笃碑
201020138406	高效率低谐波LED照明自动调光电源	成都爱益迪电子科技有限公司	龚成
201020139157	一种LED路灯的散热外壳	福建明业太阳能发展有限公司	韩禮,林友宁
201020140260	组合式路灯	江苏爱亿迪光电科技有限公司	杨海东,刘建,等
201020140508	一种LED路灯	河北三生共盈照明科技有限公司	王庆标,张玉玲
201020140808	太阳能交通道路灯	浙江尖山光电科技有限公司	龙辉
201020141604	一种大范围大功率LED路灯	深圳市全彩光电科技有限公司	王松柏
201020141750	使用于LED路灯的高压直流传输配电系统	强德电能股份有限公司	许佑正
201020142669	大功率LED路灯防眩光反光罩	陕西金巢光电能源有限公司	王令军,张宏芳,等
201020147524	一种模组路灯	北京朗波尔光电股份有限公司	马强
201020147540	一种LED路灯防尘罩	北京朗波尔光电股份有限公司	马强
201020147563	一种LED路灯模组	北京朗波尔光电股份有限公司	马强
201020151814	环保智能型太阳能LED路灯	湛江通用电气有限公司	卢伟,郑英,等
201020151819	新型太阳能LED路灯	湛江通用电气有限公司	卢伟,郑英,等
201020151822	一种太阳能LED路灯	湛江通用电气有限公司	卢伟,郑英,等
201020152716	一种偏心平面LED路灯	上海昕光照明科技有限公司	刘亚洲

续表

申请号	名称	申请单位	发明人
201020153498	LED路灯	浙江华泰电子有限公司	朱一鸣
201020155707	光能路灯	湖南春晖科技有限公司	袁付文,吴文芝,等
201020155975	一种LED路灯外壳	东莞市翔龙能源科技有限公司	刘祥龙
201020155983	LED路灯	东莞市翔龙能源科技有限公司	刘祥龙
201020157873	一种用于路灯的节能灯具	上海鑫阳光电科技股份有限公司	施田,蔡一红,等
201020157875	一种混合光源的路灯头	上海鑫阳光电科技股份有限公司	施田,蔡一红,等
201020158520	大功率LED路灯	天水庆华电子科技有限公司	郭俊浩,张维权,等
201020160325	一种时段控制路灯	苏伟光能科技(太仓)有限公司	何革苏,王培基,等
201020160523	优化式互补太阳能路灯系统	青海骄阳新能源有限公司	贾国强,关金红,等
201020163308	一种一体化路灯	东莞市友美电源设备有限公司	颜晓英,张元
201020163335	一种带有装饰灯的LED路灯	上海昕光照明科技有限公司	刘亚洲
201020164438	LED路灯散热器	深圳市华慧能照明科技有限公司	吴云肖
201020165648	带有太阳能电池板的LED路灯	浙江西子光电科技有限公司	陈凯,傅少钦,等
201020165741	附有恒流二极管CRD电路的LED灯泡	广德利德照明有限公司	喻北京
201020167158	一种大功率集成LED路灯二次光学透镜	东莞市友美电源设备有限公司	颜晓英,张元
201020170193	一种带LED照明灯的垃圾桶	东莞市友美电源设备有限公司	颜晓英,张元
201020171714	结构新颖的LED路灯	企达工业(南京)有限公司	哈里森·袁,王万胜,等
201020171781	大功率LED路灯	福州康信机电制造有限公司	林川
201020172038	一种LED路灯散热结构	鹏雄实业(深圳)有限公司	张素菊,陶宏,等
201020172978	一种太阳能LED路灯装置	晶诚(郑州)科技有限公司	陈泽亚,郑香舜,等
201020173843	LED路灯	江苏菱安光电科技有限公司	严圣军
201020175172	配用于高压钠灯技术改造的LED透镜模组	山东旭光太阳能光电有限公司	张宝凯,李效志,等
201020177672	一种LED路灯	山东魏仕照明科技有限公司	魏波,张在忠
201020179022	一种大功率LED路灯垂直式散热装置	东莞市友美电源设备有限公司	颜晓英,张元
201020179023	大功率LED路灯	广东明家科技股份有限公司	周建林
201020179972	一种大功率LED路灯	浙江尧亮照明电器有限公司	陈尧良,叶宝铨
201020179990	一种LED路灯	浙江尧亮照明电器有限公司	陈尧良,叶宝铨
201020181101	一种穿孔组合式LED路灯	苏州中泽光电科技有限公司	黄金鹿,缪应明,等
201020182248	一种太阳能LED柱形路灯	成都普兰斯纳科技有限公司	邢智林
201020182278	一种太阳能供电的LED路灯	成都普兰斯纳科技有限公司	邢智林
201020184257	一种快速散热高效节能的LED路灯	江西开昂科技有限公司	杨旸,明瑞法,等
201020187508	一种节能型LED路灯	上海致达智利达系统控制有限责任公司,上海半导体照明工程技术研究中心	徐安成,崔大勇,等
201020189106	对称式路灯透镜	雷笛克光学股份有限公司	唐德龙
201020189109	对称式路灯透镜	雷笛克光学股份有限公司	唐德龙
201020191190	一种总成式LED路灯	江苏万佳科技开发有限公司	团军,谭寅生,等
201020191799	可替换型LED路灯光源	深圳市耐比科技有限公司	罗佳明

续表

申请号	名称	申请单位	发明人
201020192155	LED 照明路灯	西安电子科技大学创新数码股份有限公司	彭红民，卢明涛
201020192451	一种 LED 大功率路灯	北京宝龙高科光电技术有限公司	邱秀敏
201020194188	光学透镜、光源模块及路灯	艾笛森光电股份有限公司	吕牧颖，周宏勋
201020196516	大功率 LED 照明路灯	中海阳（北京）新能源电力股份有限公司	薛黎明，国晓军
201020197044	一种具有双重散热结构的 LED 路灯	武汉迪源光电科技有限公司	张尚超，雷星宇，等
201020199473	一种 LED 路灯电源线连接结构	东莞市友美电源设备有限公司	颜晓英，张元
201020200615	一种集成单颗大功率 LED 路灯	荆门市星凯光电科技有限公司	曾昭凯
201020203612	LED 路灯反光罩	浙江福光灯具科技有限公司	杜旭峰，王杰，等
201020204632	LED 路灯	浙江福光灯具科技有限公司	杜旭峰，王杰，等
201020207340	一种 LED 路灯	北京大学，中国标准技术开发公司	燕守国，童玉珍，等
201020208285	LED 配光装置	东莞市松毅电子有限公司	王心范
201020211657	一种可拆卸的移动式 LED 路灯灯杆	山东浪潮华光照明有限公司	孟凡喜，于治楼，等
201020212781	LED 路灯灯头	大连华太光电科技有限公司	王钦宽
201020213928	升降式照明设备	实铼股份有限公司	沈秀美
201020214142	一种智能型 LED 路灯	江苏万佳科技开发有限公司	团军，谭寅生，等
201020216522	一种 LED 路灯	东莞市世晟光电科技有限公司	吕希尧
201020216698	一种齿式散热的 LED 路灯灯壳结构	江苏日月照明电器有限公司	徐向阳，唐建华
201020216717	一种 LED 路灯外壳	江苏日月照明电器有限公司	徐向阳，唐建华
201020217460	一种 LED 路灯	广州广日电气设备有限公司	钟弘毅，韦家甫，等
201020219131	一种模组化的 LED 路灯	重庆四联光电科技有限公司	刘俊明，艾玉平，等
201020219161	大功率 LED 路灯散热装置	重庆四联光电科技有限公司	刘俊明，艾玉平，等
201020219382	一种 LED 路灯	浙江捷莱照明有限公司	戴军历
201020219385	一种 LED 路灯灯具结构	泉州市华大民主灯饰有限公司	连劲明
201020219512	一种采用垂直轴风力发电机的风光互补路灯	中电光哲科技（北京）有限公司	陈真
201020219742	一种大功率 LED 路灯	浙江捷莱照明有限公司	戴军历
201020220166	外形美观的 LED 简易路灯	东莞勤上光电股份有限公司	卿笃碑
201020220180	LED 简易路灯	东莞勤上光电股份有限公司	卿笃碑
201020220183	角度可调的 LED 路灯接头连接结构	东莞勤上光电股份有限公司	卿笃碑
201020220185	一种角度可调的 LED 路灯	东莞勤上光电股份有限公司	张英桥
201020220200	LED 路灯光源模块支撑臂	东莞勤上光电股份有限公司	吴洪戈
201020220206	带可转动接头的 LED 路灯电源组件	东莞勤上光电股份有限公司	吴洪戈
201020220216	LED 路灯及 LED 路灯的电源组件和光源组件	东莞勤上光电股份有限公司	吴洪戈
201020220219	LED 路灯光源组件	东莞勤上光电股份有限公司	吴洪戈
201020222950	一种光程和角度可调节的 LED 路灯	北京工业大学	郭伟玲，丁天平，等
201020225331	太阳能 LED 路灯	无锡爱迪信光电科技有限公司	吴林，王静静，等
201020225568	风光互补 LED 路灯	无锡爱迪信光电科技有限公司	吴林，王静静，等
201020226123	一种 LED 路灯	深圳市钧多立实业有限公司	毛国钧

续表

申请号	名称	申请单位	发明人
201020226615	可调投射角的 LED 路灯	深圳市三能低碳照明有限公司	陈创
201020227347	一种 LED 路灯结构	东莞市友美电源设备有限公司	颜晓英,张元
201020235672	应用于 LED 路灯的可调角度装置	深圳市斯派克光电科技有限公司	吴峰
201020237772	太阳能风力 LED 路灯	实铼股份有限公司	沈秀美
201020239553	一种大功率 LED 路灯散热系统	绵阳市美兆电子有限公司	陈俊峰
201020239564	一种大功率 LED 路灯反射配光系统	绵阳市美兆电子有限公司	陈俊峰
201020239569	一种大功率 LED 路灯	绵阳市美兆电子有限公司	陈俊峰
201020241539	LED 路灯	艾迪光电(杭州)有限公司	华桂潮
201020241909	一种 LED 路灯的新型灯架结构	深圳市洛丁光电有限公司	杨俊年
201020241916	LED 路灯的安装架	深圳市洛丁光电有限公司	杨俊年
201020241919	LED 路灯的散热装置	深圳市洛丁光电有限公司	杨俊年
201020241932	基于光学透镜的 LED 路灯	深圳市洛丁光电有限公司	杨俊年
201020241941	一种 LED 路灯的新型反光结构	深圳市洛丁光电有限公司	杨俊年
201020241944	一种 LED 路灯的流线散热装置	深圳市洛丁光电有限公司	杨俊年
201020243073	一种 LED 灯具保护呼吸装置	苏州佳亿达电器有限公司	朱桂林
201020244157	一种 LED 路灯反射器	东莞市友美电源设备有限公司	颜晓英,张元
201020249315	LED 透镜模组与 PCB 的连接结构以及 LED 路灯	江西省晶和照明有限公司	吴新慧
201020249959	LED 路灯	五峰益民沼气设备有限公司	杨洪林
201020250145	偏光式路灯光学透镜	雷笛克光学股份有限公司	唐德龙
201020250255	对称式路灯光学透镜	雷笛克光学股份有限公司	唐德龙
201020250587	LED 路灯	利得全股份有限公司,王勤文	王勤文
201020250692	一种 LED 路灯散热器	安徽中节能投资有限公司	宋永锡,刘钢,等
201020250697	一种 LED 路灯散热器的散热片	安徽中节能投资有限公司	宋永锡,刘钢,等
201020250706	一种新型 LED 路灯散热器	安徽中节能投资有限公司	宋永锡,刘钢,等
201020250710	一种 LED 路灯散热器的上端盖	安徽中节能投资有限公司	宋永锡,刘钢,等
201020250719	一种新型 LED 路灯散热器的上端盖	安徽中节能投资有限公司	宋永锡,刘钢,等
201020250729	一种 LED 路灯散热器的下端盖	安徽中节能投资有限公司	宋永锡,刘钢,等
201020250755	一种新型 LED 路灯散热器的下端盖	安徽中节能投资有限公司	宋永锡,刘钢,等
201020250772	一种 LED 路灯的端盖防水圈	安徽中节能投资有限公司	宋永锡,刘钢,等
201020250781	一种 LED 路灯的恒流电路盒	安徽中节能投资有限公司	宋永锡,刘钢,等
201020250796	一种 LED 路灯的挡线板	安徽中节能投资有限公司	宋永锡,刘钢,等
201020250810	一种 LED 路灯的防护装置	安徽中节能投资有限公司	宋永锡,刘钢,等
201020250817	一种 LED 路灯的密封防护装置	安徽中节能投资有限公司	宋永锡,刘钢,等
201020250832	一种外置式 LED 路灯驱动电源	安徽中节能投资有限公司	宋永锡,刘钢,等
201020250846	一种 LED 路灯灯板模组	安徽中节能投资有限公司	宋永锡,刘钢,等
201020250855	一种 LED 路灯驱动电源	安徽中节能投资有限公司	宋永锡,刘钢,等
201020250873	LED 路灯的固定架	安徽中节能投资有限公司	宋永锡,刘钢,等
201020250882	一种 LED 路灯的固定架	安徽中节能投资有限公司	宋永锡,刘钢,等
201020250893	一种可调整角度的 LED 路灯固定架	安徽中节能投资有限公司	宋永锡,刘钢,等

续表

申请号	名称	申请单位	发明人
201020250898	一种新型LED路灯的固定架	安徽中节能投资有限公司	宋永锡,刘钢,等
201020250927	新型LED路灯的固定架	安徽中节能投资有限公司	宋永锡,刘钢,等
201020250937	一种辅助散热的LED路灯固定架	安徽中节能投资有限公司	宋永锡,刘钢,等
201020250952	一种与固定架配合的LED路灯散热器	安徽中节能投资有限公司	宋永锡,刘钢,等
201020250957	与拱弧型固定架配合的LED路灯散热器	安徽中节能投资有限公司	宋永锡,刘钢,等
201020250971	一种LED路灯套筒	安徽中节能投资有限公司	宋永锡,刘钢,等
201020250995	可调整角度的LED路灯套筒	安徽中节能投资有限公司	宋永锡,刘钢,等
201020251000	与拱弧型固定架配合的LED路灯套筒	安徽中节能投资有限公司	宋永锡,刘钢,等
201020251012	一种LED路灯的灯头固定装置	安徽中节能投资有限公司	宋永锡,刘钢,等
201020251102	LED路灯的灯头固定装置	安徽中节能投资有限公司	宋永锡,刘钢,等
201020251105	LED路灯的固定装置	安徽中节能投资有限公司	宋永锡,刘钢,等
201020251116	一种可调整角度的LED路灯套筒	安徽中节能投资有限公司	宋永锡,刘钢,等
201020251132	LED路灯灯板模组	安徽中节能投资有限公司	宋永锡,刘钢,等
201020251151	一种LED路灯	广东聚科照明股份有限公司	周建华
201020251155	外置式LED路灯驱动电源	安徽中节能投资有限公司	宋永锡,刘钢,等
201020251164	一种LED路灯	安徽中节能投资有限公司	宋永锡,刘钢,等
201020251180	一种承重型LED路灯	安徽中节能投资有限公司	宋永锡,刘钢,等
201020251199	承重型LED路灯	安徽中节能投资有限公司	宋永锡,刘钢,等
201020251209	一种均衡承重型LED路灯	安徽中节能投资有限公司	宋永锡,刘钢,等
201020251239	一种散热效率高的LED路灯	安徽中节能投资有限公司	宋永锡,刘钢,等
201020251250	一种承重加强型LED路灯	安徽中节能投资有限公司	宋永锡,刘钢,等
201020252447	一种大功率LED路灯头	厦门宏马科技有限公司	杨红
201020253402	一种用LED取代卤素路灯的支架	江苏晟煌电子照明有限公司	韩愈
201020255808	双照区LED路灯	昌乐开元电子有限公司	刘树高,安建春,等
201020255813	高散热防水LED路灯壳	昌乐开元电子有限公司	刘树高,胡首明,等
201020256704	一种LED路灯	深圳市德普威科技发展有限公司	李中旺,陈小东
201020260341	具有矩形照射光斑的LED灯	上海三思电子工程有限公司,上海三思科技发展有限公司,嘉善晶辉光电技术有限公司	王鹰华,陈春根,等
201020261077	LED路灯模块化透镜结构	雷笛克光学股份有限公司	唐德龙
201020261612	一种用于LED路灯的光学透镜	深圳市证通佳明光电有限公司,香港理工大学先进光学制造中心	曾斌,蒋金波,等
201020263532	一种新型LED路灯	东莞市友美电源设备有限公司	颜晓英,张元
201020266732	一种LED路灯	深圳市金宇宙光电有限公司	廖红平
201020268151	一种太阳能、多风向风能LED路灯系统	重庆通达汽车有限公司	何斌
201020268225	一种LED路灯角度调节装置	湖南明和灯光设备有限公司	傅高武,常青,等
201020269265	一种LED可调节路灯	中山市威禾电器制造有限公司,中山市宝盈电器有限公司	李耀泉,黄渊
201020269559	一种集成大功率LED路灯灯头结构	东莞市友美电源设备有限公司	颜晓英,张元

续表

申请号	名称	申请单位	发明人
201020270952	一种整体式接口的LED路灯	东莞市福地电子材料有限公司	陈小东,王维昀,等
201020270954	一种散热效果好的LED路灯	东莞市福地电子材料有限公司	陈小东,王维昀,等
201020270956	一种非对称透镜式的LED路灯	东莞市福地电子材料有限公司	陈小东,王维昀,等
201020270958	一种密封结构的LED路灯	东莞市福地电子材料有限公司	陈小东,王维昀,等
201020271906	免维护太阳能电池的LED路灯	深圳市顾通科技有限公司	宋明加
201020272438	一种带导热管的LED路灯	厦门市朗星节能照明有限公司	白鹭明,陈子鹏
201020272472	带散热通风系统的LED路灯	厦门市朗星节能照明有限公司	白鹭明,陈子鹏
201020272475	一种LED路灯	厦门市朗星节能照明有限公司	白鹭明,陈子鹏
201020272493	一种太阳能LED路灯	厦门市朗星节能照明有限公司	白鹭明,陈子鹏
201020274179	一种模块组装式LED路灯	上海昕光照明科技有限公司	刘亚洲
201020274203	一种可调节照射角度的LED路灯	上海昕光照明科技有限公司	刘亚洲
201020276543	大功率LED路灯	东莞市永兴电子科技有限公司	李洪
201020276546	大功率LED路灯	东莞市永兴电子科技有限公司	李洪
201020277205	可调整照明角度的发光二极管为光源的路灯灯具	诚加科技股份有限公司	李民海,吴锦儒,等
201020280925	一种模组化LED路灯	鼎之奇科技股份有限公司	张敬,刘承湫
201020283838	一体式LED路灯灯具上盖体	广东中龙交通科技有限公司	汤建,周卫星,等
201020283839	LED模块固定弹片	广东中龙交通科技有限公司	汤建,周卫星,等
201020283995	新型LED路灯的二次光学透镜	深圳市圳佳光电科技有限公司	谢玉群
201020285236	一种LED路灯灯泡	百纳(福建)电子有限公司	林晓亮
201020286592	LED太阳能路灯	安徽科光新能源有限公司	王祖国,沈国良
201020287138	路灯	唯冠电子股份有限公司	杨荣山,黄明山
201020287205	大功率LED路灯灯头	山东景盛同茂新能源技术有限公司	胡杰,张鹏
201020288098	太阳能风能路灯	山东科技大学	李浩
201020289134	一种LED路灯灯头	广州聚晶能源科技股份有限公司	文波,杨波勇
201020289157	一种可调角度的LED路灯	广州聚晶能源科技股份有限公司	文波,杨波勇
201020291451	LED路灯	温州科迪光电科技有限公司	朱贵财
201020296545	LED路灯电源支架及LED路灯	东莞华盛灯饰有限公司	苏国棻,杨荣光
201020298163	一种大功率LED路灯	河南光之源太阳能科技有限公司	谢少杰
201020299416	一种具有散热结构的LED路灯	东莞市实达光电科技有限公司	魏余红
201020300192	可调节角度的LED路灯	宁波泰威特电器有限公司	沈春荣,沈桂莲
201020300199	LED路灯	宁波泰威特电器有限公司	沈春荣,沈桂莲
201020300475	LED路灯	中山市万丰胶粘电子有限公司	李金明
201020302170	太阳能路灯	宁波市善亮新能源有限公司	王洪涛
201020500889	一种自散热、自清洁、抗风扰、多角度照明的LED路灯	罗本杰(北京)光电研究所有限公司	罗本杰
201020501846	高散热性LED路灯	保定世纪星光新能源科技有限公司	武建安,吴健,等
201020503382	一种LED路灯	深圳市飞锐照明有限公司	杨东升
201020504249	一种LED路灯	城光(湖南)节能环保服务有限公司	林清洪,张玉红
201020504256	一种LED路灯罩	城光(湖南)节能环保服务有限公司	林清洪,张玉红

续表

申请号	名称	申请单位	发明人
201020504478	大功率 LED 路灯	阳江市汉能工业有限公司	曾海峰,钟福回,等
201020504503	一种 LED 路灯	南京中压光电科技有限公司	范靖
201020505551	一种 LED 路灯侧面散热结构	深圳市金积嘉世纪光电科技有限公司	黄贤良,杜江
201020506085	一种可自动调节角度的太阳能路灯	珠海麟盛电子科技有限公司	孟忠
201020507829	一种可替换模块化 LED 路灯	广东昭信灯具有限公司	罗海峰,姜旭东,等
201020507953	一种 LED 路灯	中国美术学院	贺惠,蔡良选
201020511483	LED 路灯透镜	四川新力光源有限公司	宋春发,李刚,等
201020512116	市电互补太阳能路灯	厦门纽普斯特科技有限公司	戴志忠
201020512122	一种带高散热率结构的 LED 路灯	福建省朗星光电科技有限公司	陈子鹏
201020512416	一种配光 LED 路灯	上海宇能照明有限公司	胡行祥
201020512419	一种高散热效率的 LED 路灯	上海宇能照明有限公司	胡行祥
201020512443	一种 LED 路灯灯头的固定结构	上海宇能照明有限公司	胡行祥
201020512444	一种 LED 路灯的散热器结构	上海宇能照明有限公司	胡行祥
201020515272	大功率 LED 路灯	深圳市横岗微科光电制品厂	黄光薛,徐冠华
201020516296	一种可调节式太阳能路灯	湖北弘毅建筑装饰工程有限公司	王少重,刘伟,等
201020516307	一种大功率集成 LED 路灯	深圳市艾德实业有限公司	张海
201020516595	LED 路灯	浙江美德佳科技有限公司	卢忠亮
201020518586	一种采用热管复合散热的大功率集成 LED 路灯	深圳市艾德实业有限公司	张海
201020520170	一种 LED 路灯	厦门永旭实业发展有限公司	余齐齐
201020521445	一种安装面横侧向斜置的大功率集成 LED 路灯	深圳市艾德实业有限公司	张海
201020521498	LED 路灯	深圳市裕富照明有限公司	吴美娟
201020522225	一种易拆装光源的 LED 路灯	浙江大发灯具有限公司,谢青文	谢青文
201020522652	一种 LED 模组路灯灯头	福建雨露光电科技有限公司	冉大全
201020522662	一种照射角度可调的 LED 模组路灯灯头	福建雨露光电科技有限公司	冉大全
201020523482	一种太阳能 LED 路灯	佛山市利升光电有限公司	王振能
201020523523	LED 圆形土楼路灯	德泓(福建)光电科技有限公司	不公告发明人
201020523524	LED 圆形土楼多功能路灯	德泓(福建)光电科技有限公司	不公告发明人
201020524455	LED 交直流多用路灯铝基模板	合肥红祥太阳能光伏科技有限公司,王存强	王存强
201020524798	组合式集成大功率 LED 路灯	杭州旭普莱尔光电科技有限公司	徐伟岗,刘红
201020524803	新型高速路用照明装置	黑龙江省风云环境科技咨询有限公司	刘妍
201020525249	一种 LED 路灯散热装置	秦皇岛鹏远光电子科技有限公司	朱立秋,武静涛,等
201020526985	一种太阳能 LED 室外照明灯	上海国智新能源有限公司	左世友
201020527929	一种铝基板上带散热片和连接套的 LED 路灯	安徽金雨灯业有限公司	金士国
201020527936	一种铝基板上带散热片的 LED 路灯	安徽金雨灯业有限公司	金士国
201020527938	一种带散热片的 LED 路灯	安徽金雨灯业有限公司	金士国

续表

申请号	名称	申请单位	发明人
201020529669	LED节能道路照明灯	黑龙江省爱普照明电器有限公司	鞠文燕
201020529717	LED路灯	东莞市恒明光电科技有限公司	傅仰前
201020529719	LED路灯	东莞市恒明光电科技有限公司	傅仰前
201020529976	一种风能太阳能互补LED路灯	晶诚(郑州)科技有限公司	郑香舜,冯振新,等
201020530551	一种火焰LED路灯	中山市华艺灯饰照明股份有限公司	张明春,蔡德富
201020531087	LED灯具用法兰式防水密封结构	保定华之澳光电有限公司	孙盛典,侯占英,等
201020536522	一种LED路灯散热构件	苏州佳亿达电器有限公司	朱桂林
201020536848	开合式LED路灯	索恩照明(天津)有限公司	盛跃章,徐万刚
201020537108	轻型LED路灯灯具连接装置	索恩照明(天津)有限公司	徐万刚,樊伟,等
201020537894	一种翻盖LED路灯	东莞市贻嘉光电科技有限公司	谢景森
201020539442	带有防护罩的LED路灯灯具	索恩照明(天津)有限公司	徐万刚
201020539663	模组化LED路灯	苏伟光能科技(太仓)有限公司	陈治仲,杨胜晖,等
201020539699	一种节能平板光源照明路灯	大余县精力光电科技有限公司	徐基赞,林祺芳
201020540456	一种可更换光源模组的LED灯	深圳市三能低碳照明有限公司	陈创
201020541404	一种节能LED路灯	华南理工大学	池水莲,戈明亮,等
201020541972	路灯灯头	佛山市国星光电股份有限公司	李宗涛,龙孟华,等
201020543303	一种仿葵花太阳能路灯	洛阳博联新能源科技开发有限公司	袁世俊,袁昭
201020544415	一种LED路灯	扬州日不落光电科技有限公司	钱仁海
201020544690	自清洁式LED路灯灯壳	张家港华峰电接插元件有限公司	赵洪方
201020545331	LED路灯驱动电源连接结构	东莞市友美电源设备有限公司	颜晓英,张元,等
201020545333	一种散热效果好的LED路灯	东莞市友美电源设备有限公司	颜晓英,张元,等
201020545614	一种具有防蚊功能LED灯具装置	江苏均英光电有限公司	张伟翔,潘德民,等
201020546490	一种用于LED路灯散热模组	深圳雷曼光电科技股份有限公司	李漫铁,吴波
201020546815	立体绿化太阳能路灯	德州学院	李彩霞
201020548345	一种LED路灯	深圳市领华新照明科技有限公司	廖海鸿
201020548594	一种智能可调式LED路灯	上海国智新能源有限公司	左世友
201020549274	低风阻型LED路灯	保定世纪星光新能源科技有限公司	武建安,吴健,等
201020550156	一种LED路灯	东莞市百分百科技有限公司	安波滔
201020551125	LED路灯热管照明模块	厦门华联电子有限公司	贾迎春,王勇,等
201020551135	组合式LED热管路灯构造	厦门华联电子有限公司	贾迎春,王勇,等
201020551146	热管路灯改进结构	厦门华联电子有限公司	贾迎春,王阳夏,等
201020551570	一种LED工矿灯	山东三晶照明科技有限公司	张勇南,吴君成
201020551571	一种LED路灯	山东三晶照明科技有限公司	张勇南,吴君成
201020553369	一种用于LED多芯光源路灯的配光透镜	无锡华兆泓光电科技有限公司	李光仕
201020553721	风光互补智能路灯	大连森谷新能源电力技术有限公司	杨洪庆,冷野
201020553908	一种隐藏式LED道路照明灯	东电(福建)能源科技发展有限公司	李金钗
201020554522	集成式模组化LED路灯	苏伟光能科技(太仓)有限公司	陈治仲,曾志坚,等
201020555563	路灯模组	广州广日电气设备有限公司	钟弘毅,韦家甫,等

续表

申请号	名称	申请单位	发明人
201020556111	一种不依靠电力系统提供电能的街道环保路灯	成都华锋科技有限公司	不公告发明人
201020557005	一种LED路灯	重庆万利达科技有限公司	李谟映,涂占优,等
201020558342	广照射角的LED路灯	深圳市华慧能照明科技有限公司	祝晓林,吴云肖,等
201020558356	用于铁道路口的LED警示路灯	深圳市华慧能照明科技有限公司	祝晓林,吴云肖,等
201020558363	螺旋形LED路灯	深圳市华慧能照明科技有限公司	祝晓林,吴云肖,等
201020558381	聚光型太阳能LED路灯	深圳市华慧能照明科技有限公司	祝晓林,吴云肖,等
201020558385	具有升降功能的太阳能LED路灯	深圳市华慧能照明科技有限公司	祝晓林,吴云肖,等
201020558451	手动提升电池板的太阳能LED路灯	深圳市华慧能照明科技有限公司	祝晓林,吴云肖,等
201020565025	一种LED路灯	南京中压光电科技有限公司	范靖
201020565298	一种LED路灯	浙江中瑞科技有限公司	林成海,马兵
201020566499	防爆LED路灯	江苏欧瑞防爆电气有限公司	高峰,陆海华
201020566517	防爆风光互补照明系统	江苏欧瑞防爆电气有限公司	高峰,陆海华
201020568021	大功率LED路灯热管散热器	湖南明和灯光设备有限公司	傅高武,常青,等
201020568802	一种LED路灯电源支架	中山市世耀光电科技有限公司	胡武志
201020568804	一种LED路灯底壳	中山市世耀光电科技有限公司	胡武志
201020568818	一种LED路灯	中山市世耀光电科技有限公司	陈新苗
201020569265	一种LED照明灯	深圳市旭明光电有限公司	王秋燕
201020569913	一种LED路灯	克拉玛依地威诺节能有限责任公司	苏建明,张照兵,等
201020570695	LED路灯灯壳和LED路灯灯罩	北京爱尔益地照明工程有限公司	王史杰,李澄,等
201020572603	热管路灯	重庆天阳吉能科技有限公司	王超
201020580814	LED偏光路灯透镜	科美胶粘应用材料(深圳)有限公司	程远煌
201020580848	一种LED路灯的封模结构	科美胶粘应用材料(深圳)有限公司	程远煌
201020581810	一种具有自洁功能的LED路灯	惠州志能达光电科技有限公司	李启智,谭耀武,等
201020581832	一种大功率LED灯油冷散热装置	山西乐百利特科技有限责任公司	伍永安,张兵锋,等
201020582121	一种LED隧道灯	东莞市友美电源设备有限公司	颜晓英,张元,等
201020582888	LED灯蜂窝状散热器	安徽林敏照明科技有限公司	叶成林,汪向荣
201020583154	一种结构改良的LED灯灯罩	东莞市东兴铝材制造有限公司	何旭坤
201020586009	带散热系统装置的LED路灯	安徽众和达光电有限公司	朱衡
201020586670	LED照明灯	山东金源勤上光电有限公司	庄玉冰
201020589079	大功率LED光源及其一次光学透镜	华侨大学	郭震宁,林介本,等
201020589363	一种高效LED路灯	南通海特尔风电科技有限公司	张红军
201020590030	一种LED太阳能路灯	苏州光鼎光电科技有限公司	陈勇
201020592271	一种大功率LED路灯	浙江天明光电科技有限公司	胡敏,方晓明
201020594535	太阳能LED路灯	杭州力奥科技有限公司,杭州艾科特科技有限责任公司	赵光农
201020599338	一种LED路灯专用二次光学系统	华侨大学	郭震宁,黄智炜,等
201020600826	一种组合式布光照射范围可控节能型LED路灯	江苏江旭照明科技有限公司	罗正良,闻彬
201020600908	LED路灯灯壳	湘潭互联安高新技术有限公司	李信生

续表

申请号	名称	申请单位	发明人
201020600927	带散热系统的免维护主动式LED路灯	惠州市雷盾光电照明有限公司	苏睿
201020600941	带散热系统的免维护主动式集成块LED路灯	惠州市雷盾光电照明有限公司	苏睿
201020602515	发光二极管路灯结构	光磊科技股份有限公司	林万枝,戴毅明,等
201020603352	具有广照射角度的LED路灯	南昌大学	谢冰,蔡德晟
201020604066	太阳能LED路灯的升降结构以及路灯	南昌大学	谢冰,蔡德晟
201020604145	可以调节最大光强角的LED路灯	南昌大学	谢冰,蔡德晟
201020605199	自感应LED路灯系统	华东师范大学附属杨行中学	吴佳彦
201020605260	声光控制LED路灯	华东师范大学附属杨行中学	徐一询
201020605304	风光互补节能路灯	华东师范大学附属杨行中学	喻伟
201020605365	声控太阳能LED路灯	华东师范大学附属杨行中学	杨臻
201020607261	一种新型LED路灯反射罩	深圳市圳佳光电科技有限公司	谢玉群
201020607262	LED路灯仰角调节装置	深圳市泰迪伦光电科技有限公司	倪汉杰,倪伟波,等
201020607264	新型防水结构的LED路灯	深圳市泰迪伦光电科技有限公司	倪汉杰,倪伟波,等
201020607296	一种新型LED路灯灯具散热器	深圳市泰迪伦光电科技有限公司,倪汉杰	倪汉杰,倪伟波,等
201020607298	一种新型LED路灯灯具自洁结构	深圳市泰迪伦光电科技有限公司,倪汉杰	倪汉杰,倪伟波,等
201020609261	一种路灯导风减尘装置	浙江中企实业有限公司	陈晓华,王坤,等
201020609272	一种路灯模组	浙江中企实业有限公司	陈晓华,王坤,等
201020609420	一种带多重散热系统的LED路灯	深圳市聚作实业有限公司	黄鹤鸣
201020611590	LED透镜模组的螺钉装配结构以及LED路灯	江西省晶和照明有限公司	吴新慧
201020611643	太阳能锂电池路灯	江西日普升太阳能光伏产业有限公司	刘辉艺
201020611683	LED透镜模组的防水结构以及防水LED路灯	江西省晶和照明有限公司	吴新慧
201020612129	太阳能发光LED路灯	芜湖徽商家居制造有限公司	张宏标
201020612138	一种太阳能发光LED路灯	芜湖徽商家居制造有限公司	张宏标
201020612148	一种光照均匀的LED路灯	芜湖徽商家居制造有限公司	张宏标
201020612156	光照均匀的LED路灯	芜湖徽商家居制造有限公司	张宏标
201020615048	内控半功率LED路灯	上海柏宜照明电子有限公司	张卫东
201020615050	模组化智能LED路灯	上海柏宜照明电子有限公司	张卫东
201020615066	无级调光LED路灯	上海柏宜照明电子有限公司	张卫东
201020615076	可调角度智能LED路灯	上海柏宜照明电子有限公司	张卫东
201020622312	LED路灯	湖南鑫光灯具有限公司	邓辉
201020622342	可更换电源的LED路灯	湖南鑫光灯具有限公司	邓辉
201020624424	散热型大范围光照式LED路灯	萨威灯具设计制造(苏州)有限公司	阿毕尔·何利萨德
201020625294	一种基于无线传感器网络的太阳能路灯	湖北民族学院,建始县永恒太阳能光电科技有限公司	易金桥,孙先波,等

续表

申请号	名称	申请单位	发明人
201020625510	一种LED照明路灯	西安大昱光电科技有限公司	李美川,张超
201020625750	一种LED路灯	深圳冠牌光电技术有限公司	周军
201020626042	LED照明路灯	西安博昱新能源有限公司	张晓哲,张正璞
201020626151	一种太阳能储能一体化路灯	西安大昱光电科技有限公司	胡剑峰,张超
201020626485	一种大功率LED路灯	山西乐百利特科技有限责任公司	伍永安,张兵锋,等
201020627157	一种单级直耦升压开关电源驱动的发光二极管路灯装置	安徽问天量子科技股份有限公司	赵天鹏,徐军,等
201020627813	全封闭式LED路灯	烟台奥星电器设备有限公司	姜元义,盛利涛
201020628955	一种以回收汽车轮毂为散热基体的LED路灯	厦门汇耕电子工业有限公司	陈诺成
201020628974	一种LED路灯	东莞市友美电源设备有限公司	颜晓英,张元
201020629297	新型桥式LED路灯	中置新能源科技发展(上海)有限公司	童东华
201020630968	具有透明薄膜太阳能板的LED路灯	吉富新能源科技(上海)有限公司	张一熙,刘幼海,等
201020631746	一种LED路灯	东莞市友美电源设备有限公司	颜晓英,张元
201020633037	一种LED路灯的散热装置	石河子三盛科技有限公司	黄剑宙,宫军义,等
201020633856	LED路灯	上海彩耀新能源投资发展有限公司	沈耀章,姜麟
201020636977	一种LED路灯	中山市恒辰光电科技有限公司	林汉光,刘宝泰
201020637424	一种LED路灯	东莞市泽芯电子科技有限公司	杨华
201020639651	冷备份式多路灯器航标灯	山东省科学院海洋仪器仪表研究所	齐勇,刘世萱,等
201020641246	LED路灯	东莞勤上光电股份有限公司	邹大林
201020641253	LED路灯灯体	东莞勤上光电股份有限公司	邹大林
201020642025	一种带自清洗及散热功能的LED路灯	广东奥其斯科技有限公司	蒲前高
201020642093	一种易清洗LED路灯	广东奥其斯科技有限公司	刘先斌
201020642579	一种均匀光照LED路灯	上海国智新能源有限公司	左世友
201020642942	LED路灯	重庆龙悦照明有限公司	何超
201020644808	发光二极管路灯结构	光磊科技股份有限公司	林万枝,戴毅明,等
201020646878	质量轻散热快的LED灯具	浙江德胜新能源科技股份有限公司	高振贤
201020648123	模块式LED路灯	深圳万润科技股份有限公司	李志江,刘平,等
201020648341	一种改进型大功率LED路灯	西安创联电容器有限责任公司	张文胜,安鑫
201020648704	具有双峰形透镜体的LED	深圳市惠晟电子有限公司	曾海林,毛锋
201020649013	LED路灯	厦门光宇光电科技有限公司	张椿明
201020649141	太阳能路灯	泰通(泰州)工业有限公司	王兴华
201020649178	一种太阳能路灯	泰通(泰州)工业有限公司	王兴华
201020649923	一种集成大功率LED路灯	四川新力光源有限公司	李刚,宋春发,等
201020650849	一种路灯	辰光节能技术(大连)有限公司	陈旭
201020651689	柔性太阳能路灯	江西日普升太阳能光伏产业有限公司	刘辉艺
201020653328	LED路灯配光透镜	山东开元电子有限公司	刘树高,安建春
201020656474	新型烟囱式散热LED路灯	广州市花都区旺通五金电器厂	黄桐
201020656745	一种新型LED路灯	厦门光宇光电科技有限公司	张椿明
201020656763	一种新型LED筒灯	厦门光宇光电科技有限公司	张椿明

续表

申请号	名称	申请单位	发明人
201020657502	散热良好和高显色性的LED路灯	河源市超越光电科技有限公司	刘东芳
201020657584	高光效和高显色性的LED路灯	河源市超越光电科技有限公司	刘东芳
201020657600	方便散热的LED路灯	河源市超越光电科技有限公司	刘东芳
201020657619	高光效的LED路灯	河源市超越光电科技有限公司	刘东芳
201020659191	一种易定位LED路灯	广东奥其斯科技有限公司	黄勇
201020659343	一种防炫光的LED高杆泛照路灯	广东奥其斯科技有限公司	黄勇
201020660179	高效散热LED路灯	东霖电子(惠州)有限公司	吴建平
201020660200	一种环保防水LED隧道灯	南京乐易德光电科技有限公司	孙晓亮
201020661937	路灯透镜	品能光电(苏州)有限公司	张立恒
201020664830	具有高散热性能的LED路灯灯具	河北格林光电技术有限公司	刘记祥,王晓伏,等
201020664846	用于LED路灯的配光透镜模组	河北格林光电技术有限公司	刘记祥,王晓伏,等
201020664847	空气对流型腔式散热器	河北格林光电技术有限公司	王晓伏,王冬辉,等
201020668974	一种光电分离的LED路灯	西安智海电力科技有限公司	胡家陪,胡民海
201020669277	一种散热LED路灯	西安智海电力科技有限公司	胡家陪,胡民海
201020669279	一种匀光LED路灯	西安智海电力科技有限公司	胡家陪,胡民海
201020669476	一种带防护吊链的LED路灯	西安智海电力科技有限公司	胡家陪,胡民海
201020669480	一种LED路灯	西安智海电力科技有限公司	胡家陪,胡民海
201020672447	一种全散热结构的LED路灯	广东奥其斯科技有限公司	刘先斌
201020677245	一种LED路灯	四川九洲光电科技股份有限公司	刘国祥,刘德福,等
201020679331	一种光源模组	深圳市邦贝尔电子有限公司	李盛远,李剑,等
201020679333	一种光源模组和框架的组合装置	深圳市邦贝尔电子有限公司	李盛远,李剑,等
201020681049	一体化风光互补LED路灯	新疆华晶光电科技有限公司	金英俊,孙鹏,等
201020681448	一种路灯用LED模块	四川九洲光电科技股份有限公司	刘国祥,刘德福
201020681787	一种LED路灯模组及其散热结构	江西开昂新能源科技有限公司	杨平
201020688547	照射角度可调的LED路灯	广东奥其斯科技有限公司	李辉
201020690181	LED路灯	东莞勤上光电股份有限公司	邹大林
201020692129	新型毛细孔散热一体化LED路灯	北京昌日新能源科技有限公司	刘俊祥,曹春峰,等
201020696540	LED太阳能、风、光互补路灯多路恒流控制器	浙江大益电子有限公司	叶卫国
201020698242	LED路灯	宁波东海电子科技有限公司	岑利明,刘艳平,等
201029180018	插片式LED路灯	浙江古越龙山电子科技发展有限公司,绍兴晶彩光电技术有限公司	丁申冬,万龙,等
201120000550	具备散热及防水功能的LED路灯	深得光能(深圳)有限公司	黄明智
201120000624	一种大功率LED路灯光源的封装结构	山东景盛同茂新能源技术有限公司	张鹏,胡杰
201120001327	多功能LED灯具	浙江晶日照明科技有限公司	程世友
201120001912	一种LED路灯散热组装结构	山东景盛同茂新能源技术有限公司	张鹏,胡杰
201120003638	温度感应调光的LED庭院灯	浙江晶日照明科技有限公司	程世友
201120003927	集成封装式大功率LED路灯透镜	浙江工业大学	蒋兰芳,刘红,等
201120005445	LED路灯	深圳市正耀科技有限公司	刘召忠

续表

申请号	名称	申请单位	发明人
201120008763	一种模组式改良型散热结构的 LED 路灯	浙江博上光电有限公司	郑卫钧,付兴红,等
201120009551	一种集成 LED 光源系统	天津科技大学	张宝龙,李丹
201120009779	LED 路灯照明模块	丽清电子科技(东莞)有限公司	杨瑞国,李韦董,等
201120010028	一种可以双向调节发光角度的 LED 路灯	深圳市佳比泰电子科技有限公司	张文彬,邹生伦,等
201120010050	一种 LED 路灯光源模组	深圳市佳比泰电子科技有限公司	张文彬,邹生伦,等
201120010615	一种光源模块化的半导体路灯	山东光裕照明科技有限公司	孙建国,胡书旗
201120015577	网拍式路灯	昆山华英光宝科技有限公司	张兴,周有旺
201120016313	LED 路灯光源模组	南京吉山光电科技有限公司	蔡家有
201120019135	一种新型结构的 LED 路灯散热器	深圳市佳比泰电子科技有限公司	张文彬,邹生伦,等
201120019678	LED 路灯的灯头	安徽众和达光电有限公司	朱衡
201120020262	一种改进的 LED 路灯结构	浙江捷莱照明有限公司	戴军历
201120023330	LED 模组结构	深圳市德泽能源科技有限公司	涂德荣
201120024913	LED 路灯	东莞长发光电科技有限公司	黄超荣
201120026018	一种 LED 路灯用的灯杆连接件	江苏日月照明电器有限公司	徐向阳,唐建华
201120026320	改良的 LED 路灯偏光透镜	广东宏泰照明科技有限公司	吴飞
201120026759	散热功能良好的 LED 路灯	冠德科技(北海)有限公司	郑淳正
201120028716	太阳能 LED 路灯	枣庄金龟电子新能源科技有限公司	单德民,王洪进
201120030135	新型智能节能路灯	河南工业贸易职业学院	张伟敏,高士忠
201120030850	一种大功率集成 LED 模块路灯	佛山市南海雷斯顿电子科技有限公司	黄伟锋,陆英毅
201120032219	一种新型节能防水太阳能路灯系统	北京博龙阳光新能源高科技开发有限公司	高旭明
201120032222	一种新型太阳能路灯	北京博龙阳光新能源高科技开发有限公司	高旭明
201120034161	LED 路灯	重庆拓胜科技有限公司	许盼
201120034723	光伏一体路灯	嘉兴朗铂光电科技有限公司	查雷鸣,姚明良
201120037069	具有双路输出型太阳能电源控制装置	南京冠亚电源设备有限公司	孙邦伍,张海波
201120038843	一种大照射角度的 LED 路灯	晶诚(郑州)科技有限公司	郑香舜,冯振新,等
201120041704	一种对流散热的 LED 路灯装置	珠海市经典电子有限公司	王树全
201120043070	一种 LED 路灯	现代照明电气(惠州)有限公司	宋带林
201120043308	一种高散热 LED 路灯	现代照明电气(惠州)有限公司	宋带林
201120044186	一种具有自动感光功能的 LED 灯具	东莞市品元光电科技有限公司	黎锦洪,曾庆霖,等
201120044592	一种 LED 路灯	大连路明发光科技股份有限公司	肖志国,杜建柱,等
201120045232	积木式 LED 集成光源路灯	南京吉山光电科技有限公司	蔡家有
201120048353	路灯用二排六列 LED 偏光式模组透镜	东莞钜升塑胶电子制品有限公司	陈世昌,刘雄飞,等
201120048379	一种路灯用四排七列 LED 偏光式模组透镜	东莞钜升塑胶电子制品有限公司	陈世昌,刘雄飞,等
201120048380	路灯用四排七列 LED 偏光式模组透镜	东莞钜升塑胶电子制品有限公司	陈世昌,刘雄飞,等

续表

申请号	名称	申请单位	发明人
201120048400	一种路灯用五排六列 LED 偏光式模组透镜	东莞钜升塑胶电子制品有限公司	陈世昌,刘雄飞,等
201120048445	路灯用五排六列 LED 偏光式模组透镜	东莞钜升塑胶电子制品有限公司	陈世昌,刘雄飞,等
201120048489	LED 路灯驱动电源	深圳粤宝电子工业总公司	伍凌峰,刘远征,等
201120049508	一种路灯用二排六列 LED 偏光式模组透镜	东莞钜升塑胶电子制品有限公司	陈世昌,刘雄飞,等
201120049530	低日照地区太阳能路灯	贵州绿卡能科技实业有限公司	江竹山,童贵安
201120049654	可调式 LED 路灯	宁波环球光电股份有限公司	孙裕康,施继君,等
201120052965	LED 路灯用散热导流罩	苏州浩华光电科技有限公司	钱晓明
201120052981	LED 路灯模组	苏州浩华光电科技有限公司	钱晓明
201120053614	发光二极管路灯的散热改良结构	广州欧科廷光电照明股份有限公司	杨丰颖
201120056413	一种用于 LED 路灯的导热胶片	深圳市傲川科技有限公司	林文虎
201120057422	LED 路灯	杭州浙大知能科技有限公司	高建阳
201120058899	LED 路灯	成都恒稳光电科技有限公司	王永忠,赵桌婉
201120061904	光伏路灯控制器	国网电力科学研究院武汉南瑞有限责任公司	吕华林,祝亚峰,等
201120063243	一种改进型遥控实时控制的 LED 路灯	厦门闽隆科工贸有限公司	孙闽兆
201120066282	大功率 LED 照明无机高效散热模组	安信量子光电科技(山东)有限公司	陈奇,渠志鹏,等
201120066305	一种 LED 路灯灯头	安信量子光电科技(山东)有限公司	陈奇,渠志鹏,等
201120066322	大功率 LED 照明无机高效可调散热模组	安信量子光电科技(山东)有限公司	陈奇,渠志鹏,等
201120068732	模组化 LED 路灯	苏伟光能科技(太仓)有限公司	陈治仲,杨胜晖,等
201120069513	一种 LED 路灯	保定市光谱电子科技有限公司	霍祺,王建英,等
201120069701	一种适用于泛光照明的大功率 LED	浙江耀恒光电科技有限公司	汪正林
201120069854	一种适用于道路照明的大功率 LED	浙江耀恒光电科技有限公司	汪正林
201120070356	压铸式模组化 LED 隧道灯	浙江耀恒光电科技有限公司	汪正林
201120070543	模组化 LED 路灯	浙江耀恒光电科技有限公司	汪正林
201120072777	凹型 LED 路灯	四川凯隆机电有限责任公司	周曦鹏
201120073085	翼形结构的 LED 路灯	深圳市三维自动化工程有限公司	贾广新,刘卫,等
201120074129	易散热、大功率 LED 路灯灯头	萨威灯具设计制造(苏州)有限公司	阿毕尔何利萨德
201120076584	LED 路灯	福建省朗星光电科技有限公司	薛兴刚,陈宏观
201120076631	一种自动调节式太阳能 LED 路灯	厦门市朗星节能照明股份有限公司	白鹭明,陈子鹏
201120078519	一种配重均匀稳定性好的新型太阳能路灯	北京博龙阳光新能源高科技开发有限公司	高旭明
201120078536	一种防风性能好的新型太阳能路灯	北京博龙阳光新能源高科技开发有限公司	高旭明
201120080472	一种用于道路采光用的鲫鱼型 LED 灯具	鹤壁市鹤城通用设备有限公司	冯书毅
201120080949	通用式高效散热 LED 路灯壳	山东开元电子有限公司	刘树高,安建春,等
201120081622	集成式照明装置	上海边光实业有限公司	由磊,戴文慧

续表

申请号	名称	申请单位	发明人
201120082735	一种组合式 LED 路灯	江门美格顿光电科技有限公司	刘栋宇
201120082741	一种散热型 LED 路灯	江门美格顿光电科技有限公司	刘栋宇
201120082743	一种 LED 路灯	江门美格顿光电科技有限公司	刘栋宇
201120082745	一种具有散热功能的 LED 路灯	江门美格顿光电科技有限公司	刘栋宇
201120082751	一种 LED 路灯灯具	江门美格顿光电科技有限公司	刘栋宇
201120082763	一种 V 形架 LED 路灯	江门美格顿光电科技有限公司	刘栋宇
201120083213	一种模块式 LED 路灯	东莞健达照明有限公司	安庆照
201120085802	一种大功率 LED 路灯照明装置	中国计量学院	钟川,沈常宇,等
201120089249	一种无杆道路灯	广东先朗照明有限公司	张惠强
201120089594	一种具有内循环散热的 LED 路灯	广东奥其斯科技有限公司	王胜,陈雄才
201120089901	一种具有均匀照明光源的 LED 灯	广东奥其斯科技有限公司	王胜,陈雄才
201120090830	可以防水的 LED 路灯	深圳市证通佳明光电有限公司	李清,张军
201120091779	一种双光源 LED 路灯	深圳市证通佳明光电有限公司	李清,苑文波
201120091818	可靠节约成本的 LED 路灯	哈尔滨工业大学固泰电子有限责任公司	师学孟
201120092766	一种可防水的 LED 路灯	深圳市证通佳明光电有限公司	李清,黄名龙
201120093768	太阳能路灯用智能型控制器	伊川县宇光新能源照明开发有限公司	何海军,姚万欣
201120093817	一种高效节能 LED 路灯	山东聚力太阳能有限公司	罗新建
201120094545	电杆电源式 LED 路灯	苏州浩华光电科技有限公司	钱晓明
201120094817	一种 LED 路灯	溧阳通亿能源科技有限公司	牟小波
201120094841	一种 LED 路灯灯具	溧阳通亿能源科技有限公司	牟小波
201120095386	LED 路灯	北京中鼎盛华环境科技发展有限公司,浙江中鼎盛华环境科技发展有限公司,中鼎盛华能源科技(上海)有限公司	胡真晶,钟晓雪
201120097275	一种可调仰角的无线控制 LED 路灯灯头	东电(福建)能源科技发展有限公司	姜少华,郭志阳,等
201120097681	LED 路灯电路	东莞市恒明光电科技有限公司	唐朝飞
201120098620	一种大功率双光源 LED 路灯	江苏欣力光电有限公司	陈旭,方晓通
201120098646	一种 LED 路灯	惠州 TCL 照明电器有限公司,TCL 光源科技(惠州)有限公司	黄剑烽
201120098649	一种大功率 LED 路灯	江苏欣力光电有限公司	陈旭
201120099468	路灯	珠海市金晟照明器材有限公司	畅育科
201120099885	一种便于维护的模组化 LED 灯具	中山市蓝晨光电科技有限公司	金雪平,杨必飞,等
201120100999	LED 路灯用散热组件	苏州浩华光电科技有限公司	钱晓明
201120101000	菱形式 LED 路灯用散热组件	苏州浩华光电科技有限公司	钱晓明
201120101306	便于组装的 LED 路灯	东莞市恒明光电科技有限公司	唐朝飞
201120101311	散热空间大的 LED 路灯	东莞市恒明光电科技有限公司	唐朝飞
201120101313	可防折线的 LED 路灯	东莞市恒明光电科技有限公司	唐朝飞
201120101315	散热性能好的 LED 路灯	东莞市恒明光电科技有限公司	唐朝飞
201120101318	便于散热的 LED 路灯	东莞市恒明光电科技有限公司	唐朝飞
201120101328	可提高组装效率的 LED 路灯	东莞市恒明光电科技有限公司	唐朝飞

续表

申请号	名称	申请单位	发明人
201120101702	一种节能环保 LED 极光灯	宁波莱索照明电器有限公司	俞长峰
201120101703	LED 极光灯	宁波莱索照明电器有限公司	俞长峰
201120103729	大功率 LED 路灯灯头	萨威灯具设计制造(苏州)有限公司	阿毕尔何利萨德
201120104634	LED 光学模组	广东中龙交通科技有限公司	陈斌,庞云,等
201120105258	一种 LED 路灯	江苏新时代照明有限公司	徐学刚
201120105873	模块式 LED 路灯散热器	江苏南自通华照明有限公司	季正华
201120105874	模块式 LED 路灯	江苏南自通华照明有限公司	季正华
201120106247	底座电源式 LED 路灯	苏州浩华光电科技有限公司	钱晓明
201120107580	一种可调节安装角度的 LED 路灯	江苏中科宇泰光能科技有限公司	傅小星
201120107631	一种 LED 路灯散热器	江苏中科宇泰光能科技有限公司	傅小星
201120111691	绿色环保风光互补 LED 照明系统	天津蓝基纳米储能科技有限公司	孙前程
201120112688	用于百瓦级可调功率组合式 LED 路灯的发光单元	江苏省飞花灯饰制造有限公司	陆明,王晓军,等
201120112781	用于百瓦级可调功率组合式 LED 路灯集成式发光单元	江苏省飞花灯饰制造有限公司	陆明,王晓军,等
201120112785	百瓦级可调功率便捷组合式 LED 路灯	江苏省飞花灯饰制造有限公司	陆明,王晓军,等
201120114275	自散热式 LED 路灯	常州市建国电器有限公司	章玉仙
201120114288	出光方向可调的 LED 路灯	常州市建国电器有限公司	章玉仙
201120114293	LED 双向照明路灯	常州市建国电器有限公司	章玉仙
201120114295	高功率 LED 灯	常州市建国电器有限公司	章玉仙
201120114807	LED 路灯光源腔复合密封结构	山东浪潮华光照明有限公司	陈涛,胡大奎,等
201120114808	LED 路灯电源安装通用性结构	山东浪潮华光照明有限公司	黄长洞,陈涛,等
201120115204	感应式 LED 路灯	常州市建国电器有限公司	章玉仙
201120115216	LED 防盗路灯	常州市建国电器有限公司	章玉仙
201120115256	LED 单颗多晶芯片模组灯	常州市建国电器有限公司	章玉仙
201120115263	LED 太阳能路灯	常州市建国电器有限公司	章玉仙
201120116872	具有前、后腔结构的 LED 灯具	宁波亿鑫诚电器有限公司	杨林锋
201120116873	一种 LED 路灯仰角的调整结构	宁波亿鑫诚电器有限公司	杨林锋
201120116875	一种 LED 路灯的防水结构	宁波亿鑫诚电器有限公司	杨林锋
201120119292	大功率 LED 路灯散热器	无锡马山永红换热器有限公司	陈球,周淑曦
201120119381	LED 路灯	常州华天福杰光电科技有限公司	缪强,周铭,等
201120119492	一种智能 LED 路灯	奇瑞汽车股份有限公司	王新果,张国兴,等
201120119755	一种 LED 路灯结构	浙江晶日照明科技有限公司	傅创业,程世友
201120119963	一种 LED 路灯	常州华天福杰光电科技有限公司	缪强,周铭,等
201120120268	一种混光 LED 路灯	重庆名亨科技有限公司	陈安强,黄林泽,等
201120120274	新型 LED 节能路灯	重庆名亨科技有限公司	陈安强,黄林泽,等
201120120405	一种低位 LED 道路照明灯	浙江艾科特科技有限公司,翁延鸣	翁延鸣
201120123363	高功率 LED 灯的光场光罩	常州市建国电器有限公司	章玉仙
201120123394	一种大功率 LED 路灯	东莞市光宇新能源科技有限公司	王骞,张光发
201120123999	LED 路灯	东莞市百分百科技有限公司	安波滔

续表

申请号	名称	申请单位	发明人
201120125004	带有防脱装置的LED路灯	都江堰市华刚电子科技有限公司	陈刚
201120125102	一种LED路灯灯头用光源模组	都江堰市华刚电子科技有限公司	陈刚
201120125267	可调节照射角度的高强度LED路灯灯头	都江堰市华刚电子科技有限公司	陈刚
201120125432	LED路灯灯罩	池州市鼎立光电科技有限公司	李弘毅
201120126664	积木式大功率LED路灯	深圳雷曼光电科技股份有限公司	李漫铁,吴波
201120126966	一种LED路灯	深圳市耀嵘科技有限公司	雍兴春
201120127425	可调整照射仰角的LED路灯	利得全股份有限公司	王勤文
201120127575	新型路灯灯头	江苏开元太阳能照明有限公司	尹子军
201120127902	一种LED照明灯	孝义市乐百利特科技有限责任公司	伍永安,王秉龙,等
201120128967	一种垂直导热式LED路灯	东莞市鑫诠光电技术有限公司	王乾
201120128970	一种LED路灯	东莞市鑫诠光电技术有限公司	王乾
201120128977	一种可调光照角度的LED路灯	东莞市鑫诠光电技术有限公司	王乾
201120128979	一种具有护罩的LED路灯	东莞市鑫诠光电技术有限公司	王乾
201120128999	一种模组式LED灯组	东莞市鑫诠光电技术有限公司	王乾
201120129051	一种改进电源散热的LED路灯	东莞市鑫诠光电技术有限公司	王乾
201120129068	LED路灯	安徽兆利光电科技有限公司	胡学军
201120130947	一种LED灯及其驱动装置	东莞勤上光电股份有限公司	邹大林
201120132234	集照明与多媒体宣传为一体的路灯	山西大杨创纪科技股份有限公司	杨晓军
201120132241	多功能路灯	山西大杨创纪科技股份有限公司	杨晓军
201120133837	可调节照射角度的LED节能路灯	重庆小草科技有限公司,甘国锐	甘国锐
201120133840	具有防水功能的LED节能路灯	重庆小草科技有限公司	甘国锐
201120133844	多功能LED节能路灯	重庆小草科技有限公司,甘国锐	甘国锐
201120133848	LED节能路灯用散热器	重庆小草科技有限公司	甘国锐
201120134434	一种LED模组的封装结构及照明装置	深圳市瑞丰光电子股份有限公司	赵玉喜
201120134719	一种具有双散热通道的LED模组路灯	北京朗波尔光电股份有限公司	梁毅,赵保红,等
201120137974	一种USB接口路灯结构	浙江晶日照明科技有限公司	傅创业,程世友
201120139324	LED反射调节灯	厦门砺德光电科技有限公司	曾秋香
201120139492	一种太阳能供电的LED路灯	苏州尚维光伏科技有限公司	李国刚
201120139493	一种利用风力供电的LED路灯	苏州尚维光伏科技有限公司	李国刚
201120139706	LED路灯的散热装置	安徽皖投新辉光电科技有限公司	徐滨,张五一,等
201120139729	一种LED路灯的防雨装置	安徽皖投新辉光电科技有限公司	徐滨,张五一,等
201120139797	路灯	哈尔滨飞亚灯饰有限公司	江玲祥
201120139952	一种LED路灯的安装调节机构	安徽皖投新辉光电科技有限公司	徐滨,张五一,等
201120144095	带有二次配光反射罩的大功率LED路灯	苏州市银河照明器材有限公司	李明,龚寿根
201120144579	一种模组化LED灯具	深圳市爱德利能源科技有限公司	熊击风
201120144610	一种LED路灯照射角度调节装置	深圳市爱德利能源科技有限公司	熊击风
201120144936	一种具有防尘功能的LED路灯	深圳市极佳光电科技有限公司	徐元成,刘成明,等
201120145564	大功率LED灯	温州大展光电有限责任公司	郑祖福,田进良

续表

申请号	名称	申请单位	发明人
201120145718	一种大功率LED路灯散热外壳	四川仪岛科技有限公司	王贵有,文语,等
201120148186	LED路灯	信达电工股份有限公司	黄仁泰
201120153256	具有水平和角度调整的LED路灯	兆光科技有限公司	谢定华,王映峰,等
201120155043	一种风光互补LED路灯	泉州市弘扬广告科技有限公司	陈长流
201120155068	大功率LED路灯	泉州市弘扬广告科技有限公司	陈长流
201120157003	LED路灯内循环散热系统	苏州环创电子有限公司	何广东
201120157237	一种LED路灯	泉州市弘扬广告科技有限公司	陈长流
201120162376	LED平面光源路灯散热壳体及其路灯	石家庄金威环艺灯饰工程有限公司	张成军
201120165996	太阳能LED路灯	厦门永旭实业发展有限公司	赵彬
201120168091	散热防水LED路灯	上海柏宜照明电子有限公司	张卫东
201120168093	快速散热LED路灯	上海柏宜照明电子有限公司	张卫东
201120168111	快速更换LED路灯	上海柏宜照明电子有限公司	张卫东
201120168135	防水LED路灯	上海柏宜照明电子有限公司	张卫东
201120168142	便捷式LED路灯	上海柏宜照明电子有限公司	张卫东
201120171346	旋式防水LED路灯	上海柏宜照明电子有限公司	张卫东
201120171361	旋式散热LED路灯	上海柏宜照明电子有限公司	张卫东
201120173261	LED路灯	邵武市兴融科技光电制造有限公司	李应彪,张平
201120176985	LED模组路灯	上海柏宜照明电子有限公司	张卫东
201120177036	LED路灯的转动接头	上海柏宜照明电子有限公司	张卫东
201120179079	一种散热结构及使用该散热结构的LED路灯	东莞洲亮通讯科技有限公司	李月亮,万生龙
201120185450	降低LED路灯眩目的LED光引擎	广东凯乐斯光电科技有限公司	常小霞,申莉萌,等
201120186486	一种LED路灯用胶圈	山东三晶照明科技有限公司	李福忠,张勇南
201120186490	一种LED路灯用框架	山东三晶照明科技有限公司	李福忠,张勇南
201120186493	一种LED路灯模块	山东三晶照明科技有限公司	张勇南,李福忠
201120186512	一种LED路灯	山东三晶照明科技有限公司	张勇南,李福忠
201120188202	LED路灯	红金螺科技(北京)有限公司	侯学谦
201120188474	自动调节照度的LED路灯	红金螺科技(北京)有限公司	侯学谦
201120188475	热管散热型LED路灯	红金螺科技(北京)有限公司	侯学谦
201120188506	一种快装型LED路灯	红金螺科技(北京)有限公司	侯学谦
201120188595	一种防雨LED路灯	红金螺科技(北京)有限公司	侯学谦
201120190273	一种新型对流式散热大功率LED路灯	江苏弘润光电科技控股集团有限公司	薛春亮,邱启东,等
201120190284	一种内嵌式大功率LED防雨路灯	江苏弘润光电科技控股集团有限公司	薛春亮,邱启东,等
201120191091	一种免工具更换装饰外壳的LED路灯	广东中龙交通科技有限公司	陈斌
201120193505	一种便于更换的LED路灯	北京中智锦成科技有限公司	陈祥龙,赵勇
201120193543	大功率LED灯	东莞市远大光电科技有限公司	刘东芳
201120194176	一种大功率LED灯	东莞市远大光电科技有限公司	刘东芳
201120194212	散热性能好的大功率LED路灯	东莞市远大光电科技有限公司	刘东芳
201120194265	发光效率高的大功率LED路灯	东莞市远大光电科技有限公司	刘东芳
201120195825	一种太阳能变频路灯	深圳冠牌光电技术(大冶)有限公司	何仙福,刘亢,等

续表

申请号	名称	申请单位	发明人
201120196564	一种穿孔整体式大功率 LED 路灯	江苏扬子机电科技有限公司	缪应明,黄金鹿
201120196606	一种穿孔对流循环大功率 LED 路灯	江苏扬子机电科技有限公司	缪应明,黄金鹿
201120199724	利用冷媒辅助散热的单灯自控节电大功率 LED 路灯	上海展源环保科技有限公司	蔡波
201120199728	一种 LED 路灯	芜湖奥凯金属科技有限公司	程长江,江世全,等
201120201895	太阳能路灯	宁波市柯玛士太阳能科技有限公司	马国富
201120203896	一种高散热节能路灯	安徽启利得照明科技有限公司	张福启
201120205127	一种 LED 节能路灯灯头	湖南省坤泰光能照明科技有限公司	刘徐冲
201120207017	一种大功率 LED 路灯	大连艾珂光电技术有限公司	林耘,任绍霞
201120209379	一种太阳能路灯	大连艾珂光电技术有限公司	林耘,任绍霞
201120210195	偏光型 LED 路灯	东莞东海龙环保科技有限公司	王瑞峰,范新国,等
201120211073	新型 LED 路灯	成都利百特照明技术有限公司	杨磊,甘国冬,等
201120211131	方便改变外形的 LED 路灯	成都利百特照明技术有限公司	杨磊,甘国冬,等
201120211392	方便安装的 LED 路灯	成都利百特照明技术有限公司	杨磊,甘国冬,等
201120215126	一种 LED 路灯模组	深圳创维照明电器有限公司	郭永钰,陈越华,等
201120219111	一种模组可调式高散热 LED 路灯	温州名博光电科技有限公司	钱彦宝
201120219276	一种 LED 路灯	苏州中研纺织科技有限公司	黄文汉
201120220910	双向低位 LED 道路灯	浙江艾科特科技有限公司,翁延鸣	翁延鸣
201120221230	一种风能路灯	苏州美亚新能源科技有限公司	赵娜,毛锋
201120221419	一种 LED 路灯	广东奥其斯科技有限公司	罗嗣辉,周燕飞
201120221425	一种太阳能和风能 LED 路灯	苏州美亚新能源科技有限公司	赵娜,毛锋
201120221431	一种 LED 路灯	苏州美亚新能源科技有限公司	赵娜,毛锋
201120221719	一种发光角度大且出光率高的 LED 路灯	孝义市乐百利特科技有限责任公司	伍永安,王秉龙,等
201120221750	一种带有新型散热结构的 LED 路灯	孝义市乐百利特科技有限责任公司	伍永安,王秉龙,等
201120223637	一种高效路灯散热结构	珠海亮码光电科技有限公司	程继金,王豪杰,等
201120224354	无眩光的 LED 路灯	宁波福民照明科技有限公司	关德威,阮祎,等
201120225089	一种具备高效矩形配光功能的 LED 路灯	珠海亮码光电科技有限公司	程继金,王豪杰,等
201120225846	一种角度可调节 LED 路灯	惠州比亚迪实业有限公司	孙广义,马勇
201120226360	防雷击的 LED 路灯	宁波福民照明科技有限公司	关德威,阮祎,等
201120227711	太阳能照明灯	常州市环科电子有限公司	虞丽君
201120228309	一种 LED 路灯电源	东莞市盈聚电子有限公司	赵星宝,何爱平,等
201120230609	一种太阳能补充供电的 LED 路灯	广东奥其斯科技有限公司	罗嗣辉,周燕飞
201120231219	一种具有蓄能型太阳能板模组的 LED 路灯	浙江艾科特科技有限公司	楼云丹,许武圣
201120231676	LED 路灯用反光杯	广东粤兴照明科技有限公司	麦东辉
201120235381	一种新型散热 LED 路灯模组散热器	广州光为照明科技有限公司	周檀煜,陈文立,等
201120235734	高功率 LED 石墨导热模块	锦益光电科技(上海)有限公司	陈洋怀
201120238116	结构改良的 LED 路灯灯头	福建省艾而丹光电科技有限公司	许文聪

续表

申请号	名称	申请单位	发明人
201120238226	一种改进散热的LED路灯	东莞巨扬电器有限公司	洪作财,陈明允
201120242410	大功率LED热管路灯	中山市流星宇数码照明有限公司	陈凯东
201120243403	LED路灯用散热器	镇江市东亚电子散热器有限公司	杜斌,杜小荣
201120244091	一种LED路灯	江苏亚示照明集团有限公司	殷金兴,杨柳群
201120244100	发光二极管路灯的冷却装置	宏能光电股份有限公司	萧文生
201120244112	LED路灯灯头结构	青岛创铭新能源有限公司	王忠锋,张存根
201120244138	反光板式LED路灯灯头	青岛创铭新能源有限公司	王忠锋,张存根
201120246448	LED路灯	浦江英孚光电科技有限公司	楼志强,周伟杰,等
201120247737	大功率LED组装结构	挺业科技(深圳)有限公司	邹本壮
201120248508	一种路灯	浦江英孚光电科技有限公司	楼志强,周伟杰,等
201120248510	路灯	浦江英孚光电科技有限公司	楼志强,周伟杰,等
201120248530	一种LED路灯	浦江英孚光电科技有限公司	楼志强,周伟杰,等
201120248551	一种LED路灯的灯壳	浦江英孚光电科技有限公司	楼志强,周伟杰,等
201120251781	LED路灯	天津卡尔芙光电科技有限公司	于江
201120254226	一种新型智能太阳能路灯	北京绿洲协力新能源科技有限公司	张治森,黄兴华,等
201120255375	用于路灯二次配光的线聚焦灯罩	南京安达泰星电子有限公司	李长青
201120256288	太阳能路灯	武夷山市鑫泰光电有限公司	张立泽
201120256866	一种模块化大功率LED路灯结构	复旦大学	孙耀杰,林燕丹,等
201120256950	一种大功率LED路灯模块多曲面反射器	复旦大学	林燕丹,孙耀杰,等
201120257456	多功能防盗LED路灯	广州风阳能照明科技有限公司	张惠强
201120258661	一种大功率LED路灯的散热机构	龙腾照明集团有限公司	龙慧斌
201120260415	拼装式发光LED路灯	广州风阳能照明科技有限公司	张惠强
201120265381	组装式LED路灯	苏州晶雷光电照明科技有限公司	董春保
201120265394	一体设计的模块化LED路灯	苏州晶雷光电照明科技有限公司	董春保
201120265555	LED户外灯具的光学挡板	联嘉光电股份有限公司	陈中荣,陈育圣,等
201120265761	风光互补路灯	苏州晶雷光电照明科技有限公司	董春保
201120266113	LED路灯装置	沈阳立晶光电有限公司	张北,吕宝龙
201120266598	自调整太阳能LED路灯	苏州晶雷光电照明科技有限公司	董春保
201120266999	一种LED灯具	深圳市浩博光电有限公司	龙洋,赵辉,等
201120268958	基于超级电容储能的太阳能路灯	江苏浦莱特实业有限公司	李长月,张巧生,等
201120270880	具有标示功能的LED路灯	苏州晶雷光电照明科技有限公司	董春保
201120272104	单颗5WLED路灯	浙江金禧太阳能设备有限公司	陆立轩,殷杰
201120274287	带蓄电池的LED灯	深圳市聚作实业有限公司	黄鹤鸣,郑凌云
201120275560	多路电能互补大功率LED路灯	佛山市托维环境亮化工程有限公司	周巧仪
201120276639	一种LED路灯	无锡爱迪信光电科技有限公司	王飞虎,王静静,等
201120276672	一种新型LED路灯	无锡爱迪信光电科技有限公司	王飞虎,王静静,等
201120276930	横置式LED照明灯	浙江金中机电科技有限公司	吴斌
201120277196	一种可双向安装的LED路灯	丰通光电(东莞)有限公司	刘培清,桂锐
201120280600	LED路灯	邵武市兴融科技光电制造有限公司	李应彪,张平

续表

申请号	名称	申请单位	发明人
201120280655	具有离心式冷凝器的 LED 路灯用热管散热装置	沈阳立晶光电有限公司	王翠萍,戴金福,等
201120282168	防 LED 灯具眩光 LED 模组	深圳市零奔洋科技有限公司	陈言海
201120283935	高亮度稳定度的路灯	都江堰市华刚电子科技有限公司	陈刚
201120284581	仰角可调的整体散热式大功率 LED 路灯灯具	河北格林光电技术有限公司	刘记祥,王晓伏,等
201120285011	一种模块化的 LED 路灯	深圳市利路通科技实业有限公司	黄东林
201120286892	大功率 LED 路灯	深圳市大族绿能照明科技有限公司	李铁锤,钟声鸣
201120286895	照明亮度可调的 LED 路灯	深圳市大族绿能照明科技有限公司	李铁锤,钟声鸣
201120286953	路灯灯具	天津津港宇达电子科技有限公司	孙玉坤
201120289378	LED 路灯	邢台绿时代光电科技有限公司	滑志红,张志强
201120290401	一种改进散热的 LED 路灯	东莞巨扬电器有限公司	洪作财,陈明允
201120291528	一种单芯片 LED 路灯的二次光学组件	东莞市远见光电科技有限公司	彭芳爱
201120291592	一种单芯片 LED 路灯的散热组件	东莞市远见光电科技有限公司	彭芳爱
201120295171	大功率 LED 路灯灯头	萨威灯具设计制造(苏州)有限公司	阿毕尔何利萨德
201120295427	一体化 LED 路灯基板	都江堰市华刚电子科技有限公司	陈刚
201120295450	易于维护的 LED 路灯灯板	都江堰市华刚电子科技有限公司	陈刚
201120296536	一种高功率 LED 路灯	惠州北大青鸟照明有限公司	钟志军
201120297209	控制恒流一体机及具有该一体机的光伏路灯照明系统	北京远方动力可再生能源科技发展有限公司	邢磊,吴帆,等
201120297809	一种方形组合体式 LED 路灯	浙江深度光电科技有限公司	张臻
201120297970	一种 LED 路灯	浙江英博照明科技有限公司	王溪鹏
201120301357	一种太阳能 LED 路灯	佛山市利升光电有限公司	王成国
201120302354	一种椭圆 LED 路灯	浙江深度光电科技有限公司	张臻
201120303965	节能型太阳能光伏广告路灯	福建先行新能源科技有限公司	邓金兴
201120304487	LED 路灯的非对称透镜	浙江百康科技有限公司	周良,周华
201120305766	LED 路灯	浙江百康科技有限公司	周良,周华
201120305817	一种 LED 光源模块	清远市恒德电子有限公司	林耿明
201120305934	一种 LED 高杆灯	天津烁源照明设备有限责任公司	王建强
201120306316	一种 LED 路灯	北京佰能光电技术有限公司	朱继红,王良吉,等
201120309451	一种节能路灯	无锡通明科技有限公司	姚迎宪
201120313260	LED 路灯	苏州晶雷光电照明科技有限公司	董春保
201120314787	高效散热的一体化太阳能 LED 灯	南通突优科技创业有限公司	季历程
201120314789	易散热的园林 LED 灯	南通突优科技创业有限公司	季历程
201120314816	一体化太阳能 LED 路灯	南通突优科技创业有限公司	季历程
201120314819	易散热 LED 路灯	南通突优科技创业有限公司	季历程
201120314851	一种节能型 LED 路灯	江苏同辉照明科技有限公司	高明,陈伟民,等
201120315381	易散热的太阳能 LED 路灯	南通突优科技创业有限公司	季历程
201120315383	易散热的一体化太阳能 LED 路灯	南通突优科技创业有限公司	季历程
201120318344	一种模块化 LED 路灯	比亚迪股份有限公司	孙广义,李丹羊

续表

申请号	名称	申请单位	发明人
201120322756	LED面光源路灯	青岛市灯具二厂	韩同纪,高磊
201120323569	LED路灯照明装置	福建蓝蓝高科技发展有限公司	黄尔南
201120325906	太阳能LED路灯	西安鸿雅达电子有限公司	张达,冯建军,等
201120326716	新型LED路灯	生茂光电科技股份有限公司,生茂固态照明科技股份有限公司	王会强,杨云飞,等
201120329633	大功率LED路灯	上海彩耀新能源投资发展有限公司	姜麟,沈耀章
201120332401	大功率LED道路照明灯	浙江安迪科技发展有限公司	史文浩
201120333051	大功率LED路灯	六安市亮峰电子光电有限公司	刘亮
201120336339	一种LED路灯	广州舜松新能源科技有限公司	林智能,杨竹林
201120336788	一种LED路灯	浙江亚宝光电科技有限公司	陈云军,邱文辉,等
201120336887	一种LED路灯的灯架	东莞市光宇新能源科技有限公司	王骞,张光发
201120338211	高效散热LED路灯壳	山东开元电子有限公司	刘树高,秦立军,等
201120344993	藤本植物路灯	天津绿动植物营养技术开发有限公司	魏剑
201120348238	一种太阳能路灯	浙江尤尼威机械有限公司	毛中华,方晓水,等
201120350444	一种LED路灯用的导风散热灯罩	平顶山市蓝峰科技实业有限公司	谢少杰,吴二旺,等
201120350445	一种防水型LED路灯	平顶山市蓝峰科技实业有限公司	谢少杰,朱会兴,等
201120352262	一种LED路灯灯头	惠州雷士光电科技有限公司	洪晓松
201120352773	照射角度可调的模块化LED路灯	四川新力光源有限公司	郎宏科,谢国锦,等
201120352849	模块化LED路灯	四川新力光源有限公司	郎宏科,尹航,等
201120353665	一种LED路灯照明单元和LED路灯	苏州荣文库柏照明系统有限公司	张剑丰,侯晔
201120355353	LED路灯	中山市冠华照明灯饰有限公司	余早生
201120355586	一种LED路灯、隧道灯	深圳市蓝科电子有限公司	胡启胜,马洪毅
201120357669	万向调节太阳能一体化LED路灯	河南华晶光电科技有限公司	金英俊,李海滨,等
201120361874	一种围栏式对流散热LED路灯	大连路明发光科技股份有限公司	肖志国,杜卫平,等
201120363499	一种LED路灯	宁海县光辉灯饰有限公司	胡晓明
201120369761	大功率轴流散热LED路灯	盘锦中跃光电科技有限公司	何述宝
201120370373	景观路灯	济南三星灯饰有限公司	赵波,吴升堂,等
201120370599	模组化LED路灯灯头	济南三星灯饰有限公司	赵波,张生
201120370808	一种太阳能照明站牌	大连吉诺贸易有限公司	陈德才,徐忠坚
201120373267	一种LED路灯	浙江索臣照明有限公司	沈建兴
201120374503	一种具有二次复合配光结构的LED路灯	江西超弦光电科技有限公司	张晓飞
201120374524	一种压铸结构件和拉制铝型材复合结构的LED路灯	江西超弦光电科技有限公司	张晓飞
201120374531	一种调整了凸台角度的大功率集成LED路灯	江西超弦光电科技有限公司	张晓飞
201120374537	一种大功率LED路灯散热结构	江西超弦光电科技有限公司	张晓飞
201120375401	一种LED路灯	珠海铭源照明科技有限公司	梁群杰
201120382020	利用传统路灯改造的LED路灯	广州南科集成电子有限公司	吴俊纬
201120383317	一种高显指的LED路灯	深圳市灏天光电有限公司	卢志荣,黄勇智,等

续表

申请号	名称	申请单位	发明人
201120389559	一种 LED 半导体路灯	合肥桑美光电科技集团有限公司	张成美,许大军,等
201120389934	一种 LED 路灯灯壳的卡扣式透光天窗	河南光之源太阳能科技有限公司	谢少杰,武二旺
201120389935	一种带有透光天窗的 LED 路灯的灯壳	河南光之源太阳能科技有限公司	谢少杰,魏铁俊
201120389952	一种透光型 LED 路灯的灯壳	河南光之源太阳能科技有限公司	谢少杰,胡海平
201120393812	太阳花 LED 均光路灯	南京银茂电源科技有限公司,高学田	高学田
201120394889	一种灯光平行于路面的节能型集成模块化 LED 路灯	湖南飞龙环保科技工程有限公司	黄量平,龙海铮
201120400267	一种桥梁专用路灯	东营泰克拓普光电科技有限公司	仇志勇
201120402655	风光互补 LED 路灯	上海飞乐音响股份有限公司	朱开扬,龚家杰
201120405724	LED 路灯	深圳市德泽能源科技有限公司	李冠桦
201120406197	一种 LED 路灯反光器	广东宏泰照明科技有限公司	吴飞
201120410410	新型 LED 路灯	珠海市明宏集团有限公司	蔡景明
201120410935	防眩光矮柱式 LED 路灯	捷光半导体照明科技(昆山)有限公司	孙庆成,张容瑄,等
201120415232	一种 LED 路灯	贵州光浦森光电有限公司	张继强,张哲源
201120418645	非对称 LED 路灯透镜	深圳市鹏森光电有限公司	彭志奇
201120419600	模组化 LED 路灯	重庆四联光电科技有限公司	胡栋,陈禄文,等
201120420253	一种路灯	安徽华炬太阳能照明科技有限公司	马骉骉,刘峰,等
201120422422	模组式 LED 路灯	安徽东宝实业有限公司	魏建云
201120424512	LED 发光体太阳能供电路灯	绥中安泰科技有限公司	贺俭,吴茂昆,等
201120425777	一种 LED 路灯热保护装置	四川金灿光电有限责任公司	曹代权,周江,等
201120427376	LED 路灯	江苏西门控电器有限公司	郭道鹏,江华,等
201120428514	除尘式风光互补路灯	南昌航空大学	胡成华,陈薇娜,等
201120430210	一种智能安装的 LED 路灯	深圳市锦粤达科技有限公司	莫锦池
201120434109	模块化 LED 路灯	深圳万润科技股份有限公司	李志江,刘平,等
201120434426	一种 LED 景观路灯	济南三星灯饰有限公司	赵波,张生
201120434428	一种新型 LED 景观路灯	济南三星灯饰有限公司	赵波,吴升堂
201120438531	一种 LED 路灯	孝义市乐百利特科技有限责任公司	赵芳
201120440308	LED 路灯的防水结构	四川源力光电有限公司	赵青松
201120441965	一种智能型太阳能 LED 乡村专用路灯	湖南阳光富源光电产业有限公司	戴良辉,田建
201120443732	一种大功率 LED 路灯	宁波市华拓太阳能科技有限公司	沈华耿
201120444335	LED 反光板及泛光灯及路灯	合隆防爆电气有限公司	张胜余,张乃月
201120446567	一种节能环保型 LED 路灯	惠州伟志电子有限公司	秦紅波,张平洛
201120446777	多功能 LED 灯	合隆防爆电气有限公司	张胜余,张乃月
201120446791	一种具有立体散热结构的 LED 路灯	深圳市中装光伏建筑科技有限公司	杨文彪,曹迴亚
201120449594	LED 节能路灯	广州市巨亮光电科技股份有限公司	刘戈亮
201120450152	太阳能 LED 路灯	常州市吉诺新能源有限公司	张春平
201120450574	LED 路灯	深圳市仁达实业有限公司	李众学
201120451620	LED 路灯	福建省苍乐电子企业有限公司	叶金万,黄樽,等
201120451743	一种风能与光能互补型自发电式 LED 路灯系统	新疆尚能太阳能科技有限公司	吴永新

续表

申请号	名称	申请单位	发明人
201120452873	矩形区域内照度均匀的LED路灯	浙江天宇灯饰有限公司	陈海洋,曹奇雄
201120457502	仰角可调式LED路灯灯具	常州市产品质量监督检验所	施朝阳,张泓,等
201120459295	LED路灯	东莞长发光电科技有限公司	黄超荣,彭武,等
201120479180	LED路灯	广东宏泰照明科技有限公司	吴飞
201120483180	一种防水LED路灯	广州市芯光元光电科技有限公司	谢方云
201120483707	一种隧道灯	浙江华泰电子有限公司	朱一鸣
201120487347	一种散热性能良好的LED路灯	广州市芯光元光电科技有限公司	谢方云
201120489437	一种防水散热型模组式LED路灯	广州鑫美照明有限公司	黄英杰
201120492517	一种LED路灯	深圳市丽晶光电科技股份有限公司	齐泽明
201120493771	装置LED发光体的支架与壳体的安装结构	合肥桑美光电科技集团有限公司	许大军,许大红,等
201120494344	一种大功率LED散热路灯	江苏省电力公司响水县供电公司	陈群,赵长生,等
201120496747	一种易于散热的LED路灯	华中科技大学	肖汉唐,王子昊,等
201120499610	一种多头LED路灯	东莞市光辉灯饰有限公司	陈建忠
201120499725	可直接替换钠灯的LED路灯光源	新疆亮惠环保科技有限公司	金明武,徐健,等
201120499893	一种采用循环散热系统的整体式LED路灯	常熟卓辉光电科技有限公司	杨耀武,苏晓燕
201120502435	一种驱动内置的双层散热式LED路灯	佛山市大明照明电器有限公司	冯坚强
201120502994	一种偏光LED路灯模块组式透镜	安徽华炬太阳能照明科技有限公司	刘峰,马骉骉,等
201120503034	一种便于调光的LED路灯支架	安徽华炬太阳能照明科技有限公司	刘峰,马骉骉,等
201120503038	一种LED路灯	安徽华炬太阳能照明科技有限公司	刘峰,马骉骉,等
201120503398	内凹配光LED路灯	肇庆全商联盟信息科技有限公司	边晓燕,陈惠芳
201120505431	配光型LED路灯	杭州博盛光电科技有限公司	魏星远,张慧林
201120509437	一种LED路灯	铜陵市毅远电光源有限责任公司	洪伟,江源,等
201120516272	一种直换式LED路灯灯头	四川鋆新能源科技有限公司	李顺程
201120518178	对流式散热LED路灯灯具	四川金灿光电有限责任公司	曹代权,周江,等
201120519198	一种非对称配光的LED路灯	中微光电子(潍坊)有限公司	王慧东,孔瑞,等
201120522735	新型庭院路灯	济南三星灯饰有限公司	赵波,吴升堂
201120528621	LED路灯	重庆市北碚区天利灯具有限公司	李天华
201120536049	插件式LED灯具	宿州市博远新能源电子科技有限公司	翁其旺,孙元柱,等
201120560912	LED照明路灯	重庆市北碚区天利灯具有限公司	李天华
201120561389	LED路灯	四川新力光源有限公司	王森,赵昆,等

15.2.2 热水器、空调、冰箱节能技术

申请号	名称	申请单位	发明人
01117295	采暖空调热水用太阳空气电热复合热泵系统	大连冰山集团有限公司	俞乔力,刁鑫刚,等
02100954	乙烯系芳香族树脂复合材	奇美实业股份有限公司	吴政道

续表

申请号	名称	申请单位	发明人
02104844	二级水环复合热泵驱动的采暖空调热水系统	大连冰山集团有限公司	俞乔力,丁杰,等
03108559	一种空调器	北京环能海臣科技有限公司;徐宝安	徐宝安
03131988	多功能热泵型空调热水器	东南大学	李舒宏,张小松,等
03150626	太阳能-空气热泵热水器	上海交通大学	王如竹,旷玉辉,等
200310110247	一种电冰箱门体的制造方法	河南新飞电器有限公司	李恒国,李永高,等
200320113221	余(显)热回收热水型地能空调器	河南绿源制冷有限公司	张凯,张胜,等
200410037858	用于制冷和低温设备中的多次柔性发泡绝热层	中国科学院理化技术研究所	吴剑锋,公茂琼,等
200420094482	一种风冷热泵热水器	中国科学院广州能源研究所	马伟斌,王向岩,等
200420107877	一种降噪装置	浙江盾安人工环境设备股份有限公司	董志明,蒋建平,等
200420117407	一种单元式空调机组	雅士空调(广州)有限公司	王四海,王剑,等
200510079735	太阳能热泵和使用该热泵的空调系统	北京北控恒有源科技发展有限公司	陆海汶
200510079955	冬夏两用空调系统	北京北控恒有源科技发展有限公司	陆海汶
200510096424	高低温可切换分级蒸发空调热泵热水器	西安交通大学	陈流芳,吴裕远
200520134176	空气源热泵空调	江阴市利港美林太阳能热水器厂	蒋茂林
200610050285	太阳能辅助多功能热泵系统	浙江大学	王勤,黎佳荣,等
200610124872	空气源热泵冷暖、热水机组	武汉朗肯节能技术有限公司	赵克,吴天金
200610200009	硬质聚氨酯泡沫塑料的生产方法	广东科龙电器股份有限公司	胡锋,胡哲,等
200620078492	过冷节流分级冷凝式热泵热水器	西安交通大学;江苏七彩科技有限公司	吴裕远,陈流芳,等
200620093515	GHP燃气热泵空调机温水取出系统	大连三洋制冷有限公司	董素霞,李建华,等
200620163957	空气源热泵空调热水器	广东美的电器股份有限公司	殷飞平,伍光辉,等
200620163960	空气源热泵空调热水器	广东美的电器股份有限公司	殷飞平,伍光辉,等
200630302375	空调热泵热水器水箱(130L)	广东美的电器股份有限公司	高玲,毛先友,等
200630302376	热水器水箱(空调热泵 180L)	广东美的电器股份有限公司	高玲,毛先友,等
200630302377	空调热泵热水器水箱顶盖	广东美的电器股份有限公司	高玲,毛先友,等
200710018332	一种双面贴附射流的送风方式	西安交通大学	王沣浩,罗昔联,等
200710021133	多功能地源热泵辐射空调及热水系统	东南大学	李舒宏,张小松,等
200710025582	用于制备环戊烷型聚氨酯泡沫的植物油聚醚多元醇及其制法	江苏钟山化工有限公司	赵华头,陈玉娟,等
200710039133	热泵热水器用的过热平衡器	上海交通大学	郭俊杰,吴静怡,等
200720037433	一种空调热泵热水机组	无锡同方人工环境有限公司	顾卫平
200720060233	浴室干燥热水器	广东工业大学	陈颖,谭辉平,等
200720123385	热泵空调热水器水箱的搅拌装置	广东美的电器股份有限公司	伍光辉,程志明,等
200720125668	节能型空调热水器	广东格兰仕集团有限公司	陈锦聪
200810030326	热泵热水空调机组及其工作方法	珠海格力电器股份有限公司	余凯,韩仁智
200810195087	基于蒸发冷却与蒸气压缩的综合冷水机组	东南大学	梁彩华,张小松,等
200820042141	用于半导体热泵热水器的综合热管取热器	南京工业大学	黄维,谭翀,等

续表

申请号	名称	申请单位	发明人
200820045198	直热式冷暖型空调热水器	珠海格力电器股份有限公司	朱松勤
200820058996	一种水源空调热水器系统	上海索伊电器有限公司	刘勇，杨万勇，等
200820155107	拼装式冰箱	上海芙蓉实业有限公司	陆谓舜
200820170399	一种直热式空调热水器	杭州真心热能电器有限公司	朱培江，贺晓华
200820189009	热泵热水空调机组	珠海格力电器股份有限公司	余凯，韩仁智
200820203505	空调节能控制器	广州勤龙电子科技有限公司	黄尚南，杨学军
200910024489	一种具有热水功能的地源热泵空调装置	东南大学	李舒宏，张小松，等
200910030789	一种性能改进的硬质泡沫塑料及其制备方法	南京红宝丽股份有限公司	袁海顺，邢文兴，等
200910037433	除湿空调热泵热水器	广东工业大学	陈颖，施永康，等
200910056824	一种热源转换利用的热水控制系统	格林斯潘控制技术（上海）有限公司	郭进武
200910071271	大型蓄能式空气源热泵热水机组	哈尔滨工业大学	倪龙，江辉民，等
200910099401	一种直膨式多功能太阳能辅助热泵系统	浙江大学	王勤，梁国峰，等
200910143725	一种太阳能复合能源空调热水装置	广东志高空调有限公司	金听祥，陈育锋，等
200910197173	实现用户自定义睡眠参数控制空调运转的遥控装置及方法	湖南省电力公司永州电业局	沈桂诚，何银国，等
200920035319	太阳能空调热水器一体化装置的主机	江苏华厦电力成套设备有限公司	翟星红，朱志蓉，等
200920036735	多功能热泵空调热水器	东南大学	李舒宏，张小松，等
200920049665	空调热泵热水机组	珠海格力电器股份有限公司	韩仁智
200920051744	除湿空调热泵热水器	广东工业大学	陈颖，施永康，等
200920052280	低温增焓型空调器或热泵热水器	珠海格力电器股份有限公司	谭建明，张龙，等
200920065336	一种改造和利用直燃机的节能中央空调系统	湖南能拓楼宇节能技术有限公司	田飚，许小平
200920071676	单冷型家用空调热泵热水系统	特灵空调系统（中国）有限公司	柴国红，顾小刚，等
200920073071	一种变频通风装置	杰达维（上海）医药科技发展有限公司	蔡世美
200920109615	热水空调器	海尔集团公司；青岛海尔空调器有限总公司	张守信，谷东照，等
200920132166	热泵热水器空调系统	深圳市风驰热泵技术有限公司	吴建兵，覃清
200920132167	空气源热泵冷热水器	深圳市风驰热泵技术有限公司	吴建兵，覃清
200920178978	双转子两级增焓压缩机、空调器及热泵热水器	珠海格力电器股份有限公司	邹鹏
200920179636	能源整合供应装置	润弘精密工程事业股份有限公司	尹衍梁
200920238780	一种热泵空调热水器	中国科学院广州能源研究所	马伟斌，龚宇烈，等
200920246032	一种太阳能回热式硫氰酸钠—氨吸收式冰箱空调及热泵装置	中国家用电器研究院；北京工业大学	刘挺，刘忠宝，等
200920288329	一种中央空调风机盘管控制器	中国科学院沈阳自动化研究所	王忠锋，王乐辉，等
201010149776	一种热泵空调热水器	中山市爱美泰电器有限公司	童风喜
201010195842	具有冷气和新风换气功能的空气能热泵热水器	哈尔滨工业大学	倪龙，吕永鹏，等

续表

申请号	名称	申请单位	发明人
201010252312	一种芳烃聚酯改性聚醚多元醇及其制备方法	上海东大聚氨酯有限公司	李心强，董建国，等
201010296742	太阳能-空气双热源型热泵空调器	中原工学院	周光辉，董秀洁，等
201010298846	一种利用化工醇的副产物树脂C制备的聚氨酯发泡保温材料及制法	长春工业大学	马立国，孙德，等
201010564337	混合发泡剂发泡聚氨酯硬质泡沫组合聚醚	山东东大一诺威新材料有限公司	刘军，徐业峰，等
201010565544	聚氨酯硬质泡沫组合聚醚	山东东大一诺威新材料有限公司	刘军，徐业峰，等
201010578887	一种喷射器增效型蒸气压缩式热泵循环系统	西安交通大学	鱼剑琳，周媛媛，等
201010610670	空调房间实时冷负荷确定方法	上海大学	刘廷章，龚安红，等
201020022254	机房空调风冷型室外机高热密度改造处理装置	南京佳力图空调机电有限公司	梁立平，李龙
201020101583	具有供冷、供热、供热水的空气源热泵三效机组	北京振兴华龙制冷设备有限责任公司	贾建国，周忠
201020162631	一种热泵空调热水器	中山市爱美泰电器有限公司	童风喜
201020168263	一种流体循环泵工况点高效动态矫正节能系统	上海易齐节能科技有限公司	刘训强，刘训伟
201020245732	一种空调远程遥控装置及空调远程控制系统	湖南云博信息技术有限公司	陈刚
201020269174	全天候太阳热水器	海南师范大学	钟承尧，邢诒存，等
201020271275	电气室空调机直送风运行装置	宝钢发展有限公司	杨立波，康乳国，等
201020292825	一种通信基站定向送风系统	中国移动通信集团设计院有限公司	杜安源，赵承祖，等
201020508598	一种太阳能与热泵相结合的中央空调系统	浙江大学	王成立，高慧，等
201020516008	带有余热回收装置的直流变频空调	宁波奥克斯电气有限公司	程德威，姜灿华
201020516995	工厂电气室用节能型空调箱	宝钢发展有限公司	陈葭宜，江长，等
201020525831	直流变频多联机多功能空调	宁波奥克斯电气有限公司	程德威，姜灿华
201020525838	一种直流变频多功能空调	宁波奥克斯电气有限公司	程德威，姜灿华
201020527826	直流变频多功能空调系统	宁波奥克斯电气有限公司	程德威，姜灿华
201020548121	太阳能一空气双热源型热泵空调器	中原工学院	周光辉，董秀洁，等
201020552699	集制冷、采暖、热水的三联供应节能系统	广州瑞姆节能设备有限公司	计月方
201020579262	一种利用冷凝余热的跨临界二氧化碳热泵型空调热水器	华北电力大学(保定)	谢英柏，刘建林，等
201020597465	空调热水器	海尔集团公司；青岛海尔空调电子有限公司	国德防，毛守博，等
201020597476	空调热水器	海尔集团公司；青岛海尔空调电子有限公司	国德防，毛守博，等
201020597480	空调热水器	海尔集团公司；青岛海尔空调电子有限公司	王莉，国德防，等

续表

申请号	名称	申请单位	发明人
201020597490	空调热水器	海尔集团公司;青岛海尔空调电子有限公司	王莉,国德防,等
201020599967	一种通信基站智能通风系统	广东省建筑科学研究院	杨仕超,吴培浩,等
201020635286	电气室冬季使用空调机节能运行装置	宝钢发展有限公司	茆春巍,束元,等
201020636848	一种太阳能辅助热泵冷热水一体机	浙江理工大学	姜坪,王志毅,等
201020636863	太阳能辅助双冷凝器冷热水一体机	浙江理工大学	姜坪,王志毅,等
201020647932	一种机房设备控制系统	广东高新兴通信股份有限公司	陈文辉,潘兆华,等
201020647935	一种空调自动控制装置	广东高新兴通信股份有限公司	陈文辉,潘兆华,等
201110079756	一种间膨式太阳能辅助多功能热泵系统	浙江大学	王勤,刘玉迁,等
201120001608	一种冰箱	合肥美的荣事达电冰箱有限公司;合肥华凌股份有限公司	李忠
201120002760	一种还原炉降温装置	洛阳世纪新源硅业科技有限公司	杨龙军,马麟,等
201120022791	一种电冰箱负压发泡装备	合肥美菱股份有限公司	水江波,王贞平,等
201120028812	一种模拟压缩机管路振动的试验装置	惠州市双和新能源科技有限公司	范文开,骆东明
201120031278	节能型空调室外机	上海理工大学	祁影霞,姬利明,等
201120043526	喷液增焓式热泵热水器机组	山东欧锴空调科技有限公司	平伟,张晓兰,等
201120094406	冰箱门体及使用该冰箱门体的冰箱	松下电器研究开发(苏州)有限公司	张煜
201120112747	一种多功能热泵空调热水器	上海理工大学	闵矿伟,席令,等
201120125003	节能热泵热水空调机	欧阳仲志	欧阳仲志
201120211312	冰箱用发泡透气块	绍兴市恒丰聚氨酯实业有限公司	山柏芳,傅东海
201120248303	一种热泵空调热水器	上海理工大学	姜昆,刘颖,等
201120252285	一种低噪声一体式热泵热水器	德华科电器科技(安徽)有限公司	孙勇,张华庆
201120259960	冰箱横梁及设有该横梁的冰箱	海尔集团公司;青岛海尔模具有限公司	米永东,聂俊
201120300586	室外机底盘	TCL 空调器(中山)有限公司	杨军,刘钢
201120318846	利用工业余热驱动的 VM 循环热泵型空调热水器	华北电力大学(保定)	张祖运,张瑶瑶,等
201120320202	一种冷凝器发热翅片结构	黄山市龙成能源科技有限公司	郑军,刘银龙
201120320205	一种超低温空气能热泵机组	黄山市广远光电科技有限公司;黄山市北川电子科技有限公司;黄山市龙成能源科技有限公司	郑军,刘银龙
201120338548	一种换热器分离式快热回收低温空调热水器	珠海亚必利科技有限公司	梁显庭
201120352300	一种多功能地源热泵系统	江苏汇中戈特尔空调有限公司	封浩,管海萍,等
201120362868	家庭热泵热水器和中央空调联用装置	集美大学	庄友明
201120380442	适应峰谷阶梯电价的住宅空调系统	华北电力大学	高尚
201120407791	一种废旧冰箱聚氨酯泡沫发泡剂的连续回收系统	长沙理工大学	王向红,胡宏伟,等
201120451324	中央空调冷却塔风机控制电路	深圳市紫衡技术有限公司	任中俊,李辉,等
201120471769	双转子压缩机及具有其的空调器和热泵热水器	珠海格力节能环保制冷技术研究中心有限公司	陈剑雄,李万涛

续表

申请号	名称	申请单位	发明人
201120478854	一种空调热水系统	佛山市确正冷热设备有限公司	蔡林润,彭越诚,等
201120506090	双级增焓压缩机及具有其的空调器和热泵热水器	珠海格力节能环保制冷技术研究中心有限公司	邹鹏

15.2.3 彩电节能技术

申请号	名称	申请单位	发明人
00108091	电视机电网电压波动检测装置	TCL 王牌电子(深圳)有限公司	胡秋生,黄凯华,等
99114701	电视实时钟及显示操作方法	四川长虹电器股份有限公司	郑光清,孙乐民
200310110857	彩电显像管灯丝预热延寿与开关机消亮点兼消冲击声电路	深圳创维-RGB 电子有限公司	戴俊
200310110860	彩电过载关机装置	深圳创维-RGB 电子有限公司	戴俊
200310110863	彩电自动切换消磁兼防止开机过流冲击装置	深圳创维-RGB 电子有限公司	戴俊
200410009721	降低手持移动多媒体电视广播设备功耗的方法	清华大学	杨知行,兰军
200410023981	四合一彩色液晶电视机	万利达集团有限公司	王少成,赖建榕,等
200410051064	一种电视机的低功耗待机电路	TCL 王牌电子(深圳)有限公司	唐余敏
200420014546	具备伴音单独听功能的电视机	深圳创维-RGB 电子有限公司	戴俊
200420025283	彩电专用智能化节能插座	扬州金鼎电子有限公司	朱金荣,袁留路
200420090938	一种具有待机节电功能的电视机	上海久隆电力科技有限公司	陆敏勇,王康,等
200420093091	一种等离子电视自动功率控制装置	康佳集团股份有限公司	梁宁
200420103139	低待机功耗的电视机	康佳集团股份有限公司	陶显芳
200420117292	微型投影式多媒体数字电视接收机	深圳清华大学研究院	翟小武,刘岩,等
200510021633	一种用于移动和手持无线电视广播的传输帧方法	电子科技大学	朱维乐
200510022266	电视机待机控制电路及具有此待机控制电路的电视机	深圳创维-RGB 电子有限公司	吴沛,杨军治
200510074895	液晶电视的影音播放控制系统	新巨企业股份有限公司	周进文,郑英男,等
200510098374	一种数字电视广播调制方法和装置	华为技术有限公司	王艺,段为明
200510104283	双 CPU 电视机通过 SCART 接口的开关机控制方法	海信集团有限公司,青岛海信电器股份有限公司	訾怀刚,洪烨,等
200520056650	具有待机系统的光学投影电视系统	江西鸿源数显科技有限公司	李方红,常嘉兴,等
200520102593	一种数字电视信源解码芯片	杭州晶图微芯技术有限公司	郭斌林,莫国兵,等
200610024247	一种基于码流优先级的手机电视链路层视频传输方法	展讯通信(上海)有限公司	丁亚强,林江,等
200610027437	适用于高清数字电视的低抖动时钟生成电路	复旦大学	叶凡,陈丹凤,等
200610035524	一种电视机的待机节电稳压电路	佛山市佳明电器有限公司	郑为民,李雄

续表

申请号	名称	申请单位	发明人
200610038508	带有数字电视接收器的个人便携式多媒体播录放一体机	常州豪杰电器有限公司	宋伟鸣
200610044691	可实现待机低功耗且快速启动的电视机	海信集团有限公司,青岛海信电器股份有限公司	张建春,曲春,等
200610044782	基于单片机的电视机低功耗待机控制方法	海信集团有限公司,青岛海信电器股份有限公司	王立平,施志峰,等
200610045460	具有会聚功放电源切换电路的电视机	海信集团有限公司,青岛海信电器股份有限公司	苗永平,尚军辉
200610060158	LCD电视显示质量的自适应调节装置及方法	深圳创维-RGB电子有限公司	李海鹰,沈思宽,等
200610060497	电视机待机节能电路	深圳创维-RGB电子有限公司	戴奇峰,王南
200610061530	液晶电视背光亮度调整方法	深圳TCL工业研究院有限公司	冯万良,董宁斌
200610061838	一种LCD电视显示质量的自适应调节装置及方法	深圳创维-RGB电子有限公司	李海鹰,沈思宽,等
200610062580	一种数字电视接收机的节能系统及方法	深圳创维数字技术股份有限公司	张恩利
200610063324	一种视频图像动态处理的方法	深圳TCL工业研究院有限公司	施建华,冯万良,等
200610063617	液晶电视背光控制系统及方法	深圳TCL工业研究院有限公司	闫晓林,冯万良,等
200620011352	电视机的待机低功耗电路	青岛海信电器股份有限公司	谢洪军,刘俊
200620014533	节能电视机	康佳集团股份有限公司	卢林初
200620016454	一种电视机开关电源	康佳集团股份有限公司	王希沛
200620016584	电视机行扫描电路	深圳创维-RGB电子有限公司	张颐辉
200620016819	电视机开关电源电路	康佳集团股份有限公司	王希沛
200620035321	电视接收机电源电路	四川长虹电器股份有限公司	田朝勇
200620049219	一种适于广播应用的多接口数字电视编码器	上海通信技术中心	潘且鲁,叶赪缪
200710073022	一种移动电视接收电路	深圳安凯微电子技术有限公司	李小明,庞恩林,等
200710075368	一种视频图像处理方法	深圳TCL工业研究院有限公司	王晖,冯万良
200710075623	一种液晶图像处理的方法及装置	深圳TCL工业研究院有限公司	冯万良
200710076433	一种定时录制方法、装置及数字电视接收终端	深圳市同洲电子股份有限公司	吴李保
200710077590	一种数字电视接收机的节能待机系统	深圳创维数字技术股份有限公司	赵健章,李剑波
200710124204	一种降低电视机待机功耗的方法及系统	康佳集团股份有限公司	赵邙,刘宝江,等
200720017002	电视机低功耗待机电源电路	青岛海信电器股份有限公司	赵琢
200720021636	可实现多路电压切换输出的供电电路及电视机	青岛海信电器股份有限公司	王伟
200720021646	内置有节能电路的电视机	青岛海信电器股份有限公司	唐顺忠,黄勇
200720118441	一种带有无线音频发射和接收装置的电视机	深圳创维-RGB电子有限公司	彭勇
200720121049	一种可以控制显示屏温度的液晶电视	深圳创维-RGB电子有限公司	朱锡勤
200720171584	一种液晶电视的待机控制电路	康佳集团股份有限公司	王捷

续表

申请号	名称	申请单位	发明人
200720172741	一种降低电视机待机功耗的开关电源电路	康佳集团股份有限公司	赵邙,崔昭,等
200720182276	一种稳压电路以及具有该稳压电路的电视机	青岛海信电器股份有限公司	石新利
200720196469	用于手机的数字电视接收模块	深圳清华大学研究院	郭文秀,朱永亮,等
200810032433	一种带移动数字电视功能的手机	嘉兴闻泰通讯科技有限公司	朱华伟
200810167369	一种多媒体广播电视终端及在其上实现收音功能的方法	中兴通讯股份有限公司	阚玉伦,闫晓梅
200810218235	零功耗待机的电视机及其实现方法	深圳创维-RGB电子有限公司	杨军治,卓成钰
200810224471	一种音频重采样方法、装置及一种数字电视芯片	北京创毅视讯科技有限公司	张辉,王西强
200810234096	降低数字电视机顶盒功耗的方法及系统	熊猫电子集团有限公司,南京熊猫电子股份有限公司,南京熊猫数字化技术开发有限公司	丁锦俊,皮莉
200810241571	一种消磁控制电路、消磁控制装置及电视机	深圳创维-RGB电子有限公司	叶闯
200820075236	可以遥控切断主电源的电视机	天津三星电子显示器有限公司	刘颖林
200820075386	一种具有自动关机功能的电视开关系统	天津三星电子显示器有限公司	王楠
200820092322	一体化眼镜式电视接收与显示系统	深圳市亿思达显示科技有限公司	刘美鸿
200820122270	自适应上行光发射的有线电视双向光节点	浙江省广电科技股份有限公司	郑新源,王玩球,等
200820124681	UHF数字电视四偶极板天线	北京中天鸿大科技有限公司	李斌,李杰,等
200820127634	一种供电电路及电视机	青岛海信电器股份有限公司	陈杰,李兵,等
200820146649	一种移动电视供电电路及移动终端	深圳市同洲电子股份有限公司	张鹏程
200820173214	一种节能电视机	青岛海信电器股份有限公司	周旭,陈杰,等
200820212784	一种外置数字电视接收装置	深圳市隆宇世纪科技有限公司	徐溟皓
200820213427	一种LED背光模块自动功率控制装置	康佳集团股份有限公司	梁宁
200820213594	一种用于液晶电视的LED背光源动态控制装置	康佳集团股份有限公司	梁宁
200820213608	用于液晶电视的LED背光源区域发光控制装置	康佳集团股份有限公司	梁宁
200820213806	一种遥控电视机关机控制装置	康佳集团股份有限公司	郭斌
200820213881	一种电视机液晶显示屏的亮度调节结构	康佳集团股份有限公司	乔景明,张华水
200820217922	降低CRT电视机能效指数的装置	熊猫电子集团有限公司,南京熊猫电子股份有限公司,南京熊猫数字化技术开发有限公司	刘明,路小军,等
200820229599	一种超低功耗的液晶电视多信号唤醒电路	福建捷联电子有限公司	陈斌,陈小兵,等
200820234836	零功耗待机的电视机	深圳创维-RGB电子有限公司	杨军治,卓成钰
200820235201	一种数字电视	康佳集团股份有限公司	王荣,卢林初

续表

申请号	名称	申请单位	发明人
200820235325	具有照明功能的电视机	康佳集团股份有限公司	卢林初
200820235454	一种降低电视机待机功耗的电源电路	康佳集团股份有限公司	赵邙,赵蓝,等
200820300164	电视机待机检测供电电路	四川长虹电器股份有限公司	史青
200910170124	液晶显示器、电视机及液晶显示器显示图像画面的方法	青岛海信电器股份有限公司	曲春,曹建伟,等
200910205678	用于3D图像显示的方法、电视机及一种眼镜	青岛海信电器股份有限公司,青岛海信信芯科技有限公司	刘卫东,高维嵩,等
200920001204	供电控制电路及电视机	青岛海信电器股份有限公司	张钰枫
200920008238	一种基于指令类型的CPU时钟控制电路及数字电视接收终端	深圳市同洲电子股份有限公司	袁明
200920017491	一种内置CA服务器的集成化数字电视前端设备	山东泰信电子有限公司	陶圣华
200920017492	一种具有播放功能的集成化数字电视前端设备	山东泰信电子有限公司	陶圣华
200920021296	低功耗待机电路及具有所述电路的电视机	青岛海信电器股份有限公司	夏海滨
200920022912	一种背光调制电路及具有所述电路的电视机	青岛海信电器股份有限公司	王伟,肖龙光,等
200920024318	一种板间连接电路及具有所述电路的液晶电视机	青岛海信电器股份有限公司	刘卫东,乔明胜,等
200920045853	一种电视机的待机电路	青岛海信电器股份有限公司	王云刚,王林
200920047293	电视机专用智能化节能插座	江苏英特曼电器有限公司	徐建刚
200920061394	一种平板电视用超低功耗待机LCD电源及控制电路	惠州三华工业有限公司	左德祥,张成顺
200920073983	手表式数字移动广播电视接收机	上海画兰电子科技有限公司	武万锋
200920081011	数字电视传输流监控系统	成都为想科技有限公司	万勇,张晓进
200920095898	带有万能充电功能的电视机	天津三星电子显示器有限公司	陆仲毅
200920119749	一种FSK解调控制型有线电视光节点	浙江省广电科技股份有限公司	郑新源,王玩球,等
200920119903	电视待机控制器	浙江富豪特电器工具有限公司	金益森
200920132327	降低待机功耗的电路及具有所述电路的电视机	康佳集团股份有限公司	李明勇,张帆,等
200920181676	数字电视机顶盒的待机电路	福建创频数码科技有限公司	章华清
200920205546	液晶电视电源切换装置	康佳集团股份有限公司	郭斌
200920206125	具有监视功能的数字电视机	深圳创维数字技术股份有限公司	李剑波
200920209676	电视机待机节电装置	浙江恒达高电器有限公司	高路勇
200920255277	一种电视机待机控制电路	苏州冠捷科技有限公司	余奕宽,黄志韬,等
200920261551	电视机功率显示电路	康佳集团股份有限公司	关耀枢,刘军,等
200920261588	节能电视机	康佳集团股份有限公司	林凯
200920261616	一种降低待机功耗装置及电视机	康佳集团股份有限公司	郭斌

续表

申请号	名称	申请单位	发明人
200920261733	一种电视机电源控制装置、电视机及系统	康佳集团股份有限公司	陈羽
200920261905	一种低功耗遥控器及电视机	康佳集团股份有限公司	邹楠
200920265257	一种低功耗的电视机待机辅助电路	广东朝野科技有限公司	王日新，巫英亮，等
200920292292	一种冲击噪声消除电路和平板电视	深圳市康冠技术有限公司	凌斌，李宇彬，等
200920306321	一种降低平板电视整机非收看时功耗的装置	厦门华侨电子股份有限公司	汪宗，骆锡钟，等
200920308624	具有无线电子门铃功能的电视机	天津三星电子显示器有限公司	陈军
200920315429	具有完全断电功能的电视遥控插座	天津莱克斯特电气有限责任公司	李文斌，晏世洋，等
200920315452	新型电视遥控插座	天津莱克斯特电气有限责任公司	李文斌，晏世洋，等
200920315802	待机状态下能够收听 FM Radio 的数字电视	天津三星电子显示器有限公司	张庆
200920318215	电视机低功耗待机电路	利尔达科技有限公司	郝强，梁源，等
200920318897	车载卫星电视接收机	浙江中星光电子科技有限公司	田懂勋，潘海龙
201010166329	用于广播电视发射机热管直冷散热装置	辽宁广播电视设备集团有限公司	顾志忠
201010182383	一种控制数字电视整机功耗的方法、装置及数字电视	深圳创维-RGB电子有限公司	龙超
201010300512	一种液晶电视系统	四川长虹电器股份有限公司	李建，吴久清
201010611924	一种利用太阳光线的节能液晶电视	北京同方瑞博数字技术有限公司	白建荣，李洪林
201020033099	LED 背光液晶电视机	上海筑岛电气有限公司，东杰电气（中国）有限公司，东杰电气（上海）有限公司	王国标，马可军，等
201020056681	一种带 LED 照明灯组的液晶电视机	深圳市冠普电子科技有限公司	蔡贤，吴国霞，等
201020103482	一种间歇跳频待机控制电源电路及电视机	青岛海信电器股份有限公司	张俊雄，王清金，等
201020109939	一种开关电源电路以及具有所述电路的电视机	青岛海信电器股份有限公司	韩文涛，刘广学
201020116291	一种带有超高频放大器的数字电视机	东莞德英电子通讯设备有限公司	叶意和
201020135482	一种响应紧急信息的电视机自动开机电路及电视机	青岛海信电器股份有限公司	邓伟
201020136763	一种低功耗待机电路及电视机	青岛海信电器股份有限公司	林勇鹏
201020204624	一种降低待机功耗电路、电视控制电路及电视机	深圳创维-RGB电子有限公司	鲍晓杰，李立
201020205386	节能型液晶电视可旋转底座	珠海经济特区金品电器有限公司	林祖武，叶永庆
201020207828	具有智能调节音量功能的电视机	康佳集团股份有限公司	何银南
201020224068	UHF 数字电视发射机功率放大装置及设备	福建三元达通讯股份有限公司	李卫校，吴雄宾，等
201020244033	一种基于人眼特征分析的电视机工作模式切换装置	无锡骏聿科技有限公司	袁存鼎，马勇
201020247384	数字电视系统及机顶盒	华为终端有限公司	秦小庆

续表

申请号	名称	申请单位	发明人
201020251570	兼为外设供电的电视机及基于该电视机的电源共用系统	青岛海信电器股份有限公司	高宽志,曲泰元
201020259069	改进的有线电视网络光接收机	潍坊东升电子股份有限公司	徐永波,刘志鹏
201020260929	一种USB高清数字电视盒	广东佳彩数码科技有限公司	张福柱,孙亚斌,等
201020298368	一种3D高清电脑电视电话一体机	深圳中电数码显示有限公司	祝小军
201020510932	具有收音机功能的电视机	康佳集团股份有限公司	张君松,王兴伟,等
201020514575	过电流保护电路以及电视机	青岛海信电器股份有限公司	迟洪波,韩文涛
201020520789	对电网实现零功耗待机的电视机	康佳集团股份有限公司	李晓明,于豪,等
201020523637	一种待机时降低电网功耗的电视机	康佳集团股份有限公司	于豪,李晓明
201020524491	一种电视机底座以及使用该底座的电视机	青岛海信电器股份有限公司	陈军
201020534308	LED液晶电视低温启动电路	康佳集团股份有限公司	林凯
201020538870	一种待机供电电路及电视机	康佳集团股份有限公司	李晓明,于豪
201020544050	数字电视接收终端	深圳市同洲电子股份有限公司	谢友文
201020545283	一种液晶电视电源电路	东莞市乐科电子有限公司	张枝兵
201020558185	能够控制及处理多种电视信号的机顶盒	惠州市德赛视听科技有限公司	李桂康,邓国辉
201020562462	电视机待机供电装置	康佳集团股份有限公司	李晓明
201020577566	一种待机控制电路及电视机	深圳创维-RGB电子有限公司	王俊
201020583393	一种待机节能电路、LED电视电源及LED电视	深圳创维-RGB电子有限公司	许峰
201020595684	一种对电网实现零功耗待机的电视机	康佳集团股份有限公司	李晓明
201020599991	基于RF4CE协议的多功能数字电视控制系统	江苏惠通集团有限责任公司	龙涛,严松,等
201020601374	一种具有智能自动关机功能的节能电视机	天津三星电子显示器有限公司	陈凤霖
201020605632	一种电视机的节能转换器	南京普天鸿雁电器科技有限公司	吴健,金峰
201020608959	一种单侧入光的LED背光模组、电视机	康佳集团股份有限公司	梁志坤
201020630462	一种电视电源	东莞市奥源电子科技有限公司	曹爽秀,张兴德,等
201020637933	一种可嵌入墙内的壁挂电视机专用插座盒	江南大学	陈健,朱纯
201020650870	一种液晶电视机装置	康佳集团股份有限公司	张君松,王兴伟,等
201020659424	移动数字电视棒装置	航天信息股份有限公司	韦红文,孙葆青,等
201020672396	一种电视机装置	康佳集团股份有限公司	李晓明,于豪
201020672888	一种用于液晶电视机的遥控关机电路	广东生之源数码电子有限公司	冷启明
201020682092	一种LED电视电源电路	东莞市乐科电子有限公司	林占胜
201020698127	一种节能型电视机装置	康佳集团股份有限公司	汪繁
201030529803	电视机节能转换器	杭州新万利电子有限公司	黄锋
201120005552	一种平板电视电源装置	深圳创维-RGB电子有限公司	钟小斌,鲍晓杰,等
201120015355	一种低功耗待机电路及电视机	青岛海信电器股份有限公司	唐顺忠
201120023876	节能电视信号光电转换器	成都吉奥科技有限公司	喻业波

续表

申请号	名称	申请单位	发明人
201120068266	一种供电控制系统及电视机	青岛海信电器股份有限公司	杨在原
201120068301	一种低功耗待机电路及电视机	青岛海信电器股份有限公司	迟洪波，韩文涛
201120079821	电源开关电路及数字电视接收终端	深圳市同洲电子股份有限公司	辜克群
201120089310	一种待机电源系统及采用该系统的电视机	青岛海信电器股份有限公司	庞震华，徐爱臣，等
201120106004	驱动电路以及液晶电视机	青岛海信电器股份有限公司	郝卫，辛晓光，等
201120114222	驱动电路以及液晶电视机	青岛海信电器股份有限公司	王清金，陶淦，等
201120117881	驱动电路以及液晶电视机	青岛海信电器股份有限公司	王清金，陶淦，等
201120118307	驱动电路以及液晶电视机	青岛海信电器股份有限公司	刘广学，王清金，等
201120118999	电视机开关电源的待机控制电路	广东生之源数码电子有限公司	祝林
201120138167	用于LED背光的供电与驱动装置以及包含该装置的液晶电视	海尔集团公司，青岛海尔光电有限公司，青岛海尔电子有限公司，青岛胶南海尔电子有限公司，合肥海尔信息产品有限公司	胡希嘉，肖维春，等
201120156470	用于关断电视机主板的电源装置	康佳集团股份有限公司	郭斌
201120169968	一种电视机外包装结构	广东长虹电子有限公司	彭强，田锋，等
201120171743	节能型广告电视机	上海市格致初级中学	徐诗楠
201120175008	平板电视系统的电源电路	上海凌阳科技有限公司	潘建新，隋吉红，等
201120179761	一种电视机的待机控制电路及电视机	深圳创维-RGB电子有限公司	马万乐，刘代进，等
201120182137	一种适用于液晶电视的背光智能控制系统	山东科技大学	刘维慧，张玉萍，等
201120195375	一种数字电视电脑机顶盒	广东九联科技股份有限公司	熊磊
201120195680	一种全通用型3D立体电视眼镜	深圳市广百思科技有限公司	吴柏文
201120222128	一种LED串联开路保护电路及电视机	深圳创维-RGB电子有限公司	朱锡勤
201120233657	可查询能耗的数字电视	天津三星电子有限公司	徐枚
201120243961	一种低功耗待机电路及电视机	青岛海信电器股份有限公司	王清金，陶淦，等
201120257373	一种节能的网络电视机	苏州工业职业技术学院	曹建东，王敏，等
201120258785	混光贴片、背光模组及电视机	青岛海信电器股份有限公司	郑颖博，宋志成，等
201120299288	一种户外型高效率数字电视发射机	福建三元达通讯股份有限公司	康文彪，李壮，等
201120338748	一种过压控制电路及低功耗电源电路和电视机	青岛海信电器股份有限公司	刘海丰，王潇
201120348401	一种电视机用节能待机电路	广东佳明电器有限公司	伍文权
201120389087	一种节能的数字电视接收器	深圳创维数字技术股份有限公司	杜凯程
201120394300	一种电视机遥控器用的环保电池	广东朝野科技有限公司	巫英亮
201120394858	一种电源电路及电视机	深圳创维-RGB电子有限公司	胡向峰，周聪，等
201120414306	电视机装置及其机顶盒	鸿熙电子(上海)有限公司	张贤鸿
201120415598	一种电视机及其振动能量收集电路	深圳创维-RGB电子有限公司	王俊，袁彩凤
201120454197	高性能新型电视电脑一体机	武汉光动能科技有限公司	傅新舵
201120454549	电视电脑一体机散热机箱	武汉新科泰电子有限公司	傅新舵
201120507943	一种液晶电视烟囱效应散热件	无锡大燕科技有限公司	单学文

续表

申请号	名称	申请单位	发明人
201120507948	一种液晶电视用散热支架	无锡大燕科技有限公司	陈虎
201120508106	一种液晶电视用散热器	无锡大燕科技有限公司	卢竹青
201120525902	一种激光液晶平板电视的消相干装置	山东大学	宋刚,李义辉,等

15.2.4 浪潮高效能服务器

申请号	名称	申请单位	发明人
01215191	网络型水、电、气表数据采集器	广州科旺信息技术有限公司	陈斗雪,王炅,等
03122022	一种本地无操作系统的网络计算机	清华大学	张尧学,周悦芝,等
03148368	刀片式服务器运行效能管理方法及系统	英业达股份有限公司	李俊良
03155865	机箱的电源管理方法	英业达股份有限公司	李俊良
200410058557	主动式广播服务器及其广播方法	倚天资讯股份有限公司	叶孟勋
200410073968	一种基于移动通信终端电池容量的流媒体服务方法	乐金电子(中国)研究开发中心有限公司	赵炳哲
200410096943	一种移动即时通信方法及其服务器和客户端的连接方式	北京掌迅互动信息技术有限公司	蒋晓海
200510061392	嵌入式移动数据库的节能存储方法	浙江大学	陈纯,卜佳俊,等
200510063064	基于透明计算的计算设备和方法	清华大学	张尧学,徐广斌,等
200510115772	并行计算集群电源的能耗控制方法	清华大学	陈文光,蒋飞云,等
200610169648	一种刀片式服务器系统及其散热方法	联想(北京)有限公司	陈良龙,陈川
200620026974	远程无线测温系统	天津成科自动化工程技术有限公司	孙健,吴海青
200620058287	基于网络和嵌入式计算机的红外温度监测装置	广州科易光电技术有限公司	吴奇文,吕永新
200620172846	一种刀片服务器负载检测卡	曙光信息产业(北京)有限公司	曾宇,沙超群
200620172858	一种刀片服务器温度检测卡	曙光信息产业(北京)有限公司	曾宇,沙超群
200710019929	基于混合型移动代理的无线传感器网络数据传输方法	南京邮电大学	王汝传,彭志娟,等
200710029827	流媒体流量均衡方法及装置	番禺职业技术学院	蒋亚军,黄中伟,等
200710064607	一种基于旋律的音乐检索方法及装置	中国科学院自动化研究所	陈路佳,胡包钢
200710179345	消息承载方法以及客户端、消息服务器	中国移动通信集团公司	王姗姗,武威,等
200710187351	一种刀片服务器系统及其功耗管理方法	中兴通讯股份有限公司	刘步荣
200710304581	城市环境中的传感器数据收集系统	中国科学院软件研究所	孙利民,熊永平,等
200720159424	集成多种服务器监控管理 IP 核的 SOC 芯片	浪潮电子信息产业股份有限公司	于治楼,金长新,等
200720179072	一种小型嵌入式以太网串口转换模块	广州致远电子有限公司	周立功
200810016304	一体化前置通信设备	积成电子股份有限公司	耿生民,张志伟,等
200810057043	动态口令查询方法及带查询功能的动态令牌	北京飞天诚信科技有限公司	陆舟,于华章
200810059384	一种 EDA 网络实验系统及实验方法	宁波大学	李宏,文雯
200810072399	基站能耗数据统一采集系统	中国移动通信集团福建有限公司	陈建辉,金鹏,等

续表

申请号	名称	申请单位	发明人
200810117052	一种控制服务器的方法及装置	联想(北京)有限公司	王军,何宁,等
200810117449	虚拟磁带库备份系统以及磁盘电源控制方法	杭州华三通信技术有限公司	上官应兰
200810201324	服务器节能管理系统及方法	环旭电子股份有限公司	纪文伟
200810241188	建立多媒体业务的方法及系统、发起终端和接收终端	华为终端有限公司	李岩,聂明凯
200820022340	一体化前置通信设备	积成电子股份有限公司	耿生民,张志伟,等
200820042916	一种传真服务器	广东能兴科技发展有限公司	王卫东
200820054380	基于网络的电能质量监测与分析系统	湖南大学	罗安,赵伟,等
200820055359	一种节能控制及智能管理系统的中心控制系统	上海恒睿信息技术有限公司,上海市电力公司	陈伟明,刘宝群,等
200820069879	挖掘机远程智能管理装置	徐州徐挖挖掘机械有限公司	陈刚,茅永林,等
200820083743	一种用于建筑能耗检测的无线传感器网络装置	中科院嘉兴中心微系统所分中心	李中一,张帆,等
200820136036	一种基于嵌入式 Linux 的家庭下载服务器	中国海洋大学	丁香乾,王鲁升,等
200820145933	智能家庭信息终端	福建思特电子有限公司	曹渝常,符小军,等
200820229239	服务器专用 LCD 控制模块	福建冠誉科技投资有限公司	林敦,张雪松,等
200910000198	WAPI 终端接入 IMS 网络的安全管理方法及系统	中兴通讯股份有限公司	梁洁辉,施元庆,等
200910013975	一种系统功耗自动控制方法	浪潮电子信息产业股份有限公司	姚萃南,吴明生,等
200910037469	移动终端的定位方法、定位系统及其通信设备	华为终端有限公司	房增华
200910067592	微型无人机群自治管理数据链路	长春理工大学	杨阳,刘智,等
200910074235	瘦服务器	太原理工大学	常青,张刚,等
200910083000	无线传感器网络节点晶振频率误差补偿方法	安徽省电力科学研究院,北京必创科技有限公司	汪江,杜晓峰,等
200910093418	一种针对载体装置的状态实时监控系统	航天科工卫星技术有限公司	翟昱涛,林彦,等
200910230813	一种节能供电系统	浪潮电子信息产业股份有限公司	吴安
200920020538	新型节能的服务器散热架构装置	浪潮电子信息产业股份有限公司	乔峥
200920020983	节能的高密度服务器散热架构装置	浪潮电子信息产业股份有限公司	乔峥
200920064835	1U 加固型固态阵列	湖南源科创新科技股份有限公司	徐欣,吴佳,等
200920130593	高密度服务器装置	深圳市宝德计算机系统有限公司	杨帅正
200920135874	一种调速散热服务器	深圳市宝德计算机系统有限公司	牛辉
200920150955	存储服务器	成都市华为赛门铁克科技有限公司	范瑞琦,黄庆成,等
200920223018	一种针对载体装置的状态实时监控装置	航天科工卫星技术有限公司	翟昱涛,林彦,等
200920247066	一种服务器机箱散热装置	曙光信息产业(北京)有限公司	邬谓博,阳欢,等
200920291186	便携式远程移动无线视频监控报警系统	济南三鼎雷音铁路科技有限公司	徐健,黎文雄,等
200920317367	节能型计算机	天津港环球滚装码头有限公司	汤锡静,任学明,等
201010022094	一种基于对象存储系统的功耗控制方法	中国人民解放军国防科学技术大学	董勇,陈娟,等

续表

申请号	名称	申请单位	发明人
201010119833	基于无线传感器网络的战术对抗演习裁决辅助系统	南昌航空大学	舒坚,刘琳岚,等
201010130934	一种适用于千万亿次计算机机群的低功耗管理方法	北京航空航天大学	彭绯,陈杰,等
201010134695	一种基于无线传感器网络的植被冠层结构参数测量装置	北京师范大学,北京星视地信科技有限公司	屈永华,王锦地,等
201010136013	一种基于异构对象存储系统的功耗控制方法	中国人民解放军国防科学技术大学	董勇,卢宇彤,等
201010140181	干电池供电的大型实时无线联网门禁系统	杭州英杰电子有限公司	郭旭枫,王春桥,等
201010144863	具有网络直放功能的流媒体服务器	苏州达通泰科信息技术有限公司	丁宇,姚志平
201010217643	基于嵌入式 Linux 裁剪系统的流媒体服务器	南京南自信息技术有限公司	费章君,陈飞凌,等
201010229535	一种并行存储系统检查点功耗优化方法	中国人民解放军国防科学技术大学	陈娟,杨灿群,等
201010281682	一种基于相似资源聚合的计算阵列能耗优化方法	中国人民解放军国防科学技术大学	徐炜遐,陈海涛,等
201010282077	一种基于空闲历史信息的计算阵列节能方法	中国人民解放军国防科学技术大学	陈海涛,卢宇彤,等
201010552123	一种基于马尔科夫链的构件化嵌入式软件能耗估算模型	四川大学	郭兵,沈艳,等
201010586279	车线匹配方法及其装置	杭州鸿泉数字设备有限公司	何军强
201020102965	模块化 CMOS 工业相机	无锡蓝天电子有限公司	李功燕,王林兴,等
201020108993	可携式资源共享系统及其装置	精英电脑股份有限公司	王为政
201020120087	用于集装箱托盘或托盘箱的智能电子盒及其移动定位系统	中国国际海运集装箱(集团)股份有限公司,深圳中集智能科技有限公司	周受钦,王元聪,等
201020143407	一种基于无线传感器网络的植被冠层结构参数测量装置	北京师范大学,北京星视地信科技有限公司	屈永华,王锦地,等
201020157150	流媒体服务器	苏州达通泰科信息技术有限公司	丁宇,姚志平
201020178953	基于物联网的路灯节能与管理系统	山东天元物联电子科技有限公司	杜晓通,艾茂良
201020200676	一种节能监控摄像机	北京世纪诚致科技有限公司	王建中
201020223513	一种降低磁盘阵列上电瞬间功耗的装置	深圳华北工控股份有限公司	刘建成
201020247818	基于嵌入式 Linux 裁剪系统的流媒体服务器	南京南自信息技术有限公司	费章君,陈飞凌,等
201020258668	无线多业务终端	北京洪海波通信科技有限公司	刘洪泽
201020274129	网上订餐无线订单接收终端设备	上海多来点信息技术有限公司	丁永涛
201020509242	优化散热的刀片式服务器	浪潮电子信息产业股份有限公司	高鹏,牛占林,等
201020522152	便携式数据终端	扬州恒信仪表有限公司	陈永辅,张坚,等
201020554712	一种集装箱式服务器系统及其集装箱	联想(北京)有限公司	辛伯勇
201020581923	绿色照明智能管理系统	山东泰华电讯有限责任公司	时念武,赵铮,等

续表

申请号	名称	申请单位	发明人
201020589361	一种工业企业的耗能设备数据采集及处理系统	芜湖新兴铸管有限责任公司	贺海军
201020590524	超长待机快速充电 GPS 定位终端	武汉依迅电子信息技术有限公司	付诚
201020599184	无线网络智能巡检测试仪	三维通信股份有限公司	洪攀峰，钱国良，等
201020602132	一种多功能主板	深圳市信步科技有限公司	吴开兴
201020636448	一种继电器定位终端	广东长宝信息科技有限公司	罗建国
201020645640	一种基于节能磁盘阵列的网络恢复系统	北京同有飞骥科技股份有限公司	孙志卓，谭毓安，等
201020645673	一种基于节能磁盘阵列的虚拟磁带库系统	北京同有飞骥科技股份有限公司	孙志卓，谭毓安，等
201020657981	司机行为监测装置	杭州鸿泉数字设备有限公司	何军强
201020658231	一种车线匹配分析装置	杭州鸿泉数字设备有限公司	何军强
201020660131	手持网络多媒体收音机	无锡乐萌信息科技有限公司	吴敏春
201120003728	冗余热切换系统	北京捷世伟业电子科技有限公司	石昕昕，喻甫忠，等
201120023877	城市路灯综合监控管理系统	成都吉奥科技有限公司	喻业波
201120028785	一种智能家电远程控制系统	电子科技大学	郑文锋，刘珊，等
201120042998	基于 ZigBee 的传感监控系统	厦门亿普达信息科技有限公司	蔡岗全
201120060085	基于合同能源管理的能耗远程采集系统	江苏润龙合同能源管理有限公司，山东省计算中心	程广河，张让勇，等
201120067820	多模式岸基数据接收平台	杭州电子科技大学	刘敬彪，孔庆鹏，等
201120080439	一种集装箱式数据系统	艾默生网络能源有限公司	王峰
201120081162	基于无线传感网络的高校教室节能照明系统	山东大学	梁宇，张瑞华，等
201120094571	煤矿井下超宽带定位系统	中国矿业大学(北京)	孙继平，李鸣
201120099715	一种具有短距离无线通信功能的 RFID 手持装置	深圳市方正颐和科技有限公司	郭颂，张波
201120108700	螺旋钢管远程实时生产监控系统	中国水利水电第十三工程局有限公司橡塑制品厂	王春明，蓝恭琰，等
201120120838	车载占用公交车道违法监测系统	北京文安科技发展有限公司	陶海，宋君，等
201120128468	基于无线传感技术的楼宇能耗监测分析系统	浙江工业大学	伍益明，张健，等
201120135771	一种节能型电子产品的数据采集监控系统	长沙恒德信息网络有限公司	谭俊
201120162027	基于 ZigBee 通讯的智能管理系统	珠海优华节能技术有限公司	陆喆，莫数理，等
201120165758	一种基于物联网技术的电力监控系统	东莞市瑞柯电机有限公司	杨琪
201120167496	基于传感网的分布式电能计量系统	北京华电信通科技有限公司	祁兵，孙毅，等
201120179403	一种新型报纸传媒系统	人民日报社，王勇竞	王勇竞，马利，等
201120204778	开放型实验室综合管理系统	山东大学	王洪君，姜爱萍，等
201120205092	基于嵌入式无线网络的基站远程监控系统	浙江师范大学	陈希，余水宝
201120238894	一种实现移动终端信息推送的系统	深圳市金立通信设备有限公司	刘立荣，杨建成

续表

申请号	名称	申请单位	发明人
201120296987	敞开式通讯服务器	北京创和世纪通讯技术有限公司	王兵,王成
201120304357	节能监管系统的数据存储平台	安徽省安泰科技股份有限公司	徐杰,周峰,等
201120320017	煤矿井下矿压综合监测数据物联网传输式监测系统	泰安思科赛德电子科技有限公司,崔建明,卜涛,刘广成	崔建明,刘广成,等
201120343126	局域网云计算服务器	上海科斗电子科技有限公司	孙倩倩,冯彦锟,等
201120390872	一种语音机顶盒设备	深圳市京华科讯科技有限公司	贾利选,尚维孝,等
201120481129	嵌入式网络视频监控系统	日照凌智软件科技有限公司	秦杰,吴清和,等
201120514267	远程分布式信息发布系统	长沙展世电子科技有限公司	邹文谦,戴玲,等
201120515229	一种基于C/S架构的通信局站能耗管理系统	郑州瑞能电气有限公司	陈玉杰

15.2.5 内燃式燃气灶

申请号	名称	申请单位	发明人
200510032919	一种带新型火力调节装置的燃气灶具	佛山市顺德区万和集团有限公司	赵高航
200520054145	一种燃气灶具燃烧器	中山华帝燃具股份有限公司	黄启均,刘海平
200520061282	一种燃气灶具空气调节器	中山华帝燃具股份有限公司	黄启均,张喜杰,等
200520102152	燃气灶风门调节装置	浙江普田电器有限公司	杜仁尧,张俊波,等
200610051623	家用燃气灶具嵌入式控制系统	杭州电子科技大学,新昌新涛电气有限公司	高明煜,曾毓,等
200610052605	一种具有意外熄火后自动再点火功能的燃气灶	宁波方太厨具有限公司	茅忠群
200620053350	一种带热流量转换调节装置的燃气灶具	广东万和集团有限公司	叶远璋,赵高航
200710145762	防干烧燃气灶电气联动阀	海尔集团公司,青岛海尔洗碗机有限公司	王召兴,申伟斌,等
200710146042	家用燃气灶防干烧控制装置	海尔集团公司,青岛海尔洗碗机有限公司	王召兴,申伟斌,等
200720110885	燃气灶的风门调节装置	宁波方太厨具有限公司	茅忠群
200810063333	电子智能化燃气灶	浙江新涛电子机械股份有限公司	张伟国,潘朝辉,等
200820162305	电子智能化燃气灶	浙江新涛电子机械股份有限公司	张伟国,潘朝辉,等
200920025750	一种节能环保炉头气流调节装置	山东金佰特商用厨具有限公司	徐清东
200920048501	燃气灶安全检测系统	樱花卫厨(中国)股份有限公司	廖金柱
200920286728	燃气灶具的万向接头	上海林内有限公司	顾洪深,张力伟
201010152803	户用上吸式无焦油生物质气化直燃炉	哈尔滨工业大学	别如山,董凯,等
201020191203	高速燃气猛火炉	福建省豪佳伙厨具电器有限公司	严金清
201020504753	一体化节能炒灶	临海市华鹰机械厂	朱建华
201020518949	一种燃气灶流量检测器及鼓风式燃气灶	浙江帅康电气股份有限公司	邹国营,沈奇
201020597041	一种具有童锁保护功能的灶具旋钮	广州市红日燃具有限公司	高海发,陈世志,等
201020662250	一种燃气灶节能罩	山东科技职业学院	王莉莉
201110139507	组合型环保防火燃气灶	天津康德利餐饮设备技术开发有限公司	崔启

续表

申请号	名称	申请单位	发明人
201120172956	组合型环保防火燃气灶	天津康德利餐饮设备技术开发有限公司	崔启
201120290678	一种螺旋式节能灶膛	长沙理工大学	吴道新,肖忠良
201120315558	燃气灶具风门调节装置	浙江苏泊尔家电制造有限公司	楼国进,张炳卫,等
201120351493	一种燃气灶开关提醒器	芜湖众力部件有限公司	张晓跃
201120403922	一种改进二次空气通道的燃气灶	中山市超人电器有限公司	罗子健
201120474782	一种新型下排式油烟机灶具一体机	济南凯弘机械设备有限公司	杨世新,姜大增,等

15.3 工业节能减排技术

15.3.1 改良型和替代型生产技术

15.3.1.1 辊压机

申请号	名称	申请单位	发明人
00107385	一种将磨粉机磨辊间齿轮传动改制成齿形带(或齿楔带)传动的方法及装置	核工业理化工程研究院	沈平
00112745	高效节能粉煤机	四川电气设备成套厂	江远尧,江星
02135270	一种香烟替代品及其制造方法	南阳卷烟厂	李胜华,李强,等
02135271	绿茶烟制品及其制造方法	南阳卷烟厂	李胜华,李强,等
02138620	药型罩电铸制造工艺及装置	南京航空航天大学	朱荻,雷卫宁,等
02244293	一种半自动合缝机	北京清华阳光太阳能设备有限责任公司	王凤英,王继才
02277110	辊式破碎机辊筒	株洲硬质合金集团有限公司	谢英,卢国普,等
03102556	一种自动反包滚压机械成型鼓	天津市橡塑机械研究所有限公司	张芝泉
03124416	烟草皱纹薄片的制造方法	南昌卷烟厂	王迪汗,王军,等
03129664	双辊破碎机	上海建设路桥机械设备有限公司	李本仁
03129665	双辊破碎机的齿辊结构	上海建设路桥机械设备有限公司	李本仁
03253015	锉磨机	中国农业机械化科学研究院	马崇富,张清泉,等
03262623	磨粉机磨辊轧距无级调节装置	陕西渭通农科股份有限公司	李亚宁,王敏,等
200310106383	硬币销毁机	中国印钞造币总公司	宁应成,俞伍权,等
200310120728	微晶化玻璃连续成形设备	湖州大享玻璃制品有限公司,大享容器工业股份有限公司	许国铨,曾建梁,等
200320104274	一种联合破碎装置	北京当升材料科技有限公司	白厚善,李强
200320109880	物料粉磨辊压机用行星齿轮减速器	西安重型机械研究所	王宇航,庞杭洲
200320125545	一种轴类零件单边圆角滚压装置	东风汽车有限公司	李满良
200410090923	电路板塞孔材料整平方法及设备	华通电脑股份有限公司	杨志通,谢中昱
200410094092	轮胎一次法成型机的滚压装置	天津市橡塑机械研究所有限公司	张建浩,张芝泉
200410100970	一种盘式磁选辊压机	北京华诺维科技发展有限责任公司	饶绮麟,杨福真,等
200420004743	一种C型件冲压生产系统	北新建材(集团)有限公司	丰革,谢富冬,等

续表

申请号	名称	申请单位	发明人
200420014330	挤压折边模	万向钱潮股份有限公司	徐志明
200420019106	热熔胶带热压式封口机	哈尔滨博实自动化设备有限责任公司	郝春生,王雪松,等
200420021420	一种脱卸式堆焊磨套	宝山钢铁股份有限公司	赵慈明,顾立群,等
200420039274	单辊破碎机篦板	威海三盾焊接材料工程有限公司	于凤福
200420039645	高铬复合粉碎辊	淄博桓台金泰轧辊有限公司	张建忠,周新善
200420060600	破碎机	江油黄龙破碎输送设备制造有限公司	李寿海
200420072637	具有限位装置的破碎机	神华集团有限责任公司,神华集团神府东胜煤炭有限责任公司	郑春福,黄利民,等
200420105440	镍网拉浆机	比亚迪股份有限公司	梁忠宇,贺静
200420110553	双辊破碎机	上海建设路桥机械设备有限公司	鲍小平
200420110554	双齿辊破碎机	上海建设路桥机械设备有限公司	鲍小平
200420113334	圆轴表面轴向油槽滚压机	铁岭天河机械制造有限责任公司	郝希良,潘贵启
200420114726	双辊破碎机	上海建设路桥机械设备有限公司	鲍小平
200420114729	四辊破碎机	上海建设路桥机械设备有限公司	鲍小平
200510000361	双辊式破碎机	中国矿业大学(北京校区)	潘永泰,路迈西,等
200510019027	一种从钢渣矿粉中回收铁的方法	湖北大学	胡曙光,陈平,等
200510020263	一种浇注破碎机复合齿板的方法和复合齿板	江油益达特种耐磨材料有限公司	宋萍
200510101204	碾磨设备	鸿富锦精密工业(深圳)有限公司,鸿海精密工业股份有限公司	林孟东
200510115189	一种改善有机-无机复合玻璃性能的方法	中国建筑材料科学研究院	张保军,欧迎春,等
200510136354	大规格铝用高石墨质阴极炭块及其生产方法	青铜峡市青鑫炭素有限责任公司	张创奇,候新,等
200520000746	一种新型的高压粉碎辊磨机	中信重型机械公司	王继生,郝兵,等
200520001827	电池极片滚压装置	北京海域百特电池成套设备有限公司	王俊涛,王晓功,等
200520031245	一种双齿辊破碎机	中信重型机械公司	张路明,刘啸山,等
200520031386	一种新型辊压磨辊面	中信重型机械公司	刘红军,王素玲,等
200520031387	一种双电动机驱动辊子相向异步摆式辊磨机	中信重型机械公司	邵爱平,郝兵,等
200520045714	双齿辊筛分破碎机破碎砧	上海建设路桥机械设备有限公司	王忠利,卢喜,等
200520045716	双齿辊筛分破碎机的齿结构	上海建设路桥机械设备有限公司	王忠利,卢喜,等
200520046788	双齿辊筛分破碎机	上海建设路桥机械设备有限公司	王忠利,卢喜,等
200520046854	筛分破碎机的破碎齿	上海建设路桥机械设备有限公司	王忠利,卢喜,等
200520051782	四辊破碎机液压传动同步装置	湘潭市冶金设备制造有限公司	徐灿
200520061899	杠杆式辊压机构	佛山市德仕威塑料机械有限公司	薛木庆
200520075977	绞辊式破碎机	南京西普机电工程有限公司	孙勤华,杨世宏,等
200520083195	变位齿轮薄片辊压机	将军烟草集团有限公司	赵强,孟庆华,等
200520104478	一种辊式破碎机的齿辊部件	山东煤矿莱芜机械厂	刘怀成,高有茂,等
200520104479	一种辊式破碎机的润滑系统	山东煤矿莱芜机械厂	刘怀成,高有茂,等

续表

申请号	名称	申请单位	发明人
200520200844	石油焦转运站下料系统成套设备	贵阳铝镁设计研究院	李力,龚石开,等
200610015374	一种两鼓式子午线巨型工程轮胎一次法成型机	天津市橡塑机械研究所有限公司	张建浩,张芝泉
200610033190	一种柱式锂-二硫化铁电池正极制作方法	佛山市顺德区英特曼电池有限公司	施杰,陈伟
200610053662	高速辊压成型机	浙江精工科技股份有限公司	徐森炎,洪雪伟,等
200610060807	锌空气电池正极的成型涂片装置及该正极的制备方法	比亚迪股份有限公司	李玉冰,董俊卿
200610076174	一种辊压机用耐磨堆焊药芯焊丝	北京中煤大田耐磨材料有限公司	苏胜云
200610106956	一种大型辊压机挤压辊锻造的工艺方法	中信重工机械股份有限公司	史宇麟,宋玉冰,等
200610117305	中铬含钨复合抗磨辊圈的制造方法	上海大学,北京福尔达耐磨材料有限责任公司	翟启杰,王溪,等
200610117306	高铬含钨复合抗磨辊圈的制造方法	上海大学,北京福尔达耐磨材料有限责任公司	翟启杰,王溪,等
200610130223	半钢子午线轮胎一次法成型机	天津市橡塑机械研究所有限公司	张芝泉,张建浩
200610200130	半自磨球磨磨矿系统及其控制方法	中国恩菲工程技术有限公司	杨松荣,夏菊芳,等
200620018570	电池极片辊面支撑滚压装置	北京海裕百特电池成套设备有限公司	王俊涛,王晓功,等
200620029820	汽缸套沉割槽滚压装置	洛阳河柴发动机有限责任公司	朱永灿,王沛,等
200620030235	颚板轮式破碎机	郑州市大林机械有限公司	张大林,戴广军,等
200620030516	一种新型辊压机挤压辊端面密封装置	中信重型机械公司	杨纪昌,王素玲,等
200620030517	一种新型高压辊磨机传动装置	中信重型机械公司	王素玲,杨纪昌,等
200620032027	辊压磨挤压辊柱钉压装工具	中信重型机械公司	王守平,班耀升,等
200620034434	酿造破碎机	简阳富强制粉设备有限公司	彭公学,付正禄,等
200620036923	一种抽油装置	四川川润股份有限公司	艾文峰
200620039301	破碎齿辊破碎齿	宝山钢铁股份有限公司	张立福,华凤青,等
200620039459	一种柴油机活塞裙环槽耐磨环的装配装置	沪东重机股份有限公司	郑伟萍,郑浩
200620048612	用于粉体加工的磨辊装置	上海建设路桥机械设备有限公司	吴学峰,吴劲松
200620051418	罗拉式洗麻机	湖南润久科技有限公司	刘正初,杨政
200620052352	单辊破碎机用篦板	广东韶钢松山股份有限公司	黄永昌,冯国辉,等
200620054245	自动粘贴胶带装置	深圳市比克电池有限公司	卢峰
200620061458	垃圾双辊筒破碎装置	广州德润环保科技发展有限公司	刘梦奇,张荣
200620061632	垃圾多功能筛分装置	广州德润环保科技发展有限公司	刘梦奇,张荣
200620075411	多级筛分轮齿式破碎机	中国矿业大学	王忠宾,张爱淑,等
200620080862	轮胎成型机机械式正、反包装置	建阳义正机械制造有限公司	谢义忠
200620091520	金属浮雕饰面板辊压装置	大连腾辉彩钢门业有限公司	吴利军
200620092610	镶嵌合金柱整体辊面的组合式压辊	沈阳东工装备科技有限公司	高航,屈力刚,等
200620108302	新型辊压机组结构	浙江精工科技股份有限公司	徐森炎,盛国奇,等
200620124403	管材滚压装置	鸿基不锈钢有限公司	黄志荣

续表

申请号	名称	申请单位	发明人
200620125345	一种用于卧辊磨动静旋转件之间的密封装置	江苏科行环境工程技术有限公司	刘怀平
200620125346	一种卧辊磨主动齿轮的支承装置	江苏科行环境工程技术有限公司	刘怀平
200620125423	弹性滚压装置	中国南车集团铜陵车辆厂	胡宏伟
200620132794	纸基复合包装材料齿刀线滚压装置	青岛人民印刷有限公司	李建珍
200620135270	四光辊破碎机传动机构	洛阳中原矿山机械制造有限公司	李润祥,雷爱军
200620135271	破碎机四光辊表面在线修复的磨、车削装置	洛阳中原矿山机械制造有限公司	李润祥,雷爱军
200620152751	一种切割式破碎机的破碎传动系统	沈阳恒兴机械有限公司	王永恒
200620200145	半自磨球磨磨矿装置	中国恩菲工程技术有限公司	杨松荣,夏菊芳,等
200620200146	节能型碎磨装置	中国恩菲工程技术有限公司	杨松荣,夏菊芳,等
200710011674	长圆锥面加工直纹的滚纹机	大连大显精密轴有限公司	桑扶村,骆波阳
200710035989	麻脱胶水理松散洗涤机	湖南润久科技有限公司	成映波,杨政
200710037712	一种复合烹调器具的制作方法及其制品	浙江苏泊尔股份有限公司	蔡修海
200710053766	车轮轮辋滚型机	武汉特鑫机床附件制造有限公司	朱念慈
200710054641	一种变压器用铜带边部处理的滚压方法及装置	中铝洛阳铜业有限公司	陈江桥,董瑞芳,等
200710059748	一种辊压机联合粉磨装置	天津水泥工业设计研究院有限公司	柴星腾,郭天代,等
200710159001	一种破碎机双金属耐磨衬板及制造方法	鞍钢集团矿业公司	王海升,王明华,等
200710164485	超高锰钢石料分级用筛板及其制造方法	杭州紫英合金钢铸造有限公司	胡祖尧
200710164486	中锰钢石料分级用筛板及其制造方法	杭州紫英合金钢铸造有限公司	胡祖尧
200710172687	排气阀阀面的滚压方法	沪东重机有限公司	周伟中,杜惊霄,等
200720002494	粘土质原料破碎机	嘉兴市一建机械制造有限公司,汪一佛	汪一佛
200720011135	切割式破碎机的破碎传动装置	沈阳恒兴机械有限公司	王永恒
200720031823	具有破碎功能的隧道式微波干燥灭菌设备	天水华圆制药设备科技有限责任公司	李晟,李树林,等
200720033974	辊式破碎机	江苏牧羊集团有限公司	汤其春,范文海,等
200720033975	一种辊式破碎机	江苏牧羊集团有限公司	汤其春,范文海,等
200720034730	固体生物质两级压缩成型机	合肥天焱绿色能源开发有限公司	刘勇,陈枫,等
200720036862	辊压机用四连杆力臂支承机构	江苏海建股份有限公司	顾正义,金宏群,等
200720036863	辊压机用主轴承球面密封机构	江苏海建股份有限公司	贲永龙,金宏群,等
200720036864	辊压机用弹性支承双球面压力缸	江苏海建股份有限公司	顾正义,金宏群,等
200720039837	多级粉碎机	江苏牧羊集团有限公司	唐国祥,朱乐,等
200720046990	卧辊磨的密封装置	江苏科行环境工程技术有限公司	刘怀平,陈开明,等
200720065610	对辊破碎机的罩体与破碎辊主轴间的密封结构	长沙有色冶金设计研究院	陈雨田,刘金庭,等
200720070027	双光辊破碎机	上海建设路桥机械设备有限公司	鲍小平
200720074038	一种用于辊式破碎机齿辊的耐磨衬板	宝山钢铁股份有限公司	宋家齐,袁巨,等
200720075047	一种滚压收口刀	上海航天设备制造总厂	朱明雅
200720079438	辊式破碎机辊距调节机构	遂宁华能机械有限公司	胥平

续表

申请号	名称	申请单位	发明人
200720079439	辊式破碎机用齿板上的齿钉	遂宁华能机械有限公司	邹功全,邹锦宏,等
200720079440	两级辊式粒料破碎机	遂宁华能机械有限公司	邹锦宏
200720079441	多用途破碎机	遂宁华能机械有限公司	邹功全
200720085730	一种磷肥对辊粉碎机	湖北洋丰股份有限公司	杜光洲
200720087987	一种车轮钢圈成形机	武汉特鑫机床附件制造有限公司	朱念慈
200720090545	四齿辊破碎机的齿辊	洛阳中原矿山机械制造有限公司	李润祥,雷爱军,等
200720090546	整体铸钉式高压辊碎机压辊结构	洛阳中原矿山机械制造有限公司	李激扬,赵德君,等
200720090547	高压辊碎机的压辊结构	洛阳中原矿山机械制造有限公司	李润祥,赵德君,等
200720091647	单式磨粉机离合轧与轧距调节机构	河南中原轧辊有限公司	王景杰,常青,等
200720092099	一种磨粉机电动离合轧装置	河南中原轧辊有限公司	王景杰,常青,等
200720092164	一种剪切式破碎机	洛阳大华重型机械有限公司	刘炎丽,张红彦
200720092759	破碎机齿盘	郑州市大林机械有限公司	张大林,张笑,等
200720094817	拨爪式双作用破碎机	中国第一汽车集团公司	邵玉国,宫卫东,等
200720099503	一种重型齿帽	中天仕名科技集团有限公司	边汉民,彭海兰
200720099505	一种用于双齿辊破碎筛分机的辊子	中天仕名科技集团有限公司	边汉民,薛瑞斌
200720101664	立磨辊套	长治市三耐铸业有限公司	张松虎
200720118990	电极片辊压机的扫粉装置	深圳市邦凯电子有限公司	黄启明,李卫红
200720123146	两组四辊辊压装置	贵州钢绳股份有限公司	王发平
200720124202	一种辊式破碎机	重庆市大业混凝土有限公司	杨干
200720126554	喷墨印表机	星云电脑股份有限公司	林献章,郑瑞文
200720130879	双碾轮调压升降式混炼机	建湖县申江耐火机械厂	林晓明
200720149891	对辊式连续碎粉机	广东华威化工实业有限公司	张振新,饶森宏,等
200720158125	定量破碎机	济宁碳素工业总公司	黄秀柱
200720184884	焙烧填充料加工系统	沈阳铝镁设计研究院	王敏,崔银河,等
200720190693	一种芯片粉碎机	北京和升达信息安全技术有限公司	赵龙
200720305678	耐磨磨煤辊	内蒙金属材料研究所	王东,李和平,等
200720307028	轮齿式分级破碎机	郑州长城冶金设备有限公司	张保全,张文志
200810019072	一种高密度荻草纤维板的制备方法	南京林业大学	邓玉和,朱典想,等
200810021874	铝热堆焊辊压工艺	江阴东大新材料研究院	陈威,谭佃龙,等
200810022167	可控式辊压机液压系统	南通市南方润滑液压设备有限公司	庄永飞,李克骞
200810022903	油料破碎机料门开启控制装置	江苏牧羊迈安德食品机械有限公司	徐静,陈婷,等
200810027377	一种橡胶嵌块与皮料或布料结合一体的生产加工工艺	东莞市鑫艺来塑胶制品有限公司	余新军
200810027378	橡胶嵌块与皮料或布料结合一体的生产加工工艺	东莞市鑫艺来塑胶制品有限公司	余新军
200810036681	一种 100 s 针织内衣衫裤的制作方法	上海飞马进出口有限公司	何建敏,张建平
200810066946	锂离子电池夹心电极片及其制备方法	深圳新宙邦科技股份有限公司	郑洪河,毛玉华,等
200810132502	一种麻纤维无纺布的制造方法	江苏紫荆花纺织科技股份有限公司	刘国忠,高银根
200810132591	具有卸压保护功能的卧辊磨液压回路系统	江苏科行环境工程技术有限公司	刘怀平,何美华,等

续表

申请号	名称	申请单位	发明人
200810143312	令纸包装机主包装系统	长沙长泰机械股份有限公司	肖国雄,刘云涛,等
200810143675	一种新的综合利用钒钛铁精矿的产业化方法	长沙市岳麓区东新科技开发有限公司	梁经冬,梁毅,等
200810147622	辊压机用球面调心滑动轴承	成都利君实业股份有限公司	何亚民,魏勇,等
200810173838	偏光板贴附装置及方法	友达光电股份有限公司	陈江源
200810196554	一种辊压机进料装置	无锡天山水泥有限公司	顾茂松
200810201049	一种烧结矿破碎机单齿辊辊齿	上海锦川机电技术有限公司	丛林火,丛欣滋
200810201216	连续纤维增强热塑性树脂复合材料预浸带制备设备及应用	上海杰事杰新材料股份有限公司	解廷秀,张冠
200810204506	轮齿式破碎机	上海建设路桥机械设备有限公司	杜松寿,奚佐泳
200810204507	用于轮齿式破碎机的转子部件	上海建设路桥机械设备有限公司	杜松寿,奚佐泳
200810218926	一种锂片加工装置	惠州亿纬锂能股份有限公司	陈平方,吕建新,等
200810228111	一种超级电容电极材料的制造方法	丹东思诚科技有限公司	米国民
200810229436	一种往复式碎料机及碎料方法	沈阳铝镁设计研究院有限公司	齐忠昱,方明勋,等
200810239639	窑具滚压成型方法	北京创导工业陶瓷有限公司	夏霞云,郭海珠,等
200820012208	大型立式辊磨机缓冲装置	辽阳新力源电站矿山设备有限公司	李晓明,高福义,等
200820012265	防松对辊机	抚顺铝业有限公司	李玉杰,张福栋,等
200820013741	储能式多刃双齿辊破碎机	沈阳恒兴机械有限公司	王永恒
200820016562	辊压机	张建兴,济南高新开发区七星实业有限公司	张建兴
200820016563	多层外墙保温材料加工设备	张建兴,济南高新开发区七星实业有限公司	张建兴
200820021124	在气密层胶片反面贴合子口胶片的装置	青岛高校软控股份有限公司	张焱,于明进,等
200820022208	一种卧式数控镗孔滚压机	山东法因数控机械股份有限公司	路永军,顾申玉,等
200820026248	一种振动筛	山东联合化工股份有限公司	李祥军,逯剑,等
200820028218	废旧沥青混合料破碎系统	西安市市政设施管理局,西安市户县公路机械厂	王德信,张建明,等
200820031117	卷烟过滤嘴聚丙烯丝束回收生产线	安徽中烟工业公司	叶为全,李广寅,等
200820033444	团块破碎机	中国中材国际工程股份有限公司	张岩,王逵,等
200820036350	一种水泥熟料辊式破碎机	江都市华伦化机环保设备厂,扬州新中材机器制造有限公司	杨生强,吴瑞煜
200820037012	内螺纹管成型装置	苏州奥智机电设备有限公司	凌雪刚,陆枫
200820040009	变压器散热片滚压成型自动线	常州市三利精机有限公司	杨国涛,张军峰
200820040279	油料破碎机破碎辊间隙同步调整装置	江苏牧羊迈安德食品机械有限公司	徐静,陈婷,等
200820040280	油料破碎机辊轮张紧装置	江苏牧羊迈安德食品机械有限公司	徐静,陈婷,等
200820053240	光面对辊破碎机	长沙有色冶金设计研究院	钟晓宁,陈雨田,等
200820053256	加强型滚压成型生产线成型装置	长沙县腾龙机械制造厂	王勇,方红兵
200820053257	滚压成型生产线成型装置	长沙县腾龙机械制造厂	王勇,方红兵
200820055421	多级磁选机	上海中路实业有限公司	储悦飞
200820061132	柴油机排气阀颈部滚压装置	上海高斯通船舶配件有限公司	何才田

续表

申请号	名称	申请单位	发明人
200820066035	一种预混料辊压式压包机	华中农业大学	宗力,杜铮,等
200820069287	高效辊压式生物质秸秆成型机	河南博思科技有限公司	黄新彦,张胜利,等
200820071158	实验磨粉机	开封市茂盛机械有限公司	赵治永,原富林,等
200820076080	一种磨膛提料磨粉机	河北苹乐面粉机械集团有限公司	李建军
200820078735	超稳高精度滚压机牌坊	邢台海裕锂能电池设备有限公司	弭丽峰,张继风
200820078736	高精度轴瓦定隙装置	邢台海裕锂能电池设备有限公司	弭丽峰,张继风
200820087591	一种改进的磨煤机	杭州意能节能技术有限公司	李凤瑞
200820090812	磨煤机液压调试和盘车驱动装置	黑龙江省电力科学研究院	牛海峰
200820096295	海绵钛破碎机齿辊的冷却系统	贵州航天乌江科技有限责任公司	彭全斌,梁眉华,等
200820096296	海绵钛单辊破碎机	贵州航天乌江科技有限责任公司	彭全斌,梁眉华,等
200820096530	海绵钛破碎机的剔齿装置	贵州航天乌江科技有限责任公司	彭全斌,梁眉华,等
200820107318	贴附装置	阳程科技股份有限公司	黄秋逢
200820121976	环保节能型双辊破碎机	杭州海兴机械有限公司	王连新,朱海水
200820123968	超稳定性高精度牌坊结构	邢台海裕锂能电池设备有限公司	张继风,弭丽峰
200820127630	卧辊磨磨辊的移动装置	江苏科行环境工程技术有限公司	刘怀平,杨正平,等
200820135046	一种滚压装置	西安飞机工业(集团)有限责任公司	章熙文,李方
200820137831	一种可较大范围调节辊间距的对辊破碎机	江西稀有稀土金属钨业集团有限公司	方宣华
200820139819	对辊破碎机粒度调节装置	长沙开元仪器有限公司	罗建文,熊翔宇
200820140140	四组辊式粉碎机	江阴市宏达粉体设备有限公司	钱建军
200820140141	两组辊式粉碎机	江阴市宏达粉体设备有限公司	钱建军
200820140142	三组辊式粉碎机	江阴市宏达粉体设备有限公司	钱建军
200820149062	辊压机进料缓释装置	义马煤业(集团)有限责任公司	李革平,王复明,等
200820149413	磨粉机研磨效果指示装置	河南中原轧辊有限公司	王景杰,李运良,等
200820149414	毛化磨辊	河南中原轧辊有限公司	王景杰,李运良,等
200820149964	可调式竖瓦楞板滚压机	河南奔马股份有限公司	楚金甫,赵福群,等
200820151808	连续辊压机进板装置结构	上海捷成白鹤木工机械有限公司	张瑞芳,张士勇
200820151812	连续辊压机钢带紧急停机安全保护装置	上海捷成白鹤木工机械有限公司	张瑞芳
200820156086	用于轮齿式破碎机的转子部件上的隔盘结构	上海建设路桥机械设备有限公司	杜松寿,奚佐泳
200820156087	用于轮齿式破碎机的清扫器	上海建设路桥机械设备有限公司	杜松寿,奚佐泳
200820156088	用于轮齿式破碎机的传动装置	上海建设路桥机械设备有限公司	杜松寿,奚佐泳
200820156598	饲草捆切割、饲草块破碎一体机	上海正宏粮食机械设备有限公司	周国财
200820156944	一种烧结矿单齿辊破碎机堆焊箅条	上海锦川机电技术有限公司	丛林火,丛欣滋
200820157042	轮齿式破碎机	上海建设路桥机械设备有限公司	杜松寿,奚佐泳
200820157043	用于轮齿式破碎机的转子部件	上海建设路桥机械设备有限公司	杜松寿,奚佐泳
200820157044	用于轮齿式破碎机的固定辊与活动辊之间间隙的调整装置	上海建设路桥机械设备有限公司	杜松寿,奚佐泳
200820157045	用于轮齿式破碎机的液压调整保险系统	上海建设路桥机械设备有限公司	杜松寿,奚佐泳
200820158408	清箅破碎机的破切组件结构	湖南万通电力科工有限公司	谢泳清,刘守前,等

续表

申请号	名称	申请单位	发明人
200820158409	清算破碎机的破碎齿组件	湖南万通电力科工有限公司	武国洋,刘守前,等
200820158754	令纸包装机主包装系统	长沙长泰输送包装设备有限公司	肖国雄,刘云涛,等
200820172355	立式辊磨机分离器转子的固定装置	济南重工股份有限公司	孟庆波,李光业
200820172356	立式辊磨机省力装置	济南重工股份有限公司	孟庆波,杨家芳
200820182727	一种齿辊式破碎机用辊齿	洛阳矿山机械工程设计研究院有限责任公司,中信重工机械股份有限公司	丁建华,赵经国,等
200820182730	一种挤压辊分体装置	中信重工机械股份有限公司,洛阳矿山机械工程设计研究院有限责任公司	王素玲,王亚强,等
200820186763	逆流式轮碾机	建湖县申江耐火机械厂	林晓明
200820190042	高可靠性立式磨	华新水泥股份有限公司	李叶青,李永忠,等
200820190480	曲线轴滚压机	南车襄樊机车有限公司	李光杰
200820202957	一种锂片加工装置	惠州亿纬锂能股份有限公司	陈平方,吕建新,等
200820205299	一种破碎机的破碎辊	佛山市顺德区沃德人造板制造有限公司	吴和平,牟远法
200820216688	钻杆接头螺纹冷滚压装置	江阴德玛斯特钻具有限公司	郑银良,韩晓毅,等
200820217667	大功率辊压机减速装置	常州减速机总厂有限公司	刘贞勇
200820221380	一种用于辊压机或辊压磨的料流调节装置	中信重工机械股份有限公司,洛阳矿山机械工程设计研究院有限责任公司	张光宇,王压强,等
200820224962	导轨在线自动切断装置	泰安晟泰汽车零部件有限公司	赵传昌
200820231696	变压器线圈端绝缘粘纸机	锦州变压器股份有限公司	刘国华
200820300952	对辊式破碎装置	贵州莱利斯机械设计制造有限责任公司	佘建敏,汪泓波
200910012722	单齿辊破碎机的组合破碎齿组件	中冶北方工程技术有限公司	朱云飞,林宏邦,等
200910023027	一种复合材料磨辊与磨盘及其负压铸造方法	西安交通大学,广州有色金属研究院	高义民,李烨飞,等
200910044233	一种铁精矿预处理强化造球的方法	中南大学	朱德庆,赵荣坤,等
200910050270	立式辊磨机液压系统	宝钢工程技术集团有限公司	李健成,徐支越
200910052627	一种烧结矿破碎机磨损失效齿盘回收利用的方法	上海锦川机电技术有限公司	丛林火,丛欣滋
200910053798	联体袋扯分线痕滚压装置	上海迈威包装机械有限公司	钟力行,郑美军
200910060403	一种微球复合泡沫材料的制备方法	武汉理工大学	张联盟,高明,等
200910066821	带有柔性热压板的连续辊压机	敦化市亚联机械制造有限公司	郭西强,南明寿,等
200910080760	一种脱纤机	梧州神冠蛋白肠衣有限公司	周亚仙,施贵成
200910093593	铅酸蓄电池用铅板连铸机	江阴市东顺机械有限公司,华南师范大学	王晓,陈波,等
200910104062	高性能大尺寸铝合金汽车轮毂的制造方法	马鸣图,路洪洲,游江海,路贵民,杨传增,毕祥玉,李志刚	马鸣图,路洪洲,等
200910105417	电池电极片及其制备方法以及由该电极片制备的电池	深圳新宙邦科技股份有限公司	郑洪河,邓永红,等
200910116431	一种低品位磁铁矿石的预选方法	中钢集团马鞍山矿山研究院有限公司	孙炳泉,杨任新,等
200910116979	金属矿用高压辊磨机	中钢集团安徽天源科技股份有限公司	洪石笙,赵松年,等
200910132944	包装胶膜开口裂缝线滚压机构及其方法	全利机械股份有限公司	许为信

续表

申请号	名称	申请单位	发明人
200910149486	一种餐饮垃圾处理机	宁波市镇海捷登应用技术研究所	陈兆红
200910151230	一种杂物分离装置及杂物分离方法	中冶长天国际工程有限责任公司	夏耀臻,邹忠明,等
200910151238	矿石物料的碾磨方法和返料装置	中冶长天国际工程有限责任公司	夏耀臻,邹忠明,等
200910152653	一种表面压密板材的制作方法	浙江林学院	鲍滨福,杜春贵,等
200910166428	一种容器的生产方法及所用的模具、滚压装置	广州市钰诚贸易有限公司	张郁晟
200910171237	一种三辊研磨机自动环保上料系统	广州市儒兴科技股份有限公司,无锡市儒兴科技开发有限公司	许显昌,许坚,等
200910177568	一种衬纸机	东莞市晟图钉装机械设备有限公司	庹明珠
200910183072	镗滚组合加工工具	常州市西夏墅工具研究所有限公司	汪家俊,朱晓峰,等
200910220533	四段破碎两次闭路筛分高压辊磨机破矿新工艺	鞍钢集团矿业公司	韦锦华,周惠文,等
200910221813	连续式波形钢腹板的制作设备	浙江中隧桥波形钢腹板有限公司	孙天明
200910273369	一种难磨物料的联合粉磨方法及其设备	武汉江力建材设备有限公司,桂林宝利新技术开发有限公司	陈平,胡曙光,等
200910302994	金属/陶瓷梯度复合管的制备方法	西安理工大学	赵康,李大玉,等
200910307431	三维泡沫钴氧化物负极的制备方法	哈尔滨工业大学	王殿龙,王崇
200910311440	辊压机负荷优化控制系统	成都利君实业股份有限公司	何亚民,魏勇
200920008258	带有行星齿轮系的电动调味品研磨器	森信光明实业有限公司	邓永森
200920010818	一种双齿辊破碎机	辽宁工矿集团有限公司	才会成,才全,等
200920010819	一种双辊破碎机	辽宁工矿集团有限公司	才会成,才全,等
200920012192	太阳能电池组件热压机	辽宁北方玻璃机械有限公司	张宝成,杜宏疆,等
200920013689	张力检测装置	沈阳飞机工业(集团)有限公司	李英举,刘丰军,等
200920015267	对辊式棱角砂破碎机	铁岭市银州金属磨料厂	曹彤,徐广清,等
200920019934	轮胎成型机组合滚压装置	青岛高校软控股份有限公司	戴德盈,王光波,等
200920020934	一种立磨分离器轴承润滑装置	济南重工股份有限公司	孟庆波
200920021653	玉米渣粉碎机	莱芜泰禾生化有限公司	孙启华,马甲文
200920027170	子午胎一次法成型机后滚压装置	拉森特博洛(青岛)橡胶机械有限公司	徐福明,禹云辉,等
200920030675	烟草薄片辊压机刮刀刀架起落装置	山东中烟工业公司,将军烟草集团有限公司	郑金和,王明刚,等
200920034491	缓磨线缆接触座	西安奥能电气有限公司	李文元
200920034613	一种火力发电厂除渣系统用碎渣机	陕西正元电力实业发展总公司铸造厂	肖毕林,张边民,等
200920037139	三辊破碎机	溧阳市裕达机械有限公司	刘定龙
200920043912	碎粒机的传动系统	江苏牧羊集团有限公司	李令芳
200920046658	一种对辊式制砂机	芜湖中新沙船制造有限公司	吴元中
200920058419	一种薄壁钢管	广州水泵厂	吴宏顺,李德田,等
200920059735	生物质固化成型装置	东莞市百大新能源有限公司	刘光华,葛文杰
200920060433	移动式辊压机	东莞市欧西曼机械设备有限公司	吴振宇
200920061830	旧电路板破碎机	惠州市鼎晨实业发展有限公司	林春涛

续表

申请号	名称	申请单位	发明人
200920062734	污泥干化机用的污泥碎化装置	华南理工大学，广州市佳境水处理技术工程有限公司	黄瑞敏，林德贤，等
200920064934	一种辊压机挡料装置	湖南普沃尔重型机械有限公司	闫昊，龙由辉
200920064935	一种耐磨辊轮	湖南普沃尔重型机械有限公司	闫昊，龙由辉
200920066019	辊轮破碎机	湖南万容科技有限公司	明果英，刘叶华，等
200920067646	外喷水矿渣立式辊磨机	上海宝钢工程技术有限公司	马义祥，查海珍，等
200920071207	一种粉碎机	上海文高玻璃搪瓷色釉有限公司	吴文高
200920073268	一种渣立磨防金属异物进入装置	上海宝田新型建材有限公司	须晓华，陈天余，等
200920074637	一种黑卡服装吊牌覆膜装置	上海美声服饰辅料有限公司	翟所强
200920075118	用于滚压加工燃煤锅炉加煤机主轴的滚压装置	上海四方锅炉厂	庄祖德，曹建峰，等
200920082114	一种被改良的碎石轮	成都普兰斯纳科技有限公司	李军
200920083966	热压成型辊压机	上海泽玛克敏达机械设备有限公司，中国化学工程股份有限公司	汪寿建，傅敏燕，等
200920087779	鱼块滚压机	洪湖市井力水产食品有限公司	胡勤斌，张怀斌
200920088284	电池极片辊压机	天空能源(洛阳)有限公司	任丹，张利波
200920088334	磨粉机磨辊密封盒支撑装置	河南中原轧辊有限公司	王景杰，李运良，等
200920089029	一种立式辊磨机磨辊用双列圆锥滚子轴承	洛阳轴研科技股份有限公司	赵广炎，张闻，等
200920089492	双驱动对辊式破碎机	上海宝钢工业检测公司，徐州市赫尔斯采制样设备有限公司	冯庆，蒋志侃，等
200920093355	连续辊压机的加压及加热装置	敦化市亚联机械制造有限公司	郭西强，南明寿，等
200920095684	一种耐磨磨辊	中天仕名科技集团有限公司	边汉民，刘箴，等
200920095839	新型滚筒干燥机	天津华能能源设备有限公司	张俊如，朱华东，等
200920096644	辊压机联合粉磨系统的喂料装置	天津振兴水泥有限公司	王学民，牛海龙，等
200920098239	复合滚压机压着状态控制装置	天津市国信橡塑有限公司	谢宇，郑书军，等
200920098441	一种轮胎成型机用指形正包器	天津赛象科技股份有限公司	张芝泉，张建浩
200920102603	可移动式破碎站	中煤平朔煤业有限责任公司	张卫国，李财
200920103059	一种高速单机磨粉机组喂料装置	河北苹乐面粉机械集团有限公司	李建军
200920104004	单辊齿式破碎机	山西惠丰特种汽车有限公司	冯有景，李志明，等
200920104081	悬臂式滚压机	燕山大学	王秀玲，张智，等
200920105153	一种磨煤机的弹簧减振拉杆	北京博希格动力技术有限公司	黄铜，胡滨，等
200920106299	液晶显示器	北京京东方光电科技有限公司	侯成双，刘再洋，等
200920106661	研磨机物料上料装置	北京三辰化工有限公司	戈群，冯乃松
200920109302	机车轮对车轴双向滚压装置	北京二七铁丰龙科技有限公司	王静
200920110826	新鲜橡胶籽齿辊破碎机	云南三环生物技术有限公司	朱义鑫，王云，等
200920123707	纸容器成型机的偏心滚压机构	浙江上易机械有限公司	徐本其，陈兵
200920128257	全钢子午线轮胎钢丝圈与三角胶贴合压实装置	重庆佳通轮胎有限公司	孙怀建，陈云飞

续表

申请号	名称	申请单位	发明人
200920128258	全钢丝子午线轮胎两鼓成型机帘布自动打压装置	重庆佳通轮胎有限公司	孙怀建,陈云飞
200920129971	焊丝滚压装置	信义汽车玻璃(深圳)有限公司,信义橡塑制品(深圳)有限公司	李圣根
200920132773	一种三辊研磨机油墨出料装置	深圳市颖博油墨实业有限公司	许新,郭德义
200920136949	摆式辊轮磨	福建丰力机械科技有限公司	林樾勇,郭彬仁,等
200920138434	一种蜗杆辊压机	泉州丰源机械有限公司	董智德
200920138658	未处理浆粉碎机齿片辊	三明市普诺维机械有限公司	郭尚接
200920142244	坯料承重过渡板	景德镇陶瓷学院	周健儿,汪永清,等
200920143061	颚式分片破碎双齿辊机	安徽盛运机械股份有限公司	开晓胜,黄志品
200920145832	复合联接方式的破碎齿辊	煤炭科学研究总院唐山研究院	潘永泰,王保强,等
200920145835	可更换截齿的破碎齿辊	煤炭科学研究总院唐山研究院	潘永泰,王保强,等
200920145836	可更换破碎齿的破碎辊	煤炭科学研究总院唐山研究院	潘永泰,王保强,等
200920147983	单手轮粒度调节的对辊破碎机	长沙开元仪器有限公司	罗建文,彭开林,等
200920148137	双齿辊破碎机用偏心杯装置	唐山天和科技开发有限公司	姜喜瑞,刘满平,等
200920150460	胶片成型机	凤记国际机械股份有限公司	魏灿仁
200920153617	立磨辊胎	长城重型机械制造有限公司	张广义
200920158392	塑胶废片料回收造粒机	东莞市金鑫智能机械设备有限公司	许纯权
200920159269	对辊破碎机辊子侧护板装置	长沙开元仪器有限公司	罗建文,彭开林,等
200920161832	全纸托盘底墩生产线	青岛众和恒业蜂窝纸板制品有限公司	孙丕举
200920161834	全纸托盘连续生产线	青岛众和恒业蜂窝纸板制品有限公司	孙丕举
200920169176	一种防止边缘漆料泄漏的三辊研磨机	资阳赛特化工有限公司	舒和平,杜贵平,等
200920169177	一种具有分料装置的三辊研磨机	资阳赛特化工有限公司	舒和平,杜贵平,等
200920169209	一种破碎辊在轴上的装配结构	成都正大有限公司	白宇飞
200920169246	一种水泥辊压减速箱	资阳南车传动有限公司,南车戚墅堰机车车辆工艺研究所有限公司	肖健全
200920172592	金属矿用高压辊磨机	中钢集团安徽天源科技股份有限公司	洪石笙,赵松年,等
200920173430	一种带搅拌装置的三辊研磨机自动环保上料系统	广州市儒兴科技股份有限公司,无锡市儒兴科技开发有限公司	许显昌,许坚,等
200920173431	一种带可拆卸管件的三辊研磨机自动环保上料系统	广州市儒兴科技股份有限公司,无锡市儒兴科技开发有限公司	许显昌,许坚,等
200920173432	一种带变频调速器的三辊研磨机自动环保上料系统	广州市儒兴科技股份有限公司,无锡市儒兴科技开发有限公司	许显昌,许坚,等
200920173433	一种带流量计的三辊研磨机自动环保上料系统	广州市儒兴科技股份有限公司,无锡市儒兴科技开发有限公司	许显昌,许坚,等
200920173434	带调机刻度盘的三辊研磨机	广州市儒兴科技股份有限公司,无锡市儒兴科技开发有限公司	罗海利
200920183159	一种杀虫灯的粉碎机	福建福日科光电子有限公司	吴明新,李秀军,等

续表

申请号	名称	申请单位	发明人
200920187494	组合式稳流称重仓	合肥水泥研究设计院肥西节能设备厂	熊焰来,王志凌,等
200920187495	辊压机用行星减速器的中空输出轴	合肥水泥研究设计院肥西节能设备厂	胡俊亚,王庆,等
200920187496	辊压机用扭矩支撑装置	合肥水泥研究设计院	张永龙,胡俊亚,等
200920187498	组合式分级机	合肥水泥研究设计院	包玮,张永龙,等
200920193354	一种木料破碎装置	广州广重企业集团有限公司	樊穗生,林永泉,等
200920194331	一种余胶滚压装置	厦门大卓品玻璃有限公司	张守忠
200920213859	一种接齿冠式烧结矿破碎机单齿辊	上海锦川机电技术有限公司	丛欣滋,丛林火
200920216696	一种衬纸机	东莞市晟图钉装机械设备有限公司	庹明珠
200920217199	铝带双面覆铜装置	安徽瑞隆电工有限公司	董学武
200920218053	面状基材滚压加工机	佑顺发机械有限公司	吕俊麟
200920222637	一种新型剪切式破碎机剪切挤压细化破碎装置	佛罗斯机械设备技术(北京)有限公司	赵兴军
200920223772	适用于对辊式磨粉机的冷却式磨辊	河南工业大学	武文斌,李东梁
200920227733	破碎机的齿板装置	湖北双剑催化剂有限公司	杨建明,黄声海
200920233642	带密封装置的旋转轴	中国中材国际工程股份有限公司	翟东波,梁勇,等
200920235418	方型防火阀框体滚压成型设备	大荣空调设备(南京)有限公司	山守典昭
200920236390	一种卧辊磨的液压回路	江苏科行环境工程技术有限公司	刘怀平,何美华,等
200920243168	增加破碎设备的半成品提升机	成都特驱农牧科技有限公司	陶华,梅绍锋,等
200920247566	一种平面滚压装置	鞍钢重型机械有限责任公司	刘永涛,孔祥亮,等
200920247907	中速磨煤机的碾磨机构	辽宁省燃烧工程技术中心	李振中,王阳,等
200920250566	一种拼装道岔融雪电加热器的安装结构及其所用安装卡具	天津铁路信号工厂	袁健,李昆明,等
200920251093	一种用于辊压机辊轴与辊套的紧固结构	天津水泥工业设计研究院有限公司,中天仕名科技集团有限公司,天津中材工程研究中心有限公司	赵怡德,马秀宽,等
200920256704	空气预热器密封刷的自动生产装置	江苏鑫信润科技有限公司	周治中,周惠,等
200920258898	一种滚压曲轴圆角快速装夹支架	天润曲轴股份有限公司	慈惟红,宋文友,等
200920259002	生物质破碎机	山东京能生物质发电有限公司	周国
200920262953	一种平面贴合机	东莞东聚电子电讯制品有限公司	许振相
200920264245	一种油墨专用辊筒研磨机	精工油墨(四会)有限公司	苏国华
200920264246	一种油墨专用辊筒研磨机	精工油墨(四会)有限公司	苏国华
200920267328	纸张贴合机的前挡对准架构	创盛工业股份有限公司	张恒诚
200920274173	瓷质板材砖抛光辊压装置	广东蒙娜丽莎陶瓷有限公司	刘一军,潘利敏,等
200920277840	一种用于冷却高温熟料的立式冷却机	中国建材装备有限公司	周申燕,杨鑫,等
200920282204	排石对辊机	山东恒祥机械有限公司	刘秀苓
200920288089	双臂轴承式平面滚压装置	鞍钢重型机械有限责任公司	刘永涛,孔祥亮,等
200920290556	三辊机自动上料装置	青岛乐化科技有限公司	田育廉,王兆安,等
200920292834	汽轮机转子轴颈滚压机	哈尔滨汽轮机厂有限责任公司	于志锋,姚青文,等
200920293023	一种铜止水连续成型装置	江南水利水电工程公司	石月顺,罗爱民,等
200920294854	漆面辊压机的加温固漆部件	杭州临安利翔新型装饰材料有限公司	陆明

续表

申请号	名称	申请单位	发明人
200920295673	一种辊压机提升料斗	杭州和泰机电工业有限公司	徐青
200920296935	一种带压力显示的滚压装置	河南省中原内配股份有限公司	薛德喜，郭荣磊，等
200920297247	车身蒙皮辊压机辊压角	河南少林汽车股份有限公司	马建军，王金囤，等
200920299559	辊压机用行星减速器拆卸装置	合肥水泥研究设计院肥西节能设备厂	王庆，操龙青，等
200920299631	中速磨机底座橡胶柔性密封装置	马鞍山市中力橡塑制品有限公司	徐耀祥，徐从余
200920303279	一种浓缩块用的破碎机	湖州珍露生物制品有限公司	沈志泉
200920304970	一种锂离子电池电极连续辊压装置	宁波维科电池有限公司	曹长河，姚宇均，等
200920307875	行星研磨分散混合机	柳州市豪杰特化工机械有限责任公司	庞可邦
200920312893	一种用于钛白硫酸法钛白粉装置煅烧窑下料前粉碎的设备	攀枝花东方钛业有限公司	罗阳勇，李顺泽，等
200920317012	辊子端面防磨层铠甲	成都利君实业股份有限公司	何亚民，魏勇
200920317078	进料双调节装置	成都利君实业股份有限公司	何亚民，魏勇
200920317079	耐磨侧挡板	成都利君实业股份有限公司	何亚民，魏勇
200920317082	自平衡扭矩支承	成都利君实业股份有限公司	何亚民，魏勇
200920318294	一种新型辊式破碎机	江门市科恒实业股份有限公司	李文康，卢杰山，等
200920350889	一种型煤炉碎渣机	北京燕化正邦设备检修有限公司	刘东方，杨波，等
201010000901	移摆式双辊破碎机	义乌市鑫隆机械实业有限公司	王春益
201010105808	秸秆揉丝工艺	四川大学	李绍才，杨涛，等
201010118074	将PVC片材内衬在钢筋混凝土排水管或顶管中的装置	安徽省方大水泥制品有限公司	夏学志
201010133741	一种用于辊压机、立式磨、球磨机电气控制系统上的远程网络监控系统	南通春光自控设备工程有限公司	陆俊华
201010138297	腰果油与水形成的乳液作为增塑剂的酚醛模塑料及其制备方法	沙县宏盛塑料有限公司	罗建峰，陈银桂，等
201010142525	一种用桑枝制造防火密度板材的方法	宾阳县田园农业开发有限公司	磨坚相
201010186066	磨粉机离合闸机构	国家粮食加工装备工程技术研究中心，开封市茂盛机械有限公司	刘夕贤，王凤成，等
201010202328	印刷线路板三辊式破碎机	合肥工业大学	王玉琳，朱家诚，等
201010204532	手动破碎废弃耐火砖方法	中国一冶集团有限公司	张晓宁，夏春，等
201010211382	辊压机用球面调心滑动轴承	成都利君实业股份有限公司	何亚民，魏勇，等
201010213675	单传动辊式粉磨机	南京西普水泥工程集团有限公司	杨世宏，李德祥
201010216442	金属喷射设备中的辊压装置	山西汾西重工有限责任公司	李承红，张志勇，等
201010234179	偏光板贴附装置及方法	友达光电股份有限公司	陈江源
201010253064	一种圆柱形球面承压系统	重庆齿轮箱有限责任公司	杨才兴，胡林，等
201010264200	钢渣微粉粉磨生产线	中国第一重型机械股份公司，一重集团大连设计研究院有限公司	陈新勇，王光儒，等
201010265411	硬币销毁系统	中钞长城金融设备控股有限公司，中国印钞造币总公司	李晓春，武再杰，等
201010268657	翻边轴承的更换工艺	山东太古飞机工程有限公司	朱立锋

续表

申请号	名称	申请单位	发明人
201010514257	空气滤清器金属滤网加强筋滚压装置及其使用方法	浙江立丰机械零部件有限公司	陈庆丰,陈庆平,等
201010571554	一种双齿辊破碎机的破碎梁组合结构	沈阳重型机械集团有限责任公司	卢崇劭,陈希红,等
201010604904	回收废旧线缆中金属与绝缘外皮的方法和设备	天津大学	罗震,李洋,等
201010618103	辊式破碎机壳体端板的组合密封装置	南京凯盛国际工程有限公司	徐靖,陈新平,等
201020004004	移摆式双辊破碎机	义乌市鑫隆机械实业有限公司	王春益
201020041140	一种自动避让硬异物的破碎机齿辊	新乡市高服筛分机械有限公司	贺占胥
201020041142	一种破碎机辊筒齿板	新乡市高服筛分机械有限公司	贺占胥
201020041166	一种破碎机齿板	新乡市高服筛分机械有限公司	贺占胥
201020103470	一种用于齿辊破碎机的可调剔泥齿结构	天津水泥工业设计研究院有限公司,中天仕名科技集团有限公司,天津中材工程研究中心有限公司	边汉民,李青,等
201020104435	一种浮油收集装置	深圳市金昕地矿业投资有限公司	殷斌浩
201020105029	结构改进的高压微粉磨机	四川省川东农药化工有限公司	唐波
201020110313	一种用于化学电池极片生产中的辊压机	湖南力鑫机电设备有限公司	钟发平,何策衡,等
201020110709	破碎机齿辊	新乡市威达机械有限公司	张文中,田崔海,等
201020110733	一种新型破碎齿	新乡市威达机械有限公司	张文中,田崔海,等
201020110741	煤矿用分级式齿辊破碎机	新乡市威达机械有限公司	张文中,田崔海,等
201020123761	将PVC片材内衬在钢筋混凝土排水管或顶管中的装置	安徽省方大水泥制品有限公司	夏学志
201020124369	偏心环锤碎煤机	成都施柏科技有限公司	徐登润,徐山河,等
201020125423	研磨机石辊细磨专用机床	蚌埠市绿源精细研磨设备有限公司	丁卫平,刘建,等
201020125476	研磨机石辊间隙调整装置	蚌埠市绿源精细研磨设备有限公司	丁卫平,刘建,等
201020125492	研磨机供油装置	蚌埠市绿源精细研磨设备有限公司	丁卫平,刘建,等
201020125501	研磨机出料装置	蚌埠市绿源精细研磨设备有限公司	丁卫平,刘建,等
201020125504	研磨机传动装置	蚌埠市绿源精细研磨设备有限公司	丁卫平,刘建,等
201020125657	一种耐磨件的耐磨结构	安徽海螺川崎装备制造有限公司	潘胡江,王雷,等
201020127331	一种熔融钢渣风冷破碎处理装置	中冶建筑研究总院有限公司,中国京冶工程技术有限公司	孙健,钱雷,等
201020130827	辊套耐磨层机构	浙江同力重型机械制造有限公司	徐林惠,吴建祖,等
201020133705	分体式复合破碎齿辊	煤炭科学研究总院唐山研究院	潘永泰,王保强,等
201020135769	一种破碎机辊筒齿板安装结构	新乡市高服筛分机械有限公司	贺占胥
201020135784	一种破碎机辊筒齿板快速安装结构	新乡市高服筛分机械有限公司	贺占胥
201020136185	一种分体式挤压辊装配结构	中信重工机械股份有限公司,洛阳矿山机械工程设计研究院有限责任公司	王亚强,张光宇,等
201020136202	一种新型辊端面迷宫式密封结构	中信重工机械股份有限公司,洛阳矿山机械工程设计研究院有限责任公司	崔郎郎,张光宇,等
201020143439	用于酒厂对酒糟进行破碎拉细的装置	贵阳风机厂	朱远隆,朱维强,等

续表

申请号	名称	申请单位	发明人
201020146215	一种新型柱钉式辊面结构	中信重工机械股份有限公司,洛阳矿山机械工程设计研究院有限责任公司	张光宇,王亚强,等
201020146789	一种研磨物料的对滚机	无锡市新科表面工程材料有限公司	薛永宗,薛鉴,等
201020148642	一种胎体压辊专用滚压装置	北京恒驰智能科技有限公司	韩云平,池启演,等
201020153144	一种碎枝机	浙江利欧股份有限公司	邱士军,吴冠兵,等
201020157542	双角接触球轴承式滚压机构	上海交通大学	赵亦希,李淑慧,等
201020161953	一种加工离心风机蜗壳用的压缝滚压机	佛山市南海九洲普惠风机有限公司	黄建军,许智泉,等
201020163203	一种薄型瓷质砖湿法滚压成型机	陕西科技大学	谈国强,程蕾,等
201020167421	一种大米加工生产线、碾米系统和抛光系统	湖南金霞粮食产业有限公司	谢文辉,王致能
201020168330	辊式破碎机的齿轮啮合间隙监控装置	江苏牧羊集团有限公司	李培乾,程亮,等
201020168579	三辊碾磨机	浙江华诺化工有限公司	沈根华,沈水荣,等
201020173379	信息载体销毁装置	济南新能安邦信息科技有限公司	曹志远
201020188084	辊压机液压系统	重庆京庆重型机械有限公司	胡沿东
201020190161	一种深松施肥装置	北京兴农天力农机服务专业合作社	陈领
201020190733	节能型废旧橡胶粉碎机	南通回力橡胶有限公司	倪雪文,陆树贤,等
201020196937	除石对辊破碎机	陕西新兴建材机械制造有限公司	安永祥,冯海平
201020197934	一种研磨机	汕头市捷成食品添加剂有限公司	黄林青
201020203030	辊压机传动装置及其鼓形齿式联轴器	成都利君实业股份有限公司	何亚民,魏勇,等
201020207536	磨粉机离合闸机构	开封市茂盛机械有限公司,国家粮食加工装备工程技术研究中心	刘夕贤,王凤成,等
201020210479	防止堵料的燃料破碎系统	重庆钢铁(集团)有限责任公司	唐红军
201020211531	一种抽油杆滚压修复成套设备	胜利油田新大管具有限责任公司	李营波,高淑香,等
201020217248	废弃陶瓷电阻拆解与资源回收设备	湖南万容科技有限公司	文武超,明果英,等
201020217310	低速重载轴承轴向力规避机构	中国重型机械研究院有限公司	徐鸿钧,王广收,等
201020218018	三齿辊分级破碎机	遂宁华能机械有限公司	邹功全,邹锦宏,等
201020220386	小型三辊辊压机	天津重钢机械装备股份有限公司	李广周,王明月
201020227737	印刷线路板三辊式破碎机	合肥工业大学	王玉琳,朱家诚,等
201020229906	一种防尘破碎装置	浙江嘉民塑胶有限公司	沈培林,沈培良,等
201020230727	碾压机构	南京中钞长城金融设备有限公司	李晓春,武再杰,等
201020231057	一种压实股模拉辊压生产设备	江苏赛福天钢绳有限公司	杨岳民,华正
201020231178	手动破碎废弃耐火砖装置	中国一冶集团有限公司	张晓宁,夏春,等
201020239883	对辊式制沙机的轧辊	芜湖中新沙船制造有限公司	吴元中
201020239904	新型对辊式制沙机	芜湖中新沙船制造有限公司	吴元中
201020239922	对辊式制沙机的动力传动机构	芜湖中新沙船制造有限公司	吴元中
201020242511	单传动辊式粉磨机	南京西普水泥工程集团有限公司	杨世宏,李德祥
201020243023	立式磨磨辊轴承密封装置	合肥中亚建材装备有限责任公司	邓小林,叶卫东
201020244497	一种辊压机	国营第一二一厂	刘春海,陈少辉,等
201020244556	一种图标自制游戏机	洛阳驰达自动化设备制造有限公司	张向前,王景丽
201020246347	金属喷射设备中的辊压装置	山西汾西重工有限责任公司	李承红,张志勇,等

续表

申请号	名称	申请单位	发明人
201020250842	一种油缸结构	深圳市凯卓立液压设备有限公司	梁上愚，于隽
201020257959	辊压机行星齿轮减速机	荆州市巨鲸传动机械有限公司	肖北平，高圣安
201020261286	子午胎破碎机的辊筒结构	四川亚西橡塑机器有限公司	梁文均，李再兴
201020261339	搓粉机辊筒	四川亚西橡塑机器有限公司	李能栋，谢谦
201020262493	设置有搓粉室的搓粉机	四川亚西橡塑机器有限公司	梁文均，李再兴
201020262604	可调式绝缘料碾压机	河南省电力公司平顶山供电公司	董朝运，王银忠，等
201020267996	用于生产佛莲胶囊的原料粉碎装置	杭州佛莲生物技术有限公司	孙国平
201020272768	一种独立传动辊压机	深圳市汉东玻璃机械有限公司	何昌杜，佟德伟
201020287679	一种对辊破碎机	天津钢铁集团有限公司	彭文明，边立槐，等
201020288185	一种食品辊压机	安徽燕之坊食品有限公司	吴雷
201020289774	大型辊压机的平行轴式行星齿轮减速器	中信重工机械股份有限公司	李素玲，武文辉，等
201020291516	锂离子电池极片辊压、切片直连设备	凯迈(江苏)机电有限公司	陈军，蒋建军，等
201020291955	一种圆柱形球面承压系统	重庆齿轮箱有限责任公司	杨才兴，胡林，等
201020293009	磨粉机磨辊	柳州桂滨铸造有限公司	赵正江
201020294434	带数字显示并可自动调节粒度的对辊破碎机	南昌光明化验设备有限公司	何文莉，张志强
201020300156	双辊破碎机凹槽挡板式破碎腔结构	义乌市鑫隆机械实业有限公司	王春益
201020504389	一种动力电池辊压装置	万向电动汽车有限公司，万向集团公司	茹永军，蓝桦，等
201020510011	旋挖钻机主卷扬支架	徐州徐工基础工程机械有限公司	赵伟，陈以田，等
201020510160	一种九折型材及机柜框架	深圳科士达科技股份有限公司	郑润锋，林品鲜
201020511387	双层辊式破碎机	溧阳市裕达机械有限公司	刘定龙，黄青松，等
201020513553	一种波纹板辊压机	烟台新科钢结构有限公司	徐达，朱增利
201020514509	双齿辊式破碎机辊子	溧阳中材重型机器有限公司	谈志中，蒋鹏翔，等
201020517791	高效粉碎机	福建丰力机械科技有限公司	郭彬仁，张志聪，等
201020518309	膨润土用可调摆式磨粉机	山东华潍膨润土有限公司	王松之
201020518397	一种极耳的滚压焊接机构	珠海华冠电子科技有限公司	龙纪明，高胜利，等
201020523833	混凝土骨料再生设备	长沙理工大学	李九苏，戴聆春，等
201020527687	立式辊磨机磨辊提升机构	沈阳重型机械集团有限责任公司	杨雪霞，信锐，等
201020531607	辊筒间距调节报警提示装置	常州亿晶光电科技有限公司	王海艳
201020531742	一种齿轮粉碎机	赤峰岚泽科技发展有限公司	刘凤兰
201020531815	用于破碎海绵钛的破碎装置	洛阳双瑞万基钛业有限公司	武松龙，郑晓海，等
201020534109	一种辊式压片机	烟台凌宇粉末机械有限公司	高奎坤
201020534131	辊式压片机	烟台凌宇粉末机械有限公司	高奎坤
201020534150	一种运输带原料碾碎装置	安徽省龙晨肥业有限公司	房晓涛，路银银
201020535082	一种锂离子动力电池极片辊压机	中航锂电(洛阳)有限公司	金伟，李山河，等
201020536234	卧式高强度对辊机	衢州奥仕特照明有限公司	张建明，周建明，等
201020536959	偏心辊破碎机	安徽省三力机床制造股份有限公司	陈道宝
201020539225	一种硼砂自动破碎机	安徽精诚铜业股份有限公司	刘小平，魏青青，等
201020542199	用于脱硫灰结块破碎用的轻型单辊破碎机	无锡市华星电力环保修造有限公司	吴浩仑，杨青

续表

申请号	名称	申请单位	发明人
201020542309	工程机械动力换挡变速箱活塞内外油封槽表面滚压装置	河北宣化工程机械股份有限公司,河北钢铁集团有限公司	周绍利,张来顺,等
201020550703	锂电池隔膜复合机	东莞市科硕机械科技有限公司	叶美跃,吴明选
201020551275	四辊破碎机受料口	黑龙江建龙钢铁有限公司	赵威,李建利,等
201020555841	一种安全防火门的门芯板制作专用设备	天津赫得建材发展有限公司	胡爱旗
201020556627	锂电池隔膜复合机的辊压装置	东莞市科硕机械科技有限公司	叶美跃,吴明选
201020563855	立式辊磨机的液压缸拉杆装置	河北盾石工程技术有限公司	王文弟,代云雷
201020564542	轴类表面高精度滚压机构	大连大显精密轴有限公司	骆波阳,于国斌
201020566433	齿辊破碎机	大连宝锋机器制造有限公司	贾先义
201020570211	空气滤清器金属滤网加强筋滚压装置	浙江立丰机械零部件有限公司	杨环,翁国冲,等
201020572932	包装箱钢带的生产装置	浙江吉发包装有限公司	潘日恩
201020577162	辊压机免拆式辊罩	成都光华科技发展有限公司	魏达贵
201020577231	多齿型单轮传动破胶机	大连宝锋机器制造有限公司	贾先义
201020577329	辊压机辊轴自动恒缝纠偏装置	成都光华科技发展有限公司	魏达贵
201020579421	油页岩专用细碎机	盐城华亚石油机械制造有限公司	沈郁平,徐朝辉
201020581986	一种开、圈流两用水泥联合粉磨装置	成都利君实业股份有限公司	何亚民,魏勇,等
201020583134	一种物料打散机	长沙有色冶金设计研究院	彭镜泊,黄光洪
201020586402	公路、铁路、桥梁预应力千斤顶缸套	合肥市石川工程机械有限公司	王从凯,唐恒大,等
201020587636	辊压机堆焊辊面	成都利君实业股份有限公司	何亚民,魏勇,等
201020588694	氮化硅陶瓷对辊机	淄博恒世科技发展有限公司	贾世恒
201020591501	无缝钢管拉拔部辊压装置	浙江健力股份有限公司	孙国均,范军,等
201020595536	铝箔纸复合压花机	玉溪市大营街铝箔纸有限责任公司,云南省玉溪市金卡纸厂	周兴,张明,等
201020595559	铝箔纸复合滚压机	玉溪市大营街铝箔纸有限责任公司,云南省玉溪市金卡纸厂	周兴,张明,等
201020600040	一种焦炭破碎辊	林州市马氏炼铁技术研究开发有限公司	马铁林,郭俊奎,等
201020606798	微控双螺旋绕丝机	西北机器有限公司	贾广林,李龙,等
201020617106	聚氯乙烯结皮发泡板材防变形装置	山东博拓塑业股份有限公司	孙锋
201020618236	一种改进的颚式破碎机活动颚板	江西稀有金属钨业控股集团有限公司	谢振兴,方宣华,等
201020618248	一种设有溢流结构的铅板连铸机	江阴市东顺机械有限公司	王晓,陈波
201020619991	一种船用柴油机连杆大头孔的可调式滚压装置	广州柴油机厂股份有限公司	李伟彪,吴健翔,等
201020621113	一种碾架设备	凤阳县科瑞工业设备有限公司	汤敬慈
201020622878	一种螺栓连接孔的滚压装置	黄海造船有限公司	董庆全,秦进强,等
201020624210	一种料饼破碎分级筛	合肥水泥研究设计院	何正凯,郭宏武,等
201020624558	一种四辊碾粉机	上海奉贤食品饮料成套设备总厂	钟云才
201020633136	焊剂半成品大颗粒粉碎机	宝鸡市宇生焊接材料有限公司	孟钰竣,杜文利
201020634725	用于磨辊轴承润滑的改进型磨辊轴	中信重工机械股份有限公司	孟永红,赵智峰,等
201020638693	单齿辊破碎机的组合篦板	中冶北方工程技术有限公司	朱云飞,施荣

续表

申请号	名称	申请单位	发明人
201020638924	一种辊压机耐磨辊套	天津水泥工业设计研究院有限公司,天津中材工程研究中心有限公司	边汉民,赵怡德,等
201020641443	一种金属波纹管成型机	河南红桥锚机有限公司	耿书岭,耿涛,等
201020643835	三合一立磨	盐城市成功机械制造有限公司	贾林喜
201020649186	高水分褐煤热压成型干燥设备	中国矿业大学	曹坤,肖伟
201020649930	一种摆臂式细碎对辊机	中国重型机械研究院有限公司	庞杭洲,郭居奇,等
201020653079	一种石英石压板生产线用耙打螺旋辊	广州华臻机械设备有限公司	李岳峰
201020657302	一种三辊机自动分级出料装置	浙江深蓝轻纺科技有限公司	陈华,朱建琴,等
201020660835	高强度螺栓头下圆角滚压力的精确控制装置	贵州大学,贵州省机电装备工程技术研究中心有限公司	王自勤,田丰果,等
201020661405	剑带柔性加压装置	浙江理工大学	周香琴,胡旭东
201020662534	电解铜粉饼打散机	北京有色金属研究总院,有研粉末新材料(北京)有限公司	杨汝禄,汪礼敏,等
201020662700	粉饼打散机用螺旋轴	北京有色金属研究总院,有研粉末新材料(北京)有限公司	杨汝禄,汪礼敏,等
201020664833	一种用于加工面粉的提料磨粉机	郑州精英面粉有限公司	任原春
201020664957	超细辊压磨喂料机	济南泰星精细化工有限公司	牛民卜
201020667088	桨叶干燥机下料装置	济南泰星精细化工有限公司	牛民卜
201020674640	中空自风冷磨辊	漯河市虎塔轧辊有限责任公司	孟德雨,刘春乾
201020678214	脱纤机	梧州神冠蛋白肠衣有限公司	周亚仙,施贵成
201020682590	超细方解石粉生产用研磨设备	江西广源化工有限责任公司	李海滨
201020684285	一种破碎机	大连引领科技发展有限公司	周文明,洪景武,等
201020686642	一种粉碎机的传动装置	江苏牧羊集团有限公司	华焜
201020693442	一种 Half 型辊式破碎机壳体端板装置	南京凯盛国际工程有限公司	徐靖,陈新平,等
201020693550	辊式破碎机壳体端板的组合密封装置	南京凯盛国际工程有限公司	徐靖,陈新平,等
201020694811	一种辊式破碎机辊轴的辊套	南京凯盛国际工程有限公司	徐靖,陈新平,等
201020694923	辊压机辊轮	苏州优霹耐磨复合材料有限公司	张国文
201020698112	软管覆膜设备	深圳市通产丽星股份有限公司	陈寿,陈文涛,等
201029122050	带有无级调速装置和剪断装置的滚压式铜止水成型机	中国水利水电第五工程局有限公司	郑久存,吴高见,等
201110139586	一种辊磨机磨辊	长沙韶源机电科技有限公司,邓连松	邓连松,王志坚
201120001282	对辊破碎机	益阳市朝阳通力机械制造厂	方彰林,吴杰,等
201120002855	辊压机辊套	重庆京庆重型机械有限公司	魏光陆,胡沿东,等
201120002887	一种钢渣、矿渣微粉生产线辊压机终粉磨系统	重庆京庆重型机械有限公司	张进才,张珂,等
201120004492	压力对辊机	成都利君实业股份有限公司	何亚民,魏勇,等
201120008154	单列上下多层齿辊复合粉碎机	青岛三能电力设备有限公司	曲方武,韩彩英,等
201120016350	级配调整机	上海金路创展工程机械有限公司	王有负,陆根文,等
201120020122	轧辊研磨机的刮刀装置	无锡博佑光电科技有限责任公司	徐晓斌
201120030068	饼类、高颈法兰件加工用环碾装置	河南中轴股份有限公司	关洪涛,苗祥利,等

续表

申请号	名称	申请单位	发明人
201120031860	一种三辊研磨机涂料出料装置	中山永辉化工有限公司	范晓松
201120033451	一种辊压机辊面	成都利君实业股份有限公司	何亚民，魏勇，等
201120035723	在地面钻穿含水砂层中地下结构的成孔专用钻件	中煤矿山建设集团有限责任公司	曹化春，张景钰，等
201120038651	一种煅后石油焦份筛系统	天津市云海碳素制品有限公司	陈连云
201120038682	一种煅后石油焦对辊粉碎机	天津市云海碳素制品有限公司	陈连云
201120045581	钼酸铵高效混料计量包装系统	锦州新华龙钼业股份有限公司	郭光华，董晓军，等
201120062002	水镁石自动筛料机	上海谐盛汽车配件厂（普通合伙）	易国强，张金祥
201120065938	一种辊式磨机主减速机安装结构体	莱歇研磨机械制造（上海）有限公司	胡泽武
201120065961	一种辊式磨机固定底座	莱歇研磨机械制造（上海）有限公司	胡泽武
201120066001	磨粉机喂料系统	砀山县天地面粉实业有限公司	刘占魁
201120071022	一种V型选粉机	江苏海建股份有限公司	金宏群，唐友琴，等
201120071023	一种动态选粉机	江苏海建股份有限公司	贲永龙，周游富，等
201120072750	一种卷芯管	苏州天裕塑胶有限公司	钱晓人
201120073756	一种立磨的磨辊结构	上海西芝矿山工程机械有限公司	陈建国
201120074998	一种具有组合弹簧的辊式破碎机	中国有色（沈阳）冶金机械有限公司	吴明，白巨章，等
201120078252	大摆角内球笼防尘罩	万向钱潮股份有限公司，万向集团公司	陆建春，郑德信
201120082326	中速磨煤机陶瓷复合磨辊	南通高欣金属陶瓷复合材料有限公司	钱兵，花荣春
201120089809	破碎机轴承座横向调整坐垫	鞍钢股份有限公司	王占巨，王兴宏
201120092249	窗帘艺术杆实现双色和镂空图案的一种装置	广东创明遮阳科技有限公司	史庭勇
201120093246	家用葡萄破碎机	广东石油化工学院	李凯，余文广，等
201120096288	一种用于钢渣处理的破碎辊	中冶建筑研究总院有限公司，中国京冶工程技术有限公司	董春柳，范永平，等
201120097230	高速碎石对辊机	仙游县东方机械有限公司	陈俊辉，郑实淡，等
201120102756	一种带边角保护的辊子	成都利君实业股份有限公司	何亚民，魏勇，等
201120103502	用于培养基生产线的磨粉机	青岛科瑞培养基有限公司	刘希军，张术臻，等
201120106461	活塞杆压光机	天津市蓟县天晨金属表面处理厂	杨志军
201120110845	一种化工用新型三辊机组装置	东莞兆舜有机硅新材料科技有限公司	陈芳
201120112776	一种用于油性色浆的三辊研磨机	浙江瑞克涂饰材料有限公司	张文磊
201120114056	一种不粘接链条粉碎机	河南龙昌机械制造有限公司	吴长明，田威宇，等
201120115469	辊压机用盘料送料装置	江苏富陶车辆部件有限公司	周勤斌
201120121605	炬辊磨机	湘潭湘科机电设备有限公司，邓连松	邓连松，王志坚，等
201120121620	立式磨机衬板安装轴承座夹层箱体支承架	湘潭湘科机电设备有限公司	邓连松，郭惠昕，等
201120121626	辊式磨机用滑动转盘	湘潭湘科机电设备有限公司	邓连松，王志坚，等
201120121635	辊磨机用磨辊	湘潭湘科机电设备有限公司	邓连松，王志坚，等
201120121830	一种辊式破碎机的齿辊	江油黄龙破碎输送设备制造有限公司	陈正辉，吴杰
201120122094	一种双齿辊式筛分破碎机	江油黄龙破碎输送设备制造有限公司	刘通
201120122851	双滚轮式铝合金滚压机	宁波中桥精密机械有限公司	马立中

续表

申请号	名称	申请单位	发明人
201120122854	单臂式铝合金滚压机	宁波中桥精密机械有限公司	马立中
201120123474	一种辊压机辊隙调节装置	江苏鹏飞集团股份有限公司	杨增旺
201120126820	一种新型高压辊磨机	马鞍山市格林矿冶环保设备有限公司	于江,毛星蕴,等
201120129955	可调板式布料器	江油黄龙破碎输送设备制造有限公司	曹刚
201120131449	轮胎预复合料滚压与帘布缝合装置	北京贝特里戴瑞科技发展有限公司	郑捍东,李联辉,等
201120132232	轮胎组合滚压装置	北京贝特里戴瑞科技发展有限公司	李联辉,郑捍东,等
201120133835	三辊研磨机	泉州市山水电脑耗材有限公司	吕建刚
201120135459	一种立轴式破碎机	江油黄龙破碎输送设备制造有限公司	陈正辉,吴杰
201120136090	硝酸铵破碎机	雅化集团攀枝花恒泰化工有限公司,攀枝花恒威化工有限责任公司	牟行双,黄东平,等
201120140503	一种中速磨辊套	扬州电力设备修造厂	刘伟军,吴群,等
201120141282	高强度可更换破碎齿	煤炭科学研究总院唐山研究院	潘永泰
201120141647	一种水泥粉磨系统	吴江市明港道桥工程有限公司	屠忠伟
201120141891	一种新型三辊细破机	四川皇龙智能破碎技术股份有限公司	陈正辉,曹刚
201120142032	破碎机	郑州一邦电工机械有限公司	王新
201120145167	一种螺旋网状破碎辊	浙江黑白矿山机械有限公司	朱兴良
201120146750	一种制粒机	国营第一二一厂	刘春海,陈少辉,等
201120158169	单辊篦板双层复合保护帽	兴化市华成机械制造有限公司	顾昌华,亓荣才,等
201120158304	双联式单辊篦板双层复合保护帽	兴化市华成机械制造有限公司	顾昌华,亓荣才,等
201120160675	一种辊压机活动辊的自动回退机构	成都利君实业股份有限公司	何亚民,魏勇,等
201120161100	一种液压三辊机的上料装置	佛山市顺德区乐从镇盛昌油墨有限公司	梁鉴锋
201120161342	一种灵芝孢子粉破壁机	安徽金寨乔康药业有限公司	江庆伍
201120165710	一种双齿辊破碎机粒度及齿板磨损补偿调节机构	江油黄龙破碎输送设备制造有限公司	刘通
201120168723	硅太阳能电池导电浆料研磨机用散热组件	江苏泓源光电科技有限公司	杨贵忠,任进福,等
201120172334	一种用于矿渣立磨的研磨辊装置	唐山盾石机械制造有限责任公司	张宝林,李晓敏,等
201120174757	仓储式制粉系统的精磨装置	山东省电力学校	张磊,廉根宽
201120178044	一种大粒径石油焦的破碎设备	天津市云海碳素制品有限公司	陈连云
201120178161	磨机生产线设备	新疆中非夏子街膨润土有限责任公司	马永升,张建华,等
201120179357	一种电池极片辊压机辊轴轴承间隙调整装置	欧阳荣松	欧阳荣松
201120180357	冷却式磨辊	河南工业大学,国家粮食加工装备工程技术研究中心,开封市茂盛机械有限公司	武文斌,原富林,等
201120183634	膨润土齿轮粉碎装置	绵阳堃山矿业有限公司	江浩
201120183641	膨润土用对辊机辊筒结构	绵阳堃山矿业有限公司	江浩
201120185367	用于辊式破碎机的整体式轴承座	中国中材国际工程股份有限公司	宫绚,胡步高,等
201120186468	一种辊压机水泥生料制备系统	河南中隆科技有限责任公司	郭建伟,葛中伟,等
201120190756	锂离子动力电池极片辊压机	珠海金峰航电源科技有限公司	刘华福

续表

申请号	名称	申请单位	发明人
201120194015	后弯机	苏州九方焊割科技有限公司	钟洪波,邓卫东
201120196706	一种集饼料打散与分级的装置	中信重工机械股份有限公司	金汝砺,张路明,等
201120196955	一种造纸污泥破碎机	山东太阳纸业股份有限公司	梁彬,邵洪燕,等
201120199799	布挤水辊	浙江甬金金属科技股份有限公司	马飞,熊朋成
201120201852	一种碾磨装置	池州市富华科技发展有限公司	李弘毅
201120202044	石灰石的破碎装置	池州市富华科技发展有限公司	李弘毅
201120202120	砧板式梳状剪刃碎料装置	沈阳恒兴机械有限公司	王永恒
201120204619	一种侧盖止推面专用滚压机	永春县泉永机械配件有限公司	王丹兵
201120209254	压辊机	常州金源机械设备有限公司	杨浩,常利平,等
201120210075	一种面粉磨粉机	淮滨县金豫南面粉有限责任公司	简卫东,陈辉
201120212388	可调式高压辊磨排矿装置	中冶北方工程技术有限公司	李国洲,魏兵团
201120212422	高压辊磨给矿仓	中冶北方工程技术有限公司	李国洲,魏兵团,等
201120213303	滤清器金属滤网丝滚压装置上的压辊机构	蚌埠市振兴滤清器有限公司	梁程
201120213316	滤清器金属滤网丝的滚压装置	蚌埠市振兴滤清器有限公司	梁程
201120215906	一种物料粉碎机	深圳市拜欧生命源生物科技有限公司	陈毅彬
201120215936	一种物料粉碎机	深圳市拜欧生命源生物科技有限公司	陈毅彬
201120216326	循环式辊磨制粉机	浙江华联制药机械股份有限公司	袁焕春,刘德祯,等
201120224914	一种辊压机辊子	成都利君实业股份有限公司	何亚民,魏勇,等
201120225149	一种辊压机用独立扭矩支承系统	成都利君实业股份有限公司	何亚民,魏勇,等
201120226960	卧辊磨自锁衬板结构	江苏科行环境工程技术有限公司	刘怀平,何美华,等
201120226977	具有保护功能的对辊破碎机	湖南三德科技发展有限公司	盘永军
201120227007	卧辊磨料床密封结构	江苏科行环境工程技术有限公司	刘怀平,何美华,等
201120227012	用于对辊破碎机的破碎粒度调节装置	湖南三德科技发展有限公司	任率,盘永军
201120227523	研磨装置	福建山外山涂料科技开发有限公司	尹国华
201120230068	滚压装置	常州市第八纺织机械有限公司	谈昆伦,陈亚飞,等
201120230200	新型双齿辊物料破碎装置	武汉钢铁(集团)公司	王玉萍,刘仕豪,等
201120230330	一种改进的高压辊磨机辊子	河北钢铁集团矿业有限公司,河北钢铁集团有限公司	张春舫,路超,等
201120230422	研磨机出料装置	福建山外山涂料科技开发有限公司	尹国华
201120230809	一种利用稀土永磁同步电动机直接驱动的双齿辊破碎机	三一重型装备有限公司	马玉刚,王岩,等
201120234884	研磨泵	宁波得利时泵业有限公司	聂如国
201120236206	研磨泵的泵盖翻转机构	宁波得利时泵业有限公司	聂如国
201120237626	组合型对辊式破碎机	山东黄金矿业股份有限公司新城金矿	李强,张洪训,等
201120238571	车辆货柜顶盖板辊弯成形生产流水线	江西江铃专用车辆厂	龚爱民,张仁忠,等
201120244083	一种齿式聚萘二甲酸乙二醇酯产物粉碎机	长春工业大学	王树江,柳大勇,等

续表

申请号	名称	申请单位	发明人
201120247830	对辊自动给料机	济南龙山炭素有限公司	韩绪明,孟凡军,等
201120252674	一种辊压机的液压系统	成都利君实业股份有限公司	何亚民,魏勇,等
201120258946	硅铝铁合金破碎装置	常州润达铁合金有限公司	牟慧娟
201120260796	磨煤机磨辊堆焊结构	宁波富仕达电力工程有限责任公司	张斌立,朱明程
201120261500	一种水泥终粉磨辊压机辊子	成都利君实业股份有限公司	何亚民,魏勇,等
201120264126	一种小麦除皮磨料装置	巴吾尔江	巴吾尔江
201120265114	辊式磨粉机的喂料机构	湖南湘君面业有限公司	何日繁,彭衡生
201120266467	破胶机前后轧辊	无锡双象橡塑机械有限公司	朱俊良,徐建荣,等
201120270926	一种使立磨减速机结构更紧凑的齿轮联轴器	宝钢苏冶重工有限公司	郭莹峰,施玲玲
201120271701	一种用于均压调整的压辊机构	东旭集团有限公司,成都泰铁斯太阳能科技有限公司	谢居文,罗志杰,等
201120273630	一种端面密封装置	南京西普水泥工程集团有限公司	杨世宏,曹国锋
201120278043	一种中压辊压机	徐州至信建材机械有限公司	李德龙,丁信刚
201120282063	柱钉辊面高压辊磨机辊套端面防护装置	马鞍山市格林矿冶环保设备有限公司	于江,汪再清,等
201120286303	四辊破碎机进料口的分料装置	武汉钢铁(集团)公司	罗之礼,李南朝,等
201120290952	辊压机及高压辊磨机组合套装辊轴	成都利君实业股份有限公司	何亚民,魏勇,等
201120290953	辊压机及高压辊磨机用辊面磨损测量装置	成都利君实业股份有限公司	何亚民,魏勇,等
201120292982	长规格竹木集成材压制设备	青岛国森机械有限公司	穆国君,王秀冬
201120293113	一种立磨磨辊润滑机构	南京西普水泥工程集团有限公司	杨世宏,朱宽平
201120294146	双球面液压缸	江苏鹏飞集团股份有限公司	李刚,王复光
201120296483	一种旁路料柱自动疏松辅助装置	珠海裕嘉矿产品有限公司	常海波,裴肖军,等
201120297676	卧辊磨进出料端密封结构	江苏科行环境工程技术有限公司	刘怀平,吉文清,等
201120301380	一种用于人造石英石板材的压片装置	万峰石材科技有限公司	林志伟,张启福,等
201120305963	一种三辊研磨机的下料机构	苏州志帆塑胶材料有限公司	柳方强
201120321595	一种碎料机	芜湖市华盛电器塑胶有限公司	顾正华
201120321876	石墨基导热挠性覆铜板	广东生益科技股份有限公司	周韶鸿,杨小进,等
201120323444	锌空电池极片生产用温控系统	上海尧豫实业有限公司	不公告发明人
201120323482	辊压机及高压辊磨机用分料机构	成都利君实业股份有限公司	何亚民,魏勇,等
201120325069	多辊连续研磨设备	洁星环保科技投资(上海)有限公司	向华,庞娟娟,等
201120334319	硬质合金柱钉辊面	成都利君实业股份有限公司	何亚民,魏勇,等
201120336884	一种液压对辊破碎机	徐州科威科技有限公司	尹宏光,尹宏明,等
201120337378	一种用于U型插板的液压推入式滚弯机	苏州东方铁塔有限公司	王昆,董兵
201120346238	罩式炉筒体波纹成型辊压机	天津思为机器设备有限公司	杨玲,肖如江,等
201120355121	一种磨粉机轧距微调节器锁紧装置	河南中原轧辊有限公司	王景杰,常青,等
201120355129	一种磨粉机轧距微调节器	河南中原轧辊有限公司	王景杰,常青,等
201120362017	液压三辊研磨机	无锡广信感光科技有限公司	疏亿万
201120362064	具有自动加料装置的液压三辊研磨机	无锡广信感光科技有限公司	疏亿万

续表

申请号	名称	申请单位	发明人
201120362126	一种节能型单传动辊压机	长沙鑫坤机械有限公司	陈厚雄
201120366962	辊碾式多功能制砂机	杭州祥和实业有限公司	冯金祥,徐优富
201120366965	辊碾式制砂机压力导向机构	杭州祥和实业有限公司	冯金祥,徐优富
201120366977	辊碾式制砂机耐磨型副碾辊座游动机构	杭州祥和实业有限公司	冯金祥,徐优富
201120367650	对辊破碎机的可拆卸式机壳	济南金牛砖瓦机械有限公司	赵发忠,杨志华,等
201120368031	对辊破碎机的一种动辊定位控制装置	济南金牛砖瓦机械有限公司	赵发忠,杨志华,等
201120368725	对辊破碎机的可拆卸式轴承架	济南金牛砖瓦机械有限公司	赵发忠,杨志华,等
201120369938	一种齿辊式破碎机齿板	江油晟达机电装备有限责任公司	俞杰,冉体健,等
201120370260	一种破碎机齿板锁紧装置	江油晟达机电装备有限责任公司	俞杰,冉体健,等
201120372311	一种涂料研磨机	澳达树熊涂料(惠州)有限公司	陈日云
201120375283	一种杂粮粉碎机	安徽燕之坊食品有限公司	张丽琍,祁斌,等
201120376411	用于环保无机颜料生产的对磨粗磨装置	湖南巨发科技有限公司	赵铁光,伍代明,等
201120379124	破碎机	北京英迈特矿山机械有限公司	张斌,胡友情,等
201120379824	防尘罩编码标识滚压装置	南阳淅減汽车减振器有限公司	孙峰,王义,等
201120380038	粉碎装置	北京英迈特矿山机械有限公司	胡友情,梁伯图,等
201120381307	一种辊压机锁料装置	华蓥川煤水泥有限责任公司	喻建军,夏川,等
201120382589	硅油风扇装配用滚压头	东风贝洱热系统有限公司	马灵杰
201120384338	一种磨粉机轧距粗调锁紧装置	河南中原轧辊有限公司	王景杰,常青,等
201120384894	一种圆角弹性地砖制备装置	张家港爱丽塑料有限公司	宋锦程,王志明,等
201120388072	立磨摇臂装置	上海凯盛节能工程技术有限公司	王勇明,纪烈勇,等
201120391422	滚珠丝杆滑台式高速精密同步冲剪型材切割机	韶关市光栅测量控制技术研究所	潘启军,李强,等
201120394112	新型蝶阀滚压钢环式密封面	天津市卡尔斯阀门有限公司	王志坚
201120396414	送料破碎装置	浙江超浪新材料有限公司	揭晓,杨庆伟,等
201120398180	辊压机及高压辊磨机用稳流恒重仓	成都利君科技有限责任公司	何亚民,魏勇,等
201120398371	用于辊式破碎机的组合式辊圈	成都建筑材料工业设计研究院有限公司	宋谦,吴川川,等
201120399221	一种电容器外壳槽滚压装置	肇庆市洪利电子科技有限公司	翁健洪
201120399481	一种实验室用对辊破碎机及其机械指针显示装置	长沙开元仪器股份有限公司	罗建文,文胜,等
201120400318	一种实验室用对辊破碎机及其数字显示装置	长沙开元仪器股份有限公司	罗建文,文胜,等
201120401497	一种自动换刀翅片成型机	西安理工大学	芮宏斌,赵文龙
201120401499	一种翅片成型机的自动换刀机构	西安理工大学	芮宏斌,赵文龙
201120404079	用于生物质碎料机上的中心轴总成结构	国能生物发电集团有限公司	庄会永,蒋大龙,等
201120404356	生物质碎料机双辊粉碎机的进料装置	国能生物发电集团有限公司	庄会永,蒋大龙,等
201120406774	上压辊进给装置	国能生物发电集团有限公司	庄会永,蒋大龙,等
201120407419	一种辊压机及高压辊磨机辊系用V型密封结构	成都利君科技有限责任公司	何亚民,魏勇,等

续表

申请号	名称	申请单位	发明人
201120407774	双辊筒破胶机	南京佳业检测工程有限公司	胡家富
201120409285	掘进工作面用的矸石破碎机	山东华恒矿业有限公司	秦立伦,孙钦亮,等
201120415906	一种新型无堵塞两级齿辊破碎机	江油晟达机电装备有限责任公司	俞杰,冉体健,等
201120415907	一种两级齿辊破碎机	江油晟达机电装备有限责任公司	俞杰,冉体健,等
201120415908	一种破碎机辊筒	江油晟达机电装备有限责任公司	俞杰,冉体健,等
201120415912	齿辊式破碎机齿辊退让调整装置	江油晟达机电装备有限责任公司	俞杰,冉体健,等
201120415916	一种破碎机齿辊的清堵装置	江油晟达机电装备有限责任公司	俞杰,冉体健,等
201120416437	电动药片研磨机	成都恒瑞制药有限公司	曾丹,陆泽润,等
201120417820	一种新型破碎机高精度易拆卸耐磨齿辊	绵阳金鼎机电技术有限公司	冯异,王夕仁
201120418099	一种冶炼钢尾渣微粉的生产装置	鞍钢集团工程技术有限公司,鞍山钢铁集团公司	苏兴文,冯占立,等
201120419220	一种滚压机床及其滚压机构	十堰汉高机电科技有限公司	赵华斌,阮景奎
201120419223	滚压机床及其夹紧装置	十堰汉高机电科技有限公司	赵华斌,阮景奎
201120425312	高压辊磨前的精矿筛分除杂系统	中冶长天国际工程有限责任公司	唐艳云,夏耀臻,等
201120431311	破碎机的齿轮箱结构	西安船舶工程研究院有限公司	杨楚,郝君,等
201120431312	一种破碎机	西安船舶工程研究院有限公司	杨楚,郝君,等
201120431502	精确控制截断系统	无锡市伟丰印刷机械厂	吴伟平
201120433977	辊压机导向缓冲装置	溧阳中材重型机器有限公司	谈志中,芮凡博,等
201120433997	辊压机调心装置	溧阳中材重型机器有限公司	谈志中,芮凡博,等
201120437078	一种具有压差自平衡功能的悬浮式米粉加工装置	娄底市乐开口实业有限公司	程红梅
201120437724	太阳能电池组件分解设备及其自动输料双轴对切破碎装置	英利集团有限公司	王士元
201120440839	一种耐高温嵌入式辊轴密封装置	南京凯盛国际工程有限公司	徐靖,陈新平,等
201120443199	破碎机	重庆百瑞斯德科技有限公司	邓黎明,藤志远
201120450573	一种辊压磨	无锡市万豪机械设备厂	万红敏
201120454088	截齿型破碎机的堵转装置	中国神华能源股份有限公司	杨永福,冯顺文
201120454600	大型辊压磨机用十字轴式万向联轴器	资阳南车传动有限公司,南车戚墅堰机车车辆工艺研究所有限公司	张权勇,刘成国,等
201120455010	辊破机液压系统	北京中冶迈克液压有限责任公司	卢山,丁晓东,等
201120457002	雪茄外包衣滚压机	湖北中烟工业有限责任公司	张丽,刘志晖
201120459716	一种新型挤压辊类辊面结构	中信重工机械股份有限公司,洛阳矿山机械工程设计研究院有限责任公司	王亚强,祖大磊,等
201120459725	一种高压辊磨机的挤压辊用的拆装装置	中信重工机械股份有限公司,洛阳矿山机械工程设计研究院有限责任公司	郝兵,张光宇,等
201120462628	用于石墨生产的磨辊密封装置	桂阳大阜炭素有限责任公司	汪弓
201120464908	一种各向异性稀土永磁合金磁粉的制备装置	沈阳中北通磁科技股份有限公司	徐孝荣,裴文利,等
201120465677	一种辊式解碎机	雅宝研磨材(苏州)有限公司	宋云超
201120469155	一种筛分破碎机	长沙有色冶金设计研究院有限公司	王跃钢,彭镜泊,等

续表

申请号	名称	申请单位	发明人
201120469591	六边形孔齿盘式单辊破碎机	中冶北方工程技术有限公司	林宏邦
201120469735	一种用于辊式破碎机的双锥面辊皮结构	洛阳大华重型机械有限公司	王宇峰，黄少武，等
201120469754	一种辊式破碎机挡板调节机构	洛阳大华重型机械有限公司	王宇峰，黄少武，等
201120470205	用于挠性电路板加工的滚压机	南通力德尔机电科技有限公司	陈小波
201120472733	一种辊式破碎机齿板保护装置	四川皇龙智能破碎技术股份有限公司	胡家军，丁力平，等
201120473095	一种辊式破碎机退让保护装置	四川皇龙智能破碎技术股份有限公司	吴杰，丁力平，等
201120473596	自动上墨系统	洋紫荆油墨(河北)有限公司	孔令海，刘虹，等
201120477690	一种铜粉松散机	重庆华浩冶炼有限公司	向敏，胡安怀，等
201120485267	胶带滚压装置	天津力神电池股份有限公司	赵建，祁剑明
201120486098	用于单齿辊破碎机齿辊的速度检测装置	中冶北方工程技术有限公司	朱云飞，蒋明
201120487047	一种滚吸机	无锡市吴氏机械厂	吴培熠
201120494379	无压紧力的磨粉机刮刀清理装置	郑州飞机装备有限责任公司	陈登峰，王宏玉，等
201120495298	铝土矿磨制系统设备	贵阳铝镁设计研究院有限公司	李荣华，刘希泉，等
201120496006	一种破碎机用辊齿	太原矿山机器集团有限公司	张程霖，闫志明，等
201120499160	研磨机	大庆市三星机械制造有限公司	王洋
201120500342	一种自动换接料粉碎机	安庆市恒昌机械制造有限责任公司	程定国，张亚年
201120509377	油墨三辊研磨机	安徽雅美油墨有限公司	徐明克
201120511898	一种曲轴滚压机床的快速自动上料机构	滨州海得曲轴有限责任公司	李海国，赵小立，等
201120519785	一种卧辊磨料层边缘效应减缓衬板	江苏科行环境工程技术有限公司	刘怀平，陈开明，等
201120531446	一种双齿辊强力破碎机	黑龙江昱泰重型机器制造有限公司	杨瑞卿，王靖宇
201130419147	辊压磨滚轮	无锡市万豪机械设备厂	万红敏
201220061283	曲轴小头轴颈圆角滚压装置	滨州海得曲轴有限责任公司	李海国，张东，等

15.3.1.2　隔膜法金属阳极电解技术

申请号	名称	申请单位	发明人
01142002	复极式自然循环离子膜电解槽	北京化工机械厂	邢家悟，王伟红，等
01142003	活性阴极隔膜法金属阳极电解槽	北京化工机械厂	邢家悟，张其林，等
94100649	复极式离子膜电解装置	北京化工机械厂	邢家梧，甘锁才，等
95108232	单极式离子膜电解装置	北京化工机械厂	邢家梧，甘锁才，等
200310105669	用于电解的全氟离子交换溶合膜及其制备方法	山东东岳神舟新材料有限公司，上海交通大学	张永明，张建宏，等
200310119330	全氟离子交换溶合增强膜及其制备方法	山东东岳高分子材料有限公司	张永明，张建宏，等
200420052138	用于离子膜烧碱生产的一次盐水精制装置	山东滨化集团有限责任公司	李德敏，贺建涛，等
200420076776	多套电解装置并入同一氯气系统的自动控制结构	中国石化江汉油田分公司盐化工总厂	吴楼涛，周立志，等
200520092648	离子膜法盐水电解系统中氢气处理安全保障装置	锦化化工(集团)有限责任公司	宋春林，刘爽，等
200520147397	一种隔膜法金属阳极电解槽	北京化工机械厂	邢家悟，康建忠，等

续表

申请号	名称	申请单位	发明人
200520147398	隔膜法金属阳极电解槽用槽底板	北京化工机械厂	邢家悟,康建忠,等
200610008084	活性阴极及其制备方法	蓝星(北京)化工机械有限公司	邢家悟,康建忠,等
200710175582	膜极距复极式自然循环离子膜电解槽	中国蓝星(集团)股份有限公司,蓝星(北京)化工机械有限公司	郭立德,王建军,等
200710179005	复极式自然循环离子膜电解单元槽	中国蓝星(集团)总公司,蓝星(北京)化工机械有限公司	张良虎,赵印杰,等
200720173532	膜极距复极式自然循环离子膜电解槽	中国蓝星(集团)总公司,蓝星(北京)化工机械有限公司	郭立德,王建军,等
200780100589	复极式氧阴极离子膜电解单元槽	蓝星(北京)化工机械有限公司,北京化工大学,中国蓝星(集团)股份有限公司	张良虎,王建军,等
200810080273	电解槽氯气氢气快速并网的方法	河北盛华化工有限公司	褚学功,孙占瑞,等
200810159973	一种含氟离子聚合物及其作为质子交换纤维材料的应用	山东东岳高分子材料有限公司	张永明,王学军,等
200810234624	直接交联型质子交换膜的制备方法	南京理工大学	陈守文,王连军,等
200810238441	电槽离子膜及垫片快速更换的方法	华泰集团有限公司	郭新忠,朱华章,等
200910184887	电解槽密封垫片的制备方法	江阴市生一氯碱设备制造有限公司	刘跃生
200910231437	一种电解液减渗离子膜	山东东岳高分子材料有限公司	张永明,王婧,等
200910231440	一种具有高杂质耐受性的离子交换膜	山东东岳高分子材料有限公司	王婧,张永明,等
200910231443	一种四氟乙烯三元全氟树脂及其作为离子膜增强材料的应用	山东华夏神舟新材料有限公司	张永明,徐安厚,等
200910231444	一种含氟离子交换膜及其在制碱工业中的应用	山东东岳高分子材料有限公司	张永明,王婧,等
200910233400	具有 IPN 结构的复合磺化膜的制备方法	南京理工大学	陈守文,王连军,等
200910237977	一种气体扩散电极及其制备方法	北京化工大学	王峰,谭畅,等
200910245098	氯碱工业用纳米结构镍钨磷活性阴极及其制备方法	天津大学	张卫国,王宏智,等
200920017371	充碱槽快速加热装置	山东金岭化工股份有限公司	王清波
200920049439	柔性扩张膜极距组合电极	苏州新区化工节能设备厂	李士宏,黄东
200920188337	离子膜电解槽出口连接管	江阴市生一氯碱设备制造有限公司	刘跃生
200920188338	膜极距离子膜电解槽	江阴市生一氯碱设备制造有限公司	刘跃生
200920188339	离子膜电解槽的阴极室框	江阴市生一氯碱设备制造有限公司	刘跃生
200920188340	离子膜电解槽密封垫片	江阴市生一氯碱设备制造有限公司	刘跃生
200920188341	复极式离子膜电解槽用复合板	江阴市生一氯碱设备制造有限公司	刘跃生
201010101190	一种 CIM 膜法除硝的方法	四川金路集团股份有限公司	潘荣明,彭跃峰,等
201010127427	一种离子膜电解槽上的出液管	江阴市宏泽氯碱设备制造有限公司	刘跃生,李敏,等
201010209063	一种高导电的芳香聚合物离子液体隔膜材料及其制备方法	中国科学院宁波材料技术与工程研究所	薛立新,陶慷,等

续表

申请号	名称	申请单位	发明人
201010209081	一种高导电的含氟聚离子液体隔膜材料及其制备方法	中国科学院宁波材料技术与工程研究所	薛立新,陶慷,等
201010508847	有安装限位结构的膜极矩离子膜电解槽阴极橡胶垫片	铁岭市国华橡胶制品有限公司	吕良汇,吕思林
201010619987	阴离子膜电解槽装置用于纯碱生产中废液脱盐的方法	北京化工大学	周俊波,赵中义
201020135096	一种单极式膜极距电解槽	江阴市宏泽氯碱设备制造有限公司	刘跃生,徐国勤
201020135107	一种离子膜电解槽上的出液管	江阴市宏泽氯碱设备制造有限公司	刘跃生,李敏,等
201020201608	一种离子交换膜电解槽用单元槽	山东东岳氟硅材料有限公司	魏军海,张秀伸
201020519161	一种氯酸钠电解槽	苏州卓群钛镍设备有限公司	潘云祥
201020537372	离子膜单元槽试漏封堵结构	沈阳化工股份有限公司	崔德昌,郭廷会,等
201020563613	有安装限位结构的膜极矩离子膜电解槽阴极橡胶垫片	铁岭市国华橡胶制品有限公司	吕良汇,吕思林
201020657552	消除隔膜电解槽盐水系统电化腐蚀方法的装配线	潜江市仙桥化学制品有限公司	刘涤华,孙爱平
201020673664	一种凯膜过滤器装置	东营协发化工有限公司	魏立志,朱永河,等
201020698711	一种扩散电极制碱装置	蓝星(北京)化工机械有限公司	张良虎,王建军,等
201020699577	一种氧阴极制碱离子膜电解槽装置	蓝星(北京)化工机械有限公司	张良虎,王峰,等
201120048017	一种实验型氯碱离子膜电解槽	山东东岳高分子材料有限公司	王学军,高自宏,等
201120060206	一种离子膜电解槽内的弹性电极	江阴安凯特电化学设备有限公司	徐文新
201120318066	膜极距离子膜电解槽	江阴市宏泽氯碱设备制造有限公司	刘跃生
201120321357	一种离子膜烧碱生产工艺中阳极液卸料储存装置	中平能化集团开封东大化工有限公司	王黎丽,周文建,等
201120337647	一种活性阴极用多孔三角镍网	重庆大学	黎学明,陶传义,等
201120369718	具有贵金属涂层的钛阳极板	宝鸡隆盛有色金属有限公司	李永红
201120408569	一种活性阴极用镍网	重庆大学	黎学明,朱广琴,等
201120453504	新型隔膜金属阳极结构	沈阳化工股份有限公司	崔德昌,于慧梅
201120495679	一种膜法脱硝工艺的加酸装置	新疆中泰化学(集团)股份有限公司	熊鹏,刘宇,等

15.3.1.3 真空热处理技术

申请号	名称	申请单位	发明人
00100635	超稠油热采井用高强度石油套管及其生产方法	天津钢管公司	邹文正,胡秉仁,等
00112166	一种硫酸吸收塔用陶瓷条梁及制备方法	江苏省宜兴非金属化工机械厂	冯家迪,汪伯川,等
00120742	氮化铝粉体的反应合成方法	北京工业大学	王群,林志浪,等
00123177	MH-Ni二次电池用储氢合金粉	中辽三普电池(沈阳)有限公司	郭靖洪,国书元,等
00126771	高强度强结合力型泡沫镍材料的制备方法	长沙力元新材料股份有限公司,钟发平	钟发平,陶维正

续表

申请号	名称	申请单位	发明人
00136038	一种碳化钛金属陶瓷烧结同时与结构钢焊接工艺	中国科学院金属研究所	关德慧，于宝海，等
00136262	微波等离子体源	北京航空工艺研究所	武洪臣
01105115	吸收式低辐射膜玻璃及其生产工艺	上海耀华皮尔金顿玻璃股份有限公司	安吉申，潘浩军，等
01108189	陶瓷膜管生物反应分离系统	南京化工大学	徐南平，徐农，等
01109135	锂电池电芯方形壳体的制造方法	深圳市比克电池有限公司	李鑫
01109232	集成化电力开关触头的制造方法	京东方科技集团股份有限公司	任建昌
01110141	二硼化锆或二硼化钛超细粉末的制备方法	中国核动力研究设计院	龙冲生，邹从沛
01110616	水性聚氨酯表面处理剂及其制备方法	中国科学院化学研究所	鲁开娟，杨亚君，等
01114798	橡胶-聚氨酯弹性体复合结构绿色轮胎的制造方法	广州华工百川自控科技有限公司，浙江富轮橡胶化工集团有限公司，中化国际贸易股份有限公司	张海，马铁军，等
01127675	巨磁阻磁头的复原方法及设备	深圳开发科技股份有限公司	薛晓平，张连柱
01129219	一种燃烧合成制备高性能氮化铝粉体的方法	清华大学	陈克新，周和平，等
01134998	微异型复合接点带的超薄电接触层制备方法	有研亿金新材料股份有限公司	江轩，吕保国，等
01136628	一种稀土永磁材料的再生方法	北京磁源科技有限公司，清华大学	姜忠良，陈秀云，等
01138756	核反应堆用碳化硼芯块的制备方法	牡丹江金钢钻碳化硼精细陶瓷有限责任公司	曹仲文
01139886	氮化钒的生产方法	攀枝花钢铁(集团)公司	孙朝晖，周家琮，等
01140301	由元素粉末直接制备 TiNi 形状记忆合金管接头的方法	北京有色金属研究总院	郑弃非，谢水生，等
01143480	二硼化锆或二硼化钛致密陶瓷材料无压烧结的方法	中国核动力研究设计院	龙冲生，邹从沛
02100183	一种低压燃烧合成高 α 相氮化硅粉体的方法	清华大学	陈克新，周和平，等
02100729	真空等离子渗硫方法	北京金东方科技发展有限公司	王旭，黄灿连
02104122	合金快冷厚带设备和采用该设备的制备方法及其产品	北京有色金属研究总院，有研稀土新材料股份有限公司	张深根，李红卫，等
02111603	高性能双相稀土永磁材料及其制备方法	浙江大学	严密，郑奋勇，等
02112891	不锈钢板翅式换热器制造工艺	南京工业大学	凌祥，周帼彦，等
02113098	以 γ-Al_xO_x 为原料生产烧结板状刚玉的工艺方法	江都市新晶辉特种耐火材料有限公司	李正坤，张家勤
02114601	一种超细钨-铜复合粉的制备方法	西北工业大学	黄卫东，宋宝兴，等
02115149	一种热处理方法	佛山市扬戈热处理有限公司	戈茂庆
02115560	大口径厚壁无缝钢管的制造工艺	武汉重工铸锻有限责任公司	徐杰，黄永强，等
02115819	一种生产冰晶石的方法	焦作市多氟多化工有限公司	杨华春，李世江，等
02121236	铬的提纯方法	锦州市沈宏实业股份有限公司	蒋兴东

续表

申请号	名称	申请单位	发明人
02121431	一种纳米级金属碲化物的制备方法	清华大学	南策文，邓元，等
02125349	稀土催化原位聚合纳米橡胶催化剂体系的制法及应用	中国科学院长春应用化学研究所	李刚，金鹰泰，等
02125862	颗粒增强铝基复合材料及其零部件和零部件的近净成形工艺	北京有色金属研究总院，ASM 先进自动器材有限公司	樊建中，刘德明，等
02128829	一种制造真空玻璃的新工艺	青岛亨达海特机械有限公司，青岛亨达实业有限公司	刘向红，徐志武，等
02129540	高隔热、高隔音真空玻璃的周边封接装置及封接方法	京东方科技集团股份有限公司	李宏彦，吴桔生
02129541	高隔热、高隔音真空玻璃的周边封接装置及封接方法	京东方科技集团股份有限公司	李宏彦，吴桔生
02129621	高隔热、高隔音玻璃内支撑物的固定方法	京东方科技集团股份有限公司	李宏彦，吴桔生
02133251	热强钛合金叶片的挤压、精密辊锻方法	沈阳黎明航空发动机(集团)有限责任公司	吴自然，杨景金，等
02134030	电度表用高性能磁温度补偿合金生产工艺	重庆仪表材料研究所	袁康，潘雄，等
02136137	纳米复相(Fe* B,α-Fe)/Nd* Fe* B 磁性材料制备方法	浙江大学，宁波韵升(集团)股份有限公司	严密，郑奋勇，等
02136448	氮化铝与铜的高温钎焊方法	中国科学院上海硅酸盐研究所，上海申和热磁电子有限公司	陈立东，柏胜强，等
02139732	铝碳化硅复合材料及其构件的制备方法	中国人民解放军国防科学技术大学	熊德赣，赵恂，等
02139790	一种金属陶瓷切削刀具材料及其制备方法	株洲硬质合金集团有限公司	徐智谋，易新建，等
02139792	一种金属陶瓷及其制备方法	株洲硬质合金集团有限公司	徐智谋，易新建，等
02154656	二氧化钒及其掺杂物纳米陶瓷的制备方法	中山大学	郑臣谋，张介立
02156940	一种药物涂层心血管支架的涂层制备方法	中国科学院金属研究所	谭丽丽，杨柯，等
02157925	NdFeB 快冷厚带的低温氢破碎工艺	有研稀土新材料股份有限公司	杨红川，徐静，等
02158852	抗磨损、高强韧性准贝氏体道岔钢轨及其生产工艺	鞍山钢铁集团公司，鞍钢新轧钢股份有限公司	赵素华，张绪平，等
02158853	抗磨损、高强韧性准贝氏体钢轨及其制造方法	鞍钢新轧钢股份有限公司	陈昕，李忠武，等
02159026	铝铜双金属片的低温低压反应扩散焊	北京青云航空仪表有限公司	孟胶东，曲文卿，等
02159135	气相掺杂区熔硅单晶的生产方法	天津市环欧半导体材料技术有限公司	沈浩平，刘为刚，等
02253787	高隔热、高隔音玻璃	京东方科技集团股份有限公司	李宏彦，吴桔生
02253930	高隔热、高隔音真空玻璃的真空室消气剂设置装置	京东方科技集团股份有限公司	李宏彦，吴桔生
02264533	一种改进的微孔陶瓷过滤板	江苏省宜兴非金属化工机械厂	冯家迪，何卫平，等

续表

申请号	名称	申请单位	发明人
02275139	定型炭纤维复合材料	辽阳市化工研究所	李波，刘东影
03108244	一种具有纳米结的氮化碳和碳纳米管场效应晶体管的制备方法	中国科学院化学研究所	刘云圻，肖恺，等
03111597	轻质碳化硼装甲陶瓷的制备方法	牡丹江金钢钻碳化硼精细陶瓷有限责任公司	曹仲文
03114097	由流延法制备氧化锆陶瓷的方法及其由该方法获得的产品	珠海粤科京华电子陶瓷有限公司	周和平，党桂彬，等
03114099	高导热绝缘硅脂及其制造方法	珠海粤科京华电子陶瓷有限公司	周和平，吴崇隽，等
03114444	铜或铜合金基体上镍基自熔合金涂层的制备方法	西安交通大学	李长久，王豫跃，等
03114563	一种管状高温固体氧化物燃料电池的制备方法	西安交通大学	李长久，李成新，等
03114855	一种压缩机滑片的制造方法	宁波甬微集团有限公司	庄希平，贺永飞
03114866	软磁铁硅铝合金粉芯的制造方法	湖州科达磁电有限公司	刘善宜，祝家贵，等
03115989	贮氢合金的制备和淬火处理方法	浙江大学	潘洪革，刘永锋，等
03116279	一种纳米晶软磁合金超薄带及其制备方法	同济大学	严彪，唐人剑，等
03116546	一种超细硬质合金及其制造方法	上海大学	王兴庆，李晓东，等
03116547	一种超细硬质合金及其制造方法	上海大学	王兴庆，李晓东，等
03117056	一种具有螺旋形状的导电陶瓷发热体的制备方法	中国科学院上海硅酸盐研究所，苏州吴中区苏城电器厂	江莞，徐洪发
03117684	低钯含量银合金钎料	贵研铂业股份有限公司	刘泽光，罗锡明，等
03119326	聚丙烯纤维或织物的染色方法	中科纳米技术工程中心有限公司	师杨，高曙光，等
03123780	壳体与该壳体的表面处理方法	华宇电脑股份有限公司	陈胜国，陈正楠
03124256	无磁硬质合金及其制作方法	横店集团东磁股份有限公司	何时金，吴志荣，等
03126756	金色陶瓷制品的制作方法	佛山市兴龙陶瓷有限公司	林敏
03126768	一种用聚氨酯弹性体材料翻新旧轮胎的方法	华南理工大学	张海，马铁军，等
03127162	钨铝合金烧结体的制备方法	中国科学院长春应用化学研究所	马贤峰，祝昌军，等
03128277	一种叠层片式 PTC 电阻器的制备方法	华中科技大学	龚树萍，周东祥，等
03129141	采用流延成型法制备功能梯度材料的方法	浙江大学，横店集团东磁有限公司	于濂清，严密，等
03129183	线性同步电机长定子的连续制造方法	国家磁浮交通工程技术研究中心，宝山钢铁股份有限公司，上海交通大学	吴祥明，储双杰，等
03132475	W-Cu 或 Cu-Cr 粉末形变复合电极材料制备方法	哈尔滨工业大学	王尔德，胡连喜，等
03133625	制作粘带钎料用粘结剂	沈阳黎明航空发动机（集团）有限责任公司	曹斌升，杜静，等
03134182	短流程重轨的制造方法	鞍钢新轧钢股份有限公司	刘玠，蔡登楼，等

续表

申请号	名称	申请单位	发明人
03135890	一种性能呈梯度变化的硬质合金拉丝模具的生产方法	自贡硬质合金有限责任公司	刘咏，张林秋，等
03139748	复合氧化锆粉体的制备方法	广东东方锆业科技股份有限公司	陈仲丛，陈潮钿，等
03144278	锂离子电池用天然石墨的表面处理方法	中国电子科技集团公司第十八研究所	龚金保，韩宇
03146826	蓝宝石衬底发光二极管芯片电极制作方法	深圳市方大国科光电技术有限公司	吴启保，王胜国
03150425	一种碲化铋基热电材料的制备方法	中国科学院上海硅酸盐研究所	陈立东，蒋俊，等
03150716	等离子切割电极真空钎焊方法	上海市机械制造工艺研究所	陆建明，张辅龙，等
03151047	含钛的铜镍锡调幅分解型耐磨轴承合金及其制备方法	上海交通大学，江汉石油钻头股份有限公司	江伯鸿，张少宗，等
03153699	一种陶瓷浆料快速可控固化胶态成型方法及装置	清华大学	杨金龙，黄勇，等
03155829	激光器玻璃聚光腔及其加工方法	北京光电技术研究所	郭少陵，曹世忠
03156427	一种栅极电泳锆粉涂层的涂覆方法	京东方科技集团股份有限公司	张杏勉，何俊梅，等
03156926	稀土超磁致伸缩材料一步法制备工艺及设备和制备的产品	北京有色金属研究总院，有研稀土新材料股份有限公司	张深根，徐静，等
03160041	高安全真空玻璃及制造方法	京东方科技集团股份有限公司	李宏彦，吴桔生
03160042	双面钢化真空玻璃及制造方法	京东方科技集团股份有限公司	李宏彦，吴桔生
03211813	真空烧结炉	沈阳中北真空技术有限公司	孙宝玉
03218733	一种荫罩成型模具	彩虹彩色显像管总厂	常化
03222190	变排量压缩机控制阀用波纹管组件	苏州新智机电工业有限公司	胡平，邢志中
03232234	真空印花电梯专用板	海宁市红狮电梯装饰有限公司	沈建一
03246583	真空垂熔烧结炉	北京有色金属研究总院	马元，尹中荣，等
03246584	真空垂熔烧结炉夹头	北京有色金属研究总院	马元，尹中荣，等
94117558	用于锂离子二次电池的碳阳极材料及其制法	北京有色金属研究总院	刘人敏，吴国良，等
95108228	真空平板玻璃及其制造方法	北京新立基真空玻璃技术有限公司	金广亨
96100315	生产高比重合金制件的方法	冶金工业部钢铁研究总院	李峥，毕景维，等
96104650	丝网微型过滤元件的制造方法及用途	冶金工业部钢铁研究总院	方玉诚，王燚，等
96104978	一种铝-钛-铝钎焊料三层轧制复合板	西北有色金属研究院	罗国珍，洪权，等
97100646	采用碳纳米管制备氮化物纳米晶须的方法	清华大学	范守善，韩伟强，等
97110990	团化钽粉的生产方法	宁夏有色金属冶炼厂	潘伦桃，曾芳屏，等
97111717	真空负荷开关触头材料及其制造方法	冶金工业部钢铁研究总院	周武平，吕大铭，等
97112250	一种晶片排阻端面电极的制作方法	乾坤科技股份有限公司	廖世昌
97116480	固体电解质电解脱氧装置	宝山钢铁股份有限公司，冶金工业部钢铁研究总院	王龙妹，汪铖强，等
97120350	一种可焊接不锈钢容器的高温钎料合金粉及其制备方法	北京有色金属研究总院	张少明，徐柱天，等

续表

申请号	名称	申请单位	发明人
98100685	自蔓延高温合成高纯超细氮化铝粉末的制备方法	冶金工业部钢铁研究总院	韩欢庆,葛启录,等
98101191	稀土铁超磁致伸缩材料及制造工艺	北京科技大学	周寿增,张茂才,等
98101504	具有表面缺陷的球形氢氧化镍制造方法及装置	深圳广远实业发展有限公司	许开华,郭学益,等
98103410	陶瓷基板的流延法制备工艺	清华大学	周和平,吴音,等
98104685	一种热处理工艺及设备	佛山市扬戈热处理有限公司	戈茂庆
98107985	团化钽粉的生产方法	宁夏有色金属冶炼厂	潘伦桃,施文峰,等
98110629	一种精密白亮无缝钢管的热处理加工工艺	上海奉贤钢管厂	赵江山
98111833	一种碳基薄膜合成方法	西南交通大学	黄楠,冷永祥,等
98124660	碳化硼锆合金可燃毒物芯块的制备方法	中国核动力研究设计院	梅晓辉,邹从沛,等
99101105	用边废料制作钕铁硼系永磁体的方法	宁波韵升强磁材料有限公司	赵红良,王育平,等
99107782	一种火焰喷涂用氧化物陶瓷的制备方法	清华大学	汪长安,黄勇,等
99109384	由元素粉末直接制备 TiNi 基形状记忆合金的方法	北京有色金属研究总院	郑弃非,谢水生,等
99111159	聚丙烯珠光合成纸的改良制法	南亚塑胶工业股份有限公司	林丰钦
99113693	室温下制备金红石相二氧化钛纳米晶的方法	中国科学院上海硅酸盐研究所	张青红,高濂,等
200310102250	一种制备低氧 TZM 钼合金棒坯的方法	西部金属材料股份有限公司	奚正平,白宏斌,等
200310107202	铜铟镓的硒或硫化物半导体薄膜材料的制备方法	南开大学	孙云,李长健,等
200310108864	一种相变薄膜材料纳米线的制备方法	中国科学院上海微系统与信息技术研究所	宋志棠,封松林
200310109881	真空化学热处理过程试样的放、取设备	上海交通大学	张伟民,陈乃录,等
200310110532	一种非均匀硬质合金的制备方法	株洲硬质合金集团有限公司	王力民,彭英健,等
200310111101	电子软钎焊料合金的制备工艺	重庆工学院	杜长华,陈方
200310111356	组分连续变化的梯度材料的致密化方法	武汉理工大学	张联盟,杨中民,等
200310111915	一种纳米复合铝基轴瓦材料的制造方法	华南理工大学	朱敏,曾美琴,等
200310111979	聚氨酯胎面-橡胶胎体复合结构绿色轮胎及其制造方法	杭州悍马轮胎科技有限公司	张海,马铁军,等
200310112224	钎焊热轧金属复合管的制造方法	吉欣(英德)热轧不锈复合钢有限公司,严孟杰	严孟杰
200310112661	高阻隔真空镀铝薄膜的生产工艺	黄山永新股份有限公司	章卫东,陈旭,等
200310113248	梯度分布燃烧合成氮化铝粉体方法	清华大学	乔梁,周和平,等
200310113249	一种合成高性能氮化铝粉体的方法	清华大学	乔梁,周和平,等
200310119455	一种钛三铝基合金及其制备方法	中国科学院金属研究所	卢斌,崔玉友,等
200310121093	激光诱导下的氮化镓P型有效掺杂制备方法	厦门大学	陈朝,田洪涛

续表

申请号	名称	申请单位	发明人
200310122618	掺三价铈离子稀土硅酸盐闪烁晶体的制备方法	中国科学院上海光学精密机械研究所	赵广军,介明印,等
200310124298	制备氮化铝的方法与装置	台盐实业股份有限公司	刘中行,赖振兴,等
200320103509	高温反应烧结炉	北京七星华创电子股份有限公司	谢晶
200320122026	一种多目高频线圈	北京清华阳光能源开发有限责任公司	李曾豫
200410002601	孔径梯度均质钛铝金属间化合物过滤膜的制备方法	中南大学	贺跃辉,江垚,等
200410003039	钛、铝元素粉末反应合成制备钛铝金属间化合物过滤膜的方法	中南大学	贺跃辉,江垚,等
200410006663	金属产品制造法及其产品	闳晖实业股份有限公司	周栋胜,吴锡侃,等
200410009076	控温燃烧合成α相氮化硅粉体的方法	中国科学院理化技术研究所	杨筠,林志明,等
200410009580	一种用于超级电容器的碳基多孔电极薄膜及其制备方法	中国科学院电工研究所	谭强强,齐智平,等
200410009623	一种固体电解质薄膜及其制备方法	中国科学院电工研究所	谭强强,齐智平,等
200410009816	利用离子束外延生长设备制备氮化铪薄膜材料的方法	中国科学院半导体研究所	杨少延,柴春林,等
200410009948	一种电子束选区同步烧结工艺及三维分层制造设备	清华大学	林峰,颜永年,等
200410009986	一种低烧结温度的微波衰减材料	中国科学院电子学研究所	张永清,丁耀根,等
200410010647	一种用于扫描探针显微镜的金薄膜基底制作方法	中国科学院长春应用化学研究所	李壮,刘志国,等
200410013073	粉末冶金法制备高速钢表面硬质合金覆层的方法	武汉理工大学	华林,周小平,等
200410013074	反应烧结法制备高速钢表面三元硼化物金属陶瓷覆层的方法	武汉理工大学	华林,周小平,等
200410013394	纳米晶热电半导体材料的非晶晶化制备方法	武汉理工大学	唐新峰,宋波,等
200410013759	汽轮机隔板电子束焊接方法	哈尔滨汽轮机厂有限责任公司	李全华,崔满
200410015458	测量导热系数的装置	鸿富锦精密工业(深圳)有限公司,鸿海精密工业股份有限公司	黄文正,翁维襄,等
200410016497	制备反蛋白石光子晶体异质结薄膜的方法	浙江大学	李东升,谢荣国,等
200410016774	掺铥铝酸钇激光晶体的生长方法	上海交通大学	孙宝德,陆燕玲,等
200410020693	一种在硬币和纪念章上制作微缩图纹的方法	中国印钞造币总公司	吴伟,孙凤全,等
200410021785	一种钴含量呈梯度分布硬质合金的生产方法	自贡硬质合金有限责任公司	张继芳,熊继,等
200410021917	直流触点用铜基复合材料制备方法	贵研铂业股份有限公司	熊易芬,卢峰,等
200410022261	一种纳米结的制备方法	电子科技大学	张怀武,石玉,等
200410023088	高氮氮化钽粉末的制备方法	株洲硬质合金集团有限公司	潘泽强,王时光,等

续表

申请号	名称	申请单位	发明人
200410023466	低温低压合成氮化物晶体材料的方法	山东大学	郝霄鹏,徐现刚,等
200410025130	仿金属筛网及其制造方法	上海新纺织产业用品有限公司	李烈虎,薛育龙
200410026085	一种碳化硅发热元件冷端部的制造方法	西安交通大学	金志浩,高积强,等
200410026086	酚醛树脂作为结合剂的碳化硅陶瓷常温挤压成形方法	西安交通大学	金志浩,高积强,等
200410026266	一种一次成型碳化硅发热元件的制造方法	西安交通大学	高积强,金志浩,等
200410026267	一种碳化硅发热元件发热部的制备工艺	西安交通大学	高积强,金志浩,等
200410027633	一种热管及其制造方法	鸿富锦精密工业(深圳)有限公司,鸿海精密工业股份有限公司	陈杰良
200410028185	模造玻璃的模仁制造方法	鸿富锦精密工业(深圳)有限公司,鸿海精密工业股份有限公司	陈杰良
200410035431	湿法烟气脱硫装置中碳化硅雾化喷嘴的制造方法	潍坊华美精细技术陶瓷有限公司	王明峰,韩海东,等
200410037938	一种添加超细氢氧化铝晶种的碳酸化分解方法	中国铝业股份有限公司	娄东民,张吉龙,等
200410037939	一种碳分母液高浓度结晶蒸发方法	中国铝业股份有限公司	肖亚庆,宋培凯,等
200410037963	氮化硅陶瓷制造方法	清华大学	宁晓山,吕鑫,等
200410038297	具有微米级热电臂的微型热电元件的微加工方法	清华大学	李敬锋
200410040089	高磁感宽温区线性磁温度补偿合金及生产工艺	重庆仪表材料研究所	郭卫民,黄水清
200410040331	硬质合金复合轧辊环的生产方法	自贡硬质合金有限责任公司	陈红卫
200410040688	一种钢铁氟聚合物协合涂层的制备方法	中国兵器工业第五九研究所	邹洪庆,吴厚昌,等
200410041056	宽带低水峰非色散位移单模光纤生产工艺	中天科技光纤有限公司	薛济萍,朱兆章,等
200410041716	硅半导体器件玻璃钝化工艺	中国电子科技集团公司第五十五研究所	林立强
200410042624	用无机盐原料液相化学法制备双轴织构 CeO_x 薄膜工艺	清华大学	陈胜,王三胜,等
200410044011	复合等离子体表面处理装置	哈尔滨工业大学	田修波,崔江涛,等
200410046280	场发射显示器的纳米碳管阴极定向烧结方法	东元奈米应材股份有限公司	郭志彻,徐伟胜,等
200410050130	纳米复合稀土钨电子发射材料的放电等离子制备方法	北京工业大学	聂祚仁,席晓丽,等
200410050486	一种干凝胶水热转化制备沸石膜方法	大连理工大学	王金渠,祝刚,等
200410050655	宽热滞 TiNi 基形状记忆合金紧固环及制备方法和应用	中国科学院金属研究所	王健,金伟,等
200410051188	生物陶瓷封堵器及其制作方法	先健科技(深圳)有限公司	訾振军,臧式先,等
200410051333	用离子注入工艺处理印制线路板用钻嘴的方法	珠海市恩博金属表面强化有限公司	叶围洲,蔡恩发,等

续表

申请号	名称	申请单位	发明人
200410051334	用离子注入工艺处理印制线路板用铣刀的方法	珠海市恩博金属表面强化有限公司	叶围洲，蔡恩发，等
200410051378	用离子注入工艺处理印制线路板用铣刀的方法	珠海市恩博金属表面强化有限公司	叶围洲，蔡恩发，等
200410051486	场发射发光照明光源	鸿富锦精密工业（深圳）有限公司，鸿海精密工业股份有限公司	陈杰良
200410052067	便携式电子装置外壳及其制造方法	鸿富锦精密工业（深圳）有限公司，鸿海精密工业股份有限公司	颜士杰
200410053252	一种块体非晶纳米晶双相复合软磁合金	同济大学	严彪，陆伟，等
200410053261	聚丁二酰亚胺交联改性壳聚糖材料的制备方法	上海交通大学	冯芳，刘预，等
200410053428	一种铪酸镧基透明陶瓷及其制备方法	中国科学院上海硅酸盐研究所	吉亚明，蒋丹宇，等
200410053438	掺铈焦硅酸镥高温闪烁单晶体的制备方法	中国科学院上海光学精密机械研究所	赵广军，严成锋，等
200410060399	一种氮化铝的合成方法	台盐实业股份有限公司	赖振兴，翁子斌
200410061025	亚微米晶粒 Ti(C,N)基金属陶瓷及其制备方法	华中科技大学	熊惟皓，崔崑，等
200410062590	集光、温差和热离子电转换于一体的空间微型发电模块	中国科学院理化技术研究所	刘静，吴祖林
200410065775	钛酸锶钡薄膜材料的制备方法	中国电子科技集团公司第五十五研究所	林立强，朱健，等
200410066211	原位自生钛基复合材料的超塑性加工方法	上海交通大学	吕维洁，王敏敏，等
200410067103	短纤维增强碳化硅基复合材料的制备方法	中国科学院上海硅酸盐研究所	丁玉生，董绍明，等
200410067129	掺钕钆镓石榴石激光晶体的生长方法	中国科学院上海光学精密机械研究所	姜本学，赵志伟，等
200410073163	一种纳米碳化硅增强氮化硅多孔陶瓷的制备方法	西安交通大学	王红洁，张雯，等
200410073185	基于光固化原型热解的碳化硅陶瓷复合材料成型工艺方法	西安交通大学	李涤尘，乔冠军，等
200410074342	硅片低温直接键合方法	北京工业大学	沈光地，徐晨，等
200410075371	球形尖晶石锂锰氧化物锂离子电池正极材料的制备方法	中国科学院青海盐湖研究所	周园，马培华，等
200410076897	低价氧化铌的制备方法	宁夏东方特种材料科技开发有限责任公司，宁夏东方有色金属集团有限公司	袁宁峰，温晓立，等
200410079295	固体电解电容器的制造方法	宁夏星日电子股份有限公司	贾廷庆
200410080409	一种适用于纳米器件制造的硅化物工艺	中国科学院微电子研究所	徐秋霞，王大海，等
200410081500	一种使镧系合金抗气态杂质毒化性能改善的表面处理方法	四川材料与工艺研究所	桑革，沈崇雨，等
200410091809	一种场发射光源及使用该光源的背光模组	鸿富锦精密工业（深圳）有限公司，鸿海精密工业股份有限公司	陈杰良

续表

申请号	名称	申请单位	发明人
200410091839	类金刚石薄膜镀膜方法	鸿富锦精密工业(深圳)有限公司,鸿海精密工业股份有限公司	颜士杰
200410093025	砷化镓单晶的生长方法	中国科学院上海光学精密机械研究所	周国清,董永军,等
200410096798	一种金刚石表面涂覆玻璃涂覆三氧化二铝镀钛复合结构及制造方法	上海江信超硬材料有限公司	陈伟恩,陈信儒,等
200410096799	一种金刚石表面镀钛镀镍镀银复合结构及制造方法	上海江信超硬材料有限公司	陈伟恩,陈信儒,等
200410096800	一种金刚石表面镀钛镀镍镀铜复合结构及制造方法	上海江信超硬材料有限公司	陈伟恩,陈信儒,等
200410099276	一种 Ti-Ni 基形状记忆合金的制备方法	同济大学	严彪,唐人剑,等
200410101069	固体铌电容器的制造方法	宁夏星日电子有限公司	李春光,董宁利,等
200410101836	纳晶敏化太阳能电池中纳米载铂催化电极的制备方法	中国科学院化学研究所	林原,陈今茂,等
200410103488	一种 SiC 微米粉体的制备方法	清华大学	时利民,赵宏生,等
200410103516	一种钨基高比重合金板的制备方法	西部金属材料股份有限公司	冯宝奇,郭让民,等
200420000295	双室真空水或水基介质热处理炉	北京机电研究所	宋家奇,周有臣,等
200420036016	槽型石墨舟皿	株洲硬质合金集团有限公司	刘艾平
200420049753	注蒸汽采油两用保温管	盘锦威华高新节能设备厂,朱长林	朱长林
200420054423	抽真空接头装置	张家港市华瑞科技有限公司	王炼
200420055387	一种硬质合金长刀杆	沈阳黎明航空发动机(集团)有限责任公司	姜雪梅,刘伟龙,等
200420073083	一种化学气相共沉积与渗透尾气处理装置	中国航空工业第一集团公司北京航空制造工程研究所,锦州市三特真空冶金技术工业有限公司	邱海鹏,韩立军,等
200430031831	压力真空烧结炉	湘潭市新大粉末冶金设备制造有限公司	吴向忠
200510000294	一种纳米镍粉的制备方法	北京工业大学	聂祚仁,席晓丽,等
200510003109	生产海绵钛的新反应器内使用氢化钛粉渗钛的方法	遵义钛业股份有限公司	刘洪贵,单戟,等
200510003325	一种氮化锰生产方法	贵州玉屏大龙锰业有限责任公司,刘廷军	刘廷军
200510003330	一种抛磨块	湖州星星研磨有限公司	徐金发
200510003986	真空开关触头	北京京东方真空电器有限责任公司	任建昌
200510007158	高阻尼内生复合钢板及其制造技术	燕山大学	荆天辅,高聿为,等
200510010013	亚微米级氮化钛、碳化钛和碳氮化钛粉末的燃烧合成方法	哈尔滨工业大学	赫晓东,郑永挺,等
200510010038	反应热压原位自生铝基复合材料的制备方法	哈尔滨工业大学	王桂松,耿林,等
200510010381	基于 Ti-B$_4$C-C 系的原位自生 TiB+TiC/Ti 复合材料的制备方法	哈尔滨工业大学	耿林,倪丁瑞,等
200510010572	一种强化木陶瓷的制备方法	东北林业大学	李坚,李淑君

续表

申请号	名称	申请单位	发明人
200510011102	制备高体积分数碳化硅颗粒增强铝基复合材料零件方法	北京科技大学	曲选辉,何新波,等
200510011154	一种 Ti6Al4V 合金注射成形方法	北京科技大学	曲选辉,郭世柏,等
200510011195	自然解理腔面的 GaN 基激光二极管的制备方法	北京大学	康香宁,胡晓东,等
200510011858	铜铟镓硒或铜铟镓硫或铜铟镓硒硫薄膜太阳能电池吸收层的制备方法	清华大学	张弓,庄大明,等
200510012007	用于跨临界 CO_2 循环的微通道平行流换热器及制造方法	清华大学,苏州三川换热器有限公司	邓建强,李建明,等
200510012052	一种热解氮化硼坩埚表层镀膜方法	云南中科鑫圆晶体材料有限公司	高永亮,惠峰,等
200510012153	一种纳-微米多孔硅系列热电材料的制备方法	北京科技大学	徐桂英
200510012238	基于真空粘合工艺的热剪切应力传感器器件的制作方法	中国科学院微电子研究所	石涉莉,陈大鹏,等
200510012295	一种纳-微米多孔硅锗合金热电材料的制备方法	北京科技大学	徐桂英,赵志远,等
200510012407	一种高精度天线反射面制造方法	中国电子科技集团公司第五十四研究所	冯贞国,白玉魁
200510012735	一种炭材料表面抗氧化梯度涂层的制备方法	中国科学院山西煤炭化学研究所	刘朗,赵娟,等
200510016511	制备纳米 SiC 增强铝基复合材料的方法	中国科学院长春光学精密机械与物理研究所	罗劲松
200510017763	一种耐蚀、耐磨钛合金离心风机叶轮的制造方法	洛阳双瑞精铸钛业有限公司	杨学东,李春标
200510018213	冷锻模具双温淬火强韧化处理方法	武汉理工大学	华林,余际星,等
200510018262	共沉淀法制备钴铁氧体的方法	武汉理工大学	戴红莲,李世普,等
200510018912	用碱金属离子型全氟磺酸树脂制备复合质子交换膜的方法	武汉理工大学	唐浩林,潘牧,等
200510019118	一种低温快速制备高纯六方氮化硼陶瓷材料的方法	武汉理工大学	王为民,傅正义,等
200510019276	一种半透明氮化物复相陶瓷及其制备方法	武汉理工大学	王皓,傅正义,等
200510019463	方钴矿热电化合物纳米粉体交叉共沉淀制备方法	武汉理工大学	唐新峰,褚颖,等
200510019774	人体硬组织金属植入件表面性能的处理方法	武汉理工大学	罗键,华林,等
200510019865	莫来石晶须-莫来石复合涂层及其制备方法	武汉理工大学	武七德,孙峰,等
200510020000	微晶玻璃与不锈钢材料的超低温阳极键合方法	武汉理工大学	李宏,程金树,等
200510020551	铝合金材料氟聚合物协合涂层处理工艺	中国兵器工业第五九研究所	邹洪庆,吴厚昌,等

续表

申请号	名称	申请单位	发明人
200510020794	利用电场低温快速烧结钕铁硼磁体的方法	四川大学	杨屹,冯可芹,等
200510021231	小型多用单室真空水淬炉	中国工程物理研究院电子工程研究所	董峰,韩声韵,等
200510021379	一种AIN陶瓷材料的制备方法	四川艺精长运超硬材料有限公司	杨缤维,腾远成,等
200510021718	纳米晶氮碳化钛陶瓷超细粉的高温碳氮化制备法	四川大学	向道平,刘颖,等
200510021838	含钾金属钨条的生产方法	自贡硬质合金有限责任公司	缪兵,周伟,等
200510021884	PMI泡沫夹层结构的热成型方法	成都飞机工业(集团)有限责任公司	何凯,罗辑,等
200510021982	一种纳米晶钕铁硼永磁块体的制备方法	四川大学	刘颖,张龙凤,等
200510022448	燃气轮机压气机静叶环高压真空电子束焊接方法	东方电气集团东方汽轮机有限公司	张从平,杨冬,等
200510022733	一种扫描电化学和光学显微镜探针及其制备方法	西安交通大学	蒋庄德,朱明智,等
200510024522	聚乙烯基碳纳米管抗静电复合材料母料及基于母料的抗静电复合材料	华东理工大学	钱琦,吴唯,等
200510024536	一种提高纳米碳化硅浸渍浆料固含量的方法	中国科学院上海硅酸盐研究所	丁玉生,董绍明,等
200510024793	镀铜石墨颗粒增强镁基复合材料的制备方法	上海交通大学	张小农,赵常利,等
200510024931	镀铜碳化硅颗粒增强镁基复合材料的制备方法	上海交通大学	张小农,赵常利,等
200510025049	一种高强度输送带及其所使用的涤纶纤维丝织物芯	上海永利带业制造有限公司	史佩浩,王亦敏,等
200510025142	4Cr16Mo模具钢镜面大模块的制备生产方法	宝钢集团上海五钢有限公司	徐芗明,杨伟宁,等
200510025145	一种用复合纳米碳膜制备大面积场发射冷阴极的方法	华东师范大学,上海纳晶科技有限公司	孙卓,孙懿,等
200510025813	氧化铪-氧化钆固溶体透明陶瓷闪烁材料及其制备方法和用途	中国科学院上海硅酸盐研究所	吉亚明,蒋丹宇,等
200510026389	挤压铸造法制备AlCuFe准晶颗粒增强铝基复合材料的方法	上海交通大学	严峰,徐洲,等
200510026474	双掺杂的钇铝石榴石透明陶瓷材料及制备方法	中国科学院上海硅酸盐研究所	李江,吴玉松,等
200510026743	室温法布里-珀罗红外探测器阵列及其制作方法	中国科学院上海微系统与信息技术研究所	冯飞,王跃林,等
200510027394	一种极纯高碳铬轴承钢的冶炼生产方法	宝山钢铁股份有限公司	虞明全,须毅民,等
200510027745	电容器制造工艺	上海上电电容器有限公司	曹路娅
200510028207	M型钡铁氧体磁性粉体的制备方法	上海交通大学	胡克鳌,唐欣,等
200510029084	低电阻率金属氧化物镍酸镧的制备方法	中国科学院上海技术物理研究所	褚君浩,张晓东,等
200510029218	抗硫化氢应力腐蚀油井管及其制造方法	宝山钢铁股份有限公司	殷光虹,张忠铧,等

续表

申请号	名称	申请单位	发明人
200510029985	可与读出电路集成的锆钛酸铅铁电簿膜材料的制备方法	中国科学院上海技术物理研究所	褚君浩,张晓东,等
200510030158	金、铂基贵金属复合材料配方及工艺	上海老凤祥首饰研究所有限公司	陆小春
200510030979	大颗粒球形金属陶瓷纳米复合喷涂粉体	上海交通大学	翟长生,吕和平,等
200510031585	超细高氮氮化钽粉末及其制备方法	株洲硬质合金集团有限公司	潘泽强,王时光,等
200510031776	蜂窝夹层结构碳化硅基复合材料反射镜的制备方法	中国人民解放军国防科学技术大学	张长瑞,周新贵,等
200510031973	一种电池用粉体材料表面处理方法和装置	湖南神舟科技股份有限公司	杨毅夫,李方,等
200510032093	一种制备锂电池正极材料 γ-LiV_2O_5 的方法	中南大学	李志友,曹笃盟,等
200510032208	零烧氢膨胀纳米弥散强化 Cu-Al_xO_x 合金及其制备方法	中南大学	汪明朴,李周,等
200510032868	热管及其制造方法	富准精密工业(深圳)有限公司,鸿准精密工业股份有限公司	洪居万,郑景太,等
200510033055	一种 $REMg_x$ 型贮氢合金及其制备方法	华南理工大学	欧阳柳章,彭成红,等
200510033741	热管制造方法	富准精密工业(深圳)有限公司,鸿准精密工业股份有限公司	洪居万,吴荣源,等
200510033834	铝合金工件的低真空钎焊工艺	深圳市金科特种材料股份有限公司	郜长福,张惠群
200510033870	采用复合坯生产钎焊热轧金属复合板的方法	吉欣(英德)热轧不锈复合钢有限公司,严孟杰,严飚	严孟杰
200510033984	一种压制钎焊热轧复合坯的加工方法	吉欣(英德)热轧不锈复合钢有限公司,严孟杰,严飚	严孟杰
200510034310	真空管阴极组件的制作方法	佛山市美的日用家电集团有限公司	龙本竹,廖锋,等
200510034421	微波热解沉积致密化装置	深圳大学	曾燮榕,邹继兆,等
200510037892	气体保护下的芯片与载体的自对位软钎焊方法	中国电子科技集团公司第三十八研究所	解启林
200510038051	汽轮发电机转子槽楔用钛青铜及其加工工艺	泰兴市无氧铜材厂	杨吉林,徐玉松
200510040967	一步法制备多段收缩聚酯纤维的方法	中国石化仪征化纤股份有限公司	成康生,李刚,等
200510042729	多功能集成传感器芯片的制作方法	西安交通大学	蒋庄德,赵玉龙,等
200510042824	金属基超薄金刚石切割片真空钎焊制造方法	西安交通大学	南俊马,徐可为,等
200510042894	一种 β 钛基五元合金	西安赛特金属材料开发有限公司	杨冠军,杨华斌,等
200510044627	一种使铜-铝接头结合强度高的扩散钎焊方法	山东大学	李亚江,王娟,等
200510046361	一种含铼镍基单晶高温合金及其制备工艺	中国科学院金属研究所	于金江,金涛,等
200510046689	铜银合金导体浆料及其制备方法	沈阳工业大学	孙维民,李志杰,等

续表

申请号	名称	申请单位	发明人
200510046691	三维网络陶瓷-金属摩擦复合材料的真空-气压铸造方法	东北大学	茹红强,房明,等
200510046729	燃气轮机高压涡轮叶片叶尖裂纹修复工艺方法	中国科学院金属研究所	王茂才,谢玉江,等
200510046906	一种P型ZnO薄膜的金属有机物化学气相沉积制备方法	大连理工大学	杜国同,胡礼中,等
200510047195	大线能量低焊接裂纹敏感性厚钢板及其生产方法	鞍钢股份有限公司	张禄林,郝森,等
200510047256	真空高压脉冲放电催化化学热处理设备及方法	大连海事大学	刘世永
200510047429	一种压缩机专用的冷轧电工钢的制造方法	鞍钢股份有限公司	高振宇,黄浩东,等
200510047692	镍铝合金催化剂残次细粉再造金属合金的生产方法	锦州市催化剂厂	张东培,常国威
200510047752	一种低成本第三代镍基单晶高温合金	中国科学院金属研究所	金涛,王文珍,等
200510048127	低矫顽力高磁导率电磁纯铁冷轧薄板材料制造方法	山西太钢不锈钢股份有限公司	赵昱臻,李慧峰,等
200510048590	光敏电阻及其制备方法	南阳利达光电有限公司电子公司	丁镇赓,邢志平
200510049962	一种烧结钕铁硼磁体的制备方法	浙江大学	严密,于濂清,等
200510049983	纤锌矿结构 Zn_xMg_xO 半导体纳米晶体薄膜的低温制备方法	浙江大学	吴惠桢,邱东江,等
200510050000	晶界相中添加纳米氮化硅提高钕铁硼工作温度和耐蚀性方法	浙江大学	严密,于濂清,等
200510050115	一种涂覆氮化钛的玻璃及其制备方法	浙江大学	赵高凌,郑鹏飞,等
200510058998	一种大面积均匀薄膜或长超导导线的制备方法及其装置	清华大学,北京英纳超导技术有限公司	韩征和,王三胜,等
200510059728	热导管的制造方法	业强科技股份有限公司	李克勤
200510060285	高饱和磁通密度、低损耗锰锌铁氧体材料制备方法	浙江大学,横店集团东磁有限公司	严密,罗伟
200510060762	一种水溶性多羟基多臂聚氧乙烯凝胶涂层的制备方法	浙江大学	计剑,李晓林,等
200510061461	等轴晶铝镍钴钛永磁合金的制造工艺	宁波盛事达磁业有限公司	凌铨,王占国
200510062378	不锈钢板表面处理、图案热转印方法及其制得的板	海宁市红狮电梯装饰有限公司	沈建一
200510069554	一种软磁合金粉的制造方法	钢铁研究总院	张洪平,赵栋梁,等
200510075115	热传组件的复合式毛细结构	财团法人工业技术研究院	陈绍文,徐金城,等
200510076993	一种制备高孔隙率多孔碳化硅陶瓷的方法	清华大学	时利民,赵宏生,等
200510086398	一种耐磨耐蚀材料的制备方法	北京科技大学	谢建新,张文泉,等
200510090074	一种二氧化锆纳米粉体材料的制造方法	安泰科技股份有限公司,钢铁研究总院	梁新杰,仇越秀,等

续表

申请号	名称	申请单位	发明人
200510090148	一种聚酰亚胺纳滤膜的制备方法	中国石油天然气股份有限公司，石油大学(华东)	孔瑛，张志华，等
200510094582	功能梯度纳米复合 Ti(C,N)基金属陶瓷及其制备方法	南京航空航天大学	郑勇，刘文俊，等
200510095066	温压铁粉及其制备方法	合肥波林新材料有限公司	孟凡纪，徐伟，等
200510095235	一种陶瓷材料或器件表面功能性梯度薄膜的制备方法	南京工业大学	曾燕伟，田长安
200510095556	宽量程电子隧穿式氧化锌纳米探针真空规及其制备方法	中国科学技术大学	潘楠，张琨，等
200510095767	义齿基托材料聚甲基丙烯酸甲酯表面处理方法	南京大学	金波，方江邻，等
200510096067	基于熔融沉积快速成型技术的碳化硅陶瓷零件制造工艺方法	西安交通大学	李涤尘，崔志中
200510096088	自生纳米 $Al_{*}O_{*}$/TiAl 基复合材料的制备工艺	陕西科技大学	王芬，罗宏杰，等
200510096089	$Al_{*}O_{*}$纤维增强 $TiAl_{*}$基复合材料的制备方法	陕西科技大学	王芬，朱建锋，等
200510100992	一种镁合金表面处理工艺	佛山市顺德区汉达精密电子科技有限公司	王江锋
200510101899	一种高容量稀土镁基贮氢合金制备方法	广州有色金属研究院	肖方明，唐仁衡，等
200510101982	聚氨酯-橡胶复合轮胎的制造方法	广州华工百川科技股份有限公司	张海，易玉华，等
200510102462	转动工件表面颜色的测定装置及其应用方法	北京实力源科技开发有限责任公司，刘阳	刘阳
200510105219	一种设有间隙隔离片的真空玻璃的制备方法	中国建筑材料科学研究院	张保军，苗向阳，等
200510105565	提高金属焊接性能的表面处理方法及用该方法处理的工件	北京东方新材科技有限公司	张云龙，徐健，等
200510107826	一种 ZnO/MgB_2 异质结材料及制备方法	中国科学院物理研究所	赵嵩卿，周岳亮，等
200510109055	大尺寸陶瓷溅射靶材的热压烧结成型方法	北京有色金属研究总院	王星明，储茂有，等
200510111533	一种长玻纤增强 ABS 复合材料的制备方法	东华大学	余木火，李光波，等
200510111809	微米晶硅青铜合金的制备方法	上海交通大学	程先华，李振华，等
200510111810	微米晶锰青铜合金的制备方法	上海交通大学	程先华，李振华，等
200510111812	微米晶锡青铜合金的制备方法	上海交通大学	程先华，高雷雷，等
200510111916	高密度 MgB_{*}超导块材的制备方法	上海大学	李文献，朱明原，等
200510111917	高密度 MgB_{*}超导线材的制备方法	上海大学	李文献，李瑛，等

续表

申请号	名称	申请单位	发明人
200510111924	室温磁制冷工质材料 $Gd_5Si_2Ge_2$ 的制备方法	上海大学,上海洛克磁业有限公司	侯雪玲,孔俊峰,等
200510112222	由生物质衍生碳质中间相制备成型活性炭的方法	上海交通大学	赵斌元,甘琦,等
200510112563	一种电泳共沉积制备抗高温氧化混合涂层的方法	清华大学	翁端,杨磊,等
200510114257	一种 C_*-C_{**} 脂肪羧酸酮化催化剂及其应用	中国石油天然气股份有限公司	邓广金,李正,等
200510114719	快速凝固贮氢合金粉末材料的制备方法及其装置	上海申建冶金机电技术有限公司	陈迂,俞东平
200510120983	塑胶件表面真空镀膜工艺	佛山市顺德区汉达精密电子科技有限公司	林壮坤
200510121089	可分离式硬盘驱动器斜块清洁片点胶装配装置	深圳易拓科技有限公司	陈全
200510121311	一种固体氧化物燃料电池电解质隔膜的制备方法	潮州三环(集团)股份有限公司	谢灿生
200510122595	一种稀土基摩托车尾气净化催化剂的制备方法	天津化工研究设计院	肖彦,张燕,等
200510124526	利用分层实体快速成型制造碳化硅陶瓷零件的工艺方法	西安交通大学	李涤尘,崔志中
200510125673	利用金属氧化物合成氮化物的方法	中国科学院物理研究所	陈小龙,赵怀周,等
200510129962	一种开管锌扩散方法	厦门大学	肖雪芳,谢生,等
200510130673	一种中空式环状布料燃烧合成均质氮化硅粉体的方法	北京科技大学	葛昌纯,王飞
200510130678	一种层状布料燃烧合成均质氮化硅粉体的方法	北京科技大学	葛昌纯,王飞
200510132721	一种 MgB_* 超导体的制备方法	西北有色金属研究院	闫果,闫世成,等
200510132724	一种铋系 Bi-2223 高温超导带材的制备方法	西北有色金属研究院	李成山,张平祥,等
200510132730	一种不锈钢网和金属纤维毡复合滤网的制备方法	西部金属材料股份有限公司	巨建辉,杨延安,等
200510133952	硫化物半导体纳米线的制备方法	中国科学院兰州化学物理研究所	陈淼,娄文静,等
200510134252	一种固体自润滑材料的制备方法	北京钢研高纳科技股份有限公司	任卫,李红印,等
200510135350	钛合金骨架与蒙皮变截面构件焊接方法	航天材料及工艺研究所	毛建英,李海刚
200510136728	一种燃料电池用柔性石墨材料两面带沟槽极板的制造方法	大连新源动力股份有限公司	付云峰,阳贻华,等
200520006379	一种真空灭弧室中屏蔽筒与瓷壳的新型连接构造	中国振华(集团)科技股份有限公司宇光分公司	王德志

续表

申请号	名称	申请单位	发明人
200520023048	用于跨临界 CO_2 循环的微通道平行流换热器	清华大学，苏州三川换热器有限公司	邓建强，李建明，等
200520031316	真空镀膜机用成型镀膜靶材	河南中光学集团有限公司	杨太礼，张向东
200520034775	小型多用单室真空水淬炉	中国工程物理研究院电子工程研究所	董峰，何亚光，等
200520056388	用于生产热轧金属复合板的钎焊复合坯	吉欣(英德)热轧不锈复合钢有限公司，严孟杰，严飚	严孟杰
200520056620	用于生产金属复合板的压制钎焊热轧复合坯	吉欣(英德)热轧不锈复合钢有限公司，严孟杰，严飚	严孟杰
200520112374	真空热处理炉	北京易西姆工业炉科技发展有限公司	高文栋，马卫东
200520118587	双室真空碳、氮共渗油淬气冷热处理炉	北京机电研究所	宋家奇，周有臣，等
200520121723	真空钎焊板翅式直接空冷凝汽器	国电龙源电力技术工程有限责任公司，四川川空换热器有限责任公司	王明仁，陶相伦
200520130443	管板结构件真空电子束钎焊夹具	中国航空工业第一集团公司北京航空制造工程研究所	刘昕，胡刚，等
200520136518	射频多电容耦合等离子体表面处理设备	中国科学院光电研究院	王守国
200610010403	采用电子束焊接汽轮机喷嘴的方法	哈尔滨汽轮机厂有限责任公司	杨浩，李金华，等
200610011076	新型β钛合金产品、熔炼方法及热处理工艺	昆明冶金研究院，云南冶金集团总公司技术中心	雷霆，周林，等
200610011239	高活性铁/锡离子共掺杂纳米二氧化钛光触媒的制备方法	北京科技大学	徐利华，邸云萍，等
200610011692	共沉淀-共还原制备超细合金粉末的方法	北京科技大学	郭志猛，罗骥，等
200610011835	一种纳米碳化钨粉末的制备方法	北京科技大学	郭志猛，罗骥，等
200610011968	水相一步合成锐钛矿型晶化二氧化钛纳米核壳或空壳结构材料的方法	中国科学院理化技术研究所	只金芳，吴良专
200610012017	一种 Ti6Al4V 合金凝胶注模成形方法	北京科技大学	郝俊杰，茹敏朝，等
200610012251	化学激励燃烧合成氮化硅/碳化硅复合粉体的方法	中国科学院理化技术研究所	杨筠，杨坤，等
200610013602	由石油裂解乙烯副产物制芳烃稀释剂的方法	山东齐隆化工股份有限公司	廉燕，刘锋，等
200610014783	气相沉积原位反应制备碳纳米管增强铜基复合材料的方法	天津大学	赵乃勤，康建立，等
200610016268	一种采用自催化模式制备带尖氮化镓锥形棒的方法	国家纳米技术与工程研究院	邱海林
200610016271	一种用溶胶凝胶法制备氮化镓纳米晶体的方法	国家纳米技术与工程研究院	邱海林
200610016498	抗硫化氢应力腐蚀的石油钢管及其制造方法	天津钢管集团股份有限公司	严泽生，孙开明，等
200610018177	碳化钨-抑制剂复合粉末及其超细硬质合金的制备方法	武汉理工大学	邵刚勤，熊震，等

续表

申请号	名称	申请单位	发明人
200610018761	一种放电等离子烧结高致密二硼化锆块体材料的方法	武汉理工大学	张联盟,宋建荣,等
200610018843	低温法制备碳掺杂介孔二氧化钛可见光光催化剂	华中师范大学	张礼知,任文杰,等
200610019082	一种 Bi-Sb-Te 系热电材料的制备方法	华中科技大学	杨君友,樊希安,等
200610019184	钛钴锑基热电半导体材料的制备方法	武汉理工大学	唐新峰,谢文杰,等
200610019386	基于亲水性多孔聚四氟乙烯基体的复合质子交换膜的制备方法	武汉理工大学	唐浩林,刘珊珊,等
200610020559	贮氢合金 Zr_*V_*O 的制备方法	中国工程物理研究院核物理与化学研究所	周晓松,彭述明,等
200610020648	钻探、凿岩用硬质合金的真空热处理方法	自贡硬质合金有限责任公司	李芳,黄新,等
200610021275	一种氮化锰硅合金的冶炼方法	四川川投峨眉铁合金(集团)有限责任公司	穆婷云,唐华应,等
200610022231	一种钴芯块的成型模具及其制备工艺	中国核动力研究设计院	代胜平,唐月明,等
200610022482	增韧镁铝尖晶石透明陶瓷的制备方法	四川大学	卢铁城,黄存兵,等
200610022661	一种超细晶粒金属陶瓷的生产方法	四川理工学院	黄新,孙亚丽,等
200610024555	混合型石榴石基陶瓷材料的制备方法	中国科学院上海硅酸盐研究所	冯涛,施剑林,等
200610024615	一种因干法刻蚀受损伤的氮化镓基材料的回复方法	中国科学院上海微系统与信息技术研究所	王笑龙,于广辉,等
200610025225	一种碳载钴卟啉氧还原催化剂的制备方法	上海交通大学	谢先宇,马紫峰,等
200610026088	六硼化钕的制备方法	上海交通大学	吕维洁,刘阳,等
200610026435	预抽真空氮基气氛保护下无内氧化的渗碳方法	上海交通大学	左训伟,陈乃录,等
200610026997	无涂层电工钢退火与发蓝工艺和装置	宝山钢铁股份有限公司	李红梅,向顺华,等
200610027201	钢水精炼真空槽待机预热装置及方法	上海宝钢工程技术有限公司	吴杰,吴坚华
200610027304	一种合成纳米氮化铬/聚吡咯复合材料的方法	东华大学	李耀刚,朱美芳,等
200610027414	一种疏水性聚酰亚胺薄膜的制备方法	上海交通大学	赵燕,路庆华
200610028484	一种通过原位反应在纤维表面形成抗氧化结构的复合材料制备方法	中国科学院上海硅酸盐研究所	董绍明,丁玉生,等
200610028854	用于化学气相沉淀装置的真空波纹吸着管	上海华虹 NEC 电子有限公司	王霞珑,陈奕弢
200610029242	强磁场下金刚石薄膜的制备方法	上海大学	夏义本,王林军,等
200610029765	一种选区激光烧结快速制造金属模具的方法	南昌航空工业学院	徐志锋,张坚,等
200610029767	真空压力浸渗制备颗粒增强镁基复合材料的工艺	南昌航空工业学院	徐志锋,余欢,等
200610029825	H13 钢真空控时急冷热处理工艺	上海市机械制造工艺研究所有限公司	吴怀成,王丽莲,等

续表

申请号	名称	申请单位	发明人
200610030526	一种碱金属原子填充锑化钴基方钴矿热电材料及其制备方法	中国科学院上海硅酸盐研究所	陈立东，裴艳中，等
200610030722	含纳米 TiO_2 氧化物铁合金中间体及其制备方法和用途	宝山钢铁股份有限公司	郑庆，沈建国，等
200610032461	一种铝电解用陶瓷基惰性阳极与金属导电杆的连接方法	中南大学	周科朝，李志友，等
200610032564	用宽束 N 离子对硬质合金刀具表面处理的方法及其装置	长沙新光离子技术有限公司	王新良，杨文彬，等
200610037629	用氧化物溶液浸渍石墨碳套处理方法	南通擎天实业有限公司	杨晓智，顾玉琪，等
200610037766	一种镍铝合金及其生产方法	丹阳市高频焊管厂	庄红方
200610038397	能降低聚酯切片中环状低聚物含量且保持良好色调的方法	东丽纤维研究所(中国)有限公司	卢群英，罗伟，等
200610038444	一种耐腐蚀稀土永磁材料的制备方法	南京理工大学	徐锋，陈光，等
200610039300	场致发射显示器的三极结构及其制备方法	东南大学	雷威，孙小卫，等
200610040821	一种消泡剂活性组合物的制备方法	南京四新科技应用研究所有限公司	吴飞，陈晓军，等
200610041390	切粒动刀及其制造方法	苏州利德纺织机件有限公司	周丽娟，陈国寿
200610041691	一种等离子显示屏断线电极的修复方法	四川世纪双虹显示器件有限公司	罗向辉，田玉民
200610041836	汽车刹车片用铝基摩擦材料及其制备工艺	西安交通大学	柴东朗
200610041889	一种 TiAl/Ti_2AlN 金属间化合物复合材料及其制备方法	陕西科技大学	朱建锋，王芬，等
200610041916	碳/碳复合材料表面抗氧化多相涂层的制备方法	西北工业大学	李贺军，付前刚，等
200610041927	一种等离子体显示板的制造方法	西安交通大学	张劲涛，卜忍安，等
200610042047	碳化硼基复合防弹陶瓷及其制备方法	山东大学	张玉军，谭砂砾，等
200610042069	一种无芯碳纤维螺旋体电热元件的制备方法	山东大学	朱波，王成国，等
200610042873	Ti/磷灰石涂层材料金属间化合物过渡层的制备方法	陕西科技大学	王芬，张玲
200610042978	霍尔源激励磁控溅射增强型磁过滤多弧离子复合镀膜方法	西安宇杰表面工程有限公司	田增瑞，徐可为
200610043030	一种 Si-C-N 纳米复合超硬薄膜的制备方法	西安交通大学	马胜利，徐彬，等
200610043061	一种长寿命荧光灯管的制造方法	四川世纪双虹显示器件有限公司	唐李晟
200610043107	真空负压浸渗制备金属基复合材料渗流特性测量方法	西北工业大学	齐乐华，苏力争，等
200610043156	一种 Sb_xS_x 热电薄膜的制备方法	陕西科技大学	黄剑锋，曹丽云，等
200610043160	一种 SiC/Si 层状复合陶瓷的制备方法	西安交通大学	乔冠军，刘银娟，等

续表

申请号	名称	申请单位	发明人
200610043597	原位生长碳氮化钛晶须增韧氧化铝基陶瓷刀具材料粉末及其制备工艺	山东大学	黄传真,刘炳强,等
200610043598	多元多尺度纳米复合陶瓷刀具材料及其制备工艺	山东大学	黄传真,刘含莲,等
200610043755	硬质合金真空挤压成型剂及其制备方法	龙岩市华锐硬质合金工具有限公司	郭幸华
200610045628	真空双室高温淬火炉	中国科学院金属研究所	马颖澈,刘奎,等
200610045640	一种银基电触头材料的制备方法	沈阳金纳新材料有限公司	李洪锡,夏春明,等
200610045720	一种电弧离子镀低温沉积高质量装饰薄膜的设备和方法	大连理工大学	林国强
200610045734	一种强磁场下高温处理装置	东北大学	王恩刚,赫冀成
200610046013	一种原位反应热压合成 TiB_2-NbC-SiC 高温陶瓷复合材料的制备方法	中国科学院金属研究所	周延春,胡春峰,等
200610046014	一种氧化铝增强钛硅铝碳陶瓷复合材料及其制备方法	中国科学院金属研究所	周延春,胡春峰,等
200610046129	一种碳化硼稀土复合陶瓷材料的制备方法	东北大学	吴文远,任存治,等
200610046219	真空-热压烧结炉	沈阳威泰科技发展有限公司	胡丹萍
200610046258	一种生物医用多孔钛植入体及其制备方法	中国科学院金属研究所	张二林,邹鹑鸣,等
200610046331	弹性金属塑料轴瓦的生产方法	大连三环复合材料技术开发有限公司,哈尔滨电机厂有限责任公司	魏柏林,孙承玉,等
200610046805	一种 Ta_4AlC 纳米层状块体陶瓷的制备方法	中国科学院金属研究所	周延春,胡春峰,等
200610046891	一种无铼第二代镍基单晶高温合金	中国科学院金属研究所	金涛,赵乃仁,等
200610047020	一种 γ'-Ni_3Al/γ-Ni 涂层的制备方法	中国科学院金属研究所	彭晓,杨秀英,等
200610048372	一种纯铜基板材表面合金化的工艺方法	太原理工大学	卫英慧,林万明,等
200610048621	一种高温钴基合金粉末钎料	贵研铂业股份有限公司	刘泽光,罗锡明
200610048622	镍合金高温钎料	贵研铂业股份有限公司	刘泽光,罗锡明
200610048623	银基合金钎料及其在真空断路器分级钎焊中的应用	贵研铂业股份有限公司	罗锡明,蒋传贵,等
200610048627	银基合金钎料及其在真空断路器分级钎焊中的应用	贵研铂业股份有限公司	蒋传贵,李靖华,等
200610048750	一种在单晶硅基底表面直接制备 Cr-Si 硅化物电阻薄膜的方法	昆明理工大学	张玉勤,董显平,等
200610048751	一种贝氏体球墨铸铁磨球及其生产工艺	昆明理工大学	周荣,蒋业华,等
200610049105	Bi-Te 基热电材料及制备工艺	宁波工程学院	崔教林
200610050827	纳米晶立方氮化硼薄膜的制备方法	浙江大学	杨杭生
200610053144	高耐腐蚀性烧结钕铁硼的制备方法	浙江大学	严密,崔熙贵,等
200610053250	脉冲磁场中强磁-弱磁梯度材料流延成型制备方法	浙江大学,横店集团东磁股份有限公司	彭晓领,严密,等

续表

申请号	名称	申请单位	发明人
200610053779	一种非晶/纳米晶复合热电材料及其制备方法	浙江大学	朱铁军,闫风,等
200610057538	一种铁铝基金属间化合物微孔过滤元件的制备方法及用途	安泰科技股份有限公司	况春江,方玉诚,等
200610060729	复合式热管及其制造方法	富准精密工业(深圳)有限公司,鸿准精密工业股份有限公司	侯春树,林振辉
200610062988	氮化硅陶瓷发热体的微波炉烧结制备方法及专用设备	深圳市金科特种材料股份有限公司	郜长福,张大牛,等
200610064977	一种在Si(111)衬底上制备高质量ZnO单晶薄膜的方法	中国科学院物理研究所	杜小龙,王喜娜,等
200610068666	在陶瓷太阳板上复合立体网状黑瓷阳光吸收层的方法	山东天虹弧板有限公司	曹树梁,许建华,等
200610068956	一种锡槽底砖的制法	淄博工陶耐火材料有限公司	张启山,张瑛,等
200610068988	空冷汽轮发电机定子引出线真空钎焊工艺	山东齐鲁电机制造有限公司	郭胜强,田志刚,等
200610072823	一种具有特殊层厚比例的铜/钼/铜电子封装复合材料的制备方法	安泰科技股份有限公司	熊宁,程挺宇,等
200610072824	铜/钼/铜电子封装复合材料的制备方法	安泰科技股份有限公司	熊宁,程挺宇,等
200610080876	Ni基合金复合基带的熔炼制备方法	北京工业大学	索红莉,刘敏,等
200610080877	Ni基合金复合基带及其粉末冶金制备方法	北京工业大学	刘敏,索红莉,等
200610080878	Ni基合金复合基带的放电等离子体制备方法	北京工业大学	索红莉,赵跃,等
200610081294	一种碳化硅单晶生长后的热处理方法	中国科学院物理研究所	朱丽娜,陈小龙,等
200610083451	采用金属氧化物制备镧系金属氮化物的方法	中国科学院物理研究所	陈小龙,宋波,等
200610086550	一种制备钨海绵体的方法	中国科学院电子学研究所	阴生毅,王宇
200610088995	快速制备高强度氮化硅-氮化硼可加工陶瓷的方法	北京工业大学	李永利,张久兴,等
200610089124	一种制备高矫顽力烧结稀土-铁-硼永磁材料的方法	北京工业大学	岳明,张久兴,等
200610089642	用作聚变堆高热负荷部件的碳基材料-铜连接件的制备方法	北京科技大学	周张健,钟志宏,等
200610089744	高性能超细晶WC-10wt.%Co硬质合金的制备方法	北京工业大学	宋晓艳,张久兴,等
200610091159	一种芳烃饱和加氢催化剂的应用	中国石油天然气股份有限公司	马艳丽,张志华,等
200610095270	耐高温FeNiCo恒弹性合金及其制备方法以及用该合金制备元件的方法	重庆仪表材料研究所	郭卫民
200610096086	活塞环镶嵌镀铬浸渗陶瓷的加工方法	江苏仪征金派内燃机配件有限公司	魏青松
200610101242	一种钕铁硼氢粉碎的柔性加工方法	包头稀土研究院	娄树普,陈蓓新,等

续表

申请号	名称	申请单位	发明人
200610102262	β型碳化硅晶须的增强方法	太原理工大学	王永祯,许并社,等
200610104771	一种制备氧化铝弥散强化铜基复合材料的方法	西安理工大学	梁淑华,肖鹏,等
200610104772	一种氧化铬和铬弥散强化铜基复合材料的制备方法	西安理工大学	梁淑华,肖鹏,等
200610104820	熔体快淬铜铬钛锆钴触头材料	西安交通大学	孙占波,杨志懋,等
200610104846	金属-金刚石钎焊用铜锰基预合金粉末及其制备方法	西安交通大学	徐可为,南俊马,等
200610104883	耐高温、抗电弧侵蚀复合稀土钼合金及其制备方法	金堆城钼业股份有限公司	易永鹏,马全智,等
200610106784	壁流式蜂窝陶瓷载体烧结方法	贵州黄帝车辆净化器有限公司	黄黎敏,黄利锦
200610110207	提高铝合金真空钎焊质量的工艺方法	贵州永红航空机械有限责任公司	涂勇,李新运,等
200610112540	大尺寸稀土烧结磁体的磁场凝胶注模成型方法	北京科技大学	郭志猛,李艳,等
200610113109	一种低温真空热解废印刷线路板预处理方法	清华大学	李金惠,于可利
200610113293	热喷涂用 TiB_2 纳微米结构喂料的制备方法	北京工业大学	栗卓新,程汉池,等
200610113325	一种利用放电等离子烧结制备高铌钛铝合金材料的方法	北京科技大学	曲选辉,路新,等
200610113394	一种制备聚噻吩或其衍生物——多壁碳纳米管复合材料的方法	北京交通大学	朱红,郭洪范
200610113783	一种注凝成型制备陶瓷微球的方法及其装置	清华大学	郭文利,梁彤祥,等
200610114166	微异型复合接点带的制造方法	北京有色金属研究总院,有研亿金新材料股份有限公司	张晓辉,何毅,等
200610114264	铁/铜复合包套二硼化镁超导长线的制备方法	中国科学院电工研究所	禹争光,马衍伟,等
200610114309	近全致密高W或Mo含量W-Cu或Mo-Cu复合材料的制备方法	北京科技大学	谢建新,刘彬彬,等
200610114339	一种尺寸规整的中空微米碳球的制备方法	中国科学院理化技术研究所	付绍云,肖红梅,等
200610114349	一种金属靶材与靶托的连接方法	北京有色金属研究总院,有研亿金新材料股份有限公司	郭力山,何金江,等
200610114464	具有外加磁场的真空淀积薄膜和薄膜热处理设备	中国科学院物理研究所	曹玲柱,孙志辉,等
200610116023	淬火油的在线脱水装置	上海交通大学	左训伟,张伟民,等
200610116471	复合型光致色变光学树脂镜片的制造方法	上海康耐特光学有限公司	费铮翔,贺建友

续表

申请号	名称	申请单位	发明人
200610116649	一种尺寸均一的可降解聚合物线模板的制备方法	同济大学	浦鸿汀，谢娟，等
200610117280	二硼化锆/三氧化二铝复合粉体的合成方法	上海交通大学	陈海龚，王俊，等
200610117616	一种真空泵旋片及其制造方法	上海壬丰复合材料有限公司	张定权
200610117618	一种压缩机和真空泵用无油滑片及其制造方法	上海壬丰复合材料有限公司	张定权
200610117664	一种高速列车碳/碳制动材料的制备方法	上海应用技术学院	刘晓荣，杨俊和，等
200610118117	点焊电极用表面改性颗粒增强铜基复合材料的制备方法	上海交通大学	赵常利，张小农
200610118670	六角形硫化铜纳米片的制备方法	上海交通大学	杜卫民，钱雪峰
200610118917	c轴垂直取向的 L_{10} 相 FePt 磁记录薄膜的制备方法	复旦大学	马斌，查超麟，等
200610119064	一种多孔金属蜂窝结构件的制备方法	上海材料研究所	仲守亮，张德明，等
200610119233	凝胶包裹-冷冻干燥工艺制备碳化硅多孔陶瓷的方法	中国科学院上海硅酸盐研究所	曾宇平，丁书强，等
200610119248	溶胶凝胶-冷冻干燥工艺制备氧化铝多孔陶瓷的方法	中国科学院上海硅酸盐研究所	曾宇平，丁书强，等
200610119425	一种化学气相传输方法生长氧化锌晶体的方法	中国科学院上海硅酸盐研究所	张华伟，施尔畏，等
200610123900	一种致密的高定向排列陶瓷制备方法	华南理工大学	税安泽，曾令可，等
200610123988	一种掺钕钨酸钇钾激光晶体的生长方法	暨南大学	陈振强，王如刚，等
200610124767	一种用于制备高密度合金的钨-铜复合粉末的制备方法	武汉理工大学	史晓亮，杨华，等
200610124813	压制铁硅铝磁粉芯用粉末的制造方法	武汉欣达磁性材料有限公司	刘志文，王锋
200610124964	一种铁氧体/铁基复合材料软磁粉芯的制备方法	南昌大学	朱正吼
200610125370	热作模具钢表面低温渗硼工艺方法	湖北工业大学	胡心彬，周小平，等
200610125541	一种高硅取向硅钢薄板的制备方法	武汉科技大学	吴隽，从善海，等
200610126246	双掺杂的钇铝石榴石透明陶瓷材料及制备方法	中国科学院上海硅酸盐研究所	李江，吴玉松，等
200610130265	一种高热电性能 BiTe 材料的制备方法	中国电子科技集团公司第十八研究所	张丽丽，张建中，等
200610130491	三氧化钨薄膜气敏传感器的表面改性方法	天津大学	胡明，尹英哲，等
200610131606	金刚石膜或天然金刚石的表面改性的方法	吉林大学	姜志刚，李英爱，等
200610134177	用于大尺寸金刚石膜平坦化磨削的砂轮制作方法	大连理工大学	金洙吉，马兴伟，等

续表

申请号	名称	申请单位	发明人
200610134366	一种 Cu-Ag 网状抗菌过滤金属材料及其制备方法和应用	中国科学院金属研究所	于志明,敬和民,等
200610136813	高温电热管封口用低熔点无铅微晶玻璃及其制备工艺	长沙理工大学	廖红卫,匡加才,等
200610137221	一种高性能复合相磷酸铁锂材料的制造方法	江苏瑞迪能源科技有限公司	喻维杰,喻睿
200610143873	一种磷酸铁锂材料的工业化制造方法	江苏瑞迪能源科技有限公司	喻维杰
200610144998	Gd_xO_xS:Pr,Ce,F 陶瓷闪烁体制备方法	中国原子能科学研究院	尹邦跃,张东勋
200610145649	水溶性聚乙烯醇透气薄膜的生产方法	世源科技(嘉兴)医疗电子有限公司	唐岷
200610146912	粉末冶金用钽和/或铌粉末及其制备方法	宁夏东方钽业股份有限公司	何季麟,李海军,等
200610148157	一种直流放电活性原子束喷射制备氮化碳纳米薄膜的方法	复旦大学	许宁,胡巍,等
200610148600	AB3.5 型负极储氢材料的制备方法及其制得的材料和用途	珠海金峰航电源科技有限公司	刘华福,田冰
200610149037	一种复相永磁磁体的制造方法	宁波大学	潘晶,刘新才
200610151216	一种在碳纤维表面制备碳化硅涂层的方法	哈尔滨工业大学	康鹏超,武高辉,等
200610154423	一种制备铝/氢化非晶硅碳合金双层复合薄膜的方法	浙江大学	杜丕一,张翼英,等
200610154691	高硬度钛合金及其制造方法	永康市民泰钛业科技有限公司	方平伟
200610154702	一种真空电子束焊接方法	宁波江丰电子材料有限公司	姚力军,潘杰
200610154774	锂离子电池正极材料磷酸铁锂的制备方法及其产品	横店集团东磁股份有限公司	熊俊,金江剑,等
200610155202	透明热释电陶瓷及其制备方法	浙江大学	吴勇军,陈湘明
200610155203	一种透明热释电陶瓷及其制备方法	浙江大学	吴勇军,陈湘明
200610155583	铁制干燥过滤器的制造方法	浙江康盛股份有限公司	陈汉康,占利华,等
200610155636	钕铁硼磁体的制作方法	宁波科田磁业有限公司	王育平
200610155655	一种氮化铝增强碳化硅陶瓷及其制备方法	浙江大学	郭兴忠,杨辉,等
200610155936	一种在铝或铝镁合金基材上镀铝或铜的工艺方法	御林汽配(昆山)有限公司	黄水祥
200610156074	金刚石、立方氮化硼颗粒表面镀钨、铬、钼的方法及设备	江苏天一超细金属粉末有限公司	高为鑫,王斌,等
200610156332	一种制备强化钽及钽合金材料的方法	西北有色金属研究院	张小明,张廷杰,等
200610161246	磁控溅射法制备 HA/YSZ/Ti6Al4V 梯度生物活性复合材料	江苏大学	赵玉涛,林东洋,等
200610161541	一种聚丙烯多孔膜表面持久亲水化改性的方法	南京工业大学	黄健,王晓琳,等

续表

申请号	名称	申请单位	发明人
200610161542	一种两亲性分子对聚丙烯多孔膜表面的亲水化改性方法	南京工业大学	黄健，王晓琳，等
200610165252	一种制备 UO_2 陶瓷燃料微球的方法	清华大学	李承亮，郭文利，等
200610166558	微孔双连续结构的多孔支架材料的制备方法	武汉工程大学	李世荣，陈曦
200610166559	微孔双连续结构的多孔支架材料的制备方法	武汉工程大学	李世荣，王克敏，等
200610166560	微孔双连续结构的多孔支架材料的制备方法	武汉工程大学	李世荣，龙煦，等
200610166561	微孔双连续结构的多孔支架材料的制备方法	武汉工程大学	李世荣，陈哲，等
200610169890	一种二硼化镁超导材料及其制备方法	中国科学院电工研究所	高召顺，马衍伟，等
200610170471	一种铝合金中温钎焊钎料	中国航空工业第一集团公司北京航空材料研究院	程耀永，吴欣，等
200610170751	微掺镧钼合金丝的制备方法	金堆城钼业股份有限公司	李大成，卜春阳，等
200610173391	一种提高聚合物薄膜太阳能电池效率的溶剂处理方法	中国科学院长春应用化学研究所	谢志元，赵云，等
200620003774	多元弧等离子体全方位离子注入与沉积的表面处理装置	中国科学院物理研究所	杨思泽，刘赤子，等
200620012898	超长材料高温卧式真空热处理炉	北京七星华创电子股份有限公司	杨卫平，谢晶
200620030232	真空烧结压机真空室	郑州磨料磨具磨削研究所	潘微
200620031596	单片空气弹簧导向臂	焦作市鑫华丰汽车弹簧有限公司	王德旺
200620036234	多功能热处理真空炉	四川航空液压机械厂	邓忠，彭涛，等
200620052172	一种脱蜡烧结一体真空烧结炉	株洲精诚实业有限公司	袁美和，刘俊
200620073086	加热器	苏州先端稀有金属有限公司	李文江，李坚
200620073087	高温烧结炉	苏州先端稀有金属有限公司	李文江，李坚
200620084454	一种 U 型铜调节器	山东力诺瑞特新能源有限公司	李方军，单青
200620088757	热管式真空太阳集热器管排	山东博源热能科技有限公司	宋国强，李永田
200620138669	用于微型储能点焊机的整流电路	西安航空发动机(集团)有限公司	张明
200620139422	增压器回油装置	广西玉柴机器股份有限公司	叶双超
200620139656	绝缘型电加热器	浙江鑫通电子有限公司	陈伟民，胡定阐
200620161160	新型 U 型铜调节器	山东力诺瑞特新能源有限公司	单青，李方军
200620165224	多层平板隙缝阵列天线真空钎焊平板	中国电子科技集团公司第三十八研究所	汪方宝，朱启政，等
200680054491	镍钛合金制医疗器械表面涂层的制备方法	先健科技(深圳)有限公司	张德元，谢粤辉
200710009463	铈激活的钇铝石榴石荧光粉的制备方法	厦门大学	曾人杰，林成通，等
200710009646	一种镍锰铜镓高温形状记忆合金及其制备方法	厦门大学	马云庆，杨水源，等
200710009678	草酸非均相沉淀制备稀土掺杂钇铝石榴石荧光粉的方法	厦门大学	曾人杰，陈毅彬

续表

申请号	名称	申请单位	发明人
200710010436	一种网状 Cu 抗菌过滤金属材料的制备方法	中国科学院金属研究所	于志明,韩恩厚
200710010519	一种刻蚀基板法外延定向生长氮化物纳米片网格的方法	中国科学院金属研究所	丛洪涛,唐永炳,等
200710010807	一种采用点击化学反应制备键合型环糊精固定相的方法	中国科学院大连化学物理研究所	梁鑫淼,郭志谋,等
200710010884	大气压冷等离子体低温合成锐钛矿相纳米二氧化钛粉体的方法	大连理工大学	朱爱民,聂龙辉,等
200710011245	近 α 高温钛合金中 α2 相和硅化物的协调控制方法	沈阳大学	张钧,彭娜,等
200710011830	一种原位反应热压合成 TaC-$TaSi_2$ 陶瓷复合材料	中国科学院金属研究所	周延春,胡春峰,等
200710012104	一种设有耐磨层的制冷压缩机零件及其耐磨层的制备方法	东北大学,沈阳华润三洋压缩机有限公司	巴德纯,薛越,等
200710012807	一种富 Cr 离子渗氮层及其制备方法和应用	中国科学院金属研究所,江苏星河集团有限公司	于志明,韩恩厚,等
200710012968	一种高孔率泡沫状 MnO_2 催化材料及制备方法和应用	中国科学院金属研究所	于志明
200710013339	一种适用于电子级固体氨基三亚甲基膦酸的制备工艺	山东省泰和水处理有限公司	程终发,孙宝季,等
200710013340	一种适用于电子级固体羟基亚乙基二膦酸的制备工艺	山东省泰和水处理有限公司	程终发,孙宝季,等
200710013607	透明氮氧化铝陶瓷的制备方法	山东理工大学	魏春城,田贵山,等
200710017232	三铝化钛基复合材料的制备方法	西北工业大学	殷小玮,成来飞,等
200710017631	一种 SiC/Si 管状复合陶瓷的制备方法	西安交通大学	薛涛,金志浩,等
200710017666	高分辨率 X 射线像增强器	中国科学院西安光学精密机械研究所	赛小锋,赵宝升,等
200710017689	一种利用冷喷涂和真空烧结制备多孔钛涂层的复合工艺	西安交通大学	孙继锋,憨勇,等
200710017789	一种 ZnO MSM 型紫外光电导探测器的制备方法	西安交通大学	张景文,毕臻,等
200710017918	一种炭/炭密封材料的制造方法	西安航天复合材料研究所	解惠贞,崔红,等
200710017976	金属间化合物涂层的制备方法	西安交通大学	李长久,杨冠军,等
200710018342	纤维增强金属基梯度复合材料制备的方法	兰州理工大学	姜金龙,杨华,等
200710018353	基于 Al_2O_3 衬底的 GaN 薄膜的生长方法	西安电子科技大学	郝跃,倪金玉,等
200710018466	一种梯度多孔结构陶瓷的定制化成型方法	西安交通大学	李涤尘,连芩,等
200710018519	等离子体化学汽相淀积氟化非晶碳膜的方法及膜层结构	西安电子科技大学	吴振宇,杨银堂,等

续表

申请号	名称	申请单位	发明人
200710018520	一种低介电常数氧化硅薄膜的化学气相淀积方法	西安电子科技大学	杨银堂,吴振宇,等
200710018553	一种金属/陶瓷复合材料的装甲及其制备方法	西安交通大学	乔冠军,刘桂武,等
200710018592	一种 NbTiTa/Cu 超导线材的制备工艺	西北有色金属研究院	马权,陈自力,等
200710018593	节流及微流量精确控制用金属多孔材料芯体的制备方法	西北有色金属研究院	汤慧萍,谈萍,等
200710018594	一种多孔内芯与致密外壳的连接方法	西北有色金属研究院	谈萍,汤慧萍,等
200710018595	一种涂层导体用金属基带的硫化表面改性处理方法	西北有色金属研究院	于泽铭,周廉,等
200710018596	一种合成 $MgA1B_{14}$ 超硬材料的方法	西北有色金属研究院	刘国庆,闫果,等
200710018597	一种钙钛矿型阻隔层 $NdGaO_3$ 的制备方法	西北有色金属研究院	王耀,卢亚锋,等
200710018637	一种 ZrO_2 陶瓷与不锈钢或 Al_2O_3 陶瓷无压钎焊的方法	西安交通大学	乔冠军,刘桂武,等
200710018639	柔性染料敏化太阳电池纳晶薄膜的制造方法	西安交通大学	李长久,杨冠军,等
200710018681	石油测井仪器专用高温承压复合材料绝缘体的制备方法	西安永兴科技发展有限公司	吴亚民
200710018745	一种用 WCr 合金粉末制造 CuWCr 复合材料的方法	西安理工大学	肖鹏,范志康,等
200710018854	铌及铌合金废料的回收再利用方法	西北有色金属研究院	郑欣,李中奎,等
200710018889	单晶硅薄膜的制备方法	兰州大成自动化工程有限公司,兰州交通大学	范多旺,王成龙,等
200710019013	柔性基宏电子制造中微结构的大面积逆辊压印方法	西安交通大学	刘红忠,丁玉成,等
200710019031	陶瓷增强金属基多孔复合材料的制备方法	西安交通大学	杨建锋,高积强,等
200710019126	一种垂直结构的 ZnO 紫外光电导探测器的制备方法	西安交通大学	张景文,毕臻,等
200710020151	钼基氮化物复合硬质薄膜及其制备方法	中国科学院合肥物质科学研究院	杨俊峰,刘庆,等
200710020320	一种大功率双向晶闸管的生产方法	江苏威斯特整流器有限公司	陈建平
200710020889	医用钛合金髋关节球头表面渗碳工艺	中国矿业大学	葛世荣,罗勇
200710021423	原位法改性紫外光固化木器涂料的制备方法	江苏工业学院	陈海群,何光裕,等
200710022100	绝缘导热金属基板的制造方法	汉达精密电子(昆山)有限公司	吴政道,胡振宇,等
200710023304	原位内生 Al_3Ti 增强 Mg 基复合材料及制备方法	江苏大学	王树奇,赵玉涛,等
200710024781	复合碳素晶体电热材料及其制备方法	江苏贝莱尔电气有限公司	方灿榆

续表

申请号	名称	申请单位	发明人
200710025059	一种 Mo/AlN 复相微波吸收材料的制备方法	合肥工业大学	程继贵,梁槟星,等
200710025148	制纱片的制造工艺	苏州利德纺织机件有限公司	袁春辉,吴祥雯,等
200710025877	一种低温烧成多孔陶瓷支撑体的制备方法	南京九思高科技有限公司	徐南平,范益群,等
200710026305	一种纳米粉体铝合金钎剂的制备方法	广东工业大学	揭晓华,梁兴华,等
200710027353	一种异质 p-n 结纳米线阵列及其制备方法和应用	中山大学	杨国伟,冯洋
200710028584	一体化陶瓷金卤灯电弧管壳的制造方法	清新县合兴精细陶瓷制品有限公司	余树昌,阮锐
200710029015	一种定向增强铝基复合材料的制备方法	华南理工大学	陈维平,尚俊玲,等
200710030081	一种锌锅辊子用轴套、轴瓦及其制造方法	广州市锐优表面科技有限公司	邓昊
200710030263	一种碳纳米复合镍氢动力电池负极极片的制备方法及其应用	广东工业大学	张海燕,陈雨婷,等
200710031196	一种真空绝热板用的复合芯材及其制备方法	英德市埃力生亚太电子有限公司	周文胜,何凡,等
200710031284	陶瓷金卤灯单体电弧管壳的制造方法	清新县石坎镇巨安胶木电器瓷件厂	余树昌,阮锐
200710032777	高性能自洁型建筑结构膜材及其制备方法	佛山市高明亿龙塑胶工业有限公司	杨升,杨秉正,等
200710034383	一种高致密 TiAl 基合金制备方法	中南大学	刘咏,刘彬,等
200710034616	一种导电浆料用铜粉的表面修饰方法	中南大学	李启厚,李玉虎,等
200710034792	SiC 晶须增韧碳氮化钛基金属陶瓷切削刀片及其制备方法	株洲工学院科技开发部	丁燕鸿
200710034812	一种高强高韧耐高温金属陶瓷材料	中南大学	李荐,彭振文,等
200710035012	一种脉冲电沉积铜铟镓硒半导体薄膜材料的方法	中南大学	赖延清,刘芳洋,等
200710035176	炭/炭-碳化硅复合材料刹车闸瓦闸片的制造方法	中南大学	肖鹏
200710035466	一种耐温抗震规整波纹陶瓷填料及其制作方法	醴陵市石成金特种陶瓷实业有限公司	梁建文
200710035543	硬质合金真空防粘涂料	株洲精工硬质合金有限公司	陈明
200710035607	碳纳米球及其制备方法	长沙矿冶研究院	李正南,陈坚,等
200710035759	一种陶瓷表面金属化处理工艺	湖南湘瓷科艺股份有限公司	杨子初,陈金华,等
200710035791	粗晶粒硬质合金及其制备方法	株洲硬质合金集团有限公司	周悫昱,陈妍
200710035916	制氟碳阳极化学气相沉积热解碳抗极化涂层制备方法	中南大学	张福勤,黄伯云,等
200710036454	提高脉冲触发电阻式随机存储器抗疲劳特性的方法	中国科学院上海硅酸盐研究所	陈立东,尚大山,等
200710036513	蓝宝石晶体多坩埚熔体生长技术	上海晶生实业有限公司	吴宪君,徐家跃,等

续表

申请号	名称	申请单位	发明人
200710037394	低温无压烧结制备致密 Ti_3AlC_2 陶瓷的方法	上海大学	朱丽慧,黄清伟
200710037395	Lu_2O_3 基透明陶瓷低温烧结制备方法	上海大学	杨秋红
200710037599	高抗挤毁和抗硫化氢腐蚀低合金石油套管及其生产方法	宝山钢铁股份有限公司	田青超,郭金宝
200710037605	凝胶冷冻干燥法制备莫来石多孔陶瓷的方法	中国科学院上海硅酸盐研究所	曾宇平,丁书强,等
200710037794	H13 钢真空热处理质量优化工艺	上海市机械制造工艺研究所有限公司	王丽莲,石江龙,等
200710038122	二硼化锆基复相陶瓷的原位反应制备方法	中国科学院上海硅酸盐研究所	赵媛,王连军,等
200710038290	用于健康空调过滤系统的泡沫金属薄板制备方法	上海交通大学	王渠东,彭涛
200710038291	中空纤维多孔生物钛材料的制备方法	上海交通大学	刘萍,吴鲁海,等
200710038529	一种真空氧气脱碳装置冶炼不锈钢氮含量控制方法	宝山钢铁股份有限公司	李实,蒋兴元,等
200710038608	六角形二硒化镍纳米星的制备方法	上海交通大学	杜卫民,钱雪峰
200710039240	一种制备纳米多孔氧化钛厚膜的方法	中国科学院上海硅酸盐研究所	高相东,李效民,等
200710039382	三硫化二铟纳米带的制备方法	上海交通大学	杜卫民,钱雪峰
200710039838	一种取向硅钢的渗氮方法	宝山钢铁股份有限公司	李国保,吴培文,等
200710040756	单分散三元硫属化物 $AgInS_2$ 的制备方法	上海交通大学	杜卫民,钱雪峰
200710040757	单分散三元硫化物 $CuInS_2$ 的制备方法	上海交通大学	杜卫民,钱雪峰
200710041122	纳米复合材料的原位制备方法	上海交通大学	朱申敏,张荻
200710041326	钴基高弹性合金及其制造方法,由该合金制成的超薄带材及其制造方法	宝山钢铁股份有限公司	张甫飞,王明海,等
200710041727	催化燃烧式传感器敏感体自组装成型制造方法	上海交通大学	惠春,高顺华,等
200710041966	提高普通碳钢抗菌防锈性能的方法	上海交通大学	蔡珣,安全长,等
200710042621	耐高温、耐磨损的马氏体不锈钢及制造方法	宝山钢铁股份有限公司,东北大学	项权祥,张瑞华,等
200710043391	一类燃料电池用纳米钯或钯铂合金电催化剂的制备方法	中国科学院上海微系统与信息技术研究所,苏州大学	杨辉,朱昱,等
200710043509	不锈钢金属表面镀制类金刚石薄膜的方法	中国航天科技集团公司第五研究院第五一〇研究所	马占吉,赵栋才,等
200710043745	刻蚀氮化铝薄膜微图形的方法	上海交通大学	徐东,陈达,等
200710043844	一种钡锌锑基 P 型热电材料及其制备方法	中国科学院上海硅酸盐研究所	王小军,赵景泰,等
200710044644	一种长波紫外激发的白光发光材料及其制备和应用	上海师范大学	余锡宾,杨广乾,等
200710044645	一种长波紫外激发的绿光发光材料及其制备和应用	上海师范大学	余锡宾,杨广乾,等

续表

申请号	名称	申请单位	发明人
200710044646	一种短波紫外激发的蓝光发光材料及其制备和应用	上海师范大学	余锡宾,陶振卫,等
200710044771	一种锑化钴基热电器件的制造方法	中国科学院上海硅酸盐研究所	陈立东,赵德刚,等
200710045226	一种固体热容激光器用透明陶瓷激光材料及其制备方法	中国科学院上海硅酸盐研究所	冯涛,施剑林,等
200710045848	应用于太阳能电池的低阻硫化锡薄膜的制备方法	上海大学	郭余英,史伟民,等
200710045912	一种耐疖状腐蚀的改进型 Zr-4 合金及其制备方法	上海大学	姚美意,周邦新,等
200710046911	抗氧化 Ti-Al-Ag 三元涂层的制备方法	上海交通大学	何博,李飞,等
200710046913	Re_2O_3、TiB 和 TiC 混杂增强钛基复合材料的制备方法	上海交通大学	吕维洁,卢俊强,等
200710047073	短波紫外线激发的绿光发光材料及其应用	上海师范大学	余锡宾,费晓燕,等
200710047473	提高涂层导体用 CeO_2 薄膜厚度的方法	上海大学	潘成远,蔡传兵,等
200710047474	涂层导体用 CeO_2 薄膜的制备方法	上海大学	潘成远,蔡传兵,等
200710047494	高强度高电导率铜铬锆合金材料的制备方法及其装置	上海莘虹环境科技有限公司	钟云波,王志强,等
200710048611	具有多组不同成份的团粒结构硬质合金的生产方法	四川理工学院	黄新,孙亚丽,等
200710048698	具有组织诱导性的胶原基体表创伤修复膜的制备方法	四川大学	但卫华,叶易春,等
200710048921	一种三元锂陶瓷微球的冷冻成型制备方法	中国工程物理研究院核物理与化学研究所	陈晓军,王和义,等
200710049120	低钴硬质合金钎片的真空热处理方法	自贡硬质合金有限责任公司	李芳,谢勇,等
200710049299	碳氮化钛纳米粉的多重激活制备法	四川大学	刘颖,向道平,等
200710049943	脉冲电化学沉积制备羟基磷灰石/氧化锆复合涂层的方法	西南交通大学	鲁雄,王英波,等
200710050019	金属波纹管的生产工艺	成都赛乐化新机电有限公司,西南交通大学	吴穷,万里翔
200710050029	一种核壳型纳米级碳包覆磷酸铁锂复合正极材料及其制备方法	广西师范大学	李庆余,王红强,等
200710050131	马氏体不锈钢渗碳方法及其制品	四川航空液压机械厂	郑雄,樊佰联,等
200710050228	一种制备高孔隙率金属及复合材料的工艺方法	西南交通大学	冯波,陈跃军,等
200710050676	铜与不锈钢异种金属水接头真空钎焊工艺方法	中国核动力研究设计院	王世忠,俞德怀,等
200710050728	铜与不锈钢异种金属真空钎焊水接头的超声波自动检测系统	中国核动力研究设计院	万志坚,柴玉琨,等
200710050752	块状不裂透明纳米陶瓷的制备方法	四川大学	常相辉,卢铁城,等

续表

申请号	名称	申请单位	发明人
200710050753	纳米粉体的真空热处理方法	四川大学	贺端威,邹永涛,等
200710050770	纯钛无缝管的制造方法	攀钢集团四川长城特殊钢有限责任公司	王怀柳,周茂华,等
200710050808	一种含活性元素 Ti 适合钎焊钼及其合金的锰基钎料	四川大学	李宁,赵兴保,等
200710050980	超晶格热电材料的制备方法	中国核动力研究设计院	刘晓珍
200710051284	一种制备有序多孔氮杂氧化钛微粉的方法	武汉工程大学	刘长生,李俊,等
200710051454	Fe-6.5Si 合金粉末的制造方法及磁粉芯的制造方法	武汉欣达磁性材料有限公司	刘志文,王锋
200710051589	两相溶剂软界面法制备分等级纳米结构过渡金属氧化物	华中师范大学	张礼知,许华,等
200710051795	一种尼龙覆膜金属粉末材料的制备方法	华中科技大学	史玉升,闫春泽,等
200710051863	一种尼龙覆膜陶瓷粉末材料的制备方法	华中科技大学	史玉升,闫春泽,等
200710051876	非水共沉淀制备高纯纳米方钴矿热电化合物粉体的方法	武汉理工大学	唐新峰,褚颖,等
200710051989	一种致密 $Ti_{*}AlC$-TiB_{*} 复合材料及其制备方法	武汉理工大学	周卫兵,梅炳初,等
200710052159	一种制备微米级有序多孔氮杂氧化钛微球的方法	武汉工程大学	刘长生,李俊,等
200710052642	一种三元硼化物金属陶瓷材料及其制备方法	武汉科技大学	潘应君,汪宏兵,等
200710053258	制备氮杂氧化钛-氧化硅核壳纳米复合有序多孔大球的方法	武汉工程大学	刘长生,韦磊,等
200710053667	一种粘土增强尼龙选择性激光烧结成形件的方法	华中科技大学	史玉升,闫春泽,等
200710053668	一种无机纳米粒子增强尼龙选择性激光烧结成形件的方法	华中科技大学	史玉升,闫春泽,等
200710054260	一种钒氮合金的生产方法	郸城财鑫特种金属有限责任公司	仵树仁,徐其民,等
200710054458	一种高温结晶碳化硅电热元件的生产方法	郑州嵩山电热元件有限公司	陈铁森,陈章有,等
200710054865	金属陶瓷组合物以及在金属表面制备金属陶瓷涂层的方法	中国石油化工集团公司,中国石化集团洛阳石油化工工程公司	李选亭,盛长松,等
200710054911	高电阻常压烧结碳化硅制品的生产方法	郑州华硕精密陶瓷有限公司	蔡鸣
200710056175	一种多孔镁-膨胀珍珠岩或多孔 AZ91 镁合金-膨胀珍珠岩复合材料的制备方法	中国科学院长春应用化学研究所	吴耀明,王立民,等
200710056189	用 n 型氧化锌制备 p 型氧化锌薄膜的方法	中国科学院长春光学精密机械与物理研究所	赵东旭,曹萍,等
200710056691	原位合成碳纳米管/镍/铝增强增韧氧化铝基复合材料制备方法	天津大学	赵乃勤,何春年,等

续表

申请号	名称	申请单位	发明人
200710056707	一种采用盘圆钢线材制造药芯焊丝的工艺	天津三英焊业股份有限公司	陈邦固,张国良,等
200710056777	一种高性能钕铁硼永磁材料的制造方法	天津天和磁材技术有限公司	袁文杰
200710056782	一种耐腐蚀钕铁硼永磁材料的制造方法	天津天和磁材技术有限公司	袁文杰
200710061300	纳米 MgO 晶须的低温制备方法	天津大学	刘永长,史庆志,等
200710061541	烧结钕铁硼永磁体机械加工后所产生粉削再生利用的处理方法	山西汇镪磁性材料制作有限公司	张敏,张锋锐,等
200710063072	表面处理方法	北京东方新材科技有限公司	徐健,张云龙,等
200710063114	以聚四氟乙烯为添加剂燃烧合成氮化硅粉体的方法	中国科学院理化技术研究所,辽宁佳益五金矿产有限公司	李江涛,陈义祥,等
200710063131	一种导辊用镍基高温合金材料及其热处理工艺	清华大学	杨志刚,蒋帅峰
200710064249	陀螺仪用高性能磁温度补偿合金的制备工艺	北京科技大学	曲选辉,李平,等
200710064498	一种电化学腐蚀金属丝制备多孔块体金属玻璃的方法	北京科技大学	陈晓华,张勇,等
200710064621	燃烧合成超细氮化镁粉末的方法	中国科学院理化技术研究所,辽宁佳益五金矿产有限公司	李江涛,裴军,等
200710064722	燃烧合成超细氮化铝粉末的方法	中国科学院理化技术研究所,辽宁佳益五金矿产有限公司	李江涛,裴军,等
200710064777	一种在硅晶片上制备硅化镁薄膜的方法	中国科学院物理研究所	杜小龙,王喜娜,等
200710064995	一种制备 Cu_2ZnSnS_4 半导体薄膜太阳能电池吸收层的工艺	北京科技大学	果世驹,王璐鹏,等
200710065182	δ 掺杂制备 P 型氧化锌薄膜的方法	中国科学院半导体研究所	魏鸿源,刘祥林,等
200710065183	基于氮化铝缓冲层的硅基 3C-碳化硅异质外延生长方法	中国科学院半导体研究所	赵永梅,孙国胜,等
200710065216	一种超细晶无粘结剂硬质合金制造方法	北京科技大学	林涛,刘祥庆,等
200710065833	一种贝氏体耐磨铸钢衬板及其制造方法	昆明理工大学	周荣,蒋业华,等
200710065907	一种氧化物弥散强化铂基复合材料的制备方法	昆明贵金属研究所	张昆华,管伟明,等
200710066967	Sb 掺杂的 P 型 ZnO 晶体薄膜的制备方法	浙江大学	叶志镇,潘新花
200710067262	水力空化增强超临界辅助雾化制备微粒的系统及其方法	浙江大学	关怡新,蔡美强,等
200710067276	碳化硅复相陶瓷的制备方法	浙江大学	郭兴忠,杨辉,等
200710068422	一种锆氢晶粒增长抑制剂的用途	宁波科宁达工业有限公司	姚宇良,梁树勇,等
200710068448	具有镍酸锂缓冲层的外延钛酸锶铅薄膜及制备方法	浙江大学	杜丕一,李晓婷,等
200710068486	纳米铜改性制备高矫顽力、高耐腐蚀性磁体方法	浙江大学,浙江英洛华磁业有限公司	严密,于濂清,等

续表

申请号	名称	申请单位	发明人
200710068601	一种汽车转向泵叶片的制造方法	宁波甬微集团有限公司	苏子法，庄希平，等
200710069118	锂离子电池正极材料磷酸铁锂的微波快速固相烧结方法	横店集团东磁股份有限公司	金江剑，王国光，等
200710069176	大磁致伸缩铁锰合金薄带材料的制备方法	浙江大学	张晶晶，马天宇，等
200710069227	富稀土相的纳米钛粉改性制备高矫顽力稀土永磁方法	浙江大学，浙江英洛华磁业有限公司	严密，于濂清，等
200710069851	一种钌原位包绕超微高纯 Si_3N_4 粉体的表面改性方法	浙江理工大学	王耐艳，左佃太，等
200710070103	纳米复合碳化硅陶瓷的制备方法	浙江大学	郭兴忠，杨辉，等
200710070396	纤维复合强化 Cu-Fe-RE 合金及其制备方法	浙江大学	孟亮，武志玮
200710070442	氮化硅涂层钢领的制备方法	浙江理工大学	杜平凡，王勇，等
200710070637	硼氢化钠-肼混合燃料制氢的管式反应器的制备方法	浙江大学	李洲鹏，刘宾虹，等
200710070671	金黄色镀膜玻璃或陶瓷的制造方法	湖州金泰科技股份有限公司	钱苗根，钱良
200710070723	组合光学透镜贴模注塑工艺	温州朗格光学有限公司	程万海
200710070938	Sb 掺杂生长 P 型 $Zn_{1-x}Mg_xO$ 晶体薄膜的方法	浙江大学	叶志镇，潘新花，等
200710071189	一种稀土-铁-硼烧结磁性材料的无压制备方法	横店集团东磁股份有限公司	谭春林，包大新，等
200710071294	一种氧化锌纳米晶须的低温水热制备方法	中国计量学院	钟敏，葛洪良，等
200710071442	一种 ZnO 量子点的制备方法	浙江大学	黄靖云，陈玲，等
200710071687	NiMnGa 磁性记忆合金微米级颗粒的制备方法	哈尔滨工程大学	郑玉峰，陈枫，等
200710072303	金属基复合材料的制备方法	哈尔滨工业大学	韩杰才，张宇民，等
200710072470	碳铜复合结构换向器钎焊一次成型方法	哈尔滨工业大学	冯吉才，何鹏，等
200710072597	以 ZrO_2 为增强相的二硅酸锂微晶玻璃复合材料及其制备方法	哈尔滨工业大学	温广武，郑欣，等
200710072703	一种低成本 SiC 纳米线的制备方法	哈尔滨工业大学	温广武，张晓东，等
200710075362	合成锂离子电池正极材料磷酸铁锂的方法	深圳市比克电池有限公司	唐联兴，王驰伟，等
200710076890	一种磷酸铁锂电池正极废片的综合回收方法	深圳市比克电池有限公司	唐红辉，周冬，等
200710077257	制备氮化硅陶瓷发热体的凝胶注模成型工艺方法	深圳市金科特种材料股份有限公司	郜长福，张大牛，等
200710085228	电流感应晶片电阻器的制造方法	光颉科技股份有限公司	萧胜利，魏石龙
200710097218	利用冷榨山杏仁粕生产速溶型山杏仁粉的方法	露露集团北京国芝香食品有限公司	窦鹏飞

续表

申请号	名称	申请单位	发明人
200710097748	一种金属多孔薄钛板的制备方法	西北有色金属研究院	奚正平,张健,等
200710099130	高硅钢薄板的冷轧制备方法	北京科技大学	林均品,梁永锋,等
200710099438	镁合金表面旋涂法制备均匀耐腐蚀水滑石膜及其制备方法	北京化工大学	张法智,孙勐,等
200710106667	一种中低温赝两元热电合金及制备工艺	宁波工程学院	崔教林,修伟杰,等
200710107611	一种陶瓷-金属复合材料的制备方法	济南钢铁股份有限公司,济南大学	刘福田,陈启祥,等
200710111398	γ相 U-Mo 合金粉末的制备工艺	中国原子能科学研究院	尹邦跃,郭聪慧,等
200710112835	一种碳化钨-氧化锆-氧化铝复合刀具材料的制备方法	山东大学	艾兴,赵军,等
200710113806	一种碳化硼制品的非水基注凝成型工艺	中国海洋大学	黄翔,夏丰杰,等
200710113807	碳化硼-金属复合材料的凝胶注模成型工艺	中国海洋大学	黄翔,夏丰杰,等
200710114722	一种悬臂梁式钢制轮辋的成型方法	山东小鸭模具有限公司	刑照斌,梁俊凯,等
200710116081	烧结钕铁硼球磨加氢制备方法	中国石油大学(华东)	于濂清,胡松青,等
200710117800	$CuInSe_2$ 半导体薄膜太阳电池光吸收层的制备工艺	北京科技大学	果世驹,聂洪波,等
200710118212	自蔓延高温合成 TiCo 多孔材料的方法	北京科技大学	郝俊杰,吴玉博,等
200710118710	一种制备高铌钛铝多孔材料的方法	北京科技大学	林均品,王衍行,等
200710119350	一种制备类镧氧铁磷结构超导材料的方法	中国科学院物理研究所	梁重云,车仁超,等
200710119595	太阳能电池硅片翘曲的解决方法	上海索朗太阳能科技有限公司	吴伟,张玉红,等
200710120747	真空紫外线激发的高色域覆盖率的绿色荧光粉及制造方法	北京有色金属研究总院,有研稀土新材料股份有限公司	夏天,庄卫东,等
200710121764	电热法定向渗积制备炭/炭构件的工艺	北京航空航天大学	罗瑞盈,李强,等
200710121766	用炭纳米纤维增强炭/炭构件的方法	北京航空航天大学	罗瑞盈,李进松
200710121767	炭/炭复合材料的深度再生修复方法	北京航空航天大学	罗瑞盈,李军,等
200710121785	一种微晶 WC-10%Co 硬质合金的制备方法	北京工业大学	聂祚仁,席晓丽,等
200710121857	燃烧合成均质纳米碳化硅粉体的方法	中国科学院理化技术研究所,辽宁佳益五金矿产有限公司	李江涛,杨坤,等
200710122398	一种 MgB_2 超导材料的制备方法	中国科学院电工研究所	王栋樑,马衍伟,等
200710123092	一种 P 型氮化镓的表面处理方法	北京大学	王彦杰,胡晓东,等
200710123188	一种 AB5 型混合稀土系储氢合金粉末的制备方法	江西江钨浩运科技有限公司	张沛龙
200710130072	一种锂离子二次电池负极的制备方法	比亚迪股份有限公司	梁桂海,康小明,等
200710130344	真空玻璃的连续生产方法和设备	青岛亨达玻璃科技有限公司	徐志武,赵太洲,等
200710131166	模具钢 XW42 热处理工艺	苏州铭峰精密机械有限公司	洪志勤
200710132109	一种钎焊 Si_3N_4 陶瓷的含硼钛基非晶钎料以及制备方法	江苏科技大学	邹家生,赵其章,等
200710132201	一种负载碱金属在高炉炉料上的方法及其装置	安徽工业大学	李辽沙,武杏荣,等

续表

申请号	名称	申请单位	发明人
200710133895	一种在植入物表面获得生物活性、开放式多孔钛涂层的方法	常州天力生物涂层技术有限公司	王蕾,孙晓华,等
200710133896	一种多孔钛珠烧结涂层的电化学生物活化处理方法	常州天力生物涂层技术有限公司	王蕾,孙晓华,等
200710134829	一种采用强制通风强化将废弃生物质转化为乙酸的方法	江南大学	刘和,陈坚,等
200710138926	一种 SiC/BN 层状复合陶瓷的制备方法	西安交通大学	乔冠军,刘银娟,等
200710139553	一种异形喷丝板熔融纺丝制备中空酚醛纤维的方法	中国科学院山西煤炭化学研究所	刘朗,张东卿,等
200710144389	含氮双相不锈钢的无烧损无氧化熔铸方法	哈尔滨工程大学	赵成志
200710144487	五氧化二钽改性二硅化钼基复合材料及其制备方法	哈尔滨工程大学	方双全,张晓红,等
200710144639	双束激光辅助 LED 芯片与散热器直接键合的方法	哈尔滨工业大学	王春青,田艳红,等
200710144640	单束激光辅助 LED 芯片与散热器直接钎焊的方法	哈尔滨工业大学,华之光电子(深圳)有限公司	王春青,孔令超,等
200710144856	复合多模式等离子体表面处理装置	哈尔滨工业大学	田修波,杨士勤
200710145183	低价氧化铌或铌粉的制备方法	宁夏东方钽业股份有限公司	施文锋,习旭东,等
200710145501	锂电池磷酸铁锂复合正极材料的制备方法	北京中润恒动电池有限公司	刘立君,蒋华锋,等
200710145836	一种锂离子二次电池负极的制备方法	比亚迪股份有限公司	梁桂海,康小明,等
200710151358	锗单晶热压形变工艺	中国原子能科学研究院	肖红文,陈东丰,等
200710156478	有透明导电镍酸锂底电极的外延铌酸锶钡薄膜及制备方法	浙江大学	杜丕一,李晓婷,等
200710156587	Na 掺杂生长 P 型 ZnO 晶体薄膜的方法	浙江大学	叶志镇,林时胜,等
200710156589	纳米碳化硅陶瓷的制备方法	浙江大学	郭兴忠,杨辉,等
200710157157	湿式铜基粉末冶金摩擦片及制造方法	杭州前进齿轮箱集团股份有限公司	许成法
200710157510	一种 GH150 合金高压压气机动、静叶片冷辊轧工艺	沈阳黎明航空发动机(集团)有限责任公司	吴自然,魏政,等
200710157670	一种原位反应热压合成 TaC-SiC 陶瓷复合材料	中国科学院金属研究所	周延春,胡春峰,等
200710157671	一种原位反应热压合成 Nb_4AlC_3 块体陶瓷	中国科学院金属研究所	周延春,胡春峰,等
200710157713	一种多功能非晶复合材料制备设备	中国科学院金属研究所	王爱民,张海峰,等
200710157819	耐磨、耐腐蚀备件及其表面处理工艺	沈阳宝鼎化工设备制造有限公司	丁襄
200710158420	一种高温合金返回料的纯净化冶炼工艺	中国科学院金属研究所	董加胜,楼琅洪,等
200710158479	高速工具钢丝真空热处理工艺	大连经济技术开发区特殊钢制品公司	马肃宁,孙立忠,等
200710159312	一种以气体碳源热处理制备碳包覆纳米复合颗粒的方法	大连理工大学	董星龙,黄昊,等

续表

申请号	名称	申请单位	发明人
200710160267	碳短纤维增强 $BaAl_2Si_2O_8$ 复合材料的制备方法	哈尔滨工业大学	叶枫，刘利盟
200710162691	一种导电膜的制造方法、结构及具有该导电膜的探针卡	财团法人工业技术研究院	吴东权，周敏杰，等
200710164825	活塞环表面涂覆氮化硅膜层的方法	浙江理工大学	杜平凡，席珍强，等
200710165474	一种金属陶瓷材料的制备方法	比亚迪股份有限公司	郭冉，向其军，等
200710168351	一种泡沫基体的纳米 TiO_2 化学镀膜方法	武汉市吉星环保科技有限责任公司	杨和平
200710168360	一种碳纳米管阵列场发射阴极的制备方法	武汉大学	方国家，李春，等
200710168897	微波连续化烧结材料制品的装置及应用	武汉理工大学	周建，陈进，等
200710170464	中心对称连续微结构衍射元件掩模的制作方法	中国航天科技集团公司第五研究院第五一〇研究所	王多书，刘宏开，等
200710170879	一种氮化铬-聚苯胺纳米复合材料的制备方法	东华大学	李耀刚，陆元元，等
200710171695	一种 Fe 基大块非晶合金晶化的热处理工艺	上海大学	蒙韬，徐晖，等
200710171872	反应喷涂金属陶瓷复合粉末的制备方法	上海交通大学	马静，毛正平，等
200710172071	磁性内核介孔空心球的制备方法	中国科学院上海硅酸盐研究所	郭利明，施剑林，等
200710172854	真空镀铝纸处理用底涂涂料	上海东升新材料有限公司	施晓旦，王养臣，等
200710173302	一种新的制备(002)织构 Fe 薄膜的方法	复旦大学	马斌，何世海，等
200710173701	导模法生长掺碳蓝宝石晶体的方法	中国科学院上海光学精密机械研究所	杨新波，徐军，等
200710175304	一种提高 N 型多晶 Bi_2Te_3 热电性能的热处理方法	北京科技大学	张波萍，赵立东，等
200710175308	一种细晶择优取向 Bi_2Te_3 热电材料的制备方法	清华大学	李敬锋，赵立东，等
200710175794	一种制备高温堆燃料元件 UO_2 核芯的方法	清华大学	梁彤祥，郭文利，等
200710176457	一种 $LaGaO_3$ 基固体电解质靶材的制备方法	北京科技大学	张跃，刘邦武
200710176857	C/C 复合材料、C/SiC 复合材料与金属的连接方法	北京有色金属研究总院	张小勇，陆艳杰，等
200710177026	一种制备高体积分数碳化硅颗粒增强铜基复合材料的方法	北京科技大学	曲选辉，章林，等
200710177048	Sm-Co 二元合金非晶块体材料的制备方法	北京工业大学	宋晓艳，闫相全，等
200710177707	一种高性能光盘激光读取头用合金悬丝的制备方法	北京科技大学	吴兰鹰，马建设，等
200710177914	一种制备铜铟硒薄膜太阳能电池富铟光吸收层的方法	北京科技大学	果世驹，聂洪波，等

续表

申请号	名称	申请单位	发明人
200710178957	一种 Li 掺杂 ZnO 陶瓷靶材制备工艺	北京科技大学	张跃,唐立丹,等
200710179664	一种 Mo-Si-Al-K 冷轧薄钼板带材的制备方法	金堆城钼业股份有限公司	李大成,卜春阳
200710179669	具有高深冲性能和高晶粒度等级的钽长带制备方法	西部金属材料股份有限公司	李高林,白宏斌,等
200710180596	一种大厚度锅炉汽包用高强度钢板的生产方法	舞阳钢铁有限责任公司	赵全卿,宋向前,等
200710185331	在基材表面形成含钴超硬高速钢的表面冶金工艺	太原理工大学	刘沙沙,李忠厚,等
200710185660	一种超高压氢气瓶的制作方法	石家庄安瑞科气体机械有限公司	王红霞,王五开,等
200710187559	一种采用不锈钢粉末注射成型材料的方法	比亚迪股份有限公司	桑淑华,郭忠臣,等
200710188529	一种钛表面黑色氧化钛膜的制备方法	西北有色金属研究院	奚正平,李争显,等
200710189891	低温、高导热、电绝缘环氧树脂纳米复合材料制备工艺	中国船舶重工集团公司第七二五研究所	谢述锋,王岳,等
200710189892	一种钛合金非真空炉热处理工艺	中国船舶重工集团公司第七二五研究所	赵彦营,胡伟民,等
200710190082	自润滑表面复合材料负压浸渍填充制备工艺	苏州有色金属研究院有限公司	张文静,张栋,等
200710190660	一种生物活性梯度硬组织替换材料的制备方法	江苏大学	赵玉涛,林东洋,等
200710192401	一种 Cu-TiNi 复合材料的制备方法	中南大学	李劲风,郑子樵
200710192652	铌合金高温抗氧化硅化物涂层的制备方法	中南大学	肖来荣,易丹青,等
200710193123	一种高温自润滑轴承保持架材料	洛阳轴研科技股份有限公司	段天慧,孙永安,等
200710193125	一种由粉末冶金材料制作的轴承中隔圈	洛阳轴研科技股份有限公司	孙永安,易家明,等
200710195197	太阳能电池在真空粒子辐照环境下性能退化的原位测量系统及测量方法	北京卫星环境工程研究所	刘宇明,冯伟泉,等
200710196297	太阳能选择性吸收膜及其制造方法	财团法人工业技术研究院	庄瑞诚,叶詠津,等
200710198501	一种磁性纳米金属铁粒子填充碳纳米管的方法	北京化工大学	赵东林,李霞,等
200710198502	一种纳米金属铅粒子填充碳纳米管的方法	北京化工大学	赵东林,李霞,等
200710199273	一种蜂窝环形点阵的成型方法	西安交通大学	卢天健,陈常青,等
200710301411	一种凹印版及其制作方法和真空沉积镀膜装置	中国印钞造币总公司	刘永江,李晓伟,等
200710303401	电解镍板的组织调整及脱气工艺	长沙矿冶研究院	刘威,胡许先,等
200710303821	一种磁控溅射 Co-Cr-Ta 合金靶的制造方法	安泰科技股份有限公司	于宏新,周武平,等
200710303869	一种钛铝合金靶材的粉末冶金制备方法	安泰科技股份有限公司	张凤戈,姚伟,等
200710303916	高强度高韧性超细晶 WC-10Co 硬质合金的制备方法	北京工业大学	宋晓艳,赵世贤,等

续表

申请号	名称	申请单位	发明人
200710304585	多功能高温反应炉	北京有色金属研究总院	胡永海，张恒，等
200710304789	一种立方氮化硼薄膜的制备方法	北京工业大学	邓金祥，张晓康，等
200710307296	镍铝金属间化合物基高温自润滑复合材料的制备方法	中国科学院兰州化学物理研究所	毕秦岭，刘维民，等
200720005112	一种改进型钎焊氢炉	安徽华东光电技术研究所	李锐，沈旭东
200720006270	连续式三室气冷真空退火炉	厦门钨业股份有限公司	黄长庚，杨金洪，等
200720061533	一种红外线燃烧器媒介材料	广州市蓝炬燃烧设备有限公司	张仲凌
200720092177	全自动金刚石制品真空热压烧结机	郑州金海威科技实业有限公司	张东林，王卫国，等
200720127679	聚变装置第一镜装置	核工业西南物理研究院	周艳，邓中朝，等
200720131234	壳管换热器	苏州昆拓冷机有限公司	刘明国
200720131815	真空高压气淬炉氮气充入装置	江苏丰东热技术股份有限公司	杨晔，陈红进，等
200720147965	一种以钛粉末为原料生产钛粉金属多孔薄钛板的模具	西北有色金属研究院	张健，汤慧萍，等
200720173768	一种导尿管表面处理装置	中国热带农业科学院农产品加工研究所	余和平，卢光，等
200720174098	散热器芯子组件装配校正及快速装卸夹具	贵州永红航空机械有限责任公司	沈鹏，高飞
200720192332	不锈钢手机外壳	高鸿镀膜科技(浙江)有限公司	许向阳，王骏，等
200720193392	一种配置有低耗费冷却附件的特种陶瓷烧结装置	宁波大学	李榕生，水淼，等
200720309229	溶剂型真空清洗机	江苏丰东热技术股份有限公司	向建华
200810001675	一种调控氮化碳材料物相的溶剂热恒压合成方法	山东大学	崔得良，陆希峰，等
200810007538	热处理真空炉物料转移装置	江苏丰东热技术股份有限公司	向建华
200810010080	一种高温合金薄壁铸件的制备方法	中国科学院金属研究所	于金江，孙晓峰，等
200810010103	一种氮掺杂 ZnO 的受主激活方法	大连理工大学	梁红伟，孙景昌，等
200810010104	一种 Sb 掺杂制备 P 型 ZnO 薄膜方法	人连理工大学	梁红伟，杜国同，等
200810010121	一种碳化硼复合材料的制备方法	东北大学	茹红强，吕鹏，等
200810010125	一种低碳 9Ni 钢厚板的制造方法	东北大学	刘振宇，谢章龙，等
200810010162	一种原位反应热压合成 V_2AlC 块体陶瓷及其制备方法	中国科学院金属研究所	周延春，胡春峰，等
200810010304	多弧离子镀钛铝铬硅钇氮化物多组元超硬反应膜的制备方法	沈阳大学	张钧，王闯，等
200810010808	一种制备高温合金微型精密铸件的工艺方法	沈阳工业大学	毛萍莉，姜卫国，等
200810011610	刚性碳纤维隔热保温材料的制造及表面处理方法	鞍山塞诺达碳纤维有限公司	郑淑云，张作桢，等
200810012229	一种紧凑高效钛合金板翅式换热器钎焊方法	中国科学院金属研究所	吴昌忠，陈怀宁，等
200810012311	抗菌改性聚乙烯醇-非织造布复合微孔滤膜的制备方法	大连理工大学	杨凤林，王婵婵

续表

申请号	名称	申请单位	发明人
200810012349	软接触电磁连铸用两段式无切缝结晶器套管的制造方法	东北大学	王强，金百刚，等
200810012387	料架可旋转立式真空高压气淬炉	沈阳恒进真空科技有限公司	杨建川，石岩，等
200810012567	铜网表面镀 Cu 加 CeO_2 的抗菌过滤金属材料及制备和应用	中国科学院金属研究所	于志明，敬和民
200810012730	一种大容量真空感应炉用钙质坩埚的制备方法	中国科学院金属研究所	马颖澈，高明，等
200810013168	铜包铝母线排的生产方法及设备	大连松辽机电设备制造有限公司	曲凤祥，丁纪洲，等
200810014393	一种三溴苯乙烯的制备方法	山东天一化学有限公司	李守平，钱立军，等
200810014875	一种 Cr-Mn-Ti 齿轮钢的制备方法	莱芜钢铁股份有限公司	董杰吉，雍歧龙，等
200810015133	碘辅助低温制备氮化硅纳米材料的方法	山东大学	钱逸泰，傅丽，等
200810016893	一种控制氧化锌纳米棒/纳米管阵列取向和形貌特征的方法	济南大学	武卫兵，胡广达，等
200810017558	一种用于 DLC 膜的表面处理工艺	西安交通大学	董光能，曾群锋，等
200810017836	一种 A1GaN/GaN HEMT 器件的隔离方法	西安电子科技大学	张进城，董作典，等
200810017843	一种用于骨修复的生物复合材料的制备方法	陕西科技大学	曹丽云，曾丽平，等
200810017870	静电场与磁场共同诱导结晶技术制备多孔陶瓷的方法	西安理工大学	赵康，汤玉斐，等
200810017871	静电场下冷冻干燥技术制备多孔陶瓷材料的方法	西安理工大学	赵康，汤玉斐，等
200810017970	一种定向排列孔碳化硅多孔陶瓷的制备方法	西安交通大学	高积强，杨建锋，等
200810018125	一种悬浮熔炼钼铼合金铸锭的热加工方法	西北有色金属研究院	张军良，李中奎，等
200810018176	一种孔结构可控的多孔陶瓷的制备方法	西安理工大学	赵康，汤玉斐，等
200810018368	一种接骨钉生物复合材料的制备方法	陕西科技大学	黄剑锋，沈基显，等
200810018374	一种大功率 X 线管用 WMo 石墨复合阳极靶材的制备方法	西安理工大学	陈文革，高丽娜
200810018500	竹制复合材料风力发电机叶片叶根预成型灌输工艺	无锡天奇竹风科技有限公司	王鹏飞，赵新华，等
200810019368	金属基超疏水性微结构表面的激光制备方法	江苏大学	周明，李保家，等
200810019369	半导体材料微纳多尺度功能表面激光造型方法	江苏大学	周明，李保家，等
200810020282	一种氧化锆纤维板的制备方法	山东红阳耐火保温材料有限公司	刘和义，孙启宝，等
200810020318	一种多孔不锈钢-陶瓷复合膜的制备工艺	南京工业大学	黄彦，俞健，等
200810021142	高安全性低漏热高温超导大电流引线的分流器	中国科学院等离子体物理研究所	毕延芳，丁开忠，等

续表

申请号	名称	申请单位	发明人
200810021143	一种适用于聚变堆包层含流道部件的制造工艺	中国科学院等离子体物理研究所	李春京,黄群英,等
200810021330	用于高温超导电流引线的超导叠钎焊方法及模具	中国科学院等离子体物理研究所	毕延芳,于景泽
200810022505	铝合金自润滑表面复合材料的热处理工艺	苏州有色金属研究院有限公司	张栋,张文静
200810022600	一种高强度低温用低碳贝氏体钢及其生产工艺	南京钢铁股份有限公司,北京科技大学	刘丽华,祝瑞荣,等
200810022757	氮化钨基三元纳米复合超硬薄膜材料及其制备方法	中国科学院合肥物质科学研究院	杨俊峰,刘庆,等
200810024573	汽车整流桥反烧烧结技术	徐州奥尼克电气有限公司	张晓民
200810024703	绝缘导热金属基板上真空溅镀形成导电线路的方法	汉达精密电子(昆山)有限公司	吴政道
200810024708	绝缘导热金属基板上真空溅镀形成导电线路的方法	汉达精密电子(昆山)有限公司	吴政道
200810025357	平板氮化硅薄膜PECVD沉积系统	苏州思博露光伏能源科技有限公司	奚建平,周子彬
200810026377	生物活性钛材料及其制备方法	暨南大学	李卫,刘英
200810026551	高亮度、高耐磨封边条的涂布工艺及其设备	东莞市华立实业股份有限公司	谭洪汝,谢志昆
200810027092	一种高剥离强度的细线路挠性电路板的制作方法	广州力加电子有限公司	苏陟
200810027829	薄膜晶体管之化学气相沉积制作流程及其预沉积层构造	深超光电(深圳)有限公司	王志达
200810028483	一种钙钛矿中空纤维膜的制备方法	华南理工大学	王海辉,蔡明雅,等
200810028593	塑胶件表面清洁方法	东莞劲胜精密组件股份有限公司	王建
200810028764	不导电膜层真空镀膜工艺	东莞劲胜精密组件股份有限公司	王建
200810030396	一种在柔性基材上制备氧化铟锡导电膜的生产工艺	中山市东溢新材料有限公司	陈剑民,来育梅,等
200810030404	一种高强度微合金低碳贝氏体钢及其生产方法	湖南华菱湘潭钢铁有限公司	曹志强,夏政海,等
200810031011	纳米WC-Co复合粉改性的Ti(CN)基金属陶瓷及其制备方法	株洲钻石切削刀具股份有限公司	周书助,唐宏珲,等
200810031044	一种高性能粉末冶金Mo-Ti-Zr钼合金的制备方法	中南大学	范景莲,成会朝,等
200810031136	一种镍铝基合金多孔材料的制备方法	中南大学	刘咏,何晓宇,等
200810031231	一种热墩热冲模用非均匀硬质合金及其制备方法	株洲精工硬质合金有限公司	陈明
200810031252	多元氮化物陶瓷先驱体的制备方法	中国人民解放军国防科学技术大学	王军,唐云,等
200810031253	氮化物陶瓷纤维的制备方法	中国人民解放军国防科学技术大学	王军,唐云,等
200810031692	耐超高温陶瓷涂层的制备方法	中国人民解放军国防科学技术大学	胡海峰,张玉娣,等

续表

申请号	名称	申请单位	发明人
200810032008	一种用于吸波材料的纳米复合 α-Fe 及其制备方法	长沙矿冶研究院	李正南,陈坚,等
200810032152	硬质合金大制品的脱蜡烧结一体工艺	株洲硬质合金集团有限公司	蒋洪亮,张忠健,等
200810032275	一种 ZrB_2-SiC-ZrC 复相陶瓷材料的制备方法	中国科学院上海硅酸盐研究所	张国军,吴雯雯,等
200810032410	$Li_xM_y(PO_4)_z$ 类化合物的电子束辐照法合成方法	上海大学	赵兵,焦正,等
200810032467	亚稳 β 型 Ti-Nb-Ta-Zr-O 合金及其制备方法	上海交通大学	郭文渊,孙坚,等
200810032853	普通钢球表面包复钴铬钨合金的方法	上海中洲特种合金材料有限公司	冯明明
200810033064	轻质高导热碳纳米复合材料的制备方法	上海纳晶科技有限公司,华东师范大学	张哲娟,孙卓,等
200810033283	太阳能电池片涂层工艺用等离子管制造方法	上海强华石英有限公司	周文华
200810033496	多晶-单晶固相转化方法	中国科学院上海硅酸盐研究所	冯涛,施剑林,等
200810033522	一种高稳定性碳载 Pt-Au 双金属纳米电催化剂制备方法	中国科学院上海微系统与信息技术研究所,南京师范大学	杨辉,张叶,等
200810033872	多晶碘化汞薄膜室温核辐射探测器的制备方法	上海大学	郑耀明,史伟民,等
200810033953	一种高性能海洋系泊链钢及其制造方法	宝山钢铁股份有限公司	殷匠,李华卫,等
200810034113	一种 La-Mg-Ni 系贮氢电极合金的改性方法	上海大学	赵显久,李谦,等
200810034172	一种用于燃料电池的超薄型石墨双极板的加工方法	上海弘枫石墨制品有限公司	张孟彤,顾爱平
200810034931	金属或金属氧化物纳米颗粒的薄膜制备方法	中国科学院上海硅酸盐研究所	李效民,吴永庆,等
200810035206	直接醇燃料电池用管状阴极的制备方法	上海交通大学	李飞,倪红军,等
200810035671	烟气湿式氧化镁脱硫废液回收方法	上海瑞惠机械设备制造有限公司	于宁瑞,华涵
200810036180	一种制备直接醇类燃料电池用 Pd 基纳米催化剂的方法	中国科学院上海微系统与信息技术研究所	杨辉,王文明,等
200810036548	燃料电池氧还原催化剂及其制备方法	上海交通大学	任奇志
200810036922	一种硼氢化钠的制备方法	复旦大学	孙大林,张汉平,等
200810037294	一种原位氮化制备含六方氮化硼的复合材料的方法	中国科学院上海硅酸盐研究所	王震,董绍明,等
200810038288	一种 SiC/CNTs 复合陶瓷的制备工艺	上海工程技术大学	林文松
200810038573	一种两亲性稀土纳米材料的微乳液水热合成方法	复旦大学	李富友,陈志钢,等
200810038643	发泡产品表面处理方法	延锋伟世通汽车饰件系统有限公司,延锋伟世通(重庆)汽车饰件系统有限公司	金淑亮,陈虹宇,等
200810038840	基于三维视觉测量的对称特征颜面赝复体制备方法	上海交通大学	习俊通,孙进,等

续表

申请号	名称	申请单位	发明人
200810038841	基于三维视觉测量的非对称特征颜面赝复体制备方法	上海交通大学	习俊通，孙进，等
200810039375	马氏体沉淀硬化不锈钢无缝钢管的制备方法	宝山钢铁股份有限公司	蔡志刚，孙纪涛，等
200810039563	局部可控多孔结构人工关节假体的制备方法	上海交通大学	李祥，王成焘
200810039811	咖啡杯原纸用底涂涂料及其制备方法和应用	上海东升新材料有限公司	施晓旦，尹东华，等
200810040150	反应喷涂金属钛、钴和碳化硼混合热喷涂粉末的方法	上海交通大学	马静，毛正平，等
200810040462	一种可充镁电池正极材料硅酸锰镁的制备方法	上海交通大学	努丽燕娜，杨军，等
200810040506	一种碳热还原法制备一维氮化铝纳米线的方法	中国科学院上海硅酸盐研究所	祝迎春，杨涛
200810040638	一种高质量立方氮化硼薄膜的制备方法	上海大学	徐闰，冯健，等
200810040693	可获得可控和均匀硬度的铸铁类模具材料热处理方法	上海交通大学	陈新平，蒋浩民，等
200810041275	五氧化三钛镀膜材料的制备方法	上海特旺光电材料有限公司	侯印春，张健
200810041445	La-Mg-Ni 系储氢合金的制备方法	上海交通大学，上海纳米技术及应用国家工程研究中心有限公司	程利芳，王润博，等
200810042428	航天用红外探测器杜瓦组件高真空保持的结构及实现方法	中国科学院上海技术物理研究所	王小坤，朱三根，等
200810043683	一种着色性能好的高折射率树脂镜片及其制造方法	上海康耐特光学股份有限公司	贺建友，罗有训
200810044419	全致密纳米复合稀土永磁材料的制备方法	四川大学	刘颖，李军，等
200810044427	一种钆镓石榴石平界面晶体的制备方法	成都东骏激光股份有限公司	石全洲，王国强，等
200810044806	一种水合钠钴氧超导材料的制备方法	西南交通大学	张勇，赵勇，等
200810045618	一种低应力氮化铬多层硬质薄膜的制备方法	西南交通大学	冷永祥，黄楠，等
200810045725	一种制备掺铌钛酸锶薄膜的方法	西南交通大学	赵立峰，黄正银，等
200810045897	一种铁基 $SmFeAsO_{1-x}F_x$ 超导线材的制备方法	西南交通大学	陈永亮，崔雅静，等
200810045898	一种制备氟化稀土的方法	西南交通大学	陈永亮，崔雅静，等
200810046102	X80 等级钢油、气输送管气体保护焊用焊丝	四川大西洋焊接材料股份有限公司，华北石油钢管厂	余应堂，郑海，等
200810046330	一种有机电致发光器件的制备方法	电子科技大学	杨亚杰，蒋亚东，等
200810046452	一种 Ni 粘结 WC 基硬质合金的制备方法	四川大学	郭智兴，熊计，等
200810046453	一种具有近等轴 WC 晶粒的硬质合金的制备方法	四川大学	郭智兴，熊计，等

续表

申请号	名称	申请单位	发明人
200810046475	一种高强度激光拼焊板拉延模加工工艺	四川集成天元模具制造有限公司	万德军，王安兵，等
200810046671	具有倍频功能的透红外硫系卤化物玻璃陶瓷及其制备方法	武汉理工大学	陶海征，郑小林，等
200810046758	场发射阴极碳纳米管发射阵列的制备方法	武汉大学	方国家，刘逆霜，等
200810047544	一种纳米 Cu 均匀包覆的 Zn_4Sb_3 粉体的制备方法	武汉理工大学	赵文俞，王要娟，等
200810047545	一种纳米 SiO_2 均匀包覆的 Zn_4Sb_3 粉体的制备方法	武汉理工大学	赵文俞，王要娟，等
200810048655	一种晶须增韧金属陶瓷刀具及其制备方法	华中科技大学	熊惟皓，瞿峻，等
200810049411	一种抗延迟断裂的 16.9 级螺栓制作方法	洛阳双瑞特钢科技有限公司	陈继志，宁天信，等
200810049548	一种镁合金用含氮细化剂及其制备方法和使用方法	郑州大学	赵红亮，关绍康，等
200810049701	一种坡莫合金真空热处理工艺	焦作市同兴计时化工有限公司	张峥嵘
200810050660	电纺丝法制备陶瓷基半导体纳米纤维气敏传感器的方法	吉林大学	王策，郑伟，等
200810050920	一种半导体激光器腔面钝化方法	长春理工大学	乔忠良，薄报学，等
200810051095	一种聚酰亚胺纤维的制备方法	中国科学院长春应用化学研究所	邱雪鹏，高连勋，等
200810051215	一种用于冠脉支架高真空热处理的装置	中国科学院长春光学精密机械与物理研究所	王佳玲，陈卓，等
200810051239	一种钨铝-铜合金烧结体及制法	中国科学院长春应用化学研究所	马贤锋，乔竹辉，等
200810051601	一种多孔淀粉的制备方法	中国科学院长春应用化学研究所	王丕新，谭颖，等
200810053276	表面金属化与化学沉积制备金刚石增强铜基复合材料的方法	天津大学	赵乃勤，崔兰，等
200810053475	大倍率充放电性能超级电容器的多孔炭电极制备方法	天津大学	杨全红，苏珍
200810054745	一种超塑性纳米 Si_3N_4 基陶瓷材料及其制备方法	燕山大学	骆俊廷，张春祥，等
200810054747	一种超塑性纳米 AlN 陶瓷材料的制备方法	燕山大学	骆俊廷，张春祥，等
200810054823	铜/铜合金轴承复合材料的制备方法	燕山大学	张瑞军，刘建华
200810054858	超高强度铬系铸铁板带的生产方法	太原科技大学	王宥宏，虞明香，等
200810055382	一种用球墨铸铁制备碳微球的方法	太原理工大学	卫英慧，林丽霞，等
200810055398	丁炔二醇两步法加氢制丁二醇二段加氢催化剂的制备方法	山西大学	赵永祥，李海涛，等
200810055921	一种外延阴极电化学共沉积技术制备金属、合金、金属氧化物和合金氧化物复合粉的方法	北京航空航天大学	于维平，何业东，等

续表

申请号	名称	申请单位	发明人
200810056233	可降解生物相容性高分子/碳纳米管复合材料的制备方法	北京科技大学	郑裕东,魏广叶,等
200810056965	一种氮化铝锥尖及栅极结构的制作方法	中国科学院物理研究所	顾长志,李云龙,等
200810057712	微波加热抑制燕麦脂肪酶活性的方法	中国农业大学	李再贵,钱科盈,等
200810057892	应用三甲基叠氮硅烷为发电机定子蒸发冷却介质的方法	中国科学院工程热物理研究所	梁世强,淮秀兰,等
200810058311	一种基因芯片用钽掺杂氧化锡薄膜载体材料的制备方法	昆明理工大学	张玉勤,蒋业华,等
200810058312	一种钽掺杂氧化锡透明导电薄膜的制备方法	昆明理工大学	张玉勤,蒋业华,等
200810058530	微波处理阻燃木材的方法	昆明理工大学	陈冬华,郭玉忠,等
200810058544	一种气相法纳米粉体表面脱酸处理方法	昆明理工大学	陈冬华,郭玉忠,等
200810059327	一种快速变温真空炉	中国科学院宁波材料技术与工程研究所	李东,林旻,等
200810060360	晶界相重构的高强韧性烧结钕铁硼磁体及其制备方法	浙江大学,浙江英洛华磁业有限公司	严密,周向志,等
200810060477	常压烧结微孔碳化硅石墨自润滑密封环及其制造方法	宁波东联密封件有限公司	李友宝,励永平
200810060510	复杂取向磁体的制备方法	宁波大学	刘新才,潘晶
200810060843	晶界相重构的高耐蚀性烧结钕铁硼磁体及其制备方法	浙江大学	严密,崔熙贵,等
200810060993	镜面不锈钢轴承的加工工艺	余姚市曙光不锈钢轴承有限公司	俞少蔚,王曦靓
200810061098	高耐蚀性烧结钕铁硼永磁材料的生产工艺	宁波永久磁业有限公司	任春德,宋小明,等
200810061237	Nb掺杂生长n型ZnO透明导电薄膜的方法	浙江大学	叶志镇,林均铭,等
200810061982	一种反应烧结碳化硅陶瓷及其生产方法	浙江东新密封有限公司	郑志荣
200810062358	一种同时合成 SiO_2 纳米线和 SiC 晶须的方法	浙江理工大学	陈建军,王耐艳,等
200810062735	制氢用的碳化硅纳米线催化剂的制备方法及其用途	浙江理工大学	陈建军,潘颐,等
200810063298	一种 Li-Mg-N-H 储氢材料的制备方法	浙江大学	潘洪革,刘永锋,等
200810063351	水溶性聚乙烯醇薄膜的生产方法	世源科技(嘉兴)医疗电子有限公司	方海素,唐岷
200810063372	铜铬-铜复合触头材料及其制造方法	浙江亚通金属陶瓷有限公司,浙江省冶金研究院有限公司	吴仲春,丁枢华,等
200810063453	竹炭基远红外复合材料及其制备方法	浙江大学	郭兴忠,张玲洁,等
200810063860	表面抗菌、耐磨的金属/陶瓷纳米多层膜的制备方法	哈尔滨工业大学	田修波,韦春贝,等
200810063927	一种氮化硅纳米线和纳米带的制备方法	哈尔滨工业大学	张晓东,温广武,等
200810063928	一种氮化硅纳米线的制备方法	哈尔滨工业大学	张晓东,温广武,等

续表

申请号	名称	申请单位	发明人
200810064135	抗剪强度高、生产效率高的碳/碳化硅与铌或铌合金用复合箔片钎焊的方法	哈尔滨工业大学	张丽霞,刘玉章,等
200810064137	碳/碳化硅与铌或铌合金用复合粉末钎焊的方法	哈尔滨工业大学	张丽霞,刘玉章,等
200810064249	钎焊氮化硅陶瓷的钎料及钎焊氮化硅陶瓷的方法	哈尔滨工业大学	张杰,孙元
200810064262	一种固体酸催化剂的制备方法	哈尔滨六环石油化工技术开发公司	白雪峰,李猛,等
200810064441	一种半固态成形用镁合金及其半固态坯料制备方法	哈尔滨工程大学	李新林,马国睿,等
200810064671	一种金属材料与非金属复合材料的连接方法	哈尔滨工业大学	张丽霞,赵磊,等
200810064810	一种伴有串状结构的碳化硅纳米线的制备方法	哈尔滨工业大学	温广武,张晓东,等
200810064995	一种真空压力浸渗制备金属基复合材料的方法	哈尔滨工业大学	武高辉,陈苏,等
200810066663	一种催化剂的制备方法及其性能测试装置	深圳大学	朱光明,王雷
200810066975	半导体芯片金硅焊料的合金工艺	深圳深爱半导体有限公司	侯海峰
200810068381	石墨粉的制备方法及设备	深圳市贝特瑞新能源材料股份有限公司	岳敏,贺雪琴,等
200810068866	铝制板翅式散热器真空钎焊炉温度场的均温方法	贵州永红航空机械有限责任公司	高振宇,王家喜
200810068916	一种固体电解电容器及其制造方法	中国振华(集团)新云电子元器件有限责任公司	陆胜,方鸣,等
200810069053	液冷冷板加工工艺	贵州永红航空机械有限责任公司	葛光荣
200810069274	碱性介质中抗溺水气体多孔电极的制备方法	重庆大学	魏子栋,季孟波,等
200810069504	具有可见光催化活性二氧化钛纳米粉末的制备方法	重庆大学	王勇,高家诚
200810070390	一种孔隙率可控的多孔钛制备方法	重庆大学	邱贵宝,牛文娟,等
200810070577	一种无铅焊接材料及其制备方法	厦门大学	刘兴军,李元源,等
200810070673	一种锡银金无铅焊接材料及其制备方法	厦门大学	刘兴军,李元源,等
200810070780	一种氮化镓基外延膜的制备方法	厦门大学	刘宝林,黄瑾,等
200810070824	一种镍钛铌负热膨胀合金及其制备方法	厦门大学	马云庆,江惠芳,等
200810071492	一种利用次磷酸或次磷酸盐制备磷酸亚铁锂电池用正极材料的方法	福建师范大学	童庆松,黄维静,等
200810071493	一种利用还原法制备磷化铁与磷酸亚铁锂混合相正极材料的方法	福建师范大学	童庆松
200810071494	一种掺杂导电磷化物的磷酸亚铁锂正极材料的制备方法	福建师范大学	童庆松

续表

申请号	名称	申请单位	发明人
200810071495	一种利用磷化反应制备磷酸亚铁锂正极材料的方法	福建师范大学	童庆松,李变云,等
200810071496	一种利用亚磷酸或亚磷酸盐制备磷酸亚铁锂正极材料的制备方法	福建师范大学	童庆松,卢阳,等
200810071596	一种在塑料表面制备多孔导电涂层的方法	厦门建霖工业有限公司	吴子豹,关栋云
200810071610	磁控管阴极组件用焊料环的配方及其制造方法	厦门虹鹭钨钼工业有限公司	石涛
200810071643	一种高效掺氟的磷酸亚铁锂正极材料的制备方法	福建师范大学	童庆松,李变云,等
200810071644	一种同时掺杂氟离子和金属离子的磷酸亚铁锂正极材料的制备方法	福建师范大学	童庆松
200810073409	ZnO:Bi光电薄膜及其制备方法	桂林电子科技大学	江民红,刘心宇
200810073890	稀土掺杂Sn-Te基稀磁半导体高致密度块体材料的制备方法	广西大学	湛永钟,马建波,等
200810073936	一种锂离子电池用尖晶石型掺杂锂锰氧化物的制备方法	广西师范大学	蒙冕武,廖钦洪,等
200810079228	一种含铜铁素体抗菌不锈钢钢带的制造方法	山西太钢不锈钢股份有限公司	王辉绵,王彦平,等
200810079313	一种空心碳球的制备方法	太原理工大学	刘旭光,杨永珍,等
200810079780	一种预涂感光蚀刻印刷版的制作方法	中国印钞造币总公司	解传东,刘静
200810080155	一种用于薄膜太阳能电池的氧化锌铝靶材的制备方法	石家庄同人伟业科技有限公司	康明生,魏雨,等
200810089029	液体急冷结合放电等离子烧结制备硅锗基热电材料的方法	北京有色金属研究总院	王忠,陈晖,等
200810090000	生产烧结棕刚玉的方法	濮阳濮耐高温材料(集团)股份有限公司	刘百宽,张翼,等
200810090965	一种耐酸阳极的制备方法	太原理工大学	陈兴国,梁镇海
200810093983	电致变色镁镍合金薄膜的电化学制备方法	中国海洋大学	苏革,孙武珠,等
200810094116	一种钕铁硼永磁材料及其制备方法	比亚迪股份有限公司	杜鑫,程晓峰,等
200810097888	一种溶液静电纺丝方法制备离子交换纤维的方法	北京服装学院	付中玉,冯淑芹,等
200810103887	一种提高Ag-Pb-Sb-Te热电材料性能的方法	清华大学	李敬锋,周敏
200810104240	一种氢化锆的表面处理方法	北京有色金属研究总院	王力军,陈伟东,等
200810104298	高层建筑用钢板的生产方法	首钢总公司	刘春明,姜中行,等
200810104972	一种氮掺杂纳米二氧化钛可见光光催化剂的制备方法	北京化工大学	张敬畅,张国良,等
200810105650	一种复相组织钻杆材料的制备方法	中国石油天然气集团公司,中国石油天然气集团公司管材研究所	张亚平,韩礼红,等

续表

申请号	名称	申请单位	发明人
200810106243	一种高强韧无碳化物贝氏体钻杆及其制备方法	中国石油天然气集团公司,中国石油天然气集团公司管材研究所	韩礼红,张亚平,等
200810106836	一种复合粘接剂体系水基流延制备陶瓷薄片材料的方法	景德镇陶瓷学院	罗凌虹,黄祖志,等
200810107332	铸铁槽筒的表面处理工艺	台州宇硕自络槽筒有限公司	林卫平
200810110772	用于钛合金与钢真空钎焊的工艺方法	中国航空工业第一集团公司北京航空材料研究院	叶雷,程耀永,等
200810112211	一种复杂形状硬质合金制件的凝胶注模成形方法	北京科技大学	邵慧萍,杨晓亮,等
200810113142	注射成形制备高铌钛铝合金零部件的方法	北京科技大学	何新波,张昊明,等
200810113772	一种硬模板法制备的磁性钴铁铁氧体及其制备方法	北京化工大学	徐庆红,纪雪梅,等
200810114098	一种铝碳化硅封装外壳的封接方法	北京科技大学	吴茂,何新波,等
200810114587	一种无金属底托的环状真空吸气元件的制备方法	北京有色金属研究总院	尉秀英,秦光荣,等
200810114676	单相 Sm_2Co_{17} 纳米晶块体材料的制备方法	北京工业大学	宋晓艳,卢年端,等
200810114966	一种用粉末注射成型制备电真空吸气元件的方法	北京有色金属研究总院	张艳,尉秀英,等
200810115855	采用感应熔炼制复合多级 Y_2O_3 粉坩埚的方法	北京航空航天大学	徐惠彬,张虎,等
200810116163	一种根部带防掉粉装置的吸气元件的制备方法	北京有色金属研究总院	尉秀英,秦光荣,等
200810116238	一种高容量长寿命稀土镁基储氢合金的制备方法	北京有色金属研究总院	周增林,宋月清,等
200810116253	采用磁控溅射连续双面共沉积工艺制高硅钢带的工业化生产系统	北京航空航天大学	毕晓昉,田广科
200810116717	一种制备铜铟硒溅射靶材的工艺	清华大学,张家港保税区华冠光电技术有限公司	张弓,庄大明,等
200810116885	一种真空烧结法生产无孔微晶玻璃板材的方法	北京晶雅石科技有限公司	陈家仪
200810117838	一种制备铁氧体陶瓷软磁材料新方法	中国地质大学(北京)	彭志坚,葛慧琳,等
200810119192	一种 TiNiSn 基热电化合物的制备方法	清华大学	李敬锋,邹敏敏,等
200810120463	热蒸发法制备孪晶结构碳化硅纳米线的方法	浙江理工大学	陈建军,高林辉,等
200810120790	一种制备太阳级硅的方法	浙江大学	阙端麟,顾鑫,等
200810120875	一种制造锰铝硬磁合金的方法	中国科学院宁波材料技术与工程研究所,宁波金鸡钕铁硼强磁材料有限公司	胡元虎,林旻,等

续表

申请号	名称	申请单位	发明人
200810121203	接触线用 Cu-Cr-Zr 合金制备工艺	邢台鑫晖铜业特种线材有限公司,浙江大学,中铁电气化勘测设计研究院有限公司,烟台金晖铜业有限公司	张进东,王立天,等
200810121409	一种光亮等温正火生产系统	杭州金舟电炉有限公司	於文德,韩志根,等
200810121486	带压榨膜片的反应过滤干燥设备	浙江大学	匡继勇,金志江,等
200810123031	一种连续孔梯度陶瓷管的制备方法	南京工业大学	范益群,徐南平,等
200810124323	铌酸锂/Ⅲ族氮化物异质结铁电半导体薄膜制备方法及应用	南京大学	谢自力,张荣,等
200810130411	高体积分数 C/Cu 复合材料的低压辅助熔渗制备方法	西北工业大学,西安西工大超晶科技发展有限责任公司	胡锐,寇宏超,等
200810132884	I 型人造金刚石专用粉体材料的制备方法	湖北鄂信钻石材料有限责任公司	缪树良
200810134531	高温钛合金焊后双重电子束局部热处理方法	中国航空工业第一集团公司北京航空制造工程研究所	付鹏飞,付刚,等
200810134880	一种金属表面的短脉冲激光清洗方法	中国航空工业第一集团公司北京航空制造工程研究所	邹世坤,陈俐,等
200810136840	陶瓷及陶瓷基复合材料与钛合金的钎焊焊接方法	哈尔滨工业大学	张丽霞,刘多,等
200810137358	电镀金刚石车针的制造方法	哈尔滨工程大学	郑玉峰,周惠敏,等
200810137443	一种硬质合金/钢复合轧辊的制备方法	哈尔滨工业大学	冯吉才,岳鑫,等
200810137483	Al_2O_3 陶瓷与金属材料的钎焊方法	哈尔滨工业大学	张丽霞,王颖,等
200810140407	结晶器铜板超音速火焰喷涂方法	西峡龙成特种材料有限公司	朱书成,王希彬,等
200810143094	超细晶粒碳氮化钛基金属陶瓷的微波烧结	湖南科技大学	张厚安,唐思文,等
200810143418	电炉冶炼 10Cr9Mo1VNbN 铁素体耐热钢经水平连铸成圆管坯的方法	衡阳华菱连轧管有限公司	肖鸿光,田汉蒲,等
200810143468	一种高强度调质钢及其生产方法	湖南华菱湘潭钢铁有限公司	曹志强,罗登,等
200810143469	一种采用工业焦粉替代活性炭处理焦化废水的方法	湖南华菱湘潭钢铁有限公司,湘潭大学	刘宪,杨运泉,等
200810150116	一种 β-SiC 纳米线的合成方法	陕西科技大学	李翠艳,黄剑锋,等
200810150328	一种非晶态 NiB 储氢合金电极的制备方法	西北有色金属研究院	吴怡芳,李成山,等
200810150463	一种纳米稀土氧化物掺杂钼合金的制备方法	西安交通大学	孙军,张国君,等
200810150594	采用 Ce-CuCr 预合金粉末制备 Cu/Cr_2O_3 复合材料的方法	西安理工大学	梁淑华,代卫丽,等
200810150654	静电场与模具共同诱导冷冻干燥技术制备多孔陶瓷的方法	西安理工大学	赵康,李大玉,等
200810150663	含碳纤维的聚苯并咪唑复合材料的制备方法	中国科学院兰州化学物理研究所	陈建敏,卢艳华,等

续表

申请号	名称	申请单位	发明人
200810150665	双歧杆菌冷冻浓缩发酵剂及其制备方法	甘肃省科学院生物研究所	邵建宁,麻和平,等
200810150703	一种氮化铝及氮化铝/氧化铝复合粉体的合成方法	西安交通大学	张晖,梁工英,等
200810150740	一种钛合金真空钎焊用复合箔材的加工方法	西北有色金属研究院	洪权,葛鹏,等
200810150876	一种金属钼与氧化铝复合陶瓷绝缘结构及制备方法	西安交通大学	李盛涛,张拓,等
200810150893	一种低成本高强度钛合金	西北有色金属研究院	葛鹏,毛小南,等
200810150955	一种降低陶瓷热障涂层热导率的后处理方法	西安交通大学	梁工英,张晖,等
200810150976	一种平板玻璃容器的封接排气方法	彩虹集团公司	唐李晟
200810150982	一种颗粒增强钛基复合材料的制备方法	西北有色金属研究院	毛小南,于兰兰,等
200810151044	一种具有显微扩散阻挡层的铜/硅封装材料及其制备方法	西安交通大学	王亚平,蔡辉,等
200810151362	箱型无氧化热处理炉	东庵(天津)金属有限公司	崔中赫
200810153158	制造电弓滑板的耐磨铜基梯度材料及其制备方法	天津大学	郑冀,李松林,等
200810153334	锂离子固体电解质导电膜的制备方法	中国电子科技集团公司第十八研究所	丁飞,刘兴江,等
200810153743	直径为Φ219.0～460.0 mm大口径高钢级耐腐蚀无缝钢管的制造方法	天津钢管集团股份有限公司	许文妍,邱锋,等
200810154217	具有核壳结构的锂离子二次电池负极材料制备方法	中国电子科技集团公司第十八研究所	卢志威,刘兴江,等
200810161612	具有高导电率良好低温放电性的磷酸铁锂的制备方法	杭州龙威能源科技有限公司	吴雪峰,骆宏钧,等
200810163886	一种粉末冶金支座的制造方法	东睦新材料集团股份有限公司	包崇玺,毛增光
200810163887	粉末冶金支座的制造方法	东睦新材料集团股份有限公司	包崇玺,毛增光,等
200810164207	一种非极性ZnO晶体薄膜的生长方法	浙江大学	叶志镇,张利强,等
200810164214	一种分立器件正面金属的生产方法	杭州立昂电子有限公司	钱进
200810172468	一种低温真空扩散连接钛合金的方法	中国航空工业第一集团公司北京航空材料研究院	周媛,李晓红,等
200810172471	一种以薄膜为中间层进行高温合金真空扩散连接的方法	中国航空工业第一集团公司北京航空材料研究院	周媛,李晓红,等
200810182036	一种纳米氧化锆结合钛酸铝复合材料的制备方法	河北理工大学	王瑞生,卜景龙,等
200810191028	一种超低碳马氏体耐磨自动焊丝	江苏新华合金电器有限公司	华大凤,王树平
200810195585	不锈钢板翅结构真空钎焊工艺	南京工业大学	蒋文春,巩建鸣,等
200810196494	渗碳齿轮钢锻坯等温正火工艺	江苏太平洋精密锻造有限公司	夏汉关,赵红军,等
200810197517	一种快速制造可摘局部义齿支架的方法	华中科技大学	曾晓雁,王泽敏,等
200810197746	金属材料与微晶玻璃阳极键合用中间膜层材料	武汉理工大学	李宏,程金树,等

续表

申请号	名称	申请单位	发明人
200810198713	一种纳米漂浮型负载光催化剂及其低温制备方法和应用	中国科学院广州地球化学研究所	安太成,张茂林,等
200810200167	一种大尺寸管式固体氧化物燃料电池及其制备方法	中国科学院上海硅酸盐研究所	刘仁柱,王绍荣,等
200810200299	室温磁制冷工质材料及其制备方法	上海大学	张鹏,侯雪玲,等
200810200301	室温磁制冷工质材料 Y_2Fe_{17} 的制备方法	上海大学	胡星浩,侯雪玲,等
200810200531	一种氮化硼陶瓷纤维先驱体的制备方法	东华大学	余木火,曹义苗,等
200810200844	航天用高温合金 GH3600 精细薄壁无缝管的制造方法	上海高泰稀贵金属股份有限公司	陶永良
200810200929	利用环糊精提高聚碳酸亚丙酯热稳定性的方法	上海交通大学	宋亮,朱新远,等
200810201052	一种用酯交换法制造低熔点聚酯的方法	北京服装学院	赵国樑,刘洋
200810201202	掺锰铝酸锂晶体的生长方法	中国科学院上海光学精密机械研究所	滕浩,周圣明,等
200810201370	一种低收缩玉米改性聚乳酸纤维的制备方法	东华大学,海盐金霞化纤有限公司	张瑜,张志明,等
200810201440	一种方钴矿基热电块体材料的制备方法	同济大学	蔡克峰,王玲
200810201698	利用半导电橡胶对真空浇注及 APG 工艺中嵌件进行表面处理的方法	上海雷博司电器有限公司	费龙菲
200810201699	真空浇注及 APG 工艺中嵌件的表面处理方法	上海雷博司电器有限公司	费龙菲
200810201991	新型有机半导体固态激光器及其制备方法	上海大学	魏斌,孙三春,等
200810203597	一种氮化碳纳米锥及其制备方法	复旦大学	许宁,胡巍,等
200810203955	制备 La-Mg-Ni 基 AB3 型贮氢合金的方法	上海大学	李谦,刘静,等
200810204031	磁场下烧结制备 La-Mg-Ni 基 AB3 型贮氢合金的方法	上海大学	李谦,刘静,等
200810204175	一种不锈钢真空钎焊用钎料及其制备方法	上海工程技术大学	于治水,李瑞峰,等
200810204418	一种磁饱和强度可控的超顺磁性复合微球及其制备方法	复旦大学	褚轶雯,汪长春
200810204439	三靶磁控共溅射制备铝-铜-铁准晶涂层的方法及其应用	上海工程技术大学	周细应,刘延辉,等
200810207760	功能性零价纳米铁/聚电解质复合纤维毡的原位制备方法	东华大学	史向阳,肖仕丽,等
200810209627	大豆卵磷脂氢化催化剂的制备方法	东北农业大学	张敏,江连洲,等
200810209700	制备梯度多孔材料的方法	哈尔滨理工大学	曹国剑,张一思,等
200810209771	一种 TiN/TiB_2 复合材料的制备方法	哈尔滨工业大学	欧阳家虎,杨振林,等

续表

申请号	名称	申请单位	发明人
200810210052	多晶硅薄膜组件的制备方法	兰州大成自动化工程有限公司，兰州交通大学	范多旺，王成龙，等
200810211660	一种提高 Bi-S 二元体系热电材料性能的方法	北京科技大学	张波萍，赵立东，等
200810219444	颗粒增强阻尼多孔镍钛记忆合金基复合材料的制备方法	华南理工大学	张新平，李大圣，等
200810219467	一种废弃陶瓷制环保洗水石及其制作方法	惠州市恒晖环保洗水石有限公司	谢林杰
200810222168	一种钛基钎料及其制备方法	西部金属材料股份有限公司	杨永福，叶建林，等
200810222336	低温晶片键合的方法	中国科学院半导体研究所	彭红玲，陈良惠，等
200810222487	一种含钴的铝合金材料及其制备方法	北京有色金属研究总院	张永安，熊柏青，等
200810222873	不锈钢丝网过滤管的制造方法	北京市粉末冶金研究所有限责任公司	余培良，尹凤霞，等
200810223504	一种复杂碳化物硬质合金表面可焊性改性方法	北京市粉末冶金研究所有限责任公司	彭晓芙，印红羽，等
200810224169	环形烧结钕铁硼磁体的生产方法	北京中科三环高技术股份有限公司，天津三环乐喜新材料有限公司	陈风华
200810224176	一种铕铁砷超导体线材或带材的制备方法	中国科学院电工研究所	齐彦鹏，张现平，等
200810224251	大功率逆变电源用变压器铁基纳米晶磁芯及制造方法	安泰科技股份有限公司	王立军，陈文智，等
200810224528	换热管管内金属多孔表面的离心涂敷真空烧结加工方法	北京广厦环能科技有限公司	韩军
200810224529	一种制备 MgZnO 单晶薄膜的方法	中国科学院物理研究所	刘章龙，杜小龙，等
200810224572	一种具有表面高质量的镁合金板及带卷的制造方法	北京科技大学	蔡庆伍，魏松波，等
200810224675	一种改善稀土系镍氢电池负极倍率性能的方法	清华大学	潘崇超，于荣海
200810225030	LaB_6 多晶块体阴极材料的快速制备方法	北京工业大学	张久兴，周身林，等
200810225539	一种提高低温起燃性能净化催化剂的制备方法	中国海洋石油总公司，中海油天津化工研究设计院	肖彦，张燕，等
200810226107	固体片式钽电解电容器及其制造方法	北京七一八友益电子有限责任公司	祁怀荣
200810226329	灰化处理方法	中芯国际集成电路制造(北京)有限公司	韩秋华，杜姗姗，等
200810226867	一种可分离式骨架及利用该骨架实现的光纤线圈制备方法	北京航天时代光电科技有限公司	李晶，王巍，等
200810226970	辐射磁环用 R-T-B 系合金粉末的处理方法	北京中科三环高技术股份有限公司	陈国安，王浩颉，等
200810227147	聚酰亚胺无缝复合管膜的制备方法及装置	北京市射线应用研究中心	王连才，李淑凤，等
200810227278	一种 La 掺杂 $SrTiO_3$ 基氧化物热电材料与制备方法	北京科技大学	张波萍，尚鹏鹏，等

续表

申请号	名称	申请单位	发明人
200810227383	高导热微波衰减器材料及其制备方法	北京有色金属研究总院	杨志民，董桂霞，等
200810227448	一种泵轮真空钎焊方法	北京二七轨道交通装备有限责任公司	邱立新，潘振起，等
200810227680	重稀土氢化物纳米颗粒掺杂烧结钕铁硼永磁的制备方法	北京工业大学	岳明，刘卫强，等
200810227760	一种透射电镜荧光屏制备方法	北京有色金属研究总院	杜风贞，孙泽明，等
200810227821	一种用高温激光显微镜测量奥氏体晶粒尺寸的方法	首钢总公司	温娟，刘晓岚，等
200810228102	聚合物电解质膜燃料电池金属双极板及其制备方法	大连交通大学	田如锦
200810228103	一种聚合物电解质膜燃料电池金属双极板及其制备方法	大连交通大学	田如锦
200810228915	芳纶纤维表面改性方法	沈阳工业大学	张爱玲，金辉，等
200810228929	一种超高分辨率的磁力显微镜探针的制备方法	东北大学	秦高梧，裴文利，等
200810229273	一种靶向粘附壳聚糖材料及其应用	中国科学院大连化学物理研究所	马小军，杨艳，等
200810229583	一种高纯超细氮化铝陶瓷粉体的高分子网络制备方法	沈阳大学	张宁
200810229738	提高真空循环脱气炉插入管寿命的方法	鞍钢股份有限公司	赵爱英，姚伟智，等
200810229958	一种钛合金玻璃封接工艺方法	沈阳兴华航空电器有限责任公司	姜岩，薛亮，等
200810230327	一种用于质子交换膜燃料电池的气体扩散层及其制备方法	中国科学院大连化学物理研究所	孙公权，高妍，等
200810230712	原位自生 Al_2O_3 增强钼基复合材料及其制备方法	河南科技大学	魏世忠，徐流杰，等
200810230928	超细氧化银的制备方法	桐柏鑫泓银制品有限责任公司	王学成，高玲凡
200810231642	麻纤维遗态结构 C/Sn 或 C/Al 复合材料的制备方法	西安工程大学	王俊勃，杨敏鸽，等
200810231644	麻纤维遗态结构氧化锡或氧化铝复合材料的制备方法	西安工程大学	贺辛亥，王俊勃，等
200810231976	一种纳米稀土氧化物掺杂钼-硅-硼合金的制备方法	西安交通大学	孙军，张国君，等
200810231995	纳米羟基磷灰石生物复合涂层的制备方法	陕西科技大学	曹丽云，李颖华，等
200810231998	碳/碳复合材料碳化硅/磷酸铝防氧化复合涂层制备方法	陕西科技大学	黄剑锋，杨文冬，等
200810232034	采用真空熔铸法制备 CuCr 40 触头材料的方法	陕西斯瑞工业有限责任公司	王文斌，王小军，等
200810232099	一种基于渗硅氮化制备无晶界相多孔氮化硅陶瓷的方法	西安交通大学	杨建锋，于方丽，等
200810232424	一种双相协同强化 TiAl 复合材料的制备方法	陕西科技大学	王芬，朱建峰，等

续表

申请号	名称	申请单位	发明人
200810232473	钌铌二元合金高温钎焊料	西北有色金属研究院	李银娥，马光，等
200810232475	一种钌钒二元合金高温钎焊料	西北有色金属研究院	李银娥，马光，等
200810232583	一种渐变孔径不锈钢多孔管的制备方法	西北有色金属研究院	奚正平，汤慧萍，等
200810232590	一种超轻多孔金属纤维夹芯板的制备方法	西北有色金属研究院	汤慧萍，王建永，等
200810232604	一种可进行随形退火热处理的金属零件制造工艺	西北有色金属研究院	贾文鹏，汤慧萍，等
200810232609	金属多孔膜管的整体分步多阶段保温烧结工艺	西北有色金属研究院	汤慧萍，汪强兵，等
200810232726	一种场致发射平板显示器及制备方法	彩虹集团公司	丁兴隆，俞敏
200810232739	一种新型有机电致发光器件薄膜封装方法	彩虹集团公司	张志刚
200810232743	一种硅橡胶表面疏水性涂层的制备方法	西安交通大学	金海云，周蕊，等
200810232749	一种瓷绝缘子表面超疏水性涂层的制备方法	西安交通大学	金海云，周蕊，等
200810232770	一种平面介质阻挡放电光源的制造方法	彩虹集团公司	李军
200810232772	一种太阳能电池光阳极基板的制备方法	彩虹集团公司	姜春华
200810233477	一种含难混溶元素的高熵合金制备方法	昆明理工大学	冯晶，肖冰，等
200810233478	反应合成法制备二碳化钡电介质块体材料	昆明理工大学	冯晶，于杰，等
200810236490	一种高硅含量的铝/硅合金的制备方法	西安交通大学	王菲，王亚平，等
200810236542	硫系红外玻璃及其制备工艺	西安工业大学	坚增运，常芳娥，等
200810236903	含 Ni-Cr 粘结剂的金属陶瓷及其制备方法	华中科技大学	熊惟皓，杨青青，等
200810238801	一种具有高度温度稳定性的高温永磁材料及制备方法	北京航空航天大学	蒋成保，许琦，等
200810238872	一种多级降压收集极双层电极及制备工艺	中国科学院电子学研究所	赵建东，吕京京
200810239016	一种采用冷冻干燥法制备具有定向结构多孔陶瓷的方法	北京航空航天大学	张跃，邹景良，等
200810239155	一种高锰高铝含量的高强度高塑性钢铁材料的制备方法	北京科技大学	米振莉，唐荻，等
200810239216	一种利用激光表面处理制备高硬度 Cu 基非晶合金涂层的方法	北京航空航天大学	张涛，韩培培，等
200810239405	一种消除硅片表面水雾的低温热处理工艺	北京有色金属研究总院，有研半导体材料股份有限公司	冯泉林，何自强，等
200810239879	基于硅纳米线的荧光化学逻辑开关及其制备方法	中国科学院理化技术研究所	师文生，穆丽璇
200810239895	一种高碳含量的孪晶诱导塑性钢铁材料的制备方法	北京科技大学	米振莉，唐荻，等

续表

申请号	名称	申请单位	发明人
200810239960	一种化学溶液法制备高温超导薄膜的方法	北京有色金属研究总院	丁发柱,古宏伟,等
200810243068	玻璃与金属真空扩散焊接工艺	南京工业大学	凌祥,申希海,等
200810243657	多晶硅太阳能电池铸锭用石英坩埚的氮化硅喷涂方法	江阴海润太阳能电力有限公司	任向东,鲍家兴,等
200810246565	一种化学气相沉积低温生长 ZnS 设备和工艺	北京有色金属研究总院,北京国晶辉红外光学科技有限公司	王铁艳,苏小平,等
200810246638	辐射取向磁环和辐射多极磁环的制备方法	北京中科三环高技术股份有限公司	王浩颉,陈国安,等
200810246900	一种 MH-Ni 电池用 AB5 型储氢合金的制备方法	鞍山鑫普新材料有限公司	郭靖洪,姜波,等
200810246920	一种钎焊方法	沈阳黎明航空发动机(集团)有限责任公司	杜静,曲伸,等
200810246970	一种质子交换膜燃料电池柔性石墨复合双极板的制备方法	新源动力股份有限公司	杜超,明平文,等
200810249536	一种蜂窝型陶瓷膜的制备方法	山东理工大学	谭小耀,孟波,等
200810249555	氮化硼纳米管晶界相添加制备高强韧性磁体方法	中国石油大学(华东)	于濂清
200810304720	NiAl 金属间化合物多孔材料及其制备方法	成都易态科技有限公司	高麟,贺跃辉,等
200810306379	FeAl 金属间化合物多孔材料的制备方法	成都易态科技有限公司	高麟,贺跃辉,等
200820013708	一种真空退火炉	中国科学院沈阳科学仪器研制中心有限公司	许小红,江凤仙,等
200820018311	一种热压烧结炉	山东大学	韩建德
200820030403	真空回火氮化炉排气装置	江苏丰东热技术股份有限公司	杨晔,陈红进,等
200820030404	真空高压气淬炉微充气装置	江苏丰东热技术股份有限公司	杨晔,陈红进,等
200820031956	植物照明用高强度气体放电灯	普罗斯电器(江苏)有限公司	高忠兰,刘凯,等
200820052894	一种真空烧结炉的冷却水套	株洲精工硬质合金有限公司	陈明
200820069984	高温除尘滤筒	新乡正源净化科技有限公司	李松岭,耿启,等
200820069985	不锈钢烧结网流化板	新乡正源净化科技有限公司	李松岭,耿启,等
200820070980	智能一体化马弗炉	鹤壁市热博特仪器制造有限公司	钱林,杨明君,等
200820088122	耐高温自润滑滑板	浙江长盛滑动轴承有限公司	孙志华
200820090644	真空炉用水冷密封电动机	哈尔滨海纳电机制造有限公司	张纪勇,靖兆花,等
200820095435	真空熔炼压铸设备	比亚迪股份有限公司	朱战民,肖美群,等
200820106851	设置在真空脱脂烧结炉中的集蜡装置	新日兴股份有限公司	吕胜男,林舜天,等
200820108478	高温氮化遂道炉	钢铁研究总院	高立春,王寿增,等
200820121243	用于钕铁硼烧结炉上的抽气装置	宁波科田磁业有限公司	王育平
200820124516	一种高密度大面积等离子体片产生装置	中国科学院空间科学与应用研究中心	程芝峰,徐跃民,等
200820142157	脱蜡加压烧结热处理真空炉	天津市天骄电炉制造有限公司	朱俊卿

续表

申请号	名称	申请单位	发明人
200820150369	用于精炼炉的真空槽修砌站	上海国冶工程技术有限公司	郭晓庆,朱里云
200820152229	节能支架	上海科华热力管道有限公司	刘领诚,陈雷
200820154502	用于真空式管材退火炉机械泵的防泄漏预抽阀	宝山钢铁股份有限公司	陈涛,蔡斌
200820154646	强磁场液态金属扩散装置	上海大学	任忠鸣,李传军,等
200820158501	一种真空脱脂烧结淬火一体炉	湖南顶立科技有限公司	戴煜,羊建高,等
200820164878	双层炉单室结构的真空室	杭州金舟电炉有限公司	於文德,李闯,等
200820165689	一种带压榨膜片的反应过滤干燥设备	浙江大学	匡继勇,张含,等
200820166669	错流式板翅式过冷器	杭州杭氧股份有限公司	毛央平,骆剑峰,等
200820172499	真空热压烧结炉热压力测控装置	山东大学	韩建德
200820185099	高速动车组制动控制气路板	铁道部运输局,南京浦镇海泰制动设备有限公司	张曙光,张斌,等
200820199086	单轨列车轮胎气压管	中国汽车工程研究院有限公司	李作垒,蒋朝平,等
200820215103	多晶硅太阳能电池铸锭用石英坩埚的氮化硅膜烘烤装置	江阴海润太阳能电力有限公司	任向东,鲍家兴,等
200820218321	真空气氛热压烧结炉	锦州航星真空设备有限公司	宋宏伟,陈利颖,等
200820218323	真空离子热压炉	锦州航星真空设备有限公司	赵泉,夏郁秋,等
200820219020	氢气烧结炉气路自动控制系统	锦州航星真空设备有限公司	夏郁秋
200820220087	一种真空淬火炉检测装置	沈阳兴华航空电器有限责任公司	陈峰,韩成祥,等
200820222091	高真空烧结炉机械泵自动换油装置	西安西工大思强科技有限公司	邹光荣
200820228505	真空灭弧室用陶瓷金属化管壳	陕西宝光陶瓷科技有限公司	相里景龙,王楠
200910000743	一种慢波结构制造的工艺方法	安徽华东光电技术研究所	吴华夏,方卫,等
200910003519	一种 ZrO_2 陶瓷与 Al_2O_3 陶瓷无压钎焊的方法	西安交通大学	乔冠军,刘桂武,等
200910003955	用钕铁硼粉末废料制作钕铁硼永磁材料的方法	内蒙古科技大学	张雪峰,牛焕忠,等
200910006077	一种低温多晶硅薄膜器件及其制造方法	财团法人工业技术研究院	彭逸轩,黄志仁,等
200910010144	一种链烷醇胺的生产工艺	佳化化学股份有限公司	李金彪,曲亚明,等
200910010227	一种判定钛合金叶片冶金质量的方法	沈阳黎明航空发动机(集团)有限责任公司	关红,邰清安,等
200910010228	一种低倍腐蚀检查钛合金叶片冶金质量的方法	沈阳黎明航空发动机(集团)有限责任公司	关红,邰清安,等
200910010403	一种可改善硫族半导体薄膜性能的水热处理方法	大连理工大学	石勇,薛方红,等
200910010558	一种金属氢化物热泵用稀土系储氢合金及其制备方法	中国科学院金属研究所	李慎兰,王培,等
200910010844	一种去除真空熔炼铜铬合金夹杂物的方法	辽宁金力源新材料有限公司	王亚平,王慧馨
200910011490	一种三维网络碳化硅表面制备氧化铁陶瓷薄膜的方法	东北大学	茹红强,武艳君,等

续表

申请号	名称	申请单位	发明人
200910011491	一种三维网络碳化硅表面制备氧化铝陶瓷薄膜的方法	东北大学	茹红强,闫海乐,等
200910011678	一种二硼化钛致密复合材料的无压烧结制备方法	东北大学	茹红强,邸志岗,等
200910012129	铬钛铝锆氮化物多组元硬质反应梯度膜的制备方法	沈阳大学	张钧,崔贯英,等
200910012131	钛铝锆氮化物多组元硬质反应梯度膜的制备方法	沈阳大学	张钧,崔贯英,等
200910012174	一种由脂肪族羧酸一锅法合成羰基叠氮的方法	营口市石油化工研究所有限公司	吕德斌,李战雄,等
200910012462	一种生产锆及锆合金泵、阀精密铸件的工艺方法	沈阳北方钛工业有限公司	王铁,张建伟,等
200910013254	一种质子交换膜燃料电池的催化剂涂层膜电极的制备方法	新源动力股份有限公司	邢丹敏,张可,等
200910013782	一种氧化锆陶瓷纤维板的制备方法	山东大学,绍兴市圣诺超高温晶体纤维材料有限公司	许东,朱陆益,等
200910013908	TiAl 基增压器涡轮及其制造方法	济南大学	王守仁,杨学锋,等
200910015336	一种氧化锆陶瓷基复合材料及其制备方法	济南大学	李嘉,温雨,等
200910015454	发酵液中阿拉伯糖醇分离及精制方法	山东福田药业有限公司	王星云,黄伟红,等
200910015781	一种含氧化铝微晶玻璃复合材料制备方法	哈尔滨工业大学(威海)	温广武,夏龙,等
200910016271	一种天然二硫化铁锂化正极材料及生产方法	山东神工海特电子科技有限公司	梁广川,郝德利
200910016603	一种累积叠轧焊工艺制造特厚板坯的方法	莱芜钢铁集团有限公司	许荣昌,刘洪银,等
200910017946	一种氟掺杂氧化锡透明导电膜的制备方法	鲁东大学	闫金良,赵银女,等
200910018161	一种真空集热管及其制造方法	山东桑乐太阳能有限公司	马兵,丁海成,等
200910020810	一种碳化硅基增强复合陶瓷及制备方法	西安交通大学	杨建锋,刘荣臻,等
200910020811	一种碳化硼基复合陶瓷及其制备方法	西安交通大学	杨建锋,刘荣臻,等
200910020824	提高半结晶聚合物绝缘介质真空沿面闪络电压的方法	西安交通大学	李盛涛,黄奇峰,等
200910021191	一种微波水热法制备 Sm_2O_3 薄膜的方法	陕西科技大学	殷立雄,黄剑锋,等
200910021192	一种微波水热法制备 Sm_2O_3 纳米粉体的方法	陕西科技大学	殷立雄,黄剑锋,等
200910021193	一种微波水热法制备 SmS 薄膜的方法	陕西科技大学	殷立雄,黄剑锋,等
200910021194	一种微波水热法制备 SmS 纳米粉体的方法	陕西科技大学	殷立雄,黄剑锋,等

续表

申请号	名称	申请单位	发明人
200910021316	一种钨铜连接方法	西安交通大学	杨建锋，李军，等
200910021351	碳纤维增强壳聚糖/含锌羟基磷灰石复合材料的制备方法	陕西科技大学	黄剑锋，李娟莹，等
200910021354	碳纤维增强含锌羟基磷灰石骨水泥复合材料的制备方法	陕西科技大学	黄剑锋，李娟莹，等
200910021356	一种碳纤维增强羟基磷灰石复合材料的制备方法	陕西科技大学	黄剑锋，李娟莹，等
200910021357	碳纤维增强含镁羟基磷灰石骨水泥复合材料的制备方法	陕西科技大学	黄剑锋，李娟莹，等
200910021358	碳纳米管增强壳聚糖/含硅羟基磷灰石复合材料的制备方法	陕西科技大学	黄剑锋，李娟莹，等
200910021361	一种碳纳米管增强羟基磷灰石复合材料的制备方法	陕西科技大学	黄剑锋，李娟莹，等
200910021362	碳纳米管增强含锌羟基磷灰石骨水泥复合材料的制备方法	陕西科技大学	黄剑锋，李娟莹，等
200910021363	碳纳米管增强含镁羟基磷灰石骨水泥复合材料的制备方法	陕西科技大学	黄剑锋，李娟莹，等
200910021365	碳纤维增强含硅羟基磷灰石骨水泥生物材料的制备方法	陕西科技大学	黄剑锋，李娟莹，等
200910021366	一种碳纳米管增强骨水泥生物复合材料的制备方法	陕西科技大学	黄剑锋，李娟莹，等
200910021515	一种利用凝胶注模法制备氮化硅多孔陶瓷的方法	西安交通大学，航天材料及工艺研究所	王红洁，余娟丽，等
200910021775	一种提高薄膜型 ZnO 场发射特性的方法	彩虹集团公司	李军
200910021831	沉积制备非均质件的方法	西北工业大学	齐乐华，曾祥辉，等
200910021838	一种分步烧结反应制备碳掺杂 MgB_2 超导体的方法	西北有色金属研究院	焦高峰，闫果，等
200910021847	一种粉末冶金法制备合金的工艺	西北有色金属研究院	张晗亮，张健，等
200910022163	一种室温下具有流体行为的碳纳米管/SiO_2 杂化纳米粒子及其制备方法	西北工业大学	郑亚萍，张娇霞
200910022219	高性能高精度生物钛合金棒材的制备工艺	宝鸡鑫诺新金属材料有限公司	郑永利，董军利
200910022235	预制骨架增强体复合耐磨衬板的制备方法	西安建筑科技大学	武宏，许云华
200910022274	一种低氧铜铬触头的制备工艺	西安交通大学	杨志懋，孙占波，等
200910022306	一种合金化的铜铬触头材料制备工艺	西安交通大学	孙占波，杨志懋，等
200910022692	一种大型烧结多孔锥管的整体成型模具及均向成型方法	西安宝德粉末冶金有限责任公司	吴引江，段庆文，等
200910022715	能提高后期硬度的可加工 Al-BN 复合陶瓷的制备方法	西安交通大学	金海云，李颖，等

续表

申请号	名称	申请单位	发明人
200910022719	碳/碳复合材料防氧化涂层的制备方法	西北工业大学	李贺军，吴恒，等
200910022743	一种染料敏化太阳能电池的封装方法	彩虹集团公司	高瑞兴，杨志军，等
200910022943	一种提高高密度钨合金力学性能的钨合金生产工艺	西安华山钨制品有限公司	郑军，刘晓丹，等
200910022971	一种具有纳米 SiC 薄膜的压力传感器的制备方法	西安交通大学	张秀霞，魏舒怡，等
200910023069	一种锰稳定氧化铪薄膜的制备方法	西北有色金属研究院	卢亚锋，白利锋，等
200910023132	液态金属浸渗可视化控制方法及其专用装置	西北工业大学	齐乐华，徐瑞，等
200910023180	一种利用粉煤灰制备渗水砖的方法	陕西科技大学	黄剑锋，曹丽云，等
200910023476	一种烧结清水墙装饰砖及其制造方法	西安墙体材料研究设计院	李寿德，肖慧，等
200910023494	一种纳米棒结构 Bi_2S_3 光学薄膜的制备方法	陕西科技大学	黄剑锋，王艳，等
200910023970	一种铝合金细径薄壁管材的冷加工成型方法	西北有色金属研究院	皇甫强，于振涛，等
200910023978	一种无机水溶液锂离子电池体系的制备方法	西安交通大学	赵铭姝，郑青阳，等
200910024005	PBO 纤维复合材料的制备方法及其专用表面处理剂	西北工业大学	黄英，齐暑华，等
200910024044	预制骨架增强体复合磨盘的制备方法	西安建筑科技大学	武宏，许云华，等
200910024057	一种骨架增强体复合锤头的制备方法	西安建筑科技大学	武宏，许云华，等
200910024187	硅纳米线阵列膜电极的制备方法	清华大学	黄睿，朱静
200910024216	一种 InGaZnO 透明导电薄膜的 L-MBE 制备方法	西安交通大学	张景文，王东，等
200910024218	一种采用掺磷酸锌的靶材生长 P 型氧化锌薄膜的方法	西安交通大学	张景文，王东，等
200910024354	一种废薄膜晶体管液晶显示器资源化处理方法	清华大学	李金惠，段华波，等
200910024859	超微晶变压器铁芯制作方法及其专用模具	南京国电环保设备有限公司	朱红育，曹为民，等
200910025529	一种钒氮合金生产方法	南通汉瑞实业有限公司	喻华
200910025899	一种奥氏体不锈钢耐热防腐电加热器的生产方法	镇江东方电热科技股份有限公司，江苏大学	邵红红，谭伟，等
200910027227	高导电低铍青铜带的制造方法	扬中市利达合金制品有限公司	张立富
200910027354	离线浅绿色低辐射镀膜玻璃及其制备方法	江苏蓝星玻璃有限公司	杨德兵，王贤荣
200910029356	高性能汽车不锈钢轮毂及制造方法	泰州嘉诚精密合金厂	何伟国
200910029363	集成式不锈钢微流体反应器加工方法	南京工业大学	张锴，涂善东，等
200910029749	一种自润滑复合材料的微波烧结方法	中国矿业大学	方亮，王延庆，等
200910031208	一种电脱氧制备铽铁、镝铁、铽镝铁合金的方法	江苏江南铁合金有限公司	翟玉春，梅泽锋，等

续表

申请号	名称	申请单位	发明人
200910031941	两步水热合成铌酸钾钠无铅压电陶瓷粉体的方法	南京航空航天大学	朱孔军，裘进浩，等
200910032138	一种快速制备二硼化镁块材的方法	东南大学	施智祥，丁祎
200910033130	粉末冶金无油润滑轴承及其制备方法	扬州保来得科技实业有限公司	刘文雄，徐同，等
200910033280	双向可控硅制造中的真空烧结方法	无锡罗姆半导体科技有限公司	赵振华
200910035395	制备具有梯度孔陶瓷纳滤膜支撑体的方法	南京工业大学	漆虹，江晓骆，等
200910038740	一种含氧化钇的钨合金材料及其制备方法	华南理工大学	李元元，胡可，等
200910041004	一种电路板的制作方法	皆利士多层线路版(中山)有限公司	姜文东，汤科文
200910041704	磷酸亚铁锂复合材料的制备方法	珠海市鹏辉电池有限公司	卢阳，崔明，等
200910042518	一种利用凝胶注模成型技术制备 BeO 陶瓷的方法	中南大学	王日初，王小锋
200910042765	全密封非固体电解质全钽电容器的阴极制备工艺方法	株洲宏达电子有限公司	杨万纯，刘新军，等
200910042780	一种工业制动器用炭/陶制动衬片的制造方法	中南大学	肖鹏，李专，等
200910042955	一种 TiAl 金属间化合物多孔隔热材料的制备方法	中南大学	刘咏，张伟，等
200910043006	一种磷酸亚铁锂正极复合材料的制备方法	湖南升华科技有限公司	彭澎
200910043135	一种用再生金属制备代钴预合金粉末的方法	湖南伏龙江超硬材料有限公司	郑日升
200910043405	一种孔隙非均匀分布仿生骨质材料制造方法	中南大学	邹俭鹏
200910043470	一种包覆结构金属零部件的制备方法	中南大学	李益民，何浩，等
200910043671	一种电解二氧化锰生产用涂层钛阳极的制备方法	湖南泰阳新材料有限公司	贺跃辉，肖逸锋，等
200910044356	采用真空挤压方式制备硬质合金的方法	湖南世纪特种合金有限公司	单水桃，肖华
200910044847	钛及钛合金熔炼坩埚耐火材料及坩埚制备方法	上海大学	李重河，鲁雄刚，等
200910045016	一种含有高分散富勒烯 C_{60} 的润滑油的制备方法	同济大学	刘琳，程思，等
200910046355	一种锂离子电池用硅复合负极材料的制备方法	上海交通大学	杨军，吕荣冠，等
200910046494	由纳米晶 MnZn 粉体直接制备 MnZn 铁氧体材料的方法	上海大学	郁黎明，张守华，等
200910046505	一种基于光固化成形的仿生支架多孔结构的制造工艺	上海大学，上海组织工程研究与开发中心	林柳兰，戎斌，等

续表

申请号	名称	申请单位	发明人
200910047277	一种聚晶金刚石复合体减压阀阀座的制造方法	上海化工研究院	彭东辉,刘阿龙,等
200910048913	一种定向孔碳化物生物陶瓷材料及制备方法	同济大学	徐子颉,王玮衍,等
200910049030	纯钛义齿支架表面强化方法	同济大学	苏俭生,韩雯斐
200910049377	一种超高温陶瓷的水基流延方法	中国科学院上海硅酸盐研究所	吕志犨,江东亮,等
200910049951	一种非晶变压器铁芯热处理工艺	同济大学	董鹏,严彪,等
200910050734	复合金属硫化物类金刚石复合薄膜的制备方法	上海交通大学,上海纳米技术及应用国家工程研究中心有限公司	周磊,王玉东,等
200910051262	金属热处理氮化工艺	上海纳铁福传动轴有限公司	张绍贻,姚一平,等
200910051660	碳化硅热交换管的制备方法	中国科学院上海硅酸盐研究所	闫永杰,黄政仁,等
200910052018	C掺杂 α-Al_2O_3 透明陶瓷热释光和光释光材料的制备方法	上海大学	杨秋红,张斌,等
200910052201	一种高压容器用合金钢及其制造方法	宝山钢铁股份有限公司	姚长贵,廖洪军,等
200910052785	硅基太阳能电池表面量子点光波转换层的制备方法	华东师范大学,上海纳晶科技有限公司	孙卓,潘丽坤,等
200910055446	一种用于光学镜片镀膜前的超声波清洗机及其处理方法	上海明兴开城超音波科技有限公司	钟建成
200910055735	整体内外八字形或内八字形两种铁基合金内衬套制造工艺	上海永言特种材料研究所	陈永凯
200910059266	利用高速铣削对具有精密细小特征的模具加工方法	宝利根(成都)精密模塑有限公司	席刚,郭芝忠,等
200910059457	表面修饰高能球磨法分散纳米 TiC 粉体	四川大学	郭智兴,熊计,等
200910060257	锆钇合金靶件的制备方法	中国核动力研究设计院	潘钱付,刘超红,等
200910060293	一种宏晶 Cr_3C_2 陶瓷粉末的生产方法	自贡市华刚硬质合金新材料有限公司,自贡市华刚耐磨材料有限公司	黄新,胡海波,等
200910060554	一种尼龙粘结钕铁硼磁体的制备方法	华中科技大学	熊惟皓,张修海,等
200910060703	锐钛矿型纳米二氧化钛的制备方法	武汉理工大学	史晓亮,王盛,等
200910060850	一种二硼化锆陶瓷粉末的制备方法	武汉理工大学	王皓,孙歌,等
200910061107	一种装载机和挖掘机铲刀刃用钢及其生产方法	武汉钢铁(集团)公司	付勇涛,刘武群,等
200910061540	一种多孔介质标准试件的制备方法	中国科学院武汉岩土力学研究所	王颖,李小春,等
200910062001	一种氧化钆掺杂氧化铈的复合氧化物固溶体凝胶的制备方法	武汉理工大学	沈春晖
200910062359	钎焊金刚石聚晶体的制作工艺及其所用模具	武汉万邦激光金刚石工具有限公司	叶宏煜,谢涛
200910062620	一种微型皮拉尼计	华中科技大学	汪学方,刘川,等
200910063190	一种 157 nm 深紫外激光微加工制备场致发射阴极的方法	武汉理工大学	童杏林,姜德生,等

续表

申请号	名称	申请单位	发明人
200910063722	抗层状撕裂性能优良的工程用钢及其生产方法	武汉钢铁(集团)公司	陈颜堂,李具中,等
200910063768	一种抗拉强度 700 MPa 级低焊接裂纹敏感性钢及其生产方法	武汉钢铁(集团)公司	习天辉,郭爱民,等
200910063903	一种耐高温封孔剂的制备及封孔工艺	武汉理工大学	程旭东,孟令娟,等
200910064570	一种氮化硅锰合金的生产方法	西峡县中嘉合金材料有限公司	石文安,石拓,等
200910064960	在轴承的滚动体外表面制备超硬材料聚晶膜的方法	河南四方达超硬材料股份有限公司	方海江,张迎九,等
200910065067	一种无焊接重结晶碳化硅发热体的挤制成型工艺	洛阳新巨能高热技术有限公司	蔡洛明
200910066119	一种抗氧化剂复合粉体的制备工艺	中钢集团洛阳耐火材料研究院有限公司	周军,王刚,等
200910066762	半导体激光器管芯烧结装置及其使用方法	中国科学院长春光学精密机械与物理研究所	刘云,王立军,等
200910066895	石墨衬底上生长氮化硼膜的方法	吉林大学	李红东,杨旭昕,等
200910067553	功能梯度热电材料 n-PbTe 及其制备方法	吉林大学	朱品文,洪友良,等
200910067595	一种无需真空过程制备有机聚合物太阳能电池的方法	吉林大学	田文晶,董庆锋,等
200910067672	一种超疏水聚偏氟乙烯膜的制备方法及其制品	天津工业大学	郑振荣,霍瑞亭,等
200910068857	一种氢镍蓄电池极柱焊接方法	中国电子科技集团公司第十八研究所	檀立新,樊红敏,等
200910069267	$Sm(Co,Cu,Fe,Zr)_z$ 型合金薄带磁体的制备方法	河北工业大学	孙继兵,崔春翔,等
200910069758	150ksi 钢级高强韧油气井井下作业用钢管及其生产方法	天津钢管集团股份有限公司	江勇,张传友,等
200910069861	一种高温镍基自润滑材料及其制备方法	核工业理化工程研究院华核新技术开发公司	赵凯,韩秋良,等
200910070696	一种锂离子电池用球形钛酸锂的制备方法	天津巴莫科技股份有限公司	徐宁,吕菲,等
200910070742	一种骨架为亲水结构的三维有序大孔螯合树脂的制备方法	河北工业大学	张旭,原丽霞,等
200910070743	三维有序大孔螯合树脂的制备方法	河北工业大学	张旭,王彦宁,等
200910070744	一种三维有序大孔螯合树脂的制备方法	河北工业大学	张旭,原丽霞,等
200910071216	银/碳纳米复合体的制备方法	黑龙江大学	付宏刚,王宝丽,等
200910071217	石墨化纳米碳的制备方法	黑龙江大学	付宏刚,王宝丽,等
200910071218	原位同步合成碳化钨/石墨碳纳米复合物的方法	黑龙江大学	付宏刚,王蕾,等
200910071219	石墨化碳纳米材料的制备方法	黑龙江大学	付宏刚,田春贵,等
200910071248	一种 NiCoMnSn 高温形状记忆合金及其制备方法	哈尔滨工程大学	陈枫,田兵,等

续表

申请号	名称	申请单位	发明人
200910071576	一种烧结碳化硼用的降温增韧烧结助剂及制备方法	哈尔滨工程大学	乔英杰,李翀,等
200910071599	多孔 Si_3N_4 陶瓷的制备方法	哈尔滨工业大学	叶枫,刘利盟,等
200910071698	多孔氮化硅/氧氮化硅陶瓷复合材料的近净尺寸制备方法	哈尔滨工业大学	贾德昌,邵颖峰,等
200910071768	SiBCN 陶瓷材料的制备方法	哈尔滨工业大学	周玉,孙振淋,等
200910071869	电感耦合等离子体管筒内表面离子注入改性装置及方法	哈尔滨工业大学	田修波,汪志健,等
200910071943	一种石墨-碳化锆抗氧化烧蚀型材料及其制备方法	哈尔滨工业大学	张幸红,韩文波,等
200910071986	一种高温抗氧化 TiCp/Ti 合金基复合材料的制备方法	哈尔滨工业大学	耿林,黄陆军,等
200910072116	用二氧化碳作催化剂制备锂离子电池正极材料 $LiCo_xNi_yMn_zO_2$ 的方法	哈尔滨师范大学	邓超,王宇,等
200910072136	一种在硼化锆-碳化硅陶瓷复合材料表面原位生成高抗氧化性能膜的方法	哈尔滨工业大学	张幸红,韩文波,等
200910072159	辐射防护铝基复合材料及其真空热压制备方法	哈尔滨工业大学	耿林,王庆伟,等
200910072211	一种耐环境钛合金电连接器壳体的制造方法	哈尔滨工业大学,泰州市航宇电器有限公司	陈玉勇,常小平,等
200910072235	一种 Ti-Al 系金属间化合物的增韧方法	哈尔滨工业大学	武高辉,刘艳梅,等
200910072267	亚微米级锂离子电池正极材料 $LiCo_xNi_yMn_zO_2$ 的制备方法	哈尔滨师范大学	邓超,高颖,等
200910072269	铝合金两级接触反应的钎焊方法	哈尔滨工业大学	曹健,崔红军,等
200910072347	一种应用硼酸提高 SiC 纳米线产率的方法	哈尔滨工业大学	温广武,张晓东,等
200910072450	配位组装合成石墨烯的方法	黑龙江大学	付宏刚,王蕾,等
200910072598	SiC 纳米线的制备方法	哈尔滨工业大学	温广武,黄小萧,等
200910072622	用于催化分解 H_2S 制氢的复合光催化剂 $CdS/n\text{-}TiO_2$ 的制备方法	黑龙江省科学院石油化学研究院	白雪峰,樊慧娟,等
200910072625	纳米晶 NdFeB 高致密磁体的制备方法	哈尔滨工业大学	胡连喜,王欣,等
200910072674	一种无边缘效应放射性 TiNi 合金支架的制备方法	哈尔滨工业大学	高智勇,赵兴科,等
200910072752	置氢钛合金锻造叶片的锻造工艺	哈尔滨工业大学	单德彬,宗影影,等
200910073080	一种提高 ZrB_2-SiC 超高温陶瓷材料抗热冲击和强度的方法	哈尔滨工业大学	张幸红,胡平,等
200910073087	用于微驱动元件的超高恢复应力 Ti-Ni-Cu 形状记忆合金薄膜的制备方法	哈尔滨工业大学	孟祥龙,傅宇东,等
200910073298	高频感应钎焊焊接发动机硬质合金/钢复合挺柱的方法	哈尔滨工业大学	李卓然,于康,等

续表

申请号	名称	申请单位	发明人
200910073347	二次锂电池正极材料 $LiFePO_4$/C 的制备方法	哈尔滨工业大学	黎德育,李宁,等
200910073413	燃烧合成法制备氮化铝/氮化硼复合陶瓷的方法	哈尔滨工业大学	郑永挺,赫晓东
200910073621	一种纳米级镍铜锌铁氧体粉末的制备方法	中北大学	侯华,赵宇宏,等
200910073737	用纳米复合气凝胶催化剂载体合成碳酸二苯酯的方法	河北理工大学	赵越卿,赵海雷,等
200910073748	高性能无钴贮氢合金粉	山西中科天罡科技开发有限公司	唐颖斐,蔡仁健
200910074142	喷墨打印活性层的柔性聚合物太阳能电池制备方法	河北大学	傅广生,杨少鹏,等
200910074272	一种优化 L10-FePt 薄膜微结构的方法	燕山大学	张湘义,李晓红
200910074335	隔膜式蓄能器的焊接生产工艺	张家口市宣化布柯玛液压设备制造厂	马鸿飞,杨杰,等
200910074442	一种高纯度镁的精炼方法	太原理工大学	李明照,许并社,等
200910074595	反应氮弧堆焊碳氮化钛增强钛基复合涂层制备方法	河北农业大学	郝建军,马跃进,等
200910074636	一种纯铁基板材表面合金化的机械渗入法	太原理工大学	卫英慧,杜华云,等
200910074779	一种闭合场非平衡磁控溅射制备铬铝氮薄膜的方法	太原理工大学	许并社,余春燕,等
200910075161	双金属粉末复合烧结液压泵侧板制造方法	太原市万柏林区利丰机械设备厂	王连成,贾欣志,等
200910075675	一种扁钢及其制造方法	山西太钢不锈钢股份有限公司	孟传峰,许洪新,等
200910077285	用于连接氮化硅陶瓷的组合物及方法	北京中材人工晶体有限公司	张伟儒,孙峰,等
200910077733	一种金属氧化物薄膜晶体管及其制作方法	北京大学深圳研究生院	张盛东,李绍娟,等
200910078522	间隙型 Gd-Si-Ge 系磁致冷材料及其制备方法	钢铁研究总院	邹君鼎,李卫,等
200910078530	聚酯/二氧化硅纳米杂化材料的原位生长制备方法及其产品	中国科学院化学研究所	王峰,阳明书,等
200910078944	真空封闭式坩埚下降法生长掺铊碘化钠单晶体	北京滨松光子技术股份有限公司	张红武,黄朝恩
200910078946	软支撑悬臂梁式硅微压电传声器芯片及其制备方法	中国科学院声学研究所	李俊红,汪承灏,等
200910078947	软支撑桥式硅微压电传声器芯片及其制备方法	中国科学院声学研究所	李俊红,汪承灏,等
200910080034	一种制备电铸镍金相样品及显示组织的方法	北京科技大学	黄志涛,田文怀,等
200910080721	高致密单相 TiB_2 陶瓷的快速制备方法	北京工业大学	张久兴,周身林,等
200910080839	一种熔化金属的压力充灌装置和方法	北京奥维泰科技有限公司	王玉兰,蒲耀立,等

续表

申请号	名称	申请单位	发明人
200910080984	一种金属粉末凝胶-挤压成形方法	北京科技大学	邵慧萍,杨栋华,等
200910081921	一种超细晶粒纯钼块体材料的制备方法	北京科技大学	周张健,马垚,等
200910082954	一种负热膨胀 $Mn_3(Cu_{0.5}Ge_{0.5})N$ 块体材料的制备方法	北京工业大学	宋晓艳,孙中华
200910083499	多功能离子束溅射设备	中国科学院微电子研究所	龙世兵,刘明,等
200910084728	一种金属轧辊表面电火花强化方法	北京科技大学	孟惠民,王建升,等
200910085461	一种高倍率富锂正极材料的改性方法	北京工业大学	赵煜娟,赵春松,等
200910086043	一种采用低温水热法制多孔陶瓷材料的方法	北京航空航天大学	张跃,李昂,等
200910086648	氢化 NiMn 基合金磁制冷材料、其制备方法及用途	中国科学院物理研究所	胡凤霞,王晶,等
200910086995	一种用于锂离子电池的硅硫铁锂电极材料及其制备方法	清华大学	黄震雷,应皆荣,等
200910087480	一种超塑性 Ti-Al-Nb-Er 合金材料及其制备方法	北京航空航天大学	段辉平,柯于斌,等
200910088024	一种提高 γTiAl 三点弯曲疲劳寿命的方法	北京航空航天大学	宫声凯,丁玲,等
200910088157	硅微粉表面处理改性方法及环氧树脂组合物及其制备方法	北京石油化工学院,广东榕泰实业股份有限公司	杨明山,李林楷,等
200910089281	基于氧化钛凝胶电解质的染料敏化太阳能电池及制备方法	北京理工大学	韦天新,金立国,等
200910089590	一种多级降压收集极材料及其制备和表面处理方法	中国科学院电子学研究所	赵世柯,樊会明,等
200910089697	Re-Mg-Ni 型金属氢化物二次电池用储氢合金及其制备方法	钢铁研究总院	林玉芳,赵栋梁,等
200910091044	一种用渗透钎焊法制备碳化钨耐磨蚀复合涂层的方法	江西恒大高新技术股份有限公司	不公告发明人
200910091065	炭-炭复合材料的防氧化涂层	北京百慕航材高科技股份有限公司	吴凤秋,张保法,等
200910091185	一种低成本高性能的 WC-Co 硬质合金的工业化制备方法	北京工业大学	宋晓艳,魏崇斌,等
200910092537	硫化锌/硒化锌复合红外透过材料的制备方法	北京中材人工晶体研究院有限公司	钱纁,崔洪梅,等
200910092883	浸渍阴极基体的制备方法	中国科学院电子学研究所	刘燕文,田宏,等
200910092913	一种制备 $CuInSe_2$ 基薄膜太阳能电池光吸收层的方法	中国科学院电工研究所	古宏伟,丁发柱
200910093088	氧化锌改性的天然木质纤维素材料及其制备方法	国际竹藤网络中心	余雁,江泽慧,等
200910093251	一种镍锌铁氧体与无氧铜基板的焊接方法	北京有色金属研究总院	毛昌辉,杨剑,等
200910093467	一种 Mo 掺杂的 FeCo 基软磁合金	北京航空航天大学	毕晓昉,朱自方,等

续表

申请号	名称	申请单位	发明人
200910093922	一种热固性聚酰亚胺树脂及其制备方法与应用	中国科学院化学研究所	杨士勇,曲希明,等
200910093949	一种炭基复合材料用低温粘接剂的制备方法	北京航空航天大学	罗瑞盈,安娜,等
200910093955	炭纳米管对炭化后的预氧丝预制体界面的改性方法	北京航空航天大学	罗瑞盈,李进松,等
200910093956	炭纳米管对中国产聚丙烯腈基炭纤维界面的改性方法	北京航空航天大学	罗瑞盈,徐妮,等
200910094093	一种绿色荧光粉及其制备方法	昆明理工大学	王飞,杨斌,等
200910094591	一种含有 Si 和 Ga 的铜-银合金低蒸汽压钎料及其应用	贵研铂业股份有限公司	刘泽光,李伟
200910095406	T/P91.92 细晶耐热钢钢管制造工艺	沈阳东管电力科技集团股份有限公司	刘刚,张昌信,等
200910096354	一种大磁致伸缩合金丝的制备方法	浙江大学	严密,贺爱娜,等
200910096357	综合性能优异的磁致伸缩合金的制备方法	浙江大学	严密,张晶晶,等
200910096483	将换向器中碳板与铜基面焊接的方法	安固集团有限公司	陈永姆,陈峰
200910096575	一种花片状氧化锡纳米粉体的可控制备方法	中国科学院宁波材料技术与工程研究所	李月,郭艳群,等
200910096737	一种全固态电致变色器件的制备方法	浙江大学	涂江平,张俊,等
200910096793	Si 衬底上生长 $Zn_{1-x}Mg_xO$ 晶体薄膜的方法	浙江大学	潘新花,叶志镇,等
200910097271	一种碳化硅微粉的制备方法	浙江大学	杨辉,郭兴忠,等
200910097631	一种银锑碲和碲化银基原位复合热电材料的制备方法	浙江大学	赵新兵,张胜楠,等
200910097771	粗颗粒碳化硅制品一次反应烧成的生产方法	奉化市中立密封件有限公司	方锡成
200910097918	硼化物增强型碳化硅陶瓷及其制备方法	浙江大学	郭兴忠,杨辉,等
200910098063	提高烧结钕铁硼永磁材料性能的方法	中国科学院宁波材料技术与工程研究所	丁勇,陈仁杰,等
200910098376	碳化硅陶瓷管或棒的制备方法	宁波欧翔精细陶瓷技术有限公司	林海
200910098377	常压烧结碳化硅陶瓷的制备方法	宁波欧翔精细陶瓷技术有限公司	林海
200910098512	一种有机小分子杂化阻尼材料的制备方法	浙江安基阻尼新材料有限公司	辛平,袁柏华
200910098613	纳米晶立方氮化硼薄膜中残留压缩应力的释放方法	杭州天柱科技有限公司	杨杭生
200910098876	碳化硅短纤维增韧强化碳化硅陶瓷及其制备方法	浙江大学	杨辉,郭兴忠,等
200910099620	一种五元 P 类硬质合金的制备方法	浙江恒成硬质合金有限公司	金益民,吴晓娜,等
200910101020	一种烧结钕铁硼永磁体的回火方法	浙江升华强磁材料有限公司	王胜华,魏方允
200910101269	一种生物可降解聚乳酸类纤维的制备方法	中国科学院宁波材料技术与工程研究所	陈鹏,顾群,等

续表

申请号	名称	申请单位	发明人
200910101602	外墙装饰用人造构件的制备方法	上海琥达投资发展有限公司，青海西旺高新材料有限公司	池立群
200910102122	一种在塑料材料表面磁控溅射制备化合物薄膜的方法	杭州博纳特光电科技有限公司	高基伟，阮一清，等
200910102309	一种高压缩性烧结硬化用水雾化钢铁粉及生产方法	建德市嘉鑫金属粉材有限公司	曹顺华，柴献明
200910102542	片式薄膜电阻器的制造方法	中国振华集团云科电子有限公司	谢强，杨胜艾，等
200910102600	一种新型固体电解电容器及其制造方法	中国振华(集团)新云电子元器件有限责任公司	陆胜，马建华，等
200910104027	铝合金及其复合材料非真空半固态搅拌钎焊方法	重庆理工大学	许惠斌，杜长华，等
200910104028	镁合金及其复合材料非真空半固态搅拌钎焊方法	重庆理工大学	许惠斌，叶宏，等
200910104890	一种硅负极材料及其制备方法以及使用该材料的锂电池	比亚迪股份有限公司	张路，吴振悦，等
200910107649	一种烧结钕铁硼永磁材料及其制备方法	比亚迪股份有限公司	宫清，张志强，等
200910109103	用作锂离子电池正极材料的纳米磷酸铁锂及其制备方法	深圳市德方纳米科技有限公司	孔令涌，吉学文，等
200910109490	一种激光间接成型制造金属模具的方法	黑龙江科技学院	刘锦辉，赵灿，等
200910111490	一种钨镍硬质合金的制备方法	厦门百克精密钨钢刀模有限公司	蔡荣辉
200910112564	同时掺银和掺碘的磷酸亚铁锂正极材料的制备方法	福建师范大学	童庆松
200910112900	一种含可控磷化铁的硅酸亚铁锂正极材料的制备方法	福建师范大学	童庆松，陈梅蓉，等
200910113385	一种葡萄汁加工前的处理方法	新疆农业大学	冯作山，黄文书，等
200910114465	电解二氧化锰用 Ti-Mn 渗层钛阳极极板的制备方法	中信大锰矿业有限责任公司，湖南泰阳新材料有限公司	贺跃辉，肖逸锋，等
200910114511	高能电子束加热在铝合金表面熔覆纳米 Fe-Al 混合粉合金层的方法	桂林电子科技大学	魏德强，王荣，等
200910116870	含有微量氮 RE-Fe-B 系永磁材料的制备方法	安徽大地熊新材料股份有限公司	熊永飞，衣晓飞，等
200910117440	铜基粉末烧结金刚石复合材料及其制备方法	兰州理工大学	李文生，路阳，等
200910117572	硅热还原法制备金属镁的方法	中国科学院青海盐湖研究所	龙光明，何志，等
200910117606	一种增强 AZ91D 镁合金力学性能的方法	兰州理工大学	戴剑锋，李维学，等
200910117681	一种环状钡钨阴极发射体的制造方法	甘肃虹光电子有限责任公司	刘睿
200910119611	一种碳纤维及其织物表面生长氧化锌晶须的方法	中国航空工业第一集团公司北京航空材料研究院	张虎，王岭，等

续表

申请号	名称	申请单位	发明人
200910130884	一种铁铬铝金属纤维过滤材料的制造方法	河北小蜜蜂工具集团有限公司	曹雄志,江世腾,等
200910131730	用于场电子发射器的碳纳米纤维/碳纳米管异质纳米阵列及其制备技术	北京师范大学	程国安,赵飞,等
200910142375	一种大尺寸薄壁无焊缝钛合金筒形件整体成形方法	航天材料及工艺研究所	吕宏军,王琪,等
200910145076	石英膜片	合肥皖仪科技有限公司	黄文平
200910145122	用于高温超导电流引线冷端、低接头电阻的低温超导组件	中国科学院等离子体物理研究所	毕延芳,黄雄一,等
200910145260	单晶硅薄膜组件的制备方法	兰州大成科技股份有限公司	范多旺,王成龙,等
200910147200	高能点火放电管制造工艺	孝感市汉孝电子有限公司	陈方斌
200910152707	一种铝制板翅式换热器的制作方法	无锡方盛换热器制造有限公司	丁振红,张晓亮,等
200910154364	提高(112)轴向取向 TbxDy1-xFey 合金棒磁致伸缩性能的热处理方法	浙江大学	马天宇,张培,等
200910154535	导电聚合物修饰的碳载镍基复合物催化剂的制备方法	浙江大学	李洲鹏,刘宾虹,等
200910154902	导电聚合物修饰的碳载锰基复合物催化剂的制备方法	浙江大学	刘宾虹,李洲鹏
200910155112	氟硅硬性角膜接触镜表面等离子体亲水性改性方法	温州医学院眼视光研究院,温州欣视界科技有限公司	陈浩,瞿佳,等
200910157122	一种 Cu-12%Fe 合金的复合热处理方法	浙江大学	孟亮,包国欢
200910164225	用磁控溅射法生产 CdS/CdTe 太阳能电池的装置	成都中光电阿波罗太阳能有限公司	侯仁义
200910164226	用磁控溅射法生产 CdS/CdTe 太阳能电池的方法	成都中光电阿波罗太阳能有限公司	侯仁义
200910167895	一种双组分加成型自粘硅橡胶	成都拓利化工实业有限公司	陶云峰,张先银,等
200910168588	利用连续式真空溅镀设备形成工件的防污层的方法	锦兴光电股份有限公司	张正杰,刘兴藻
200910176428	一种含有稀土硝酸盐的四钼酸铵的制备方法	金堆城钼业光明(山东)股份有限公司	王庆国,李世伟,等
200910176432	一种双侧面镶嵌式银铜复合带材的制备方法	西部金属材料股份有限公司	李浩,陈昊,等
200910178265	用于密封热处理装置的机械手装置	上海广电光电子有限公司	徐亮
200910180695	一种纳米 $NbSe_2$ 铜基固体自润滑复合材料及其制备方法	无锡润鹏复合新材料有限公司	李长生,刘元,等
200910182617	修补陶瓷复合钢管的利用陶瓷堆焊焊条堆焊的方法	江阴东大新材料研究院	陈威,谭佃龙,等
200910183229	一种生物质真空裂解制备生物油的方法	东南大学	肖国民,刘楠,等
200910184700	一种非晶镧镥氧化物阻变薄膜及其制备方法和应用	南京大学	李魁,夏奕东,等

续表

申请号	名称	申请单位	发明人
200910184917	一种金属-陶瓷复合纤维膜管及其制备方法	中国科学技术大学	姚华民,刘通,等
200910184970	用于大电流引线高温超导段与阻性换热器之间的连接件	中国科学院等离子体物理研究所	毕延芳,周挺志
200910185822	用于微波电真空器件的含 TiO_2 衰减瓷及其制备方法	安徽华东光电技术研究所	吴华夏,周恩荣,等
200910186128	一种双曲面薄壁壁板加工工艺	江西洪都航空工业集团有限责任公司	廖翔,袁柳,等
200910186749	一种节能发热膜的制备方法	苏州爱迪尔自动化设备有限公司	戴明光
200910187433	1800度高温保护气氛真空烧结炉	沈阳恒进真空科技有限公司	杨建川,赵建业,等
200910187534	一种低密度高性能高镁复合铝合金的制备方法	沈阳航空工业学院	武保林,张利,等
200910187565	一种单层高活性二氧化钛薄膜的制备方法	中国科学院金属研究所	成会明,王学文,等
200910189844	锂离子电池高电压正极材料的制备方法	深圳市贝特瑞新能源材料股份有限公司	岳敏,王涛,等
200910190873	中药分离精制用双层陶瓷过滤膜的制备方法	重庆科技学院	廖晓玲,徐文峰,等
200910195370	一种笔记本电脑外壳连续通过式清洗机	上海明兴开城超音波科技有限公司	钟建成
200910196522	Pr^{3+} 掺杂 $(Y_xLa_{1-x})_2O_3$ 发光材料制备方法	上海大学	杨秋红,厉冰峰,等
200910196539	掺 Eu^{3+} 的氧化镧钇荧光粉和透明闪烁陶瓷的制备方法	上海大学	杨秋红,卞志佳,等
200910196569	一种微波烧结制备 Nd-Mg-Ni 储氢合金的方法及其装置	上海大学	李谦,孟杰,等
200910196759	一种复合相变材料靶材及其制备方法	中国科学院上海微系统与信息技术研究所	宋志棠,陈邦明,等
200910196760	制备相变材料的溅射靶材的方法	中国科学院上海微系统与信息技术研究所	宋志棠,陈邦明,等
200910196786	一种强化钢丸及其制备方法	昆山新浦瑞金属材料有限公司	王新波
200910198256	一种具有多孔结构的微米级氧化银粉体的制备方法	宁波晶鑫电子材料有限公司	候小宝,马飞,等
200910198283	一种氧化钇基透明陶瓷的烧结方法	中国科学院上海硅酸盐研究所	黄毅华,江东亮,等
200910198340	一种多孔表面管的烧结装置	上海化工研究院	刘阿龙,彭东辉,等
200910199555	用醋酸镍溶液诱导晶化非晶硅薄膜的方法	上海大学	史伟民,金晶,等
200910200308	一种用γ射线辐照使聚丙烯腈改性的方法	中国科学院上海应用物理研究所	王谋华,吴国忠,等
200910200647	使半导体激光器在宽温区可靠工作的低应力封装装置及方法	中国科学院上海微系统与信息技术研究所	李耀耀,张永刚,等
200910204814	高孔率微孔网状多孔钨结构及其制备方法	北京师范大学	刘培生,罗军,等

续表

申请号	名称	申请单位	发明人
200910212596	一种电子工业用原纸的制造方法	忠信(太仓)绝缘材料有限公司	张国强
200910212773	磨料呈螺旋形有序排布的钎焊金刚石线锯及其制作工艺	南京航空航天大学	肖冰,王波,等
200910214413	烧结生产线饱和蒸汽余热发电系统	北京世纪源博科技股份有限公司	蔡江平,陈恩鉴,等
200910215157	一种改善超高温热处理木材性能的方法	中国热带农业科学院橡胶研究所	李家宁,李晓文,等
200910218478	一种利用木屑制备氮化硅粉体的方法	西安建筑科技大学	尹洪峰,马啸尘,等
200910218822	一种微波水热制备 CdS 薄膜的方法	陕西科技大学	黄剑锋,胡宝云,等
200910219298	一种钨与铜及其合金异种金属连接方法	西安交通大学	杨建锋,李军,等
200910219518	以中间相炭微球为炭源的反应烧结碳化硅陶瓷的制备方法	西安交通大学	王继平,夏鸿雁,等
200910219596	一种无银铜基钎焊料及其生产工艺	西北有色金属研究院	刘啸锋,马光,等
200910220252	一种含有原位生成扩散障的复合涂层制备方法	中国科学院金属研究所	孙超,马军,等
200910220270	一种氮化锆钛铝氮梯度硬质反应膜的制备方法	沈阳大学	张钧,吕会敏,等
200910220272	一种氮化铬钛铝氮梯度硬质反应膜的制备方法	沈阳大学	张钧,吕会敏,等
200910220570	高致密度氧化镁靶材的制造方法	沈阳临德陶瓷研发有限公司	吴学坤,韩绍娟,等
200910223502	时效马氏体不锈钢气体保护焊用焊丝	中国航空工业集团公司北京航空材料研究院	郭绍庆,周标,等
200910226314	一种在氮化铝晶体上的欧姆接触电极结构及制备方法	中国科学院上海技术物理研究所	储开慧,许金通,等
200910226511	红外探测器杜瓦内吸气剂的安装结构及实现方法	中国科学院上海技术物理研究所	王小坤,曾智江,等
200910226749	多级分离式倍增极电子倍增器的加速退化试验方法	中国人民解放军国防科学技术大学	张春华,汪亚顺,等
200910227038	一种温敏型铂金催化剂及其制备方法	株洲时代电气绝缘有限责任公司	周光红,姜其斌,等
200910227346	悬浮方阴型高角栅控结构的平板显示器及其制作工艺	中原工学院	李玉魁
200910227347	悬梁式单条阴极型矩形栅控结构的平板显示器及其制作工艺	中原工学院	李玉魁
200910227348	丘陵状双弧形栅阴控结构的平板显示器及其制作工艺	中原工学院	李玉魁
200910227349	直角立体双直栅控斜弧面阴极结构的平板显示器及其制作工艺	中原工学院	李玉魁
200910227350	斜坡型高环栅控多面阴极结构的平板显示器及其制作工艺	中原工学院	李玉魁
200910227351	倒 Y 型斜高栅单尖端阴极控制结构的平板显示器及其制作工艺	中原工学院	李玉魁

续表

申请号	名称	申请单位	发明人
200910227352	低环高尖锥双阴极凸起弧形悬栅控结构的平板显示器及其制作工艺	中原工学院	李玉魁
200910227355	交错型棱高悬栅控三尖锥阴结构的平板显示器及其制作工艺	中原工学院	李玉魁
200910227572	上悬侧栅控斜月型基底阴极结构的平板显示器及其制作工艺	中原工学院	李玉魁,高宝宁
200910227573	长条阴极方圆型横向组栅控结构的平板显示器及其制作工艺	中原工学院	李玉魁
200910227574	段阴极高双点栅控结构的平板显示器及其制作工艺	中原工学院	李玉魁,高宝宁,等
200910227575	高方悬栅控多条型阴极结构的平板显示器及其制作工艺	中原工学院	李玉魁,高宝宁,等
200910227576	同八字型斜高栅阴控结构的平板显示器及其制作工艺	中原工学院	李玉魁,高宝宁,等
200910227585	一种钛材T型管件胀形方法	中国船舶重工集团公司第七二五研究所	张永强,胡伟民,等
200910227597	跑道型平栅控内凹阴极结构的平板显示器及其制作工艺	中原工学院	李玉魁
200910227600	直角弯型对组栅控阴极结构的平板显示器及其制作工艺	中原工学院	李玉魁,丁淑敏,等
200910229130	铬掺杂氮化钛磁性半导体多晶薄膜的制备方法	天津大学	米文博,叶天宇,等
200910229189	具有大的霍尔效应的氮化铁薄膜的制备方法	天津大学	米文博,白海力
200910230609	一种高剩磁高矫顽力稀土永磁材料的制造方法	烟台首钢磁性材料股份有限公司	林喜峰,丁开鸿,等
200910234616	超硬压头的制备方法	南京航空航天大学	左敦稳,卢文壮,等
200910234678	一种玻璃和金属真空钎焊工艺	南京工业大学	凌祥,钟正军,等
200910235473	一种溶液中合成磷酸亚铁锂的方法	清华大学	谢晓峰,杨裕生,等
200910236313	一种Gd掺杂YBCO超导薄膜及其制备方法	北京工业大学	叶帅,索红莉,等
200910236574	铜铟硒纳米线阵列及其制备方法与应用	中国科学技术大学	朱长飞,张中伟,等
200910236576	铜铟镓硒纳米线阵列及其制备方法与应用	中国科学技术大学	朱长飞,张中伟,等
200910236797	一种制备P型掺钴氧化锌薄膜的方法	北京工业大学	王丽,苏雪琼,等
200910237028	一种用城市污泥生产的烧结轻质环保砖及其制造方法	广东绿由环保科技股份有限公司	李桓宇,古耀坤
200910237204	人纤维蛋白原的生产方法	绿十字(中国)生物制品有限公司	金昌燮,鱼湖权,等

续表

申请号	名称	申请单位	发明人
200910237524	一种通过加氮改进 H13 模具钢性能的方法	北京科技大学	谢建新,李静媛,等
200910237712	一种用陶瓷废渣、淤泥生产的烧结轻质环保砖及其制造方法	广州绿由工业弃置废物回收处理有限公司	李桓宇,古耀坤
200910241307	一种蜂窝型纤维胞状结构硬质合金及其制备方法	钢铁研究总院	柳学全,李红印,等
200910241668	一种用于 N 型硅外延片电阻率测量前的表面热处理工艺	北京有色金属研究总院,有研半导体材料股份有限公司	冯泉林,何自强,等
200910241669	一种用于 P 型硅外延片电阻率测量前的表面热处理工艺	有研半导体材料股份有限公司	冯泉林,何自强,等
200910241919	一种提高铁基超导体上临界场和临界电流密度的方法	中国科学院电工研究所	王雷,马衍伟,等
200910242213	一种 $Ce_yFe_4Sb_{12}/Ca_3Co_4O_9$ ($y=0.8\sim1.2$)基块体梯度热电材料的制备方法	北京工业大学	路清梅,常虹,等
200910242278	一种电解二氧化锰用阳极板的制备方法	北京有色金属研究总院	沈化森,张恒,等
200910242384	一种金属层状复合材料放电等离子体制备方法	北京科技大学	刘雪峰,胡文峰,等
200910242512	一种制备纳米颗粒强化的 Cu-Cr-Zr-Mg 系铜合金的方法	北京科技大学	林国标,王自东,等
200910242688	具有近零热膨胀特性的"反钙钛矿结构"金属间化合物材料的制备方法	北京航空航天大学	王聪,孙莹,等
200910242690	一种"反钙钛矿"结构的三元锰氮化物 Mn_3CuN 薄膜	北京航空航天大学	王聪,孙莹,等
200910242717	一种含铌定膨胀合金及其制造方法	北京北冶功能材料有限公司	丁绍松,蔡凯洪
200910242941	一种泡沫钽及其制备方法	北京有色金属研究总院	许文江
200910243390	一种改性人工林木材及其制备方法	中国林业科学研究院木材工业研究所	刘君良,柴宇博,等
200910243422	一种以钛为基的烧结型吸气材料及其制备方法	北京有色金属研究总院	张艳
200910244289	多用途太阳光谱选择性吸收涂层及其制备方法	沈阳百乐真空技术有限公司	郭保安
200910245191	一种添加钆铁合金制备钕铁硼永磁材料的方法	天津天和磁材技术有限公司	袁文杰,刁树林,等
200910247377	一种直径大于 300 mm 的陶瓷真空管钎焊工艺及装置	上海克林技术开发有限公司	张红辉,邵任杰,等
200910254447	矩形截面 NbTi/Cu 多芯复合超导线材的制备方法	西北有色金属研究院	陈自力,杜社军,等
200910256566	一种叠层复合材料与不锈钢的氩弧熔钎焊方法	山东大学	李亚江,张永兰,等
200910259313	一种导电性复合原子氧防护涂层 ITO/MgF_2 的制备方法	中国航天科技集团公司第五研究院第五一〇研究所	李中华,郑阔海,等

续表

申请号	名称	申请单位	发明人
200910259860	一种碳化钨铝-镍硬质合金及其制备方法	中国科学院长春应用化学研究所	马贤锋,刘建伟,等
200910263100	SiC晶须增强增韧的Mo_2FeB_2基金属陶瓷及其制备方法	南京航空航天大学	郑勇,余海洲,等
200910263114	一种肋板式海水淡化装置	南京工业大学	凌祥,徐舒,等
200910263675	树脂预处理生产橡胶树炭化木方法	中国热带农业科学院橡胶研究所	李家宁,秦韶山,等
200910264853	牙科根管锉表面污染物的去除方法	南京医科大学	张怀勤,姚红,等
200910272309	一种炼焦用坩埚表面处理方法	武汉钢铁(集团)公司	张前香,薛改凤,等
200910272328	一种层状纳米结构InSb热电材料的制备方法	武汉理工大学	唐新峰,苏贤礼,等
200910272447	一种P型填充式方钴矿化合物热电材料的制备方法	武汉理工大学	唐新峰,鄢永高,等
200910273180	一种多孔金属零部件的近净成形方法	华中科技大学	史玉升,李瑞迪,等
200910273489	一种微波诱导自蔓延高温合成Nb/Nb_5Si_3复合材料的方法	华中科技大学	王爱华,杨妮,等
200910301225	用氯化钴溶液制备结晶氯化钴过程中蒸汽利用的工艺方法	南通新玮镍钴科技发展有限公司	盛伟斌,陆烃炀,等
200910301795	一种真空淬火方法及所用的真空淬火装置	贵州航天精工制造有限公司	胡隆伟,马玲,等
200910303478	一种细晶难熔金属的制备方法	宝鸡市蕴杰金属制品有限公司	都业志,侯进
200910303601	一种硫化镉包覆碳纳米管气敏材料及气敏元件的制造方法	中南大学	唐新村,肖元化,等
200910303699	一种高强度高导电性氧化铝弥散强化铜的制备工艺	中南大学	罗丰华,高翔
200910304114	一种微波熔渗制备W-Cu合金的方法	中南大学	易健宏,郭颖利,等
200910304529	钽管的真空退火方法	长沙南方钽铌有限责任公司	蒋坤林,徐嘉立,等
200910306501	用于制作汽车后纵梁的模具的热处理工艺	南方金康汽车零部件有限公司	刘小军,李栋
200910306668	由贮氢合金一段式热处理制备贮氢电极的方法	中南大学	刘开宇,苏耿,等
200910306918	一种铁铬铝烧结纤维毡的制备方法	西安菲尔特金属过滤材料有限公司	奚正平,杨延安,等
200910308457	一种含稀土氧化物强化相钛合金的粉末冶金制备方法	中南大学	刘咏,刘延斌,等
200910308459	一种陶瓷材料凝胶注模微波固化工艺	中国海洋大学	戴金辉,黄翔,等
200910309461	一种低纯度单晶硅太阳能电池的制造方法	南安市三晶阳光电力有限公司	郑智雄,张伟娜,等
200910309630	一种用活性钎焊法制备耐磨陶瓷衬板的方法	哈尔滨工业大学	李卓然,樊建新,等
200910309807	一种CuNiMnFe/30CrMnSi复合材料转子衬套的制备方法	西安理工大学	邹军涛,王献辉,等

续表

申请号	名称	申请单位	发明人
200910309818	一种铜镍锰铁合金及其制备方法	西安理工大学	邹军涛,王献辉,等
200910309838	一种碳纳米管和硼酸铝晶须混杂增强铝基复合材料的制备方法	哈尔滨工业大学	张学习,钱明芳,等
200910310243	高合金钢无缝钢管的制造方法	天津商业大学	李连进,孙开明,等
200910310588	一种离子注入沉积前处理钎焊异种难焊金属的方法	哈尔滨工业大学	田修波,徐睦忠,等
200910311030	一种水热共溶剂法制备氮掺杂钛酸纳米管的方法	东北林业大学	孙庆丰,于海鹏,等
200910311188	一种镍基轴承保持架材料及其制备方法	洛阳轴研科技股份有限公司	孙永安,张永乾,等
200910311198	一种生物医用β-钛合金的制备工艺	中南大学	易丹青,杨伏良,等
200910311434	纳米陶瓷颗粒增强泡沫铝基复合材料的制备方法	哈尔滨工业大学	李爱滨,耿林,等
200910311604	提高晶须增强纯铝基复合材料强度和塑性的方法	哈尔滨工业大学	张学习,耿林,等
200910311613	合金基材渗铝的方法	哈尔滨工业大学	赫晓东,赵轶杰,等
200910311922	一种纳米弥散强化弹性 Cu-Nb 合金的制备方法	中南大学	汪明朴,雷若姗,等
200910311988	深宝石蓝反射色的低辐射镀膜玻璃及其生产方法	浙江中力节能玻璃制造有限公司	汤传兴,龙霖星
200910312331	一种特厚 8 万吨大型模锻压机支架用高强度钢板的生产方法	舞阳钢铁有限责任公司,河北钢铁集团有限公司	陆岳嶂,李经涛,等
200910312341	一种低温高韧性船板钢及其生产方法	舞阳钢铁有限责任公司,河北钢铁集团有限公司	吴天育,高大伟,等
200910312590	一种高纯碲化镉的制备方法	峨嵋半导体材料研究所	熊先林,刘益军,等
200910312591	叠片式微电子机械系统压电振子的制造方法	哈尔滨理工大学	施云波,荣鹏志,等
200920008055	五级金属直腔型高真空油扩散泵	兰州真空设备有限责任公司	王莉
200920010529	电子管阳极固定环结构	锦州华光电子管有限公司	王小波,刘乐禹,等
200920012728	一种全自动大型平板 PECVD 氮化硅覆膜制备系统	中国科学院沈阳科学仪器研制中心有限公司	赵科新,赵崇凌,等
200920019937	微孔过滤板	核工业烟台同兴实业有限公司	龚景仁,冯庸,等
200920030507	真空感应炉炉体	潍坊市北海精细陶瓷有限公司	张玉良
200920032516	用于生产氮化铁合金的竖式双面加热真空炉	西安澳秦炉料有限公司,嘉峪关三威铁合金冶炼有限公司	管甲锁
200920032626	一种高压开关防爆用金属丝网烧结元件	西安菲尔特金属过滤材料有限公司	奚正平,杨延安,等
200920048325	管体式回路型热管	苏州聚力电机有限公司	饶振奇,罗志忠
200920050071	具有凸形台的烧结型热管式均热板	中山伟强科技有限公司	古巧姝,陈其亮,等
200920050126	一种 RFID 电子标签的新型柔性基材	中山达华智能科技股份有限公司	蔡小如
200920063160	弹簧柔性压紧装置	株洲硬质合金集团有限公司	甘伟,唐穗良,等
200920063161	铠装热电偶群的组合密封装置	株洲硬质合金集团有限公司	陈榕

续表

申请号	名称	申请单位	发明人
200920064987	一种硬质合金脱胶真空烧结一体炉	株洲楚天硬质合金有限公司	唐迎春
200920074492	修复型锑铯光电阴极	上海泰雷兹电子管有限公司	唐雪雄,康海峰,等
200920074494	基于新型可伐连接件的X射线影像增强器电极外壳	上海泰雷兹电子管有限公司	唐雪雄,虞和杰,等
200920075005	一种在真空烧结工序中收集石蜡的装置	上海富驰高科技有限公司	于玉营,倪兴礼,等
200920075342	一种用于光学镜片镀膜前的超声波清洗机	上海明兴开城超音波科技有限公司	钟建成
200920079952	真空烧结炉的全方位均匀快速冷却装置	绵阳西磁机电技术有限公司	王用洋
200920083532	12千伏真空开关管	武汉飞特电气有限公司	丁安平,郑宗仁
200920093746	双钢带压机用空心光轴	敦化市亚联机械制造有限公司	南明寿,杨英臣,等
200920099611	湿热灭菌型三维运动混合机用混合桶	哈尔滨纳诺医药化工设备有限公司	王孟刚
200920103400	充电机功率模块散热器	永济新时速电机电器有限责任公司	张晋芳,牛勇
200920105795	荧光粉的连续动态还原设备	北京有色金属研究总院,有研稀土新材料股份有限公司	刘荣辉,庄卫东,等
200920126521	回转类零件表面非晶化处理装置	重庆工学院	许洪斌,胡建军,等
200920139659	圆盘真空过滤机滤盘	厦门金纶科技有限公司	黄朝强,方惠会
200920148598	新型焊接合金捣镐	常州中铁科技有限公司	苏新吉,惠华强,等
200920169304	用磁控溅射法生产CdS/CdTe太阳能电池的装置	成都中光电阿波罗太阳能有限公司	侯仁义
200920178619	具有触控模块的真空玻璃装置及触控装置	东元奈米应材股份有限公司	陈国荣,詹德凤,等
200920188233	一种钎焊式行波管收集极	安徽华东光电技术研究所	吴华夏,贺兆昌,等
200920203392	内热式铅芯真空热处理炉	沈阳恒进真空科技有限公司	杨建川,赵建业,等
200920203393	1800度高温保护气氛真空烧结炉	沈阳恒进真空科技有限公司	杨建川,赵建业,等
200920209423	一种笔记本电脑外壳连续通过式清洗机	上海明兴开城超音波科技有限公司	钟建成
200920218001	一种真空蠕变校形炉	西部金属材料股份有限公司	刘云飞,丁旭,等
200920220654	一种氢原子频标镍提纯器	中国航天科工集团第二研究院二〇三所	陈强,沈国辉,等
200920235871	一种变梯度加速管	江苏达胜加速器制造有限公司	刘振灏
200920235874	一种变梯度加速管	江苏达胜加速器制造有限公司	刘振灏
200920235875	一种变梯度加速管	江苏达胜加速器制造有限公司	刘振灏
200920242042	一种装备轴向静磁场的真空晶体生长设备	宁波市磁正稀土材料科技有限公司	邓沛然,傅盛辉
200920244366	一种压力敏感芯片封装结构	中国电子科技集团公司第四十九研究所	王长虹,王金文,等
200920246075	多功能实验用热处理炉	中国钢研科技集团有限公司,新冶高科技集团有限公司	张启富,郝晓东,等
200920263826	一种用于真空转鼓式过滤机的刮板式过滤桶	韶关市贝瑞过滤科技有限公司	徐小平,王东伟
200920269152	真空热处理腔	东莞宏威数码机械有限公司	杨明生,刘惠森,等
200920271821	氢气-真空保护热处理炉	涿州迅利达创新科技发展有限公司	赵强
200920272392	氮化铝晶体上的欧姆接触电极结构	中国科学院上海技术物理研究所	储开慧,许金通,等

续表

申请号	名称	申请单位	发明人
200920276114	均温散热器的金属网散热结构	唯耀科技股份有限公司	吴传亿,徐仓颉
200920276391	磷酸铁锂微波加热台阶式连续生产设备	河南联合新能源有限公司	刘新保,周永刚,等
200920276392	磷酸铁锂微波加热卧式连续生产设备	河南联合新能源有限公司	刘新保,李恩惠,等
200920276393	磷酸铁锂微波加热立式连续生产设备	河南联合新能源有限公司	刘新保,吴铁雷,等
200920276394	磷酸铁锂微波加热单炉体连续生产设备	河南联合新能源有限公司	刘新保,贾晓林,等
200920276395	磷酸铁锂微波加热错开立式连续生产设备	河南联合新能源有限公司	刘新保,周永刚,等
200920277579	台车式高温氮化炉	中国钢研科技集团有限公司,新冶高科技集团有限公司	顾静,王寿增,等
200920279830	一种杜瓦内安装吸气剂的结构	中国科学院上海技术物理研究所	王小坤,曾智江,等
200920288257	一种低合金钢表面氮化氧化复合处理装置	大连海事大学	李杨,王亮,等
200920288306	IGBT 板式水冷却器	中国北车集团大连机车研究所有限公司	刘俊杰
200920288331	一种用于金属基复合材料搅拌摩擦焊接的复合式焊接工具	中国科学院金属研究所	王全兆,王东,等
200920291072	一种气氛可调式高温陶粒烧结装置	山东大学	岳钦艳,齐元峰,等
200920292889	真空密封封口盖板	绍兴华立电子有限公司	沈幕禹
200920299538	多注行波管吸收器隔片的钎焊装置	安徽华东光电技术研究所	李园,张丽,等
200920302032	风冷式烧结炉	杭州永磁集团有限公司	刘海珍,王涛,等
200920302513	一种真空淬火装置	贵州航天精工制造有限公司	胡隆伟,马玲,等
200920311326	一种内燃机排气阀阀壳	常州朗锐活塞有限公司,南车戚墅堰机车车辆工艺研究所有限公司	李灵敏,彭春华
200920313527	一种带有支撑装置的真空灭弧室触头	中国振华电子集团宇光电工有限公司	王德志
201010000785	一种碳化钨铝硬质合金烧结体的制备方法	中国科学院长春应用化学研究所	马贤锋,刘建伟,等
201010000972	钛合金氢处理时氢含量精确控制模型的建立方法	中国航空工业集团公司北京航空制造工程研究所	王耀奇,侯红亮,等
201010011406	一种氮化铝薄膜的微波等离子体制备方法	青岛科技大学	于庆先,孙四通
201010013507	碳/碳-氮化硼复合材料的制备方法	西北工业大学	殷小玮,张立同,等
201010013669	大直径复合绝缘子实心芯棒的二次缠绕制备方法	陕西泰普瑞电工绝缘技术有限公司	吴亚民
201010013736	一种非蒸散型纤维丝式吸气剂及其制备方法	西安宝德粉末冶金有限责任公司	吴引江,梁永仁,等
201010017999	用 Jaw 控制模式在 Gleeble3800 液压楔单元上进行应力松弛试验的方法	南京钢铁股份有限公司	范益,邱红雷
201010023077	碳/碳-铜复合材料的制备方法	上海大学	孙晋良,任慕苏,等
201010029018	一种碲化铋基块体纳米晶热电材料的制备方法	武汉科技大学	樊希安,李光强,等

续表

申请号	名称	申请单位	发明人
201010032467	一种溶胶凝胶法制备Zr(BiNa)BaTiO无铅压电陶瓷纳米粉体的方法	哈尔滨理工大学,哈尔滨源创微纳科技开发有限公司	施云波,冯侨华,等
201010033654	一种制备高容量 $Mg\text{-}ZrMn_2$ 复合储氢合金的方法	北京科技大学	宋西平,李汝成,等
201010033733	一种高比重合金的凝胶注模成型方法	北京科技大学	邵慧萍,杨栋华,等
201010033734	一种大尺寸复杂形状钨制品的成形方法	北京科技大学	邵慧萍,杨栋华,等
201010034134	一种制备高导热性铝-金刚石双相连续复合材料的方法	北京科技大学	贾成厂,郭静,等
201010034184	Cf/SiC复合材料与Ni基高温合金的连接方法	北京科技大学	林国标,王建华
201010039823	可再充电金属氢化物空气电池	浙江大学	李洲鹏,刘宾虹
201010039824	设有辅助电极的可再充金属氢化物空气电池	浙江大学	刘宾虹,李洲鹏
201010100995	一种 $Ti_5Si_3/TiAl$ 复合材料的制备方法	哈尔滨工业大学	李爱滨,李峰,等
201010101287	带有金属多孔结构的蓄热型食品保温装置	西安交通大学	屈治国,李文强,等
201010101941	一种高纯铌酸钠纳米粉体的制备方法	桂林理工大学	刘来君,方亮,等
201010103160	一种高强超韧低密度镁合金及其制备方法	西安理工大学	徐春杰,孟令楠,等
201010103173	一种低稀土高强度镁锂合金及其制备方法	西安理工大学	徐春杰,孟令楠,等
201010104129	一种均热板的封口结构与制造方法	中山伟强科技有限公司	李克勤
201010105589	铝合金熔体中制备多孔氮化铝微粒的方法	西安理工大学	颜国君
201010107264	一种疏松体光纤预制棒一体化烧结脱气的设备及其方法	中天科技精密材料有限公司	薛济萍,沈一春,等
201010107633	一种银氧化铁电接触材料的制备方法	福达合金材料股份有限公司	黄光临,鲁香粉,等
201010107690	高性能室温磁致冷纳米块体材料的制备方法	江苏大学	崔熙贵,程晓农,等
201010107779	一种纳米二氧化钛异质复合膜的制备方法	太原理工大学	梁伟,白爱英,等
201010108136	太阳能电池制作方法	上海理工大学	门传玲,安正华
201010109845	一种碳化钛基多元陶瓷涂层的制备方法	广东工业大学	揭晓华
201010111701	一种碳化锆微粉的制备方法	浙江大学	杨辉,郭兴忠,等
201010112012	纳米铁颗粒填充的氮化硼纳米管的制备工艺	武汉工程大学	谷云乐,王吉林,等
201010112074	利用高磷赤铁矿尾矿制备劈开砖的方法	武汉理工大学	张一敏,陈铁军,等
201010114323	电力机车变压器油泵电机轴承绝缘处理方法及装置	株洲敏锐轨道电气有限责任公司	蒋友清,高培庆
201010115055	镀钛碳纤维的制备方法	武汉理工大学	史晓亮,王书伟,等

续表

申请号	名称	申请单位	发明人
201010116706	一种钛镍形状记忆合金眼镜的制造工艺	深圳市欧帝光学有限公司	张国宏,蒋新东,等
201010117231	一种烧结钐钴基稀土永磁材料母合金的熔炼方法	中南大学	李丽娅,易建宏
201010117289	一种 GaN 纳米晶体的制备方法	陕西科技大学	王芬,李栋,等
201010118104	真空陶瓷过滤板及其制造方法	江苏势坤矿山机械有限公司	石磊
201010118165	一种掺杂稀土元素氧化锌一维纳米材料的制备方法和应用	中山大学	杨国伟,朱宏干,等
201010118303	铜锌镉锡硫硒薄膜太阳电池光吸收层的制备方法	中国科学院上海硅酸盐研究所	黄富强,王耀明,等
201010119225	高速精密轴承钢球制造工艺	江苏力星通用钢球股份有限公司	马林,周勇,等
201010120074	一种用于彩色显像管网版生产的工作版的制做方法	彩虹集团电子股份有限公司	李鑫鑫
201010122203	使用真空夹具的炉内钎焊方法	常州苏晶电子材料有限公司	范嘉苏
201010123073	一种染料敏化太阳能电池及其制备方法	华中科技大学	韩宏伟,汪恒,等
201010123646	晶体硅太阳电池背点接触结构的制备方法	上海太阳能电池研究与发展中心	王懿喆,周呈悦,等
201010123817	薄膜型 FED 下基板的制作方法	彩虹集团公司	张斌
201010124182	一种常压氮、水混合气体喷射淬火装置	昆明理工大学	程赫明,邵宝东,等
201010124287	一种平面光源器件的制备方法	彩虹集团公司	王香
201010124369	一种环保型陶瓷电容器用电极银浆的浆制备方法	彩虹集团公司	李宝军
201010125126	一种钢基 SiC 陶瓷颗粒复合材料的制备方法	西安建筑科技大学	马幼平,杨蕾,等
201010125198	一种含银粉末冶金钛钼铝钒合金及其制备方法	中南大学	肖代红,袁铁锤,等
201010125434	一种高锰钢基 SiC 陶瓷颗粒复合材料的制备方法	西安建筑科技大学	马幼平,杨蕾,等
201010125746	超高分子量聚乙烯过滤板制作工艺	核工业烟台同兴实业有限公司	龚景仁,李江岑,等
201010125796	过滤铝酸钠浆料用滤布的在线清洗方法及清洗装置	朔州市润泽投资发展有限公司	秦晋国,王建民,等
201010126409	一种纳米级 $LiFe_{1-x}M_xPO_4$/C 锂磷酸盐系复合正极材料的制备方法	中南大学	胡国荣,曹雁冰,等
201010126474	一种高品质大规格芯棒坯制造方法	上海大学	吴晓春,闵永安,等
201010126685	一种轴承用碳/碳复合材料的制备方法	上海大学	李红,孙晋良,等
201010127038	基于氧化锌纳米线的全光开关的制备方法及全光开关	中国科学院理化技术研究所	穆丽璇,帅文生
201010127222	碳化钛微粉及其制备方法	浙江大学	郭兴忠,杨辉,等
201010130046	一种制备三维亚微米级花状结构氮化铝的方法	西安交通大学	史忠旗,王继平,等

续表

申请号	名称	申请单位	发明人
201010130448	一种采用铜铈合金制备的钨铜合金及其制备方法	西安理工大学	梁淑华,王博,等
201010130571	一种马来酸酐/共轭二烯烃共聚反应的方法	北京化工大学	杨万泰,孙应发,等
201010132444	钛镍银多层金属电力半导体器件电极的制备方法	浙江正邦电力电子有限公司	项卫光,徐伟
201010136068	纵向沟道 SOI LDMOS 的 CMOS VLSI 集成制作方法	杭州电子科技大学	张海鹏,苏步春,等
201010137317	一种低温高速沉积氢化非晶氮化硅薄膜的方法	河北大学	于威,傅广生,等
201010139214	钛及钛合金多头螺旋管加工方法	江阴市钛业制管有限公司	黄钢
201010139880	一种炭纤维增强碳化硼复合材料及其制备方法	中南大学	曾凡浩,熊翔
201010140843	一种具有泡沫金属与铜粉复合毛细结构的均热板	华南理工大学	汤勇,周蕤,等
201010141235	一种核主泵转子屏蔽套的真空热胀形工艺	大连理工大学	张立文,朱智,等
201010142153	基于松装熔渗法制备钨铜合金的方法	西安理工大学	陈文革,陶文俊,等
201010142911	一种陶瓷真空过滤板的成型方法	扬中市荣鑫磨具磨料有限公司	王先荣
201010143939	一种硅基太阳能电池正面栅电极的制备方法	日强光伏科技有限公司	万青,郑策,等
201010144992	一种油气井实体可膨胀套管的制造方法	中国石油天然气集团公司,中国石油天然气集团公司管材研究所	冯耀荣,上官丰收,等
201010145647	一种铝制板翅式换热器及其真空钎焊工艺方法	宁波汇富机电制造有限公司	金宗宝,汪再地,等
201010145735	节能灯用电容器的浸渍方法	长兴华强电子有限公司	李梅,倪保林,等
201010145880	一种 Li-F 共掺杂生长 P 型 ZnO 晶体薄膜的方法	浙江大学	朱丽萍,曹铃,等
201010146222	太阳能真空管高选择性吸收涂层的制备方法	山东帅克新能源有限公司	安百军,安百盈,等
201010146295	一种耐腐蚀烧结钕铁硼磁体的制备方法	无锡南理工科技发展有限公司,江苏晨朗电子集团有限公司,南京理工大学	徐锋,陈栋,等
201010146348	一种高强度、高导电、抗高温软化性能的 Cu-Nb 合金的制备方法	中南大学	汪明朴,雷若姗,等
201010146950	一种钢基表面激光钎焊熔覆铜合金层的方法	太原理工大学	王文先,崔泽琴,等
201010147510	一种在蓝宝石衬底上制备高质量 ZnO 单晶薄膜的方法	中国科学院物理研究所	梅增霞,梁会力,等
201010147925	一种原位合成 AlN/Al 电子封装材料的方法	西安科技大学	朱明,王明静,等

续表

申请号	名称	申请单位	发明人
201010147979	一种固体电解质铌钽复合电容器的制备方法及复合电容器	株洲宏达电子有限公司	何明望,曾继疆
201010148279	一种阻变金属氮化物材料的制备方法	复旦大学	张昕,卢茜,等
201010148425	一种直流电场下定向凝固提纯多晶硅的方法	上海太阳能电池研究与发展中心	蒋君祥,胡建锋,等
201010149681	镍氢电池负极用储氢合金粉的表面处理方法	宁波申江科技股份有限公司	蒲朝辉,李志林,等
201010149746	一种高炉炼铁工艺及其设备	山东广富集团有限公司	张向海,邢传一
201010151647	基于金锡共晶的谐振型压力传感器芯片局部真空封装方法	中国电子科技集团公司第二十四研究所	张志红,熊化兵,等
201010152182	一种中空碳纤维的制备方法	哈尔滨工业大学	温广武,于洪明,等
201010152304	轧辊用高速钢合金的铸造工艺	河北工业大学	崔春翔,刘双进,等
201010153435	一种二次骨架熔渗合金材料的制备方法	东北大学	佟伟平
201010153985	一种分离式相变换热器	南京工业大学	凌祥,顾恒,等
201010154487	一种铝铜镁银系粉末冶金耐热铝合金及其制备方法	中南大学	肖代红,宋旼
201010155019	基于 m 面 Al_2O_3 衬底上半极性 GaN 的生长方法	西安电子科技大学	郝跃,许晟瑞,等
201010155810	一种 Ti_3Al 基合金薄壁筒成形方法	中国运载火箭技术研究院,首都航天机械公司	王国庆,吴爱萍,等
201010156013	压铸模用 H13 类钢的淬火工艺	广州市型腔模具制造有限公司	马广兴,刘桂平
201010158993	一种超薄荫罩式等离子体显示屏的封接方法	东南大学	朱振华,金烨,等
201010159144	一种 W-Ti 合金靶材的制备方法	西安理工大学	梁淑华,王庆相,等
201010159826	一种不锈钢/铜复合梯度材料热交换过渡区部件的制造方法	西安西工大超晶科技发展有限责任公司	胡锐,马坤,等
201010160707	Al-Si-Cu-Ni 合金态箔状钎料及其制备方法	中国电子科技集团公司第十四研究所,北京有色金属与稀土应用研究所	冯杏梅,冯展鹰,等
201010161178	多层复合太阳能选择性吸收镀层的制备方法	常州博士新能源科技有限公司	郭廷玮,夏建业,等
201010162549	三阶非线性光学性碲基复合薄膜及其制备方法	重庆大学	辜敏,李强,等
201010164761	一种夹层型复合吸油材料的制造方法	天津工业大学	肖长发,赵健,等
201010165316	醇热法制备形貌可控的氮化钛工艺	上海师范大学	李和兴,卞振锋,等
201010166626	一种用印染污泥生产的烧结轻质环保砖及其制造方法	广州绿由工业弃置废物回收处理有限公司	李桓宇,古耀坤
201010166628	一种用电镀污泥生产的烧结轻质环保砖及其制造方法	广州绿由工业弃置废物回收处理有限公司	李桓宇,古耀坤
201010166706	球阀表面处理方法	苏州鼎利涂层有限公司	陈卫飞
201010167063	热等静压法制备 Ni 基合金复合基带	北京工业大学	邱火勤,索红莉,等

续表

申请号	名称	申请单位	发明人
201010167495	一种钎焊 Si_3N_4 陶瓷的高温非晶钎料	江苏科技大学	邹家生,汪成龙,等
201010171385	一种超高真空多功能综合测试系统	中国科学院半导体研究所	杨晋玲,刘云飞,等
201010171997	一种抗自然时效软化高纯银材的制备方法	贵研铂业股份有限公司	谢宏潮,庄滇湘,等
201010173044	一种口腔修复用铸造钛合金	哈尔滨工程大学	郑玉峰,王庆宇,等
201010176470	一种分散大红的制备方法	江苏远征化工有限公司	王海民,程燕明,等
201010177242	钛合金环形气瓶内胆的制造方法	什邡市明日宇航工业股份有限公司	胡鑫,王振强,等
201010178452	电极材料石墨烯纳米片的制备方法及其制备的电极片	北京化工大学	宋怀河,赵生娜,等
201010178675	TiC 颗粒增强 Ti-Al-Sn-Zr-Mo-Si 高温钛合金复合材料板材的制备方法	哈尔滨工业大学	陈玉勇,刘志光,等
201010178988	一种铁合金基复合硬质合金轧辊及其生产方法	蓬莱市超硬复合材料有限公司	孙积海,孙浩斌,等
201010180006	表面结构化复合涂层制备方法及其装置	中国矿业大学	杨海峰,王延庆,等
201010180472	一种矩形截面 Cu-Nb 多芯复合线材的制备方法	西北有色金属研究院	陈自力,梁明,等
201010181285	高活性碳-氯共掺杂二氧化钛可见光催化剂的低温非水溶胶凝胶制备方法	华中师范大学	张礼知,许华
201010182387	一种以四氯化硅为硅源制备超长 SiC 纳米线的方法	浙江理工大学	陈建军,石强,等
201010183474	一种提高氮化硅铁中氮收得率的方法	首钢总公司,河北省首钢迁安钢铁有限责任公司	郭亚东,张莉霞,等
201010183684	一种金属陶瓷表面耐磨材料的制备方法	四川大学	郭智兴,熊计,等
201010184682	中空碳纤维布环氧树脂复合材料及其制备方法	哈尔滨工业大学	温广武,于洪明,等
201010184683	中空碳纤维毡环氧树脂复合材料及其制备方法	哈尔滨工业大学	温广武,于洪明,等
201010185378	由 PCS 纤维连续制备 Si-B-N-O 纤维的方法	中国人民解放军国防科学技术大学	宋永才,李永强,等
201010186127	一种科里奥利质量流量计的真空镍基钎焊和热处理工艺	成都安迪生测量有限公司	宁扬忠
201010187483	TC18 钛合金焊接零件的焊后真空热处理工艺	中国航空工业集团公司北京航空材料研究院,中国航空工业集团公司沈阳飞机设计研究所	沙爱学,李红恩,等
201010190511	一种不锈钢表面铜银渗镀层的制备方法	太原理工大学	贺志勇,王振霞,等
201010193015	一种镁铝合金的 SiC 颗粒碾磨增强方法	太原理工大学	樊建锋,许并社,等
201010195520	一种高硅电工钢薄带的短流程高效制备方法	北京科技大学	谢建新,付华栋,等
201010199050	一种 X80 弯管和管件的制备方法	中国石油天然气集团公司,中国石油天然气集团公司管材研究所	冯耀荣,刘迎来,等

续表

申请号	名称	申请单位	发明人
201010199314	内翅片管高温真空钎焊夹具	西安交通大学	王秋旺,马挺,等
201010199473	锂离子电池纳米晶钛酸锂阳极材料的制备方法	哈尔滨工业大学	张乃庆,柳志民,等
201010199687	纳米粉体改性强化模具钢制备工艺	江苏新亚特钢锻造有限公司	谢宗翰,丁刚,等
201010199996	一种耐海水腐蚀超低碳贝氏体钢及其制备方法	东北大学,莱芜钢铁集团有限公司	崔文芳,张思勋,等
201010203439	制备大尺寸陶瓷磨球的方法	上海交通大学	李飞,骆兵,等
201010204172	9Cr18Mo 钢阀套零件的热处理方法	哈尔滨工业大学	孙东立,王清,等
201010204375	半硬磁材料、制备方法及其用途	北京四海诚明科技有限公司	张建国,徐廷浩
201010205784	一种染料敏化太阳能电池模块的制备方法	彩虹集团公司	王香,姜春华
201010207080	一种铝电解用硼化钛阴极材料及其制备方法	中国铝业股份有限公司	张刚,杨建红,等
201010207589	高性能铜-金刚石电触头材料及其制造工艺	上海中希合金有限公司	郑元龙,郑大受,等
201010208236	一种声表面波湿敏传感器的制备方法	浙江大学	陈裕泉,雷声,等
201010208311	超厚低合金高强度 Q345 系列钢板及其生产方法	南阳汉冶特钢有限公司	朱书成,许少普,等
201010209014	添加少量稀土元素铈或镧的软磁铁硅铝合金磁粉芯的制作方法	湖州微控电子有限公司	刘志文,王锋,等
201010209323	基于 c 面 Al_2O_3 衬底上极性 c 面 GaN 薄膜的 MOCVD 生长方法	西安电子科技大学	郝跃,许晟瑞,等
201010209324	基于 a 面 6H-SiC 衬底上非极性 a 面 GaN 的 MOCVD 生长方法	西安电子科技大学	郝跃,许晟瑞,等
201010209325	基于 m 面 SiC 衬底的非极性 m 面 GaN 薄膜的 MOCVD 生长方法	西安电子科技大学	郝跃,许晟瑞,等
201010209566	基于 r 面 Al_2O_3 衬底上非极性 a 面 GaN 薄膜的 MOCVD 生长方法	西安电子科技大学	许晟瑞,郝跃,等
201010209567	基于 c 面 SiC 衬底上极性 c 面 GaN 的 MOCVD 生长方法	西安电子科技大学	郝跃,许晟瑞,等
201010209568	基于 γ 面 $LiAlO_2$ 衬底上非极性 m 面 GaN 的 MOCVD 生长方法	西安电子科技大学	郝跃,许晟瑞,等
201010213376	锂离子电池用三维多孔锡铜合金负极材料的制备方法	复旦大学	余爱水,薛雷刚,等
201010213624	镀氮化钛碳化硅纤维的制备方法	武汉理工大学	史晓亮,王书伟,等
201010213894	高功率复合脉冲磁控溅射离子注入与沉积方法	哈尔滨工业大学	田修波,吴忠振,等
201010215105	一种原位自生 TiB 晶须提高陶瓷钎焊接头强度的方法	哈尔滨工业大学	林铁松,何鹏,等

续表

申请号	名称	申请单位	发明人
201010215156	一种用于钛合金与陶瓷钎焊的复合钎料及其钎焊方法	哈尔滨工业大学	何鹏,林铁松,等
201010215802	基于纳米 CdS 薄膜的太阳能电池制备方法	上海大学	王林军,黄健,等
201010217412	一种氧化铝空心微球制备方法	西南科技大学	刘敬松,李惠琴,等
201010219267	一种用更换造粒带修复塑料造粒模板的方法	沈阳金锋特种刀具有限公司	于宝海,任振武,等
201010219623	一种基于 PIN 异质结构的碳化硅基紫外探测材料的制备方法	中国科学院物理研究所	梁爽,梅增霞,等
201010219673	超细晶镍铝合金的制备方法	哈尔滨工业大学	张凯锋,徐桂华
201010221069	一种抑制二次电子发射的离子束表面处理设备和方法	中国电子科技集团公司第十二研究所	丁明清,冯进军,等
201010223202	逆变电源用低噪声变压器铁芯	秦皇岛市燕秦纳米科技有限公司	李玉山,林志清,等
201010223748	一种无磁金属陶瓷模具及其制备方法	华中科技大学	熊惟皓,瞿峻,等
201010225932	卷绕式带状 ITO 导电薄膜的生产方法及装置	淮安富扬电子材料有限公司	傅青炫,陈先锋,等
201010226138	一种双层烧结金属粉末滤芯的制备方法	安泰科技股份有限公司	王凡,杨军军,等
201010226367	一种含 Mg 贮氢合金的制备方法	北京科技大学	李平,曲选辉,等
201010228549	一种 $Y_{1-x}Yb_xBCO$ 高温超导薄膜及其制备方法	北京工业大学	叶帅,索红莉,等
201010228796	湿法腐蚀制备精细金属掩膜漏板的方法	中国科学院长春光学精密机械与物理研究所	李志明,孙晓娟,等
201010228812	一种中碳含铌钢减少表面裂纹的方法	南京钢铁股份有限公司	何烈云,李翔,等
201010229148	正栅极结构的场发射器件中绝缘层的制作方法	中国科学院长春光学精密机械与物理研究所	李志明,孙晓娟,等
201010230573	一种制备碳化硅颗粒增强氮化硅复相陶瓷零件的方法	北京科技大学	何新波,田常娟,等
201010230623	多孔金属结合剂钎焊金刚石砂轮的制备方法	南京航空航天大学	苏宏华,傅玉灿,等
201010231151	一种太阳能选择性吸收涂层及其制备方法	北京航空航天大学	王聪,薛亚飞,等
201010231181	一种溶胶凝胶法制备纳米碳化钒	四川大学	姚亚东,尹光福,等
201010234492	一种用造纸污泥生产的烧结轻质环保砖及其制造方法	广州绿由工业弃置废物回收处理有限公司	李桓宇,古耀坤
201010234818	聚苯乙烯导热复合材料及其制备方法	西北工业大学	顾军渭,张秋禹,等
201010235117	一种特种合金薄壁构件的制备方法	哈尔滨工业大学	武高辉,陈翔,等
201010235198	陶瓷颗粒增强复合耐磨件及其制造方法	西安交通大学,广州有色金属研究院	高义民,史芳杰,等
201010235199	一种复合耐磨材料陶瓷颗粒增强体的制备方法	西安交通大学,广州有色金属研究院	高义民,尹宏飞,等
201010235201	一种复合材料预制体的制备工艺	西安交通大学,广州有色金属研究院	高义民,史芳杰,等

续表

申请号	名称	申请单位	发明人
201010235339	镁与多孔β-磷酸钙复合材料的制备方法及真空吸铸仪	哈尔滨工程大学	王香，马旭梁，等
201010237578	一种铜铟镓硒薄膜材料的制备方法	上海太阳能电池研究与发展中心	褚君浩，马建华，等
201010240649	一种离子印迹负载型复合光催化剂的制备方法	江苏大学	闫永胜，霍鹏伟，等
201010240842	一种增强相连续定向分布的陶瓷/固态聚合物电解质复合材料及其制备方法	哈尔滨工业大学	叶枫，张敬义
201010241737	稀土氢化物表面涂层处理剂、形成涂层的方法及其应用	北京工业大学	岳明，刘卫强，等
201010243457	一种碳氧分布均匀的大规格粉末冶金TZM坯料制备方法	西北有色金属研究院	梁静，李来平，等
201010251848	一种高钢级大应变管线钢和钢管的制造方法	中国石油天然气集团公司，中国石油天然气集团公司管材研究所	冯耀荣，吉玲康，等
201010251886	先进结构陶瓷材料的凝胶注模成型工艺	中国人民解放军国防科学技术大学	周新贵，林德庆，等
201010252691	一种高强度高塑韧性连续管制造方法	中国石油天然气集团公司，中国石油天然气集团公司管材研究所	冯耀荣，上官丰收，等
201010254322	一种采用真空电子束钎焊发动机涡轮叶片端盖的方法	中国航空工业集团公司北京航空制造工程研究所	刘昕，李晋炜，等
201010254580	中试线热亚胺化炉	合肥日新高温技术有限公司	张时利，王建跃，等
201010254919	一种液相合成缩宫素的方法	安徽宏业药业有限公司，吴永平	吴永平，金荣富，等
201010255239	制盐设备用钛管的生产方法	张家港华裕有色金属材料有限公司	沈文惕
201010256230	木材-有机-无机杂化复合材料的制备方法	东北林业大学	李永峰，刘一星，等
201010257567	立体图纹制作方法	仁宝电脑工业股份有限公司	张建明，庄万历，等
201010257747	镁合金表面施压工装及其处理方法	上海交通大学	杨海燕，郭兴伍，等
201010259588	一种提高钛合金带材力学性能的热处理方法	西北有色金属研究院	倪沛彤，韩明臣，等
201010260298	环保型微波介质陶瓷基板	郴州功田电子陶瓷技术有限公司	刘潭爱，陈功田，等
201010262316	一种高温合金正弦波纹弹簧的成型方法	西安航空动力股份有限公司	王军，刘红斌，等
201010265502	制备单相纳米ε-Fe_3N或γ'-Fe_4N粉体的方法和装置	东北大学	佟伟平，王长久，等
201010268245	用于骨科植入的含氧医用β钛合金及其制备方法	上海交通大学	王立强，位倩倩，等
201010270941	一种热作模具钢的低温渗碳方法	华南理工大学	邱万奇，孙歌，等
201010271031	氮化硅涂层石英坩埚的制备方法	山东理工大学	唐竹兴
201010273992	一种钴基非晶合金丝的制备方法	中国科学院宁波材料技术与工程研究所	沈宝龙，宁伟，等
201010276146	染料敏化太阳能电池薄膜电极及制备方法	天津大学	单忠强，李杨，等
201010276688	大尺寸复杂形状碳化硅陶瓷素坯的凝胶注模成型工艺	中国科学院长春光学精密机械与物理研究所	赵文兴，张舸，等

续表

申请号	名称	申请单位	发明人
201010276943	一种银-铅-镧-碲热电材料的制备方法	哈尔滨工业大学	王群,陈刚,等
201010276952	一种银-铅-铋-碲热电材料的制备方法	哈尔滨工业大学	陈刚,王群,等
201010277009	一种制备含 SiO_2 的金属氧化物复合薄膜的方法	中国科学院电工研究所	张俊,王文静,等
201010278801	一种有效控制中厚板探伤缺陷的方法	秦皇岛首秦金属材料有限公司,首钢总公司	白松莲,白学军,等
201010280590	一种采用加压感应制备高氮钢的方法	中国兵器工业第五二研究所	陈巍,袁书强,等
201010281138	覆镍多孔钢带的制备方法	常德力元新材料有限责任公司	陈红辉,谢红雨,等
201010281627	纳米结构的锂离子电池正极材料及其制备方法	天津大学	杨全红,魏伟,等
201010281962	环保型塑合木的制备方法	东北林业大学	李永峰,吕多军,等
201010282769	0.68 mm 无磁合金球制造工艺	温州市龙湾沙城钢球厂	林钟杰,张红路
201010283559	一种 Ni-Cu-Fe-Si 多孔合金及其制备方法	厦门大学	刘兴军,怀震,等
201010286227	车用电路断电器的记忆金属片的制造方法	航天科技控股集团股份有限公司	傅海林,滕胜广,等
201010286528	一种复合强化钼合金材料及其制备方法	西安交通大学	孙军,张国君,等
201010286595	钢级 135 ksi 高韧性钻杆用无缝钢管	天津钢管集团股份有限公司	江勇,张传友,等
201010287656	煤机组件的辉光离子氧氮化耐磨蚀工艺	中煤邯郸煤矿机械有限责任公司	张晓峰,李玉岭,等
201010287934	铅酸蓄电池极板制造工艺	超威电源有限公司	沈浩宇
201010288610	一种纳米磷酸铁锂均匀碳包覆的方法	彩虹集团公司	王少卿
201010290888	一种藕片结构组装的 In_2O_3 微球的制备方法	上海大学	程知萱,任晓会,等
201010292153	高性能钢板热处理机组生产工艺	辽宁衡业高科新材股份有限公司	刘井野
201010292160	基于镁基合金的摩托车发动机缸套的制造方法	上海交通大学	胡斌,彭立明,等
201010292518	一种柱塞环的加工工艺	上海摩虹轴承有限公司	肖祖光,范为民,等
201010293092	一种钎焊-热压烧结金刚石工具及其制造方法	安泰科技股份有限公司,北京安泰钢研超硬材料制品有限责任公司	罗晓丽,赵刚,等
201010293095	一种用于太阳能电池用增透及自清洁复合薄膜的制备方法	彩虹集团公司	刘文秀
201010293132	一种高振实密度纳米磷酸铁锂的制备方法	彩虹集团公司	王少卿
201010293856	一种低温掺杂发光氮化铝薄膜及其制备方法	华南理工大学	邱万奇,刘仲武,等
201010297056	酒标纸用面涂涂料及其制备方法和应用	上海东升新材料有限公司	施晓旦,尹东华,等
201010297134	真空环境下可加热密封样品室装置	东南大学	肖梅,张晓兵,等

续表

申请号	名称	申请单位	发明人
201010298801	一种钨/低活化钢的真空电子束钎焊连接方法	北京科技大学	燕青芝,郭双全,等
201010298932	一种纳米氮化铝粉体的制备方法	中国计量学院	王焕平,徐时清,等
201010300105	一种制备 ZnO/ZnMgO 异质结二维电子气外延结构的 RS-LMBE 生长方法	西安交通大学	张景文,王建功,等
201010300291	利用农业废弃物制备复合吸附剂的方法	上海交通大学	郭萃萍,黄大成,等
201010300480	一种 TiAl 基合金板材的制备方法	哈尔滨工业大学	耿林,梁策,等
201010300511	一种挤压铸造法制备碳纳米管增强铝合金复合材料的方法	哈尔滨工业大学	张学习,耿林,等
201010300526	一种 TiAl 合金棒材的制备方法	哈尔滨工业大学	李爱滨,梁策,等
201010300719	Ti 基合金多层板的制备方法	哈尔滨工业大学	赵铁杰,卢亮,等
201010300726	Ni 基合金多层板的制备方法	哈尔滨工业大学	卢亮,李明伟,等
201010300738	焊接碳/碳化硅陶瓷基复合材料与钛铝基合金的钎料及钎焊的方法	哈尔滨工业大学	张丽霞,杨振文,等
201010301079	金属陶瓷复合异形件的制备方法	哈尔滨工业大学	卢振,张凯锋,等
201010301407	麻纤维织物结构遗态陶瓷复合材料的制备方法	西安工程大学	王俊勃,杨敏鸽,等
201010301408	麻纤维织物结构遗态 C/金属复合材料的制备方法	西安工程大学	王俊勃,杨敏鸽,等
201010500951	小孔口大内孔类空心轴的加工方法	陕西航空电气有限责任公司	王振宇,叶波涛,等
201010505111	一种铌镁酸铅-钛酸铅铁电薄膜的制备方法	上海师范大学	唐艳学,田玥,等
201010507829	一种掺杂稀土化合物的硅酸亚铁锂正极材料的制备方法	福建师范大学	童庆松,陈梅蓉,等
201010508421	一种玻璃板复合封接方法	洛阳兰迪玻璃机器股份有限公司	李彦兵
201010509006	一种 CuAlMn 低温记忆合金丝材加工方法	镇江忆诺唯记忆合金有限公司	司乃潮,司松海
201010512106	基于光纤的圆柱环状胶体晶体的制备方法	南京师范大学	王鸣,郭文华,等
201010512281	大型板材真空退火炉多温区均温性控制系统及其控制方法	西安石油大学	张乃禄,张嘉,等
201010513867	一种导热天然橡胶复合材料及其制备方法	中北大学	张志毅,赵贵哲,等
201010514440	镀铜石墨和纳米碳化硅混杂增强铜基复合材料的制备方法	哈尔滨工业大学	王桂松,耿林,等
201010514791	高性能铜基粉末冶金含油自润滑轴承及其生产工艺	浙江长盛滑动轴承股份有限公司	孙志华
201010515115	利用镍基铸造高温合金 K4169 返回料制备 K4169 合金的方法	沈阳黎明航空发动机(集团)有限责任公司	王宇飞,满延林,等
201010515695	辉光放电辅助加热离子化学热处理炉	青岛科技大学	赵程,郑少梅

续表

申请号	名称	申请单位	发明人
201010515721	一种铜互联用氮化钽扩散阻挡层的制备方法	哈尔滨工业大学	朱嘉琦，王建东，等
201010516632	纳米氧化锆和微米碳化钨增韧增强金属陶瓷模具材料及其制备方法	山东轻工业学院	许崇海，王兴海，等
201010517073	基于碳纳米管微阵列/氧化钨纳米复合结构的气敏传感器元件的制备方法	天津大学	秦玉香，沈万江，等
201010518504	超级镍叠层材料与Cr18-Ni8不锈钢的高温钎焊工艺	山东大学	李亚江，张永兰，等
201010518517	超级镍叠层材料与Cr18-Ni8不锈钢的真空钎焊工艺	山东大学	李亚江，张永兰，等
201010521616	陶瓷空心球复合结合剂立方氮化硼砂轮工作层及其制造方法	南京航空航天大学	丁文锋，徐九华，等
201010522419	一种镁铟固溶体及其制备方法	华南理工大学	王辉，钟海长，等
201010522826	一种用于高温预置涂层的电子束熔覆改性方法	中国航天科技集团公司第五研究院第五一〇研究所	何俊，刘志栋，等
201010526089	高性能铁基粉末冶金含油自润滑轴承及其生产工艺	浙江长盛滑动轴承股份有限公司	孙志华
201010526509	立式真空水淬炉	北京易利工业炉制造有限公司	卢国旺，高宁，等
201010526930	一种金刚石晶圆及其生产方法	河南省联合磨料磨具有限公司	赵仁玉，汪静
201010526957	一种采用冷等静压和液相烧结制备W-10Ti合金靶材的方法	西安理工大学	杨晓红，孙特，等
201010530026	TiAl基合金与Ni基高温合金的接触反应钎焊连接方法	哈尔滨工业大学	林铁松，何鹏，等
201010530072	真空玻璃抽气口的封闭方法、封闭结构及封闭装置	洛阳兰迪玻璃机器股份有限公司	李彦兵，王章生
201010530086	钢化真空玻璃封接方法及其产品	洛阳兰迪玻璃机器股份有限公司	李彦兵，王章生
201010530090	曲面真空玻璃封接方法及其产品	洛阳兰迪玻璃机器股份有限公司	李彦兵，王章生
201010530300	一种设有光反射层的染料敏化太阳能电池的制备方法	上海联孚新能源科技有限公司	罗军，苏青峰，等
201010531850	一种金属铬固态氮化的工艺方法	锦州市金属材料研究所	王明秋，黎明，等
201010531858	一种氮化锆粉末的生产方法	锦州市金属材料研究所	王明秋，黎明，等
201010532077	钒氮合金全自动立式中频感应加热炉	四川展祥特种合金科技有限公司	廖志明
201010533848	一种梯度孔多孔高铌钛铝合金的制备方法	北京科技大学	王辉，吕昭平，等
201010537361	Al合金Al-Cu瞬间液相扩散连接方法	中国电子科技集团公司第十四研究所	冯展鹰，曹慧丽，等
201010537386	一种锂离子电池复合材料磷酸铁锂/碳的制备方法	河北力滔电池材料有限公司	朱杰，杜振山
201010537495	一种整体方钻杆的生产工艺	中原特钢股份有限公司	张雪梅，高全德，等
201010539063	一种磁场作用下Cu-Fe合金的制备方法	东北大学	王恩刚，左小伟，等
201010539099	中温用金属硒化物热电材料及制备工艺	宁波工程学院	崔教林

续表

申请号	名称	申请单位	发明人
201010540401	一种高强高导 Cu-Fe-Al 导体材料及制备方法	中国计量学院	刘嘉斌,孟亮,等
201010540402	一种高强高导 Cu-Ni-Al 导体材料及制备方法	中国计量学院	刘嘉斌,孟亮,等
201010541835	蜂窝型净化活性炭的制造方法	丽水市禾子净化设备有限公司	颜海军,季小恩,等
201010541898	自润滑防辐射 Al-Bi 合金的制备方法	哈尔滨工业大学	胡津,刘刚,等
201010543869	一种准连续网状结构复合材料的制备方法	哈尔滨工业大学	胡津,刘刚,等
201010546917	高钴硬质合金真空烧结专用涂料及其制备、使用方法	河源富马硬质合金股份有限公司	周懿昱,王忠平
201010550320	带凹槽结构的加热室	中山凯旋真空技术工程有限公司	胡勇,苗毕红,等
201010555936	一种制备复杂形状钼零件的方法	中南大学	段柏华,王德志,等
201010555941	一种制备复杂形状钼铜合金零部件的方法	中南大学	段柏华,王德志,等
201010558945	一种高折射率蒸发材料钛酸镧混合物的制备方法	福州阿石创光电子材料有限公司	陈本宋,陈钦忠
201010558988	基于负压的激光烧结快速成型制造多孔组织的装置及方法	西安交通大学,西安瑞特快速制造工程研究有限公司	王伊卿,赵万华,等
201010561035	一种 TiAl 基合金板材的制备方法	哈尔滨工业大学	李爱滨,杜小米,等
201010561460	一种硼化镁复合超导材料的制备方法	上海大学	张义邴,吕振兴,等
201010561786	一种天线磁块的生产方法	自贡市光大电子有限责任公司	郑光列,陆明湘,等
201010564445	一种钛合金锻件渗氢、真空脱氢多功能热处理炉	苏州中门子科技有限公司	蒋明根,宋思科,等
201010565817	一种以氮化铝为抑制剂的取向硅钢薄带坯的制备方法	东北大学	刘海涛,王国栋,等
201010566861	致密 W-Cu 复合材料的低温制备方法	武汉理工大学	沈强,陈平安,等
201010568407	一种使用金锡焊料预成型片的封装方法	烟台睿创微纳技术有限公司	陈火
201010568524	一种用二次模板法制备 AlN 纳米线宏观有序阵列的方法	沈阳工业大学	李志杰,田鸣,等
201010571511	低压渗碳渗层碳浓度分布控制系统及其控制方法	上海交通大学,上海汽车变速器有限公司	潘健生,钱初钧,等
201010574604	全液压钻机双金属配油套的加工方法	煤炭科学研究总院西安研究院	姚宁平,蔺高峰,等
201010574711	一种粘结剂及制成的金属粉末注射成型用喂料的制备方法	常州精研科技有限公司	王明喜
201010575013	一种钨基高比重合金薄板的制备方法	西安瑞福莱钨钼有限公司	李文超,丁旭,等
201010576061	ZL101、ZL116 铝合金熔模铸件铸造方法	陕西宏远航空锻造有限责任公司	高映民,刘俊英
201010576065	一种 ZL205 铝合金熔模铸件的铸造方法	陕西宏远航空锻造有限责任公司	刘俊英,高映民,等
201010578593	一种缝隙天线的钎焊方法	成都四威高科技产业园有限公司	刘志远

续表

申请号	名称	申请单位	发明人
201010578837	一种高导热集成电路用金刚石基片的制备方法	北京科技大学	李成明,刘金龙,等
201010579235	一种铌和钢的电弧熔焊-钎焊方法	西安优耐特容器制造有限公司	毛辉,叶建林,等
201010583277	一种具有高硬度高韧性双高性能WC基硬质合金的制备方法	中南大学	张立,吴厚平,等
201010584463	低温制备聚噻吩衍生物-碳纳米管纳米复合纤维的方法	中国航空工业集团公司北京航空材料研究院	哈恩华,黄大庆
201010584878	一种提高热障涂层耐氧化性能的处理方法	大连理工大学	梅显秀,王存霞,等
201010587656	一种坎地沙坦酯自微乳化软胶囊及其制备方法	湖北工业大学	刘明星,李蓉蓉
201010590188	一种在无氧铜基体上镀黑铬的电镀方法	安徽华东光电技术研究所	吴华夏,方卫,等
201010590272	超细WC颗粒增韧补强TiB_2基复合陶瓷刀具材料及其制备方法	山东大学	邹斌,黄传真,等
201010594163	一种超细晶粒纳米结构氧化物弥散强化钢的制备方法	东北大学	吕铮,刘春明
201010595700	一种对GaAs与Si进行低温金属键合的方法	中国科学院半导体研究所	彭红玲,郑婉华,等
201010595707	一种对InGaAs与GaAs进行低温金属键合的方法	中国科学院半导体研究所	郑婉华,彭红玲,等
201010595732	一种制备泡沫TiAl金属间化合物的方法	中南大学	江垚,贺跃辉
201010597207	一种高浓度的有机和无机混合废水处理回收方法	大连理工大学	马伟,刘春祥,等
201010599469	一种800 MPa级低屈强比结构钢板及其生产方法	首钢总公司	刘春明,邹扬,等
201010602006	一种细化定向凝固钛铝合金板坯表层组织的方法	哈尔滨工业大学	单德彬,任涛林,等
201010604538	YT15硬质合金渗氮烧结工艺	重庆市科学技术研究院	蒋显全,陈巧旺,等
201010607497	B4C-Al复合材料制备方法	中国工程物理研究院核物理与化学研究所	张玲,沈春雷,等
201010610746	海洋钻井平台用齿轮轴锻件的制造方法	中原特钢股份有限公司	王立新,姚伟,等
201010614718	一种通过开工艺窗口制备导叶内环的方法	沈阳黎明航空发动机(集团)有限责任公司	陈震,王铁军,等
201010615047	一种立方氮化硼复合片用的粉末状粘结剂	山东聊城昌润超硬材料有限公司	陈强,张存升,等
201010617093	一种二硫化钴的合成方法	桂林电子科技大学	黄思玉,刘心宇
201010617294	一种生物医用多孔钛材料的制备方法	昆明冶金高等专科学校	胡曰博,张军,等
201010617973	基于熔封封帽工艺的芯片真空共晶焊接方法	北京时代民芯科技有限公司,中国航天科技集团公司第九研究院第七七二研究所	冯小成,陈建安,等

续表

申请号	名称	申请单位	发明人
201010620738	一种大型多晶锭的生产方法	常州天合光能有限公司	陈雪,黄振飞,等
201010622530	一种铂钴永磁多极环及制备方法	钢铁研究总院	李卫,朱明刚,等
201020055439	一种离子氮化炉	重庆理工大学	唐丽文,陈健,等
201020100387	一种大型氮化硅陶瓷球轴承	德阳迪泰机械有限公司	黄辉
201020101665	可控气氛或真空下氧化和热处理的模拟试验装置	宝山钢铁股份有限公司	钱余海,齐慧滨,等
201020110325	一种疏松体光纤预制棒一体化烧结脱气的设备	中天科技精密材料有限公司	薛济萍,沈一春,等
201020123875	一种汽车整流桥二极管	徐州翔跃电子有限公司	张芳
201020125466	一种超高温加热炉	洛阳市西格马仪器制造有限公司	周森安,郑传涛,等
201020130882	一种常压氮、水混合气体喷射淬火装置	昆明理工大学	程赫明,邵宝东,等
201020140888	非平衡磁控彩镜、铝镜复合生产线	河南金林玻璃有限公司	沈江民
201020142671	真空热处理自动控制炉	江阴润源机械有限公司	曹建俊
201020150113	表面金属化陶瓷基板	广东新农村建设投资有限公司	王青山
201020150565	一种钒钛太阳能电池	成都市猎户座科技有限责任公司	李代虹
201020154288	一种陶瓷真空过滤板	扬中市荣鑫磨具磨料有限公司	王先荣
201020158026	一种自身加热激活的异型微孔吸气元件	北京有色金属研究总院	李腾飞,尉秀英,等
201020158360	高选择性吸收性太阳能真空管	山东帅克新能源有限公司	安百军,安百盈,等
201020158421	一种平板 PECVD 氮化硅覆膜系统	中国科学院沈阳科学仪器研制中心有限公司	张振厚,赵科新,等
201020163144	自动控制型真空干燥箱	嘉兴市中新医疗仪器有限公司	顾雪峰,顾人杰
201020164695	散热器	神基科技(南昌)有限公司	尹涛
201020177149	一种炬阵干式加热太阳能热水器	北京市太阳能研究所有限公司	韩建功,艾捷
201020179326	一种平板 PECVD 氮化硅覆膜系统	中国科学院沈阳科学仪器研制中心有限公司	张振厚,赵科新,等
201020179902	一种钒氮合金生产专用高温高真空烧结炉	湖南省宏元稀有金属材料有限公司	刘海泉,程建国
201020182851	镍基蜂窝真空钎焊钎料带气动压入设备	北京飞机维修工程有限公司	高乃龙,周国友
201020188131	一种氮气微正压中频感应速凝炉装置	洛阳八佳电气科技股份有限公司	曹俊英,刘锦成,等
201020191108	一种脱脂烧结一体装置	上海磐宇科技有限公司	沈红婴
201020194370	一种磁场热处理炉	零八一电子集团四川力源电子有限公司	王宇明,谢堃,等
201020196934	一种热传导组件的毛细组织配置结构	苏州聚力电机有限公司	饶振奇,何信威,等
201020204117	钎焊超薄金刚石切割砂轮	华侨大学	沈剑云,陈梅,等
201020206347	一种工业炉上安装固定热电偶的耐压法兰	成都海康科技发展有限公司	邬捷敏
201020215457	一种多层薄膜的沉积装置	中国科学院金属研究所	赵彦辉,肖金泉,等
201020219007	一种便携式微热光电装置	江苏大学	吴庆瑞,潘剑锋,等
201020221516	一种带真空传感器的真空灭弧室	成都凯赛尔电子有限公司	王军,肖红
201020223471	加装自检漏装置的真空烧结炉	江西磊源永磁材料有限公司	孙喜山,吴庆昌,等
201020224170	一种用于真空灭弧室的动触头组件	温州浙光电子有限公司	揭兴文

续表

申请号	名称	申请单位	发明人
201020228109	一种表面安装二极管	百圳君耀电子(深圳)有限公司	胡相荣
201020228635	微型油封式双级真空泵	大连市铭源全科技开发有限公司	宫世全,宫振鑫
201020238709	一种固体润滑的铣刀	比尔安达(上海)润滑材料有限公司	汪鸿涛,李明辉,等
201020244506	LED 照明灯	泉州市金太阳电子科技有限公司	林朝晖
201020248598	一种预热水循环系统	陕西神木化学工业有限公司	李斌,张超,等
201020249783	真空烧结炉快冷装置及真空烧结炉系统	株洲新融利实业有限公司	盛利文,吴卫
201020255989	真空镀膜机的阴极装置	苏州鼎利涂层有限公司	陈卫飞
201020257918	卷绕式带状 ITO 导电薄膜的生产装置	淮安富扬电子材料有限公司	傅青炫,陈先锋,等
201020260751	卧式真空热处理炉的装料机构	北京七星华创电子股份有限公司	谢晶
201020266497	硬质合金产品烧结用石墨舟皿	株洲金鼎硬质合金有限公司	杨科,周锋
201020267637	核腾散热板	中绿能源科技江阴有限公司	刘晓东,杨互助
201020268073	一种半导体芯片封装结构	西安能讯微电子有限公司	范爱民
201020269685	双层真空钎焊车用液化天然气储液罐	高邮市荣清机械电子有限公司	吴一鹏
201020274278	一种长寿命真空开关管用波纹管	武汉飞特电气有限公司	欧阳飞,张雍,等
201020274301	一种 24 kV 真空负荷开关用真空开关管	武汉飞特电气有限公司	欧阳飞,张雍,等
201020276049	硅整流器件的复合内钝化层结构	上海美高森半导体有限公司	袁德成,张意远,等
201020277895	一种具有复合毛细组织的新型扁热管结构	苏州聚力电机有限公司	饶振奇,何信威
201020278485	一种制造稀土纳米颗粒及纳米晶块体材料的设备	北京工业大学	张久兴,岳明,等
201020279388	一种大面积均匀产生等离子体的装置	中国科学院等离子体物理研究所	孟月东,沈洁
201020291545	合成金刚石用石墨提纯真空烧结炉充气装置	山东聊城莱鑫超硬材料有限公司	冷树良,陈东广,等
201020293379	中试线热亚胺化炉的热处理腔	合肥日新高温技术有限公司	张时利,王建跃,等
201020294425	一种铜包铝排热处理用台车卧式退火罐	烟台孚信达双金属股份有限公司	谢建新,董晓文,等
201020500797	真空火弧室钎焊进出炉装置	东芝白云真空开关管(锦州)有限公司	段文宇,王政,等
201020512311	超薄壁角接触不锈钢球轴承	襄樊振本传动设备有限公司	高莫菲,万玲,等
201020517136	用于电子设备冷却的蒸发器	深圳市航宇德升科技有限公司	孙正军
201020523661	承压太阳能真空玻璃热管集热装置	常州市兴旺绿色能源有限公司	王泽,杜正领
201020527038	一种用于烧结钕铁硼的真空时效炉	宁波韵升股份有限公司,宁波韵升高科磁业有限公司	王云龙,金煦,等
201020532200	一种真空热水锅炉	浙江上能锅炉有限公司	陈电方,王钟毅,等
201020537174	条形样高温真空保护气氛烧结模具	重庆文理学院	徐文峰,杨方洲
201020537191	圆形样高温真空保护气氛烧结模具	重庆文理学院	徐文峰,杨方洲
201020539754	一种石英管式炉膛	中国地质大学(武汉)	靳化才,罗文君,等
201020548710	真空环境下可加热密封样品室装置	东南大学	肖梅,张晓兵,等
201020550142	用于加固电子机箱连接器式通风波导组件	中国航天科工集团第三研究院第八三五七研究所	李金钟
201020557546	再生 WC-Ni 硬质合金细长喷管的烧结装置	成都川硬合金材料有限责任公司	周宗发

续表

申请号	名称	申请单位	发明人
201020559855	一种真空烧结炉的气氛保护箱装置	宁波韵升股份有限公司，宁波韵升高科磁业有限公司，包头韵升强磁材料有限公司	欧阳习科，徐文正，等
201020566952	一种节能型多层换热式连续退火炉	黄石市冶钢设计研究院有限公司	邹文，卢明珠
201020567208	自动带式过滤机	无锡华能表面处理有限公司	王敏雅
201020567634	瞬态电压抑制二极管的复合内钝化层结构	上海美高森美半导体有限公司	袁德成，张意远，等
201020568344	大型板材真空退火炉多温区均温性控制系统	西安石油大学	张乃禄，张嘉，等
201020568451	红外线高温测温装置	北京机电院高技术股份有限公司	赵刚，赵泽时，等
201020570020	辉光放电辅助加热离子化学热处理炉	青岛科技大学	赵程，郑少梅
201020573774	太阳能集热管管芯的选择性涂层设备	大连惠泰科技有限公司	李剑云，李国卿，等
201020586323	碳酸氢钠注射液的软包装袋	成都青山利康药业有限公司	欧苏，崔盛，等
201020591701	IGBT 用风冷式散热器	中国北车集团大连机车研究所有限公司	郭华仲，李湘宁，等
201020592175	钒氮合金全自动立式中频感应加热炉	四川展祥特种合金科技有限公司	廖志明
201020594389	多工作区大容量节能型真空烧结炉	沈阳恒进真空科技有限公司	高光伟，石岩，等
201020614311	带凹槽结构的加热室	中山凯旋真空技术工程有限公司	胡勇，苗毕红，等
201020615290	一种具有复合毛细组织的扁热管改良构造	苏州聚力电机有限公司	饶振奇，何信威，等
201020620793	一种坩埚可升降的烧结炉	中国矿业大学	胡亚非
201020629754	太阳能恒温盐浴系统	莱芜钢铁股份有限公司	许荣昌，周来军，等
201020630173	高性能钢板热处理装置	辽宁衡业高科新材股份有限公司	刘井野
201020630688	齿轮局部离子氮化工装	大连名阳实业有限公司	李福广
201020631150	一种耐高温高压高真空的管式炉	洛阳市西格马仪器制造有限公司	周森安，刘新立，等
201020632455	一种钛合金锻件渗氢、真空脱氢多功能热处理炉	苏州中门子科技有限公司	蒋明根，宋思科，等
201020644605	一种用于热处理炉的废气保护系统	杭州金舟电炉有限公司	韩志根
201020645308	一种预抽真空保护气氛炉	广西天天科技开发有限公司	黄桂清
201020645345	一种预抽真空箱式炉	广西天天科技开发有限公司	黄桂清
201020648798	电容型全干式高压电流互感器	安徽互感器有限公司	龙素青，刘明才，等
201020650285	一种真空干燥炉	厦门市金富信精密机械有限公司	杜顺远
201020652672	智能变频电磁感应烧结炉	鞍山德隆供暖设备科技有限责任公司	吴尔宁
201020659134	一种具有编织纹的塑料电镀膜的生产设备	泉州市三维塑胶发展有限公司	许维瑜
201020677362	真空油淬炉油烟回收装置	江苏丰东热技术股份有限公司	臧衡，刘军
201020684129	一种新型杯状纵磁场触头	成都旭光电子股份有限公司	李艳敏，田志强，等
201020689380	直接水冷的粉末烧结多元合金镀膜靶	沈阳金锋特种刀具有限公司	于宝海，于传跃，等
201020691910	一种大型卧式热处理真空炉炉门装置	江苏丰东热技术股份有限公司	杨晔，陈红进，等
201020696207	一种新型的真空烧结炉	沈阳广泰真空设备有限公司	刘顺钢，顾建文
201020699291	高温真空炉用聚热固化炭毡	益阳祥瑞科技有限公司	赵祥志，高广颖，等

续表

申请号	名称	申请单位	发明人
201030639271	三室连续真空热处理炉	沈阳广泰真空设备有限公司	刘顺钢,顾建文
201110003733	网状 Ti_5Si_3 加弥散 TiC 增强 TiAl 基复合材料的制备方法	哈尔滨工业大学	李爱滨,李峰,等
201110004415	肖特基接触型 ZnO 纳米阵列紫外光探测器件的制备方法	北京科技大学	张跃,林伟花,等
201110005358	致密、小晶粒尺寸纳米晶 WC-Co 硬质合金块体材料的制备方法	北京工业大学	宋晓艳,高杨,等
201110005857	一种对薄膜电容器芯子进行热处理的方法	珠海格力新元电子有限公司	袁伟刚,姚睿,等
201110005918	一种 48MnV 含氮钢及其加氮工艺	南京钢铁股份有限公司	王时林
201110006267	一种用于超级电容器的活性炭/低维钛氧化物复合电极材料	中国科学院过程工程研究所	谭强强,陈晓晓
201110009016	一种氮化硼多孔陶瓷材料及其制备方法	中国人民解放军国防科学技术大学	曹峰,张长瑞,等
201110023157	一种细晶钛合金的复合制备方法	西北工业大学	赵张龙,郭鸿镇,等
201110024351	高强度超低膨胀因瓦合金基复合材料的制备方法	哈尔滨工业大学	骆良顺,苏彦庆,等
201110039205	一种陶瓷材料粉末坯体浸渍-先驱体裂解制备方法	中国人民解放军国防科学技术大学	曹峰,张长瑞,等
201110044406	一种 Cu-CeO_2 触头材料及其制备方法	西安建筑科技大学	张秋利,陈向阳,等
201110046031	一种 In-Se 基热电材料的制备方法	中国科学院宁波材料技术与工程研究所	蒋俊,张秋实,等
201110051321	Cr_4Mo_4V 钢轴承碳氮等离子体基离子升温注渗方法	哈尔滨工业大学	唐光泽,马新欣,等
201110053761	一种超高矫顽力低 Co 型 Sm-Co 纳米晶合金的制备方法	北京工业大学	宋晓艳,张哲旭,等
201110056412	一种涂层导体用 NiW 合金基带表面的硫化方法	西北有色金属研究院	王雪,李成山,等
201110058299	一种聚酰亚胺纤维的制备方法	北京化工大学	武德珍,牛鸿庆,等
201110062435	层状 FeAl 基复合材料板材的制备方法	哈尔滨工业大学	范国华,闫旭东,等
201110067406	一种钙钛矿型复合氧化物催化剂的制备方法及其应用	北京中航长力能源科技有限公司	赵亮
201110067815	一种高温合金薄壁件裂纹真空钎焊修复方法	中国航空工业集团公司北京航空制造工程研究所	张胜,侯金保,等
201110071475	一种碳纤维废丝增强聚碳酸酯复合材料及其制备方法	北京化工大学	汪晓东,阎国涛,等
201110073213	一种超细聚四氟乙烯纤维的制备方法	南京际华三五二一特种装备有限公司	于淼涵,阳建军
201110077104	一种多相颗粒增强的粉末冶金钛基复合材料及其制备方法	中南大学	肖代红,袁铁锤,等
201110077436	一种高密度铱合金坯的制备方法	西北有色金属研究院	李增峰,张晗亮,等
201110080800	全液压转向器转子加工方法	常州德丰机电有限公司	曹伟忠,曹锋,等

续表

申请号	名称	申请单位	发明人
201110090773	一种多尺度结构铝锡基轴承合金的制造方法	华南理工大学	朱敏,鲁忠臣,等
201110091555	一种建筑用耐火无缝钢管及其加工方法	安徽天大石油管材股份有限公司	张胡明,雍金贵,等
201110093959	一种梯度复合结构多孔芯的制备方法	山东大学	陈岩,张树生,等
201110105436	半导体热处理真空炉热场结构	石金精密科技(深圳)有限公司	韩伶俐
201110119701	一种软态铜包钢线的生产工艺	浙江省浦江县百川产业有限公司	张荣良,陈金兰,等
201110119808	软态铜包钢线的生产工艺	浙江省浦江县百川产业有限公司	张荣良,陈金兰,等
201110143147	超大规模集成电路用高纯钨材制备方法	赣州虹飞钨钼材料有限公司	闵邦平,胡元钧,等
201110148812	碳纳米管增强金刚石复合片材料的制备方法	中南大学	汪冰峰,黄洪跃
201110174171	用于微型电机磁体的制造方法	天津三星电机有限公司	郜魁,李永峰
201110203385	一种强化硬质合金粘结相的方法	中南大学	张立,吴厚平,等
201110235207	一种多芯 MgB_2 超导线/带材的制备方法	西北有色金属研究院	李成山,刘国庆,等
201110242847	一种低镝含量高性能烧结钕铁硼的制备方法	南京理工大学,江苏晨朗电子集团有限公司	徐锋,陈光,等
201120005296	太阳能电池中的多孔氧化锌薄膜的制备装置	东南大学	张家雨,李君劲,等
201120014785	一种烧结辅助用具	常州精研科技有限公司	王明喜
201120027772	一种金属电路基板	金协昌科技股份有限公司	邱进卿
201120037359	一种真空烧结炉冷却风机	宁波科宁达工业有限公司,北京中科三环高技术股份有限公司	樊旗根,柴立君,等
201120038501	太阳能硅片烧结用卸料机械手	金保利(泉州)科技实业有限公司	洪祖杭
201120039011	玻璃与金属镀膜复合制品的构造	劦辉企业股份有限公司	赖铭晓
201120041214	并排连续式烧结炉	青岛金立盾电子设备有限公司	王志盾,徐桂香
201120050876	板式机油冷却器散热管	瑞安市邦众汽车部件有限公司	匡星军,池邦土,等
201120056699	一种无阻耦合瞬热式太阳能棒	无锡中阳新能源科技有限公司	李勇强,陈东辉,等
201120060241	一种高性能复合芯材真空绝热板	苏州维艾普新材料有限公司	周介明
201120074276	一种感应马达	精鑫电子科技(惠州有限公司)	周伟
201120077305	具有氩气强制冷却装置的钽金属表面钝化装置	宁夏东方钽业股份有限公司	冒海红,郑爱国,等
201120077680	钽金属表面钝化装置	宁夏东方钽业股份有限公司	董学成,程越伟,等
201120077798	具有含氧气体制冷系统的钽金属表面钝化装置	宁夏东方钽业股份有限公司	王治道,马跃忠,等
201120093568	高压大功率驱动器模块	锦州辽晶电子科技有限公司	苏舟,王立伟,等
201120103538	手机及真空镀膜表面处理天线	深圳市厚泽真空技术有限公司	王荣福
201120105632	热管型平板散热器	广州智择电子科技有限公司	柯列,张正国
201120111727	高压大功率逆变器模块	锦州辽晶电子科技有限公司	巫江岭,王立伟,等
201120112932	一种电容器单抽单注单独加热真空处理系统	佛山市顺德区巨华电力电容器制造有限公司	何锦鹏,王水养,等

续表

申请号	名称	申请单位	发明人
201120116452	一种木材热处理罐	上海大不同木业科技有限公司	李惠明,陈人望,等
201120123754	真空炉循环水垢清洗装置	株洲金韦硬质合金有限公司	杨荡
201120123779	脱胶烧结一体化真空炉	株洲金韦硬质合金有限公司	杨荡
201120124935	真空表面处理装置	常熟理工学院	马文斌,刘建花
201120142371	轨道交通型材在线淬火前的加热保温装置	广西南南铝加工有限公司	陈丁文,刘志伟,等
201120144518	一种辉光放电表面处理中等离子体诊断用探针	宁波表面工程研究中心	国宁
201120144539	一种包含式表面处理装置	宁波表面工程研究中心	李青晓
201120144600	一种表面渗碳装置	宁波表面工程研究中心	倪杨
201120144707	一种带有吸喷器的表面渗碳装置	宁波表面工程研究中心	倪杨
201120144710	一种真空渗碳表面处理装置	中国兵器科学研究院宁波分院	史秀梅
201120144719	一种气压稳定的真空渗碳表面处理装置	宁波表面工程研究中心	倪杨
201120155183	用于铝制板翅式换热器板束体钎焊的力学矫正夹具	无锡马山永红换热器有限公司	刘青林,张成
201120158104	一种真空输送机	奥星制药设备(石家庄)有限公司	陈跃武,康国利,等
201120162232	双管式开启烧结炉	合肥科晶材料技术有限公司	郗根祥,蔡永国,等
201120173361	一种真空炉	合肥高歌热处理应用技术有限公司	谭宏胜,吕文强,等
201120173384	一种碳管炉	合肥高歌热处理应用技术有限公司	谭宏胜,吕文强,等
201120175560	高炉渣显热回收同时进行烧结烟气脱硫的装置	中钢集团鞍山热能研究院有限公司	李顺,谢国威
201120177426	双端型植物光谱灯	宁波亚茂照明电器有限公司	曹茂军,施振家,等
201120177960	充油式温度压力复合传感器	中国电子科技集团公司第四十九研究所	田雷,王永刚,等
201120178131	螺旋滤网筛管	中国石油天然气股份有限公司	吕民,孙厚利,等
201120178452	一种防漏油的卧式真空淬火炉炉门	桂林福达重工锻造有限公司	张深巍,蒙自黎
201120180527	一种硬质合金真空烧结炉的推料装置	济南市冶金科学研究所	邓丽芳,赵文昊,等
201120180934	一种用燃烧废气来隔绝空气实现少氧化的热处理炉	金舟科技股份有限公司	韩志根
201120181789	功率射频耦合器	北京大学	陆元荣,陈威,等
201120185656	一种带有环形吸气剂容置槽的真空玻璃	洛阳兰迪玻璃机器有限公司	李彦兵,王章生
201120188012	圆弧形微带曲线平面慢波器件	电子科技大学	段兆云,刁鹏,等
201120196001	三区三控封闭式内循环气体保护铜线真空快速冷却退火炉	湘潭高耐合金制造有限公司	赵建,江国固
201120197525	一种鞋材表面处理设备	苏州卫鹏机电科技有限公司	王红卫,蔡刚强
201120207972	真空烧结炉产品进炉结构	乐山希尔电子有限公司	邓华鲜,孙晓家,等
201120209540	盘形合金钢工件辉光离子氮化装置	资阳晨工电器有限公司	徐雪民,李德东
201120209585	一种新型真空烧结炉	迁安市乐达特种陶瓷制品有限公司	李森林
201120212985	一种石墨棒加热体的连接结构	西安电炉研究所有限公司	张淑蓉
201120233831	一种可控硅芯片与钼片的烧结模具	江苏捷捷微电子股份有限公司	王琳,吴家健
201120238565	真空排污过滤装置	上海中加电炉有限公司	陈钻年

续表

申请号	名称	申请单位	发明人
201120242991	一种聚四氟乙烯高密度未烧结带的低温脱脂装置	天津市天塑科技集团有限公司技术中心	韩阳,谢学民,等
201120254030	改进的空间推进系统零部件的热处理设备	上海中加电炉有限公司	汤明元
201120256855	一种靶材制备装置	佛山市钜仕泰粉末冶金有限公司	崔明培,王家生,等
201120262233	一种金属注射成型用真空烧结炉	浙江一火科技有限公司	申建中,姜洪亮,等
201120265508	钛及钛合金U型弯管真空热处理装置	张家港华裕有色金属材料有限公司	路开,路金林,等
201120265940	一种复合式热导管结构	江苏宏力光电科技有限公司	吕国峰,胡循亮,等
201120267078	一种长寿命改性聚丙烯农用反光膜	湖北慧狮塑业股份有限公司	王焕清,罗建民,等
201120268841	双室高压气淬真空炉	太仓市华瑞真空炉业有限公司	郑铁克
201120269426	一种制造编织钢丝增强复合塑料管材的装置	宁波康润机械科技有限公司	徐新,肖耀云
201120269564	高温真空烧结炉	太仓市华瑞真空炉业有限公司	郑铁克
201120269578	真空钎焊炉	太仓市华瑞真空炉业有限公司	郑铁克
201120269589	立式真空烧结炉	太仓市华瑞真空炉业有限公司	郑铁克
201120270374	碳纤维制品和玻璃纤维制品的风压成型工艺用模具	昆山同寅兴业机电制造有限公司	魏宏帆
201120271614	真空钎焊炉加热室	无锡四方集团真空炉业有限公司	茆林凤
201120276060	板翅式油冷却器	无锡市众博换热器有限公司	秦俊杰
201120277886	一种用于真空开关的触头装置	厦门市聚力电力设备有限公司	王天理
201120282805	连续式深冷处理和回火设备	上海汇森益发工业炉有限公司	冯耀潮,曾爱群
201120282831	一种连续式保护气氛加热高压气淬炉	上海汇森益发工业炉有限公司	冯耀潮,曾爱群
201120288804	脱脂烧结一体炉	苏州恒瑞粉末冶金制造有限公司	王全生
201120299332	奔腾燃料电池轿车电动真空助力泵隔振降噪装置	中国第一汽车股份有限公司	吕景华,孙婧
201120311434	一种稀土永磁铁真空烧结炉	饶平县裕通永磁材料厂	刘火堆
201120315949	感应真空退火装置	郑州机械研究所	张雷,龙伟民,等
201120316522	一种纤维烧结式微热管	华南理工大学	万珍平,刘彬,等
201120320593	红外探测器杜瓦组件空间在轨真空处理装置	中国科学院上海技术物理研究所	夏王,王小坤,等
201120323706	一种油淬气冷真空炉	太仓市华瑞真空炉业有限公司	郑铁克
201120323721	一种油淬气冷真空炉的散热装置	太仓市华瑞真空炉业有限公司	郑铁克
201120323723	一种立式真空烧结炉	太仓市华瑞真空炉业有限公司	郑铁克
201120323725	一种高压气淬真空炉的冷却装置	太仓市华瑞真空炉业有限公司	郑铁克
201120323731	一种油淬气冷真空炉	太仓市华瑞真空炉业有限公司	郑铁克
201120323735	一种真空钎焊炉	太仓市华瑞真空炉业有限公司	郑铁克
201120323736	立式真空烧结炉	太仓市华瑞真空炉业有限公司	郑铁克
201120335742	太阳能电池片高温烧结炉的网带清洁装置	昊诚光电(太仓)有限公司	赵春庆,蒋剑波,等
201120336603	汽车用真空玻璃	洛阳兰迪玻璃机器股份有限公司	李彦兵

续表

申请号	名称	申请单位	发明人
201120342060	金属复合板真空轧制法的组坯	三明天尊不锈钢复合科技有限公司	陈海龙,康渭荣,等
201120345136	一种钢化真空玻璃	洛阳兰迪玻璃机器股份有限公司	李彦兵
201120347033	非晶合金变压器铁芯去应力装置	上海日港置信非晶体金属有限公司	张士岩,徐华,等
201120347043	钴酸锂前驱体球形碳酸钴合成母液中钴回收过滤机	安徽亚兰德新能源材料有限公司	张转,孙卫华,等
201120354753	真空炉油面温度检测装置	昆山鑫昌泰模具科技有限公司	沈君,徐成俊,等
201120362301	一种不产生暗线和气泡的压延唇砖装置	中国建材国际工程集团有限公司	彭寿,吴雪良
201120370969	一种具有复合毛细组织的热管改良结构	苏州聚力电机有限公司	饶振奇,何信威,等
201120372062	改进的钨钢生产设备系统	厦门新乘钨钢合金有限公司	张嫦玲
201120373414	一种真空氮化炉	湖北省潜江市民福化工机械有限公司	廖书华
201120378427	真空感应炉用超纯净钢钢液取样器	武汉钢铁(集团)公司	陈子宏,岳江波,等
201120378428	真空感应炉用多功能钢液取样器	武汉钢铁(集团)公司	陈子宏,蒋扬虎,等
201120382178	一种连续式保护气氛加热高压气淬炉	上海汇森益发工业炉有限公司	冯耀潮,曾爱群
201120386391	一种具有置入式复合毛细组织的热管	苏州聚力电机有限公司	饶振奇,何信威
201120389165	带有密封隔条的真空玻璃	洛阳兰迪玻璃机器股份有限公司	赵雁,李彦兵,等
201120390481	一种耐高温自动送取料装置	青岛科技大学,青岛丰东热处理有限公司	孟阿兰,王勇,等
201120392481	低温冷却管道的接头	扬州恒星精密机械有限公司	曾天俊,刘伟,等
201120393344	箱体	扬州恒星精密机械有限公司	刘伟,曾天俊,等
201120401740	一种新型屏蔽筒鼓筋固定装置	成都凯赛尔电子有限公司	蔡光宗,肖红,等
201120407352	除碳装置	江苏大阳光辅股份有限公司	李宏,王彭,等
201120412631	生物质颗粒真空锅炉	杭州蓝禾新能源工程技术有限公司	栾茜茜
201120418100	一种真空烧结炉用的钕铁硼磁体生坯装料盒	沈阳中北通磁科技股份有限公司	徐孝荣,洪光伟,等
201120424126	一种荧光产品的表面处理系统	惠州建邦精密塑胶有限公司	马晓明
201120425203	一种用于微波高真空烧结的保温装置	长沙隆泰微波热工有限公司	陈斌,张晓东,等
201120426595	一种隔音隔热玻璃	信义汽车玻璃(东莞)有限公司	董清世,辛崇飞
201120434856	一种用于烘箱和烧结炉工作室气体置换的装置	合肥华宇橡塑设备有限公司	王健军,位延堂,等
201120437837	一种内热式卧式栅隔导流真空退火炉	佛山市中研非晶科技股份有限公司	张志臻
201120440520	用于加工淬硬钢的车刀片	郑州市钻石精密制造有限公司	张海斌,汪建海,等
201120451432	片材表面处理用球磨机	永兴金荣材料技术有限公司	罗思亮
201120453997	多温区管式炉	宜兴市前锦炉业设备有限公司	缪煜,刘俊,等
201120460121	型材式水冷板电子散热器	河北冠泰铝材有限公司	王守志
201120461142	一种真空油淬炉淬火油搅拌结构	南京威途真空技术有限公司	徐松林
201120471103	一种外热式真空烧结气淬炉	北矿磁材科技股份有限公司	王明军,邹科,等
201120476092	散热板	无锡市豫达换热器有限公司	殷敏伟
201120483332	带有氮化层和铬-石墨复合涂层的活塞环	安庆市德奥特汽车零部件制造有限公司	梁立,周革华,等
201120484487	三室连续真空高温低压渗碳设备	北京机电研究所	周有臣,宋家奇,等

续表

申请号	名称	申请单位	发明人
201120488077	一种高压离子轰击的真空镀膜机	东莞星晖真空镀膜塑胶制品有限公司	黄伟雄
201120491316	一种真空回火炉	南京威途真空技术有限公司	徐松林
201120505171	陶瓷电弧灯管	宁波光令材料科技有限公司	阎京如
201120520087	高温真空炉加热器	张家港圣汇气体化工装备有限公司	刘红星，赵洁圣，等
201120524314	一种柴油机气阀	上海潘丰机电设备有限公司	潘连明，余毅，等

15.3.2 能效提高

15.3.2.1 大型浮法玻璃生产线

申请号	名称	申请单位	发明人
01142647	镀彩色多层膜的玻璃及其生产方法	浙江大学蓝星新材料技术有限公司	汪建勋，刘军波，等
01142649	浮法生产压花玻璃的方法及其装置	浙江大学蓝星新材料技术有限公司	汪建勋，赵年伟，等
01142650	浮法在线生产低辐射膜玻璃的方法	浙江大学蓝星新材料技术有限公司	汪建勋，韩高荣，等
03261243	大型斜毯式投料机	中国凯盛国际工程公司	李险峰，朱兴发，等
200410010366	浮法玻璃生产线熔窑冷却部的稳压装置	中国洛阳浮法玻璃集团有限责任公司	徐鸿文，王洪鹏，等
200420021358	浮法玻璃在线镀膜设备	浙江大学蓝星新材料技术有限公司	汪建勋，韩高荣，等
200420047450	一种玻璃掰边机	中国凯盛国际工程有限公司	辛俊俐，张仰平，等
200510042620	玻璃表面纳米多层薄膜的制备方法	西安陆通科技发展有限公司，赵高扬	赵高扬，张卫华，等
200510061470	浮法在线生产涂层玻璃的方法	浙江大学蓝星新材料技术有限公司	汪建勋，刘军波，等
200610012605	紫外荧光检测浮法玻璃下表面渗锡含量的装置	燕山大学	刘世民，秦国强，等
200620162294	玻璃横掰辅助装置	金晶(集团)有限公司	姜新本
200710017342	一种铬锡红色料的制备方法	陕西科技大学	赵彦钊，郭宏伟，等
200710045591	浮法玻璃生产线锡槽底壳的制作方法	上海宝冶建设有限公司，上海宝冶建设工业炉工程技术有限公司	叶俊，尹卫民，等
200710051862	一种基于机器视觉的浮法玻璃缺陷在线检测装置	华中科技大学	余文勇，陈幼平，等
200710070568	浮法在线生产阳光控制镀膜玻璃的方法	杭州蓝星新材料技术有限公司	刘军波，刘起英，等
200720017916	一种水平搅拌器动力传动装置	中国建材国际工程有限公司	刘锐，辛俊俐，等
200720091422	超薄玻璃在线自动取片的包装箱移动翻转装置	中国洛阳浮法玻璃集团有限责任公司	李红香，梁润秋，等
200810164118	浮法玻璃生产线退火窑 A0 区在线镀膜环境成套调节装置	杭州蓝星新材料技术有限公司	孔繁华，汪建勋，等
200820027826	一种吊挂式冷却器	中国建材国际工程有限公司，蚌埠玻璃工业设计研究院，蚌埠凯盛工程技术有限公司	王川申，李险峰，等
200820059614	大型浮法玻璃熔窑澄清台阶池底结构	江苏华尔润集团有限公司	陈惠南
200820151902	浮法玻璃生产线保温段铠装电加热器	陈建定，重庆金鹰自动化工程有限公司	陈建定，王新

续表

申请号	名称	申请单位	发明人
200910080146	一种新型多层透明导电膜结构及其制备方法	新奥光伏能源有限公司	孙劲鹏,雷志芳,等
200910082551	在浮法玻璃生产线上生产纳米自清洁玻璃的方法	北京中科赛纳玻璃技术有限公司	张玲娟,翟锦,等
200910097872	浮法在线喷涂自洁净镀膜玻璃的方法	杭州蓝星新材料技术有限公司,北京中科赛纳玻璃技术有限公司,威海蓝星玻璃股份有限公司	刘起英,应益明,等
200910101048	浮法在线生产透明导电膜玻璃的方法	杭州蓝星新材料技术有限公司,威海蓝星玻璃股份有限公司	刘起英,汪建勋,等
200910104849	浮法在线生产 TCO 薄膜玻璃的方法	中国南玻集团股份有限公司	白京华,王杏娟
200910112906	一种下传动换辊型过渡辊台的擦锡装置	福耀玻璃工业集团股份有限公司,福耀集团(福建)机械制造有限公司	何世猛,翁吓华
200910185221	一种燃发生炉煤气的大吨位浮法玻璃熔窑	蚌埠玻璃工业设计研究院,中国建材国际工程有限公司	彭寿,王宗伟,等
200910185769	用于浮法玻璃生产线冷端玻璃码垛的吸盘组合架	江阴市锦明玻璃技术有限公司	文碧,许卫星,等
200910185770	浮法玻璃生产线冷端玻璃码垛机器人系统	江阴市锦明玻璃技术有限公司	文碧,许卫星,等
200920040146	卡脖深层水包翻转机构	江阴市锦明玻璃技术有限公司	文碧,陈介平,等
200920103583	金属钼和锆刚玉组合闸板	秦皇岛国耀贺平商贸有限公司	朱彦武
200920180910	用于浮法玻璃生产线冷端玻璃码垛的吸盘组合架	江阴市锦明玻璃技术有限公司	文碧,许卫星,等
200920180911	浮法玻璃生产线冷端玻璃码垛机器人系统	江阴市锦明玻璃技术有限公司	文碧,许卫星,等
200920180952	一种厚玻璃的压边装置	蚌埠玻璃工业设计研究院,蚌埠凯盛工程技术有限公司,中国建材国际工程有限公司	尉少坤,丁玉祥,等
200920181576	一种下传动换辊型过渡辊台的擦锡装置	福耀玻璃工业集团股份有限公司,福耀集团(福建)机械制造有限公司	何世猛,翁吓华
200920182047	浮法在线水洗机吹干机构前置的辅助干燥装置	福耀玻璃工业集团股份有限公司,福耀集团(福建)机械制造有限公司	何世猛,翁吓华
200920217554	一种浮法玻璃生产线过渡辊台的清洁密封系统	秦皇岛玻璃工业研究设计院	周经培,张志平,等
201010199619	一种玻璃表面喷涂隔热膜的方法	重庆龙者低碳环保科技有限公司	王德富,韩志范
201010236776	一种延长 PDP 浮法玻璃窑炉碹顶寿命的方法	东旭集团有限公司	陈发伟,王耀君,等
201010514536	一种过渡辊台辊子轴头的两道密封装置及方法	中国建材国际工程集团有限公司	彭寿,章寅,等
201020059329	一种下传动换辊型过渡辊台的传动装置	福耀玻璃工业集团股份有限公司,福耀集团(福建)机械制造有限公司	翁吓华

续表

申请号	名称	申请单位	发明人
201020114198	蒙砂彩釉艺术玻璃	福清市新福兴玻璃有限公司	陈玉平，刘良荣
201020133712	浮法玻璃原片纵向掰断装置	武汉长利玻璃（汉南）有限公司	万里，陈德成，等
201020198181	富氧加压引入熔窑助燃装置	福耀玻璃工业集团股份有限公司	何世猛，谢文南，等
201020272589	浮法玻璃生产线锡槽和流道的附着物清理装置	河北东旭投资集团有限公司	李兆廷，任书明，等
201020297089	浮法玻璃生产线玻璃缺陷在线自动检测仪保护清洁装置	金晶（集团）有限公司，滕州金晶玻璃有限公司	李厚刚，黄兆蔚
201020519787	一种浮法玻璃在线板宽检测装置	信义超薄玻璃（东莞）有限公司	董清世，邓胜勇，等
201020523094	四轴玻璃堆垛机	江阴市锦明玻璃技术有限公司	李心怡，文碧，等
201020570489	一种过渡辊台辊子轴头密封装置	中国建材国际工程集团有限公司	彭寿，章寅，等
201020570597	一种搅拌系统的传动机构	中国建材国际工程集团有限公司	郭武辉，韩德刚，等
201020615268	锡槽冷却器的调整装置	武汉长利玻璃有限责任公司	易乔木，周春明，等
201020616814	有色玻璃着色剂自动预混机	武汉长利玻璃有限责任公司	王伟，刘再斌，等
201020625323	一种用于浮法玻璃生产的供粉装置	张家港华汇特种玻璃有限公司	江绍左
201020643819	浮法玻璃生产线电加热器	盐城市亚飞机械厂	钱春楼，钱中森
201020645685	一种用于玻璃生产线中切割玻璃纵边的掰边机	河南天丰太阳能玻璃有限公司	张保军，李领富
201120029441	浮法玻璃生产线用拉边机	秦皇岛开发区华耀机电开发有限公司	刘江彦，张瑞，等
201120069491	一种用于浮法玻璃生产线驱动轴直线度的检具	中意凯盛（蚌埠）玻璃冷端机械有限公司	刘洋
201120069501	一种用于浮法玻璃生产线的光轴检测工具	中意凯盛（蚌埠）玻璃冷端机械有限公司	陈承新
201120157009	一种用于清理退火窑 F 区和 G 区碎玻璃的装置	福耀玻璃工业集团股份有限公司	何世猛
201120178807	浮法玻璃生产线中退火窑入口处的挡帘升降装置	张家港市锦明机械有限公司	沈天奇
201120178815	浮法玻璃生产线中冷端辊道的传动装置	张家港市锦明机械有限公司	沈天奇
201120178823	浮法玻璃生产线中退火窑入口处的挡帘	张家港市锦明机械有限公司	邓贝贝
201120181339	浮法玻璃生产线中的皮带轮罩壳	张家港市锦明机械有限公司	沈天奇
201120214957	结构夹层玻璃	北京阳光高科玻璃有限公司	井长水，苗晓刚，等
201120218748	一种调整浮法玻璃暂时应力的设备	台玻成都玻璃有限公司	林嘉宏
201120239041	一种新型浮法玻璃生产线联合车间	漳州旗滨玻璃有限公司	葛文耀，徐国平，等
201120274341	浮法玻璃生产线冷端辊道横向掰断装置	张家港市锦明机械有限公司	田营
201120274419	浮法玻璃生产线中的冷端落板升降装置	张家港市锦明机械有限公司	田营
201120274435	浮法玻璃生产线中冷端辊道主线落板结构	张家港市锦明机械有限公司	田营
201120398812	一种浮法玻璃生产线退火窑废热利用热风供暖装置	中国建材国际工程集团有限公司	葛承全，蔡红梅，等

续表

申请号	名称	申请单位	发明人
201120398921	一种用于浮法玻璃生产线冷端辊道的挡板机构	中国建材国际工程集团有限公司	刘晓亮,韩德刚,等

15.3.2.2 高效节能低 NO_x 排放石灰窑技术

申请号	名称	申请单位	发明人
01108604	高强度陶粒支撑剂的制造方法	贵州林海新材料制造有限公司	关昌烈,石世泽
02110464	含有空心颗粒的复合材料及其制备方法	淄博同迈复合材料有限公司	龚晓光,王志国
03144192	一种石灰窑烟尘污染的治理方法	天津渤海化工有限责任公司天津碱厂	吕径春,刘恩义
200410021334	一种用菱镁矿石生长氧化镁晶体的方法	大连理工大学	王宁会,黄耀,等
200410072343	一种活性氧化镁的制造方法	天津化工研究设计院	董广前,王洁
200510009702	不锈钢熔模铸造汽轮机超长低压隔板导叶片的精铸方法	哈尔滨鑫润工业有限公司	柳贤福,高亚龙,等
200510046811	一种烧结镁砂的制备方法	东北大学	于景坤,李环
200510047743	一种活性氧化镁的制备方法	东北大学	于景坤,李环,等
200520031390	新型的分仓竖式预热器	中信重型机械公司	戚天明,段玉震,等
200610046056	高温竖窑油烧中档镁砂的制备工艺	海城市西洋耐火材料有限公司	吴希胜,陈张勤,等
200610089388	一种水溶陶瓷铸型铸造玻璃工艺品的方法	清华大学	闫双景,崔旭龙,等
200610134052	一种重型燃机Ⅱ级导向器叶片用型壳的制造方法	沈阳黎明航空发动机(集团)有限责任公司	杨胜群,丛健,等
200710012179	带中心烧嘴的石灰竖窑	中冶焦耐工程技术有限公司	赵宝海,王洪涛,等
200710054466	用黄金尾矿及铁矿尾矿生产的碳素焙烧炉火道墙用透气砖	郑州祥通耐火陶瓷有限公司	孟智敏,孟冠羽,等
200710185372	炭素焙烧炉用耐火材料及其制备方法	山西阳泉华岭耐火材料有限公司	史永记,王义长,等
200710305119	一种燃气石灰立窑及其节能系统	建德市天石碳酸钙有限责任公司	项金康
200720066512	一种套筒石灰竖窑炉顶喉砖结构	宝山钢铁股份有限公司	陈忠耀,茅新东,等
200720089537	一种石灰煅烧竖式预热器的分料、导气梁装置	中信重型机械公司	鲁俊,张凯博,等
200720089538	一种石灰煅烧竖式预热器的炉顶吊挂装置	中信重型机械公司	马治杰,段玉震,等
200720312100	一种燃气石灰立窑及其节能系统	建德市天石碳酸钙有限责任公司	项金康
200820014913	螺锥出灰机自动注油机	鞍钢集团矿业公司	陈庆军,赵晖,等
200820084808	双门缓冲料斗	建德市天石碳酸钙有限责任公司	项金康
200820218577	整流多室煅烧竖窑	鞍山市华杰建材技术开发有限公司	蔺德中,王乃文,等
200820219770	一种新型结构的密封型卸料装置	中冶焦耐工程技术有限公司	关世文,赵义明,等
200820221129	双层侧吹温度可调控式石灰竖窑	河南众恒控制工程有限公司	李桂文,李威
200820221255	石灰煅烧竖式冷却器大料清出门驱动装置	中信重工机械股份有限公司,洛阳矿山机械工程设计研究院有限责任公司	弓洁,鲁俊,等
200820221256	一种石灰煅烧竖式预热器用多管道加料装置	中信重工机械股份有限公司,洛阳矿山机械工程设计研究院有限责任公司	徐彬,鲁俊,等

续表

申请号	名称	申请单位	发明人
200820302916	竖窑助燃风分配装置	攀钢集团矿业有限公司	钟长江，罗华平，等
200910010264	一种氧化镁晶须的制备方法	东北大学	陈敏，王楠，等
200910012629	采用青海盐湖水氯镁石转化的氢氧化镁煅烧高纯镁砂工艺	青海西部镁业有限公司	杨庆广，李增荣，等
200910032599	三筒同心竖窑	江苏中圣园科技股份有限公司	庞焕军，李传库，等
200910058149	超微粉结合超低水泥耐火浇注料及其使用方法	成都蜀冶新材料有限责任公司	张命荣
200910069945	应用快速成形石膏模工艺制备三维光弹性分析模型的方法	天津内燃机研究所	陈光辉，崔国起
200910071295	一种熔模精密铸造 TiAl 基合金模壳的制备方法	哈尔滨工业大学	陈玉勇，陈艳飞，等
200910075580	白灰竖窑单斗提升机上料自动控制装置	新兴河北工程技术有限公司	段军社，任少霖，等
200910113991	从红土镍矿中分离回收镍钴镁铁硅的方法	广西冶金研究院，伍耀明	伍耀明，刘晨，等
200910188304	一种重型燃机导向叶片熔模铸造用上店土型壳制造方法	沈阳黎明航空发动机（集团）有限责任公司	从健，杨胜群，等
200910219863	竖窑均布加料调节装置	中冶焦耐（大连）工程技术有限公司，中冶焦耐工程技术有限公司	张金旭，赵宝海，等
200910248480	链篦机回转窑生产镁质球团工艺	鞍钢集团矿业公司	姚强，王红艳，等
200920047771	尾气再循环煅烧窑	南京中圣园机电设备有限公司	傅太陆，沈浩
200920048054	一种套筒石灰窑煅烧带	上海梅山钢铁股份有限公司	洪建国
200920102051	一种串流蓄热节能窑	新兴河北工程技术有限公司	李九狮，张缰山，等
200920102837	石灰立窑加料料斗	交城义望铁合金有限责任公司	乔尔录，宋子麟，等
200920152049	混料竖式石灰窑的富氧助燃装置	唐山三友化工股份有限公司	李建渊，张建敏，等
200920210889	套筒竖窑内驱动空气气流均布装置	上海宝钢工程技术有限公司	施宇亮，冀蓉，等
200920210890	套筒竖窑窑顶耐火材料保护装置	上海宝钢工程技术有限公司	施宇亮，冀蓉，等
200920217365	一种曲膛窑	新兴河北工程技术有限公司	李九狮，张缰山，等
200920248057	竖窑均布加料调节装置	中冶焦耐（大连）工程技术有限公司，中冶焦耐工程技术有限公司	张金旭，赵宝海，等
200920270792	一种新型气烧竖窑	承德阜泰工贸有限公司	王智凡
200920278029	一种竖式石灰炉风脖	中国铝业股份有限公司	武永平，李长坤，等
200920278040	一种石灰炉旋转布料装置	中国铝业股份有限公司	郝跃鹏，刘咏杰，等
200920280877	节能环保自动化石灰竖窑	临沂市中亚节能环保窑炉技术研究所	陈巨军，付全德，等
200920304650	石灰竖窑的多级旋转布料装置	唐山利生窑业有限公司	董利
200920307539	石灰窑内火烟引导装置	唐山钢铁设计研究院有限公司	赵春光
200920307540	石灰窑顶全密封旋转布料器	唐山钢铁设计研究院有限公司	赵春光
200920307545	石灰窑底出灰密封装置	唐山钢铁设计研究院有限公司	赵春光
201010163521	用鞍山式铁矿尾矿制备建筑饰面砖及制备方法	吉林大学	邓洪超，李亚超，等

续表

申请号	名称	申请单位	发明人
201020103292	石灰煅烧竖式预热器用推杆返料收集排放装置	中信重工机械股份有限公司,洛阳矿山机械工程设计研究院有限责任公司	徐彬,鲁俊,等
201020131767	菱镁矿轻烧系统	沈阳铝镁设计研究院	廖新勤,袁政和,等
201020138835	麦尔兹活性石灰窑预热带内衬保护装置	河北钢铁股份有限公司邯郸分公司	武安军,张春祥,等
201020216050	大型自动化竖井式石灰窑	南京旋立重型机械有限公司	王志强
201020620220	使用高热值气体燃料的石灰竖窑供热结构	中冶焦耐(大连)工程技术有限公司,中冶焦耐工程技术有限公司	张金旭,杨耕桃,等
201020625746	节能环保窑	长春市双阳区九午白灰厂	刘喜宽,谢俊峰,等
201020679111	用于竖式预热器中推杆摆架限位的改进装置	中信重工机械股份有限公司	徐彬,鲁俊,等
201110002019	石灰焖烧炉	重庆京庆重型机械股份有限公司	周俊,胡沿东,等
201120002886	一种石灰焖烧炉	重庆京庆重型机械有限公司	周俊,胡沿东,等
201120094618	环保节能燃气发生室烧碳竖窑	主父学标	主父学标
201120146325	一种简捷式圆柱形竖式预热器	辽宁劲达华杰工程技术有限公司	唐铁苓
201120175375	一种梁式石灰窑	石家庄市新华工业炉有限公司	贾会平,杨贵民,等
201120194903	一种套筒式气烧竖窑	河南省德耀机械制造有限公司	唐德顺,孙振华,等
201120194919	一种套筒式连续煅烧竖窑	河南省德耀机械制造有限公司	唐德顺,孙振华,等
201120201393	套筒石灰窑双液压驱动旋转布料装置	上海宝冶集团有限公司,上海宝冶建设工业炉工程技术有限公司	黄勇,刘军,等
201120253232	一种新型节能石灰窑	洛阳矿业集团纳米高科有限公司	刘东亮,张建设,等
201120260935	一种套筒式石灰窑	石家庄市新华工业炉有限公司	贾会平
201120271549	具有高效干法布袋脱硫脱碳减排除尘器的石灰粉生产系统	宜兴天地节能技术有限公司	吴优君,吴侠
201120275347	新型环保节能石灰窑	日照惠明机械设备有限公司	侯平美
201120292515	一种石灰煅烧立窑中的震动换热装置	河南三兴热能技术有限公司	蔡磊
201120321144	一种带多个检修孔的环形套筒窑	南京梅山冶金发展有限公司,宝钢集团上海梅山有限公司,上海梅山钢铁股份有限公司	郭占军,鲍亮亮,等
201120341945	套筒窑煅烧室循环风系统	石家庄市新华工业炉有限公司	贾会平
201120408839	一种炉窑可调式导流通道	宝山钢铁股份有限公司	卫军
201120436645	石灰窑余热冷却系统	日照海大自动化科技有限公司	田洪芳,张永波
201120476187	用于竖炉的中部燃烧梁	中冶长天国际工程有限责任公司	贺新华,周浩宇
201120489335	一种石灰窑偏火自动控制系统	潍坊三诺机电设备制造有限公司	王磊,王平
201120550040	双层风帽石灰窑	建德市天石碳酸钙有限责任公司	方笑霞

15.3.2.3 高压大功率变频调速技术

申请号	名称	申请单位	发明人
02114225	五电平高压变频器	河南电力试验研究所,长沙市为尔自动化技术开发有限公司	刘韶林,刘文辉,等
200320111787	中、高压变频器 IGBT 过流处理电路	哈尔滨九洲电气股份有限公司	孙敬华,马福新,等

续表

申请号	名称	申请单位	发明人
200410052141	带短路保护的电力逆变系统主回路拓扑结构及其构建方法	广州智光电机有限公司	姜新宇,王卫宏,等
200420113659	电力电子装置功率变换单元	辽宁荣信电力电子股份有限公司	李兴,徐颖,等
200520146039	在矿井提升机中应用的高压变频调速系统	辽宁荣信电力电子股份有限公司	李兴,左强,等
200620151777	风机和水泵专用的中压变频调速装置	天津华云自控股份有限公司	归宝和
200710114830	一种七电平变频调速器装置	山东新风光电子科技发展有限公司	何洪臣,李瑞来,等
200710114831	一种五电平变频调速器装置	山东新风光电子科技发展有限公司	何洪臣,李瑞来,等
200720102232	一种逆导型 IGBT 高压桥臂	保定三伊电力电子有限公司	葛运周,石新春
200820143824	三电平电压源型变频器中点箝位电路	天津华云自控股份有限公司	李阳
200910032338	双核-分体型电厂高压电机喘振、扭振、飞车变频抑制系统	东南大学	陆广香,陈泉,等
200920068017	一种变频调速器主结构	上海雷诺尔电气有限公司	陈国成
201010168552	一种高能效 IGBT 直接串联多电平高压变频调速装置	北京乐普四方方圆科技股份有限公司,扶沟县乐普四方节电设备有限公司	毛文剑,王军
201120097847	动态无功就地补偿的串级变频调速装置	湘潭亚太高科技节电有限公司	吴钢伟
201120206606	非对称瞬态电压抑制转子变频调速控制装置	天津中电博源科技有限公司	周巍,葛运周,等

15.3.2.4 高压动态无功补偿技术

申请号	名称	申请单位	发明人
02291818	户外式投切电容器组高压六氟化硫负荷开关	正泰集团公司	肖崇礼,钱运驰,等
02292526	一种一体化结构的柱上高压无功动态补偿装置	西安森宝电气工程有限公司	金黎,马金明,等
02294042	全自动高压配电集中式无功动态补偿装置	刘倬云,北京首电科技有限公司	刘倬云
03260416	高压箱式无功补偿装置	哈尔滨东大方正电力有限公司	王立斌
200320109905	线路电压无功综合控制装置	西安森宝电气工程有限公司	金黎,王采堂
200420086359	一种可变容量箱式变电站	西安森宝电气工程有限公司	金黎
200510103346	高压无功补偿成套设备	山东科技大学,王思顺	李晓刚,程勇,等
200520055096	高压无功自动补偿装置	深圳市三和电力科技有限公司	朱赫,朱维杨
200520056241	高压无功补偿装置	深圳市三和电力科技有限公司	朱赫,朱维杨,等
200520093706	预装箱式变电站	大连电力电器集团有限公司	翟亚南,林中平,等
200620135996	柱上高压无功动态补偿与滤波装置	西安森宝电气工程有限公司	金黎
200620137355	变电站电压无功谐波综合治理装置	北京思能达电力技术有限公司	翟学军,宁爱梅,等
200620137356	变电站电压正反向无功自动调节装置	北京思能达电力技术有限公司	翟学军,宁爱梅,等
200620170184	大型电动机液态降压无功补偿软起动装置	襄樊大力工业控制股份有限公司	余龙海,文国兵,等

续表

申请号	名称	申请单位	发明人
200710118092	一种高压同步电机全数字化矢量控制装置	北京合康亿盛变频科技股份有限公司	沈士军
200720103881	积木式高压无功补偿装置	北京赤那思电气技术有限公司	平孝香
200810021980	一种光纤温度测量装置的构建方法	东南大学	戴先中,丁煜函
200810030560	基于多智能体的配电网节能降耗综合管理系统及其管理方法	湖南大学	罗安,方璐,等
200810055882	实现连续设备和离散设备综合协调的变电站电压控制方法	华北电网有限公司,清华大学	孙宏斌,宁文元,等
200810072003	电弧炉低压侧电压调节及动态补偿装置	福建敏讯上润电气科技有限公司	王振铎,邓树斌,等
200810120372	具有静态无功补偿功能的直流大电流融冰装置	浙江谐平科技股份有限公司	梁一桥
200810125381	一种动态无功补偿方法	中国南车集团株洲电力机车研究所	王卫安,蒋家久,等
200810131060	一种动态无功补偿装置	中国南车集团株洲电力机车研究所	王卫安,蒋家久,等
200820026307	一种组合式变压器	山东达驰电气有限公司	陈爱云,陈徽,等
200820030053	一种基于晶闸管控制变压器的静止型高压无功补偿装置	西安森宝电气工程有限公司	金黎
200820039992	中高压双向无功自动调节装置	东南大学	闫文瑾,刘丹丹,等
200820040233	干式整流变压器	常州特种变压器有限公司	肖华,朱曙明
200820052204	一种城市配电网综合节能系统	湖南大学	罗安,帅智康,等
200820052205	企业配电网综合节能系统	湖南大学	罗安,彭双剑,等
200820054633	港口供电系统用无功补偿装置	上海中交水运设计研究有限公司	许宏纲,唐慧,等
200820091095	高压无功补偿设备中的数据采集装置	哈尔滨九洲电气股份有限公司	王国强,王瑞舰,等
200820091096	高压无功补偿设备中的高速数据通信装置	哈尔滨九洲电气股份有限公司	王国强,王瑞舰,等
200820146028	电弧炉低压侧电压调节及动态补偿装置	福建敏讯上润电气科技有限公司	王振铎,邓树斌,等
200820163693	具有静态无功补偿功能的直流大电流融冰装置	浙江谐平科技股份有限公司	梁一桥
200820228037	高压无功动态补偿装置	邯郸市凯立科技有限公司	曹君芳
200910023857	无功补偿型智能调压器	西安兴汇电力科技有限公司	尹之仁
200910072079	一种在输电线路末端注入无功电流的融冰装置	鸡西电业局,哈尔滨工业大学,刘刚	刘刚,赵学增,等
200910072080	一种线路末端注入无功电流的输电线路融冰方法	鸡西电业局,哈尔滨工业大学,刘刚	刘刚,赵学增,等
200910084022	柔性铰链位移台耦合振动主动补偿系统	中国科学院电工研究所	殷伯华,韩立,等
200910091326	小型轧钢车间供配电系统生产间隙无功补偿装置控制器	北京首钢国际工程技术有限公司	刘芦陶,吕冬梅,等
200910226006	一种用于SVC系统的故障检测/保护方法及其装置	哈尔滨九洲电气股份有限公司	王国强,王瑞舰,等
200910250652	一种固态复合开关装置	中电普瑞科技有限公司,中国电力科学研究院	李鹏,李卫国,等

续表

申请号	名称	申请单位	发明人
200910312703	变电站无功补偿优化配置计算器及其优化配置的方法	北京九瑞福软件技术开发有限责任公司,江苏省电力公司苏州供电公司	田田,殷伟,等
200920013368	智能高压无功补偿装置	沈阳华岩电力技术有限公司	张浩
200920031956	智能型高压无功自动补偿装置	西安翔瑞电气制造有限公司	黄亮,贺杰,等
200920034485	无功补偿型智能调压器	西安兴汇电力科技有限公司	尹之仁
200920034909	一种变电站无功控制系统	宝鸡供电局	杨光伟,程贤芳,等
200920041679	干式空心电气化铁道串联调容电抗器	无锡市泰波电抗器有限公司	史波杰,周明基,等
200920041680	干式空心串联调容电抗器	无锡市泰波电抗器有限公司	史波杰,周明基,等
200920041695	干式空心并联调容电抗器	无锡市泰波电抗器有限公司	周明基,史波杰
200920074209	一种等容可调无功补偿装置	上海追日电气有限公司	杨海林,孙玉鸿
200920074433	一种滤除率可调的高压滤波装置	上海追日电气有限公司	王大为,孙玉鸿
200920080845	石油钻机用高低压预装式移动变电站	四川东大恒泰电气有限责任公司	孟详卿,藤振海,等
200920085227	一种高压无功补偿装置	湖北中盛电气有限公司	侯杰,谢远伟
200920086845	一种 3600 V 高压功率半导体模块	湖北台基半导体股份有限公司	李新安,陈崇林,等
200920087271	基于可变电抗的静止无功补偿器	武汉理工大学	袁佑新,肖义平,等
200920091797	一种高压无功补偿电容投切开关	平顶山市康立电气有限责任公司	魏贞祥,张中印,等
200920099921	一种在输电线路末端注入无功电流的融冰装置	鸡西电业局,哈尔滨工业大学,刘刚	刘刚,赵学增,等
200920100424	底座可旋转的经济型中高压晶闸管阀组	哈尔滨威瀚电气设备股份有限公司	陈守文,纪延超
200920100879	高压无功补偿功率单元的测温装置	哈尔滨九洲电气股份有限公司	邢金伟,王瑞舰,等
200920101195	高压静止无功补偿装置的监控系统	哈尔滨九洲电气股份有限公司	王国强,王瑞舰,等
200920101196	一种应用于高压无功补偿设备中的触发脉冲形成装置	哈尔滨九洲电气股份有限公司	王国强,王瑞舰,等
200920102359	基于最小系统的高压静止无功补偿装置	保定天威集团有限公司	穆桂霞,刘立军,等
200920140574	变电站电能质量综合诊断与分析系统	广西电力试验研究院有限公司	周柯,谢伟山,等
200920151714	一种高压变低压无功补偿柔性投切装置	北京森硕电气设备有限公司	席鸿儒
200920180722	欧式变电站	宁国鑫辰工贸有限公司	张小军
200920180723	美式变电站	宁国鑫辰工贸有限公司	杨和一
200920209781	大功率无功补偿装置 IGCT 逆变桥在线测试装置	上海市电力公司超高压输变电公司	倪裕康,郑斌毅
200920222257	电源装置	北京华科兴盛电力工程技术有限公司	陆新原
200920223026	一种超高压线路并联可控电抗器	华北电力大学	李珂,尹忠东
200920235261	高压线路无功补偿智能测控终端	江苏谷峰电力科技有限公司	张高锋,张彦森,等
200920235775	智能高压柱上式无功补偿装置	南京紫金电力保护设备有限公司	杨爱华,孙大璟,等
200920244986	一种谐波抑制型高压动态无功自动补偿装置	西安西微电力设备有限公司	李兆利,黄博
200920244987	一种动态高压无功自动补偿装置	西安西微电力设备有限公司	李兆利,黄博
200920257090	可移动箱式高压低压变电站	江苏卡欧宜能电气有限公司	邹桐初,陈效明
200920257091	可移动箱式高压变电站	江苏卡欧宜能电气有限公司	邹桐初,陈效明
200920257177	高压电力无功补偿综合保护控制器	南京因泰莱配电自动化设备有限公司	王亮,徐建源,等

续表

申请号	名称	申请单位	发明人
200920257180	高压线路智能无功补偿设备	南京因泰莱配电自动化设备有限公司	赵忠良,徐建源,等
200920279774	一种用于 SVC 系统的故障检测/保护装置	哈尔滨九洲电气股份有限公司	王国强,王瑞舰,等
200920292569	一种固态复合开关装置	中电普瑞科技有限公司,中国电力科学研究院	李鹏,李卫国,等
200920297048	高压无功补偿装置的无功补偿控制器	平高集团智能电气有限公司	王海涛,张中印,等
200920306501	隔爆型高压无功补偿装置	杭州银湖电气设备有限公司	王学才,蒲传明,等
200930010241	户外高压无功补偿装置	丹东市鑫虹电器有限公司	梁成福
200930111642	高压无功补偿控制器	成都星宇节能技术股份有限公司	陈财建,李明,等
200930111648	高压无功补偿控制器	成都星宇节能技术股份有限公司	陈财建,李明,等
201010101697	一种 10 kV 典型客户配电室仿真实训系统	福建电力培训中心,郑州万特电气有限公司	邱兴平,陈大凤,等
201010146576	一种调压调容无功自动补偿方法	济南银河电气有限公司	赵庆春,崔贵峰,等
201010273311	一种高压配电网电压无功配置与运行状态的评估方法	余杭供电局	杜跃明,张国连,等
201010286300	带高压计量环网型预装地埋式箱式变电站	新乡逐鹿协力电力设备有限公司	白俊立,杨保豫
201020039301	高压交流电动机晶闸管降压补偿软起动装置	湖北大禹电气科技股份有限公司	王怡华,肖少兵,等
201020102487	10 kV 典型客户配电室仿真实训系统	福建电力培训中心,郑州万特电气有限公司	邱兴平,陈大凤,等
201020104511	高压交流电动机电磁调压补偿软起动装置	大禹电气科技股份有限公司	王怡华,袁碧波,等
201020106148	多级大范围全容量有载调压动态无功补偿装置	上海追日电气有限公司	何庆亚,王大为
201020142734	高压无功补偿功率单元的过压及欠压监测装置	哈尔滨九洲电气股份有限公司	邢金伟,王瑞舰,等
201020150802	基于同步控制的高压无功补偿及滤波装置	鞍山华夏电力电子设备有限公司	李治平,陈建业,等
201020160350	一种箱式调压型无功补偿成套装置	河北旭辉电气股份有限公司	李鸿斌,张旭辉,等
201020168218	基于可调磁控电抗器的高压动态无功补偿装置	哈尔滨九洲电气股份有限公司	王国强,王瑞舰,等
201020187975	磁控式动态滤波 MSVC 柔性补偿装置	山东齐林电科电力设备制造有限公司	陈津
201020224523	高压动态无功补偿智能选相投切控制器	四川省科学城久信科技有限公司	王奔,杨明,等
201020230710	高压无功补偿装置中的开关量输出单元	哈尔滨九洲电气股份有限公司	王国强,王瑞舰,等
201020232308	一种自动投切式高压电容补偿装置	陕西龙源佳泰电器设备有限公司	王涛,苏梅,等
201020246292	三相电压变换器	山西汾西机电有限公司	兰秀林
201020253241	基于可变电抗的无功补偿软起动装置	武汉理工大学,温州市特种设备检测中心	袁佑新,陈静,等
201020265441	大口径高温高压截止阀	中核苏阀科技实业股份有限公司	张宗列,龙云飞,等

续表

申请号	名称	申请单位	发明人
201020271059	一种 24 kV 箱式变电站监控系统	天津电气传动设计研究所，天津天传电控配电有限公司	崔静，仲明振，等
201020274982	铠装式高压 TSC 动态无功功率补偿装置	哈尔滨威瀚电气设备股份有限公司	裴艳平，纪延超
201020287019	智能远程监控箱式变电站	河南博源成套电气有限公司	钱柏贤
201020289572	箱式变压器供电智能控制装置	陈家斌，易保华，季钢，陈蕾，河南省电力公司驻马店供电公司	陈家斌，易保华，等
201020299405	电机动态无功补偿滤波装置	河南海泰科技有限公司	孙皆宽，马爱刚，等
201020301167	户外集约型高压无功补偿装置	杭州银湖电气设备有限公司	蒲传明，孙菲，等
201020500461	具有调压软起动功能的大型电动机动态无功补偿装置	大禹电气科技股份有限公司	宁国云，肖少兵，等
201020507465	矿热炉低压无功补偿的专用装置	国网南自控股(杭州)有限公司	童淮安，杜小毛，等
201020507489	户外高压无功自动补偿装置	国网南自控股(杭州)有限公司	童淮安，杜小毛，等
201020513241	一种用于高压静止无功补偿器的晶闸管触发板	湖南大学	罗安，蔡平，等
201020513245	适用于高压 SVC 的光纤通信系统	湖南大学	罗安，杨晓峰，等
201020518171	10 kV 高压混合式并联型静止同步补偿装置	浙江富春江通信集团有限公司	张文其，王开桎，等
201020531144	高压无功补偿装置用的 A/D 转换电路	哈尔滨九洲电气股份有限公司	王国强，王瑞舰，等
201020531843	高压无功补偿装置用的晶闸管触发脉冲展宽电路	哈尔滨九洲电气股份有限公司	王国强，王瑞舰，等
201020531888	高压无功补偿装置用的晶闸管触发脉冲形成电路	哈尔滨九洲电气股份有限公司	王国强，王瑞舰，等
201020534842	终端型预装地埋式箱式变电站	新乡逐鹿协力电力设备有限公司	白俊立，杨保豫
201020534844	带高压计量终端型预装地埋式箱式变电站	新乡逐鹿协力电力设备有限公司	白俊立，杨保豫
201020534877	一种带高压计量环网型预装地埋式箱式变电站	新乡逐鹿协力电力设备有限公司	白俊立，杨保豫
201020534879	环网型预装地埋式箱式变电站	新乡逐鹿协力电力设备有限公司	白俊立，杨保豫
201020545239	固定与静止同步补偿混合式动态无功补偿装置	济南银河电气有限公司	赵庆春，高彦军，等
201020556889	矿井及轨道交通快速调压无功补偿装置	河南森源电气股份有限公司	周保臣，慕昆，等
201020620140	智能变压器	广州德昊电子科技有限公司，武汉市华骏科技有限公司	虞晓骏，谢松华，等
201020653263	基于电磁场冲击突变的高压线路无功补偿电容器状态快速诊断装置	重庆市电力公司万州供电局	姜毅，代生丽，等
201020653880	高压无功补偿装置	乐山晟嘉电气有限公司	潘建波
201020663372	一种用于高压直流输电工程的数模混合式的仿真试验平台	中国电力科学研究院	刘云，王明新，等
201020679372	一种高压稳压型无功补偿系统	上海追日电气有限公司	郑斌，刘青松

续表

申请号	名称	申请单位	发明人
201020679570	大容量无功功率动态补偿装置性能测试系统	山东新风光电子科技发展有限公司	叶芃生,凌志斌,等
201020685308	一种纯容性电磁式电压互感器感应耐压测试仪	苏州华电电气股份有限公司	余青,周洪,等
201120016352	一种高压电动机液态增容软起动装置	上海追日电气有限公司	周曙辉,许光伟
201120024504	高压无功补偿装置	保定汇能电力科技有限公司	刘计成
201120030143	景观式小型化恒温高压无功补偿装置	湖北网安科技有限公司	贺晓红,马斌,等
201120036039	智能型集成变电站	山东计保电气有限公司	荣博,邢成岗,等
201120040660	动态无功补偿装置	烟台伊科电气技术有限公司	李明,孙成欣
201120054594	智能箱式变电站	莱芜科泰电力科技有限公司	韩会涛,刘庆文
201120067039	一种变电站信息化无功补偿装置	山东贺友集团有限公司	陈立言,陈涛
201120068002	新型变压器试验电源	荣信电力电子股份有限公司	于淼,王锋,等
201120072572	具有本底补偿功能的矿物年代测定仪	石家庄经济学院	亢俊健,梁萍,等
201120073552	复合励磁触发、双励磁绕组 MCR 型磁控电抗器	鞍山市恒力电气设备制造有限公司	于洋,张中友,等
201120086007	节能型路灯全自动控制箱式变电站	扬州润邮自动控制设备研究所有限公司	孙立平
201120103970	一种动态无功补偿装置	昆明有色冶金设计研究院股份公司	李学文,赵立群,等
201120109487	高压静止无功动态补偿装置	襄樊卓达尔工业控制有限公司	柯国盛,司洪生
201120198985	一种风电场电气总平面四列式布置结构	内蒙古电力勘测设计院	赵丽春,谭精浩,等
201120200852	一种智能型高压无功补偿柜	湖南楚天电气工业有限公司	陈伟其
201120205416	高压无功自动补偿装置	山东新科特电气有限公司,平阴县供电公司	秦向华,廉德忠,等
201120206661	配电变压器	赫兹曼电力(广东)有限公司	吴卫,黎驱,等
201120209605	高压静止无功发生器并网结构	辽宁省电力有限公司丹东供电公司,荣信电力电子股份有限公司	周雨田,李君明,等
201120209650	基于 SVG 动态无功补偿的信号采集装置	辽宁省电力有限公司丹东供电公司,荣信电力电子股份有限公司	张福华,李君明,等
201120224161	一种高压交流电动机电抗器调压补偿软起动装置	大禹电气科技股份有限公司	王怡华,宁国云,等
201120224163	一种高压交流电动机磁控调压补偿软起动装置	大禹电气科技股份有限公司	王怡华,宁国云,等
201120244164	电子式互感器工作电源	广东工业大学	聂一雄,刘艺,等
201120268276	基于高压电机控制和无功补偿的综合控制系统	广州智光电气股份有限公司,广州智光电机有限公司	孙开发,许贤昶,等
201120268393	一种矿用高压无功补偿装置	山东先河悦新机电股份有限公司	司志国,刘胜燕,等
201120271667	高压自动无功补偿柜	上海雷诺尔电力自动化有限公司	陈国成,陈国福
201120271670	一种高压动态自动无功补偿柜	上海雷诺尔电力自动化有限公司	陈国成,陈国福
201120290497	矿热炉无功功率混合补偿系统	重庆安谐新能源技术有限公司	夏昕,杨正中,等
201120297410	机械及复合钻机高压配电补偿装置	中国石油集团川庆钻探工程有限公司	谭刚强,王豫,等
201120309542	一种风电场无功功率控制系统	国电联合动力技术有限公司	张宪平,潘磊,等

续表

申请号	名称	申请单位	发明人
201120317705	一种高压智能型无功补偿自动调节装置	新疆希望电子有限公司	戴伟,魏强,等
201120320524	一种无功补偿设备阀组电缆绝缘在线预警装置	秦皇岛首秦金属材料有限公司,首钢总公司	侯文立,王超,等
201120333750	一种安装方便的高压无功补偿装置	湖南创业德力西电气有限公司	倪百胜,黄平,等
201120334027	一种无线远传的高压无功补偿装置	湖南创业德力西电气有限公司	倪百胜,黄平,等
201120353272	一种五电平逆变电路及由其构成的高压无功补偿系统	山东新风光电子科技发展有限公司	方汉学,李瑞来
201120362949	一种带保护电流互感器的户外电抗器	北京博瑞莱智能科技有限公司	魏贞祥,杨福荣,等
201120370563	高压电机固态软起动补偿装置	襄樊展宇电气有限公司	胡泽坤,黄增国
201120378447	一种用于MCR动态无功补偿兼电机软启动的组合切换开关	国船电气(武汉)有限公司	林永,魏帅
201120392008	一种基于MCR动态无功补偿兼软启动的控制系统	国船电气(武汉)有限公司	林永,魏帅
201120431459	基于高压SVG的大容量实时无功补偿检测装置	思源清能电气电子有限公司	贵宝华,陈远华,等
201120454017	一种高压无功补偿柜	安徽曼瑞特电气有限公司	施守文
201120455115	无功补偿装置	东展科博(北京)电气有限公司	陈小郴,王笋
201120554308	调压型高压电容器无功调节复合装置	郑州建豪电器技术有限公司	金博,卢宜,等
201130177503	高压静态无功补偿发生器(iSVG-H100)	深圳市英威腾电气股份有限公司	廖飞龙

15.3.2.5 新型浓相高密度流化床干法分选机及超静定大型振动筛

申请号	名称	申请单位	发明人
00123021	炼焦煤热风分级与水分控制备煤工艺	冶金工业部鞍山热能研究院	谢振安,刘淑萍,等
01108630	选粉机转子	成都市利君实业有限责任公司	何亚民,魏勇
01123960	粉煤流化床气化方法及气化炉	煤炭科学研究总院北京煤化学研究所	彭万旺,步学朋,等
02131307	一种固态排渣干粉气流床气化方法及装置	中国科学院山西煤炭化学研究所	王洋,房倚天,等
03261328	复合式干法选煤装置	唐山市神州机械有限公司	杨云松,李功民
200320125087	振动筛用激振器	首钢总公司	张建
200410041617	粉煤干法分级方法及设备	中国矿业大学	杨建国,王羽玲,等
200410052978	从细粉分离器内抽取超细煤粉方法及其装置	浙江大学	池作和,周昊,等
200420057981	高效选粉机	华新水泥股份有限公司	李叶青,李永忠,等
200420117376	煤气发生炉输煤装置圆筒型筛分机	中国铝业股份有限公司	王军,王顺学,等
200510012446	重介质分选回收悬浮液的工艺	煤炭科学研究总院唐山分院	刘峰,周锦华,等
200510012871	电厂粉煤灰的输送方法	河北衡丰发电有限责任公司	杨同贺,康世杰,等
200520002165	一种煤炭挡板分离器	煤炭科学研究总院北京煤化工研究分院	王昕,何海军,等
200520002166	一种煤粉分选机	煤炭科学研究总院北京煤化工研究分院	何海军,纪任山,等
200520035832	一种电机不参振的自同步新型振动筛	西南石油学院	张明洪,张万福,等

续表

申请号	名称	申请单位	发明人
200520036270	一种三电机全振型自同步新型振动筛	西南石油学院	张明洪,张万福,等
200610040135	弹性筛分方法及其大型弹性振动筛	中国矿业大学	赵跃民,刘初升,等
200610045238	一种跳汰选煤生产系统	新汶矿业集团有限责任公司华丰煤矿	陈尚本,范锡杰,等
200620029600	旋流式粗粉分离器	长春安信电力科技有限公司	王毅,王凤祥
200620030310	大型椭圆双层振动筛	河南太行振动机械股份有限公司	郭守敏,黄金荣,等
200620033325	电机不参振的双联或多联自同步振动筛	西南石油学院	张明洪,张万福,等
200620043097	一种粉煤灰再利用处理系统	上海宝钢生产协力公司	沈燕华,曲新建
200620074038	细粒分级筛	中国矿业大学	黎浩明,邹铁军,等
200710019305	板块式超静定组合承重梁特大型振动筛	中国矿业大学	赵跃民,张成勇
200710019306	Y 形超静定组合加强梁特大型振动筛	中国矿业大学	张成勇,赵跃民
200710019307	双组超静定网梁激振板块式组合承重梁特大型振动筛	中国矿业大学	赵跃民,张成勇
200710022601	选择破碎式煤矸分离机	中国矿业大学	杜长龙,李建平,等
200710022602	矿井煤矸分离方法及设备	中国矿业大学	李建平,杜长龙,等
200710037204	大跨预应力梁采用有粘结与无粘结混合配筋设计方法	同济大学,上海同吉建筑工程设计有限公司	熊学玉,冯传山,等
200710047696	以湿油页岩半焦为燃料的循环流化床焚烧系统	上海交通大学	韩向新,姜秀民,等
200710053863	钼钨氧化矿选矿工艺	中国地质科学院郑州矿产综合利用研究所,内蒙古额济纳旗盛源矿业有限责任公司	赵平,张艳娇,等
200710063580	一种煤脱水、脱灰的方法	中国神华能源股份有限公司	杨汉宏,姜重山,等
200710065600	塑料风选设备	北京厨房设备集团公司	于广春,贺峰,等
200720021472	移动隔板式流化床	济南钢铁股份有限公司	温燕明,于才渊,等
200720037713	矿井煤矸分离设备	中国矿业大学	李建平,杜长龙,等
200720042667	筛分辊式喂料机	中国中材国际工程股份有限公司	詹旺明,刘世端,等
200720065321	一种煤焦自动筛分机	株洲冶炼集团股份有限公司	谢平根,曹王剑,等
200720083803	长跨度偏心激振自同步新型振动筛	宜昌黑旋风工程机械有限公司	张明名,张民
200720092375	一种动态平面气体密封装置	河南太行全利(集团)有限公司	黄全利,刘振辉,等
200720092378	多功能筛分装置	河南太行全利(集团)有限公司	黄全利,刘振辉
200720116747	滚轴筛	哈尔滨和泰电力设备有限公司	杨文君
200720138023	通缝聚氨酯筛板	山西省化工研究所,晋城凤凰实业有限责任公司	贾林才,孙勇,等
200720138360	排矸系统回收装置	山西义棠煤业有限责任公司	宋志强,房志坚
200720307029	破碎机的初级筛分装置	郑州长城冶金设备有限公司	张保全,张文志
200720307142	可调振动方向角振动筛	徐州市赫尔斯采制样设备有限公司	王金泉,张涛
200810019934	帮箱体结构大型振动筛	中国矿业大学	赵跃民,张成勇,等
200810039789	原煤在线多级筛分装置及其筛分方法	上海宝钢工业检测公司	陆慧中,李良国,等
200810050010	煤粉全自动过滤装置	郑州大学	马胜钢,马泳涛,等

续表

申请号	名称	申请单位	发明人
200810123575	一种基于气固两相流的模块式选煤工艺及设备	中国矿业大学	赵跃民,陈清如,等
200810154852	双进双出煤粉分离器结构	无锡市华锦电力设备修造有限公司	杭文华
200810229265	用风力筛分煤的设备	本溪鹤腾高科技研发(中心)有限公司	王岩
200810230982	井下水煤移动脱水装置	河南理工大学	焦红光,齐桂素,等
200810231983	一种高水分固体燃料提质反应装置及其工艺	西安热工研究院有限公司	蒋敏华,徐正泉,等
200810233282	一种电煤及硫精矿分选方法及专用设备	重庆南桐矿业有限责任公司南桐选煤厂	何青松,杨江清
200820007462	高频振网筛	鞍山重型矿山机器股份有限公司	王琦玮,孙海军
200820029641	旋转式防堵篦煤装置	陕西德重电力机械有限公司	钟红,邓国忠
200820032120	帮箱体结构大型振动筛	中国矿业大学	赵跃民,张成勇,等
200820032122	一种空气重介流化床选煤机	中国矿业大学	赵跃民,骆振福,等
200820070978	煤粉全自动过滤装置	郑州大学	马胜钢,马泳涛,等
200820072397	双转式滚筒筛煤机	吉林省双龙电站装备有限公司	刘兴伟,曹明
200820076685	一种用于重介质洗煤的弧形脱介筛筛网	河北金川矿筛网业有限公司	崔晓峰
200820077517	一种改进的复合筛网	煤炭科学研究总院唐山研究院	孙旖,石剑锋,等
200820081218	振动式磁稳定重介质流化床干法分选机	昆明理工大学	张桂芳,张宗华,等
200820123004	一种动静组合旋转分离器及密封圈	北京电力设备总厂	岳子江,徐萍
200820124068	动态旋转分离器	北京博希格动力技术有限公司	黄锎,胡滨,等
200820144380	新型单层香蕉筛	奥瑞(天津)工业技术有限公司	张晋喜,刘波
200820144381	新型双层香蕉筛	奥瑞(天津)工业技术有限公司	张晋喜,刘波
200820144382	新型单层直线筛	奥瑞(天津)工业技术有限公司	张晋喜,刘波
200820144383	新型双层直线筛	奥瑞(天津)工业技术有限公司	张晋喜,刘波
200820144384	新型高频脱水筛	奥瑞(天津)工业技术有限公司	张晋喜,刘波
200820149010	可调式煤仓口分煤筛	义马煤业(集团)有限责任公司	李俊杰,仝矿伟,等
200820149170	一种适用于原煤采制样设备上的破碎筛分装置	平顶山天安煤业股份有限公司田庄选煤厂	高亚平,卢安民,等
200820149319	选煤振动筛板	义马煤业(集团)有限责任公司	李革平,王广超,等
200820160220	石子煤真空清理分选系统	镇江华东电力设备制造厂	祝瑞银,汤培荣
200820161966	双进双出煤粉分离器结构	无锡市华锦电力设备修造有限公司	杭文华
200820174438	一种新型输煤装置	莱芜泰钢热电有限公司	李中和,时庆成,等
200820220450	一种新型多元高幅振动筛	新乡市强大振动机械有限公司	刘世凯,王云梯,等
200820227691	棒条筛清理装置	山西焦煤集团有限责任公司	任保平,张龙太,等
200820227693	试验用筛分机	山西焦煤集团有限责任公司	赵晋祥,张来祥,等
200820231980	一种振动筛	本钢板材股份有限公司	刘颖,孙连友,等
200910014495	井下水煤分离脱水振动筛	兖州煤业股份有限公司	张广文,王志宁,等
200910071683	用于W形火焰锅炉上的低阻煤粉浓淡分离装置	哈尔滨工业大学	陈智超,李争起,等
200910167833	基于运动合成的双质体自同步椭圆振动筛	西南石油大学	侯勇俊

续表

申请号	名称	申请单位	发明人
200910226317	原煤杂物自动分离机	山东天能电力科技有限公司	朱玉吾
200910272711	褐煤加工提质远距离输送电厂锅炉燃烧发电工艺	中国五环工程有限公司,上海泽玛克敏达机械设备有限公司,中国化学工程股份有限公司	汪寿建,傅敏燕,等
200920000660	电磁振动高频振网等厚筛	唐山陆凯科技有限公司	李传曾,刘树玉
200920000662	一种工业设备布风室的风压均布装置	唐山陆凯科技有限公司	李传曾,刘树玉,等
200920002286	高频振动细筛	鞍山重型矿山机器股份有限公司	孙海军,王琦玮
200920011522	一种流化床式风选调湿器	中钢集团鞍山热能研究院有限公司	刘淑萍,李艳芳,等
200920022664	电磁振动高频筛用的打击器	新汶矿业集团有限责任公司华丰煤矿	陈尚本,许兴生,等
200920027214	轴向粗粉分离器	山东电力研究院	刘志超,郭鲁阳
200920036214	选择性破碎式煤矸分离设备	江苏鼎甲科技有限公司	徐龙江
200920036219	回弹式煤矸分离设备	江苏鼎甲科技有限公司	徐龙江
200920040212	绝缘柔性载粉带	江苏海建股份有限公司	贲永龙,周银富
200920044825	一种变椭圆轨迹等厚振动筛	中国矿业大学	刘初升,贺孝梅,等
200920047214	一种自流式气固磁场流化床分选装置	中国矿业大学	赵跃民,宋树磊,等
200920061326	筛煤机系统	广东省电力设计研究院	赵忠文,罗宇东,等
200920063704	卧式自动排渣式煤粉筛	衡阳市泰和机械实业有限公司	卿笃礼
200920073277	矸石、中煤脱介筛传动轴连接结构	上海大屯能源股份有限公司	苏令堃,王宏强
200920090686	一种新型滚筒筛	河南省金特振动机械有限公司	张广超,梁道金,等
200920091888	鼠笼式无振动分级筛	徐州矿务集团有限公司旗山煤矿	张北平,魏洪海,等
200920092017	重型过车振动煤箅	新乡市瑞丰机械设备有限公司	李兴彪,赵孝宗,等
200920093385	链排式筛分除杂物机	吉林省双龙电站装备有限公司	曹明,刘兴伟,等
200920096647	选粉机轴承密封装置	天津振兴水泥有限公司	韩晓光,戴景明,等
200920101090	一种颗粒肥料冷却滚筒选粒筛	哈尔滨多伦多农业生物科技有限公司	孟庆有,刘杜金,等
200920102585	干法粉煤综合分选机	秦皇岛净环科技开发有限公司	宋维喜
200920104832	干法分选装置	中国矿业大学(北京)	韦鲁滨,曾鸣
200920107051	一种用于锅炉燃煤筛分的概率振动筛	北京利德衡环保工程有限公司	倪泰山,杨文奇,等
200920109646	石子煤卸料负压气力输送系统	北京惠万环保技术有限公司	陈永乾,吕叔霖,等
200920130095	以垃圾分选物为原料制取煤气和/或活性炭的系统	深圳市兖能投资管理有限公司	王新平,杨启才,等
200920148677	一种复合式干法选煤装置	唐山市神州机械有限公司	李功民,刘作强,等
200920152776	一种轻型圆振动筛	鞍山重型矿山机器股份有限公司	徐文彬,李素妍
200920162540	一种双梁圆振动筛	鞍山重型矿山机器股份有限公司	李素妍,徐文彬,等
200920199158	一种滚动筛煤机	浙江今飞机械集团有限公司	章关林,张拥军
200920203486	炼焦煤料的气流分级和气流干燥装置	中冶焦耐(大连)工程技术有限公司,中冶焦耐工程技术有限公司	蔡承祐,马增礼,等
200920245068	钢质筛板压紧装置	彬县煤炭有限责任公司	张锟鹏,杨辉
200920258782	一种不堵孔棒条振动筛板	河南太行全利(集团)有限公司	黄全利
200920267179	原煤杂物自动分离机	山东天能电力科技有限公司	朱玉吾
200920272574	固定筛除矸装置及固定筛装置	淮南矿业(集团)有限责任公司	王勇,宫耀,等

续表

申请号	名称	申请单位	发明人
200920351226	动筛排矸机	太原矿山机器集团有限公司	刘军，闫文华
201010033315	一种褐煤干燥提质的方法和装置	河北科技大学	张亚通，李立，等
201010145504	一种布置于W火焰锅炉中的浓淡分离装置	哈尔滨工业大学	陈智超，李争起，等
201010156550	一种双层振动流化床干燥分级装置	莱芜钢铁集团有限公司	孙业新，王元顺，等
201010574521	立筒式振动煤矸分离机	河南理工大学	焦红光，高艳阳，等
201020112023	转筒干燥筛分装置	天地科技股份有限公司唐山分公司	许铁建，段洋洲，等
201020137156	轴向粗粉分离器	阿米那电力环保技术开发（北京）有限公司	威廉·拉塔
201020142178	可调节筛面倾角的振动筛	三一重型装备有限公司	史宝光，鲁显春，等
201020142180	一种振动筛激振器	三一重型装备有限公司	史宝光，鲁显春，等
201020143748	高效除杂物机	北京博希格动力技术有限公司	胡滨，熊韶鹏
201020154847	改进型振动筛	广西比莫比科技开发有限公司	黄桂清，黄凤莲，等
201020159075	一种轴向挡板动叶组合式旋转粗粉分离器	西安热工研究院有限公司	白少林，李宗绪，等
201020171185	一种双层振动流化床干燥分级装置	莱芜钢铁集团有限公司	孙业新，王元顺，等
201020171192	一种用于炼焦煤湿度控制和分级的振动流化床装置	莱芜钢铁集团有限公司	孙业新，王元顺，等
201020213414	无振动滚动分级筛	徐州矿务集团有限公司旗山煤矿	张北平，魏洪海，等
201020219864	链环式分离机	彬县煤炭有限责任公司	张常年
201020238151	一种煤震动筛	安徽华尔泰化工股份有限公司	汪孔斌
201020248480	一种振动筛轴承的保护装置	陕西神木化学工业有限公司	索红星，李启元，等
201020269963	一种振动筛	山西太钢不锈钢股份有限公司	薛亮，李萍，等
201020275719	高频三轴椭圆振动细筛	鞍山重型矿山机器股份有限公司	杨永柱
201020295767	耐磨陶瓷煤粉浓淡分离器	湖南精城特种陶瓷有限公司，湖南精城再制造科技有限公司	杨政，杨昌桂，等
201020506979	旋转筛分分层给煤装置	陕西光兆实业有限公司	张英毅，刘亚庭，等
201020515637	一种破碎筛箅	山西太钢不锈钢股份有限公司	袁宏，邢明康，等
201020526260	一种用于褐煤提质的分级粉碎干燥器	山东天力干燥设备有限公司	王宏耀，吴静，等
201020526604	大型振动筛	鞍山重型矿山机器股份有限公司	徐文彬，李素妍，等
201020532086	水煤浆振动筛	江苏秋林重工股份有限公司	吕云福，吴永波
201020537271	燃煤高场强磁分离脱硫装置	山东泓奥电力科技有限公司	刘灿启，李建生，等
201020543284	旋齿式燃煤筛分机	秦皇岛市民生电力设备有限公司	李建红，李军民
201020550832	燃煤杂物隔离装置	天津渤天化工有限责任公司	于吉春，刘万辉
201020554223	高开孔聚氨酯筛板	山西蒙多聚氨酯开发有限公司	周中立
201020561190	一种井下矸石分选充填系统	江苏中机矿山设备有限公司，中国矿业大学	李建平，杜长龙，等
201020572413	煤焦块筛分系统	山东邹平金光焦化有限公司	高现仁
201020575091	井下矸石分离装置	浙江大学	卢建刚，郑剑锋，等

续表

申请号	名称	申请单位	发明人
201020577457	高效高频振动筛	鞍山重型矿山机器股份有限公司	徐文彬,李素妍
201020590278	一种四轴强制同步变直线等厚振动筛	中国矿业大学	刘初升,周海佩,等
201020652267	吸式去石机	湖北佳粮机械股份有限公司	李俊
201020663385	一种炼焦精煤的破碎系统	河南省顺成集团煤焦有限公司	王新顺,李德新,等
201020677297	双筛煤矸石粉碎机	阜新市新邱区伟利机械加工厂	刘建伟
201020681157	一种筛分煤粉的装置	本钢板材股份有限公司	刘颖,李明志,等
201020688556	一种振动翻转弧形筛	烟台金华选煤工程有限公司	冉晓宁,张建力,等
201029180081	带燃煤锅炉高温灰渣分选装置的风冷式干排渣机	杭州华源电力环境工程有限公司	王爱铭,孔阶森,等
201110103785	用粉煤灰生产超细氢氧化铝、氧化铝的方法	中国神华能源股份有限公司	李楠,韩建国,等
201120004854	粉煤灰分选主机	大连恒翔粉煤灰综合利用有限公司	于洪阳,王经双,等
201120011398	筛煤机	广州立中锦山合金有限公司	臧立根
201120024615	末精煤力选系统	莱芜市万祥矿业有限公司	杨峰,王德新,等
201120028768	碗式磨煤机的叶轮装置	天津弘泰电站辅机制造有限公司	洪阿五
201120032682	一种动叶为弯扭叶片的静动叶结合式旋转煤粉分离器	华北电力大学(保定)	闫顺林,焦世超,等
201120070337	一种煤磨选粉器主轴轴承空气密封装置	新兴能源装备股份有限公司	杨彬,王国强,等
201120092531	一种节能原煤分选系统	山东中实易通集团有限公司	吴晓武,韩庆华
201120110092	低阶煤脉冲气流分选干燥一体化装置	煤炭科学研究总院唐山研究院	田忠坤,单超,等
201120118200	一种振动式空气重介流化床干法分选机	中国矿业大学	刘初升,赵跃民,等
201120130918	一种等厚筛入料装置	山西兰花科技创业股份有限公司	张国强,王中奎
201120131068	一种新型圆振筛	山西兰花科技创业股份有限公司	刘志强,张国强
201120134931	振动式煤粉清理筛	衡阳市协达机械有限公司	吴宪勇
201120136419	煤粉清理筛	衡阳市协达机械有限公司	吴宪勇
201120136640	振动筛	烟台市巨力黄金机械有限公司	宫长文
201120138825	筛分设备梳齿式清扫装置	溧阳市兴隆电站辅机厂	程国安,程国平,等
201120170860	粉煤灰制砖用滚筒筛	山东赤城建材有限公司	齐强
201120175053	煤粉运送系统	河南巨龙生物工程股份有限公司	张要杰
201120188416	一种具有陶瓷内胆的煤粉分离器	上海锅炉厂有限公司	王伟,姚燕强,等
201120235689	单电磁铁多臂振网筛	鞍山重型矿山机器股份有限公司	孙海军,王琦玮,等
201120235704	振动电机振网筛	鞍山重型矿山机器股份有限公司	孙海军,王琦玮,等
201120238289	椭圆振动筛	鞍山重型矿山机器股份有限公司	黄涛,于运波,等
201120239037	一种水煤浆振动筛	江苏秋林重工股份有限公司	吕云福
201120239562	一种刮刷装置	江苏秋林重工股份有限公司	吴永波
201120249939	一种箅板筛的支撑	新乡市宏伟机械制造有限公司	徐伟,夏公正
201120283481	一种改进的圆盘粉碎机	河北钢铁股份有限公司邯郸分公司	李志全,游想琴,等
201120285865	一种单联双翼驱动支撑装置	徐州博后工程机械有限公司	余冠霖
201120285866	双联双桥驱动支撑装置	徐州博后工程机械有限公司	余冠霖
201120316018	三个振动器椭圆振动筛	鞍山重型矿山机器股份有限公司	伦艳春

续表

申请号	名称	申请单位	发明人
201120326196	煤粉中杂物分离装置	天津渤天化工有限责任公司	田宝臣，崔连发
201120327576	旋转式煤粉分离器	上海安敏机电设备厂	周佳敏，周林安，等
201120328177	分级筛入料摆式分煤器	山西晋城无烟煤矿业集团有限责任公司	张忠全，晋新林，等
201120329413	双层原煤滚轴筛	沈阳北方重矿机械有限公司	曲凯，杜钢，等
201120340821	焦粉焦粒筛	河南利源煤焦集团有限公司	王印良，韩勇，等
201120348466	焦煤设备用反击缓冲溜筛板	河南利源煤焦集团有限公司	王印良，韩永，等
201120363651	一种清除分级筛筛面堵塞工具	中煤平朔煤业有限责任公司	梁宝林
201120370696	一种滚齿式筛分布料机	江油晟达机电装备有限责任公司	俞杰，冉体健，等
201120386635	振动筛侧板	西安船舶工程研究院有限公司	张丹，侯兴军，等
201120387104	振动筛下横梁	西安船舶工程研究院有限公司	张丹，侯兴军，等
201120387186	一种振动筛	西安船舶工程研究院有限公司	张丹，侯兴军，等
201120387281	振动筛的下横梁包胶结构	西安船舶工程研究院有限公司	张丹，侯兴军，等
201120388074	选粉机转子	上海凯盛节能工程技术有限公司	王勇明，纪烈勇，等
201120391561	风选装置	山东福康生态科技有限公司	王林，王振，等
201120411619	一种抛物线型滚轴筛及其筛片	上海宇源机械有限公司	王秀山
201120412941	自清式筛分机	洛阳宇航重工机械有限公司	岳新立，李晓雷，等
201120416810	干法排煤矸石选煤的系统	山东博润工业技术有限公司	陈兵，刘淑良
201120418050	循环流化床锅炉三段脱硫装置	中能东讯新能源科技（大连）有限公司，迅泰有限公司	唐遵义
201120421019	煤矸光电在线分选装置	中国矿业大学（北京）	王卫东，徐志强，等
201120422998	筛煤机	金东纸业（江苏）股份有限公司	解祥文，钟志豪
201120455607	分体式筛分棍	启东万惠机械制造有限公司	龚万辉
201120479461	一种双频振动筛	西南石油大学	侯勇俊，方潘
201120490647	高灰分低阶煤提质装置	中国五环工程有限公司	游伟，章卫星，等
201120496256	轮齿式筛分机	湖北凯瑞知行科技有限公司	刘维平
201120550755	一种收口型等厚振动筛	中国矿业大学	杨志勇，彭丽
201220047825	一种振动篦条筛	湖南省资兴焦电股份有限公司	刘立文，胡德良，等

15.3.2.6 二甲醚生产近膦排放技术

申请号	名称	申请单位	发明人
01107301	合成二甲醚生产中二甲醚产品的分离方法	中国成达化学工程公司	董岱峰，张永贵，等
02119856	精制二甲醚同时回收二氧化碳的分离工艺	中国科学院工程热物理研究所，北京化工大学	郑丹星，金红光，等
03134277	合成气一步法制二甲醚的分离方法	中国石油化工集团公司，中国石化集团公司兰州设计院	唐宏青，房鼎业，等
95106939	氯甲醚的生产方法	杭州晨光化学综合利用厂	钱萍，张云钗
98114227	一种由合成气制取二甲醚工艺	中国科学院大连化学物理研究所	蔡光宇，石仁敏，等
200410022020	用甲醇生产二甲醚的方法	四川天一科技股份有限公司	汤洪，李淑芳，等

续表

申请号	名称	申请单位	发明人
200410098725	异氟烷的制备方法	鲁南制药集团股份有限公司	赵志全
200420081947	一种混相法甲醇脱水生产二甲醚的装置	水煤浆气化及煤化工国家工程研究中心，华东理工大学	丁百全，房鼎业，等
200510040781	制取二甲醚的工艺	昆山市迪昆精细化工公司，化工行业生产力促进中心	方德巍，郭新宇，等
200610022256	一种用于甲醇脱水制二甲醚的催化剂及其制备方法	西南化工研究设计院	陈鹏，刘芃，等
200610079244	一种用甲醇生产二甲醚的设备和方法	杭州林达化工技术工程有限公司	楼韧，楼寿林
200610102037	一种同时生产二甲醚、液化天然气及尿素的方法	太原理工天成科技股份有限公司	谢克昌，杜文广，等
200610103437	新型二甲醚生产工艺	新奥新能(北京)科技有限公司	李金来
200710049697	加压合成二甲醚的生产工艺	四川泸天化绿源醇业有限责任公司	刘鸿生，袁忠，等
200710139547	一种生产二甲醚的催化剂及制备方法和应用	中国科学院山西煤炭化学研究所	谭猗生，解红娟，等
200720306010	二甲醚催化反应精馏装置	山东科技大学	田原宇，乔英云，等
200810036967	一种芳香族甲醚化合物的制备方法	华东理工大学	冀亚飞，金文虎，等
200810045127	一种低能耗甲醇制二甲醚方法	烟台同业化工技术有限公司	不公告发明人
200810059199	用甲醇脱水生产二甲醚的制备方法	宁波远东化工集团有限公司	项文裕，彭本成
200810059275	用甲醇脱水生产二甲醚的装置	宁波远东化工集团有限公司	项文裕，彭本成
200810070808	用于甲醇脱水制二甲醚的催化剂及其制备方法	福州大学	林诚，李智安
200810162492	一种邻氯苯甲醚的合成方法	浙江理工大学	朱锦桃，宋光伟，等
200820085578	氯甲醚生产系统	浙江争光实业股份有限公司	沈建华，汪选明，等
200910050644	一种1,1,1,3,3,3-六氟异丙基甲醚的合成方法	三明市海斯福化工有限责任公司	王陈锋
200910072118	丙二醇单甲醚的合成方法	哈尔滨师范大学	蔡清海，白玉，等
200910079867	一种节能环保型甲醇脱水联产燃精二甲醚的生产工艺	清华大学，山东凯孚化工有限公司	王金福，徐航，等
200910172575	一种回收低碳烃类和低碳含氧有机物的污水处理方法	中国石油化工集团公司，中国石化集团洛阳石油化工工程公司	熊献金
200910172580	回收低碳烃类和低碳含氧有机物的污水处理工艺	中国石油化工集团公司，中国石化集团洛阳石油化工工程公司	熊献金
200910187942	双氧水环氧化丙烯生产环氧丙烷的节能减排工艺	大连理工大学	董宏光，姜大宇，等
201010287747	一种由甲醇生产二甲醚的方法	四川天一科技股份有限公司	王小勤，汤洪，等
201020129059	一种由邻氨基苯甲醚的重氮盐连续水解制备愈创木酚的装置	中北大学	刘有智，祁贵生，等
201120321166	二甲醚合成反应器	神华宁夏煤业集团有限责任公司，华东理工大学	刘殿华，房鼎业，等
201120435215	乙二醇二甲醚初蒸残液回收再利用装置	安徽省绩溪县天池化工有限公司	汪建新，朱新宝，等
201120435221	改进的乙二醇二甲醚合成物脱盐装置	安徽省绩溪县天池化工有限公司	胡灵明，汪建新，等

15.4 建筑节能减排技术

15.4.1 烧结砖生产技术及其成套装备

申请号	名称	申请单位	发明人
02128058	一种免挤压无粘土固体废渣烧结砖的生产方法	昆明理工大学	张召述
02253867	一种上下架干燥车提升机	北京东方新强设备制造有限公司	郭春河,孟凡海,等
02253868	一种托板输送机	北京东方新强设备制造有限公司	陈启龙,时洪文,等
200510027159	以铁尾矿为原料生产烧结砖的方法	宝钢集团上海梅山有限公司	金闯,尤六亿,等
200510095347	尾矿页岩烧结制品及其制备方法	南京鑫翔新型建筑材料有限责任公司	王军,仲黎明
200610021077	钻井泥浆制烧结砖的生产方法	四川仁智石化科技有限责任公司,成都龙星天然气有限责任公司	卜文海,杨君,等
200610036477	污泥烧结砖工艺	广州普得环保设备有限公司	李雷,杨海英,等
200610153092	一种烧结砖无螺旋绞刀挤出成型机	北京东方新强设备制造有限公司,双鸭山东方墙材工业有限责任公司	邢有志,张容川,等
200710026548	一种制造污泥坯及制造烧结砖的方法	广州普得环保设备有限公司	钟环声,龙广生,等
200710027328	充分利用污泥热值烧结砖的生产方法	广州普得环保设备有限公司	钟环声,李雷,等
200710028107	建筑废弃物的处理和再生利用方法	华南理工大学	杨医博,梁松,等
200710053641	利用城市污泥和湿排粉煤灰生产轻质高强烧结砖的方法	南昌大学	胡明玉,彭金生,等
200710185490	一种建筑垃圾及工业固体废弃物回收利用技术方法	河北农业大学	路金喜,许民安,等
200720123699	一种烧结空心砖	重庆市建筑节能协会	张泽民,许永光,等
200720159356	新型双级真空挤出机	淄博功力机械制造有限责任公司	高玲,王胜昌,等
200730139447	烧结砖(科晶七排矩形孔)	龙岩科晶空心砖有限公司	陈强华
200810013838	一种高掺量污水处理淤泥烧结砖	山东众力新型建材有限公司	周泉,刘书成,等
200810050237	油母页岩渣轻质高强陶粒及生产方法	吉林省建筑材料工业设计研究院	陈宇腾,张明华,等
200810163203	制作煤矸石烧结砖的方法	浙江长广时代新型墙材有限公司	余其康
200810233547	一种用植物纤维和水泥增强的轻质保温隔热生土材料	昆明理工大学	柏文峰,董博
200820035918	嵌入式烧结节能保温空心砖	盐城市盐都区学富砖瓦厂	郭金宏
200830108515	烧结页岩空心砖(JNZ 型)	重庆市渝州节能墙体材料科技服务中心	吴成明,易庆睦,等
200910011911	一种高硫煤矸石烧结多孔砖的制备方法	东北大学	邢军,邱景平,等
200910011912	一种高硫煤矸石的烧结砖固硫方法	东北大学	邢军,孙晓刚,等
200910022166	建筑垃圾再生砼墙体板材的工艺	西安墙体材料研究设计院	肖慧,权宗刚
200910022730	一种多孔砖和混凝土空心砌块制备夹心承重墙体的方法	西安建筑科技大学	尚建丽,李寿德,等
200910023475	氯化残渣烧结砖及其制造方法	西安墙体材料研究设计院	刘蓉,高隽,等
200910045933	河道淤泥自保温烧结多孔砖用干粉添加剂及其应用	上海鑫晶山淤泥研发有限公司,上海鑫晶山建材开发有限公司	陈文光,蒋正武

续表

申请号	名称	申请单位	发明人
200910055889	建筑垃圾烧结砖及其生产方法	上海鑫晶山淤泥研发有限公司,上海鑫晶山建材开发有限公司	陈文光
200910061841	一种电镀污泥和含油污泥的无害资源化利用的方法	武汉理工大学	夏世斌,曾艺哲
200910063785	一种热分解造孔自保温承重烧结制品及其制备方法	武汉理工大学	马保国,袁龙,等
200910184633	江河湖泊淤泥及城市污泥烧结砖及其生产方法	江苏康斯维信建筑节能技术有限公司	许锦峰,王诚
200910219401	黄河淤泥烧结砖及其制造方法	沾化县恒盛新型建材有限公司,西安墙体材料研究设计院	李寿德,刘同海,等
200910249675	一种新型环保烧结砖	温州大学	孙林柱,王军,等
200910250686	脱硫石膏等固体废弃物保温墙材	温州大学	陈益,王军,等
200910250756	轻质保温固体废弃物烧结砖	温州大学	王军,孙林柱,等
200910251677	一种磷石膏烧结砖的制备方法	铜陵化学工业集团有限公司	叶丽君,崔应虎,等
200910254556	一种沙漠沙烧结装饰砖及其制造方法	西安市宏峰实业有限公司,西安墙体材料研究设计院	孔国峰,段伟,等
200910272608	多孔砖的制备方法	武汉理工大学	张一敏,陈铁军,等
200910304514	粉煤灰烧结砖及其制备方法	准格尔旗粉煤灰煤矸石研发中心	张开元
200920075823	建筑垃圾烧结多孔砖	上海鑫晶山淤泥研发有限公司,上海鑫晶山建材开发有限公司	陈文光
200920075824	河道淤泥自保温烧结多孔砖	上海鑫晶山淤泥研发有限公司,上海鑫晶山建材开发有限公司	陈文光
200920079760	自保温烧结砖	乐山大华新型节能建材有限公司	韦延年,刘晓东,等
200920120735	具有正方体柱头的保温砖制砖模具	平湖市广轮新型建材有限公司	汪美春
200920120736	具有圆柱体柱头的保温砖制砖模具	平湖市广轮新型建材有限公司	汪美春
200920122938	具有立方体柱头的保温砖制砖模具	平湖市广轮新型建材有限公司	汪美春
200920122939	具有菱形柱头的保温砖制砖模具	平湖市广轮新型建材有限公司	汪美春
200920160216	烧结页岩尾矿多孔砖	湖州鑫翔建材有限公司	杨鸿斌,沈建新
200920169149	自保温烧结砖	四川省新华园艺场	刘和平,曾毅,等
200920311343	隧道窑烧结砖厂出坯段计量装置	贵州省建筑材料科学研究设计院	张笠,陈荣生,等
200930106402	自保温烧结砖(二十二孔)	乐山大华新型节能建材有限公司	韦延年,刘晓东,等
200930106403	自保温烧结砖(二十孔)	乐山大华新型节能建材有限公司	韦延年,刘晓东,等
200930188892	烧结页岩尾矿多孔砖(Ⅱ)	湖州鑫翔建材有限公司	杨鸿斌,沈建新
200930193605	烧结页岩尾矿多孔砖(Ⅰ)	湖州鑫翔建材有限公司	杨鸿斌,沈建新
201010100016	一种拜耳法赤泥页岩砖及其生产方法	贵州平坝宏大铝化工有限公司	曾左桥,李璇,等
201010100727	一种脱磷污泥资源化利用的方法	武汉理工大学	夏世斌,张一敏,等
201010133145	污泥制自保温砖的生产方法	高密市瑞鑫新型节能建材厂	王爱瑞,任献军,等
201010133767	氧化铝赤泥生产烧结砖的方法	郑州市磊鑫实业有限公司	许德军
201010300541	一种锰渣-固废混合烧结制砖的方法	中南大学	彭兵,柴立元,等
201010300556	一种烧结固化处理工业废渣的方法	中南大学	彭兵,柴立元,等

续表

申请号	名称	申请单位	发明人
201010516620	煤矸石烧结多孔砖隧道窑余热利用方法	山东新矿赵官能源有限责任公司	何希霖,窦广伟,等
201020138343	微孔保温烧结砖	中节能新材料投资有限公司	仇俊成
201020146106	窑炉砖坯自动上下架机	浠水华杰窑炉设备有限责任公司	蔡德华,占细见
201020151877	清洁型热回收焦炉的高效集气管	东台市节能耐火材料厂	徐广平,宋一华,等
201020151879	清洁型热回收焦炉炉门	东台市节能耐火材料厂	徐广平,何江荣,等
201020152168	高效砖窑自动码坯机弹性夹头装置	浠水华杰窑炉设备有限责任公司	蔡德华,占细见
201020188093	烧结砖窑炉快速降温与余热利用装置	山东新阳能源有限公司	任立民,李明强,等
201020241599	自保温烧结砖	四川省新华园艺场	曾毅,郑兵,等
201020256934	凹型烧结空心砖	山东科技大学	孔凡营
201020256941	凸型烧结空心砖	山东科技大学	孔凡营,刘子镜
201020258662	薄壁空心砖	枣阳市北极星建材有限公司	周忠平
201020266167	Z 型烧结空心砖	山东科技大学	孔凡营
201020266170	凹凸型烧结空心砖	山东科技大学	孔凡营
201020283196	一种侧槽式保温多孔砖	德清益能建材科技有限公司	陈全荣
201020573449	煤矸石烧结多孔砖隧道窑余热利用装置	山东新矿赵官能源有限责任公司	何希霖,窦广伟,等
201020578928	烧结页岩节能多孔砖	上海泓旭建设集团有限公司	朱仟忠
201030143415	烧结多孔砖(复合保温型 FLX-1)	上海奥伯应用技术工程有限公司	黄辛猗,王生劳
201030143425	烧结多孔砖(复合保温型 FNX-1A)	上海奥伯应用技术工程有限公司	黄辛猗,王生劳
201030143888	烧结多孔砖(复合保温型 FNX-1B)	上海奥伯应用技术工程有限公司	黄辛猗,王生劳
201120202221	自保温烧结砖	四川省新华园艺场	郑兵,曾毅,等
201120268578	煤矸石页岩烧结砖制造系统	宁夏中节能新材料有限公司	仇俊成
201120287379	保温烧结砖	四川省新华园艺场	曾毅,郑兵,等
201120343171	烧结砖原料的精确配料系统	河南华新奥建材股份有限公司	陈年太
201120343172	烧结砖内氧化钙检测装置	河南华新奥建材股份有限公司	陈年太
201120344459	烧结砖泥条加注标示装置	河南华新奥建材股份有限公司	陈年太
201120344481	破碎筛分装置	河南华新奥建材股份有限公司	陈年太
201120360223	一种无机复合自保温烧结页岩空心砌块/砖	重庆星能建筑节能技术发展有限公司	姜涵,罗晖,等
201120445055	一种烧结砖烟气中二噁英的处理装置	上海鑫晶山建材开发有限公司,上海鑫晶山淤泥研发有限公司	陈文光
201120445157	一种墙体多孔烧结砖	上海鑫晶山建材开发有限公司,上海鑫晶山淤泥研发有限公司	陈文光
201120473368	一种海淤泥脱水除盐的装置	淮海工学院	李明东,田安国,等
201120528668	自保温烧结砖	四川省新华园艺场	曾毅,郑兵,等
201130406777	烧结页岩自保温空心砖	南充市中林新型建材有限公司	张光磊,李光辉
201130409267	烧结多孔砖(复合保温型 FLX-5)	上海奥伯应用技术工程有限公司	黄辛猗,王生劳

15.4.2 蒸压砖生产线成套技术

申请号	名称	申请单位	发明人
200610012672	矿山尾矿蒸压砖及其制造方法	承德铜兴矿业有限责任公司	马兴隆,赵连生,等
200610068806	流化床锅炉粉煤灰蒸压砖及其制备方法	中国铝业股份有限公司	张广新,陈茂波,等
200610130713	免水泥免焙烧页岩压制承重砖及其制作方法	天津国威科技有限公司	季原,武志国
200810231338	采用泥砂-粉煤灰蒸压法制备的高性能蒸压砖	洛阳理工学院	刘龙,张新爱,等
200820031884	一种蒸压养护装置	淮海工学院	胡杰
200910019042	一种废弃混凝土的综合利用方法	山东建筑大学	田清波,徐丽娜,等
200910144111	一种磷石膏复合蒸压砖及其制备方法	马鞍山科达机电有限公司	朱钒,付景源,等
200910155450	利用铜矿尾砂生产蒸压灰砂砖的工艺	浙江中厦新型建材有限公司	陈立华,陈高林,等
200910185745	一种铁矿尾砂墙体蒸压砖及其制备方法	安徽大昌矿业集团有限公司	罗娜,王志良,等
200910301397	蒸压石膏砖及其制备方法	四川方大新型建材科技开发有限责任公司	黄华大,方炎章
200910305788	一种蒸压磷石膏砖及其制造方法	四川宏达股份有限公司	蒲中云,陈维贵,等
200920262701	蒸压泡沫混凝土砖、砌块的抗拉拔力试验装置	广州市建筑材料工业研究所有限公司	杨展,罗云峰,等
200920262702	用于蒸压泡沫混凝土砖、砌块的抗渗性试验装置	广州市建筑材料工业研究所有限公司	刘运江,杨展,等
201010161895	一种利用粉煤灰提铝残渣生产蒸压砖的方法	中国神华能源股份有限公司	杨殿范,郭昭华,等
201010180078	一种建筑用蒸压粉煤灰砖及其制造方法	高密市孚日建材有限公司	徐义德,宋立梅,等
201010247058	加气混凝土砌块及其制备方法	舟山市宇锦新型墙体材料有限公司	王全省
201020132601	一种蒸压墙体砖模具的侧板	佛山市新鹏陶瓷机械有限公司	周庆添
201020199509	蒸压粉煤灰砖	高密市孚日建材有限公司	徐义德,宋立梅,等
201020236908	一种蒸压墙体砖模具的侧板	佛山市新鹏陶瓷机械有限公司	周庆添
201120024665	一种面砖饰面蒸压砂加气混凝土砌块自保温外墙结构	南昌市建筑工程集团有限公司	吴志斌,秦建昌,等
201120113977	灰沙蒸汽砖生产系统	襄樊建昌盛建材有限公司	闫俊强
201120121052	一种蒸压砖二次布料装置	福建海源自动化机械股份有限公司	李良光,王琳,等
201120169371	选矿废渣蒸压加气混凝土砌块	上海索纳塔新型墙体材料有限公司	曹国良

15.4.3 膨胀玻化微珠保温防火砂浆及应用技术

申请号	名称	申请单位	发明人
200610012726	玻化微珠保温混凝土	太原理工大学	李珠,张泽平,等
200610012729	高效节能玻化微珠保温砂浆	太原理工大学	李珠,刘元珍,等
200610023554	一种建筑物围护墙面抹灰砂浆	上海复旦安佳信功能材料有限公司	楼国强,符桂龙,等
200710031860	改性玻化微珠保温隔热砂浆及其制备方法	华南理工大学	孟庆林,李宁,等

续表

申请号	名称	申请单位	发明人
200710051947	自装饰复合硅酸盐保温板	武汉理工大学	马保国,张琴,等
200710053779	改性玻化中空微珠保温防火砂浆	武汉壁虎节能新材料有限责任公司	邬性仁
200710185259	城市建筑整体内保温的室内施工方法	太原思科达科技发展有限公司	李珠,杨卓强,等
200710191465	膨胀玻化微珠保温涂料及其生产方法	江苏华伟佳建材科技有限公司	杨雪琴,眭福林,等
200810031684	一种保温墙体整体浇筑材料及施工方法	湖南江盛新型建筑材料有限公司	谢新林,刘晴,等
200810039459	一种含相变材料的保温节能砂浆的制备方法	东华大学	邹黎明,倪建华,等
200810051313	轻质保温砂浆	长春建工集团有限公司	刘红,董艳辉,等
200810197590	自保温隔热墙体	武汉奥捷高新技术有限公司	张志峰,周强
200820148422	一种窗口外墙玻化微珠防火保温层结构	郑州市第一建筑工程集团有限公司	马发现,谢继义,等
200820149777	墙体保温系统	凯蒂(信阳)新型材料有限公司	张远
200910025688	膨胀玻化微珠保温管壳及其生产方法	江苏华伟佳建材科技有限公司	眭福林,戴武生,等
200910050327	利用废弃电子线路板非金属残渣制备干粉保温材料的方法	上海大学,上海电子废弃物交投中心有限公司,上海贝恒化学建材有限公司	庄燕,陆文雄,等
200910087464	防水保温隔热建筑材料及制备方法	北京立高科技有限公司	王峰华
200910127347	一种玻化微珠保温隔热材料及其制备方法	湖北天泉新型建筑材料有限公司	胡泉,鲁伟
200910146837	一种用于楼板的保温隔声混凝土	温州市金誉建设监理有限公司	朱奎
200910155374	聚合物改性水泥基无机保温砂浆	嘉兴市博宏新型建材有限公司	庄中海,汤涛,等
200910172768	改性玻化微珠保温隔热抗裂砖	河南大学	岳建伟,常娜,等
200910227341	一种聚合物玻化微珠建筑保温砂浆	河南省绿韵建材有限公司	郭长顺,丁仲勋,等
200920000294	一种承重型自保温砌块	北京华伟佳科技有限公司	刘伟华,易永红,等
200920053209	玻化微珠新型电阻带膨胀炉	信阳市四通机械制造有限公司	徐正明,马开永,等
200920126892	保温隔热的建筑装饰外墙	重庆龙者低碳环保科技有限公司	周癸豆,王大武
200920142694	有机-无机外墙保温隔热装饰复合系统	安徽建工集团有限公司	徐峰,陈刚,等
200920142695	有机-无机复合型外墙外保温系统	安徽建工集团有限公司	陈刚,徐峰,等
200920253577	聚氨酯新型外墙保温系统	淄博联创聚氨酯有限公司	李洪国
201010101790	膨胀玻化微珠墙体自保温系统	江苏华伟佳建材科技有限公司,江苏恒林保温材料研究发展有限公司	眭福林,孟强
201010106091	轻质干粉砌筑砂浆	江苏荣能集团有限公司	房志荣,李为康,等
201010125913	灌注保温层防火保温墙体	河南大学	岳建伟,张卫民,等
201010250224	结晶陶瓷防火吸音制品及其制备方法	四川大学	陈学,刘渊,等
201010255666	聚苯板外墙外保温建筑体系的防火结构及其施工工法	龙信建设集团有限公司	张豪,董新毅,等
201010297063	改性玻化微珠组合物及其制备方法	上海东升新材料有限公司	施晓旦,郭和森
201020142122	一种轻质复合自保温砌块	长沙市中达建材有限公司	董超,汤公甫
201020171292	一种玻化微珠防水保温砂浆混合机	成都常源机械设备有限公司	李红兵
201020171970	复合无机保温型材	淄博雨辰建材科技有限公司	刘克胜
201020614586	玻化微珠燃气膨胀炉成套设备	信阳市四通机械制造有限公司	马开永,徐正明,等
201020659526	复合保温墙体	山东创智新材料科技有限公司	刘伟华,谢俊德,等

续表

申请号	名称	申请单位	发明人
201020660177	一种六孔自保温砖	江苏华伟佳建材科技有限公司,江苏恒林保温材料研究发展有限公司	眭良,眭福林,等
201020675237	一种保温隔热防火门	绍兴市新科节能建材有限公司	尉锋,王佳蔚,等
201110192335	利用膨胀玻化微珠生产真空绝热墙体保温板的生产方法	潍坊三强集团有限公司	王海林,胥帅
201120018400	高等级防火钢丝网架夹层保温板	山西钰塑科贸有限公司	常双贵,刘志忠
201120076736	外墙外保温层	重庆邦瑞建筑保温工程有限公司	杨震峰
201120120121	一种建筑外墙保温防火结构	北京建筑技术发展有限责任公司	罗淑湘,李俊领,等
201120140037	一种无机保温一体化板	重庆思贝肯节能技术开发有限公司,重庆大学	熊凤鸣,贾兴文,等
201120150619	玻化微珠保温耐火板生产装置	信阳市四通机械制造有限公司	徐正明,马国伟,等
201120288734	玻化微珠酚醛泡沫保温板	北京索利特新型建筑材料有限公司	杨升辉
201120288746	玻化微珠防火砂浆酚醛树脂复合板	北京索利特新型建筑材料有限公司	杨升辉

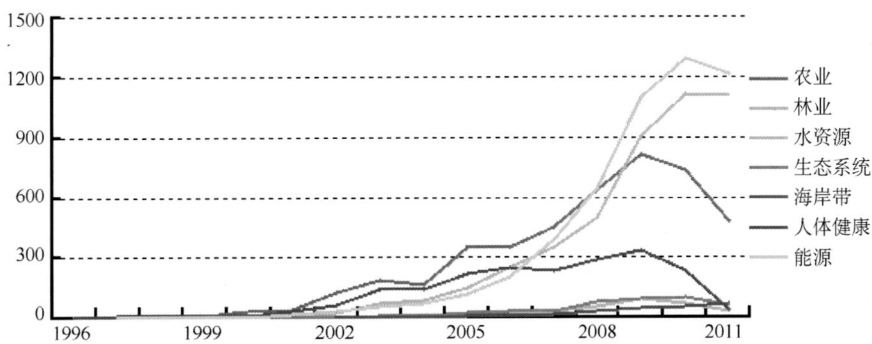

图 2.1　各领域专利技术发明数量时间分布图(专利检索时间截至 2012 年 8 月)

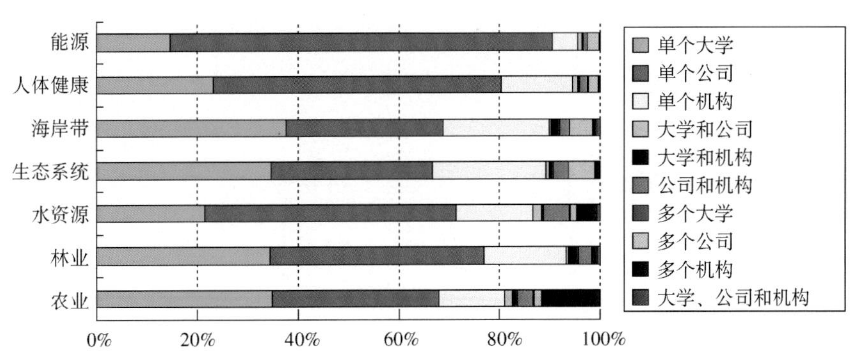

图 2.2　各领域专利技术申请单位分布